人本聚落·品质民居

——第二十六届中国民居建筑学术年会论文集

任洪国　主　编
马玉洁　张金尧　焦　振　副主编
中国建筑学会民居建筑学术委员会
中国民族建筑研究会民居建筑专业委员会　编
河北工程大学建筑与艺术学院

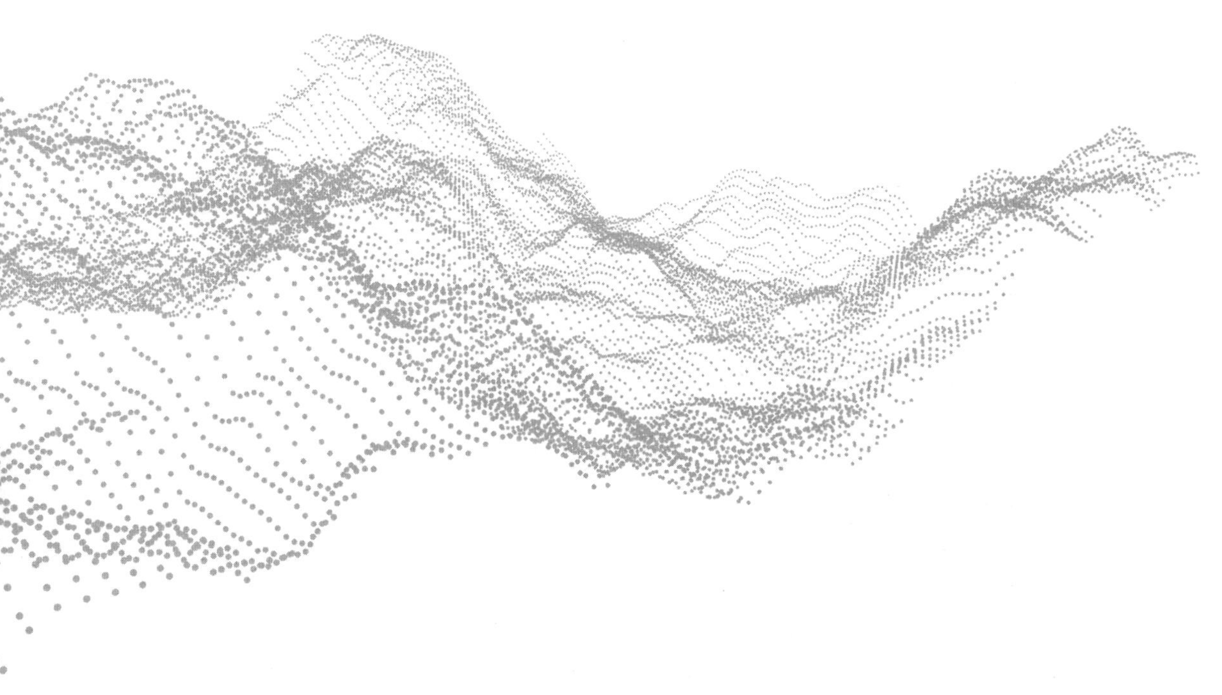

中国建筑工业出版社

图书在版编目（CIP）数据

人本聚落·品质民居：第二十六届中国民居建筑学术年会论文集 / 任洪国主编；中国建筑学会民居建筑学术委员会，中国民族建筑研究会民居建筑专业委员会，河北工程大学建筑与艺术学院编．—北京：中国建筑工业出版社，2021.8

ISBN 978-7-112-26461-2

Ⅰ．①人… Ⅱ．①任… ②中… ③中… ④河… Ⅲ．①民居－中国－学术会议－文集 Ⅳ．① TU241.5-53

中国版本图书馆 CIP 数据核字（2021）第 159471 号

本书以“人本聚落·品质民居”为主题，共分为民居建筑的词与物、民居的品质营建、人居环境与健康、民族地区传统聚落活化更新几个部分，通过聚焦传统民居（聚落）人文传承和民居品质营造，探讨推进健康中国建设背景下人居环境与健康关系及意义，研究新时代国际民居建筑发展方向和创新实践。

本书适用于建筑学相关专业师生、专家、学者，及民居建筑相关工作者及爱好者阅读参考。

责任编辑：唐　旭　张　华
文字编辑：李东禧
责任校对：姜小莲

人本聚落·品质民居
——第二十六届中国民居建筑学术年会论文集

任洪国　主编
马玉洁　张金尧　焦　振　副主编
中国建筑学会民居建筑学术委员会
中国民族建筑研究会民居建筑专业委员会　编
河北工程大学建筑与艺术学院
*
中国建筑工业出版社出版、发行（北京海淀三里河路9号）
各地新华书店、建筑书店经销
北京雅盈中佳图文设计公司制版
北京中科印刷有限公司印刷
*
开本：880毫米×1230毫米　1/16　印张：30¼　字数：1217千字
2021年9月第一版　2021年9月第一次印刷
定价：**178.00** 元
ISBN 978－7－112－26461－2
（37953）

第二十六届中国民居建筑学术年会
暨民居建筑国际学术研讨会

会 议 主 题： 人本聚落・品质民居

会议分议题： 1.民居建筑的词与物

2.民居的品质营建

3.人居环境与健康

4.民族地区传统聚落活化更新

学术委员会：

主　　席： 陆　琦

委　　员： 王　军　张玉坤　戴志坚　唐孝祥　王　路　李晓峰

杨大禹　陈　薇　龙　彬　关瑞明　范霄鹏　李　浈

罗德胤　周立军　谭刚毅　靳亦冰　文士博　任洪国

魏海安　邵新刚　王晓健　白　梅　谢　空　杨彩虹

主办单位： 中国民居建筑研究会民居建筑专业委员会

中国建筑学会民居建筑学术委员会

河北工程大学

邯郸市建设局

承办单位： 河北工程大学建筑与艺术学院

前言

河北工程大学是河北省重点骨干大学，河北省人民政府与水利部共建高校，河北省国家一流大学建设二层次高校。学校位于具有“成语之都”美誉的中国历史文化名城——邯郸，承磁山文化，依巍巍太行，是晋冀鲁豫四省的要冲腹地。学校秉承“崇德尚善、精工铸新”的办学初心与责任担当，坚持对标国家“双一流”建设要求，以人才培养、科学研究、社会服务、文化传承与创新、国际合作与交流为主要职能，坚持人才兴校、质量立校、科研强校，努力建设工程特色鲜明的高水平现代大学，为国家和区域的经济社会发展以及行业发展作出了重要贡献。

河北工程大学建筑与艺术学院建筑类专业齐全、学历层次相对完善。学院自建筑学专业创办以来已有35年的历史，是教育部、财政部特色专业建设点，河北省特色品牌专业，于2004年首次通过全国高等学校建筑学专业本科教育评估，是当时河北省唯一、全国第28个获批院校。虽风雨沧桑、励精图治，始终坚持“教学联合科研，课程结合实践，传统融合现代”的办学思路，强调“当代视野、文化传承”的办学理念，注重学科之间的相互交叉、相互融合，不断适应“乡村振兴、精准扶贫”等国家发展战略需要，积极探寻适应时代发展的建筑类和设计类专业人才的培养途径。

感谢中国建筑学会民居建筑学术委员会、中国民族建筑研究会民居建筑专业委员会各位专家的信任和支持，感谢国家民族事务委员会、学校各级领导的关怀和重视，感谢职能部门、兄弟学院的帮助和指导。在河北工程大学办校70周年之际，在建筑与艺术学院建院35周年的纪念之日，在专业评估第五次迎评工作之时，河北工程大学建筑与艺术学院全体师生能与国内外诸多民居建筑教育前辈、学者共聚“邯郸——成语之都”举办第二十六届中国民居建筑学术年会，实属为学术迎庆、专业迎庆之举措。

在中国共产党建党100周年的历史时刻，本论文集共精选论文100篇，特作为祖国建党献礼之作！论文集基于年会分为四个专题，分别从民居建筑的词与物、民居的品质营建、人居环境与健康、民族地区传统聚落活化更新四个方面收录。每一篇论文都经过专家评审，从投稿的170余篇论文中脱颖而出，希望读者借此可以了解民居建筑和传统聚落更新的研究成果，探索传统民居文化的基因可持续传承与发展的创新路径，从而增进对传统民居建筑发展时代性、复杂性和紧迫性的认识和理解，推动大家对这一领域研究与实践的探索，同时祈望学届前辈和同行专家给予批评指正。

此次年会论文集的出版，是希望以民居建筑专业办学之图文资料呈现于大家，将当代民居研究涌现出的新问题和新思路展现于大家，将民居建筑人才培育之现状展现予诸位！希望共同为中国民居建筑教育事业尽绵薄之力！

河北工程大学建筑与艺术学院副院长　任洪国

二〇二一年六月

目录

民居的品质营建

人居环境与健康

民族地区传统聚落活化更新

民居建筑的词与物

东北严寒地区满族现代宜居模式研究[❶]

——以肇源县古龙镇永胜村为例

董惟澈[❷]　李世芬[❸]　张一卓[❹]

摘　要： 东北地区的“白山黑水”是满族的故乡，满族民居包含着独特的地域传统和文化价值。但随着我国经济的发展和文化的融合，满族民居汉化现象严重，亟须传承文化并形成与时代匹配的现代宜居模式。本文以东北地区永胜村满族民居作为研究对象，从文化符号、形态特征、功能布局等方面展开研究。通过实地调研发现问题，提出文化传承策略，并进行现代宜居模式的试设计，旨在为东北地区满族民居更新提供参考。

关键词： 东北地区　满族民居　宜居模式　更新策略　试设计

一、引言

满族是我国人口排名第二位的少数民族。东北地区的“白山黑水”孕育了满族人民和满族文化，满族大多聚居于我国东北严寒地区，是一个善于博收外来文化并融汇创新的民族。在长期的历史发展中，形成了富有民族特色的风俗文化、语言和文字。随着我国的经济和文化不断发展和融合，满族的一些传统文化正在逐步失传与流失，而一些满族传统的民居特色以及文化符号正在逐渐消亡。

2021年中央一号文件明确要求：全面推进乡村产业、人才、文化、生态、组织振兴，充分发挥农业产品供给、生态屏障、文化传承等功能。作为建筑从业者，亟须探索出符合时代发展和现代住居需求的新型宜居模式，以此传承民族文化特色，并同时形成符合时代要求的功能与外观。[1]

二、东北严寒地区满族民居传统探源

1. 文化源起

历史上满族在统一中原地区之前，其社会形态还停留在原始社会向奴隶社会转变的阶段。因此其相比于中原的汉族，从社会、经济和文化上的发展都显得相对滞后。但是，满族擅长吸收和汲取其他民族的优点，在清朝入关之后，满族人弱化自身的文化界限，向汉族以及周边民族学习先进的文化，因此满族文化和民居风格等文化的特性与汉族有着一定的相似性。[2]

2. 聚居形态源起

在满族的民族勃兴时期，产生了最原始的以院落为聚居形态的单元。《建州纪程图记》是满族努尔哈赤时期朝鲜南部主簿申忠义到中国东北探查时，以其沿途见闻所撰写的图文资料。其中记载了当时的后金政权首府赫图阿拉城中的院落布局形制，并绘制了努尔哈赤和他的胞弟舒尔哈齐在城中的住所图（图1）。

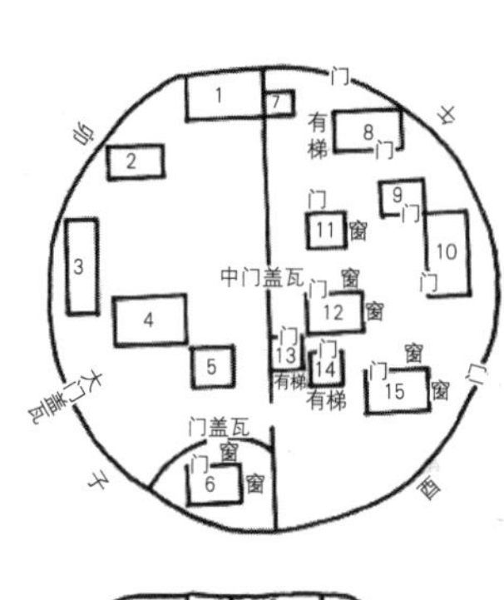

水村内努酋家图
1. 柱椽画彩，其左右壁，画人物，三间盖瓦，三间皆通，虚无门户
2. 行廊，三间盖草
3. 行廊，八间盖草
4.（门、窗）客厅五梁盖瓦
一、每日早烹鹅
二、酋祭天于此厅，必焚香设行
5.（四面皆户）鼓楼盖瓦丹青，筑壁为台，高可二十余尺，上设一层楼（一努酋出城外，入时吹打必于此楼上，出行至城门而止，入时至城门而吹打）
6. 三间盖瓦，筑壁为墙，高可四五尺，涂以石灰，盖之以瓦
7. 单间
8. 楼三间盖瓦
9. 二间盖瓦
10. 四间盖瓦
11. 二间丹青盖瓦
12. 努酋长居于此，五间盖瓦丹青，外四面以壁筑
13. 新造盖瓦（筑壁为台，高可八尺许，上设一层楼）
14. 盖瓦丹青（筑壁为台，高可十余尺，上设二层楼）
15. 四间盖瓦

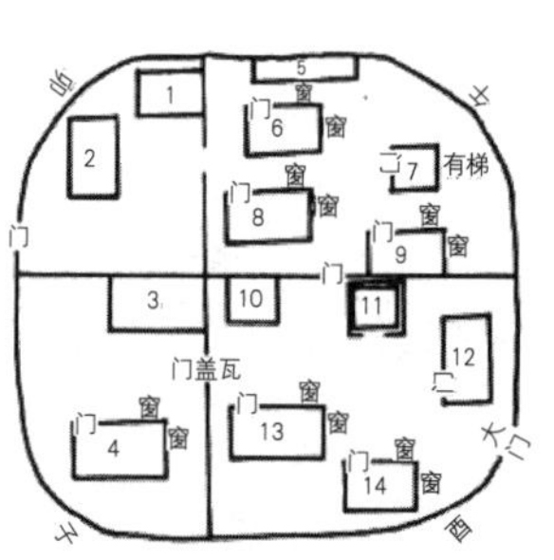

外村内小酋家图
1. 二间盖草
2. 二间盖草
3. 三间皆虚通，盖瓦，丹青
4. 四间盖瓦
5. 马厩八间，不有一匹
6. 二间盖草，丹青，小酋常居于此
7. 楼盖草
8. 三间丹青盖瓦
9. 三间盖草
10. 三层楼，盖瓦丹青，四面皆户（内有梯高二十八尺）
11. 四面皆通，中设草廉，凡盖瓦楼椽，画彩（檐外缭以木栅高可二尺许）
12. 四间盖瓦
13. 四间盖瓦
14. 三间盖草

图1　努尔哈赤和舒尔哈齐住居平面[3]
（来源：《中国民居建筑》）

---

❶ 基金项目：十三五国家重点研发计划课题 课题编号 2019YFD1100801。
❷ 董惟澈，大连理工大学建筑与艺术学院，硕士。
❸ 李世芬，大连理工大学建筑与艺术学院，教授。
❹ 张一卓，大连理工大学建筑与艺术学院，硕士。

从图1中可以看出，满族早期的院落形制基本没有整体的规划意识和排布章法，布局凌乱随意，缺少轴线和向心性。单体建筑布置散乱，仅考虑了个体的使用而没有建立起彼此之间的联系。院内基本没有道路的概念，对入口与院落内部功能的考虑还欠周详。满族早期院落布置形态凌乱，其形成原因是多方面的。一方面由于当时对于院落形制并没有形成某种定式，另一方面也反映了早期满族的游猎生活状态，是满族早期氏族聚落社会形态及防御自然未知危险心理的真实写照。[4]

3. 现代满族民居特色

在满族民居的发展与演化过程中，其与汉族文化的碰撞和融合起到了重要作用。在借鉴了汉族有关院落聚居的相关做法后，满族民居的院落形制才逐渐走向完善与成熟。院落布局上与汉族相仿，采用合院布局。南北单轴线纵深方向形成空间序列，纵轴竖向设计房屋高度由低到高。院落大门正对“影壁”。正房南侧有月台和“檐廊”，利于保护墙身，同时方便室外坐憩。院内东南一般布置有满族传统信奉和供奉的器具“索伦杆”，在院落角落位置根据需要布置“苞米楼”作为储存谷物的粮仓。功能布局上，“口袋房，万字炕，烟筒座在地面上”形象地表达了聚居院落形制成型后的满族人的民居功能特点。口袋房是指，三间房多在最东面一间南侧开门，五间房在东起第二间开门。整座房屋形似口袋，因此称作“口袋房”。满族信奉“以西为贵”，因此西面屋又称“上屋”，上屋里南、西、北三面筑有“Π”字形大土坯炕，叫作“万字炕”，西炕供奉有“祖宗板”。烟囱一般坐落在房西或房后的地上，以一段横烟道与烟囱相连，称作“跨海式烟囱”。[5]

三、永胜村民居现状调研及问题解析

1. 永胜村地理及人文环境

永胜村隶属于黑龙江省大庆市肇源县古龙镇，村落占地面积约9.6平方公里，人口约1.1万人，1800户。古龙在清朝时为驿站，称古鲁站，后来由于语音流变，称作古龙镇。永胜村位于古龙镇西南边缘，毗邻嫩江(图2)。由于曾为驿站，所以古龙镇自清代以来就是当地交通要口，人员流动密集，带来了满族、蒙古族等少数民族的人口，因此当今永胜村除了汉族以外，主要少数民族为满族。

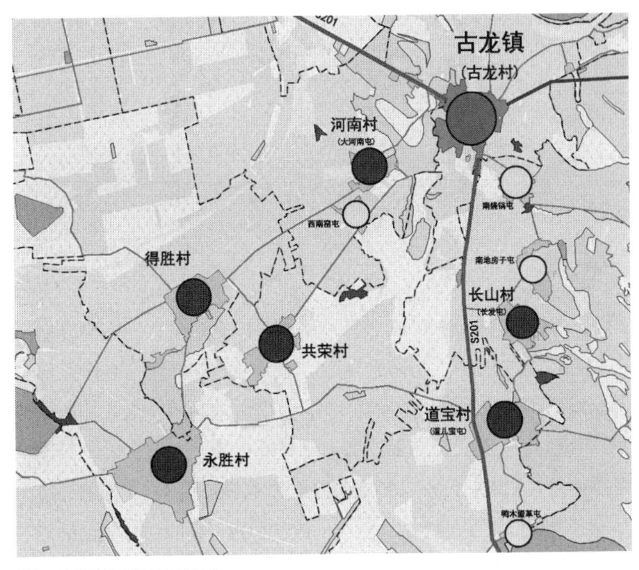

图2　古龙镇及永胜村地理区位
(来源：肇源县古龙镇总体规划)

2. 永胜村民居现状调研

经过调查采访等方式，笔者了解到永胜村当地居民整体学历水平偏低，以小学和初中学历为主，大专及以上学历人数占比仅为7%。由于整体受教育水平受限，当地的民居建设状况较为落后，建造特点体现出自发性和盲目性。而作为当地少数民族的满族群体，当地的特色民居形式和民居特色已被同化，失去了其本身应有的少数民族特征。

建筑材料方面，永胜村房屋除了约200户无法保证安全使用的夯土房屋以外，根据时代的不同，在建造方式和用材上可大致分为砖平房和水泥平房。屋顶处理形式根据不同的建筑建造年代和材料，可以大致分为夯土压顶和彩钢板屋顶两种处理形式。

院落构成方面，永胜村民居带有院落的数量居多，院落大多以南北方向布置，呈南北长、东西窄的形态，房屋坐北朝南，南向多布置菜园、摆放农具或作为晾晒场地使用。院落入口有中部、东南部两种设置方法。内部构成方面，分为有内外院和无内外院两种形式。走访过程中，满族居民的房屋及院落已经基本没有满族所特有的住居特色和文化符号（图3）。

功能平面方面，当地民居的平面形制基本可以归纳为一种形

图3　永胜村房屋现状

储藏
厨房
锅炉
卧室
门厅（客厅）
卧室

图4 典型平面布置

式，即东西三开间的矩形平面（图4）。门开正中，两侧为卧室，一般东侧为主人房，西侧为客房。厨房于门厅北侧与客厅直接相连。厨房两侧分别布置为储藏间和锅炉房，在锅炉房的一侧靠墙位置布置台灶（图5），底部烟道与卧室的火墙、火炕和锅炉相连，冬季使用灶台进行炊事，热量通过烟道传递到卧室的火墙和火炕，起到冬季保暖增温的作用。夏季一般使用另一侧的燃气灶。锅炉对面的西北侧房间作为远离锅炉和火墙火炕的储藏间，一般用于储存蔬菜、粮食等物品。

图5 火炕和灶台烟道

3. 永胜村满族民居调研问题解析

（1）满族文化消失殆尽

尽管满族作为少数民族的人口规模不大，但其民族文化和传统也应有所体现和保留。在调研和走访过程中，发现当地的民居已经没有满族的文化符号和相关的习俗特色，永胜村内的满族文化和民居聊胜于无。

（2）建造质量参差不齐

当地民居建造体现出明显的自发性和无序性，多数自建房参考当地其他宅院的建造手法。当地有近200户年代较为久远的房屋由于年久失修成为危房。新建房屋不能选择合适的材料、结构等，又无法保证工程质量，导致房屋使用性能较差。

（3）住居空间功能单一

民居院落布置凌乱，多以栅栏围合，防风保温能力欠佳。院落内未形成合理的设计结构，流线混乱。内部功能单一机械，单纯模仿复制常用的平面布局，丢失文化特色和人文关怀。缺少向心力和聚合力，无法营造住居空间的归属感。

四、永胜村现代满族民居宜居建构策略

1. 传统回归与文化重现

忽视文化与传统，自发而随意，粗制且泛滥是笔者认为对于永胜村来说民居建造方面的问题总结。笔者认为，在永胜村进行现代满族民居的更新与建造，应该注重传统与文化符号的合理运用。院落内建筑群体的围合形式应与传统有所契合；满族传统文化符号，比如：凹龛、影壁、跨海烟囱、索伦杆、月台和檐廊等代表性的传统元素符号予以现代化体现；传统柴火灶式万字炕可结合节能技术改进为太阳炕，既卫生美观，又生态节能，提高舒适性；材质、门窗样式等参考传统满族元素等。将满族传统元素和建筑整体建造过程进行有机结合，将传统与文化进行“活化”，从而提升满族民居的存在感和亲和感。

2. 材质择优与技术更新

永胜村的民居材料从夯土到水泥的变化使建筑质量得到了提升。同时，由于永胜村坐落于我国的东北严寒地区，除了建筑本身的材质以外，墙身的围护材质选择和院落外墙材质的择优也会提升整个院落和建筑的保温隔热能力，提升建筑的整体质量。

建造技术上，可通过现代建造手法和技术的更新带动建筑品质的提升，通过现代技术对于建筑的围合结构和材料进行补强，优化室内地面处理的材料和处理方式，对屋顶的材质和技术的更新都可以综合提升建筑的整体质量，宜居性得到提升。

3. 功能优化和设备更新

如所调研的民居为例，死板和制式的民居功能平面无法满足现代人们对于生活品质的需要，建筑内部功能流线单一或者混乱，院落空间使用不够充分或布局不够合理，都导致了民居宜居性的下降。同时，由于设备老旧落后，如锅炉生锈等原因造成的安全隐患和使用性能下降也影响着民居的使用舒适度。因此，通过合理布局和设备的更新，可以在一定程度上提升建筑整体的质量。

功能空间布置上，更加考虑现代人的需求，营造更加舒适方便的功能流线。取消旱厕、锅炉等可以减少原始成本，提升建筑的使用效率；使用太阳能设备可以降低电力和火力的使用，减少能源消耗和浪费。同时，院落内建筑的合理排布也可以在一定程度上优化院落内的微气候，使风和热环境条件得以改善。

五、基于永胜村现状的满族宜居性试设计

综上所述，根据所提出的宜居性设计策略，从文化内涵、民族特色、建筑形态、院落布置、功能布局等方面重新考虑，以当地常

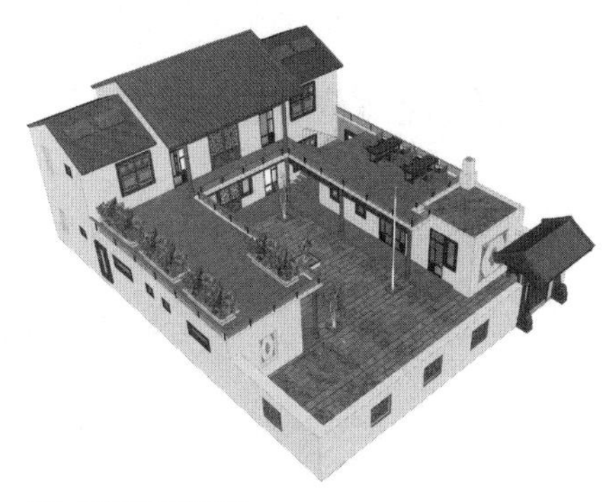

图6 满族宜居性试设计

见的院落尺寸作为设计出发点，模拟当地家庭构成进行试设计。拟设计出满族永胜村当地满族宜居需求的设计（图6）。

设计拟满足核心两代家庭使用。考虑形成满族特色民宿旅店，具有对内居住和对外营业的双重性质，因此除了有家庭成员的基本使用空间以外，应同时考虑营业性，要求有大堂、餐厅、休闲等功能空间，亦应满足晾晒、聚餐、乘凉等需求。试设计宅基地尺寸为20米×15米，基地范围内无明显高差。

1. 功能分区与平面布局

考虑对内和对外的使用性质，将主要对外空间放置在一层，内部使用房间布置在二层的正房。

一层布置上，考虑对外营业的性质，将对外功能进行集中处理。正房中心布置大堂，两侧布置为大套间客房。考虑满族以西为贵的传统，因此在东西厢房中选择西侧作为小户型的客房使用。东侧用于布置厨房和餐厅，联系紧密，方便使用（图7）。

二层布置上，将家庭内部使用房间布置在正房二层，住人的房间上下对位，方便管线的铺设和整体立面的协调。二层还具有更加充沛的采光和日照。二层正房南侧出挑的平台作为一层的檐廊。同时连接一层两侧厢房的屋顶空间，形成二层开敞的空间组织形式。二层西侧作为晾晒与屋顶花园，东侧形成二层露天餐饮区，与一层形成上下完整的室内室外休闲场所体系（图8）。

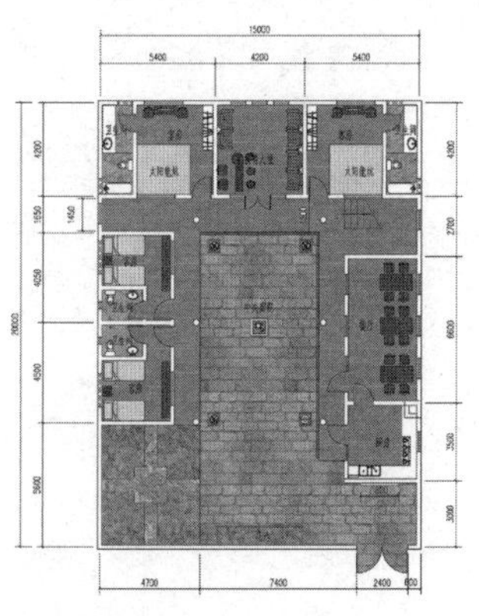

图7 一层平面图

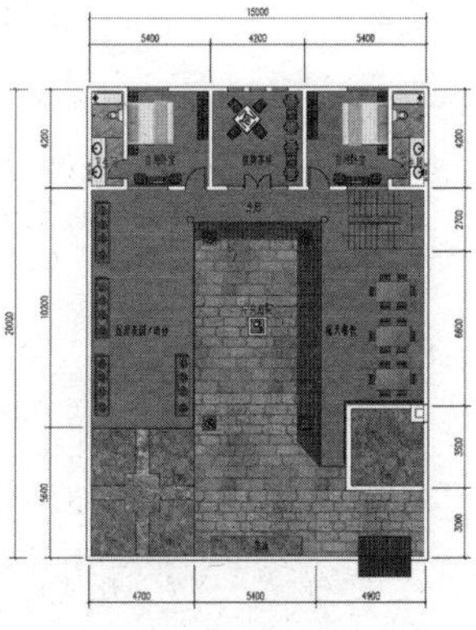

图8 二层平面图

2. 整体效果与文化留存

院落整体呈现自南向北逐渐升高的趋势，贴合满族传统民居院落坐北朝南、北高南低的形式。大门放置在东南侧。大门入口设有影壁，院落南部设花池作为正房对景。西南侧设菜园，山墙尽端有凹龛，院落围墙开有满族纹饰的花窗。院落内部设树池，东南侧摆放满族传统祭祀物品“索伦杆”，中心位置摆放满族图腾的石雕。门窗纹路采用满族传统花纹，南向开大窗，北向开小窗，贴合满族传统做法，既可以争取日照又减少能耗。利用太阳能设备，合理改进原有的“火炕”为“太阳能炕”，提高能源利用效率，减少资源浪费。整体效果符合现代建筑设计的要求和理念，留存了满族传统的文化精髓，达到了相对的平衡与和谐。

六、结语

随着时代和经济的发展，乡村民居数量不断增加，快餐化的建设中出现质量问题，文化遗失和宜居性下降等情况已成为建筑从业者需要面临和解决的问题。而对于富有文化底蕴的民族建筑营建，更应该探究其起源和文化精髓所在，加以现代理念和技术介入而形成合理的建构方案，从而使民族住居文化得以“活化”传承。

总之，民居设计应充分考虑环境、技术、文化等多维度协调统一。本文结合永胜村满族民居进行的现代宜居性模式建构，是一种融合传统与当下生活的尝试，虽不尽完美，但可以为相关研究与实践提供参考。

参考文献

[1] 中共中央 国务院 关于全面推进乡村振兴加快农业农村现代化的意见[Z]. 2021-2-21.

[2] 卢迪.东北满族民居的文化涵化研究[D].黑龙江：哈尔滨工业大学，2008.

[3] 陆元鼎.中国民居建筑[M].广州：华南理工大学，2003：315，319，320，321.

[4] 沈诗林，王庆.满族传统民居文化的历史演进及传承价值[J].山西档案，2016（05）：135-137.

[5] 沈金凤. 乡镇综合文化站规划设计中"本土设计"理念初探[D].长春：东北师范大学，2011.

山西大院的健康图示探究与构图比例新解

杜晓蕙[1]　张险峰[2]

摘　要：本文以山西的传统民居大院作为研究对象，对大院空间中的健康图示进行了总结提取；采用学科交叉、实地考察、文献查阅等研究方法；通过了解《周髀算经》中圆方方圆图展示的中国模数，将清华大学学者从宗庙建筑中提取的比例与山西大院的院落图示进行融合，产生新的比例解读。以此为社会发展问题和自然保护提供启发。结合历史文化，畅想未来庭院和健康空间的发展和营造。

关键词：山西大院民居　健康和品质　构图比例　庭院

一、传统山西大院民居的健康图示

山西位于中国华北地区，地处黄土高原，是极为典型的温带大陆性气候。四季冷热分明，冬季严寒风沙大，干燥少雨，夏季炎热多雨。由于其独特的气候条件和地理环境，使得山西民居具有典型的在地性特征。同时，为官返乡的人群将四合院的形制带回山西，为建筑注入礼制文化。晋商的繁荣促使其衍生了晋商大院文化，多种文化融合使得山西大院产生丰富的底蕴。加之当地居民为了适应自然条件，自发性地对建筑进行改造与转译，使得大院建筑在文化和环境变化中动态前进发展，形成了一方特色民居。

1. 单坡顶

山西晋中的平遥古城和王家大院等聚落民居，外围多用单坡顶（图1）。单坡顶的形制在其他民居建筑中并不多见。这种独特的屋顶形式回应了山西干燥少雨的气候，内倾式设计有利于雨水收集，使得雨水流入内院，保留雨水，调节内部气候。寓意上与南方“四水归堂”有相似的文化意味。由于晋商院内多存储众多财产与物资，外围的单坡形制会产生良好的防御效果，对保护院内财产与内部人员产生了关键的作用。

2. 上房下窑

山西地处华北地震带之上，仅20世纪之后就发生过约800次六级以上地震。木材韧性强，是抵抗地震灾害的最佳建筑材料，木构架榫卯的构造类似于现代建筑的变形缝，有很好的减震作用。所以木材质成为山西大院重要的材料之一，同时木材的运用也使得山西民居与古建筑能在千年中得以保留。

窑洞是山西另一类重要的传统民居。窑洞将黄土高原当地的建筑材料——土，运用到了极致。当地居民通过结合自然地形与气候条件，向竖直与水平面层侵蚀挖洞，从而衍生了向内拓扑凹陷的窑洞建筑形式。干燥少雨的气候状态有利于窑洞黄土墙面的保持与形体的塑造，产生了保温蓄热能力强的厚实墙体，使得窑洞内居民在室内有冬暖夏凉的良好体验。

山西大院民居将北方标准四合院民居进行转化，融入本地特色的窑洞形制，将人文与材料优势巧妙地融合，产生了独特的上房下窑的二层民居状态（图2）。当形成一定规模的聚落后，如皇城相府和王家大院等，也将土和木材质混合使用，形成高厚密实的大院围墙，甚至产生了很多寨堡式的宅院形制，满足了防风沙和取暖要求，防御性也非常高。

3. 可代谢的建筑材料

王澍曾针对混凝土建筑材料的滥用发表了如下观点：“有两方面，一是现代快速的发展建造过度地消耗了地球资源，不利于可持

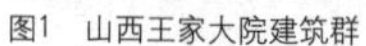

图1　山西王家大院建筑群

图2　山西李家大院采光窗

❶ 杜晓蕙，大连理工大学建筑与艺术学院，硕士研究生。
❷ 张险峰，大连理工大学建筑与艺术学院，教授。

续的资源发展；另一方面，以钢筋混凝土为主的建造技术，其实本质上是廉价、快速的建造技术，当时代更迭，这些建筑被淘汰，其产生的垃圾的处理和拆卸会成为极大的问题。”

混凝土风化速度极慢，且过程中受二氧化碳的干扰会降解变酸，腐蚀内部钢筋，产生有害物质。而且这种人造物极难被自然代谢，掩埋降解的速度极慢。而山西窑洞在废弃后，其黄土材料能很快地被自然侵蚀风化，被大自然代谢消解，融入大地成为可用耕地。这就表明，传统的建筑材料有着无法替代的优势。

梁思成先生说过，“不求原物长存之观念，安于新陈代谢之理，以自然生灭为定律，且视建筑如被服舆马，时得而更换之，因此满足于木材之沿用达数千年。”这种循环再利用的思想暗含中华传统里周而复始、代谢循环的人生哲学。现代混凝土的出现为建造行业带来极大便利，有解放劳动力、加快施工速度等优势。但社会在迅速发展、享受着便利资源的同时，却没有考虑过度消耗资源带来的未来隐患。在技术逐渐提升的今天，对传统建筑材料应该重新认识和考虑，意识到其优势，发展与传统材料匹配的构造营造技术，才能将建筑植入自然代谢的闭环中，形成正态健康的发展循环。

二、传统山西大院构图比例新解

“万物周事而圆方用焉，大匠造制而规矩设焉。”清华大学的学者王南从中国古代建筑典式的《营造法式》首列的周髀圆方二图中（图3），分析了中国建筑故宫、应县佛宫寺塔等大型宗庙性建筑物的图示奥秘。本文通过尝试将这种阴阳圆方的图示运用在山西大院建筑中，找到了庭院空间与传统图示的契合之处，从而得出这种图示不仅在大型宗庙建筑中适用，在传统民居的营造中同样有着极为关键的意义和价值。

萬物周事而圓方用焉大匠造制而規矩設焉或毀方而為圓或破圓而為方方中為圓者謂之圓方圓中為方者謂之方圓也

圓方圖

方圓圖

图3 《周髀算经》圆方方圆图
（来源：https://www.douban.com/group/topic/160894970/?type=like）

山西大院的庭院空间是满足礼制要求和居民生活需求的代表性空间，其比例尺度对人的身心健康有着极为关键的影响。在尺度分析方面，《街道的美学》给了明确的定义，将街道宽高的尺寸对比与人的心理状态结合评判（图4）。经过对多个大院的尺度进行比对，长宽比值均为在1~2之间的无理数，比如常家大院的内院长宽比约为1.46：1，贾家大院的长宽比例经计算约为1.49：1，均符合街道的美学对于舒适尺度的描述。但是数据的相关性很差，不能精确地解释山西大院的庭院尺度的内在逻辑。

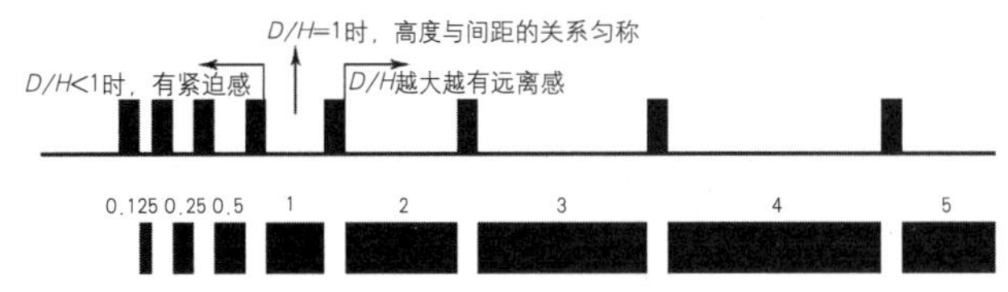

图4 尺度与感受关系图
（来源：《街道的美学》书籍）

通过结合圆方方圆图以及王南的图示代入的方法，我将常家大院内院的短边作为直径得到方圆图，再取方形对角线长度为半径，以方形顶点画圆，得出的长短边比十分接近$\sqrt{2}$：1，恰好与王南学者所得结论一致（图5）。在贾家大院（图6）、孙家大院（图7）平面图中将同样的图示代入，同样得到了长宽比接近$\sqrt{2}$：1的结果。这种$\sqrt{2}$：1也被称为“中国模数”。

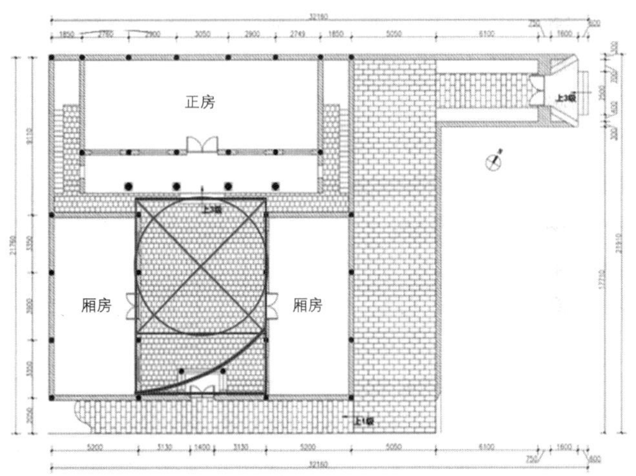

图5 山西常家大院建筑平面图
（来源：比例为作者自绘，平面来自彭美月论文）

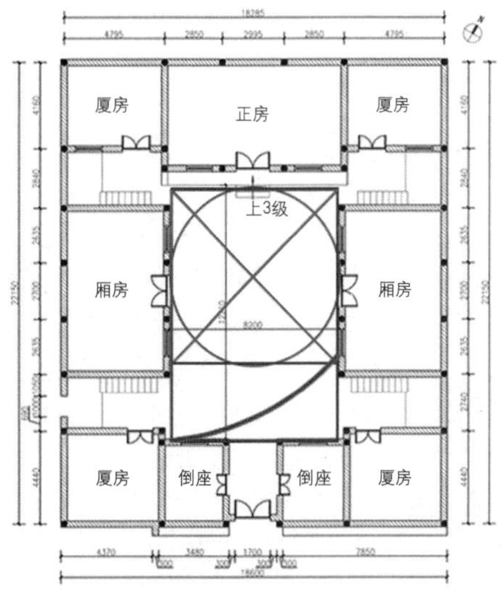

图6 山西贾家大院建筑平面图
（来源：比例为作者自绘，平面来自彭美月论文）

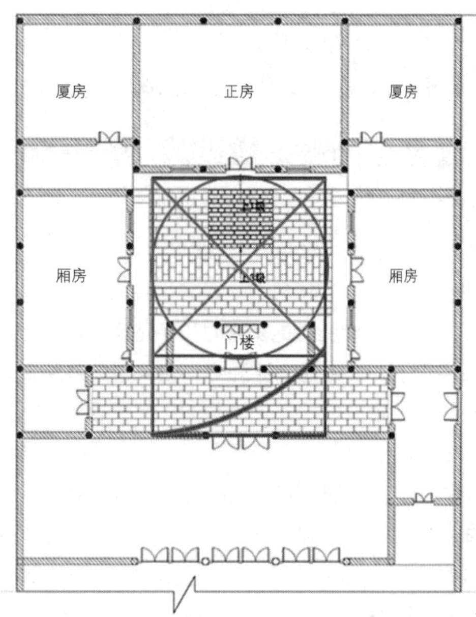

图7 山西孙家大院建筑平面图
（来源：比例为作者自绘，平面来自彭美月论文）

傅熹年先生在《比例研究》一书中就将模数与方圆比例作为两种方法进行阐释。柯布西耶致力于从数学角度出发建立空间与人的和谐关系。他通过对人体的尺度测量，由黄金分割和人体比例制成坐标形成一套体系，他将其定义为“模度”。其中也产生了众多无理数的数值结果，与“中国模数”类似。但是柯布的模度研究的是西方个体案例的身体构造，“中国模数”的出现或许是对模度的范围扩充，这是东方的基因和人体密码，对历史和未来的民居庭院发展，都是一种启示。

圆方方圆图中提到的规矩阴阳思想，不仅表现在方和圆的图示上，更展现着中国古代先祖对于人与自然关系的独特理解。劳动人民的智慧与对天地的崇敬，体现在民居里，投射进民居的空间，也映射了天人合一的朴素价值观。“象天法地”的造物原则和观念无不体现着一种和谐的人与时空的关系。追本溯源，大院的空间图示在比例与文化上均展现了对健康和谐生活的呼应与追求。

三、传统山西民居在社会背景下的研究意义

古人云：“无欲速，无见小利。欲速则不达，见小利则大事不成。”现代社会在资本的推动下迅猛发展，现代城市化进程中开发商的“圈地运动”导致建筑作为商品批量化生产，产生了千城一面的后果，也给居民带来了深刻的无家感。山西大院民居，作为华中地区特有的一类传统聚落，拥有独特的文化背景。大院中聚落文明经历长期稳定且内化的发展状态，有紧密的文化内核。其非标性是对当地环境回应的标本。其中蕴含的文化和智慧可以改善现代建筑过分依赖科技，从而与自然对立割裂的状态。传统民居的健康图示是对当地气候独特性的最好回应，可以说，传统民居守住了自然的边界。

诺伯格-舒尔茨认为：“重视存在和栖居的本质能够使现代人摆脱无家感和失根性，重新体验人类最高追求，诗意的栖居。”各地民居的微差是改变千城一面的社会问题、提升生活品质与当地生态的突破口。这些微差产生的空间图示来源于地域气候、文化和生活方式。这些图示可以作为当地社区的原型和母本，有着不可或缺的价值和独特性。

四、对未来民居的启示

1. 历史和传统的启示价值

艾略特在《传统与个人才能》中，提到了“历史意识是不可缺少的，要理解历史意识过去的过去性和过去的现存性。”山西大院民居通过千年的时光磨砺，留下了与当地气候人文最为和谐的建筑状态。对于传统民居，应该客观地看待其意义和价值，认识到现代的技术发展是个高速折旧的过程，而传统的存在总会有最朴素的启示。

传统大院原始的岁月“包浆”展现了其年代感与在地性，其中为了适应气候所采用的策略与图示可以为新建建筑主动性的生态设计提供思路，比如窑洞的黄土材料，在建筑全生命周期下能通过其物理特性，在保证舒适健康的室内条件的同时有很好的环保节能效果。应将传统材质的特性与当代技术结合，将传统山西大院的庭院尺度与人体的相关性总结出来，从而辅助现代住宅庭院的营造。当然，传统民居本身也存在众多问题，比如室内光环境差等。现代的先进科技也能被动式辅助房屋的不足，从而延长传统民居的生命周期，提高使用价值。历史和现代的技术理念交互补足，能更好地推动民居建筑的发展。

2. 健康空间的营造

健康有以下定义，“健康不仅是没有疾病，而且包括躯体健康、心理健康和社会适应良好”。研究证明，“建筑要素对健康影响巨大”。对建筑中健康图示的关注是为了利用建筑语言，寻求一种真正的人文关怀。这种切实的空间关乎人民的福祉，是一项普适的、必然的发展方向。对大院比例尺度的研究，可以从人的身心特性和生活感受角度提供科学相关性，通过量化从空间尺度与人本身架构桥梁。

3. 庭院的未来畅想

马岩松曾说，“留白给了建筑空间与人与自然互相弥合交融的机会，在这种场所中可以建立人性化的关系，可以削弱功能主义对人性的忽视，从而发觉历史，演化未来。”由调查发现，现代机械主义的过多运用也致使人与自然的割裂。但是自然对人的身心健康有着现代机械无法代替的作用和价值。庭院空间作为建筑与外界互通的腔体，可以有效地将自然引入建筑。庭院空间同样是院落文化

的载体，对其良好的营造可以增强人们的文化认同和文化自信，引发传统关系的回归。

通过发现传统大院民居庭院空间与故宫、应县佛宫寺塔等殿堂宗庙式建筑具有相同的比例关系，可能对我国理解与发展东方尺度的住宅有启示意义。民居建筑在尺度研究上肯定不如礼制级别高的建筑规格森严，但民居建筑作为最基本的架构和原型，体现的是最普适性的逻辑。这种比例出现在民居庭院中，可能暗含了当地居民原始的身体感受与审美取向，符合住户的身心健康需求。单体建筑映射的是微观城市的景象，这种比例或可以逐步拓展到地区城市未来的健康营建中。

参考文献

[1] 单德启，杨绪波.从传统乡土民居聚落到现代人居环境——关于住区环境和居住品质的探讨[J].学术研究，2003，8.

[2] 姚绍松，张宁，钟程，王鹏.浅谈窑洞建筑[J].学术研究，2020，10.

[3] 迟方爱，何礼平，潘冬旭，黄炜.浅谈浙江传统民居建构所体现人体健康理念[J].学术研究，2015，2.

[4] 王南.中国建筑规矩方圆之道——《规矩方圆，天地之和——中国古代都城、建筑群与单体建筑之构图比例研究》学术研讨会综述[J].学术研究，2019，7.

[5] 彭美月.山西大院民居空间格局及建筑文化研究[D].西安：西安建筑科技大学，2019.

乡村健康人居环境评价体系构建及实证研究❶

李竞秋❷ 李世芬❸ 范熙晅❹

摘 要： 乡村人居环境建设是积极响应国家"乡村振兴""实施健康中国"战略的重要内容，本文通过文献分析、实地调研、专家评价、问卷调查、访谈获取调研点数据，并运用层次分析法（AHP），结合YAHHP软件构建了乡村健康人居环境评价体系，包括居住环境、生态环境、公共服务、基础设施、社会人文环境等5个准则层，28个指标层。进而选取肇源县古龙村为研究对象，对其乡村健康人居环境进行满意度调查和评价研究，并提出改善乡村人居环境的建议。

关键词： 乡村 健康人居环境 评价体系构建 层次分析法

一、引言

近年来，随着"美丽乡村""乡村振兴"等国家乡村建设政策与任务的相继出台，一股美化乡村的运动热潮在全国范围内顺势开展，旨在进一步推进乡村文明和美丽中国的建设。但是在经济增长的同时出现了乡村人居建设无序发展、乡村基础设施缺乏等现象[1]。2021年2月中央一号文件《中共中央国务院关于全面推进乡村振兴加快农业农村现代化的意见》发布，文件提出，实施农村人居环境整治提升5年行动。一号文件对全面推进健康乡村建设做出全面部署。融合《健康中国2030规划纲要》与《健康中国行动（2019-2030年）》目标应该把健康发展列为整个乡村振兴的主题。

乡村振兴离不开乡村的健康可持续发展，乡村的健康与否决定着乡村振兴的成败，随着生活条件的改善以及2020年全国与新冠疫情的斗争都使人们越来越关注健康。推动乡村健康建设，使乡村可持续地健康发展，是中华民族崛起的迫切需求。所以，加快构建符合我国乡村健康发展的人居环境标准体系对于改善和提高人居环境质量具有十分重要的意义和价值。本文就乡村健康人居环境评价展开研究，以黑龙江省大庆市古龙村为例，以期为乡村健康人居环境质量提升提供建议。

二、乡村健康人居环境评价体系构建

近年来，随着对于乡村发展建设的一系列政策措施的推动，乡村人居环境研究成为学术界与政府关注的焦点。学术界对乡村人居环境的相关研究主要集中于三个方面：乡村人居环境改造与优化策略研究[2-4]、乡村人居环境特色营建与乡村建设[5-7]、乡村人居环境评价研究[8-10]。关于健康相关领域的评价体系研究主要集中在健康城市、健康乡村、健康建筑等[9]。通过文献研究可知目前对健康乡村人居环境进行评价的研究很少涉及，因此本文的研究创新点就是通过借鉴相关研究，采用层次分析法（AHP），构建乡村健康人居环境评价体系，通过问卷和实地走访调研的方式获取相关领域专家对各指标因素进行重要性排序，并运用YAHHP软件确立各指标权重，进而通过对黑龙江省古龙村的满意度调查及评价发现人居环境的问题并提出改进策略。

1. 评价指标的选取

通过相关文献、国家规范的分析和实地调研，本文确定乡村健康人居环境评价体系共分3个层次（目标层、准则层、指标层），包含5个准则层，共涉及28个指标，具体详见图1 [8-10]。

2. 指标权重的确定

该研究根据层次分析法（AHP）的基本流程顺次展开，具体计算过程及方法如下：

（1）构造判断矩阵

在构建准则层的判断矩阵时，为了使判断定量化，层次分析法采用1～9标度方法，对不同情况评比赋值。笔者设计了重要性程度比较的调查问卷，并分别发放给15名相关专家，通过对回收的有效问卷进行统计整理，得出各项因素的重要性比较。

---

❶ 基金项目：十三五国家重点研发计划课题：村镇社区分类识别评价与空间优化技术（课题编号 2019YFD1100801）。

❷ 李竞秋，大连理工大学建筑与艺术学院，研究生。

❸ 李世芬，大连理工大学建筑与艺术学院，教授、博导。

❹ 范熙晅，大连理工大学建筑与艺术学院，副教授、硕导。

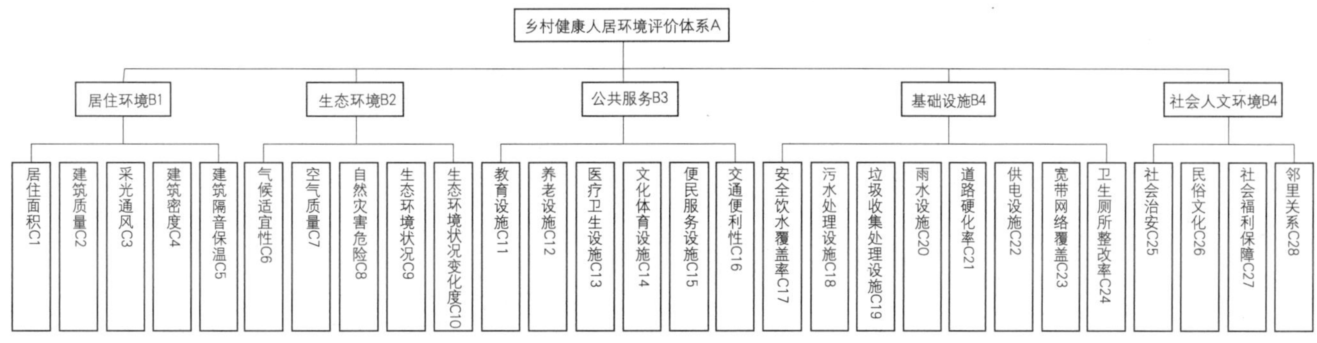

图1 乡村健康人居环境评价体系

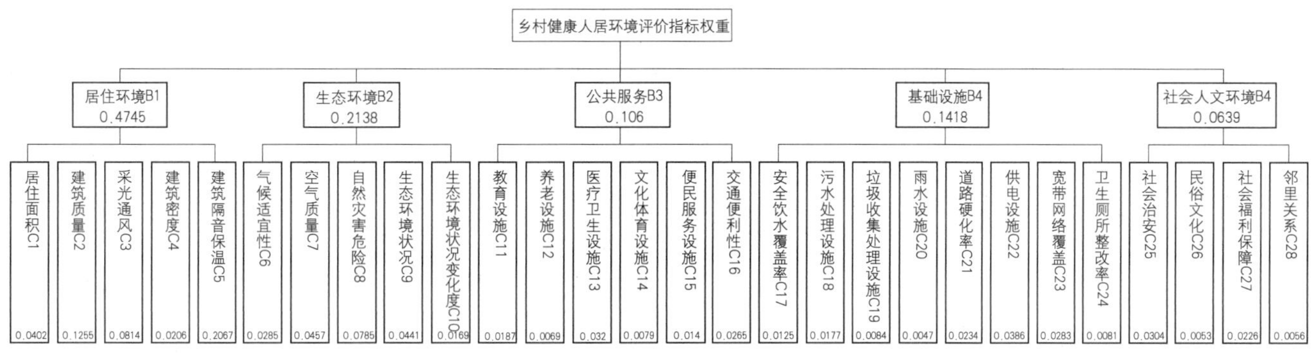

图2 乡村健康人居环境评价指标权重

（2）计算判断矩阵因子权重及一致性检验

根据判断矩阵，计算判断矩阵最大特征根 λ_{max} 和随机一致性比率 C.R.，依次进行各层次指标和总一致性检验，当 C.R.<0.1 时，满足一致性检验。从而计算各因子的权重分配。由于整个计算过程很复杂，考虑到计算结果的科学性和正确性，本文采用 YAHHP 软件进行一致性检验及权重值计算。图 2 是基于多名专家打分结果的权重计算结果。

三、评价指标框架实例检验

1. 调研点概况

古龙村隶属于肇源县，居嫩江东岸，为肇源县最西部乡镇区。村内省级、县级道路交汇，交通条件相对较好。村庄现有人口约4500人，共计约1300户；人口老龄化特征突出。村庄现状用地约30平方公里。村庄内主街两侧建筑基本以二、三层和多层为主，建筑风貌比较多样，随建造时间的不同，风貌有不同的变化，以一般民居和现代建筑为主。村内民居多数为改造农村建筑，轻钢瓦顶，装饰丰富，前后院内布置农作物（图3）。村内绿化较少，公共服务设施沿主路集中布局。村庄社会保障设施缺乏，便民服务设施如商店能够满足村民日常生活需求，但部分居住点距离商业区较远，整体布置不合理。古龙村域内基础设施建设缺口较大，在道路交通、排水、环卫工程等都欠缺较大的投入，对城乡建设和经济发展带来不利影响（图4）。

2. 古龙村健康乡村居住环境评价满意度打分

对古龙村的 155 名普通民众进行问卷调查，发放调查问卷 155 份，有效回收 151 份，回收率 97.8%，对受访者的满意程度进行赋值，极不满意、不满意、一般、满意、非常满意分别赋值 20、40、60、80、100 分，90 分在满意和非常满意之间，其他评分以此类推，再取平均值为单项赋值，最后通过加权平均分比较需要改进的各要素（表 1）。

图3 现状照片

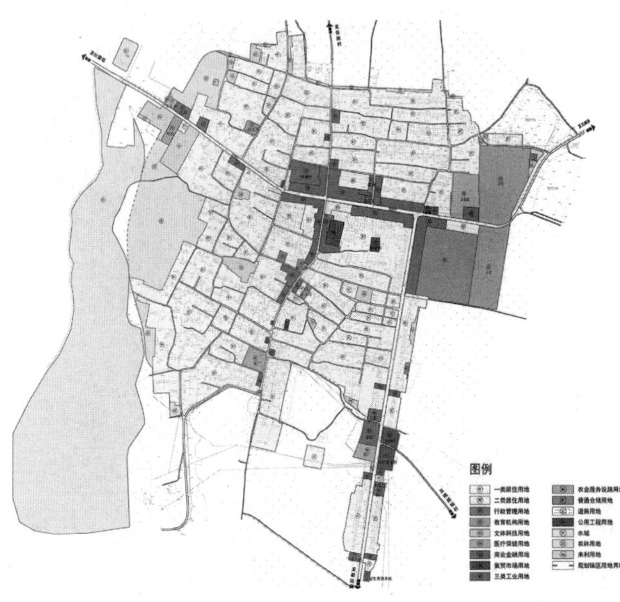

图4 现状土地利用图

古龙村健康乡村居住环境评价满意度打分表 表1

准则层	满意度	指标	权重	打分	加权平均分
居住环境B1	81.1975	居住面积 C1	0.0402	86	3.4572
		建筑质量 C2	0.1255	78	9.789
		采光通风 C3	0.0814	90	7.326
		建筑密度 C4	0.0206	89	1.8334
		建筑隔音保温 C5	0.2067	78	16.1226
生态环境 B2	76.312	气候适宜性 C6	0.0285	75	2.1375
		空气质量 C7	0.0457	85	3.8845
		自然灾害危险 C8	0.0785	64	5.024
		生态环境状况 C9	0.0441	85	3.7485
		生态环境状况变化度 C10	0.0169	90	1.521
公共服务 B3	71.066	教育设施 C11	0.0187	78	1.4586
		养老设施 C12	0.0069	0	0
		医疗卫生设施 C13	0.032	72	2.304
		文化体育设施 C14	0.0079	61	0.4819
		商业设施 C15	0.014	74	1.036
		交通便利性 C16	0.0265	85	2.2525
基础设施 B4	73.3032	安全饮水覆盖率 C17	0.0125	92	1.15
		污水处理设施 C18	0.0177	48	0.8496
		垃圾收集处理设施 C19	0.0084	66	0.5544
		排水设施 C20	0.0047	32	0.1504
		道路硬化率 C21	0.0234	23	0.5382
		供电设施 C22	0.0386	100	3.86
		宽带网络覆盖 C23	0.0283	98	2.7734
		卫生厕所整改率 C24	0.0081	64	0.5184
社会人文环境 B5	85.6604	社会治安 C25	0.0304	91	2.7664
		民俗文化 C26	0.0053	81	0.4293
		社会福利保障 C27	0.0226	78	1.7628
		邻里关系 C28	0.0056	92	0.5152
				总分	78.2448

3. 结论

结果表明，古龙村民对各要素满意程度排序为：社会人文环境（85.6604）＞居住环境（81.1975）＞生态环境（76.312）＞基础设施（73.3032）＞公共服务（71.066）。基础设施与公共服务满意度最低，通过实地调研了解到，村庄的公共服务设施缺乏，如养老设施村内目前还没有、基础设施相对不够完善、村内道路硬化率低、垃圾处理设施不足等，以及由于给排水设施不健全导致雨水、洪水对村民生活造成较大的影响。生态环境方面，古龙村属于东北严寒地区，在冬季寒冷气温低，不适宜在室外活动。另外每年到了雨季，为了防止再次出现洪水淹村，都会组织村干部到坝上防洪。居住条件相对来说比较满意，在与受访者交谈中得知村内的大部分民居都是 20 世纪 90 年代以后建的，并且政府对于低保户等有特殊政策，让村民都能住上房、住好房。村内也有新改造的房屋，采光通风有基本保障，房屋规划合理，建筑框架结构也能完全保证村民在遭遇小型自然灾害时的生命安全，然而村庄的公厕设立不够，某些村民仍在使用旱厕。社会人文环境方面村民们表示基本满意，人与人之间的相处融洽，村内治安也较好。通过入户走访了解到，78% 的本地村民对现在的生活基本满意。

四、古龙村人居环境优化策略探索

1. 居住环境优化

根据现场调研及评价结果，古龙村内民居多为自发改造农村建筑，缺乏整体的引导，导致村容村貌较为凌乱。建议未来对古龙村的建筑、街巷风貌进行统一设计、规划。

（1）挖掘村域传统文化。因镇政府驻地曾为驿站，清代建驿站时，称古鲁站，后来由于语音流变，称作古龙。可查阅当地历史资料，探索当地驿站文化建筑特色，应用到村落建筑的建设中，并对有文化历史价值的老建筑进行适宜性改造与修复。

（2）统一建筑风格。遵循一村一品原则，避免建筑风格的杂乱，统一古龙村新建与改造建筑的风格。可统一建造材料的种类，避免在外观材质上杂乱无章，缺乏同一性。

（3）统一院落布局模式。现状农宅基本每户都有独立院落，但缺乏合理的布局与空间限定，可设计统一的庭院布局模式，在建筑入户环境方面达到村落层面的整洁统一，提升建筑，延伸环境的品质。

2. 生态环境优化

古龙村的农林用地主要集中在西面，缺乏对绿化景观的均质分布，且整体缺乏广场等公共活动空间。村内现无成片绿地，仅主要道路两侧有部分道路绿化。建议未来采用公园、广场结合的形式建设，丰富村内园林景观的同时，增加文化活动场地。在供热站和生活用地之间，设防护绿化隔离带，起到控制粉尘污染的作用。合理布局和优化产业结构，实施清洁生产工艺，推广高效能、低污染燃料，减少大气污染物产生量。逐步将村内现有的养殖生产规划集中于外部的养殖小区。

3. 公共服务设施优化

目前古龙村一类居住用地过多，公共服务设施较少，有限的公共设施不足以满足村落中居民的使用。现状交通网络密度较乱，有一定数量的断头路，需要进一步规整。通过调研及评价发现，最需要优化的是养老设施和文化体育设施。建议村内在保留现状卫生院用地的同时增加医疗设施，改善内部环境，规划新建养老院1所。在现有文化活动站基础上升级文化活动设施的建设，增加内部功能，提升文化设施的服务层次。新建老年人活动中心、青少年活动中心。村内规划公园内均配建体育设施。村内中、小学配有体育运动场地等，应在非教学时间为居民开放，提供健身场所，增加设施场地的使用率。

4. 基础设施的优化

根据目前现状情况，村内污水处理设施、排水设施、道路硬化率需优先优化。现状古龙镇内无排水设施，排水由各居民点自然排放。建议建设人工湿地污水处理系统，排水设施基本满足要求，确保雨后村内无积水现象。道路方面加强村村通公路的维护修整，保证道路路面平整，通村公路硬化率实现100%。在厕所整改方面，仍有一些偏远的居民家使用旱厕，缺少公厕。规划建议增设公厕并设置指示牌，同时安排专员定期对公厕进行检修打扫，提高公厕的使用率[11]。

五、结语

乡村人居环境问题涉及建筑学、城乡规划、社会学、经济学、环境学等多学科，乡村人居环境的改善与优化是一项复杂的、动态的工程[12]。目前国内外关于乡村健康人居环境的研究较少，本文关于评价指标的选取及取值范围还需要进一步研究。将评价体系指标扩展得更全面，才能更科学深入地评价和提出更完善的建议。改善乡村人居环境，才能促进乡村健康发展，加快美丽乡村建设。

参考文献

[1] 孔德政，谢珊珊，刘振静，刘艺平.基于AHP法的乡村人居环境评价研究——以赵河镇为例[J].林业调查规划，2015，40（03）：99–104.

[2] 褚家佳.乡村振兴背景下苏北农村人居环境整治的现状、成因及对策[J].江苏农业科学，2020，48（1）：33–36.

[3] 冉群超，刘怡君，王庆生.全域旅游背景下的乡村人居环境优化——以天津市蓟州区小穿芳峪村为例[J].安徽农业科学，2020，48（2）：151–153.

[4] 赵慧峰.改善人居环境、建设美丽宜居乡村是乡村振兴的关键——评《河北省实施乡村振兴战略推进美丽宜居乡村建设研究》[J].农业经济问题，2018，（5）：143–144.

[5] 李晶，蔡忠原.关中地区乡村聚落人居环境特色营建——以陕西富平文宗村为例[J].建筑与文化，2020，（1）：234–235.

[6] 祝笋，付皓.美丽乡村背景下村庄人居环境改善思考——以湖北中村为例[J].华中建筑，2020，38（6）：68–71.

[7] 张立恒，赵天宇，荣丽华.空间抽象视角下内蒙古乡村人居环境特征解析[J].新建筑，2020，（4）：93–97.

[8] 罗航宇，文豪，孙晴，肖宁柠，陈默罕.基于AHP的四川农村人居环境的评价体系构建及实证研究[J].农业与技术，2020，40（24）：151–153.

[9] 易潇.湖北省健康乡村居住环境评价指标框架的影响因素研究[D].华中科技大学，2019.

[10] 刘泉，陈宇.我国农村人居环境建设的标准体系研究[J].城市发展研究，2018，25（11）：30–36.

[11] 蒋丹.乡村人居环境评价与优化策略研究——以河底村为例[A]//中国城市规划学会、重庆市人民政府.活力城乡 美好人居——2019中国城市规划年会论文集（18乡村规划）[C].中国城市规划学会、重庆市人民政府：中国城市规划学会，2019：10.

[12] 李伯华，窦银娣，刘沛林.制度约束、行为变迁与乡村人居环境演化[J].西北农林科技大学学报（社会科学版），2014，14（03）：28–33.

基于层次分析法的山地乡村景观可持续发展研究 [1]

——以浙江酉田村为例

林斯媛[2]

摘　要：本文以浙江酉田村为研究对象，分析在中国快速城镇化背景下，山地乡村的生态、文化景观保护与发展模式。研究步骤分为三步：首先利用层次分析法（AHP），针对酉田村建立景观评价体系，分析村落各区域的生态敏感度高低；而后分析不同生态敏感度区域的景观要素特征；最后尝试总结酉田村的生态循环系统，解释不同景观要素相互协作的运作机制，并提出针对山地乡村的可持续保护与更新策略。

关键词：山地乡村　层次分析法　景观要素　可持续发展

一、中国山地乡村的研究背景

乡村作为典型的环境与文化共同体，可根据地理和农业条件分为不同类型。中国山地乡村以地理条件作为其最显著的特征，远离平原，环山抱水，由于山地地形复杂、高山河谷阻隔，经济发展受到制约，中国山地乡村在相当长时间内发展缓慢，表现出显著的封闭性、自给性和资源依赖性。山地乡村运作模式的主体在于其景观环境与社会文化之间的动态平衡关系：人类在开垦山地的农业过程中驯化了土地、植物、水文等景观要素，同时其生活也被驯化，生活模式与景观环境相互依赖、紧紧相扣。在修建民居时通常将主动权让渡于地形地势，主动适应气候环境，村落围绕着村内的宗祠或风水“福地”等公共空间展开，形成独特的生态与人文景观。

然而受中国快速城镇化的影响，地域性、原生态的山地乡村迫于当地滞后的经济条件而面临被淘汰或均质化改造的境地。中国山地乡村亟待真正根植于特定地域物质条件和传统文化的深入研究，为其当下所面临的保护更新问题做出应对。本文以山地乡村的景观要素为切入点，以浙江酉田村为典型案例，对山地乡村的可持续发展进行研究。

二、浙江酉田村的现状研究

1. 气候地理

酉田村位于浙江丽水市松阳县三都乡，不同于大多村庄选址于山脚较为平坦处便于建造房屋，酉田村位于半山腰上，海拔413米，山林面积4335亩，耕地面积341亩。气候属亚热带季风气候，温暖湿润，四季分明，雨量充足。

酉田村四周被群山翠竹环绕，仅有两条道路与外界相连，环境较为闭塞，古时可以较好地抵御外敌。村落呈阶梯状匍匐于山地之中，背山面水，民居依山而建，错落有致，连绵山丘转化为层层台地，梯田遍布。群山将寒冷强劲的西北风遮挡，南向接受自然光照。村口水塘是村庄的唯一稳定生活水源（图1），酉田村整体位于一个汇水挡风的山窝之中，是一个标准的“风水宝地”。

图1　酉田村村口水塘

2. 发展肌理

元末明初，叶氏家族迁徙至酉田，在此定居繁衍后代。由于闭塞的山地村落土地资源有限，当人口饱和，为避免超出环境承载力，叶氏子孙后代向外析出新建民居或开拓新村，以保证村内的和谐与自给自足（图2）。已有600年历史的酉田村，目前人口依然控制在300人以内，全村共有100户284人口，属于小型山地村落。

3. 农业模式

受高山台地地形地势影响，酉田村的先民们早期将其改造为梯

[1] 基金项目：本文为国家社科基金“铸牢中华民族共同体意识”研究专项“中华民族共同体视觉形象聚类分析与图谱建构”（20VMZ008）资助的部分研究成果。

[2] 林斯媛，东南大学建筑学院，建筑学专业研究生。

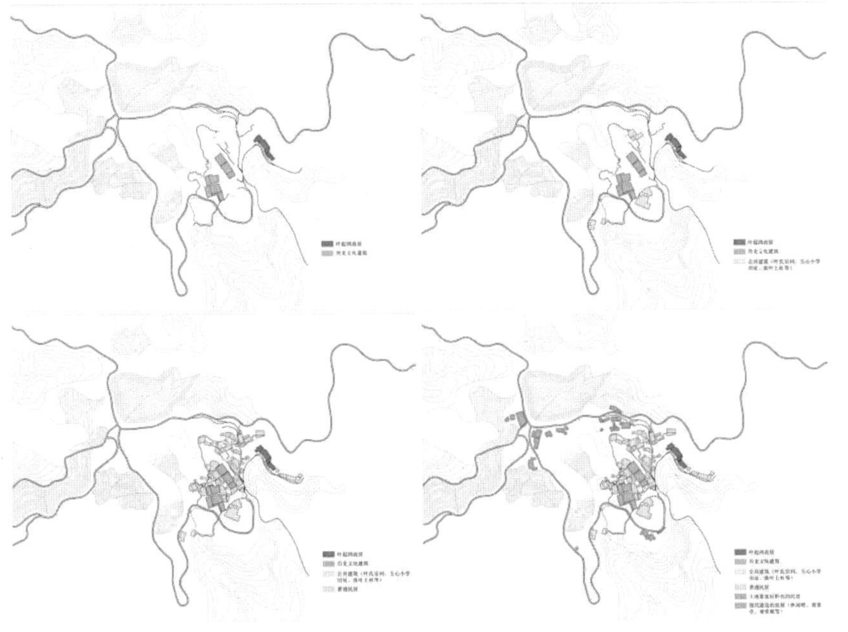
图2 酉田村发展肌理示意

图3 酉田村茶叶种植

图4 酉田村道路基础设施

田，以种植水稻为主，后来尝试养蚕、养蜂、种植茶叶。因为经济收益比稻谷高，茶叶（图3）目前已经成为村中绝大多数村民赖以为生的产业。酉田村将生态优势转化为经济优势的同时，保留了良好的景观风貌。

4. 基础设施

由于山地地势崎岖不平，酉田村交通条件水平落后。从城市到村内需经过十公里山路，没有固定的公交车。村内仅有村口至台地底层的道路为现代修缮后的水泥地，再往高处只能走台阶（图4）。村内水资源极为有限，固定水源仅有村口水塘，缺少由下至上的动力输送设施。此外，酉田村较少从外进口生活材料，其建造房屋的材料一般就地取材，利用后山森林的木材或黏土。家家户户室内一般没有空调等现代城市中常见的室内环境调节设备。

三、层次分析法下的景观要素分析

1. 建立景观评价体系

本文采用层次分析法（AHP）[1]对酉田村进行景观要素的分析。由于山地村落自身是一个复杂的生态与人文系统，本文针对酉田村，第一步，将其景观要素分解为人文要素、生物要素、自然要素三个子层级，再在各个子层级下细分为不同的景观要素。第二步，制定各景观要素的评价指标。针对某景观要素，酉田村内不同区域的表现情况，以5至1分分别对应深色到浅色、高敏感度到低敏感度，以此确定酉田村内各区域在不同景观要素评价体系下表现出的环境敏感度。第三步，确定各层级中的各景观要素所占权重和递阶结构中相邻层次元素的相关程度，构建景观评价体系（表1）。第四步，将各景观要素的图像按其权重叠加，得到颜色深色区为综合环境敏感度较高的区域，颜色中等深度区为敏感度中等区域，颜色浅色区为敏感度较低的区域。最终，针对综合敏感度不同等级的区域进行主导景观要素的分析。

其中，第二步具体操作为通过人文景观要素研究人为开发程度，针对其设立土地使用性质、人工痕迹范围两个指标；通过生物景观要素研究目前的生态环境保护程度，针对其设立NDVI指标[2]；通过自然景观要素研究自然资源可利用率，针对其设立斜率和高度两个指标。各指标均有下层子指标以细化评价标准，得分越高、区域颜色越深、生态敏感度越高。

2. 分析结果

将各景观要素的生态敏感度评价结果叠合（图5、图6）后得出，图中颜色越深，该区域的综合敏感度越高。通过读图，选取颜色深度高的区域，用绿线框选并用色块标记，此范围内为生态敏高度较高的区域。通过与酉田村卫星图比照，得出酉田村村内及周边地区生态敏感度较高的区域位于酉田村的东北部、西部和西南部，土地性质主要为山体。基于生态保护原则，高生态敏感度区域不宜开展建造或开垦活动，对该区域资源的开发要适度，

---

[1] 层次分析法（AHP）是指将一个复杂的多目标决策问题作为一个系统，将目标分解为多个目标或准则，进而分解为多指标（或准则、约束）的若干层次，通过定性指标模糊量化方法算出层次单排序（权数）和总排序，以作为目标（多指标）、多方案优化决策的系统方法。

[2] NDVI 是指归一化植被指数，用以检测植被生长状态、植被覆盖度和消除部分辐射误差等。NDVI 能反映出植物冠层的背景影响，如土壤、潮湿地面、雪、枯叶、粗糙度等，且与植被覆盖有关。

西田村景观评价体系 **表1**

准则层		指标层		评价依据	得分	敏感度等级
因素名称	权重	指标名称	权重			
人文要素	0.36	土地使用性质	0.2	农林业	5	高敏感性
				河流	5	高敏感性
				绿地	4	较高敏感性
				居住	3	中敏感性
				荒地	2	低敏感性
				交通	1	不敏感性
		人工痕迹范围	0.16	人工用地且单元内无人居住	1	不敏感性
				单元内 5 个家庭以上	2	低敏感性
				单元内 3~5 个家庭	3	中敏感性
				单元内 1~2 个家庭	4	较高敏感性
				自然环境且单元内无人居住	5	高敏感性
生物要素	0.26	NDVI	0.26	生物多样性	分 5 级，分别 1~5 分	
自然要素	0.36	斜率	0.2	0~8	1	不敏感性
				8~15	2	低敏感性
				15~25	3	中敏感性
				25~35	4	
				> 35	5	高敏感性
		高度	0.18	0~20	1	不敏感性
				20~50	2	低敏感性
				50~90	3	中敏感性
				90~150	4	较高敏感性
				> 150	5	高敏感性

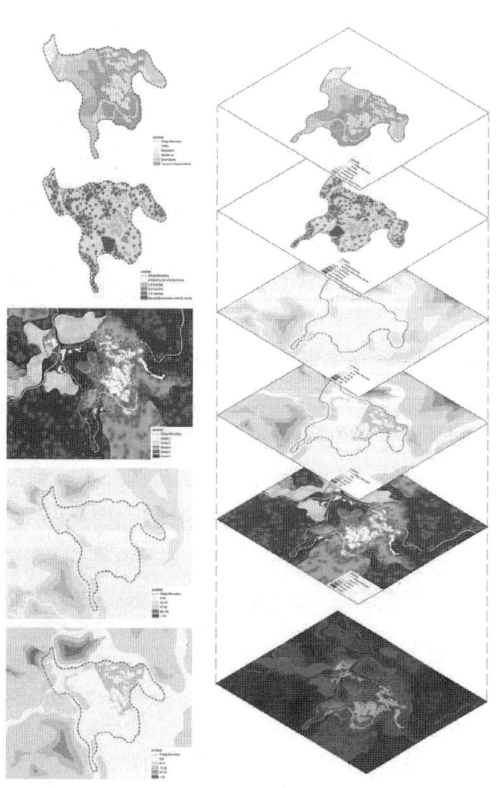

图5　各景观要素分析结果及叠合组图

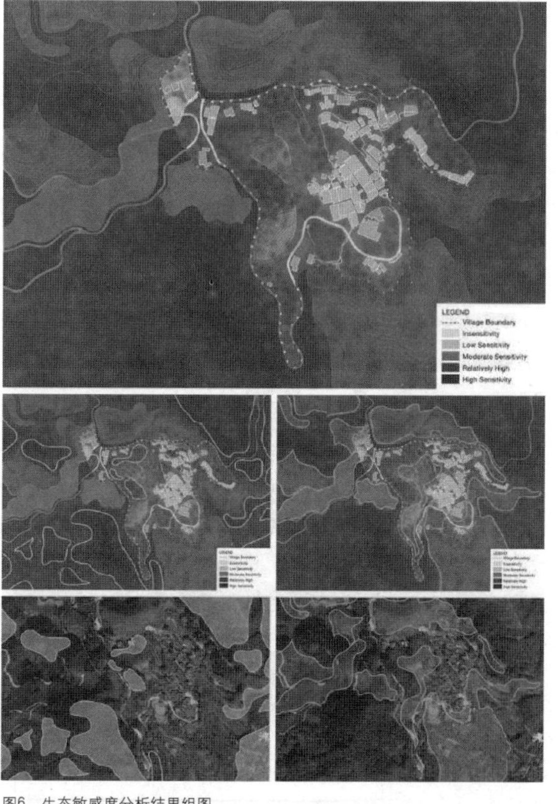

图6　生态敏感度分析结果组图

控制在自然再生能力范围内。颜色深度中等的区域为生态敏感度中等的区域，用蓝线框选并用色块标记，即西田村的北部、西北部、南部与东南部，土地性质以梯田、水塘为主。生态敏感度中等的区域可根据国家政府政策及村内人口变动、用地需求适当退耕还林或征用耕地进行开发。颜色深度较浅的区域为生态敏感度低的区域，即西田村的东部，主要是民居。该区域可适当发展观光旅游文化产业。

四、西田村的生态循环系统

西田村形成了主要由四个景观要素——“森林—村寨—梯田—河谷”组成的系统格局。西田村村寨之上是森林，中国传统观念中村寨的守护神在此，世代被村民崇拜、保护。森林具有涵养水源、防止水土流失、提供木材和野生动植物资源等功能。村落之下是梯田。梯田系统是利用光热和水资源的主要场所，为村寨耕种粮食蔬菜、养鱼养鸭等生计活动提供场所。水系统贯穿整个生态系统，通过森林储水、灌溉梯田、汇入河流后蒸发完成水循环。村寨则是村民休息和生活展开之所。

这种农业耕作与生态环境高度协调而运作的生产模式是西田村村民改造山体、优化水资源用以支持农业生计的结果。这种系统由于山地地势在垂直方向的变化，形成了三维空间上能够自我闭合、环环相扣、自给自足的能量循环圈。并且由于人类对高山天生的敬畏之心，“森林—村寨—梯田—河谷”这一系统从物质到精神层面较为完美地将人类融合于自然之间。

五、山地乡村的智慧营建与可持续发展策略

适宜山地乡村的景观设计应该是立足于村落不同生态敏感度区域的、有针对性的，既可以和周围自然相融合、抑制水土流失或者灌溉排水等生产性问题，景观造价和后期维护又相对低投入的设计。西田村在极少依赖外界现代物质材料和先进技术的条件下，生生不息地扎根于山中已有600余年，这背后的生存法则及景观塑造值得后世学习。此外，本文亦考虑到西田村目前景观保护与更新的不足之处，在本小节结合西田村的智慧营建与山地乡村的可持续发展，提出以下4点策略：

1. 茶稻组合的高效农业

西田村的中高生态敏感度区域，主要为农林业用地。村民选取适宜在高山梯田上种植的农作物——茶叶、水稻和高山水果，并依据农作物不同的经济效益、村民各家人口需求和农田数量，分配耕种的面积，以茶叶为主、稻谷为辅。梯田免去了复杂的开挖、填平土地的操作，省时省力。农作物的多样性提升了西田村生态景观的丰富度和生物多样性，同时该类型农业模式的物质形态塑造了西田村独具一格的地域特色景观。

2. 层层跌落的民居形态

西田村低生态敏感度区域主要为村民住宅。丰收季节由于作物成熟后的最佳状态时长有限，村民采取家庭合作的形式，每家错开丰收时间，集体轮流帮助各家完成丰收。农业耕作模式决定了村民需要住得相对较近，才能方便互帮互助，因此形成了组团聚集的形态。一面陡坡为林，一面低洼为塘，周边分布着梯田，西田村的民居建于山体与池塘交界的缓坡处，既不占用耕地，又可避免水涝。

针对有限的适于建造房屋的土地，阶梯状层层跌落的建筑聚合形态在水平与垂直方向实现空间集约。单侧阶梯朝南布置，保证了村民各家建筑的采光。在夏天，由于紫外线强，地面升温幅度大，西田村的民居形态利于加速气流上升速率，促进气流循环，形成风，从而降低村民生活区的温度；冬天山风又可将上层热空气带入下方，进而调整温度。

3. 相辅相成的水循环与能量循环

在应对紧缺的水资源方面，西田村没有利用设备由下至上输送水，而是利用台地高差的临界空间。处在上一层的宅门前场地可用来储藏杂物或种植农田，处在下一级的屋后空地也归上一级管辖，作为水塘，锁住降雨，置于屋前，取水便捷。地势低的住宅正好为地势高的住宅稳固水土，抵御流失。水流由上至下层层流下，最终汇集至水塘，再通过蒸发作用，水循环圈形成闭合（图7）。此外，每当降雨，雨水便会盈满家家户户的集水盆，村民可以将其用来冲洗衣物、打扫卫生，可谓物尽其用。

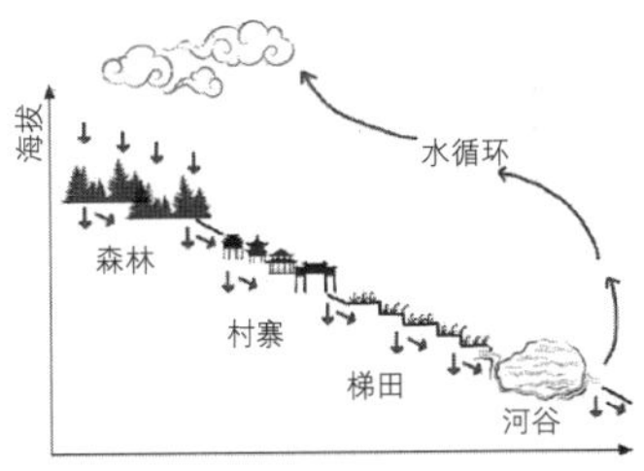

图7　西田村水循环示意图

“森林—村寨—梯田—河谷”的结构借助水循环系统同时运行着能量循环。单纯依赖土壤肥力并不能支撑好的作物生长，更多的养分其实来自于水层中的腐殖质、微生物、浮游生物等营养物质而非土壤，因此水肥极其重要。在雨季，大雨会把森林腐叶和山坡上的牛羊粪便冲进山沟、梯田里，为作物带来肥力（图8）。

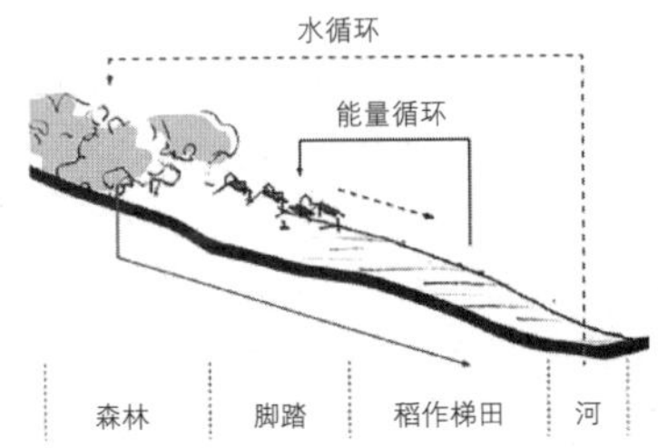

图8　水循环与能量循环示意图
（来源：引自刘超群，王翊加，朱珠．作物如何塑造聚落）

4.“活态保护”的人文景观

人文景观亦是乡村可持续发展中的重要一环。西田村针对其南宋到清末的叶氏文化史，村内虽有保护叶氏宗祠、大家族故居，但由于缺乏文化记忆点，村民对外没有有效的宣传手段，造成保护质量不佳，特色文化流失。针对历史文化的“活态保护”，西田村等山地乡村可采用以下方法：(1)“一”空间“多”用途。宗祠、庙社等公共建筑作为村落历史发展中最重要的聚集空间，即使现代礼俗简化，其依旧是凝结宗族人情的场所，可作为村落文化戏台、节日活动礼堂等；(2)寻求村民日常活动中频繁使用、聚集的步道、巷口等公共空间与村落历史文化结合的可能性；(3)建设具有体验、休闲、展览功能的农耕博物馆和手工作坊等。

六、结语

西田村的智慧营建保证了山地乡村中土壤与空气的安全，山体、水系、绿地连接的完整性。山地乡村的可持续发展不仅在于房屋结构、材料和造型，更与乡村的气候生态、居民的生活习惯、农业模式、家族信仰、文化传统有关。解读西田村景观要素的目的不是为了模仿，而是试图为山地乡村寻求适应地域文化的现代生活方式，创造更契合地形、适应气候，利用当地材料实现高效的能量循环，保护优美的生态风貌，展现独特的地域文化，与现代生活方式相适应并为当地人所喜欢的人类生存家园。

参考文献

[1] 邬建国.景观生态学——格局、过程、尺度与等级[M].北京：高等教育出版社，2000.

[2] 高娜.景观生态学视野下的乡村聚落景观整体营造初探[D].昆明：昆明理工大学，2006.

[3] 刘超群，王翊加，朱珠.作物如何塑造聚落——以云南省绿春县瓦那村为例.[J].建筑学报，2020（06）：9-15.

[4] 孙炜玮.乡村景观营建的整体方法研究——以浙江为例[M].南京：东南大学出版社，2016：86-87.

[5] 刘婧超.秦岭北麓西安段生态旅游型乡村景观评价体系研究[D].西安：长安大学，2017.

健康导向下老旧住区公共空间品质提升策略

——以武昌凤凰山—螃蟹岬地区为例

李振宇❶ 李晓峰❷ 朱唯楚❸

摘　要：在健康中国战略和城市更新的双重背景下，老旧住区的健康与安全问题日益突出，而公共空间的品质提升又是老旧住区解决上述问题的关键。本文以健康为导向，以武昌凤凰山—螃蟹岬地区为例，以高品质公共空间促进人的健康为切入点，结合具体问题与设计实践提出构建系统绿色开放空间、活态传承特色空间记忆、创造复合共享交往空间、构建完善便捷交通体系四个方面的老旧住区公共空间品质提升策略，以期探索老旧住区健康化改造路径。

关键词：健康导向　住区更新　公共空间　品质提升　武昌凤凰山—螃蟹岬

一、引言

近年来我国快速城镇化进程在带来经济社会长足发展的同时，也造成交通拥堵、环境污染、疾病流行等一系列城市病，对人民的身心健康极为不利。老旧住区是城市发展的原点，具有丰富的文化资源、宜人的街道尺度以及和谐的邻里氛围。但长期以来大拆大建式的旧城改造导致老城区公共空间品质低下、街道空间活力衰退、人口流失与高度老龄化等问题频发。随着城乡建设逐步从大规模增量建设转为存量提质改造和增量结构调整并重，如何为老旧住区居民提供有益于健康的公共活动空间，改善居住环境，探寻健康之道，重现老城区的吸引力与归属感成为当前亟待解决的关键问题。

凤凰山—螃蟹岬地区是昙华林历史街区的北边界，片区内有凤凰山和螃蟹岬两处自然山体，三义村、凤凰山社区、东西城壕社区等老旧住区，以及昙华林小学与武汉市十四中学、旭辉大厦和泛悦汇等公共服务设施。同时，片区内还分布着武胜门遗址、石瑛故居、瑞典教区、江夏民居等历史文化遗迹，具有深厚的文化底蕴。随着昙华林文化旅游事业的兴起，临近昙华林路的区域获得了较好发展，但其他地区破败不堪，无人问津，山体也被密密麻麻的自建居民区逐步侵占，公共空间品质低下，亟待提升。基于此，本文将健康导向理念引入凤凰山—螃蟹岬地区城市更新中，探寻健康导向下的老旧住区公共空间品质提升策略，以期提供一定借鉴。

二、健康导向的内涵及其与老旧住区公共空间的关联

1. 健康导向的内涵

健康“是一种在身体、精神与社会上感觉幸福和安宁（well-being）的完满状态，而不仅仅是没有疾病和虚弱”[1]，涉及生理、精神、情感、智力、环境、社会、经济与职业等多个维度，包括生理健康、心理健康和社会适应性良好三个层面。1994 年，WHO 正式提出健康城市的定义：“健康城市应该是一个不断开发、发展自然和社会环境，并不断扩大社会资源，使人们在享受生命和充分发挥潜能方面能够互相支持的城市。”复旦大学傅华教授等提出了易被理解的定义：“所谓健康城市是指从城市规划、建设到管理各个方面都以人的健康为中心，保障广大市民健康生活和工作，成为人类社会发展所必需的健康人群、健康环境和健康社会有机结合的发展整体”[2]。健康导向即以人的身心健康作为核心价值取向，区域内所有的建设活动都围绕该价值取向进行调整、改进。

2. 人的健康与老旧住区公共空间的联系

健康状态的实现有赖于健康行为活动的产生，而健康行为活动是公共空间和居民健康需求共同作用的结果。吴欣玥将健康活动分为“接触自然、体育锻炼、文化休闲和社会交往”[3]四种类型（表1）；巴顿和格兰特从健康与人居环境的角度绘制了人居健康地图（图1），将影响人群健康的圈层分为社区、地方活动、建成环境及自然资源等圈层。这些圈层共同决定了人群的健康和幸福，而且圈层之间相互作用，互相影响。可以说，物质环境和社会环境的品质与居住在其中的人群健康和幸福密不可分[4]。公共空间主要包

---

❶ 李振宇，华中科技大学建筑与城市规划学院，博士研究生。
❷ 李晓峰，华中科技大学建筑与城市规划学院，教授（副院长）。
❸ 朱唯楚，华中科技大学建筑与城市规划学院，硕士研究生。

四类健康活动的层次分布 表1

活动类型	活动内容	活动层次	健康功效
接触自然	呼吸新鲜空气	嗅觉活动	增强免疫力、解除疲劳、降低血压
	欣赏自然景观与景色	视觉活动	放松心情、减轻压力
	聆听虫儿、鸟儿等的声音	听觉活动	愉悦心情、振奋精神
	接触绿色植物、亲水戏水	触觉活动	提高机体散热功能、改善体质、提高机体对疾病的抵抗能力
体育锻炼	步行、骑车、慢跑……	低强度活动	调节大脑中枢神经，消除紧张、消极情绪，降低血脂，促进血液循环
	羽毛球、跑步、跳皮筋	中强度活动	
	篮球、足球、游泳	高强度活动	
文化休闲	游憩、散心、游玩、乘凉	休憩活动	解除疲劳、放松心情、促进机能调节
	唱歌、跳舞、书法艺术展、文化讲座	文娱活动	
社会交往	被动交往	低强度活动	放松心情、减轻压力、宣泄不良情绪、调节大脑中枢神经、增强社会适应能力
	熟人见面寒暄、集体活动伴随着的被动交往	中强度活动	
	亲朋好友聊天、聚会	高强度活动	

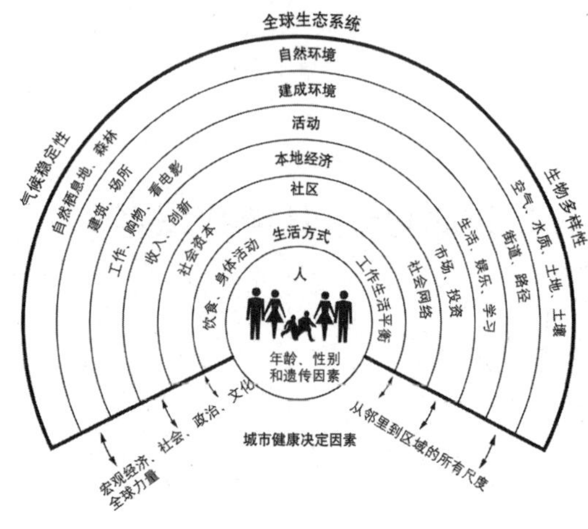

图1 人居健康地图[5]

括城市街道、广场、绿化带、公园、水景等开放空间等[5]，是构成城市框架、体现区域历史文化内涵和特色的重要组成部分。公共空间的品质直接和城市的建成环境相互关联，而人的行为和心理健康又与周边的建成环境息息相关。老城区长期以来脆弱的基础设施、破败的生态环境亟待整治提升，也更加需要通过公共空间的品质提升来促进城市和人的可持续、健康发展。

三、健康导向下的老旧住区公共空间品质提升策略

1. 构建系统绿色网络，营造宜人开放空间

自然空间是健康活动产生的基础要素，高品质、具有吸引力的自然景观，可以促进人们开展健康活动。老旧住区可能并不缺少构筑绿色公共空间的场地条件，但许多老城区的山体、水域被破坏或污染，变成无人管理的消极空间。因此，基于自然山水格局，构建完善的城市生态和绿色网络，包括保护自然生态资源、建构生态体系、修复生态环境等，对提升老旧住区公共空间品质、构筑健康城市具有重要意义。具体而言，可以通过修复大尺度公共空间，塑造建筑与自然环境之间的柔性界面，运用打造街头绿地与口袋公园等手段提升绿色开放空间的可达性和辨识度。

2. 活态传承特色景观，强化空间场所记忆

老旧住区常常承载着一个城市的地域特色，凝结着丰富的城市记忆，具有打造充满场所记忆和文化内涵的公共空间的先天优势。直观可感的物质空间环境对于人对城市的感知至关重要，因此提升公共空间品质不能照搬大草坪、大广场等模式，而应通过梳理老城区的特色人文资源，运用打造特色街道、建设博物馆等活态化保护措施，传承地方文化，增强居民的文化认同，从而进一步提升公共空间的吸引力。这些具备地域特色和文化内涵的公共空间在促进居民身心健康的同时，又在无形中强化了场所记忆。

3. 复合布局住区功能，创造共享交往空间

已有研究表明，城市街区功能混合程度的增加可以有效提高市民的日常锻炼时间和次数，降低患有疾病的可能性。土地混合意味着更短的出行距离以及更低的汽车拥有率、更多换乘以及交通方式选择的多样性。在老旧住区中，土地混合意味着公共基础设施的增加，居民与滨水区、公园等地距离的拉近。这样的设置提高了居民健康活动的可能性与积极性，有益于培养居民锻炼的习惯和居民健康，同时也为不同的人群提供多样的环境空间，可以进一步促进不同人群的交往。

4. 构建完善交通体系，打造社区生活街道

实践证明，过度依赖小汽车的交通体系更易罹患肥胖症。因此，构建完善的公共交通体系，关注步行和骑行网络建设，进一步强化轨道交通，是健康导向下老旧住区公共空间品质提升的重要方面。同时，这也有助于将原本独立分散的城市公共空间有机地连接起来，这样不仅可以提高城市公共空间的利用率，同时还可以增强

城市空间结构的整体性[6]。按照人车分流、以人为本的原则，营造舒适宜人、高品质的慢行空间，可以促进居民自愿进行健康活动。

四、健康城市导向下的凤凰山—螃蟹岬地区公共空间设计实践

1. 构建凤凰山—武胜门—螃蟹岬系统绿色开放空间

武昌古城曾经具有九湖十三山❶，凤凰山—螃蟹岬一线曾经是整个武昌山水形胜体系的重要组成部分，山上筑城墙，也是武昌古城的北边界（图2）。随着我国快速城镇化的进程，该片区早已被纳入城市中央，而现状东西向的山体被私自建设的住宅侵占吞噬（图3），成为片区南北阻隔的新屏障。但根据笔者的实地调研访谈，1927年左右武昌拆除城墙后，凤凰山—螃蟹岬曾经是当地人们自发亲近自然的乐土，居民们会在茶余饭后带着孩子们到山上活动，这对他们的生活产生重要影响。武胜门地区曾经作为武昌古城北部的唯一出城通道，近代被密密麻麻的房屋充满，随着武胜门遗址的挖掘和地铁建设，该地段需要在当代语境下重新展开空间设计（图4）。综合以上考虑，在当代打造健康城市的语境下，完全可以通过山体修复和武胜门遗址公园的统一设计将凤凰山—武胜门—螃蟹岬联结起来，形成一条东西向系统化的绿色开放空间，以提供人们亲近自然的系统化公共空间，促进居民的健康活动（图5）。

2. 打造石瑛故居—马道门—三义村—江夏民居特色民居文化体验区

凤凰山—螃蟹岬地区作为昙华林的北边界，具有众多丰富的历史文化资源，但是由于长期遭到忽视，许多珍贵的历史文化特色资源被淹没在老旧住区之中。这些珍贵的文化遗产有的已经荡然无存，空有地名存世；有的遭到严重破坏与修改，既不能引起当地人的珍视，也无法吸引游客的目光。设计选取螃蟹岬片区中重要的历史文化地标：武胜门城楼遗址、石瑛故居、武昌卫❷、三义村及江夏民居、瑞典教区、东城壕等展开了系列公共空间的更新设计（图6）。设计参照历史地图，还原了马道门街巷格局，在靠近昙华林路处设置武昌卫博物馆，在武胜门遗址处构筑了武胜门遗址公园，打造出兼具时代风貌和地域特色的公共空间（图7）。

图2　1864年螃蟹岬地区及其在武昌古城的位置

图3　螃蟹岬山体被侵占

图4　武胜门地区遗址

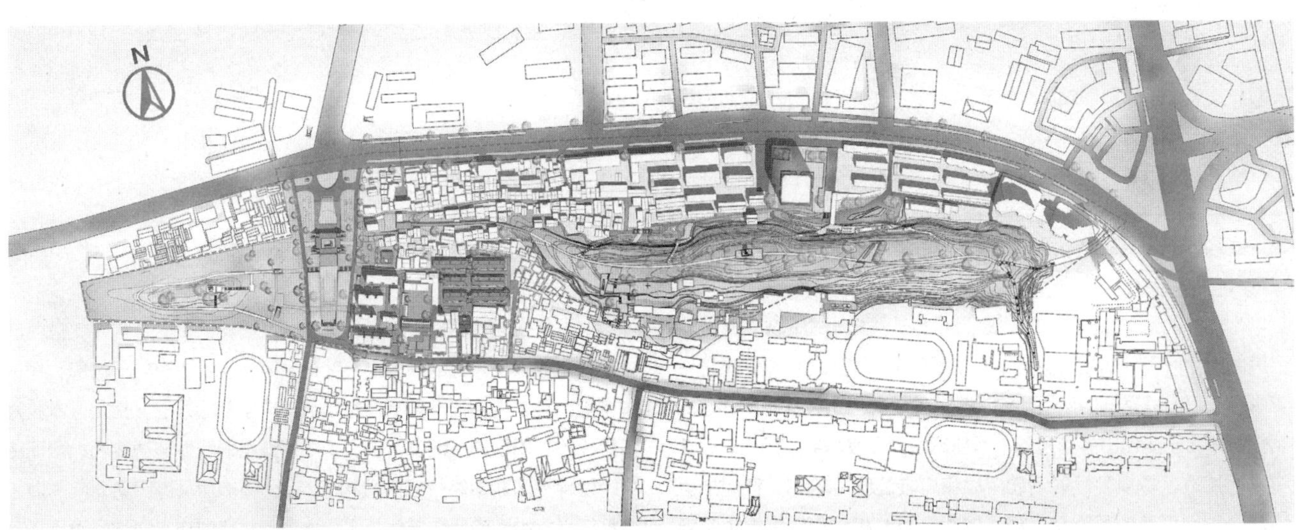

图5　凤凰山—武胜门—螃蟹岬系统化开放绿色空间

❶ 九湖十三山：九湖包括司湖、西川湖、宁湖、都司湖、西湖、歌笛湖、教唱湖、长湖、紫阳湖；十三山指的是七山、二岭、三坡、一峡。螃蟹岬又称螃蟹峡。

❷ 武昌卫：据《湖北通史》记载，武昌因湖广会城之故，于明洪武二十二年（1389年），在武昌设置"卫"级驻军，拥兵5600人，作为镇守武昌的警备力量，史称"武昌卫"。

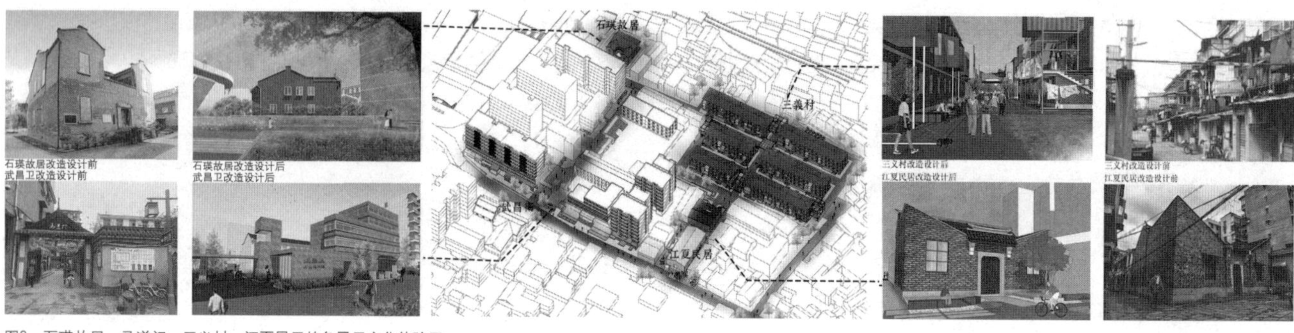

图6　石瑛故居—马道门—三义村—江夏民居特色民居文化体验区

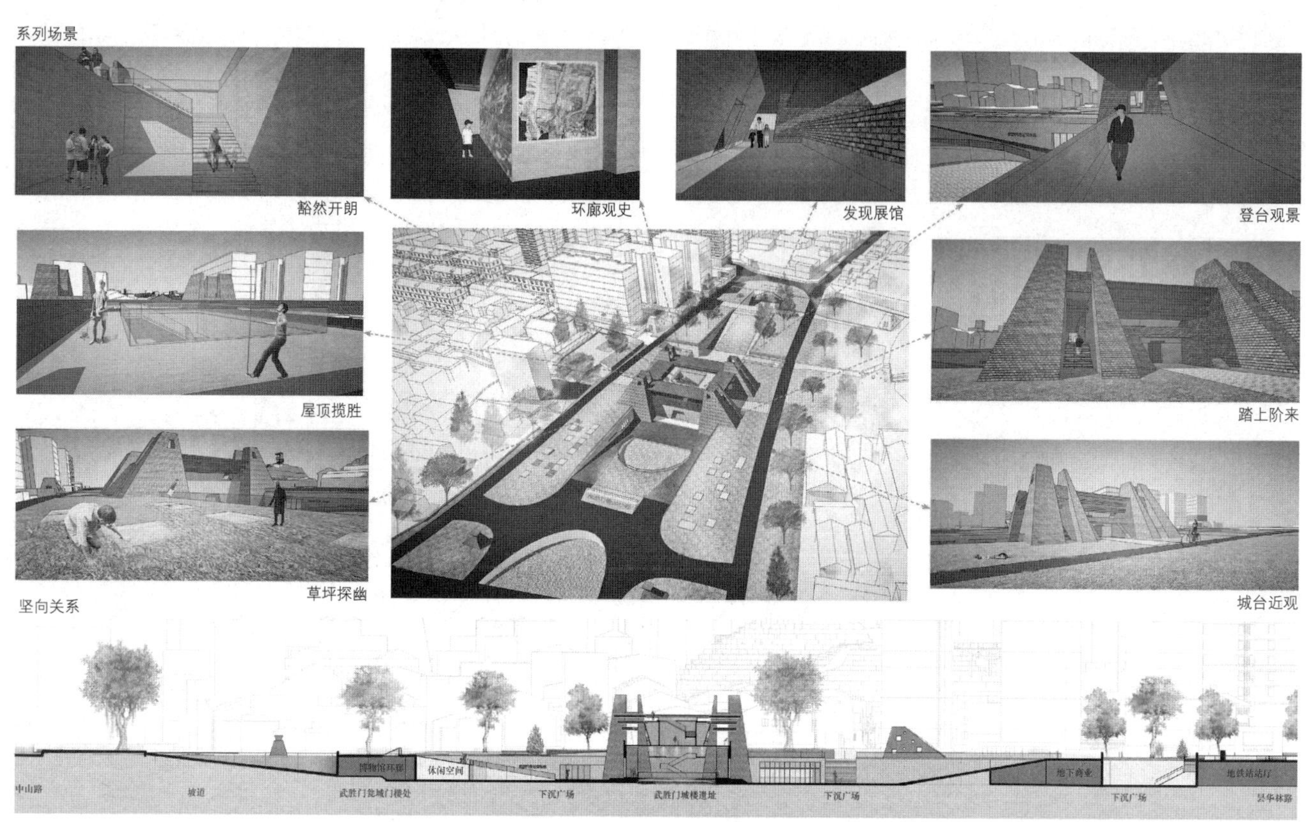

图7　武胜门遗址公园

3. 通过公共设施的植入创造多种功能复合的共享住区

土地的混合利用程度和公共基础设施的配备密切相关。片区东部凤凰山社区目前的社区服务中心和警务室条件简陋，是在夹缝中求生存，且没有足够的居民活动场地。位于凤凰山和螃蟹岬北侧的居住区域由于受到山体的阻挡，居住环境也极其恶劣，因此，设计将这两片地区置换为社区活动中心和口袋公园（图8），在增加土地混合利用程度的同时又为居民的社会交往和健康锻炼提供了场所。在靠近昙华林路的区域，设计将现有的一层商业进一步优化处理其分布和形式，提升了土地混合利用率（图9）。三义村所处位置较远离昙华林路，设计通过片区入口提示、底层空间部分置换为小型博物馆，以及场地整饬的手段引导游客进入三义村，并可与居民互动（图10）。

4. 减小街区尺度，构建完善绿色交通体系

居住在联通程度更高且适宜步行及骑车的街区环境中，居民选择骑车或步行方式的频率也会变得更高，也会更有益于健康。经过调查，片区内存在一些断头路以及难以发现的岔道，使得原本较为密集的路网系统被堵塞，极大影响了道路便利性与通达性。设计将螃蟹岬地区断头路打通（图11），在山南增加马道门南北向通道，将三义村中间南北向道路公民巷与昙华林路的交叉口加以重点提示和引导，使得与原有道路体系组成系统（图12），经过三义村，到达山体，又通过山北东城壕公园的建设使原来东城壕片区的断头路连通。

图8 凤凰山社区中心

图9 昙华林路底层商业活跃

图10 三义村底层置换为博物馆

图11 设计完成后地区路网状态

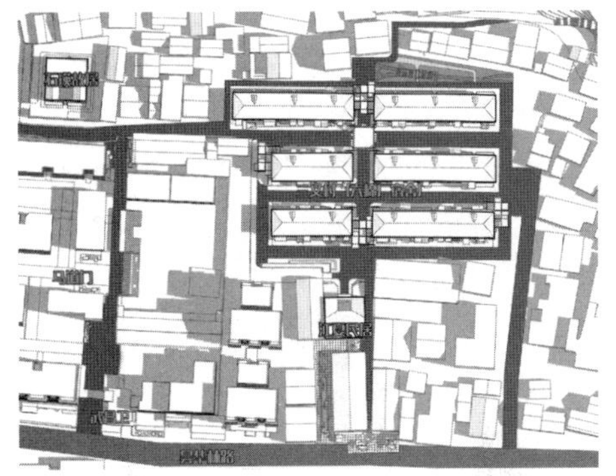
图12 三义村及周边交通梳理打通

五、结语

老旧住区是一个城市的根脉所在，是当下实施城市更新的重要组成部分。健康导向理念与公共空间相伴相生、密不可分，老旧住区公共空间的品质与生活在其中的居民的健康水平息息相关。本文以高品质公共空间促进人的健康为切入点，基于武昌凤凰山—螃蟹岬地区的更新设计实践，提出了构建绿色高品质开放空间、具有地域文化内涵的公共空间、提升土地混合利用程度、构建完善绿色交通体系四个方面的老旧住区公共空间品质提升策略，以期通过规划设计手段实现健康城市的品质，创造健康宜居的城市空间。

参考文献

[1] WHO. The Preamble of the Constitution of the World Health Organization [Z].1946.

[2] 李忠阳，傅华.健康城市理论与实践[M].北京：人民卫生出版社，2007.

[3] 吴欣玥.健康导向下成都华西片区公共空间品质提升策略[J].规划师，2018，34（12）：103–108.

[4] 王佐.城市公共空间环境整治[M].北京：机械工业出版社，2002.

[5] 丁国胜，魏春雨，焦胜.为公共健康而规划——城市规划健康影响评估研究[J].城市规划，2017，41（07）：16–25.

[6] 李伦亮.城市公共空间的特色塑造与规划引导[J].规划师，2007（04）：5–9.

常态化疫情防控下红色旅游的公共服务设施优化措施研究[1]

——以上饶市横峰县葛源镇枫林村为例

许飞进[2]　刘欣雨[3]

摘　要： 疫情暴发，红色旅游是受疫情重创的产业之一。文章以横峰县葛源镇枫林村为例，阐述在常态化疫情防控下，枫林村红色旅游的公共服务设施在疫情防控中暴露出的不足，并以此围绕红色建筑有针对性地提出构建健康旅游监测系统、建设红色旅游线上服务系统、推进新技术在红色建筑中的应用等一系列优化措施以推动发展枫林村红色旅游的发展。

关键词： 红色建筑　新冠肺炎疫情　红色旅游

新冠肺炎疫情，是新中国成立以来在我国发生的传播速度最快、感染范围最广、防控难度最大的一次重大突发公共卫生事件。[1] 此次疫情无疑对以红色建筑为重要载体的红色旅游产业造成巨大冲击。现今我国正处于疫情常态化的状况。所谓疫情常态化是指疫情基本结束后，仍可能出现小规模暴发、从外国回流，以及季节性发作，从而对社会生活的方方面面造成深远影响。由于我国的制度优势，以及将人民生命健康安全放在首位的执政理念、全国范围内已建立完善的联防联控机制等有利因素，包括钟南山院士在内的专家普遍认为我国再次发生大规模新冠疫情的可能性不大。横峰县逐渐开展复工复产，恢复红色建筑的开放。但因疫情的缘故，民众转变了对出行的心理需求，卫生、安全成为其选择目的地的第一要素。横峰县葛源镇枫林村红色建筑中面向民众的公共服务设施显然无法满足后疫情时代的民众对于公共服务设施的各项诉求。

一、新冠疫情下暴露出的公共卫生问题

枫林村汇集了闽浙赣省委机关旧址等多个红色建筑，目前拥有全国最完整的红色资源群——闽浙赣革命根据地旧址群。红色资源优势独特，数量众多、分布集中、类型全面，拥有国家级重点文物保护单位：中共闽浙赣省委旧址、闽浙赣省苏维埃政府旧址。在红色旅游开发方面相对较多，但乡村的公共卫生服务基础设施供给数量不足，空间布局不够合理，红色建筑多零散分布在村庄各处，民众无法轻易找到，同时卫生间卫生清洁、消杀细菌病毒的功能不够完善等问题均会造成民众的不良体验。此外，有些乡村农户没有对生活垃圾进行合理处置的意识，存在处理不当的问题，以及卫生条件不规范的情况。

常态化疫情防控下的民众对于健康出行的观念更加认同，民众在旅游中对安全卫生更加渴望，在疫情后的一段时间表现为低价位偏好部分让位于安全健康需求，若在乡村中出现意外情况，村中的医疗卫生所无法提供妥善的医疗救治，特别是距离城镇中的医院有一段距离的情况下，会使人有一定的顾虑。

二、红色旅游服务体系的问题

1. 预约订票问题

在常态化疫情防控下，仍需要避免人群的蜂拥而至，特别是在旅游旺季的时候，仍有隐患存在。没有构建规范的网络预约平台入口，民众无法通过枫林村或者现有的网络平台得知红色建筑的参观情况，从而避免蜂拥。村中人群也无法得知每日承接参观红色建筑的民众数量，容易出现待客不周的问题。大多数民众随机出行，易造成拥堵的情况发生。而在人群蜂拥的情况下，若疫情防控稍有差池，大量流动的民众便是疫情扩散的重要渠道，会给城市的突发卫生事件应急管理带来巨大难题。

❶ 本文为第十七届“挑战杯”大学生课外学术科技作品部分成果，以及南昌工程学院省级创新训练项目 S202011319031 部分成果。

❷ 许飞进，通讯作者，南昌工程学院，教授，硕士生导师。

❸ 刘欣雨，南昌工程学院 2018 级城乡规划专业。

2. 防疫检查问题

枫林村属于葛源镇的一个自然村落，疫情防控主要依赖于当地党员、志愿者们，程序繁琐，需要人工登记信息，而随着疫情常态化防控，在村口长期驻扎人员并不现实，并且人工核对健康码、测量体温的程序繁琐，且耽误民众时间。

3. 指示牌导向问题

枫林村的红色建筑分布较为零散，导向指示牌指示不够明确，同时当地没有规划合理的旅游路线以供参考，各大地图软件对红色建筑的识别有遗漏，无法提供村内的行走路线。目前江西省内不少网络平台有关红色旅游与红色建筑资源内容不够翔实，信息更新速度较慢，且无地图导向，依旧无法解决建筑的导向问题。同时因缺乏一定的知名度，民众往往忽略对平台的使用。当地没有相关的补充应用程序服务于人，造成了民众参观的不便，使其浪费了大量精力在寻找红色建筑的过程中。

4. 红色建筑中的“互联网＋”服务问题

在4G全面普及，5G不断建设的情况下，其他地区针对红色建筑的“互联网+”模式都已陆续开展，目前的枫林村红色旅游存在产品单一、缺乏创意等情况，随着消费需求的提高，现在的旅游产品已不能满足民众多层次的需求。服务消费者的潜在需求无法转变成红色旅游开发的实际行动，导致枫林村红色旅游产品吸引力小。

但由于赣东北红色革命建筑地处乡村，“互联网+”的基础设施尚不完善，红色建筑中的智慧化基础比较薄弱。红色建筑当中无接触、自助参观等数字化服务比较匮乏，智慧旅游和互联网相关服务对于枫林村来讲仍是制约其发展的一大短板。尤其是常态化疫情防控下，进出建筑时实时监测人体体温等联网服务可为疫情防控节约人力资源并及时发现问题，为民众的健康安全提供切实保障。

三、公共设施的优化措施

1. 完善公共卫生设施

2020年疫情以来，横峰县城管局提出持续优化乡村面貌，开展环境卫生专项行动，解决垃圾处理不及时、不彻底、不规范的问题和房前屋后乱堆乱放、残墙断壁和杂草丛生问题[2]，同时全面推进“厕所革命”，建设农村公厕等环境整治工作，枫林村可积极响应号召，在不影响当地红色建筑遗址的情况下，适当增加公厕的建设，并注重厕所整体卫生环境的提升以供民众使用。旅游点也需实行间隔游览、公共区域随时消毒等措施，这些措施不仅是疫后枫林村旅游行业恢复的基础，也提升了疫后整个行业的卫生标准要求。完善卫生标准，提供放心、安心的参与环境。

同时要树立危机常态化理念，完善制定危机处置预案，以制度措施的确定性应对外部环境的不确定性。处置预案应包括危机发生前的准备工作、危机发生时的处置对策、危机发生后的补救措施等。世界旅游组织推出的《旅游业危机管理指南》强调的“沟通、宣传、安全保障和市场研究”四个环节中，基于诚实和透明之上的良好的沟通是成功的危机管理的关键。[3]

疫情过后，自驾车旅游、短途旅游、生态旅游、康养旅游、文化旅游、体育健身旅游等方式大行其道，文旅行业应发挥能动性，积极开拓新产品，筹划新项目，实现新发展。

同时，在各个红色建筑遗址处应建设有急救的相应医疗器材，为民众提供妥善的急救措施。并依照相关标准，提升当地卫生院的卫生质量，同时，提升日常医疗急救与应对疫情防控的协调联动机制，保障日常的医疗救治与常态化疫情防控下的防疫能力。

2. 构建健康旅游监测系统

在“十四五”规划中，增加了旅游业传染病防疫基础设施项目和保障体系内容，枫林村以红色建筑群为基础开发的红色旅游业，在常态化疫情防控中，应重点聚焦于防控疫情的在线服务系统，并以此为契机，寻求相关政府及互联网企业的合作。在不影响红色建筑风貌的情况下，在建筑内部及规划的旅游路线周边铺设数字化基础设施，并建立健全的健康旅游监测工作，积极推动联防联控，对全村进行健康化的优化。通过信息监测，多平台、多终端互联，实时公开、监测、分析，整合各地卫生健康动态变化信息，通过信息报告促进可疑病例信息的快速到达，通过优化资源配置实现对防控相关的人员、物资等资源的精细化管理，最大限度地发挥资源的保障功能。[4]

3. 建设红色旅游线上服务系统

搭建红色旅游线上服务系统，可以进一步在网络上宣传枫林村的红色旅游资源，使民众初步了解枫林村的旅游资源情况，产生吸引力。根据本地的红色旅游发展优势及游客的诉求，选择目标市场，定位目标游客，运用多种促销方法，进行大范围的精准促销。通过抖音、快手等短视频+网红培训+明星宣传代言+直播带货等方式进行宣传引流，激发人们的旅游愿望，激活枫林村旅游经济，以此带动枫林村旅游业的发展。

搭建线上服务系统，很重要的原因是可以根据枫林村单日可接待的民众数量设置上限，并根据疫情防控，每日定额开放，限制客流量，拉长活动时间，提高游玩食购的舒适度，同时避免民众蜂拥而至，导致枫林村招待不周，影响民众的旅游体验。依托平台向游客提供安全、有效、实时的出游信息，适当规避人群集聚性传播风险。

搭建线上服务系统，必须构建枫林村电子地图，枫林村红色旅游资源的采集离不开信息化的基础设施发挥作用，在各大地图软件没有更新村庄内部道路的情况下，可在枫林村内部道路的基础上，沿一定的间距合理安置摄像头，收集道路信息，开发出专属于枫林村的电子地图，为民众提供精准的导航服务。根据电子地图提供精选旅游路线，串联分散在村落中的红色建筑，同时设置无接触智能设备，讲解旅游地图与红色建筑遗址中发生的过往事件，而疫情当中共产党人的无私奉献精神与红色建筑背后的红色精神是一脉相承的，可将这些内容以图文并茂的形式融入地图当中，向民众传达红色精神，起到教育的作用。

4. "互联网 +" 红色建筑创新服务系统

枫林村内可广泛应用5G、AR、VR技术实现在村内的虚拟游、智慧游，这对于吸引年轻群体是十分有效的。同时在疫情防控下，现今的VR技术、人机交互技术、人工智能技术的应用打破了传统旅游的局限，创造更多的"红色建筑 + 线上"的数字旅游体验的新模式，满足消费者文旅生活日趋智能化、线上化的生活方式，减少了民众的跨省流动，但同样体验得到旅游的乐趣。科技与旅游的联系日益紧密，为红色旅游产业带来了全新的体验方式。民众的消费形式也可从传统的景点观光转向全新的情境体验。民众能够在真实与虚拟场景的配合下全方位沉浸在枫林村的红色旅游中，甚至还能通过VR、AR技术看到红色建筑在过去是如何被使用的，以及未来它的变化是怎样的。这对年轻人进行红色精神的教化是十分深入且易于接受的。

综上所述，对乡村红色旅游而言，新冠肺炎疫情是危机，也是挑战，充分分析在疫情过程中暴露出的在红色旅游开发过程中各项公共服务设施的不足之处，为当今常态化疫情防控下的红色旅游的优化提供方向，从而推动红色旅游业的发展。

参考文献

[1] 人民网评：不获全胜决不轻言成功/观点/人民网[EB/OL].（2020－02－24）[2020－04－03].http：//opinion.people.com.cn/n1/2020/0224/c223228-31601820.html.

[2] 冯佳，范少言，刘培佩."慢城"理念下的旅游小城镇更新提质研究——以陕西省华山镇为例[J].建筑与文化，2021（01）：79-80.

[3] 石培华，张吉林，彭德成，崔凤军."非典"后的旅游经济重建与风险管理[J].旅游学刊，2003，18（4）：8-11.

[4] 横峰县城管局关于城乡环境综合整治工作的回应/政策文件及解读/横峰县人民政府信息公开[EB/OL]. http：//www.hfzf.gov.cn/hfzf/zcjdhy/202012/3a2bd97257e547c595b9cfdd8f7a5421.shtml.

基于口述史背景下京杭运河沿岸传统民居营建术语研究[1]

——以临清古城为例

王静帆[2] 黄晓曼[3]

摘 要： 临清古城的建筑是运河沿岸建筑的代表形制之一，整个古建筑群吸收并融合了多个地区的建筑特色，从而形成了独具一格的民居类型。本文通过对临清古城实地测绘与口述史访谈的方法进行研究，重点剖析了临清古城中民居建筑营造术语和营造方法。旨在阐明临清地区传统民居的建筑营造技术和形制，填补山东地区传统民居建筑在学术上的空白，从而保护以及活化利用。

关键词： 临清古城 传统民居 营建结构

临清市的崛起，得益于京杭大运河漕运的繁荣，早期运河沿岸的商业活动几乎达到了全面覆盖的局势，主要行业有竹器生意、明矾生意、家具生意、木桶生意、扎纸生意、染布生意、餐饮生意等多种，其中所占比例最大的是餐饮。商业繁荣加大了临清人口的流动量，全国各地的商人往来于此。因此，外来文化的冲击，本土特色的传承，东西交互，南北融合，造就了临清市独特的民居建筑风格。同时也拉开了人口的贫富差距，而贫富差距则进一步造就了建筑结构类型的异同。

图1 二梁起架

图2 三道梁

一、民居屋面营建

1. 屋顶结构类型

临清古城中建筑屋顶全部为坡顶，内部结构有两道梁和三道梁。两道梁的是大梁上立瓜柱，瓜柱支撑二梁，二梁承接檩条，这种形式是比较常见的，本地人称之为“二梁起架”（图1）；三道梁的是大梁上立瓜柱，瓜柱支撑二梁，二梁上还有瓜柱承接第三道梁（图2），这种形式并不多见，只在鳌头矶有发现。

2. 屋面用材选择

（1）笆箔屋顶

笆箔（图3）屋顶为平常人家所采用的屋顶形式，在房屋梁架结构搭建完毕以后，在椽条之上铺设笆箔，笆箔只能采用小米或者大黄米秸秆中柔软的部位进行编织。之后再进行泥土和瓦片的覆盖。制作笆箔所用的原材料随处可见，且价格低廉，并且具有良好的保温性能。

（2）笆砖屋顶

临清地区传统民居屋顶的营造材料除了笆箔，还有笆砖（图4）的使用。笆砖一般采用临清本地所烧制的青砖。采用笆砖的一般是一些有钱的大户，将笆砖整齐地码放在椽条上代替笆箔，这种材料进一步提升了建筑的防火性能，也增加了建筑的使用寿命，但是造价较高。

---

❶ 山东省社会科学规划研究项目：京杭运河山东段城镇民居建筑及文化元素研究（16CWYJ11）。

❷ 王静帆，山东工艺美术学院硕士研究生处，硕士。

❸ 黄晓曼，山东工艺美术学院建筑与景观设计学院，副教授。

图3 秸秆笆箔

图4 笆砖

（3）木板屋顶

临清古城中也有一小部分采用木板（图5）来代替笆箔，做法类似，性能和造价居中。

二、民居屋架营建

1. 前出抱厦，后留一脊

在临清古城建筑群中，大多数的建筑结构是“四梁八柱”，“四梁八柱”是指房屋梁架结构中有四根梁八根柱，临清古城中流传着“四梁八柱，墙倒了还能住”的顺口溜，其最为常见的形式被本地人称之为“前出抱厦，后留一脊”（图6），这种房子前面墙要高于后面的墙。“前出抱厦，后留一脊”在早期临清地区是十分时髦的建筑营造形式。临清民居营建所使用的梁都是榆木，檩条用杉木。但临清本地并不盛产木材，其建筑所用木材都是沿运河从外地运过来的。为了方便运输，对承重指数和防腐性能要求较高的梁架材料都比较短，大梁的长度只有3米。传统的四梁八柱民居进深为3.3米，横梁长度连接不到室内的另一根柱子，就在梁头下方立一根柱子支撑，再另起一根上皮紧贴大梁下皮的短梁连接后面的柱子，短梁本地人称之为“二架梁”（图7），二架梁下面的空间叫作“后留一脊”（图8）。“前出抱厦”是指建筑正立面挑出一条穿堂（图9），用一根柱子来支撑穿堂的重量，另有一根与室内处于同一平面的二架梁（图10）连接柱子。这条穿堂就是“前出抱厦”（图11）。关

图5 木板

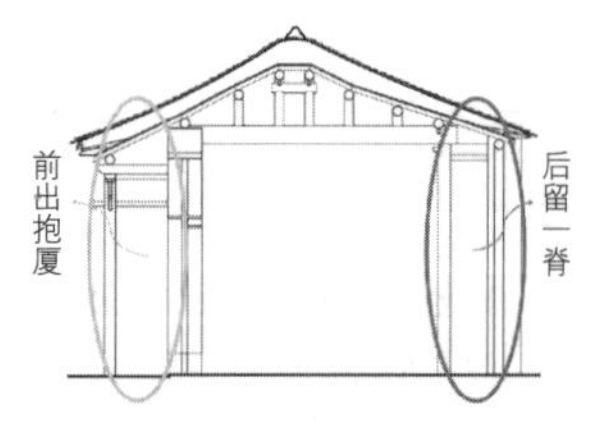

图6 前出抱厦，后留一脊

图7 室内二架梁

图8 后留一脊

图9 穿堂

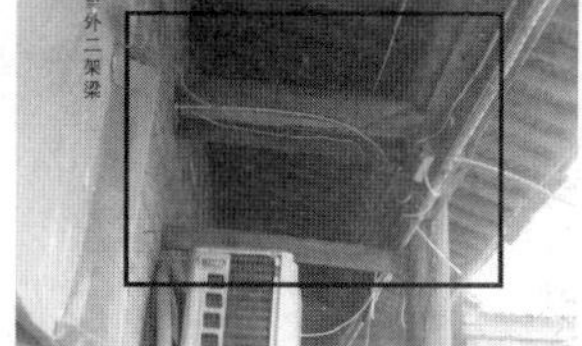
图10 室外二架梁

图11 前出抱厦

于“前出抱厦”临清本地还流传着一句“过得去马过不去轿”的说法，即马可以从穿堂中通行，轿子过不去。

2. 前后出抱厦

前后出抱厦（图12）的建筑形式，是房屋前后两边都有穿堂的建筑，室内有两根柱子用来支撑大梁，同时建筑前后也各有一根处于一条直线上的二架梁和柱子来支撑穿堂的重量。这就是“前后出宝刹”，这种类型的建筑在临清地区数量并不多，其室内进深比“前出抱厦，后留一脊”要长一些，室内更加宽敞，是身份尊贵和财力雄厚的表现。目前已知的这种类型有两处，一处已经拆除，另一处被改造过了。

3. 硬挑

在临清本地，一根大梁直接连接两根柱子，前不出“抱厦”（穿堂），后不留“一脊”的被称之为“硬挑”（图13），即指建筑内部和外部均没有裸露出来的柱子，但总体结构仍然是四梁八柱，室内进深相对“前出抱厦，后留一脊”要短。这种建筑形式在临清相对较少，目前已知的只有董家大院一处，且保存相对完好。“前出抱厦，后留一脊”在早期的临清是一种时髦，只有很少的一部分会选择建造“硬挑”的房子。

三、民居墙体构造

随着运河漕运的发展，带动了运河沿岸商业的繁荣，也进一步催生了沿岸百姓间的贫富差距，在建筑墙体营建方面则体现在用材以及材料使用方式等方面。

1. 墙体做法

墙体的营造法式有多种，人们根据墙体类型、所处位置以及经

图12 前后出抱厦

图13 硬挑

济实力来选择最适宜的墙体形式，从而建造出最舒适的民居空间。

（1）四门斗

“四门斗”是临清地区传统民居墙体建造的一种地方营建术语，也叫“空心墙”（图14），四门斗墙体（图15）多用于院墙，墙体厚度多为370毫米，这种墙体也称为“三七墙”。墙体用砖都是临清本地烧制的，所选尺寸都是长240毫米，宽80毫米。四门斗墙体的砌筑分为两个部分：第一，先垒半米左右实心墙作为基础，垒砌方式为一横一纵两块砖，加上墙体抹面和砖中间的泥浆，墙体厚度刚好370毫米。第二，实心墙基础以上为空心墙，空心的做法是将砖横向立起，两块之间夹一块纵向立起，墙体中部为空心。这种墙体不仅节省材料，而且隔热、防潮和抗震效果都很好，但由于是空心墙体，也容易招老鼠。

（2）压茬子

“压茬子”也是临清地区传统民居墙体建造的一种地方营建术语。即在墙体建造时，在砌筑到0.5米时插入一块约2厘米厚的木板（图16），再在木板上继续砌筑墙体。木板之上的墙体可以根据屋主经济条件选择，条件好的可以全部用青砖，条件差一些的可以采用“金镶玉”的形式。还有些人家会在墙体快要到顶时再加一层木板。木板可以用干草（指麦秸秆）来替换，根据经济条件自行选择。一般普通贫苦人家往往会选择使用干草来制作风茬子墙，并在第一层“压茬子”以上建造金镶玉的墙体，即墙体中间采用土坯，土坯外围砌砖或者直接用泥包裹。压茬子墙体的使用不仅为当地居民节省了材料，也进一步增强了室内的透气程度，有效地排出湿气，保持室内干燥舒适，同时，空心墙也起到了良好的抗震作用。

（3）金镶玉

“金镶玉”是临清地区用于民宅墙体建造的一种工艺名称（图17），商用建筑不采用这种形式。“金镶玉”按照字面意思来理解就是“夹心”（图18）墙体，按照地方说法，“金”是指建筑墙体表皮采用的砖或泥，“玉”是指表皮内部用来填充墙体的土坯子，用外层的青砖或泥包裹住内部的土坯，故称金镶玉。金镶玉房子的墙体厚度各有不同，有70厘米、55厘米和50厘米三种。金镶玉的房子在普通百姓中广受喜爱，大大降低房屋造价的同时，金镶玉的房子还有一个共同的优势，即冬暖夏凉。

（4）三七墙

“三七墙”（图19）是临清本地墙体营建术语，是指墙体厚度为370毫米的墙体。三七墙也做空心墙的形式，可用于房屋侧面山墙下，成本低，适用于条件较差的人家。三七墙的营造方法是将一块砖平放再加一块砖纵放，加上两砖之间的填充和墙体抹面，墙体厚度刚好在370毫米，故称三七墙。

（5）板大门

“板大门”是临清本地的叫法，也叫木板门面（图20）。“板大门”的墙体营建方式主要集中在竹竿巷一带，竹竿巷是明清时期临清商业的黄金地段，竹竿巷西达卫运河，东通锅市街，北靠会通河，东面入口紧邻永济桥，临街而市，是一条得天独厚的商业街区。竹竿巷的建筑结构均采用抬梁式，坡顶灰瓦。运河繁荣时期，整条街巷均为“板大门”形式，板材都可拆卸，最大限度地节省了空间。

（6）断边墙

断边墙的具体做法也叫“七寸滴水八寸稍”（图21），为临清本地特有的一种住宅营建方式。“七寸滴水”是指从墙体到房檐瓦头之间的距离，“八寸稍”则是两面相互平行的墙体间的空隙的距离。具体做法是指相邻两户的住宅在营建时，在相连接的位置谁也不能压住谁的屋脊，所以在连接处留出八寸的空隙。临清本地传统民居滴水全部为七寸，这种做法一直保存至今，再对民居进行修缮时滴水的距离还是七寸。

图14 空心墙

图15 四门斗墙

图18 “金镶玉”剖面

图19 三七墙

图16 压茬子

图17 “金镶玉”

图20 板大门

图21 七寸滴水八寸稍

2. 碱角营建

碱角（图22）是指划分院落地面与建筑体的一种起到地基作用的抬起。选好民居营建基地后，夯实土层，再在土层之上垒砌青砖或者石头，称之为“打碱角”，碱角与室内地面齐平，且碱角的面积要稍大于建筑面积，碱角和建筑墙体之间留5~6厘米的距离，以保证建筑整体的稳定性。有些还会在碱角之上压茬子之下垒一个“碱角裙子”（图23），碱角裙子和碱角不使用空心墙的做法，再穷也垒实心墙。

图22　碱角

图23　碱角裙子

四、民居门窗营造

1. 院落入户门

（1）三道门

三道门（图24）是早期临清城中商业大户范家宅子的入口。第一道门面向运河，进来之后是一面影壁墙；第二道门为板大门；第三道门在第二道门的左边，门内为主人住宅，较为私密。

（2）门楼子

门楼子（图25）是临清古城中民居的院落入口名称。门楼子的顶部一般采用硬山顶，脊较高，两侧不加山墙。墙体用空心墙的居多，有些经济条件好的会在梁头加花纹（图26）。

2. 住宅入口

（1）两扇门

临清古城中的民居入口全部采用两扇门（图27）的形式，且门槛较高（图28）。第一扇门为单开门，四周多有几何纹样；第二道门为双开门，四周主要采用植物纹样。两扇门均向里开。门框直接到达外墙上的檩条，门上不砌墙体。

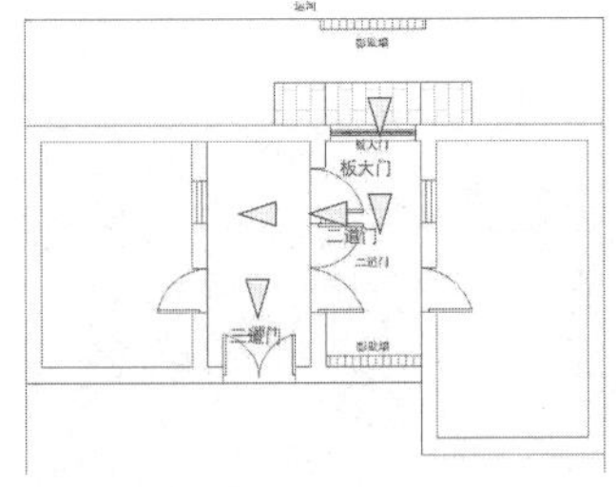

图24　范家大院三道门

图25　门楼子

图26　门楼子花纹

图27　两扇门

（2）风节子

“风节子”是临清本地说法（图29），是镶在入户门上一种防蚊虫的门窗装置，且可拆卸。“风节子”类似现在农村常见的纱门，用木材料做门框，门框中间固定通风透气，但可以阻挡蚊虫的网纱。原来的“风节子”所充当网纱的材料叫作“糜子”，“糜子”是用竹皮子或者竹子加工成头发丝一样的细丝，再把这些细丝编成席子，席子有小洞，可以透光透风，固定在“风节子”框上。天热的时候装上，可以防止蚊虫侵入，天冷了就把它拆掉。

图28　门槛

图29　风节子

五、民居建筑美化

京杭大运河与古运河的繁荣造就了临清的发展，当人们对物质的要求达到了与时代相匹配的条件时，便攒动了对精神领域的渴求欲望，仅限于“吃饱穿暖”的状态已经不能满足大众，由此建筑装饰应运而生。

1. 花芽子

“花芽子”，是本地人对建筑外立面上木雕花纹的一种俗称，主要用于檩条下、梁头处、阑额下以及门窗处，门窗处的花芽子一般采用樟木，樟木味道较大，可以有效地起到驱赶蚊虫的作用。在临清本地，花芽子是房主实力与财富的象征。花纹的种类并不单一，每种类型都有着自身的含义。

（1）动物纹样

一般大户人家的门上雕有动物纹样（图30），则表示这间房子是未出阁女儿的住处，或者是女人们的绣房，男人一律禁止入内。

图30 动物纹样

图31 植物纹样

动物纹样一般采用狮头和龙头，基本不用虎头，具体原因未知。

（2）植物纹样

植物纹样是吉祥纹样（图31），是对美好生活的一种向往。在临清传统民居建筑中桃形纹样的运用有两种，第一种是门槛上有一个桃形的镂空，被称为“猫道”（图32），是早年间供家猫穿行的通道。第二种是建筑博风板上雕有桃子以及其他植物的纹样，则表示此间房子是有老人居住的，寓意着长命百岁。也有些建筑墀头上会雕刻一些花草植物（图33），但临清地区所见不多。

图32 猫道

图33 墀头花纹

2. 莲花墩

莲花墩又叫南瓜墩（图34）。临清传统民居一般做四合院形式，北屋坐北朝南为正房，从风水的角度来讲，正房要比其他厢房和倒房要高，而且正房一般处在大门入口处，所以在正房外面“抱厦”的柱子下面加一个莲花墩，有些柱子上方承接横梁的位置也加一个，起到美观作用的同时也抬高了正房的高度，进而也拉开了正房和东西厢房主人的社会地位。院落主入口的门楼也有加莲花墩的，也是柱子两端都有，有些上面莲花墩承接的梁头做成龙头状（图35）。

图34 莲花墩

图35 龙头

六、结语

通过本次对于临清古城的走访与测绘，可以清晰地感知传统建筑以及其营造技法已经处在了消亡的边缘，在大兴土木的时代背景下，在城市外边界无限向外扩充的社会背景下，临清传统民居的保护迫在眉睫。临清古城虽然被列为省级文物保护单位，但保护力度不够，目前现存传统建筑破损程度依然较为严重，对此，为将这一珍贵的历史记忆长久的保存，我们还有很长的一段路要走。

参考文献

[1] 李浈，雷冬霞.文化传承和创新视野下乡土营造的历史借鉴[J].城市建筑，2018，2.

[2] 常青.论现代建筑学语境中的建成遗产传承方式——基于原型分析的理论与实践[J].北京：中国科学院院刊，2017，7.

[3] 徐烁，胡英盛，黄晓曼.口述史视野下泰安地区传统石砌民居营造术语研究[M]//赵兵，麦贤敏，孟莹，等.当代视野下的民居传承与聚落保护——第二十五届中国传统民居建筑艺术年会论文集.北京：中国建筑工业出版社，2020.

[4] 霍雨佳.遗产廊道视角下京杭大运河天津段旅游发展研究[D].秦皇岛：燕山大学，2013，5.

“可持续发展思想”在中国传统民居中的体现初探

——以峡江地区传统民居为例

刘卫兵[1] 谢雨荷[2]

摘　要：健康的人居环境是“实施健康中国战略”的重要一环，“可持续发展”则是健康人居环境的重要表现特征。“先王之法，攸不掩群，不取麛夭”“不涸泽而渔，不焚林而猎”，我国传统文化中自古就有可持续发展的思想，这种思想也不可避免地影响了我国传统建筑的营建。本文通过对峡江地区传统民居在选址、布局、细部设计上的分析，总结了几点我国先民是如何将这种思想显化到实际建设中的，以期对新时代如何营建健康的人居环境有所启发。

关键词：可持续发展　峡江地区　传统民居

一、峡江地区传统民居概况

地域上，峡江地区横跨重庆、湖北两省，是我国东、西“接合部”，处于我国地理位置第二阶梯向第三阶梯的过渡地段，气候上处于中温带，属亚热带大陆性季风气候；地质上，属川东丘陵地区，地形地貌复杂；是巴楚文化的发祥地，秦巴、巴蜀、巴渝等多种文化在此共生共融，也催生了具有地域特色的传统民居文化（图1）。

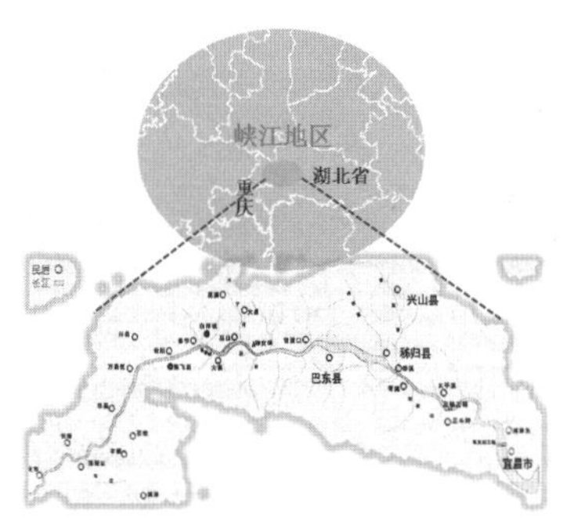

图1　峡江地区地理位置示意图

峡江地区民居基本上采用我国传统的木构架体系以及合院式布局形式，但由于地形地貌的限制，此地民居在传统基本的构架体系和布局形式上都因地制宜进行了变革。既体现了“天人合一”的传统建筑思想，也与今天我们所倡导的“可持续发展”的现代建筑理念暗合，值得认真研究。

[1] 刘卫兵，武汉大学城市设计学院，教授。

[2] 谢雨荷，武汉大学城市设计学院，研究生。

二、“可持续发展”理念在建筑学中的研究背景

“可持续发展”理念由国际自然保护组织在20世纪末期提出，旨在通过保护环境、节约资源、降低能耗等方式，在满足当代人需要的同时，又不危及后代的生存与发展。

“可持续发展”理念涉及人类文明的方方面面，自然也包括建筑学领域。西方建筑界率先对此进行了系列探索，绿色建筑、生态建筑应运而生，相应的建设指标和规定条例也都一一出台。总的来说，可持续发展的建筑应包含三个最基本的特征：（1）最大程度利用原有地形地貌，因势而建，尽可能不破坏自然生态环境；（2）最大程度利用建筑材料，就地取材，材尽其用，节约资源，降低能耗；（3）在遵循以上条件的基础上，尽量改善人居环境，为居民健康、舒适生活提供保障。

下面，将从三个方面来分析峡江地区传统民居在“可持续发展”上的具体体现。

三、“就地势而建”的布局手法

1. 随地势而多变的聚落布局

不同于北方的平坦地势，可形成平面规整、路网垂直的方形聚落布局；也不同于多江河的江南地区，路网多沿河流布置而形成网状聚落形态；峡江地区集合了山脉、江河、丘陵等多种地理要素，地形地貌复杂，聚落布局最大的特点就是因地形地貌而灵活布局，既趋利避害，也体现了与自然和谐发展、可持续发展的特征。主要

的布局形态有：

（1）平缓地带的组团式

在沿江较平缓的地带，建筑用地受限程度小，一般采用此类布局。如秭归县周坪乡，地处长江支流九畹溪大峡谷中下游盆地，背山临水，地势平缓，用地及资源相对充裕，民居多为多进合院式，整体上呈现出组团式聚落布局形态（图2左上、下）。

（2）丘陵地带的带状式

丘陵地带山势变化大，平缓土地须留给农作，民居常常只能建在不宜种植的坡地上，并依坡地走势形成带状式布局。如重庆龚滩古镇，三面靠山、一面临水，聚落建于凤凰山麓东面临江约60°的陡坡上，街巷依山势而开，建筑沿街排列，并顺山体地形和坡度走向呈线形延伸，形成带状式布局（图2右）。

（3）点状式布局形态

在峡江地区海拔较高的陡坡地带，例如偏远山区或陡峭的山顶山林，交通极其不便，人力物力匮乏，故居民多挑选有利地形单独建屋，呈现点状式分散布局形态。

2. 依地形而处置的单体布局

不同于北京的四合院、新疆的阿以旺、内蒙古的蒙古包、云南的一颗印等地区传统民居有着统一形制，作为典型的褶皱山区，峡江地区传统民居的单体布局，常常无法按照沿中轴线纵横展开、由多个合院组成的院落布局形式来营建。普遍的是顺应地形而灵活处置，如将院落改为更为节省空间的天井，不刻意追求对称，使用多种手法化解地面坡度差等，这种独特的"四合头式"布局，不仅空间利用充分，且极大地减轻了对环境的损害，具体有以下组合：

（1）平坦地带的较为规则"四合头式"

平缓地带，用地局限相对不大，一般采取直接以平整场地找平的方式来营建。布局上比较注重对称，空间轴线也较为明晰，只是在结构上有所变化，穿斗式、抬梁式以及穿斗抬梁组合式都有，例如秭归县的王九老爷屋，平面成以天井为中心的、标准的中轴线堆成的"回"字形（图3左上）。

（2）缓坡地带的不规则"四合头式"

缓坡地带，周围环境较开阔，土方量不大，营建时就根据"天平地不平"原则，让建筑随地基坡度的变化而变化，具体办法是通过局部挖方和填方，形成人工台地，建筑物沿等高线展开，再将不同高度的地坪以石阶相连。建筑结构以山地穿斗式和抬梁式为主，因势建构、不拘成法；房间内部依地形和功能自由分隔、围合。例如秭归新滩镇的郑书祥老屋，背山面水，平面对称布局，建筑垂直等高线处理成不同高程的地坪，依靠天井设置楼梯连接（图3左下、右上下）。

（3）陡坡、滨水地带的混合式与"吊脚楼式"

陡坡、滨水地带土质一般较脆弱，修整场地成本高，甚至会诱发山体崩塌、滑坡等自然灾害，此时建造师就会遵循"借天不借地"的原则，让建筑尽可能少接触地面，并最大限度地利用空间。具体做法有两种：

其一，穿斗抬梁混合式。先让房屋分段跌落，将住宅内部处理成有数个不同高度的地坪，之间用台阶相连，再用柱子将建筑底层的部分空间悬空撑起，局部形成吊脚楼，整体建筑结构以抬梁、穿斗式为主，形成"四合头式"与"吊脚楼式"混合布局形态。如秭归新滩镇赵子俊老屋，坐落在长江边崖壁上，依地形建筑逐层升高（图4左上下、中上）。

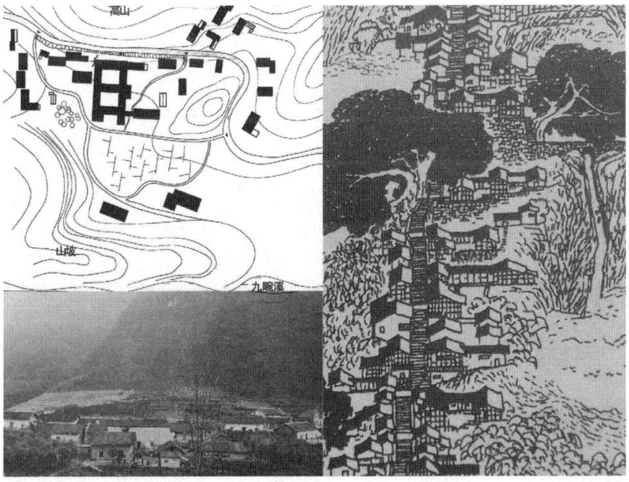

图2　峡江地区聚落布局形式
（来源：网络）

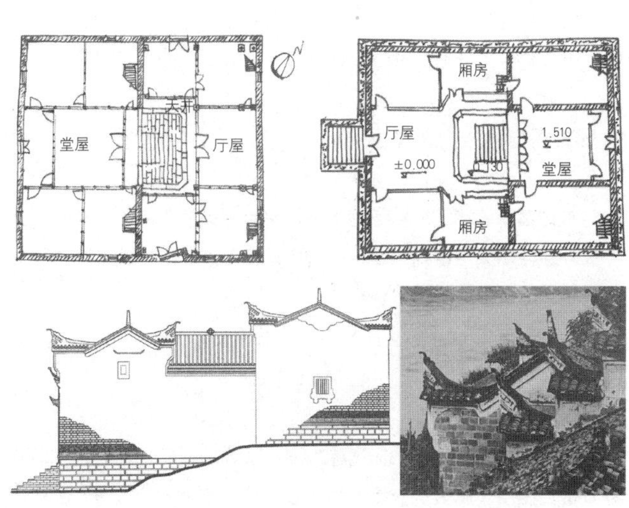

图3　峡江地区四合头式民居示意图

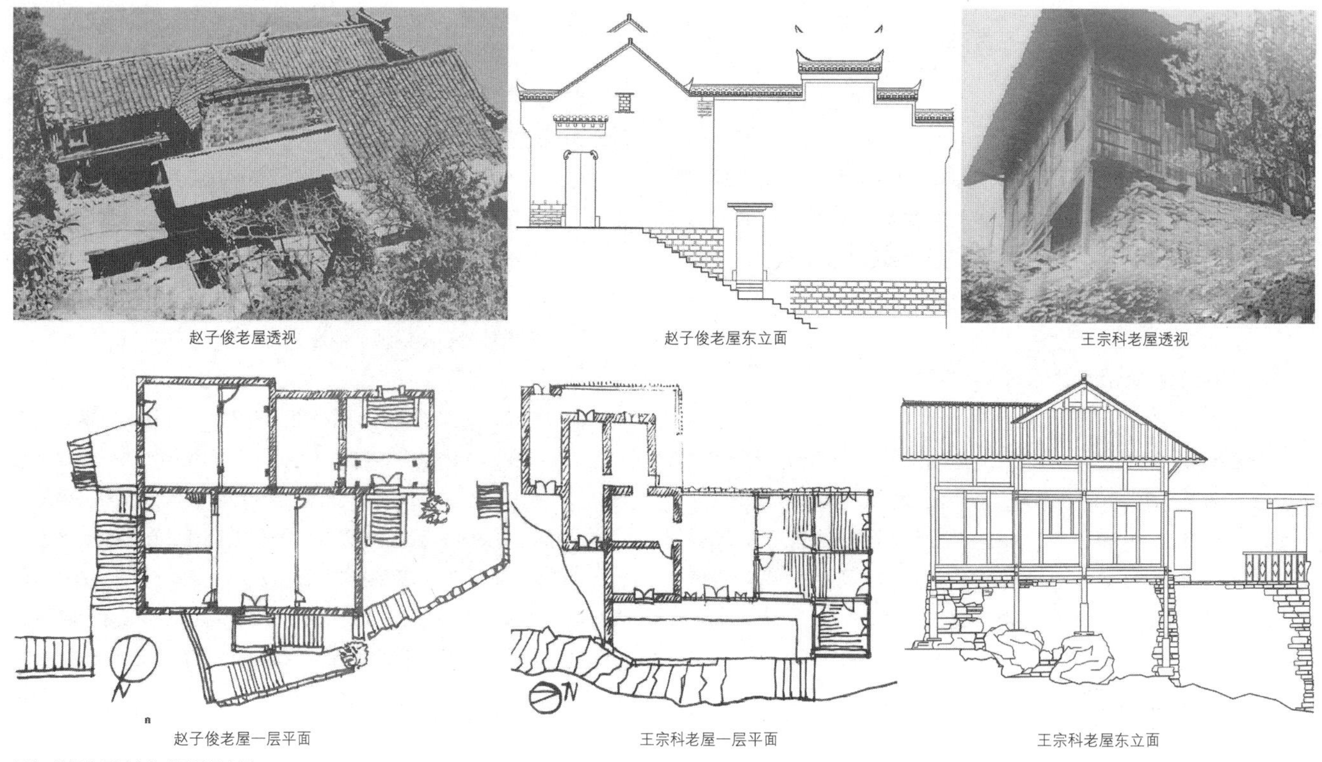

图4 峡江地区四合头式民居示意图

其二，吊脚楼式。在山区河岸陡坎陡坡等复杂地形，巴东土家族人创造出柱脚下吊、廊台上挑、屋宇重檐、因险凭高的特色民居——“吊脚楼”。其布局多呈“一”字形、“L”形及“凹”形等形态，但不刻意讲究对称，随地形而变，适应力极强。如巴东楠木园的王宗科老屋，建在半山坡沟冲旁，依山势以穿斗式部分架空形成吊脚楼，扩大基地面积同时获得良好的景观视野（图4中下、右上下）。

四、“就地取材、降低能耗”的选材原则

峡江地区居多山多林木，建筑材料坚持就地取材原则，主要使用木材做主要的结构体系，并辅以石材、瓦料、土材等其他本地材料，作维护、隔断之用，形成了独特的地域风格。既节约了人力资源成本，也有效降低了能耗，体现了可持续发展的理念。

1. 形式多样的木构架体系

木材是峡江地区最易取用的建筑材料，具体应用中又呈现出穿斗式、穿斗抬梁组合式以及硬山搁檩式三种形式，体现了建造师材尽其用、厉行节约的追求。

（1）穿斗式

对基础要求不高，地形适应力强；所需木料尺寸相对较小，经济节省，也便于施工，应用最为普遍。坡度较缓时，可通过调节柱子的高低使房屋分段跌落；坡度较陡时，又可用柱承托部分地面，让底部架空，形成吊脚楼；用地充裕时，可每一根柱子皆落地，形成稳固又可靠的“全柱落地式”（图5左）；用地紧张时，又可让局部柱子直接架在穿枋上，形成“局部柱落地式”。

（2）穿斗抬梁组合式

抬梁式结构可通过减少结构柱来增加底层使用空间，本应在山区得到广泛应用，但因其传力方式特殊，需高大粗壮的木材。而受地貌和林木限制，此地民居一般只在厅堂明间使用，次间和梢间仍使用穿斗式（图5中），形成了极具峡江地区特色的穿斗抬梁组合式结构。

（3）硬山搁檩式

此种结构较为简单，但耐压性能强、施工方便，造价低、能耗也低，还可与其他结构混合使用，常见于峡江地区偏远山地小开间房屋的建造。具体做法是将房屋的横墙砌筑成三角尖顶状，上面直接搁置檩条支撑屋面荷载，隔断墙体用土、砖、石等材料混合砌筑，如秭归新滩镇的彭树元老屋，次间就采用了硬山搁檩式，并将大梁和山墙插入厅屋楼枋中增加稳定性，既简洁又经济实用（图5右）。

2. 种类繁复的其他辅助材料

峡江地区气候温暖潮湿，建筑辅料以石材、瓦作、土作常见，既就地取材，节约资源，加上特殊的做法，又达到了防水防潮、隔热保温和降低能耗的目的。

图5 峡江地区木构架体系示意图
（来源：网络）

（1）石作

峡江地区石料丰富，石材应用广泛，一般有四种形态：①片石，一片片薄石板，常用来砌筑窗下槛或用作石瓦；②毛料石，稍加工或未加工，均大致成方形，一般用来砌筑台基外圈护壁、挡土墙等非重要部位墙体；③条石，加工细致，外形呈规则长方体，耗费人力物力大，一般只用于木柱下的磉礅、墙体的转角和下槛以及门窗过梁、台阶等重要部位（图6）。

（2）瓦作

一般只用冷摊法做成的小青瓦，成本低廉。可直接将仰瓦搁置椽子间，再将覆瓦盖在两陇仰瓦之间的缝隙上，既可快速导流雨

图6 峡江地区石作用法示意图
（来源：网络）

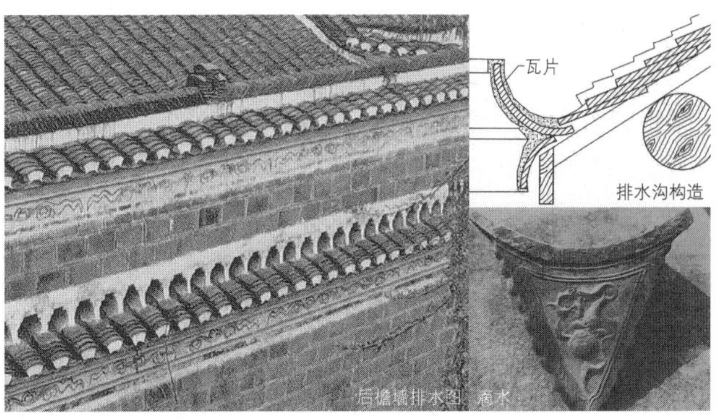

图7 峡江地区瓦作使用示意图
（来源：网络）

水，也起到了散热、通风之功用；还可将瓦斜向上立着放，弧面朝向屋顶，利用瓦的弧面做成排水沟，把水汇聚到天井的一角，然后用一木制的方形断面排水管将雨水排至下水道，比如新滩镇的彭树元老屋（图7）。

（3）土作

峡江地区土料丰富，民居墙体多为夯土墙和土坯墙。其中夯土墙坚固持久、整体性强、导热性能优越。重点是要选取土质纯净的红土，经过搅拌、夯打加上防潮的瓦盖或草铺，便可成形。土坯墙，墙体敦实淳厚，隔热保暖，而造价更低。重点是要选取带胶性的纯红土，加水搅拌、踏实、制坯，晒干即可砌筑。此地民居室内地面则多采用三合土制，有单层双层两种，均采用黄土、石灰和碎卵石按一定比例掺和，加入桐油和水后拍打而成。防潮耐磨，历经行走摩擦，常见石子在其中发亮，很有地方特色（图8）。

五、尽量营造健康舒适的人居环境

1. 高耸的封火山墙与安全感

峡江地区秭归县新滩镇传统民居的立面十分有特色——家家户

图8 峡江地区土作使用示意图
（来源：网络）

户都建有高低起伏的封火山墙。封火山墙，又称马头墙，起源于南方地区，兼有防火防盗的功能。所不同的是，此地封火山墙较江南地区也更为高耸，墙面高且极少对外开窗户。这与该地林木深易藏野兽、易发山火和客商往来频繁易发山贼的生活环境是分不开的。如刘备"火烧连营七百里"的惨剧就发生在此地。因此，安全是当地民居营建首要考虑的要素。高大的马头墙、厚实封闭的墙体不仅挡住了外部风寒，且私密性强，为人们增添了浓重的安全感（图9）。

图9 峡江地区封火山墙示意图

2. 不规则的天井与舒适感

峡江地区气候炎热潮湿，加上墙高窗少，为了通风、采光，天井结构因此更显重要，基本家家户户都有。但由于用地有局限，不同于其他地区传统民居天井多为规整的方形形制，此地天井形制不一，多随地形随机布局。为了更好地通风采光，天井四周也很少设置隔墙，厢房也多呈敞开式；二层则多采用通廊式的回廊布局，形成了一个通透的半封闭空间，也让室内的光线形成了黑、灰、白三个层次。天井中，建造师还通过凿内池、留沟防、种盆栽、置水缸等一系列做法（图10），解决集水、排水、防火等问题，营造出了一种安全舒适、温馨宁静的居住环境。

图10 峡江地区天井示意图

3. 功能多样的檐廊与趣味感

檐廊最早脱胎于"副阶周匝"中的"副阶（廊子）"，最初形成时为两层屋檐重叠的形式，主要作用是遮雨遮阳、保护建筑外墙体。与北方多雪，为减轻荷载出檐较小不同，峡江地区民居出檐一般都很深远，这与该地区雨水充沛、廊檐承载功能丰富是分不开的。其一，具有交通功能。沿街民居的檐廊，在暴雨烈日天气，可为人们遮雨蔽日，提供安全通道；其二，此地赶场数量多、人流量大，几乎"十里一场"，沿街檐廊可为赶场人们提供行商场所，减轻交通压力；其三，为居民生活提供防护，檐廊作为民居建筑的一部分，处在民居内部居住空间与外部公共空间之间，避免行人直视民居内部，维护生活私密；其四，拓展户外活动空间，檐廊沿街而建，形成了一个天然纵横、两向通风的排气管道，可有效促进浊气外排，不赶场的日子，可为人们提供玩耍娱乐空间，促进交流，增添情趣（图11）。

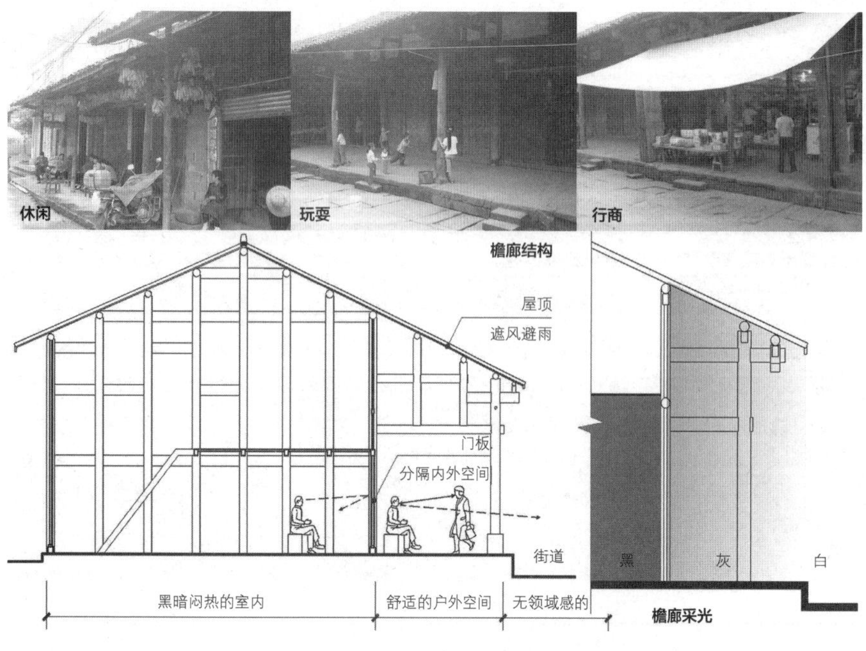

图11 功能多样的檐廊

六、总结

从上文可以看出峡江地区的居民数千年来，从聚落、建筑布局到建筑选材，再到结构营建，一直到一些细部设计，都尽量做到了不破坏原有地形地貌，尽可能就地取材、节约资源、降低能耗，尽力打造安全舒适、健康环保的人居环境，最终形成了独具峡江地方特色的传统民居聚落群，既是对“天人合一”传统建筑文化的完美展示，也体现了人与自然和谐共生可持续发展的现代建筑理念，为今天的我们继续创造既符合时代精神又有历史的传承，既符合建筑本质属性又有地区特色的民居建筑，提供了宝贵的思路和经验。

参考文献

[1] 李晓峰，李纯.峡江民居：三峡地区传统聚落及民居历史与保护[M].北京：科学出版社，2012.

[2] 季富政.三峡古典场镇[M].成都：西南交通大学出版社，2005.

[3] 王楠.峡江地区传统建筑研究[D].开封：河南大学，2008.

[4] 王丹丹.长江文化带上的峡江传统民居空间形态研究[D].武汉：华中科技大学，2010.

[5] 杨卓.巴蜀场镇沿街檐廊空间研究[D].重庆：重庆大学，2010.

[6] 姚婳婧.湘西土家族民居营建技艺研究[D].广州：华南理工大学，2012.

[7] 吴良镛.建筑文化与地区建筑学[J].建筑与文化，2014（7）：32–35.

皖中地区传统人居空间特征研究

——以三河古镇为例

李天成[1]　张　莉[2]

摘　要：随着城市规划学和现代建筑学的不断发展，关于人居环境的研究也不断深入。为解决当下人居环境恶化、空间布局不合理等城市建设与建筑设计的诸多问题，探求传统人居环境营造技艺，本文通过对三河古镇传统民居的调查研究，从历史背景、场地布局、室内空间、建筑构件等方面进行分析，从而探讨传统人居环境营建方法，总结皖中地区传统民居的研究成果与特色，关注传统营造保护、传承与创新，为当下现代社会的人居环境营造提供更多有益经验。

关键词：人居空间　营造　民居　建筑

一、引言

1981年国际建筑协会会议提出了人类居住环境的概念，掀起了有关其理论研究的浪潮，通过将生态学和环境学的研究相结合，了解人类居住环境。人居环境观念，是人们营造人居环境的理念，包括居住空间外部山水林田、布局结构、公共空间、民居内外空间等营造思想或观念。而在时间与空间的视角下，建筑师需要将各种需求互相融合，在兼顾协调环境的同时，利用节材和节能的建筑设计来建造出对人类健康友好和具有美学价值的建筑。在拥有千年文明的中国，漫漫历史长河中，虽长期处于生产力较为落后的农耕社会，但人们自古以来就关注着人居环境的品质营造，因此积累了丰富的建设经验，以朴素的生态观点和简约的方式创造出与自然相辅相成的生活居住环境。

二、概况

皖中地处安徽省中部，在长江与淮河之间，含合肥、滁州、六安、巢湖、安庆五地。三河古镇便是皖中地区传统建筑人居环境的典型代表，古镇位于安徽省合肥市肥西县南端，毗邻西部的肥西、庐江和舒城三个县，西南邻舒城县杭埠镇，南面接庐江同大镇、肥西丰乐镇。由于地处亚热带湿润季风气候区，雨量丰沛，光照充足，因此民居的主要功能是遮蔽阳光，通风隔热，排雨除湿。

三河是一个典型的水系发源小镇，丰乐河、杭埠河、小南河环绕古镇，组成三河镇的三条主干水系，镇名也由此而来。镇内水网密布，码头众多，有五里长街，杭埠河故道作为街巷布局的主轴线，以丰乐河小南河为次轴线辐射状衍生成长条形商业和居住区团块。三河民居常被误认为是西递宏村一带的风格建筑，其实不然。在三河古镇，建筑结构上大空间营造常用穿斗式结构，宜人尺度空间则常用抬梁式结构。平面布局上有北方的合院形制，也有皖南大门与厅堂之间的天井。装饰层面，既有简洁素雅的雕刻和色彩，也有精美复杂的墙体修饰。

在传统民居的选址上，皖中地区与皖南地区各有不同。例如宏村，虽远离人世喧嚣，但较为闭塞，交通不便；其宗族观念强烈，一般祠堂建筑布局在聚落中央，以祠堂为核心向外自然扩散形成聚落。三河古镇则临近淮河、巢湖，商业贸易发展历史悠久，文化风俗上融会贯通，也表现在建筑群落的营造布局之上。传统民居建筑临水而成，便于商业交通。因重要的战略位置，历史上常有战乱，为了避开战乱，精心布置陆上交通，家家相通，户户相连，安于乱世，绵延至今。

三、传统人居空间分析

1. 天井空间及蓄水池

天井不仅能够有效调整住宅微气候，承担排涝防旱的功能，还是一个使建筑融入自然的过渡空间。天井也是南方一带民居为应对南方气候夏季湿热、冬天大风寒冷的处理手法之一，如同天然空调。由于四面高墙围合，减少了直射阳光进入室内，当室内门窗紧

---

[1] 李天成，西南财经大学天府学院。

[2] 张莉，西南财经大学天府学院，教师。

闭，大门敞开时，室外的空气从门流动至室内庭院再从天井向上到室外，室内中的湿热空气便被带走至室外。冬天寒风呼啸时，大门紧闭后，天井开敞作采光之用，室外寒风被墙壁阻挡在外，在天井下点起火盆，室内可保持暖和。

天井下部设有方形储水池，取本地花岗岩块遮盖其上，排水暗管联通着室内水池和通向室外街巷水渠。池中水就来自自然降雨，雨水顺屋顶瓦片汇集，再顺着向内倾斜的单坡屋顶，流入天井水池中，此布局方式被称为“四水归堂”，也暗含着“肥水不流外人田”的美好寓意。水池中的水量大小，由雨水决定，遇到倾盆大雨时，水由管道排向水渠再到纵横交错的河流。遇到干旱时节便储存在水池中，以作日常生活生产使用，突发火灾时，百姓可以最快地速度取水灭火，最大化减少火灾带来的损失。

天井空间还是一个从室外街巷到室内厅堂过渡的灰空间，它将建筑与自然融合协调，人虽处在合院之中，但抬头可望天空，低头可见水看石，大好河山微缩于深院之内，模糊了时间与空间的界限，亦是三河古镇优美人居环境的表现之一。

2. 墙体结构及开窗

马头墙即封火墙，顾名思义是具有防火作用的墙体，特指高于两个山墙面的墙顶部分，兼有防风的功能。而三河古镇的马头墙借鉴了皖南徽派民居的做法，雕饰繁华复杂。顶部排檐砖摆放三排，用蝴蝶瓦覆盖，墙顶用清水砖，不同于皖南民居用白色加以粉饰。侧面的马头墙端部有青瓦起翘或是放置印斗、座斗，形如喜鹊尾巴的鹊尾、貌似鱼嘴的坐吻，样式繁多。

外墙做法比较特殊，南北结合。不同于北方用砖石平铺，是由青砖堆叠树立而成，再用泥土填封空心部分，是空心斗子墙这种南方传统民居的做法，节省建材又保温保暖。而外表面做法与石灰和泥浆涂刷的江南“粉墙”不同，借鉴了北方四合院的清水墙。再加上使用“排山排柱”和扒钉构件，外墙表面的青砖凹槽中的间隙清晰可见，经历时间的洗礼后产生的古朴质感又异于北方和南方任何一种民居，体现出其极高的美学价值。

山墙位于门头处超出屋檐柱之外，墀头是在山墙侧的上部，用砖砌筑，逐级承挑至檐檣，用于屋顶排水和边墙挡水。不像苏州和徽州的民居雕刻那么繁复精巧，三河古镇的小构件雕饰较为简单朴实。少部分构件雕饰讲究，墀头形如脖颈向外出挑，顶部龙口含石球，这是民间常见的“龙戏珠”主题，下部则用砖铺设形成凹凸弯曲的线条，别有情趣。当地工匠为了满足功能和造型两方面需求，处理雕饰时使用了强化构件和建筑节点的手法，既加固了侧立面的坚实程度，又使建筑的轮廓线硬朗分明，体现了皖中地区人民的智慧与巧思。

受风水理念影响和防御需求影响，古镇的建筑在外墙上开少许小窗。如同皖南地区一样，古代家中男子多会经商谋生。小镇是商品贸易重镇，水路交通便利，货物流转和买卖易换都在此地进行，商品经济繁荣发达。商人中流传“暗室生财”的风水观念，故室内较为昏暗，只有中庭一面对着天井的窗户来采光。同时皖中地区不同于皖南的安逸封闭，出于防御考虑，墙壁不开窗或是高处开零星小窗。

3. 挑檐式结构与屋顶

江南皖南地区的民居多为挑檐式建筑，三河古镇亦是如此。阴雨绵绵的气候产生了保护墙面的需求，从而发展出挑檐式建筑，减少了因雨水侵蚀墙壁以致墙体腐坏倒塌的情况。位于较为湿润的季风气候区，长年不断的梅雨天气使得挑檐式房屋遍布三河古镇。

传统建筑中称为第五立面的屋顶，在三河古镇与北方民居有所不同。为了方便排水，未使用北方常用的两层瓦做法，采用轻薄的青瓦。瓦片和椽子被蚂蝗钉固定住，顶端横向排列的青瓦放置在屋脊的正脊处，扇形瓦当滴水刻有简单纹理。高耸的马头墙遮蔽下，屋顶的轮廓时隐时现，将缓和优美、延续不断的建筑边界线恰到好处地与天空融合成了独特的天际线。

四、传统民居改造和修缮的思考与建议

在民居保护与改造的过程中可能更多地考虑如何与旅游模式相结合，新建建筑与传统建筑在结构和形式上不协调，在旧有建筑保护上仅停留在损毁修缮、增添照明设备等外部层面，而忽视传统民居关于人居环境质量提升的研究。在关于三河古镇传统建筑结构构件的修缮保护方面和新建建筑与传统建筑的协调上进行思考后，提出了以下几点建议：

1. 古镇民居中的大多数天窗直接开敞，没有遮挡直射的屋檐，在夏天时直射光强烈，如果外部空气对流活动较为微弱，那么室内将会湿热难耐。使用遮阳棚或可活动遮阳板可以减少室内热量和眩光的情况。此外，增加像玻璃纤维这样的防潮隔声材料，有利于地面防潮排湿。

2. 在高墙围护下，院内仅有小天井和少许高窗作为采光通风之用。现代社会下的建筑防御功能逐步弱化，可适度开出一些窗洞或者拓宽天窗的尺寸，增加采光的同时也增加室内小气候的空气对流。同时，传统住宅的木板门可以根据需求更换现代仿木样式的复合材料门，具有防火之用，也提高了冬季室内的保暖性。

3. 新建和加建建筑时，应尽力保持传统特征，仿古的商业和居住建筑同历史街道、巷道和建筑保持原有的视线界面及空间尺度，新建建筑使用传统建筑材料，颜色用黑、白、灰、灰褐、原木色，建筑高度控制为二层以内，不超过传统建筑轮廓线。

五、人居环境营造理念的当代启示

在全国卫生与健康大会上，习近平总书记提出“健康中国”的思想。人居环境的营造与我们的身心健康息息相关，因此关于人居环境的研究不断深入发展，像三河古镇这样的传统人居环境值得人居环境研究者以及相关从业者借鉴学习。

三河古镇周围环境优美，临近水体，植被覆盖广袤，气候宜人。场地布局上交通便利，主要街道和次要小路规划有序。在现代城市规划中，应当增加公园、湿地等绿地面积，提高建筑绿化率，这对城市生态的保护和拓宽居民休闲空间等方面产生积极作用。也应当做好道路交通规划，减小车流等交通对居住区的影响；不应一味拓宽道路，不协调的居住街道尺度会影响周边商业发展，失去亲切尺度的街道也不利于人际往来及社会氛围的营造。

在建筑单体的营造上，古镇按轴线排布房间，室内外空间流线组织合理。依照地形地貌修建，多采用自然通风采光的方式，尽最大限度利用可再生能源，绿色环保。在住宅设计中，出现了一些不宜居住的平面户型，采光不佳、通风不良等种种设计上出现的问题给居住者造成生活中的困扰。对于这样的情况，设计前期应充分勘察场地分析，做好各功能房间的朝向布局；减少不必要的建筑室内设备和城市灯光的设置。此外还应当注意减少灯光污染、空气污染、噪声污染等问题。

六、结语

时代变迁，我国早已从传统农耕社会转变为社会主义现代化社会，大量传统人居空间已不再满足我们日新月异的生产生活需求，但是传统村落人居环境的建造经验仍旧值得后人学习借鉴。剖析传统人居环境营造理念，总结人居环境建设的成果技术，可以拓展我们当今对于人居空间的设计视角，将传统建筑人居环境的优点运用于现代空间中，对传统文化的继承和发展以及当下规划营建建筑单体、乡村城市乃至国家片区都有着重要的参考价值。地域性人文环境建设与人居空间营造相辅相成，建设人居空间时，还应当考虑到当地的习俗、习惯，注重该地区的特色，把握当地文化的精髓，运用质朴协调的建筑语汇和符号，才能打造出节约环保、品质优良的人居环境。

参考文献

[1] 臧慧，管斌君.村落人居环境与健康关系探析[J].山西建筑，2018，44（30）：1–2.
[2] 尹扬扬，郑先友.人居环境视角下皖南与浙江传统村落调查对比研究[J].城市建筑，2019，16（33）：44–45.
[3] 闫留超. 江南传统村落的人居环境观研究[D].广州：华南理工大学，2018.
[4] 周虹宇，李早.皖中与皖南村落空间结构及其成因的比较分析[J].合肥工业大学学报（社会科学版），2015，29（02）：75–80.
[5] 郭妍. 传统村落人居环境营造思想及其当代启示研究[D].西安：西安建筑科技大学，2011.
[6] 李海燕. 长江中下游水乡古镇空间形态比较研究[D].合肥：合肥工业大学，2013.

基于AHP分析法的郏县西关历史街区人居环境满意度评价与分析

方广琳[1]　郑东军[2]

摘　要： 通过AHP分析法调查分析郏县历史街区内环境对于居民的宜居程度，进行定性提炼和定量分析，针对在满意度评价中发现的问题，提出街区改造的建议，并为河南传统历史街区的保护与再利用提供理论和方法。

关键词： AHP分析法　历史街区　人居环境

一、研究背景和方法

1. 研究背景

郏县西关历史文化街区，因地处夹邑古城西城门外得名，从西汉沿用至今。郏县自古是山西、陕西通往安徽的必经之地，是山西、陕西商人进出的中原要道，因此山西、陕西两省商会在此兴建会馆，并设置办事机构。街区内的国家级文物保护单位山陕会馆也列入万里茶道申请世界文化遗产预备名单（图1）。人居环境是人类工作、劳动、休闲和社交的场所，广义的人居环境定义为居住区的物质环境与精神心理环境，通过对历史街区人居环境的定性、定量研究，有助于在后续保护更新工作中建立起具有针对性的保护更新方案，对于历史街区的保护具有重要的参考价值。

随着城市的更新与发展，历史街区空间结构尚存，风貌亟待保护，目前街区内大多建筑与院落以居住为主，以及小型便民超市、果蔬店、餐馆等，符合居住型历史街区的特征。

2. 研究方法

层次分析法简称AHP，在20世纪70年代中期由美国运筹学家托马斯·塞蒂正式提出。层次分析法的基本原理是将复杂问题分解成若干层次和若干因素，在同一层次的各因素相互之间两两进行比较、判断和权重计算，最终得出不同方案的重要程度，从而为选择解决方案提供相关的量化依据。

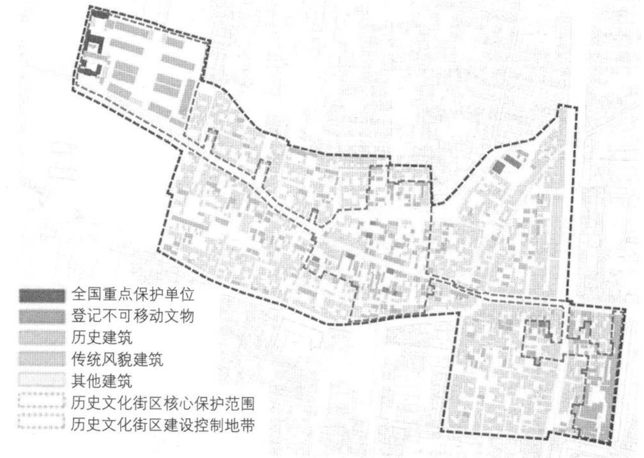

图1　郏县西关历史街区现状建筑分布情况及现状卫星图

在历史街区的人居环境满意度的相关问题中，运用层次分析法可将被调查者的主观判断用数学分析进行表达、转换和分析：通过两两比较的方式确定评价模型中各个因素的相对重要性，对各个因子赋予不同的权重，确定决策方案相对重要性的总排序，从而为选择解决方案提供相关的量化依据（图2）。

---

❶ 方广琳，郑州大学建筑学院，2019级研究生。

❷ 郑东军，郑州大学建筑学院，教授。

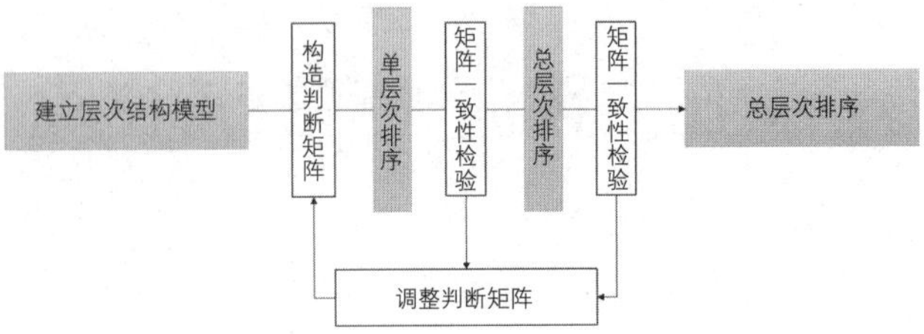

建立层次结构模型
构造判断矩阵
单层次排序
矩阵一致性检验
总层次排序
矩阵一致性检验
总层次排序
调整判断矩阵

图2 AHP分析法流程图

本次研究采用实地调研与问卷调查结合的形式对郏县西关历史街区人居环境满意度进行测评，调研对象为当地居民、过往行人等。

二、评价体系及模型构建

1. 评价指标的原则

（1）以人为本的思想

在居住型历史街区中，居民是支撑街区系统持续运转的主体，居住环境的舒适度与其息息相关，居民对街区居住环境的评价往往是最真实的视角，在构建评价体系时应当充分考虑当地居民的生产生活，遵循以人为本的思想。

（2）原真性

在历史街区的保护和修复中不是对建筑进行单纯的物质修复，而是通过对现存的场所进行解读，了解历史，还原历史，将无形的精神文化遗产借助有形的建筑进行表达，使具有文化价值、历史价值的生活方式得以延续。在构建评价体系时也需要注重历史街区的物质文化与场所精神的构建。

（3）总体性

人居环境包含多种不同的场所，因此在建立评价体系的时候应综合各种对人居环境有影响的方方面面，反映历史街区内自然、物质和社会的不同要素，同时历史街区区别于现代小区，在房屋及院落的组织上都有差异，在评价体系的构建上需要有针对性地总体考虑，使评价体系更加合理。

（4）实操性

评价体系的构建是为了发现并了解历史街区内的具体人居环境问题，并进行实际的评价。在构建评价体系的过程中，需要将复杂的系统简单化处理，保证评价体系中的各个层级都简洁明了，特别是在需要居民参与的调查环节，问卷设计应减少复杂深奥的专业术语，使得相关数据便于获取与计算。

（5）科学性

人居环境的主观感受性较强，不同时间、地点以及人物的选择有可能会导致结果的不同，因此在构建评价体系时应尽可能选择干扰较小的衡量标准，消除人为因素的影响，才能如实反映出该历史街区内真实的人居环境水平，构建准确、科学的评价体系。

2. 评价指标的选取

由于郏县历史街区现状以居民居住为主，符合居住型历史街区的相关特征。且居住型历史街区与小区、居住区的规模功能类似，因此评价历史街区的体系可以参考我国现有居住小区的相关评价指标。笔者通过对知网2000~2020年间的相关文献以及我国相关政策及评价指标的梳理，采用频度分析法归类关键词并分析它们的重合度，对于居住型历史街区的人居满意度做了初步的筛选和整理，同时剔除与郏县历史街区空间现状不匹配的指标，调整理解困难的词语。从而将评价指标分为历史文化环境、街区景观环境、居住空间环境、公共生活环境、自然生态环境和交通出行环境六大类（图3）。

3. 评价模型的构建

通过实地调研及相关文献的分析，将评价指标体系设置为第一层，即本次体系构建的总目标（A）；第二层为准则层，6个测评项目分别为历史文化环境、街区景观环境、居住空间环境、公共生活环境、自然生态环境以及交通出行环境（B_1–B_6）；第三层为指标层，即对第二层目标进行分解后的具体测评指标（C_X），如图4所示。

4. 评价指标分析方法

在该评价模型中，部分指标的主观性较强，如邻里关系的亲疏程度；部分指标的评定则可以借鉴相关的国家标准，其中准则层中的自然环境分别有空气质量、水环境质量、噪声污染和污水排放四个指标，在国家政策法规中均有相关标准。空气质量按照2012年颁布的《环境空气质量标准GB 3095—2012》中规定的具体的评价方法、水环境质量根据《地下水质量标准（GB/T 14848—2017）》、声污染根据《城市区域环境噪声标准（GB 3096—93）》，污水排放根据《地表水环境质量标准（GB 3838—2002）》进行客观的等级评价。

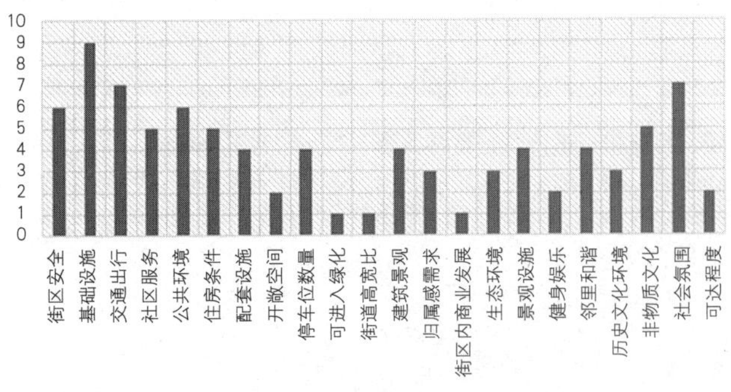

图3 关键词频度统计

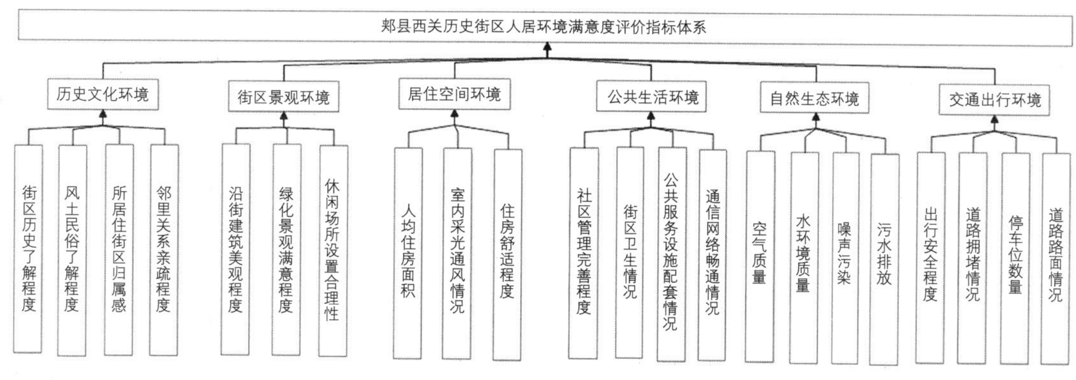

图4 郏县西关历史街区人居环境满意度评价指标体系

评价模型中其余部分由于主观性强，难以定量，因此使用AHP分析法进行量化评价。另外，本次研究采用实地调研与问卷调查结合的形式对郏县西关历史街区人居环境满意度进行测评，调研对象为当地居民、过往行人等，在问卷调查中用李克特量表示满意程度，分别为“很满意”“较满意”“满意”“一般”“不满意”5个等级，表示对于某项问题的满意程度。

5. 构造判断矩阵及一致性检测

各个因素的权重值体现了其评价模型中的相对重要性。通过Excel软件进行录入与分析，并计算出同一层次各个评价指标重要性程度的算术平均值，根据数值大小进行总体统计，依据九级标度法进行转换，得到判断矩阵。经过一致性检验，最终得到各个因素的权重数值，如表1。

郏县西关历史街区人居环境满意度评价表　表1

总目标层（A）	准则层（B）		指标层（C）	
	因素	权重	因素	权重
郏县西关历史文化街区人居环境满意度（A）	历史文化环境（B_1）	0.0427	街区历史的了解程度（C_1）	0.0121
			当地风土民俗的了解程度(C_2)	0.0031
			所居住街区的归属感（C_3）	0.0137
			邻里关系亲疏程度（C_4）	0.0137
	街区景观环境（B_2）	0.1518	沿街建筑的立面满意程度（C_5）	0.0849
			绿化景观的满意程度（C_6）	0.0135
			休闲场所设置合理性（C_7）	0.0535
	居住空间环境（B_3）	0.2895	人均住房面积（C_8）	0.0153
			室内采光通风程度（C_9）	0.0672
			住房舒适度（C_{10}）	0.0570
	公共生活环境（B_4）	0.2642	社区管理程度（C_{11}）	0.0184
			街区卫生情况（C_{12}）	0.0373
			公共服务设施配套情况（C_{13}）	0.0580
			通信网络是否畅通（C_{14}）	0.0785
	交通出行环境（B_5）	0.2517	出行安全程度（C_{15}）	0.1208
			道路拥堵情况（C_{16}）	0.0266
			停车位数量（C_{17}）	0.0317
			道路路面质量（C_{18}）	0.0727

三、分析与建议

1. 数据结果与分析

权重数值越大说明居民对于该方面的满意度程度越低。通过层次分析法计算的结果可知，在准则层（B_1–B_5）中，居住空间环境（B_3）的权重值最大。其他指标的排序依次为$B_4>B_5>B_2>B_1$，因此在制定西关历史街区相关整治措施时，应该把居民的居住环境与公共生活环境设置为重点，并优先整理街区内的景观空间。

在指标层（C_1–C_{18}）的权重排序中，由小到大的顺序依次为：$C_2<C_1<C_6<C_3<C_4<C_{11}<C_{16}<C_{17}<C_{12}<C_7<C_{10}<C_{13}<C_8<C_{18}<C_{14}<C_5<C_{15}<C_9$，说明居民最关心的问题是居住空间本身的通风采光性（C_9）。

在历史文化环境方面，西关历史街区的居民对街区的历史和当地的民俗不够了解，历史文化的传承主要依靠节假日的各种民俗传统，说明当地居民对所在街区的历史文化并没有太多的重视，传统的历史文化风貌逐渐消失。另一方面，居民对所在街区的留恋比较强烈，邻里关系状况基本好，说明他们对这里的生活环境还有很强的认同感，具有一定的归属感（图5）。

街区景观环境方面在准则层中排序最低。居民对于街区内沿街建筑的立面基本满意，对于现有的绿化景观和休闲场所较为不满。

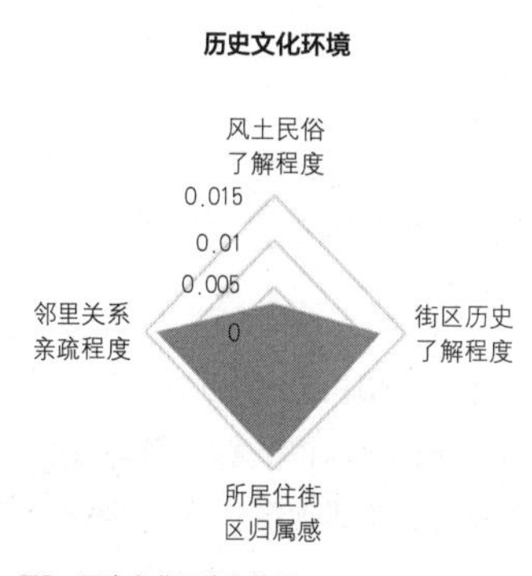

图5 历史文化环境分值图

曾经的西关街作为城市主干道，交通繁忙，没有多余的空间可以用作居民休闲，现在的西关街不再承担主要的交通任务，仍缺少景观休闲空间，居民只能选择坐在自家门口面对冷清的马路晒太阳、聊天（图6）。

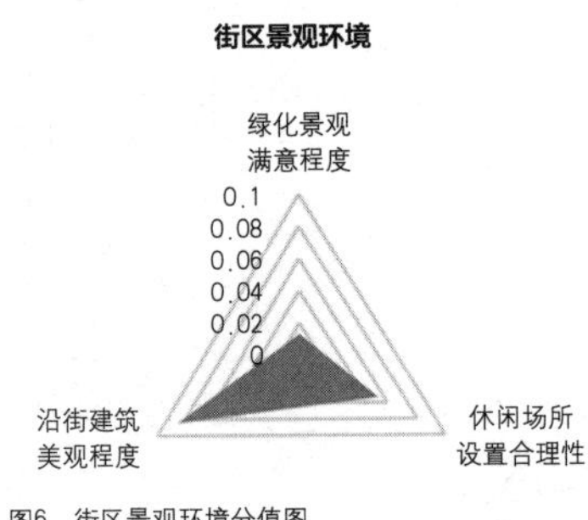

图6 街区景观环境分值图

居住空间环境上，传统民居室内的通风采光并不完善，时常出现室内过暗的情况，这是影响居住体验的重要因素（图7）。

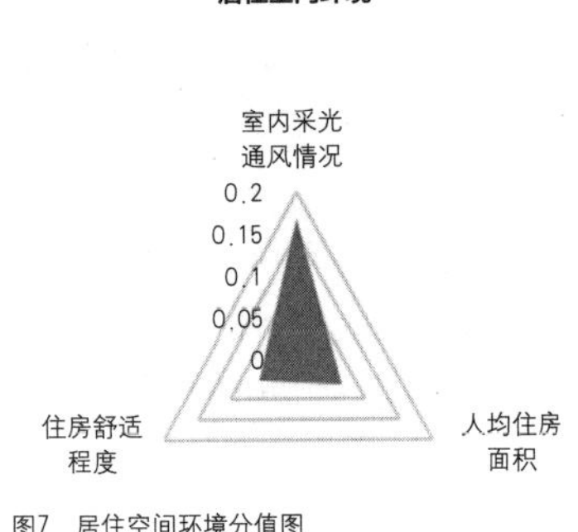

图7 居住空间环境分值图

公共生活环境上，社区管理完善程度有待提高（图8）。

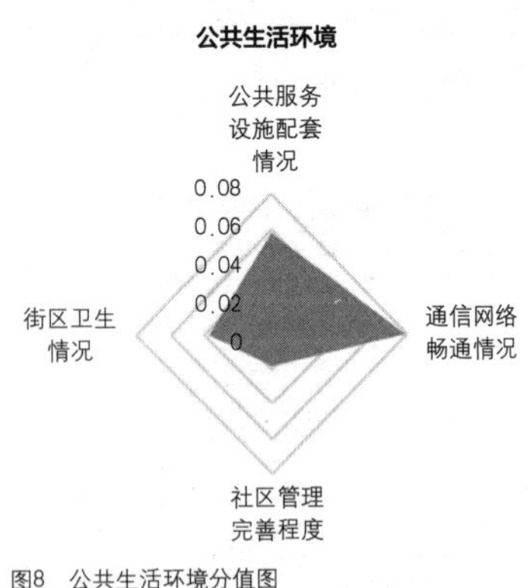

图8 公共生活环境分值图

交通出行环境上，在西关历史街区内，西关街与西关新街为主干道路，较为宽敞，居民可以将私家车直接停放在道路两侧，其他街道例如鲁山巷、黄道巷等较狭窄的道路，基本没有可以停车的空间（图9）。

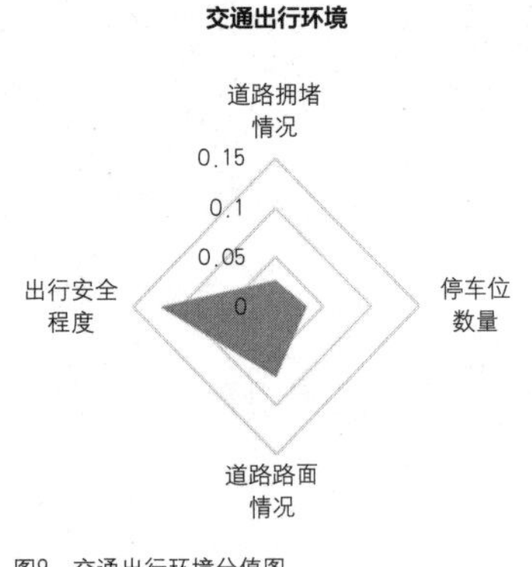

图9 交通出行环境分值图

2. 郏县西关历史街区人居环境改善建议

第一，对私人建设的现代住房进行微改造，保护街区空间肌理和尺度，使建筑风貌符合历史街区要求，配合环境景观的提升和整治，增强居民的幸福感，焕发历史街区的活力。一方面还原街区内原本风貌，另一方面减少街区生活的安全隐患。针对街区内的历史建筑、传统风貌建筑，安排专人定期对街区内进行保护性维修。以改善当地居民生活为主导，拆除内部违章搭建的空间、加固建筑内部结构、改善室内通风采光和清除私拉电线等，做到修旧如旧，维持建筑原有风貌。

第二，还原历史街区原有风貌与尺度。规整主要街道西关街、黄道巷的界面形态，修复街区肌理。隐藏出现在建筑立面上的空调外机、防盗门窗，并统一规划电缆、电线和雨棚等和历史街区风貌不匹配的元素，减小与原有界面的差异性。郏县历史悠久，有文庙、山陕庙等全国重点保护单位，也有大量的传统民居建筑。结构上普遍采用抬梁式；材料上大多采用砖木及当地红石；门、窗等细部有样式丰富的雕刻。红石为郏县所特有，常被当地居民使用在建筑上作为装饰构件，红石构件和墙体的青砖灰瓦在颜色和材质上形成对比和独特的装饰效果。针对特有的郏县建筑装饰，对街道店招、垃圾桶和电线杆等进行符号性再设计，营造特色空间氛围。在特色建筑前设置相关历史的展示牌，不仅可以向往来行人游客展示相关文化知识，也可以加深居民对当地历史的了解，留住人们的记忆。同时，在街区入口处设置小型公共开敞空间，展示街区形象以区别于郏县市区内其他街道。

第三，完善街区居民生活基础设施建设，增加小型活动场所。街区内的历史格局在维持原有邻里生活模式的基础上，结合居民对于此类空间的具体需求设置点状景观空间、休闲空间，同时修补街区内缺失的公共空间。对院落间、建筑间的小范围边角空间进行绿化填充，增强街区内生态活力。通过景观空间、休闲空间及绿化植入，营造场所精神，增强居民对于历史文化的认同感。

第四，加强历史文化宣传，增强文化自豪感。历史街区保存着丰富的历史信息，建议街区经常组织相关文化活动，丰富居民的社

会生活。同时用网络等新媒体手段介绍历史街区的历史沿革、重大历史事件，做好历史街区的文化宣传工作。

四、结论

历史街区保护不应该是简单的仿古或是模仿，本文通过运用AHP技术方法，对郏县西关历史街区当地居民采集数据并进行分析，可以清晰地发现居民生活和历史街区中存在的问题，提出针对性建议，避免出现资源浪费、疏于保护和走弯路的情况，为后续保护更新工作的开展提供参考。

参考文献

[1] 阮仪三，孙萌.我国历史街区保护与规划的若干问题研究[J].城市规划，2001：22–29.

[2] 周艳美，李伟华.改进模糊层次分析法及其对任务方案的评价[J].计算机工程与应用，2008：216–218+249.

[3] 郭金玉，张忠彬，孙庆云.层次分析法的研究与应用[J].中国安全科学学报，2008：152–157.

[4] 聂真.历史街区保护与更新的类型学方法应用研究[D].成都：西南交通大学，2008.

[5] 徐敏.基于多源数据的历史文化街区更新体系研究——以广东省历史文化街区为例[J].城市发展研究，2019（2）：74–83.

[6] 孙辉宇.宜居视角下居住型历史文化街区保护策略研究[D].苏州：苏州科技大学，2019.

岭南传统民居夏季微气候环境舒适性探究[1]

——以可园为例

薛思寒[2] 王 琨[3]

摘 要： 为了探究岭南庭园传统造园思想与地域气候的关联性，深入挖掘岭南传统民居的地域性价值，传承传统岭南人居环境营造中蕴藏的生态智慧。以岭南传统民居东莞可园为研究对象，通过夏季微气候现场实测与舒适度问卷调查，揭示庭园空间的微气候环境特征，分析不同庭园空间的热环境舒适性差异，进而采用回归分析法建立岭南庭园室外空间人体热感觉与热环境间的关联，获得可园夏季热感觉对应生理等效温度PET及其阈值范围。

关键词： 岭南传统民居 微气候 室外热舒适 热感觉投票 生理等效温度

伴随我国经济社会的快速发展，城市环境问题日益严峻。当前"健康中国"建设成为各界聚焦的热点，"宜居性"亦随之成为城市规划建设的重要目标。岭南庭园作为一种将居住功能与自然空间融为一体的合院式传统民居形式，其中蕴含着深刻的生态智慧，其平面布局、空间组合等方面形成了独有的岭南地域特色，精明地应对了当地的湿热气候，营造出舒适宜人的居住环境[1-3]。为了深入了解传统岭南庭园的空间营造特点与优势，探究岭南庭园传统造园思想与地域气候的关联性，传承发展其以巧妙、经济的方式提升建筑环境宜居性的思想和经验。本文尝试通过对东莞可园进行夏季热环境观测和舒适度调查，分析庭园空间的微气候环境特征，对比使用者在不同庭园空间环境中的舒适性差异，进而建立岭南庭园室外空间人体热感觉与热环境间的关联，希冀对当代岭南民居建筑发展与实践提供一些有益的借鉴。

一、研究对象

可园被誉为"岭南晚清四大名园"之一，位于东莞市区西博厦村，园占地约2200m^2。其园主张敬修在《可楼记》中云："居不幽者，志不广；览不远者，怀不畅。吾营可园，自喜颇得幽致[4]"以"幽""远"两字奠定了可园的基调。可园虽占地不大，但建筑众多。将住宅、书斋、厅堂、庭院整合于一体，采用岭南庭园常见的"连房广厦"形式将建筑沿外围布局，形成高低错落、回环曲折、虚实有度的建筑群，一条半边廊（环碧廊）串联起整个建筑组群。整个可园的设计运用了"咫尺山林"的手法，在有限的空间内再现了大自然的景色，达到小中见大的效果。居巢在《张德甫廉访可园杂咏》道"水流云自还，适意偶成筑[4]"，恰贴切的描绘出了可园气韵。

二、研究方法

1. 庭园热环境观测

本研究选取最能体现岭南地区湿热气候特征的夏季进行庭园热环境观测。从庭的组合方式来看，可园由错列排布的东西两平庭共同组成，错列式布局使庭园空间结构更加深远且富有变化，形成东庭树少且无水、西庭树多且有水的鲜明景观配置特色。综合考虑庭园空间布局及景观配置的差异，并以人活动、聚集、停留频率较高的室外、半室外空间作为核心研究空间，合理布置测点11个，并在园外空地设置对照测点1个，测点位置分布见图1，测点概况介绍见表1。

主要使用 HOBO 温湿度自记仪记录各测点空气温度和相对湿度，用 HD32.3 热指数仪记录风速及黑球温度（仪器性能见表 2）。测试当日，连续监测并记录（每 30 分钟记录一次）庭园使用频率较高的日间时段内（8：00-17：00）各测点 1.5 米高度处的空气温湿度、黑球温度和风速。

---

❶ 基金项目：国家自然科学基金青年基金项目（51808503）；教育部人文社会科学研究项目（20YJCZH154）；河南省重点研发与推广专项（182102310813）；河南省高等学校重点科研项目计划（19A560020）；河南省高等学校重点科研项目（20B560007）。

❷ 薛思寒，郑州大学建筑学院，讲师。

❸ 王琨，河南农业大学风景园林与艺术学院，讲师。

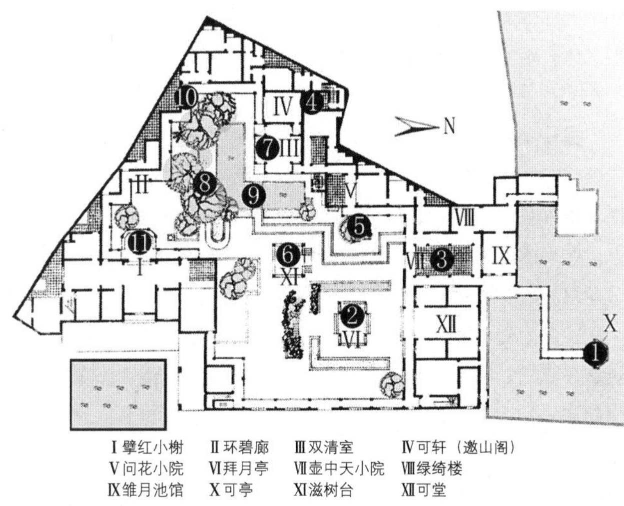

图1　可园测点布置图
（来源：作者改绘）

可园测点概况介绍　　表1

测点编号	位置	临水情况	遮蔽情况	下垫面
1	可亭内	可湖上	亭	地砖
2	拜月亭内	不临水	亭	地砖
3	壶中天小院	不临水	无	地砖
4	邀山阁窄而深的天井内	不临水	天井四壁	地砖
5	问花小院前树下	不临水	少树荫	地砖
6	滋树台	不临水	无	地砖
7	亚字厅内	不临水	建筑室内	地砖
8	曲池旁树下	临水	多树荫	地砖
9	湛明桥上	水上	无	石板
10	环碧廊，背靠小天井	不临水	连廊	地砖
11	擘红小榭内	不临水	亭榭	地砖
12	停车场空地	不临水	无	硬地

测量仪器性能　　表2

仪器名称	测量参数	测量范围	准确度	分辨率
HOBO 温湿度自记仪	空气温度（℃）	-40 ~ 70	±0.18℃（25℃）	0.02（25℃）
	相对湿度（%）	0 ~ 100	±2.5 %（10% ~ 90%）	0.03%
HD32.3 热指数仪	黑球温度（℃）	-10 ~ 100	±0.3℃	0.1
	风速（m/s）	0 ~ 5	±0.05（0 ~ 1m/s） ±0.15（1 ~ 5m/s）	0.01

2. 庭园舒适度调查

在进行庭园热环境观测的同时，对庭园使用者（主要为当地游客）展开热舒适问卷调查。问卷主要借助9级热感觉标尺和4级热舒适标尺采集受测者在园内不同环境条件下的冷热感受，同时记录受测者在受测前20分钟内的活动状态及着装情况等个体信息。经统计，园内11个测点共获得有效问卷305份。

三、研究结果与分析

1. 庭园空间热环境分布特征

研究表明，夏季户外活动的人数与热环境舒适度相关，其中与空气温度和辐射环境的相关性最高[5]，故重点从这两方面分析可园热环境时空分布特征。

（1）空气温度分析

整体对比可园内外空气温湿度差异（表3）。测试时段内，园内大部分测点空气温度大多时段低于园外。中午时段，天气有短时转阴，园外对照点及园内开敞度较大的测点，散热较快，空气温度降幅较大，园内遮蔽程度较大或大面积水体旁的测点散热相对较

可园各测点逐时空气温度与园外对照测点的差值（℃）　　表3

编号	1	2	3	4	5	6	7	8	9	10	11
8：00	-0.9	-0.7	-0.7	-1.6	-0.7	0.1	-0.7	-0.4	0.3	-1.2	-0.8
9：00	-1.3	-0.6	-0.4	-0.6	0.0	0.6	-0.1	0.4	0.8	-0.8	-0.3
10：00	-2.4	-1.6	-1.2	-1.8	-1.1	0.1	-1.3	-1.4	0.1	-2.3	-1.4
11：00	-1.9	-0.7	-0.2	-1.4	-0.6	1.0	-0.6	-0.7	0.6	-1.5	-0.7
12：00	-1.1	-0.4	-0.7	-0.5	-0.2	0.7	-0.1	-0.6	-0.1	-1.3	-0.6
13：00	-1.6	-0.7	-1.1	-1.1	-0.5	0.0	-0.9	-1.1	-0.2	-1.6	-0.6
14：00	1.2	1.5	-0.1	1.3	1.0	-0.2	1.8	1.1	-0.1	1.2	1.4
15：00	-1.4	-0.5	-0.7	-1.3	-0.7	-0.2	-1.0	-1.2	-0.3	-1.4	-0.7
16：00	0.0	0.2	-0.3	0.1	0.3	0.3	0.4	-0.1	0.1	0.2	0.1
17：00	0.3	0.7	0.2	0.4	0.5	0.3	0.6	0.3	0.3	0.3	0.6

说明：蓝色代表庭园内测点空气温度低于园外，红色相反，颜色越深表示园内外温差越大。

慢，空气温度降幅较小，故出现园内部分测点空气温度高于园外对照点的情况。除去由于天气因素影响的14点外，庭园降温作用在10：00-15：00时段较为明显，个别测点空气温度甚至低于园外超过2℃。

分别对可园东西两庭各测点近地面空气温度分布及变化情况进行分析（图2）。测试时段内（排除由天气原因影响的14点数据），各测点平均空气温度最大差异约1.5℃。其中，东庭滋树台上的测点6和西庭曲池桥上的测点9，由于无人工遮阳和植被遮挡，受太阳辐射影响大，空气温度持续于园中较高，成为园内测点中仅有的平均气温超过35℃的点。而位于湖上可亭内的测点1、邀山阁深天井内的测点4和园西南角小天井旁廊下的测点10是园中空气温度持续较低的点，三者的共同特征是有人工遮阳且周围环境温度较低。由此可见，遮阳方式、位置朝向及景观布局均对遮阳效果有所影响，从而使空气温度产生变化。

（2）辐射环境分析

可园内虽植被较少，有大片露天硬质铺地，但巧妙运用了各种“遮”的措施防太阳辐射。如，在路径旁设置局部镂空的花基，在地面上形成阴影，既削减了太阳对地面的热辐射，减弱地面向四周的长波辐射，又利于通风，同时对观赏路线起到良好的导向作用。又如，成“品”字形均布于东庭的拜月亭、滋树台、狮子山，对遮挡太阳对地面的热辐射也起到很大作用。这些手法使园内虽无大面积水体，乔木也非遮天蔽日，但依旧保持较舒适的环境。

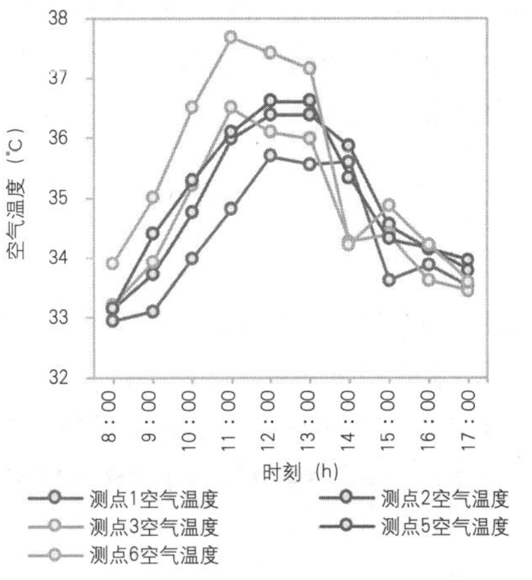

(a) 东庭

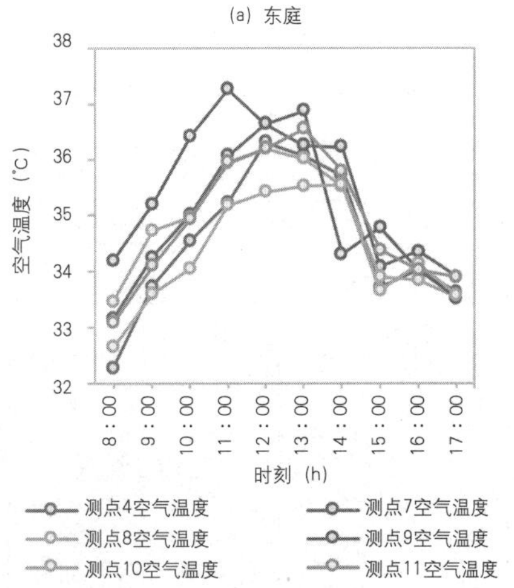

(b) 西庭

图2 可园东庭、西庭各测点空气温度逐时变化曲线

具体对比园内各测点逐时黑球温度变化情况（图3），由于可园整体布局优势造成西高东低的庭园格局，为可园隔绝了西向、西南向低角度太阳辐射，防西晒效果明显，故下午时段各测点黑球温度差异明显减小。无水平遮阳的测点3、6、9热辐射环境相似，黑球温度趋势与园外参照点相近，受太阳辐射影响较大，测试时段内黑球温度变化量约13~15℃，其他测点黑球温度日变化量较小，约2.5~5℃。其中，测点5和测点8同属树下空间，黑球温度变化趋势一致，但位于水边且乔木郁闭度较大的测点8黑球温度一直低于测点5。同属亭下空间的测点中（测点1、2、11），周围同是硬质铺地的测点2和测点11黑球温度变化趋势更为接近，而位于可湖上的测点1，由于水体吸热慢放热慢，受太阳辐射变化幅度较其他两测点小，测试时段黑球温度变化量在3℃以内。其余基本不受太阳直射的测点4、7、10黑球温度变化趋势相近，且相对稳定、持续较低。

2. 庭园空间热感觉与热舒适

采用投票百分比分别对园内各测点热感觉投票和热舒适投票数据进行对比分析（图4、图5）。各测点热感觉与热舒适规律基本一致。总体来看，可园热感觉整体偏热，除个别测点外，大部分测

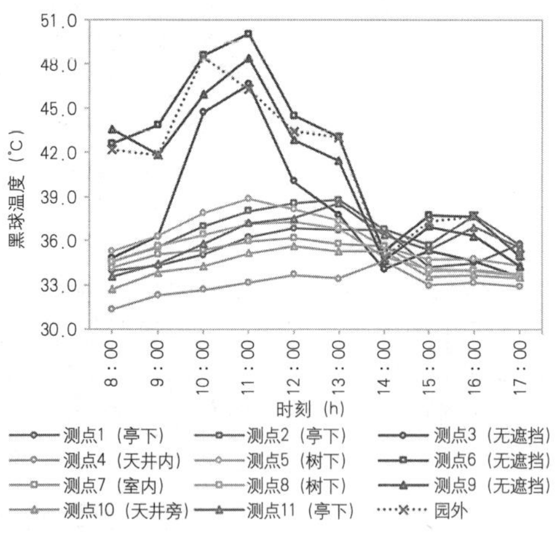

图3 可园各测点黑球温度逐时变化曲线

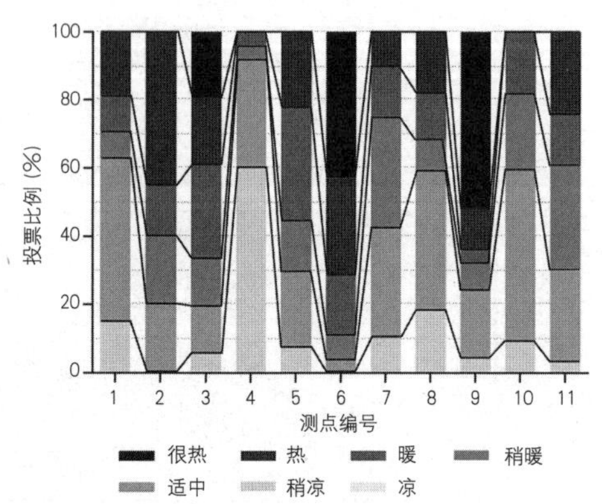

图4 可园各测点热感觉投票比例

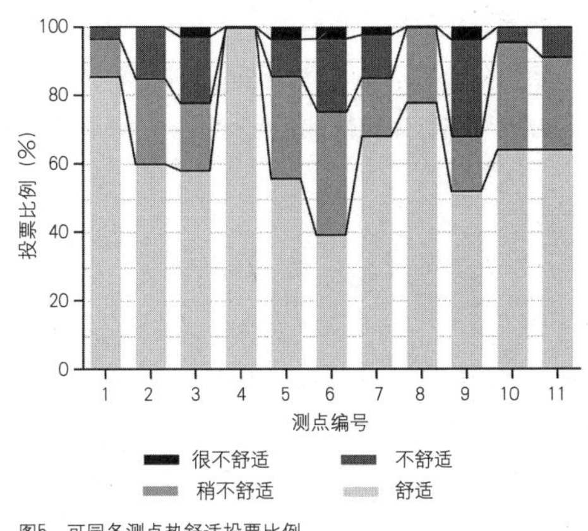

图5 可园各测点热舒适投票比例

点均有过半投票处于热感觉标尺“热”一侧。室内测点 7 由于测试当日窗未开启，自然通风较差，室内闷热，近 60% 投票偏热。室外测点 1 有亭遮蔽且位于开阔的湖面上，景色宜人，持续明显的吹风感减轻了人的湿热感，该测点“适中”投票近 50%，是“适中”投票最高的测点，舒适投票超过 85%。测点 4 处在开口只有 1.63 米 ×2.09 米的小天井内，天井深超过 10 米，终日避免阳光直射，气温低、湿度高，十分荫凉，成为整栋建筑的“冷源”，该点“稍凉”投票 60%，所有该测点受测者皆感到舒适。可见，夏季稍凉的热环境更能使人感觉舒适。茂密高大乔木（龙眼树）下的测点 8 是可园内唯一一处终日处于树荫下的测点，其中“适中”投票 40.9%，18.2% 的投票热感觉偏凉。而同样在树下（石榴树）的测点 5，由于植物冠幅较小，且树叶小而疏，郁闭度及叶面积指数均较小，遮阳效果欠佳，约 70% 的投票偏热。同样有亭遮阳的测点 2 和测点 11“适中”投票比例相近，但测点 2“热”投票比例是测点 11 的近 2 倍，热感觉整体偏热。试析原因，测点 11 周围空间相对紧凑，周边建筑和植被有效的遮挡了太阳对地面的热辐射，而测点 2 周边相对开阔，受太阳辐射及来流风带来的热空气影响较大。可见，周边环境的空间布局和景观配置皆对测点热舒适产生影响（图 6）。此外，测点 6、9 日间一直暴露于太阳下，“热”和“很热”投票比例占 70% 左右。湛明桥上的测点 9“很热”投票比滋树台上测点 6 高出 10%，但“舒适”投票却高于测点 6 超过 10 %，推测水体在夏季能给人的心理增加凉爽舒适之感，动态互动型行为活动（喂鱼）对缓解人体不舒适有所帮助。

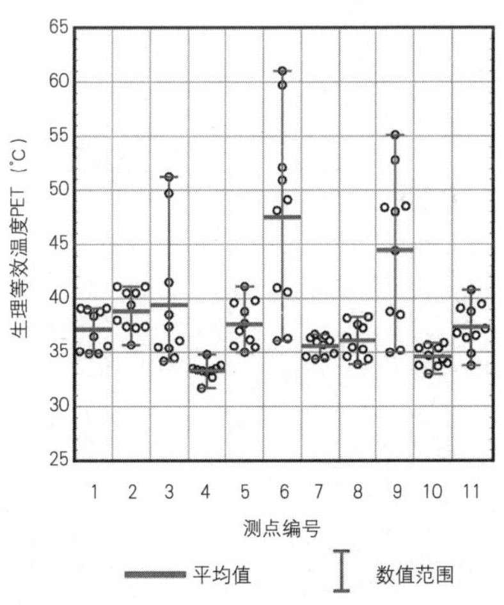

图6 可园各测点PET分析

将室外各测点舒适度百分比排序：测点4>测点1>测点8>测点10>测点11>测点2>测点3>测点5>测点9>测点6。发现其中超过60%的受测者认为人工遮阳（廊、亭）下的空间（测点1、2、10、11）舒适；超过85%的受测者认为有人工遮阳且临水的空间（测点2）舒适；超过55%的受测者认为树荫下的空间（测点5、8）舒适，舒适度受郁闭度和叶面积指数影响；超过75 %的受测者认为有树荫且临水的空间（测点8）舒适。可见，遮阳措施与水体的适当结合可以提高空间舒适度。终日暴晒的测点舒适度较差，周边环境及行为活动可以缓解不舒适感。

3. 庭园热环境与热感觉的关联性

在庭园空间热环境及热舒适分析基础上，采用回归分析法建立庭园热环境与人体热感觉的联系。

（1）生理等效温度计算与分析

借助 Rayman 模型，利用热环境观测所得气象参数及问卷调查所得使用者个体信息，计算出生理等效温度 PET，作为室外热环境综合评价指标。由图 6 可知，各测点日间变化差异较大，PET 最大值为 61℃，最小值 31.7℃，各测点平均 PET 最大差异 9.0℃。单独分析每个测点，无水平遮阳长时间受太阳直射的测点 3、6、9 日间 PET 波动较大，尤其是滋树台上的测点 6，PET 极值超过 60℃；几乎终日不受太阳直射的室外测点 4、10 和室内测点 7，PET 非常稳定，日间波动大致在 3℃范围内波动，且基本不超过 35℃。其余测点的 PET 基本集中在 35~40℃范围内，相对稳定，其中树下测点 8 的 PET 平均值最低，约 36℃，但该点舒适度略低于位于开阔水面上的重要景观测点 1，可见在夏季适当提高风速、增强空间功能性，均能对空间舒适度有一定提升。

（2）生理等效温度与热感觉投票回归分析

将热感觉投票（TSV）与对应生理等效温度（PET）进行回归分析（图 7），并根据所得线性回归方程式，计算热感觉对应的 PET 中性温度，并带入两标尺中间值（±0.5），确定出可园夏季

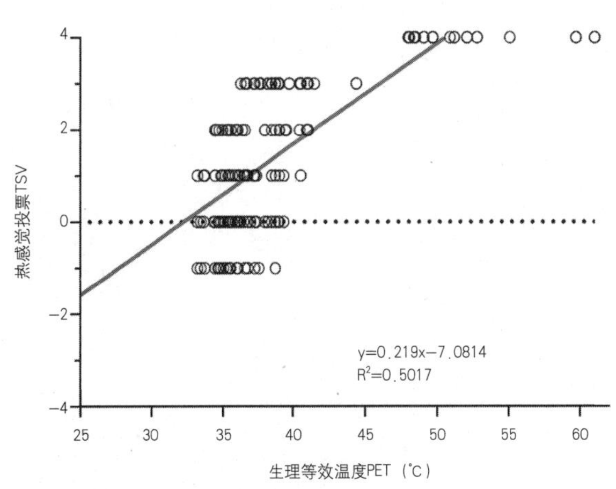

图7 可园热感觉投票与生理等效温度回归分析

室外热感觉对应的 PET 范围（表 4）。得出可园夏季室外热感觉问卷“适中”对应的 PET 范围为 30.1~34.6℃，PET 中性温度 32.3℃。

可园夏季热感觉对应PET及阈值范围　表4

热感觉标尺	中性温度 /℃	阈值范围 /℃
−2 凉	23.2	≤ 25.5
−1 稍凉	27.8	25.5~30.1
0 适中	32.3	30.1~34.6
1 稍暖	36.9	34.6~39.2
2 暖	41.5	39.2~43.8
3 热	46.0	43.8~48.3
4 很热	50.6	＞48.3

四、结论

智慧的古代先贤运用低技的方法，通过合理的空间布局与景观配置，巧妙地顺应自然、利用和改造自然，营造了舒适的庭园生态环境。定量分析岭南庭园室外空间人体热感觉与热环境间的关联，对更好地营造健康宜居的当代岭南人居环境具有积极的现实意义。

参考文献

[1] 汤国华.岭南湿热气候与传统建筑[M].北京：中国建筑工业出版社，2005.

[2] 夏昌世，莫伯治.岭南庭园[M].北京：中国建筑工业出版社，2008.

[3] 薛思寒，冯嘉成，肖毅强.岭南名园余荫山房庭园空间的热环境模拟分析[J].中国园林，2016（01）：23-27.

[4] 杨宝霖.东莞可园张氏诗文集[M].广州：广东人民出版社，2008.

[5] LIN T-P. Thermal perception, adaptation and attendance in a public square in hot and humid regions[J]. Building and Environment, 2009, 44（10）：2017-2026.

基于空间句法的崔路村祭祀类建筑空间分布解析

马玉洁[1] 胡洺泷[2] 丁 梅[3]

摘 要：本文以邢台市崔路村内祭祀类建筑为研究对象，选取村域、街巷、庙宇三个层级空间，通过使用Depth Map软件对崔路村街巷进行轴线图计算与分析，从整合度与智能度方面对崔路村的街道空间进行量化分析，探索村落中祭祀类建筑与村域路网构成之间的关系，从而更好地理解当地的文化特征与空间特点。

关键词：空间句法 崔路村 街道 祭祀建筑

一、引言

崔路村位于邢台市，是一处留存较为完好的传统村落。其中，大小祭祀庙宇约14座，承载了当地特色的历史文化信息。而这些祭祀类建筑在村落中的空间分布也存在一定的规律，本文通过运用空间句法，建立空间数字化模型的研究方法，对崔路村庙宇分布空间形态进行测算和参数化分析，以解读其内在规律，为村落的保护与发展提供新的视角。

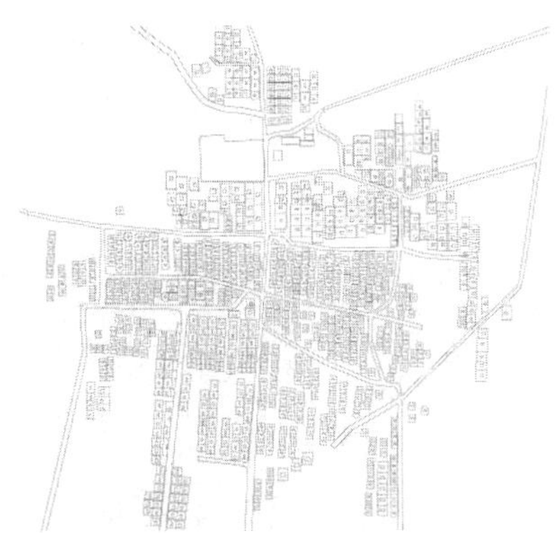

图1 崔路村现状地图

二、研究区域概况

1. 村落现状

崔路村地处河北邢台中南部丘陵区，四周由岗丘环绕成一个盆地，村域总面积12700亩（图1）。初兴于隋大业三年，由于村落是缘路而生、依路而兴的，并以崔姓居民为主，故名崔路。到明朝初年，历经800年的发展，形成了一个不小的村落。发展到现代，村里主要由刘、王、姚、赵四大姓为主，全村根据姓氏分布，将地界划分为刘门、王门、姚门、赵门4门（如图2，除标记部分，其他区域为后期发展的新建建筑），全村村民分为7个村民小组。

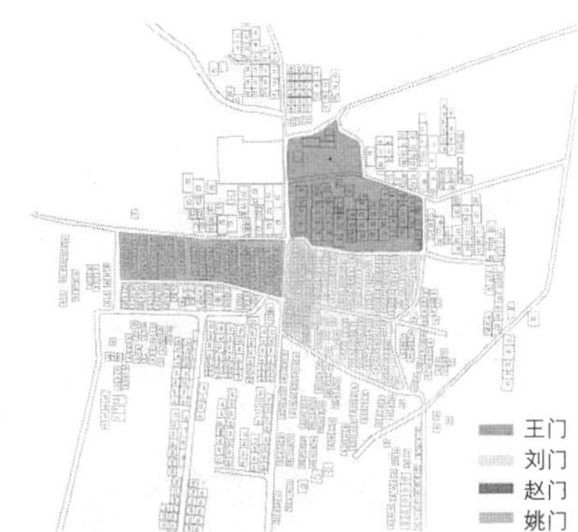

图2 崔路古村落四门主要分布概况

全村保存较好的古民居大院有70多处，以村东部的永和大院规模最大、最完整。

除传统民居之外，在古村浓郁的历史人文环境空间中，依存着丰富的非物质文化遗产。整个村落中分布大小庙宇约14座，在每年元宵节时，所有庙宇开放，接受村民香火供奉，并且在一些庙宇

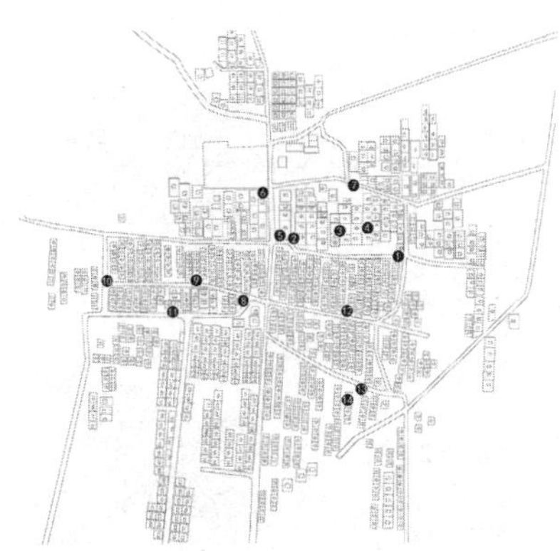

图3 崔路村各庙宇分布图

❶ 马玉洁，河北工程大学，副教授。
❷ 胡洺泷，河北工程大学，硕士研究生。
❸ 丁梅，邯郸市市政工程管理处，高级工程师。

周围还有传统的“社火”表演，并且在元宵节当晚，村民围绕各庙宇进行游灯会，以祈福来年风调雨顺，人畜平安。

2. 庙宇现状

根据图3各庙宇分布图对各庙宇进行详细介绍，如表1所示。

三、空间句法解读

“空间句法”的概念于20世纪70年代由比尔·希列尔（Bill Hillier）提出，通过对建筑空间形态进行数字模型建立与量化分析，从而研究存在于人类社会中的组构关系。

崔路村各庙宇现状及简介　表1

序号	名称	现状	历史沿革	位置简介
①	玉皇阁		占地150平方米，与姚门西头的关帝阁虽不在一条轴线上，却也遥遥相望，成为古村落东西二门。始建于明代，其后历经两次重修	坐落于刘门后街东头，坐东朝西，跨街而建
②	火神庙		不详	位于王门街西侧端头三岔路口处，坐东朝西
③	火帝真君庙		不详	位于王门街中部，坐南朝北
④	关帝庙		不详	位于王门街北部，坐东朝西
⑤	土地庙		不详	位于王门街西侧端头十字路口处，坐北朝南
⑥	瘟神庙		原瘟神庙“文化大革命”时期被拆毁，21世纪后在原址附近重修	古村的南北中轴线大巷的北端，坐南朝北
⑦	小观音堂		始建于明代，其后历经两次重修	位于王门东偏北的一个三岔路口旁，坐南朝北
⑧	大观音堂		始建于明万历年间，其后历经两次重修	—

续表

序号	名称	现状	历史沿革	位置简介
⑨	天地庙		不详	位于姚门中部，坐北朝南
⑩	关帝阁		与刘门后巷东头的玉皇阁遥遥相望，成为古村落的西门，始建于明天启六年，其后历经三次重修	坐落于姚门街的最西头，坐西朝东，跨街而建
⑪	五圣祠		始建于明嘉靖三十七年（1558 年），其后历经三次重修	坐落于姚门南侧，建在一个青石砌筑的台基上，坐北朝南
⑫	天地庙——虚若堂		清康熙二十一年创建	坐落于刘门街的的中部，坐东朝西
⑬	土地影壁		不详	位于赵门东南侧
⑭	龙神庙		根据村志记载，清乾隆四年曾在内设置学堂，说明始建时间早于此时	位于古村落刘门的南面，地势较高，坐南朝北，两进院落

本文通过调研，获取崔路村街道CAD图，再将其导入Depth Map软件中，获取轴线图，从整合度、连接值和选择度三个方面进行分析。

1. 整合度分析

整合度是衡量一个空间吸引到达交通的潜力的参数。整合度越高的空间，说明其可达性越高。

（1）全局整合度

全局整合度，即当$r=n$时，整个系统中所有的元素之间联系的紧密程度。如图4中所示，轴线基本分布在中心区域的两条十字交叉线上，为整合度较高的街道。该区域大致可以视为村落的中心区域。将各庙宇所处位置的整合度值提取出来，将其分为五个梯度，以便于比较观察，如表2所示。

数值梯度　　表2

梯度	整合度
第一梯度	⑧大观音堂，整合度值 1.52071；⑫ 天地庙，整合度值 1.52071
第二梯度	⑨天地庙，整合度值 1.28102;⑩关帝阁，整合度值 1.28102
第三梯度	①玉皇阁，整合度值 1.1096；②火神庙，其值为 1.148；⑤土地庙,整合度值 1.148;⑬ 土地影壁,整合度值 1.155527
第四梯度	③火帝真君庙，整合度值 1.03825；④关帝庙，整合度值, 1.03825; ⑪ 五圣祠，整合度值 1.03301；⑭ 龙神庙，整合度值 1.08892
第五梯度	⑥瘟神庙，整合度值 0.904358；⑦小观音堂，整合度值 0.978639

通过与庙宇分布图进行对比，第一、二梯度庙宇主要分布于村落中心东西向街道上，这条道路横穿三门，整合度最高，但是庙宇分布密度却不高。庙宇分布密度最大的为王门区域，但其整合度值多位于第三、四梯度中。通过前期调研结果，崔路村近些年的发展

图4 全局整合度

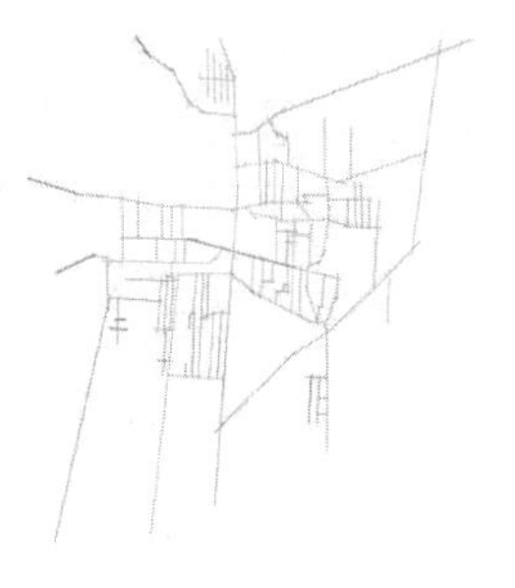

图5 局部整合度

图6 连接值

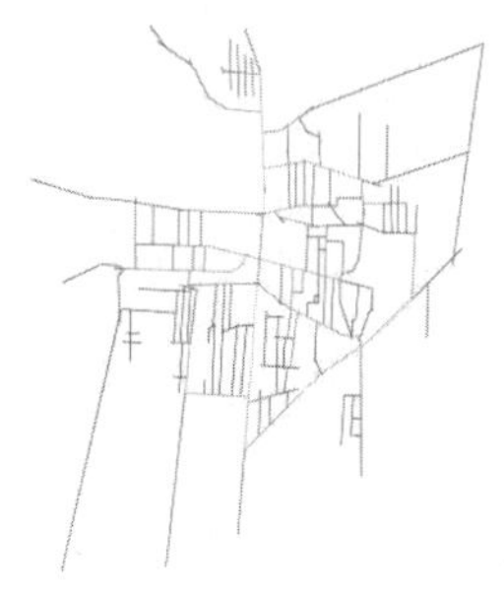

图7 选择度

趋势主要向南向出口处聚拢，除老四门区域之外，崔路的新建建筑基本围绕南侧入口两侧以线性发展。新建筑的形成也带来了街巷生长，交通潜力逐渐增加，所以，同样是偏离中心区域，⑬、⑭的整合度要比位于村落北侧区域的⑥、⑧高。

（2）局部整合度

局部整合度表示的是当r=3时，某元素与其附近所有元素联系的紧密程度。如表3所示，当r=3时，各区域的整合度均得到加强，而且北侧王门区域整合度增强明显，可见，北侧区域全局整合度并不高，但将其拓扑深度减小时，局部整合度远超之前，由此可得出内部各道路之间联系紧密。配合崔路村地形图可以看出（图5），王门区域不同于其他三门，其整体形态紧密，且多为平民居住（南侧永和大院为早年地主大院）。所以，王门中的道路连接更加致密，人流交往方便，而且其位于村落北部，不需要承担作为出入口的任务，因此整体姿态更加内敛，反映至祭祀建筑中则呈现出形制小、密度高的状况。

王门部分街道参数对比　　表3

整合度数值与局部整合度数值	
r=n	r=3
1.27041	2.0288
1.08315	1.66934
1.148	1.98057
1.04001	1.88806
0.928301	1.6101
0.928301	1.6101
0.922024	1.46956
0.903027	1.68572
1.01339	1.67918
1.03825	2.07226
0.949121	1.89935
1.03825	2.07226
0.949121	1.89935

2. 连接值分析

连接值表示某一元素和与之相连元素的关系，空间节点的连接值越高，表示其节点的渗透性越好。如图6所示，通过软件分析，连接值较高的街道与整合度较高的街道大致重合。再次证实了位于村落中心的南北交叉道路占有非常重要的地位，在这两条南北轴线上分布了六座庙宇。如果做整体连接值对比，很难看出其中的规律，但如果将各街道按照四门的范围进行划分归类，就可以看出各庙宇所处的街道连接值均高于同区域的其他街道。由此可分析出各庙宇所处空间与周围环境联系密切，空间渗透能力强。对比地图可看出，几乎所有庙宇都位于十字路口与三岔路口处，只有几个庙宇如③、⑨是位于街道中央，即使这样在庙宇的一侧也仍有一条小路与其他街道相连。说明庙宇所处的位置均为道路节点处，对周围环境影响力高，使得此处的人群聚集能力更强，这同时也符合祭祀类建筑的使用需求。而在当地风俗中，每年元宵节各个庙宇都会开放，并且在庙宇周围会有非常盛大的社火表演，从实际情况中可以印证这一观点。

3. 选择度分析

选择度是指空间系统中某一个元素作为两个节点之间最短拓扑距离的频率，考察空间单元作为最短路径所具备的优势，反映了空间被穿行的可能性，选择度越高的空间，则越有可能被人穿行。通过软件计算，如图7所示，可以看出中心区域道路选择度最高，其中南北向道路选择度最高，并以此为中心，选择度向外逐渐降低。同样按照四门的范围进行分类归纳，可以得出，各庙宇所处街道选择度高于同范围内其他街道。

四、结论

1. 基本结论

通过空间句法软件对崔路村落轴线图计算出的各个参数进行分析，从村落本身来解析崔路村的空间特征，并与现状地图进行对比，可以看出，传统村落具有一种自发的内向发展惯性，这种性质与传统的家族观念有关。由此，崔路村中发展出了王、刘、赵、姚四大姓氏所聚集而成的四门，一种虚拟的家族边界将整个村落划分成四部分。

这四部分看似是组成村域的一个整体，但不同的家族制度与地理位置，决定了其在空间形态上存在的差别。刘、赵、姚三门靠近边界（以古村落范围为主），要承担连接内外交通的责任，所以，其形制都是由一条主路串联各巷道。但不同的是，刘门以大户人家为主，街巷多为家族内部使用，公共空间较少。所以分布在刘门的庙宇只有在中心街道和外部边界。姚门整体形态扁长，且担负入口较多，所以中央主路的功能性与使用频率要远胜于其他小道，其庙宇不可避免地在这条主路上建设。王门被其他三门包裹在内，北侧靠近山区，整体形态成团状，且多为平民居住。不似其他几门的大路串联，多以宽度均匀的小路为主，内部交流便利，公共空间丰富但范围不大。在将各区域空间特点划分明确后，配合软件来分析，则可以得出崔路村祭祀类建筑的分布规律：主要分布于相对于本区域内参数值较高的街道上，具体位置多为本区域内或区域与区域之间重要道路的交叉节点之上，这些区域空间渗透力强，影响力大，是崔路村中公共空间的重要组成部分。

2. 未来发展建议

崔路村近几年一直在围绕永和大院发展旅游业，根据本文分析可以得出，村落中庙宇不仅是本村民俗文化的重要组成部分，同时其分布位置也占据了主要的道路节点，所以，对庙宇和其周围空间的保护可以大大增加街道对于人流的聚集能力，提高其辨识程度，这种由点至线的形式同时也将整个村落的可理解度大大提高，对于当地文化的传播与发展有着非常重要的意义。

参考文献

[1] 陈哲，程世丹. 传统村落公共空间形态句法研究——以江西金溪县竹桥村为例[J]. 华中建筑，2020.

[2] 徐博伦，李娇，范学琴，杨芳绒. 基于空间句法的传统村落叙事空间研究——以河南省郏县张店村为例[J]. 湖北农业科学，2020.

[3] 王兵，吕微露. 基于空间句法的东浦古镇的街巷空间解析[J]. 四川水泥，2021.

[4] 戴晓玲，浦欣成. 以空间句法方法探寻传统村落的深层空间结构[J]. 中国园林，2020.

[5] 韩承志，钱双宝. 基于空间句法的传统村落街巷空间形态分析——以桂林市褚村为例[J]. 住宅科技，2020.

[6] 孙鹏宇. 邯郸磁州窑文化区祭祀建筑研究[D]. 邯郸：河北工程大学，2020.

[7] 伍端. 空间句法相关理论导读[J]. 世界建筑，2005.

[8]（英）希列尔. 空间是机器——建筑组构理论[M]. 杨滔，张佶，王晓京，译. 北京：中国建筑工业出版社，2008.

[9]（英）希列尔. 空间句法在中国[M]. 段进，译. 南京：东南大学出版社，2015.

上口子村草顶土房防寒保温营造技艺

申雅倩[❶] 朴玉顺[❷]

摘 要：草顶土房是辽河口地区为了应对寒冷气候形成的一种独具特色的传统民居。本文以盘锦市大洼区西安镇上口子村为例，通过实地考察、匠师访谈，对草顶土房的土坯墙、苫草顶、搭火炕部分防寒保温营造技艺进行了整理，对该地区传统民居建造时匠人的智慧进行了总结，该成果将有助于本地区传统营造技艺的保护和传承。

关键词：辽河口 草顶土房 防寒保温 营造技艺

上口子村（图 1）是辽宁省盘锦市大洼区西安镇下辖的一个自然村，属于温带海洋性季风气候，光照充足，四季分明，年平均气温 8.3℃。一月平均气温 - 10.2℃，最低气温 - 27.3℃。地形以平原为主，多滩涂湿地，当地居民以种植水稻田为生，稻草和泥土资源丰富，居民利用其自然优势，就地取材，将泥土与稻草混合制作土坯砖，用土坯砖垒砌墙体，稻草铺设屋顶，形成草顶土房传统民居类型。

草顶土房是上口子村居民因地制宜，根据地理环境和气候条件营建出的适宜当地居住的民居类型。厚重的土坯墙起到防寒保温的作用，屋内设有锅台和火炕，以满足采暖的需求，这种集前人智慧所搭建的传统民居，在防寒保温方面更优于现在建造的红砖房。但由于传统老工匠越来越少，这项营造技艺面临着失传的风险。

上口子村受到寒冷气候条件的影响，草顶土房在搭建时需要着重考虑民居在防寒保暖方面的需求，在房屋的搭建过程中匠人们智慧地创造出以下防寒保温营造技艺：土坯墙营造技艺、苫草顶营造技艺、搭火炕营造技艺。

图1 上口子村（红色标记）地理位置
（来源：Google 地图）

❶ 申雅倩，沈阳建筑大学建筑研究所。

❷ 朴玉顺，沈阳建筑大学建筑研究所，教授。

一、土坯墙营造技艺

土坯墙是草顶土房的围护结构，也是主要的防寒保温措施。它是用土坯砖和黄土混合垒砌的墙体，其营造技艺分为制作土坯和垒砌墙体两部分。

1. 制作土坯

土坯是用泥和草制成的土砖。其制造过程叫作“打坯”或“脱坯”。一般在初春季节开始打坯，首先选择一块平整向阳而且取土、取水方便的地方作为坯场，坯土选用黄土，然后加入用铡刀（图2）铡成的三寸左右的稻草，起到拉筋的作用，民间俗称为“羊角”（图3），也叫“羊剪”。制坯的过程是先将土块打碎，再把“羊角”一层一层地铺在土上，然后加水变成泥状，“闷”几个到十几个小时，使泥和草粘合在一起，俗称“闷透”，用二齿钩子（图4）和匀（图5）。然后把和匀的草和泥放入坯模子（图6）中，整平并进行晾晒，天气好的时候晒十几天，晒到干且拿下来硬实的程度。之后脱坯，再进行晾晒。草顶土房通常为3~5间，需要土坯砖1500~3000块。

2. 垒砌墙体

垒墙的顺序为：备料、挂线、砌墙、抹泥。首先将准备好的土坯砖放置在地基中间的平地上，方便工匠取用；接着挂立线和横

图2 铡草

图3 羊角

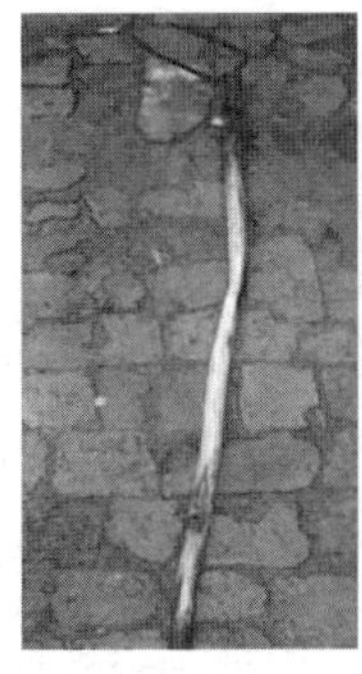
图4　二尺钩子

图5　和泥

图6　坯模子

线，横线在砌墙时按照砖块的厚度依次向上移动；然后分工砌墙，先砌北墙，接着是两侧山墙，最后是南墙，南墙砌筑时候到900毫米的高度留出门窗框，砌好后再安装门窗。900毫米高窗台是老一辈留下来的，炕600毫米高，人坐在炕上小腿正好耷拉在炕沿墙上，过去炕上放个长方形的桌子，高200毫米多一点，上面放一个酒壶，酒壶上再放一个酒盅，酒盅的上口和窗台正好是平的，就形成了900毫米的窗台。在砌筑山墙时需要预留烟囱的烟道，烟道距离地面500毫米，尺寸一般是40厘米×40厘米，墙体砌筑到1000毫米左右的时候，技工需要站在挑架上垒墙，力工就在下面把土坯放到挑上；最后抹泥，为了使墙面光滑不裂口，用羊草和泥混合至黏糊状，接着用泥板子把泥抹上墙，内外墙都需要抹泥，一般2~3层，每层泥3~4天能变干，接着再抹下一层，直至墙面抹到光滑，最终形成37厘米厚的土坯墙（图7）。

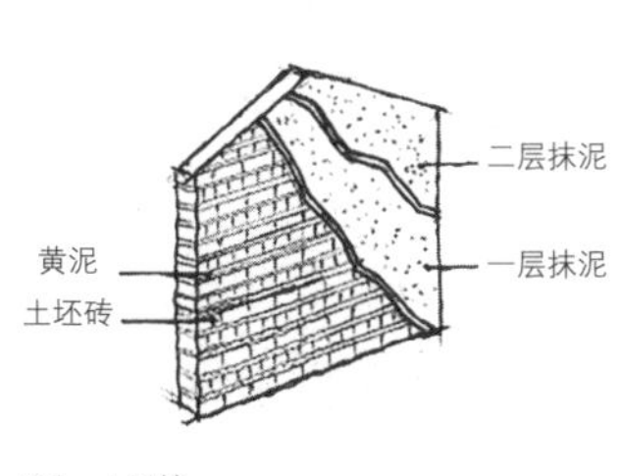

图7　土坯墙

二、苫草顶营造技艺

草顶土房的屋顶是由稻草或苇草铺设，用黄土固定，草屋顶起着防寒保温的作用，可以减少屋内热量散失，也避免雨雪天时水渗入屋内。铺设稻草屋面又称为苫草顶。苫草顶营造技艺主要包括准备房草和苫草屋顶。

1. 准备房草

苫房草一般是用稻草。中秋就开始割了；割下来后，要进行挑选，把里面的杂草挑出，避免苫到房上容易渗水；接着把挑选好的苫房草捆成小捆（图8），扎紧，用铡刀铡去根部，蘸湿，保证有一定韧性；再将捆好的草把进行晾晒，一般晾晒十天左右；到深秋冬初时候，将苫房草收回，等到第二年春暖花开用来苫房。

2. 苫草屋顶

苫顶流程为：苫檐、拿梢、拍草根、拧脊、封脊。苫房从房檐开始苫，就是“苫檐”，首先将准备好的一把一把的苫房草整齐均匀地摆放在房檐上，草比房檐长出二寸左右，上端用黄泥抹牢；接着从两端的房檐往上铺，把苫房草（图9）用铁钉轻轻地钉在黄泥上，然后用泥把上端抹牢，重复此步骤一层层地铺到房顶，封住两侧；苫到一定距离的时候，需要用拍房木[1]（图10）在苫好的草根上拍（图11），使草根均匀分布；然后就是拧脊，拧脊是以一个小杆为轴心，小杆直径5厘米左右，工匠用两只手抓直径约4~5厘米的两把草，草根向下，草梢相对绕过小杆，在下方系成扣，使两侧的草根形成八字形，每侧长约30厘米，然后把拧好的脊骑在屋脊上；最后就是封脊了，将拧好的草在屋脊上固定好，用小杆在过脊的房草下穿过，用铁丝把小杆与脊拧牢。

图8　捆草把

图9　苫房草

图10　拍房木

图11　拍草根

三、搭火炕营造技艺

火炕是上口子村草顶土房中主要的采暖设施，火炕体系包括火炕（图12）、锅台（图13）和烟囱（图14）。搭火炕营造技艺主要有确定火炕的位置和尺寸、搭火炕、搭锅台、搭烟囱四个部分。

图12　火炕

---

❶ 拍房木：一种苫房工具。用厚木板刻制而成，类似洗衣板，一个槽一个槽的，每个槽都有一定的斜度，背面有一个手提的梁，或背面没有梁，是一根长长的木把。

图13 锅台

图14 烟囱

1. 火炕位置和尺寸

搭火炕之前首先需要确定火炕（图15）的位置和尺寸。火炕的位置由出烟道口的位置确定，有南炕、北炕、顺山炕等；接着确定炕的尺寸，“炕的宽度按人定，炕的长度按房间定”说的就是炕的尺寸，一般炕的宽度是1800毫米左右，北方人晚上在炕上睡觉，头朝炕沿，脚朝窗户，因此炕的宽度也随屋主身高的不同而变化。

2. 搭火炕

搭火炕的顺序为：砌炕墙（图16）、垫炕洞土（图17）、摆炕洞（图18）、抹炕面（图19）、上炕沿（图20）。从确定好的火炕宽度位置开始砌炕墙，“七行锅台八行炕”说的就是炕的高度，用

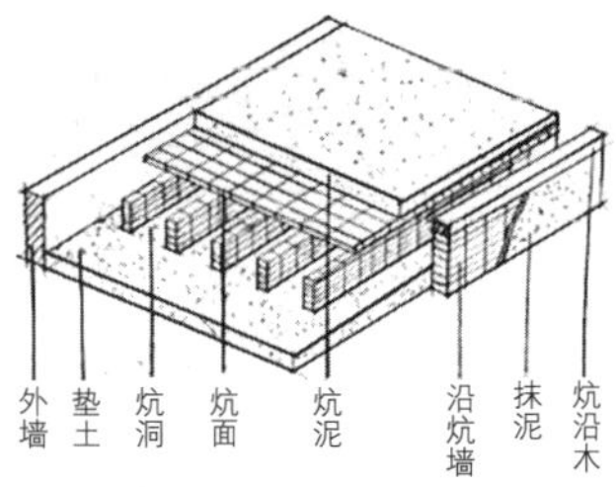

图15 火炕分解图

图16 砌炕墙
（来源：《东北火炕》）

图17 垫炕洞土
（来源：《东北火炕》）

图18 摆炕洞
（来源：《东北火炕》）

图19 抹炕面
（来源：《东北火炕》）

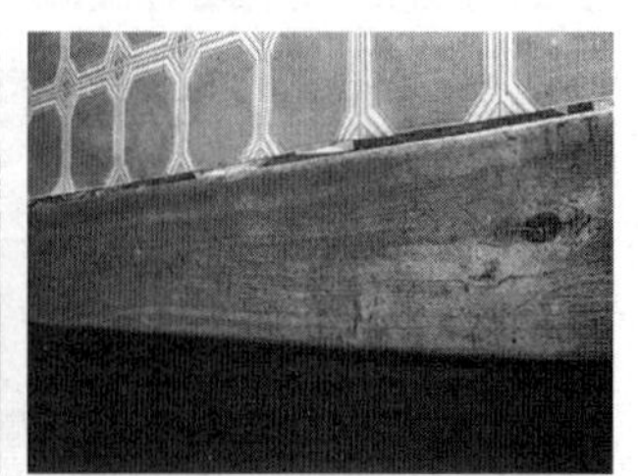

图20 上抗沿
（来源：《东北火炕》）

土坯和泥一层层垒砌，土坯的短边朝外，垒到八行土坯高；接着垫炕洞土，用二齿钩子把准备好的黄土给捣碎，炕头的土垫到和锅台烟道口一样高，因为炕头距离锅台近传热快，炕梢距离远传热慢，为了晚上睡觉时候炕头炕梢温度保持一致，炕梢比炕头的土要垫得更高一些，使垫土形成一个坡度，垂直高度差为15~30毫米。垫土之后开始摆炕洞，在靠近锅台的烟道口先卧着摆放一块砖，之后再立着铺设，让土坯一卧一立地摆，使热烟在炕洞里有规律地串；然后再抹炕面，抹炕面时需要将炕洞形成的坡度找平，用泥板子把混合好的泥抹在炕洞上；最后再上炕沿，炕沿是指炕面和炕墙的连接部分用一条长长的木条铺设，宽度在100毫米左右，一般选用黄松木。

3. 搭锅台

搭锅台的顺序为：确定位置、确定大小、垒框、抹泥。“锅台位置火炕定”，有火炕的地方一定有锅台，炕热就是烧锅台的热烟沿着炕洞向上串而形成的。“锅台大小由人定”，根据家里人口多少，用的锅大小也不一样，旧时候都是用铁锅，人口多就用八印[1]、十印锅，人口少就用五印锅，用秸秆把锅的直径量出来就确定好尺寸了；接着垒框，用土坯和泥垒砌七层，在锅台内部推泥，把锅压进去形成一个凹槽；最后抹泥，在凹槽的位置用手掌掌腹的位置抹泥，抹到泥面光滑即可。

4. 砌烟囱

砌烟囱的顺序为：确定位置、确定大小、垒砌、抹泥。首先根据炕梢出烟口位置确定烟囱的位置，为了避免火苗烧到草顶，烟囱的设置位置距离出烟口1~2米；高度由屋主身高确定，晚上睡觉的时候需要把烟囱盖上，以保存炕内热气，烧火做饭的时候需要把盖子拿下，以保证锅好烧；接着垒砌烟囱，当地使用土坯圆烟囱，底层直径一般为五寸左右，呈收分式往上砌筑，每层往里收100毫米，上口收至三寸；然后抹泥，在烟囱砌筑时候，边砌筑边抹泥，最后在烟囱外层抹泥两层。

四、结论

草顶土房是根据上口子村地理气候条件和当地自然乡土材料而建造的传统民居，营建过程中体现了上口子村匠人的智慧。首先，在材料的选取方面，匠人需要充分了解并合理运用当地的自然材料，制作土坯砖时，稻草混在泥土中起到拉筋的作用，将泥紧实地拉结在一起，这样做出来的土坯砖坚固不易碎，可以更好地应对恶劣天气带来的影响。与红砖相比，土坯砖中没有孔洞与缝隙，使用

---

[1] 印：以前制作铁锅的单位，印没有具体的大小，但是几印锅的大小是固定的，比如三印锅的直径是 40 厘米，四印锅的直接是 46 厘米，6 印锅的直径是 60 厘米，八印锅的直径是 72 厘米等，可以看出来，这些数字并没有什么关联，所以印并不是根据厘米来确定的。

土坯砖搭建的墙体比用红砖搭建的密闭性更好，更大程度地避免了外部冷风的入侵，也减少了室内热空气的流失；草屋顶的铺设也是对材料的合理运用，在没有瓦片的情况下，用黄泥将稻草把固定在屋顶上，层叠铺设，厚实均匀，使得屋内的热量不易散失，起到了很好的保温作用，并且在冬季下雪天，屋顶上的雪块可以随着稻草铺设的趋势顺势滑落，避免了雪水流入室内，损坏房屋。其次，匠人访谈中发现，“炕的宽度按人定”“烟囱高度屋主定”等类似口诀，通过这些言语可以看出建造房屋时候部分尺寸不是统一规定的，有的是根据房屋主人的相关数据来确定，匠人们把“以人为本”的房屋设计理念透彻地融入房屋建造中，传统民居建造中部分尺寸可根据房屋主人的身高尺寸来灵活变通，例如：在确定火炕宽度和烟囱高度时，把屋主的身高作为首要考虑要素，更有便于房屋建好后屋主对房屋的使用；工匠的分工也具有这样的灵活性，过去没有成体系的施工队，都是叫手工灵巧的亲戚帮工帮忙建房，建房中泥瓦匠和苫房匠也没有明确的区分，苫房匠可以砌墙，泥瓦匠也可以苫屋顶，工匠的最本质身份都是农民，农忙时耕地，休息时候才约起时间盖房。

随着社会的进步，传统民居的现存实物越来越少，精通传统营造技艺的老匠人也越来越少，更是缺乏愿意学习传统营造技艺的年轻人，传统营造技艺作为一种非物质文化遗产面临着濒临失传的风险。文献翻阅中发现前人对传统民居的研究大多集中在建筑的形式和布局上，在传统复兴的背景下，学者们不可忽视对传统民居营造技艺的传承与保护。

参考文献

[1] 张凤婕.地域·宅形·基因：东北地区汉族传统民居研究[D].沈阳：沈阳建筑大学，2011.

[2] 周巍．东北地区传统民居营造技术研究[D].重庆：重庆大学，2006.

[3] 高宜生，王嘉霖，李永健.论我国传统民居及其营造技艺传承之“困境”——以山东胶东海草房苫作屋顶为例[J].城市建筑，2017，(23)：66-68．DOI：10.3969/j.issn.1673-0232.2017.23.021.

[4] 金俊峰，潘秋明.中国东北地区少数民族炕的比较研究[J].城市建设理论研究（电子版），2012，(2)．

[5] 林晓花．黑龙江省满族民居研究[D].哈尔滨：哈尔滨工业大学，2006.

[6] 曹保明著.东北火炕[M].长春：吉林文史出版社，2007.

兰坪普米族井干式民居营造技艺调查

林徐巍[1]　丘容千[2]　潘　曦[3]

摘　要：普米族作为我国云南特有的少数民族，以兰坪县为最主要的聚居地。兰坪普米族以井干式民居作为最常使用的房屋形式。本文以营造技艺作为切入点，对兰坪普米族井干式民居建筑开展调查，通过对其独有的"井干—框架"式营造体系的解析，呈现其民居建筑的营造流程、技术做法、营造逻辑与策略，展现普米族人民的人居智慧。

关键词：传统民居　营造技艺　井干式　普米族

一、引言

普米族是我国云南特有的少数民族，"普米"为"白人"之意，该民族过去亦自称"拍木""拍米"，在晋代之后被唤作"西番"或"西蕃"等[1]。普米族最早源自于我国西北甘青高原的古羌游牧部落，先后经历三次大迁徙而进入云南。现今普米族总人口3万余人，散布于滇西北的兰坪县、维西县、永胜县、丽江县等地区，其中44%的人口居住在兰坪县[4]。兰坪境内的普米族呈大分散、小聚居的状态，最主要的聚居地位于通甸镇、河西乡等地[2]。

兰坪普米族主要居住在井干式民居中。井干式民居在滇西北地区分布广泛，是一种历史悠久的民居类型，《诗经·国风》中就有"西戎板屋"的记载[3]，《滇志》中也有"西番住山腰，以板覆屋"的记载[4]。在各民族使用井干式民居的漫长历史中，普米族、汉族、藏族、纳西族、白族等民族相互交流影响，形成了多种多样的井干式民居形式，兰坪普米族的井干式民居是其中极具代表性的一种类型。

对于普米族井干式民居的既有研究，主要集中在对既有建筑形制的描述和阐释上，例如杨大禹《云南民居》中对普米族民居的论述[5]，熊贵华《普米族志》中对普米族民居的介绍[1]，王祎婷[6]、田雪[7]等对普米族民居与周边民族建筑相关性的研究等。而本文尝试在既有研究的基础上，以营造技艺为切入点展开对兰坪普米族井干式民居的研究。民居建筑，是一定地域中的人群利用地方性的材料、工具、技术开展营造活动所形成的产物，通过营造技艺的研究，可以了解民居建筑整个动态营造过程中的地方性知识，对民居建筑的物质和非物质内涵进行深入和全面的解读。本文结合田野调查、工匠访谈、文献分析等方法，对兰坪普米族井干式民居的营造技艺进行了调查记录，通过论述普米族在民居营造过程中的营造做法、营造策略及其背后的技术、社会、文化层面的内在逻辑，展现普米族与传统民居建筑中的人居智慧。

二、兰坪普米族井干式民居的营造技艺

1. 普米族井干式民居概述

在兰坪现有的各个民族中，普米族迁入的时间较晚，低山平坝地区等适于农耕的地区已被汉族、傈僳族、白族等占据，因此普米族主要聚居于高寒山区的半山缓坡之上。由于地形平缓，普米族民居无高差处理的需求，建筑通常在地坪上水平展开。

各家各户的民居多以院落为单位，通常由一间正房与耳房、仓库、储物、畜圈等辅助功能用房共同围合而成。对于最重要的正房，杨大禹先生在《云南民居》一书中根据平面布局将其分为单开间、双开间及三开间三种形式，每种形式皆有带外廊及不带外廊的区别。其中主流的为矩形平面、三开间带外廊的二层楼房形式，一层主要为提供起居功能的卧室和火塘空间，二层主要提供储物与晾晒功能[5]。

以兰坪县河西乡玉狮场村典型的普米族民居正房为例，其建筑单体根据使用功能可以分为三部分：核心空间、厦子空间与屋顶空间。核心空间由两个通高的井干结构次间与一个两层的木框架结构明间组成。一侧次间为堂屋，其中布置火塘，承担日常起居、聚会交流功能；另一侧次间通常作卧室或杂物间使用，有时也会在次间内增加隔层，上层用以储存粮肉或重要财物，下层用作子女房或酒瓮。明间为两层，一层作为卧室，二层和走廊构成的"凸"字形楼面用以提供晾晒与储存功能。厦子空间位于主体空间的外侧，为梁柱结构的一进或两进的柱廊，四周可用木板围

---

❶ 林徐巍，北京交通大学建筑与艺术学院，硕士研究生。
❷ 丘容千，北京交通大学建筑与艺术学院，本科生。
❸ 潘曦，北京交通大学建筑与艺术学院，副教授。
❹ 民族分布及人口数据来自于2006年云南统计年鉴。

图1 兰坪地区的普米族聚落
（来源：林徐巍摄）

（1）兰坪县河西乡玉狮场村

（2）兰坪县河西乡玉狮场村

（3）兰坪县河西乡大羊村

（4）兰坪县河西乡大羊村

（5）兰坪县河西乡大羊村

图2 兰坪普米族井干式民居
（来源：潘曦、丘容千摄）

合出门厅或杂物间等辅助性室内空间。屋顶空间由框架结构搭建而成，提供遮风避雨功能的同时与二层“凸”字形楼面组合形成多功能的灰空间。

2. 普米族井干式民居的营造过程

兰坪普米族的井干式民居大体按照“核心空间—厦子空间—屋顶空间”的顺序搭建，主要可以分为基地处理与材料准备、井干单元搭建、木框架搭建、围护结构搭建、火塘空间建造5个步骤[1]。

[1] 本文营造技艺资料访谈自兰坪县河西乡玉狮场村杨联先、杨苏英，兰坪县河西乡联合村和九贵，兰坪县通甸镇杨加平，兰坪县普米族熊春燕等人。

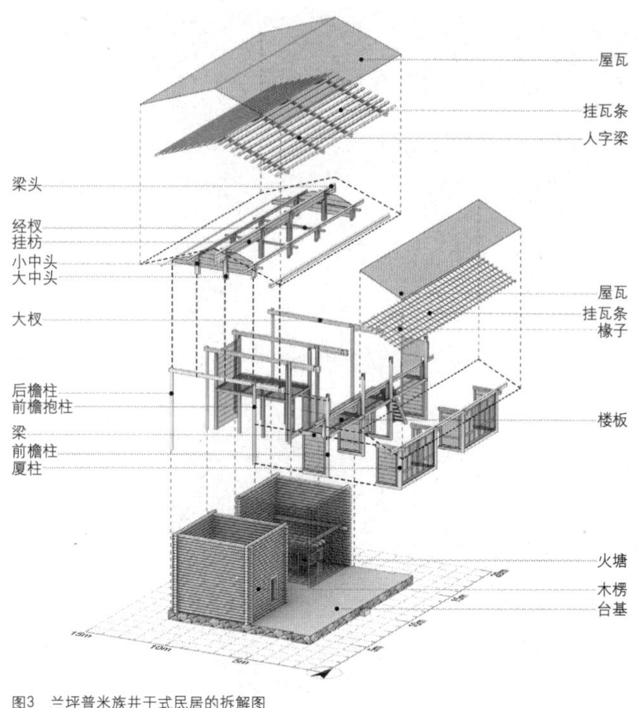

图3 兰坪普米族井干式民居的拆解图
（来源：丘容千绘）

（1）基地处理与材料准备

在营造之初，需在基地内规划好院落布局，一般要求正房明间的厦柱正对神山的山峰，院落开口正对远方视线畅通无阻的垭口。各家各户所参照的神山与垭口并不相同，因此各家院门与正房朝向等院落规划也各不相同，造就了普米村落复杂多变的形态。

规划好院落后，开始建造房屋的基础。动土时间一般选在初一或十五，若是新的宅基地，在搭建地基前还需举行名为“普米族封闭性祭祀压土舞”的盛大压土仪式。过去建造地基一般使用夯土、乱石或方石垒砌出500毫米左右高的台基，砌筑的同时在地基周身预留排水沟。现在随着材料的发展，在地基的建造与翻新中人们更多地使用水泥。建造基础的同时，根据房屋尺寸计算所需木料的尺寸与数量。一般选取冷杉作为建筑材料。为避免春夏雨季湿度过大引起的木料腐烂、虫蛀、干燥后开裂等问题，通常在秋冬之际才根据料单上山备料。在山上砍下木料后当场去除多余的枝桠与树皮，将新鲜的木料运至基地边的空地上，根据木料的尺寸、位置、功能堆放晾晒，等待工人施工。

（2）井干单元搭建

井干结构在建造之前，先将直径约100毫米的木楞按照所需尺寸、截面形式加工并开好榫卯。横截面多为由底部向形心削去一角的六边形，这样可以使结构的整体搭接更为紧密牢固，墙面构件之间严丝合缝。但由于兰坪普米族使用的工具较为原始，如斧、锛、锯等，所以对工匠的木楞加工技术要求颇高。加工好木料后进行预拼搭，在空地上将木楞层叠搭起，拼装稳固之后在木楞墙上开设房门（井干墙体一般不开设窗户）。与此同时，用笔或小刀由下至上记录每根木楞的方位与顺序编号，如“左1”“右3”等，待其干透稳定之后，再将其拆下，于地基之上依原样组装。

值得一提的是，由于每根木楞靠近树根与靠近树梢的两端有粗细区别，在建造中，普米族多以2层为一组，树根与树根方向相对、树梢与树梢方向相对，隔层交错摆放以求平整。因此，井干式墙体的层数有20、24、28等偶数，具体由主人家决定，因人而异。也有的说法认为木楞墙体的总高度为上七下八，即二层部分7尺，一层部分8尺，共15尺高，具体层数根据木楞的直径而定❶。在建造最上一层面阔方向的木楞时，前后四根木楞两两朝向明间的一端各预留一卯口，每个卯口上将会卡入一根方柱，作为承托明间二层平台的结构柱。

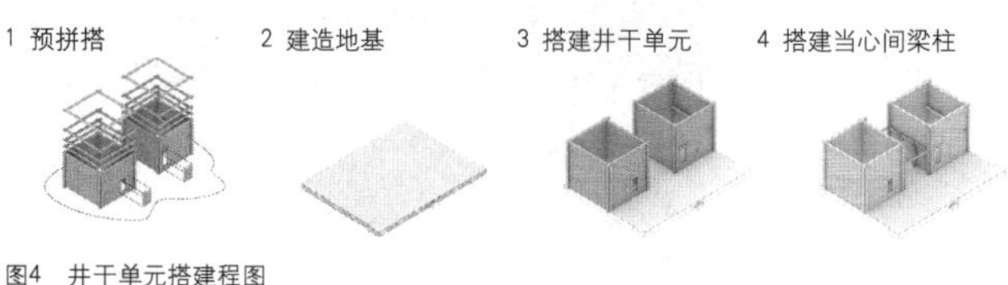

图4 井干单元搭建程图
（来源：丘容千绘）

（3）木框架搭建

普米族民居的井干式单元是嵌在梁柱结构的木框架之中的。木框架大体可分为主体与屋顶两部分，主体框架的搭建顺序大体为“檐柱—进深方向的梁—面阔方向的梁—厦柱—进深方向的梁—面阔方向的梁”，屋顶框架的搭建顺序大体为“骑马柱—经杈—挂枋与梁头—人字梁—挂瓦条—瓦片”。

主体框架包括三个开间与厦子部分，首先在次间木楞的前后平行于山墙面搭建与木楞同高的柱，前两根，后一根，柱上开有榫口，将屋前的檐柱与前檐抱柱用枋与地梁连接，而后用称为“大杈”的长梁卡进柱头上的榫口与木楞堂屋之上，大杈既作为承托屋顶的“基础”，又将井干结构与框架结构拉结为一个整体，同时用数根面阔方向的梁将各榀连接，拉结稳固。接着在最外侧再立4根一层楼高（约7尺）的厦柱，同样用梁将厦柱与檐柱组合成一榀榀屋架，同时在前檐抱柱与檐柱间的梁上立一骑马柱，用作厦顶搭建的基础，最后用梁将这一榀榀屋架连接成一个完整稳固的L形框架。

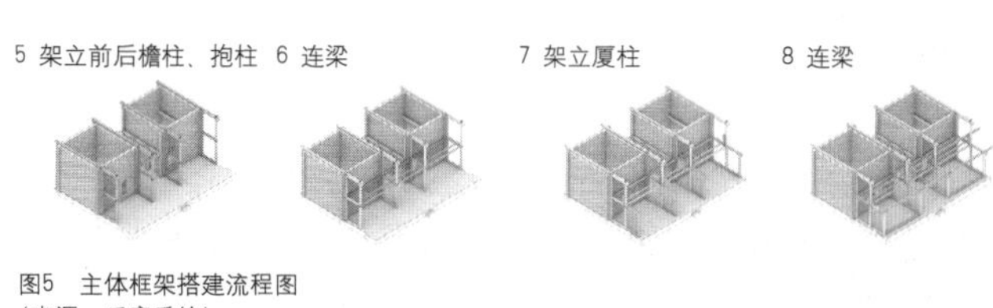

图5 主体框架搭建流程图
（来源：丘容千绘）

❶ 以木楞层数控制高度的说法来源于杨联先，以尺寸控制木楞层数的说法来源于和九贵。

屋顶框架皆依托于大杈，大杈开有榫口，有三根长短不一的骑马柱插接其上，中间的骑马柱最长，又名“大中头”，两侧的骑马柱较短，名为“小中头”。骑马柱的高度与屋顶的坡度相关，通常兰坪普米族井干式民居的坡度在加工木料之前就已预先决定，为 4.5 分水左右。三根骑马柱之间需用 2 根名为“经杈”的枋相连，将三根骑马柱串联成“一榀”屋架。在普米族的井干式民居中，屋架基于下方木楞墙上的 4 根大杈，这样便需 4 榀屋架。

骑马柱组成的“屋架”搭建完毕后，开始架设挂枋与梁头。首先用矩形截面的挂枋串联“屋架”，挂枋主要用于提供横向的拉应力，由于当地木料尺寸的限制，并没有通长的挂枋，而是用分段的挂枋连接骑马柱。大中头上的挂枋为三层，并且在搭建挂枋时，会在明间两侧的大中头上挖开小口，各放入一小节香椿木以祈求平安。挂枋嵌入中头的榫卯后，会在中头中沿进深方向插入一小方木，用以固定中头和挂枋。而后便开始架设梁头，圆形截面的梁头主要用以承托与其相切的椽子，同挂枋一样受到木料长度限制，梁头也从外向内分段架设，最后搭建脊梁。

搭建脊梁时有些家庭会举行上梁仪式，主要用于表达对鲁班的尊敬，同时为新房祈福。选个吉日上梁，仪式进行过程中，资历最老的木匠师傅负责仪式主持与口诀诵读。仪式过程中，大木匠师傅从一层的楼梯一阶阶往上爬，每爬一阶都需要念一句俗语，如“梁是什么梁、梁是松梁的梁；水是什么水，水是天上下来的水”等口诀，而后两位工匠开始上梁，工匠将梁的两端栓起，架设于大中头上。上梁完成后，木匠师傅会将主人提前备好的包有硬币的包子撒下，让人们争抢以求吉利。此仪式与白族上梁仪式相似[8]，可能是由于普米族聚居地与白族毗邻，在仪式上受到白族影响。

最后在梁头上沿着屋架轴线铺设直径约5寸的椽子，在椽子上垂直细密地架设边长约3寸的方形挂瓦条，椽子和挂瓦条上都开有榫口，便于牢固地咬接，至此木框架部分便已搭建完毕。

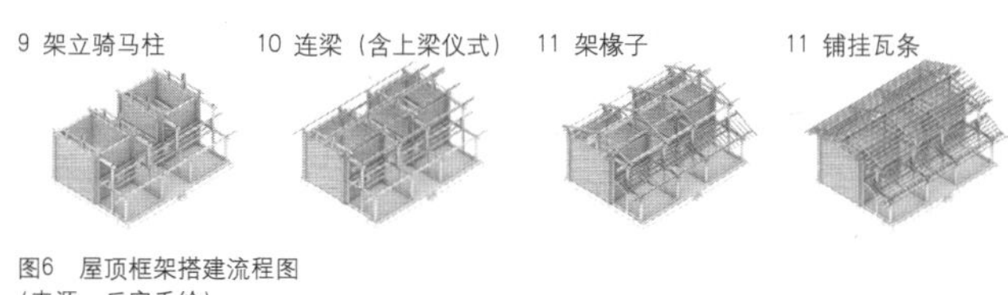

图6 屋顶框架搭建流程图
（来源：丘容千绘）

（4）围护结构搭建

围护结构主要为屋瓦、楼梯与楼板、前檐廊与山墙面的围护。屋瓦的铺设在过去常用“木制闪片”通过绑扎或是石块压于挂瓦条之上。由于木闪片需要定期维护，近年来已逐渐被水泥瓦取代。屋瓦铺设完便开始楼梯与楼板的搭建，楼梯架设于檐柱与前檐抱柱间的梁上，楼板搭建之前先拆除先前作为脚手架的临时楼板，再垂直于梁的方向铺设2~3厘米厚的木板。接着安装前檐廊与山墙面的围护，材料通常为木板，在必要的位置开设门窗，将房屋围合成“凹”字形，也有前檐廊只封一间或完全不封的做法，有些富裕人家还请白族工匠用雕刻有山水花草等图案的木板封面[3]。

（5）火塘空间建造

兰坪普米族民居的火塘空间主要由火塘、高火床及火床角落的神龛组成。火塘通常布置在靠北侧的井干式单元中，也有将其布置在明间中。火塘被高火床呈“门”字形包围，整体高出地面约600毫米。高火床与火塘的搭建是房屋建造的最后一步，先用框架结构架设出高火床，接着用开有十字榫的小柱墩与木板搭出低于火床面的火塘框架基础，往基础内填土夯实或浇筑水泥作为隔热材料，布置完三脚架与神龛后，火塘空间的建造便大功告成。房屋建完后，主人家选取一良辰吉日，便可入住生起第一塘火了。

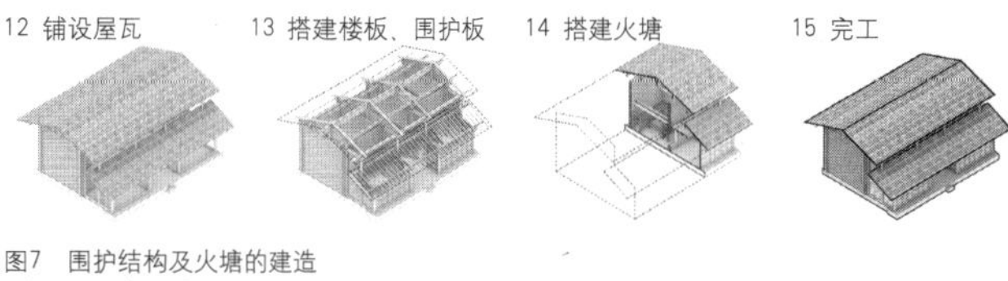

图7 围护结构及火塘的建造
（来源：丘容千绘）

三、结语：兰坪普米族井干式营造技艺的特征与优势

受地缘关系影响，兰坪普米族吸取了周边白族、汉族木框架建筑的优点，通过巧妙的方式将其与本族传统的井干式结构相融合，相辅相成，形成了具有普米族特色的“井干—框架”式营造体系。

井干式体系的优势在于墙体厚实、坚固，保温性能也比较好，可以提供较为安全、舒适的室内居住环境。不过，井干式结构的整体尺寸在很大尺度上受到单根木料的限制，而且由于墙体承重，开设门窗、连通空间也不甚灵活。而木框架体系的加入，可以将不同的井干式结构单元联系起来，使得人们可以获得更大体量的建筑单体与充足的使用空间，空间的分隔与连接也更加灵活。

井干式结构与木框架结构的结合，可以提供丰富多样的空间类型。封闭的井干式壁体可以承载粮食储存、牲畜圈养等安全需求高的功能，或用作卧室、火塘间等私密性高的空间。而木框架结构可以提供开放的空间，既满足采光通风，又能遮蔽风雨，且可以用于粮食晾晒、日常起居等功能。

可以看到，兰坪普米族在井干式民居的营造过程中，充分地应对地域的自然环境以及生产生活的使用需求和精神需求，同时积极借鉴其他民族的建造技术，形成了极具环境适应性和本民族特色的“井干—框架”式营造体系，充分地体现了普米族人们的人居智慧。

参考文献

[1]（元）周致中．异域志[M]．北京：商务印书馆，1936．

[2] 兰坪县．普米族志[M]．昆明：云南民族出版社，2000．

[3] 杨照辉．普米族文化大观[M]．昆明：云南民族出版社，1999．

[4] [明]刘文征．滇志·羁縻志[M]．昆明：云南教育出版社，1991．

[5] 杨大禹．云南民居[M]．北京：中国建筑工业出版社，2009：92．

[6] 王祎婷．云南普米族、傈僳族传统民居的研究和比较[D]．昆明：昆明理工大学，2015．

[7] 田雪．人文环境对普米族木楞房布局及形制演变的影响——以兰坪县、宁蒗县地区为例[D]．北京：北京理工大学，2015．

[8] 宾慧中．中国白族传统合院民居营建技艺研究[D]．上海：同济大学，2006．

福建合院式传统民居正厅大木构架类型演变及其分布研究 [1]

赵 冲[2] 崔方博[3]

摘 要： 福建传统建筑是南方穿斗体系的重要分支，多元、复杂的福建传统民居具有典型性与代表性。本文以民居正厅大木构架类型为切入点，基于福建省内100栋合院式民居，结合《鲁班经》《营造法原》等营造做法的解读、比对，将传统民居正厅大木构架分成"前廊+厅+后廊"三个组成空间并提炼出不同类型，通过研究类型分布厘清各地区正厅大木构架地域性，揭示福建地区合院式民居正厅木构架的演变过程。

关键词： 福建地区 合院式传统民居 正厅 木构架类型 演变 分布

一、概述

福建地区由于地形复杂，交通闭塞，传统民居呈现出多元多变，工匠流派众多的地域特点，结构面临的问题比北方多，因此呈现灵活多变的处理方式。与北方的抬梁式不同，福建合院式传统民居的虽是中国南方穿斗体系的重要分支之一，但各地区做法明显存在差异。正厅作为合院式传统民居的核心空间，是民居中等级最高的使用空间。[1]本文首先通过对《营造法原》[2]《鲁般营造正式》[3]的木构架样式类型的梳理，结合福建省五大地区（闽东、闽西、闽南、闽北、闽中）[4]的合院式传统民居（三合院、四合院）[5]100栋（表1）测绘和分析，以正厅的横剖面木构架为对象，系统性地对其类型化，厘清各地区正厅木构架演变规律和地域特征，揭示各类型正厅木构架的分布特点。

二、福建地区合院式民居正厅木构架的类型

1. 典籍中传统民居木构架的分类

关于福建区域内的传统民居木构架分类，没有系统的研究成果，通常借鉴《营造法原》《鲁班经》讨论。此外，《园冶》[6]《工段营造录》《居室部》也均有涉及建筑架构式样分析，但这些典籍主要是记录江南建筑的结构特点。[7]《营造法原》记录了苏州地区香山帮的营造技法[8]，根据房屋规模大小和使用功能的不同，将房屋分为平房、厅堂和殿庭。平房构造简单，界深通常为四到六界，一般用于普通居民。厅堂檐口更高，进深更深，前廊均设有轩，木构架规模更大，结构更复杂，有扁作厅、圆堂、贡式厅、回顶、卷棚、鸳鸯厅、花篮厅、满轩等多种做法。殿庭多用于宫殿、官衙和寺庙、道观以及一些具有纪念先贤形制的建筑（家庙、家祠）中。其次，"正贴"和"边贴"的做法和结构不同。正贴位于明间，边贴位于次间山墙侧。正贴为抬梁式构造，大梁为五架梁，脊柱不落地（称"脊童"）而由山界梁支撑。边贴脊柱落地，为穿斗结构。这种做法称为穿斗抬梁混合结构，一方面在明间（正厅）用抬梁结构减少落柱，增大空间；另一方面在次间用穿斗式，节省用料。

《鲁班经》中正厅大木构架的类型则更为贴合福建地区。陈耀东极为概念地将民居的木构架分为14类[9]，大抵以三架、五架、七架、九架的递增方式分类。正三架和正五架受制于尺度，多用在门厅和厢房，不用在正厅。因此，除去五架和七架，剩余的9种类型是鲁班经中正厅的标准做法。在实际案例中，极少出现与《鲁班经》中完全一致的木构架类型。因此，本文以这9种木构架类型作为分类的重要参考，展开对福建地区合院式传统民居的正厅木构架研究。（图1）

2. 正厅木构架的基本型

通过对福建地区传统民居的大量考察，民居正厅可以认为由前廊、厅、后廊三个空间组成。此外，对于相同构件的名称也不同，这大多与不同的工匠流派和地区方言有关。（图2）

《鲁班经》中，厅的部分由前后斗（孔）、前后半斗（孔）组成。以脊柱为中心，厅两侧壁的称谓不同。两根柱子之间如果作立有童柱，称为斗（孔），若无童柱，则称为半斗（孔）。大小不同的厅，

❶ 基金项目：国家自然科学基金资助（项目号：52078135）。

❷ 赵冲，福州大学建筑与城乡规划学院，教授。
❸ 崔方博，福建省规划设计研究院，工程师。

测绘民居信息表 **表1**

编号	区位	建造年代	木构架结构	开间	进深（步）	前廊带轩	后廊带轩	草架
FZ-BS-1	MD	▲	□	3	11	○	—	—
FZ-BS-2	MD	▲	□	3	13	○	—	—
FZ-BS-3	MD	▲	□	3	7	—	—	—
FZ-BS-4	MD	▲	□	3	7	—	—	○
FZ-BS-5	MD	▲	□	3	7	○	-	○
FZ-BS-6	MD	▲	□	3	7	○	○	—
FZ-BS-7	MD	▲	□	3	7	○	○	—
FZ-BS-8	MD	▲	□	3	7	○	○	—
FZ-BS-9	MD	▲	□	3	7	—	—	—
FZ-HG-1	MD	▲	□	3	7	—	—	—
FZ-HG-2	MD	▲	□	3	7	—	—	○
FZ-HG-3	MD	▲	□	3	7	○	—	—
LY-LC-3	MX	▲	□	3	7	—	—	—
LY-LC-4	MX	▲	□	3	7	—	—	—
QZ-XT-1	MN	▲	□	3	7	—	—	—
QZ-XT-2	MN	▲	□	3	7	—	—	—
QZ-XT-3	MN	▲	□	3	7	—	—	—
QZ-XT-4	MN	▲	□	3	7	—	—	—
QZ-XT-5	MN	△	╳	3	7	—	—	—
QZ-XT-6	MN	△	╳	3	7	—	—	—
QZ-XT-7	MN	▲	□	3	7	—	—	—
QZ-XT-8	MN	▲	□	3	7	—	—	—
SM-GC-10	MZ	▲	□	3	9	○	—	—
SM-GC-11	MZ	▲	□	3	9	○	—	—
SM-GC-3	MZ	▲	□	3	9	○	—	○
SM-GC-4	MZ	▲	□	3	7	○	—	○
SM-GC-5	MZ	▲	□	3	9	○	—	—
SM-GC-6	MZ	▲	□	3	7	—	—	—
SM-GC-7	MZ	▲	□	3	7	○	—	—
SM-GC-8	MZ	▲	□	3	7	○	—	—
SM-GC-9	MZ	▲	□	3	7	○	—	—
SM-GF-1	MD	▲	□	3	7	—	—	○
SM-GF-10	MD	▲	□	3	7	—	—	—
SM-GF-2	MD	▲	□	3	7	—	—	—
SM-GF-3	MD	▲	□	3	7	—	—	—
SM-GF-4	MD	▲	□	3	7	—	○	—
SM-GF-5	MD	▲	□	3	7	○	—	—
SM-GF-5	MD	▲	□		7	○	—	—
SM-GF-6	MD	▲	□	3	7	—	—	—
SM-GF-7	MD	▲	□	3	9	○	—	—
SM-GF-8	MD	▲	□	3	7	—	—	—
SM-GF-9	MD	▲	□	3	9	○	—	—
SM-GT-1	MD	▲	□	3	9	—	—	—
SM-GT-2	MD	▲	□	3	9	—	—	—
SM-JL-1	MX	▲	□	3	7	—	—	—
SM-JN-1	MX	▲	□	3	7	—	—	—
SM-JN-2	MX	▲	□	3	7	—	—	—
SM-JN-3	MX	▲	□	3	7	—	—	—
SM-JN-4	MX	▲	□	3	7	—	—	—
SM-TN-1	MZ	▲	□	3	7	—	—	—
SM-TN-10	MZ	▲	□	3	7	—	—	—
SM-TN-11	MZ	▲	□	3	7	—	—	—
SM-TN-12	MZ	▲	□	3	7	○	—	—
SM-TN-13	MZ	▲	□	3	7	—	—	—
SM-TN-2	MZ	▲	□	3	7	—	—	—
SM-TN-3	MZ	▲	□	3	7	—	—	—
SM-TN-4	MZ	▲	□	3	7	—	—	—
SM-TN-5	MZ	▲	□	3	7	—	—	—
SM-TN-6	MZ	▲	□	3	7	—	—	—
SM-TN-7	MZ	▲	□	3	7	—	—	—
SM-TN-8	MZ	▲	□	3	7	—	—	—
SM-TN-9	MZ	▲	□	3	7	—	—	—
SM-YQ-10	MZ	▲	□	1	9	—	—	—
SM-YQ-13	MZ	▲	□	3	9	—	—	○
SM-YQ-15	MZ	▲	□	1	11	—	—	—
SM-YQ-16	MZ	▲	□	1	9	—	—	—
SM-YQ-18	MZ	▲	□	1	7	—	—	—
SM-YQ-3	MZ	▲	□	1	9	—	—	—
SM-YQ-5	MZ	▲	□	1	9	—	—	—
SM-YQ-6	MZ	▲	□	1	7	—	—	—
SM-YQ-7	MZ	▲	□	1	9	—	—	—
SM-YQ-9	MZ	▲	□	1	7	—	—	—
WYS-CC-1	MB	▲	□	3	7	—	—	—
WYS-CC-10	MB	▲	□	3	7	—	—	—
WYS-CC-11	MB	▲	□	3	7	—	—	—
WYS-CC-12	MB	▲	□	3	7	—	—	—
WYS-CC-13	MB	▲	□	3	7	—	—	—
WYS-CC-14	MB	▲	□	3	7	—	—	—
WYS-CC-15	MB	▲	□	3	7	—	—	—
WYS-CC-16	MB	▲	□	3	7	—	—	—
WYS-CC-17	MB	▲	□	3	7	—	—	—
WYS-CC-18	MB	▲	□	3	7	—	—	—
WYS-CC-19	MB	▲	□	3	7	—	—	—
WYS-CC-2	MB	▲	□	3	7	—	—	—
WYS-CC-20	MB	▲	□	3	7	—	—	—
WYS-CC-21	MB	▲	□	3	7	—	—	—
WYS-CC-22	MB	▲	□	3	7	—	—	—
WYS-CC-23	MB	▲	□	3	7	—	—	—
WYS-CC-3	MB	▲	□	3	9	—	—	—
WYS-CC-4	MB	▲	□	3	9	—	—	—
WYS-CC-5	MB	▲	□	3	7	—	—	—
WYS-CC-6	MB	▲	□	3	7	—	—	—
WYS-CC-7	MB	▲	□	3	7	—	—	—
WYS-CC-8	MB	▲	□	3	7	—	—	—
WYS-CC-9	MB	▲	□	3	7	—	—	—
WYS-ST-1	MB	▲	□	3	7	—	—	—
WYS-ST-2	MB	▲	□	3	7	—	—	—
WYS-ST-3	MB	▲	□	3	7	—	—	○
WYS-ST-4	MB	▲	□	3	7	—	—	○
WYS-ST-5	MB	▲	□	3	7	—	—	○

图例

区位　MD=闽东　MX=闽西　MN=闽南　MB=闽北　MZ=闽中

建造年代　▲=明清时期　△=民国末期

木构架结构　○=抬梁式　□=穿斗式　╳=搁檩式

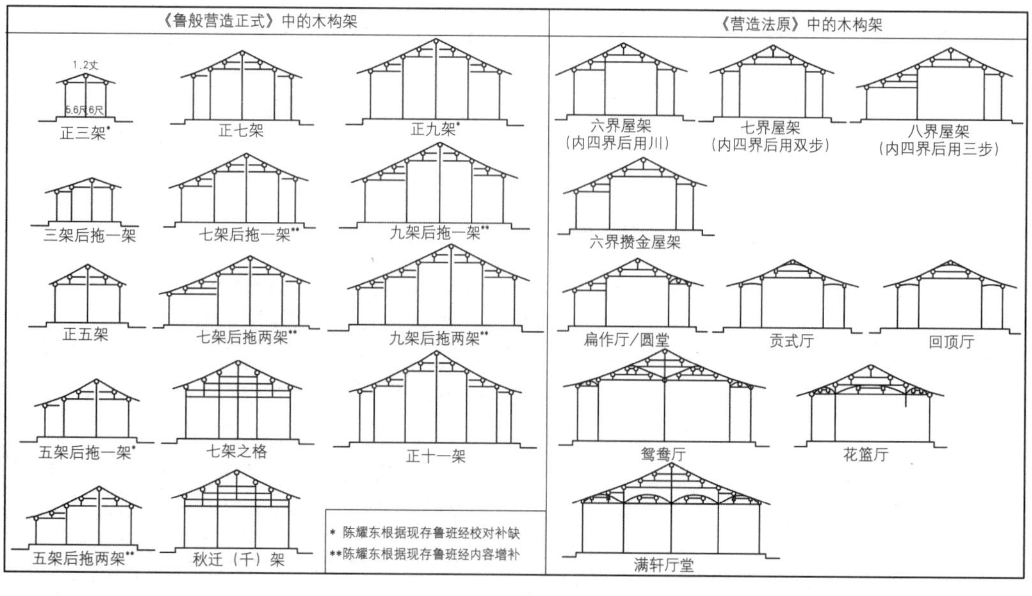

《鲁般营造正式》中的木构架

1.2丈 5.6尺 6尺 正三架* 正七架 正九架*

三架后拖一架 七架后拖一架** 九架后拖一架**

正五架 七架后拖两架** 九架后拖两架**

五架后拖一架* 七架之格 正十一架

五架后拖两架** 秋迁（千）架

* 陈耀东根据现存鲁班经校对补缺

** 陈耀东根据现存鲁班经内容增补

《营造法原》中的木构架

六界屋架（内四界后用川） 七界屋架（内四界后用双步） 八界屋架（内四界后用三步）

六界攒金屋架

扁作厅/圆堂 贡式厅 回顶厅

鸳鸯厅 花篮厅

满轩厅堂

图1 《营造法原》《鲁般营造正式》中的木构架类型

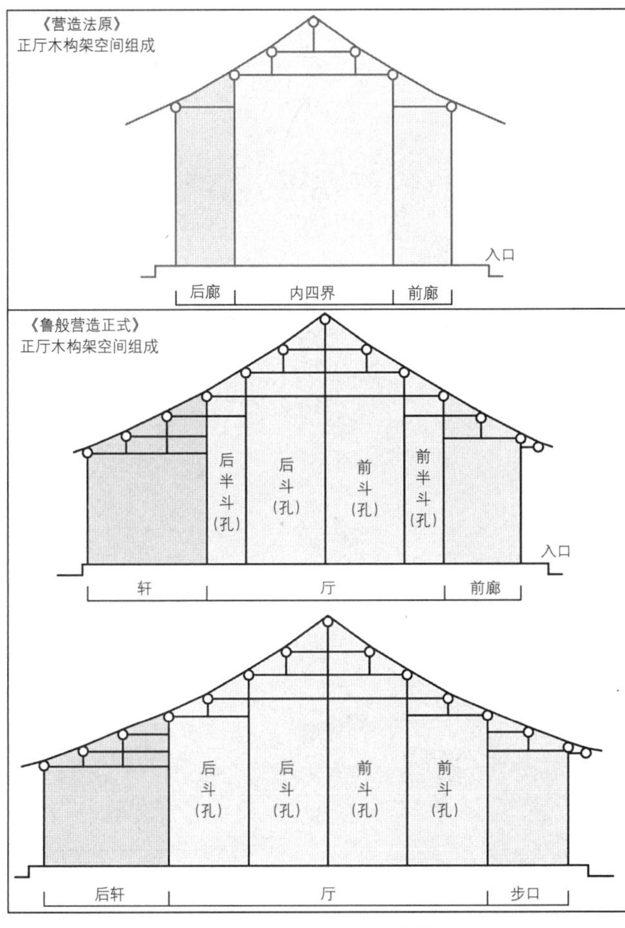

不同古籍与地区的命名差异

	《营造法原》	《鲁班经》	福州（闽东）	泉州（闽南）	龙岩（闽西）	三明（闽中）	南平（闽北）
①	廊	步口	前廊	步廊	—	—	—
②	内四界	厅	厅	厅	官厅	—	堂屋
③	后廊	后轩	后廊	后廊	—	—	—
④	前廊柱	步柱	前门柱	步柱	滴水柱	前尾角柱	—
⑤	步柱	仲柱	前小充	前小青柱	将军柱	前正角柱	—
⑥	—	—	前大充	前大青柱	—	小中柱	—
⑦	脊柱	栋柱	堂柱	中柱	栋柱	中柱	—
⑧	脊檩	脊檩	脊檩	责员	栋	—	脊桁
⑨	山界梁 大梁	—	三行心 二行心 一行心	三能 二能 一能	梁	— 厅头二由 厅头由	穿梁
⑩	太师壁	厅屏	厅屏	厅屏	—	—	—

图2　正厅空间的构成

斗（孔）的数量不同。[10]因此，由前步柱—脊柱—后步柱形成的空间是民居正厅木构架的核心空间。《营造法原》将前后步柱之间的五架空间，称“内四界”，与《鲁班经》中的前斗（孔）和后斗（孔）所组成的空间对应。虽然厅可以由多个前后斗（孔）和前后半斗（孔）组成，但位于正厅脊柱两侧的前斗（孔）和后斗（孔）的梁架形制和构造做法，很大程度上决定了正厅木构架的形制特点。因此，本文借用《营造法原》中“内四界”命名厅中的这一空间。

三、正厅木构架的类型

将100栋样本案例进行归类，对测绘案例正厅木构架进行分类。图3中正厅剖面图是每种类型的代表案例。整体上，将民居正厅木构架分为穿斗式、搁檩式和混合式三种屋架结构。横向代表后廊的类型，后廊依照其做法特点分A~F五类。纵向有两列，第一列是厅（内四界）的类型，是区别正厅屋架的核心要素。以厅（内四界）核心部分（脊柱的前后斗所组成的五架空间）的做法为依据，分为I–VIII八种不同的类型。第二列是前廊的类型，以是否设置轩为分类依据，将正厅分为平房（二层称楼房）和厅堂（二层称楼厅）。前廊的类型会影响正厅房屋型制，但不会对空间产生决定性的影响。

1. 厅（内四界）和前廊、后廊的类型

（1）厅（内四界）

厅（内四界）可分为8类（图4）。类型I–VII为穿斗式结构。类型I是最常见的厅（内四界）做法，视为“基本型”。部分民居在步柱和童柱之间增设短川，为带短川的基本型。类型I也可用于二层正厅。类型II是类型I的变形，梁从两根增加至三根，童柱落于中间的大梁上。同样可以在步柱和童柱之间增设短川。类型II并不用于二层正厅。

类型III是带草架的厅（内四界），在类型I的基础上增设草架，同样也可以用于二层正厅。类型IV是一种简化的木构架结构，步柱、金柱、脊柱全部落地，且纵向只有两根横穿的大梁。类型V、VI、VII只出现在了二层正厅中。类型V称攒金式，厅（内四界）中后金童柱落地成为金柱。类型VI称七架之格。类型VII在步柱和脊柱之间设两根童柱，形成“六界”空间。类型VIII属于搁檩式结构，正厅外墙承重，檩条直接搁置在外墙上。搁檩式出现时间较晚，多为民国末期到中华人民共和国成立初期，特点是没有传统的梁柱结构，檩条和墙体共同受力。

（2）前廊

前廊可分为a、b两种类型（图4），以是否带轩为分类依据。类型a为不带轩的平房（楼房），有单步前廊和双步前廊。类型b是带轩的厅堂（楼厅），调研案例中多为卷棚轩样式。此外，还有一种仅存在于二层正厅的做法，称为副廊。副廊亦可根据是否带轩，分为副廊式和副轩廊式。这种做法只出现在部分二层正厅种，统一纳入类型a、b之中考虑。

（3）后廊

后廊分A–F六类，如图4所示。类型A–E为穿斗式结构。类型A是原型，包括单步后廊、双步后廊和三步后廊。后步柱与后檐柱之间设一短梁，短梁称为川，或者廊川，形成单步后廊。类型B是

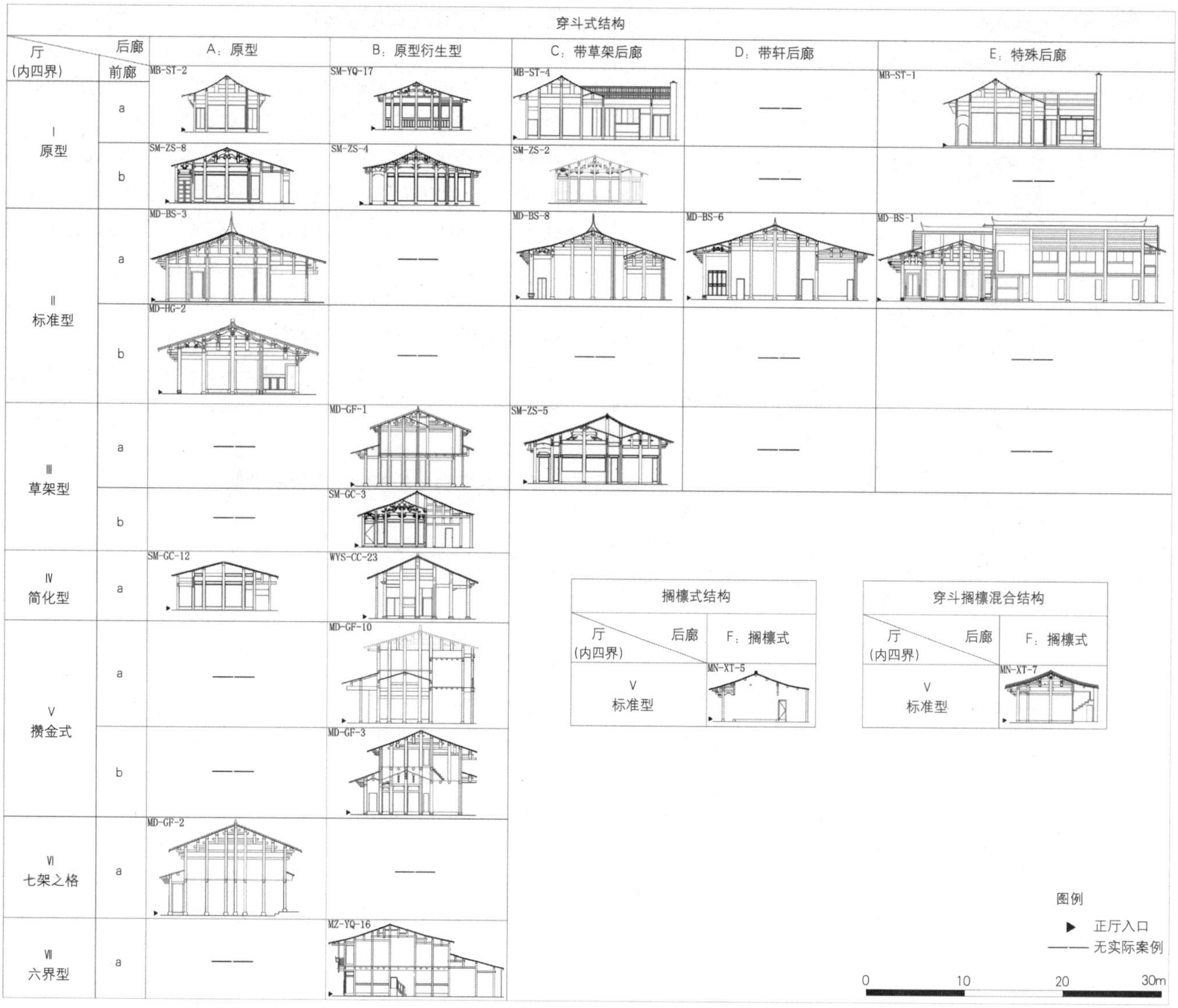

厅（内四界）	后廊 / 前廊	穿斗式结构 A：原型	B：原型衍生型	C：带草架后廊	D：带轩后廊	E：特殊后廊
Ⅰ 原型	a	MB-ST-2	SM-YQ-17	MB-ST-4	——	MB-ST-1
	b	SM-ZS-8	SM-ZS-4	SM-ZS-2	——	——
Ⅱ 标准型	a	MD-BS-3	——	MD-BS-8	MD-BS-6	MD-BS-1
	b	MD-HG-2	——	——	——	——
Ⅲ 草架型	a	——	MD-GF-1	SM-ZS-5	——	——
	b	——	SM-GC-3			
Ⅳ 简化型	a	SM-GC-12	WYS-CC-23			
Ⅴ 攒金式	a	——	MD-GF-10			
	b	——	MD-GF-3			
Ⅵ 七架之格	a	MD-GF-2	——			
Ⅶ 六界型	a	——	MZ-YQ-16			

搁檩式结构 厅（内四界） / 后廊	F：搁檩式
Ⅴ 标准型	MN-XT-5

穿斗搁檩混合结构 厅（内四界） / 后廊	F：搁檩式
Ⅴ 标准型	MN-XT-7

图例
▶ 正厅入口
—— 无实际案例

0 10 20 30m

图3 福建地区合院式传统民居正厅分类

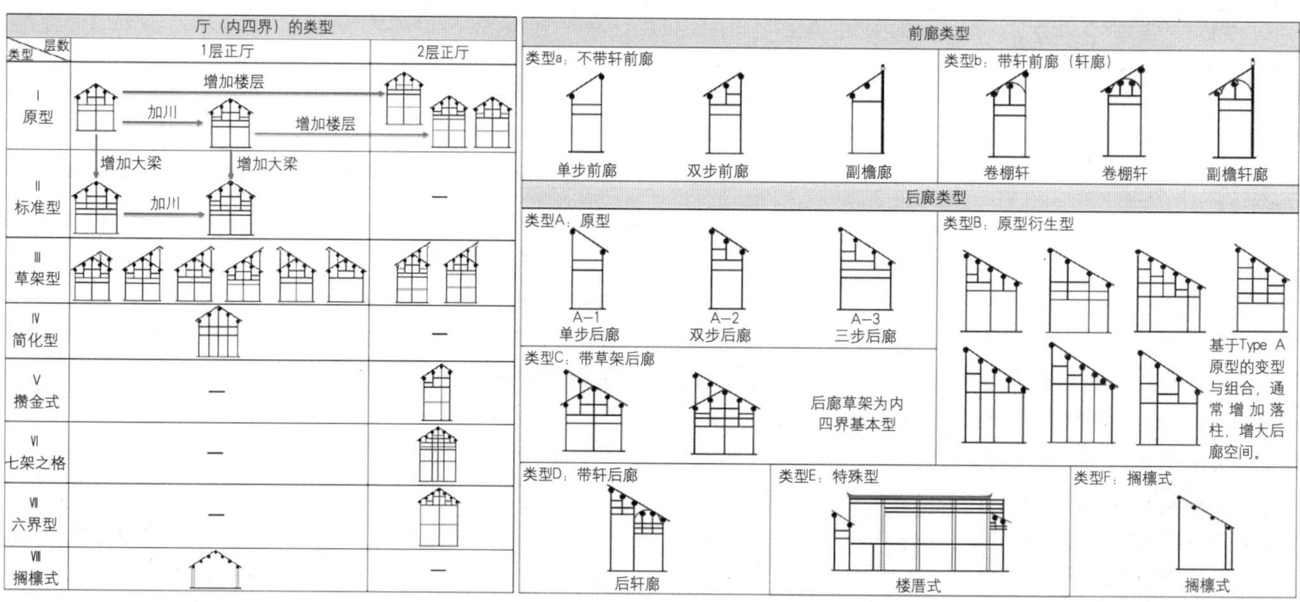

图4 正厅类型和前后廊类型

类型A的变型。在民居建造时，工匠并不会照搬原型，而是因地制宜。类型B与A相似，区别在于：（1）类型B是在类型A的基础上增加落柱，（2）部分类型B是几个类型A的叠加组合。类型C是带草架的后廊，通过增设草架，使后廊空间变成后厅。后廊草架的基本结构与厅（内四界）中的类型I很相似。类型D是带轩的后廊，或称后轩廊。后轩廊的做法和前轩廊相对应。类型E为特殊型，包括两种：第一种是楼厝式，分布于闽东地区。楼厝式又称横头厝，即所谓“横头假正厝”，正厅与后厝屋脊方向相反，通过后廊相连；第二种如图4中a+I+E，在正厅后做与正厅屋脊相垂直的屋脊，极大拓展了后廊的空间，形成后厅，仅出现在闽北浦城地区。类型F属于搁檩式结构。

2. 厅（内四界）和前廊、后廊的分布

厅（内四界）以类型I为主，分布在闽中、闽南、闽北、闽西地区。类型II集中分布在闽东地区。类型III分布于闽中、闽西地区。类型IV主要在闽北地区。类型V、VI、VII都为二层正厅，集中出现于闽东和闽中地区。类型VIII仅在闽南出现2例。前廊的2个类型中，类型a数量最多，其中闽北和闽西地区的前廊类型主要是不带轩的单步前廊。类型b主要分布在闽东和闽中地区。福建地区的后廊类型主要以类型A、B为主。其中类型A分布在闽西和闽北，类型B主要分布在闽中。带草架的后廊分布在闽中和闽东地区。闽西和闽东地区存在着特殊的后廊（类型E）。

四、福建合院式民居正厅木构架的演变

1. 演变过程

基于上述的分类与分布，明确了不同地区不同做法木构架之间的关联和区别，结合正厅木构架的步架数，归纳正厅木构架的演变（图5）。正厅的基本木构架是正七架，是正厅木构架样式的基本型，也是福建地区合院式传统民居中最常见的木构架形式之一。正厅木构架基本沿着正七架、正九架、正十一架到正十三架的演变规律，不断增加架数，从而获得更大的进深空间和更高的内部空间。

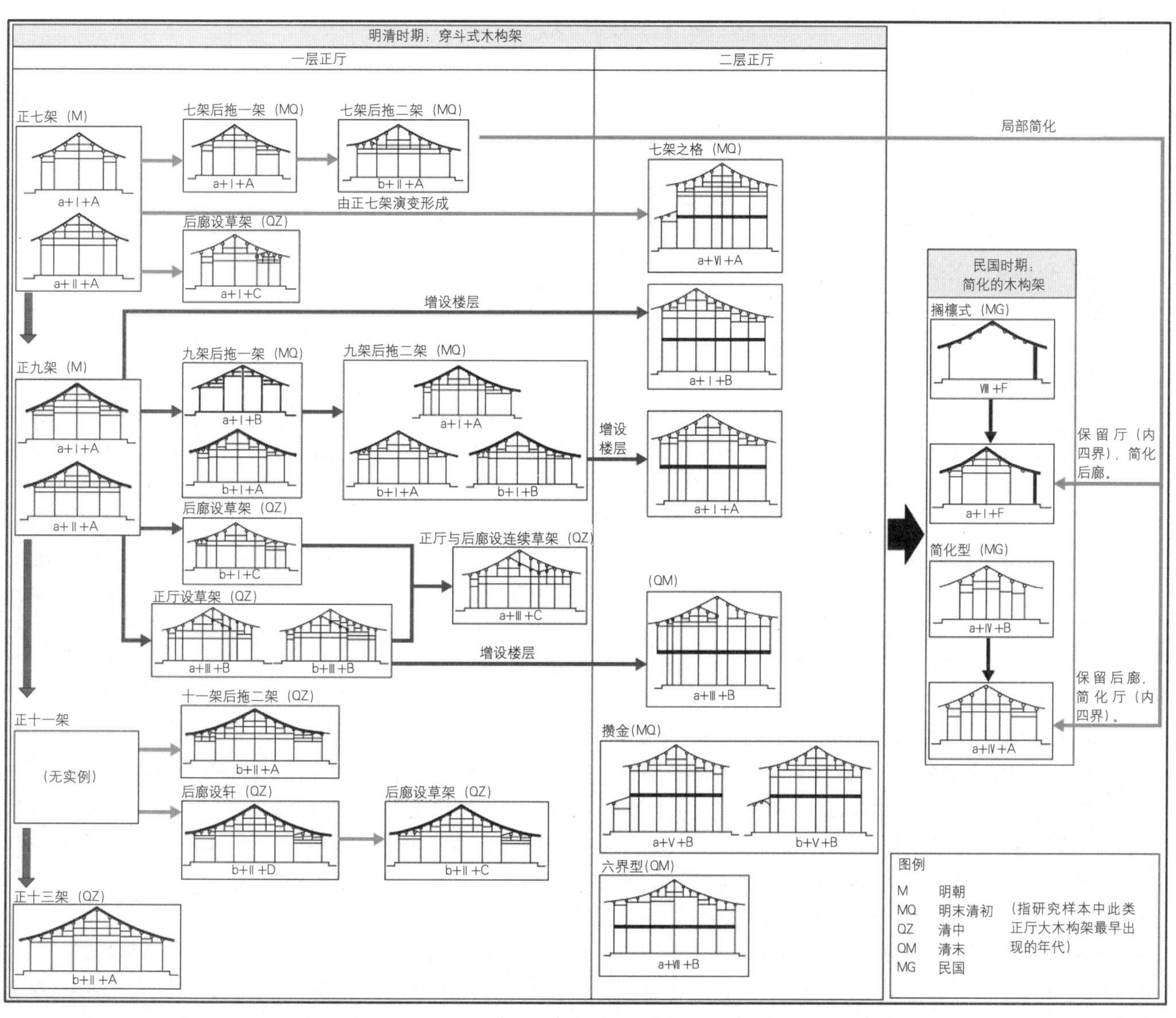

图5 正厅大木构架演变

在样本案例中，正七架有a+I+A和a+II+A两种类型。为了获得更多的后廊空间，一种方法是通过增加后廊步数，发展成七架后拖一架（七拖一）和七架后拖二架（七拖一），另一种方法则是在后廊做草架，使后廊空间成为后厅。由于七架屋的尺寸并不大，因此，在后廊做草架的方法只是个例，更多的是采用增加后廊步数来解决。同样，由于七架屋的进深空间不大，因此也没有发展成二层正厅。

九架屋相较于七架屋，进深更大，空间更多，因此其演变路径也是最多的。正九架有a+I+A和a+II+A两种类型。正九架的发展方式与正七架类似，通过增加后廊步数，形成九架后拖一架（九拖一）和九架后拖二架（九拖二）。在九架屋中，草架变得更为常见。通过在厅内设置草架而形成a+III+B和b+III+B两种类型。在厅带草架的基础上，在后廊设置于厅相连续的草架，即a+III+C。这些九架屋架大多为较为富有的家庭建造，许多正厅的前廊都带轩。宅基地占地面积固定，随着家庭人口的增多，为获得更多空间[11]，正九架、九拖一、九拖二和九架正厅设草架都发展成二层正厅。正十一架在案例中并未出现，但可以推测出，正十一架通过正九架前后增架单步廊川形成。在闽东地区，出现十一架后拖二架（十一拖二）和十一架后设轩廊、十一架后设草架的做法。十一架厅都为厅堂，前廊设卷棚轩。正十三架是案例中最大的正厅木构架，是带卷棚轩的厅堂，坐落于闽东地区。

正七架和正九架最早在明中期就已出现，七拖一、七拖二、九拖一、九拖二等正厅形制最早出现在明末清初时期。福建地区正厅大木构架的形制最为丰富的是在清朝中后期（以乾隆、康熙年间为主），出现了十一架、十三架，正厅中设草架也是在这时出现。从民国到中华人民共和国成立后一段时间，正厅的屋架重新"由繁入简"。七架到十三架的民居，大多建于明末清初，为穿斗式结构。在民国时期，民居的结构发生了一定的改变，出现了一些特殊的正厅木构架，如简a+IV+A的简化结构和VIII+F的搁檩式结构。前者的后廊依旧采用双步，但是厅的做法已经极为简单。后者的厅完全没有穿斗结构，即将檩条搁置于墙上。

2. 正厅木构架类型的分布

根据现有样本的分类统计，福建合院式传统民居正厅为七架木构架的数量最多，九架木构架次之，同时也存在少数十一架和十三架木构架在七架木构架中，正七架木构架的数量最多，集中出现在闽西、闽中和闽北地区。在九架木构架中，正九架木构架的数量最少，而九拖二木构架的数量最多，分布于闽中、闽南和闽北片区。由于架数的增多导致木构架高度的增加，许多民居在正厅中设草架，多集中于闽中和闽西地区。与此同时，九架屋中也现了二层结构，主要分布于闽中和闽东交界的桂峰村和闽中的岩前镇。现有样本中并没有正十一架木构架，但出现了十一拖二木构架，位于闽东地区。样本中唯一的正十三架木构架也位于闽东。

从单个区域来看，闽西地区合院式传统民居的木构架以正七架为主，且其主要类型为a+I+A，木构架结构相对简单，有少量的九架屋，由此可以推断，a+I+A型正七架木构架为闽西地区最为普遍和典型的正厅木构架做法。闽中地区合院式传统民居的木构架多为七架和九架，且类型多样。样本中闽中地区的九架木构架多带有草架。另外，二层木构架集中于闽中的地区（部分位于闽中闽东交界的桂峰）。

闽北地区合院式传统民居的木构架以正七架为主，其中正七架数量最多，其次是七拖一。闽北地区也有少量正九架。与闽西地区比较相似，闽北地区的木构架也大多为a+I+A的正七架，但是闽北地区存在七拖二等其他类型木构架，也存在后廊设草架的a+I+C类型。两地区的厅（内四界）都为类型I，但是闽北地区正厅木构架上的变化比闽西地区显著。闽南地区统合院式民居的木构架多为九拖二。闽东地区统合院式民居的木构架中，十一架木构架较多，为十一拖二。同时也存在七拖二、正九架、十三架等木构架，正厅尺度相比其他区域更大。闽东地区厅（内四界）多为类型II，其后廊变化明显。

五、结语

本文通过对福建地区合院式传统民居正厅木构架分类和演变的研究，得到以下结论：

1. 福建地区的正厅木构架做法虽然呈现多样形式，但厅（内四界）和后廊、前廊的类型有明显的类型特点，分布规律与正厅木构架类型有着一定程度的关联性。

2. 福建地区传统民居正厅木构架中，前廊以不带轩的廊川为主，带草架的前轩廊主要集中在闽东和闽中地区。厅（内四界）的类型以原型（类型 I）为主，主要分布于闽中、闽西和闽北地区，闽南地区的厅多为类型 II。后廊的做法丰富多变，单步、双步和三步廊川以及其变型是本地区传统民居正厅的主要做法。

3. 正厅木构架沿七架、九架、十一架、十三架的路线递增。正七架和正九架主要通过增大后廊进深来增加正厅的进深，主要以增加后廊步数、在后廊设草架或后轩廊的手法为主。在九架正厅中，由于后廊的增大，使厅更高，因此也有部分民居在厅中设置草架。

4. 七架屋和九架屋是福建地区数量最多的民居正厅。七架屋又以正七架和七架后拖一架的数量最多，主要集中于闽西和闽北、闽中地区。九架屋的变化最为丰富。十一架和十三架屋只出现在闽东地区，同时闽东地区的屋架数要略大于其他地区。

通过研究正厅木构架的类型与演变，可以反映出福建地区传统民居的地域特色和谱系。目前，对于正厅木构架的这种类型与演变的原因和木构架尺度的差异性，有待进一步研究。

参考文献

[1] 田中淡（tanaka）. 中国の伝統的木造建築[J]. 建築雑誌, vol.98, NO.1214, 1983, 1：32–35.

[2] 张玉瑜.福建传统大木匠师技艺研究[M].南京：东南大学出版社，2010.

[3] 姚承祖，张至刚.营造法原[M].北京：中国建筑工业出版社，1986.

[4] 陈从周.影印明《鲁般营造正式》序[M]//明鲁般营造正式.上海：上海科学技术出版社，1985.

[5] 戴志坚.福建民居[M].北京：中国建筑工业出版社，2009.

[6]（明）计成.园冶（第2版）[M].北京：中国建筑工业出版社，1988.

[7] 王世仁.明清时期的民间木构建筑技术[J].古建园林技术，1985（03）：2–6.

[8] 侯洪德等.图解《营造法原》做法[M].北京：中国建筑工业出版社，2014.

[9] 陈耀东.《鲁班经匠家镜》研究——叩开鲁班的大门[M].北京：中国建筑工业出版社，2009.

[10] 阮章魁.福州民居营建技术[M].北京：中国建筑工业出版社，2016.

岭南汉族民居空间构成模式在沿海地区的演变

——以广西钦州市大芦村为例

宋雅玲[1] 潘振皓[2]

摘　要： 以钦州市大芦村为个例看岭南汉族居住空间模式在当地的异化。文章通过对比9个建筑群落的平面格局，在时间维度上寻找大芦村居民对空间模式的传承以及格局创新内容，通过以小见大的方式寻找核心区与边缘区传统村落民居的发展演变的规律。对大芦村9个聚落平面形制的功能进行研究分析得知，大芦村通过对岭南汉族民居建筑功能形式的筛选，并且受多元文化的影响，产生岭南汉族民居的弃旧开新的产物。

关键词： 岭南汉族民居　空间构成模式　大芦村　传承　演变

一、引言

乡土建筑不是一蹴而就的，随着时间历史的发展改变空间发展模式的逐步演变，就民居领域的研究也经历了多个发展历程。20世纪30年代作为中国民居方面的研究起始期[1]。20世纪80年代中国民居研究处于全面发展时期，陆元鼎先生的《广东民居》等以各地域性民居为出发点，多角度研究乡土建筑的功能、结构、材料和装饰艺术等要素。随着历史学等多学科交叉综合研究在民居建筑中的深入，移民文化出现在乡土民居领域的研究[4]。多元文化的融合造就了民居空间的传承与演变过程。

二、国内外研究现状

在大框架研究基础上，针对岭南民居建筑的相关研究陆元鼎先生召开了一系列相关学术会议[5]。此后，由建筑学、历史学、地理学等领域学者通过多种形式探索建筑空间模式与地域环境的关系，分析历史移民、多民族融合、地域等多元文化的影响下聚落民居的演变[6]-[8]。多数研究试图证实民居建筑是在特定环境中受到多元文化因素影响的。建筑师热衷于通过类型学描述建筑空间形制与象征架构的关系，这种分析方法是以宏观角度作为相应的组织导向[9]，[10]，周雪香试图将客家区域进行核心与边缘的划分[11]。采用宏观系统、核心化模式来归类中国民居建筑是不全面的，[12]但也是必不可少的。民居建筑的研究过程中，学者优先针对建筑特点相对明显并处于核心区域的民居进行研究，而对边缘区民居的演变发展研究较少[13]。卓晓岚提出以全域视角调查客家传统民居[14]。在乡村振兴的背景下，基于宏观角度的研究成果，部分学者关注民居空间村落个例的演变[15]，[16]。结合传统营建信息碎片化、断层化与系统性缺失等现状问题，潘冽在博士论文《广西传统村落及建筑空间传承与更新研究》中提出针对村落及建筑的传承与更新，从具象发现问题到抽象解决和再发现问题的可持续循环的分析解决办法[17]。历史上桂东南地区大致为广府系地盘，其相关客家文化与广府文化的关系复杂，整体上来看内部为前者被后者包围占据，而在外援通过相关空间文化的交流与整合形成客家文化和广府文化的第三形式[18]。

关于灵山县大芦村民居建筑的研究主要集中在建筑规模较大的镬耳楼、双庆楼和东园别墅[4]，但是其建筑研究内容相对较少而浅，以传统村落文化价值保护研究较多[19，20]。莫贤发将大芦村民居建筑的基本情况详细列举，试图结合村落布局环境和建筑空间布局，总结三大主要民居建筑的特点[21]。以村落格局为框架，详细阐述镬耳楼、双庆堂以及东园别墅的明清居民生活习俗[22]。针对大芦村9个传统聚落民居建筑的系统研究仍不够完善，当前研究是以广西区域南部大环境研究为主[23，24]，本文针对广西北部湾地区特殊的历史发展，将大芦村传统村落个例看作整体线索进行研究，对岭南汉族民居空间模式的演变进行补充。

1. 岭南汉族民居

岭南汉族民居依据建筑形制、方言文化、地域文化、生活方式等因素可分为客家民居、广府民居和潮汕民居三大类[4]。宋元以后岭南民居已衍化为以汉族为主体，明清时期，三大民系形成了各自的民居建筑风格特点[25]。三间两廊作为广府民居的典型布局，聚落布局利用前水塘、梳式建筑布局和后树林的街巷创造良好的通风环境以适应岭南的湿热气候[4]。客家民居由于注重宗族观念，保

❶ 宋雅玲，就读广西艺术学院建筑艺术学院，在校研究生。
❷ 潘振皓，广西艺术学院建筑艺术学院，副教授。

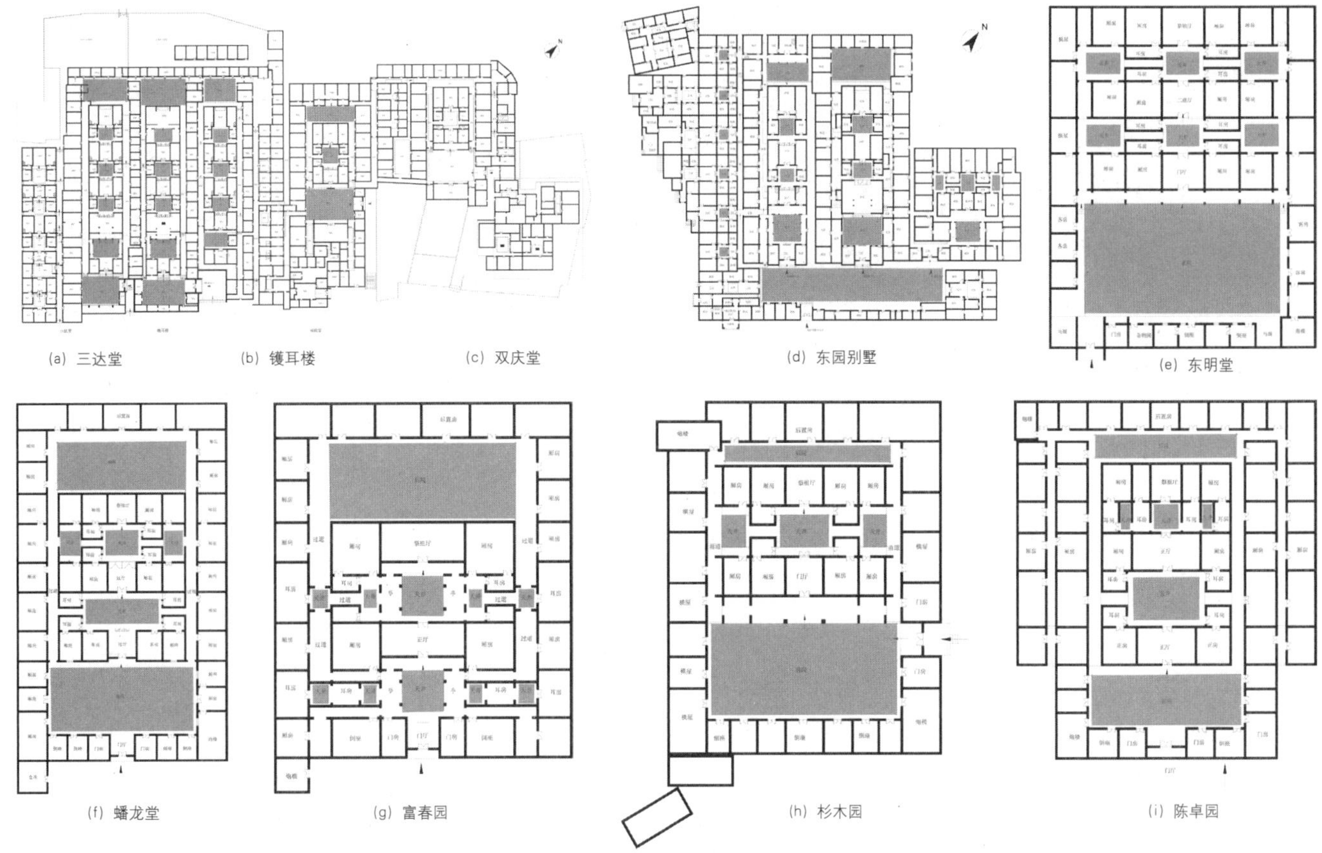

图1 公共空间——天井、院落布局图
(a–d底图来源：广西大学建筑学大芦村测绘资料，韦玉娇指导)

持聚族而居，并且为了防卫，客家建筑多以围屋及排屋的形式出现[26]，广西客家的堂横式聚落，是祠宅合一的模式，祠堂一般位于中轴线上多进厅堂的最后一进[4]。

2. 大芦村基本情况

广西保存最完好的明清古建筑村落之一的大芦村，其地理位置起初是荒地，目前位于钦州市灵山县东北部的佛子镇，村域 4.2 平方公里。从明嘉靖二十五年（1546 年）至光绪三十年（1904 年）依次建立 9 个古宅群落以及劳氏中公祠 [21]。宋代劳氏先祖从广东迁至南海县，南宋时期落户灵山檀圩，明嘉靖年间劳氏后人定居大芦村 [27]。明洪武年间，广西所辖的廉州、钦州归广东统辖 [4]。劳氏迁移过程对大芦村居民的生活方式与建筑空间模式的演变有很大的影响。

三、当前研究存在问题

大芦村研究学者大多将劳氏聚落定义为广府式民居，大概率是以三间两廊的布局形式确定，但是以“俯瞰”的方式（平面布局）对比9个聚落的空间形态，即可知道不可狭义进行定义。“民居”考虑的不仅是内在日常生活，还有外部环境因素的影响。大芦村建筑群有着359年之久的建造过程，经历了封建时期、战乱时期，可以看到各个时期由于各种因素造就了多样模式的结构变化。在传承的过程中，民居建筑空间是如何回应外部环境和内在活动的？在不同时期如何将不同文化融入其中也变得重要。针对上述问题开展相关空间的研究，基于现存的空间布局形式，对历史发展阶段进行分析，从微观角度看岭南汉族民居的演变与多元文化的融合方式。

四、空间模式的传承与演变

岭南汉族民居具有复杂性，促使传承和演变研究处于重要位置。提炼传承特点是为了研究不同民系在同一村落融合传承的方式。探究演变思路是为了研究不同时期在同一村落的历史创新实践中的结果。基于前人学者对核心单元独有的特征总结基础上，从空间维度和时间维度分析传承与演变的原因，从而更好地了解民居建筑的发展。

1. 公共空间——天井、院落

大芦村的9个民居建筑的天井和庭院，传承岭南汉族民居的特点在于：（1）天井及院落均布置在建筑中轴线上[4]（客家式）。（2）采用三间两廊“三合天井”模式，并组合成大型宅院（广府式）。（3）各自聚落的院落保持其互动性和整体性，院落空间为大，天井以官厅前为大，在农耕客家将前院称为禾坪（客家式）。在大芦村的建筑形制中可以看得出来其从根本上没有脱

(a) 富春园廊庑

(b) 东园别墅新四座廊庑

图2 大芦村廊庑
(来源：网络)

离汉族住居典型的四合院、三合院的基本形式。(4)东园别墅旁的小型民居以天井为中心按梳式布局面向东园别墅聚落(广府式)。

聚落建筑演变特点在于：(1)镬耳楼和三达堂的天井及院落采取竖向布局，从五进到四进到三进演变建筑布局，厢房的数量以及天井也从竖向转为横向发展。(2)天井以建筑中轴线为准，向两边扩散，保持中轴线上的主要地位。(3)天井两边的"廊"空间加入了廊庑的处理方式，出现在东园别墅新四座和桂香堂、富春园。郭谦提出"天井堂庑"是湘赣民居的基本型[28]。

2. 公共空间——祠堂、祖厅

祠堂和祖厅传承岭南汉族民居的特点在于：(1)劳氏中公祠堂建于村落的最前方，其高大的凹门廊体现了广府的装饰特点，其他民居均不得超过祠堂(广府式)[4]；(2)大芦村9个聚落均属大型住宅，空间宽敞，常以上堂设神龛，供奉祖先牌位，作祭祀功能(广府式)[29]；(3)镬耳楼的堂横式聚落采用祠宅合一的模式，9个聚落祖厅一般位于中轴线上多进厅堂的最后一进，祖厅在整个聚落厅堂中最深、最高(客家式)[4]。

聚落建筑演变特点在于：(1)祭祖厅的位置从最高位到中心

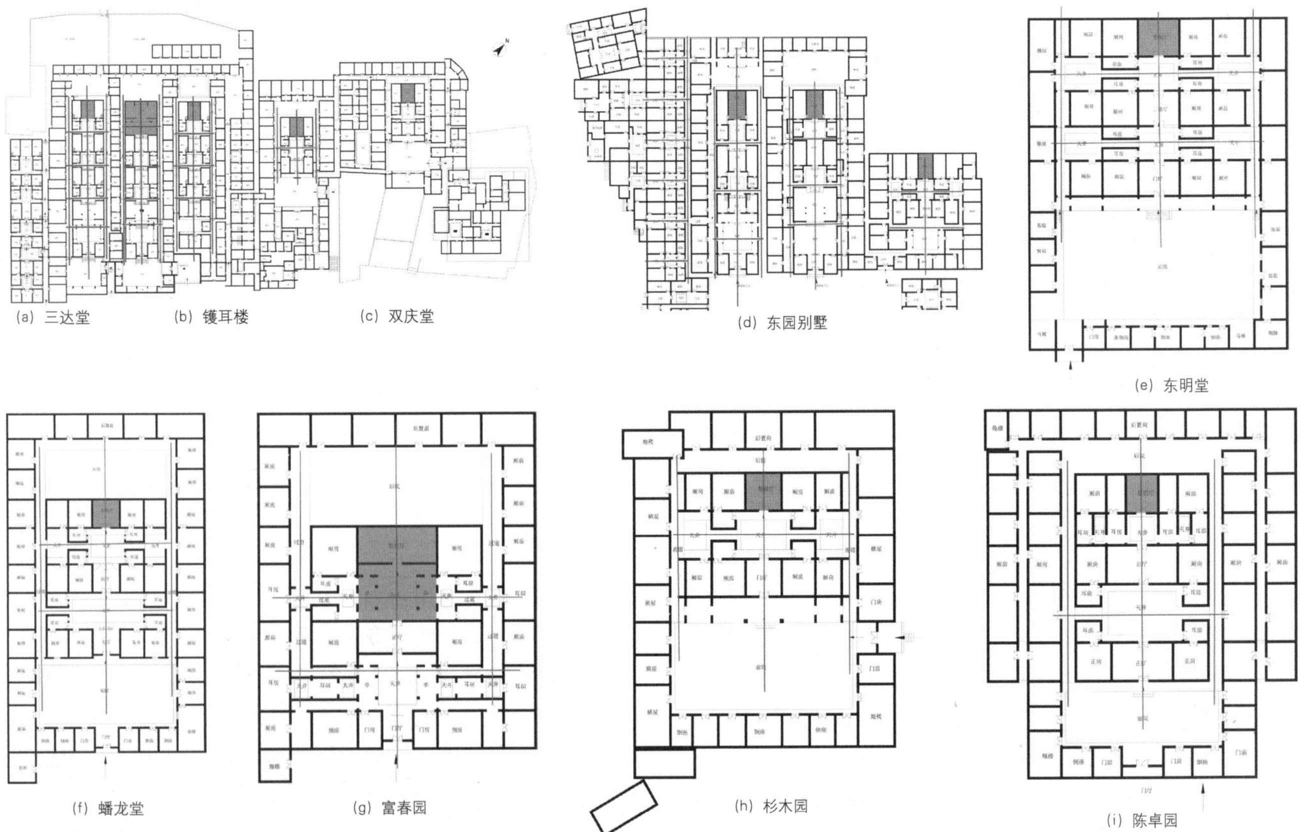
(a) 三达堂 (b) 镬耳楼 (c) 双庆堂 (d) 东园别墅 (e) 东明堂 (f) 蟠龙堂 (g) 富春园 (h) 杉木园 (i) 陈卓园

图3 公共空间——祠堂、祖厅布局图
(a–d底图来源：广西大学建筑学大芦村测绘资料，韦玉娇指导)

(a) 劳氏中公祠月门雨廊（左）

(b) 劳氏中公祠月门雨廊（右）

(c) 劳氏中公祠堂拜厅

图4 劳氏中公祠堂
（来源：网络）

位均有，在历史变迁过程中每个聚落对其位置的定位均会有不同程度的认识，也正是大芦村接受多样文化融合的特点。(2)从最开始的明嘉靖时期镬耳楼的祠宅合一（客家），到清嘉庆年间的祠宅分离的劳氏中公祠（广府）。镬耳楼中的祠堂采用的是广府式独立祠堂模式，整体看来广府祠堂规模比客家大，天井两侧设有雨廊的月门，通往祭祖厅主建筑（图4a、b）[4]，富春园亦是如此。(3)劳氏中公祠的享堂与中厅之间设有拜厅（图4c），在珠江三角洲广府系祠堂中少有案例，清嘉庆年间在廉州府区域有较多案例[30]。大芦村从无到有，人数逐渐增多，镬耳楼内祠堂已无法满足劳氏规模，从而建立总祠（劳氏中公祠）及各聚落分祠，并且清廉州府归广东管辖，也受广府祠宅分离的影响。

3. 公共空间——门楼、门厅

门楼和门厅传承岭南汉族民居的特点在于：(1)门厅多采用凹门廊，三间两廊的布局与二进厅相呼应（图5a–f）。门楼与堂横屋或围屋并齐。(2)广府民居的典型代表镬耳墙在镬耳楼门楼有所体现（广府式）。

聚落建筑演变的特点在于：(1)东明堂与杉木园的门厅前融合柱廊空间形态（图5g、h）[2]，具有券柱式柱廊空间形态（图5i），经过广州骑楼文化的影响，骑楼建筑对钦北防建筑影响颇深，主要用于商业空间，明后期，西式建筑已出现在岭南地域，北海骑楼的发展经历了晚清期和民国期，劳氏居民外出做生意回乡，也受到柱廊空间的影响将门厅前融合骑楼文化，体现了民居建筑对多元文化的包容性。(2)建筑顶部的翘角装饰也逐渐趋于扁平化。

4. 私人空间——厅堂、厢房

厅堂和厢房传承岭南汉族民居的特点在于：保持以三间两廊

(a) 镬耳楼门楼

(b) 镬耳楼门厅

(c) 三达堂门厅

(d) 富春园门厅

(e) 东园别墅老四座门厅

(f) 东园别墅新四座门厅

(g) 东明堂门厅

(h) 杉木园门厅

(i) 券柱式柱廊空间[3]

图5 大芦村门楼、门厅
（来源：网络）

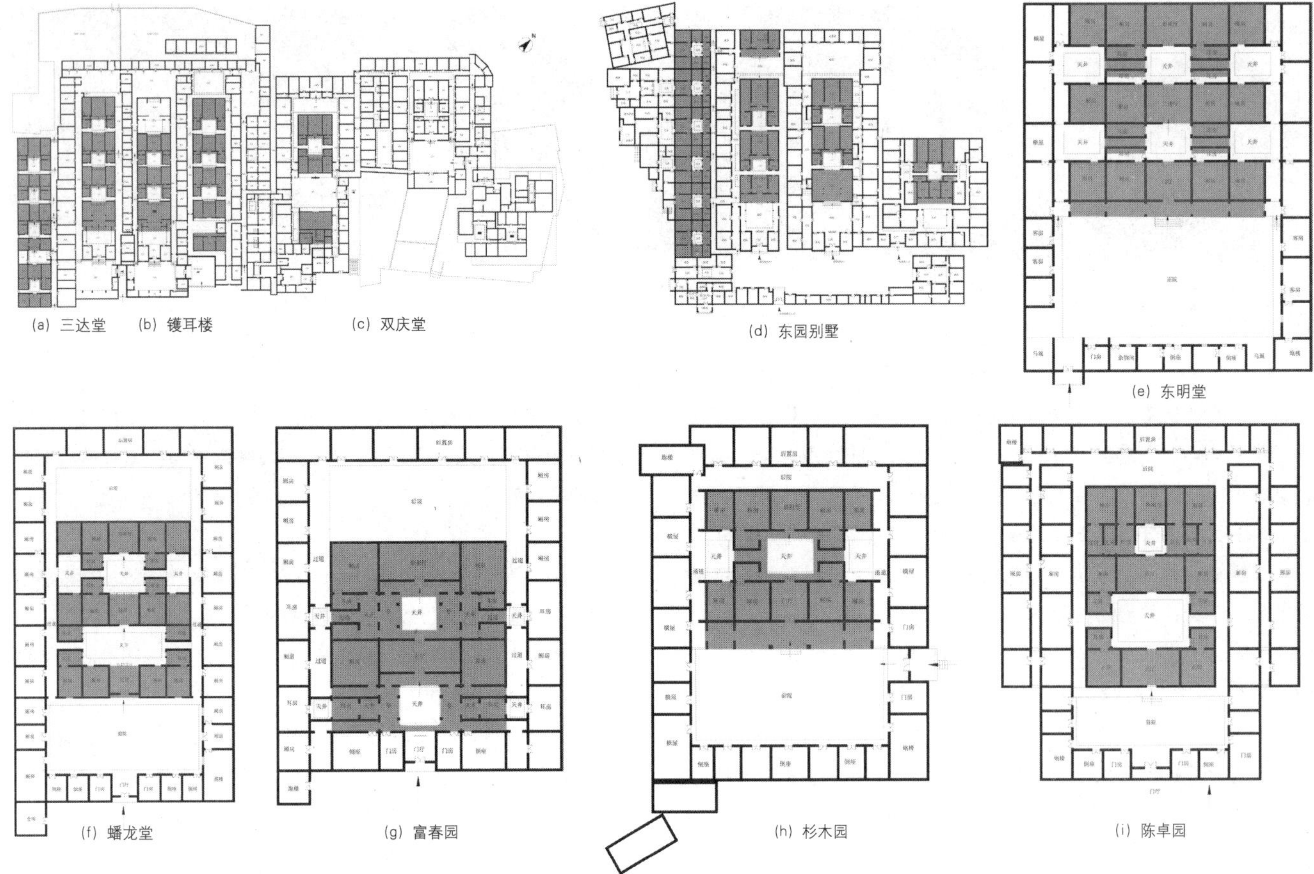
(a) 三达堂 (b) 镬耳楼 (c) 双庆堂 (d) 东园别墅 (e) 东明堂 (f) 蟠龙堂 (g) 富春园 (h) 杉木园 (i) 陈卓园

图6 私人空间——厅堂、厢房布局图
(a–d底图来源：广西大学建筑学大芦村测绘资料，整图作者改绘)

(或一明两暗)为基本单元形态，以天井为中心进行单元布局，湘赣民居“天井堂庑”的基本形态在劳氏聚落中也有所体现。

聚落建筑演变的特点在于：(1)天井两旁的耳房处理方式多样化。(2)镬耳楼及东园别墅的三间之后演变为以厅堂为中心的五间，徐明煜指出镬耳楼建造图纸为皇帝赏赐[23]，在封建等级制度甚严的古代，统治者们针对宅第制度有严格规定，如明代受制于等级限制，房屋不过三间，直到正统十二年稍有变通，但在官式上还会有相应的局限[28]。在礼制的传承和生活习惯保持不变的基础上，随着明清时期的封建制度的衰落，对建筑布局也有很大的影响，更加趋于向心化与人性化。

5. 建筑类型——堂横屋、围屋

整体布局传承与演变岭南汉族民居的特点在于：堂横屋式和围屋成为大芦村的主要建筑类型[4](客家建筑布局形式)。广府民居的梳式布局在大芦村并没有得到明显体现。镬耳楼以及东园别墅为主的堂横屋过渡到以蟠龙堂、富春园及杉木园为主体的围屋再到陈卓园的围龙屋。堂横屋的基本布局可以很好地应对地形及人口增多的问题，并且多种复杂形式的布局也是由此转变，但是由于西方文化的传入以及地理位置的影响，对人们的生活观影响很大，逐渐趋于独立生活的方式导致堂横屋向围屋类型转变。

五、结论

通过观察分析得出，核心区典型客家堂横屋、围屋及礼制传承的中轴线外在布局，与广府三间两廊及宗祠文化的内部格局传承融合。随着历史推进、经济发展、制度改变，带来多元文化的加入，周边文化“天井堂庑”、创新文化“祠堂拜亭”、西方文化“券柱式柱廊空间形态”的融合为民居带来新鲜血液。

参考文献

[1] 陆元鼎．中国民居研究五十年[J]．建筑学报，2007，(11)：66–69．

[2] 中国传统村落数字博物馆．http：//main.dmctv.com.cn/villages/45072110501/VillageProfile.html．

[3] 莫贤发.北海老城区：骑楼建筑形态研究[M]．广州：东南大学出版社，2018．

[4] 熊伟．广西传统乡土建筑文化研究[D]．广州：华南理工大学，2012．

[5] 邹齐．陆元鼎民居建筑学术历程研究[D]．广州：华南理工大学，2016．

[6] 黄源成．多元文化交汇下漳州传统村落形态演变研究[D]．广州：华南理工大学，2018．

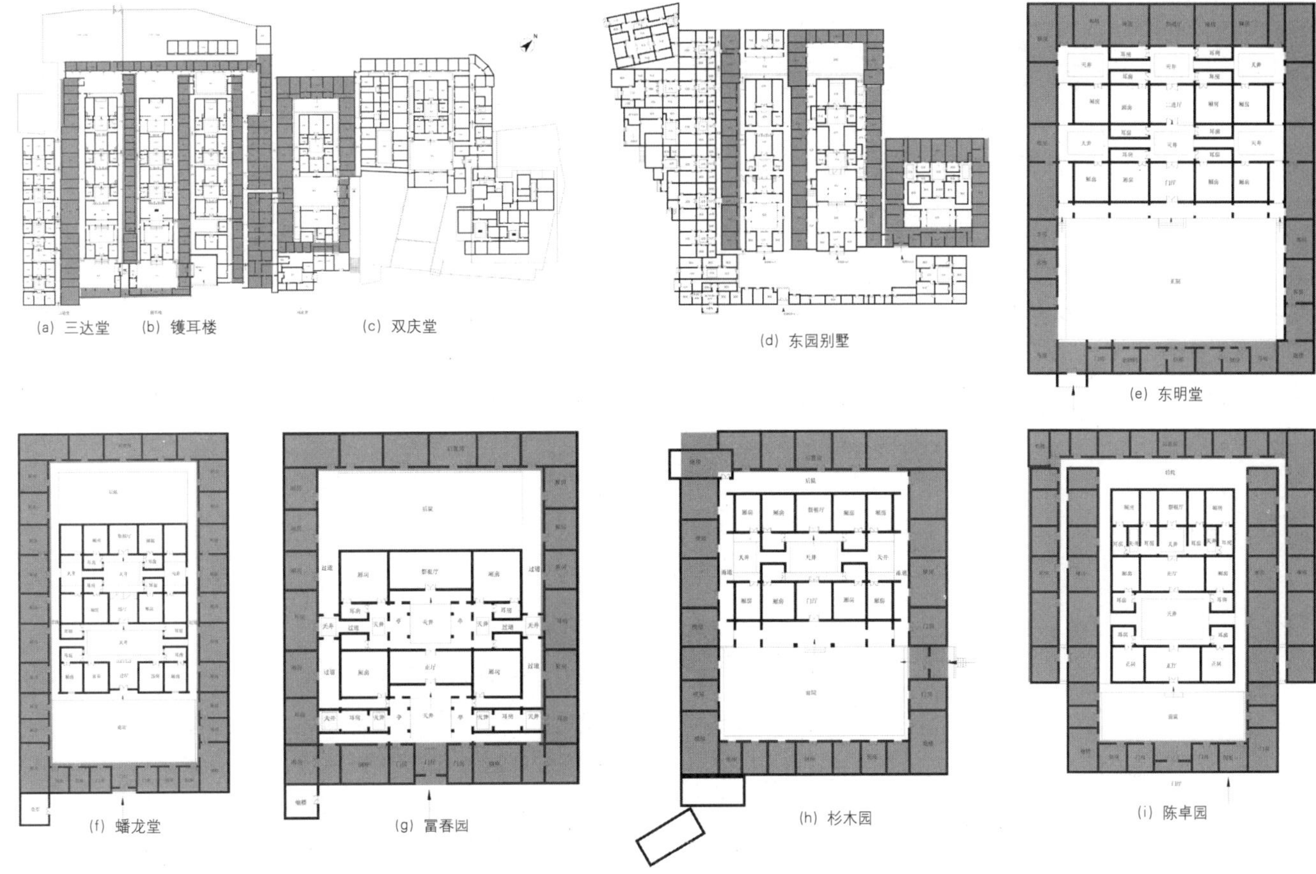

图7 建筑类型——堂横屋、围屋布局图
(a–d底图来源：广西大学建筑学大芦村测绘资料，韦玉娇指导)

[7] 陈峭苇．桂东南客家民居的自组织演化研究[D]．广州：华南理工大学，2017．

[8] 李宗倍．广府文化背景下珠三角与桂东南传统村落形态比较研究[D]．广州：华南理工大学，2014．

[9] 张莎玮．广府地区传统村落空间模式研究[D]．广州：华南理工大学，2018．

[10] 韦浥春．广西少数民族传统村落公共空间形态研究[D]．广州：华南理工大学，2017．

[11] 周雪香．客家教育的时空差异——以三江流域为考察中心[J]．厦门大学学报（哲学社会科学版），2004，(06)：56–62．

[12] 肖旻．穿越的思索：广府民居研究笔记[J]．建筑遗产，2019，(02)：43–49．

[13] 张斌，杨北帆．客家民居记录：从边缘到中心[M]．天津：天津大学出版社，2010．

[14] 卓晓岚，肖大威．基于全域调查的赣闽粤客家传统民居类型发展规律及地理空间分布特征研究[J]．建筑学报，2020，(S2)：16–22．

[15] 杨希，张力智．深圳排屋型客村形制探源与意义——以贵湖塘老围为例[J]．建筑学报，2020，(09)：111–115．

[16] 曹勇，麦贤敏．丹巴地区藏族民居建造方式的演变与民族性表达[J]．建筑学报，2015，(04)：86–91．

[17] 潘洌．广西传统村落及建筑空间传承与更新研究[D]．重庆：重庆大学，2018．

[18] 司徒尚纪．岭南历史人文地理[M]．广州：中山大学出版社，2001．

[19] 曾丽群，单国彬，朱鹏飞．传统村落生态环境评价与保护发展研究——以广西钦州市大芦村为例[J]．环境与可持续发展，2015，40 (06)：61–64．

[20] 荣海山．传统村寨的价值判读与保护复兴——以广西灵山大芦古村规划为例[J]．广西城镇建设，2005，(11)：25–27．

[21] 莫贤发．广西灵山县大芦村及其民居建筑特征探析[J]．美术文献，2018，(05)：133–136．

[22] 李敏超．探寻大芦村[J]．大众科技，2008，(11)：89–91．

[23] 徐明煜，卢蓬军．广西民族特色古村落建筑艺术空间布局设计研究——以钦州灵山县大芦村为例[J]．教育教学论坛，2016，(45)：138–139．

[24] 潘顺安，张伟强．广西古村落选址与布局分析——以秀水、扬美和大芦村为例[J]．广西教育学院学报 2016，(03)：24–29+106．

[25] 陈泽泓．岭南建筑文化[M]．广州：广东人民出版社，2019．

[26] 郭晓敏，刘光辉，王河．岭南传统建筑技艺[M]．北京：中国建筑工业出版社，2018．

[27] 谢小英．广西古建筑.上册[M]．北京：中国建筑工业出版社，2015．

[28] 郭谦．湘赣民系民居建筑与文化研究[D]．广州：华南理工大学，2002．

[29] 陆琦．广东民居[M]．北京：中国建筑工业出版社，2008．

[30] 谢小英，李莜．清廉州府广府民系祠堂建筑探讨[J]．南方建筑，2017，(01)：26–33．

锦江木屋村木构民居的技术研究

玉　红[1]　吴健梅[2]　徐洪澎[3]

摘　要：本文以吉林省抚松县锦江木屋村井干式民居为研究对象，采用实地调查、文献查阅等研究方法，基于技术视角对其技术特点与现存问题进行归纳总结，并提出相应传承策略，以期对传统井干式木构民居的改善发展做出一种尝试性探索。

关键词：井干式　锦江木屋村　传承更新　建筑

一、引言

中国木构建筑自成体系，创造了繁荣而辉煌的历史。其中，井干式木构建筑在古代广泛地被加以使用，这种形式最早出现在商代后期陵墓中，汉代应用到建筑中，《史记》中记录其“积木为楼，转相交架如井干”，后分布在云南、四川、内蒙古和东北地区。今天这种建筑形式却面临着一系列问题而逐渐被丢弃，其浓厚的建筑特色正遭受前所未有的危机。近年来，中央提出了“美丽乡村”建设的奋斗目标，并相继出台了一些政策，以促进木结构建筑的发展。井干式作为木结构建筑的一种，亟须蜕变。

在吉林省抚松县漫江镇，长白山脚下，有一个背山面水的小村落，名为锦江木屋村。该村始建于清康熙年间，村庄呈现为鱼骨式的街道和小路，建筑物在道路两侧呈“线形”分布，形成富有层次的景观效果（图1）。该遗址2013年被列入中国传统村落名录，2014年被命名为中国少数民族特色村寨。[1]

1988年，王纯信对锦江木屋村进行考察并出版专著《最后的木屋村落》，陈述木屋的现状与价值。之后相继有学者对木屋村进行研究。赵龙梅归纳出了村中民居的构造做法；周子霁将木屋村的景观选址、传统建筑特征进行了描述，涂志对其景观的保护现状及困境进行了总结；陆一乔基于热舒适度对木屋村提出了更新策略；王海、杜霖、马金娜等人对木屋村提出了保护与再利用方案；赵宏宇等人挖掘了木屋村的生态智慧等。然而，当下尚缺乏从木构技术角度探索更新的研究。在今天更优越的条件下，一味地重复传统是不够的，只有找出不足，加以更新改造才有利于推动井干式的发展与延续。

图1　锦江木屋村总体布局

本文以锦江木屋村民居为对象，采用实地调研的方法，基于技术视角进行相关更新性探索，以期促进井干式建筑发展，其中技术视角界定包括结构受力、材料构造、技术表现三个方面。

二、技术特点

1. 层层积叠的结构形式

村内木屋的主体结构为井干式，原木层层叠加为墙，是典型的墙体承重结构，靠木墙承受竖向荷载以及地震和风荷载产生的水平作用（图2）。木屋由钦差武默纳带领的巡山祭祖留下的旗人与原住居民共同建立，村子背面长白林海，于是就地取材，用红松木材搭建房屋。[2]又因住户稀少，对木构技术了解较少，决定了房屋的规模尺度较小，因而采用木材垒加的井干式木结构就足以满足承重。

首先将木段两端削平，凿出凹槽，然后交叉并堆叠以形成房屋的四面墙。根据木材的直径大小，从基础至平口要叠加九层或十一层。木材层与层之间的缝隙用小直径木棍填充。木墙顶部的梁主要用直径大于180毫米的原木。最后将木瓦覆于屋面，形成独具特色的长白山木屋。

[1] 玉红，哈尔滨工业大学建筑学院，寒地城乡人居环境科学与技术工业和信息化部重点实验室。

[2] 吴健梅，哈尔滨工业大学建筑学院，寒地城乡人居环境科学与技术工业和信息化部重点实验室，副教授。

[3] 徐洪澎（通讯作者），哈尔滨工业大学建筑学院，寒地城乡人居环境科学与技术工业和信息化部重点实验室，教授。

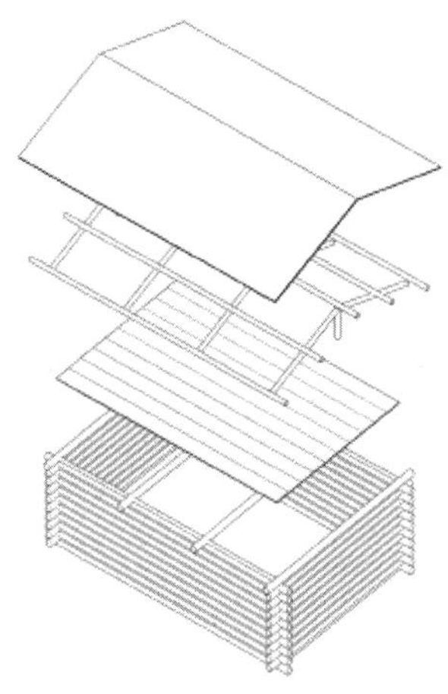

图2 木屋结构体系

图3 抬木用工具

2. 原始粗朴的材料构造

木屋村地处偏远，经济落后，人丁稀少，建造工具大都为自己制造，这决定了木屋采用着最原始的材料构造（图3）。木屋采用木墙、木梁、木椽、木瓦以及木烟囱，选用的材料是来自村后山林中的落叶松原木。这种木材树脂丰富，经久不朽，且木质顺长、纹路清晰、耐拉耐弯，具有可塑性。

木屋村民居建造方便。确定房屋尺寸后沿着四周向下挖大约30厘米的地槽，将原木嵌入其中，然后将室内地面用石头夯实填平。[3] 不同于一般的井干式转角构造，木屋村民居在转角处并不会将纵横两根木头完全通过榫卯契合起来，而是只在原木上稍加削凿，直接叠摞，如此一来上下两根木头之间会产生较大缝隙，再用直径较小的木段填充（图4）。木头长度不够时，可将木段沿纵向削去一截长度，与做了同样处理的另一木段组合成一个长木段，并在连接处辅以铁丝缠绕加固（图5）。

为了满足冬季居住需求，在垒好的木墙内外侧均需涂抹“羊角泥”，即采用当地山泥和上一些经过浸泡的秸秆。这种做法不仅可以保暖，还可利用植物茎秆的空隙有一定的吸湿防潮作用。“羊角泥”要分三次涂抹，第二次涂抹之后挂上玻璃纤维网格布防裂，再涂抹第三次找平（图6）。

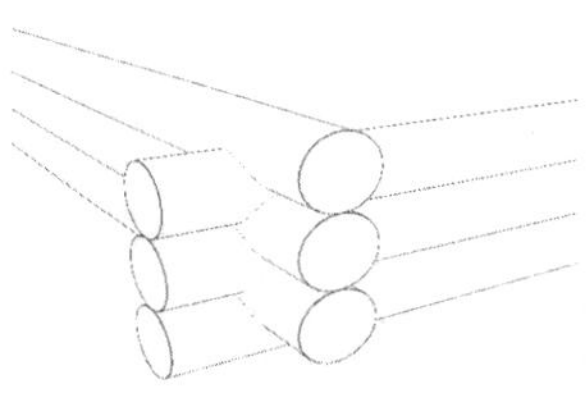

(a) 一般井干式民居转角构造　　(b) 木屋村民居转角构造

图4 一般井干式民居与木屋村民居转角构造对比

图5 木段的连接处理

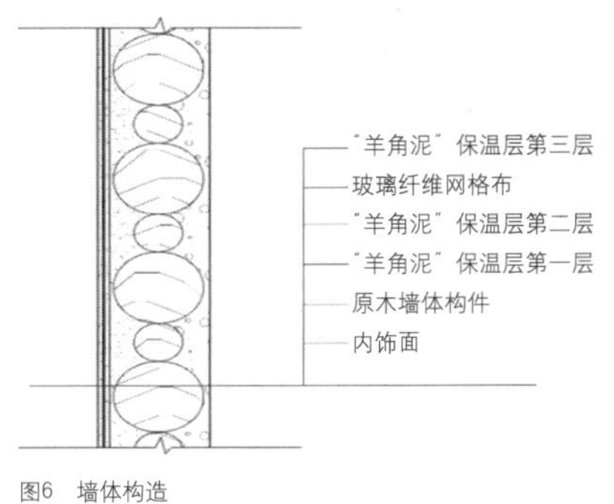

图6 墙体构造

屋顶的建造发挥了当地房屋“全身是木”的特色，采用木屋架以及在屋顶铺设木瓦。相邻木屋架之间用两根交叉的木头进行连接，木瓦由直径30~60厘米的木材为原料，锯成长度为50厘米的木段，用铁刀击开而得（图7、图8）。

图7 相邻屋架的连接

图8 木瓦

3. 粗朗直白的技术表现

木屋村民居既不像云南那样具有高出地面的底架，也不像新疆那样尺度大，与同在东北地区的其他井干式民居比起来，木材直径也是偏小的。在经济落后的农村，一种独特的建筑风格形成需要依赖自然的限制，木屋村民居“源于天然，融于乡土，化为景观”，营造出了粗朴、温暖的情感和氛围。

锦江木屋村民居主要分为三个类型：第一种直接采用原木层叠积累并外露材料，多用于厢房，夏季居住使用；第二种是在外墙涂抹“羊角泥”，只暴露出转角部位的木材，多用于主房，房屋面积稍大一些；第三种是将木材叠放起来，并加以固定，不考虑木材之间缝隙的填充，只围合出一个空间来，多作为仓库，用于存放杂物。三种类型各具特色，最终构成了木屋村的别样风貌（图9）。

锦江木屋村房屋是将自然元素重新整合形成的，是一种“真实”“显性”的天然美学。整齐的木材层叠排列更是一种秩序美，房屋矮小却并不单薄，是对于北方的豪放、庄重的很好诠释。房屋普遍没有装饰，只在外墙上挂些玉米、辣椒来作颜色点缀。木屋在色泽上与自然环境保持一致的格调，最直接地反映材料本身建造时的质感，木材光的反射较弱，使得房屋看起来更温和亲切。

(a) 第一种类型

(b) 第二种类型

(c) 第三种类型

图9 木屋村民居三种类型

三、现存技术问题

1. 结构构件横纹受压

当地房屋的建造方法都是老一辈传承下来的，难以把控建筑物的品质，导致不均匀沉降、墙体开裂、变形坍塌现象的发生。木屋将原木平行向上层层叠置，在转角处木料端部交叉咬合，竖向荷载使得木材横纹受压，而木材的横纹抗压弹性模量很低，受力不利。另外，上下两根木料缝隙处无抗拉能力，稳定性差，进一步产生受力不合理问题。[4]墙体水平抗剪承载力本应由相交转角支撑、木销钉、钢管销钉和长自攻螺钉等提供，但木屋村民居墙体只靠相交转角支撑来提供，构件上下层之间没有可靠的连接方式，转角搭接处的端部也没有加固，只依靠转角处的原木抗剪强度，这显然是不够安全的。[5]另外，由于技术条件限制，转角处榫卯凹槽无法紧密上下对应，抗滑移能力差。

2. 材料构造粗糙低质

早期森林茂密，村民可以使用大量木材搭建房屋，而今天，肆意砍伐显然是不符合我国国情的，因此传统井干式民居的发展受到很大限制。另外，木屋均为村民自己动手搭建，精细化处理手段十分有限，不加修饰的原始材料搭配简陋粗糙的手工构造，建筑呈现出破败不堪、品质低下的问题。

木屋村民居地基简陋，没有防潮层、勒脚的保护，木墙直接接触地面（图10），经常出现渗水现象。冬天的冻土层和夏天的潮湿地面很容易引起墙体的不均匀沉降，同时导致羊角层掉落，保温效果受到影响，需要时常修补（图11）。另外，墙体外抹泥的防潮效果不好，墙根位置容易被雨水浇淋浸泡，导致墙身下部不断风化、剥落、侵蚀，从而影响墙体的力学性能。

3. 技术表现滞后残败

因木材虫蛀水蚀，羊角泥开裂出现缝隙，修补保温层后产生色差，以及木瓦的新旧更替等问题，房屋随着使用时间的增加变得越发破败，没有生机（图12）。在强势现代文化的冲击下，这里的井干式民居的技术表现落后，缺少时代感，无法满足现在的生活品质要求，影响其发展。

另外，社会发展也带来了乡村“空心化”，房屋闲置情况严重，村里一般只剩下孩子和老人。年龄结构的不合理分布，使得村民很难进行观念的更新，就连基本的房屋维护也无法实现，最终房屋破损严重，甚至坍塌，本就只有三十多户人家的村落越发萧条，进一步使得整体村落缺乏生命力。

四、传承策略

1. 结构受力传承策略

原有房屋基础简陋，容易造成安全隐患，应先对地基进行检测，沉降严重时，应对地基进行补强处理，可使用打桩法，在房屋

图10 木墙直接接触地面

图11 羊角泥掉落

图12 墙面色差

附近钻孔，将水泥浆或其他化学浆液倒入孔中，使得基础周围的土体固化，增加强度。也可采用地基挤密加固法，通过挤压加强地基强度。未来新建房屋要注意地基处理，对于不均匀的地基、冻土或是软性地基一定要分层夯实或是采取换填的方式使地基达到所要求的承载能力，再在其上设置一层防潮垫，在墙体下还应加置基础垫木。[6]

原木墙体要加强上下层构件之间的连接，另外墙体层间空隙较大，可用金属丝将相邻层木构件绑扎，增加水平抗剪承载力（图13）。转角处也需加强处理，采用墙体通高锚固螺栓进行加固。新建房屋应从根本上改变其受力问题，即在保留建筑特有的表现形式基础上，解决木材横纹受压问题。可将墙体构件内部挖空，增设结构受力构件，可以是竖向承重构件或者是强度更好的其他承重材料，通过可靠连接组合成新的墙体模式，在解决受力问题的同时节省木材，促进井干式建筑的传承。

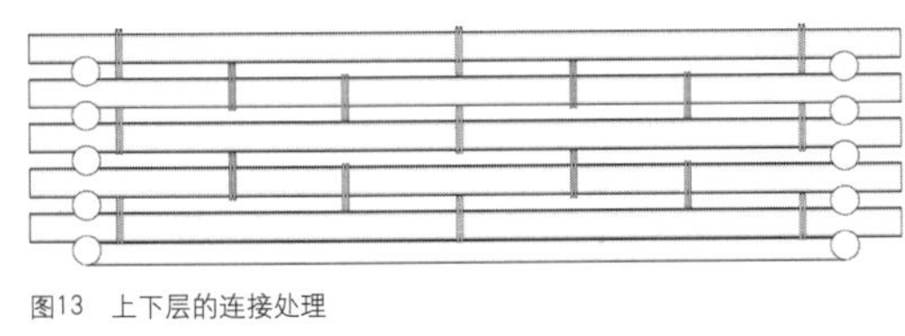

图13　上下层的连接处理

2. 材料构造传承策略

木屋的构件长期裸露在外，无法避免菌腐，需在木材表面涂刷防腐油，或喷射药物，进行补救。今时不同往日，村民已经不能随意采伐后山的树木，因此新建建筑材料可以选用刚度好、缺陷少的层板胶合木等新型木材作为墙体构件，也可在一定程度上节省木材的使用量。

在当地走访调查的过程中，村民提到每逢雨季屋顶就会渗水，木瓦也需经常更换。故对于既有建筑，应在木瓦下方加上防水层，保证屋面的严密性，防止屋内渗水。新建建筑可以进行材料的替换，可将木瓦换成现代化的建筑卷材或新式环保建筑材料，如秸秆纤维聚酯瓦。它是由麦秆、杂草等材料制作而成，经用性及抗风防震不变形等特性十分优良。[7] 对墙根部位也需做防潮处理，可以与室内地面平齐设钢筋混凝土地圈梁一道，有效杜绝井干式民居墙体“烂脚”。[8] 新建木屋的构件可以由工厂预制，统一模数标准，增强美观性的同时使得构件的安装严丝合缝，保证房屋气密性。

3. 技术表现传承策略

建筑应当是对当地景观的一个延续，锦江木屋村民居是用木材作为结构构件来呈现建构美感，形成一个朦胧的内外界面。故对既有房屋来说，“修旧如旧”是最佳的保护方式，采用原本材料进行修补，保留重要的结构框架，拆除部分多余或已破败需要置换的构件，解决杂乱粗糙的现象。井干式民居的编织感是其精华所在，对出檐进行统一长度上的修整，可增加木屋的辨识度。

对于新建房屋，上文提到可以将墙体横木中间挖空，增设承重构件，基于此也可将保温层填充在内，可以避免多次修补羊角泥造成的色差，统一色调，采用预制化构件增强房屋现代感及空间品质。另外，应加强木屋村经济建设，木屋得到日常的维护，才能常用常新，从根本上促进木屋的传承。

五、结语

锦江木屋村井干式民居折射出了人与自然和谐共存的一种平衡效应。经济发展、时代变化似乎总是会带来文化传承的断裂，所以如何把新技术应用到传统井干式建筑中是我们应当关注的重点，而不是轻易淘汰掉这种建筑形式。在传统工艺和现代化技术的有机结合下，即将被抛弃的建筑形式可以拥有新的生机，人文心理也能得到提升，最终对传统井干式的改善发展作出一种尝试性探索。

参考文献

[1] 王亮，崔晶瑶．传统村落锦江木屋村的保护与再利用研究[J]．绿色环保建材，2017（10）：42．

[2] 车焕文．抚松县志[M]．台北：成文出版社，1974．

[3] 赵龙梅．我国东北地区传统井干式民居研究[D]．沈阳建筑大学，2013．

[4] 潘景龙，祝恩淳．木结构设计原理[M]．北京：中国建筑工业出版社，2009．

[5]《木结构设计手册》编辑委员会．木结构设计手册[M]．北京：中国建筑工业出版社，2005．

[6] 崔晶瑶．吉林省长白山地区传统村落保护与更新研究[D]．长春：吉林建筑大学，2018．

[7] 刘培仁．秸秆纤维聚酯瓦．安徽传树建材科技有限公司，2013．

[8] 程诗萌．小兴安岭林区井干式建筑设计研究[D]．哈尔滨：哈尔滨师范大学，2019．

万里茶道上的山陕茶商会馆与茶商住宅源流关系研究

赵　逵[1]　李　创[2]

摘　要：万里茶道既是商道更是文化通道，以茶商为主的山陕商人在沿线兴建了数量众多的会馆建筑，促进了原乡文化与建筑技艺的传播。本文以文化线路为线索，探讨沿线各地山陕茶商会馆的本源文化，分析从茶商住宅到会馆建筑的演变规律与源流关系，揭示万里茶道对沿线山陕会馆建筑的影响。

关键词：万里茶道　山陕茶商会馆　茶商住宅　源流关系

明清时期，从中国南部茶叶产地至俄罗斯形成了一条以茶叶贸易为主的商贸通道，这条商道因茶而兴，也因茶而衰，不仅带动了沿线城市、聚落、建筑的产生与发展，同时也促进了不同民族文化的交流与融合。山陕茶商会馆作为万里茶道上商人主体所建的最重要的建筑，是承载山陕茶商文化的实体容器，更是沿线不同民族与地方文化的显示器。研究沿线山陕茶商会馆与茶商住宅的“源”“流”关系，不仅可以了解会馆在万里茶道上的“流”，溯“流”而上，探究其文化本源，反映山陕茶商对于原乡文化与建筑技艺的传播与传承，也可以体现出会馆对沿线地方文化的吸收与融合，诠释出万里茶道文化线路的具体价值与意义。

一、万里茶道上的茶商与山陕茶商会馆

在万里茶道上以山西茶商最具代表性，其行销线路贯穿万里茶道全线。而茶商的定义是一个广义的概念，就其经营物品而言，茶商将茶叶运输至蒙古及恰克图地区，销售完成之后，必然不会空手而归，会与当地及外国商人进行商品互换，以茶叶换取毛皮、革、杂货、药材、牲畜等返回内地进行销售，所谓“我以茶来、彼以皮往”。故而，茶商的经营种类也非茶叶这一种商品。在历史发展过程中，许多的山西商人在经营茶叶致富之后，也会将业务逐渐拓展，如果与票号相结合，则将此类商号称为“茶票商”，例如山西祁县乔兰生在1880年之后将茶庄改为“福达生”票号；山西太谷商帮榆次常家，常立训将茶庄改为“大德玉”票号；茶号、票号兼营的形式较为广泛，茶叶经销所产生的资本可以直接存入本部票号，而票号也可以在茶叶资本周转时为其提供经济支持，两者相辅相成，共同促进与发展。所以茶商是一个总称，指采购茶叶或涉及茶叶运销的山陕籍商人，其中以山西祁县渠家、乔家、太谷曹家、榆次常家等最为著名。

茶商在茶叶转运中获利，资本迅速积累，不仅在家乡建立了规模宏大的大院、庄园，如渠家大院又被称为“渠半城”，还参与沿线会馆建设。山陕会馆就是其沿线最重要的建筑之一。据不完全统计，仅主线附近八省内历史上存在的山陕会馆数量达64个之多（图1）。其中大多会馆中都为茶商所兴建，如在《汉口山陕西会馆志》上记载的1128家商号中，有绝大多数都是山西商人，而其中给汉口山陕会馆捐献匾额的茶商就有山西榆次常氏众茶商、红茶帮、盒茶帮等，商号众多，捐献数额巨大。再如，位于万里茶道上重要转运结点的社旗山陕会馆，从会馆中现存的三个碑记中可以看出，山西、陕西两地在此经商的商号数量约为1225家，而其中超过2/3的商号都是山西商人所开设，其中蒲茶社、盒茶社捐献金额

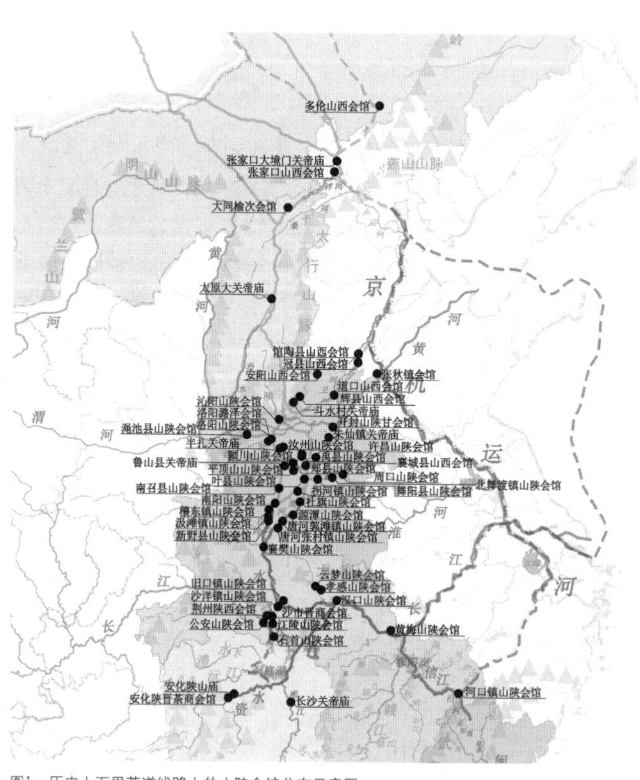

图1　历史上万里茶道线路上的山陕会馆分布示意图

---

[1] 赵逵，华中科技大学建筑与城市规划学院，教授。

[2] 李创，华中科技大学建筑与城市规划学院，研究生。

更是占到绝大多数，也有如祁县兴隆茂、宏源川等茶庄的捐献记载。在《重修关帝庙正殿并修补各殿碑记》中也可见山西茶商“独慎玉”等茶号为北舞渡山陕会馆捐献的记载。同样，在如洛阳山陕会馆、朱仙镇山陕会馆、河北张家口堡关帝庙、内蒙古多伦山西会馆等会馆中，也可见山西茶商活动的身影，展示出万里茶道沿线商人主体与山陕会馆的密切联系。沿线山陕茶商会馆的建筑形式特征必然会受到这些茶商原乡建筑风格的影响，下文便将从沿线会馆与茶商住宅的比较中，寻找两者之间的相互联系。

二、沿线山陕茶商会馆与茶商住宅建筑比较

1. 独特的入口空间

茶商兴建的会馆属于一种公共性质的建筑，一般位于聚落的中心地段，是茶商向外界展示自身财力的象征，所以入口的空间与建筑形体的处理就显得尤为重要。

会馆大门一般形体高大，建筑屋顶层次丰富，以巨柱承接的随墙式外廊山门和与山门戏楼结合的形式居多，但又各具特色。有的在入口山门前还设有照壁、石狮子、铁旗杆、牌楼等，形成一个院落空间，院中石雕、木雕、砖雕、琉璃装饰繁复，显示出建设者雄厚的经济实力，如社旗山陕会馆、汉口山陕会馆。有的只设照壁，而不用围墙与建筑围合，只起到装饰、风水与分散人流的作用，如襄阳山陕会馆入口。有些会馆由于条件的限制，在入口不设照壁，也不能形成前院空间。在这种情况下，茶商则将山门建设高耸，或将其雕刻繁复，使其在高度或装饰上成为视觉的焦点，如多伦山西会馆入口。

茶商住宅入口空间的处理与山陕会馆颇为相似，不仅照壁数量可观，几乎有大门就有照壁，而且位置和形式也较为多变。有的在建筑群的外侧单独设置，正对入口通道，如乔家大院入口的“一”字形三段式“百寿”照壁。这种单独进行设置的照壁一般位于规模较大的建筑群体之前，不仅可以加大建筑入口空间，烘托宅院的宏大，也使建筑产生规整、庄重之感，与山陕会馆的处理方式相同。

大多照壁在家宅内部随墙设置。一般在入门相对的厢房山墙上设置照壁或神龛，如乔家大院在中堂第二院。或在大门外其他建筑外墙上随墙设置，如常家庄园大夫第门对面的“福”字照壁。与山陕会馆相比，形式更加多样、小巧，装饰却也更为加朴素。

建筑大门入口也设随墙式外廊、门楼倒座等形式，但总体规模较小，建筑高度也不高，不如会馆装饰华丽。

2. 平面与空间组合

以建筑围合成为庭院空间，以轴线组织各个建筑要素，成为山陕茶商会馆建筑空间的最基本组成形式。而在会馆平面布局中又分为两种基本原型，即大殿或春秋阁只存其一，或既有大殿又有春秋阁。

经过原型的异构与重复，发展成为复杂的会馆建筑平面类型（图2），主要通过以下几种方式：（1）在纵向轴线上进行延伸与原型穿插；（2）在轴线两侧进行横向拓展，主要有增加主殿两侧的配殿数量与设置偏院两种形式；（3）将基本原型单元进行重复组合。

从山陕会馆原型到类型的分析，可见不同会馆平面布局的变化规律：从单一戏楼到多重戏楼，从主轴到次轴的多轴线发展，从原型到异构与重复的平面组合，充分反映了会馆空间的演变过程。

茶商住宅大多位于山西省中部的万里茶道沿线之上，为了防止匪患及抵抗冬季寒冷的天气与风沙，宅院外围一般以堡墙围合，围墙高耸厚重，有的甚至还建有城墙的垛口与箭楼，如常家庄园。为获得良好的采光，减少西晒与风沙对建筑的影响，建筑布置一般为坐北朝南，内设南北长、东西窄的狭长形式庭院，形成合院式住宅形式。

正房开间一般三到五间，厢房一般为三间、五间、六间，规模较大的在庭院中以牌坊、门洞、过厅进行分隔，将四合院纵向分为两进或三进院落，厢房的开间数量也随之增加，建筑群向北侧延长，前院六间、后院六间的大型合院式单元形式也十分常见，这里根据其平面排布方式将其归纳为五种基本平面单元（图3）。茶商住宅的平面布局与上文所讲的山陕会馆基本平面形式相似，只是会馆更强调戏楼与神祇空间的双重属性，空间规模也更大。

茶商住宅平面组合主要以以下几种形式展开：（1）单一单元独自成院，如渠家大院西北院与统楼院；（2）在侧墙上开门洞，将不同单元进行联系，如长裕川茶庄的第二院与第三院；（3）在前方单

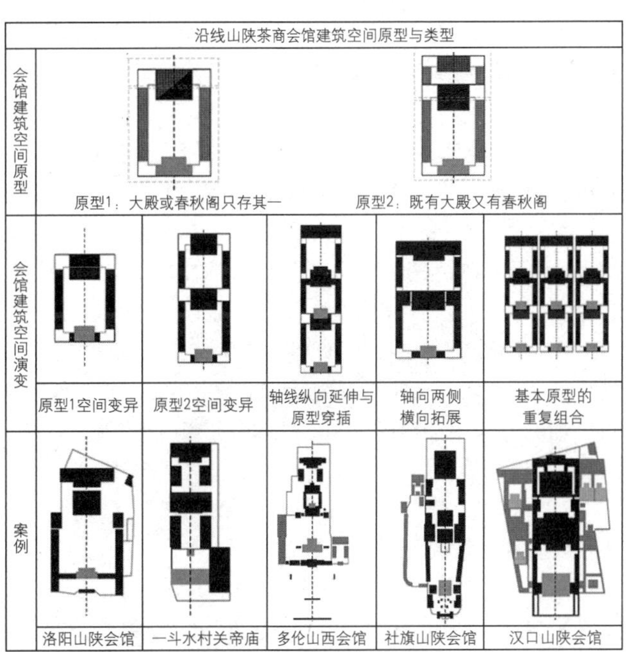

图2 沿线山陕茶商会馆的原型与类型

茶商住宅五种基本平面单元				
最小基本单元	纵向延伸（厢房数量增加）	入口位于尽间	门洞或牌坊分隔庭院	过厅分隔庭院

组合方式	方式一：沿道路或巷道单一单元组合结构	方式二：沿偏门延展的多单元组合结构	方式三：沿院落延展的“双子”多单元组合结构
案例	渠家大院西北院与统楼院	长裕川茶庄二院与三院	乔家大院在中堂第一院

图3　茶商住宅的基本单元与平面组合方式

独设立一个院落，在院落之后并排设置两个或三个建筑单元，形成入户庭院分流的“双子”与“多子”院落，如乔家大院在中堂第一院、常家庄园人和堂与节和堂、常家庄园养和堂、贵和堂新院等。

在沿线山陕会馆中，以第一种与第二种组织形式较为多见，以单个单元独自形成建筑群体，如洛阳潞泽会馆、洛阳山陕会馆等。而在社旗山陕会馆、多伦山西会馆中，在侧墙上开门联系偏院。偏院采用规模稍小的结构单元，作为来往商旅居住或道僧管理会馆的辅助空间，为第二种组织形式。汉口山陕西会馆虽然有多个结构单元，同样以巷道组织偏院空间，但东、西巷与主要轴线平行，从南侧入口进入，西巷尽端设置吕祖阁，与文昌殿并置，文昌殿又与七圣殿相对，东院财神殿与天后宫并列，与第三种组织方式类似。

3. 叉手与梁架结构

在沿线山陕茶商会馆中叉手的做法较为普遍（图4），如洛阳潞泽会馆大殿、社旗山陕会馆悬鉴楼与大座殿、半扎关帝庙戏楼等

图4　叉手与梁架结构对比

均使用了叉手。社旗山陕会馆大座殿还使用了角背，不仅对瓜柱起到支撑作用，还雕刻了华丽的云龙图案，成为室内空间的装饰构件。

在大多数会馆中均使用抬梁式结构，如多伦山西会馆山门、半扎山陕会馆戏楼等，但也有结合使用穿斗式结构的情况，如襄阳山陕会馆正殿（图5），檐柱做单步梁直插金柱之上，檐柱、金柱以及单步梁瓜柱之上均直接承檩，且五架梁直插前后金柱之中，也以柱头承接檩条，是典型的穿斗式做法，但五架梁上立短柱承三架梁，梁上架檩条，又是抬梁式形式。抬梁与穿斗式两种形式混合使用，是北方山陕茶商原乡建筑风格与地方性建筑风格的结合。

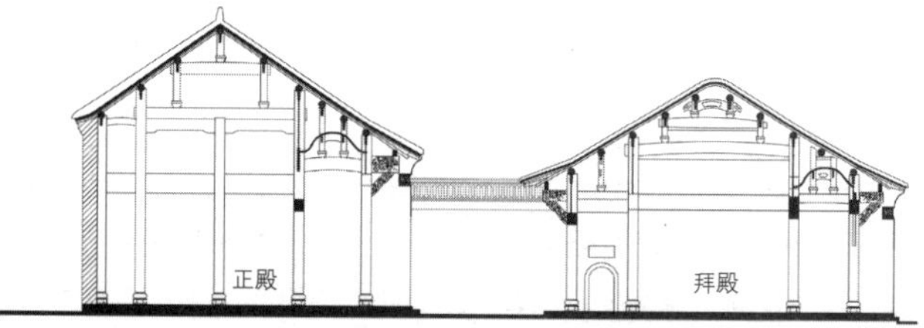

图5　襄阳山陕会馆正殿与拜殿剖面图

而在茶商住宅中也多使用叉手与抬梁式结构（图4），与山陕会馆中梁架常见的处理方法类似，如常家庄园养和堂主楼。还有一些长短坡屋顶结构为三步梁直接插入靠院落外围一侧的砖墙之中，院落内侧墙面才用木结构梁、枋连接，并承接以木柱，柱间装饰木板门、直棂窗等维护构件。这种做法既可以减少木料使用，同时又能增加建筑外围的防御性能，如常家庄园石云轩书院、祠堂戏楼等。

4. 形式简化的墀头样式

而在山西茶商住宅中，墀头形式较为特别，装饰中心从戗檐处下移至中部，常两面到三面均有雕刻。从整体构图上看，从上至下分为三部分构成，上部最接近屋檐，常做下凹的弧形形式出挑；中部也为三段式立面划分，上下段为“须弥座”样式，中间段为“亚”

字形束腰，束腰部分是装饰最为繁复的地方，常常被雕刻成屋宇式的建筑形象；下部分为叠涩出挑，与墀头上身墙体部分相连。

而沿线山陕会馆墀头形式基本与茶商住宅中相似，显示出与山西茶商住宅建筑技艺在会馆建筑上的传承。但从细节上看，又也有少许差异（图6）。

第一，从构图层次上看，山陕会馆墀头层次较茶商住宅中有所减少，构图更为简化。主要有以下几点原因：

（1）在山陕会馆中硬山式屋顶建筑有限，一般只用于配殿、厢房等辅助性建筑之中。大部分正殿戏楼又使用木材作为建筑材料，砖石建筑少，使得用于硬山山墙面的墀头数量运用减少；

（2）建筑主要装饰对象向会馆中正殿或戏台的琉璃正脊、飞檐翘角与木雕、石雕、彩绘等装饰部位转变，装饰对象可选择性更大，而非如茶商住宅一样以墀头装饰为主，装饰重心的转移也是墀头层次减弱的主要因素。

第二，从装饰题材上看，大部分会馆雕刻狮子、麒麟、鹿、凤凰、牡丹、梅花、菊花、荷花等题材，而少见茶商住宅中象征多子多寿的葡萄、石榴以及“福、禄、寿”等文字类装饰，笔者调研过程中仅发现河南邓州汲滩镇山陕会馆戏楼有“寿”字砖雕形式，其他沿线山陕会馆中均未出现文字样式墀头图案。装饰题材的差异，代表了会馆以祭祀和演戏为主的公共建筑与在宗族与家族关系下私人宅院建筑的不同，同时显示出商业与经济因素对会馆建筑的影响。

但沿线山陕会馆中也有少许特例，如多伦山西会馆戏楼的墀头样式，装饰部位主要集中于上方戗檐板之上，盘头下方还有垫花，俗称“手巾布子”。从构图上看，与线路上其他山陕会馆和山西茶商住宅墀头形式不同。究其原因，主要是在万里茶道向北进行传播的过程中，山西原乡墀头形式发生了一定程度的变异，逐渐与当地墀头形式进行融合。

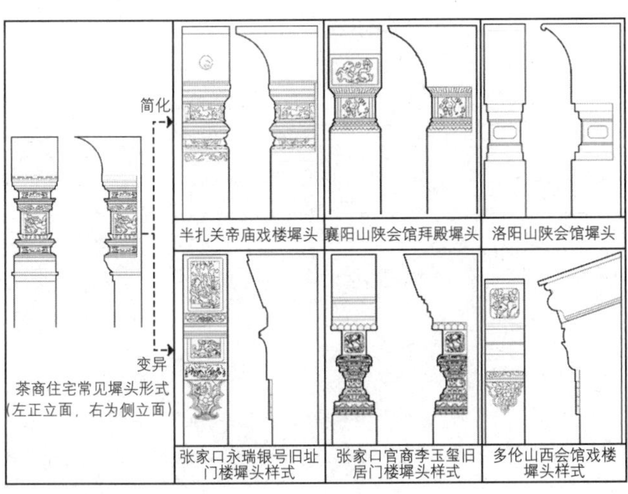

图6　墀头形式对比

5. 长短坡与单坡屋顶

在沿线山陕会馆中单坡顶屋面形式出现较少，一般位于会馆两侧看廊之上，如汉口山陕会馆。另外长短坡的形式也有出现，其为非对称性双坡屋顶，屋脊不位于正中，一般长坡的一边坡向内院，短坡一边向外，如社旗山陕会馆东西廊房与道坊院厢房、周口关帝庙厢房、半扎关帝庙山门旁建筑等。其他大部分建筑均为硬山双坡顶、卷棚顶或歇山顶形式。（图7）

单坡顶建筑是山西茶商大院民居建筑中常见的建筑形式。建筑中单坡屋顶均坡向内院，有着“肥水不流外人田”的寓意。从外立面上看，高耸与平展的外墙又能减小雨水对相邻建筑单元的影响，增加建筑单元横向扩展的可能性，同时又能帮助院内抵御严寒，增加建筑群的防御性能。在会馆中使用长短坡与单坡屋顶，很有可能是受到山西茶商民居与地方建筑的影响。

会馆以双坡屋顶为主，主要是因为在明清时期砖石与木构结构建筑技术更加成熟，双坡可以满足规模宏大的祭祀与观演建筑对于

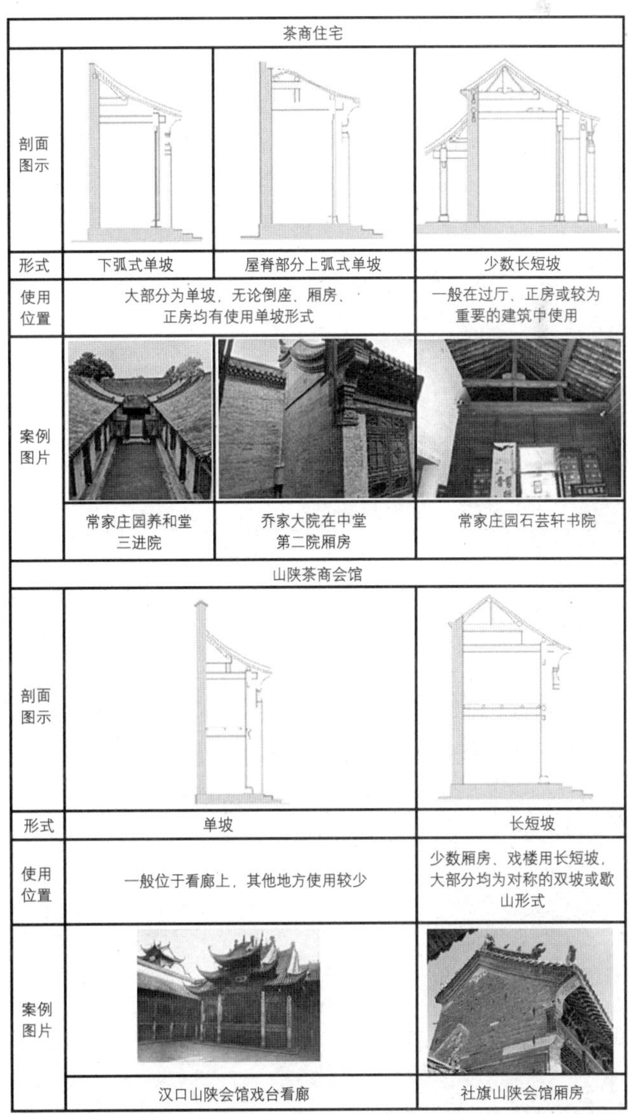

图7　长短坡与单坡屋顶形式对比

大型室内空间的需求，所以在中轴线主要殿堂与戏楼中单坡形式的屋顶较为少见，只在次要辅助性建筑中被用到。

三、结语

从以上分析可以看出，沿线会馆的建筑平面布局、空间组成、装饰细部等特点在万里茶道上呈现出一定的相似性与规律性特征，延续的长短坡与单坡屋顶、叉手与梁架结构、形式简化的墀头形式等细部特点，体现出茶商对原乡建筑技艺的传播，反映了茶商会馆与茶商住宅之间的源流关系，也凸显出万里茶道文化线路对于沿线山陕茶商会馆建筑空间与形式特征的影响。

参考文献

[1] 山西祁县晋商文化研究所，等.汉口山陕西会馆志[M].太原：三晋出版社，2017.

[2] 范维令.万里茶道劲旅·祁县茶商[M].太原：北岳文艺出版社，2017.

礼县传统民居形制特征研究❶

——以刘氏宅院为例

张丽萍❷　叶明晖❸

摘　要： 礼县在历史上多隶属于天水地区，同时也是"北茶马古道"途经陇南区域的重要节点，因此，从传统民居形制上来看，其当下区域所属与形制特征似有不符，以致在实际营造之中容易形成文化遮蔽现象。本文以礼县刘氏宅院为例，通过与天水、陇南的典型民居进行比较研究，从而进一步厘清复杂文化背景下礼县传统民居形制的文化所属问题。

关键词： 礼县　刘氏宅院　形制特征　文化所属

一、引言

礼县源于地名"李店"，古称"西垂"，处于陇南与天水接壤的地理位置。刘氏宅院始建于清同治年间（1861~1875年），坐落在县城西部山脚下的潘家街。院落主要依据街道走向确定了建筑布局及大门朝向，整体坐东朝西，院门为两道，主入口位于西南向，宅院是礼县现存晚清四合院中保存最为完整的，现已被列为县级文物保护单位。

刘氏宅院的建造时期，礼县隶属于古秦州，也就是现在的天水市，直至1985年才将礼县划为现在的陇南市所属。如果只是单纯地在现代的"天水市""陇南市"这种行政划分的框架中去分析刘氏宅院，可能很多问题无法解答。刘氏宅院的一些建筑特征无法在陇南地域传统民居建筑体系中进行解读，所以在对礼县刘氏宅院进行分析之前，有必要对礼县的建置沿革有一个清晰的认知。

二、礼县建置历史背景研究

礼县是秦文化的发祥地，素有"秦皇故里"之称。西夏至宋朝时期（约前20世纪~13世纪），史料中并未记载在此地区有行政机构的设置，此时的区域内长期处于割据混战的局面，建置纷乱。至元，据《元史·按竺迩传》记述："丁酉（1237年），按竺迩言于宗王曰：'陇州县方平、人心犹贰，西汉阳当陇蜀之冲，宋及吐蕃利于入寇、宜得良将以镇之。'宗王曰：'安反侧，制寇贼，此上策也，然无以易妆。'遂分蒙古千户五人隶麾下以往。"[1]因此，为了巩固蒙古的统治，朝廷便在此区域设李店文州元帅府，后将"李"改为"礼"，此时的礼县地区属于陕西行省管辖，与现天水地区属于并列关系。[2]

到明成化九年（1473年）置礼县，民地民户直属陕西布政史巩昌府[3]，由秦州兼领，此时的礼县已经开始隶属于秦州的管辖之中；清朝沿袭明制，并且于1729年之后，礼县一直隶属于秦州直隶州。由此可见，从明朝开始，礼县在长达五百年的时间里隶属于秦州辖区范围内，因此，礼县县域内的经济、文化在长期的历史发展中也深受秦州地区的影响，表现在民居建筑上，它们在形制上也体现出一定的传承的特点。

刘氏宅院建造于清同治年间，也就是1861~1875年左右，此时的礼县已经较长时间属于秦州的管辖之内，民居在营建过程中受风俗信仰、宗教禁忌、地域文化等的影响，在刘氏宅院的建筑形制上，可以看到与天水地区传统民居形制特征体现出了极大的相似性，同时又受周边地区文化及自然环境的影响，体现出了一定的融合。

三、刘氏宅院建筑形制比较研究

刘氏宅院是清代宣统乙酉科（1909年）拔贡生刘宝钧的私宅，在当时的建造中院主人耗费了巨大的人力、物力、财力，为后世留下了宝贵的物质文化遗产，因此院落无论是在整体布局还是构造做法上都有很多值得考究的地方。现存院落整体为土木结构，由正房、倒座、南北厢房组成，现将其民居的形制特征通过平面形制、院落布局、屋顶形式、结构构造这几个方面展开分析（表1）。

---

❶ 国家自然科学基金"北茶马古道传统民居建筑谱系与活态发展模式研究"（项目编号 51868043）；国家自然科学基金"陕甘川交界区传统氐羌聚落形态的演进机制研究"（项目编号 52068046）。

❷ 张丽萍，兰州理工大学设计艺术学院研究生。

❸ 叶明晖，兰州理工大学设计艺术学院副教授。

刘氏宅院形制特征比较表 **表1**

特征要素	刘氏宅院	天水传统民居		陇南传统民居		
平面形制		一进合院	二进合院	合院式	前铺后院	院坝式
	传统合院式，有垂花门	传统合院式，有垂花门		形制多样，有“一”字形、“L”形、“凹”字形合院式、“前店后院”及院坝式等类型，基本无垂花门		
院落布局	“窄长形”，建筑位于 1~3 级台阶上	“窄长形”，建筑位于 1~3 级台阶上，内院布置花池		受地形影响，并无定式，随地形变化因地制宜，建筑坐落于高低不同的台基之上，并不规律，但多见正房位于 1 米以上台基之上		
屋顶形式	正房—悬山，厢房—硬山	悬山或硬山		由北至南，由西到东，硬山→悬山，出檐更深远，坡度更陡		
结构形式	主要房间—抬梁式，厢房—斜梁横椽	主要房间—抬梁式，一些民居结构中通常使中柱落地，厢房—斜梁横椽		礼县毗邻地区：抬梁式居多，其他地区：穿斗式居多，并未见“斜梁横椽”的形式		

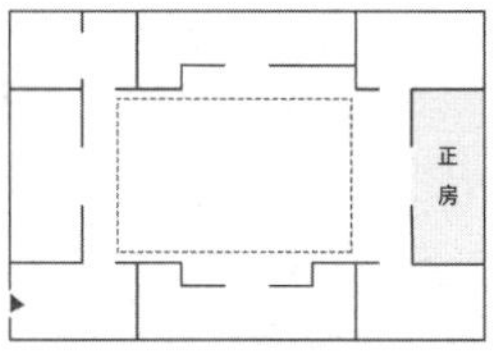

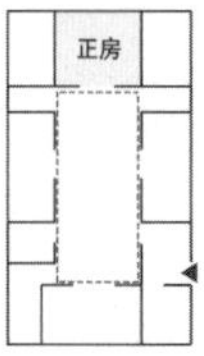

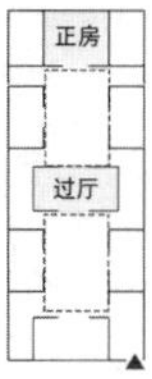

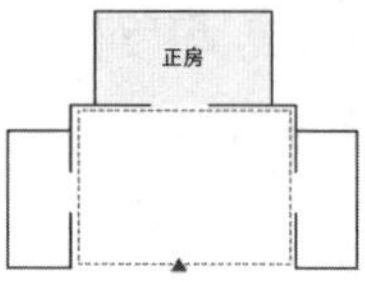

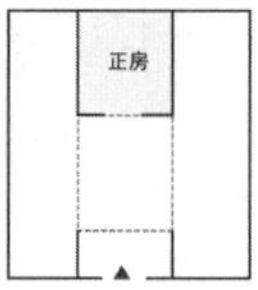

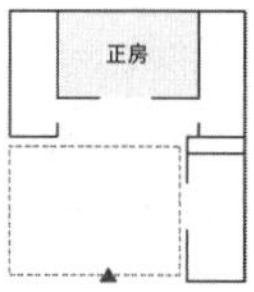

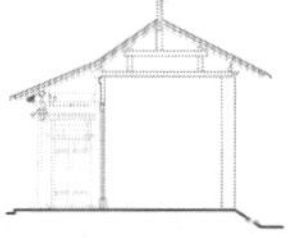

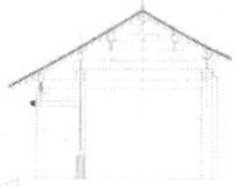

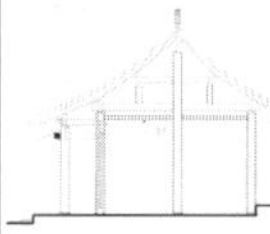

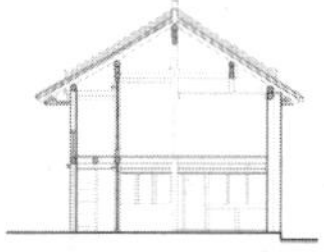

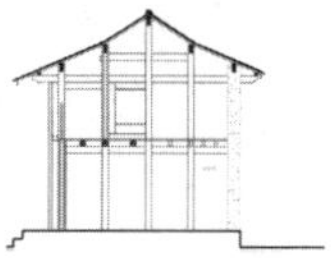

1. 平面形制

刘氏宅院为单进院落，符合“中轴对称，前堂后室，左右两厢”的传统四合院平面特征。刘氏宅院与天水地区传统民居同属于“秦陇文化区”的覆盖区域，两地传统民居的平面类型极为相似，都是由正房、厢房、倒座等基本要素组成的合院形式，并且大门通常设置在院落东南角的位置，进入大门并未直接步入院内，而是左转90°，通过一个二进“垂花门”之后[4]（图1），才正式入内院，这是两地民居中比较独特的一点，也是两地民居形制相仿的有力佐证。

陇南地区是多元文化交错的地区，历史上又是“北茶马古道”的必经之地。受秦陇文化、秦巴文化、巴蜀文化的影响，加之地理因素的影响，其民居在区域内由北到南呈现出了较为多样的形态特征。因此，只能将刘氏宅院与其区域周边的传统民居进行对比，分析异同点。从民居类型[5]分布特征来看，周边区域的民居平面有“凹”字形、院坝式以及随着商业贸易发展起来的“前店后院”等平面形式，与之相比较来看，刘氏宅院如天水民居一样，具有更加明显的北方传统四合院的特征，而其周边地区（陇南其他地区）民居的平面形制则受当地气候因素及文化贸易因素的影响呈现出更加灵活多变的平面形式。

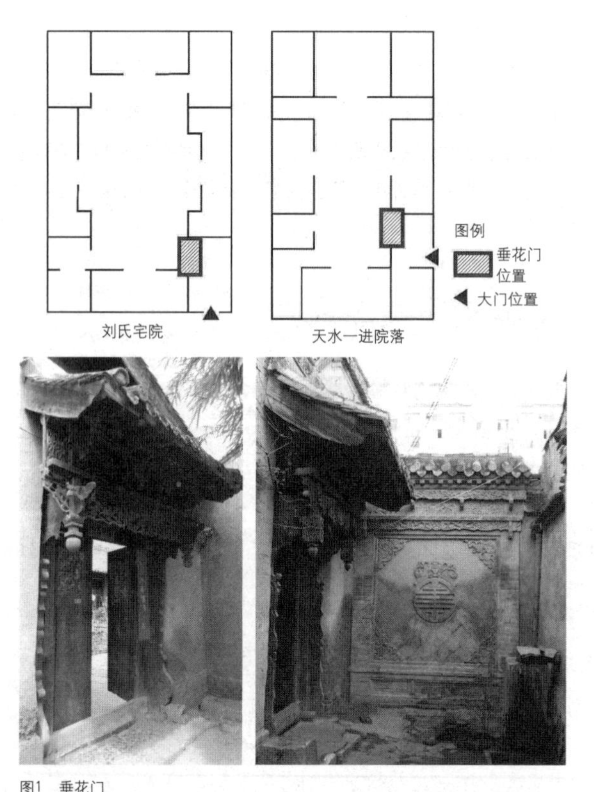

图1 垂花门

2. 院落布局

刘氏宅院与天水地区的民居在布局方式、门的设置等方面具有很大的相似性。刘氏宅院是由正房、厢房、倒座组成的院落形态，院落东西26米，南北16米（约3：2），内院东西长12米，南北宽8米（3：2），呈“窄长”形，天水民居也基本符合这一特征。刘氏宅院的正门与垂花门之间形成一个起缓冲作用的小天井，内院将中庭作为精神核心，通过铺设不同材质的小路来突出强烈的秩序感，天水民居也同样呈对称布局，内院在正房的左右两侧还通常布置花池来划分空间层次。此外，就两地区来看，其单体建筑一般都坐落在1~3级台阶之上，虽然正房高于其他用房，但是一般也不会超过三级。

刘氏宅院虽与周边地区（陇南其他地区）在布局形式上有一定相似之处，但院落整体形式差异较大。刘氏宅院之所以形成合院式布局，与其处在西礼盆地之中不无关系。陇南区域内地形起伏多变，受人多地少的影响，民居选址也并不局限于平坦地带，因此，民居的布局也随地形变化因地制宜，并无定式，合院式所占比例不大，多数民居无完整的院落，而是围成较为低矮的围墙或者是在建筑前侧留出“院坝”，建筑坐落于高低不同的台基之上，并不规律。另外，陇南地区的传统民居只有一道门，未见“垂花门”。

3. 结构形式

建筑结构上，刘氏宅院（包括礼县大部分地区）与天水传统民居的主要功能用房基本上都是抬梁式木构架，承重结构与维护结构分离，而厢房采用两地独有的“斜梁横椽”式的结构做法（即斜梁直接搭在前后一高一低的两座夯土墙上，梁上置横椽，承托板瓦单坡屋面）（图2），木构架与墙体共同承重，这种做法除了在天水及陇南的礼县地区民居中的厢房中普遍使用外，在陇南的其他地区并未多见。另外，在结构上，同样也能看出秦陇地区比较注重的“尊卑有序”的礼制秩序：这一点在刘氏宅院以及天水民居的正房、倒座以及厢房的用料大小和斗栱的出挑上即能看出。建筑材料上，礼县及天水地区的传统民居中大部分建筑材料都是就地取材，土、木用得较多，而砖、瓦、石由于山地较多运输不便，使用较少；但是在刘氏宅院中用到的台阶石以及部分的木材都是由四川运来的（据猜测可能是受“北茶马古道”贸易的影响），在这里也看出了体现在建筑层面上的区域文化之间的交流与融合。

当然，周边地区（陇南其他地区）传统民居的结构形式与礼县地区也并非完全不同，在陇南地区由南向北、由东向西，传统民居的结构形式体现出了一种由抬梁式到穿斗式过渡的态势，这种过渡也并非严格地按照区划来限定的，而是通过文化之间的交流逐渐由文化中心向周边扩散开来的。就刘氏宅院来说，它与天水地区的传统民居都是采用抬梁式，而它周边地区的传统民居（如武都区）也同样有较多的民居采用抬梁式，但是与其相距较远的陇南其他地区（如康县、徽县等）就受巴蜀等地区的文化影响较为明显，再加上当地的气候的影响，民居用穿斗式的居多。

4. 屋顶形式

传统民居的屋顶作为一种围护结构，它最重要的作用就是防止雨水侵蚀墙体，对室内外空间起到分隔的作用，因此气候因素应该是影响屋顶形式的一个重要因素[6]。从天水至礼县再到陇南其他地区，在气候方面存在着温度逐渐增热，降水量逐渐增多的特点，因此在屋顶形式的选用上也是由硬山顶到悬山顶的过渡，由北至南，由西向东，屋顶出檐逐渐深远，坡度逐渐变陡。由此可见，在屋顶形式方面，刘氏宅院与天水地区及周边地区（陇南其他地区）相比，气候因素的影响力远大于文化因素的影响。但是在屋顶构造的瓦、木等材质选用上，却体现出了茶马古道影响下多元文化的交流与融合。

四、结语

礼县地处陇南与天水交接的地理位置，具有复杂的历史文化背景。通过选取礼县具有代表性的典型民居——刘氏宅院进行研究，分析得出了复杂文化背景下礼县传统民居形制的文化所属问题。比如在院落布局上，虽然天水、陇南地区民居院落的大门通常都置于东南角，但刘氏宅院保留了天水地区常用的二进“垂花门”形式；再如在民居的结构形式上，刘氏宅院的厢房同样也体现出了天水地区独有的“斜梁横椽”的构造方式。由此可见，礼县传统民居的形制上虽然与陇南其他地区的民居有一定的共同之处，但在天水地区的民居形制上体现出了很大的相似性。

究其原因有二：一是史上礼县多属天水管辖，长久以来，此地区人口的迁入与迁出促进了地区及民族之间文化的交流，同时礼县

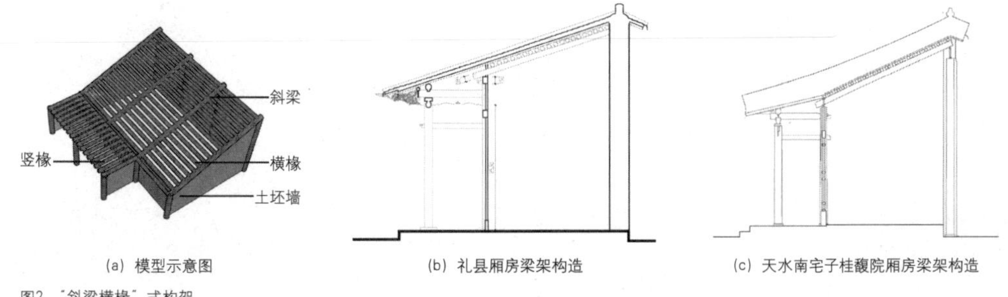

(a) 模型示意图 (b) 礼县厢房梁架构造 (c) 天水南宅子桂馥院厢房梁架构造

图2 “斜梁横椽”式构架

在社会习俗、生活习惯、社会信仰等方面深受天水地区文化的影响。二是礼县处于陇南地区与天水地区的交界处，虽古时常被纳入天水辖制范围，但在社会生活的许多方面仍受陇南地区影响；且礼县与陇南其他县域同受北茶马古道线路辐射，文化的渗透使两地民居形制也表现出了一定的相似性。因此，受历史区划的作用，礼县地区传统民居受天水地区的影响较大，但周边地区的文化辐射以及北茶马古道上的贸易交流也对其产生了一定的作用。

本文以刘氏宅院为例对礼县的文化所属问题进行了梳理，对复杂历史背景下区域内传统民居形制特征的研究以及探究此地区民居更新过程中的文化传承定位具有一定的指导意义。

参考文献

[1]（明）宋濂等撰．元史·按竺迩传[M].北京：中华书局，1976.

[2] http：//www.doc88.com/p-7784495583326.html.

[3] 礼县志编纂委员会.礼县志[M].西安：陕西人民出版社，1999.

[4] 南喜涛.天水古民居[M].兰州：甘肃人民出版社，2007.

[5] 孟祥武，张莉，王军，靳亦冰.多元文化交错区的传统民居建筑区划研究[J].建筑学报，2020（S2）：1-7.

[6] 石勇美，高小飞，马雪，陶思琦.地域视角下湘黔苗族传统民居对比研究[J].建筑与文化，2021（03）：250-252.

基于尺度化的传统徽民居街巷空间特征研究

高力强[1] 戚威威[2] 邓冠中[3]

摘　要： 以徽州传统村落宏村为例，整体把控宏村聚落形态及其演变，从尺度化入手，重点分析街巷空间主要街巷、次要街巷、街巷节点和街巷景观水系景观的尺度，总结各街巷空间的尺度特征，探求传统徽民居街巷尺度的营造智慧，以期对传统街巷空间尺度的保护与转译提出参考意义。

关键词： 宏村　尺度化　街巷空间　空间特征

传统村落是社会物质文化与精神文化的综合载体，宏村作为传统徽民居典型代表之一，是我国重要的历史文化遗产。街巷空间可以直观反映古村落的传统风貌，分析街巷的宽高比和尺度给人的空间感受，研究宏村街巷空间的尺度特征和人的行为特征，探索人在复杂街巷空间中的认知机制，有利于改善传统村落街巷空间现状，为传统村落的保护和当代城市设计与人居环境建设提供一定的依据。

一、宏村聚落形态及其演变

宏村地处安徽省黄山市黟县辖镇，村落背靠雷岗山，左右有东山、石鼓山，三面围山，西侧有西溪流过，大多处于平坦地带，靠山脚却依山势而上，整体呈“牛”形结构布局。古村落面积约为19公顷，到目前约有130余幢平房和140余幢楼房，目前存有汪氏家祠、承志堂、南湖书院等多处有名建筑，其独具匠心的水系设计营造了“步步有清泉”的山水画村，宏村整体上追求环境的舒适性和观赏性，因借自然与环境相和谐形成一种灵活、无序、自由的分布方式，从而构成了“人—村落—环境”之间的有机统一。[1]

街巷道路系统随着聚落空间形态演变也开始逐步完善。从最初村落选址在雷岗山上，接着发展到以月沼为中心的大规模建设，直到后来以修建南湖为标志的村落发展到鼎盛阶段，在整个过程中宏村自北向南发展了三条大致呈东西向的道路：后街、宏村街、湖滨北路，基本上确定了宏村的聚落形态。

二、街巷空间格局及其构成要素

1. 街巷空间格局

宏村的内部空间主要由建筑院落和街巷空间组合而成，相互作用形成图底关系。宏村街巷空间在祠堂附近较为规整，呈现互相垂直的纵横向肌理，其余街巷则较为自由，纵横成各种角度。此外，由于聚族而居为提高防御性，内部街巷空间连通性好而村落对外联系节点只有四处。同时，水圳是村内常用的公共空间，伴随着主要水道的使用，在水圳边也自然形成了街巷。

2. 街巷空间构成要素

宏村街巷空间组织形式丰富多彩，各空间构成要素的功能性空间文化意义也不同。其空间构成要素包括马头墙、水圳、拱门等，其中拱门现存约21座，主要起着过渡不同等级或归属的相邻空间和保持空间界面连续的作用。由此可见，宏村的街巷功能性空间特征明显，所塑造的空间界面、空间尺度和空间节点等的变化突显了不同的视觉效果，使人产生不同的感受。

三、街巷空间的尺度特征

1. 主要街巷尺度

宏村的主街道包括后街、宏村街、湖滨北路，在主要街道上水圳多以暗渠的形式存在，它们被石板盖住或是被混凝土封住，从而拓宽了主街的使用宽度。两侧建筑的不规则排列形成曲折而富有变化的街巷，建筑高耸的外墙与狭窄的街道形成互补，主街一般宽度在 2.5~8 米之间，沿主要街道的民居建筑大多数为两层，街巷垂直界面的高度与宽度之比 D/H 通常在 1~2 之间，形成的街道尺度感相对较为开阔。如图 1 为主街的 D/H 比例示意图，街道宽度为

---

❶ 高力强，石家庄铁道大学建筑与艺术学院，副教授。
❷ 戚威威，信阳市浉河区建设工程质量监督站。
❸ 邓冠中，石家庄铁道大学，研究生。

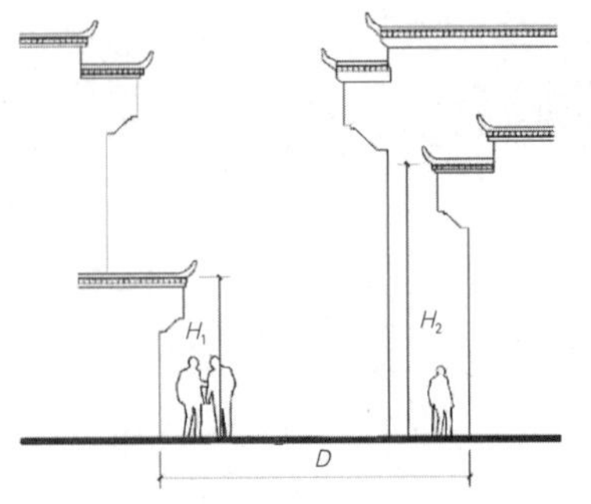

图1　街巷空间D/H比例示意图

3~4 米，D/H 值在 1.0~1.3 之间。

2. 次要街巷尺度

宏村的次要街巷主要是指内街街巷，连接住宅组团，主要包括上水圳、茶行弄等。这种小巷通常有两种类型：一种是在祠堂的两侧准备巷弄，另一种是活动巷，前者比后者更为阴郁雄伟。调研发现，大部分巷道宽度为 1.2~3 米，通常约为 1.5 米，小而狭窄的巷弄则为 0.8~1.2 米，仅仅供人通行使用，垂直界面的高宽比通常在 5~10 米之间，通常不开窗户，D/H 值在接近 0.6~1.0 之间变化，多数为 0.6 左右，比一般街道尺度要小（图 2）。由表 1 可知，其尺度感常给人内聚、亲切之感。

街道空间与空间感觉关系表　　表1

街道空间（D/H）	D/H ≤ 1	D/H=2	D/H ≥ 3
空间感觉	有一定的包围感，空间限定性强	较适宜的空间限定感，介于封闭和开敞之间	空间开敞，限定关系薄弱

次要街巷尺度值较小的原因有多方面影响。这一方面由于徽州村落用地紧张，单体民居建筑需要尽量布局紧密；另一方面，徽州地区古村落是外来氏族的聚落，需要对外部防御性封闭，在内部开放，因此街道很深，房屋内的天井适合居民活动。同时，徽州地区日照强烈，狭窄的街道和小巷有利于夏季的防晒。此外，宏村街道的轮廓比例使墙壁的简单装饰和两侧的细节更加纯净，也符合徽州传统的审美情趣。[2]

宏村街道次要道路多为居住型街道。街道上的台阶、青草等形成了街道景观的第二次轮廓线。台阶的尺度根据街巷来确定，符合人体工程学，每户门前的台阶，或一步，或两部，或三步，或正对街巷，或后退避开巷路，或倾斜放置留给大门更多的空间。街道的白墙下端经过岁月的洗礼不再洁白无瑕，斑驳的黑褐色爬满了墙根，片片的青苔、小草挤满了墙根。有些不知名的小草开出了或红或黄的小花，为墙根增添了无限的生机。溪水从水圳流过，经过户墙底部高处进入户内的鱼塘，又经户墙低处流出。不仅给户内鱼塘带来源源不断的活水，而且成为街道上一道亮丽的风景线。

3. 街巷节点尺度

村落街道共有三个主要节点空间：街道交叉口空间、街道拱形空间和住宅入口空间。由于功能和风水学等要素影响，节点空间形态和宽度会有所变化。调研发现，受到风水学的影响，节点交叉口形式大多为“丁”字形、“十”字形，“十”字形会存在不同程度的错位或扩大成小广场。而街巷宽度因功能不一也有所不同，主街的街巷交叉口有 4~5 米的宽度，有着水圳的居住性街道交叉口宽度大约 1.5 米左右，月沼前的街道交叉口较窄，有 1.35 米左右（图 3）。

（1）民居入口空间

面向街道的建筑物入口区域是徽州人放松和聚集在一起的重要场所。入口空间是过渡空间，空间的规模是模糊的，并且会根据人们的使用情况而变化，它是一种更加灵活的休闲空间形式。它是基于不同的铺地材料和方向为依据。这种灵活的边界使人们更容易、更舒适地进行交流，这是吸引人们聚集的一种重要形式。大部分街道空间将房屋入口处不同程度地扩大，这些扩大的入口空间可以分为三类：一类是“八”字形入口空间，另一类是前墙，第三类是房屋的入口，街道和车道以一定角度旋转，这些扩大的空间通常成为人们聊天和交流的空间（图4）。

在这些入口空间面积不大，大多数只有3~4平方米。这些空间往往设有台阶或是在门旁摆放一些长条石凳，供人们聊天休息，或

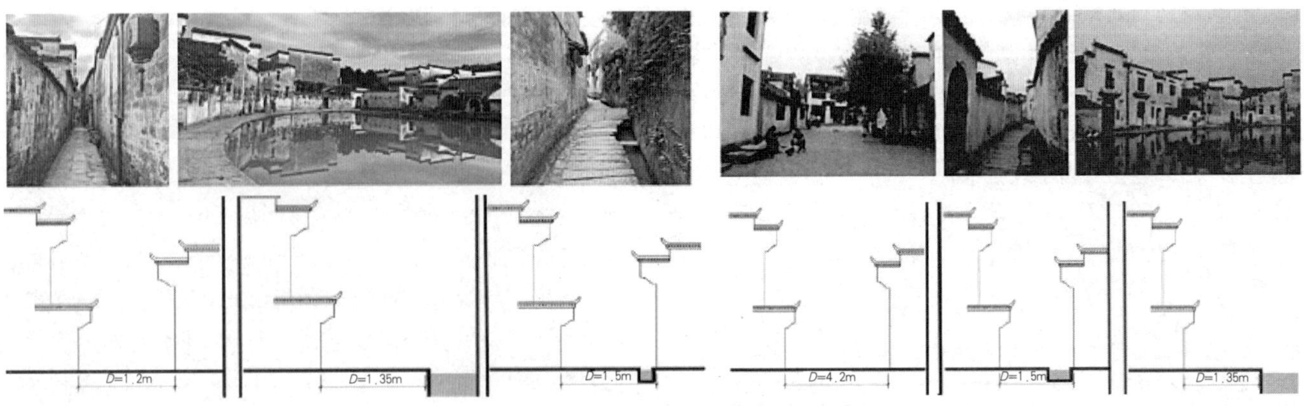

图2　次要街巷剖面尺度

图3　节点空间剖面尺度

图4 民居入口空间

是晾晒物品。在一些角落里还会种植花草，或是在角落里堆放杂物。这些都是村民根据自家需要和便利而设置的，许多是没有经过仔细推敲和规划设计的，看上去稍有些杂乱。

（2）开放公共空间

开放空间主要指广场空间。广场空间也包括传统村落的节点空间、村落的服务广场和宗祠前的广场。它可以容纳传统的民间活动，并为村民提供娱乐、聚会和生活的场所。[3]“面”状空间通常被认为是传统村庄的核心空间，是反映传统村庄民俗特征的地方，街道空间共同支撑着传统村庄的空间形态。如图5所示，有活动时村民从各个小巷往直街、广场汇聚，活动结束后村民们又从直街、广场散去，回到自家所在的小巷。

在宏村月沼北面正中有座“乐叙堂”，又叫“众家厅”，为汪氏宗祠。汪氏宗祠是一处建于明代的家族祠堂建筑，属于汪氏家族祭祀祖先和先贤的场所。整个建筑平面呈“凸”字形，建筑两边各有一石墩，石墩上有圆形小孔，在明清时期家族祭祀、开会时用来插旗子。入口处两步台阶延伸到建筑前的道路为石板和碎石铺制，道路另一侧为月沼，月沼和道路之间有石质栏板围护，以防行人不慎落入水中。

月沼作为宏村的街道枢纽，经常聚集着大量的游客。在古村落人祭祀和开会时聚集着大量的村民，族长等地位较高的人，在月沼北侧宗祠落座，其余的人则沿着月沼依次朝南站开。这体现了封建宗族制的等级制度，维护了族长、先贤们的权威。月沼的北侧有栏杆，南侧无栏杆，也证实了这一点。

4. 街巷水系景观尺度

宏村的水系是街道景观最为重要的组成部分。宏村村落内的水系由水圳、月沼、南湖组成，水圳从村外的西溪引水，流经月沼，最后注入南湖，与西溪相通。风水学认为宏村如一头水牛，水圳是牛肠，月沼为牛胃，南湖为牛肚，它们共同组成了宏村的水系，如图6宏村村落水系图。水圳又分为大水圳（上水圳和下水圳）、小水圳，大水圳的宽度大多在1.15米左右，小水圳的宽度则在0.4米以下。

水圳是宏村街巷空间的重要构成要素。它与居民生活生产活动密切相关，水圳连接宏村古村落内部和外部空间，与街巷道路一起组成了宏村的生长骨架。宏村水圳的走向很大程度上影响到街巷空间的形态，村落排水是从建筑自身的排水系统连接到街巷的排水系统水圳，沿街道顺地势往下流[2, 3]，排至月沼处，后流至村口南湖中。

水系伴随着街道共同组成道路系统（图7）。因为建设河流两侧的街道，才出现垂直于河道的街道，因此形成了街道，村庄的逐渐形成使道路成环状，在某些地方为了满足居民的日常用水需求，水被引入村庄中以建立人工水循环系统。由此可以看出，街巷、水网的空间演化次序结构为“河流、溪流、沿河街道—垂直于河岸的

图5 街巷节点空间分析

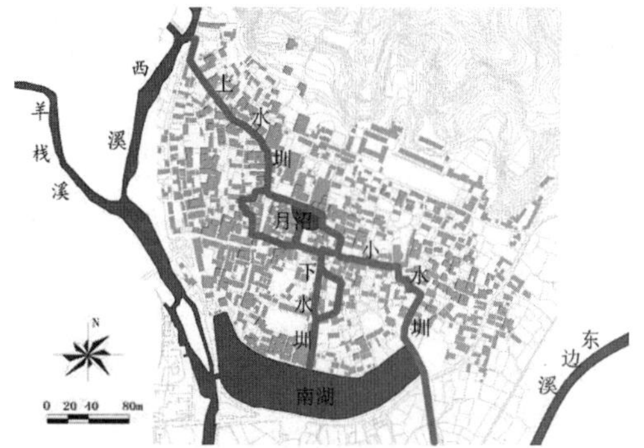

图6 宏村村落水系图

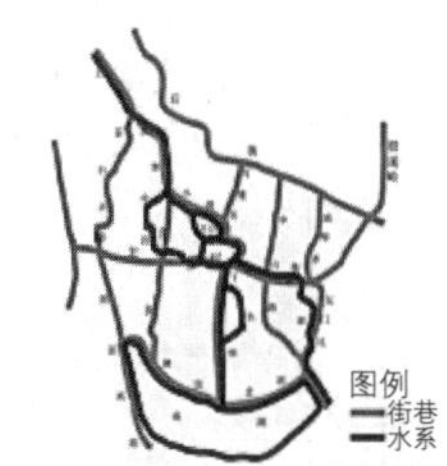

图7 宏村街巷与水系的关系图

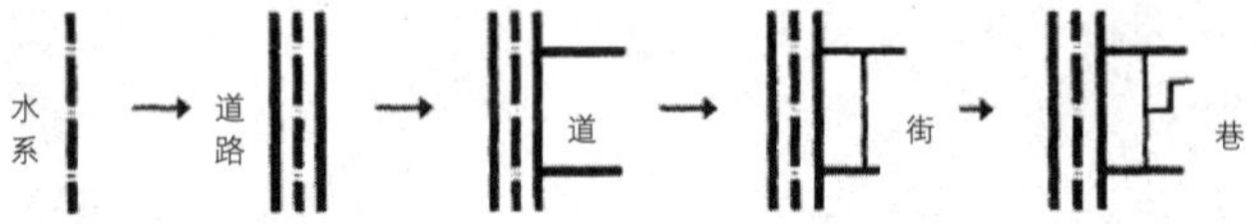

水系 → 道路 → 道 → 街 → 巷

图8 宏村街巷、水系的空间演化

街道—巷道—弄”（图8）。从河流水系开始产生，沿着水系形成道路，道路又发展为相互垂直的交通，道路之间产生街道，街道之间发展成小的巷子，逐步形成完整的交通空间。

水圳分为两部分：大水圳和小水圳，全长716米分为上、中、下三部分。上水圳从进水口向南流动30米，然后转向东南。中段沿宏村街向东流向“慎思堂”，向南弯曲，形成水圳，最后流入南湖，水圳向东流入月沼，经过曲折的弯，然后向南流向南湖。一方面，水圳的弯曲形状和布局可以方便居民用水；另一方面，清泉流过为街道增添了魅丽与神秘感。月沼除了有较少泉水之外，它的水源主要依靠西溪的水通过水圳流入，由于面积小，运力有限，每年从东向西分流的月沼水量仅占总分流量的十分之一。南湖是宏村人工水系统的画龙点睛之作，与月沼相比，它们一个是村心的池塘，一个是村南的湖泊，南湖宽8米，湖呈弓形，北岸的古建筑鳞次栉比，南湖书院就是代表性的明代建筑，建成时被称作“倚湖六院”。从宏村水系的整体布局和结构特点来看，设计者的主要目的是促进整个村民的用水。古代水系统形式的整体分配和详细位置，充分体现了设计师“以人为本”的设计原则。[4]

四、结语

徽州的街道空间不仅是徽州历史文化遗产的一部分，而且是居住环境的重要组成部分。它除了具有非常强烈而特殊的视觉美感和精神价值，还具有非常深厚的历史价值，传统建筑提倡“天人合一”，将世界上的一切视为有机的整体，建筑必须与自然和谐共存。在宏村，街巷空间的空间感极为显著。两侧建筑的不规则排列形成曲折而富有变化的街巷，而建筑高耸的外墙与狭窄的街巷又使得街巷空间更为私密幽深。与现代城市道路空间相比，宏村的街巷空间并非是简单抽象地连接此端与彼端的线性要素，在此中行走，人们的视线不是清晰连贯的，而是不断地被打断，变化的空间吸引着每个人不断前行。同时，每段的空间又恰到好处，不会因为冗长或长时间的封闭性而给人造成视觉疲劳或不安全感。分析宏村街道空间的尺度特征，对传统村落街道空间尺度保护和当今城市街道设计都有着很强的借鉴意义。

参考文献

[1] 段进.世界文化遗产宏村古村落空间解析[M]. 东南大学出版社，2009.

[2] 李沄璋，李旭鲲，曹毅. 川西民居与徽州民居街巷空间比较研究[J]. 建筑文化，2015.

[3] 罗连杰，丁杰. 徽州许村传统街巷空间探索[J]. 合肥工业大学学报：社会科学版，2018，32（02）：87–94.

[4] 逯海勇.徽州古村落水系形态设计的审美特色——黟县宏村水环境探析[J].华中建筑，2005（04）：144–146.

上海石库门建筑中门楣装饰刍议

史陈雅[1]

摘　要：上海石库门建筑作为中西合璧的典范，具有丰富的建筑价值和未来意义。但是现有的材料对石库门建筑最具标志性的门楣部分描述较少，本文通过材料、样式、色彩三个方面分析上海石库门建筑门楣装饰部分的变化，展现石库门建筑在技术、元素等条件影响下的演变过程及其继承、发展的可能。

关键词：上海石库门建筑　门楣　材料　样式　色彩

一、上海石库门建筑的门楣装饰研究综述

关于上海石库门建筑的相关研究

上海石库门建筑是上海最具特色的历史文化遗产，被称为中西方建筑文化融合的典范，无数建筑爱好者都对其做了大量的研究，但对石库门门楣部分描述较少。黄博文的《中西建筑文化背景下的石库门建筑装饰探析》、黄岩松《上海石库门住宅的特征和变迁过程》、张弘毅《刍议上海石库门建筑装饰"符号"与"传播"》等，从石库门建筑的立面装饰、空间布局、商业开发等多个角度来研究上海石库门建筑。但是，文中门楣被提及的次数与所占篇幅都较少。

二、问题的提出

1. 什么是上海石库门建筑

（1）石库门建筑

上海石库门建筑诞生于上海开埠以后，因多用石头做门框，而被叫做"石箍门"，因地方语言中"箍"字音发的是"库"，上海的"石箍门"就此得名"石库门"。上海石库门建筑，与上海外滩万国建筑群齐名，被称为最具有上海特色的居民住宅，我国的第23组邮票《中国民居》中的上海民居图案采用的就是石库门建筑。随着时代的发展，上海石库门建筑也产生了一些变化。

（2）文中门楣的定义

建筑中的门楣指的是正门门框上方的横梁。本文的门楣部分指的是建筑正门门框以上、屋面以下的部分，如果不是单层建筑，则是正门一层门框以上，二层以下的部分。文中上海石库门建筑的门楣装饰部分主要是建筑主立面中位于门头上部的门楣部分的装饰，不考虑柱式。

（3）门楣的作用

门楣在功能上具有自成门户的作用，可以用来悬挂牌匾等。在形式上又是等级的象征，有"光耀门楣"之说。在古代只有在朝为官者才能在正门上拥有门楣，平民百姓即使是富庶之家也不能有。

（4）文中老式石库门与新式石库门的判定

上海的老式石库门始建于19世纪六七十年代，新式石库门建筑于20世纪10年代应运而生。本文以20世纪10年代为界，将该时间之前的石库门建筑作为老式石库门建筑，之后为新式石库门建筑。

2. 为什么要研究上海石库门建筑门楣部分

上海石库门建筑的门楣部分是石库门建筑的重要标志之一。门楣部分具有丰富的文化内涵与建筑价值。且门楣部分装饰的变化能够更加直观地反映建筑在技术、元素等因素影响下的转变，以及石库门建筑在中西方文化碰撞中不断融合的过程。现在的资料中对于门楣部分的研究较少，我也希望通过对于石库门建筑门楣部分的研究，提高对门楣的关注。

3. 本文采用的研究方法

本文采用的研究方法主要是实地调查与分析对比。通过实地调查了解目前上海石库门建筑的状况，分析、总结不同时间、类型的石库门建筑门楣部分的主要特点，对比、归纳石库门建筑门楣部分随时代发展的转变。

[1] 史陈雅，燕山大学。

三、分析与研究

1. 现状调研

根据近两年统计的新数据，现存的独栋石库门有近5万处，里弄单元存量在1900处左右，而相对完整的里弄街坊数量在260处。[1]但现存的上海石库门建筑仅仅是当时建造数量的一小部分。从20世纪80年代开始就有约70%的旧式石库门建筑被拆除。经过实地调查后发现：虽然相关部门一直努力保护石库门，但是，随着旧城改造计划的不断推进以及石库门本身状况，仍有大量石库门建筑正在消失。不同地区的石库门建筑分布情况和规模各有不同，目前，上海中心城区的石库门建筑保存较好。绝大多数上海石库门建筑群分布于靠近黄浦江与苏州河沿岸。其中黄浦区与虹口区的石库门建筑数量较多，且分布较为密集，石库门建造的时期丰富。虹口区较多为老式石库门，且面临拆迁问题。普陀等地区的石库门建筑规模小，分布较分散，多为老式石库门建筑。

石库门建筑地区分布　　表1

地区	石库门数量
黄浦区	最多，分布密集
虹口区	其次，较为密集
静安、卢湾等区	较多，密集
普陀、闸北等区	数量较少，较分散[2]

2. 上海石库门建筑门楣建筑材料的变化

（1）老式石库门建筑

1860年，太平天国促使许多江浙居民流离失所，无数难民涌入上海租界。外商乘机建造大片木板简屋，出租给难民，以获取巨大的利益，也就是早期石库门建筑的雏形。

鉴于木板房易燃、安全性低等问题，市政府改用砖木结构，早期的石库门建筑应运而生。由于当时大量木结构房屋已被拆除且年代久远，目前搜集到的资料中无法明确其门楣样式，只能猜测是简易木制或砖制门楣。

早期的石库门建筑多使用石灰刷面进行装饰，建于1872年的上海兴仁里（图1）就是一个早期的石库门建筑，其门楣装饰就采用石灰。老式石库门建筑多采用砖木结构，青砖是雕刻砖雕的优良载体，门楣也常使用青砖。现存的石库门也有采用花岗石或宁波红石。

1886年，随着水泥的不断普及，石库门建筑中开始采用水泥作为粘合材料，配合石材、砖块等材料，使房屋结构更加牢固。

图1　兴仁里老式石库门建筑

图2　石库门建筑门楣

（2）新式石库门建筑

1900年，万国博览会向人们展示了混凝土的无限可能，一时间在建材领域掀起了变革的浪潮。在新式石库门建筑中，混凝土等新式材料开始在建筑装饰领域如门楣等部位采用混凝土来代替以前的石材。

3. 上海石库门建筑门楣装饰样式的变化

（1）老式石库门建筑

在早期石库门建筑中，由于墙面多采用石灰涂抹，石灰风干后多为白色，人们多将吉祥图案或者美好寓意的画，绘制于石灰墙面上如图1。

在老式石库门建筑中，由于房屋的主人多是从江浙一带逃难而来的乡绅、富商等，老式石库门建筑受到江南传统民居建筑形式的影响较为深远。老式石库门建筑的门楣常常模仿江南传统建筑中的仪门，用中国传统的砖雕装饰。

由于苏州与上海之间独特的地理位置，上海老式石库门建筑的砖雕受到苏州砖雕的影响很大。苏州砖雕门楼的主装饰面多简洁朴素。石库门门楣中也使用了苏州砖雕门楼装饰中的传统几何纹样，比如海水纹、人字纹、云纹、回纹、万字纹等。这些纹饰作为背景，极大地丰富了画面的层次感。

同时，砖雕也会采用一些具有美好寓意的装饰题材，比如被多次运用的花中四君子“梅、兰、竹、菊”，或是寓意金榜高中的“鲤鱼跃龙门”等等，如图2，这个门楣上雕刻的图样典型的中式吉祥图样。“象”谐音“祥”“相”，即“太平有象[3]”，“宝瓶”谐音“保平”，即保护太平之意。象驮宝瓶就是一个追求太平的中国传统吉祥图案。题额字牌也是苏式砖雕门楼一大特色，往往题额的内容是四字词语。上海老式石库门建筑的门楣中就有用到这点。图2中的门楣上就刻有“安乐居志”，即安居乐业的意思。

---

❶ 来自上海市文化和旅游局、上海市广播电视局、上海市文物局官网《石库门申遗或将提上议事日程》中的数据。

❷ 表中数据来自2019年上海市区航拍影像图大致归纳。

❸ 灵象现世则天下太平，即太平有象。

在后期的老式石库门建筑中，由于受到西方建筑文化的影响，门楣的形状开始出现方形、三角形或半圆形的装饰图样，并伴有西式雕花。由于后期的石库门建筑多采用砖木结构或砖混结构，其门楣部分的建筑材料也变成了石材。且门楣位置与西方古典建筑中的山墙位置相似，雕刻的内容也是相对简约的欧式题材，如忍冬草等样式。随着老式石库门建筑的发展，西方建筑风格不断深入，石库门建筑的门楣上出现了西洋发券纹饰，有古希腊三角形样式的西式三角形门楣（图3）、古罗马半圆形山花，也有巴洛克风格的自由曲线，或拜占庭建筑风格的四边发券、哥特式的尖券等。同时，装饰上也减少了传统花鸟图腾以及砖雕在门楣部分的使用。

在东西方装饰文化互相碰撞、融合的过程中，也出现了一些兼具两种风格的石库门建筑的门楣（图4），这个门楣看似属于西式建筑风格，实际上，却具有很强的中国时代特色。据说这个门楣中间是一个花瓶，花瓶里插着三根戟，寓意“连升三级”，花瓶与戟中间是一对如意，寓意家人“万事如意”，两端悬着两条鱼，寓意“多子多福”。

（2）新式石库门建筑

随着上海城市人口数量不断提升，住宅市场出现供不应求的现象。上海石库门建筑进入发展的新阶段，在装饰方面趋向于简约的风格，水泥雕、模具预制也出现在新式石库门建筑中。比如田子坊的门楣（图5）就是采用了简单的西式线条，和基本的西式雕花图样，雕花装饰的面积大幅度减小，并没有过多的侧重于装饰的考虑，形式也多为半圆形、长方形等简单组合形式，多以突出字体为主。

4. 上海石库门建筑门楣部色彩的变化

在老式石库门建筑中，由于建筑材料颜色单一、建筑技术的制约，门楣部分的颜色多相似。早期的石库门建筑，有些门楣的颜色使用石块的颜色，或是石块上泥土的颜色。很多早期的石库门建筑使用石灰刷面进行装饰，门楣的颜色就是石灰的天然颜色。

随着石库门建筑跨入砖木结构，青砖作为建筑材料投入使用。门楣的颜色是青砖特有的的颜色，并没有使用涂料刷墙。制作砖雕的特殊材料水磨青砖是与建造用的青砖相似的灰白颜色。受到西方建筑文化的影响，石库门建筑的建筑材料变为花岗石等天然石材，门楣的颜色也愈加趋向于白色。在新式石库门建筑中，随着混凝土等新式材料加入，石库门建筑的颜色也开始多变，如上海中共一大会址纪念馆的红色雕花门楣（图6），田子坊利用花岗石颜色的黄棕色门楣，随着技术的不断发展，现代经过改造的石库门建筑多采用石漆，石漆的颜色较为丰富。

上海石库门建筑三个方面的变化　　表2

材料	样式	色彩
木头		木头本色
石灰饰面	图绘	白色
青砖	江南民居仪门，砖雕，方形	青砖本色
水泥，天然石材	西式雕花，发券纹饰，出现半圆形、三角形	石材本色
混凝土	简单纹饰，多方形	多种颜色，现代多用石漆，颜色丰富

四、上海石库门建筑门楣的继承

1. 上海石库门建筑的消亡

上海石库门建筑曾是上海主流的居民住宅，但是，随着现代化浪潮的不断推进，一些老旧的石库门建筑慢慢不再适合人居。曾经热闹的弄堂不再热闹。目前上海石库门建筑主要面临两种情况：第一种是成为历史风貌街区，得到不同程度的保护和修缮，或是改造成为商业化街区、文艺街区，比如步高里；第二种是大多数石库门建筑的现状，那些不是出于名家之手，外表看起来也不靓丽，居民生活条件又不容乐观的石库门，只能等待着在拆迁中消亡，比如大德里、斯文里。上海石库门建筑的消亡，也伴随着里弄文化的消亡，越来越多在上海长大的孩子不了解石库门文化。复兴海派文化势在必行。

2. 再现经典门楣元素

在现代入口设计中融入经典门楣元素，比如在设计大德里的拆迁分配房的时候，就可以考虑在社区入口再现从前的门楣样式。提取地域性门楣元素，给居民归属感。或是将经典门楣元素做成文创产品，比如将中国共产党第一次全国代表大会会址的红色拱形堆塑花饰做成徽章、冰箱贴等，将海派文化融入日常生活，虽身不在里弄，但心中依然有石库门。

图3　西式三角形门楣

图4　侯家路弄堂的门楣

图5　田子坊的门楣

图6　红色雕花门楣

五、结语

本文从三个方面浅谈了上海石库门建筑门楣部分的变化，研究其变化的可能原因及其继承、发展的可能。文中提到的上海石库门老式与新式建筑中，从石板、土砖到水泥、混凝土，从中国传统元素的砖雕到西方特有的发券纹饰，从技术、材料等硬性条件与文化内涵等软性条件改变下，上海石库门建筑展现了巨大包容性。百年变迁之后，上海石库门建筑是去是留，是等待消亡，还是自我复兴，都是亟待解决的问题。

参考文献

[1] 崔玉忠.湿法浇注混凝土仿石板材与天然石材的"生态足迹"初探[J].建筑砌块与砌块建筑，2016，(5)：15-16. DOI：10.3969/j.issn.1003-5273.2016.05.004.

[2] 范文兵.上海里弄的保护与更新[M].上海：上海科学技术出版社，2004.

[3] 黄博文.中西建筑文化背景下的石库门建筑装饰探析[J].城市建筑，2017，(20)：95-97. DOI：10.3969/j.issn.1673-0232. 2017.20.027.

[4] 黄岩松.上海石库门住宅的特征和变迁过程[J].安徽建筑，2006，13（6）：41-43. DOI：10.3969/j.issn. 1007-7359.2006.06.016.

[5] 谈凯祺，沈露.苏州传统建筑中砖雕门楼装饰研究[J].美与时代（上旬刊），2019，(6)：54-55.

[6] 上海市房产管理局.上海里弄民居[M].北京：中国建筑工业出版社，1993.

[7] 王绍周，陈志敏.里弄建筑[M].上海：上海科学技术文献出版社，1986.

[8] 万勇，葛剑雄.上海石库门建筑群保护与更新的现实和建议[J].复旦学报（社会科学版），2011，(4)：51-59. DOI：10.3969/j.issn.0257-0289.2011.04.007.

[9] 王嵘旭，庄一兵.从上海石库门看中西建筑的魅力[J].才智，2017，(2)：187. DOI：10.3969/j.issn.1673-0208.2017.02.153.

[10] 张弘逸.刍议上海石库门建筑装饰"符号"与"传播"[J].南京艺术学院学报（美术与设计版），2014，(1)：180-183. DOI：10.3969/j.issn.1008-9675.2014.01.039.

[11] 张鹰，王沫.浅析上海石库门里弄建筑的演变及装饰特点[J].美与时代（上半月），2009，(12)：73-77. DOI：10.3969/j.issn.1003-2592.2009.12.021.

传统民居仿木营造技术特征研究

——以江西省广昌县驿前镇传统民居为例

赵梓铭[1] 马 凯[2]

摘 要：以江西省广昌县驿前镇传统民居为例，通过文献查阅、田野调查、现场测绘等方法，探索"仿木"概念内涵，并从营造技术、结构体系、施工方法三个方面对驿前镇传统民居中的仿木现象进行梳理，得出"仿木"之于传统民居中的技术特征。旨在探讨"仿木"之具体内涵、形成逻辑、实践机制等，完善"仿木"现象的整体认识。

关键词：仿木 营造技术 传统民居 驿前镇

在江西省传统民居中，以砖石材料模仿木结构造型是一种常见现象，这种以木作特质为基础，并以砖石等其他材料加以再现的仿作技术，于两部权威文献《营造法式》《工程做法则例》中并未作出明确定义，《鲁班经》《鲁般营造正式》中对于木作仿作技术亦鲜少提及，因而"仿木构"概念一直相对主观，但仿木构绝非对原初设计的确切复制，其作为木构的衍生，不仅是技术史的工法补充，更是鉴别木结构年代序列的有力佐证。

一、驿前镇概况

驿前镇位于江西省抚州市广昌县南部，驿前是江西不多见的主要商业街道不沿河发展的市镇。由于盱江上游河床狭窄弯多、落差大，不具备通航能力，驿前尽管面临盱江，但却是一个陆路市镇。从驿前一路向南，约三十里山路，即到达石城县的桐江墟（今石城县小松镇桐江村），这里为梅江最大支流琴江的支流石田河上游，由此经石城向东可到达福建宁化，向南可经瑞金到达福建长汀，再往南可经会昌、寻乌到达广东平远。

驿前古镇区是驿前历史文化名镇的主体，保留大量高质量传统建筑，有全国重点文物保护单位2处、江西省文物保护单位7处、抚州市文物保护单位4处、广昌县文物保护单位3处、登记不可移动文物31处、历史建筑3处，并保留重要历史街巷3条。

二、仿木的含义

法式、则例中虽未有对"仿木"概念的明确定义，但已有学者对"仿木"现象的本质进行归纳，荷雅丽（Alexandra Harrer）通过对比东西方建筑中跨材质仿作现象，得出了"仿木"的定义："将大木作的特质进行改造并施用于其他材料，比如切解的石砌块、模制的琉璃砖瓦或铸造的金属。"随后在《仿木构：中国营造技术的特征——浅谈营造技术对中国仿木构现象的重要性》中点明了仿木构承袭"木材营造模式"的内涵与"同义转译"的本质，并指出了转译所面临的技术问题，是迄今为止在这一领域最为系统和深入的成果。喻梦哲、张学伟的《中国古代墓葬建筑中"仿木现象"研究综述》对中国墓葬类建筑中的"仿木"现象进行了梳理，但更大范围地针对具有地方性特色的传统民居的相关研究尚未展开。

本文延续了荷雅丽对于"仿木"内涵的定义，并在此基础上针对发生在驿前镇传统民居中的仿木现象进行了相关补充与发展。

三、传统民居仿木营造技术特征

1. 木构营造技术的承袭与转译

仿木构营造技术的具体内容包括两部分，其一是对某一特定大木架构件的模仿，这是对木构营造技术的承袭；其二则体现为因使用材料、施工方式不同而产生的与木构原型之间的差异，而因二者设计意匠的高度吻合又与木构原型反映出高度的关联性，是为转译。

驿前镇石屋里民居是这一特征的典型体现，石屋里民居位于驿前古镇区中部，坐西朝东，面阔三开间，三进三天井，占地约1700平方米（图1）。后进东门内壁有石刻碑记："予构石室，甚

❶ 赵梓铭，南昌大学建筑工程学院，硕士研究生。
❷ 马凯，南昌大学建筑工程学院，讲师。

图1　石屋里民居航拍图

费经营，不啬千金。昭我后人，永守勿替。选择日期，默合吉兆，金马第可预知也。大木宁都县李渭瞻；石匠石城县黄传兹、陈云孙；泥水宁都县叶秀明；康熙五十五年五月廿五；吉日竖柱上梁；造主松阳茂第书。”可知其造主为赖茂第，建成时间为康熙五十五年（1716年）。

整栋房屋主体由石门坎、石墙体、石地板、大石柱等面石建构而成，故名“石屋里”。宅中设东西两门楼，其中东门为双门楼形式，朝东南，内外门均平直，门楼一侧与外墙连接，另一侧为附属用房，门楼与东西两侧墙体围合成一长宽均4米的矩形小院，内门门头刻有“双凤朝阳”“龙凤呈祥”等图案，刀法细腻，层次清新；西门楼亦朝东南，四柱三开间，两侧为八字墙。

其中石屋里东南侧第二进门楼为石仿木构架形式，五石柱三穿，设石踢脚、石墙板、石枋，对应大木构架中的结构部件上有红漆，虽在形制上与同类型木构架相仿，但柱径与柱距大为增加，创造了更为宽敞的前院空间。西南侧门楼虽不是石屋里连接村中主要巷道的“正门”，但在形制、装饰上较东南侧双层门楼更加精致；门楼由一套石门仪、石柱、石枋、石墙板、石础、石门簪、石门匾、石门头组成，其中石柱、石墙板、石枋为明显仿木构形式（图2、图3），样式与屋内下堂（图4）类似，门头为三重叠涩，由内向外逐渐挑出。

图2　石屋里民居木作仿作

图3　石屋里第二进门楼

石屋里民居中，上堂檐步设轩廊，五柱三穿，中堂面阔四间，七柱三穿，金步无檩，均为木构架形式，上设草架；唯有下堂面阔五间，五石柱，下堂檐步设鹅颈轩，下堂设石础、石柱、石枋、石墙板（图5、图6）。其中石础为八角础造型，但厢房内侧为一平整墙面，础上设石磉盘，虽与木磉盘位置、样式相仿，但在形状上有明显放大；石柱柱径与木柱相仿，但形状为八角方柱；石墙板则在线脚上明显模仿木板接缝，且在墙面上设有斜45° 网格纹样作为装饰；石枋在外观上与木枋几无二致，但在尺寸上稍有放大，檐步石枋上还设石拱，仿自木拱，虽已无实际支撑作用，但仍按木构样式雕出了斗栱层次。

总而言之，仿木构件与其木构件原型相比，并没有完全摒弃原先的建构逻辑，但也并非完全照搬原样，在“仿木”中，构件的尺寸与比例发生了变化，这或许是出于实用性考虑，材料的变化使得构件受力变得截然不同，进而脱胎于木构原型，转译出了一种独立于木作本身的“仿木”现象。

2. 结构体系的变更与改进

仿木构技术之于结构体系的内容亦包含两个方面，其一为对原型结构体系的变更，即木柱承重体系于砖石结构承重体系的变更，

图4　石屋里下堂

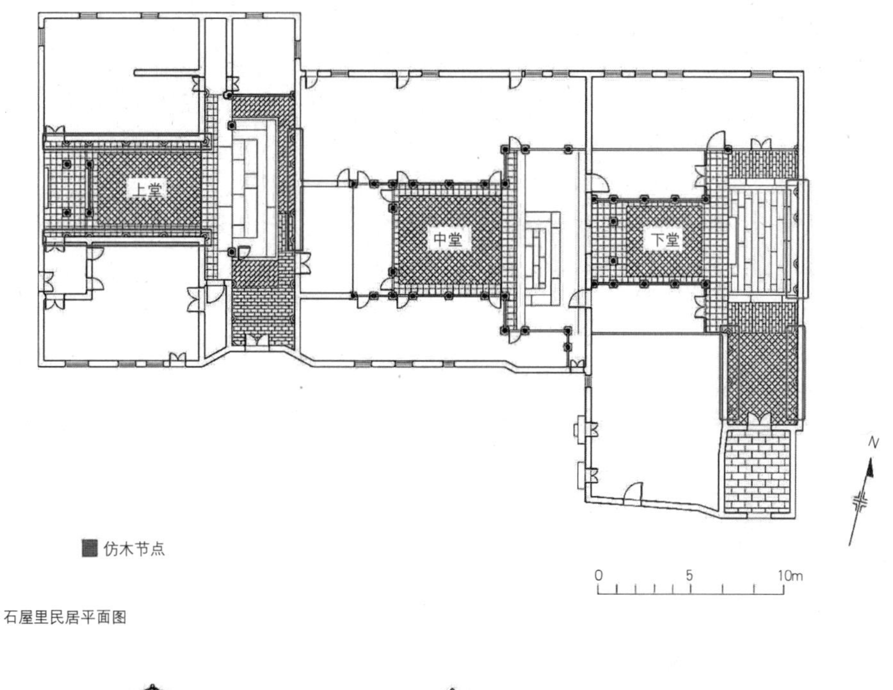

图5 石屋里民居平面图

图6 石屋里民居剖面图

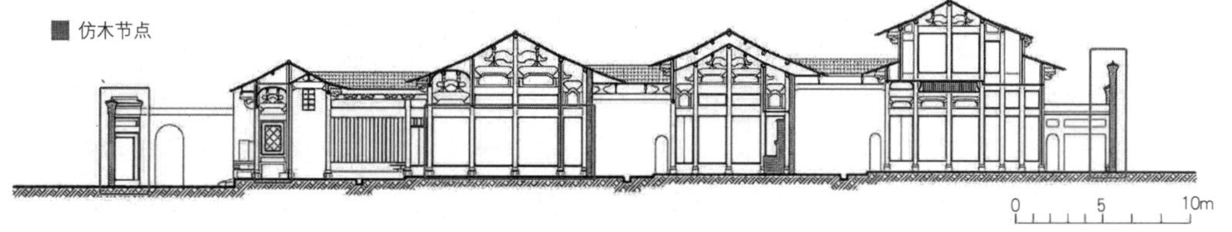

图7 奎壁联辉剖面图

或由木结构框架体系于砖石墙结构体系的变更；其二为，仿木构件仍然作为其木构件原型的结构部件出现在大木构架体系中，或仿木构件作为原型结构部件与砖石墙体共同起支撑作用的混合结构体系。

驿前镇奎壁联辉宅是砖石仿木墙承重结构体系的典型实例，奎壁联辉宅位于驿前镇镇区中部，俗称“七进厅堂”，实为四进，占地面积1881平方米（图7）。庭院大门朝北，有精致砖砌门楼，三间四柱三楼，两次间向前斜向伸出成八字，全为砖砌。上下枋间为匾额，题“奎壁联辉”，款署“癸亥岁孟秋月立，曾廷翰书”。即乾隆癸亥，乾隆八年（1743年）。

正门出设一三层仰莲叠涩出挑门楼，其下为一层植物图案高浮雕，形象、姿态均颇写实。再下为三层枭混线脚，普拍枋为回纹满铺。上枋为梧凤图案，下枋为云图案，均为接近写实的高浮雕。匾额周围为一圈植物图案，四角为透雕蝙蝠。所有雕刻均为一块块预制砖雕拼合而成，极其华丽（图8）。

图8 奎壁联辉门楼

门楼两侧设八字门，通体为砖石砌筑，通过变化组砌方式、花纹石雕等方式模仿木柱、木枋、木墙板等构件（图8）。门楼内有前院，前厅坐西朝东，院墙对前厅设简易照壁。照壁样式与门楼形式相似，亦设有石枋、石墙板等。

奎壁联辉主宅五间四进，由前后两部分组成。前部为门厅、大厅，后部为内宅，两部分之间以风火墙分隔。北侧沿下街建有店铺，南侧有附房。主宅中仿木构件主要存在于上堂与后院中，下堂主要为石墙板与墨绘共用来模仿木墙板拼缝，后院设有一砖仿木牌坊，枋头为两重叠涩高浮雕仰莲图案，上枋为回纹图案，枋下为一砖砌石墙板，墙板四周通过变换组砌方式仿出木板拼缝图案（图9）。较之中、下堂木构架厅屋，上堂厅屋柱距更大、柱径也更大。

驿前镇赖巽家庙是混合结构体系的典型代表，赖巽家庙位于驿前镇区东部，坐西朝东，平面呈长方形，面阔五间，穿斗式结构，分上下二厅，中有天井，宅中外檐柱为石柱，为墙柱混合结构，宅中石柱柱径较木柱有明显放大，上堂为瓜柱抬梁式，天井东西两侧为砖墙披檐形式，椽直接插入墙体中，墙面与外檐柱对应位置设有墨绘彩画用以模仿木构架构件。

在赖巽家庙中，仿木构件仍作为独立的结构单元存在于体系中，但与木构架形式的组合却出现了两种截然不同的形式：其一，仿木构件与其木构件原型功用完全一致，在这一情况下，材料间的界限得以淡化，仿木构件与木构件只有材料上的不同。其二，仿木构件与其原型构件在材料上的差异使得二者无法按原有的木构范式进行组合，在这一情况下，组合方式发生的变更使得房屋结构体系发生了改变。

3. 施工方法的改良与创新

仿木构技术与其木构原型的联系亦可见于施工方法之中，其一，于木构件原型的简化与改良，这类仿木构件往往沿袭传统，即模仿其木构件原型，单独雕刻、加工每一个仿木构件，之后仿照木构件进行安装，在这一过程中常常会出现构件的简化与合并等；其二，基于营造材料特性进行的创新，这类仿木构件往往不拘泥于传统木构件形式，而倾向于以更为抽象、符号化或平面化的手法来体现“仿木”。

驿前镇迎薰民居是施工创新的典型代表，其位于广昌县驿前镇驿前村东部。主体建筑坐东北向西南，五间两进，占地面积379.4平方米。建筑结构为山墙承檩，又在明间山墙墨绘穿斗式梁架作为装饰。较之同类木构架民居，墨绘穿枋不仅更高，构件尺寸也更大，山墙承檩的结构做法使得匠师可以在不受构件尺寸约束的条件下进行仿木营造。这种情况下，“仿木”以纯粹装饰的平面形式体现，采用砖墙承檩、墨绘仿木的做法，一方面，砖墙较之木材相对易得，且施工简便，另一方面，墨绘可以为墙面提供保护，且修复补充较为方便。

驿前镇清吸盰源宅则为沿袭传统的典型代表，清吸盰源宅为清代中期建筑，位于古镇区南缘，临驿前港。主体坐北朝南，门楼向东南，抬梁、穿斗混合式结构，占地面积524.4平方米。平面呈不规则形，由东西两部分组成，东部基本上是一座三间五架二层住宅，二楼出挑。西部基于一座五间二进住宅，正厅临水布置，并朝水面开大窗。西端为主入口，设四柱三间牌楼式门楼，额题“清吸盰源”四字，无款。当地人因此建筑既临水，又有些像船，称之为“船形屋”（图10、图11）。

清吸盰源宅中的仿木构件主要集中在其第二进门楼中，门楼三柱三穿斗，各部件均与其木构架原型相对应，瓜柱与脊柱柱头两端还雕有纹样用以装饰，砖墙墙面上亦画有仿木墨绘用以模仿木板拼缝，与石屋里类似，该门楼所有仿自大木构件的部位均上有红漆。

四、仿木构件装饰

仿木技术在驿前镇传统民居中亦常用于装饰，重点装饰部位常为天井两侧侧廊、厅屋轩廊下石撑、厅屋石墙面等，以石雕、砖雕为主，辅以彩画、墨绘、灰塑等，雕刻手法多为阳雕，亦有阴刻、浮雕等，营造出丰富华丽的居住环境。

雕刻题材上，穿枋仿作上多为回纹、云纹等，门簪上常用“喜鹊衔梅”“葵花向阳”“仙鹤牡丹”等，表现了人们对吉祥、美好生活的愿景，集民俗信仰、营造技术、当地特色于一身，是赣东地区传统建筑与文化的缩影。

图9　奎壁联辉后院牌楼

图10　清吸盰源宅门楼外部

图11　清吸盰源宅仿木节点

五、结语

仿木构件作为传统民居中的重要组成部分，灵活变幻于结构与装饰之间，但是，仿木的目的并非对木原型的完全复制，而是基于木原型范式的承袭与转译，本质上，仿木构件与其木构件原型可以在某种情况下发挥一致的结构功用，亦可以表现为纯粹的立面装饰或纯粹的结构部件，但是，以上任意一种情况都不存在与特定建筑的绝对相关性，而更多在于建筑本身的实用性。仿木构件实际上为匠人营造房屋时提供了更多的设计余量，使匠师们得以在不那么严格的模数尺度中进行衡量与选择，得以利用不同的材料营建出更加经济实用的民居类型。

参考文献

[1]（明）计成.园冶[M].倪泰，译注.重庆：重庆出版社，2017.

[2]（明）午荣，章严.《鲁班经》全集[M].江牧，冯律稳，解静，点校.北京：人民出版社，2018.

[3]（宋）李诫.营造法式[M].方木鱼，译注. 重庆：重庆出版社，2018.

[4] 梁思成.中国古建筑典范《营造法式》注释[M]. 香港：生活·读书·新知三联书店，2015.

[5] 梁思成.清《工部工程做法则例》图解[M].北京：清华大学出版社，2000.

[6] 姚承祖，原著. 张至刚（张镛森）增编. 刘敦桢校阅.营造法原[M].北京：中国建筑工业出版社，1986.

[7] 黄浩.江西民居[M].北京：中国建筑工业出版社，2008.

[8] 荷雅丽，曹曼青.仿木构：中国文化的特征——中国仿木构现象与西方仿石构（头）现象的对比浅谈[J].中国建筑史论汇刊，2013.

[9] 荷雅丽，曹曼青.仿木构：中国营造技术的特征——浅谈营造技术对中国仿木构现象的重要性[J].建筑史，2013.

[10] 喻梦哲，张学伟.中国古代墓葬建筑中"仿木现象"研究综述[J].建筑学报，2020.10.

[11] 侯红德，候肖琪.图解《营造法原》做法[M].北京：中国建筑工业出版社，2013.

[12] 过汉泉.江南古建筑木作工艺[M].北京：中国建筑工业出版社，2014.

[13] 姚赯，蔡晴.江西古建筑[M].北京：中国建筑工业出版社，2015.

[14] 李浈.中国传统建筑形制与工艺[M].上海：同济大学出版社，2010.

川西民族地区传统村落空间分布特征及其影响因素研究❶

靳来勇❷

摘　要：本文梳理了目前传统村落空间分布研究的相关文献，以川西地区阿坝州的传统村落为研究对象，分析提出了其传统村落空间分布的基本特征为"相对集中、不均衡分布"，利用核密法和标准差椭圆法从"自然条件、交通条件、文化与历史延续"等角度分析了影响空间分布的相关因素，得出影响该地区传统村落分布因素除了有一般地区"依水而居、受交通影响"的共性因素外，还存在着显著的文化和历史延续因素影响的个性特征。这种个性化因素导致该地区传统村落呈现"按年代相对集聚、主要民族构成基本一致"的特征。

关键词：传统村落　空间分布　文化　核密度

一、引言

传统村落是指村落形成较早，拥有较丰富的传统资源，具有一定历史、文化、科学、艺术、社会、经济价值，应予以保护的村落。川西地区主要指阿坝藏族羌族自治州和甘孜藏族自治州，该地区是四川省少数民族最主要的聚集区。四川省传统村落数量众多，截止到 2019 年，列入中国传统村落名录的传统村落有 333 个，阿坝州现有国家级传统村落 41 个，占了全省的 12.3%。

传统村落的空间分布受多种因素影响，国内学者已经做了大量研究，安彬等（2021）提出四川省传统村落空间分布主要是集聚型，主要分布在青藏高原东南缘的高海拔地区，多数传统村落向阳且沿河分布趋向明显，受城市化冲击，四川省传统村落多在远离中心城市的边缘地区聚集[1]；郑志明等（2019）提出川西地区传统村落分布受藏传佛教影响显著，聚落形态多为结合庙宇布局[2]；常光宇等（2016）研究发现中西部数量最多的传统村落分布在高山丘陵地区，体现出"大杂居、小聚居"的分布特征，具有显著的"空间簇聚和文化脉络"特点[3]；陈蕊等（2020）通过对滇西南地区92个国家级传统村落为研究对象进行实证分析，提出历代滇西南地区传统村落的形成与发展，与历代交通因素的演变历程基本一致，历代交通因素对滇西南地区传统村落形成与发展的影响经历了"浅一深一浅一深"的过程[4]；杨明等（2020）在三江侗寨空间形态分形特征研究中提出不同地形地貌对侗寨分布影响较大，自然环境与社会文化的多样因素造就了侗寨发展的多样性[5]；孙莹等（2016）研究提出梅州客家传统村落具有依山而立、沿水而建、点状组合、带状延伸的分布特征[6]；彭小洪等（2020）认为湘中传统村落的选址多为自发形成，选址中受文化影响的因素显著，湘中地区受江西移民文化的影响，风水学基本以江西峦头派的理论为主，峰峦走势、山水格局和气流方向是影响村落选址的主要因素，体现了自然环境与人为生活生产环境之间的密切联系[7]。梁园芳等（2020）认为儒学文化、耕读文化背景下的渭北地区传统村落非常重视风水条件，村落选址要求周围有山有水，选址多符合背山面水、负阴抱阳的形式，村落分布较密集区基本在沿河两岸周围的高地上[8]。

总体来看，目前对传统村落的分布特征及其影响因素的研究较为深入，传统村落的分布主要受自然条件因素和人文文化等因素的影响，具有一定的共性影响因素，如气候条件、水源条件等。然而传统村落的分布又有着显著的地域化特征，如湘中传统村落分布受风水因素的影响显著，而渭北地区的传统村落分布具有典型的儒家文化中"耕读传家"的特点，将耕读生活与田园山水相结合。川西地区为典型的民族聚居区，其传统村落的分布也有其独特特征，对传统村落分布特征和影响因素的研究有助于传统村落的保护、合理利用和发展。

二、研究区域概况

研究区域为阿坝州区域，其位于四川省西北部，紧邻成都平原，北部与青海、甘肃省相邻。研究区域地处青藏高原东南缘，横断山脉北端与川西北高山峡谷的结合部，地貌以高原和高山峡谷为主。长江上游主要支流岷江、大渡河纵贯全境，是黄河流经四川惟一的地区。气温自东南向西北随海拔由低到高而相应降低，气候从

❶ 基金项目：西南民族大学中央高校基本科研业务费专项资金项目资助(2018NQN15)。

❷ 靳来勇，西南民族大学建筑学院，副教授。

亚热带到温带、寒温带、寒带，呈明显的垂直性差异。

研究区域共有 13 个县城、51 个镇、168 个乡，截至 2018 年，全州户籍人口 90.4 万人。人口的民族构成中，藏族占 59.27%，羌族占 18.55%，汉族占 18.84%，回族占 3.15%，其他民族占 0.19%。阿坝州是四川省第二大藏区和我国羌族的主要聚居区。

截止至2019年底，研究区域内共有国家级传统村落41个，其中九寨沟县7个、马尔康市7个、理县6个、汶川县4个、壤塘县5个、黑水县5个、茂县3个、松潘县2个、金川县1个、小金县1个。

三、空间分布基本特征

1. 密度分布特征

核密度分析方法可以对比地理要素的空间分布差异，核密度值越大的传统村落分布密度越大[9]，其计算公式为：

$$f_n(x)=\frac{1}{nh}\sum_{i=1}^{n}k\left(\frac{x-X_i}{h}\right)$$

其中，$k\left(\frac{x-X_i}{h}\right)$ 为核函数，$x-X_i$ 表示传统村落估计点x与事件X_i的距离，n表示传统村落数，h为核密度计算的搜索半径。

2. 方向分布特征

标准差椭圆可以用来判断地理要素空间分布的聚集性、方向性以及空间形态等特征，标准差椭圆对于数据的分布方向非常敏感，圆面的属性值包括平均中心的x和y坐标、两个标准距离（长轴和短轴）及椭圆的方向。椭圆的长半轴表示的是传统村落分布的方向，短半轴表示的是传统村落分布的范围，长短轴的比值越大（扁率越大），表示数据的方向性越明显。反之，如果长短轴越接近，表示方向性越不明显。

3. 分析结果

利用 ACRGIS10.2 绘制其区域内国家级传统村落的核密度分析图和标准差椭圆分析图。

从传统村落分布的核密度图可以看出，其分布明显的东西差异特征，东部区域的核密度值明显高于西部区域，其中东部区域以理县为核心，形成了一个核密度最高的区域。西北部片区核密度值最低，基本为空白。西南区域以马尔康市为核心形成了多个核密度值不高但分布较为广泛的点。

从标准差椭圆分析图可以看出其椭圆的长轴为东北－西南方向，椭圆长短轴扁率约为 1.74，理县与松潘基本位于椭圆的两个焦点上。研究区域国家级传统村落分布的方向特征显著，为东北－西南轴线方向，且形成了以理县区域和松潘区域为两个核心的质心点。

四、影响空间分布的因素分析

1. 地形水系因素

研究区域海拔在780~7100米左右之间，海拔落差非常大，传

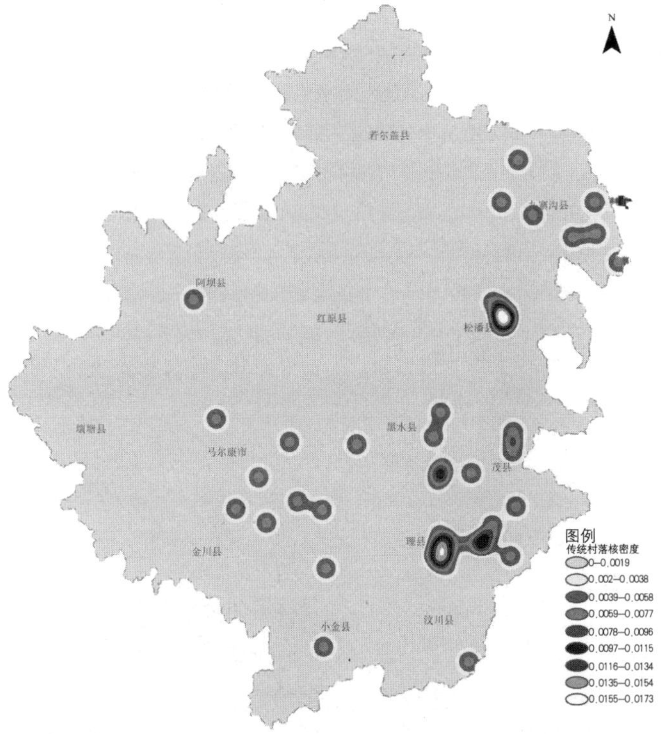

图1 核密度分析示意图

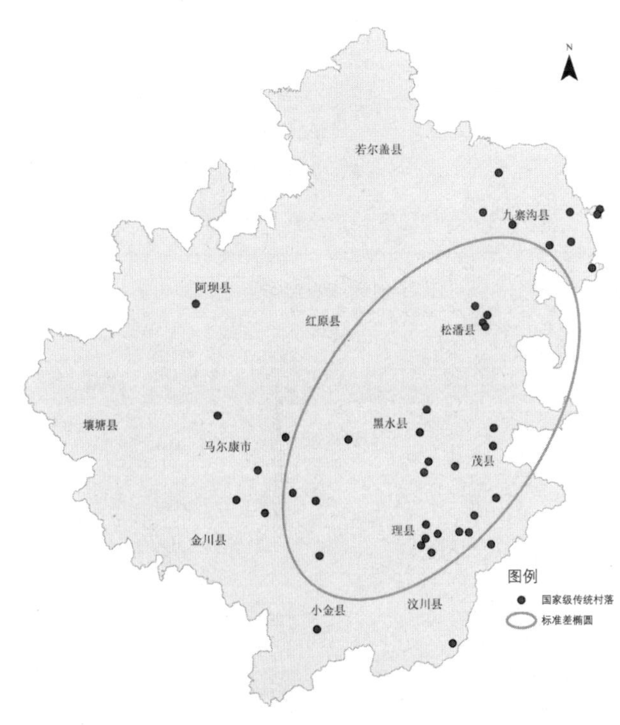

图2 标准差椭圆分析图

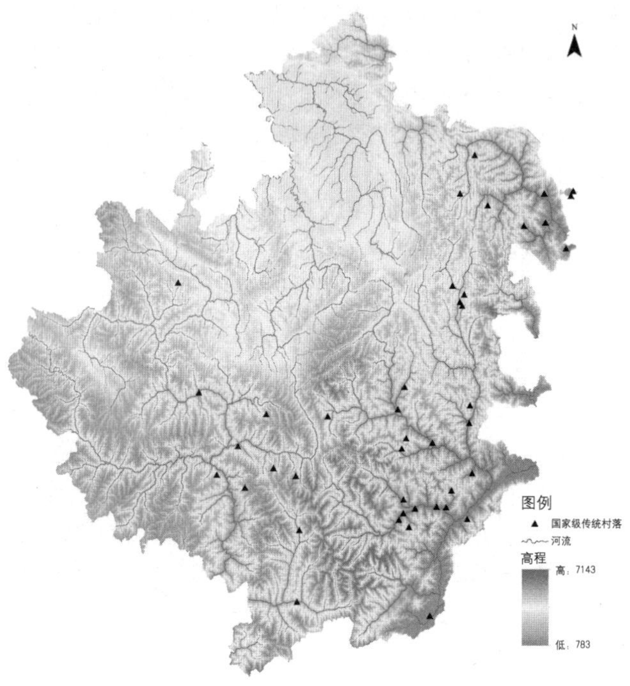

图3 高程水系分析示意图

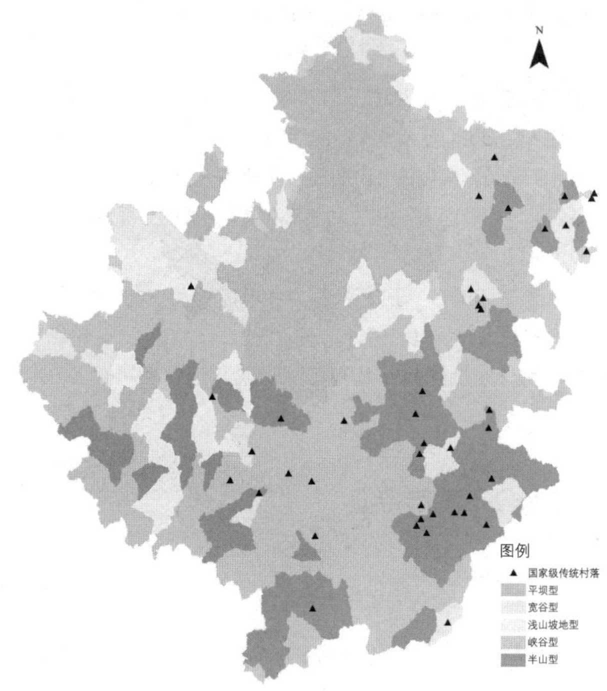

图4 地形分析示意图

统村落主要分布在海拔在2000米以下的区域，然而仍有部分传统村落位于海拔3000米以上的区域。阿坝州的地形类别主要分为平坝型、宽谷型、浅山坡地型、峡谷型和半山型，在41个国家级传统村落所处的地形中属于半山型的有21个，峡谷型的有11个，两者占了该地区传统村落总量的78%，没有传统村落位于平坝型地形区域。

研究区域内国家级传统村落具有明显的沿河分布特征，在岷江、梭磨河等主要河流2公里缓冲区范围内的传统村落有31个，占传统村落总量的76%，其他的传统村落也均在境内所有河流水系4公里缓冲区范围以内。

2. 交通因素

研究区域内传统村落空间分布格局与主要交通网络格局基本一致。以国省、省道以及技术等级为二级公路的县乡道作为主要路网进行2公里和4公里的缓冲区分析，共有13个传统村落位于主要交

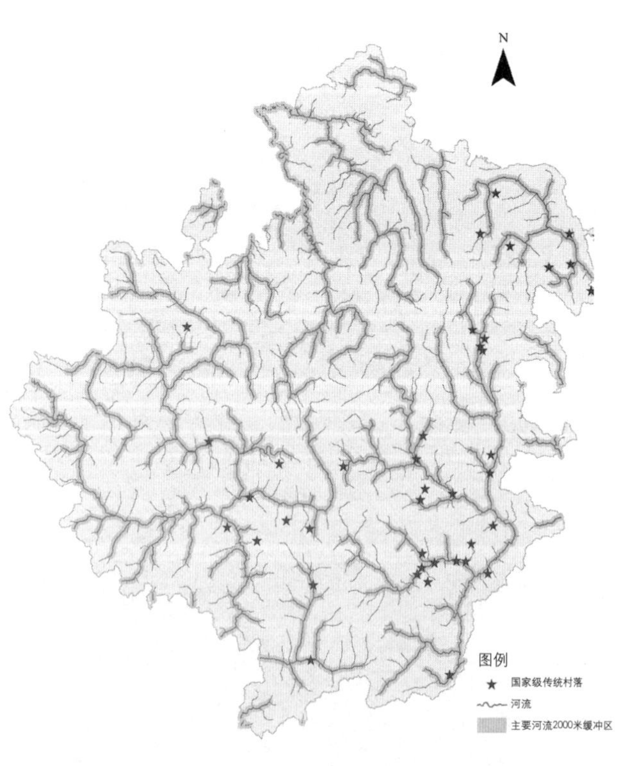

主要河流2000米缓冲区

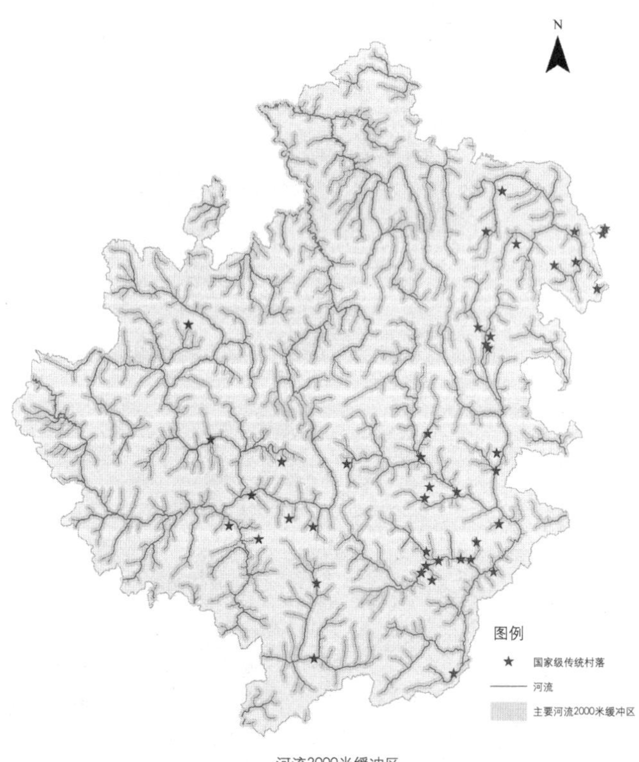

河流2000米缓冲区

图5 研究区域水系缓冲区分析示意图

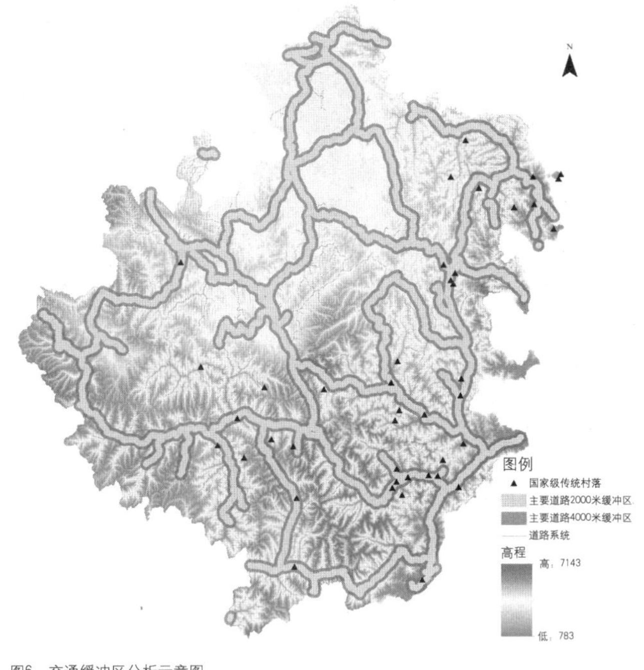

图6 交通缓冲区分析示意图

通网2公里缓冲区范围内。有18个传统村落位于主要交通网4公里缓冲区范围内，占传统村落总量的44%。

在研究区域传统村落的形成、发展中，交通因素起到了显著作用，传统村落分布呈现“沿主要交通走廊分布”的基本特征。然而也可以发现由于该地区传统村落多位于峡谷型和半山型地形区域，4 公里大致为成年人在坡地条件下 1 小时的步行距离，在机动化时代以前，仍有 50% 以上的传统村落分布在距离主要交通网步行 1 小时范围以外，仅有 6 个传统村落位于交通缓冲区 0.5 公里范围以内，占传统村落总量的 15%，该地区传统村落呈现的是“沿交通走廊分布、不夹交通线路布局”的特征。

3. 文化与历史延续因素

从村落的主要民族构成角度，以藏族为主要民族的村落分布最广泛，主要分布在东北部和西南部，羌族为主要民族的村落分布在东南部，存在部分“汉、藏”“汉、羌”“汉、回、藏”为民族特征的村落，该地区传统村落总体呈现“依民族构成相对集聚分布”的特征。

从传统村落的建成年代角度，该地区最早的传统村落形成于汉代，共有三个村落，均为以羌族为主要民族构成的村落，且均位于阿坝州的东南，紧邻成都平原。形成于唐代的传统村落也呈现相对集中分布，东南部有三处，东北有两处，西部有两处，且这几处村落的主要民族构成也基本一致。形成于明代和清代的传统村落呈现出“按年代相对集聚分布、主要民族构成基本一致”的特征。

形成这种现象的原因较为复杂，一方面与该地区的自然条件密切相关，由于该地区多为高山峡谷型地形，村落选址受地形、水源等因素限制较大，可选区域有限；另一方面文化因素对村落分布的影响显著，同民族在某个区域内聚居的现象也比较明显。

五、结论与展望

本文探索了民族地区传统村落分布的基本特征及其影响因素，民族地区传统村落的分布与一般地区的传统村落分布有很多共性特征，比如“沿交通走廊分布、依水而居”等。然而民族地区的传统村落分布又有其明显的个性特征，这种个性特征与民族地区所处的自然条件有关，也显著地与民族文化和历史延续有密切的关系，关于民族地区传统村落分布，还受到生存安全、村落的经济发展水平和产业构成等因素的影响，这些都值得深入探讨研究。

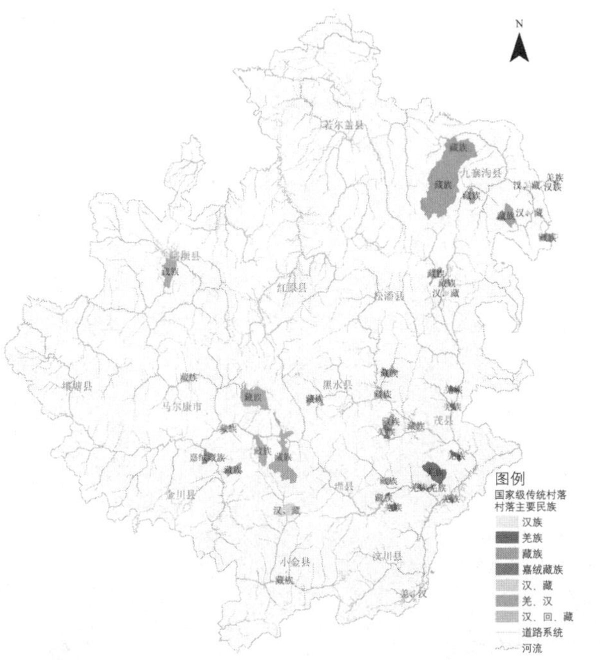

图7 民族聚居示意图

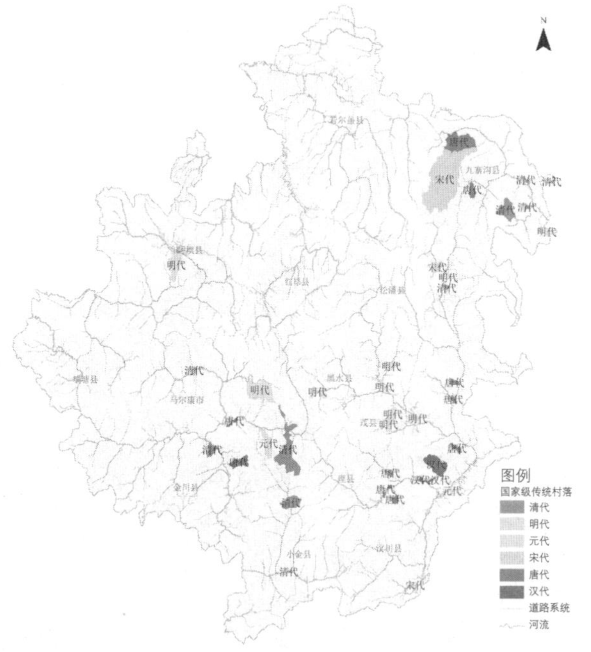

图8 村落年代示意图

参考文献

[1] 安彬，肖薇薇.四川省传统村落空间分布特征及影响因素[J].四川师范大学学报（自然科学版），2021，44（01）：127–135.

[2] 郑志明，焦胜，熊颖.川西寺庙影响型传统村落空间形态特征研究[J].西部人居环境学刊，2019，34（06）：50–57.

[3] 常光宇，胡燕.探索传统村落集群式保护发展[J].城市发展研究，2020，27（12）：7–11.

[4] 陈蕊，刘扬.历代交通因素对滇西南传统村落形成与发展的影响研究[J].西南林业大学学报（社会科学），2020，4（05）：103–110.

[5] 杨明，李健.三江侗寨空间形态分形特征及场所性研究——以三个侗寨为例[J].小城镇建设，2020，38（12）：92–99.

[6] 孙莹，肖大威，徐琛. 梅州客家传统村落空间形态及类型研究[J]. 建筑学报，2016（S2）：32–37.

[7] 彭小洪，黄建平，伍国正，朱昕.地域文化视野下湘中传统村落空间研究[J].室内设计与装修，2021（01）：111–113.

[8] 梁园芳，吴欢，马文琼.地域文化背景下的关中渭北台塬传统村落的空间特色及保护方法探析——以韩城清水村为例[J].城市发展研究，2019，26（S1）：116–124.

[9] 赵璐，赵作权.基于特征椭圆的中国经济空间分异研究[J].地理科学，2014，34（8）：979–986.

[10] 柯月嫦，吴映梅，柯玉婷.云南省传统村落的空间分异特征及其发展路径研究[J].文山学院学报，2020，33（06）：47–52.

[11] 眭樱，李鹏宇.江苏省传统村落空间形态特征研究——以丹阳市柳茹村为例[J].建筑与文化，2020（12）：124–125.

[12] 袁媛，李鹏宇.传统村落空间形态的句法研究初探——以鄂东麻城市深沟垸为例[J].建筑与文化，2020（12）：212–213.

汉文化地区民居形制术语逻辑探讨[1]

邢润坤[2]　刘军瑞[3]　李浩然[4]

摘　要：本文从不同地区的民居形制出发，根据前人的工作整理了汉文化圈民居形制术语，并从平面布置、空间组合、材料选取的角度对不同形制术语形成的逻辑进行探讨，最后对南北地区的民居形制术语差异进行分析，探讨术语中的文化内涵。

关键词：民居　形制术语　平面　空间　材料

一、引言

中国传统建筑中的“形制”可以从两个方面进行理解：一是指在建筑制度的作用下传统建筑所呈现的建筑样式；二是传统建筑的样式所反映的建筑制度及其作用效果，即中国传统建筑所表现的建筑形式与建筑制度之间关系的特征。而中国民居由于其分布广、基数大、适应性强而导致其形制种类繁多，是我国古代工匠智慧的充分体现。1956年刘敦桢先生在《中国住宅概说》中曾将中国民居形制按照平面外形划分为“圆形、横长方形、纵长方形、曲尺形”四类；2004年孙大章先生编写的《中国民居研究》中将民居分为了6类，并选取了典型的民居形制术语68类进行分析；2014年住房和城乡建设部主持编写的《中国传统民居类型全集》中，在全国范围内记录了五百多个传统民居建筑形制类型；同年，同济大学李浈教授主持编写的《不同地域特色传统村镇住宅图集》中，打破行政地理界线，将全国分为6个文化圈，并提炼出主要的民居形制术语。在中国传统民居的研究中，将着眼点放在民居的术语，收集不同的民居形制术语并进行分类，发掘不同的形制术语中所包含的文化信息，也是研究传统民居营造的有效途径。

以往对民居形制的分类方法大多数是从客位视角对民居进行分类，例如依据行政地理区域、民族、气候等条件，而本文则试图从主位视角，以匠师、屋主或当地人的视角下，以《中国传统民居类型全集》中收集到的民居形制术语为基础，在中原文化圈、吴越楚川文化圈、岭南文化圈，这些汉族文化圈内选取了73个传统民居性质术语，尝试对中国民居形制术语的逻辑进行简要分析。

二、平面布置

建筑的平面特征是影响民居形制术语的重要因素，前人研究的著作中多数民居形制术语的来源则是从建筑的平面入手，根据平面的形态特征而找到与其相对应的词语进行概述，但由于当时民居的研究尚处于初始阶段，要想囊括全部地区的特色民居形制，显然是较为困难的。笔者在前人工作的基础上，通过对术语本身的理解，进行如下分类：

1. 环境影响

这一类民居术语中常常将环境因素与平面因素相结合，根据所处环境的特征，例如地形特征、水系特征、气候特征、自然树木特征等进行分类，在反映其平面特征时也反映了周围环境，在术语信息的传递方面，包含环境信息和平面信息两类，具有概括性。此类民居形制术语有冀中平原丘陵多进院、冀东沿海穿堂套院。

2. 数量说明

此类形制术语在南方地区比较常见，使用平面上厅堂的数目、院落及开间的数目构成形制术语，如晋东南四大八小、闽北三进九栋、客家九厅十八井、浙东三推九明堂、浙西三进两明堂、浙西三间两搭厢、广府三间两廊、雷州三间两厝、苏州一门一阕、赣西一厅四房、赣西一厅六房，在这些术语中，“一厅四房”，“一厅六房”根据厅和房的数目进行命名，“九厅十八井”着重对建筑的厅井空间进行描述，根据建筑内厅井的特点进行命名，需要注意的是，“九”和“十八”并不是实际数目，而是形容其厅井繁多，因此选用“九”和“十八”这两个带有吉祥文化的数字，而“三进九栋”“三推九明堂”“三进两明堂”则是从庭院的数目进行命名，“三间两搭厢”“三间两廊”“三间两厝”强调院落中正房的开间为三开间。

另一类形制术语则直接以建筑中所包含的房间总数进行命名，

[1] 国家自然科学基金资助项目，编号：51738008，51878450。

[2] 邢润坤，河南理工大学建筑与艺术设计学院，本科生。

[3] 刘军瑞，同济大学建筑与城市规划学院，博士研究生。

[4] 李浩然，河南理工大学建筑与艺术设计学院，本科生。

可以清晰地让人感受到建筑的体量、围合空间等信息，如浙西十三间头、十八间头、二十四间头。

3. 人体观念

在中国传统文化中，人乃万物之灵，《说文》中记载“人，天地之性最贵者也”。《易经》中记载“近取诸身，远取诸物”。正因如此，在民居的形制术语命名中，以人的躯干、器官或者是模仿人的行为进行类比命名也是较为常见的，此类民居术语有：莆仙四目房、晋北穿心院、潮汕单配剑、潮汕双佩剑、台湾单伸手、冀南两甩袖。其中，穿心院因其院落内的遮蔽性不强，易于穿行而过，形似“穿心”。而单配剑、双佩剑、两甩袖则是对人的行为进行类比，如“佩剑”“甩袖”等都是动词，同时在思想文化观念等因素的影响下，其可能也具有其他象征意义。

4. 形物类比

部分民居根据生活中常见的物体外部特征或内部属性进行对照与联系，从而使民居的平面形态与生活中的一些事物进行联系，同时可能还具有一些吉利的象征。此类形制术语有：冀南布袋院、晋北纱帽翅、浙西营盘屋、闽南竹竿厝。其中，营盘屋、竹竿厝可能只是对物体的表面形态进行模仿，而布袋院、纱帽翅不仅模仿物体的外在形态，而且可能还是生活观念的体现，例如“布袋”因其入口狭长通幽，可以看作可以财源广进“钱袋子”，“纱帽”则意指乌纱帽，含有做官升官的意愿。

汉字文化经久不衰，在形体上逐渐由图形变为笔画，象形变为象征，由于汉字发展的象形特点，所以文字在一定程度上与建筑的平面形态有着相似之处，该类型的建筑形制术语在南方地区分布较为广泛，如客家富紫楼、湘南“丰”字形大宅、“王”字形大宅，客家“国”字形围屋、“口”字形围屋，“一”字形长屋，其中“富紫楼”的建筑形制根据汉字布局生成平面布局，平面布局通过刻意地对“富”字的模仿表明其追求富贵吉祥的本意，其大门上的对联也说明了这一点。“丰”“王”“国”“口”字形的平面布局则是由于地形、气候、土匪等自然或人为因素而形成其平面空间布局，后人为了术语便于传播，便以平面形态为依据找到与其相似的汉字进行命名。

三、空间组合

空间组合是指居民按照社会制度、家庭组合、信仰观念、生活方式等社会人文因素而安排出的民居建筑空间形制，它具有鲜明的社会特征及时代特征。笔者对民居术语进行逐个考证，在与空间有关的术语中梳理出来如下几个方面：

1. 围合方式

中国传统民居具有强烈的围合特征，表现形式为对院落空间的围合，无论是南方民居还是北方民居，甚至是最简单的单院，也要用围墙进行围合，符合这一特征的形制术语有四合院、三合院、客家围拢屋、囫囵院、连环套院，“合”和“围拢”均是动词，有着聚拢、合拢的意思，其共性特征都是对围合内的空间进行了强调，究其原因有如下两点：一是为了防御所需，二是礼制观念的影响，而建筑形体跟形制术语又有高度的契合性，增强了术语的记忆性与传播性。

在基于围合形成的院落的基础上，还有类形制术语强调院落大小及院落空间与周围空间的相互关系，如晋北敞院、晋西阔院、晋中窄院，其中“阔”和“窄”是表示院落的长宽之比，“敞”则是表示建筑没有围合，只进行了内与外之间简单的空间界定。

2. 局部特征

一些地区的特色民居在空间组合上的某一部位具有突出特征，这些特征不但具有功能性，而且在形态上形成了鲜明的特点，由此形成了以这些形态特点为命名根本的民居形制术语，如客家四角楼、潮汕四点金、吊脚楼、浙西画屋等。四角楼以其突出的四个角楼进行命名，四点金则是由于能看到字面金字形山墙而命名，吊脚楼则是因为建筑主体需要吊脚进行支撑而得名，画屋因其房屋主题有众多彩画而得名。

3. 自然模仿

自然崇拜，是中华文化重要的一部分，在民居的形制中有对自然生物的类比，也有对自然器物的类比。在民居中常见以动物命名的建筑形制，如围龙屋、五凤楼、潮汕下山虎，其中围龙屋是围拢屋的另一种名称，客家人认为自己是龙的传人，因此便用“龙”通“拢”，从心理上增强了自豪感与认同感。

另一类则是根据建筑的空间形态，并与生活中常见物体的外部特征或内部属性进行对照与联系，从而总结出的形制命名术语，如晋东南簸箕院、晋东南插花院、晋西一炷香、渝东北封火桶子、江淮船屋、客家杠屋，其中“封火桶子”不仅类比“桶”这一器物进行命名，而且表现出该民居良好的防止火灾蔓延的特性，传递出了更多的信息，而“簸箕”“一炷香”则可能含有一些吉祥文化思想。

4. 屋顶形式

中国古建筑的屋顶被称为建筑的“第五立面”，具有极其重要的功能和审美作用，在民居形制术语中，也可根据古建筑的屋顶形式而进行命名。根据单独屋顶的材料进行分类，如瓦顶石头房、石板石头房、草顶房。

形状特征则更具有直观性，包含形状特征的形制术语有平顶房、屯顶房、坡顶房，而在江西有一种特殊的高位采光式民居形制，被称作“天门式民居”，天门式民居不像绝大多数的江西民居拥有天井，而是在屋顶上做出一道构造裂隙，形成独特的屋顶平面。

四、材料选取

建筑材料是民居的营造之本，尤其是像民居这类基数大、适用人群广的建筑类型，必须考虑建筑的经济性、可靠性以及简便易得等特点。中国传统民居营造材料自古以来便是以木、土材料为主材，对于古代广大劳动人民来说，这两种材料是最经济易得的材料，更是在经济情况较差的情况下建造房子的首选。

而部分地区由于环境原因，出现了具有区域特色的建筑材料，一些地区的民居便根据营造过程中使用的建筑材料的类型进行命名，根据特殊材料的使用部位、砌筑方式进行分类。

但需要注意的是，按材料分类的方法还具有一定的客位视角性质，因为在主位视角下，若一个地区全是由特色地域材料建造的民居，当地人是不会以材料命名形制术语的，而在特色材料区域与一般性材料区域的交界地带，当地人则有可能采用此种形制术语，如在一个全是石头房的地方，其形制术语则不为石头房，而在一个石头房与夯土房的交界处，则可能以材料进行分类。因此，此种分类方式具有一定的局限性。

1. 石材

石材坚硬、耐磨、防水，是理想的建筑材料，在民居建筑中主要用以砌筑墙体。不过石材开采难度较高，运输成本大，除山区和盛产石材的地区多为全石墙，其他地区一般只用于建筑的基础部分，以支撑整个建筑，以石材命名的形制术语有石头房、蛮石墙屋、火山石民居、石头碉楼等。

2. 草木

草材料直接取于自然，是最简单质朴的建筑材料，传统民居建筑中应用得更加广泛。草材料在民居建筑中主要作为屋顶的覆盖物，也用作生土墙中的添加物。在民居形制术语中，以草为主要材料命名的术语有海草房、茅草房、山草房，此三类民居都是以草为屋盖，以屋盖的材料进行命名。又如树皮屋、柴板厝，此类术语则是以建筑外围护结构的材料命名的。

3. 生土

生土如木材一样是我国传统建筑中非常重要的材料，生土是指没有烧制过的土壤，作为传统的营建材料，生土的众多优势性为建筑形式提供了更多可能，以生土材料命名的民居形制术语有版筑泥墙屋、夯土屋、土坯麦草房、碱土屯顶房，土楼、土堡、土墙屋，其中在版筑泥墙屋这一术语中，“版筑”表示了营造的过程，“泥墙”表示了营造的材料，具有双重信息。

五、结语与展望

通过对南北传统民居形制术语进行比较，可得出术语的地域性差异如下：首先，北方民居形制命名中强调“院”的次数较多，如四合院、阔院、窄院、独院、多进院、敞院等，而南方则对“屋”“楼”“厅”多有提及，究其原因则是在不同地形以及气候适应性的影响下，院落具有由大变小的特征，在南方则逐渐演变成厅井的组合形式，形成了术语的差异。其次，南方民居形制中有较多的字形崇拜、图腾崇拜，如围龙屋、五凤楼等，而北方民居形制中的动物崇拜则较为少见。笔者推测与中国历史上的数次大规模移民有关，受天灾或人祸的影响，中原的汉人南迁促进了民族大融合，导致南方的汉人对原始祖先的崇拜更盛，对图腾或神灵的信仰更深；而北方由于受游牧民族侵扰的影响，导致许多少数民族融入汉人群体，一些文化观念向中性发展，以汉文化为主，但一部分被稀释，由于移民造成的文化观念的差异而导致民居形制术语的命名多样化。最后，笔者在以后的学习研究中，将有意识地进行对传统民居形制术语的收集工作，并结合多种学科如民俗学、传播学等进行研究，从不同的视角研究民居形制术语的命名逻辑，尽一份微薄之力。

参考文献

[1] 中华人民共和国住房和城乡建设部．中国传统民居类型全集[M]．北京：中国建筑工业出版社，2014．

[2] 孙大章．中国民居研究[M]．北京：中国建筑工业出版社，2004．

[3] 李浈．不同地域特色传统村镇住宅图集（上中下）．国家建筑标准设计图集11SJ937—1．

[4] 刘敦桢．中国住宅概说[J]．东南大学学报（自然科学版），1956（01）：1—17．

[5] 陆元鼎．中国民居建筑[M]．广州：华南理工大学出版社，2003．

[6] 吴正光．西南民居[M]．北京：清华大学出版社，2010．

[7]（日）伊东忠太．中国纪行——伊东忠太建筑学考察手记[M]．薛雅明，王铁钧，译．北京：中国画报出版社，2017．

[8] 吴庆洲．仿生象物——传统中国营造意匠探微[J]．中国建筑史论汇刊，2008，00：448—500．

刘致平先生术语研究方法解析[1]

李浩然[2] 刘军瑞[3] 邢润坤[4]

摘　要：刘致平先生是我国著名的建筑史学者，其术语搜集方法之多样，搜集的术语涵盖面之广泛，呈现术语的形式之丰富更是让人钦佩。本文根据刘致平先生留下来的珍贵文献资料，从术语的搜集、分类、从三方面梳理刘致平先生研究术语的方法和思路，并提出自己的思考和见解。

关键词：刘致平　乡土　术语　研究方法

一、引言

术语是在特定学科领域用来表示概念称谓的合集，它具有专业性、科学性和地方性等多种特性。首先，术语是人类社会经过长期发展和总结所诞生的产物，它对于人类社会发展进步起着举足轻重的作用。其次，术语作为一个载体，还在语言的传播与交流方面发挥着重要作用。近日，教育部官网发布了《教育部关于公布2020年度普通高等学校本科专业备案和审批结果的通知》，其中艺术学中就新增了非物质文化遗产保护专业，而术语作为非物质文化遗产中的一员，对其的研究与保护也应加快提上日程。我国乡土术语研究起步较晚，但是刘致平先生早在20世纪三四十年代就敏锐地意识到术语对于建筑史的研究具有重大意义并进行了大量的搜集整理和研究。

刘致平先生是中国营造学社里第一位致力于研究乡土建筑的学者。李乾郎先生曾说："民间建筑不像官式建筑有许多文献及考古资料可徵，研究民居的方法出现得很晚，英国、美国及日本诸邦也都是在第二次世界大战后之逐渐重视民间乡土建筑的保存与调查研究。"而刘致平先生早在20世纪三四十年代就意识到了民居研究的重要性，并在四川和云南地区调查了大量的民居并做了系统的研究，为后世留下了许多珍贵资料。其中《云南一颗印》是我国第一篇对于乡土建筑研究的论文，刘致平先生还开先河对四川地区建筑做了详细的调查并撰写了《四川住宅建筑》。此外，先生还编写过《中国建筑类型及结构》一书并负责了广汉县志《建筑篇》的修编，吴良镛先生因此曾称赞刘致平先生为"中国建筑类型作系统研究之拓荒者。"以及"这实是现代建筑图技法用于我国县志编写之创举。"刘致平先生除了留给我们许多珍贵的资料，其研究方法更值得我们学习和借鉴，现在我们对刘致平先生术语研究方法做简要分析。

二、术语的来源

若想研究传统建筑术语，首先要做的当属术语的搜集工作，有一句谚语："巧妇难为无米之炊"，若不完成术语的搜集，那么对于术语的研究就是无稽之谈。刘致平先生十分重视术语的搜集，先生曾在《四川住宅建筑》中说："我们应该先将四川建筑名词弄清楚然后才好深入。"刘致平先生的术语搜集方法大致可以分为三种：

1. 工匠访谈

在传统营造的过程中，工匠往往是与营造关系最为密切的一类人，而且营造技艺大多只是口口相传，流传下来的文献少之又少。所以，对于工匠的访谈应放到术语收集方法的第一位。早在《营造法式》的札子中，李诫就指出此书的编写过程是"臣考究经史群书，并勒人匠逐一说讲。"而在营造学社创立之初，朱启钤先生就指出学社的工作重点就是"属于沟通儒匠，睿发智巧者。"这些足以可见工匠口述对于术语搜集的重要性。

抗日战争初期，中国营造学社为了躲避战乱，一度南迁到李庄、昆明等地。期间刘致平先生为了编写《四川住宅建筑》，曾花费大量时间对成都、广汉等多地进行了田野调查，访问了许多匠人和屋主，获得了许多四川本地的建筑术语。先生曾在《四川住宅建筑》中说道"笔者每到各处常常打听掌墨师傅们当地的名词做法，陆续收集了一些。"在这里刘致平先生还特意说到了"掌墨师傅"一词，因为即使是工匠之中，也存在着技能的高低和对于营造术语了解程度的差异，因此我们在访谈的时候要尽量寻找能力较强的老师傅。营造技艺口口相传可以说是我国几千年来形

---

[1] 国家自然科学基金资助项目，编号：51738008。

[2] 李浩然，河南理工大学建筑与艺术设计学院，本科生。
[3] 刘军瑞，同济大学建筑与城市规划学院，博士研究生。
[4] 邢润坤，河南理工大学建筑与艺术设计学院，本科生。

成的一个营造传统，我们在当今的研究中，也要将之融入到我们的研究方法之中。

2. 文献查阅

文献的查阅应以流传下来的经典建筑文献为主，例如《营造法式》《工程做法》《营造法原》以及《鲁班营造正式》。但是此类经典建筑文献往往有着局限性，并不能一概而论。但是我国长期以来就有编写地方志的传统，地方志在编写时往往会涉及本地的营造活动。例如，清乾隆年间修订的《乾隆泉州府志》中“封域”“桥渡”和“宅墓”均与营造相关，并涉及许多术语。又如《道光晋江县志》中，“城池志”“关隘志”“学校志”和“祠庙志”等内容也与营造有关。

刘致平先生在四川调查期间，曾对《成都通览》《乐山县志》《南溪县志》以及《大全杂字》等文献做过详细的查阅，梳理出“上梁”“立柱”“担梁”“挑”等许多建筑术语，以及本地的建筑遗存、地理气候等。除此之外，刘致平先生在《云南一颗印》中解释“走马转角楼”时也曾说：“走马转角楼现已成为滇中上等住宅必备之制度。此楼名乍听之似觉突然。然如《西京杂记》载：‘大福殿重楼连阁……有走马楼’，及《独异记》载：‘唐许敬宗奢豪，尝造飞楼七十间，令妓女走马于其上’，则走马楼一词起源甚早。现在四川及辽宁等处尚有转角楼之名，是则走马转角楼在我国建筑上为一较早且普遍之制度。”从这些我们可以看出，在面对海量的文献时，刘致平先生往往根据文献所涉及的地域的广阔程度以及涉猎内容广泛程度进行逐步查阅。例如，先通过《四川通志》《蜀中广记》等有一个大致的认知，再缩小一步到《成都通览》，最后落脚到《乐山县志》《南溪县志》上，此外一些杂记杂谈等也可以作为辅助文献。地方志虽然算不上学术性书籍，但考虑到其由地方编辑人员采用本地语言编写，其中涉及的术语具有很强的地域特色，也可以为术语的搜集提供资料。

3. 人为界定

我国古代匠人普遍文化水平不高，认为只要不影响交流，不会很在意这些术语具体该怎么写，所以在营造技艺的传播之中，一直存在着讹传和一物多名等现象。在对匠人的访谈之中，经常能碰到工匠只知道发音但不知道怎么写，又或者一些术语在和其他地区的术语放在一起的时候，就会出现指代不明的情况。这就需要学者通过实物、文献等考证出术语具体的写法或者创造出新的术语。

对于我们非常熟知的“抬梁”和“穿斗”两个术语，我们会发现其没有被任何传统文献所记载，它们就是近现代学者们所人为定义的术语。其中“穿斗”一词就是刘致平先生首次公开提及并作论述的，在《四川住宅建筑》中刘致平先生将“这种结构北方是没有也可以说是西南的特产。它的做法是每檩下立柱一颗，柱与柱间用穿枋三数到贯穿柱身。”命名为“穿斗式列子”。“抬梁”一词出现在20世纪50~60年代的浙江民居研究中，而在《四川住宅建筑》中刘致平先生将“它不用中柱，常在相距五檩的前后金柱或檐柱上横以过担（即是抬担或架梁），用来承托上部的檩挂枋欠”，命名为“抬担式列子”。“抬担”和“抬梁”看似不同，但均指梁柱式结构。人为创造出的术语虽然不是传统营造所流传下来的，但是对于学科的研究与发展仍有十分重要的作用。

三、术语的分类

我国的传统营造术语大致可以分为官式建筑术语和乡土建筑术语。其中官式建筑术语经过梁思成、刘敦桢等建筑先辈们的努力，已经较为成熟，但是对于乡土术语的研究还仍在发展之中。刘致平先生可以说是最早注意到乡土建筑对于我国建筑学发展具有十分重要意义的学者，刘致平先生曾说：“大大小小的民居住宅或府第则是最切合人们各种生活的建筑，特别是农村住宅建筑，更有许多物美价廉经济可取之处，它是我们创造建筑最好的源泉，也是最切合实际的参考资料，更何况住宅建筑也是反映当时社会情况最直接的东西。”现以《云南一颗印》为代表，总结刘致平先生搜集的术语类型。

1. 营造技艺

我国幅员辽阔，在不同地域有着不同的营造技艺。营造技艺方面的术语搜集对于地方建筑保护和营造传承具有十分重要的意义。朱光亚先生就曾说过：“随着修缮工程逐浪高涨，时代和岁月将传统老工匠带离历史舞台，另一个问题日趋突出，即就算从规划到设计的定位准确无误，却因施工队伍中传统工艺的失落而无法实现。”可见，保护传统技艺已经时不我待。《云南一颗印》总结的营造技艺术语有：灰线划出、立木桩、讨平、掘基脚、筑外墙等。

2. 形制式样

这一类术语往往有着十分鲜明的地域特色，它代表着我国匠人对于建筑外形式样的总结，其不仅对于传统文化的传承更对于建筑的地域性保护具有十分重要的意义。特别是在快速发展的当代社会，人们往往会因为对于某一地区建筑的向往而导致这一地域的建筑遍地开花，严重破坏了建筑的地域性。《云南一颗印》总结的形制式样术语有：三间四耳倒八尺，三间四耳，三间两耳，宫楼（挑楼、走马转角楼），古老房（古装房子），吊柱楼（挑楼），竖楼等。

3. 建筑构件

此类术语同样具有鲜明的地域性，但因为中国营造学社创立之初以研究《营造法式》为工作重点，导致其中的建筑结构术语深入人心，再加上对于地方建筑术语研究的不足，导致早期学者大多仍以《营造法式》中涉及的构件术语来描述乡土建筑。这样做显然是行不通的，还会导致地方术语的逐渐丢失。刘致平先生率先意识到这个问题并在《云南一颗印》中全部采用当地建筑构件术语，给后人研究留下了珍贵的遗产。《云南一颗印》中总结的建筑构件术语有：檐柱（井口柱）、阶沿、内外规檐梁、檐口梁、湾梁等。

4. 营造口诀

营造口诀是我国匠人经过长期的营造过程，总结出来的精简但对于做法具有高度概括性的词汇。这些口诀往往是口口相传，是我国匠人长期总结出来的智慧结晶，他不仅方便了匠人之间的交流，而且对于传统营造技艺的传承有重要意义。《云南一颗印》总结的营造口诀术语有：上九下十、上十下十、上八下九、方四五、方五六等。

5. 营造习俗

在我国传统文化中，因为趋利避害的心理形成了一套约定俗成的营造习俗。古代的聚落分布以宗族为主，同一宗族内不同成员的房子形制规格都有所不同的礼制观念；我国古人对于房屋的朝向和地理位置都有严格的要求，正所谓山南水北为阳，房屋要背山面水的风水观念等都是这些营造习俗的体现。

四、术语的呈现

术语的呈现方式有很多形式，但是方法的选择却非常重要。呈现方式一般会采用多种方法配合使用，好的呈现方式也会让学习人员在面对陌生术语时感到接受起来较为容易。刘致平先生的术语呈现方式大致可以分为三种：

1. 文字描述

对于此种方法大部分学者往往是将术语一一列出，再配上文字描述说明，这种方法简单明了，使人接受起来较为容易，但是术语的整体性不强。而刘致平先生对于术语的描述并不是简单地列出，在《云南一颗印》中刘致平先生就将术语的描述按照天干地支的顺序融入了“房间布置”“构造式样”“各作做法述略”三部分的论述之中并做出解释。例如，“单挑挑头由‘大插’、‘牵手’或‘承重’直接引长至‘檐口柱’外以承‘规檐梁’或‘吊柱’者为‘硬挑头’，一颗印各房出檐常用之。”短短一句话就将“单挑”的做法详细描述出并涵盖许多地方术语，而且使得术语的表述具有十分强的整体性，把握起来较为容易。

2. 图纸标注

这种方法是最直观明了的一种展示方式，比较适合于建筑构件术和形制式样类术语，能让学习者迅速了解术语表示的构件在一栋建筑中的位置，并且各个构件之间的关系也十分明确，对于一些不好描述的构件术语用图纸呈现往往还可以达到事半功倍的效果。例如，对于格子门上出线这一类精细构件不方便用文字描述时，刘致平先生就绘制了“指甲线”“方线”“皮条线”等多种出线样式。除了在平面、立面、剖面图纸引出标注构件术语名称之外，刘致平先生还标注出了“大插”“楼板”“承重”“出檐”“厦宽”等构件的具体尺寸，使得实物、尺寸、术语得到了统一。

3. 对照表列举

对照表就是将不同地域或者不同文献中记载的术语同时列出，制成术语名词对照表。这种呈现方式不仅能让学习人员对于不同地域的营造术语有一个充分的认识，还可以观察彼此之间的联系，了解文化的传播发展。此外，对于只熟悉官式建筑术语而不熟悉地方性术语的学习人员，通过对照表还可以迅速了解地方术语，完成知识的转换迁移。早在20世纪初，伊东忠太先生在重庆府考察时，就因“重庆民居建筑构件的各部名称甚是奇特，与中国北方建筑称谓不大不一样。”而绘制了重庆和北京地区的建筑术语对照表。刘致平先生在此基础之上，绘制了涵盖地域更广泛的术语对照表用以研究，刘致平先生在《四川住宅建筑》中就说：“这次仅将成都、广汉以及李庄地区的建筑名词作为代表，将它录出列成表格，并和昆明、北京、苏州及宋《营造法式》的建筑名词列在一起来相互对照，看看彼此文化动荡的痕迹。”

五、结语

若想研究传统建筑，无论是官式建筑抑或是乡土建筑都离不开对于术语的研究和解读。术语作为研究的第一步，理应得到重视，特别是对于不同文化地区术语的搜集和研究。刘致平先生不仅早于其他学者意识到民居及术语研究之重要性，其对于术语的搜集、整理和研究更是十分的全面。就方法而言，刘致平先生对于工匠用语的调查和老工匠的访谈，用科学的测绘方法对于民居的测绘以及口述、文献和实物相结合的研究方法，在当今看来仍具有十分高的学术水平，仍然值得我们思考与学习。

参考文献

[1] 刘致平．云南一颗印[J]．华中建筑，1996，3．

[2] 刘致平．中国居住建筑简史——城市、住宅、园林（附：四川住宅建筑）[M]．北京：中国建筑工业出版社，1990．

[3] 刘致平．中国建筑类型及结构（第三版）[M]．北京：中国建筑工业出版社，2000．

[4] 朱启钤．营造论：暨朱启钤纪念文选[M]．天津：天津大学出版社，2009．

[5]（日）伊东忠太．中国纪行——伊东忠太建筑学考察手记[M]．薛雅明，王铁钧，译．北京：中国画报出版社，2017．

[6] 吴良镛．刘致平教授学术成就及中国住宅研究（代序）[J]．建筑学报，1990（10）：44–45．

[7] 朱光亚，胡石，纪立芳．东南地区若干濒危传统建筑工艺及其传承[J]．中国科技论文在线，2007（09）：635–640．

[8] 李乾朗．纪念刘致平先生古建筑研究启迪后学的感想[J]．华中建筑，2001（04）：19–20．

民居的品质营建

关中民居品质营造背景研究

宋茜茜[1]

摘　要：本文以传统关中民居为研究对象，分别从地区自然环境条件及社会人文背景切入，对传统关中民居体现的品质与营造展开研究。通过分析关中民居院落空间形态及房屋形制，进一步探讨关中民居空间营造背后的生活逻辑，剖析民居营建中蕴含的意义。

关键词：关中民居　自然条件　礼制　院落

传统的关中民居从存在时间可以分为四个阶段：中华人民共和国成立前、成立后，以及改革开放后、21世纪以来。本文分析的关中民居主要指的是中华人民共和国成立前与成立后传承、延续传统关中民居建造的民居。此类民居具有关中民居最基本的特点——“窄院”，狭窄的天井组织连接各功能用房，空间封闭私密性高。

本文从关中民居所处的自然环境背景、人文历史背景展开分析，最终总结关中民居物理居住品质和人文品质在院落及其构成单元中如何体现。

一、关中民居形成背景

关中位于陕西省中部地区的秦岭北麓与陕北高原之间地带，西起宝鸡鸡峡，东至渭南潼关，南临秦岭，北靠陕北黄土高原，属于半干旱半湿润气候。

1. 自然环境条件

（1）气候条件

关中地区属于暖温带大陆性季风型气候，年均温度在12℃ ~13.6℃。夏季潮湿多雨，冬季干燥少雨，四季分明。冬夏时间较长，伏旱阴雨季节明显的气温特点，决定了民居建筑材料需要有夏季隔热、降温、耐雨，冬季保温、抗风的特点。关中民居院落需要院内避免日晒，院落整体防风沙的特点。

（2）地形条件

“八百里秦川”说明了关中地区自古以来水资源的充沛，关中地区是由河流冲击和黄土堆积形成的，地势较为平坦，关中地区的地形地貌包含了冲洪积扇、黄土台塬、河流阶地等地形地貌。

受传统农耕文化的影响，关中民居的产生与场地是否便于农作活动息息相关，聚落近水源而避水患。因此选择一个地势适中、与水源距离较近的地方是最佳选择区域，即二级黄土台塬区域。

2. 人文精神

（1）重农思想

关中文化源远流长，也是华夏文化的格局和节奏的发展基础。华夏文明在关中的起点应该可以从周代算起，西周定都地点在岐山下的周原（今陕西岐山，扶风之间），北有岐山，南有渭水，气候温和。这些得天独厚的自然优势，都是古时选择聚落地点，发展农业生产的有利条件。

（2）宗法礼制观念

秦王朝在法家理念的支撑下，实现了华夏文化历史中真正意义的大一统，但由于中央集权的统治，王朝短命而亡。

西汉在秦灭亡的基础之上，探索新的治国思想。儒家思想也在两汉儒家学者的不断演化推进之下，形成了以“天人合一”为核心的新思想，仁爱、非攻、礼义、中和是汉朝儒家思想不同于先秦儒家学派的新血液，也是今后影响中国社会方方面面的儒家思想核心。

古人云，要建立一个群居而无乱的社会，就需要依靠礼制建立一个上下有别，尊卑贵贱明显而严格的社会秩序。四合院是在中原地区形成的极具特色的中国民居建筑，四合院是宗法礼制、儒教思想物化的体现。根据《礼仪》记载春秋时期士大夫的住宅形制是“住宅前部有门，门是面阔三间的建筑，中央明间为门，左右次间为塾，门内有院。再次为堂，堂是生活起居和接见宾客、举行各

---

[1] 宋茜茜，昆明理工大学。

种典礼的地点，堂的左右有东西厢。堂后有寝卧的室。堂与门的平面布置，延续到汉朝初期没有多大改变。”中国建筑是在各朝各代形制之上延续而来，各封建朝代建筑等级制度都比较森严。大到宅院占地面积，房间布局，开间、进深尺寸，小到宅门开口方向、样式，建筑色彩，屋顶形式、建筑室内装修等都有详细规定。

在唐《营缮令》中规定了官员等级三品以上的宅邸才可以对街开门，宅门可以采用面阔三开间、进深五架梁的悬山屋顶。在《孟子》《周礼》《周礼注疏》中对于隋唐田令中对平民百姓住宅用地面积均有明确说明。

（3）风水观念

古时选择建筑营建区域时，实则是对气候、地址、景观、生态小环境等各建筑环境因素的综合评价。关中地区以农业发展为主，聚居相地时主要研究山川、河流、土地等自然要素之间的关系，背山向水、坐北朝南、地质稳定的位置是定居时的首选。选定一个舒适的聚落环境之后，对于家庭日常生活起居空间“天人合一”的营造也有很重要的意义。

3. 关中地区住宅发展

干燥严寒的气候特点很大程度上决定了北方最早的住宅形式为穴居，建筑材料需要有很好的防风保温性。从穴居到目前中国发现最早的四合院——陕西岐山凤雏村遗址，北方住宅的建筑材料由夯土、木骨泥墙到秦砖汉瓦有了很大的进步。中国封建王朝历史中三次主要的大一统，有两次都是在关中地区完成。隋大兴、唐长安都城的初步成型均出现在关中地区。住宅作为城市中的重要组成部分，经历了各个朝代的发展也逐渐形成了自己的固定形制。关中民居高墙窄院、墙体厚重、单坡厦房，双坡正房、以中为尊、左昭右穆，以东为上、东高西低等都是在历史中逐渐形成的关中民居特点。

二、关中民居的品质营造分析

关中民居以一个院落为基本单位，院落与院落之间通常以串联、串并列式或串并联式的方式组合。院落尺度关系的构成一方面与当地木构件材料的基本尺寸有关，是传统建筑营造秩序的表现；另一方面也与关中地区的自然环境及人文背景有关，是地域、礼制文化等多重因素综合作用下，形成体现关中地域文化、人民智慧的代表。

1. 物理因素下的住宅营造分析

院落作为关中人们日常活动的主要场所，应是一个通风纳凉、避暑御寒的空间，需要充分考虑关中地区冬季寒冷多风，夏季炎热多雨对日常活动的不利影响。根据《建筑气候区划标准》（GB 50178—1993）得知，关中地区（参照西安地区）冬季、夏季以东北风为主。高风速影响人在院落活动中的舒适度，低风速利于冬季保温，但是风速过低不利于日常通风。因此，理想风速控制在1~5米/秒之间。

关中民居院落用地宽度大约在 8~12 米左右，进深方向较长，尺寸为 20~30 米左右，整体院落长宽比在 1~3 之间、院落宽高比 0.7~0.9。这样的院落尺度保证了院落内风速在 1.8 米 / 秒左右，创造了一个较为舒适的院落物理风环境。（图 1）

由于较大的长宽比，窄院是关中民居的典型特征。四面围合而成的天井，整体空间有很强的内向性。同时也蕴含了四水归田、聚气敛财的寓意在其中。院内水缸一方面可以收集雨水、降温防火，另一方面与院中种植的槐树等植物相配合，形成院落景观，净化院内空气，强化院落中心。（图2）

关中民居的正房与厦房的高度通常为4米左右，屋脊高度为5~6米。厦房与正房通常会增加一架梁的外挑尺寸，在院落内部形成较大面积的阴影区域，避免阳光直射，在院落中形成一个阴凉、舒适的活动空间。院墙是内部空间与外部空间分割的重要屏障，一般做法是：外层为青砖，内层为土坯，或内外两层青砖。墙体材料土坯具有很好的隔热性能，在形成内外屏障的同时，也使得北方民居室内实现冬暖夏凉。房屋开间也考虑关中地区夏季高温日晒明

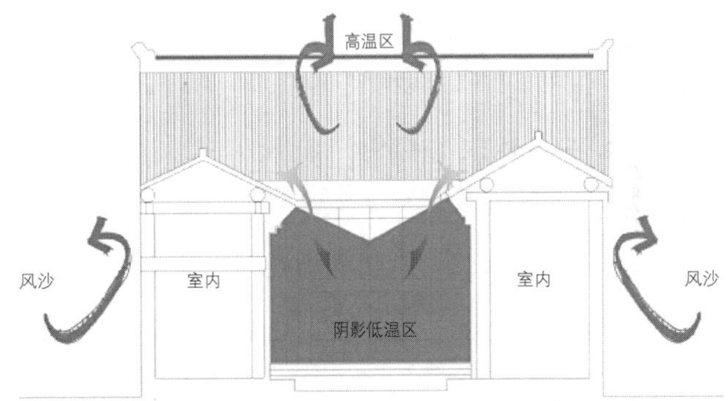

图1　关中民居风环境示意图

图2　关中民居院落空间

图3 关中民居建筑材料

显，所以减小房屋开间面宽及门窗洞口的尺寸，都有助于降低建筑室内温度。

民居整体上形成了灰色墙基、白色墙面、灰色青瓦屋顶。正房或厦房多为土木结构，墙体多采用夯土加土坯或是土坯墙，屋顶铺小青瓦，外挑2~3排小青瓦，保护墙体免受雨水洗刷。厢房屋顶多为单坡，坡度较缓，具有防风防尘、向内院收集雨水的作用。

住宅作为最早的建筑类型，是各阶段社会发展的体现。陕西历史悠久，西安更是西周、秦、西汉等十三朝古都。中国建筑史中建筑装饰辉煌与鼎盛见证的秦砖汉瓦，也起源于陕西。所以，砖石在关中民居中的应用也很早，再加上砖石材质易于烧制，具有一定的吸水性与渗透性，能够保证室内良好的通风，所以广泛用于关中民居的屋顶铺设（图3）。

综上所述，关中民居院落及房屋居住品质营造与当地气候条件、取材便捷度及人居小环境的营造息息相关。

2. 人文背景下的住宅营造分析

院落空间是传统民居中的主要活动场所，内向性的院落空间，凸显了关中地区人民注重家宅的思想。高墙与外界形成了天然屏障，内部的格局秩序将传统儒家文化表现得很明显，中庸、秩序、三纲五常、等级尊卑的观念表现突出。正房坐北朝南——以南为尊，长者之位，东西两侧次之。整个院落由门房、厦房、过厅围合组成，空间序列突出。院落作为关中民居建筑的精髓与空间核心，反映了中国建筑的营造观念，内向型的中心院落，体现了“择中而居”的传统观念；院落整体上是轴对称的格局，也体现了中国传统美学——中轴对称的思想，更是“以中为上”观念的一种体现；院落中景观的营造，休现了中国传统造景思想，在有限的院落空间中，引景入院，虽由人作，宛若天开。

关中民居正房一般开间为三开间，当心间尺寸为民间木工尺度一丈（约 3.2 米），有时当心间尺寸会比两侧明间尺寸略大，为 5 米左右，正房进深 5~7 米，整个院落以正房为主体，无论在房屋整体高度、房屋开间方面都重点突出。正房是整个院落中最重要的房间，正房当心间是最尊贵的地方，用来摆放宗族牌位，有时也作家族议事的厅堂使用。两侧次间一般是长者居住，儿孙住厦房。厦房的居住安排也是根据亲疏长幼关系的亲近程度向门口方向扩散排布。两侧厦房屋顶长度和高矮错落也遵守封建礼法的等级制度，一般东高西低，以示东上西下，长幼有序。这样的设计也与屋顶雨水收集和排放充分融合。（图 4）

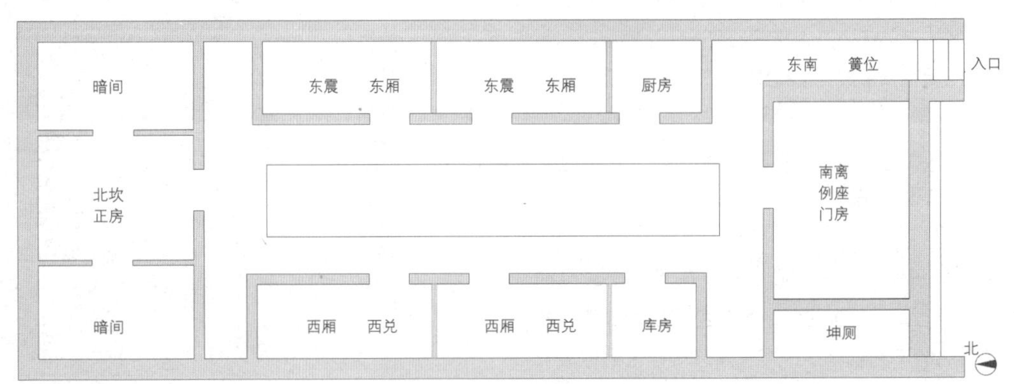

图4 关中民居基本院落平面图

民居的屋顶一般没有复杂的脊饰，更多注重的是实用性，常见的屋顶形式是硬山顶。当然，对于一些社会地位较高的家庭，屋脊的复杂程度也会有差别。民居的正房开间数及院落层级越高，也表示主人身份越尊贵，是主人家社会地位及财力的表现。

在封建社会中，建筑的营造是一种礼仪秩序的体现。正如上文所说，住宅的营造规模也是根据主人家地位而定。如：在隋唐田令中将一亩作为颁发宅基地的一个基本单位，一个普通百姓的3~5口之间的住宅面积大致是1亩，建造3间正房的四合小院，这也符合唐律中规定的庶人堂屋为三间，门房为一间的住宅规制。类似于隋唐田令这样规定住宅修造等级的条例在历朝历代都有，在各朝各代规章制度影响下逐渐形成目前看到的关中民居形制。

综上所述，关中民居的形成是在当地自然气候条件影响下，传统建筑营造观念指引下，综合当地经济文化条件，逐渐发展、凝结民间智慧的一种建筑形式。院落及房屋的营建在体现营造思想的同时，也提供了一个舒适的居住环境。随着时代的发展，传统观念与生活方式都发生了改变，但是对于传统民居的品质营造的思考逻辑是值得我们学习与借鉴的。

参考文献

[1] 张壁田，刘振亚.陕西民居[M].北京：中国建筑工业出版社，1993.

[2] 徐兴娟.关中传统民居空间构成形态解析——以西安关中民俗博物馆中的建筑为例[J].美与时代（城市版），2017（08）：22-23.

[3] 范玥.基于“抽象—隐喻”模式下地域性建筑创作手法研究——《关中传统民居及其地域性建筑创作模式》评介[J].经济研究参考，2017（27）：88.

[4] 马文华. 关中民居“房子半边盖”调研与发展研究[D].西安：长安大学，2013.

[5] 郭昊宇. 关中民居建筑传统的继承与创新[D]. 西安：西安建筑科技大学，2016.

关中堡寨的营建过程与空间形态研究

——以清代韩城县党家村“新筑泌阳堡碑记”与西原村“凤翼砦册序”为线索

林晓丹[1]

摘　要：本文通过解读关中韩城地区党家村和西原村与修筑堡寨相关的民间文献，采取实物与文献的对照研究方法，梳理“村寨分离”堡寨的营建过程，从堡寨的择址、平面布局、宅基地的划分方式及宅院形制与组合关系方面，对关中堡寨空间形态的基本范式进行总结，并进一步探讨关中民居的平面形制与居住观念。

关键词：关中　堡寨　营建过程　宅基地　空间形态

一、概述

关中地区现存众多被当地人称之为“堡子”的明清堡寨遗迹。其中韩城地区存在大量非常有地方特色的村寨分离型村落，即在村落之外另行择址修筑专用于防御的堡寨。这些堡寨兼具避难的守卫功能与长期居住的生活功能，与一般村落无异。但由于堡寨的修筑，从前期的筹集资金和选址，到对巷道、祠堂、村庙和水井、涝池等公共基础设施进行规划建设，再到对宅基地的分配，最终由各户自建宅院，都进行了详细而周密的计划，体现了传统聚落统一规划的思想与独特的空间观念。它们大多盘踞在韩城境域内的丘陵沟壑与黄土台塬之上，根据2002年韩城市文物局调查统计，仍有195座堡寨有迹可循[1]，成为韩城地区独特的文化地景及聚落类型，存在一村一寨、一村多寨与多村一寨等多种情况[2–5]。

这些堡寨不仅保存较为完好，而且部分还存有修筑相关的碑刻文献。例如上白矾村保安砦留有清光绪元年（1875年）的“创筑保安砦碑记”，西原村凤翼砦保留着光绪十年（1884年）“凤翼砦册序”，党家村上寨泌阳堡则留有“新筑泌阳堡碑记”“查（本）堡甲牌碑记”和“堡中地亩粮石分数条规碑记”三篇碑记[1]，由党氏家族于咸丰六年（1856年）堡寨竣工之时设立。其中，“新筑泌阳堡碑记”与“凤翼砦册序”均较为详细地记载了堡寨之内的城壕、街巷、用水等公共设施和每分宅基地的具体位置及尺寸，并附有寨图，从中可以得知修筑寨堡实际操作过程中的诸多细节，如若用今天的术语，则是当时堡寨的详细规划图纸与建筑设计导则。虽然寨图已丢失，但由于两寨的保存都相对完好，尤其党家村的泌阳堡更是整个韩城地区保存最为完好的堡寨（图1）。因此，本研究试图通过实物与文献的对照研究，解读碑记文献中与堡寨规划建设相关的具体内容，了解清代陕西省韩城县的各村落是如何在整体统筹规划的前提下营建堡寨，并在此基础上进一步探讨关中民居的平面形制与居住观念。

二、“新筑泌阳堡碑记”与“凤翼砦册序”解读

1987年到1994年由西安冶金建筑学院、日本九州大学等数十家单位的六十余位学者组成的中日联合考察团，先后四次对韩城党家村及周边村落做了较大规模的田野调查，随后周若祁主编《韩城村寨与党家村民居》一书，对此次田野调查的成果做了详细汇总与论述，是目前韩城堡寨的重要研究基础，其中详细抄录了发现于

图1　党家村航拍图

[1] 林晓丹，同济大学建筑与城市规划学院，博士生。

1994年党治中家中的“新筑泌阳堡碑记”[2]。碑文分为两部分，第一部分简述修筑寨堡的起因是由于咸丰年间的西捻军起义在河东山西猖獗，忧患意识以及政府鼓励各村落自行修建堡寨以自卫的口谕；第二部分详细记录了城壕、城巷、潦池等公共设施用地和每分宅基地的具体位置及尺寸，采取分条目的记录方式，以巷子为单元进行总述，每条巷子先叙述以其为坐标可以定位公共设施的具体尺寸，再分别对巷子两侧的宅基地进行方位编号和分配记录，最后对修筑堡寨外围公共用地的尺度进行记录。

1999年，韩城市文物旅游局组织编写《韩城文物志》，对留存各堡寨的碑文做了较为详细的收集抄录，其中“凤翼砦册序”是其中最为详细的一篇，现存西原村吉光耀老人家中[1]。“凤翼砦册”是记录凤翼砦具体情况的一本小册子，除了一篇序言以外，还附有砦图绘制城墙、城门、内外城壕、官巷、官房以及47户院落。“凤翼砦册序”全文分为两大段，第一段叙述了修筑堡寨的起因是由于同治年间的回民起义，从华阴各县爆发并逐渐波及韩城，初期吉家人临时躲避在同村其他姓氏家族修筑的寨子中，在回民起义对韩城的影响愈演愈烈之际，吉家决定出资修建自己的堡寨。第二部分详细记录了堡寨的选址、造价和工期，还有修筑完成后如何划分宅基地，宅基地的具体面积以及如何通过抓阄、投壶等方式进行分配。

“官地”和“院地”，是碑记中提及的两个不常用概念。“官”在这里是公共的意思，“官地”是指公共用地。由于堡寨选址往往在险峻的沟壑边缘，大多呈不规则形态，在对堡寨进行统一规划的时候，划分的宅基地往往较为规整，因此会产生较多处于边缘的不规则公共用地。“院地”则是指供未来由各户修建自家宅院的宅基地。

根据对两份文献的解读，可以发现堡寨的营建过程基本一致，均为村中富户发起，筹集资金，购买新的土地，进而完成对城墙、城门、城壕、巷道、井、潦池等公共基础设施的修建，这部分是全村或全族合力完成，有钱的出钱，没钱的以劳力相抵。在公共基础设施修建完毕之后，为了公平起见，采取抓阄或投壶的方式确定不同位置宅基地的所有权，之后由各户自行出资在分得的宅基地上修筑自家宅院。在泌阳堡的“堡中地亩粮石分数条规碑记”中，还进一步对各家宅院的建设提出一些规范要求，如规定各宅院之间要留水道，院中天井的水眼必由门前上方经过，不可侵占公共用地等。随着时间的推移，许多村落在人口扩张过程中逐渐长居于堡寨之中，会陆续在堡寨中修建祠堂、关帝庙、观音庙、戏楼等，如西原村的龙麓砦、解家村的解老寨、吴村的盘阳寨等，党家村在泌阳堡上修建了三座祠堂。

三、堡寨的空间形态

1. 堡寨的择址及平面布局

村寨分离型村落是在原村落之外另行择址建寨，由于其修筑完全是以防御为目的，故其选址的两个关键因素是与原始村落的距离关系以及是否为易守难攻的天然防御地形。从目前的保留碑刻中可以发现，除党家村上寨被命名为“堡”以外，其余多用“砦”字，而非“寨”字，如凤翼砦、堡安砦、同居砦等。康熙字典中虽然对“砦”的解释是“同‘寨’，守卫用的栅栏、营垒”，并未对砦与寨做出区分，但当对日语的汉字“砦”字进行解释的时候，则有在山顶上筑堡垒之意，反映了这些堡寨多居于高地的选址特点及文化地景特征。

泌阳堡和凤翼砦分别为不规整用地与规整矩形用地。其中，凤翼砦所在的西原村在村西、南、东面各有一寨，属于一村多寨的类型[6]。党家村在泌水河谷地建村，原本地势较为低洼，被称为“党圪崂”，泌阳堡则选址在党家村东北部的台塬边上，用地呈三角形，东、南两面邻崖的险要地形，与党家村组成“下村上寨”的位置关系，邻崖两面修筑城壕，平地一面修筑城墙，这种类型被称为“簸箕形城墙”。西原村则分布在平坦的台塬之上，凤翼砦选址在村南，用地呈南北方向的矩形，东南地势较高，西北地势低洼，整体平坦，与西原村地处同一标高，四面均需要一定高度的城墙防御，这种类型可称之为“箱形城墙”[2]。由于两种村寨组合关系的不同及相对位置的差异，泌阳堡在原底挖可供上下通行的倾斜隧道直通塬顶，而凤翼砦在靠近村落的西北方修筑了寨门。

由于是统一规划，集中建设而成，与自然演变的村落相比，堡寨的布局结构显得异常规整、紧凑、有序。无论是不规则平面的泌阳堡，还是规则平面的凤翼砦，其巷道均为平行组织关系，结合城墙内侧环线，呈现“目”字式路网结构。其特点是每条巷子直通到底便于管理与防御，主巷两侧划分院地，均对巷开门，修建并排两个坐南朝北宅院的地块，则在院地中留一段通道直通主巷。依托巷道两侧院地共同构成一个居住组团，进而多个组团平行排列，构成整体聚落形态。以泌阳堡为例，其堡内有三条平行的南北向主巷，巷宽均为1丈，从西向东依次横列，依次变长，入口靠近南侧边缘，同时也是整体地势最低点，围绕入口形成利于人群疏散的开放空间，布置涝池，并围绕涝池修建小型村庙和祠堂等公共建筑（图2）。凤翼砦由于规模较小，并未布置涝池，三条平行的东西向短巷与城墙内侧环线垂直相接，形成标准的“目”字形结构（图3）。

图2 党家村平面肌理图

图3 凤翼寨航拍图

2. 堡寨规划中宅基地的基本模数

碑文记载，泌阳堡占地面积约36亩，除去公共用地面积，共划分了27块宅基地，此外，还有1块宅基地为党合门用地，1块宅基地为党氏二门合户用地，2块用地均处于巷子南端，其中党氏二门院地在潦池东侧。结合对实物的调查分析可知，党氏二门合户用地在清光绪三年（1877年）建设为党二门合祠堂。基于碑文中对每块宅基地尺寸及位置的详细描述，共有以下四种类型及尺寸（图4）：

图4 泌阳堡宅基图

（1）方形宅基地

方形宅基地因为最为规整，往往处于堡寨整体用地的中心区域。在泌阳堡的27块宅基地中，有17块方形宅基地，每块地都存在几尺的差异，并不是标准的正方形。根据统计，正方形边长均在六丈左右，长度以六丈一、六丈三、六丈六居多，仅有一块地的较长边达到了七丈，总体来说换算成米的话是20~24米。也就是说，堡寨中划分的方形宅基地标准面积为400~500平方米。因为并不是完全标准的正方形，所以朝向也不尽相同，仅有2个坐北朝南，其余均为坐西朝东，即东西向尺寸稍长。各户在自家宅地基盖房的时候，方形宅基地都直接一分为二，修建了两个并排的宅院。

（2）长条形宅基地

堡内有2块长条形宅基地，分别为中巷东边北一号和中巷东边二号两块用地，均为坐北朝南，宽三丈，长十二丈八，换算成米的话为宽10米，长43米，面积约430平方米。两块长条形宅基地南北连接成一个完整的街道界面，几乎将中巷的东侧用地全部沾满。宅基地上盖房的时候，两块长条形宅基地上修建了两个首尾相接的两进宅院。

（3）分离型宅基地

东巷的东边北一号与西边北一号，作为同一块宅基地进行分配，是两个几乎面积相等的矩形用地分置在巷子两边。由于是巷子端头的用地，用地不太规整，碑文描述一个为坐东朝西，西宽三丈二，东宽二丈七，长六丈五，一个为坐西朝东，东宽三丈二，西宽三丈，长六丈三，结合实地调研可知，虽然并不是标准的矩形，为长边21~22米，短边10米左右，总面积210~220平方米之间的矩形用地。在盖房的时候，修建了两个对门的宅院。

（4）不规则形宅基地

由于泌阳堡整体是不规则用地，边户的宅基地都为不规则形状。其中西巷东边三号地和北巷四号地，为形状最不规则的两块用地，因为位置偏僻，周围的空地很多，允许其盖房的时候“听其自便”，可随便使用。所有不规则用地的面积大约也在400~500平方米。在盖房的时候，大部分不规则用地在尽量占满用地的前提下，都采取了与方形基地一样的方式，修建了两个并排的宅院。

凤翼砦规模比泌阳堡要小，占地约28亩，除去公共用地以外还剩约14亩，共划分了35块宅基地。由于凤翼砦整体为规则形用地，对整体用地进行网格式均分，以“三分七厘”（约200平方米）为一整院，作为标准宅基地面积单元。结合泌阳堡的数据不难发现，200平方米左右，短边约10米，长边约20米的矩形用地，是堡寨内宅基地的基本模数。

3. 堡寨中的宅院形制及组合方式

由于韩城地区传统合院式民居保存数量众多，其院落平面形制特色鲜明，面宽一般为三开间10米左右，不少宅院7~8米，进深多在20米，深者可达30米以上，因为面宽的限制，中庭显得非常狭窄幽深，又被称为“窄院”[7]。这种合院式民居普遍分布于黄河小北干流区域的关中东部、晋南和豫西一带，其成因究竟是主要受文化习俗的影响，还是因日照、风力等气候条件影响并无定论。显然，韩城当地村民在对新购置的堡寨土地进行统一规划的时候，宅基地的划分遵从了这一宅院平面形制的基本规律。

韩城地区标准的“窄院”，由厅房、两侧厦房与门房四部分组成，中间为砖铺庭院。厅房一般为三开间，与南方地区常见的“一明两暗”式布局不同，韩城地区的厅房普遍不住人，室内为无分隔的大通间，为礼仪性空间，用于供奉祖宗牌位，在婚丧嫁娶之时，会将厅房的门扇全部拆除，将厅房与庭院空间打通作为举行仪式以及宴请宾客的开放空间。两侧厦房则作为子女的起居空间，长度随宅基长度自由增减，以每侧两间居多。门房一般为五开间，中间三间为长辈居住，一侧稍间用作门道，另一侧稍间作为厨房。四个房屋均为一层半的高度，上半层作为储物空间，用可移动的梯子上下连接。一个“窄院”内修建的四个房屋完全分离，偶尔与并排邻院存在“一脊两厦”的做法，即两面坡的厢房由屋脊处一分为二，成为两个相邻院落的厦房。

宅院的朝向及宅门的位置是影响宅院组合方式的关键影响因素。由于北方流行八宅派风水，除了家中曾有人做官的开等级较高的中门以外，“坎宅巽门”被认定的最优宅形，即坐北朝南，东南方向开门，进而演变为无论朝向如何，宅院正面右位开门为最标准的平面形制。由于作为临时避所的关系，与南北朝向院落较多的自然村落相比，堡寨中坐西朝东的院落较多。宅院组合方式受制于宅基地形状，仅有两种，一种为方形宅基地以及类似方形的不规则宅基地，修建并排两院，东西朝向的直接朝巷子开门，南北朝向的则在宅基地南侧留一段门前短巷，两个宅院均向短巷开门，另一种长条形宅基地上则修建二进院，南开中门，门前留短巷，短巷与主巷相交处修巷门。

四、结语

这种村寨分离居住形态的出现，与韩城独特的自然地貌条件和明清时期几次大规模农民起义的历史过程密不可分。韩城地处黄土高原东部，黄河西岸，整体地势西北高东南低，村落大都分布于仅占全县五分之一的东南黄土台塬地区。由于多条发源于西北部山区的河流自西向东横贯注入黄河，黄土台塬被水系切割为16块指状塬面，虽然整体平坦，但塬的边缘呈现丘陵化，沟壑密度较大，为防御提供了天然的地理环境。明清时期韩城县从事贩卖商贸的商人群体众多，以血缘关系为基础的经营方式，促进了宗族的凝聚，积累了大量财富。于是在捻军起义及同治关中回民起义侵扰之际，大量村子为了防御而举全村之力，在附近的塬边绝壁处购置新的土地修筑堡寨，形成了与黄土台塬沟壑有机共生的独特文化地景，具有重要的文化遗产价值。

参考文献

[1] 韩城市文物旅游局.韩城市文物志[M].西安：三秦出版社，2002.

[2] 周若祁，张光.韩城村寨与党家村民居[M].西安：陕西科学技术出版社，1999.

[3] 王绚，黄为隽，侯鑫.山西传统堡寨聚落研究[J].建筑学报，2003（08）：59-61.

[4] 王绚.传统堡寨聚落研究——兼以秦晋地区为例[D].天津：天津大学，2004.

[5] 王绚，侯鑫.陕西传统堡寨聚落类型研究[J].人文地理，2006（06）：35-39.

[6] 西原村党支部和村委会.西原村志[Z]，2012：84.

[7] 侯幼彬.宅第建筑（一）·北方汉族——中国建筑艺术全集[M].北京：中国建筑工业出版社，1999：31.

防御性主导下的堡寨式传统聚落空间品质营建特色探析

——以河北蔚县上苏庄堡为例

曹雪娇[❶] 周 红[❷]

摘 要：堡寨作为传统聚落形式之一，防御性是其非常重要的一项营建特征。本文以河北蔚县“八百庄堡”之一的上苏庄堡作为研究对象，通过调研实测和文献研读，从上苏庄堡的空间防御和精神防御两方面分析其在防御性主导下空间形态与营建智慧，为蔚县堡寨式传统聚落保护提供科学依据，并对当下“新乡土民居”的发展提供有益借鉴。

关键词：堡寨式传统聚落 层级防御 空间形态 上苏庄堡

一、上苏庄堡概况

堡寨聚落的空间防御性通常是特定时间段内对于区域环境的反映，其作为一项重要因素直接影响着聚落的性格[1]。无论是空间防御还是精神防御层面，集居状态无疑总要比独居状态更具安全性，这是聚落固有的品质。明代时由于北方边境经常遭外族侵扰，朝廷广修关隘与长城，同时采用屯军政策护卫北境[2]。此法在蔚县地区民间被广为效仿，大批以自卫为目的的村堡出现。上苏庄堡是其中保存较完整的一座寨堡，始建于明嘉靖二十二年（1543年），基本维持了明代规划的整体形态（图1）。

图1 上苏庄堡整体形态
（来源：谷歌地球）

目前对于蔚县堡寨式传统村落的研究大体可分为两个方向：一种通过田野调查对堡寨内民居的营建方式等进行类型学研究；另一种则聚焦传统聚落的保护与乡土文化的传承，思考针对堡寨聚落的活化更新策略。

堡寨聚落的防御性特质一般分为两个方面：一是空间防御，即通过村落选址、构筑外围防御等措施达到防御效果；二是精神防御，即通过修建神庙、风水经营来满足人们强烈的求安心理。空间防御与精神防御二者构成“实”与“虚”的关系，共同护卫村落安全。如今新的村落空间摆脱了传统的设防形式，堡寨聚落正处于极度衰落的状态，蔚县城堡数量由1983年的 689个减至1985年的345个，最近的调查统计显示仅剩大约150座城堡，对于堡寨聚落防御性空间的研究紧迫而必要。因此本文以上苏庄堡作为研究对象，从空间与精神两个方面分别探讨其在防御性主导下表现出的空间形态与营建智慧。

二、外围防御空间的营造

外围防御空间是堡寨区别于一般古村落的重要标志，其主要由堡墙和堡门构成，使得聚落的防御性增强，具有抵御外界冲击的能力。数百年来，村民们始终保持着堡内居住、堡外耕作和天黑即关堡门的习俗，只有在坚壁高墙、堡门紧闭的城堡内才能获得真正的安全感。

1. 村落基址选择与整体布局

追求村落的天然防卫感是影响民间堡寨选址的重要依据。蔚县

❶ 曹雪娇，湖南科技大学建筑与艺术设计学院。
❷ 周红，湖南科技大学建筑与艺术设计学院，教授。

地区中传统村落选址具有择高平、近水源、趋资源的总体特征[3]。上苏庄堡选址于宋家庄镇翠屏山脚下，依托水流冲刷沟壑形成的高差构建防御体系，遇险时可退守山中，山泉溪流汇聚于村堡北部100米处形成水源（图2）。据悉上苏庄曾经村址不在现在的堡寨之上，因山洪屡屡爆发威胁着原村址的安全，村民们遵循蔚州进士尹耕在《乡约》中宣讲的古村落选址“依高、避泽、避冲、避壅”四个原则在村东高处选了新的村址以求安居乐业[4]。

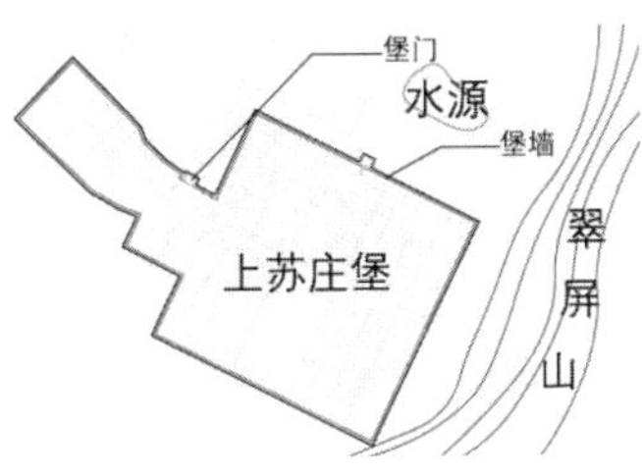

图2　地形示意图

堡寨式聚落营建时虽尽力遵循里坊制的方正格局，但也会顺应周围地形灵活调整，边界呈现出较为不规则自由形态。上苏庄堡因其总平面形态类似打击乐器镛锣，堡内纵横交错的街道为镛锣的框架，方正的四合院则为悬于框架之上的锣钟，上苏庄堡又名“镛锣堡”。

2. 堡墙

堡寨式聚落在战斗发生时主要依靠外围线性防御设施抗敌，故环绕式的堡墙是其最明显的设防特征[5]。村落由格局完整、形态方正的堡墙围合，界定了古堡的边界，既可防范兵祸匪患，又可阻挡风沙洪水袭击。堡墙由黄土夯实并逐层掺入砂石、石灰等材料构筑，高5米，周长约800米，遵循“阔与上倍，高与下倍”的高宽比要求，即堡墙底部的宽度是顶部宽度的二倍。相比于一般民居，堡墙在尺度上较为夸张，作为抵御外敌入侵的屏障，以厚重的形象表达出“不可侵犯”的隐含印象，以震慑敌人。此外，在抗战时期村民们为了储藏物品而在堡墙内挖洞，因此那时的堡墙还具有“储藏”的功能。

后期村落的发展不会打破墙体本身，任何扩建的行为都会绕过堡墙，对于古村落平面肌理在演变中保持稳定性起到了重要作用（图3）。因此，堡墙不仅是空间上的边界实体防御功能的承载者，同时也是村民心理上的安全边界，由此形成了蔚县传统村落极具辨识度的空间特质。

3. 堡门

堡门作为出入村堡的交通要道是一个重要的主动性防御节点，与堡墙共同构成外围防御系统。上苏庄堡南部为一深沟，不便开门也无需特别防御，东侧位于台地之上，有翠屏山作为天然屏障，因此唯一的堡门设在西侧。堡门为砖石包土砌筑的墩台，高6米略带收分，中央开有高3米长7米的拱形门洞，10厘米厚实木门扇下部包有铁皮（图4）。上苏庄堡门楼虽已坍毁，但据资料记载，蔚县地区堡门上部均设有门楼，其作为眺望的岗哨，向外居高临下易守难攻，是村堡重要的防御节点。村民的耕地多分布在堡寨所在台地的四周，但出于防御性不会为了生产和生活的便利而开设堡门以外的次要出入口。庙宇和戏楼等具有公共职能的建筑，会被布局在堡门外正对或者两侧的位置，而居住或者管理职能的建筑，从未离开过堡墙的庇护。

三、内部街巷的防御布局

受边塞军事环境影响，上苏庄堡平面布局呈现出轴线控制式、规划生长型的“团堡式”形态，即聚落平面外围设方形防御堡墙，平面中间一条东西向主街作为轴线贯通全村，主街两侧鱼骨状分布次级道路和支巷，形成“一主一次九支”的结构（图5）。

1. 街巷空间尺度

主街贯穿整个上苏庄堡，全长 152 米，宽 3~5 米，自西向东连接起财神庙、堡门入口空间、关帝庙和福神庙，构成了村落骨架

图3　现存堡墙

图4　高大厚重的堡门

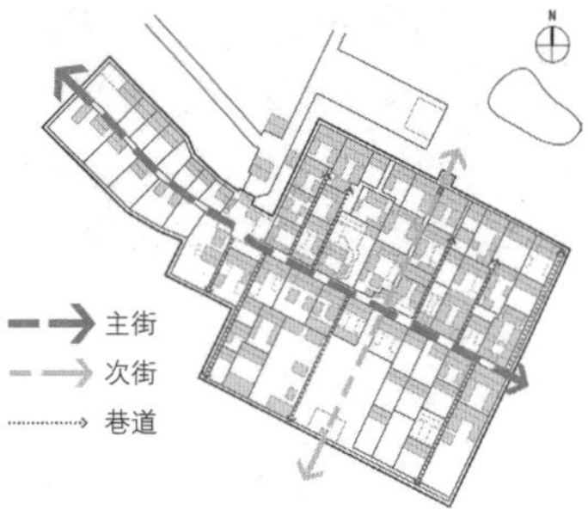

图5 街巷组织示意图

的东西主轴线。因堡门位于西侧地势较低，雨水顺着山石铺就的主街排出堡外，泄洪十分方便[6]。位于北部最高点的三义庙、关帝庙、南侧的灯山楼和灯山广场控制着上苏庄堡的南北次轴线，“一主一次”两条轴线规划了古堡严整的空间序列，共同将全村划分为四块格局清晰的居住组团。上苏庄堡的辅助性巷道垂直于主街，宽1.7~3米不等（图6），形成结构等级分明的鱼骨状街巷体系，一来可以凭借道路的左右分岔，迷惑敌人，二来村民可以在两侧预先设好埋伏，夹击敌军。巷道两旁的院墙或山墙高度较高且不设置门窗，给人以狭窄及压抑的尺度感。

	主街（响堂街）	次街	巷道
条数	1条	1条	9条
长度	152米	83米	31~72米
宽度	3~5米	3~7米	1.7~3.1米
D/H	 3M 5M D/H=1.7/1	 3.3M 3.1M D/H=0.9/1	 3.3M 1.7M D/H=0.6/1

图6 主街及巷道尺度表

2. 组团交通组织关系

村落营建时通常遵循“先确定轴线、再建庙、最后盖房”的顺序，庙宇建筑沿规划轴线展开，布置在道路交叉口或村庄中心位置，民居依托主街轴线组织细部巷道建设宅院。上苏庄堡内各个院落紧密的组合在一起，通常仅一面临街，大门无固定开启方向，遵循就近朝街巷开门的原则（图7）。并且出于防火考虑，街巷两侧均无行道树，防止外敌火攻时树木燃烧导致交通阻断。

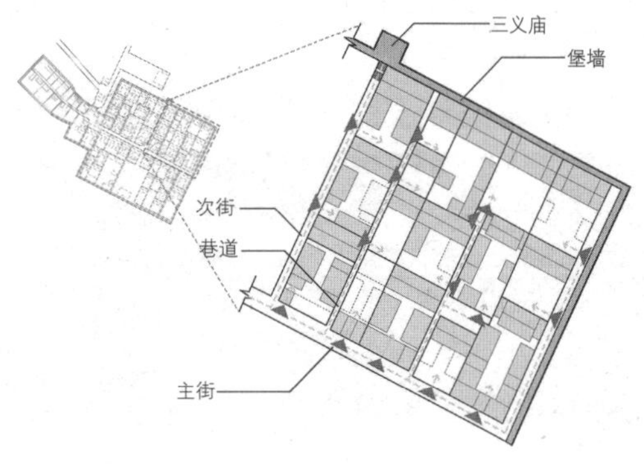

图7 组团交通组织示意图

四、空间节点的防御性营建

空间节点通常是以防御作用为主导兼具多种职能的复合体，在聚落中占有重要地位（图8）。从节点空间所承载的功能划分，可归纳为瞭望节点空间、入口节点空间及精神文化节点空间。

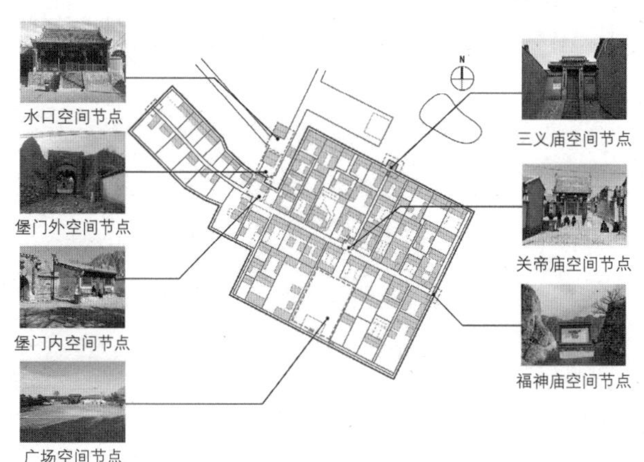

图8 空间节点分布图

1. 瞭望节点空间

堡墙北侧的三义庙是全堡的制高点，能够俯瞰上苏庄堡全景，如遇盗匪侵袭，可及时提示堡门关锁，同时三义庙下部凸出堡墙形成马面，与上行而来的道路相迎，通堡墙互为作用，消除墙下死角，自上而下从三面打击敌人。

2. 入口节点空间

上苏庄堡的入口空间节点有其独特的营建智慧。西侧堡墙向外推出约4米，使城门朝北而开，在堡门北侧距离10米处建有戏台，坐南朝北，面向西边的道路，戏台东侧再设五道庙。如此设计是出于防御性考虑，将堡门半遮半掩，外部人流须绕过戏台，经过五道庙，才能够看到堡门（图9），戏台建于堡门之外也可避免观戏时“闲杂人等”混入古堡。

戏台后方的村口空间接近边长为11米的正方形，由南端堡门、西端围墙、北端戏台三面围合而成，空间较为狭窄，据《乡约》一书记载，如此设计为了防止敌人屯兵堡下。进入堡门后设照壁一座，正对观音庙，照壁后空间豁然开朗，形成长14米宽12米的横向长方形广场，成为堡内村民主要活动交流的场所之一。

3. 精神文化节点空间

关帝庙位于主次两条轴线的交点位置，是各个方向人流的聚集点，也是堡寨的精神防御中心，庙宇与街道之间留有一块约6米×5米的空地，降低了对街道的压迫感，成为

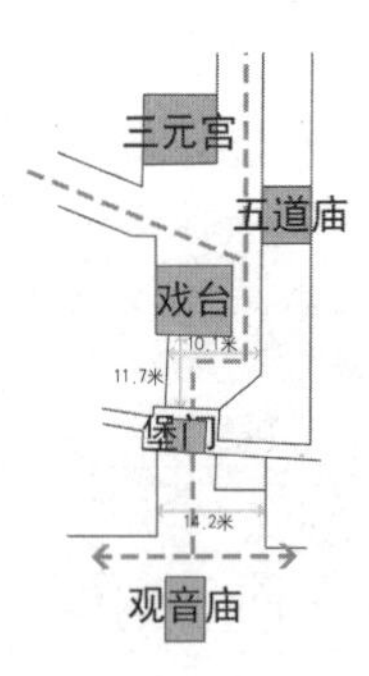

图9 入口空间示意图

日常活动交流的节点。南北轴线最南端的灯山广场呈竖向方形，长50米、宽35米，大而空旷，四周高墙环绕，危难时可作为集体防御场所，便于集中打击敌人，平日是村民集会交流和锻炼身体的主要场所，延续了400多年的民俗活动拜灯山也在这里举行仪式。

五、民居单元的防御性组织

民居院落是堡寨最基本的防御层次。堡内民居均以院落组成单元，以内院空间为中心，在其四周布置院墙和房屋，强化防御界面，内敞外闭（图10）。

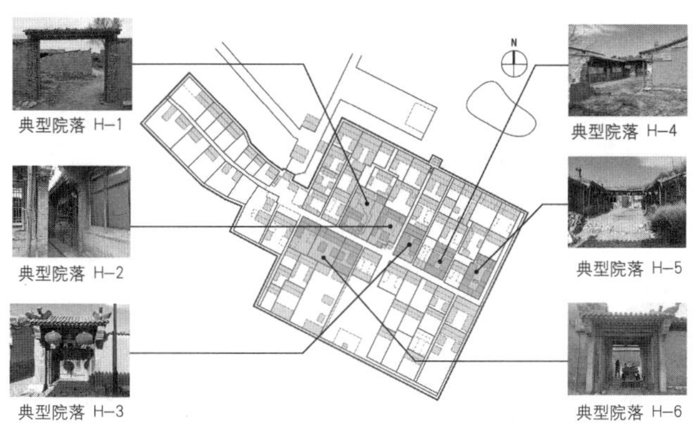

图10 典型院落示意图

1. 民居院落形制及尺度

上苏庄堡西部主街宽度为3米左右，无巷道，以单进院落为主，个别院落仅东侧有厢房；东部主街宽度5~6米，民居多为四合院，临主街的院落通常规模较大，大门朝主街方向开启。上苏庄堡内院落形式大多为一进院落，若住宅规模较大则增加一个院落，两个院落横向并联或前后串联，以院门、巷道或过厅相通（图11、图12）。院落内部空间布置灵活，不拘于传统北方官式四合院东南隅开门的规则。厢房与倒座通常采用单坡做法，从檐口开始起坡，直至另一侧院墙顶部，使得院墙高度等于厢房和倒座房的屋脊高度，而非后檐檩的高度，增强防御性。

2. 民居细部防御性构造

民居院墙由两部分组成，一部分为倒座与厢房的背墙和山墙，其相较于内墙更厚，其上通常不开窗或在较高处个别开小窗，有利于建筑保温，也增加了私密性和防御性；另一部分院墙为纯围墙，高度较高，与厢房屋脊相平，一般高度为4米左右。围墙基部由山石叠砌，防止洪水对于上部土坯砖的侵蚀，同时外围采用踏步式墙垛起到加固作用（图13）。

六、精神防御格局的构建

与空间防御体系相对应的是精神防御体系，是上苏庄堡先民强烈的求安心理与精神信仰在建筑上的表达，对聚落文化特质的形成和发展有着深远的影响。

1. 传统风水观中安防理念的体现

建堡之初，风水先生在一条南北斜线走向的地形之上确定了上苏庄的村址，致使上苏庄堡的朝向并非正南北向，而是北偏东26° 。在传统风水观中，无论大小聚落，都要设置“水口”作为一个村庄的门户所在，因此上苏庄堡在堡门外设置三元宫为水口，其形制规格为全堡最高。

出于五行相生相克的关系中“火生土”，村民们在堡墙南端建灯山楼供火神之用，又因传说刘备是压火水星，取“水克火”之意在堡墙北端与灯山楼相对建三义庙供奉刘备、关羽、张飞，这样在传统风水观中水火平衡，既求兴旺，又保太平[7]。

2. 宗教宗族信仰的心理慰藉作用

上苏庄堡内庙宇种类齐全远近闻名，这些庙宇被赋予了很多精神防御意义（图14）。其中尤以武庙为重，多分布于堡门周围等风水与防御薄弱的地带，人们将精神上的安全寄托在关帝等神话武将身上，利用其精神震慑作用进行防御心理强化。关帝是民间少有的

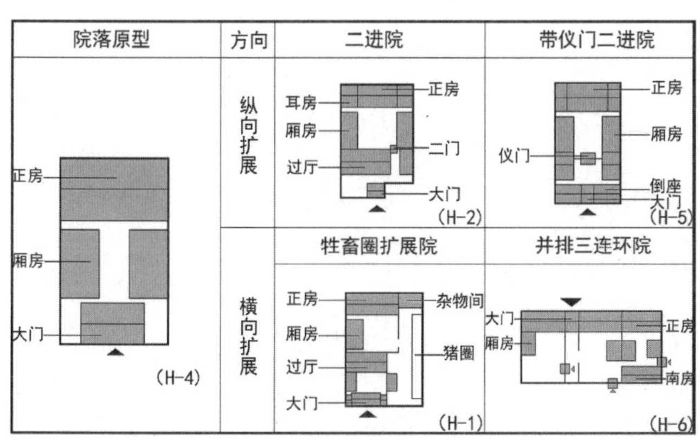

图11 院落组合方式

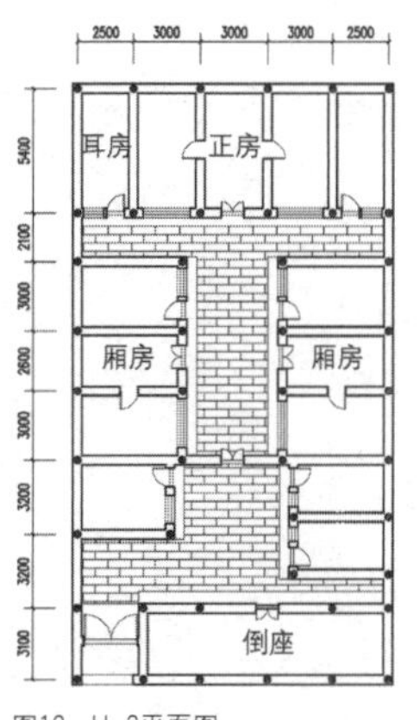

图12 H-3平面图
（来源：中国知网）

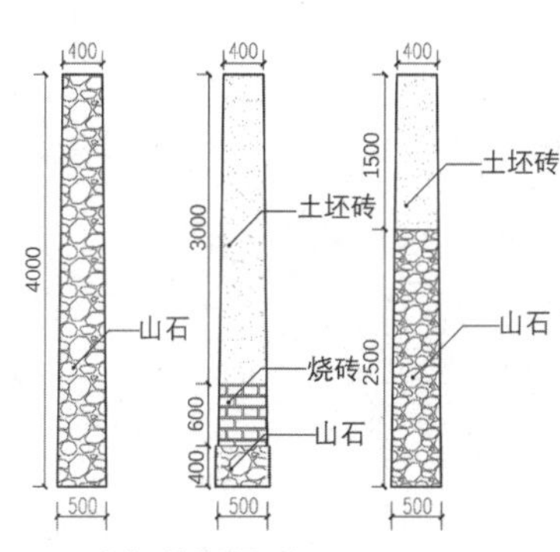

图13 院落围墙纵剖面示意图

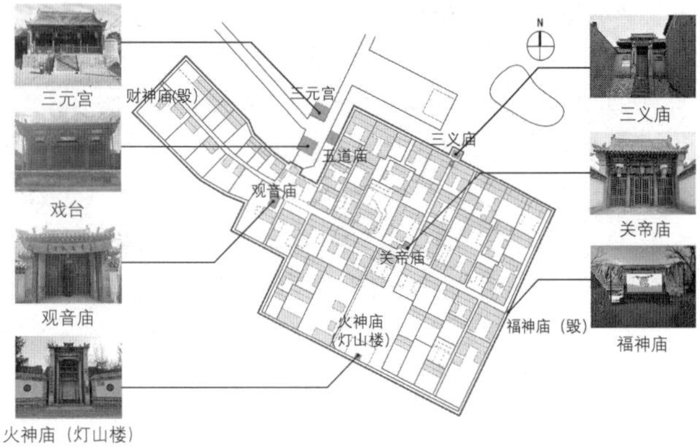

图14 庙宇分布图

万能之神，因此将关帝庙置于寨堡中心。庙宇的建设同时也反映当地的精神价值取向，将三义庙建于北端堡墙的最高处表征村民“弘义扬善”的愿望，强调杂姓村落“异姓兄弟亲逾骨肉”，加强村民的凝聚力，完善了精神防御系统。村民每年正月举办最具代表性的民俗活动拜灯山供奉火神，以求庇佑村落不受水患侵害。

3. 求安愿望在细部构件上的反映

屋顶脊兽亦体现了上苏庄堡村民的求安愿望，三元宫作为全堡形制规格最高的建筑，屋脊为“五脊六兽”，即硬山式屋顶，四角各有兽头一枚，正脊两端有龙吻，四条垂脊排列着五个蹲兽，分别是：狻猊、斗牛、獬豸、凤、狎鱼，镇脊神兽有吉祥、装饰及保护建筑三重功能（图15）。

图15 三元宫屋脊

七、结语

上苏庄堡的防御体系由空间防御与精神防御共同构成。空间防御性在选址与布局、内部街巷、空间节点和民居单元四个层级上逐级递进，给村民实质性的外在保护；精神防御系统则通过传统风水观、宗教宗族理念等强化防御氛围，是敬畏天地寻求庇护的一种祈求安稳的心态。二者相辅相成，在数百年的风雨飘摇中给予村民们安定的生产生活条件。

在现代化进程的冲击下，村民们已不再需要传统的防御性体系来获得安全感，如何在保留堡寨式聚落防御性特色的前提下实现村落活化是我们现在需要面对的挑战。本文通过对上苏庄堡防御体系营建特色的探析，希望能为同类堡寨式历史文化村落的保护提供一些可借鉴的资料。

参考文献

[1] 郑旭，王鑫．堡寨聚落防御性空间解构及保护——以冷泉村为例[J]．南方建筑，2016（6）．

[2] 罗德胤．蔚县城堡村落群考察[J]．建筑史，2006（00）．

[3] 甘振坤．河北传统村落空间特征研究[D]．北京：北京建筑大学，2020．

[4] 陈霞．蔚县古村落形态特征及再利用方式研究[D]．邯郸：河北工程大学，2019．

[5] 王绚．传统堡寨聚落研究[D]．天津：天津大学，2004．

[6] 王力忠．张家口市传统村落空间特色研究[D]．张家口：河北建筑工程学院，2018．

[7] 邓晗，张晨．蔚县寨堡聚落防御性特征初探——以上苏庄村为例[J]．遗产与保护研究，2018（007）．

湘中地区传统民居低碳节能营建策略应用研究与实践[1]

金新如[2]　郭俊明[3]　张欣怡[4]

摘　要： 随着科技的发展和进步，能源危机与环境保护问题日益凸显，低碳节能建设势在必行。湘中地区是夏热冬冷地区，其传统民居蕴含着丰富的被动式低碳节能营建策略，值得借鉴。本文以湘中地区传统民居为研究对象，深入剖析其低碳节能营建策略，结合实例探索传统低碳节能技术在现代建筑设计中的运用，为传承传统营建技艺与低碳节能建筑的发展提供思路。

关键词： 湘中地区　传统民居　低碳节能　营建策略

一、引言

近年来，随着我国经济的快速发展，能耗问题与低碳经济越来越受到重视。随着人们的环保意识不断增强、建筑行业的不断发展更新，低碳节能建筑广受关注并全面发展。建筑的低碳节能减排是贯彻可持续发展战略、减少温室气体排放的重要措施，也是对十四五规划中“推动绿色发展，促进人与自然和谐共生”的回应，如何营造舒适的建筑环境并减少能耗成为现代建筑设计关注的重大问题。

在保护与传承传统民居的过程中，人们多关注于地域文化特色在建筑外部造型上的体现，往往忽视了传统民居在设计与营建过程中所运用的低碳节能营建策略，这些营建策略利用被动式手法达到低碳节能的目的，降低建筑对现代调控设备的依赖，从而减少能耗，是传统民居在长期发展过程中所总结的适应当地气候与环境的经验与智慧，蕴含着丰富的低碳节能策略，可为现代建筑的低碳节能营建提供参考与借鉴。

二、湘中地区传统民居低碳节能营建策略与实践

1. 项目概况

项目基地选址位于湖南省湘潭市雨湖区，紧邻历史文化建筑文庙，南侧临近雨湖公园及湖南的母亲河——湘江，具有深厚的人文历史底蕴，而且景观生态条件优越。随着社会发展与城市更新，使得基地内原有建筑无法满足其功能与空间的基本需求。设计过程中，始终贯穿着“低碳节能环保”的理念和“地域文化特色传承”的观念，以老旧建筑的改造利用为主，为该地区建设一座以图书借阅、阅览为主的多功能图文信息中心，适当加建部分功能体块，打造庭院空间并引入水体，从而优化建筑周边微气候，达到建筑改造过程中对传统民居低碳节能营建策略的运用。

2. 低碳节能营建策略实践应用分析

（1）适应夏热冬冷气候特点的整体布局

①植入形体演绎“院落式”空间

研究发现，湘中地区传统民居多为院落式的空间布局，以位于建筑中心位置的堂屋贯穿中轴线作为主要空间，堂屋的前后左右四个方向则由侧堂、住屋、过厅等沿中轴线对称布置，形成次要空间，各个功能空间再通过庭院联系起来（图1）。庭院作为建筑组合中直接与自然环境接触的外部空间，通过建筑体块的挖空引入自然光线增强日照，改善了建筑内部的光环境。有的还通过庭院周边建筑体块的相互组合形成凹凸变化的进退关系，有效地阻挡了直射阳光，达到自遮阳的效果。由于庭院的开敞性，气温相较室内偏高，庭院中的空气温度升高后上升，形成负压区，室内的冷空气进

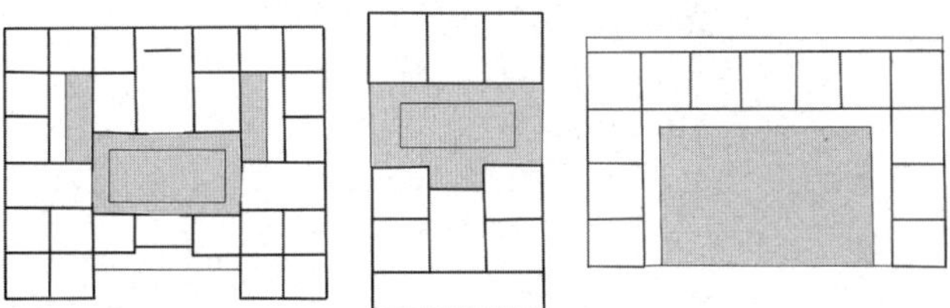

图1　湘中地区传统民居院落布局形态

---

❶ 项目名称：教育部人文社科项目（编号 19YJAZH027）；湖南 省社科成果评审基金项目（编号 XSP20YBZ160）；湖南省教育厅项目（编号 2017—242）；湖南科技大学教育科学研究项目（编号 G31554）。

❷ 金新如，湖南科技大学建筑与艺术设计学院。

❸ 郭俊明，湖南科技大学建筑与艺术设计学院副教授，硕士研究生导师，主要从事地域建筑设计与教学研究。

❹ 张欣怡，湖南科技大学建筑与艺术设计学院。

入庭院形成空气的流动，从而起到加强自然通风的作用。湘中地区传统民居的院落式布局为建筑内部的自然通风与采光提供了优良的条件，使建筑适应了湘中地区的冬季寒冷、夏季酷热的气候特点。

项目改造前的原有建筑由独立的两部分组成，前栋的主教学楼为三层红砖墙承重结构，东西长约60米，南北宽约15米，总建筑面积约2700平方米（图2）；后栋的学生活动中心为一层大跨建筑，尺度相对主教学楼较小，进深较大，东西长约48米，南北宽约20米，总建筑面积约984平方米（图3）。原有两栋建筑均呈一字型布局，体块之间相距约35米，距离较远且相互之间关联性较弱，且原有建筑功能较单一，相互独立缺乏必要联系，导致其无法满足综合性功能与空间的基本需求。

由于湘潭市属于大陆性亚热带季风湿润气候，夏季多是来自太平洋的东南季风，冬季多为西北季风，因此在改造过程中连接两栋原有建筑形成方形空间形态，打破单一并列的“一”字形布局，结合主导风向并将嵌入体块顺时针旋转50° 。就是借鉴了湘中地区传统民居中的“院落式空间布局”，以适应夏热冬冷的气候。且通过庭院可引入自然光线，增加建筑内部的采光，从而减少对人工照明设备的使用率，达到降低能耗的目的。将新增体块的东南方向打断成为庭院空间的入口，同时，结合底层架空的空间有利于引入夏季的东南风，由东至西收放尺度不一的庭院空间形态加快了空气流速，起到增强自然通风的作用，从而降低建筑外表面温度，提高建筑的节能性。庭院的西北侧由原有建筑及新增体块围合而成，阻挡了冬季寒冷的西北风，减少其对建筑内部热环境的不利影响，起到气候缓冲的作用。改造后的建筑通过体块之间的咬合穿插形成新的形体组合方式，增强建筑形体的凹凸变化，加大了各体块间互相遮挡的面积，产生阴影空间，使建筑通过体块间的进退关系而实现自遮阳，避免大量直射阳光进入室内，从而减少太阳辐射对建筑的影响，改善建筑的热环境（图4）。

②引入水体构筑“水院式”环境

湘中地区降雨充沛，水资源丰富，因此传统民居在长期的发展过程中常与水结合布置，形成了背山面水的建筑选址与布局。以毛泽东故居为例，它位于韶山市韶山乡韶山村土地冲上屋场，坐南朝北，建筑布局为“凹”字形。其三面围合的布局，有效地阻挡了冬季寒冷的西北风，降低冷风对建筑热环境的影响。另一面邻近一个约十亩的池塘，在炎热的夏季，自然风通过水体可降低空气温度，使凉爽的风吹入建筑内部，起到降低建筑外表面及室内气温的效果；冬季时水体可释放其储存的热量，用以减缓周边环境气温下降的幅度（图5）。通过水体的气候调节作用可有效改善建筑周边微气候，有利于营造舒适宜人的热环境，降低空调等机械设备的能耗，从而达到低碳节能的效果。

图2 前栋教学楼现状

图3 后栋学生活动中心现状

图5 背山面水的选址布局

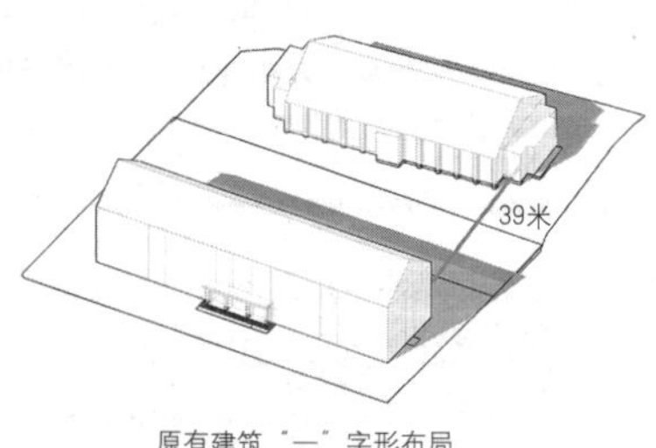

原有建筑“一”字形布局

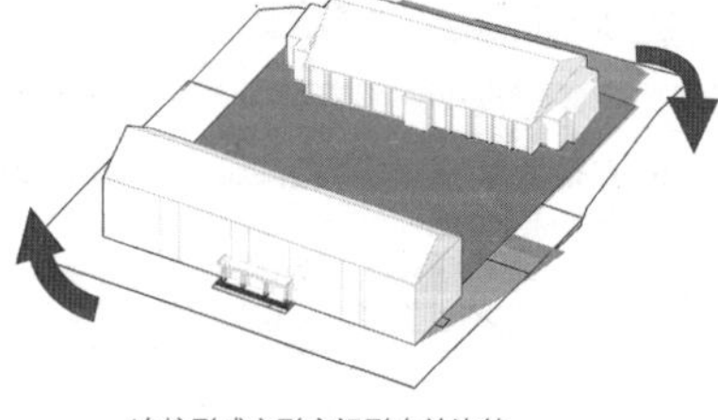
连接形成方形空间形态并旋转

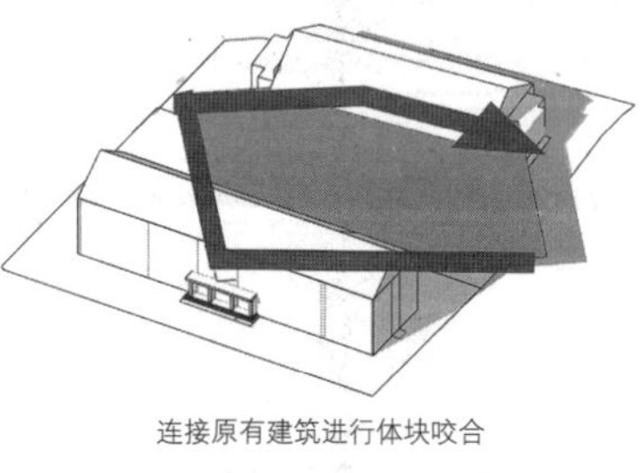
连接原有建筑进行体块咬合

嵌入庭院并设置入口

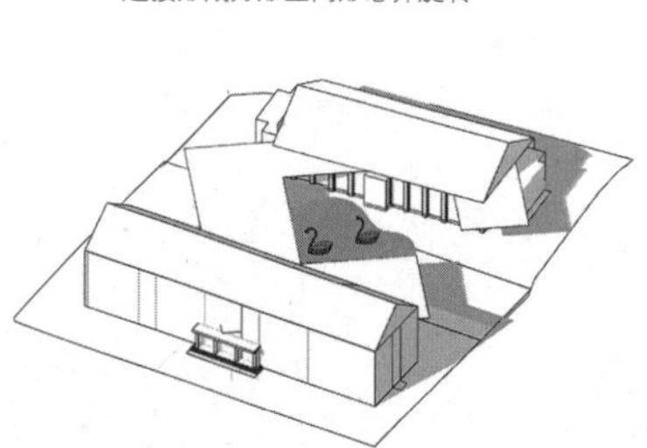
布置水体

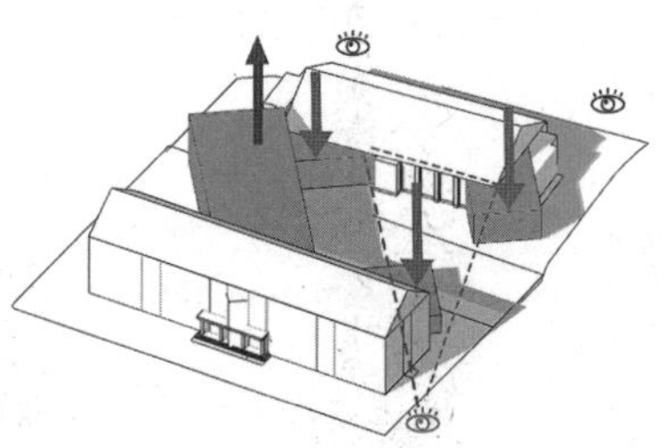
形体上下交错

图4 民居建筑空间形态、布局演示

本项目将水体引入新增体块与原有建筑围合形成的中央庭院中，水体占地面积约500平方米，由大小两部分组成。水体的西北侧部分大体呈正方形，北侧尖角顺应原有建筑的东西走向进行切割，东南侧部分占地面积较小，填补了庭院与建筑间的尖角，使得水体与建筑布局更加和谐统一（图6）。水体与三面围合的建筑构筑“水院式”环境，使建筑与自然形成和谐统一的整体，利用水体的气候调节作用改善建筑周边微气候（图7）。夏季的东南季风通过庭院开口及架空平台进入庭院之后，经过水体降低空气温度，使得自然风更加凉爽，在空气流动的过程中降低建筑表面及室内气温。通过太阳辐射形成的水面蒸发可带走空气中的一部分热量，增加周围湿度，降低近地面范围内的气温。由于水体的比热容较大，其辐射性质不同于陆地，从而使得水体附近的气温变化相对来说较为温和，当环境温度降低时，水体释放储存的热量使周边环境气温变化幅度减小，创造了更加舒适的居住环境，促进人与自然和谐共生。水体的存在一定程度上还可以净化环境，为建筑及周边场地提供更加优良的空气环境质量。

（2）利于气候缓冲的空间形式

①加设檐廊形成气候缓冲区

由于湘中地区光、热、水资源丰富的气候特点，檐廊空间是湘中地区传统民居建筑中极为常见的一种空间形式，多位于传统民居入口附近及天井庭院周边，起到联系各功能用房的作用，为居民提供行走及活动的廊下灰空间。檐廊作为紧邻建筑主体的室内外过渡空间，增大了建筑与室外环境的直接接触距离，在阳光的照射下形成阴影面，避免墙面受到太阳直射，从而降低室内温度，起到热阻隔与热缓冲的作用。檐廊的设置在降水充沛的湘中地区，可以加速排水，并保护建筑外表面及室内木质构件免受雨水的侵蚀，延长建筑寿命，节省自然资源（图8、图9），是行之有效的低碳节能营建策略。

本项目中原有建筑的屋檐出挑较小，对雨水及阳光的遮挡效果不明显。建筑内部布局过于紧凑而缺少可供活动及休息的空间场所。改造过程将湘中地区传统民居出挑较深的檐廊空间融入建筑，重塑原有建筑形式。不同的功能区以多种形式融入不同类型的檐廊空间，入口处结合建筑构件形成长条折角形檐廊，出挑的形体有效地阻挡了夏季的直射阳光，通过建筑的自遮阳减少直射阳光对建筑内部气温的影响，从而营造舒适的入口空间，降低对现代调控设备的依赖，减少碳排放量，达到低碳节能的效果（图10）；屋顶部分结合加宽走廊及玻璃构架形成进深较大的檐廊空间，保持室内外空间的通透性，并与可开启的天窗形成完整的通风系统，引导自然风进入建筑内部，利用热压通风的原理起到导风与增强自然通风的作用。当廊道中的热空气上升并通过天窗排出，冷空气从平台一侧进入廊道，带走空气中多余的热量，以便建筑内部的通风散热（图11）。

②营造天井空间产生烟囱效应

湘中地区传统民居常采用庭院与天井相结合的布局方式，天井连通室内外空间，解决了建筑内部房间的采光与通风问题。湘中地区传统民居中的天井尺度一般偏小，四周为各类功能用房围合而成，屋檐向天井中心出挑能有效地遮挡夏季阳光，减少太阳辐射对天井空间的影响。天井作为自然风的引风口与出风口，可利用温差形成热压通风，加强建筑内部自然通风效果。

项目改造将湘中地区传统民居中的天井空间引入建筑内部，利用其采光、通风作用达到节能减排的效果（图12）。在建筑屋顶侧

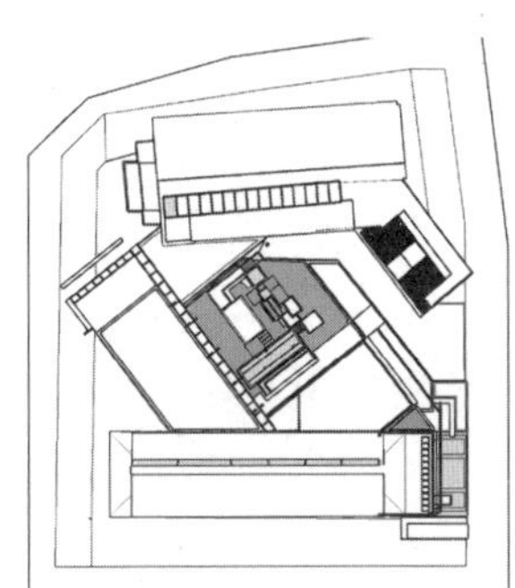
图6 水体平面布置图

图7 庭院水体效果图

图8 入口处檐廊空间

图9 天井周围檐廊空间

图10 入口处檐廊空间

图11 屋顶檐廊空间

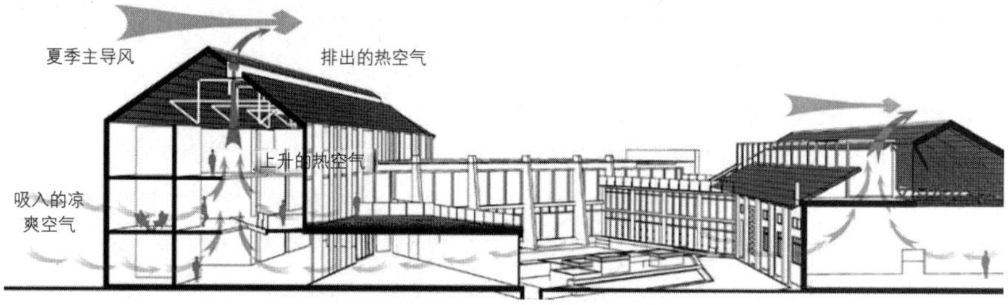

图12 建筑内部天井通风示意图

上方设置可开启的天窗，引入自然光线，增强室内采光，解决室内的自然采光不足的问题，减少人工照明设备的使用率，降低能耗。在炎热的夏季，由于直射阳光的热辐射作用，环境温度不断升高，天井内部空气温度也不断上升，热空气由天窗排出，从而在底部形成负压区，凉爽的空气不断从底部进入室内，从而形成促进空气流动、增强自然通风的拔风效应。在通风的过程中，带走空气中多余的热量，降低建筑室内温度，减少机械通风设备的使用能耗，达到低碳节能的效果。

三、结语

社会及经济的快速发展使得人类赖以生存的环境日渐遭受破坏，作为碳排放量占比极高的建筑领域应当积极响应国家的政策与发展策略。湘中地区传统民居在长期的发展中积累了诸如空间形式塑造、局部环境布置等方面的低碳节能营建经验，以适应当地夏热冬冷的气候特点，在低碳节能建筑的实践过程中，这些传统民居所蕴含的低碳节能营建策略仍值得传承与研究。本文结合改造项目从以下两个方面进行思考：

一是适应气候特点的整体布局：

（1）植入形体演绎“院落式空间”，通过自遮阳减少太阳辐射对建筑热环境的不利影响，加强自然通风，减少对现代调控设备的依赖，达到低碳节能的效果。

（2）借鉴湘中地区传统民居背山面水的选址布局，布置水体构筑“水院式”环境，通过水体的气候调节作用改善建筑周边热环境。

二是利于气候缓冲的空间形式：

（1）结合民居中的特色檐廊打造公共活动空间，减少直射阳光与雨水对建筑本身的不利影响，起到气候缓冲作用，同时激活灰空间，降低空调等设备的使用率与能耗。

（2）将天井空间引入建筑内部，利用热压通风的原理增强自然通风，形成烟囱效应，降低使用人群对常规能源的需求，减少二氧化碳的排放。

本文结合实际案例探索湘中地区传统民居营建策略在现代建筑设计中的应用，达到了低碳节能的效果，为日后传统营建技术的传承与发展提供借鉴与参考。

参考文献

[1] 李晓峰，谭刚毅．两湖民居[M]．北京：中国建筑工业出版社，2009．

[2] 魏秦．地区人居环境营建体系的理论方法与实践[M]．北京：中国建筑工业出版社，2013．

[3] 向正君．丘陵地区低碳民居设计策略研究[D]．长沙：湖南大学，2011．

[4] 王医．湘中北地区传统民居建筑形式的气候适应性研究[D]．长沙：湖南大学，2012．

[5] 郭俊明，王若霖．基于地域文化的黄沙坪老街空间形态探析[J]．风景名胜，2020（11）．

[6] 纪伟东，等．中国传统民居低能耗技术应用研究与实践[J]．建筑节能，2018（09）．

基于斯维尔软件模拟分析的湘中地区传统民居自然通风优化策略研究[1]

张欣怡[2] 郭俊明[3]

摘 要：以湘中地区杨开慧故居为例，利用斯维尔模拟软件，从选址布局、空间形式、细部构件三个方面深入剖析其自然通风效果。结合调研情况与模拟的数据分析，从两方面进行优化研究：通过扩大过厅的开敞范围、增大门窗的尺寸及门的位置直线式布置，以提高自然通风的风速，达到优化传统民居自然通风的目的，为乡村振兴中民居建设的自然通风提供借鉴与参考。

关键词：湘中地区 传统民居 自然通风 软件模拟

一、引言

有效的自然通风可以提升室内的空气质量和优化室内的热环境。如何合理、有效地组织自然通风一直是居住建筑建设过程中关注的问题。传统民居中具有着丰富的自然通风智慧，值得借鉴与参考。随着研究的深入，对于传统民居自然通风的研究受到了更广泛的关注。近年来，随着计算机技术的发展，越来越多的研究采用数值模拟的方法对室内外风环境进行的分析，运用计算机软件结合调研数据进行模拟，能够客观而准确地反映传统民居的实际通风情况。本文选取湘中地区（夏热冬冷）某故居为例，剖析其选址布局、空间形式、细部构件三个方面的自然通风手法的实际效果及其存在的问题，并进一步提出优化策略，为乡村振兴中民居建设的自然通风提供思路。

二、基本概况

1. 某故居概况

某故居坐落于湖南省长沙县开慧乡（原清泰乡）开慧村板仓屋场，于清代乾隆末年始建，属于土砖木结构。该民居占地1400平方米，结合地形地势呈三阶梯共三进，面阔三间，大小房间共28间。某故居是湖南湘中地区民居建筑的缩影与精粹，也是夏热冬冷地区民居建筑的典型代表。建筑外观舒展大气，平面构成疏密有致，以堂屋为中心进行功能布置，多进厅堂共同组成，以天井相连各进，纵横向铺开。中轴线主要作用为祭奠，横堂则用于子孙后代居住，且子孙可以以同一形制模式延续加建，在横屋部分同时存在多个并行的分轴线和独立的天井院落。

2. 湘中地区气候特点

湘中地区属于夏热冬冷气候区，多雨潮湿，夏季时间与暑热时间长，暑热期平均气温≥ 28℃，长达 1 个多月，个别年份暑热期可达 1.5~2 个月。因此，在湘中地区传统民居建筑营造中，自然通风是其重点考虑的内容之一。

3. 湘中地区风环境特征

湘中地区年平均风速大约为 1.67 米 / 秒，呈逐年震荡增强趋势，夏季最大，秋季最小；东部地区平均风速较大，日最大风速 3 级以上日数呈逐年降低趋势，秋冬少发，春夏多发，所有风向的 59%为偏南风，某故居所在地长沙大部分地区属于日最大风速 3 级以上的高频区；日最大风速 6 级以上日数呈增长趋势，以春夏占多数。

三、自然通风措施

1. 自然通风措施分析

（1）选址布局

《黄帝宅经》中提出："宅以形式为身体，以泉水为血脉，以

---

[1] 项目名称：教育部人文社科项目（编号 19YJAZH027）；湖南省社科成果评审基金项目（编号 XSP20YBZ160）；湖南省教育厅项目（编号 2017—242）；湖南科技大学教育科学研究项目（编号 G31554）。

[2] 张欣怡，湖南科技大学建筑与艺术设计学院。

[3] 郭俊明，湖南科技大学建筑与艺术设计学院副教授，硕士研究生导师，主要从事地域建筑设计与教学研究。

土为皮肉，以草木为毛发。”中国古代聚落选址往往讲究“负阴抱阳”“背山面水”。通过实地调研可见，某故居选址布局背山面水以“藏风聚气”（图1、图2）。就其通风措施而言，充分利用周边地形特征，结合民居布局形式对气流风向进行引导，以形成“水陆风”和“山谷风”，加速该民居周围的气流速度，创造了自然通风的有利条件（图3）。

（2）空间形式

某故居依地势分三阶梯共三进，横向六间，纵向六间，局部形成了4个大小不一的天井院落空间（图4）。其天井院落空间对于自然通风组织体现在以下两个方面：

①风影效应：介于天井四面处于围合状，当自然风吹来时，天井相当于处于建筑背风面，当迎面而来的风呈流线掠过其上空时，部分空气被风拖拽走，上空大气压力骤降，周围空气来补充。正反方向运动的气流交织在一起，组成了涡流，具有小静压和大动能，被称为“负压”。天井空间的空气压力普遍会降低到原压力值的3/5，属于名副其实的“风影区”（图5）。

通过大小天井组合的方法，其一，夏季日间较大的天井接收太阳辐射量相比于小天井大，空气温度比厅堂和小天井要高，因而可以孕育相对压力差，无论室内空气温度或高或低，都会形成一股从小天井开口传入，穿越厅堂，由大天井开口排出的热压通风气流；其二，夏季夜间，大天井向天空放射长波辐射相比与小天井多，温度的降低速度快，温度较厅堂和小天井低，从而产生了相对压力差，无论室内空气温度如何，都会形成一股从大天井开口传入，穿越厅堂，由小天井排出的热压通风气流。

②穿堂风策略：当建筑迎风面正压和背风面负压形成后，且两面均开有风口相互贯通时，中央风道短且通畅，则迎风面开口立刻进风，接着从背面开口排出去，此时风流量消耗极小，这就形成了穿堂风策略（图6）。在某故居的主轴线中采用“前庭—过厅—天井”的布局方式，风从前庭吹向厅堂，在厅堂正面形成正压，后面天井形成负压，产生了压力差，中间有开敞厅堂贯通，形成了以穿堂风为主要通风策略的民居群体通风设计（图7）。

图1 某民居卫星图

图2 某故居

图3 水陆风产生原理

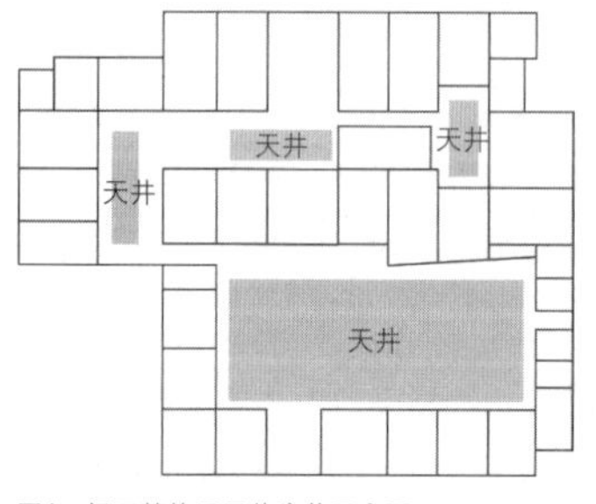

图4 杨开慧故居天井院落示意图

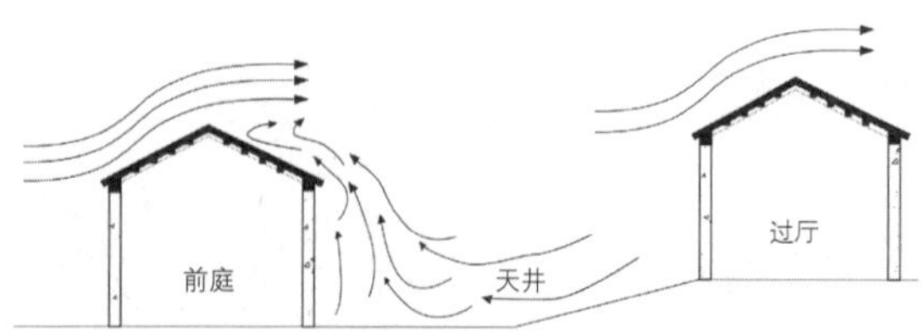

图5 风影效应示意图

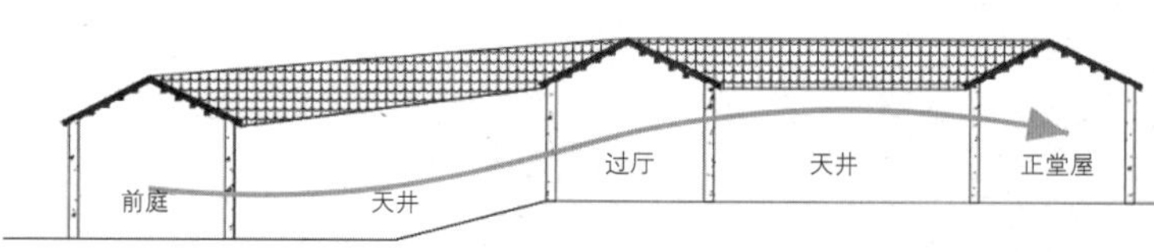

图6 天井院落的压强

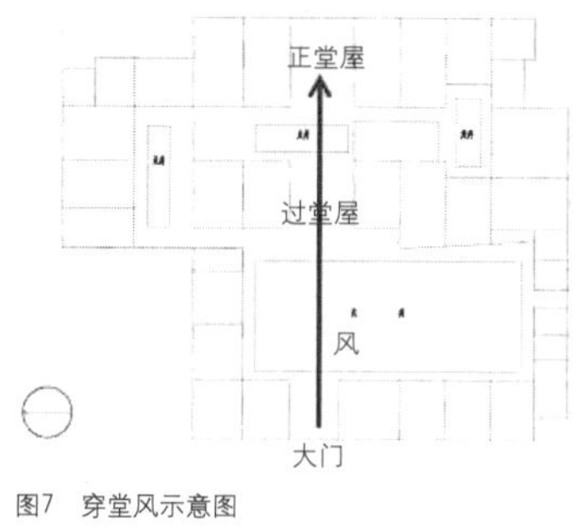

图7 穿堂风示意图

（3）细部构件

传统民居的细部构件有门窗、雨篷、隔扇等细部构件，本研究把以门窗作为自然通风的主要细部构件进行研究。门、窗按其所处的位置区别分为分隔构件和围护构件，属于建筑物围护结构系统中重要组成部分，有采光、通风等重要的作用。在某故居中窗户面向天井开放且在窗扇上进行镂空处理，气流可以通过打开的门窗流通，达到室内自然通风换气的效果。(图8)

图8 天井院落开窗情况

2. 自然通风的措施与客观效果

建立模型：以某故居主轴线中采用的“前庭—过厅—天井”布局方式，过厅中设有门可供开敞封闭，建立模型，以此对某故居院落空间风场分布进行研究。受地貌影响，长沙局部区域风速有所差异，夏季平均风速为 1.7 米 / 秒。模拟时以东南风为主导风向，自然风遵循梯度风分布规律。

将模型条件分为两种情况：Case1、Case2，对于一层高度 1.5 米处风压分布情况进行模拟分析。

（1）Case1：采用前庭—开敞过厅—天井的布局方式

（2）Case2：采用前庭—封闭过厅—天井的布局方式

采用建筑单体模型模拟室外风环境，建立建筑单体模式时，暂不考虑室内通风，并且不建立热源，建筑体块采用斯维尔BESC软件建立，通风采用斯维尔VENT通风软件进行模拟。院落风环境模拟分析：

实验结果 布局方式	前庭—封闭过厅—天井布局	前庭—开敞过厅—天井布局
1.5 米高处平均风速	0.086~0.173 米 / 秒	1.53~1.68 米 / 秒
风场分布	西侧大天井	西侧大天井、北侧小天井

Case1：通过模拟结果可知（图 10），当 H=1.5m，风速为 1.7 米 / 秒的东南风吹向封闭过厅的建筑时，西侧天井风速约为 0.086~0.173 米 / 秒。根据速度矢量图可知，在封闭过厅情况下，风只能在西侧大面积天井中产生较大的风速。

Case2：当有过厅并处于开敞状态时，建筑庭院内平均风速约为 1.53~1.68 米 / 秒，因此气流通过西侧大天井进入北侧小天井，风场分布较为均匀（图 11）。

结论：由水平剖面图可知，相较于“前庭—封闭过厅—天井”的布局方式，过厅开敞状态下民居院落内风场在与天井连接中分布区域更大并且更均匀、风速更快。建筑院落空间内大部分处于负压区，其余负压区主要位于在建筑背风面，当中部过厅开放时，能给院落带来良好的通风。

图9 研究模型建立

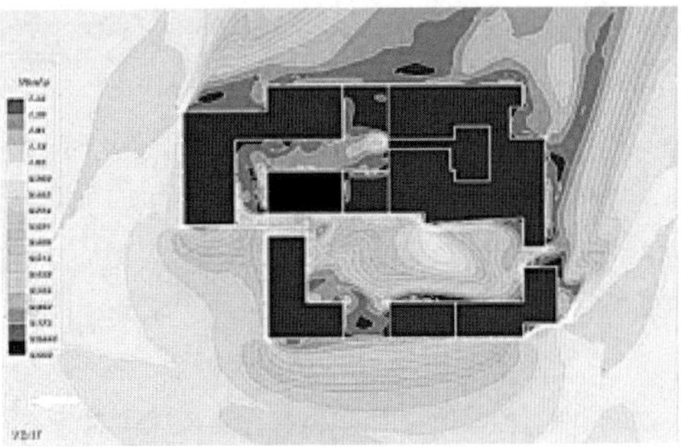

图10 水平剖面封闭过厅1.5米速度云图

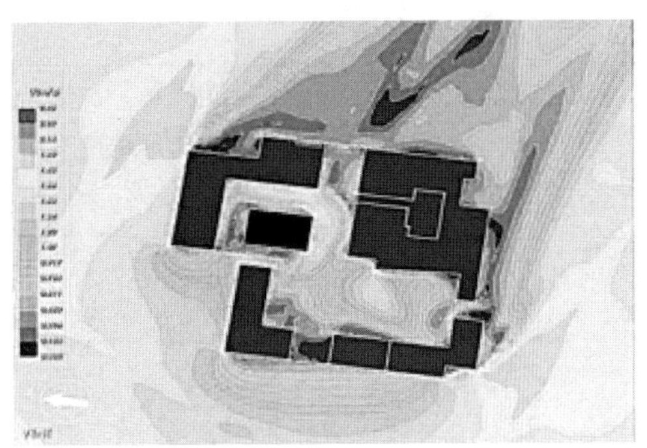

图11 水平剖面开敞过厅1.5米速度云图

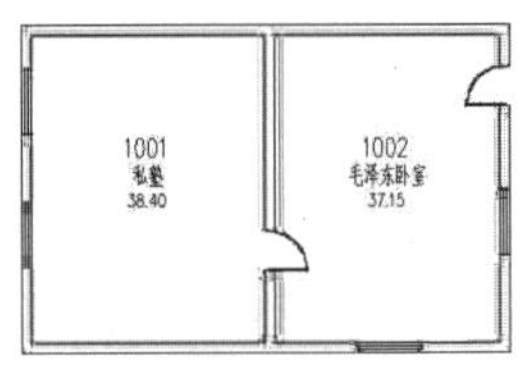

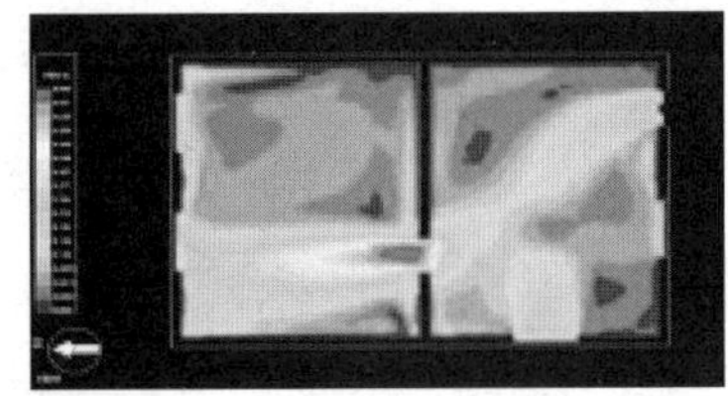

图13 平面窗框1500速度云图

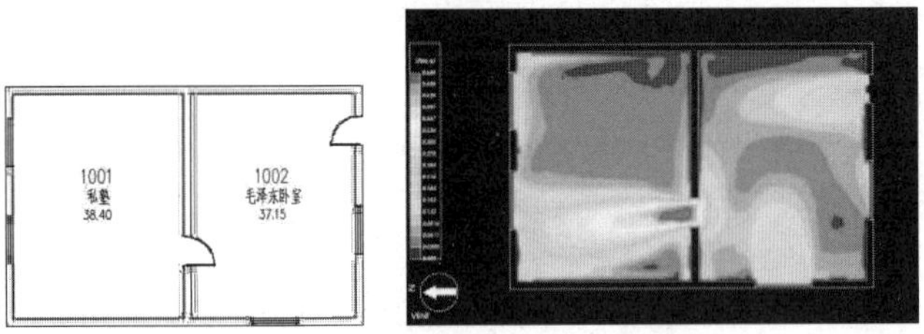

图14 平面窗框1800速度云图

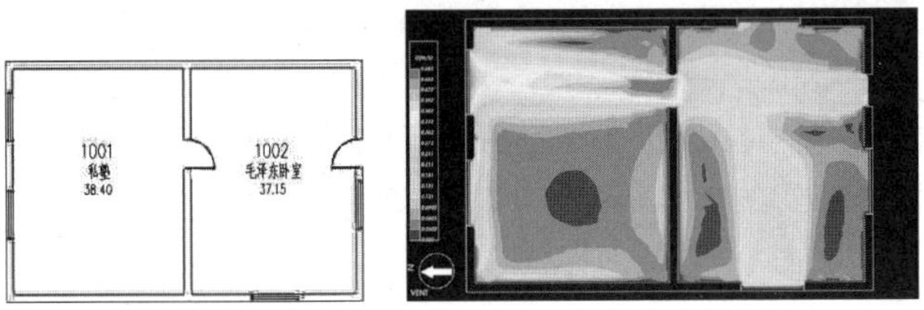

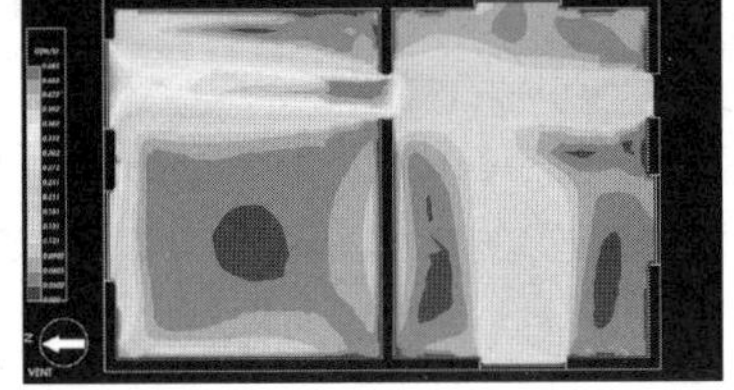

图15 门在一条直线上速度云图

3. 自然通风的不足之处及优化策略

通过现场调研、模拟分析，可以得出某故居利用天井风影原理和穿堂风为主的空间形式进行自然通风，有效提高了院落空间的风速，但也存在以窗户过小、门的位置不佳等室内通风不足的问题。

选取平面内房主人的曾住房，位于过厅和北侧小天井之间的房间为研究对象。

建立模型：以某故居平面中的门窗位置为原型，建立模型，以此对某故居室内通风进行研究分析（图 12）。采用院落空间风场分布与风压分布进行研究。将模型条件分为三种：Case1~Case3，对于水平高度 1.5 米处风速分布情况进行研究。

（1）Case1：房主人曾住房平面原型，窗宽为1500毫米（图13）。

图12 房间位置示意图

（2）Case2：房主人曾住房平面原型，窗宽为1800毫米（图14）。

（3）Case3：在平面原型基础上，门开口调整至一直线上（图15）。

室内通风模拟分析：

Case1：通过模拟结果可知，可以清楚地观察到流场气流的流动方向。当 H=1.5m，风速为 1.7 米 / 秒的西北风吹向建筑群体时，该房间主要通过南北向门窗通风，在书塾和毛泽东曾住房相接开门处风速达到最大值，房间北侧风速小，且房间内各处风速差异较大且不均匀。

Case2：当房间内窗户窗宽增大时，相同的风吹向建筑群体时，房间东部的通风情况稍有加速，增大的窗口面前速度场也呈现环状的收缩加速情况，但总体效果并没有显著提升。

Case3：当在平面原型的基础上将门的位置制定在同一直线上，由于门之间的位置对应，使得流体在这一空间的流动速度，流动方向及压力场产生了不同变化，形成了大小不一的扰流和涡旋流动。但由于空间的限制，刚刚通过西侧窗开口的，还处于紊乱流动状态的高速气流迅速收缩通过门的开口，使得通过门开口后的速率增加更多，也使得风速云图上风速较大区域的面积明显增加。

结论：根据上述情况，在某故居中可以考虑将门窗安排在同一直线上的做法或增大窗宽以提高室内风场风速较大的区域面积，从而提高室内通风效果，可优化传统民居室内通风效果，抬升其人居环境的舒适度。

四、结语

湘中地区是典型的夏热冬冷地区，以某故居为典型代表展开研究，结合数据分析，可以得出传统民居有以下几方面优点：

选址布局上：背山面水，合理布置建筑结构和布局，能够利用水陆风、山谷风等自然通风改善群体和室内的热环境。

空间形式上：巧妙利用天井风影效应、穿堂风等强化民居单体室外通风。“前庭—开敞过厅—天井”的通风体系使其周围大小天井之间的空气能自发进行对流，将风速进行倍数级扩大，有助于在夏热冬冷地区的夏季通风散热。

但湘中地区传统民居仍存在一些不足，通过软件模拟可以进行优化：

空间形式上：可以增大过厅的开敞面积，减少隔断，提升民居院落中的风速。

细部构件上：门窗朝向天井或厅堂开放，室内通风方面通过布置在于同一直线上进行优化，有效增大房间内风速，有助于夏季室内的通风隔热和提高居住者舒适性。

传统民居自然通风的量化研究极具科学性，值得探索研究，本文借助斯维尔软件技术对湘中地区传统民居自然通风策略进行数据化科学探索，为日后传统民居建设提供借鉴参考。

参考文献

[1] 李亚运.湖南传统民居天井的界面及其自然通风量化研究[D].长沙：湖南大学，2016.

[2] 刘庆.自然通风下门窗开启对室内环境的影响研究[D].重庆：重庆大学，2014.

[3] 邢剑龙.湖南传统民居生态节能设计研究[D].广州：华南理工大学，2015.

[4] 郭俊明，王若霖.基于地域文化的黄沙坪老街空间形态探析[J].风景名胜，2020（11）.

功能置换背景下福州传统民居天井的适应性设计

葛汇源[1] 郑力鹏[2]

摘　要： 近年大量保护级别低的福州传统民居在修缮后发生了功能置换，其天井在此过程中发生了显著的变化。本文经过大量实地调查，发现天井存在使用率低、舒适度和安全性不足等问题，目前常见的解决方法是封闭顶部、局部利用、排布桌椅和安置设备等，但在围闭方法、丰富处理手法和无障碍设计等方面仍需完善。合理利用天井有助于提高民居建筑的品质，福州的探索对其他地区的实践有借鉴意义。

关键词： 福州传统民居　功能置换　天井　适应性设计

福州是国家历史文化名城，近年来在古民居保护利用政策推动下，当地启动了大批古民居修缮利用项目。在历史文化街区内的大量传统民居，修缮之后改为文旅配套功能。福州传统民居普遍采用多进式布局，串联前后、衔接天地的天井是这种布局的重要组成部分，也是功能置换时的重点、难点所在，其利用方式直接影响民居建筑的空间品质。本文调研了福州51处修缮后改变功能的传统民居，选取其中保护级别较低，可加以改造利用的案例，揭示其中天井的现状问题，分析目前常见的解决方法及其利弊，并提出优化设计的建议。

一、福州传统民居天井的基本模式

福州传统民居大多采用纵向多进延伸的平面布局，天井与各进厅堂共同形成民居建筑的空间序列，产生了明暗、虚实的变化。天井的形态一般是东西长南北短的长方形，具体尺寸根据场地条件、所处位置调整。笔者测绘的再利用项目大多集中于福州市区，用地比郊区紧张，天井规模较小，进深 1.5 ~ 5 米、面宽 4 ~ 12 米。环绕天井的檐口高度不一，正座檐口较高，为 4 ~ 5 米，披榭、回廊的檐口较矮，为 3 ~ 4 米。天井的地面一般由条石铺设，方向与行进方向垂直 [1]。在原有的居住功能下，出于防火考虑在天井中放置水缸，布置景观时为避免植物根系破坏地面，在天井左右两侧用长条石制作支架摆放盆景 [2]，部分天井中间设有可避雨的、连接前后进的覆龟亭。许多古民居曾经用作公租房，在此期间废除了天井中的花架水缸，甚至砌起挡墙把天井隔为厨房和浴室 [3]，这些加建都已在修缮时拆除。

天井的南北方是正座，东西两侧是披榭或回廊，从所处位置上看，天井是福州传统民居的空间节点，承担着交通功能（图1）。传统民居利用开敞的天井采光通风，形成建筑内部的小气候，悉心布置后天井成为了富有情趣的室外景观，给礼法控制下严肃的建筑空间带来开放活泼的体验。主座、披榭、回廊环绕天井排布，都朝天井泄水，因而天井还需完成排水的任务。

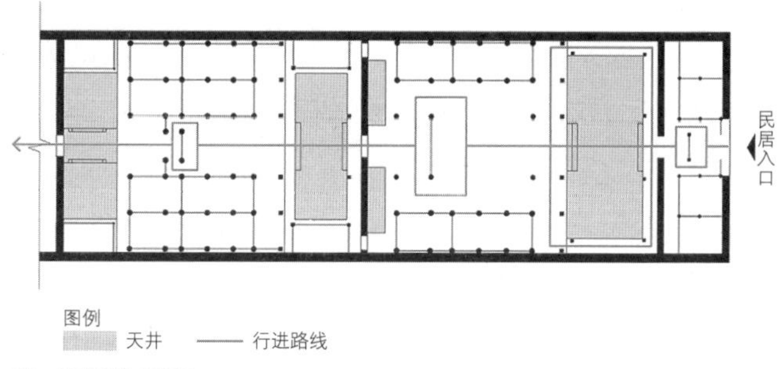

图1　天井位置示意图

二、传统天井与现代需求的矛盾

由于传统民居改作其他功能，原有的居住生活空间不能适应新的使用功能，环境舒适度也不能满足今天的要求，这两方面的矛盾在天井这个特殊空间表现得尤为突出，体现在以下三个方面：

1. 占地大且使用率低

福州传统民居的再利用项目大多集中在城市中心区，土地成本极高，再加修缮一处民居所涉及的建筑成本动辄数百万甚至上千万，令后续的利用需要产生足够高的经济效益来平衡巨大的支出，这也是决定开发者未来是否继续投入的重要前提。对于许多追求盈利的商业场所，可利用的面积、可容纳的人数与能产生的效益息息相关，需要设法建造更多的实用面积来产出更大的利润 [4]。传统民居使用率低于现代公共建筑，天井是重要影响因素之一，它所占面积可达总面积的 22.4%，却并非可以任意使用的“房间”，很难排布能够直接产生效益的功能（图 2）。

[1] 葛汇源，华南理工大学建筑学院。
[2] 郑力鹏，华南理工大学建筑学院，教授。

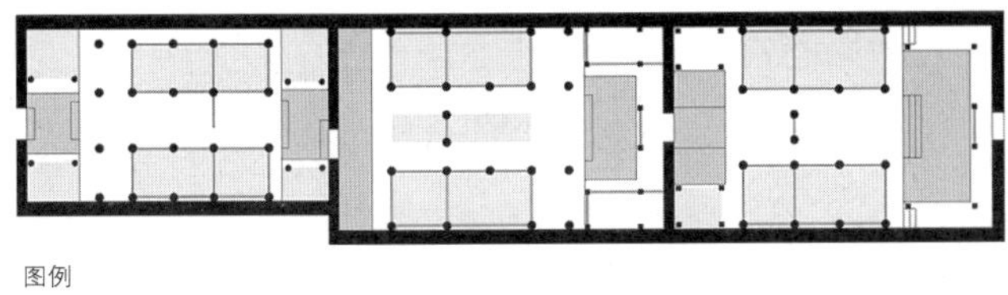

图例

天井　　用餐区域

图2　某民居置入餐饮功能后的天井与用餐区域对比

2. 露天透风，舒适度低

在古时候天井承担着通风散热功能，满足了古代人的生活所需。但近代以来福州地区年均气温、年均高温日数都呈上升趋势，再叠加城市热岛效应，现在集中于市区的传统民居所处的环境温度已高过古代[5]。且现代人已习惯设备提供的高舒适度，传统民居中的空调在高温天气下持续运作，显然天井能实现的降温效果无法满足现代人的高要求，酷暑时天井开敞通风的优点，从设备使用的角度看却变成导致冷气外泄的缺点（图3）。此外，许多天井没有回廊和覆龟亭，无法遮阳避雨，带来了一定程度的不便。

3. 高低起伏，行走不便

天井四周的坡屋顶向其倾洒雨水，旧时设在天井边的厨房向其排放污水，天井必须低于周边地面才能发挥出集水排水作用。在传统民居变成公共建筑后，内部交通大幅增长，天井的高差给腿脚不便者带来了困扰——若从天井中间穿过，需要先走下几级台阶进入天井，再走上几级台阶离开，即使从回廊绕行，也须得走上一两级台阶。天井内部铺地的条石历经百年不再平整如初，凹凸不平的地面可能绊倒不注意脚下的步行者，对天井中跑跳的儿童则存在更大的安全隐患。

三、功能置换中常见的天井处理方法

目前已完成功能置换的福州传统民居，主要用于展览、餐饮、办公、零售、酒店、休闲娱乐等。对天井的处理方法因业态和民居保护等级而异，但大致有以下几个方面。

1. 封闭顶部

封闭天井顶部能够增大实用面积、实现遮风挡雨，在保护等级较低的民居建筑中采用了不同的封闭方法。用玻璃将天井顶部完全封闭多见于较早完工的项目，这种方式使天井成为完全的室内空间，能有效扩大实用面积（图4）。天井侧面开放、仅用玻璃盖住上部的方法，比全封闭更通透舒畅，但不能挡住侧面吹入的雨水，也不能阻止冷气泄出，无法等同房间使用（图5）。有些业态需要能控制光线，会在玻璃顶下方悬挂遮阳布。近期的适应性设计中常见搭设卷帘，轨道架在天井上方，雨天时展开遮蔽风雨，晴天时收起就还是一个亲近自然的露天场所，比玻璃顶胜在灵活多变，对观感影响较小（图6）。

2. 局部占用天井空间

除封闭顶部，在天井中局部搭盖也是一个充分利用天井空间的方法，这种方法常见于商业场所，公益展览中十分少见，也不见于保护等级高的民居建筑。连接前后进的天井中，一般在通道的一侧搭建，另一侧则保持露天环境，既增加了实用面积，又便于交通往来，还保留了大部分室外空间。当所用天井处于民居末端，交通干扰少，局部搭盖的位置则选在天井中间，并在周围用绿化环绕。多数搭建是独立的存在，也有部分与厢房连通以获得一个大房间。搭建的形式有玻璃围护（图7）和木构小亭（图8），但为提高玻璃维护私密性加设的窗帘，破坏了天井的美感。

图3　福州传统民居通透的天井

图4　天井顶部全封闭

图5　天井顶部半封闭

图6　天井顶部搭设卷帘

图7　玻璃维护

图8　木构小亭

3. 排布桌椅家具

成本低廉且更加多变的活动桌椅在各种业态、各保护等级的民居中都有使用。布置活动桌椅的位置和局部占用相似，都以不妨碍交通为基本原则，但家具对环境的影响小且不易引起闭塞感，桌椅可以摆放在通路两侧。公益展览类很少用心布置，只把天井中的桌椅当作给游客临时歇脚的用具（图9）；而商业场所，尤其是把天井纳入用餐区的餐厅，会更加注重细节，选用与室内装修相匹配的桌椅样式（图10），并为遮阳避雨配套户外伞（图11）。部分相对高档的场所降低桌椅摆放密度，周围用绿植限定空间并稍作遮挡，提高私密性也降低家具的可见性，减少视觉影响。一些业态需要聚集人群或是表演展示的临时场地，摆放活动桌椅的天井可以在必要时清空家具，变成一个室外的活动场所。

4. 安置设备

开敞的天井比起封闭的室内，似乎天生更适合摆放空调外机之类需要散热或排气的设备，特别是在流线中靠后的部分。一些再利用项目并不重视天井，仅仅把它当作设备堆场。虽然部分设备在放置时稍有考虑观感，用木格栅隔挡（图12）或是用铁架把设备抬高到人平视视野范围之外（图13），但仍有许多设备在放置时并不加以掩饰。安置设备对天井环境的负面影响远大于其他利用方式，一些自重较轻的设备应放到屋顶上方靠近山墙的位置，借用屋檐遮挡视线，避免造成视觉干扰。

四、现代天井的优化设计

再利用项目中仍存在如围闭不当、手法单一、缺少无障碍设计等不足之处，可以采用以下措施加以改善，加强传统民居改造利用设计的适应性。

1. 改善天井围闭方法

天井是传统民居中自然排烟的出口，全封和半封都会带来消防隐患，且成片的玻璃顶对建筑风貌影响很大，后期的修缮利用项目已被禁止使用。虽然活动卷帘对整体环境影响较小，但这些卷帘安装时在原有的墙面或木构件上钻眼、钉钉，破坏了建筑本体。出于对民居建筑的保护，安装卷帘可以使用箍或卡的形式，或搭建一个独立的简易支撑结构，将卷帘与建筑本体分离。为了减少冷气泄漏，还可用玻璃从房间内侧封闭天井周边（图14），在与天井相连的正厅安装电动玻璃门（图15），不影响视觉通透性，也不妨碍交通。

2. 丰富天井的处理手法

福州传统民居常见有多个大小不一的天井，现有案例多采用完全相同的处理方法，统一有余但变化不够。例如在设计过程中一味仿古，千篇一律，不顾及传统民居空间的多样性和业态需求的不同。可按照各进天井的大小、用途和围蔽程度，采用景观塑造、排布家具、整合利用等方法，形成较为丰富的空间序列。为了避免

图9　展馆中用于歇脚的桌椅

图10　作为用餐区的桌椅

图11　搭配户外伞的休闲区

图12　用格栅遮挡

图13　用铁架抬高

图14　玻璃由内封闭

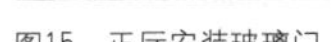
图15　正厅安装玻璃门

图16　设置木制坡道

图17　粘贴警示条

干“房”一面，应考虑鼓励使用现代材料，适当融入现代审美，这也有利于把后加部分和建筑原物区分开来，实现“修旧如旧，补新以新”[6]。

3. 完善无障碍设计

目前传统民居的再利用实践几乎没有进行无障碍设计，遑论本身就存在多个高差的天井空间，但随着老龄化社会的到来，无障碍设计已不容忽视。设置无障碍设施应当以保护为前提，天井中有高差处可加设木制临时轮椅坡道，成本低廉，无需固定，不会损伤原物，色彩与材质与原有环境相适应，不会对视觉环境造成过大的干扰（图16）。若确实不便放置坡道，也可在高差边缘处粘贴警示条，提醒行人注意脚下（图17）。天井中铺地的条石若出现起翘，则应重新调至平整，避免突出的边缘引起轮椅振动或绊倒行人。

五、结语

传统民居发生功能置换已经成为无法回避的现实情况，面对其中必然产生的矛盾时，不能一味要求当下的使用者向过去的形制妥协，在要求珍贵的文物建筑保持原貌的同时，也应允许保护级别或价值较低者寻找合适的解决方法。天井所处的位置、开敞的状态、承担的功能都注定它是传统民居再利用的关键点，它的利用方式真实地反映了现代需求与传统形式之间的碰撞，其设计成败决定着建筑整体的品质。福州位列住房和城乡建设部第一批历史建筑保护利用试点城市，持续推进着古民居的修缮利用，已有的项目在实践中为天井的适应性设计积累了宝贵的经验，引导未来的项目在此基础上探索更多的可能性，让传统民居与时代共同前进。

参考文献

[1] 罗景烈. 福州传统建筑保护修缮导则[M]. 北京：中国建筑工业出版社，2018.

[2] 阮章魁. 福州民居营建技术[M]. 北京：中国建筑工业出版社，2016.

[3] 黄启权. 三坊七巷志[M]. 福州：海潮摄影艺术出版社，2009.

[4] 陆地. 建筑的生与死：历史性建筑再利用研究[M]. 南京：东南大学出版社，2004.

[5] 林荣平. 福州市高温时空格局及其对城镇化的响应[D]. 福州：福建师范大学，2015.

[6] 常青. 建筑遗产的生存策略_保护与利用设计实验[M]. 上海：同济大学出版社，2003.1.

摩梭人传统民居建筑装饰符号探析

王 贞[1] 张 敏[2]

摘 要： 通过对泸沽湖周边摩梭人聚落的田野调查发现，摩梭村落、院落和建筑构建，无不显示着独特的民族装饰和传统民居的独特表达结构，带有鲜明的民族性和地方性。文章在对永宁坝区摩梭人传统聚落实地调研的基础上，分析了民居院落的结构及功能，建筑装饰分布、要素及特色，旨在探寻摩梭人建筑装饰语言符号及其精神文化属性，为重识与转译少数民族传统文化基因、铸牢中华民族共同体意识、传承中华民族丰富的文化遗产提供思路。

关键词： 摩梭人 传统民居 建筑装饰 装饰符号 图式

一、前言

摩梭人自称“纳”，是我国“藏彝走廊”境内藏缅语族的彝语支族群，学界普遍认为其是由西汉时的古羌人沿横断山脉南迁到泸沽湖周边定居下来[1]，以有2000多年的悠久历史，特别其延续至今的母系家屋制度和独特的走婚文化，成为世界范围内现代母系社会族群最为典型的代表之一[2]。自20世纪20年代美国探险家约瑟夫·洛克探索摩梭人聚落后，国内外社会学、人类学、民族学、地理学等各界学者持续不断地对其独特的族群文化特征进行了研究，取得了丰硕的成果。

摩梭人长期生活在地形复杂、地貌多样的横断山脉中，相对封闭的自然环境和丰富多样的民族文化共同作用下形成了独特的聚落文化形态。近二十年来逐渐引起建筑学领域专家的重视，对其聚落形态、景观特征、生态环境变迁等进行了一系列研究，成果丰富。其中，摩梭人传统民居中的祖母房是研究重点，然而对摩梭人建筑装饰的研究文献并不多见。本文即从装饰符号的视角尝试对摩梭传统民居建筑装饰语言进行解读，以丰富摩梭人传统民居建筑研究的内涵。

二、摩梭人传统民居院落

摩梭人传统民居是其母系家屋社会形态及其独特的宗教文化的典型反映。作者调查发现，摩梭民居院落以平面“回”字形四合院为主要模式，尽管实际生活中摩梭人会依所处地形和宅基地大小不同而将住宅形态灵活变通，但其基本图式较为固定：即由一栋正房（即祖母屋）、两栋厢房和一栋门楼组成（图1）。祖母房为摩梭民居的核心部分，承担着日常祭祀、待客、集会，以及祖母、舅舅、未成年子女等主要家庭成员的居住功能；摩梭民居另一个重要的建筑空间是经楼，供住家喇嘛的日常修行或居住。花楼是摩梭人族群独有的居住空间，通常为正对祖母房的二层木楼，上层分隔为一间间的“花房”，供家屋内13岁以上行过“成人礼”的女子单独居住、在夜间接待伴侣，是摩梭人独特走婚习俗的标志性承载空间。

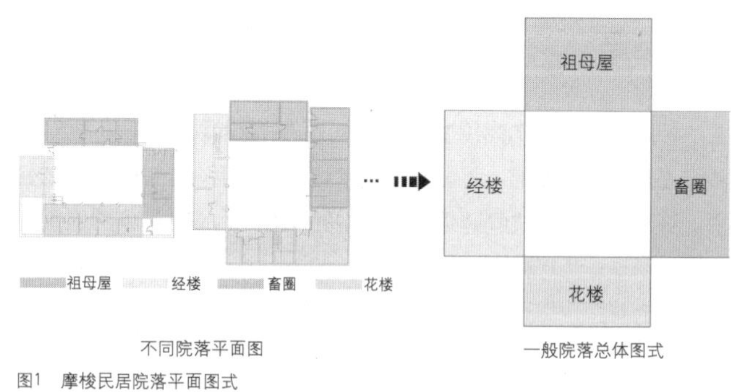

图1 摩梭民居院落平面图式

三、摩梭人传统民居建筑装饰

摩梭人的本土宗教——“达巴教”中，存在着“万物崇拜”和“祖先崇拜”的文化心理[3]，他们将对自然界的敬畏和对于神灵、祖先庇佑的祈祷，幻化为民居院落中有形可观的信仰之物，结合摩梭文化中重“家屋”的观念，物化成了一套民居建筑独特的装饰图式。本文依据建筑装饰图式的功能属性，将摩梭民居建筑装饰图式分为“结构性装饰符号”和“非结构性装饰符号”（图2）加以阐释。

❶ 王贞，华中科技大学建筑与城市规划学院，博士、副教授。
❷ 张敏，华中科技大学建筑与城市规划学院，硕士研究生。

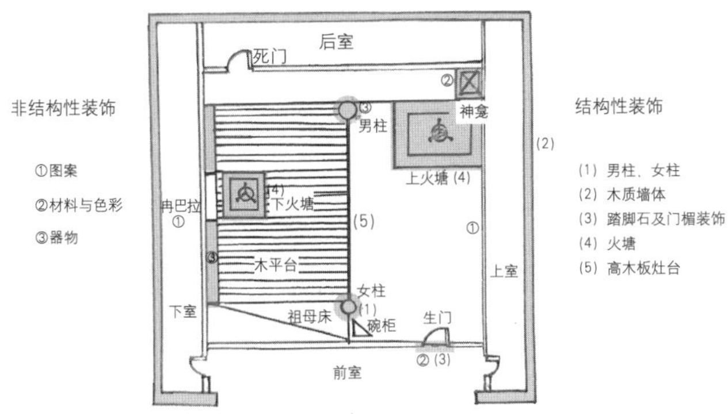

图2　摩梭人传统民居“祖母屋”建筑装饰符号及部位示意图
（来源：作者根据相关资料改绘）

1. 结构性装饰符号

（1）男柱与女柱

一般认为，摩梭人祖母房里的男柱与女柱是对其先民居住模式——“帐幕居”中的中柱的继承，结合摩梭人原始的万物有灵观下的“树木崇拜”而形成了“中柱崇拜”[1]。男柱和女柱位于祖母屋内火塘前，二柱选料须源自同一棵树，象征着摩梭人根深蒂固的“男女同根同源，不可分离”的母系渊源[4]，同时意味着家户的兴旺需要全族男女成员的共同支撑、协作，女人和男人共同支撑着摩梭家庭与社会，因此也是摩梭人性别平等观念的重要体现。摩梭人在修建传统民居——木楞房时，会在男柱与女柱之间架一根横梁，横梁上刻藏文“吉祥如意”，并钉上装着供神的五谷杂粮、银元和日历的小红袋[5]，显示出摩梭民族中男柱与女柱可通神灵的崇高地位。

（2）墙体

①建筑外墙及装饰

横断山区高山深林的自然环境为摩梭人传统民居提供了丰富的建造资源：以木材为主，辅以少量的石料、土和片瓦。传统摩梭民居为井干式的木楞房，至今仍在泸沽湖周边的摩梭人聚落普遍存在（图3）。摩梭民居正房的维护墙体必须使用原木[6]：四壁约需200根长6~8米的原木，加工后两头砍成榫扣，相互嵌扣垒成木墙。墙面整体呈现整齐的木质堆叠纹路，质朴整齐，使建筑形体本身在材料、肌理、色彩方面表达出古朴粗旷的美学特征，表达出摩梭人与自然融合的审美意象。

在经济允许的情况下，民居建筑墙面也会饰以彩绘，兼顾美观与防潮、防腐等实用性功能（图4）。宗教信仰和自然环境等因素让摩梭人形成了亮色偏好[7]，例如红色、黄色、绿色等明亮色系的颜色。藏传佛教的传入带来了新的装饰内容和审美习惯，让摩梭民居建筑产生了鲜明的藏化倾向，原本藏区等级鲜明的红色[8]在摩梭建筑中得以大面积使用。

②建筑内墙及装饰

摩梭民居正房内墙除了保持原本木楞的纹路外，有的也会加有一层木质装饰（图5）。由纵横交错的深浅木条、藤条反复编制出“回”形或其他抽象纹样，叠衬在室内宗教信物、民族器具等之下烘托出祖母房的深厚的文化氛围，充满仪式感和神秘感。

（3）檐下、门窗、栏杆等

作者现场调查发现，摩梭木楞房的主要构件由木材制作并施以多种装饰，因其深受藏汉文化、宗教、地理等因素的影响，植物及动物为最主要装饰题材。例如，建筑檐下、雀替等处多以饰以“回”形纹、莲花纹等，大户人家的房屋有雕刻和精美的雀替并配以木雕花窗，颇为美观；檐下的每个柱子顶端都立有简化的祥云图样垂花柱，当地人称为“柱子的耳朵”，象征吉祥如意[9]；室内墙面装饰多用“回”形纹，体现连绵不断、吉利永长的吉祥寓意；经堂的神龛则使用更为复杂精美的“忍冬纹”，象征佛国天界和净土；经堂的门窗、楼廊、栏杆上多镂刻有繁简各异的渔网纹；悬山式屋顶两边的悬鱼在出挑的檩条、屋面投影中显得明亮突出，既起到保护与美化作用又是“吉庆有余”的象征[10]；祖母房内的“死门”上画有“卍”字纹，象征吉祥与往生[11]。一说摩梭人是氐羌系民族后裔[1]因此保留了羊图腾象征吉祥、和谐，因此会在房屋门楣挂羊头或在栏杆小柱用羊首图形装饰；又有一说摩梭人认为羊角、牛角锋利，可以辟邪[12]。另外，民居中的柱墩等构件也会采用线条简单的鸟兽纹装饰，少数结构中也会采用普斯贺纹等，以上图式符号如表1所示。

图3　墙面木材堆叠纹理
（来源：李静摄）

图4　祖母房的涂料墙面
（来源：王贞摄）

图5　祖母房的室内墙面
（来源：王贞摄）

摩梭人传统民居建筑结构装饰纹样 **表1**

	祥云纹	莲花纹	“回”形纹
基础纹样	 祥云纹	 枝叶纹	 “回”形纹
装饰部件及图案	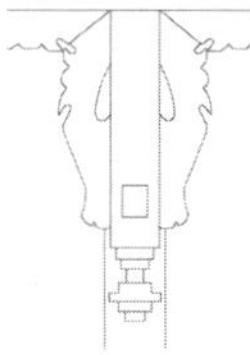 垂花柱木雕装饰	 窗户木雕装饰	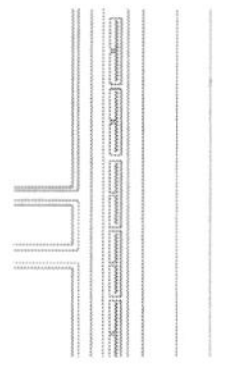 门框装饰图案
	忍冬纹	羊首纹	鸟兽纹
基础纹样	 忍冬纹	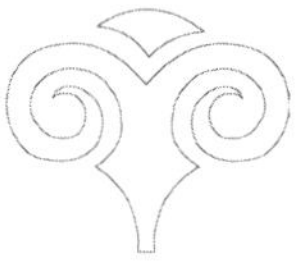 羊首纹	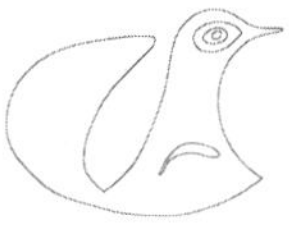 鸟兽纹
装饰部件及图案	 神龛装饰图案	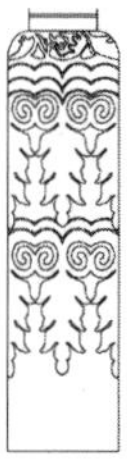 柱子装饰图案	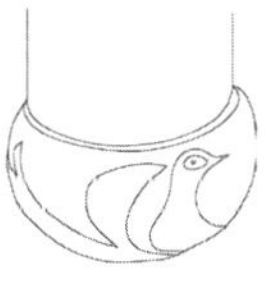 石础鸟兽纹图案

注：张敏制表、绘图。

（4）火塘

摩梭人有“火崇拜”观，是我国西南具有“火塘文化”的众多少数民族之一。火塘是摩梭人家屋文化的精神寄托和集中体现，代表一个独特的灵性世界，被认为可以与祖先、神明沟通，因此火塘要日日夜夜不断地烧下去以保佑家屋兴旺。火塘的三个火塘架分别象征火神、男宗神、女宗神[1]。摩梭人祖母屋的室内空间常被抬高的木地板一分为二，成为以上、下火塘统领的两个区域：上火塘位于进门右侧的神龛以下，是家中男性成员招待宾客的地方；下火塘位于祖母屋左侧，是家中祖母及子女日常生活起居及招待客人之所，为女性主导的空间。

①上火塘

上火塘主要起到待客及丧葬作用[13]。男柱旁边角落位置有一藏式柜子——“梭拖”，柜顶上放有的一个冉巴拉是家人过世、处理遗体或停灵之处，丧葬事务则只能由男性承担。梭拖角落装饰多样丰富，雕刻精致的木柜旁挂有配色多为红、黄、蓝、黑的藏传佛教丝绸卷轴，卷轴暗色的覆背与亮色的画心冷暖、明暗对比明显。覆背上有宝相花、八吉祥等装饰纹样，画心则为不同的宗教图样。为显示对于神龛的尊敬，多有花束供于其上并摆放有净水碗等。上火塘空间浓墨重彩，装饰繁众，在整体木质、色调偏暗的正房空间内更显隆重。

②下火塘

下火塘主要起到日常生活、祭祖祭神作用。在下火塘旁边有着一块锅庄石，为白色代表本家族已逝的祖先们。锅庄石后则有着一座或石刻或泥塑或木雕的冉巴拉——火塘神（图6）。相较于上火塘在空间装饰上的多样性，下火塘区域则更注重规则性与崇敬之心[14]，反映了摩梭人对于火塘的虔诚，对于家族兴旺的祈盼。

2. 非结构性装饰符号

（1）图案

与结构性装饰中的纹样相比，摩梭人生活环境中的平面装饰图

图6 "冉巴拉"位置
（来源：李静摄）

月　日　火焰　海螺　莲花
云朵　宝珠　双鱼　油灯　金轮

图7 "冉巴拉"火塘神图案
（来源：张敏根据相关资料绘制）

图8 正房门口的铜水缸
（来源：李静摄）

图9 屋脊上的三齿叉
（来源：李静摄）

案题材非常丰富，且色彩更为鲜艳、形象更为生动，具有更加浓郁的宗教意味。例如，摩梭民居的经堂除了悬挂唐卡或丝绸经卷，还多绘制宗教题材的壁画，装饰有八吉祥纹样等宗教图形，其中又以莲花、海螺、火焰出现得最为频繁，并会以日、月、星、火苗、海螺、金轮、莲花等图案来装饰"冉巴拉"——火塘神，因为莲花寓意着纯洁，火焰、太阳象征生机，金轮、宝珠象征藏传佛教的金轮宝、神珠宝（图7）。在壁画、窗棂等处则使用虎——摩梭保护神[13]、鹿——藏传佛教的灵兽、鹤——汉文化中高洁的象征图案，体现出多种文化和宗教信仰对摩梭人生活环境的深刻影响。

（2）色彩

摩梭传统民居建筑整体呈现木材本身的暖调黄色，随着时间推移，祖母房室内的木材被火塘烟熏得焦黑，而室外木材则因日晒雨淋而呈现褐色，民居建筑自然质朴与周边自然环境和谐交融。

摩梭民居建筑中色彩最为明艳饱和的空间便是经堂。经堂里所藏经书的数量和室内的华丽程度标志着主人的财富与地位[15]，经堂的室内空间色彩与所悬挂的唐卡一样，善用金、银作画以浓烈的底色衬托主体[16]。

与拉祜、傈僳和哈尼等具有母系传统的民族一样，摩梭人也认为红、白、黑色是他们的神圣色彩，且银是代表了月亮的神圣物质，因此银色被赋予女性特质经常出现在他们的生活装饰中[2]。

（3）器物

摩梭人的生活器物同样颇具特色，并成为民居内外装饰元素之一。例如，祖母屋内墙壁悬挂狩猎用具、摆放各种传统餐具、茶具等生活用品、悬挂猪膘肉、腊肉等食物（图8）、祖母房门口的水缸和铜水瓢等，这些器物不但具有实用功能，更成为形成摩梭人民居建筑环境中体现其浓厚的生活气息和文化特质的特殊装饰符号。

达巴教中的建筑辟邪文化传统，转化为保佑全家安全的各种器物分置于室内外，例如：祖母房室内的达巴教神棒、长刀等祭祀用品，多处摆放的海螺、油灯、净水碗、香炉等器物；立于祖母房屋脊中央的铁制三齿叉、横挂在门楣上的弓箭和锯齿朝外的锯以及马蜂窝[12]（图9）。门楣、屋檐上挂辟邪的白色经幡；院落大门外则挂象征吉祥如意的七彩经幡，内院空间拉起风马旗；大门两侧贴着对联和门神；楼廊下悬挂红灯笼等，多民族文化的融合在摩梭人传统居住建筑环境中表现得淋漓尽致。

四、结语

摩梭人传统民居具有独特的装饰符号，并以稳定的结构和形式反复出现在摩梭人传统民居变体中，形成了摩梭人独特的以母系家屋制度和走婚文化为主体的装饰图式语言，成为世界珍惜母系文化遗存的典型特征之一。对摩梭人传统民居装饰符号的研究，有益于传承"和而不同，各美其美"的民族文化多样性，为铸牢中华民族共同体意识提供了有益的样板元素。

参考文献

[1] 秦富强．藏彝走廊地区氐羌系民族建筑中的共生文化基质研究[D]．重庆：重庆大学，2018．

[2] Goettner-Abendroth H. Matriarchal societies: Studies on indigenous cultures across the globe. Lang, 2012.

[3] 李安辉，格则清珠．摩梭人的禁忌文化与生态伦理观探析[J]．宜春学院学报，2018，40（05）：62–67．

[4] 蓝先琳．摩梭人的居住环境及其室内家具陈设初探[J]．饰，2000（02）：3–5．

[5] 钟华．摩梭木楞房的建筑文化[J]．中华建设，2005（04）：49．

[6] 赵龙．滇西北纳西族聚居区域传统建筑形式和材料研究[J]．武夷学院学报，2015，34（02）：74–78．

[7] 王娟，张积家，林娜．纳日人颜色词的概念结构——兼与纳西人颜色词概念结构比较[J]．中央民族大学学报（哲学社会科学版），2010，37（02）：87–93．

[8] 杨健吾．藏传佛教的色彩观念和习俗[J]．西藏艺术研究，2004（03）：61–71．

[9] 任小梅．论云及祥云的象征性[J]．吕梁学院学报，2015，5（03）：90–91．

[10] 董理．丽江纳西族民居悬鱼装饰艺术研究[D]．昆明：昆明理工大学，2010．

[11] 凌立．藏族“卍”符号的象征及其审美特征[J]．康定民族师范高等专科学校学报，2006（01）：8–12．

[12] 宋兆麟．达巴教[J]．东南文化，2001（02）：66–75．

[13] 刘浩，曾跃辉，杨建．摩梭文化中的传统民居研究[J]．四川建筑科学研究，2007（05）：161–163+170．

[14] 罗汉田．火塘——家代昌盛的象征——南方少数民族民居文化研究之一[J]．广西民族研究，2000（04）：91–97．

[15] 毛刚，石正东．摩梭民居室内环境杂谈[J]．室内设计，1995（03）：4–8．

[16] 杨健吾．藏传佛教的色彩观念和习俗[J]．西藏艺术研究，2004（03）：61–71．

凉山彝族传统民居建筑装饰特征及其文化来源

王 贞[1] 张嘉妮[2] 吕宁兴[3]

摘 要：凉山彝族传统聚落的民居建筑装饰充满了浓郁的民族风味，特别是民居建筑各个部位丰富的造型、淳厚的色彩、充满生趣的图案，以及合宜的乡土材料与朴拙真诚的工艺表达，充分传达出彝族独特的民间文化习俗与民族宗教信仰，以及天地神灵与日月星辰崇拜下的民族审美意识建构特征。其崇尚生命、敬爱自然的积极审美态度与文化性格，对铸牢中华民族共同体意识、传承"和而不同，各美其美"的民族文化多样性提供了有益的样板元素。

关键词：文化基因 传统聚落 民居建筑 装饰图式 凉山彝族

一、彝族传统聚落与民居

藏彝走廊内的彝族属藏缅语族的彝语支民族，是具有2000多年悠久历史和古老文化的民族，目前主要分布在我国西南地区。其中位于雅砻江流域的凉山地处四川西南部与云南交界处，境内江河纵横、山高坡险、气候宜人，自然资源极其丰富[1]，逐渐成为彝族最大、最集中的聚居区域，也是彝族传统文化风貌保持的最为完整的区域[2]。

凉山彝族自称"诺苏"，一直是彝学研究的重点区域之一[3]，近20年来人居环境领域对于彝族传统村落的研究聚焦在民居建筑、传统聚落、自然生态、工艺装饰几个方面，研究热点在于凉山彝族聚居地的旅游开发、景观保护及村落更新。相关建筑研究集中于建筑类型、建筑布局、建筑构件和建筑文化现象，尽管部分文献中有一些对建筑装饰的涉及，如装饰图案、装饰色彩和装饰造型等，但较为零散，尚缺少专门文献对彝族传统民居的建筑装饰进行较为系统的研究。为了厘清建筑装饰与其文化诱因之间的关系、正确引导彝族传统文化传承与保护，本文尝试对凉山彝族传统民居的建筑装饰特征与其文化特征进行关联研究，为完善与充实少数民族文化基因库提供有助的案例研究。

经过现场调查，笔者发现凉山彝族传统民居以合院式为主，"一"字式院落是住宅最为普遍的形式[4]（图1），其格局为院墙环绕着正房划分为前后两院，一般前院略大于后院，前院为家庭生产生活主要活动空间（如柴房、厕所、家禽家畜饲养空间等），而后院为生活辅助空间。另有三合院类型住宅院落，以前是贵族或富裕人家的住宅类型，通常由正房、厢房、院墙组成（图2），院落平面以堂屋为中心的向心式布局，长方形为主，也划分为前后两个院子，院门位于正对正房院墙的偏角，如今越来越多彝族民居采用这种院落形制。

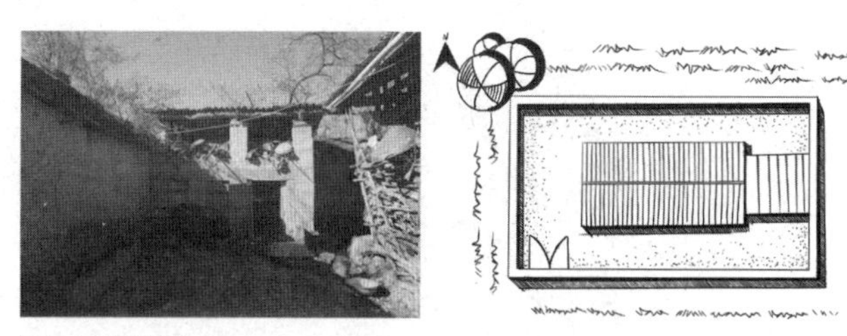

图1 "一"字院落
（来源：王贞拍摄，张嘉妮绘图）

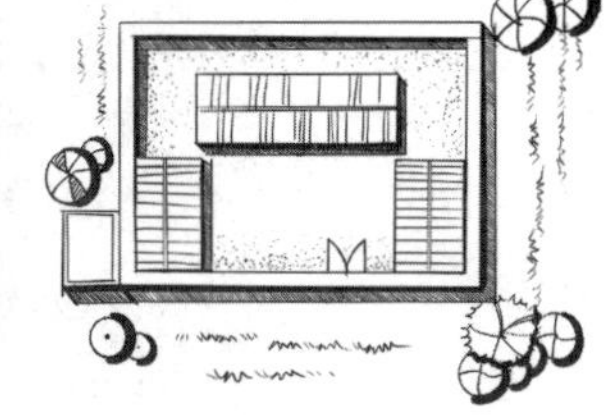

图2 三合院落
（来源：王贞拍摄，张嘉妮绘图）

二、彝族传统民居建筑装饰

1. 装饰部位

凉山彝族传统民居建筑的各个部分都有极具特色的装饰符号，分别出现在檐栱、挑栱、檩柱、横坊、墙体和门窗等部分（图3），蕴含了诺苏彝人独有的民族文化与民族精神。（表1）

---

[1] 王贞，华中科技大学建筑与城市规划学院，博士、副教授。
[2] 张嘉妮，华中科技大学建筑与城市规划学院，硕士研究生。
[3] 吕宁兴（通讯作者），华中科技大学建筑与城市规划学院，博士、讲师。

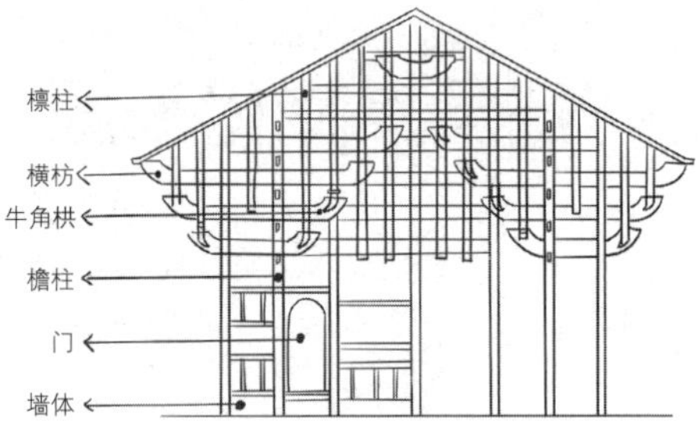

图3 诺苏彝族民居建筑各装饰部位示意图
（来源：张嘉妮根据相关资料改绘绘制）

2. 装饰色彩

彝族以其彪悍淳朴的民族特性著称，因此其民族颜色喜好与强烈的情感特征密不可分。黑红黄是彝族标志性的色彩组合：黑色为尊，象征着刚强、坚韧与吉祥；红色为勇，是火文化的体现，代表着生命、热情与光明；黄色为美，象征太阳，代表善良、友谊及和解，是道义、伦理及日月文化的化身[5]。黑红黄的强烈色彩组合不但出现在服饰、漆器、壁画、装饰等日常生活的方方面面，彝族民

彝族民居建筑装饰部位及其装饰属性与特征　　表1

装饰部位	图例	装饰属性	装饰特征
横枋		结构性装饰	横枋以彩几何图形作为装饰，常使用黑红黄绿白等明亮颜色
檐栱/牛角栱		结构性装饰	檐部一般采取多层出挑，横枋枋头的牛角为抽象几何形，既是受力结构，又成为简朴大方的特色装饰
垂花柱	 	结构性装饰/非结构性装饰	室外的垂花柱下段常雕刻成竹节，并以几何阳刻花纹饰之，室内的垂花柱下端常雕刻成吊瓜
墙体		结构性装饰/非结构性装饰	传统木板墙壁上嵌入几何花纹作为装饰，形式感强烈，体现了凉山彝族的独特文化特征
门楣	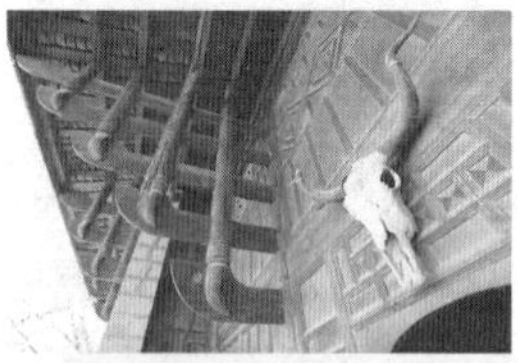	结构性装饰/非结构性装饰	门楣为装饰重点，常饰以几何木质拼花或雕刻鸟兽卷草等图案，并悬挂牛角、羊角、鹰爪等物
花窗		非结构性装饰	室内以原木分隔空间，木格花窗以几何花纹精心装饰，有的还饰以彩绘，象征财富与吉祥

注：张嘉妮制表，王贞、向隽慧摄影。

居建筑的室内外彩饰部分也无不以此色彩系统来主导，形成独特的装饰色彩体系（图4）。

彝族的装饰色彩还承载着民族等级观念，例如以黑为尊的思想导致祭祖用的牲畜要选纯黑毛色动物、奴隶制阶段的贵族统称“黑彝”[6]，至今仍有很多彝族自豪地介绍自己属于黑彝的后裔。相反“白彝”在其社会中处于下层阶级，受到黑彝的剥削和压迫。在建筑上传统民居的屋顶通常为黑色木板或屋瓦，室内居住空间也因火塘的经年累月炭火熏烤而变得黝黑[4]，这些用色习惯从民族情感和审美意识上都是被接纳和推崇的。

彝族独特的色彩体系趋于明快鲜艳的装饰趣味，例如彝族民居窗户和门框上会贴红纸[6]，作为建筑装饰重要部位的屋檐也多使用红色土漆。一些建筑的柱与枋被染为黄色象征富贵[7]，此外，居民还会将金黄的玉米晾晒在檐口作为建筑装饰。除了黑、红、黄三色被大量装饰部件使用之外，材料的本色也形成重要的装饰色系。彝族居民瓦片房中的建筑木构架（柱子、坊、牛角栱等）一般均保留木材原色，且仅做几何形雕刻的抽象图形装饰显得古朴粗旷，与少量彩饰部件形成强烈的对比。

3. 装饰造型

彝族传统民居建筑装饰主题来源于彝族的图腾崇拜，并通过绘画、雕刻的方式广泛地运用在建筑细部构件中，分别体现了其强烈的自然崇拜（日月星辰、云、水、卷草）、动物崇拜（鸟兽、牛角、火焰、鹰爪、虎）和祖先崇拜（皮鼓、神器）（图5）。彝族人民通过图腾图形把自己的美好愿景寄予在住宅建筑的各个部位：室外的装饰集中在屋顶、檐下、墙体、门窗，其中檐下装饰最为丰富，室内的装饰重点在搧架（图6）、木隔墙、窗花、火塘处的三块锅庄石上[8]。例如，在正门上雕刻神兽、在门楣处挂置牛角以祈求神灵庇佑等。牛、羊图案代表追忆祖先们在野外游牧时的生活[9]，祈求五谷丰登，牛羊成群[10]；在室内的火塘周边以日月星辰的图案进行装饰，象征着彝族祖先支格阿龙敢于射除多余的日月的斗争精神[11]，表达彝族人民对祖先以及自然的崇拜等。通过调查笔者发现彝族的装饰图案以抽象纹样为主，源于自然环境和生活经验，例如火镰纹、渔网纹、茅纹等，与其所处的地理地貌、生态环境、社会经济、文化习俗、民族历史及宗教信仰有着密切的关联，蕴含了丰富的地域文化内涵。

4. 装饰材料与工艺

凉山彝族世居高山林木资源丰富，聚落建造就地取材，木材、石材、瓦片、山草、泥土等都是他们常用材料。有时是单一材料的使用，例如传统民居建筑主体结构和内部空间分隔等完全使用木材；还有的结合木材与加草黏土建造，或是墙体上下分段选用不同材料，或是墙体内外双层选用不同材料。随着近代文化交融的加

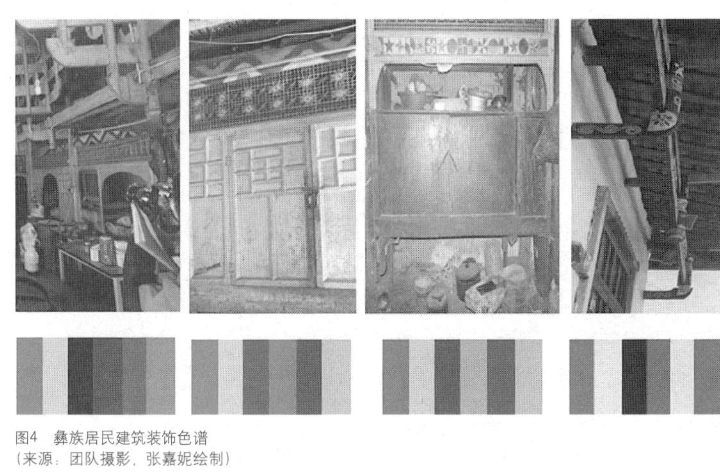

图4　彝族居民建筑装饰色谱
（来源：团队摄影，张嘉妮绘制）

图6　彝族传统建筑装饰造型
（来源：田飞摄影）

图5　彝族传统建筑装饰图案
（来源：张嘉妮根据相关资料总结绘制）

强，藏族和汉族的建筑技术与工艺也明显加入到传统彝族民居中，出现了石材、混凝土，甚至钢材和玻璃的混合使用。

彝族传统木制民居建筑的主要装饰工艺为镶嵌、彩绘与雕刻。镶嵌即嵌入骨质白珠磨制光滑而成，形成图案花纹，多用在室内陈设品中，是一种比较新颖的装饰方法[10]。其中彝族漆器基于有数千年历史的彝族髹饰工艺发展起来的民间手工艺，风格原始古朴、色彩浓烈明快，极具民族特色，目前被广泛应用于室内家具、器物和建筑装饰上[12]。彩绘即先上黑色土漆在建筑部位中，再用彩漆绘纹饰，这是装饰工艺中最为普遍的彩绘方法，雕刻即在木胎上镌刻简单的纹饰，有时再用彩漆填图纹饰图案。传统民居建筑的木结构构造材料主要来源于杉树与青冈树。房屋的屋檐、横枋、牛角栱采用彩绘与雕刻的工艺手法，使用黑红黄三色绘制几何线性图案，并雕刻传统图腾。垂花柱单一使用雕刻的装饰工艺，将其雕成吊瓜或者竹节的形式，极具民族特色。

三、彝族传统居住建筑装饰的文化认知

凉山彝族传统文化认知体系中最重要的就是以毕摩教为基础的原始宗教信仰，它深刻地影响到聚落生活生产环境的构成要素，涉及彝族的年俗、婚俗、葬俗、礼俗及其相关的技艺、音乐、绘画、雕刻等，涵盖了彝族人日常生活的方方面面[14]。此外，彝族具有个性鲜明的审美文化和数量众多的节日礼俗。通过调查笔者将凉山地区彝族传统礼俗总结为：餐饮习俗、饮酒礼俗、服饰文化、婚姻习俗和火塘文化五个部分[15]。彝族古代哲学的最基本观点是追求人与自然的和谐统一[14]，并以说教、仪式、传道等形式指导人们的生活，潜移默化地影响着彝族传统村落的形态、建筑装饰与建造技术。

彝族民居依山而建，且不论哪种形式院落都有围墙围绕着正房，这是由于历史上彝族属于南迁的古氐羌人后裔需要不断抵御外族的侵害，因此形成围合型院落布局和大分散小聚集的聚落形态，具有一定的军事防御作用[16]。彝族图腾装饰来源于日常生活，装饰的主题离不开自然物、动物、农作物等生活事象，这是因为彝族先民是游牧部落，靠牛羊为生，因此用动物的图形装饰房屋被赋予向往美好生活的意义。建筑材料大量使用木材是源于彝族人民因地制宜的思想和对大自然的崇拜，符合他们与自然共生的哲学观点。正房内的火塘是家庭生活必不可少的物质和精神重心，因为他们将火塘与祖先和神灵联系在一起，火塘生生不息代表了祖先对家族的庇佑。火塘上刻画的太阳、星星的纹样则是来源于彝族人们对日月星辰的崇拜，作为高山民族在与世隔绝的地理环境下，他们认为是日月星辰一直在天上庇佑着整个族群，彝族才得以传承至今[17]。

四、总结

本文试图通过分析凉山彝族传统民居及其建筑装饰发现其蕴含的深厚文化内涵。彝族传统民居承载着其独特的民族文化和审美思想，独有的装饰图案以及装饰色彩与当地的自然环境紧密、精湛的手工技艺相结合，造就了彝族传统民居建筑装饰的独特艺术个性，是彝族文化基因的重要基础和核心内容之一，值得深入挖掘、认识与保护。

参考文献

[1] Wang, Zhen. "Out of the Mountains: Changing Landscapes in Rural China," RCC Perspectives: Transformations in Environment and Society 2018, no.2. doi.org/10.5282/rcc/8523.

[2] 刘沛林，刘春腊，李伯华，邓运员，申秀英，胡最.中国少数民族传统聚落景观特征及其基因分析[J].地理科学，2010，30（06）：810–817.

[3] Harrell S. Yi Studies as a Social and Historical Field: An Anthropologist's View[C]//5th International Conference on Yi Studies, Chengdu, China. 2013.

[4] 温泉. 西南彝族传统聚落与建筑研究[D].重庆：重庆大学，2015.

[5] 马特合. 毕摩文化视野下的凉山彝族传统民居形态解读[D].成都：西南民族大学，2019.

[6] 侯宝石. 凉山彝族民居建筑及其文化现象探讨[D]. 重庆：重庆大学，2004.

[7] 王菊.李绍明的彝族社会学思想研究[J].广西民族研究，2008（03）：69–74.

[8] 罗晶.元阳彝族传统习俗探析[J].新西部（理论版），2014（03）：18+21.

[9] 胡晓琳，邹勇.解读凉山彝族传统民居——瓦板房的文化内蕴[J].装饰，2008（08）：133–135.

[10] 陈晓琴，唐莉英.凉山彝族传统民居建筑形式与装饰艺术探析[J].设计，2019，32（03）：158–160.

[11] 王菊.归类自我与想像他者：族群关系的文学表述——"藏彝走廊"诸民族洪水神话的人类学解读[J].西南民族大学学报（人文社科版），2008（03）：161–164.

[12] 朱建华. 凉山彝族漆器文化传承与发展保护研究[D].成都：西南民族大学，2020.

[13] 那书琦. 彝族文化在彝区城镇化过程中的传承与保护研究[D].成都：西华大学，2016.

[14] 李嘉华.彝族文化习俗影响下的传统彝居风貌[J].四川建筑，1998（04）：8–11.

[15] 阿黑拉机.凉山彝族婚姻风俗的社会学剖析[J].四川省公安管理干部学院学报，1994（04）：69–73.

[16] 杜欢. 凉山彝族传统民居造型与色彩研究[D].重庆：重庆大学，2009.

[17] 张筱蓉.凉山彝族传统民居建筑形式与装饰艺术研究[J].美与时代（城市版），2019（03）：15–16.

农业学大寨时期低技术民居建筑的修缮策略探究

——以石骨山人民公社办公楼为例

郑 可[1] 郝少波[2]

摘 要：我国农业学大寨时期留下了一批新农村民居建筑，其中不少建筑在建设的过程中创造出了十分生动的低技术手法，这些手法承载了当时劳动人民在相对极端的条件下所展现的智慧和创造力，具有不可替代的价值。本文以石骨山人民公社办公楼的勘测、修缮工程为依托，以低技术的形成机制、成就、价值和保护方式为中心，探究了针对该时期低技术民居的修缮策略，为农业学大寨时期低技术民居的保护、修缮提供了参考。

关键词：低技术 农业学大寨 民居修缮

一、引言

20世纪60年代，国家提出“工业学大庆，农业学大寨”的号召，在树立了这样一种政治典型后，我国出现了一批“大寨新村”。但由于我国当时的重心仍在“阶级斗争”，经济发展滞后，“大寨新村”在建设上受到了很大程度的经济约束。为了向大寨这面红旗靠拢，当时的劳动人民通过自己的思考与实践，用最经济的技术手段完成了许多难度相对高的建筑的建设。由于其廉价、粗犷，我们称之为“低技术”，但它们实际上包含着相当多的智慧，甚至由于对材料性质的深刻认知和充分利用而产生了不少科学和艺术上的价值，对我们今天的建筑设计、建造亦有不小的启发。石骨山公社办公建筑便是大寨新村民居建筑中最为典型的代表，其功能、空间要求高，而建设时间短、资金及材料有限，是低技术建造手法的集中体现。

二、石骨山公社办公楼历史沿革

石骨山人民公社办公楼（以下简称公社办公楼）位于武汉市新洲区凤凰镇石骨山村。最初石骨山村只是零星的几户人家，为响应中央号召，凤凰人民公社将周边自然村集中迁至此处安置，形成“大寨新村”。凤凰人民公社在农业学大寨时期多次被评为全国先进公社，而石骨山村在营建思路上也十分具有代表性，其横平竖直的村落结构和均质、对称的建筑排布体现了这一点。

公社办公楼位于石骨山村北部居中位置，是当时村民公共活动的核心建筑。1980年以后，随着“农业学大寨”运动的结束，我国开始实行以家庭为单位承包责任制，由于集中性的村落不便于从事农业生产工作，村民们逐渐从公社的“大家”回归到原来位于自然村的小家，公社办公楼也逐渐被废弃了。

据当地政府资料，在近三十余年里公社办公楼并未被集中维修，但在现场的勘探中我们仍发现了局部加固的痕迹。当地村民介绍，公社曾被用于养鸽子，之后又作为粉丝厂，现存建筑仍可以看到养鸽子留下的铁丝网以及晾晒粉丝的加建建筑。这些局部加固和建筑利用在一定程度上保护了建筑，使之不致倒塌，但对建筑本身的风貌和其中的历史信息造成了破坏。

2011年，石骨山人民公社办公楼被列入武汉市文物保护单位，2019年又升级为湖北省文物保护单位。由于年久失修，其屋

图1 石骨山村航拍图

[1] 郑可，华中科技大学建筑与城市规划学院。

[2] 郝少波，华中科技大学建筑与城市规划学院，副教授。

顶漏雨严重，屋架也有变形、损坏，墙面更是出现了大面积的剥落和损坏，因此，对其进行保护性修缮工作迫在眉睫。

三、石骨山人民公社办公楼建筑特征及其低技术成就

1. 建筑特征

石骨山人民公社办公楼由办公建筑和礼堂建筑拼接而成，整体坐北朝南，中轴对称，形式庄重。主入口在南面，相当于坡屋顶的山面，这明显受到了苏式风格的影响。其中，现存的办公楼部分为两层，为砖混结构，进深7米，面阔18.5米，高度为9.2米（除去屋顶加建部分），正立面对称开门、开窗，上方有毛体“人民公社好”五个水泥堆塑的大字。现存的礼堂部分为单层坡屋顶建筑，桁架结构，进深31.8米，面阔达15.3米，高度9.1米。整个建筑共占地751.9平方米，在物质相对匮乏的年代能在短期内修建起来实属不易。

2. 农业学大寨时期低技术建造方法的意义及价值

低技术的使用与农业学大寨时期的政治理念、社会意识以及经济水平密不可分。首先，当时属于“政治挂帅”的年代，整个社会思潮都向政治看齐，因此，建筑的建设背后往往有很强的政治意图，如“向祖国献礼”等，这就要求新建筑尤其是公共建筑建设周期必须短，形式也要庄重。其次，由于当时经济水平相对滞后，能够用于修建房屋的资金是极其有限的。最后，农村普遍工业化水平落后，加之经济、交通水平有限，各类建筑材料，尤其是钢材和大型木材是相对匮乏的。应对这些不利因素，采用低技术建造手法成了必然的选择。

低技术不是现成的技术，它往往是当地劳动人民基于具体条件和具体需求创造出来的，其特征就在于用最少的资金、最容易的工程做法、最少的材料在短期内完成外形和空间要求相对高的建筑，它是当时民间建造智慧和创造力的集中体现，有着不可替代的历史价值和科学价值，又因为这种建造方法往往将材料性能充分发挥，建造逻辑干净利落，没有任何多余的部分，形成的风格具有独特的艺术价值。

3. 石骨山公社人民办公楼的低技术成就

（1）礼堂桁架

礼堂跨度达15米，其梁架结构极具创造力，造型美观，是低

图2 公社办公楼鸟瞰

图4 礼堂桁架照片

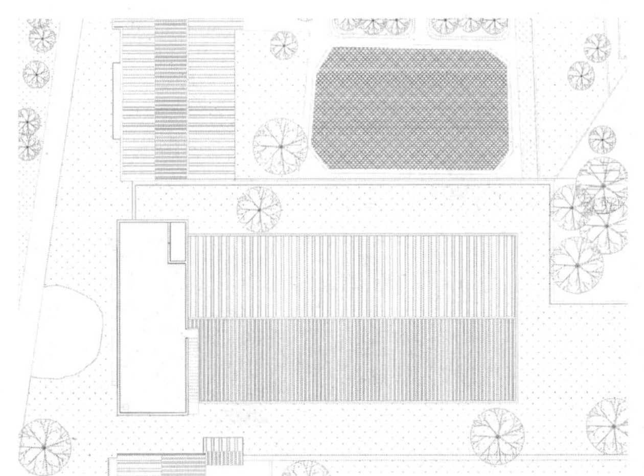

图3 公社办公楼总平面图

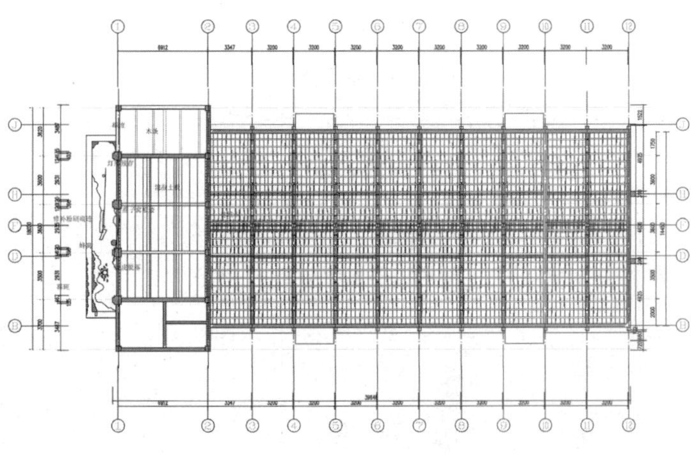

图5 礼堂桁架仰视图

技术建造手法的典型代表。梁架结构为钢筋、木混合桁架，共十个开间、九榀桁架，每榀桁架底部横向为两根左右钢筋拉结，端头锚固在侧墙扶壁柱上，上部为人字斜梁，由粗圆木构成，斜梁与下部横向拉结钢筋之间设有增强结构整体性的连接杆件，垂直吊筋为钢筋栓接，斜向支撑杆件为细圆木榫接。其低技术成就主要体现在：

①所有的构建都充分发挥了其力学特征，钢筋用于受拉、粗圆木用于受弯、较细的圆木用于受压，材料用到了最少，荷载传递清晰，结构关系明了。

②采用小构建创造了大空间，如杆件采用了简单的圆木和钢筋，圆木不够长就相互榫接，最终形成了15米的大跨度空间。

③以创造性的手法大大节约了材料，如按传统做法，桁架下部横梁本应是更粗壮、更长的圆木做成，而设计和建造者们创造性地使用了两根约直径18~20毫米的钢筋固定在两端的扶壁柱上，形成拉筋，完成了力学上的任务。

（2）礼堂舞台

舞台位于礼堂北端，是整个礼堂的视觉焦点。由于舞台在视线、台面材质、声效性能上都有要求，这些往往需要复杂的设计手段以及资金的投入，但礼堂舞台却用最简单的方法满足了需要。舞台用砖砌筑起了舞台侧墙，再用木龙骨和小木板搭在其上，通过架空形成的空腔可以形成声音共振，起到扩音和混响的效果，十分奇妙。此外，抬升的台面保证了视线效果，而架空的木板使得舞台具有一定弹性，便于舞蹈等节目的演出。其低技术成就表现在：

①用简单而有创造力的方式实现了声音效果、台面弹性等设计要求。

②选取砖块、小木板等廉价材料，造价低。

（3）办公楼楼梯间

办公楼楼梯间位于建筑办公部分，其一层楼梯底部空间被用作储藏间，于是就形成了人们日常通行可以看到的底面（一般楼梯底面）和看不到的楼梯底面（储藏间内的楼梯底面）。仅仅由于这个差别，出于节省材料的考虑，设计和建造者们就对二者做了差异化的处理：看不到的楼梯底面不做任何抹面处理，可以清晰地看到预制混凝土的踏板和红砖的挡板。而看得见的楼梯底面则处理成了平整美观的表面。其低技术成就表现在：从人使用的角度出发，将有限的资源都用在最需要的地方。这表现了低技术建造手法的灵活性和适应性。

四、基于低技术特征的修缮策略

1. 残损现状

由于年久失修，公社办公楼产生了诸多残损，主要包括：

（1）排水系统：屋面油毡老化、破损，防水层失效，存在多处渗、漏水点；建筑檐沟破损，落叶堆积，杂草丛生，难以有效排水。

（2）后期加建、改造：办公楼屋顶女儿墙被部分拆毁；屋顶西侧被加建了一处房屋，现已损毁大半。

（3）梁架系统：个别横梁存在开裂，局部有钢筋裸露现象；桁架中的细圆木连接杆件部分脱落，桁架与桁架之间的交叉稳定细圆木杆件也有部分脱落。

（4）维护系统：由于室内渗水、室外排水不畅，导致内外墙均有大面积青苔、霉变等现象，使部分历史标语被污损；外墙墙面还出现了大面积空鼓、剥落；木制门窗长期未维护，出现了门窗框损坏、玻璃缺失等情况。

图6 礼堂舞台

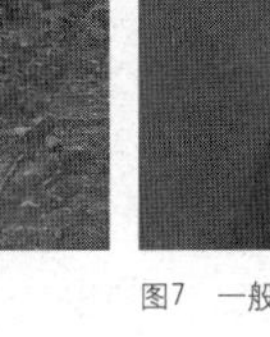
图7 一般楼梯底面

图8 储藏间楼梯底面

（5）楼地面：一层入口水泥台阶及门廊地面大面积破损，生长大量杂草，门前水泥铺地也破损严重，一层室内水泥地面多处开裂、破损；舞台西侧登台处局部损毁，东侧被改造，舞台地面木地板多处糟朽、垮塌，空腔内地面多被垃圾和渣土覆盖。

（6）其他：二楼至屋顶的楼梯扶手糟朽严重，钢筋锈蚀、弯曲，望柱局部破损。

2. 修缮策略

（1）建筑整体修缮策略

石骨山办公楼建筑有着丰富的历史、科学、艺术以及社会价值，在修缮过程中，一方面要尽可能地挖掘和认知到这些价值，另一方面要尽可能完整地保留承载这些价值的历史信息，因此其整体修缮策略应当如下：

①坚持不改变文物原状的原则。修缮工程的修缮原则及指导思想是严格遵守“不改变文物原状”的原则，尽可能地避免或减低因维修而带来的文物自身价值的损害。

②坚持少干预原则。凡必须干预时，附加的手段只用在最必要部分，并减少到最低限度。

③修缮自然力和人为损伤，最大限度地保存石骨山人民公社办公楼的真实性和完整性，使其能够得到更好的存续，传递其文化价值，见证武汉地区“农业学大寨”时期的乡村建筑风貌。

以南立面修缮为例：对于粉丝厂后来在屋顶上加建的建筑予以拆除，原因在于它严重破坏了原有建筑对称的格局和庄严的风貌；对于破损的女儿墙则按当地村民所述，恢复原有高度，并重做泛水，阻止屋面渗漏；对于墙面霉变、污渍则予以清除，同时避开墙面有标语等历史信息的部位。通过以上措施，用尽可能少的干预阻止建筑的进一步损坏，也尽可能多地保留了其蕴含的价值。

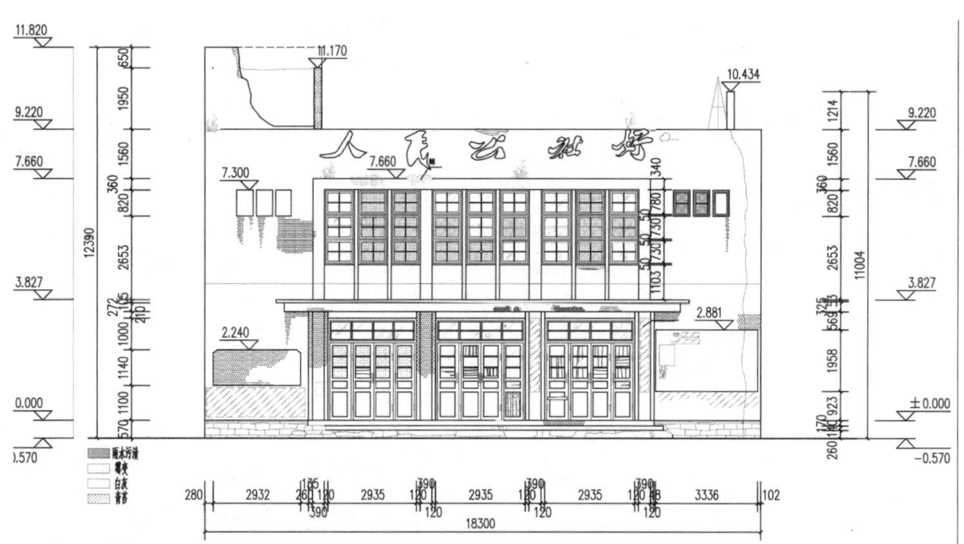

图9　南立面勘测图

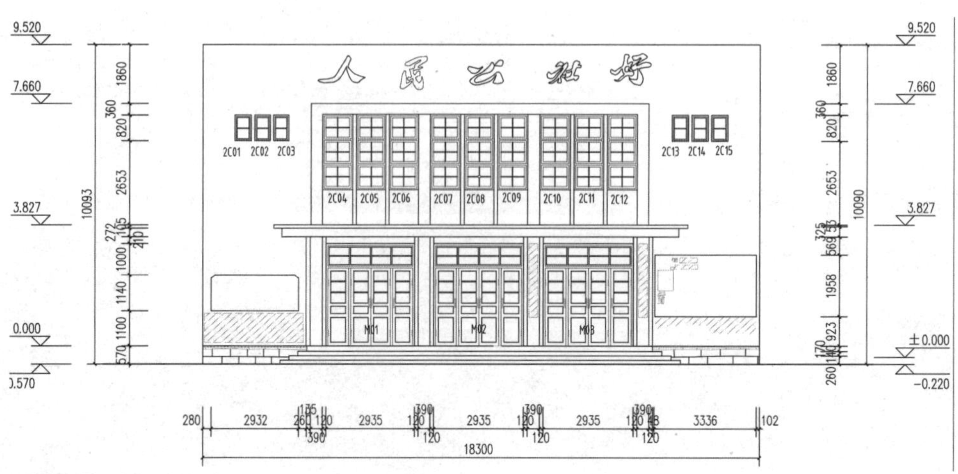

图10　南立面修缮图

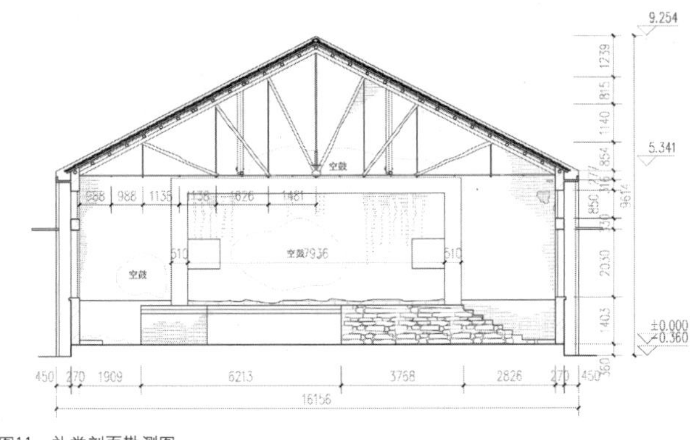

图11　礼堂剖面勘测图

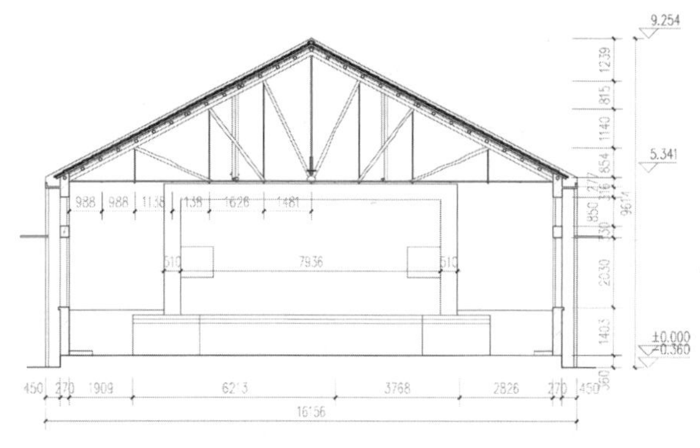

图12　礼堂剖面修缮图

（2）表现低技术部位的针对性修缮措施

①礼堂桁架：礼堂桁架是该建筑低技术建造手法最为精彩的部位，在修缮过程中要对桁架结构全面检查，对已经糟朽、断裂的木梁进行更换；对严重锈蚀、失效的钢构件和钢筋按原形制、规格进行更换，对能继续使用、存在锈蚀的钢构架进行除锈后补刷两道防锈漆；对桁架之间的稳定木连杆进行加固处理，对桁架内的支撑木连杆进行修缮、加固。值得强调的是，原有连接杆件的圆木往往未经进一步加工，呈现出自然树木的弯曲形态，这种做法反映出了当时的条件限制，也展现出一种粗犷的美感，因此在进行构建更换时，要采用与原构件相同或类似的，略带自然弯曲的圆木，使得其历史信息仍具有可读性，其美感仍能继续延续。

②礼堂舞台：对于舞台，一方面要恢复其原有形制，另一方满也要恢复其原有的声学性能，因此在修缮过程中，要清理舞台空腔内的杂物、垃圾，更换原舞台木地板材料，参考现存木地板规格、材质，重铺木地板。夯实外围渣土垫层，重铺水泥面层。修补舞台西侧台阶破损部位，并拆除东侧后搭建台阶，参照西侧台阶形制复原。最终使其能重新展现当时的设计意图和效果。

③办公楼楼梯间：这部分对低技术的表现相对隐蔽，受到的破坏也很小，修缮措施以清理储藏间杂物、保留楼梯现状为主。此外也要考虑其设计思路的可读性，储藏间应在后续的利用过程中向参观者开放。

五、结论

“农业学大赛”时期的低技术民居建筑具有浓厚的时代特色，其低技术手法深刻地反映了当时的政治背景、经济状况和社会形态，也饱含了劳动人民在当时艰苦条件下所迸发出的创造力。因此对现存的低技术民居的修缮策略应围绕其原本的建设逻辑展开，在干预最少、保留信息最完整的整体修缮原则下，深刻挖掘其中低技术成就，并从其设计意图着手，让低技术手法所包含的历史、科学和艺术价值能够继续保留并向后人展现。

参考文献

[1] 新洲县志编纂委员会编．新洲县志[M]．武汉：武汉出版社，1992．

[2] 邹聪．农业学大赛时期武汉周边新村建设形态与生成机制研究[D]．武汉：华中科技大学，2020．

[3] 严婷，谭刚毅．基于类型转变研究的人民公社旧址改造设计——以湖北“石骨山人民公社”为例[J]．南方建筑，2018（01）：16–21．

[4] 华南工学院建筑系编．人民公社建筑规划与设计[M]．广州：华南工学院建筑系，1959．

[5] 赵纪军．“农业学大赛”图像中的乡建理想与现实[J]．新建筑，2017（04）：134–138．

基于游牧到定居的乌兰巴托地区定居住区调查研究❶

赵百秋❷

摘　要：随着蒙古国牧民市民化进程的加速，其住居形态从游牧的蒙古包向定居住居转变已成常态。基于此，为揭示住居模式转变而引起的空间变化和内在机制，以乌兰巴托市定居住居为例，通过文献查阅、实地调研及心理评价分析得出：1. 定居住居在空间组织、空间共享等方面仍延续着蒙古包空间内涵。2. 住居模式转变与居住空间的舒适度无关，与定居相关的生产或生活方式相关。因此，如何提高住居舒适度的同时传承住居文化是当下住居建设的重要课题。

关键词：游牧与定居　蒙古包　舒适度　住居模式

蒙古草原[1]的牧民住居正在从圆形蒙古包向方形平面的定居住居转变中。而类似圆形住居向方形（类似于方形平面）转变的现象在人类住居史上广泛存在过[2, 3]。由此可以推测，在不久的将来，游牧的圆形住居规模进一步萎缩，逐步向定居的方形住居（方形平面的定居住居的简称）转变是一大趋势。但此类住居空间形态转变现象尚未引起学者的足够关注，致使住居模式转变而引起的空间特征变化及内在机制的探索研究已成为住居学研究的紧迫课题。

一、研究背景

蒙古草原的牧民从游牧到定居始于清代，19世纪中叶快速得到发展，至21世纪初，蒙古国以及哈萨克斯坦等部分苏联加盟共和国以外地区基本已定居。而针对牧民定居成因，Miller，Joel Eric指出乌兰巴托Ger区❸是游牧生产系统在城市空间中的延续，是贫困的新形式[4]。由此认为贫穷是定居化的主要推动力。而阿德力汗·叶斯汗认为，游牧生产方式的游移性、游牧经济的单一性以及脆弱性导致了牧民的定居化[5]。王伟栋通过对我国内蒙古草原地区的调研分析，提出牧民生产方式的改变决定了居住单元的改变，由蒙古包转变为汉式砖瓦房[6]。生产方式的转变一般分为主动与被动。主动也好，被动也罢，都与牧民生活质量的追求不无关系。由此判断，草原牧民追求安定富足的生活与游牧经济的不稳定性之间的矛盾促使游牧向定居转变。

针对牧民定居现状，海日汗撰文指出传统蒙古包空间布局特征对内蒙古东北地区牧民住居的空间构成具有较大影响[7]。随着经济社会的发展，传统蒙古包空间概念对住居空间布局的影响力越来越弱[8]，其用途已从游牧向放牧、单一向多功能方向发展[9, 10]。且平面形态呈现一室、一行二室、一行三室、二行三室、二行多室等五大特征[11]。而定居住居的建设方面，马明等指出定居+游牧、游牧+定居和完全定居的生活方式均有极朴素的生态观，主张草原聚落和定居点建设应以保护草原生态环境和延续传统草原文化为目标，遵循“人、畜、草”三位一体的原则[12, 13]。在此基础上，营建“内蒙古草原牧民聚居区居住空间设计（一）[14]和（二）[15]”等实验住居。

另外，学界从符号学、文化人类学、美学视角对传统蒙古包装饰的源流、图案、色彩以及象征文化进行广泛考察研究，但未涉及从游牧到定居背景下的住居模式转变问题。

综上所述，现阶段游牧到定居相关研究仍停留在成因机制的分析与现状考察层面。尽管我国内蒙古草原牧区的定居点建设实践与理论研究取得了一定的进展，但位于草原腹地的蒙古国牧民定居的相关研究仍在探索中，还未触及牧民住居空间的特征变化和内在机制，致使蒙古草原牧民住居文脉传承与发展缺乏可靠的基础性科学资料。

二、调查对象与研究方法

我国内蒙古牧区牧民定居以传统的游牧向定居放牧转换为主要特征，经历了蒙古包→分散居住→集聚定居等复杂过程。而蒙古国牧民住居模式转变以游牧民携带蒙古包进城定居为主要途径。并待经济条件进一步改善后建造定居住居或免费领取政府

---

❶ 本文为内蒙古自治区自然科学基金项目《生态移民政策视角下蒙古草原牧区住居模式转换及评价研究》（2019MS05062）的阶段性成果。

❷ 赵百秋，内蒙古工业大学建筑学院，副教授。

❸ Ger是蒙古语，泛指蒙古包。本文中，牧民进城定居而形成的蒙古包定居区统称为Ger区。Ger区的多数居民仍保留着蒙古包，由此圆形蒙古包与方形住居并存而形成了奇特的城市景观。

分配的蒙古包、土地或购买集合住宅。因此，本研究调查区选定在位于蒙古国乌兰巴托市中心的苏和巴特尔广场以西 4.5 公里的青格勒泰区第 12 号（12th khoroo Chingeltei district, Ulaanbaatar city）的 Ger 区。目前，该区多数家庭已建造定居住居，同时辅助用房或仓库等仍保留着蒙古包。另外，也有部分家庭拆除了蒙古包后完全居住在定居住居中（图 1）。为排除心理评价实验的干扰因素，本研究选取了完全居住在定居住居的 20 户家庭，以户主为被访者，以住居为调查对象，对其进行了访谈、测绘及心理评价。最终获取了 20 份有效调研数据，进行统计分析，挖掘其内涵，力求揭示草原移动式蒙古包向定居转变后的空间特征变化及内在机制。

三、调查分析

1. 定居住居空间特征分析

蒙古国牧民定居住居一般是在砖石地基上建造砖混结构墙体，再搭建木制坡屋顶，其上铺一层防水瓦片而建成的。其中，部分家庭把此木制坡屋顶空间作为储藏室或临时休息空间加以利用。另外，多数住居以火炉为中心对空间进行布置和功能空间的安排。因此，按照空间布置特点，对其进行了分类分析，如图2所示。

客厅区：蒙古国定居住居客厅一般简称为大屋。正如其称呼，最大的室内空间便是大屋。大屋是朋友聚会、聊天、娱乐的主要场所。同时兼做卧室、餐厅等多义空间加以利用。由此来看，这一空间功能的多义性特征与蒙古包空间相契合。另外，被访20户中18户设置了客厅区，而其余未见客厅空间之划分。厨务区：蒙古包的厨务区一般位于入口右手靠门一侧。而本调查对象中未见明显的方位特征。另外，20户中2户设置了独立的厨务区域，其余均与客厅、餐厅的功能空间共同形成开敞的大空间。卧室区：传统蒙古包一般以火炉为中心对空间进行划分并安排各类居住功能区域。在定居住居的卧室区域安排上也呈现出以火炉为中心进行布置的总体特征。餐厅区：20户调查样本中未见独立的餐厅空间，而是与厨务区或客厅空间进行共享布置。火炉区：传统蒙古包空间以火炉为中心向外辐射状展开。而本调查对象中的17户仍以火炉作为室内功能空间的中心区域，依次安排客厅、卧室、餐厅等各个功能区。这一空间布局模式与传统蒙古包空间特征保持了一致。尤其部分住居的室内功能空间未进行明确分隔，以敞开的门洞形式与各功能空间相联系。这一安排在空间形式上自然形成空间的弹性连接，呈现出了空间的共享特征。由此，功能空间的共享特征是现有定居住居的共同特点。

2. 心理评价分析

舒适度相关指标是从生理和心理所感受到的空间满意程度，是住居评价的重要指标之一。基于此，本调查以户主为被访者，室内空间为对象，在现场进行了7阶段心理尺度的评价实验，如图3所示。其中，−3为差评值，3为好评值，平均值作为综合评价值，对其进行深入分析。

（1）舒适度评价：在 20 位被调查者中，1 号被访者除外其余评价均为负值，其均值为 −2.1（图 3 左上图所示）。这一心理评价结果，充分反映了牧民住居的低舒适度现状，侧面反映了游牧到定居的转变与室内空间的舒适度没有显著的关联性。

（2）魅力度评价：魅力度能够客观体现居住空间对户主的吸引力，是空间物理构成要素共同形成的空间心理感受，也是心理评价的重要指标。本调查中，魅力度均值为 1.8，位于正值范围内。表明现有住居对牧民具有较高的吸引力（图 3 右上图所示）。这一

图1 研究对象示意图

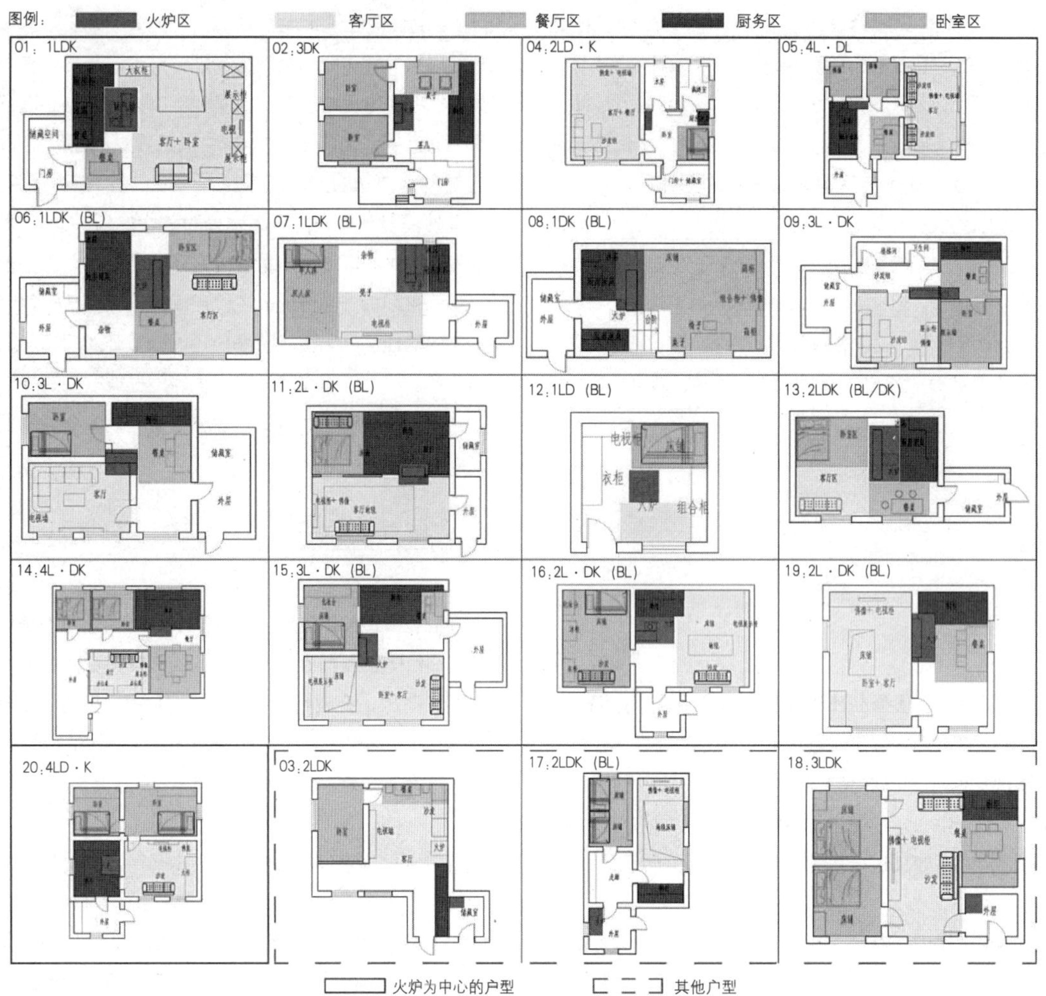

图2 定居住居平面布置特征分析❶

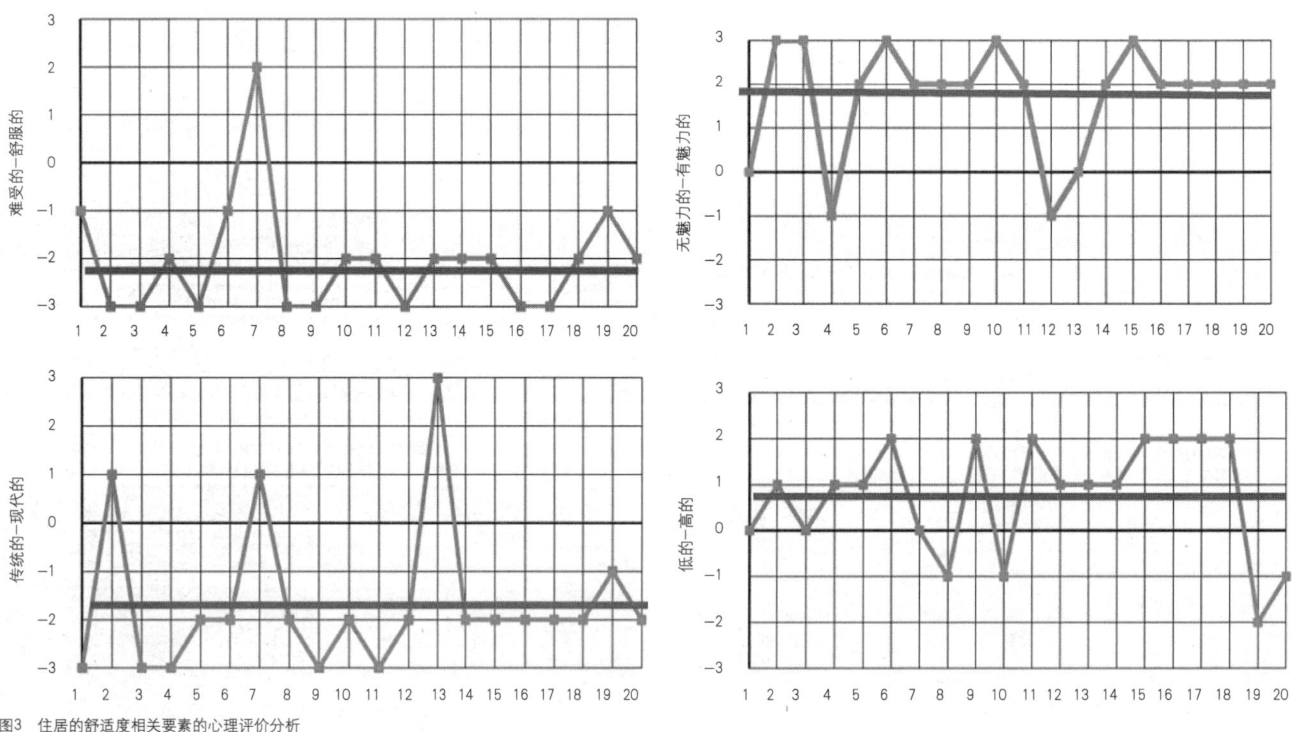

图3 住居的舒适度相关要素的心理评价分析

❶ B为卧室“bedroom”、L为起居室“living room”、D为餐厅“dining room”、K为厨房“kitchen”的简称。开头数字表示独立房间总数，其中不包含卫生间、储藏室等辅助功能房间。

评价与舒适度评价值形成了鲜明对比，即现有住居的舒适度较低，却具有较高的魅力度。

（3）传统与现代感：该指标是住居文化传承度相关的心理评价尺度。本调查中，多数心理评价值为负值，其均值为 -1.7，位于[传统的]范围内（图 3 左下图所示）。由此可判断出住居模式转变后，一定范围内仍保持着传统住居空间氛围。表明住居的物理和心理空间构成中仍体现着传统蒙古包空间特质。

（4）室内高度：是舒适度相关的重要指标，尤其是严寒地区亦是如此。本调查对象的平均室内高度为 2.2 米，低于一般住宅规范标准范畴。但心理评价均值为 0.8，属于[高的]范畴，反映出户主对室内高度的弱满意度（图 3 右下图所示）。

四、结论

本文通过对蒙古国乌兰巴托市Ger区的调查分析，得出如下结论：

1. 住居的客厅区在使用功能层面与传统蒙古包空间保持着一脉相承之顺接关系。

2. 多数定居住居仍以火炉为室内空间之中心，延续着传统蒙古包空间组织模式。

3. 室内各空间在功能层面上呈现出共享特征，延续着蒙古包空间的共享内涵。

4. 心理评价结果显示，定居住居的物理和心理空间构成层面隐含着传统蒙古包的空间构成特质。尽管现有住居舒适度较低，却被评价为有魅力的。这一结果反映出，从游牧到定居的转变与住居舒适度无关，与生产方式或生活方式相关。

5. 室内高度的心理评价结果显示，牧民已适应了较低的空间尺度，且对此较满意。据考察，较矮的居住空间在冬季保温方面具有一定的优势。这一特点充分反映了游牧民抵御严寒而采取的自适应环境策略。

总之，从游牧到定居过程中，乌兰巴托市Ger区仍延续着传统游牧住居的空间特质，部分保留着草原住居特色文化。现阶段，尽管住居魅力度较高，但空间舒适度较低。因此，如何提高空间舒适度，传承传统住居文化是当今蒙古国草原定居区建设的紧迫课题。尤其对游牧向定居转变中的中国内蒙古草原牧区定居住居的建设实践具有一定的参考价值。

参考文献

[1] 小長谷有紀.モンゴル草原の生活世界[M]，東京：朝日新聞出版社，1996.

[2] OLIVE Paul.世界住文化図鑑[M]. 藤井明訳.東京：東洋書林出版社，2004.

[3] 布野修司.世界住居志[M].東京：昭和堂株式会社出版，2005.

[4] MILLER J. E. Nomadic and domestic：dwelling on the edge of Ulaanbaatar，Mongolia [M].*UCLA*. ProQuest. 2013：5–8.

[5] 阿德力汗，叶斯汗.从游牧到定居是游牧民族传统生产生活方式的重大变革[J].西北民族研究，2004（43）：132–140.

[6] 王伟栋.游牧到定牧—生态恢复视野下草原聚落重构研究[D].天津：天津大学，2017.

[7] 海日汗.モンゴル族住居の空間構成概念に関する研究–内モンゴル東北地域モンゴル族土造家屋を事例として[C].日本建築学会計画系論文集，2004（579）：179–186.

[8] 野村理恵，中山徹，今井範子，娅茹，咏梅.牧畜民の定着化過程における「ホト」の形成と居住形態の変改–中国津モンゴル自治区シリンゴル盟镶黄旗の「ホト」と事例として[C].日本建築学会計画系論文集，2010（651）：1141–1149.

[9] 野村理恵，中山徹，今井範子，室崎生子，娅茹，咏梅.定住生活における移動住居ゲルの利用実態と用途変化–中国・内モンゴル自治区シリンゴル盟の牧畜民を事例として[C].日本建築学会計画系論文集，2008（630）：1735–1742.

[10] 野村理恵，中山徹.年間を通じたゲルと固定家屋の利用実態–中国・内モンゴル自治区東ウジュウムチン旗における牧畜民の定着化と居住環境変化[C].日本建築学会計画系論文集，2010（654）：1917–1923.

[11] イジョウ，中山徹，野村理恵.モンゴル・ホルチン地域におけるモンゴル族の住居に関する研究 –赤峰市ベーリン右旗チャガンオスガチャを事例として[J].日本建築学会計画系論文集[C].2016，81（728）：2185–2195.

[12] 苏浩，马明.时代设计——内蒙古东部地区草原住居模式研究.第八届全国建筑与规划研究生年会论文集[C].南京：南京大学出版社，2010.

[13] 马明.新时期内蒙古草原牧民居住空间环境建设模式研究[D].西安：西安建筑科技大学，2013.

[14] MING Ma，KONG J. Research on planning and designing of the residential space in Inner Mongolian grassland herdsmen settlement No.1—Studying on the basic resident model of the herdsmen's settlement[C].International Workshop on Architecture，Civil and Environmental Engineering（ACEE 2011），2011，7：6128–6130.

[15] MING Ma，KONG J. Research on planning and designing of the residential space in Inner Mongolian grassland herdsmen settlement No.2—The evolution of the herdsmen's residential space pattern[C]. International Workshop on Architecture，Civil and Environmental Engineering（ACEE 2011），2011，5：4369–4372.

新生与记忆

——所城口述访谈与民居价值保护

孙小涵[1] 姜 波[2]

摘 要： 不同于传统聚居模式，发展中的传统聚居需要文旅经济的支撑。情感与文化在聚居发展中的缺失，导致了社会价值传承断代，走马观花的体验在游客与民居之间形成了隔阂。本文以所城的修复保护与更新改造为例，通过口述访谈研究与"抢救式"记录，记录几乎失传的所城故事，对房屋进行溯源与记忆激活，传承街道与房屋的记忆与情感，让情感与记忆连接传统民居与游客，创造用于记忆传承的场所，让老社区真正地"活下去"。

关键词： 烟台所城 口述访谈 聚居 记忆激活 场所

一、所城聚居概况

所城作为烟台重要历史文化街区之一，保留了大量胶东传统民居样式，是胶东历史文化研究的重要资料。所城历史底蕴深厚，聚居历史悠久，在600余年的坎坷前进中一直保持着其本真的姿态，温暖质朴的胶东聚居文化在所城的历史中经久不衰，具有极高的历史研究价值，也承载了烟台人的记忆之根，在"老烟台"心中具有极高的地位。

1. 所城聚居历史

烟台奇山所城起源于明代的海防军事机构。明初为设立海防，初步建设了临海防御措施，洪武三十一年（1398年），正式在宁海卫辖区内设立军事防御，名为"奇山守御千户所"，简称"奇山所"。"千户"为虚指，足以见得所城作为兵营建设初期的规模之大，从谷仓到演武场一应俱全，并设有专门的城墙用于守卫，东西南北城墙均设有城门，"砖墙，周围二里，高二丈二尺，阔二丈，门四，楼铺十六，池阔三丈五尺，深一丈"[1]。清顺治十二年（1655年），所城同山东其他卫所一同被裁撤，士兵废军籍变为庶人，可从事工农渔商等生产，奇山所由单纯的军事防御工程逐渐向军民一体的城市转变。

随着1861年烟台开放成为通商口岸，沿海逐渐扩大的居民点逐渐与所城相连，城内聚居呈现出较好的发展态势，人口迅速增加，形成了以所城为中心的聚居地带，所城进入繁盛发展的时期，聚居已经呈现出较大的规模。1949年以后随着城市建设，四周城墙、门楼依次拆除，人口大幅增加，出于城市建设需要拆除城墙范围外大量房屋，最终仅保留旧城墙范围内的部分建筑，所城内部整体布局与聚居单体整体保留较为完整。近数十余年所城基础设施建设未能及时跟进，聚居单元内生活质量下降，出现了较多的私搭乱建与拆改，但大量清代、民国时期的建筑与少量明代建筑得以保留。

近十余年，许多房屋被出租或改造，如所城张氏家族主祠堂后院改建为社区图书馆，刘氏祠堂改建为养老院。自2017年起，所城居民大量搬迁，昔日"千户"仅剩下如今的两百多户，大量院落荒废，房屋遭到不同程度的自然破坏。经历多年的基础设施修复与主道房屋修缮测绘，所城将两条主街建设成为商业街并在2021年对外开放。

2. 所城整体格局

所城的整体格局在发展中得到了较好的保留。聚落整体保留了建设初期的格局，东西与南北两条大道组成十字大街（图1），将所城分为四个区域，有利于军事管理调配与物资运输。不同类型的独立合院作为聚居单元，在大道两侧的小巷中安置院落入口。东西道路所城里大街最为宽阔，与南北大街在建设初期共同作为兵马与物资的运输通道，而在后续建设中逐渐成为主要商业街与社交场所，东西方向大街沿街立面在建设初期均不开门，在身后巷道内设入口，为满足商业需求，将后屋开门面向所成里大街，进行商业活动。

被两条主路划分出的四片区域在后续建设中也基本保留了原有的道路结构。区域内以东西、南北道路为主，街巷也基本保留原有尺度，后续建设主要体现在聚居单元内部。

---

❶ 孙小涵，山东建筑大学建筑城规学院，学生。
❷ 姜波，山东建筑大学，齐鲁建筑文化研究中心，教授。

图1 所城里鸟瞰图

3. 所城聚居单元

所城以合院为主要聚居单元，合院类型多样且变化灵活。以两进院和三进院为主，建筑多为一层房屋，东西主街道上建设有少量二层洋楼。聚居单元形制与四合院较为接近，设前院、后院、东西厢房和倒座。并根据建设地的不同特征进行局部改变，合院大小差异大，多种类型并存，但主要形制有据可循。在实际居住中，一户可以居住2~3代人，并可租赁部分房屋或临街开门进行商业活动。

建筑单体体现出传统胶东民居的特色。房屋整体较为低矮平缓，屋顶铺设板瓦，屋面构造在木檩条上钉干草层，再铺设沙泥层以贴合望板（图2）。屋脊造型平缓，线条优美，构造做法较为简单，属于民居屋脊做法中较为低等级的“清水脊”（图3），以砖和瓦简单抹灰制成曲线平缓的“蝎子尾”。房屋主体结构以木、石、砖为主，墙体以砖石等构成骨架，并以滑秸泥等构成面层抹灰，以白麻刀灰等混合材料构成面层，墙体下部以青砖为饰面并在局部铺设青石板（图4），这些都是胶东民居的典型特征。所城合院类型的聚居模式不仅是就地取材的典范，更显示出了其材料与聚居形制

图2 屋顶构造

图3 “清水脊”屋脊

图4 墙面构造

的优越居住特性，屋内冬暖夏凉，院落更便利了夏季通风排水与冬季室内足够太阳辐射热的取得，体现出了先人对于聚居的营造智慧，体现出其技术价值。

二、口述研究在民居记忆传承中的实践

而不同于所城价值体系中被广泛关注的历史价值、艺术价值与技术价值，依托于记忆与情感的社会价值却在聚居的发展中未获得足够的关注。房屋本体所表达的价值是有限的，口述史研究则为房屋价值体系的研究提供了重要补充。以所城里大街43号为例，由于缺乏足够的资料记载，无法表现在房屋中的记忆传承，因而价值出现缺失。笔者通过多方访谈与信息比对，对多次改造后的房屋现状进行溯源研究，探寻房屋改造与家族聚居变迁，并挖掘房屋本体未能表达的潜在价值，以此作为房屋在后续价值评估中的组成部分。

1. 口述史研究方法

不同于文献资料的收集工作，口述史研究方法更加侧重故事与历史脉络的采集，采集工作采用访谈的形式，通过现场口述，采集音频、视频和文字等资料，以此作为未被其他史料记录或发掘的原始信息，并通过多方访谈进行资料的整理，互相进行作证与串联，比对后形成能够作证房屋历史资料的重要研究部分。在所城聚居发展的过程中，懂得社区故事，见证历史的老人越来越少，记忆与情感缺失，口述访谈与记录对于所城价值研究而言刻不容缓。

2. 口述史与 43 号变迁研究

所城里大街43号院为三进院，房屋主人为所城望族张家的长支22代孙，现已搬迁。通过现场调研中正屋南立面榫头位置确认了正屋原有门的位置，并通过地面石阶痕迹与地面石板铺设位置确认了过道通向前院的门洞位置。这种推测也在口述访谈中得到了确认，据最后居住过该房屋的老人回忆，小时候的43号进门处设置一道墙，连接倒座与正房。由大门穿越过道，经过门屋，由二门上的门洞进入前院（当地称为西院），由正屋中部的门穿越正屋，进入第二进院落，由第二进院落进入第三进院落。根据房屋主人回忆，正房的垛间墙在自己小时候就已经封上，是一个窗户，正房的南北立面上，门垛间均为窗户，仅中部设门。推测先前为过厅，穿过过厅直接到达第二进院落，不对前院的住户造成干扰。（图5）

根据房主回忆，自己小时候居住在43号时，倒座、正房、厢房与后院都居住了家中的不同成员，三代人一同生活。其中正房为客屋，后被征收作为纺麻厂，中间无墙壁，墙壁推测是在厂房使用期间被拆除以便放置器械，厂房被撤走后房屋出租供居住，撤走的具体时间不详。

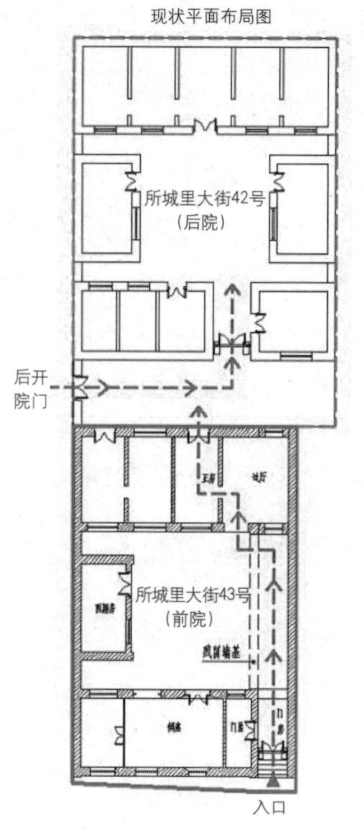

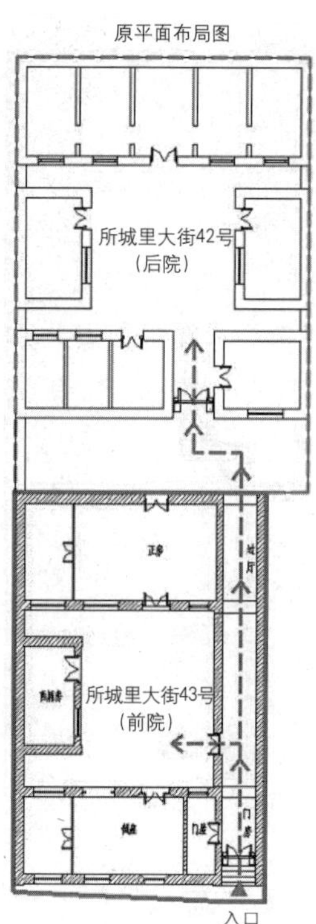

图5 43号改造推测
（来源：工作人员绘制）

3. 口述史研究对未知价值的发掘

通过口述访谈研究，能够确认现场残留痕迹中无法推断或未能在文献资料得到确认的未知价值，以此完善价值评估体系。口述访谈过程中，参与访谈的人员提出43号祖上曾出过一位进士，但由于年代久远，参与访谈的人员未亲眼见过但都曾听说过43号门前的“进士第”牌匾。“西门里街的进士第”是由更早的长辈口耳相传，其中，曾经亲眼见过牌匾的最后一位老人于2020年正月去世。进士名字暂不确定，生活年代暂不确定，史书资料暂无可查证之处，但在所城里许多张氏族人都知道“西门里街的进士第”，进一步访谈得知，进士出自43号居住过的张家长支后人。一位访谈者提及自己听到过“母亲家一位长辈嫁到了‘进士第’家”这样的表述，但自己并不知道这家人姓张。而由烟台晚报2010年一篇文章记录：“童年时，我出入奇山所城……所城里大街43号有一个封闭的四合院，门楣上挂有一块匾额，宽约200厘米，高约80厘米，黑色打底，自右至左刻有颜体楷书（阳刻）‘进士第’三个镏金大字，直到“文革”前，此匾才摘下。”作者不详。

对于暂时无法考证与推测的“进士第”相关信息，口述访谈可以作为推测依据，这个信息也在后续43号的更新改造中发挥了作用，让更多人了解并开始关注进士第，也有助于后续向广大群众进行消息的传播，便于对进士第进行更大范围的信息查证。

三、口述史展示与新型聚居模式下的记忆传承

在未来规划建设中，所城留守的原住民将在未来相当长的时间

内与游客形成共生关系，原有的邻里社交关系将受到游客的影响。这是不同于原有社区格局与结构的新型聚居模式，也是未来中国传统民居将会面临的主要矛盾——无法摆脱文旅经济独立生存，也无法在传统民居与游客之间建立情感联系，口述所表达的故事无法在民居与游客之间形成纽带。新生与冲突对聚居中的记忆与情感传承的场所提出了新的要求，而现有的聚居格局与商业开发模式显然无法满足这一需要，这就带来对于改造模式的探究。所城的口述研究作为前提，在某个具有场所感的情境下形成游客与民居产生情感与记忆交流的纽带。

1. 所城现状——文化与情感交流的缺失

所城在大量居民搬迁后，坚持留守的居民依然保持着原有的生活模式。但由于所城发展起步晚，社区基础设施建设并不完善，与周边多层居住小区无法共享社区生活设施，并且在二者交接处形成了缺乏管制的棚户区，周边菜市场将所城部分废弃房屋作为储藏等后勤用房，缺乏有效管理。同时，所城私搭乱建现象较为严重，在拆迁后部分房屋遭到破坏，局部构件损毁。

所城的社区聚居文化在大量居民搬迁后逐渐衰落，原有的围绕街巷进行的社交活动逐渐无法满足居民的需求，也无法为游客与居民可能存在的社交提供场所。为了回应更加舒适与便捷的社交，公共空间也许脱离原有状态中“树下”“路边”的刻板印象，会局部置入某个固定场所以举行活动或满足日常社交，围绕这些固定的室内场所来进行街巷中“随意”“灵活”“自由”的人际关系网络。

2. 所城改造——游客与民居的隔阂

所城的改造分批次进行。第一阶段修缮并改造十字大街的房屋并设置商业或餐饮功能，保留原有居民所开设的两家自营百货店，开放后人流量也一度爆满。而在实际行走中却可以发现，流动人群与所城原有聚居单元与原有居民的交流少之又少，原住民沉默坐在家门口看着往来人群，游人走马观花不知房屋旧事浩渺。少部分心存好奇心的游人会踏进破坏程度尚小的街巷探头探脑，探索烟台老城区的老房子，而真正懂得老城故事的老住户却苦于不知向谁讲述，怎样讲述，在哪里讲述。对于所城，烟台人心存强烈的文化归属感，而若非亲身体验或致力研究于此，大多数人无法真正触及真正珍贵的房屋记忆与老城故事，而这正是进化中游客与居民共生的聚居所体现的主要矛盾，没有记忆与情感的传承，“文化之根”的心理认同感便过分牵强。房屋实体的保护已经在聚居中得到了体现，而记忆与故事的保护却面临着“失传”，这也正是所城作为历史街区所具有的重要社会价值。新时期聚居发展中，记忆与故事的传承是原住民与游客这两种人群之间无形却无限的隔阂，口述史研究所注重的价值体系研究则为这一隔阂带来了联接的纽带，这产生了固定社交场所的需求。结合聚居单元尺度，居民与游客的轨迹在聚居单元中得以交汇。（图6）

3. 所城社区图书馆——社区与记忆激活的典范

所城里社区图书馆由所城大族张家的祠堂后院改建而来，规模较小，包括一间堂屋与两间厢房。设计采用了极为谦卑的姿态，在色调较重的房屋之间置入轻巧的灰黑色耐候钢为主的回廊系统，深色钢结构低调地依附于原有砌体结构的粗糙质感，其纤细的姿态衬托出了院落本体结构的厚重感，很好地优化了原有院落单一的室外空间，其丰富的空间层次将小院营造出了极佳的场所感，可进行多种文化活动或独立社交，游客与居民都可来到此地，相对而坐，自然形成了高质量的交流（图7）。

“所城里社区书屋作为一位后来者，它选择的介入策略是与原有建筑叠加共存，并没有抹去原有的历史痕迹；它深入社区，为普通老百姓提供一个看书和聚会的地方，分享记忆、历史以及建立认同。”[2]所城里社区图书馆的建造让我们思考何为“新生”，修缮与维护是提高建筑耐久性能的重要措施，而面对历史痕迹的态度与介入手法却可以让我们深入思考如何保护新时代下的聚居模式，以及我们要保护怎样的聚居模式。所城所带来的胶东聚居模式基于家庭聚居、家族相近与街道公共开放的社交需求，而正如上文提及，新生的聚居模式产生了对于固定场所的需要，社区图书馆即一种良好的可以产生情感传递的场所。

图6　所城街边交流的居民

图7　所城里社区图书馆

四、小结

所城里的社会价值体现在烟台人对于所城里的强烈情感共鸣，而正是因为社会价值未得到足够重视，所城里未能在新生与冲突中正确认知自己的价值所在，这也是未来聚居发展中需要重点关注的问题，情感记忆的传承始终是建立心理认同感与文化传播的重要纽带。

参考文献

[1]（明嘉靖）陆钛.山东通志[M].

[2] 闫瀚，李鹏涛，曹军.城市化过程中历史建筑的改造利用探析——以所城里社区图书馆为例[J].建筑与文化，2019.

口述历史在山东传统民居修复中的作用与价值

——以烟台所城里传统民居建筑为例

姜　波[2]　仇玉珠[2]　冯传森[3]

摘　要：本文主要以烟台所城传统民居建筑的修复实践为对象，运用口述史研究方法，对所城民居建筑的历史变迁、存在问题和现状等进行实地访谈和分析，依据口述史所获取的口述史料对其民居建筑修缮提供指导，以此探讨口述史在传统民居建筑的保护与修复过程中所发挥的作用与价值。

关键词：烟台所城里　民居建筑　口述历史　价值作用

一、烟台所城里的历史及修缮背景

1. 烟台所城里的历史

所城里前身是明朝为防倭寇海患设立的奇山守御千户所，又有奇山所、所城之称，位于烟台市芝罘区南大街东段南侧，是老烟台的标志之一，距今已有600余年历史。它兴建于明洪武三十一年（1398年），清顺治十二年（1655年）被裁撤，军籍转民籍。所城里自此从一个军事防御城池变成居民区，这是它的重大历史变迁事件。清乾隆初年（1736年），随着人口不断繁衍，所城里内有过一次大规模民房和宗祠庙宇建设，城里城外渐次成村，共计十三个之多，又称“十三村”。清咸丰十一年（1861年），随着烟台“开埠”，所城里富户猛增，改建、扩建民宅活动又一次开始，规模逐渐扩展；清末民国间的所城里，经济发展，社会繁荣，民间信仰繁盛，各类祠庙遍布城中各个角落，渐次发展成为一座名扬海内外的滨海之城——烟台。

现在的所城里隶属于烟台市芝罘区，它东西长330米，南北长270米，占地近9万平方米，地处烟台市区繁华地段，周围被林立的高楼大厦所包围，古老的所城里已然与周围有些格格不入，年久失修而破损的房屋、为加大居住面积乱搭乱建的庭院、缺乏统一规范的各类沿街经营招牌等，其修缮与改造亟待进行。

2. 所城里民居建筑的修缮背景

2020年3月，烟台市委、市政府确定的“三重工作”项目之一“芝罘仙境”项目全面启动建设，它是包含“一岛、一山、一湾、一街、一城”（崆峒岛、烟台山、芝罘湾、朝阳街、所城里）五位一体的大型文旅项目。随着该项目的全面启动，所城里历史街区一期46栋院落共7000多平方米的修缮工作全面启动（图1）。

捏花湾文旅主持修复工作，并聘请多家设计单位，2020年7月，我们参与了所城里修缮工作，在修缮中发现其他设计单位只偏重于对建筑本体的测绘和设计，没有关注建筑的历史背景、发展变迁等，针对这种情况，我们集中力量运用口述史方法对所城里民居建筑进行了详细的口述史调研，以挖掘它背后的历史脉落、建筑理念、设计精髓、精神内涵等，并将其运用到修缮中，以提供有价值的史料指导。

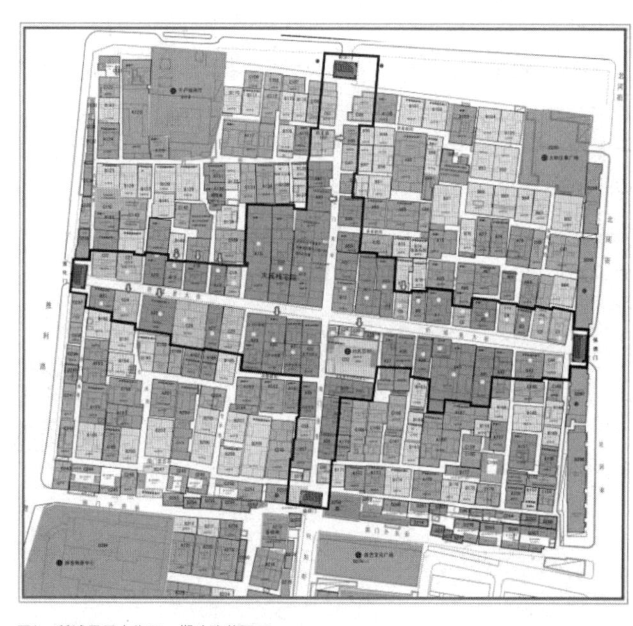

图1　所城里历史街区一期改造范围图

---

❶ 姜波，山东建筑大学齐鲁建筑文化研究中心，教授。

❷ 仇玉珠，山东建筑大学齐鲁建筑文化研究中心，研究生二年级。

❸ 冯传森，山东建筑大学齐鲁建筑文化研究中心，研究生一年级。

二、口述史方法的运用

1. 口述史的定义

口述史作为一种独立的研究方法，出现于20世纪三四十年代的美国。1948年，美国哥伦比亚大学艾伦・内文斯（Allan Nevins）教授在该校创立口述史研究中心，第一次使用“口述史”这个概念，这也标志着现代口述史学术领域的成立。20世纪六七十年代，在西方各国得到广泛应用。

美国历史学者路易斯・内塔尔认为，口述历史是通过有准备的、以音像设备为工具的采访，记录人们口述所得的具有保存价值和迄今尚未得到过的原始资料[1]。口述史的观点引入中国后，国内学者将口述史定义为：是以搜集和使用口头史料来研究历史的一种新方法，即通过笔录、录音、视频采访等方式收集、整理口头记忆以及具有历史意义的观点的一种研究方法，口述史是一种搜集历史史料的方法，既是史料文献，也是历史学的分支学科。[2]

2. 口述史研究的主要方法

口述史研究的基本方法是确定研究主题后，搜集并熟悉相关资料，寻找和联系与事件相关的或有联系的不同类型的历史见证人作为受访对象，以形成多类型多侧面口述史料[3]。准备好录音设备，对受访者进行访谈，运用访谈技巧得到所需历史信息等，最后对口述资料进行整理、讨论、总结。

3. 口述史对所城里民居建筑的调研

在参与到所城里民居建筑修缮后，我们首先运用口述史研究方法对民居建筑进行了前期访谈和调研，得到了以下相关信息。

（1）家族背景深厚

奇山所作为军事防御城堡存在的二百多年中，曾先后有张、安、刘、杨、陈、傅、翟七姓在此任千户或副千户，清初奇山所裁撤后军地改民用，在奇山所定居的有张、刘、安、夏、于、牟、曲、曹等十三姓，又被称为“坐地户”，世代在这里繁衍生息。1861年烟台开埠时，其中拥有大量土地的刘、张、安等家族多转向建房投资，以经商和出租为业，很快成为巨富，如张家成立的“南天增”商号，刘家成立的“大黄料”“大成栈”“洪泰”商号，其中刘氏家族的生意还一度做到东北三省。两大家族房屋占了所城里所有房屋的二分之一以上，所城里大街、南门里街和北门里街，是位置最好、最繁华的十字大街，基本为刘、张二姓占据，成为显赫一方的大家族。目前，所城里遗留的民居建筑基本上是张、刘两大家族后代曾经的居住房。

（2）建筑历史变迁复杂

所城里民居建筑主要由历史上的历任千户后裔大兴土木而成，家族的兴衰变化直接影响到所城里民居建筑复杂的演变过程。以刘氏家族为例，随着家族财力的增长和人口增加，后代有了分家、新建房屋之事；家族中繁盛支系对衰落支系的房产划并也时有发生；家族整体衰落后房产外流亦不可避免。[1]另外，在20世纪40年代至90年代的半个世纪中，受国家土地改革和住房政策变化影响，所城里民居建筑作为富户大族建造的宅院，首当其冲成为改革的焦点，绝大多数房屋易主或公有化。

（3）建筑形制、构造细节破坏较大

在所城里民居聚落中，有很多由二到三个四合院或三合院落组成的大型宅院，这种多院落之间的组合方式总体上有串联和并联两种。串联院落是指两进院落之间通过设在一进院落东侧的巷道和二进屋东侧过道相连通，巷道一侧为一进院厢房或围墙，一侧为院墙，通过设于厢房的过道门或围墙上随墙门进一进院，二进院和三进院之间或通过东侧甬道相连通，或直接由二进院正厅明间穿堂相连通，如南门里街9号（图2）。

并联院落一般为兄弟宅院，或共用大门设于两院落倒座正中，进门为共用巷道，尽头正对影壁，左右各设小门楼至各院，或共用沿街大门，进院落两院间为共用厢房相隔，通过设于厢房中的过道门相连通，如所城里大街16号（图3）。在多数情况下，一些规模较大的宅院却串并联组合使用，使空间布局变化灵活，如所城里大街57、58、59号三个院落（图4）。

但受土改和房改政策影响，院落被重新划分、改建、对外租赁后，对原有形制、格局、风貌、材料等造成较大改动和破坏；建筑功能亦在政府办公、学校、仓库、宿舍、集体办厂房等不同使用功能间来回变换。如为方便居住，居民在原来院落内进行加改建，或另开院门，或增建简易房舍，或拆除厢房、影壁墙、庭院花园等，

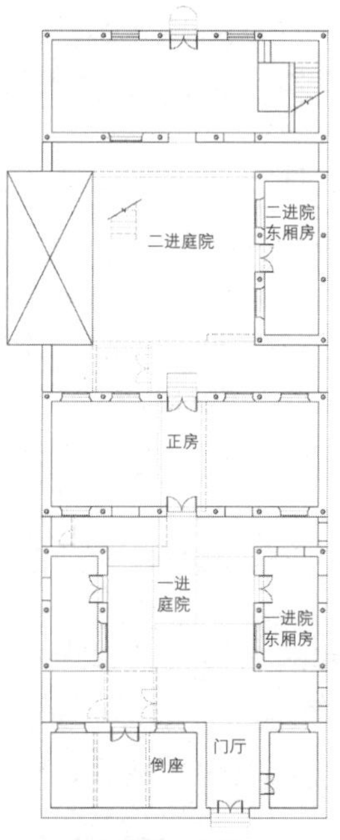

图2　南门里大街9号平面现状图

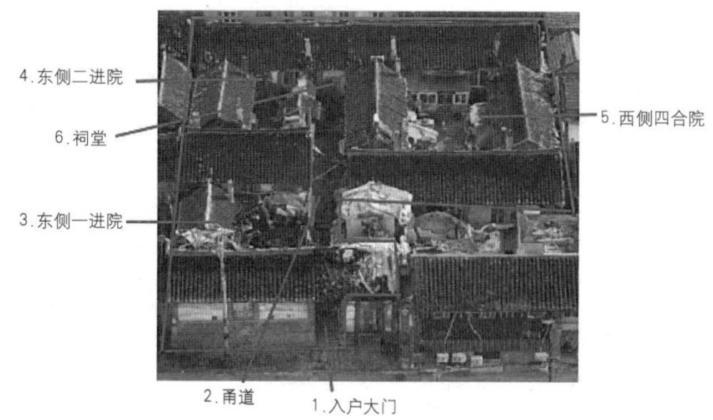

图3 所城里大街16号

图4 所城里大街57.58.59号

严重破坏了院落空间布局。如为增加街道宽度，沿街入户大门大部分向后缩进50~100厘米左右，使大门上方的跑马板向后倾斜较大，不与门框处于同一水平线。另外，一些民居建筑上的砖雕、木雕和石雕等"文化大革命"时破坏较大，如南门里街4号刘氏支祠照壁正面上的二龙戏珠砖雕图案就被破坏。

三、所城里民居建筑修缮过程中的口述实践

前期利用口述史研究方法，初步掌握了所城里民居建筑的历史、问题和现状，现以所城里大街43号、南门里街8号为例，以示口述史在所城里民居建筑修缮中的作用。

所城里大街43号，是较典型的单体建筑院落之一，南临所城里大街，西距西门仅数十米，坐北朝南。通过口述史访谈判断，该院始建于清乾隆年间，由张家长支建造，现存建筑应为清中后期建造，最后一任房主为张家长支第22世孙64岁的张天相。

据房主张天相口述回忆，原院落为三进院，进出有两条道路，一条是穿过大门，左侧（西侧）设置隔墙并开有随墙门，穿过随墙门进入前院（即一进院），前院正房内无隔断，前后对开设门，形成一个穿堂，从穿堂可进入二进院，再穿过后院的大门进入三进院；另一条道路是，隔墙与院落东外墙形成一个南北甬道，沿甬道穿过门厅可直接进入二进院，再由二进院穿过后院大门进入三进院。无论哪条路径进出院落，都显得简洁明快。

现在的所城里大街43号基本保留原有布局，但部分已发生变动。原有隔墙早已被拆除，但能看到基础及随墙门下的石板（台阶）；为方便居住，一进院正房加建隔断，形成若干开间，进入二进院的门厅被改造成了住房，并增开房门，原来的过堂前门被封堵，在门厅处另开门，完全改变了原来进出后院的路径（图5）。

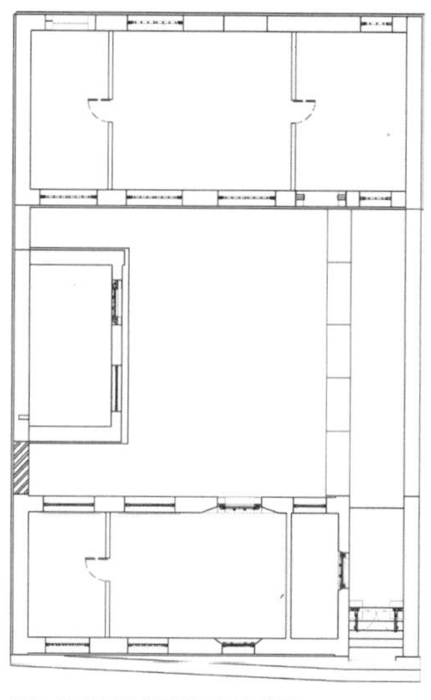
图5 所城里大街43号平面现状图

本着民居建筑"修旧如旧"的原则，在修缮中对存在的布局原形制改变、屋面及墙体破损、建筑细节被破坏等问题，均按照原形制给予修缮复原。对所城里大街43号，按照院落原有的进出路径进行复原，将增设的屋门、室内隔断等给予封堵和拆除，将原有的院内隔墙按照原形制复原（图6）。

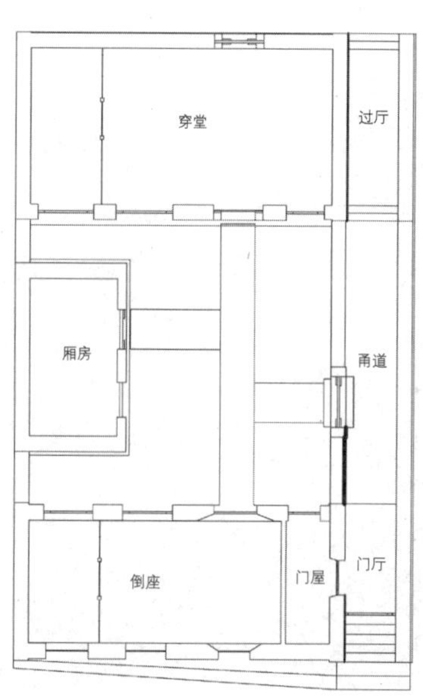

图6 所城里大街43号平面设计图

南门里街8号，位于所城里大街以南、洪泰胡同以北，坐北朝南；原为一套完整的三进院落，根据对刘氏家族后人所做的口述史信息判断，该院始建于清末，是所城里刘家第17世孙刘怀奎为四个儿子建造的四套宅院中的其中一套。后因房改，将其拆分成为两处独立院落，因而现存院落有两个门牌号：北侧三进院为所城里大街32号，南侧一、二进院为南门里街8号。

该院占地面积 398.27 平方米，建筑面积 197.94 平方米，原布局包含倒座及大门、二进正房、二进东西厢房、三进西厢房、三进正房六个单体建筑，其中二进正房及倒座 5 开间，二进东西厢房二开间，三进西厢房三开间，三进正房二层四开间。（图 7、图 8）

该院现状布局保存相对较好，一、二进院落布局变化不大，只有二进院中的隔墙被拆，其余基本保持原样；但三进院后期拆改较为严重，原西厢房被拆除，院落内东西各加建一栋二层水泥房和板房，紧贴正房南立面处加建一处防腐木楼梯和平台；三进正房除梁架外均被拆改。

针对现状情况，在修缮过程中，结合现场研判和口述史访谈史料，对南门里街8号三进院中的西厢房进行复原重建，将院内的加建房屋给予拆除。二进院中的隔墙按照胶东当地民居建筑特色给予复原。其他建筑细节如门窗、门簪、挂罩等的修缮，按照口述史所获取的信息进行，以最大可能还原其原始形态。

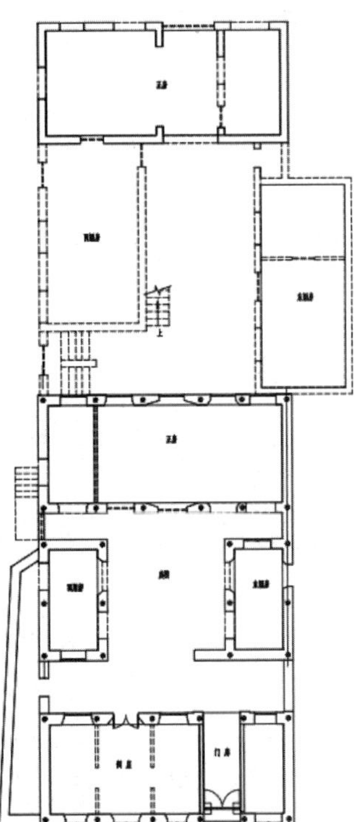

图7 南门里街8号平面现状图

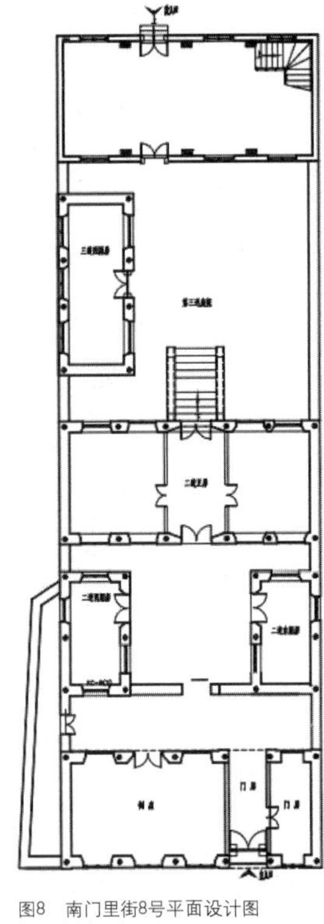

图8 南门里街8号平面设计图

四、口述史对所城里价值的再认识

1. 历史价值的再认识

通过口述和走访发现，即使所城里原有的军防建筑现已鲜少见到，但所城里民居聚落的形成基本沿袭了所城里城防时期的格局，因此也有了“十字大街”延续至今的现状。而所城里民居街道的命名，有的至今带有所城里城防时期的地名色彩，如居民口中的“仓余街”，便是由当时的“仓子巷”演变而来。这也直接体现了所城里的历史价值。

2. 艺术价值的再认识

走访当地居民才读懂所城里民居建筑所运用的艺术手法，如民居建筑中采用的砖雕、石雕和木雕的装饰手法，因做工、材质不同，运用之处也不同。砖雕，一般出现在瓦当、墙面、照壁、檐口和壁龛等处；石雕，多出现在门枕石、门当和拴马石等处。尤其是主家曾为武将者，门当大多雕刻成石狮子，以巧妙地体现主人的身份和地位；木雕，大多出现在门簪、挂罩、大门等处，如主家是书香之家，门簪上会雕刻着“书卷”和“画轴”（图9、图10），透露着主人的学识、趣

图9 门簪上的画轴

图10 门簪上的书卷

味爱好，充分体现出所城里民居建筑装饰的艺术风格。

3. 科学价值的再认识

由所城里工匠的口述史访谈得知，所城里民居建筑的构筑体系可谓成熟独到，选用地方材料、木构架承重与砖瓦围护结构体系，由当地工匠运用其成熟的经验技术与标准的模式建造而成，房屋坚固结实，又不失鲜明的胶东地方特色。所城里遵循“大街小巷”的空间建构原则，以十字大街交汇点为界，不断向四周延伸扩展，形成居民区和街巷，主次分明、动静有序。

4. 社会价值的再认识

通过口述史访谈，才得以了解所城里民居建筑的历史发展脉络和家族变迁史，对张、刘两大家族后人的访谈，又加深了他们的情感认同。奇山所作为山东省唯一留存至今的卫所，是了解过去那段历史的重要场所，对其有效的保护与合理利用，不仅能重新解读奇山所的历史价值，而且在提升民族自豪感等方面亦具有重要社会价值。

五、结论

复旦大学教授钱文忠说：“历史应该是多元的，是复数的，是有多种角度的，有多种叙述方式和生命体验，因而最终也应该有各种不同的呈现样式。”[4]同样，建筑也应该有多种叙述方式和生命体验。口述历史的研究方法，不失为一种能使建筑以另一形式进行表达和展示的方法。

所城里民居建筑作为重要民居型建筑遗存，具有较高历史价值、艺术价值、社会价值和科学价值。通过口述史研究方法，可生动形象地再现所城里民居建筑的历史和变迁，挖掘和发现民居建筑中的布局、结构、居住文化等深层内涵。这不仅能为所城里民居建筑保护和修缮提供有价值的史料支持和指导，弥补文献资料缺失的不足，还拓宽了研究角度，使建筑史研究视角更加多元化和可视化。

参考文献

[1] 闫茂旭．当代中国史研究中的口述史问题：学科与方法[J]．唐山学院学报，2009．

[2] 王鹤，董亚杰．基于口述史方法的乡土民居建筑遗产价值研究初探——以辽南长隆德庄园为例[J]．沈阳建筑大学学报（社会科学版），2018．

[3] 傅光明．口述史：历史、价值与方法[J]．甘肃社会科学，2008．

[4] 傅适野．口述历史为什么重要[EB/OL]．[2016-11-14]．https://www.sohu.com/a/118885666_508663．

基于平遥古城遗产价值特殊性的古城保护与实践反思

陈嘉男[1]

摘　要： 平遥古城历经四十余年的保护与开发实践，成果现状优劣并存，目前正值更新进一步深化的关键时期。本文通过分析平遥古城的遗产价值特殊性，结合保护现状，探讨古城如何利用自身优势确立更新的策略与具体办法。其遗产价值特殊性体现在完整性和人居型两方面，以此得出当下古城保护更新的探索性建议，加强平面布局脉络的梳理利用，推进政府主导的民居空间活化，从微观、宏观共同进行古城活态保护，希望能为其带来持续而全面的生命活力。

关键词： 平遥古城　遗产价值　完整性　人居型　活态保护

一、引言

平遥古城位于山西省中部，始建于周宣王时期，距今已有2700多年的历史，是中国仅有的以整座古城申报世界文化遗产获得成功的两座古城市之一，于1997年被列入世界文化遗产名录。平遥古城作为中国古代城市在明清时期的杰出范例，不仅为人们展示了中国历史一幅非同寻常的文化、社会、经济及宗教发展的完整画卷，并且对研究这一时期的社会形态、经济结构、军事防御、宗教信仰、传统思想、伦理道德和人类居住形式等都具有重要价值（图1）。

二、平遥古城遗产价值特殊性

1. 现存完整的典型汉式古城的孤例

中国是拥有世界遗产最多的国家，截至2019年7月6日，已有世界遗产达到55项。即便在这样丰厚的遗产总量面前，平遥古城作为第一个以整座城市列入世遗名录的文化遗产也显得尤为独特。与长城、故宫、布达拉宫等以建筑组群或单体进行申遗不同，平遥古城是以古城墙、衙署、街巷、民居、寺庙等作为整体列入《世界遗产名录》的，其建筑价值、文化价值、艺术价值的重要性不言而喻。

图1　平遥古城街道风貌
（来源：平遥古城传统民居保护修缮及环境治理实用导则）

平遥古城城墙始建于后周，明洪武三年（1370年）扩建，重建成“周围十二里八分四百，崇三丈二尺，濠深广各一丈，门六座，东西各二，南北各一”的城墙，以砖石包墙。现今，城墙每边约长1.5公里，总长6公里，包围着总面积2.25平方公里的平遥古城，蔚为壮观。值得一提的是，平遥城墙共有马面、窝铺72个，城垛、垛口3000个，借以象征孔子七十二贤和三千弟子，此番儒学内涵也是城墙古迹中独一无二的。

平遥古城作为一个完整的建筑群体，保留了典型的明清时期中原地区汉族的城市规划和建筑布局，其左城隍（城隍庙）；右衙署（县衙）；左文右武（文庙、武庙）；东观（清虚观-道教）；西寺（集福寺-佛教，已不存）；市楼居中的对称式功能分布是研究中国古代城市规划相关历史的绝佳案例。而古城内的街巷数量繁多，有“四大街、八小街、七十二条蚰蜒巷”之称，且轴向规整、主次分明，展现了极具传统风貌的街道格局（图2）。古城内部文物保护单位集中且大量遗存，包含官式建筑、商业建筑以及民居建筑共26处，其中国家级文物保护单位5处，省级文物保护单位3处，市级文物保护单位2处，县级文物保护单位16处。这样大量的文保单位分布于古城内，不仅是建筑遗产文物价值的集中体现，更是传统历史文化的积累沉淀。

2. 人居型建筑为主的遗产代表

平遥古城是典型的以人居型建筑为主的建筑遗产，比如古城内

[1] 陈嘉男，天津大学建筑学院，硕士研究生在读。

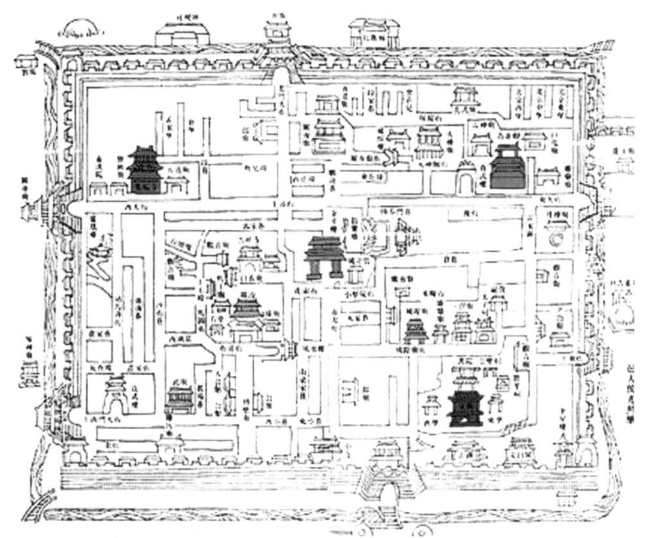

图2 传统街道格局平面图
（来源：平遥古城传统民居保护修缮及环境治理实用导则）

的26个文保单位中，古建筑7处，古铺面6处，古民居为13处，民居所占比例达到一半之多。《世界遗产名录》标准第三条提到："能为一种已消逝的文明或文化传统提供一种独特的至少是特殊的见证。"平遥古城作为人居型遗产的代表，见证了中国古代汉族文明的存在和发展，是传统人类居住地的杰出范例，同时它也具有影响遗产保护实践的复杂特性（图3）。

（1）动态变化

人居型建筑遗产承载了日常生活，随着使用者的变化及更迭其本身形态具有不断动态变化的特性。由于使用需求的不断改变，建筑的功能空间、平面布局甚至立面处理都会有不同程度的改变，使建筑遗产具有不同时期的风貌遗存，可能会对古城整体风貌的保护和恢复带来消极影响。

（2）空间渗透

人们在长期使用人居型建筑的过程中，行为活动的范围远不止限于居住建筑内部，同时会对街道及城市空间都产生一定的影响。一代又一代的原住民已经将日常生活渗透于古城城市空间中，所以在古城的文物保护和旅游开发中，文保空间、旅游空间、生活空间相互融合，同时也相互挤压、争夺，带来复杂而棘手的遗产保护问题。

图3 平遥古城民居肌理

（3）人文背景

古城几千年来承载着城内居民的日常生活，现如今又增加了外来访客的多元化活动，无论是传统生活气息还是现代活动氛围，都让平遥具有了独一无二的人文背景，而这正是平遥古城作为世界文化遗产所蕴含的巨大的现实价值，也是其由传统向现代转型的关键契机。除了最为著名的晋商文化，代表了近代中国内陆地区商业的革新和发展，平遥还具有丰富多样的传统民俗活动，以及多项非物质文化遗产（图4）。

三、古城保护的现状与反思

从20世纪80年代开始，平遥古城的保护随着专家的研究、政府的重视和民众的关注一直逐步推进。最初1981年的平遥古城规划方案，以"老城老到底，新城新到家"为核心，在古城的西面和南面开发了新区，用于容纳城市的发展和建设，而古城的内部则完全保留原本格局，仅做外环交通车道的改造，以及给排水、电力、电讯工程管网等基础设施的完善，以满足城内居民日常生活需要。2000年以来，经过不断地跟踪调研和规划调整，除了一轮又一轮不断完善的古城保护规划以外，平遥古城的保护在相关法规条例制定上也成果颇丰。比如，2012年编制的《平遥古城传统民居保护修缮及环境治理实用导则》，受到了联合国教科文组织大力推崇，并将其英文译版推广至其他世界遗产地的保护实践中；1998年通过、2018年再次修订的《山西省平遥古城保护条例》，结合了当地实际情况对平遥古城保护提供了具体的法律依据，且与保护进程紧密结合，具有极好的范例作用。

1. 古城的保护进程概况

根据笔者的调研总结，认为具体的古城的保护基本上可以分为：点—线—块—面，这样一个由简至繁的推进过程（图5~图8）。第一层次，历史文化景点整修和文物古迹的保护修复，主要以重点文物保护单位的修复和旅游开发为起点，也唤起了部分非

国家级非遗	4项	平遥推光漆器髹饰技艺	冠云平遥牛肉传统制作技艺	平遥纱阁戏人
省级非遗	7项	平遥票号	晋商镖局	平遥弦子书
		（长昇源）黄酒酿制技艺	宝龙斋传统布鞋制作技艺	铁器制作技艺
市级非遗	7项	曹家熏肘传统制作工艺	晋升传统油茶制作技艺	六合泰传统透气枕制作技艺
		平遥凤秧歌	平遥十二景诗文	乾德堂小儿止泻散

图4 平遥非物质文化遗产类别及分级

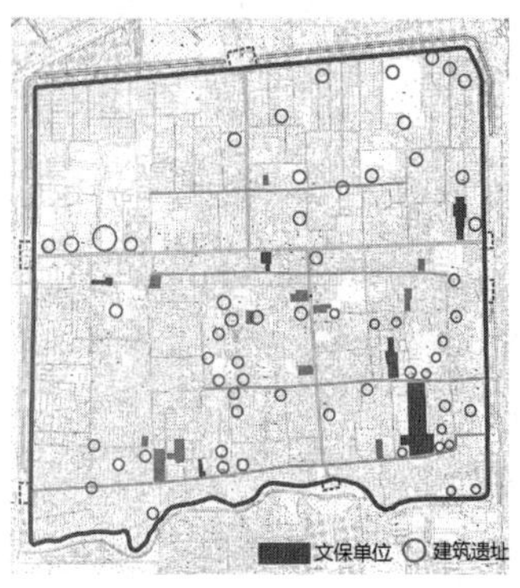

图5 平遥古城保护进程——"点"

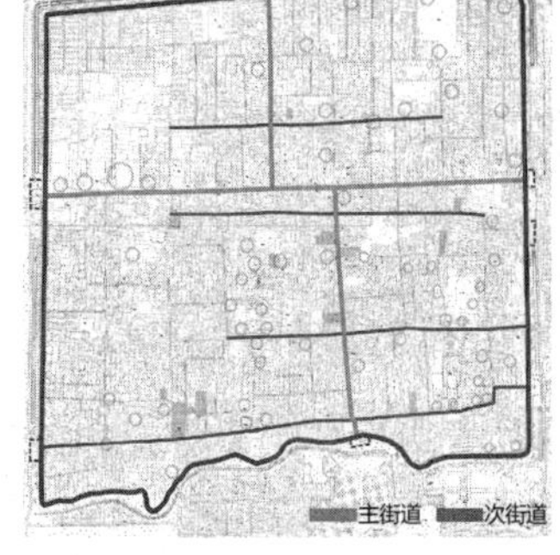

图6 平遥古城保护进程——"线"

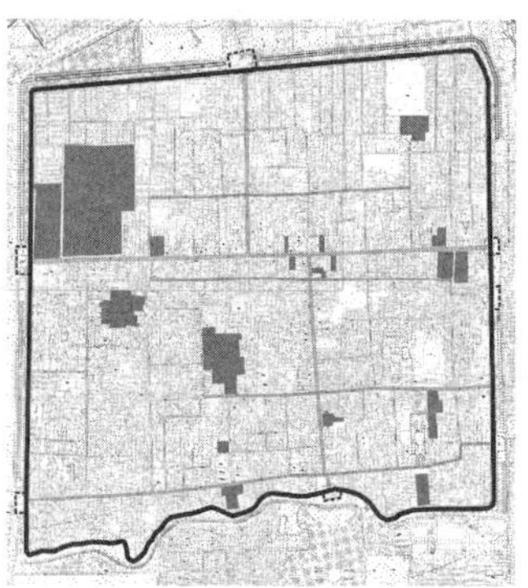
图7 平遥古城保护进程——"块"

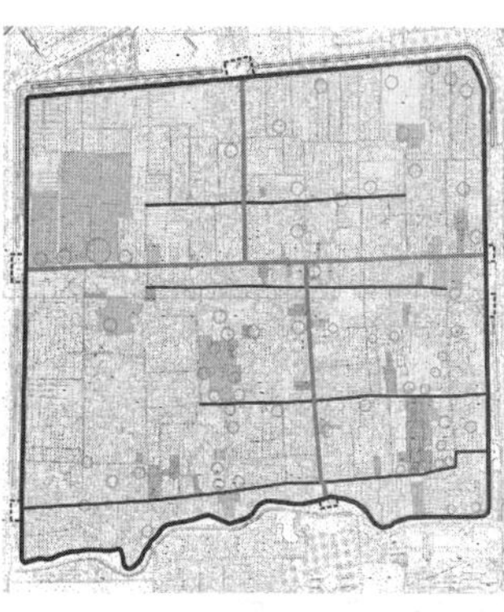
图8 平遥古城保护进程——"面"

文保建筑及院落的修整热情，积极参与到旅游相关产业中。第二层次，历史街区街道格局、整体风貌的保留和恢复。对于古城主要街道的临街建筑，以及主次干道的院落围墙进行风貌恢复，以展现独有的古城风姿。第三层次，特殊地块的新功能开发，发挥片区特点，与文化产业结合的活态保护。以电影宫地块为例，位于古城西北角的柴油厂工业旧址进行改造，利用厂房建筑的大空间结构，辅以现代化的放映设备，成为平遥国际电影节的主要场馆，不仅创造了旧工业遗址的新生命，也为平遥古城注入了新活力。第四层次，街巷网络内部的民居区域保护，传统住宅的修缮与更新，以及对原住民传统生活方式的留存与记忆。以米家巷27号院落改造为例，是一个格局保留较为完整的传统矩形院落，对内部进行了民宿功能的设计，无论是室内空间、院落环境都进行了重塑，运用新能源技术解决保温、通风及上下水问题，满足现代居住舒适度的要求，且最大限度地保留原有的内部结构和建筑外观。

2. 古城保护过程中存在的问题反思

近几十年的保护实践中，对前三个层次的重视程度较高，落实也相对到位，对第四个层次的实践则仍在摸索前进，但是四者都存在不同程度的短板。

（1）"点"层面

在重要的古建筑单体保存良好，极具历史价值的传统院落保存完整，物质存留情况优良的基础上，文物背后的文化内涵展示与输出显得较为薄弱。比如，在古城多个联票景点的旅游参观过程中难以系统地了解古城历史、晋商文化等，且建筑遗产本身的遗产价值也难以给人留下深刻印象，这跟景点的展示形式单一、方式缺乏新意有关，针对古城遗产的文化背景没能形成全面且条理的科普宣传。

（2）"线"层面

古城街巷风貌的控制和恢复基本还原了历史状态，但最具意义的整体街道布局，卓绝的巷道空间组织，都未能使游客在亲身游览中有明晰而深刻的体会，可以说古城遗产最核心的部分并没有与其价值相匹配的展示和利用环节。

（3）"块"层面

特殊地块的新兴文化产业发展势头良好，比如国际电影节、国际摄影节、国际雕塑展等吸引了大量的专业人士及参展游客，产生了良好的经济效益，但功能对象完全针对外来游客，缺乏对原住居民使用空间的关注。

（4）"面"层面

个别传统居住院落的改造比较成功，也取得了一定经济效益，但是古城内仍然存在大量的传统民居改善乏力。经笔者实地采访考证，许多意图进行商业盈利的院落，可能由于经济水平限制，或者产权问题复杂，或者房屋位置偏僻使得旅游业相关的商业经营无从参与，导致居民对院落的保护改造积极性几乎为零，或者适得其反地进行了无序且目的混乱的私人改造，两种情况都十分不利于院落保护；无意进行商业盈利的院落，则是由于基础设施的落后，生活配套服务的缺失，以及公共空间被旅游空间挤压等原因，使得居民无意改造院落，甚至会消极对待院落保护以希望获得经济补偿能够搬迁新城居住生活。

四、基于价值特性的探索性保护建议

平遥古城历经几十年的研究保护以及修复更新，通过开发旅游产业产生了可观的经济效益，但也面临许多更深层次的问题。如今，古城需要的是进一步将文化遗产、古城实体、人、空间环境四个方面相互融合的活态保护，继续深入古城空间的横向修复更新，同时关注纵向深度的非物质形态方面的保护与利用，重视不同对象人群对于古城的需求差异，寻找旅游开发与居住生活的平衡点。在此，尝试从古城的价值特性出发，分别从以下两个方面提出古城保护的探索性建议：

1. 平面街道脉络的梳理

平遥古城的街道格局轴向规整，层级明显，可以根据规模分为四个层次：主要街道、次要街道、巷道、其余小巷道。其中主要街道和次要街道包含有平遥古城从古至今延续下来的"土"字

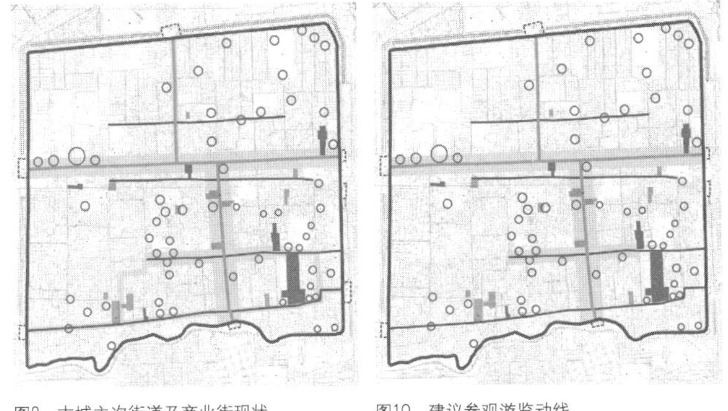

图9　古城主次街道及商业街现状　　图10　建议参观游览动线

形商业街。目前，大部分的旅游景点分散于主、次街道上，而主要的餐饮、零售、住宿等商业店铺则集中分布于“土”字形商业街，旅游景点和商业店铺相互交叉融合，主要游览街道呈由中心向四周发散的形态，导致参观过程容易出现路线重复或者遗漏景点的问题。

基于这样的现状，应加强参观流线的规划，明晰游览的主题，比如利用巷道连接主次街道以形成带状、环状相结合的游览动线（图9、图10），同时，要辅以相关的旅游配套服务，比如街道节点处的明确指示标志，以及强调游览路线的平面地图，还有相关的服务站点以及周边宣传等。一方面，有利于古城整体布局、街道风貌的展示，便于游客参观景点的路径组织，带来更方便而全面的游览计划；另一方面，通过景点对人流的吸引力，增加整个动线街道两侧商铺的客流量，扩大旅游辐射范围，带来更好的经济效益；再者，可以避免大量游客因混乱的路径组织误入非商业用地内的小巷道，减少对原住民日常生活的干扰。此外，还可以利用城墙马道、城墙外围环路，与城内的主次街道相互配合，形成一套更加全面、立体的古城参观流线，沿途辅以相关配套服务，具有引导性地增强游览参观的深度和趣味性，同时缓解旅游高峰期城内交通拥堵现象。还可以利用现有的工业厂房遗址或传统院落，规划出一个综合性的公益性展览场所，以展示平遥古城街道布局的独特价值为主轴，延伸到城内各个主要景点的重要背景和文物价值介绍，结合现代化博物馆丰富多样的展示手段，增强展示趣味性和互动性。展览可以作为古城参观流线上的起点或结点，让游客能够真正全面而深入地体验古城传统风貌和文化内涵。

另外，近几十年来多个高校及学术组织对平遥整体布局和街道脉络进行了多次深度调研和研究性设计，但研究的相关成果多为临时性的展出，仅针对专业人士进行学术交流所用，不曾面向社会大众做科普宣传。而公益性展览以政府为主导者，可以利用前者的部分研究成果进行长期展示，加深社会公众对平遥古城保护实践的认知，同时提高遗产保护的公众参与度，一举多得。

2. 居住空间的活化

古城内部的大量居住型院落作为遗产价值特殊性的重要体现，应该成为古城保护进程中积极推进活态更新的有利因素。目前非文保单位的居住院落的保护更新，应该“新旧共存”，既要更新破旧待修的建筑，也要留住原住居民以及传统生活方式。

关于新旧共存的更新方法，从以下三个方面入手（图11）：

参考北京“南池子”更新模式，首先由政府推动，以交易买卖的方式使院落产权明晰，可以利于院落所有者自发进行维护与修缮。之后再请专业人士参与改造设计，帮助有商业经营意向的居民有效地投入新产业开发，避免以往大量传统院落的低质量“破坏性”的更新改造。以商业经营获得建筑日常保护及更新的必要资金，焕发老旧院落新的生命力，同时减轻政府及原住民自身的经济压力，进一步调动公众参与的自发性，能够形成真正的有机的活态更新。

另外，以古城内原住民的日常生活作为依托，将正在逐渐没落的多项传统民俗表演进行整合利用。比如，在特定节假日时期进行成规模的社火、扎彩灯等活动，并且设置游客能亲身体验的交流场所、设施，利用民间优势自发带动居民公共空间的活化更新，尝试民间传统活动与旅游产业结合，实现保护与开发的双赢。

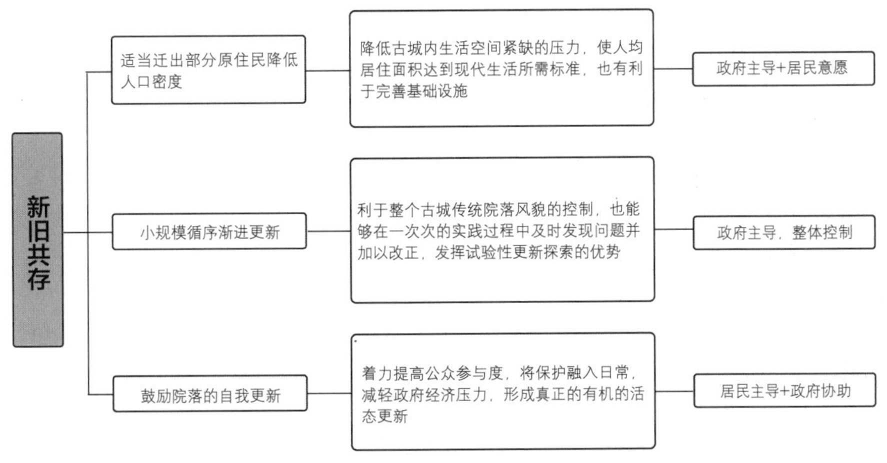

图11　居住空间活化办法及特点

五、结语

平遥古城留给后世的价值不仅仅体现在某些历史文物和建筑单体上，而是在城市街道的组织脉络和平面的规划秩序中，更是在于古城形态与当地居民生活的相互交融里，这是一座不断生长的活态古城。基于20世纪80年代以来对平遥古城保护更新不断地探索和实践，当下我们应该积极面对更新过程中暴露的问题，通过挖掘古城多层面的遗产价值特殊性，借力古城自身的价值优势“扬长避短”，进一步发挥其平面街道布局的特色，并积极活化大面积的居住空间，从现实的角度思考具有针对性的解决办法，为古城的活态保护、有机更新带来源源不断的动力。

参考文献

[1] 邵甬，陈悦.平遥古城传统民居保护修缮及环境治理实用导则[M]. 联合国教育科学及文化组织，2015：17–19.

[2] 丁枫，阮仪三.我国公众参与城乡遗产保护问题初探[J].上海城市规划，2016（05）：46–49.

[3] 邵甬，胡力骏.人居型世界遗产保护规划探索——以平遥古城为例[J].城市规划学刊，2016（05）：94–102.

[4] 齐莹，李光涵.平遥古城民居的保护更新策略探索[J].中国名城，2014（03）：70–72.

[5] 阮仪三.历史文化名城保护实践的新探索[J].中国名城，2011（07）：10–13.

[6] 阮仪三."刀下留城" 救平遥[J].地图，2011（03）：118–123.

[7] 阮仪三，顾晓伟.对于我国历史街区保护实践模式的剖析[J].同济大学学报（社会科学版），2004（05）：1–6.

[8] 阮仪三，肖建莉.寻求遗产保护和旅游发展的"双赢"之路[J].城市规划，2003（06）：86–90.

[9] 王景慧.中国历史文化名城的保护概念[J].城市规划汇刊，1994（04）：12–17+2.

人民公社时期乡村规划及建筑设计特点探讨

杨　明❶　李军环❷

摘　要：本文从建筑学的角度，对人民公社时期乡村规划与建筑设计的案例进行研究，总结集体形制规划和空间设计的特点。苏联及一些西方国家的建筑与规划理论和集体主义理论在人民公社建设时期一定程度地影响了中国乡村建设。本研究通过将这些内容进行整理，与当下乡村振兴战略对比分析，为当今乡村人居环境建设提供有价值的参考。

关键词：人民公社　集体形制　人居环境　乡村振兴

在人民公社运动时期，建筑学对乡村的规划与建筑设计提供了理论支持，并通过实践，尝试进行一种理想化的乡村改造。建筑学报在1958年到1962年间，发表了大量关于人民公社乡村建设相关的论文，我们可以从中看到许多规划和建筑设计的思想受到了苏联及西方集体形制的影响。在人民公社时期规划和建设的实践中，有许多理论在今天看，依然具有很强的进步性。本文从建筑学的角度，对人民公社时期的乡村建设进行研究，结合当代乡村振兴政策，探讨出对当今乡村建设有价值的思考。

一、农村人民公社概况

农村人民公社化运动是中国共产党在20世纪50年代后期探索社会主义建设道路的一项重大决定。农村人民公社的规划主要集中在耕地划分和居住区的布局上，而城市人民公社的规划主要集中在国有企业的工厂规划和社区规划上。众多学者对农村人民公社的起因有不同的看法，主流有两个原因被学术界广泛认可：其一是人民公社是旨在追求理想社会的运动，它是为了解决农民贫困问题而发起的；其二是人民公社是国家实现工业化战略的现实需要，提升国家生产效率，实现工业化所需的资本原始积累。在资金和资源非常有限的历史背景下，人民公社成立初期极大地解放了生产力。通过农村人民公社，一般盈余得以最大化，并转化为工业投资。同时，为了收集和组织劳动力和资源，公社履行了各种职能：为农村社区提供完成大型水利工程的机会；建立小型工厂并生产可增加一般收入的商品。支持医院和学校，为公社成员提供基础服务。但是，农村人民公社的运动在实施过程中违背了生产力和生产关系。地方政府夸大产量，为了确保城市居民的粮食供应，政府在农村地区进行了大范围的粮食收购，但实际产量不能满足农民的基本需求，造成了乡村发展的不良影响。

从建筑学和规划的角度来看，1958年至1962年建筑学报发表的人民公社建设相关文章中，人民公社的规划与建筑设计方法参考了许多苏联与西方的理论方法，这些指导原则在今天看也具有相当的进步性。中国乡村人居环境建设逐步提升的今天，部分代表着集体形制的设计方法依然具有价值，可以为中国人居环境建设提供参考。

二、集体形制的理论经验

近代中国的城市规划受到苏联经验的深刻影响。农村人民公社的空间规划布局和建筑形式很大程度上借鉴了苏联模式的集体农场。同时，人民公社也受到欧美城市规划思想的影响。熟悉欧美城市规划的中国近代海外学者仍然使他们在不知不觉中将规划理论应用到城乡规划实践中。例如，在图1中，中央绿色空间、林荫大道、对称的中心轴和其他元素都反映了城市美化运动的烙印。

农村人民公社也受到苏联集体公社理论的影响。列昂尼德·萨布索维奇（Leonid Sabsovich）从1928年到1930年提出的经济模式计划将苏联的住房公社作为一个紧凑的定居点，为国有企业和集体农场中的40000~100000工人。萨博索维奇最著名的建议是1929年的“社会主义城市”，它为新的工业住宅区设定了设计任务。在《社会主义城市》（Socialist Cities，1929）一书中，他主张建造“住房联合体”，即为2000~3000名居民设计的自给自足的住宅和服务性建筑。❸

---

❶ 杨明，西安建筑科技大学建筑学院。

❷ 李军环，西安建筑科技大学建筑学院，教授。

❸ 萨姆·雅各比，程婧如．中国集体形制——人民公社与单位[J]. 新建筑，2018（05）：5–11．

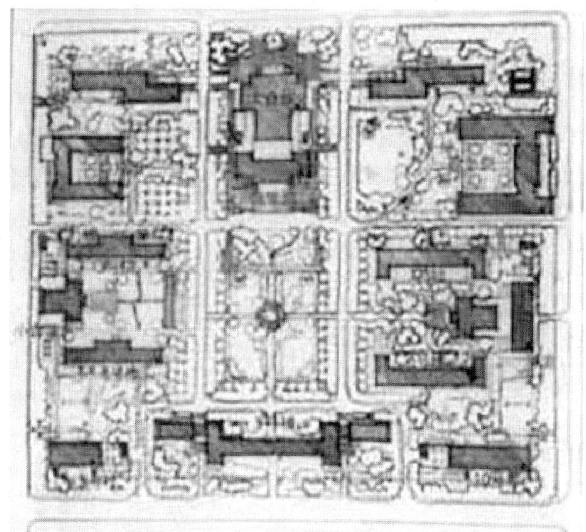

图1 徐水人民公社大寺各庄居民点第一期修建规划总图
（来源：徐水大寺村的规划设计施工说明，1959年清华大学档案馆）

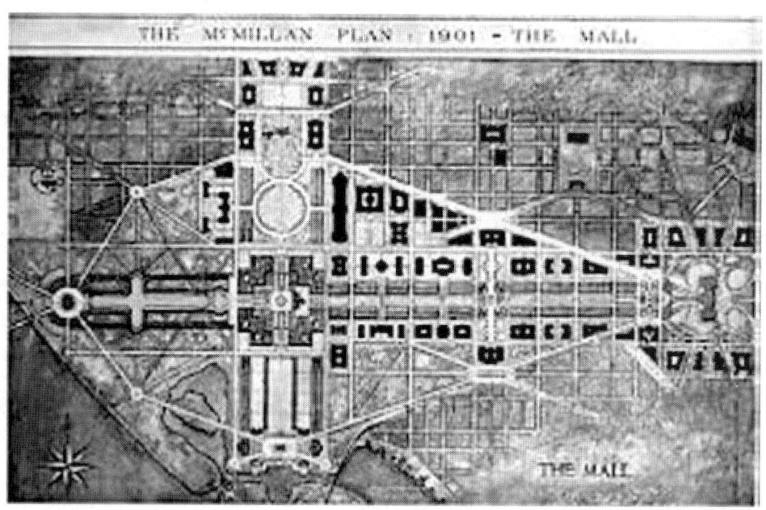

图2 城市美化运动1901年华盛顿特区城市美化运动规划
（来源：xroads.virginia.edu）

此外，尼古拉·库兹敏（Nikolai Kuzmin）在1928~1929年在安泽罗-苏镇斯克（Anzhero-Sudzhensk）为矿工计划的住房公社可以看作是独立、自给自足的定居点的原型。该项目试图将公共住房和所有必要的公共设施整合到一个大型独立居住区中。通过提供教育、娱乐、体育设施和医疗设施来建立居民的日常生活。该项目创造了集体主义，并通过集体提供公共物品提高了经济和社会生产力，促使人们从家庭生活向社会主义集体生活发展。[1]该项目对公社的组织意义重大，农村人民公社吸收了许多核心要素。例如：公共食堂取代了私人厨房，使妇女摆脱家务劳动并从事社会生产活动；居住空间集体化，以更好地组织劳动；压缩私人空间以获得具有较大空间的公共区域等。

人物	时间	地区	项目
列昂尼德·萨布索维奇（Leonid Sabsovich）	1928~1930年	苏联	苏联的住房公社
尼古拉·库兹明（Nikolai Kuzmin）	1928~1929年	苏联	安热罗苏真斯克5/7号煤矿住房公社

三、案例研究

本文以徐水县遂城人民公社的规划与建筑设计为研究对象，对案例进行分析，总结其特点。遂城人民公社是徐水县的七个公社之一，人民日报曾对徐水人民公社进行过报道，具有一定的代表性。

1. 平面规划

公社被划分为76个居住街坊，每个街坊能容纳2000人左右。公共建筑与民居结合布置，公共建筑置于街坊内适中的位置，方便村民使用。公社内部进行功能分区，包含行政区、文教区、生活区、农业区、工业区。公社内部有河流穿过，河流以北主要布置生活、行政和文教功能，河流以南则布置工业和农业生产的内容。全部工业区位于下风向，并靠近公路。

2. 公园绿化设计

公园绿化结合地形现状，利用低洼地区，布置公园，沿河岸种植果树，作为防护林带，又能增加农副产品。居住区保持充分的绿化水平，平房建筑密度为32%，楼房建筑密度为25%。保证每个街坊有必要的绿化地，每户均有一个自用花园。

3. 居住建筑设计

住宅建筑分为单层建筑和双层建筑，建筑平面通过走廊连接每个房间。每个居住单元均设有起居室、卧室和书房，人均居住面积为6平方米。居住单元内部不设置厨房、卫生间、浴室等功能。

4. 公共建筑

公共建筑是人民公社建设中非常重要的一部分。其中公共食堂又有着特别重要的地位。在规划中，公共食堂往往位于轴线的中心，公共食堂包含着食堂、会堂、课堂、俱乐部等功能，是重要的集会场所。在时代背景下，简单地采取行政命令对复杂的生活问题进行简化，这种做法被证明是不可行的。食堂在1961年5月被解散，食堂被作为群众学习和集会空间来使用。

作为解放妇女、增加劳动力的重要保障，幼儿园、托儿所是社会主义国家不可缺少的公共服务设施。考虑到农村的特点，幼儿园设计采用平房三合院的形式。在规划上，敬老院与幼儿园和俱乐部邻近布置。使老人住在安静的敬老院中，又可以方便的接触公共活

[1] 萨姆·雅各比，程婧如．中国集体形制——人民公社与单位[J]．新建筑，2018（05）：5–11．

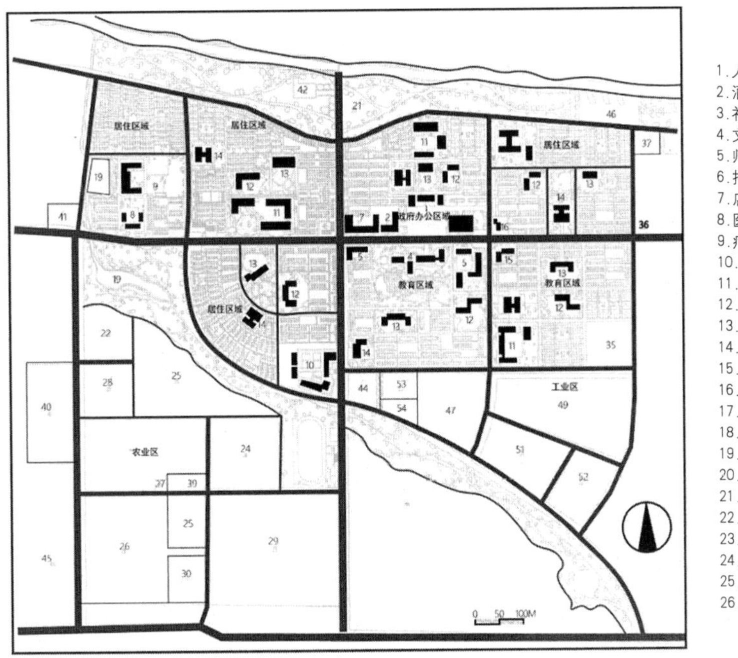
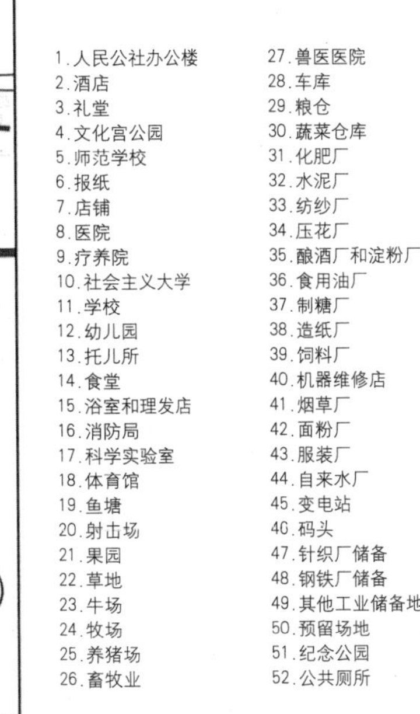

图3 徐水人民公社规划图

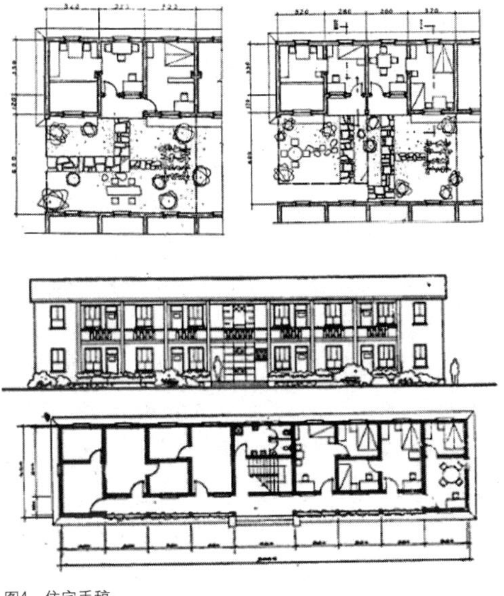

图4 住宅手稿
（来源：河北省徐水县遂城人民公社的规划）

流线分析

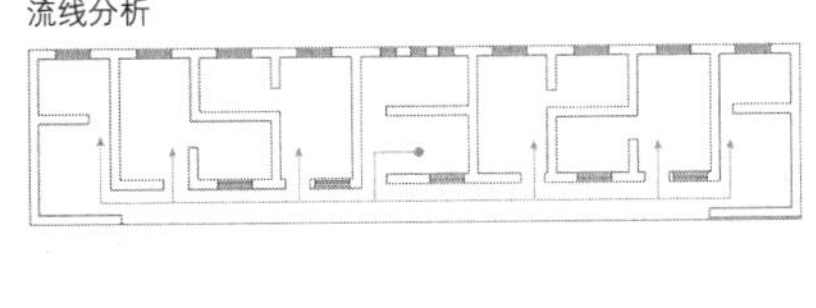

功能分析

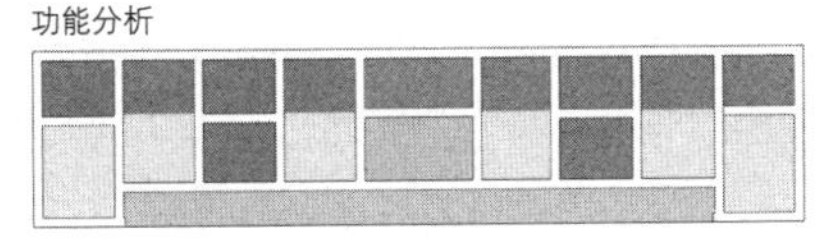

双层建筑

单层建筑

图5 住宅平面分析

动和儿童。[1]

四、人民公社时期乡村规划与建筑设计特点

尽管在人民公社时期，人民公社的建设全国大部分乡镇发生了不同的变化，但农村公社定居点之间存在相似之处。它们的共同组织特征是：

（1）通过集中居住空间为公共区域释放更多空间。

（2）通过建立公共功能性建筑物，将家庭劳动转化为社会劳动。

（3）通过不同层次的规划，在生活和工作保障的社会契约的基础上，对组织进行统一管理，以产生有效的生产和生活空间。

通过这些措施，中国在短时间内实现了作物增产，其优势如下：

（1）居住区位于土地中心，可以使人们更方便地进行耕作，工作范围最广。

（2）通过空间规划方法，住宅区和公共建筑的组合最大限度

[1] 刘亦师．徐水人民公社居住点规划及建设研究——“大跃进”时期清华建筑系乡村建设实践史料录遗 [J]. 时代建筑，2019（06）：138–145.

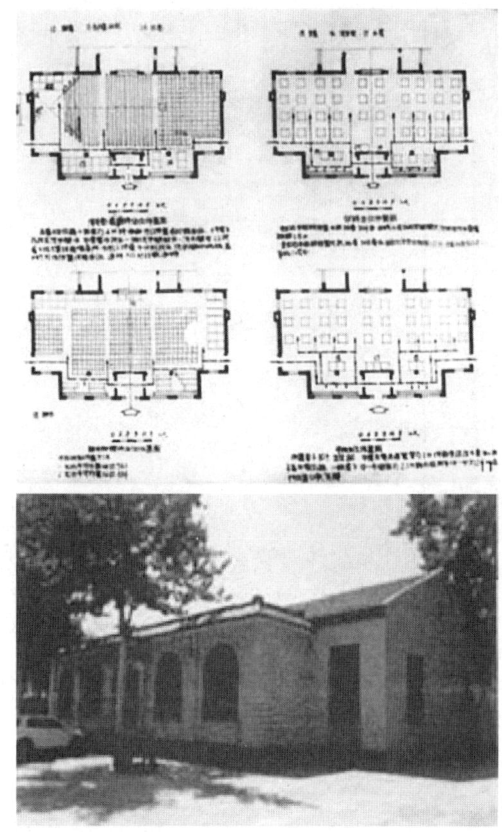

图6　食堂平面图手稿及食堂现状
（来源：徐水人民公社居住点规划及建设研究——“大跃进”时期清华建筑系乡村建设实践史料录遗）

地利用土地，使生产可以使用大型机械。

（3）居民集中度易于管理，帮助政府更好地集中生产和生活活动，提升生产效率。

20世纪80年代，人民公社运动宣布结束，乡村建设被家庭联产承包责任制所取代，在规划和建设方面，尽管人民公社的最初目的是通过土地合并在更大的地理区域内优化生产要素的分配，但实际上大队对农业的过度干预，平均主义以及过度的农业生产需求与实际生产能力之间的不匹配逐渐暴露出人民公社的弊端。

通过以上研究，我们可以对集体形制的特点进行一个概括。集体形制通过将部分家庭劳动转化为社会劳动，从而实现减轻家庭劳动负担，达到提升总体生产效率，降低劳动成本的效果。这些组织上的设想是通过建筑和空间规划实现的，比如在人民公社的总体规划中，居住区域只保留基本的会客、休息功能，而把餐厨、洗浴、洗衣等功能抽离出来，通过集中的食堂、澡堂、洗衣房来解决这些需求，从而在空间和行为上，将人组织起来，形成一个集体。这样做的负面影响也是明显的，即生活中个性化需求的缺失，对家庭与个人的隐私保护的缺失等，过度集体化忽视了个人的需求，空间和用户之间的关系被颠倒了。总结来讲，人民公社时期对居住空间的功能限制有两个原因：其一是由于当时我国的经济基础薄弱，这样做最大程度地节约造价；其二是需要通过对居住空间的功能进行限制，使公社成员通过公共空间来解决需求，从而加强社会组织的集体性。

五、对当前乡村建设的启示

2017年10月19日习近平主席在十九大报告中提出乡村振兴战略。2018年3月5日国务院总理李克强在《政府工作报告》中讲到大力实施乡村振兴战略。2018年5月31日，中共中央政治局召开会议，审议了《国家乡村振兴战略（2018-2022年）》。同年9月中共中央、国务院印发了《乡村振兴战略规划（2018-2022年）》。2021年2月21日，中央一号文件发布《中共中央国务院关于全面推进乡村振兴加快农业农村现代化的意见》。中央一系列的举措足以看出对乡村振兴策略的重视。

乡村振兴战略20字方针为“产业兴旺、生态宜居、乡风文明、治理有效、生活富裕”。建筑学可以为乡村振兴提供物理空间的支持。对村落规划和村落空间的设计可以很大程度上改善乡村的功能，改善人居环境。通过对人民公社的研究我们可以清晰地看到，规划与空间设计不仅对人类行为产生影响，并且可以对社会组织产生很大影响。例如通过将家庭劳动转化为社会劳动，就极大地加强了社会组织的集体性。那么如何通过新乡村的规划和设计，从而实现乡村人居环境的提升，加强乡村内部的自我服务，实现产业兴旺、生态宜居、乡风文明、治理有效、生活富裕，是值得进行进一步研究和讨论的课题。如今中国经济发展迅猛，国家重点建设逐渐向乡村转移，乡村的经济条件和建设的能力已经不可同日而语。经过研究和梳理，我们可以对人民公社时期建设的特点进行总结，这些特点在正在进行乡村振兴实践的今天，依然有着进步意义，内容如下：①大众参与建设；②乡村与城市统筹建设；③消除城市与乡村的生活水平差距；④家务劳动社会化；⑤乡村绿化建设。

从这五点我们能发现，人民公社时期对乡村建设的策略与今天有着相似的部分，比如城乡统筹建设和消除城乡生活水平差距，以及对乡村绿化建设的重视。另外两方面如大众参与建设和家务劳动社会化，是一种理想化的乡村建设策略，对今天的乡村留守儿童教育问题和农村养老问题仍具有启示。本文通过对人民公社案例的研究，以及对人民公社时期乡村建设特点的总结，结合乡村振兴战略的目标，从建筑学的角度为当今乡村建设提供一种思路，以供参考。

参考文献

[1] 萨姆·雅各比，程婧如. 中国集体形制——人民公社与单位[J]. 新建筑，2018（05）：5-11.

[2] 谭刚毅. 中国集体形制及其建成环境与空间意志探隐[J]. 新建筑，2018（05）：12-18.

[3] 程婧如. 作为政治宣言的空间设计——1958—1960中国人民公

社设计提案[J].新建筑，2018（05）：29–33.

[4] 赵越."大跃进"时期的《建筑学报》封面与社会主义想像[J].建筑学报，2014（Z1）：58–63.

[5] 王延铮，邬天桂，张国英，罗存智，吴征碧，王智怀.河北省徐水县遂城人民公社的规划[J].建筑学报，1958（11）：14–18.

[6] 刘亦师.徐水人民公社居住点规划及建设研究——"大跃进"时期清华建筑系乡村建设实践史料录遗[J].时代建筑，2019（06）：138–145.

[7] 清华大学建筑系徐水人民公社规划设计工作组.徐水人民公社大寺各庄居民点规划及建筑设计[J].建筑学报，1960（04）：6–7+2.

[8] 维克多·布克利. 建筑人类学[M].北京：中国建筑工业出版社，2018.

[9] 侯丽.社会主义、计划经济与现代主义城市乌托邦——对20世纪上半叶苏联的建筑与城市规划历史的反思[J].城市规划学刊，2008（01）：102–110.

[10] Duanfang Lu, Third World Modernism: Utopia, Modernity, and the People's Commune in China[J]. Journal of Architectural Education, 2007, 60（3）：40–48.

[11] Jacoby S. Collective Forms and Collective Spaces: A Discussion of Urban Design Thinking and Practice Based on Research in Chinese Cities [J]. China City Planning Review, 2019, 4（28）：10–17.

豫南传统民居水环境适应性特征解析 ❶

——以毛铺村为例

林祖锐❷　雷　骏❸　郝海燕❹

摘　要： 豫南地区河流众多，水源充沛，丰富的地表水及湿润的气候形成了复杂的水环境，对传统民居建筑产生了重要的影响。地处大别山深山区的毛铺村，村后枕山，村前环水，面水聚居，有良好的水环境适应性。本文以豫南地区毛铺村为例，通过实地调研与文献研读结合的方式，揭示水环境影响下民居院落形制与民居建筑结构、建筑构造以及建筑细部特征，揭示村落民居建筑水环境营建智慧，以期对于传统民居的保护与适应性改造提供有益的启示。

关键词： 水环境　豫南　传统民居　建筑营建

一、引言

豫南地区地处河南省的南部，兼具南北风貌，文化多元，又依托豫南山体地貌，是我国传统村落的重要聚集地，现存104个河南省级传统村落，其中包括28个国家级传统村落。豫南位于多水带地区，降水量丰富，全市河流众多，河网密布，境内塘、湖、堰、坝、水库星罗棋布，地表水丰富，地下水充足。

豫南地区丰富的水资源为当地人民的繁衍生息创造了有利条件，也同时影响了传统民居的建筑营建，民居院落多采用天井式和井院式，构成院落的构件如建筑结构、墙体以及屋面、柱础等建筑构件等都充分考虑了水环境的影响，并体现了对水的适应性改变。因此本文以国家级传统村落——毛铺村为例，研究水环境影响下的豫南传统民居建筑特色，从而为揭示水环境对豫南传统聚落营建特色影响机制提供基础数据。

二、毛铺村简介

1. 毛铺村概况

毛铺村隶属于河南省信阳市新县周河乡，地处大别山山脉中断山麓，环境优美，山水交相呼应，树木自然成林，有曲径通幽处之感，具有典型的豫南民俗风情。毛铺村是明末时期江西的彭氏家族迁居到此，建居之地依山傍水，风景秀美，气候宜人，后来历经几代彭氏家族的发展最终兴建了闻名遐迩的“彭氏村落”。整个古村占地约五六十亩，村前小溪古桥，村后山秀竹密，是豫南地区保存面积最大，结构较完整的明清古民居群。村口西头建有彭氏宗祠，现今村民仍大多数为彭氏后裔[1]。

2. 毛铺村与水环境共生

毛铺村几十个自然村大都沿着白露河择水而居，村落中的传统建筑往往靠近水体处密集成片，面水而布，形成了“面水聚居，村前水塘”的空间模式，山环水绕，负阴抱阳，同时也体现了风水文化。水环境不仅作为一种景观有欣赏作用，更是具有饮用、灌溉等实际作用。而村前的河溪更是直接隔断了聚落与外界的联系，村落与周围水环境形成了有效的防御体系，增加了村落的安全等级[2]（图1）。

三、水之传统民居院落形制营建

豫南地区雨季较长、雨量较大，为了方便雨季时排水，院落多采用天井式和合院式。天井式和合院式院落凝结了当地居民适应自然和利用自然伟大智慧，是天、地、人和谐相处的具体呈现。

1. 天井式

豫南地区气候较为湿润，雨水充沛，天井式院落有利于雨水的

---

❶ 基金项目：国家自然科学基金资助项目“太行山区古村落传统水环境设施特色及其再生研究”（51778610）。

❷ 林祖锐，中国矿业大学，教授。

❸ 雷骏，中国人民解放军 32734 部队，工程师。

❹ 郝海燕，中国矿业大学，研究生。

图1 毛铺村山水格局
（来源：《豫南地区传统村落空间格局与建筑特色分析——以毛铺村为例》）

收集，并排放入聚落的湖泊或者水塘中，既能防止雨水散布导致内涝，又能充分利用天然水源灌溉农田，一举两得。同时，天井式院落通过天井接收上天雨露，而聚集在院落之中，俗称“四水归堂”，暗喻“财不外流”，有聚财之意。

天井式院落在用地情况允许的情况下，多进院落的第一进天井院往往厢房较小，开间少，正房则宽大，天井横向狭长，而堂屋前天井则较方正。天井院屋顶往往错落有致，下雨时，雨水通过屋檐流入天井中，经由天井内的排水沟及地下排水道流至院外道路[3]（表1）。

天井院其尺度规模很小，多设置在拐角、入口等位置。天井常见由正方形、长方形居多，尺度规模很小，多为2平方米左右。天井的宽度小于房屋或围墙的高度，檐高与进深在1：1左右，天井长宽比一般为5：1，地面以青石板铺设。天井池的做法不同，产生的排水效果也不同。坡度排水，因其井池是整个低于地面的，它只在靠房屋一侧解决了雨水飞溅的问题，雨水汇集在整个井池底部，经过长期的浸泡产生某种程度上的侵蚀，造成坡度磨损，影响排水效果（图2）。“回”状明沟排水，其凹槽直接对应上方屋檐的檐口，雨天在接住落下雨水的同时还能防止雨水外溅，井池抬高的部分在晴天可迅速恢复干燥，以免积水[3]（图3）。

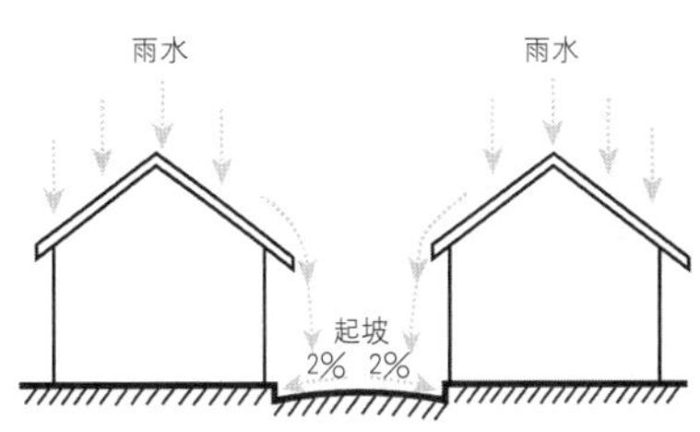

图2 天井池坡度排水

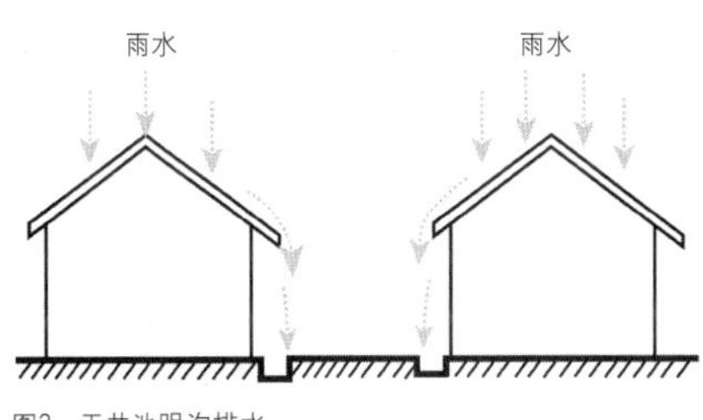

图3 天井池明沟排水

2. 合院式

合院空间，是传统庭院中生活性质最为显著的空间，庭院多以三合院、四合院形式出现。一方面，庭院是单体建筑的联系空间，另一方面是住宅内部的露天空间，为通风、日照、遮阳、排水等提供条件，也是洗涤、休憩、娱乐等露天家庭活动的理想场所。

天井式院落形制 **表1**

天井口平面示意图	天井排水示意图	图示

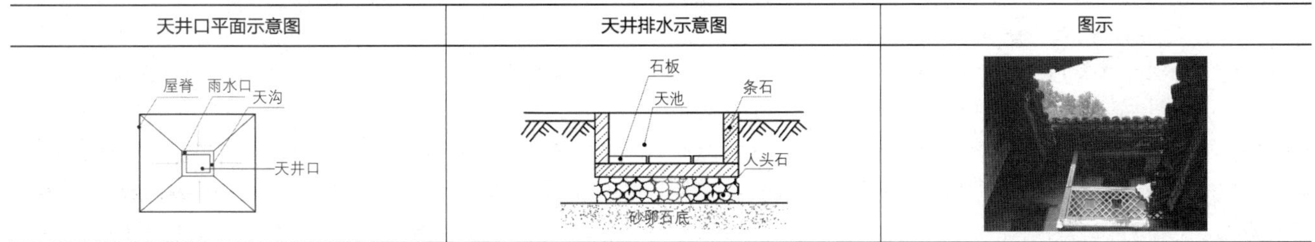

院落排水系统由院落集水面和排水沟、排水口三部分组成。其中，院落集水面主要负责雨水的收集并将收集的雨水排向四周的排水沟，排水沟则将集水面汇入的雨水排向排水口，最终排水口将院落的雨水排向街道。

院落常采用有组织的排水方式，院内地面多为方砖或青砖铺筑，降雨一部分经地面自然入渗回补地下水，另一部分则沿院内的暗渠至排水口流出院落。庭院四周一般有檐廊环绕，由于豫南地形限制，其院落尺度规模较小，院落以东西走向的长方形居多，最大限度收集屋顶的雨水，适应豫南多雨、潮湿的天气[4]（图4~图6）。

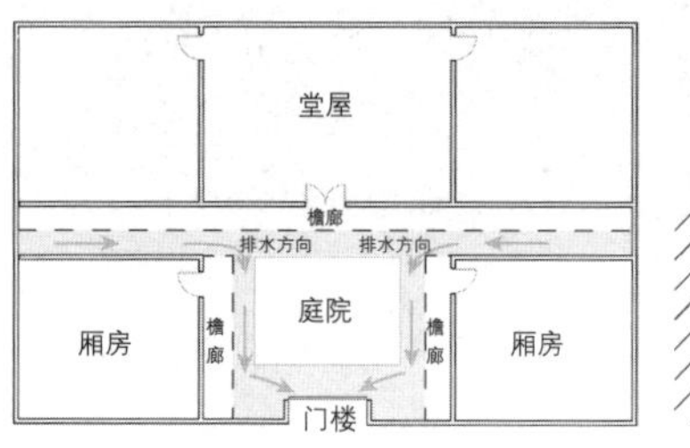

图4　合院排水平面图

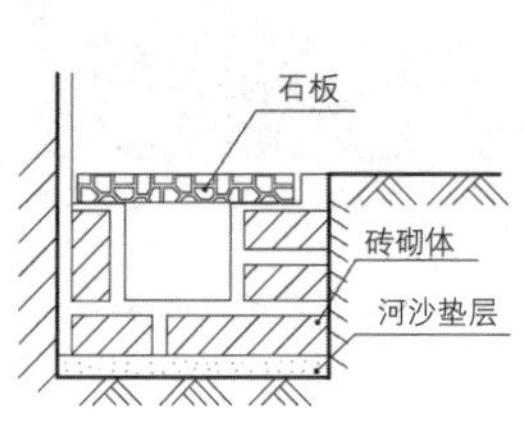

图5　庭院暗沟排水构造图

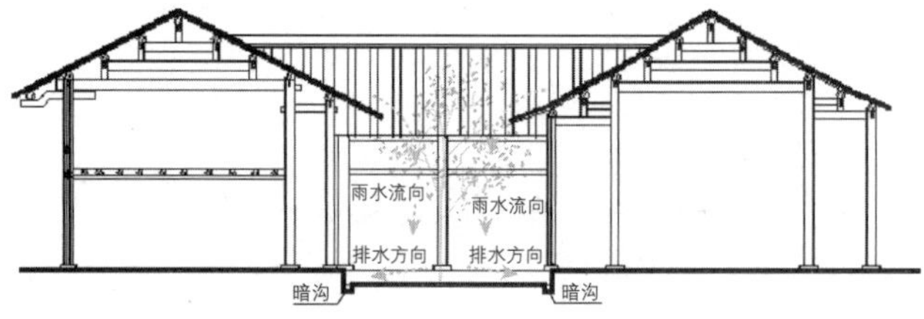

图6　合院排水剖面图

四、水之传统民居单体营建技艺

毛铺村湿热多雨，降雨形式主要有直落雨、风雨、溅雨三种。其中，直落雨的风力和飘雨角较小，主要由屋顶承担；风雨风力和飘雨角较大，主要靠屋檐、外檐廊、外墙等承担；溅雨则是指下雨时雨落到地面后反弹到建筑上的雨，主要靠外墙角和柱础来承担。如果防雨不当，则很容易造成木结构腐烂及发霉。因此，在建筑营建过程中要充分考虑降雨的因素，注重防雨和防潮。下文分别从建筑主体、檐廊、入口等诸多角度，分析水环境对传统民居建（构）筑物的影响。

1. 建筑结构

毛铺村古民居建筑承重体系以木构架体系为主。然而，木结构体系遇雨易渗入湿气，引起室内家具受潮，影响空间质量。此外，木结构体系遇雨容易引起白蚁蛀蚀或是发霉变质，存在很强的安全隐患。因此，后期在木构架体系的基础上进行发明和改进，形成了内框外承重墙的构造体系（图7、图8）。即采用砖、石或者土做山墙和后檐墙代替柱子承重，而内部用木构梁架支撑，具有典型的“墙倒屋不塌”的特点。在建筑结构中，砖木混合结构中只有少量运用土坯墙，更多地被砖石代替，形成豫南民居最独特的砖—石—木承重体系[5]（图9）。

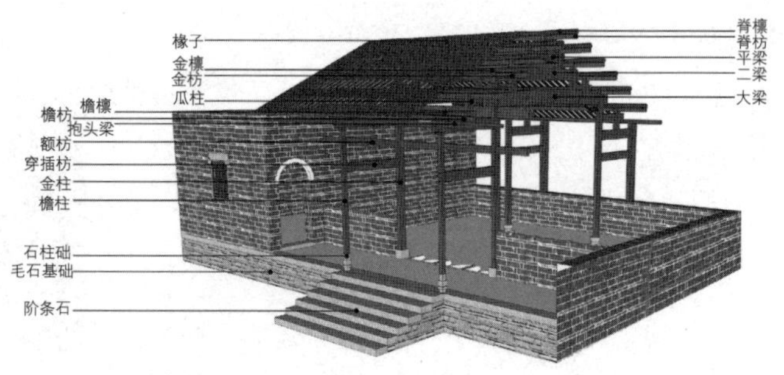

图7　内框外承重墙示意图

（来源：作者改绘自《水环境影响下的豫南传统聚落营建特色研究》）

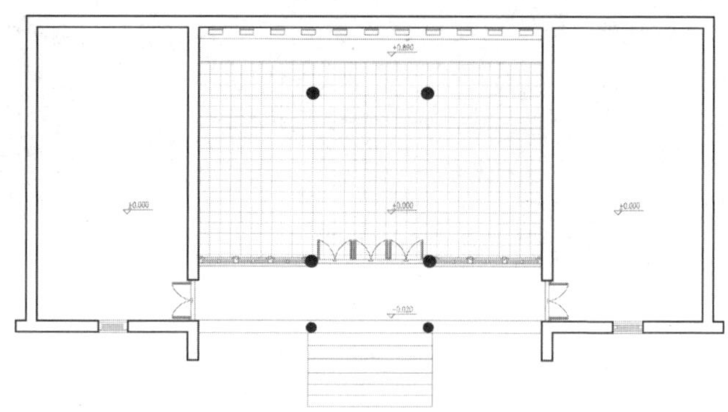

图8　结构体系平面图

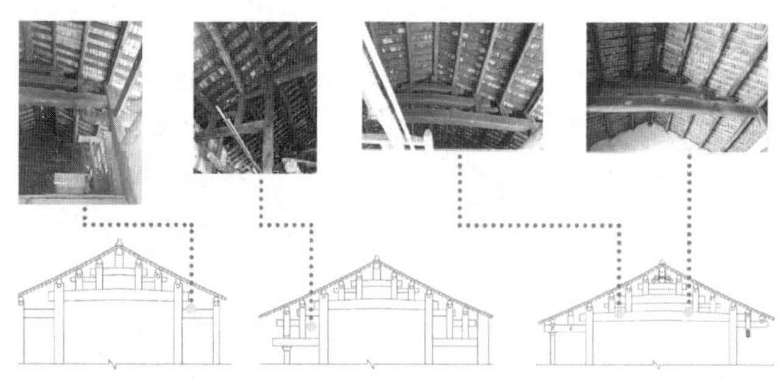

图9　屋顶结构示意图

（来源：《水环境影响下的豫南传统聚落营建特色研究》）

2. 主体部位构造

（1）屋顶

屋面最重要的作用就是遮阳防雨，与屋面防雨有关的重要指标就是屋顶的坡度与铺设方法。由于多雨，毛铺村民居屋顶多采用冷摊瓦的铺设方法，房屋坡度多采用“二五的水”。

毛铺村民居建筑多采用抬梁式方法进行架构，分为五架梁、七架梁、龙门架等形式。木架构主要是抬梁式，民居以五架梁和七架梁居多，也有做成龙门架的，屋顶的构造层次为梁—檩—椽体系，小青瓦直接搁置在椽子上方，也就是我们说的冷摊瓦做法（图10）。

毛铺村夏季湿热多雨，冬季寒冷湿润，出于生态性和适应性的考虑，冷摊瓦屋面便成为最普适的做法。相比于北方冷摊仰瓦的铺设方法，毛铺村采用冷摊阴阳瓦在多雨的季节更有利于防水（图11）。

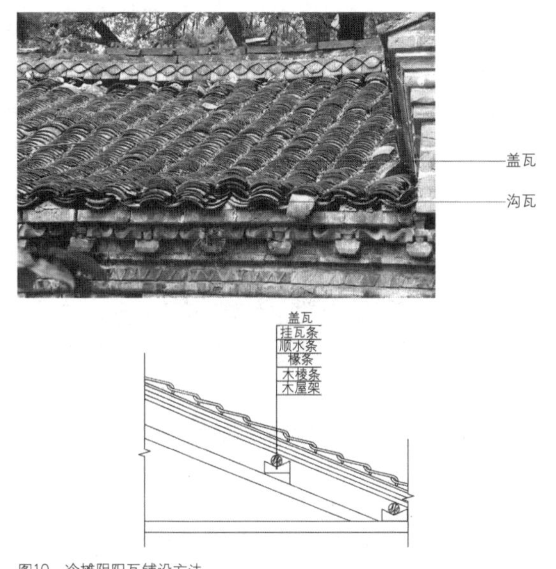

图10　冷摊阴阳瓦铺设方法

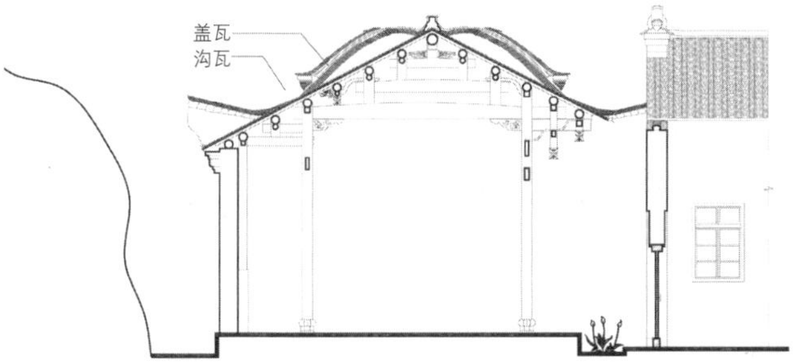

图11　整体屋架剖面示意图
（来源：《水环境影响下的豫南传统聚落营建特色研究》）

无论房屋进深多少，屋顶的坡度总可以是一个值，这个值是建造毛铺民居的匠人们经过百年来的降雨量得到的经验值，当地匠人的行话叫做“二尺梁，五吋水”，多采用“二五的水”，即 $\tan\theta=5$ 吋 /1 尺 =0.5，木构架做出的屋顶坡度，其屋架部分高度约为房间进深的 1/4。毛铺村民居的木构架形式都做成这样的坡度，利于排水。这句话是个大概估量，在实际建造过程中，匠人们会根据实际情况确定屋架的尺寸，允许有一定的摆动范围。而祠堂、庙宇由于进深较大、疏于修葺等原因则做成坡度较大的“二六的水”，米房则由于过多的震动而做成坡度较小的“二四的水”，这些都是当地工匠经验性的总结 [3]。

（2）墙体

民居外围护墙体厚度一般在1尺4吋（约470毫米），部分内隔墙为8吋、1尺或者1尺2吋。毛铺村的匠人们就地取材，取用水田的底泥烧制青砖，在抗氧化、水化等方面性能远超红砖，更加适用于多水多雨的豫南村落，因而青砖得到了广泛的使用。

青砖在古代一直作为富贵的象征，富足的毛铺大院人家将土坯和青砖互用，土坯砌内，青砖砌外皮，当地称“包青墙”“两层皮”（图12）。青砖的砌筑方式灵活多变，不同的砌筑方式能形成不同的外墙图案，使立面生动多变；土坯的加入使墙体的防寒隔热

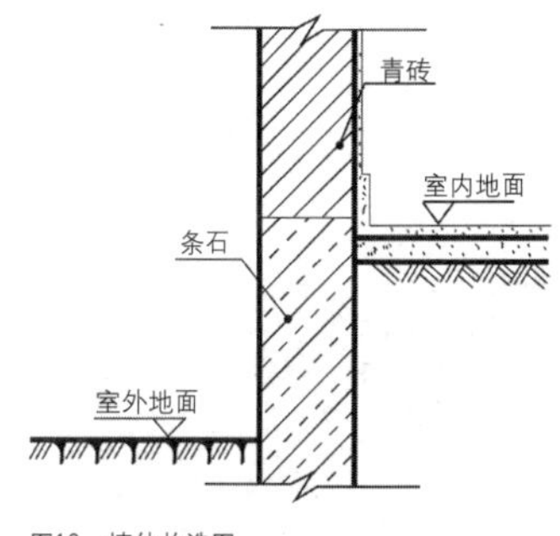

图12　墙体构造图

性能进一步提高，在多雨的豫南地区，用防水防潮性能优于土坯的青砖，包裹住造价相对低廉的土坯，是建筑经济性与材料适用性的完美权衡和考量，同时为了防止雨水反溅到墙面，对墙面造成腐蚀破坏，在墙基设计了石条砌筑的勒脚，从而保护墙面，保证室内干燥，提高民居的耐久性。也能使外观更加美观[6]。

毛铺民居墙体砌筑比较灵活，同面墙体上经常出现“一眠一斗”“一眠两斗”“一眠三斗”甚至是“一眠四斗”的组合砌筑样式，但是出于力学方面的考量，需要满足“下实上虚”的原则，即斗数少的砌筑层一般在下，斗数多的在上，靠近檐口部分则视情况而定（图13）。

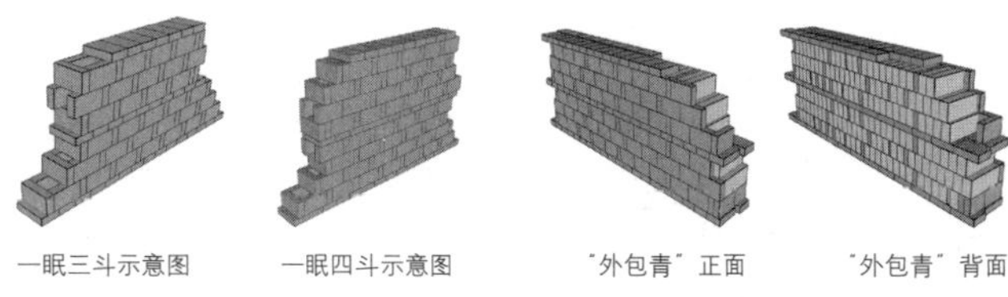

一眠三斗示意图　一眠四斗示意图　“外包青”正面　“外包青”背面

图13　墙体构造形式
（来源：《豫南地区传统村落空间格局与建筑特色分析——以毛铺村为例》）

（3）窗洞

豫南地区雨水多，其建筑中多设洞口和门窗，作通风防潮之用。洞口位置往往较高，位于门楼、山墙、檐墙上部，形式多样，有多种造型，如圆形、六边形、葫芦形等[7]。通风窗有檐下通风窗（图14）、山墙通风窗两种，通风窗的材质一般为木质，木窗雕刻以弧线为主，也有弧线与直线相结合，犹如溪流弯弯，又似瀑布直流（图15）。

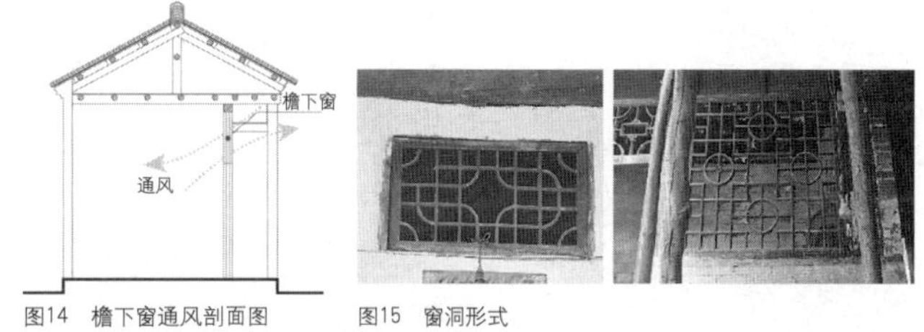

图14　檐下窗通风剖面图　图15　窗洞形式

3. 建筑细部

（1）檐廊

豫南地区气候特征是多雨，因此毛铺民居建筑多设置檐廊，且

檐廊挑出较宽，方便人们下雨时在院落行走避免淋湿，体现人们与自然共处的智慧。同时，檐廊空间使室内到室外的过渡更加自然，增加庭院空间层次性[8]（图16）。

图16 毛铺村檐、廊间

（2）柱础

豫南地区气候潮湿多雨，柱子直接接触地面容易腐蚀损坏，因而需要柱础来支撑传力和防潮，从而增加柱子的耐久性，因而在毛铺村柱础随处可见且形式多样。不同的环境和需求，柱础的高度尺寸也各不相同，其柱础形式主要有单层柱础、多层式柱础等。相比于雕刻精美、纹饰复杂的宫廷柱础，毛铺古民居的柱础更多地发挥了其实用功能，大多简单朴素，朴实无华（表2）。

（3）檐口

豫南民居建筑的檐口是指屋面外檐最前端的部分，作为瓦质屋面与木质屋架的交界线，这一部分最易遭到风雨侵蚀。一方面，为保护木质屋架，传统建筑的檐口一般会作特殊处理，以利于排水防水；另一方面，经过特殊处理的檐口也起到了美化屋面轮廓的装饰效果。

檐口的处理有出檐与封檐两种做法，为保护墙面不受雨水冲刷多做出檐形式，即檐椽、飞椽外露，被称为“露檐出”或“老檐出”。椽子为圆形或方形，端口及小连檐木暴露在外，无封檐木遮挡。此种做法还有利于保持梁架结构的通风，防止木材潮湿糟朽（图17）。封檐的做法多种多样，毛铺封檐多为砖封檐，根据房屋主人的经济实力及房屋的等级繁简不一，有很强的装饰性。相对于露檐出，砖封檐提高了房屋的防火性能（图18）。毛铺村常见的砖檐样式有菱角檐、抽屉檐、冰盘檐三种[10]。

柱础类型图 表2

类型		特征说明	图示
单层式柱础：鼓式、覆盆式、铺地莲花式、兽式等。一般高度较小	浅柱础	高度较小，适合地面湿度比较小的房间和位置	
	半柱式柱础	在一些地面湿度比较大的房间和位置，柱础甚至为长达一米多的长条立石	
多层式柱础：由两种以上不同形式的单层柱础重叠而成		装饰性较强，多层叠加，使得柱脚和地坪隔离，起到绝对防潮作用	

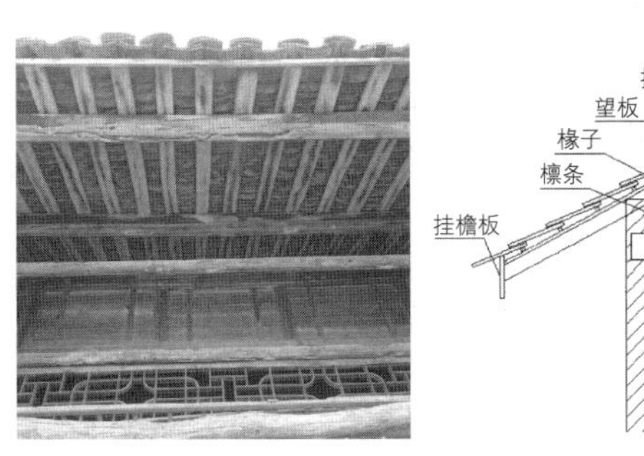
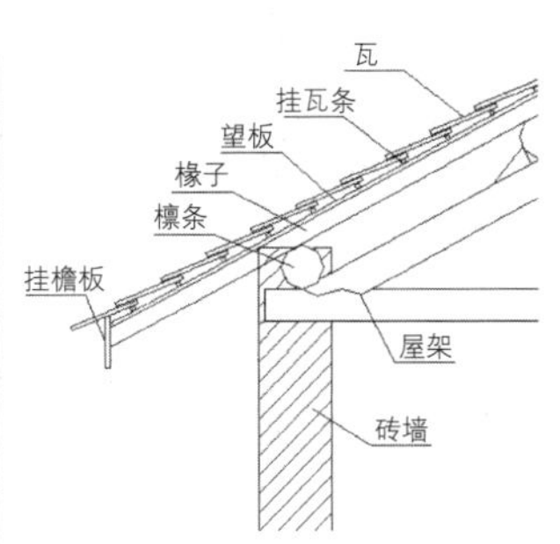

图17　出檐形式

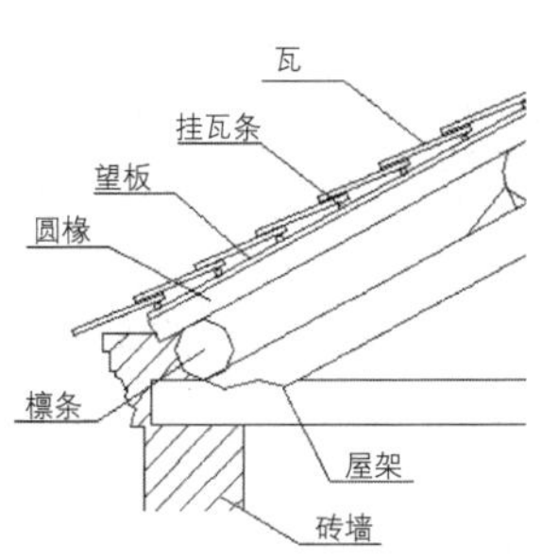

图18　封檐形式
（来源：作者改绘自网络图片）

五、结语

在水环境影响下，毛铺传统村落在整体营构方面体现出古人的智慧，体现出人与自然和谐相处的栖居图景，在千城一面的今天显得更加难能可贵，其所体现出的营造技艺都与我们现今所推行的可持续设计的策略不谋而合。现如今，伴随着现代村落生活的发展与改变，传统民居的营造技艺与文化几近消失，亟待抢救性保护，我们唯有继续秉承传统民居建筑营建技艺，融合其背后所蕴含的生态价值观念，才能确保古村落有机发展。

参考文献

[1] 郭瑞民．豫南民居 [M]．南京：东南大学出版社，2011：1．

[2] 郭亚茹，李振．毛铺村传统村落选址特征及聚落形态研究[J]．旅游纵览，2016-08-23．

[3] 孙贝．中国传统聚落水环境的生态营造研究[D]．杭州：中央美术学院，2016．

[4] 吕轶楠．水环境影响下的豫南传统聚落营建特色研究[D]．徐州：中国矿业大学，2020．

[5] 林祖锐，刘婕，理南南，王翰墨．基于乡村性传承的古村落整治规划设计研究——以河南省新县毛铺村为例[J]．遗产与保护研究，2016（07）．

[6] 吕阳．豫南地域文化背景下信阳传统村镇聚落空间模式研究[D]．郑州：郑州大学，2015．

[7] 吕轶楠，林祖锐，韩刘伟．豫南地区传统村落空间格局与建筑特色分析——以毛铺村为例[J]．中外建筑，2019（06）．

[8] 路悦，田梦思，王翰墨．楼上楼下古村落的格局形态与建筑特色分析[J]．中外建筑，2016．

[9] 吕阳．豫南地域文化背景下信阳传统村镇聚落空间模式研究[D]．郑州：郑州大学，2015．

[10] 侯嘉琳．中国传统民居建筑雨水系统研究[D]．北京：北京建筑大学，2017．

[11] 刘攀．郑州传统民居营造技术研究[D]．郑州：郑州大学，2015．

浅析砥泊城古城的文化内涵与保护开发策略

张少源❶

摘　要：本文针对山西省阳城县砥洎城古城，在前人已研究基础上系统地对砥洎城古城防御性堡寨式民居的历史文化内涵进行剖析与总结，并以此为基础进而提出主打“守旧”、以人为本、文旅融合的保护与开发对策。

关键词：砥洎城　民居　文化　保护

一、引言

山西省阳城县砥洎城古城既是华北地区现存尚好的明代民居的代表，也是世界建筑史上仅存的坩埚筑墙的建筑形式，绝无仅有。对于砥洎城的研究可以追溯到21世纪初[1]，经过十余年的发展已日趋成熟。笔者在前人已研究基础上对砥洎城古城防御性堡寨式民居的历史文化内涵进行剖析与总结，并以此为基础进而提出相对的保护与开发对策。

二、砥洎城的文化内涵剖析

1. 因地制宜、独一无二的城墙取材

现存大多历史保留城墙的筑砌多以采用砖石、夯土为主，但砥洎城的城墙取材十分特殊，主要取坩埚、埽与石块。砥洎城的城墙取材砥洎城所处的润城镇在春秋时期冶铁铸造业发达，以致其在历史上曾有过冶铁镇之称。当时用方炉炼铁的工艺需要大量的一次性坩埚耗材，废弃大量坩埚耗材。坩埚具有耐水和耐高温的属性，酸碱性较好，砥洎城利用坩埚筑墙是世界古代建筑史上仅存的建筑风格，被称为“坩埚培”，网坩埚形成无数的小嗣，又将其称作“蜂窝墙”。“埽”由石灰和废铁渣组成的混合物，做法为把石灰和废渣，加水多次调匀、静置、杂碎等工序最终形成（图1），其中游离的氧化钙充分反应后稳定，同时又有热胀冷缩的特性，历经时间长，牢固程度仍十分高。除了二者仍搭配了其所临沁河涨水时上游冲下的石块等。其城墙在建筑设计层面因坩埚序列排列布置，所产生的虚实效果使其富有独特的肌理和较强的序列感（图2），有较高的文化价值与研究价值。

图1　坩埚城墙构造图

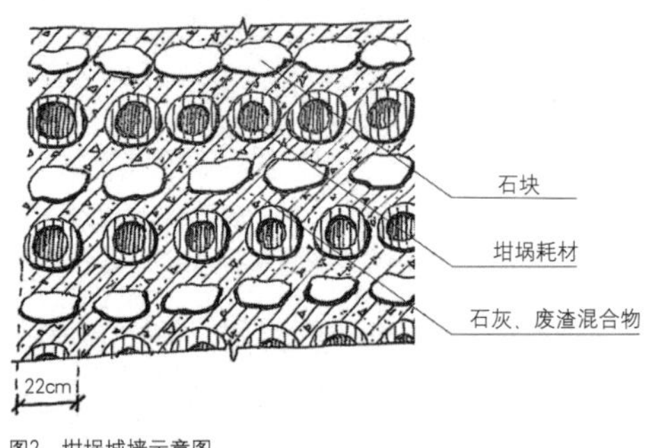

图2　坩埚城墙示意图

2. 井然有序、高低错落的民居结构

砥洎城古城的规划较好体现了古代城市建制的规划的思想，古城内现保留了刻于明崇祯十一年（1638年）的“山城一览”碑刻，较为详细地展示了砥洎城城内的道路与建筑规划布局形式（图3）。

其高耸的坩埚城墙底是城内交通系统中最主要的环城道路，其与街坊间的窄巷将古城内的民居建筑较为有序地分隔成十个组团群落。城中的建筑院落多采用单进式二进院和三进院两种形式结合，值得一提的是其特殊之处在于街坊中院落并不是传统民居采用完全封闭的做法，均有窄过道相连。坊与坊之间又通过横跨巷道的过街楼的方式互相连接，在前文提到的较大的建筑组团群落中还配建有凸出群落的望楼。整个民居结构布置井然有序，在高低错落的独特的风貌中又蕴含着清晰可寻的结构布局逻辑。

❶　张少源，河北工程大学建筑与艺术学院。

图3 四面环水的砥洎城
（来源：网络）

砥洎城古城中的民居建筑搭配与道路布局共同构成了一个十分完善的城墙内部的防御体系，在敌人攻破城墙时，城内居民也可以通过院落间的窄过道与街坊之间互相连接的过街楼方便地转移或反击。

3. 彰显民俗、风格浓烈民居特色

砥洎城古城中的建筑整体采用较为传统的砖石木建结构，但从其整体规格形态、建筑选材到实用性等多重方面均十分考究（图4）。古城中二进院与三进院中的房屋均多为双层，其中绝大部分均专门设有楼道。正房也独特的设置有三层，但整体屋身偏低，不单独设门和楼道，整体形态呈现阁楼式。民居门额均为××居字样，细微之处彰显文风雅趣。例如在古城内一处原住明代商人在寨上建四合院，门上楷书阴刻“有恒居”。除其单体建筑显示传统民居与晋南风格，也一定层面上延续山西现存院落的构造修建细节，如其木石工艺也十分精细巧妙，均采用四梁八柱或四门八窗的形制修建，极具晋南民俗特色。

图4 城内晋南特色民居

综上所述，建造过程体现建城者体恤民情，也是砥洎城建设先辈的智慧结晶，他们熟练地运用建筑材料与传统建筑技艺，形成了如今砥洎城的建构形式，在如今倡导经济有效地利用土地和空间、节约型社会背景下，有着极大的借鉴与反思作用。

三、砥洎城民居保护与开发建议

在砥洎城的文化层面现存结果已较为深刻透彻，但在针对其特有的风貌进行保护与开发的意见探讨较少。砥洎城为现存状况较好的明代民居代表，且特殊的构造也是建筑史中稀缺的实体文物，其特色性与重要性不言而喻。笔者在参考其他类似古城民居的保护与开发实例，针对砥洎城的保护与开发提出如下针对性建议。

1. 主打“守旧”，双重层面推动整体的保护与利用

在晋南古城保护与修缮层面的例子可以与同属晋城市的皇城相府一同分析。皇城相府的修复与开发程度要远大于砥洎城现状，其聚落因后期旅游业发展而调整较大，但在深入研究后发觉其与砥洎城共有着晋南民居的民俗文化与地脉特征。

在局部单体建筑层面保护层面，皇城相府在后期景区的修缮中对评价较低的建筑物及构筑物进行完全拆除并重新建设的方式。在其主入口仅能找到尚在的一些梯、柱构件，虽改建尚模仿其他皇城相府内的建筑进行，但整个节点的原始的场所特征、氛围已破坏。如其石牌的重修复与利用（图5）。以此进行反思，砥洎城的现存场址中存在较多残破的照壁、门枕等构件，在其后期的保护与开发中应该谨慎修复传统建筑，积极采用尚存的、有形的历史物件、元素，依照其木构件的榫卯结构规律与特征，根据当地居民的口述资料等为基础，着力修复保护砥洎城其独特的场所特征、街区风貌与氛围。

图5 “有恒居”匾
（来源：《砥洎城匾额的精神内涵分析》）

在整体古城整体布局结构保护层面，同上比较结果也应将古城风貌的修复与氛围的营造视作第一要义。砥洎城的城内布局形式是属于古代中国城市传统的建制，其城墙底下的主要的环城主道路与街坊间的小巷把古城内民居总体上共划分为十个街坊。同样以防守为最重要的设计原则，城内多出现“丁”字形道路窄巷，利于居民在院落与街坊间进行转移与反击。其城内现存保留刻于明崇祯十一年的“山览一刻”碑刻，详细保留了其建造时的规划平面图。虽城内当时的抵御抗战的场景无法再现与修复，但仍可在后期整体布局结构层面进行保护强化，凸出其“丁”字形道路结构、高墙窄巷等独特风貌，对节点设计时提出规划层面的控制要求。如此在古城内多个节点强化部分可以作为砥洎城独特且智慧的防御文化的实体展示，结合当地居民日常生活将其民居建筑文化延续流传。

2. 以人为本、重视传统民俗文化的传承与开发

砥洎城是对于其明崇祯年代修建后至今这段历史的实体文物见证，同时也随着千年积淀留下不少非物质遗产，如民间信仰和技艺等。纵观国内诸多民俗文化保护、传承和弘扬的优秀案例，南京夫子庙商业街、苏州观前街等（图6），均能够给游客沉浸式的文化体验，并在旅行中给游客留下深刻的印象，其保护成效明显，有较高的参考价值。砥洎城的开发应当坚持“以人为本”，从原住居民与游客两个层面进行探讨。

图6 夫子庙商业街（左）、苏州观前街（右）风貌现状

在协调后需多方面兼顾砥洎城及附近旧城原住居民，这些本地人口是砥洎城各种文化现象的见证者与传承者，也是古城中一道独一无二的风景。在参考北京市政府在修缮老北京胡同、院落和街道的同时，也有计划地通过保留与返乡回迁土著居民来维持北京传统文化的厚重感。同样在砥洎城后期修复与维护过程中可以借鉴北京等城市中修缮旧区类似的做法，以砥洎城所处润城村的原住居民为第一视角多方面考虑，尽可能减少开发后对于居民正常生活的影响，提升居民配套服务设施质量，保障原住居民的生活幸福感。正如“户枢不蠹，流水不腐”的道理，居民居住在其中，某种程度上而言本身就是对建筑文物的保护。同时应该在政府协调下原住居民也应成立相应的组织，并赋予社会组织对应的话语权从而保证其相关利益，并且在后期开发过程中也需提出建议或意见，落实在砥洎城开发过程中原住居民的参与，优化其设计方向。

在游客出游参观过程中，也需充分考虑游客的基本需求。在参观过程中要布置多方式、多层面的游览感受，在最基本的吃住层面，应着力发觉、优化砥洎城所处润城镇的特色地方小吃，提高产品控制程度，如润城枣糕、八大碗、烧肝和羊汤等。在当地建设完善酒店、民宿等服务，改善旅行居住环境，提升住宿体验。更应发扬提供文化与教育体验等。

相关部门、商家和企业也应利用现代先进的科学技术手段为其解决相应的健康、卫生、消防等基础性问题，从而营造良好的后续砥洎城发展中的经济环境、生活环境与社会环境。留得下居民、吸引来游客，从而促进砥洎城后续保护与开发的良性循环。

3. 文旅融合、挖掘历史要素内涵的推动与开发

注重激发砥洎城所彰显的独特的晋南民俗文化的生命力，将此类无形的历史文化元素作为要素进行控制。通过前文提及的全面完善、提升砥洎城核心风貌、丰富业态、完善旅游及配套服务功能等，更应从源头开始挖掘利用优秀文化资源，推动文旅融合（图7）。

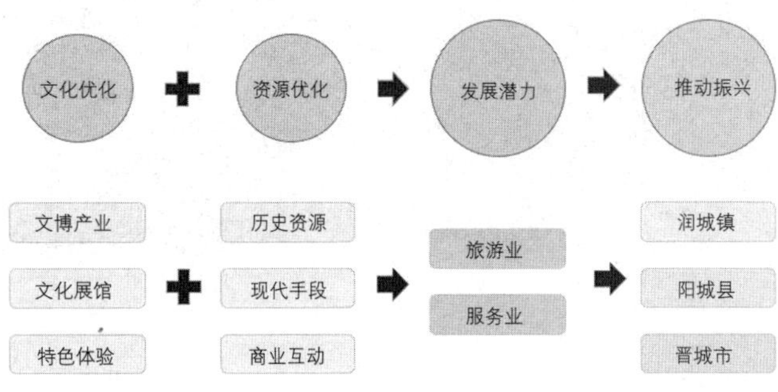

图7 文旅融合推动策略

为彰显砥洎城的文化应注重文化优化活化与资源优化活化两个层面。在砥洎城传统文化活化层面，砥洎城于2006年被中央国务院批准并正式列入第六批国家重点历史文物保护单位，但经调研发觉，在砥洎城现存景区范围内文博产业薄弱，应在城内具备条件的名居中增设与设置小型的展示区域，或在城附近或县级等较近范围内增设以砥洎城乃至阳城县境内其余现存古城、晋南文化等为主题的文博展馆，对已发掘的、闲置的文物进行就地的展出，将修复与提升同时结合，建设特色文化体验场所，从而优化活化相应资源。在资源活化层面，应深入挖掘整理城内的建筑详细具体信息，通过研究整理相应历史文化资源，如润城镇文风昌盛，物质文明与精神文明均较丰富，发掘历史名人，宣传讲述其故事与强化现代手段的创意结合等。同时可与附近较成熟的旅游路线、商业区域合作互动，发掘整个阳城县乃至晋城市的旅游业潜力，推动晋城市的高质量发展、时代振兴。

最后，系统性梳理砥洎城的建筑特点及其文化内涵，并以此为基础分析、提出针对其特有的保护与开发建议，对于保护其独特民俗、民居特点，传承并发扬其晋南地区特色地域文化有着重要价值。

参考文献

[1] 黄为隽，王绚，侯鑫.古寨亦卓荦——山西传统聚落“砥洎城”防御性规划探析[J].城市规划，2002，26（10）：93–96.

[2] 延路明.山西阳城砥洎城古城墙建筑技术和防御功能探析[D].太原：山西大学，2013.

[3] 何依，李锦生.明代堡寨聚落砥洎城保护研究[J].城市规划，2008（7）：88–92.

[4] 胡燕，陈晟，曹玮，等.传统村落的概念和文化内涵[J].城市发展研究，2014，21（1）：10–13.

[5] 阮仪三，孙萌.我国历史街区保护与规划的若干问题研究[J].城市规划，2001，25（10）：25–32.

河西走廊涝池浅析

——以张掖市为例

李志伟[1] 李军环[2]

摘　要：涝池是西北干旱地区常见的一种水利设施。近些年来，由于河西走廊村落的生活与农业用水基本解决后，作为〞旱涝调节器〞的涝池逐渐荒废。本文将对河西走廊地区的涝池概念、涝池的历史演进、涝池与村落的关系等进行梳理，挖掘出涝池的文化内涵，结合当今的现实问题，指出涝池未来发展的方法和思路，为乡村建设提供一些借鉴意义。

关键词：涝池　河西走廊　张掖市　村落

在古代的城市规划中，有一套完整的从河流到城镇或者村落的水利系统——陂塘系统，它为人们提供最基础的生产生活用水。[1]在河西地区，涝池则是这个系统的末端。河西地区的年蒸发量大、降雨量小，水资源主要来自于高山冰雪融水，雪融水形成河流经过陂塘系统被送到涝池。涝池是河西地区村落中重要的水利设施，在人畜饮水、农田灌溉、绿化景观等方面有重要的作用。关于涝池的研究，更多是水利、文学等方面的研究，少有建筑相关专业研究。如园林方向李甜的硕士论文也仅停留在工程技术层面，缺少对于涝池来源、文化内涵深入挖掘。[2]

一、涝池溯源

1. 涝池概念辨析

由于古与今、正式与非正式语境的不同，需要对涝池的概念进行梳理。全国科学技术名词审定委员会定义：涝池是指在干旱地区，为充分利用地表径流而修筑的蓄水工程。指出涝池的主要功能是蓄水，工程则强调人工建造。明代徐光启在《农政全书·水利》中指出“用水之潴，潴者水之积也。其名为湖，为荡，为泽，为口，为海，为陂，为泊也。”其中，海、湖、荡、泽、泊强调的是自然形态的水，而陂最为契合。颜师古在《汉书》的注释中曰：“蓄水曰陂。”常作陂塘、陂池，《说文》曰：“陂，野池也。塘，犹堰也。陂必有塘，故曰陂塘。”古代陂塘虽没有具体规模限定，但整体来说规模偏大。如元代王祯《农书·农器图谱·陂塘》记载：“今之陂塘……其各溉田，大则数千顷，小则数百顷。”根据《农书·农器图谱·水塘》记载：“水塘即洿池也，因地形坳下，用之潴蓄水潦，或修筑圳堰，以备灌溉田亩……”水塘无论是功能、尺度、规模各方面均与涝池的概念相近。

图1　水塘
（来源：元 王祯《农书》）

2. 涝池的功能

《孟子·梁惠王上》：“数罟不入洿池，鱼鳖不可胜食也。”指出了水塘的渔业养殖功能。《农书》记载了水塘灌溉农田、蓄养水产的功能：“水塘……以备灌溉田亩，兼可蓄养鱼鳖，栽种莲芡，俱各获利累倍。”然不同地区的水塘的功能各不相同，南方的水塘有洗涤、养殖、蓄水排涝、蓄水防火、绿化景观等作用，如宏村的月沼；西北干旱地区则以人畜饮用、抗旱灌溉等作用为主，称之为涝池。因此，涝池是水塘长期受到西北地区干旱少雨的生态环境，产生的功能异化。

❶　李志伟，西安建筑科技大学建筑学院。
❷　李军环，西安建筑科技大学建筑学院，教授。

二、河西走廊的涝池

涝池在农田水利书籍中从未出现过，相关记载也较少。但是可以确定的是作为人畜饮用功能的涝池在明清时期已经大量出现，《武威地区志》中也有相似的时间推断：“涝池蓄水是农村人畜饮水较早的工程，约始于明清时期。”

1. 河西走廊涝池的发展历程

（1）涝池的建设背景

根据历史时期西北地区气候变迁与环境的关系，温暖期气候温润、雨水丰足，农牧业发展较好。秦汉前后，月氏、乌孙、匈奴等在河西放牧，如《史记・大宛列传》记载“月氏‘随畜移徙，与匈奴同俗’”“亡我祁连山，使我六畜不蕃息”；唐宋时期，《宋史》记载“畜牧天下闻名于世”“岁无旱涝之虞”。汉唐时期对河西地区的开发均处于温暖期。[3]同时，明清以前河西地区的人口较少，总人口稳定在40万以下，对水资源的影响不大，在生态可调控的范围内。河西农业在明清之前几经起落，与战争对农田、水利基础设施的破坏有很大的关系。

元末明初开始进入寒冷期，降雨量减少；加之近200万的人口大量迁入[4]，对水资源的过度开发，导致地下水位不断下降。虽然水利基础设施的大量修建，使得农业也出现了一段时间的繁荣。然而到了清初，出现了水丰则粮丰，水欠则粮欠，无水则无收的场景。明清环境的变迁与人口的大量迁入可能是涝池出现的重要原因。

（2）水利系统的构建

河西走廊气候干旱少雨、年蒸发量大，生产生活用水主要来自于南部祁连山的冰雪融水，因此河流枯水季与丰水季差异很大。为了减弱生活用水受到季节影响，河流上游修筑了具有较大蓄水能力的陂塘。同时，由于水渠输水损耗极大，[5]村落修筑了蓄水设施涝池，有效减少水资源消耗，形成了陂塘—水渠—涝池的蓄水、供水系统。

（3）历史时期涝池的记载

清朝沈青崖、李鼎卿关于“塘”意向的记载“白鸥冲雨过横塘”“南北池塘水浊清”。清朝陶葆廉《辛卯侍行记》中记载：“出新河西门（左右有大涝池）”。民国慕少棠《甘州水利溯源》记载：“近两年来，亢旱不雨……即各寨人畜所蓄之涝池，亦无水可放，荒芜满目，民不聊生……”等中关于“涝池”的记载，说明迟至清朝涝池已经成为河西地区一种景观要素。

《张掖地区志》记载：“60年代，张掖市有涝池2100多座，农村饮用涝池水的人口约占总人口的70%。”“1976年……城区居民结束饮用涝池水的历史。”“1995年全区……供水普及率为77.8%。”说明直至20世纪末，管网供水尚未普及，还有不少人饮用涝池水。

2. 涝池营建管理智慧

营建智慧：为了减少渗漏，人们首先将涝池底部人工夯实，再在其上夯一层20~30厘米的红色焦泥土增加其抗渗性能。在水资源有限的情况下为了提高水的深度，便于取水，人们在涝池中部用土堆出中心岛。修筑涝池的材料也都来自于当地，被当地人称为“红焦泥”的土壤来源于马蹄寺附近。1972年，为了防止水源污染，在涝池周围砌筑1米左右高的土坯墙保护水源，施行人畜分饮；早期涝池，人畜共饮涝池水。

管理智慧：渠道输水会消耗一大部分水，因此涝池注水与农田灌溉时间一致，能有效减少消耗。据当地老人说，渠水一年三次灌溉，分别在阴历五月初十、七月、八月十五。从农历八月底注水到来年农历五月中旬，只有一池水可用；来年春天涝池无水之时，只能依靠牲畜去附近的河流驼水。“夏靠涝池冬化冰，吃饭锅里有蛆虫”的俗语生动地展现了当地人们饮用涝池水的状况。

三、涝池与村落的关系

河西地区人们的生产生活离不开涝池水，但并非河西所有地区都饮涝池水，依自然条件不同而异。泉水地区以饮用泉水为主；地下水位浅的地区，饮用井水为主；沿山地区以饮用沟、溪流水为主；前山地下水位较深的地区，夏季从河渠取水饮用，冬季饮用涝池水。从《张掖地区志》中，不难发现民乐与山丹县的涝池普及率更高，因山丹县的前山部分为山丹军马场，因此本研究以民乐县和甘州区前山部分所在的绿洲为例进行研究。

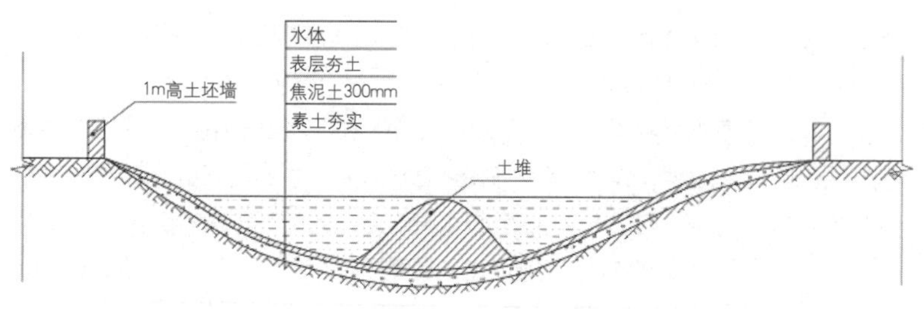

图2 涝池的构造做法

图3 涝池的鸟瞰图

1. 涝池与村落选址

河西地区降雨量小、蒸发量大，属于典型的干旱区。无论是生产还是生活均离不开水资源，由于前山部分地下水位较低，因此早期的村落一定沿着河流分布。随着水利基础设施的大规模出现，渠道将水输送至更远的村落，也使得大规模迁入的先民可以在距离河道更远的地方生存。

秦汉以前，主要是月氏、乌孙游牧部落，逐水草而居。汉朝时，修建第一条水渠千金渠。《汉书》记载"觻得，千金渠西至东涫入泽中。"今山丹县峡口古城是当时泽索谷置所所在，千金渠为官民提供必要的水源。其后唐朝、明朝大兴水利，尤其是在明朝大规模人口迁入之后。《重刊甘镇志》记载："明朝张掖境内的引水渠道多达110余条，除整修的旧渠之外，新修渠道近50条。"

因此，无论是早期村落还是近代出现的村落，都与河渠有密切的关系。无论是村落早期房屋的修筑，还是村落建成后村民生产生活都离不开涝池水。村落首先要根据防御、水环境、耕地等需求进行选址；然后再根据周边的河渠来确定涝池的位置；最后村庄围绕涝池进行修建。

2. 涝池与村落布局

绿洲范围内自祁连山向北有六条大河流，不同层级的水渠、水库构成的大型水利工程，如同人体的血管将冰雪融水输送至绿洲各地，维系着人们生活的村落和生产的农田。村落整体沿河流、渠道分布。村落发展初期，主要以单个涝池为中心发展；如果地形平坦，随着村落的人口增加，在村落周边开始增设涝池，进而扩大村落的规模；如果地形复杂，随着村落的人口的增加，会在村落较近、地势平坦、水源便利的地方再建涝池，形成散点式布局。

涝池在村落中，作为主要的生活用水来源，有着重要的地位。根据资料选取大量的村落，对涝池在不同村落中的分布情况进行分析，可分为以下三类：

3. 涝池与村落公共空间的关系

涝池是村落重要公共节点，也是村民必不可少的活动场所。因此，村落的主要公共建筑大多都围绕涝池修建，如寺、观、学校、晒场等。如民国《东乐县志》记载："三官庙内有古槐一株，丈数

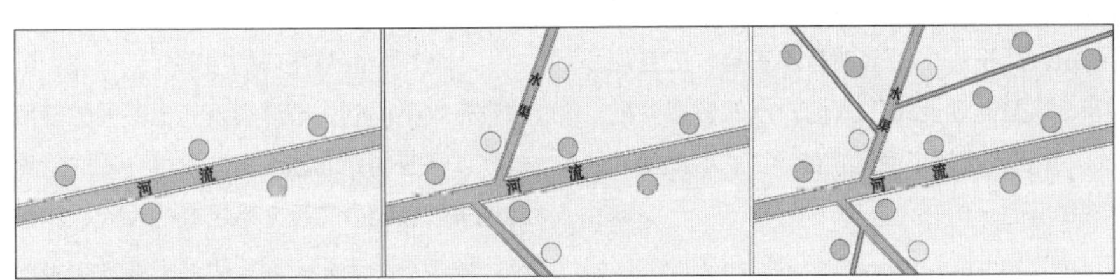

图4 河西村落选址的三个阶段

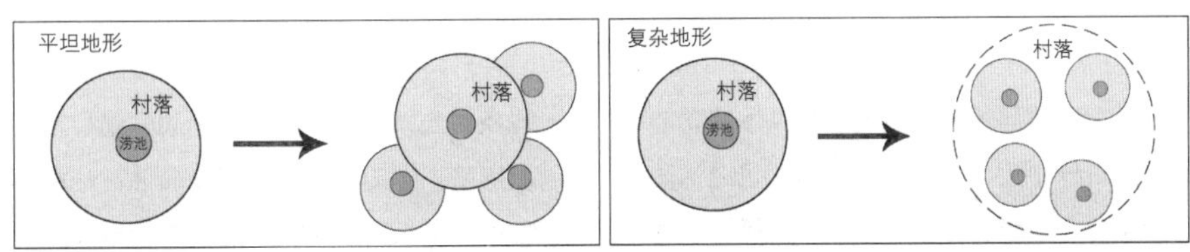

图5 村落与涝池的关系

村落布局 **表1**

中心式	周边式	散点式
涝池位于中部，便于村民取水。中心式是受地形影响小的村落，早期发展的一种村落形式	村落规模一般较大，随着人口的增加，涝池需求不断增多，中心式村落逐渐向周边辐射发展	村落受地形影响较大，地势复杂，同时河渠水来源丰富。多点共同发展，有各自的涝池，形成散点式的格局

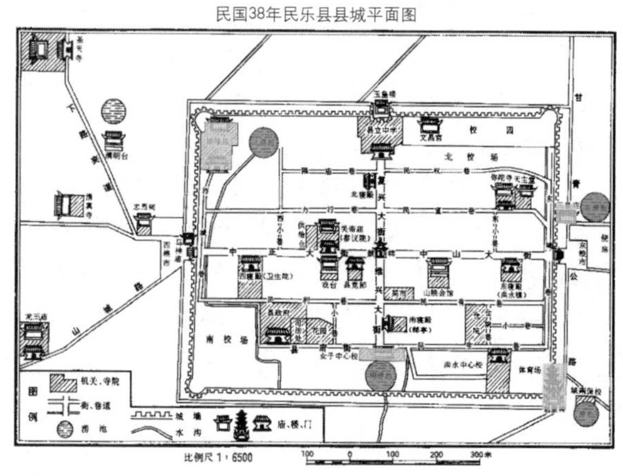

图6 村落中的公共空间与涝池

围，高耸庙外”。《张掖地区志》记载：“民乐县六坝乡原三官庙遗址，现六坝小学涝池旁边，生长1株古槐。”民国时期，民乐县县城的涝池与庙宇、学校等也相邻布局。景会寺村和南古镇城东村等寺庙也均围绕涝池修建。

由于河西走廊生态比较脆弱，人们生活朝不保夕，因此思想受到宗教影响更大一些。例如，几乎每个村落都有龙王庙、三官庙（天、地、水）、娘娘庙等，这些庙观反映了人们对水的敬畏，期望通过信仰祈求风调雨顺。寺庙一般都与涝池相伴存在，因此涝池就由物质空间转向了精神空间。

四、涝池的多重功能

近些年来，自来水已经惠及全县居民，涝池的生活饮水的功能已经消失，大部分村落的涝池处于荒废的状态。一些村落已经将涝池填平，修建活动广场，更有甚者修建了多层楼房，严重破坏了乡村景观面貌。涝池的饮用功能消失了，但由饮用功能所衍生出来的其他功能仍有强劲的生命力，例如作为村落的核心公共空间的精神、文化功能，调节旱涝等生态功能。

涝池的精神空间作用：涝池作为村落的公共空间，许多功能围绕涝池布局，已经成为河西地区人们心中不可替代的精神归宿、场地精神。

涝池的景观生态作用：河西地区虽属干旱地区，但是由于河流冬夏水量差异很大，所以历史上旱灾与洪灾经常相伴发生。陂塘、涝池的蓄水能力能有效地调节因季节性水流所造成的旱涝灾害，同时涝池旁种植树木，可以起到涵养水源、美化景观的作用。

涝池的防火作用：2021年2月14日，被国家地理杂志誉为“中国最后一个原始部落”的云南翁丁村发生火灾事故，烧毁房屋104间，令人心痛。传统的木构架房屋本身耐火等级就低，加上河西地区干旱的气候环境更易发生火灾。涝池平时作为村落景观，火灾发生时则能作为消防水池，有效降低火灾受灾面积。

五、结语

水塘在全国范围内的村落广泛存在，但在较长的历史时期以来根据各地不同的生态环境演变出不同的使用功能。涝池是劳动人们长期以来应对西北地区干旱气候环境的策略，与人们的生产生活息息相关。在当今生态文明发展的今天，涝池的饮水功能虽然消失之后，但涝池的生态功能、防火功能等越来越重要，也成为不少西北人乡愁的载体。[6]

在乡村建设的过程中，可以围绕涝池和周围的其他公共空间做一些乡村公共景观设计，将涝池的精神空间以其他的物质空间形式展示出来。例如，民乐县的景会寺村，利用在一起的两个大涝池和景会寺，适当的填满小部分涝池，设计了一个集健身、广场、公园为一体的公共活动场地。在满足涝池精神空间的同时，拥有景观、生态、防火等功能，使原本荒废的涝池获得了重生。

参考文献

[1] 王晞月，张希，王向荣.古老的城市支撑系统——中国古代城市陂塘系统及其空间内涵探究[J].城市发展研究，2018，25（10）：51–59.

[2] 李甜.陕北地域传统雨水利用智慧及其现代应用研究[D].西安：西安建筑科技大学，2015.

[3] 王向辉.西北地区环境变迁与农业可持续发展研究[D].杨凌：西北农林科技大学，2012.

[4] 李世明，程国栋.河西走廊水资源合理利用与生态环境保护[M].郑州：黄河水利出版社，2002：89.

[5] 李志刚.河西走廊人居环境保护与发展模式研究[M].北京：中国建筑工业出版社，2010：70.

[6] 宋科.涝池、水窖和老井[J].陕西水利，2010（03）：163–164.

云南近代民居类建筑的多样模式

——以滇越铁路沿线为例

陈 蔚[1] 严婷婷[2]

摘 要： 19～20世纪，云南民居建筑在法国侵略者的入侵下进入西化阶段。一是通过民间传统民居建筑的改良与演变；二是通过法国侵略者的新建海关公署官员住宅以及铁路住宅等模式。本文基于全球背景下的西方建筑传播至云南的路径，分析了三种典型民居类建筑形态、特征与寓意。最后从平面形制、立面样式、装饰细节、材料及技术四个方面对传统民居做出总结。

关键词： 云南 近代 民居 滇越铁路

一、背景

建筑是人类文明的物质载体之一。梁思成也曾说，建筑是历史的载体。云南传统民居是在自然与人文环境作用下形成的居住空间。在中国近代萌生多种类型建筑的渠道一是由欧洲国家直接传入，二是由本地民居改建。因此，近代建筑中民居的演变更是映射了中国近代史，更能体现出近代云南的政治与社会状态。近代民居的不同类型产生、建筑风格与形式变化、建筑技术与材料引进、中西杂糅方式、建筑学科发展等因素的变化均能体现出近代社会的变化。

18~19世纪，英法两国为争夺中国西南控制权展开过多次较量，改变了我国云南、两广地区，以及越南、老挝、柬埔寨的地缘政治关系。云南近代民居建筑便是在此背景下发生转型与演变。法国势力侵入云南有三种方式：一是天主教的教会传播；二是开埠与通商口岸的建立；三是滇越铁路的修建。通过这三种渠道，以欧洲古典主义、侵略式建筑风格为主的西方建筑也相继传入云南。早期，法国在蒙自、河口等通商口岸与租界内，法籍外国人与越南人的住宅也多租用或改造当地民宅。后来，在海关区域侵略式与欧洲古典主义风格的公署官员住宅，主要服务于法籍官员。在中西文化融合下，云南传统民居逐渐出现改良与演变（图1、图2）。

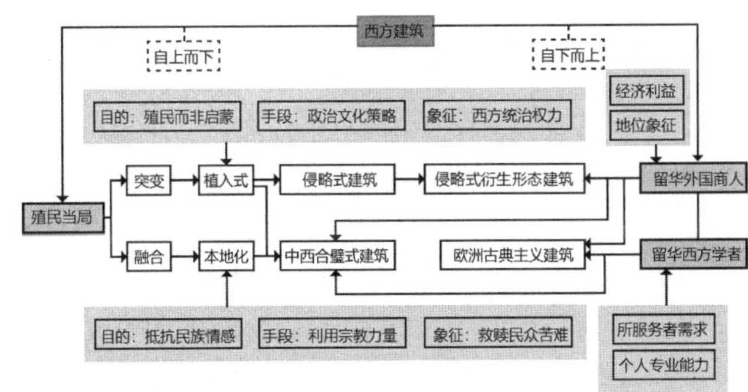

图1 法国势力影响下云南民居的演变路径

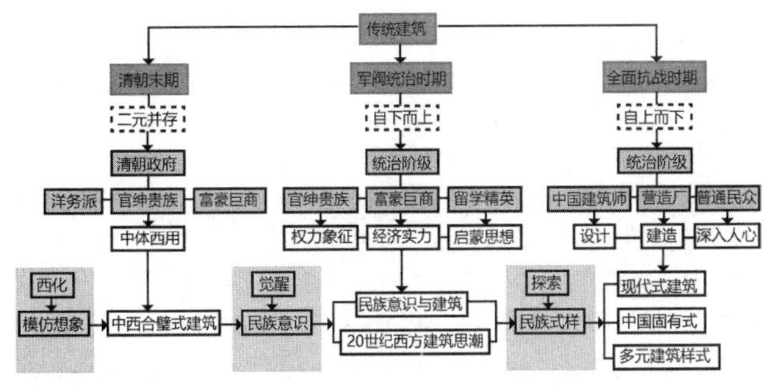

图2 民族精神影响下云南民居的演变路径

二、近代滇东南地区改良传统民居

云南本土建筑经历汉式文化与少数民族文化结合，形成土掌房、木楞房、干阑式三种类型，一颗印民居形成过程中吸收土掌房的建造技巧，是中国合院式民居在云南的适应性改变形成的新类型。滇东南地区以彝族少数民族为主，建筑类型主要为土掌房。彝族民居建筑建造逻辑和内在秩序通过对环境与社会做出灵活应对，

---

❶ 陈蔚，重庆大学建筑城规学院，教授。

❷ 严婷婷，重庆大学建筑城规学院，硕士研究生。

清末昆明懋庐

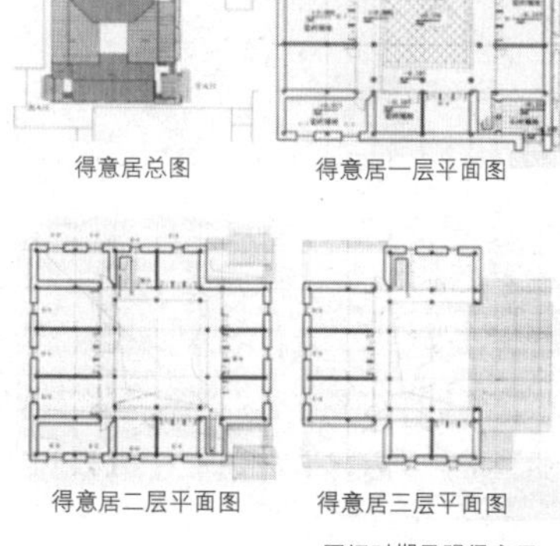

得意居东立面图

得意居西立面图

军阀时期昆明得意居

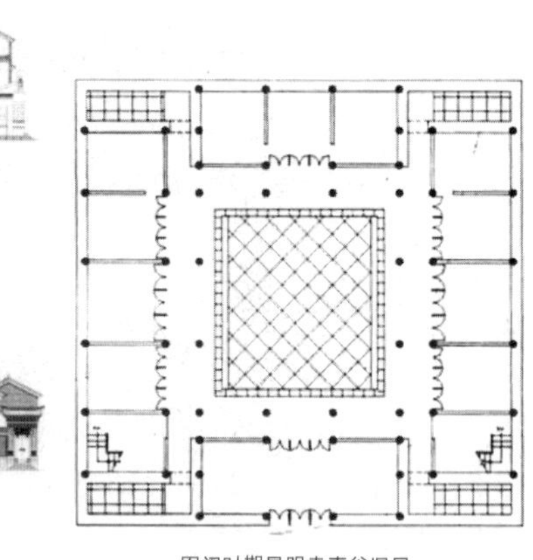

军阀时期昆明袁嘉谷旧居

图3 清末、军阀时期云南一颗印民居改良
（来源：作者自摄及《云南古建筑下册》）

已然形成一种“智慧体系”。沿线民居建筑的建造者为通海或建水的工匠，这两地工匠除官式建筑做法上有些许差别，其余建造风格类似，他们四处漂泊寻找工程，并不在一处停留。彝族房屋修筑方式为工匠与当地农民配合，木构架加改建方便灵活，低技建造，是民间智慧的结晶。

近代滇东南地区传统民居演进主要分为两个时间阶段，即清朝末期与军阀统治时期。三个不同时期的近代建筑演变受到国内外政治局势影响，国家政权的更迭。不同时期内各个阶层对于沿线近代建筑的演变的推动力量不同。清末时，滇越铁路沿线地区仍以一颗印式修建住宅，其中原因有二：一是云南民族资本力量并未发展旺盛，此时的云南并不具备修建新式住宅的条件；二是一颗印是沿线民族经过汉彝文化交融后形成的模式，建筑形制已根深蒂固，观念还未改变。军阀统治时期，私人花园与公馆别墅大量兴盛，使得“洋房字”的概念深入民间，成为权力的象征。建筑风格自上而下传播，引起民间的模仿与想象风潮，也促进了中西结合的建筑样式产生。

滇东南建筑中以彝族民族民居与一颗印改良最能体现对于民族样式的创作。通过总结如下：民间建筑洋化过程中，一开始基本保留内部空间与建构方式，只在门脸处或者外立面西化，或者采用西式门窗增加采光面，是对功能的需求。后来，官绅贵族与富豪巨商等通过修筑公馆来彰显社会地位，由上至下传播至民间。改良一颗印后的建筑平面不再拘泥于三坊一照壁，四合五天井的空间模式（图3）。这既是对于“洋房”的追求与渴望，也是建筑形式追随功能的体现。铁路的通车，沿线居民物质生活与行为模式皆已转变，对于建筑平面的改良与突破是迫切需要的。

土掌房与一颗印的立面西化或门脸装饰过渡到平面改良阶段，最后与公馆别墅相互融合。由民居影响至学校、商业建筑、工厂、会馆等建筑类型。主要是通过中国固有式或局部西化等创作手法将中西文化融合。云南民间的西洋化建筑极大表明了其地方性特征，中西融合的方式没有系统的模式，多是民间自发主动创造的过程。

三、近代河口海关公署及官员住宅类建筑

云南近代民居建筑资料匮乏，特别是法国工程师建筑图纸手稿更为稀缺。本文撰写幸得蒙自文化馆（原法国驻蒙自领事府）提供法国工程师为驻河口海关公署官员设计的住宅与公署建筑图纸资料。通过分析，河口海关公署官员根据职业、社会地位与国籍的不同将住宅分为不同的等级，总体来说分为四种类型：当地长官府邸（House for Commissioner）、高级官员住宅（House for Assistants）、一般外员住宅（Staff Quarters）、中国职员住宅（Quarters for Chinese Clerks）。由于近代中国主权丧失，海关公署中主要官员均为外籍人，中国官员稀少且并未负责重要工作，因此住宅设计主要针对驻河口海关公署的法籍官员（图4）。

当地长官府邸（House for Commissioner）为独栋式公馆与仆役房建筑组合而成，独立式公馆内部功能分区采用垂直式分楼层布

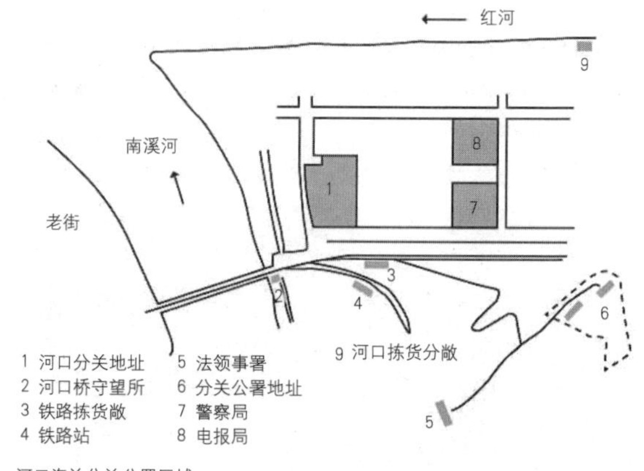

图4 河口海关分关公署区域
（来源：作者改绘自资料图纸）

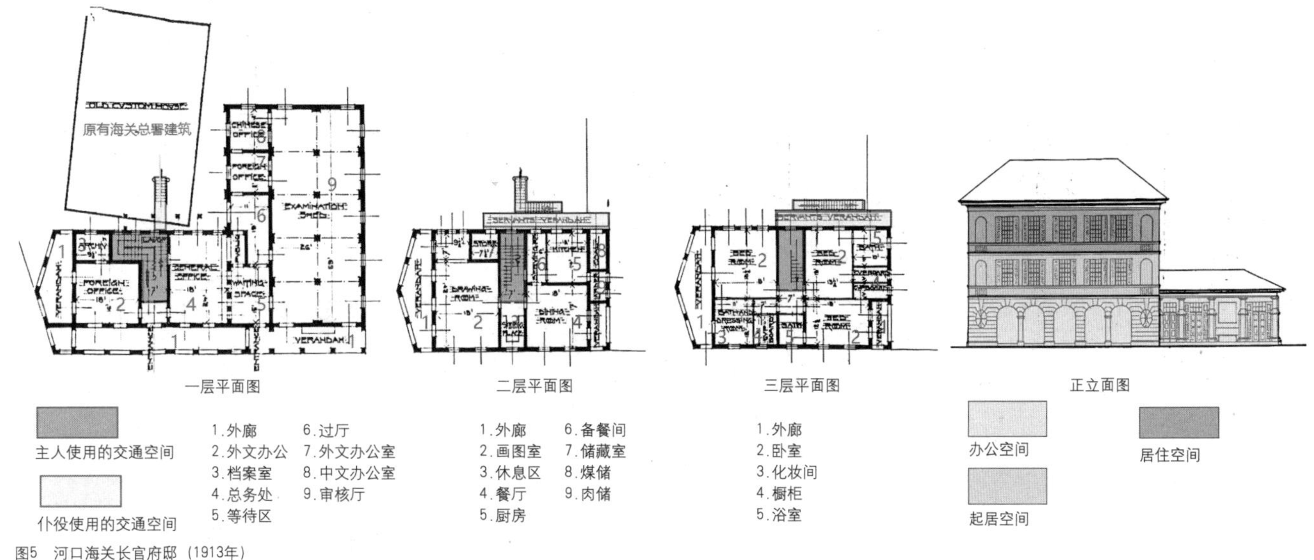

图5 河口海关长官府邸（1913年）
（来源：作者改绘自资料图纸）

置，一层为办公功能，二层为餐厅、客厅等起居室功能，三层为卧室等私密居住空间。由此可以看出，海关公署长官府邸是具备办公、接待、居住多种功能的场所。建筑一层采用楼梯加单面外廊解决交通流线，建筑二层及三层平面功能房间围绕楼梯间集中式布置。仆役服务的交通楼梯与内部楼梯通过外墙分隔，成并列式，减少仆役在公馆内活动的范围。建筑立面采用三段式划分，底层为连续券拱，并未用过多繁琐装饰，偏向文艺复兴时期府邸建筑风格（图5）。

高级官员住宅（House for Assistants）中较特殊的是已婚助理的住宅，与长官府邸布局类似，为独栋式公馆加仆役房组合而成，但住宅只提供起居与居住功能，并未设置办公室。公馆采用六边形突变一边为正方形的异形组合模式，可看出河口当时已有形体复杂的建筑产生。建筑正立面结构柱构造复杂，采用粗条石纹理装饰表面，形成纵向划分。除已婚助理外，其他高级官员住宅为主体住宅加仆役房的组合模式，主体住宅为一层单廊式双坡屋顶形式，一般为四开间，是典型的外廊样式，后期有在建筑一侧加建一开间的形式。仆役房为长方形双坡屋顶形式，所有仆役房均无内部廊道交通，通过室外进出各个房间（图6~图8）。

一般外员住宅（Staff Quarters）主要分为两种，一种是分散式，另一种是合院式。分散式中主体为单廊式双坡屋顶形式，另一栋为长方形组合双坡屋顶形式。修建初期并未设置盥洗室，后期在一侧加建。可看出一般官员住宅一开始并未配备盥洗室，建筑等级明显落后于长官府邸和助理住宅。合院式是将不同级别官员集中式布置在一起，用单廊式建筑围合而成庭院的方式，较高级别官员住宅单体底层为办公空间，其余为起居、接待空间，二层均为卧室等居住空间。较高级别官员还拥有独立庭院空间，而中间围合的庭院则共用（图9）。

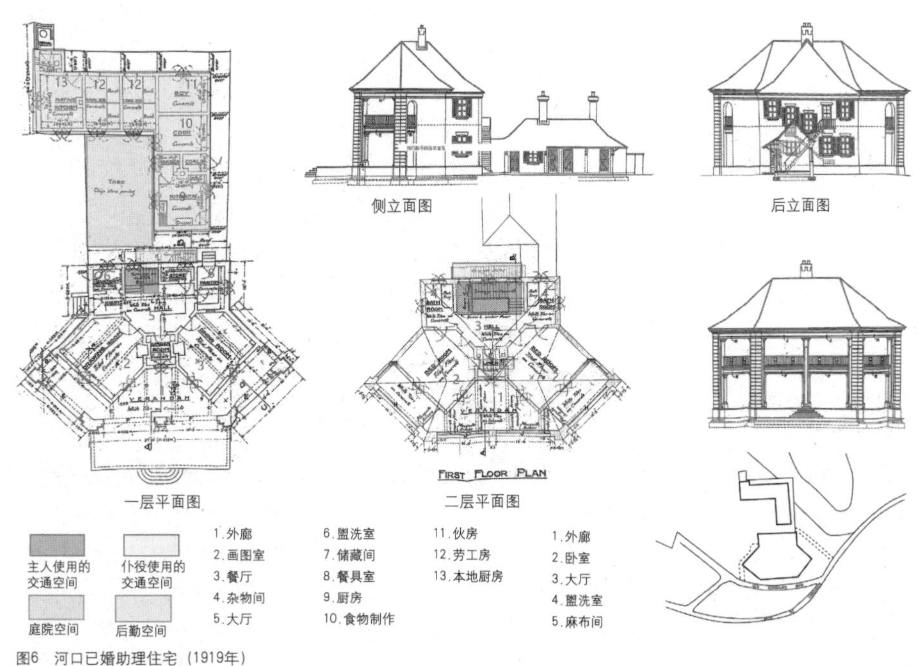

图6 河口已婚助理住宅（1919年）
（来源：作者改绘自资料图纸）

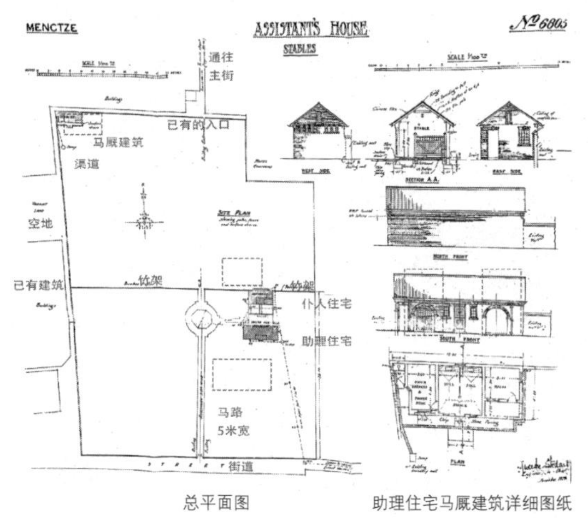

图7　河口助理住宅及马厩（1923年）
（来源：作者改绘自资料图纸）

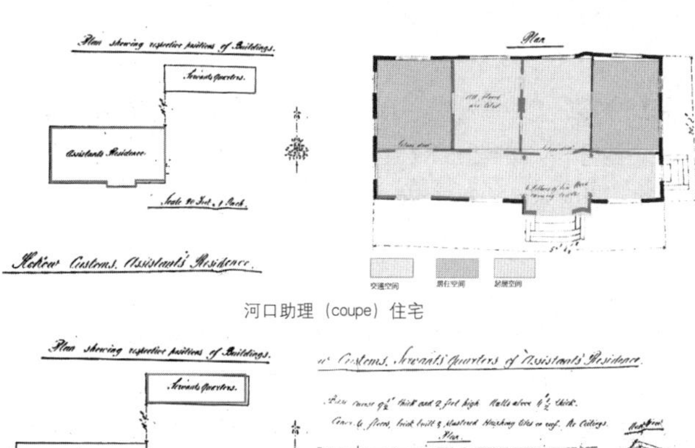

河口助理（coupe）住宅

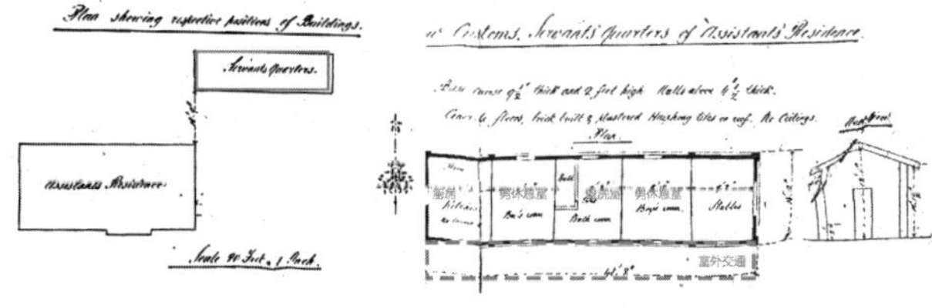

河口助理仆役的住宅

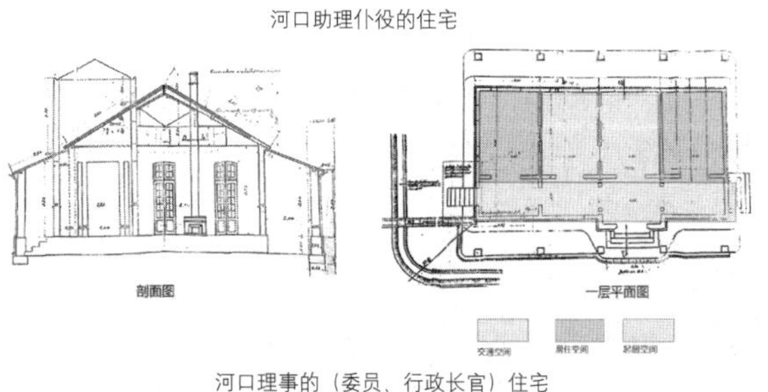

河口理事的（委员、行政长官）住宅

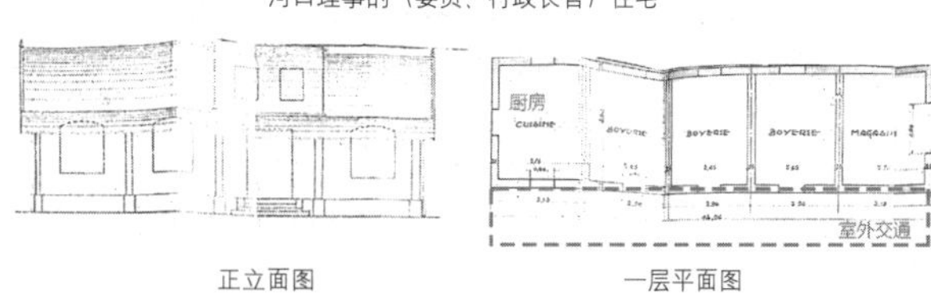

河口理事（委员、行政长官）仆役的住宅

图8　河口海关高级官员住宅
（来源：作者改绘自资料图纸）

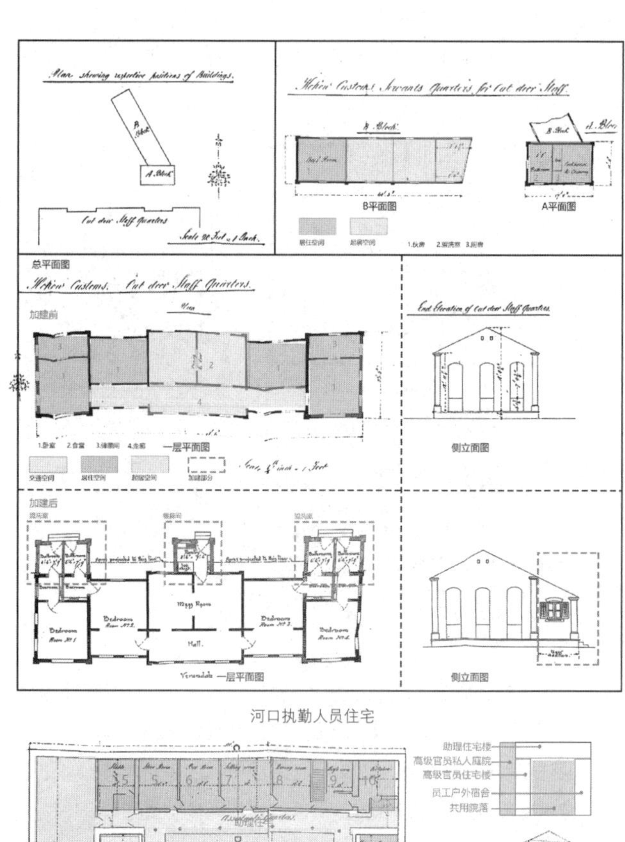

河口执勤人员住宅

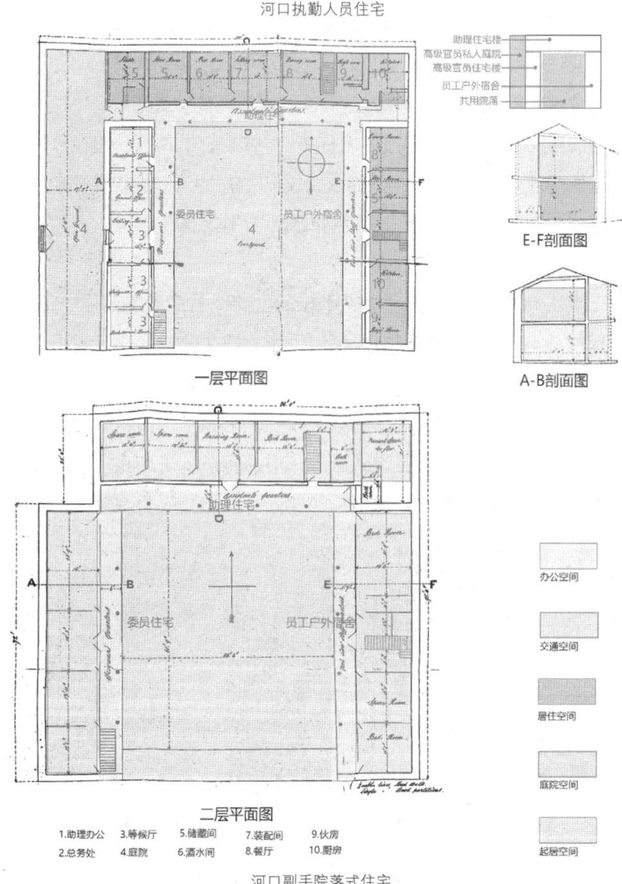

河口副手院落式住宅

图9　河口海关一般外员住宅
（来源：作者改绘自资料图纸）

中国职员住宅（Quarters for Chinese Clerks）是海关公署住宅建筑中专为中国职员所设计的住宅，一方面，通过建筑类型将中国职员与外员区别开来，体现出等级差异；另一方面，法国工程师在设计时考虑到中国人的传统住宅空间模式，所设计的合院式住宅采用了越南与中国云南传统住宅的空间模式，不免为一次法国建筑中国化的试验。中国职员住宅采用短开间长进深的平面，中间设四面围合的院落空间，符合越南与中国云南一带民居布局特点与居住习惯，本人认为其借鉴了传统民居设计手法，但从建筑设计上看，依然为单廊式住宅平面进行开间划分，增加进深的手法，因此中国职员住宅的建筑设计原点仍为外廊样式，只是融合了传统建筑空间手法加大进深与院落（图10）。

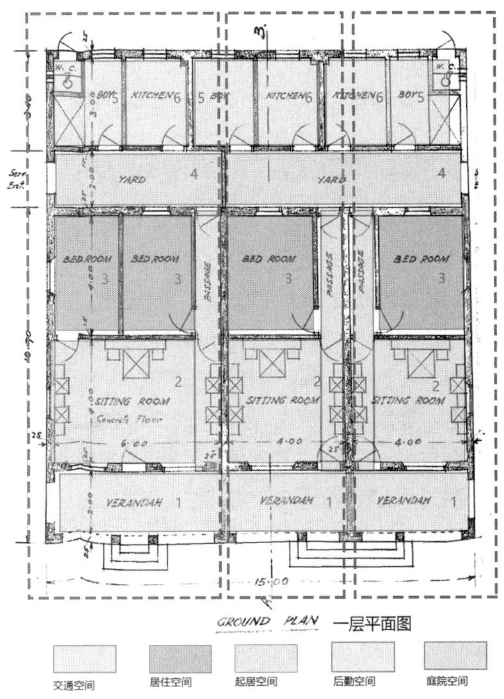

FRONT ELEVATION
立面面图

SITTING ROOM
BED ROOM
YARD
KITCHEN
Concrete Floor
SECTION A.B.
剖面图

1.外廊　2.起居室　3.卧室　4.庭院　5.伙房　6.厨房　7.厕所

图10　河口中国职员住宅
（来源：作者改绘自资料图纸）

通过对河口海关公署住宅建筑设计图纸的平面功能、空间、流线、立面样式的分析，得出以下观点：（1）等级差别。只有长官府邸、高级官员配有仆役房，且建筑规模与体量有差别，长官府邸层数为三层，高级官员为两层，其余均为一层。长官府邸及高级官员住宅均为分离式独栋建筑，一般外员以及中国职员一般为多户共同居住。（2）隔离区分。采用分离式设计手法区分不同人员使用的住宅，成多栋独立式。仆役房一般布置在主体建筑的后侧或侧面，从方位与视线角度均不能遮挡主体建筑。在交通系统中设置各自的楼梯将仆役与住宅主人区别开，仆役楼梯一般外挂在主体住宅的外墙上，缩短仆役服务的交通范围，区分“内”与“外”。（3）空间差别。长官府邸以及已婚助理住宅主体建筑采用围绕交通体集中式布局，空间更加完整，建筑更加威严，且拥有独立庭院，而其他官员采用一字式单廊布局，功能流线更加简单，但使用没有集中式方便，外形没有集中式威严有气势，且一般为共用庭院。（4）装饰差别。长官府邸饰有连续券拱、古典柱式、线脚雕刻等装饰显示建筑的等级与地位。高级职员在入口空间、屋顶烟囱、门窗等细节有装饰，整体立面简洁朴实。一般外员住宅与中国职员住宅立面更为简洁，少装饰。

四、近代滇越铁路沿线站点员工住宅

滇越铁路开远站是三等站，附近的洋正街是法国人沿着车站开拓的主要街道，南北走向。街道西边矗立着12幢一字排开的法式洋房，是铁路居住社区，专供法国人居住。每栋洋房前后均留出足够的空间，围有白色水泥栅栏，庭院中种植花草树木，基本上保留了法国人的原有居住习惯。法式住宅对面便是中国与越南劳工住宅。两者之间通过洋正街与铁路轨道相分隔，并在周围环境、建筑等级、空间感受上均形成鲜明对比，由此可看出法国人对待被侵略的势力民族的等级区分与管制。碧色寨车站因为是特等站，因此等

河口海关功能公署外籍人员建筑等级分类　　表1

官员级别	当地长官	高级官员	一般外员	中国职员
住宅种类	独栋式公馆＋仆役房	主体住宅＋仆役房	主体住宅	多户住宅
建筑平面样式	主体　仆役　交通	已婚助理　其他助理　分割线　分割线 主体　仆役　交通	主体　交通　庭院	主体　交通　庭院
建筑功能	居住　办公　屋顶	已婚助理　其他助理 居住　屋顶	居住　办公　屋顶	居住　屋顶

级最高、规模最大，车站员工宿舍为一组法式红瓦硬山顶建筑排列而成，建筑单体均为一层石木结构建筑。面阔分别为四间、六间、十一间、十二间。

从开远站与碧色寨站现存的铁路住宅建筑来分析，法籍管理人员的住宅与普通员工的住宅之间等级关系明显，管理人员为独栋法式别墅，并配有庭院，而以越南与中国人员组成的普通劳工则为简陋的方形宿舍，没有任何设施配备，甚至不具有内部交通走廊。铁路住宅建筑整体风格简单朴素，建筑平面形制为“一”字形，不超过两层，装饰一般为角隅与法式门窗，墙身分割线也并未采用复杂的线脚，不同于其他类型住宅建筑（图11）。

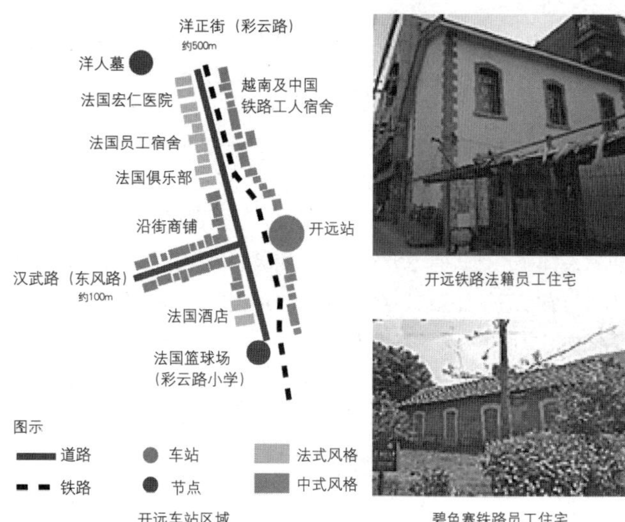

开远车站区域　开远铁路法籍员工住宅　碧色寨铁路员工住宅

图11　铁路站点员工住宅

五、总结

通过对滇东南地区近代改良的传统民居的解析，总结出以下特征：一是平面形制。建筑平面突破传统三坊一照壁，四合五天井的一颗印布局模式，建筑布局更加自由随性。在保证居住功能的前提下，加入更多功能的空间。二是立面样式上。立面西化是滇东南地区民间洋化的最早的，也是大部分民居建筑的洋化方式。洋门脸是沿线居民“趋新慕洋”心态的主要体现。三是在装饰细节上。在改良的民居建筑中，建筑的地方性倾向挤压了古典主义的发展空间。云南人民自发性地建造中西结合的建筑，体现了极大的地方性倾向。建筑立面局部虽西化，但建筑装饰与雕刻上仍采用传统的砖雕、石雕与木雕的技艺。图案多为花鱼鸟兽等传统图案。从在西式柱头上雕刻斗栱可看出，在装饰手法上仍采用传统建筑审美体系。四是在材料与技术上。建筑材料的运输与建造技术的进步。建造法式风格建筑所需要的水泥、石灰、钢铁、生活物资、机具等均由滇越铁路运输过来，在铁路未开通之前云南几乎只有本土材料建造。

通过对河口海关公署官员住宅类建筑以及滇越铁路沿线站点员工住宅解析，总结出以下特征：一是新的建筑材料与技术建造出新的住宅建筑；二是早期法国势力的强势植入，后期才逐渐出现欧洲古典主义风格；三是法国侵略者通过等级划分、区位划分等观念设计住宅建筑，意在彰显“法兰西优越性”。相比传统建筑的等级观念，其更具有侵略性。

参考文献

[1]林晨．云南彝族民居的建构技艺启示[D].昆明：昆明理工大学，2012．

基于最小阻力模型的太行山井陉古道遗产廊道构建研究

解　丹[1]　汪　萌　王连昌

摘　要：以井陉古道为研究区，基于史料和实地调研数据，以井陉古道遗产的整体性保护为出发点，运用ArcGIS空间分析技术、最小累积阻力模型和层次分析法等研究技术和方法，依据高程、坡度、坡向、地形起伏度阻力值和权重值，通过适宜性分区构建并优化井陉古道遗产廊道网络。基于缓冲区分析确定核心保护区、重点保护区和外围协调区，并提出不同区域尺度下等级范围的保护策略。研究结果可为太行山井陉古道资源整体保护和可持续利用提供思路与路径。

关键词：遗产廊道　最小阻力模型　井陉古道　传统聚落

一、引言

遗产廊道是拥有特殊文化资源集合的线性景观，相关理念最早由美国提出，在日本、韩国、加拿大以及欧洲等国家都有基于遗产廊道的类似研究；在国内，自2001年之后学者在遗产廊道基础理论、遗产廊道构建和保护利用等方面展开研究。在遗产廊道构建方面，国内学者主要对古道、运河、长城和工业遗产等线性或面域文化遗产资源的遗产廊道进行构建：2009年王肖宇以历史主线作为依据，引入决策科学理论，构建京沈清文化遗产廊道[1]；2017年李和平等将散点式的遗产进行资源整合，提出遗产休闲游览建议性线路，为遗产资源的整体性保护规划提供借鉴[2]；2020年罗萍嘉等基于"点""线""面"要素及自然景观和生态基础设施、游憩空间以及相关非物质文化遗产，构建沿津浦铁路煤矿工业遗产保护网络[3]。

井陉古道及其沿线传统聚落历史悠久，相关研究主要涉及古道本体研究，如从历史学、考古学和地理学等不同学科对其地理环境、线路构成、重要节点、历史变迁的探讨[4]；遗产价值认定[5]；古道的遗产保护优化策略及其未来旅游发展的设想[6]；沿线传统聚落的类型研究、空间特征[7]、保护利用等。对于井陉古道及其沿线传统聚落的研究虽成果丰厚，但对古道整体性保护的研究成果较少，多有研究内容的单面性和研究范围的局部性等不足。本文引入遗产廊道理念，借用GIS空间分析技术、最小累积阻力模型和层次分析法，分析井陉古道及其沿线传统聚落的空间分布，整合孤立的聚落节点资源，建立基于井陉古道历史背景的整体遗产空间系统，为井陉古道及其沿线传统聚落的整体性保护提供线索与依据。

二、研究区概况

井陉古道地处河北省西陲，东起土门关（今石家庄市鹿泉区东、西土门村），经微水、天长古镇、威州和天户古城等重要节点，西至娘子关和固关。以井陉古县治天长古镇为中心点，可将井陉古道分为东路、西路、北路和西支路四部分，沿线共途径91个传统聚落，总长度约为101公里。其所处地理环境为太行山脉北部，横穿太行山脉，从东到西分别为丘陵、盆地、山地等地形地貌，整体呈现出东低西高之势，河谷、盆地错落其间。自微水始，井陉古道主要依附于绵河和冶河，其中微水至横口段依附于冶河，横口、天长古镇至娘子关段依附于绵河，两条河流为井陉古道及其沿线传统聚落的发展提供丰沛的水源。

三、研究方法

1. 方法和原理

在本研究中，选取最早由Knaapen提出的最小累积阻力模型对本遗产廊道的构建适宜性进行评价。最小累积阻力模型（简称MCR模型）指物种从源到目的地运动过程中所需耗费代价的模型，其起源于物种扩散过程的研究。阻力模型阻力越高越难以行进，其廊道构建适宜性越低，反之亦然。在本研究中运用最小累积阻力模型对井陉古道遗产廊道的构建适宜性进行模拟评价[8]。最小累积阻力模型计算公式如下：

$$MCR = f_{\min}\left(\sum_{j=n}^{i=m}(D_{ij} \times R_i)\right) \qquad \text{公式1}$$

---

[1] 解丹，女，博士，河北工业大学副教授，主要从事长城建筑遗产与传统聚落研究。

公式 1 中，f 表示体验感知过程与最小累积阻力呈正相关系，D_{ij} 代表从遗产源 j 到景观元素点 i 的距离，R_i 则代表该点所在位置对于遗产源体验感知活动的阻力，可用 ArcGIS10.2 空间分析软件中的成本距离工具使这一模拟得以实现。

2. 数据来源及预处理

井陉古道遗产廊道构建数据来源主要包括研究区的DEM、遥感和行政区划原始图形数据（源于地理空间数据云），道路和水系shp数据（源于地理空间数据云），重要节点的经纬度及高程等地理数据信息（利用集思宝G120BD北斗手持GPS定位仪实地调研获取），现有的研究成果论著及古代的史料志书及笔者实地调研所获取的基础资料。

数据预处理过程包括：①利用 Arcgis10.2 对版块进行镶嵌、裁切和拼接后，生成适用于本研究的 DEM、遥感和行政区划原始图形数据。②将获取的线性数据导入面性地理空间数据中，并对其进行地理校准及分级。③将获取的点数据导入本研究范围内的地理空间数据库中，形成点、线、面性数据地理空间数据库。

四、太行山井陉古道遗产廊道构建

1. 遗产源的识别

遗产源的识别是遗产廊道构建的前提和基础。经过对井陉古道的文献研究及实地调查，以井陉古道及其沿线91个传统聚落作为遗产源。在本研究中，以春秋战国至今为时间轴，选择此时期有以下两个原因：第一，据相关史料记载，井陉古道的通行始于春秋战国时期，此后两千余年的历史进程中，井陉古道在军事、经济、政治和社会发展等方面均有重要作用。第二、根据实地调研和文献分析，井陉古道沿线的部分传统聚落始建于春秋战国时期，并在春秋战国至清末民初期间均有传统聚落形成，因此能为井陉古道及其沿线传统聚落的历时性演变提供完整的时间范围。

2. 阻力因子与阻力值的确定

阻力因子的选取以遗产源的空间分布特征为主要依据，本研究主要选取井陉古道及其沿线传统聚落高程、坡度、坡向、地形起伏度等自然地理垂直空间景观和河流、路网等自然地理水平空间景观作为阻力因子。将研究区分为 5 个地形起伏度段 0 ~ 20 米、21 ~ 40 米、41 ~ 60 米、61 ~ 80 米、≥ 81 米；6 个高程带，即 0~200 米、201~300 米、301~400 米、401~500 米、501~600 米、和 ≥ 601 米；5 个坡度段，即 0° ~ 1.71667°、1.71667° ~ 5.71667°、5.71667° ~ 14.03333°、14.03333° ~ 26.56667°、≥ 26.56667° 等。基于所选阻力因子，参考遗产源的空间分布及相关研究成果，结合德尔菲法确定阻力分级和阻力值，阻力值采用百分值形式。采用层次分析法（AHP）确定不同阻力因子的权重，并利用 Yahhp 软件对六个阻力因子的权重进行分析，经过一致性检验并确定其权重值，高程、坡度、坡向、地形起伏度、河流和道路的权重值依次为 0.0359、0.0983、0.0504、0.1473、0.2508 和 0.4174（表 1）。

阻力因子权重及分级阻力值　　表1

阻力因子	阻力分级	阻力值	权重值	阻力因子	阻力分级	阻力值	权重值
地形起伏度	0 ~ 20 米	5	0.1473	高程	0 ~ 200 米	5	0.0359
	21 ~ 40 米	10			201 ~ 300 米	10	
	41 ~ 60 米	30			301 ~ 400 米	30	
	61 ~ 80 米	70			401 ~ 500 米	50	
	≥ 81 米	100			501 ~ 600 米	70	
坡度	0° ~ 1.71667°	5	0.0983		≥ 601 米	100	
	1.71667° ~ 5.71667°	10		河流	< 500 米	5	0.2508
	5.71667° ~ 14.03333°	20			500 ~ 1000 米	20	
	14.03333° ~ 26.56667°	50			1000 ~ 1500 米	30	
	≥ 26.56667°	100			1500 ~ 2000 米	60	
坡向	正南向	5	0.0504		2000 ~ 2500 米	70	
	东南向	10			2500 ~ 3000 米	80	
	正东向	20			> 3000 米	100	
	东北向	30		道路	< 200 米	5	0.4174
	西南向	50			200 ~ 400 米	20	
	正西向	60			400 ~ 600 米	50	
	西北向	80			600 ~ 800 米	70	
	正北向	100			> 800 米	100	

（数据来源：基于前文分析及专家打分）

3. 阻力面的确定

在分析井陉古道遗产廊道适宜性时，首先需要构建单因子阻力面，基于高程、坡度、坡向、地形起伏度、河流和道路六个阻力因子的属性，以模拟到达最近距离的遗产源所需耗费的成本，对遗产廊道路径进行模拟分析并构建总体结构。其次基于 AHP 确定的各阻力面权重，利于 ArcGIS10.2 对各阻力面进行叠加分析，得到综合阻力面（图 1）。

4. 适宜性分区

综合遗产源空间分布的分析及综合阻力面的构建，利用 ArcGIS10.2 中的成本距离工具，以综合阻力面作为成本栅格，对遗产源进行成本距离分析，得到井陉古道遗产廊道构建的适宜性评价结果，即可根据此结果对井陉古道遗产廊道的构建适宜性进行评价。

基于古道沿线地区的实际情况，划分遗产廊道适宜性用地（Ⅰ）、遗产廊道较适宜性用地（Ⅱ）、遗产廊道一般适宜性用地（Ⅲ）、遗产廊道较不适宜用地（Ⅳ）和遗产廊道不适宜用地（Ⅴ），遗产廊道适宜性用地（Ⅰ）为本遗产廊道最适宜开发区域，由Ⅰ至Ⅴ五个区域遗产廊道开发的适宜性逐渐降低，因此井陉古道遗产廊道的区域范围选取最适宜开发的遗产廊道适宜性用地（Ⅰ）区域。利用 ArcGIS10.2 空间分析软件采用直方图法对前文生成的成本栅格进行重分类，生成井陉古道遗产廊道构建适宜性分区图（图 2）。通过对井陉古道遗产廊道适宜性分区图可知，遗产源均集中于遗产廊道适宜性用地范围内，由此可见井陉古道遗产廊道的构建适宜性较高。

5. 潜在遗产廊道网络构建与优化

基于以上对于井陉古道遗产廊道的认识，通过分析其空间分布特征及适宜性评价中潜在遗产廊道模拟，利用 ArcGIS10.2 中成本路径工具模拟计算路径系统（图 3）。分析发现，部分传统聚落核密度较高的区域内廊道模拟路径较为冗余，尤其是天长古镇周围区域，各村庄间的模拟路径较多，甚至有的传统聚落有四五条模拟路径存在，因此通过将模拟路径与现代化道路等各单因子阻力面进行空间对比，对距离较近且较为冗余的模拟路径合并整合，以人工判别的方式进行筛减，构建宏观尺度上的井陉古道遗产廊道体系，绘制遗产廊道总体结构图，并依据沿线传统聚落的数量、历史影响力、类型及集聚度等因素的差异划分主要遗产廊道和次要遗产廊道（图 4）。

五、古道遗产廊道系统性保护策略

基于古道特色遗产点进行解析，构建遗产廊道网络，基于缓冲区分析确定核心保护区、重点保护区和外围协调区，由此提出井

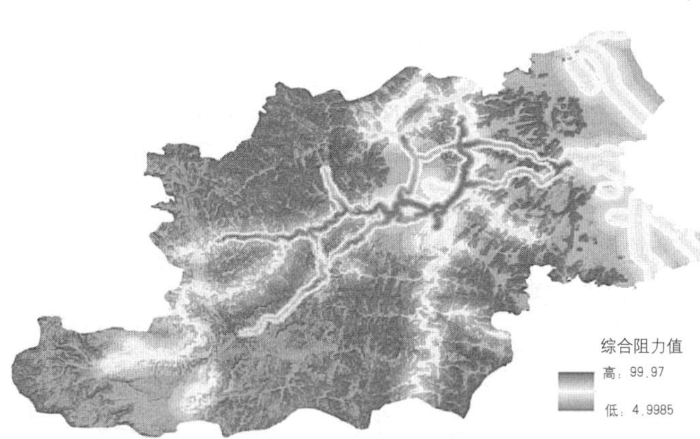

图1　综合阻力面示意图

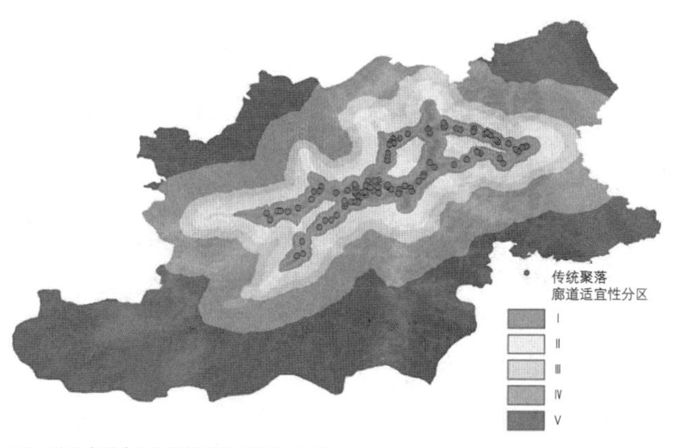

图2　井陉古道遗产廊道构建适宜性分区示意图

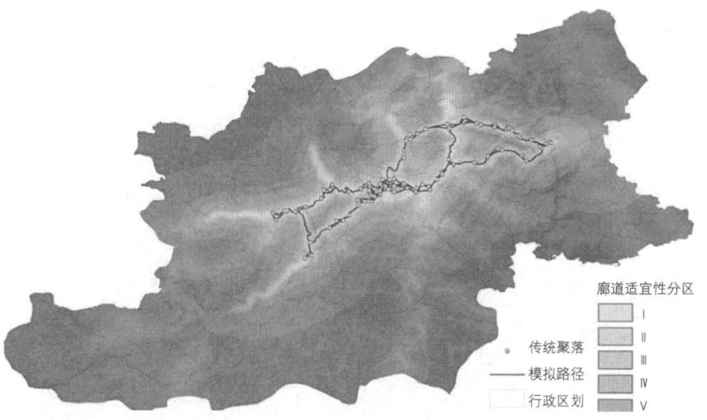

图3　井陉古道遗产廊道模拟示意图

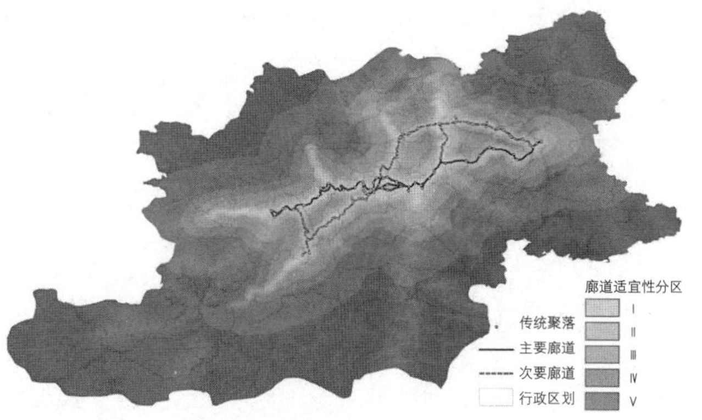

图4　井陉古道遗产廊道构建总体结构示意图

陉古道遗产廊道分层次的保护策略，进而实现古道遗产的整体性保护。

1. 核心保护区

核心保护区主要包括井陉古道路段、沿线传统聚落及其他重要遗产资源，此区域内含有大量与井陉古道有直接功能关系的文化遗产。基于对井陉古道的缓冲区分析，此区域宽度为以井陉古道为中心、两侧各 500 米内的区域为核心保护区，此区域包含井陉古道及沿线 85.7% 的传统聚落。因防止井陉古道及其沿线传统聚落内的文化遗产被大规模开发改造，在对破损建筑或其他遗址进行修复时，宜采用“修旧如旧”的修复方法，以尽可能保持文化遗产的原真性和完整性，维持井陉古道及其沿线传统聚落独特的历史氛围和地域特征。

2. 重点保护区

重点保护区主要指核心保护区和外围协调区之间的区域，含有部分与井陉古道相关的文化遗产。此区域以井陉古道为中心、两侧各 500 ~ 2500 米的区域为重点保护区，包含井陉古道沿线 14.3% 的传统聚落。对该区域传统聚落可适量开发和修建，但应尽量保持其原真性。另外，此区域内对于传统聚落的改造和开发应以井陉古道遗产廊道的整体可持续发展为主，增添适当的服务设施，如农家院或乡村驿站等。

3. 外围协调区

外围协调区以遗产廊道的外围区域为主，指井陉古道及其沿线传统聚落所依托的山脉和水系等自然资源。此区域内应确立“绿水青山就是金山银山”的理念，坚持生态优先原则，实行绿色发展、低碳发展和可持续发展，在此前提下适量开发适合井陉古道遗产廊道主题的相关景区。

六、结语

本文基于最小累积阻力模型，以井陉古道及其沿线91个传统聚落作为遗产源，以高程、坡度、坡向、地形起伏度、河流和道路交通等阻力因子建立阻力面，用层次分析法对各阻力因子进行权重分析，创建综合阻力面，对井陉古道遗产廊道的构建适宜性进行评价，划定遗产廊道的适宜性范围，利用成本路径构建遗产廊道总体结构图，并依据其沿线传统聚落的数量、历史影响力、类型及集聚规模等因素划分遗产廊道为以井陉古道东路和西支路两路段为主的主要遗产廊道及以井陉古道北路、西路、“南北固底—罗庄”段和“娘子关—旧关”段四部分为主的次要遗产廊道，并对其特色遗产点进行解析，提出井陉古道遗产廊道分层次的保护策略，为井陉古道及其沿线传统聚落的进一步保护利用提供理论基础。

参考文献

[1] 王肖宇. 基于层次分析法的京沈清文化遗产廊道构建[D]. 西安：西安建筑科技大学，2009.

[2] 李和平，王卓. 基于GIS空间分析的抗战遗产廊道体系探究[J]. 城市发展研究，2017，24（07）：86–93.

[3] 罗萍嘉，梁晓涵. 沿津浦铁路煤矿工业遗产廊道构建[J]. 矿业研究与开发，2020，40（04）：153–159.

[4] 吴学甫. 井陉古驿道[J]. 档案天地，2001（04）：40.

[5] 王晓敏. 文化线路遗产视角下的太行山陉道研究[D]. 哈尔滨：黑龙江大学，2018.

[6] 杨浩祥. 文化线路视野下井陉古道遗产保护研究[D]. 重庆：重庆大学，2015.

[7] 林祖锐，张杰平，张潇，丁志华. 井陉古道沿线商贸型传统村落空间形态演变研究——以山西省平定县西郊村为例[J]. 现代城市研究，2019（09）：10–16.

[8] 袁艳华. 山地城市复杂系统生态适应性模型研究[D]. 南京：南京大学，2015.

民族村寨“三生”空间融合演变及村落规划探索

——以兰田村为例

肖文彦[1] 李晓峰[2] 李振宇[3] 李敏芊[4]

摘　要："三生"空间构成了乡村空间的整体，其三者的协调发展对于实现巩固脱贫攻坚成果与乡村振兴有效衔接具有重要意义。近年来，民族村寨旅游热在推动民族地方经济发展的同时，也造成了诸多问题，亟需理论研究和实践回应。本文基于利川市兰田村的田野调查，研究其"三生"空间的相互联系和演变特征，结果表明：兰田村的"三生"空间逐渐由传统单一的人居空间向新型复合空间转变。并基于此提出相应的规划策略，以期提供一定参考。

关键词："三生"空间　民族村寨　演变特征　新型复合空间　村落规划

一、引言

民族村寨作为人类物质文化和精神文化的重要组成部分，有着独特的历史文化、社会经济、审美价值。随着城镇化的推进和旅游经济的发展，外来文化的侵入及乡村环境容量压力的增大，民族村寨面临文化生态与自然生态双重压力。在此背景下，如何协调乡村开发与保护的矛盾，实现人居环境可持续发展是民族村寨面临的重要难题。习总书记多次指出城乡工作应该“统筹生产、生活、生态三大布局”，以实现“生产空间集约高效、生活空间宜居适度、生态空间山清水秀”，将三者协调发展提高到国家战略的新高度。基于以上背景和思考，本文从“三生”空间视角切入，通过分析三类空间的相互关系、演变特征及驱动机制，在此基础上探究村落空间规划策略，为解决民族村寨开发与保护的矛盾提供可行的思路。

二、“三生”空间视角下民族村寨人居环境研究

在国家大力推进民族村寨保护和乡村振兴战略的双重背景下，众多学者对民族村寨的人居环境展开了研究。目前主要集中在村落建筑风貌、村落公共空间变迁过程及其对乡村文化传承与发展的影响等方面[1]。“三生”空间是对生产、生活、生态三类空间的总称，这三类空间划分的依据主要来源于土地利用功能分区（图1）。关于“三生”空间，众多学者对其内涵外延，村落的人居环境演变及两者的关联进行了研究：如以“三生”空间的功能协调作为切入点，分别对三类空间进行了现状分析并提出相应的规划策略；从生活和生产融合视角总结乡村民宿聚落过渡式、聚合式和融合式的三种演化模式[2]；从“三生”空间相互关系出发，基于传统村落旅游开发影响，确立旅游城镇空间评价指标体系[3]；从“三生”空间视角研究村落转型发展的过程和规律，为传统村落保护与发展提供决策依据[4]。

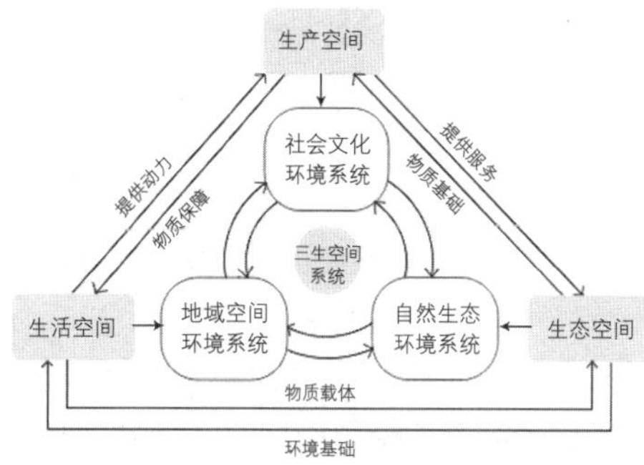

图1 “三生”空间关系图

综上所述，已有研究主要聚焦在村落单一空间的问题上，没有从“三生”空间体系化的综合视角去研究问题，并且缺乏结合实证提出具备操作性的人居环境优化策略。因此，本文在“三生”空间的理论基础上，以兰田村为例，研究其人居环境演变特征及驱动机制，并提出村落规划策略，以期提供一定参考和借鉴。

三、兰田村“三生”空间演变特征

兰田村位于湖北省利川市毛坝镇东北部。村域面积 9.6 平方公里，全村有10个生产小组，也是10个自然村。兰田村为土家族聚落，

---

❶ 肖文彦，华中科技大学建筑与城市规划学院，硕士研究生。
❷ 李晓峰，华中科技大学建筑与城市规划学院，教授（副院长）。
❸ 李振宇，华中科技大学建筑与城市规划学院，博士研究生。
❹ 李敏芊，华中科技大学建筑与城市规划学院，博士研究生。

全村居住着 325 户，人口共 1100 多人。兰田村人文历史底蕴丰富，保存了大量的土家族古建筑群和独特的民族文化，具有很高的历史价值、艺术价值和科学价值。笔者随课题组于 2020 年 9 月在兰田村进行了实地调研与深度访谈，获取了相关数据和基础性资料，为本课题奠定了坚实基础。

1. 兰田村“三生”空间演变特征

（1）生产空间由单一农业生产向三产联动模式转型

兰田村生产空间的转型经历了单一农业功能阶段、土地闲置与利用并存阶段和旅游功能转型阶段这3个阶段。兰田村地形为两山夹一水，一条兰田河由北向南川流而过，形成了一道道缓坡，村民们的住宅大多依山而建。村民的主要收入以产茶叶种植为主。兰田村总茶园面积3907亩，茶田呈片状分布，资源较为集中。村落中农田与建筑物间或分布，既方便村民耕作和起居，又兼顾兰田河的灌溉作用。随着城镇化快速推进，兰田村青壮劳动力开始大规模外出务工。兰田村出现了1/3的茶园老化和撂荒现象，一方面是由于缺乏劳动力，原有生产空间难以维系，另一方面是因为茶产业处于粗放型发展阶段，收益效益低促使村民放弃耕作。在政府积极引导下，兰田村生产空间迎来了转型发展机遇。村内商业用地不断增加，各类旅游配套设施用地的需求也逐渐增加，生产空间正在逐渐向旅游功能转型。

（2）生活空间由传统土家民居向现代民居转译

兰田村生活空间转变经历了传统土家民居营造（图2）、传统民居形式转译、现代民居发展三个阶段。随着村民与外界交往日益频繁，以及家族人口结构逐渐庞大，村民对日益拥挤的族群式生活空间愈发不满，于是以自由舒适为标准对生活空间展开重构，主要体现在几个方面：①保持原有房屋结构不变，更改维护材料以提升人居生活环境的舒适性（图3）。②新建附属功能建筑物，增加如厕盥洗、储物仓储功能，但平面仍仿传统吊脚楼形制（图4）。③新旧建筑结合形式，村民选择在原有房屋基础上改建，将建筑的数开间拆除，再在原位建设相同开间的新式房屋（图5）。新式房屋二层部位延用了传统民居挑廊样式，并与原有房屋的挑廊相连。这种做法保留了传统土家族的生活习惯和建筑营造逻辑，是一种传统生活空间的重构与转译的独特方式。

（3）生态空间由自然生态资源向人文景观资源发展

兰田村生态空间的发展经历了生态景观保护阶段、核心景观维护阶段、人文景观打造阶段。2003年国办发文批准建立“湖北星斗山国家级自然保护区”，兰田村依托保护区的原生态风光与资源，生态景观空间呈现片状保护和发展的态势。随着利川红核心产区基地的建设，兰田村内核心生态景观得到了维护和发展。云海观景成为兰田最响亮的生态景观名片之一，同时村落中原本撂荒和闲置的村民生产用地也被重新利用起来。兰田村发展生态旅游的资源禀赋，随着旅游业快速发展，兰田村生态空间得到了进一步优化。茶园经过人工改造，逐渐转换为人文景观，成为旅游化的生态空间，经济增值效应明显。

2.“三生”空间融合下兰田村新型复合空间演变发展

（1）生产—生活空间的融合发展

在人居环境演变过程中，兰田村出现了“产居一体”的生活空间。这类复合型空间有两个特点：①民居空间格局的复合变化。传统土家的民居将二层墙体拆除释放出半开放空间，作为仓储用房或者晾晒茶叶的晒台，将生产的需要融入生活之中（图6）。在新建的民居中，屋顶上用钢架支撑起顶棚，晒台的元素依然可以看见（图7）。②民居功能的复合变化。在旅游产业催化下，通过整治传统建筑空间以及建设现代民居，兰田村促生了许多功能多样的生活—生产复合空间，有民宿功能、餐饮功能，或康养功能等（图8）。同时，村落公共空间经历了功能转型。随着兰田村旅游业的发展，村内餐饮、停车场、商店以及旅游配套设施逐渐增加（图9），再结合周边传统建筑改造，村落中形成了娱乐、住宿、餐饮、康养一体化的公共空间。

（2）生产—生态空间的功能转化

在旅游开发推动下，兰田村的生态空间逐渐转变成旅游产业的重要客体存在。相应的，旅游开发为游客和旅游资源之间架起了重要的纽带关系（图10）[5]。比如茶园里的步道，引导游客穿梭在茶香满园的绿色海洋中，促进游客体验茶文化，促使生产、旅游、景观三者相互交融。兰田村农田分布形式多样，有与建筑用地交错分布（图12），也有大面积集中分布（图11）。由于村落用地面积中

图2　传统土家民居

图3　更改民居维护材料

图4　新建仓储建筑

图5 新旧建筑结合

图6 传统民居晒台

图7 新建民居的晒台

图8 民宿餐饮建筑

图9 旅游配套设施

图10 云海观景台

图11 农田建筑交错布置

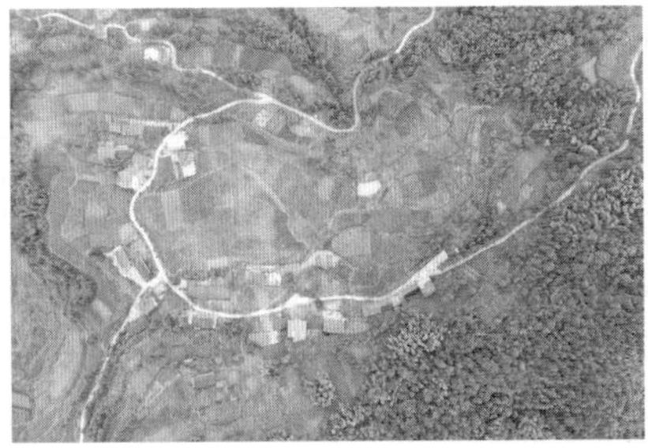
图12 农田集中布置

图13 河道上的亭子

农田占比较大，在一定程度上构成了村落又一主要的生态景观面。因此，原有的生产空间得到了生态化维育，逐渐转化为生产生态复合空间，并与原有的村落景观形成了相互呼应的生态空间系统。

（3）生活—生态空间的融合共生

兰田村自然水体融合了生活—生态功能。兰田河迂回曲折，流经兰田村中心组团全境。兰田河与村民日常生活联系非常紧密，房屋和农田交错分布在河道附近，方便村民耕作和起居，又兼顾兰田河的灌溉作用。河道两边还建设了健身设施和休憩座椅，为村民提供了休闲娱乐的场所。兰田河道上还建有众亭、桥，不仅起到了交通枢纽的作用，同时还是生活环境中重要的人际交往空间，是村落中生活—生态融合共生的公共空间（图13）。

3. 人居环境演变的驱动机制总结

基于“三生”空间的兰田村人居环境演变是一个复杂的过程，是乡村振兴战略、市场需求的外生动力与村民自组织的内生变量相互作用的综合结果。毛坝镇乡村振兴的主要策略为利用其高海拔优势，发展有机茶种植加工业，发展配套的运输业和服务业。在产业管理政策上，启动星斗山国家级自然保护区的开发和基础设施建设，创建乡村旅游示范点，发展农业生态观光旅游。在市场需求的驱动下，兰田村开始修缮村内古建筑，修复生态空间以及活化生产空间，保护和发展兰田村独特的文化底蕴。随着现代生活方式的普及，村民开始新建或改扩建传统住宅以寻求更为舒适的居住环境。同时由于旅游开发的效益可观，村民选择投入民宿旅游产业，致使传统的生活空间向新型复合空间转型。民宿产业的发展，也推动了基础设施建设和村容村貌管理，进一步优化人居环境（图14）。

四、“三生”空间融合下兰田村村落规划探索

1. 茶叶加工体验与山林风光赏游有机融合

从宏观层面规划“一轴两带”的村域布局（图15）。“一轴”指精品民宿发展轴，联动村域组团，打造兼具土家族特色、星斗山特色的精品民宿；“两带”包括以提高茶叶品质及茶园风光，优化茶叶加工体验为核心的特色产业发展带，以及以星斗山生态景观观

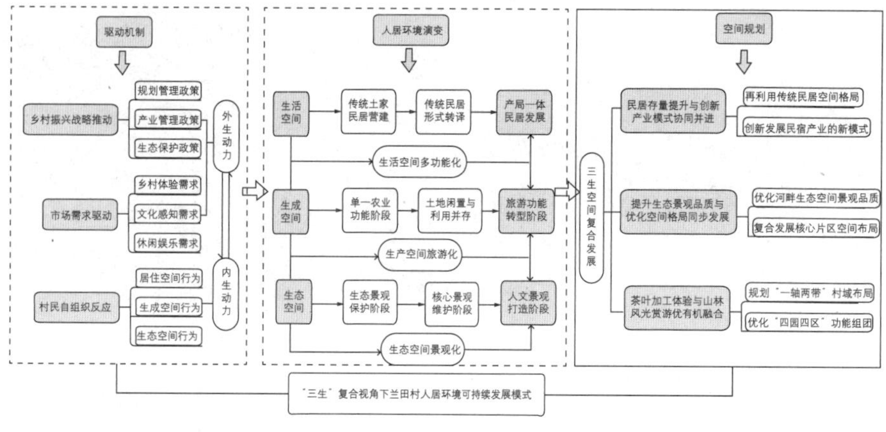

图14　基于“三生”空间的人居环境演变机制

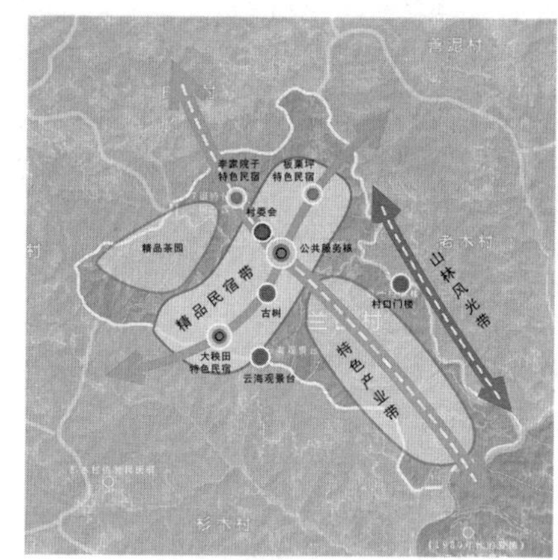

图15　“一轴两带”村域布局

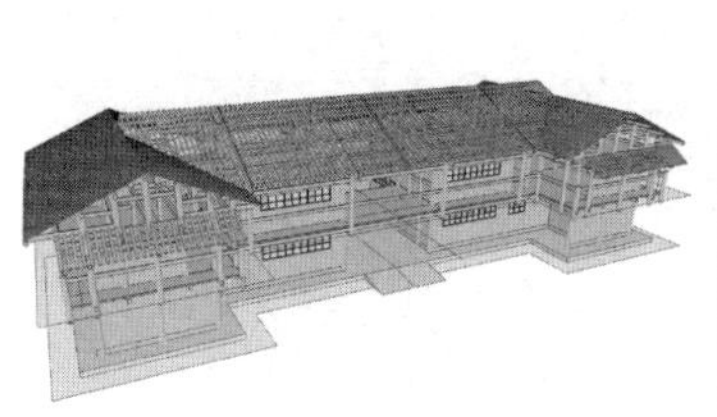

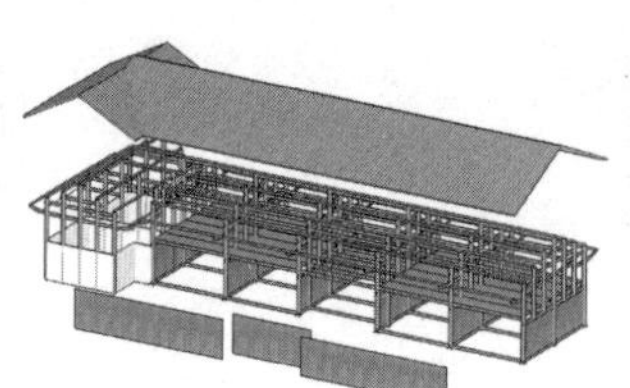

图16　传统民居改造方案

光为核心的山林风光赏游带。基于此布局，再规划“四园四区”功能组团，“四园”指茶田体验园，以村落中保存较好的农田作为开发对象，以茶叶采摘、制作加工为主题；“四区”包括中心接待区、特色民宿区、茶园观光区、牌坊打卡区，根据各组团不同的功能和风貌特点进行功能定位。

2. 民居存量提升与创新产业模式协同并进

保留并优化传统民居的营建元素，将其内部功能进行置换，引入乡居民宿和休闲养老的新模式（图16）。在建立休闲养老农宅专业合作社的基础上，采取“农民所有、合作社使用、企业经营、政府管理服务”的运行机制。在此基础上，再创新产业模式。根据游客年龄、性别、兴趣爱好特征，定位不同的民宿主题；并且对用户不同需求进行多维度的拓展定位，比如针对公司团建需求，提供素质拓展基地、茶文化培训等；针对旅游团客需求，拓展网红打卡基地、文创产品售卖等。

3. 提升生态景观品质与优化空间格局同步发展

首先对兰田河的驳岸进行处理，分为景观段、生态段和休闲段。增加小品景观设施，同时增加木栈道、游步道及河边汀步，使兰田河形成一条滨河环线，为村民提供舒适的休闲空间，同时优化生态景观品质。村落空间格局优化方面，以河坝坪和大秧田片区为例（图17、图18）。首先对片区空间进行分类：民俗活动空间、游客服务空间以及生态景观空间。民俗活动空间包括中心广场和百姓大舞台；游客服务空间包括游客集散中心及其配套的停车场和游客接待中心暨茶文化展馆；生态景观空间包括茶叶采摘园和体验园。

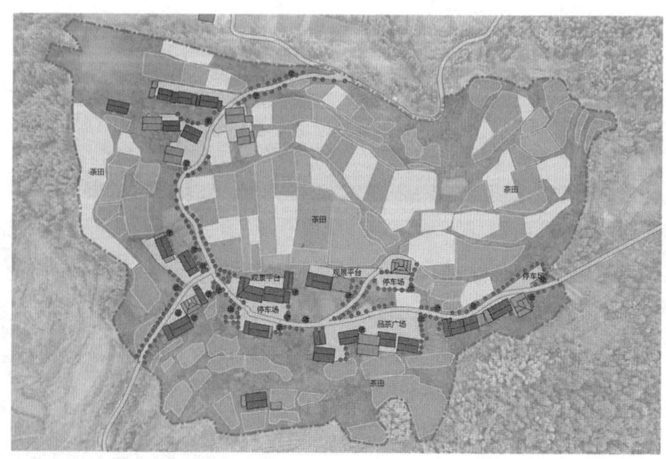

图17　大秧田片区规划

图18　河坝坪片区规划

五、结语

民族村寨作为人类物质文化和精神文化的重要组成部分，如何协调乡村开发与保护的矛盾，实现人居环境的可持续发展是民族村寨面临的亟待解决的重要难题。本文以“三生”空间的复合发展作为切入点，基于兰田村人居环境的发展现状，归纳其演变特征即传统单一的人居空间向新型复合空间转变，再进一步研究其驱动机制，并基于此提出茶叶加工体验与山林风光赏游有机融合、民居存量提升与创新产业模式协同并进、生态景观品质提升与空间格局优化同步发展的规划策略。以期为民族村寨人居环境可持续发展提供一定参考。

参考文献

[1] 鲁可荣，程川.传统村落公共空间变迁与乡村文化传承——以浙江三村为例[J].广西民族大学学报（哲学社会科学版），2016，38（06）：22–29.

[2] 游上，江景峰，谢蕴怡.自组织理论视角下乡村民宿聚落“三生”空间的重构优化——以海南省代表性共享农庄为例[J].东南学术，2019（03）：71–80.

[3] 陶慧，刘家明，罗奎，朱鹤.基于三生空间理念的旅游城镇化地区空间分区研究——以马洋溪生态旅游区为例[J].人文地理，2016，31（02）：153–160.

[4] 李伯华，曾灿，窦银娣，刘沛林，陈驰.基于“三生”空间的传统村落人居环境演变及驱动机制——以湖南江永县兰溪村为例[J].地理科学进展，2018，37（05）：677–687.

[5] 张永娇.“三生”一体的乡村人居空间重构研究[D].济南：山东建筑大学，2013.

空间遗产视角下传统聚落公共空间保护研究

——以湖南惹巴拉村为例

梁鹏飞[1]　李晓峰[2]

摘　要：公共空间是聚落遗产的重要组成部分，是物质与精神的纽带，同时也是凝聚居民社会活动的载体，但由于缺乏对其价值的认知与保护，聚落公共空间往往走向衰败。本文选取湖南土家族传统聚落惹巴拉村为研究对象，重点关注农地格局与滨水空间，以空间遗产视角切入，应用以价值为导向的空间遗产分析方法，研究聚落公共空间物质要素与非物质文化，以期对传统聚落公共空间遗产的价值保护有所启示。

关键词：空间遗产　传统聚落　公共空间　滨水空间

一、引言

民族传统聚落在自然环境和民族文化等方面都具有多样性，特色鲜明。但是目前对于传统聚落多样性空间的保护还不足，缺乏整体性保护策略，一方面是过于关注建筑实体的修复，而忽略公共空间环境的价值；另一方面是过于关注物质而忽略非物质文化，弱化精神层面的积极性，研究在此基础上展开。

惹巴拉村是一个土家文化历史悠久的传统聚落，目前改善留存清一色的木质吊脚楼、转角楼民居，摆手堂、冲天楼、风雨廊桥等充满土家族特色的公共建筑空间，这些木构建筑和土家族原生态文化构成一个活态的土家建筑标本。可以用“三山套三河、三河绕三寨、一桥通三域”来总结捞车古村落的总体格局（图1）。尽管资源文化丰富，但它依旧难逃逐渐衰败的厄运。虽然近几年来旅游项目的建设在一定程度上改善了村落的传统建筑景观风貌，促进聚落遗产保护，吸引一部分游客带动地方经济，但是这种程度的旅游发展模式仅仅促进了物质形态的保护，而非物质形态的文化习俗依旧不被重视，在空间消费中异化，丧失文化的真实性，聚落甚至聚落沦为“商业展品”，被利益驱使。在一定程度上，部分冷漠的游客以及民族文化活动空间利用的不足，都在宣告这种普遍模式下的缺陷。本文以空间遗产视角聚焦其遗产价值，同时分析在一定旅游发展基础上公共空间物质性与非物质性保护与发展的更多可能。本文以最有代表性的滨水空间以及农地空间重点讨论，分析其空间特点进行价值认识与保护，从而进行延伸，以期对乡村振兴背景下湘西土家族传统聚落的可持续发展有所裨益与启示。

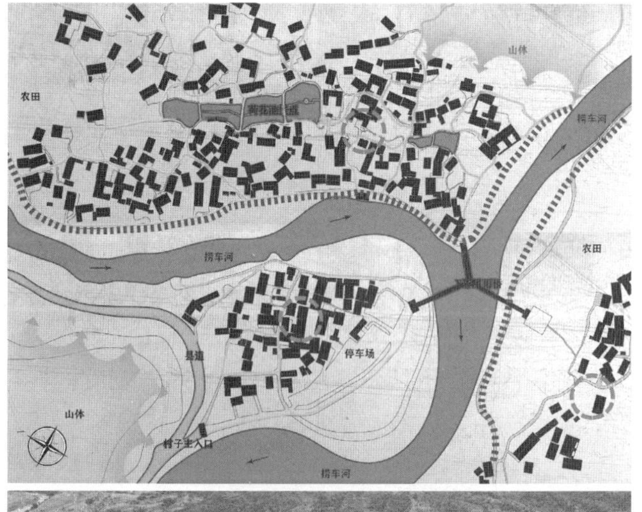

图1　聚落空间格局

[1] 梁鹏飞，华中科技大学建筑与城市规划学院。

[2] 李晓峰，华中科技大学建筑与城市规划学院，教授。

二、传统聚落公共空间价值认知

本文从空间遗产的视角切入，分析聚落公共空间的遗产价值，空间遗产（Spatial Heritage）概念借鉴文化遗产理论与空间生产理论而提出，特指具有突出普遍历史文化价值的空间环境，构建了以价值为导向的遗产空间分析方法，可对更广泛的建筑遗产类型展开物质层面与非物质层面的关联分析，促使其获得更为普遍的价值认同及更为恰当的保护。聚落遗产是由特定的有形物质空间、无形的社会精神空间构成的一个有机整体。而公共空间也是传统聚落遗产的组成部分，因此我们在保护传统聚落遗产的时候，除了要关注物质空间的建筑实体，也要关注公共空间环境以及非物质文化，对其价值进行完整且真实的认知。

本文研究对象的土家文化蕴涵丰富，其公共空间与村民的生产生活、社会秩序、文化风俗、精神信仰息息相关，承载着大量的历史文化信息，是传统聚落重要的空间遗产。同时它也是传统农业聚落，公共空间与经济生产方式契合度较高，聚落与农田以及与稻场等生产空间的关联紧密。随着旅游产业的逐步开发对土家族传统文化的包装，惹巴拉村有往商业型发展转变的趋势，但目前尚未形成规模，需要进一步调节过渡，找到两者相依共存的发展模式，两者之间达到一种动态的平衡。让生产空间与街道空间有机结合，相互补充，达到价值利用最大化。

三、空间遗产要素分析

1. 聚落外部空间环境

在遗产保护遵循真实性与完整性的原则下，我们需将体现遗产价值的聚落外部空间环境与聚落内部公共空间等遗产要素进行全面的解析与保护（图2）。分析聚落外部空间环境时我们从聚落选址、聚落形态、农地格局三方面研究。

（1）聚落选址与聚落形态

首先是聚落选址，惹巴拉村坐落于三河交汇的三角区域，三河状如“人”形，三河一寨构成了一个“太”字，属于典型的滨水型聚落。建筑与生产活动全部绕水而作，形成不少引人入胜的滨水景观。聚落的形态受到地形、文化、历史背景等多方面的影响。惹巴拉村整体沿河流呈带状分布，由于河流交汇区面积较大，地势平坦，虽然周边有山体，但水体对于聚落形态的影响比山体更明显，聚落在一定程度上也呈现出面状特征，带与面的结合形成了独特的聚落形态。聚落内部空间分布均匀，外形顺应环境，以摆手堂为中心，按照中国传统风水“五位四灵”的模式布局。巷道、荷塘沟渠构成了村落的基本元素，摆手堂、冲天楼等公共建筑成为村落中最重要的公共活动中心。

（2）农地格局

农地的开垦与聚落的发展息息相关，同时农地的面积与聚落的规模也呈现一定的正相关。惹巴拉村的农地有两种分布格局，一种是与民居相间分布的近屋型田地，形成“屋—田—屋”的格局。另一种是聚落外边缘的远屋型农地，即“水—屋—田—山”的格局。农地格局的形成与特色都体现着先民节约资源、与自然和谐共生的传统理念。同时农地与聚落公共空间的相互渗透，使农地成为公共空间的延伸，丰富了传统聚落遗产的空间层次。合理分布的农地，优渥的种植条件，是当地居民世代生存发展的基础，但劳动力外流，产业凋敝已然成为无法避免的现实。而在大力推动旅游发展，企图通过旅游商业刺激甚至取代传统农地经济的同时，必须清楚绝不能让农地空间成为旅游建设的牺牲品，而

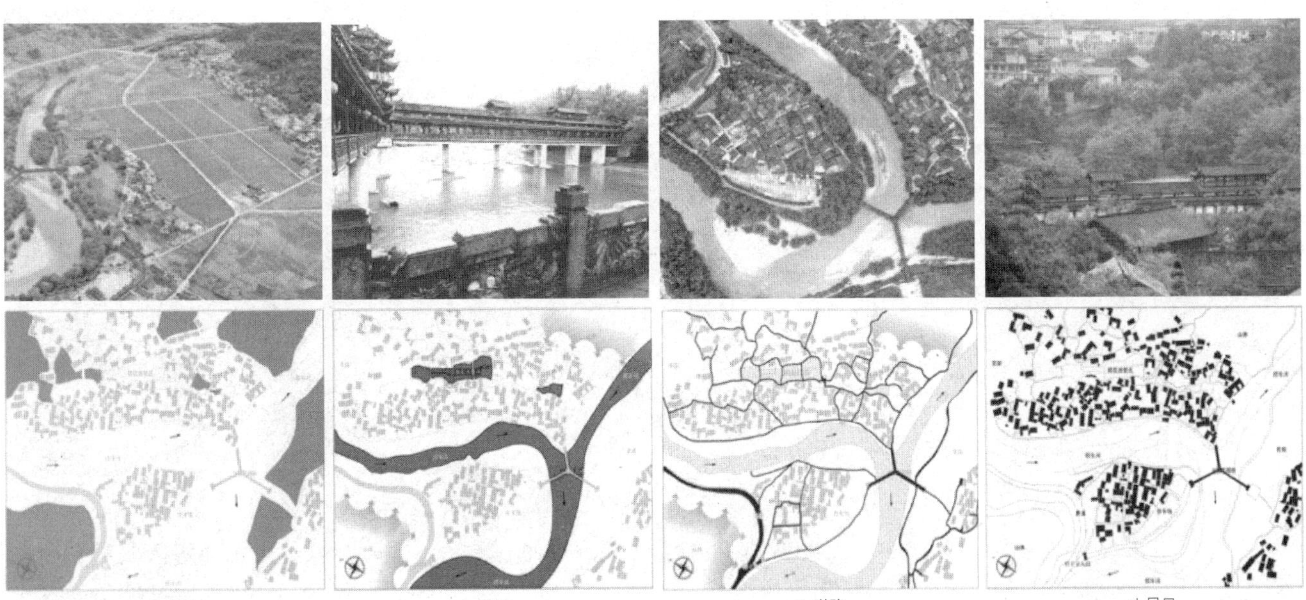

a 山地农田　b 水域　c 道路　d 民居

图2　聚落空间环境要素

应当让其成为旅游产业发展的助力剂，为聚落空间的再复兴与劳动力的安置提供基础。尝试在此基础上结合旅游项目打造田园观光体验型服务项目，增强游客的互动性体验，感受传统聚落生产生活的活力，投入足够劳动力以获得对应的经济利益，农业型的传统聚落在往旅游发展的过程中应当将传统农耕文化与自然人文风光相结合，不能一味地追求景区景观的机械建设而忽略内生的人文生产。

2. 聚落内部公共空间

几何形态是空间作为物质存在的基本特征，因此我们需对组成聚落公共空间的点状、线状、面状三种类型进行多个维度的解析。其中具有很强指向性与吸引力的点状空间：桥、节点等；具有连通性与围合功能的线状空间：街巷、水岸等；以及连接、交织点面，具有很强容纳能力的面状空间：广场、庭院这些遗产要素都是全面认知与解析聚落公共空间必不可少的部分。结合惹巴拉村传统聚落的空间特点，后文将公共空间分为街巷空间、场院空间、标志空间、滨水空间等进行分析，其中滨水空间会作为研究重点进行阐述。

（1）街巷、标志空间等

街巷空间是各类聚落空间之间的连接桥梁，整个空间体系的骨架。惹巴拉村内部的街巷布局比较自由，主要是沿着河流以及内部荷花池的两条道路，还有曲折没有规律的诸多小巷。由于路网密度也较大，小巷之间的连通性比较强，因此聚落内部有较好的流动性与交流性（图3）。

场院空间是乡村公共生活、民俗文化传播与衍化、精神仪式的重要场所。惹巴拉村是一个典型的土家族村寨，围合型的吊脚楼较多，可以看到惹巴拉村内部有各种类型的场院空间：内部型、边缘型、外部型以及“一”字形、“L”形、“U”形等，形成丰富而有特色的建筑庭院空间。院落一般都会朝着景观面打开，院落纳入风景并且获得良好的空间交流性。

聚落中的标志空间是散布的点状核心要素，具有很强的可识别性以及符号特征，承载着原住民的集体记忆。惹巴拉村中的标志空间有联系河岸两边的“Y”形廊桥、土家族人的摆手堂以及摆手舞广场、冲天楼、祠堂、戏台、古井以及遗留在岸边的磨石等（图4）。

（2）滨水空间改善

惹巴拉村依托捞车河集聚，属于典型的滨水型聚落，形成有独具特色的滨水空间（图5）。其一是入口处的风雨廊桥，是聚落的交通核心，笔者将其归为点状空间：在三条河道交汇处，“Y”字形的廊桥横跨上方连接三处居民点，它兼具交通功能与建筑景观功能，目前是惹巴拉村民与游客进行商品贸易的主要集聚区。这里率先展开本土习俗与外部游客的体验碰撞，具有浓厚的土家生活气息，再加上得天独厚的景观视野，这里已经成为惹巴拉最具有代表性的公共空间。但是目前廊桥空间利用还有待改善，多功能的属性使得廊桥使用有些混乱，卫生问题也有待解决。建议在保证廊桥交通通畅的前提下，统一管理村民商家的经营活动，合理规划经营、观赏分区，维护好廊桥的景观风貌。其二是沿着河流形成的线状空间：靠近河流修建石板路沿着河岸从廊桥延伸到了下端，小道宽度在两米五左右，行人可以一侧观赏优美的水景，另一侧可由台阶通往民居，近距离感受土家建筑与人文风情。其三是聚落内部的荷塘沟渠，可归于面状空间：内部有诸多

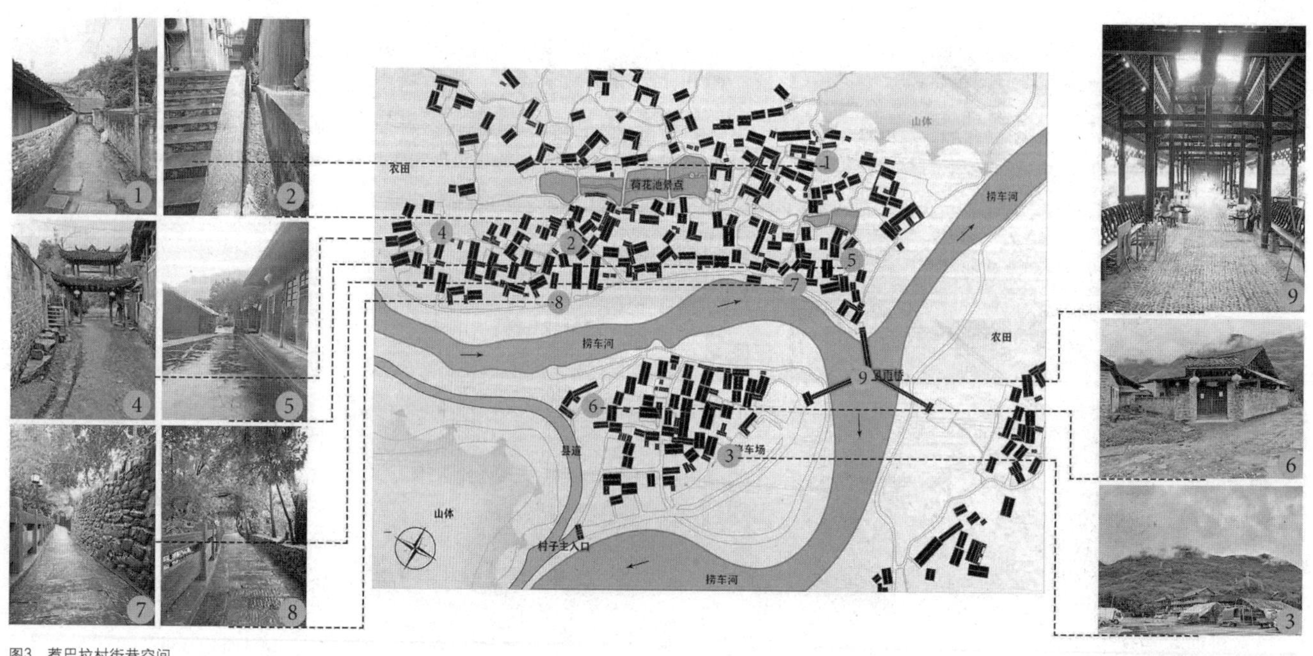

图3　惹巴拉村街巷空间

图4 聚落标志空间

个面积不大的荷花池相连形成片区，周围有步道环绕连通，这些荷花池步道也将重要的土家公共建筑进行了空间视野与路径连通。但周围的步道还是以沙土路为主，没有达到硬化或者木质铺装的要求，通行稍有不便，可打造更多的木质亲水廊道，池内架空设置廊亭，增进行人与景的距离，丰富空间趣味性。“点、线、面”状三种滨水空间形态的交织与联动，成为惹巴拉的景观优势，增进了人与自然景观的空间尺度感，成为惹巴拉富有特色的聚落空间遗产，它的活化营造也关乎着未来旅游产业发展的关键。

四、空间遗产保护策略

在深入挖掘分析聚落外部空间环境以及内部公共空间所有要素的基础上，笔者总结、补充几点针对性的遗产保护思路，强调惹巴拉村的地域性空间特色以及空间遗产价值，重点从农地格局以及滨水空间进行改善，需要注重整体性的保护思路。其次就是对于非物质文化空间的活化。第一，正确处理好村落格局与周边环境的协调，保留和复原历史中的生产活动和生产场所，通过展示和互动体验将历史文化和民俗文化进行活态传播。第二，改建或复建原始生活设施，使院落民居到公共生活空间都保留一个完整的社会生活网

图5 滨水空间分析

图6　传统民居

络，复原码头、摆手堂等土家族最具文化氛围的场所，将破败甚至即将面临消亡的土家历史环境元素进行及时的保护修缮，使其焕发出原汁原味的古韵。第三，对于民居建筑空间，对村内有历史、建筑价值的老宅进行修复，导入该家族的历史文化展示，让游客体验活态的建筑文化；对村内其他古民居院落进行引导、保护修缮，并鼓励其接受游客观赏、参与、感受其原真态的生活，让游客在这里能读到土家的家族故事和建筑故事。（图6）

廊桥上熙熙攘攘的游客与略显萧条的摆手舞广场形成鲜明的对比，自然景观的建设之下隐约呈现出一种传统文化消隐的病态，对惹巴拉村非物质文化的保护与传承，精神空间的活化才是聚落复兴的内核。传统服饰与美食、精神信仰与民俗活动应当成为惹巴拉土家人记忆里的魂与根，成为其内核凝聚的重要牵引力。当摆手堂前依旧舞动着热闹的摆手舞，码头文化有新的表达，村民们的忘我，游客们的参与，精神空间的交流与融合才会带来真正的聚落活化，给空间遗产注入灵性。

参考文献

[1] 廖泽宇. 空间遗产视角下的传统聚落公共空间研究[D].武汉：华中科技大学，2019.

[2] 刘永辉，李晓峰，吴奕苇.空间遗产视角下闽南家族书院遗产价值探讨——以泉州永春碧溪堂为例[J].建筑师，2020（04）.116–122.

[3] 刘源，李晓峰.旅游开发与传统聚落保护的现状与思考[J].新建筑，2003（02）：29–31.

[4] 谭刚毅，贾艳飞.历史维度的乡土建成遗产之概念辨析与保护策略[J].建筑遗产，2018（01）：22–31.

[5] 梁步青，肖大威.传统村落非物质文化承载空间保护研究[J].南方建筑，2016（03）.

[6] 杨柯，李福仁，骆玉岩，杜霖，杨义凡.新人文视角下乡村空间保护与活化研究[J].建筑与文化，2018（08）：71–72.

[7] 柳军伟，吴越，易婧飘.传统村落保护问题研究——以湘西苗儿滩古镇惹巴拉村为例[J].中外建筑，2017（05）：44–47.

烟台所城里传统院落的修复活化略析

——以南门里9号院为例

冯传森[1]　姜　波[2]　仇玉珠[3]

摘　要：本文以烟台所城里9号院为例，通过口述访谈、调查测绘、查阅文献等方式，浅析其内在文化价值，并基于调研中发现的问题及建筑现状，结合古建筑修复原则对其进行针对性修缮复原，最后，对其后期活化利用中存在的问题进行探讨。

关键词：烟台所城里　胶东传统民居　修复　活化

一、烟台所城南门里9号院落概况

1. 地理位置

奇山所南门里大街9号院落为胶东传统民居，属2006年公布的省级重点文物保护单位奇山所中的单体建筑院落之一，位于奇山所城历史文化街区内，北临所城里大街，南接洪泰胡同，坐北朝南（图1）。

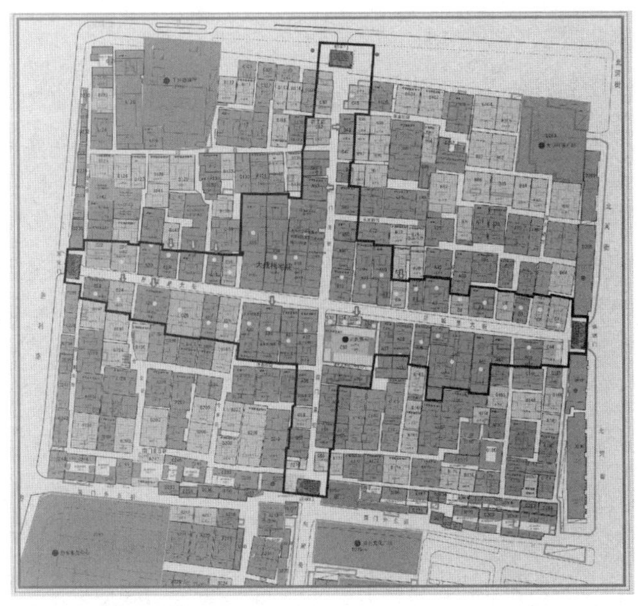

图1　烟台所城南门里大街9号院位置图

2. 历史沿革

从实地调研走访中得知，烟台所城南门里9号院自诞生之日起一直到现今，几易其手，其间或作居住空间供人起居生活又或作为工厂供人劳作。不同历史阶段和人们的不同生活方式在建筑演进过程中留存了不同的历史印记，本文在历史沿革部分着重记述的是烟台所城南门里9号院起源以及在不同历史阶段的不同功用。

所城里名门望族刘氏第十七世子孙刘怀奎，育有六子，其四子（刘子琇）和五子（刘凤镳）曾在清光绪十九年（1893年）同时中举，“一门两举人”在烟台当地被传为佳话。六个儿子成人后，刘怀奎便准备为他们扩建婚房，因四子、五子在外为官，他便在洪泰胡同以北、所城里大街以南、南门里大街以西的位置上接连盖了四套三进四合院，分别给在家的老大、老二、老三和老六居住，其中西侧向东第二栋的三进四合院，即为现南门里大街9号院，是三子刘慧基的房子，由此可知该院落始建于清末。9号院主人（三子刘慧基）的后代新中国成立前都去了台湾，房子留给了其舅舅王姓人家。1958年当地妇女把三进正房改作他用，成立了绣花厂，两三年后绣花厂关门，又成为居住用房，一直沿用至今。

3. 院落空间布局

南门里大街9号为一处完整三进院落，坐北朝南，现存单体建筑共6座，由大门及倒座、二进东厢房、二进西厢房、二进正房、三进东厢房及三进正房（两层）组成，大门位于9号院落的东南侧，门房与大门相连，位于大门东侧，倒座位于大门西侧（图2、图3）。

4. 院落现状问题调研

从实地调研情况上看，除三进西厢房被拆除外，院落整体格局

❶　冯传森，山东建筑大学齐鲁文化建筑研究中心，硕士一年级。
❷　姜波，山东建筑大学齐鲁文化建筑研究中心，教授。
❸　仇玉珠，山东建筑大学齐鲁文化建筑研究中心，硕士二年级。

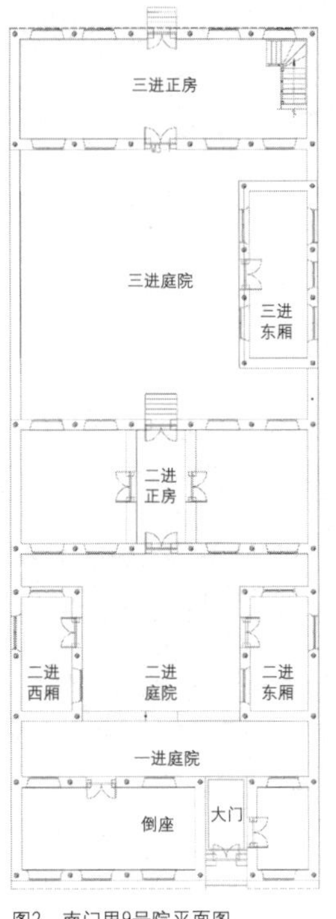

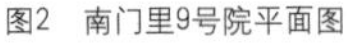
图2 南门里9号院平面图

图3 南门里9号院俯拍图

保存较为完整；各正房单体建筑室内后期增设土坯隔墙；二进院内加建四间棚屋，三进院内加建一间棚屋、水泥房、外楼梯等。

大门以及倒座残损统计　　　表1

编号	分类名称	子分类名称	残损类型
1	墙基		维修措施不当
2	屋顶	屋脊	拆改
		屋面	漏雨、松动、瓦件破损缺失
3	木基层		糟朽、干裂、水渍
4	木构架		缺失开裂、灰尘影响
5	墙体、墙面		风化酥碱、勾缝缺失、剥落、起皮、改建
6	木装修		糟朽、缺失
7	地面		改建、下沉
8	石作		松动改建
9	油饰		剥落

一进东、西厢房、二进东厢房残损统计　　表2

编号	名称	子分类名称	残损类型
1	墙基		勾缝材料脱落维修措施不当
2	屋顶	屋脊	缺失破损、维修措施不当 漏雨、拆改、瓦件破损缺失
		屋面	
3	木基层		糟朽、干裂、水渍
4	木构架		缺失开裂
5	墙体、墙面		风化酥碱、勾缝缺失、改建、剥落、起皮
6	木装修		糟朽、缺失
7	地面		改建、下沉
8	油饰		老化、剥落

在实际调研中发现，各厢房残损类型与程度相仿，因此一进东、西厢房、二进东厢房的残损统计归为一表。

一进正房残损统计　　　表3

编号	名称	子分类名称	残损类型
1	墙基		勾缝材料脱落维修措施不当
2	屋顶	屋脊	缺失破损、维修措施不当 漏雨、长有植物、瓦件破损缺失
		屋面	
3	木基层		糟朽、干裂、水渍
4	木构架		开裂
5	墙体、墙面		风化酥碱、勾缝缺失、改建、剥落、起皮
6	木装修		糟朽、缺失
7	地面		下沉
8	油饰		老化、剥落

二进正房残损统计　　　表4

编号	名称		残损类型
1	墙基		勾缝材料脱落、维修措施不当
2	屋顶	屋脊	缺失破损、维修措施不当 长有植物、瓦件破损缺失
		屋面	
3	木基层		干裂
4	木构架		开裂
5	墙体、墙面		风化酥碱、勾缝缺失、改建、剥落、起皮
6	木装修		糟朽、缺失
7	地面		铺装缺失
8	油饰		剥落

上述表内病害给文物建筑造成了极大的安全隐患，影响了建筑的长久保存，随着时间的推移，病害会不断增加，损坏程度还会加剧，必然影响到建筑结构的安全稳定，如室内漏雨现象，会对木构架的结构稳定性造成影响，导致墙体灰缝脱落，雨水倒灌进墙体内部，影响到墙体的结构稳定性。基于此，亟须对建筑出现的问题进行科学分析并制定相应的修缮方案，以挽救这些实实在在的“历史见证者”。

二、价值评估

1. 历史价值

从实地调研走访的结果中不难看出，南门里大街9号院落虽建造历史不长，但建筑风格鲜明，很好地反映了时代性与地域性，从细节部分中——如门窗样式，又可以看出其建筑风格融合了某些西方的建筑特色，这些都反映了所城里当时的社会、经济、文化等状况。当然，这对我们研究所城里建筑本身的传承与发展提供了非常好的实证，进一步地讲，也为研究烟台当地民居提供了更多可选择的样本。

2. 科学价值

南门里大街9号院落的选址、布局以及与周围房屋的关系，巧妙地利用了地形形成的自然排水防涝系统；建筑墙体为多种材料多层砌筑的混合墙体，墙厚将近45厘米，具有较好的保温效果；出于造价与审美的平衡取舍，山墙上身砌筑材料或为青砖或为碎石、黏土，下碱石材打磨及砌筑工艺较为精致，严丝合缝，增加了墙体的坚实度；房间内木构架选料精细、架构合理，对整个房屋起到坚固的支撑作用。该院落的建造技艺，正是当时历史时期烟台民居建造技术的产物，它在一定程度上真实地反映了当时的社会生产生活方式，以及科学技术水平、工艺技巧等。

3. 社会价值

通过对南门里大街9号院的修缮保护，可以使建筑呈现最初的历史风貌原状，重振当地社会文化生活，从而增进人们对历史的理解与感悟。在一定意义上，也是对刘家在所城里历史变迁的见证，对研究刘家的历史也有着重要的意义。

三、传统院落空间的修复原则及修缮措施

1. 修复原则

（1）整体感知与理性整合的统一性

历史肌理的整体感知是随着调研的不断深入，而更加具象化的。对传统建筑的初步认知是建立在调研者在调研前的准备工作之上的，进而整体感知由此形成。这种感知既包括对城市、街区、院落、单体体量的把控，又包含对建筑色彩、形式、周围环境和当地气候特点的认识。实地调研过程又进一步补充并加强了这种感知。

（2）历史信息的可识别性

可识别性原则是《威尼斯宪章》提出的一项重要原则，其中涉及可识别性原则的论述，有这样两段话："任何不可避免的添加都必须与该建筑的构成有所区别，并且必须要有现代标记"（第九条）；"缺失部分的修补必须与整体保持和谐，但同时须区别于原作以使修复不歪曲其艺术或历史见证"（第十二条）[1]。

（3）传承与创新的合理性

传统民居的传承与发展应依据建筑保护等级而定，院落格局保存完整，主体建筑质量较好的，能较好反映当地历史人文特色且具有较高文化价值的，可以采取"博物馆式保护"。在完整性、建筑质量、文化价值等方面不是特别理想但能展现某一时期地方特色和传统文化的一般民居院落，应在保护的前提下提出合理利用的方法，来满足现代生活需要及审美需要。

2. 修缮措施

（1）地域性基础材料整合与运用

在所城里的实际走访、调查、测绘中，笔者了解到，近代以来，所城里当地修建房屋的本地建筑材料经济且多样，建筑主体部分常用，木材、当地青石、青砖、青瓦、黏土、白灰、秸秆等建筑材料，非主体部分——如照壁、台阶、门窗、门当等，也可见大理石、金属等材料。材料的组合运用因屋主的贫富差异而在材料的选用和用量上略有不同。因此，齐鲁建筑文化研究中心团队（以下简称团队）在修复设计过程中将调研后对所城里的整体感知与地域性基础材料整合统一，在找到合理依据的前提下，有侧重与差别地对材料进行运用，来设计修复烟台所城南门里9号传统院落以保留其民居特质（图4）。

（2）修复残损部位

在明确了烟台所城南门里9号传统院落的建造年代、历史遗存、修复、新建等信息后，团队将墀头、挂落、门枕石、神龛、窗帽等具有鲜明艺术特色与时代特点的建筑构件予以保留；对风化酥碱的青砖、下碱石、屋面上损坏缺失的小青瓦、屋脊构件等予以更换；对木构架及屋面木基层依残损类型作更换、防腐、油饰等措施；拆除搭建的棚屋，还原院落原本格局。值得一提的是，在后期调研过程中，团队发现了原照壁镶嵌在东厢房南山墙上的痕迹，证明南门里9号院原本存在照壁墙且是现存所城里三种照壁墙类型之一，即与入户门相对，镶嵌于山墙之中。团队修复设计中，尽力保护其真实历史信息以及岁月存留的痕迹同时又兼顾平衡修复部位与历史遗留部位之间的协调性与差异性，以求远观一致，而近又不同。

（3）复建院落单体

古建筑修缮复原，应该是"自然新陈代谢"过程，"新细胞"与"老细胞"的有序接替，而非"癌细胞"的无序扩张，所以在拆除南门里9号院居民私建的棚屋之后，在尊重院落原有价值的前提下，对院落三进西厢房进行原址复建，其形制规模与三进东厢房一致。值得注意的是，本文研究的9号院属于文物建筑范畴，而文物建筑一般要遵循"不改变文物原状"的原则，但考虑到院落群组的完整性与院落空间的实用性，复建三进西厢房是合理且恰当的。

四、南门里9号院落空间后期活化利用的问题探讨

"活化"，其实意味着要因地制宜地对文物建筑进行保护，赋

[1] 本文《威尼斯宪章》引文根据中国文物研究所文物保护修复培训中心编印的《文物保护法律法规（汇编）》（2003年10月）。

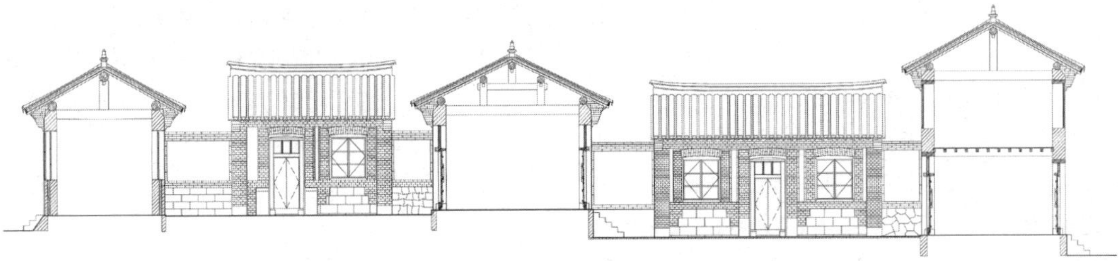

图4　烟台所城南门里9号院落整体剖面修复图

予其自我“造血”功能，在合理利用中获得新生。合理利用显然是比单纯的修复保护更为复杂的要求。如果说保护和抢救，重在强调文物建筑的物理存在；而利用，则重在“聚人气，传精神”。片面强调古建筑的物质存在，对于建筑的发展存续裨益有限，而人的融入才是建筑重生的根本所在，所以所城南门里9号院的利用发展需谨慎思考其建筑功用。

建筑的保护与传承是一个系统性的工程，在活化利用中如何减少对古建筑的破坏同时又能吸引人气是一个值得思考的问题。从后期调研回访的第一手资料中可以看出，在文物建筑资产化过程中，南门里9号院的改造利用出现了诸多问题。首先是在装修过程中施工材料和施工工艺的不考究，对文物内在价值产生不利影响。文物建筑的开放使用建设应坚持最小干预原则，其内涵包括在装修改造过程中优先使用传统材料和工艺做法，如室内墙面的处理——纸筋灰找平，面饰白灰；地面的处理——以三合土为基础，做青方砖铺地等。但在南门里9号院落的二进东西厢房、二进正房及三进东西厢房的地面及墙面装修中却出现以下问题，见表5~表7、图5、图6。其次是餐饮业态的入住，对建筑本体来说，改变了建筑原有属性与功能，使得建筑本体存在潜在安全风险。目前9号院的单体空间使用情况为，倒座房作为库房使用，二进东、西厢房分别作男卫和女卫使用，二进正房为厨房，三进东、西厢房均为雅间，三进正房（两层）为散座空间（图7）。在实际经营使用过程中，经营主体以营利为目的，文物建筑的使用强度、顾客承载量、配套的应急措施和日常维护措施得不到明确保障。

烟台所城南门里9号传统院落具有实用价值和附加的历史文化价值，对其商业开发利用能产生一定的社会效益和经济效益，并且为社会各界参与文物保护提供了平台和途径，但由于文物法律法规对相关事宜缺乏细则约束，因此造成文物建筑在活化利用过程中，因受商业利益需要，在改造和装饰过程中致文物建筑在后期存在安全隐患或者被过度利用而受损害的风险。

二进东西厢房地面及墙面不当装修统计　　表5

名称	不当装修措施
地面	水泥砂浆地面
墙面	面饰瓷砖
隔墙	加建水泥砖混隔墙

二进正房地面及墙面不当装修统计　　表6

名称	不当装修措施
地面	水泥彩砖地面
墙面	面饰瓷砖
隔墙	加建水泥砖混隔墙

三进东西厢房地面及墙面不当装修统计　　表7

名称	不当装修措施
地面	水泥砂浆地面
墙面	面饰瓷砖

图5　南门里9号二进正房装修过程局部图

图6　南门里9号三进东厢房装修过程局部图

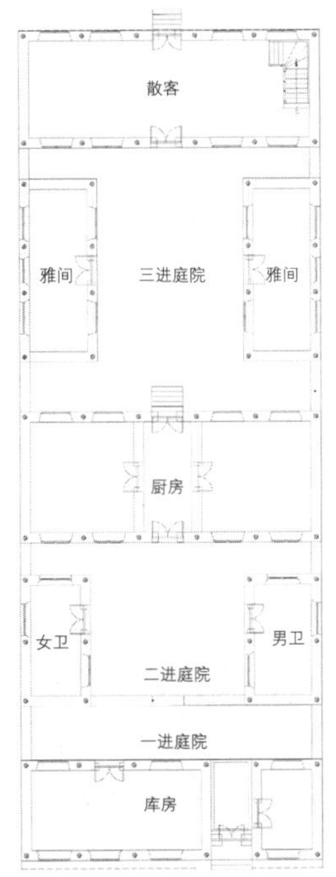

图7　南门里9号单体功能布局图

五、结语

烟台所城里作为烟台的发源地，对其进行修复利用可谓具有里程碑式的意义，而本次修复更新工程也必将成为所城里从明朝发展至今的一个重要历史节点。本文通过对烟台所城里9号院的全程调研、修复和活化利用跟踪，旨在对文物建筑的创新发展进行深入分析后，能够对此类文物建筑修复工程以及所城里民居的后续修复利用提供借鉴，并具有启发意义。但在实际过程中，所城里文物建筑在后期利用中暴露出的问题仍需要反思与整改。作为政府层面，应平衡好文物内在价值与经济效益的关系；作为主管单位应执行好在修复、改造、利用过程中的监督任务；作为经营主体，应落实好后期管理维护的措施。如此，烟台所城里民居的保护修缮以及活化利用才能更好地保障文物建筑创新发展。

参考文献

[1] 马炳坚.走出认识误区，坚持科学保护——关于近年来我国文物古建筑保护领域若干争议问题的思考[J].古建园林技术，2008（01）：54–58.

[2] 郎旭峰.关于文物建筑保护与利用若干问题的探讨[J].杭州文博，2012（02）：4–7.

[3] 张磊，孙成岳，张建聿.文物建筑资产化经营的趋势、利弊与应对方法[J].建筑与文化，2020（01）：180–181.

[4] 陶海燕.探求历史建筑保护的原则和方法[J].建筑师，2008（03）：95–98.

福建宗族祠堂建筑文化保护与传承[1]

庞　骏[2]　张　杰[3]　陈嘉荟

摘　要：宗族祠堂是一种纪念性建筑，在当代具有重要的文化价值和象征意义。福建的宗族祠堂建筑属于我国东南系建筑中的闽海、客家两系，在大体系下各地祠堂又有着丰富的地区做法，不论是建筑平面特征、梁架形式、挑檐类型、屋面与廊步作法等，都具有更清晰的地域特点和差异。加强当代福建宗族祠堂建筑文化保护与传承刻不容缓。

关键词：宗族祠堂　建筑文化　乡村振兴　旅游吸引物

福建历史悠久，两宋时有八府、州、军，元有八路，明有八府而别称“八闽”。现留存有大量的传统聚落、古民居、宫庙、祠堂等传统建筑，是我国文化遗产的翘楚，值得研究。

一、祠堂建筑文化研究价值

1. 学术价值

祠堂文化不仅彰显着对家族祖辈的敬仰与怀念，也是祖辈精神进一步的发扬。它体现着我国的凝聚力与国魂，表达出一种至高无上的家族观念与信仰。对于当代复兴的农村宗族组织所发挥的社会功能，学者们进行了广泛而深入的研究。王沪宁提出“中国的现代化、中国社会未来的发展，在很大程度上取决于人们对村落家族文化的何种态度，对村落家族文化如何应变”[4]。钱杭认为，近年来重新恢复的宗族组织无论其结构还是功能，严格地说都已经不是旧宗族形态的重复和翻版，而应被看成传统宗族转型过程中一个阶段性产物。当代宗族没有确定的宗族首领，只有一个或几个“宗族事务召集人”，它们是为具体事务而组成的职能化的工作班子[5]。王铭铭认为，农村宗族中的精英通过主持修祠堂，主持祭祖与祭神仪式等，获得村民们的广泛支持，从而成为乡村社会中的非正式权威，影响村庄权力结构[6]。

2. 社会文化价值

祠堂作为具有经济基础和场地条件的文化物的象征，具有明显的文化功能：（1）在祭祀祖先活动中缅怀先祖美德；（2）祭祖、联宗活动，祠堂有强化宗族乃至民族文化认同心理的功能；（3）利用堂号堂联研究发扬祠堂文化；（4）祠堂具有学校的功能，是对后人“登科举，佑选拔”的一种文化意识传播；（5）通过祠堂组织举办社会公益性事业、家族企业等。

以同宗同族为代表的祠堂文化是获得文化归属感与共享感的直接媒介，对于海外移民、海峡两岸的文化认同和归属，具有现实与历史意义。祠堂让身在异乡的海内外宗亲记得住乡愁，是海内外宗亲扯不断的根。

祭祀文化是中国传统文化的重要内容，更是人类最原始的信仰表现形式之一，福建作为祠堂建筑密集的地区之一，保护与传承祠堂文化具有重要的现实意义。2019年首届中华姓氏申遗大会在福建福州成功举办，中华姓氏文化将申报世界记忆遗产，中华姓氏典籍是中国五千年文明史中具有平民特色的文献，记载的是同宗共祖血缘集团世系人物和事迹等方面情况的历史图籍，也完全符合世界记忆遗产要求。

在全球遭遇COVID-19疫情下，福州将在2021年承办第44届世界遗产大会，值此福建优秀文化保护与传播的大好时代，福建祠堂建筑的研究具有积极的现实意义和社会意义。

二、祠堂建筑空间特征

福建的宗族祠堂建筑属于我国东南系建筑中的闽海、客家两系，但在此大体系下各地祠堂又有着丰富的地区做法差异，不论是建筑平面特征、梁架形式、挑檐类型、屋面与廊步作法等，都具有

---

❶ 上海市哲学社会科学基金（2019zjx002），国家社科基金（20BH154）。
❷ 庞骏，女，上海对外经贸大学会展与旅游学院副教授。
❸ 张杰，男，华东理工大学规划设计系教授、博士生导师。
❹ 王沪宁．当代中国村落家族文化[M]．上海：上海人民出版社，1991．
❺ 钱杭．中国宗族史研究入门[M]．上海：复旦大学出版社，2009．
❻ 王铭铭．溪村家族——社区史、仪式与地方政治[M]贵阳：贵州人民出版社，2004．

地域分布明确的区系特点[1]。

首先，在用材方面，福建的祠堂除了土楼与土堡这两种类型外，主要可以区分为红砖区、灰砖区两类。大致以福州与永定的连线为界，界线以东是“红砖区”，约占全省面积的五分之一，包括闽南方言区与莆仙方言区的绝大部分；界线以西为“灰砖区”，约占福建省域面积的五分之四，区内除了用灰砖建筑的砖石结构和砖木结构外，还包括完全木结构祠堂，夯土墙与砖木结构同时采用的混合结构祠堂等。

其次，在构架方面，以祠堂所使用的梁枋类型，将福建祠堂区分为五个区，即：（1）圆作直梁区，主要分布于闽南漳泉地区，往北延伸到闽中莆田地区，往西则影响到龙岩、永定地区；（2）扁作直梁区，主要分布于福州、福安等闽东地区；（3）圆作月梁区，以闽东的福鼎地区为主；（4）扁作月梁区，主要分布于闽北、闽西地区；（5）混合区，即为扁作直梁与圆作月梁混合使用，主要分布于闽西北地区。

第三，福建的祠堂建筑主要区分为五大类，即以福州建筑为代表的闽东传统建筑、分布于闽江上游三大流域的闽北传统建筑、以客家建筑为代表的闽西传统建筑、以土楼土堡为代表的闽中山地建筑、以红砖红瓦为特征的闽南传统建筑等五大类。其中，闽南红砖红瓦建筑再次向外传播，成为在中国台湾及东南亚地区占据主导地位的台海传统风格建筑。通过多次调研，可知福建祠堂建筑的大木作、小木作技艺得到官方和民间较好地保存，充实了中华传统木作技艺。祠堂建筑文化表现丰富，如风水选址、禁忌、木主、祭祀及姓氏文化等。

祠堂是汉民族及部分少数民族供奉祖先神主牌位并进行祭祀的场所，是宗族组织存在的象征。据学者甘满堂对福建以乡为单位进行普查发现，福建祠堂总量约有一万三千多座，应当位列全国之冠。祠堂理事会是宗族再组织化的表现形式，推动村落社区公益活动的开展，有利于老年人权威；祠堂文化是中国传统文化的重要组成部分，具有促进民族认同等重要功能[2]。从地市区分布来看，龙岩地区拥有祠堂总数最多，有 2686 座，人均数量也最多，每万人祠堂拥有量为 8.61 座；其次是漳州地区，总数为 2436 座，每万人祠堂拥有量为 4.90 座；再次是泉州与宁德地区。另外，福建有 25.2% 的祠堂与台湾宗亲联系较密切，很多祠堂在修复与建设过程中，得到台湾宗亲资助。在当前乡村振兴和强调乡村治理创新的大背景下，需要加强对传统祠堂建筑文化的保护与传承，以促进祠堂建筑文化在新时代发挥更大的作用。

[1] 张杰．移民文化视野下闽海祠堂建筑空间解析 [M]．南京：东南大学出版社，2020：89．

[2] 甘满堂．福建宗祠文化的当代社会价值与提升路径 [J]．东南学术，2019（4）：110–117．

三、祠堂建筑平面空间

1. 祠堂建筑平面基本构成

根据儒家经典记载和社会历史变迁，福建的祠堂建筑平面主体有由大门、拜殿与寝室三大部分组成。结合福建传统匠作文化，常以这三大部分为基础，在平面上常增加水池、前埕、天井、院墙、护厝等，在功能上也常增加道教、佛教，甚至地方独特的民间信仰拜祭的功能。

以三落与二落大厝为例，祠堂建筑平面结合其功能可以由寿堂后空间（F）隔屏划分为三个空间，即左边为文昌帝君，右边为福德正神的神位供奉处，中间为祖先神位供奉处。A处为天井，功能上起着采光、通风、排水等作用。B、C为东、西两廊，D为下厅或者前厅，E为大厅或正厅，是宗祠主要的祭祀与活动的空间，也是整个建筑最为神圣及其华丽的空间。F为寝殿或寿堂后，是放置龛座及其神主牌位的空间，常以木隔扇将其与正厅隔开。G为凹寿，是祠堂入口空间。H为后殿，是三落大厝的后落。I为檐廊、寮口或称拜殿。J为外凹，是入口外面的檐廊空间（图1）。

2. 祠堂建筑平面形制的基本范型

从祠堂平面的空间结构要素来看，福建呈现“门厅—天井—正堂”的基本形制，在这一形制的基础上，融合福建各区域的传统建筑布局特色，形成丰富的祠堂平面形制。在泉州地区与台湾泉籍地区，祠堂建筑以“三间张”“五间张”为基本形式。三间张、五间张，即顶落为三开间，五开间。其布局为：第一进为“下落”，门厅所在。第二进为“顶落”，也称“上落”。两厢称“榉头”“崎

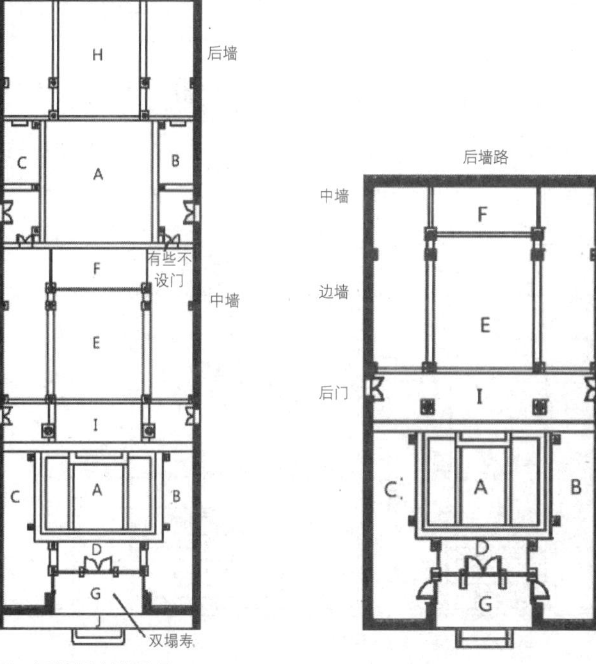

图1　祠堂平面功能示意图

头”“角头”。下落、顶落与榉头围合成天井，称“深井”。下落前方有石坪，称“埕”。若增建第三进，则称“后落”。住宅左右加建朝向东西的长屋，称为“护厝或护龙”。另外，还有三间张榉头间止和五间张榉头间止的变异形式（图2）。在漳州地区及台湾漳州籍地区，三开间模式俗称为“爬狮”或“下山虎”，围成四合院形态的称之为“四点金”或者“四厅相向”，是漳州祠堂建筑及传统民居的基本单元。以“爬狮”或“四点金”为基础，横向发展称为“五间过”或五间过带护厝，纵向发展称为“三座落”或三进带后厢，组合灵活（图3）。在厦门地区祠堂建筑及红砖大厝以“四房四伸脚”和“四房二伸脚”为主要形式，其基本布局为三合院，顶落称“大厝身”，三间一厅四房，以四房概括称之，两厢称“伸脚”或称“伸手”，按位置有“顶伸脚”“下伸脚”之分。顶落大厅的前房、后房各两间，合称“四房”，正厅又称“后厅”“顶厅”。正厅靠后做板壁或置公妈龛（称寿堂），其后的过道称“寿堂后”或“后寿堂”，顶落的前檐下为走道，称“巷廊”或“子孙巷”，两端有侧门通户外，称“巷头门”。大房由巷廊进出，后房有后寿堂进出。四房四伸脚也称为“一落四榉头”，四房二伸脚也称为“一落榉头”，将一落四样头之墙街楼改为门屋的形式，称为“三盖廊”。再大者则为两落大厝，由“前落”“后落”及榉头所组成；前落为前厅及左、右“前落房”（下落），“后落”（顶落）则包括大厅及左前房、左后房、右前房及右后房。前落正面三间，前沿墙一般退后个一二个步架，称“透塌”，这一点与漳州传统民居很类似（图4）。

祠堂建筑平面的明间较民居开阔，间与间之间以柱相隔，传统民居明间左右的次间一般砌有隔墙。如漳浦佛昙岸头杨氏家庙是比较典型的四点金形式，赤岭石椅蓝氏种玉堂是四点金的五间过形式，龙海白礁王世家庙是四点金带两边护厝类型，漳浦旧镇海云家庙则是三座落的代表类型。而在闽西地区，一般家庙和宗祠大致有三类平面形式：第一类为普通合院型，第二类是以宗祠建筑为中心，周围围以横屋和后楼的形式，第三类为宗祠与横屋相结合的形式。通过三种形式的对比可以发现，第二类和第三类为民居的衍生形式，而围屋和横屋主要用于日常生活起居和堆放杂物。在春分时节等祭祀活动时期，其亦可作为聚餐功能使用。普通合院型的家庙空间类似于民居，傅氏家庙和涂氏宗祠即属于此类。傅氏家庙位于新新巷17号，为清朝时期建筑，由门楼厅、下厅、上厅和侧廊围合而成。空间结构为抬梁穿斗混合形式。涂氏宗祠由上厅，下厅和后楼组成，上厅和下厅皆为一层空间形式，而后楼为二层空间形式。空间结构为抬梁穿斗混合形式，砖石砌筑立面。木料构件上刻以雕花作装饰。整个宗祠的后楼已于近期重新修缮，构件已完成加工和替换。以祠堂为中心的围屋形式是长汀较为具有特点的平面空间形式，与闽西的九厅十八井形式有一定的区别。如林氏家庙、游氏家庙以及重新修建的郑氏家庙均属于此种空间形式类型。以祠堂为中心，两边加以横屋是长汀另一种较为具有特点的平面形式，汀州刘氏家庙即属于此类型，两侧建有横屋，共两层，祠堂后侧建有供休息使用的亭台楼阁，房屋内部结构为抬梁穿斗混合式，砖石砌筑立面。

由于在宗祠体系中的等级不同、建造祠堂的社会环境和用于建造的资金不同，祠堂容纳的功能和规格亦相去甚远。但无论多么简

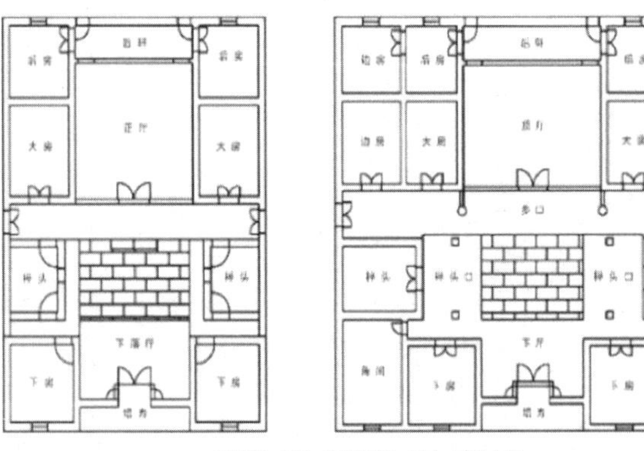

三间张（左）和五间张（右）二落大厝

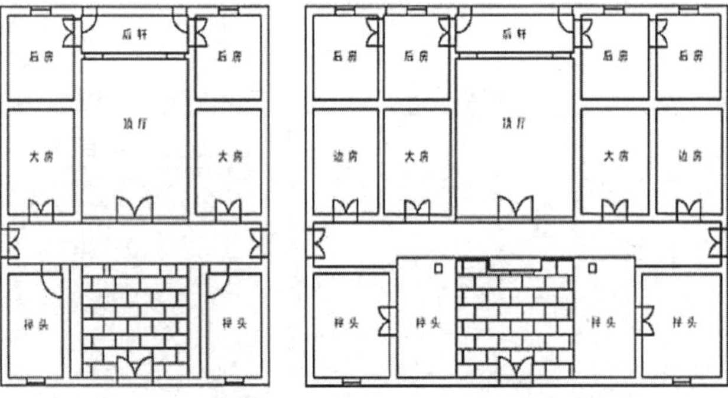

三间张榉头间止（左）和五间张榉头间止（右）

图2　泉州及台湾泉州籍地区的祠堂平面图

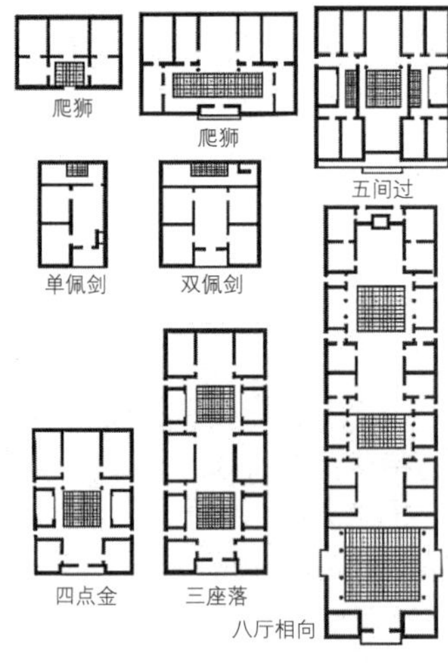

图3　漳州及台湾漳州籍地区的祠堂平面图

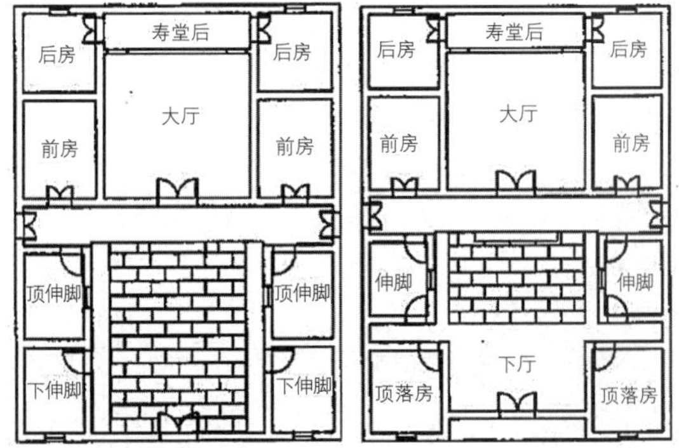

图4　厦门四房四伸脚（左）与两落大厝平面图（右）

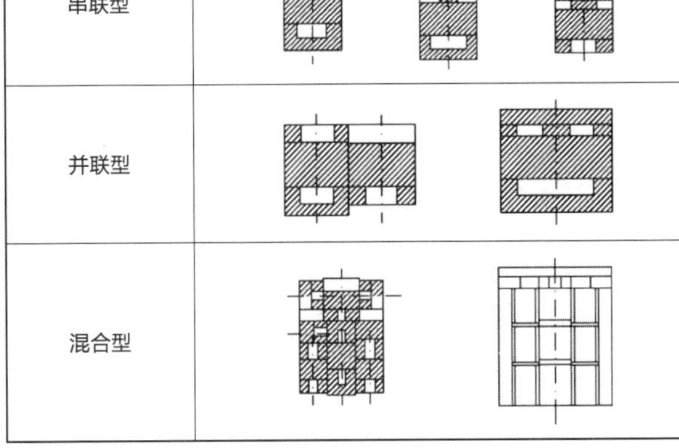

图5 闽台祠堂建筑平面衍化分析图

陋的祠堂，其最必不可少的构成元素便是门房、庭院和寝堂，即使是从祖屋改建而成的祠堂，也有象征性的门房，而极少仅有一栋建筑的也大量存在。

福建的祠堂建筑最基本的平面格局是“一明两暗”[1]，该布局形式是最基本的形态，只有正堂、左右房。因此，在祠堂建筑史上属于较早阶段的建筑类型，也是最基本模式，[2]基于这一原型衍化出丰富的平面形态。在原型的基础上，各地区的祠堂建筑往往因为地形、自然环境、地域文化、习俗及其宗族的社会、经济条件的影响，发展出不同的布局形态（图5）。

四、祠堂建筑文化的社会化交际网络价值

1. 祠堂是中国当代乡村新型社区公共生活交往空间

祠堂供奉着祖先神主牌位，祭祀与缅怀祖先是其最重要功能。在当代农村社会中，祠堂作为乡村社区公共空间得到合理利用。很多祠堂也是乡村老人会活动场所，设有专人管理，每天开放。祠堂里有桌椅板凳，茶摊与麻将桌，另外还有电视、报纸杂志、棋牌等娱乐设施，是乡村最热闹的公共场所之一。平日里，老人们可以在这里打牌、下棋、看电视、看书报；也可以喝茶聊天、休息等。逢节庆日，老年协会举行电影放映、唱戏、聚餐等活动。在福州闽侯青口镇青圃村，将老人会活动中心移到了林氏祠堂里。村庙与祠堂理事会主任认为，在祖先神主前娱乐，相信祖先也不会怪罪。有的祠堂还有戏台戏曲表演，由族人捐资请戏班来演唱，村民们得以免费观看。祠堂也是族人举办婚丧嫁娶宴请宾客的场所。福州地区的祠堂建筑规模都较大，祠堂内备有很多桌椅，供村民办酒宴之用。

福州一些祠堂还附设有骨灰堂。骨灰堂的建立主要是为了响应政府殡葬改革的号召，节约土地，保护环境，移风易俗，减轻群众负担。政府鼓励火葬，禁止对骨灰进行二次土葬，提倡乡村建骨灰楼以安置骨灰。福州乡村的骨灰堂就建在祠堂后面，成为祠堂的一个组成部分，既方便管理，也方便村民前来祭扫，可谓一举两得。

2. 祠堂事务的组织者是推动当代聚落基层社区公益事业的带头人之一

祠堂设的祠堂管理委员会往往与村老年协会重合，推动社区公益事业开展，如修桥补路、组织演戏娱乐活动、奖励族人读书上进、维护老年人权益。

有些祠堂管理委还设有慈善公益基金，以方便开展奖励与救济族人的活动。以宗族组织为内核的老年协会组织在乡村社区特别活跃。老年协会是政府承认的合法性组织，用来维护老年人合法权益，也负责管理祠堂和村庙，是三合一组织。

在福建农村，许多村庙与祠堂门前挂上“某某村老年协会”的牌子，一些乡村依托富裕族人奉献与集体经济支持，还为本族老人办起公益性质的食堂，提供居家养老服务。老年协会充分发挥了祠堂文化的积极作用，有助于凝聚村庄集体的力量，争取村中经济精英的捐款，开展互助服务活动，推动了社区居家养老事业的发展，也体现了中国新农村的新风貌。

---

❶ 戴志坚．福建民居[M]．北京：中国建筑工业出版社，2009：60．

❷ 余英．中国东南系建筑区系类型研究[M]．北京：中国建筑工业出版社，2001：157—158．

3. 祠堂是联结海峡两岸、海内外同胞的血脉纽带

中国传统文化中的“缘”是一个带有浓郁情感色彩的社会或人际的网络，这个无形的网络无所不在、无时无刻地发挥作用。祠堂文化就是通过神缘关系来加强人缘关系。祠堂的建立使宗族成员间获得一种具体的、形象的符号形式和完成性身份认同。祠堂族谱是海外同胞落叶归根的依据，可以通过共同的祖先崇拜来强化后辈的血缘联系，从而加强了两岸同胞的集体意识和民族认同，对推动两岸和平统一而言具有十分积极的作用。倡导并促成台胞的认祖归宗，加强两岸同胞的民族认同感，增加民族凝聚力，是当下中国处理两岸关系的一种有效手段。

福建是中国台湾地区同胞的主要祖籍地，台湾同胞中80%以上祖籍在福建，台湾现有福建同乡会143个，宗亲会106个，遍布台21个县、市。围绕祖籍地文化，以各地姓氏祠堂为平台，举行形式多样的宗亲联谊，不断增进台湾同胞对“根”“源”“祖”“脉”的认同，增进两岸宗亲情谊。这种无形的血缘纽带关系，使福建与台湾的联系更密切，有利于祖国统一事业的发展。

4. 祠堂是福建当代乡村文化旅游的重要吸引物之一

西方旅游社会学家MacCannell的景观神圣化理论（sight sacralization）的提出为研究旅游吸引物给出了一种可验证的操作路径。乡村祠堂作为乡村独特的景观具有物质性和符号性，是值得与开发的吸引物。一般认为，单纯的乡村文化保护与文化旅游发展不仅缺乏有力的经济支撑，也不容易让游客普遍接受；乡村文化的发展还面临着前期资本投入较大、投资回报周期较长等问题，给基层政府和投资企业带来很大的财务负担。通过乡村文化旅游重要吸引物与旅游业有机结合，祠堂建筑文化通过旅游功能的导入，可以为乡村文化旅游的发展提供更为广阔的价值空间和市场空间，有利于将乡村文化原生张力转化为现实生产力。

五、余论

在当代社会主义新农村建设和乡村振兴建设实践中，我们要充分利用祠堂发展民间文化保护和文化事业，开拓家国教育、乡土教育，这是加强中华民族文化凝聚力的有效方式。我们常常思考：我们为什么要供奉祖先？中华上下五千年，中国人的勤劳坚韧从来都不是为了自己，而是我们心中为子孙谋的美好憧憬，每一个个体永远都是斗志昂扬，而且会将这种精神永远传承下去。

参考文献

[1] 王沪宁.当代中国村落家族文化[M].上海：上海人民出版社，1991.

[2] 余英.中国东南系建筑区系类型研究[M].北京：中国建筑工业出版社，2001.

[3] 林从华，缘与渊.闽台传统建筑与历史渊源[M].北京：中国建筑工业出版社，2006.

[4] 戴志坚.福建民居[M].北京：中国建筑工业出版社，2009.

[5] 钱杭.中国宗族史研究入门[M].上海：复旦大学出版社，2009.

[6] 姚洪峰，黄明珍.泉州民居营建技术[M].北京：中国建筑工业出版社，2016.

[7] 阮章魁，福州民居营造技术[M].北京：中国建筑工业出版社，2016.

[8] 庞骏，张杰.闽台传统聚落保护与旅游开发[M].南京：东南大学出版社，2018.

[9] 张杰.移民文化视野下闽海祠堂建筑空间解析[M].南京：东南大学出版社，2020.

海南黎族传统文化元素在现代民居建筑设计中的应用研究

庞艳萍[1]

摘　要：黎族是海南的世居民族，从古至今流传着其独特的传统文化，随着海南国际进程的快速发展，需要在本土化的背景下在现代居民建筑设计中展示海南民族文化丰富的内涵与文化精髓，这也是海南文化创意产业发展的一个重要突破口。文章探讨海南黎族传统文化元素在当代民居中的设计研究及应用，此研究通过对海南黎族文化内涵的理解，力求透过新观念、新思维，达到新呈现的目的，利用好海南黎族传统文化元素，结合现代艺术设计的形式，探索出既具有海南黎族传统文化元素又符合现代民居建筑设计中的应用方式；探究海南黎族传统文化符号在多个文化创意领域应用的可能性，及其与现代民居建筑设计最佳的契合点和表达方式。从而促进海南人民及国内外游客对海南地域文化的理解和认同，增强对相关产业的辐射力度，从而有效地提升国际旅游岛对世界游客的影响。

关键词：海南黎族　文化元素　民居　室内设计

一、引言

海南属于多民族聚集的热带岛屿省份[1]，黎族是其原始居住民族。地域性、传统性、乡土性等是海南现代民居结合黎族传统文化元素呈现的主要特点。全面、深入探究以及剖析海南黎族民居地域文化的同时将民居建筑的传承、发展协调统一，改变民居地域文化现状的同时促进其创新发展，在黎族元素、现代元素衔接过程中更好地绽放时代光芒。

二、海南民居建筑文化背景

近年来，随着海南的国际进程的快速发展，尤其是博鳌亚洲论坛后，建设自由贸易试验区使得海南的国际进程加快，世界知名度的提升，来岛旅游、度假、养老的世界各地的游客年创新高。海南黎族文化被世界越来越多游客所熟知，海南黎族发展历史悠久，在人居文化、生产工具、生活风俗等各方面有着鲜明的地域特色，这也引起更多的学者与设计师的重视，深挖黎族文化元素的历史与内涵并将其与融入现代民居中是地域文化基础，也是地域民居建筑设计的灵感源泉。

在文化产业大发展的浪潮下，文化创意与旅游业深度融合逐渐成为新的趋势和业态，海南独特的旅游文化资源为这种新的业态提供了创新土壤。设计创新是文化创意产业的有机组成部分，民居建筑设计中转型升级需要文创赋能，根据当地特色赋予地方文化元素特色，海南黎族文化是在海南岛上比较独特的一种地域民族文化，将传统文化元素与现代设计结合，在转变的过程中将传统与时尚相结合，已经成为一种新潮流，也为将黎族文化应用到现代民居建筑设计中提供了更多参考。

尽管目前我国文旅产业发展相当迅猛，但将不同区域的独特文化挖掘出来，充分运用到现代民居建筑的设计模式大都还处于起步阶段，对文化遗产和自然资源的挖掘利用还不够充分，仍需要不断加强地区文化与当地风格的融合，将传统文化资源转化为经济资源，带动相关产业发展。这不仅有助于区域特色文化传承和传播，而且可以为当地村民提供就业机会，增加经济收入。在这样的背景下，立足海南面向全国，挖掘、传承、创新黎族非遗传统文化的内涵，打造以黎族传统时尚元素为主的民居建筑设计，建立人们了解海南黎族文化历史的重要渠道，具有非常重要的现实意义。

综上所述，海南民居建筑文化在国际进程中深受重视，文化产业的大发展中民居建筑需要文创赋能转型升级，文旅资源的挖掘中将传统文化资源转化为经济资源。我们需要在传统文化基础上博采众长，主动创新文化环境，从而让民居建筑展示出黎族传统文化的现代时尚空间氛围。结合当地黎族传统文化特色，把黎族文化元素萃取出来，融入到民居设计中去，丰富民居建筑设计的样式和内涵，使得黎族文化得到更好的传播，从而不断增强黎族文化的吸引力。

---

[1] 庞艳萍，澳门城市大学创新设计学院，博士研究生。

三、海南黎族传统文化特征概述

海南黎族文化有着悠久的历史，虽没有自己的文字，但传承并没有中断，一个符号、一幅图腾、一首诗歌、一门手艺都是传承。关于历史、知识和经验、社会信息的内容多靠口头民间故事，其中也包括图腾文化在内以及歌曲、编织、舞蹈、雕刻等其他手工技艺形式来传播完成，有着一种崇尚自然、热爱生活的乐观精神。自汉元丰元年（公元前110年）设至来县至今，经历了10多个朝代2000多年的历史。在漫长的历史长河中，黎族人民以艰苦卓绝的劳绩和高超的聪明才智，创造了无比丰富的历史文化。通过对海南黎族传统文化的借鉴，挖掘发扬传统文化具有非常高的促进作用。下面从具有海南黎族传统文化特征的建筑、制陶技艺、图腾文化、纹身、服装与织锦等方面入手，探析了海南黎族传统地域文化特征。

建筑上，黎族主要聚居在海南省中南部的东方、白沙、陵水、昌江黎族自治县和乐东、琼中、保亭黎族苗族自治县，其余散居在海南其他市与当地民族杂居。黎族的传统民居聚集的区域以台地和山区为主，具有代表性的民居有船形屋、隆闺、谷仓三种。船形屋是受黎族所处的地理因素以及自然因素的影响而形成的，源自干阑式住宅，其形状和船相似，是海南黎族房屋最主要的形式之一。隆闺指的是，黎族家里的青年男女发育成熟之后，就不便和他们的父母一起居住，往往单独或集合几个年纪相当的朋友建筑“隆闺”来住，多为十五六岁的孩子建的房子。谷仓，是用于储存粮食的建筑（图1）。

手工制品上，原始手工制陶技艺主要集中在昌江黎族自治县黎族，是黎族人民一代代沿袭、传承了新石器时期早期的制陶技艺，即用黏土为原料，以低温（800℃）烧制，以手制成器物。这些原始制陶技艺在我国大部分地区已经失传，但是在海南岛黎族居住地区得以传承至今。黎族的传统手工制陶技艺主要包括有：挖陶土、晒陶土、和泥、泥条盘筑、露天烧陶等工序制作陶器。器物品种较多：有锅、碗、缸、盆、罐、盘、蒸酒器、蒸饭器等。露天烧陶温度低，时间短，火候不够，烧成的陶器硬度不够，易裂易碎；且露天烧陶一次只能烧大约二三十件，产量比较低（图2）。

图1　船形屋
（来源：网络）

图2　手工制陶（昌江调研照片）

图腾文化上，黎族是以动植物为主要的图腾崇拜，主要以龙、蛇、鸟、狗、蛙等动物作为崇拜对象；植物方面以水稻、榕树、木棉为主。黎族在长时间的发展中经过原始思想的引导，黎族人对于图腾的崇拜程度非常高，构成了他们的思想意识形态，在传承过程中产生重要的影响。在黎族，女性纹身是最为特殊的图腾文化，女儿身上的纹身都是参照母亲的纹身，具有族群最鲜明标志的神灵图案，刺得完全一致进行延续。在传统社会中，女性纹身是为了防止被掳掠和表示爱情忠贞体现的氏族美。纹在不同的部位有不同的寓意，例如纹于脸颊的线纹寓意“福魂”，纹于上唇的寓意“吉利”，纹于下唇的寓意“多福”，纹于腿部的寓意“护身平安”，纹于背部的寓意“福气上身”，纹于手指上的圈纹寓意“钱财”等。传统的民族文化用点线艺术构图案刺在皮肤上，将这些传统图腾样式与现代现实结合，依旧可以激励族人勇敢地生活（图3）。

服饰上，黎族的服饰织锦在唐代时期就非常有名，有非常强烈的色彩，主要以红色和黑色的搭配为主。黎族织锦将各种动物、植物与自然景观作为其主要展现的题材，多见的是人纹和人祖纹。花草纹样象征着部落的繁衍，神台和兽足印纹象征着祭祖习俗及世代狩猎的生活。黎族人运用抽象的几何形纹饰直线、平行线、方形、三角形、菱形等，把人、龙、马、鹿、蛙、蛇、花草等上百种图案在服饰上表现出来，展现了黎族织锦的艺术特点。这种服饰图案，反映了黎族人的审美心理。在现代民居建筑设计过程中，借鉴黎族织锦其图案与配色体现具有强烈的民族文化特色，使民居建筑更具民族风情（图4）。

图3　有纹身的黎族女性（昌江调研照片）
（来源：活动照片和网络）

图4　传统黎族织锦服饰纹样
（来源：活动照片和网络）

从整体上说，海南黎族传统文化特征是以复杂多样的符号元素形式存在的，并且广泛地体现在服饰、艺术品以及一些古老的建筑上，在现今仍具备非常高的研究价值。海南传统文化元素具有非常鲜活的美感特征，充分反映了黎族人民长期以来独特的物质生活状态和神秘的精神世界，在黎族文化中，人文、内涵和意义的追求上发挥更大的作用。海南民居建筑作为海南文化传承的载体，通过对这些传统文化的借鉴，对于挖掘发扬传统文化具有重要意义。

图5　保亭黎族苗族自治县槟榔谷黎苗文化旅游区
（来源：网络）

四、海南黎族传统文化元素在民居建筑设计中的应用模式探索

根据前文对海南民居建筑文化背景和黎族传统元素的诸多考察，笔者意将黎族传统文化的元素经提取和演变，与新建民居建筑进行有机融合，在满足现有生活水平的原则下，最大限度地借由新建民居建筑体现村落原始建筑文化，既在一定程度上体现村落原始风貌，又能合理避免乡村建筑同质化问题，如经营得当，还能改善乡村主体经济水平，由农业生产变为旅游观光为主的特色乡村。具体应用模式的探索而言，可以从以下角度出发：

首先，通过创造性思维与现代设计手法来在民居建筑呈现海南黎族传统文化，在文化创新应用的设计过程中黎族传统文化元素不应和人存在距离，而应自然地沉浸在建筑中，充分享受体会到文脉历史的传承沿袭。用文创赋能民居建筑设计，传承海南黎族传统文化，让其丰富的传统内涵在现代社会焕发新的活力。槟榔谷内的民居建筑正以现代的设计手法将这些濒临失传的黎族传统技艺和正在消失的文化现象展示给世人，打造海南黎族传统特色的视觉品质重塑现代民居建筑吸引力（图5）。

其次，海南黎族苗族传统文化与人们的审美并不是一成不变的，而是在不同的时期有不同的表现形式。从文化角度来说，我们需要主动创造文化环境，在民居建筑设计中要以人为本、不照搬、不盲从，要在继承传统的基础上与时俱进，运用符合现代人的审美观念、实用性、心理需求等现代设计理念，在环境中体现出美学。位于海南保亭的三道镇什进村，三道镇什进村依托当地地理优势以及本土地域文化优势，进行民居建筑的改造设计，从9年前这里只是一个不起眼的贫困村，现在是一个具有黎族地域文化元素的民居建筑乡村旅游区，摇身一变成为了布隆赛乡村文化旅游区，成为乡村旅游的示范基地。继承传统并与时俱进的三道镇什进村的民居建筑，不仅增加民居的文化内涵，同时符合现代审美的民居建筑吸引大量游客也对黎族文化的传承起到了重要的作用（图6）。

再次，民居建筑更新不仅包含地域外观面貌的更新，同时也涵盖经济、社会、环境的更新。海南黎族发展历史悠久，在人居文化、生产工具、生活风俗等各方面有着鲜明的地域特色。在区位特征、建筑标识、历史印记等不同的现代化乡村设计维度和民居建筑层面，布隆赛乡村民居建筑不仅给公众带来本土民居建筑的概念，更能提升大众在现代乡村民居环境中的参与体验感，成为凸显本土地域特色文化意义的独特烙印。对民居建筑进行设计时，我们必须尊重和了解基本的规则，以便于将民居建筑各方面，以及民居建筑内的艺术品结合起来，达到自洽和平衡的状态，创造高品质的民居建筑环境（图7）。

最后，赋予鲜明的地域特色和文化内涵，同时还要依托景观特色，深入挖掘文化精髓，不断创造、运用艺术手段将旅游项目展示或表演给游客，以增强游览的娱乐性和参与性。在民居建筑设计中，依托丰富的历史文化资源，掌握黎族文化的精髓整体风格融入，经过总结、提炼和创作，把其中具有较高艺术价值、符合当代消费者审美新潮的设计，因地制宜地将整个民居建筑氛围笼罩在与当地民俗相符合的环境氛围中。昌江三派村的民居建筑设计通过具有黎族传统文化元素的环境和景观特色设计，地域文化为主题的民居建筑以设计介入的创新方式，也是海南本土民居建筑从地域化向国际化结合迈进的一个过程，赋予黎族现代民居非遗文化建筑全新的意义（图8）。

图6　三道镇什进村
（来源：网络）

图7　布隆赛乡村民居室内外环境
（来源：网络）

图8　昌江三派村民居街巷
（来源：网络）

整理总结海南黎族传统文化元素在民居建筑设计中的应用模式如下：

（1）可通过创造性思维与现代设计手法，将传统文化元素合理地应用到民居建筑中，拉近与受众的距离，营造沉浸式的民居建筑环境体验感。

（2）要在继承传统的基础上与时俱进，将传统与现代结合，重视现代的视觉审美。

（3）将民居各方面以及民居建筑内的艺术品结合起来。

（4）依托景观特色，因地制宜设计与当地民俗相符合的环境氛围的民居建筑环境。

五、总结与展望

综上所述，海南黎族传统文化元素在民居建筑设计中的设计研究及应用需要在本土化的背景，在民居建筑设计中展示海南民族文化丰富的内涵与文化精髓。此研究以及相关案例通过对海南黎族传统文化元素和现代民居建筑的分析，以及应用模式的探索分析，探究海南黎族传统文化符号在多个文化创意领域应用的可能性，及其与民居建筑设计最佳的契合点和表达方式。但值得注意的是，乡村环境自带的淳朴性和原生态，此类民居建筑不宜脱离自然过于现代化。“接地气”同样也是需要重点考量的因素。利用好海南黎族传统文化元素，结合现代民居建筑艺术设计的形式，设计出能够演绎本土文化的好作品、好的民居建筑，从而促进海南人民及国内外游客对海南地域文化的理解和认同，增强对相关产业的辐射力度，从而有效地提升国际旅游岛对世界游客的影响。

参考文献

[1] 狄登峰.旅游知识宝典 中国民族概况[M]. 北京：学苑音像出版社，2004：7-89996-470-9.

[2] 北京师联教育科学研究所.明珠海南的民俗与旅游[M]. 北

京：学苑音像出版社，2005：7-88050-471-0.

[3] 刘建文.葛景昂.中国古建筑之门环装饰[J].门窗，2016年8期：1673-8780.

[4] 董俊哲，耿向阳，曲京武.黎族纺织文化[J].中国纤检，2011年15期：1671-4466.

[5] 许婷.中国传统民居聚落的文化内涵探析[J].安徽建筑，2020，27（1）：56-57，88.

[6] 王学萍.海南黎族[M].北京：民族出版社，2004.

[7] 刘鸿刚.黎锦图案意匠纸描红设计应用[M].海口：南海出版公司，2010.

[8] 海南省民族研究所.黎族服装图释[M].海口：南海出版公司，2011.

[9] 王静.陇东民间美术在现代视觉设计中的应用研究[J].艺术科技（理论），2016（10）：273-274.

[10] 蔡尚亮，苗延荣.浅谈中国民族传统文化元素在现代设计中的应用[J].艺术与设计（理论），2010（2）：32-34.

从满语地名试析满族传统人居文化

——以新宾县满语地名为例

曹芷贤❶　王　飒❷

摘　要：作为中国历史舞台上最后一个封建王朝的统治者，满族曾统治中国长达268年，经整理我们可以发现，大多数的满语地名都主要集中在东北地区，位于抚顺市的新宾满族自治县更是满语地名主要的集中地区。满语地名作为满族文化的重要体现，建筑学视角下的相关研究较为缺失。本篇研究着重从满语地名释义的分类入手，将女真人的人居文化与河流、山川、动植物等结合进行分析，加以史籍资料作为佐证，试析其地名成因与女真人早期生活方式及生活环境存在重要联系。

关键词：满语地名　满族人居　新宾　地名分析法

一、引言

1. 满语与满语地名

根据联合国教科文组织（UNESCO）公布的《世界濒危语言地图》显示[1]，满语现在已经属于极度濒危语言，相较起源于约公元前14世纪殷商后期具有悠久历史的汉字，满文创立于明万历二十七年（1599年），出现时间相对而言较短。近代以来，随着汉字使用率的提升，满语已经不复其曾作为清朝官方语言时的盛状，中国千万满族人中，能说满语的少之又少，且现存的满语使用者老龄化严重，针对满语的研究与保护迫在眉睫。

东北地区作为满族人民的发祥地，满语在此处留下了不可磨灭的印记，其中满语地名作为体现满族人生活特点的重要形式，尤其值得我们探究和保留。满语地名的分布情况根据《大清一统志》统计（不含满汉合璧的地名）：黑龙江省有67个，辽宁省有47个，而吉林省有454个。[2]虽然满族统治中国长达两百多年，但其地名分布依旧多东北地区，且吉林省的满语地名数量远超其他省份，这其中自然有后期满汉文化交融的原因，更加能证明的是女真人早期的活动区域多处在东北且以吉林为最。

新宾满族自治县隶属于抚顺市辖县，位于抚顺市东南部，后金第一座都城——赫图阿拉城坐落于此，新宾县作为清朝的发祥地，其地区内存留了大量具有特色的满语地名。地名是某一特定区域结合了其自然区域及空间特点的名称，其命名方式往往是该地域内民族文化的载体，体现了其空间特征、人地关系、社会关系等多方面的特点。新宾作为满族的“龙兴之地”其早期地名以满语为主，后因清朝入主中原、满汉文化逐渐融合，部分地名在口口相传中成了现在的称谓（图1）。

2. 满语地名与研究方法

作为辽东山区最大的森林宝库，吉林省内山区遍布大量树种，新宾县内森林覆盖率高达64%，据《语言文化视野下的抚顺地名研究》内所列图表统计，新宾县内遍布众多河流，地区内河流水文类地名通名共20个[3]，作者自查25个，具体数量尚有争议。其中可查证的来源满语的河流有6条[4]，另有支流流经此地的历史河名5条。除河流类满语地名外，作者整理出的另有山川、村落等满语地名通名，共计161处（实际数量或有出入）。

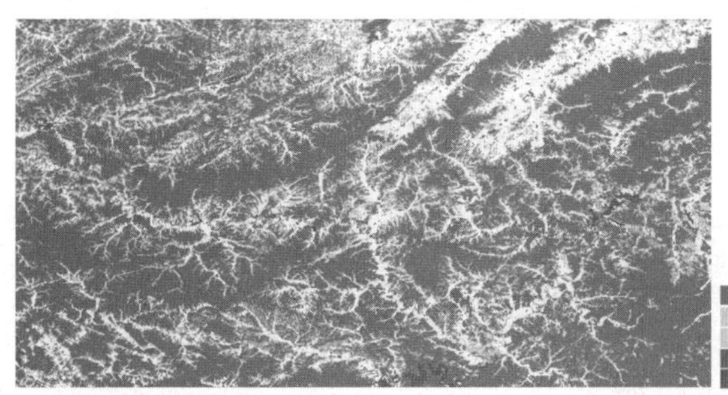

图1　新宾县地表覆盖示意图
（来源：GLOBELAND30）

---

❶　曹芷贤，沈阳建筑大学建筑与规划学院，研究生。

❷　王飒，沈阳建筑大学建筑与规划学院，教授。

新宾县内的满语地名是环境语言的再现，这样具有独特的满族风格的地名在一定方面可以反映出女真人的生活状况及人居特征，渔猎、农耕和畜牧是他们独特的生存手段，这些地名的满语释义以山川、河流、动植物、农耕及生活用品为主，与女真人的生活息息相关，直接反映了满族人与自然的关系，以此作为研究资料或可发现不同于其他研究方法的论证内容与论据。

二、崇尚自然的满族先民

河流、山川、动物、植物是自然生态不可或缺的一部分，早期的女真人与各种生态要素相互依存、相互平衡，并从自然中获取资源来获得自身的发展。

1. 以水为名的新宾地名

纵观世界各地农业文明的起源历史，不难发现，邻近湖泊和河流的河谷、台地，总会成为原始先民繁衍生息的首选之地。[5]中国东北地区高山密布，河流纵横，河流交汇之处为早期女真部落提供了生息繁衍的基础，如果说西亚文明的中心是两河流域，那么女真文化的形成便与长白山区内的苏子河流域密不可分，苏子河流域土质肥沃，植被繁茂，是建州女真聚集中心之地。满族的先祖们自松花江流域起，逐步发展壮大，成为盘踞在辽东地区最为强大的聚落。新宾满族自治县境内共有大小河流1750条，其中较大的有苏子河、太子河、富尔江等47条，河道总长6310公里[6]。

女真人似乎对其生活区域选址周边的水文条件极为看重，新宾县四面环水，西北有苏子河、西南有太子河，东面有富尔江、巨流河，县内流经马家河、哈山河、旺清河等十数条小河，充足的水资源是当地居民生活用水的重要保障。女真人对水文条件的重视和细致程度在满语地名上充分体现，表1为与水流相关的新宾满语地名。（本文内所列表格为笔者整理自《新宾满语地名考》，目前尚有部分满语地名释义存在争议，或有一词多义、异词同义的现象。）

2. 以动物为名的新宾地名

早期女真人饮食主要来源于山林，其饮食也较为单一，他们经常在山中捕猎野生动物，如：野狗、野猪、貂鼠等，也留下了大量以野生动物命名的满语地名（表2）。此外，女真人对鸟类极其崇拜，并保留下了众多以“鹰”为释义的满语地名，这也是源自其生活特点，采猎的生活并不能时刻满足他们的食物需求，当食物不足时，女真人会在乌鸦集聚的地方寻找食物，久而久之乌鸦成了满族人心目中的神鸟；除了用于寻找食物的乌鸦，用于捕猎的鹰隼在女真人心目中也具有极高的地位，早在辽金时期，女真诸部每年便需要向辽进贡海东青，这种鹰隼善擒当地一种以蚌为食的天鹅，这种

与水流相关的新宾满语地名　表1

现用名	地名	满语释义	现用名	地名	满语释义
银虎沟	沟名	银虎义常年流水	东金沟	村名	东金，曾名东井，井义干净
大哪尔吽	村名	哪儿吽义细流水	北崴子	村名	原称毛头崴子，义河湾子
小哪尔吽	村名	同上	巨流河	河名	巨流义为怒、急流
大呼伦河	历史河名	呼伦义常流河	栏杆哨	村名	栏杆义水流慢，缓水流；哨义水流散
倒木沟	沟名	倒木义水色深			

以野生动物命名的满语地名　表2

现用名	地名	满语释义	现用名	地名	满语释义
苏子河	河名	后称苏克素护毕拉；苏克素护义鱼鹰；毕拉义河流	秋皮沟南山		秋皮：义鹞鹰
旺清河	河名	旺清义猪，寓富有之意	库仓沟	村名	库仓义公山羊，也叫山羊棒子
富尔江	河名	原称为富尔乌拉；富尔义红色；乌拉义江	海南坡	村名	海南：义搭拉罕，即牛脖子下的褶子软皮
多木伙洛	村名	多木义为水色深；也有义为鵰鸟	抢石沟	沟名	抢石义鹌鹑
乔山	山名	乔义狍子	福来沟	村名	福来义青马
哈塘沟	村名	哈塘义船丁子鱼	割字沟	沟名	割字义义为鸟
瓦子沟	沟名	瓦子义鹰爪子	黑达沟	沟名	黑达义长獠牙的野猪
秋皮沟	村名	秋皮义鹞鹰	车路沟	沟名	车路义母鹿
碱厂沟	村名	碱厂义三道眉鸟	哈尔小沟		哈尔小同哈尔萨，义蜜鼠
油路沟	村名	油路义猫头鹰	挡石岭子	山名	挡石义鸷鸟，俗名鹞鹰
马海沟	村名	马海义母猪	川不当岭	山名	川不当义骏马

天鹅在北方严寒季节也能破冰入海，捕蚌取珠，此类珍珠在辽、宋之间的贸易中十分抢手。

随着人口不断增长，女真人对粮食、肉类的需求逐渐增加，且受限于东北地区的寒冷气候，在冬季是女真人几乎无法寻到肉类，为了根治食物不足的情况，畜牧应运而生，猪、牛、马是女真人主要饲养的牲畜，《金史本纪》中有相关描述："凡有杀伤人者，征其家人口一，马十偶，悖牛十，黄金六两，与所杀伤之家。"[7]可见当时牛和马已成为赔偿的对象，同时也反映了女真部落中，畜牧业有了一定的发展。饲养牛马等家畜除了作为食物外同时也是农耕生产的主要劳动力，"迁徙不常"导致早期女真人并无太多农耕作物，直至后金初期农耕才在努尔哈赤带领下大力发展，《朝鲜李朝中宗实录》有载"近边住种，虽驱不退，开耕年广于一年，人牛日多于一日"[8]。

三、森林与贸易

女真人早期以游猎采捕为生，新宾满族自治县隶属长白山余脉，其地势多山，山地的顶部多浑圆，坡度也较平缓，群山之间河流围绕，茫茫林海中还生长着种类丰富的野生植物。这样的地形特点为早期人类居住提供了必要的条件，女真先民们在青山之间世代繁衍，并且以山区地形为聚居地命名（表3）。

1. 丰富的物产

新宾县内山产丰盛、种类繁多，存在着大量与森林、物产等内容相关的地名，如"蘑菇""核桃""野大麦"等。

采摘山货作为女真人早期主要的生存手段一直延续至今，明代时，野生山产成了女真人与汉族往来朝贡的主要产品，用以交换其无法自产的生活必需品，仅从明万历十一年至万历十四年间（1583~1586年），后金与明廷的朝贡往来就有八次，朝贡的山货以野山菇、松子、核桃、人参为主，明廷对于女真人往往是"薄来厚往"，不仅对来朝贡的女真人头目回馈以大量的丝绸、瓷器、衣帽，还会根据其在部落中的地位加以封赏，以此拉拢各女真部落依附归顺，《万历野获编》中写道"余于京师，见北馆伴当馆夫装车，其高至三丈余，皆鞑靼、女真诸虏，及天方诸国贡夷归装所载。他物不论，即瓷器一项，多至数十车。"[9]清代时乌拉被赋予了打牲的社会职能，清廷还设置了贡山贡河专门为皇室提供东北产物，严禁普通百姓进山采摘，随着大量的东北产物输送入京，一套基本完备的贸易输出体系就此建立，东北山产的名声逐渐打响；作为同属吉林境内的新宾，作者暂未查到相关史料记载，但从其地名释义中也可发现众多以山物为名的地名，故有了新宾县内盛产山物的猜测；如今新宾县15个乡镇中有14个乡镇从事以香菇为主的食用菌生产行业，全县仅香菇种植面积就达到万亩以上，年产量达5万吨（表4）。[10]

以山区地形命名的满语地名　　表3

现用名	地名	满语释义	现用名	地名	满语释义
马当沟	沟名	马当义鼓包、馒头	龙凤沟		龙凤义弯
台沟	村名	台义居住的沟	通沟	村名	通义深渊
东寓沟	沟名	寓义为拐	柜石哈达	山名	哈达义山峰
西寓沟	沟名	同上	何包沟		何包义对头沟
马凤沟	村名	马凤义大坡	台背后山		台背义岭子
大羊牌子	山名	亦称大央排子；大羊义转山盘道	郎头山		郎头义为土粘的地方
大华斜沟		华斜义肥沃的土地	桦树背	村名	桦树义为角、小山坳、旮旯

以山物命名的满语地名　　表4

现用名	地名	满语释义	现用名	地名	满语释义
加哈河	河名	加哈亦作嘉哈，义枫叶	章木伙洛	村名	章木同杂木，义刺玫果
尼玛兰河	历史河名	尼玛兰义桑树	阿布达里岗	山名	阿布达里义柞树棵子
拉发河	历史河名	拉发义涝豆，俗称野小豆	松青沟		松青义蒲柳，一种细而高的树
月亮沟	村名	月亮义荒草	破波沟		破波义刺矛子，野生植物
二成沟	村名	二成：即"阿尔查"，意为大叶柳树	马二岭		亦称马儿岭、马尔岭；马尔义枫树
冷木沟		冷木义兰色	麻沟		麻义核桃
莫及沟	沟名	莫及义野大麦	富头伙洛	沟名	富头义柳树
玄贞沟	村名	玄贞义蘑菇	骡马沟		骡马义兰
纳鲁窝集	山名	纳鲁义生菜；窝集义森林			

以围猎用具命名的满语地名 表5

现用名	地名	满语释义	现用名	地名	满语释义
托和伦河	历史河名	原称为托和伦，义为锡，也有义"车轮子"	倒青沟		倒青义敏捷、枪刃锋利
大阳沟	沟名	亦称大羊沟、大烟沟；大羊同道沿义刀刃	南茶棚	村名	茶棚庵义为漂儿，捕鱼工具
牛录沟	沟名	牛录义箭	马拉沟		马拉义榔头
落沟	沟名	落义弯刀	南拨堡沟	村名	拨堡义牛车辕前横木
砍椽沟	沟名	砍椽义砍栓，义锅	北拨堡沟	村名	同上
砍栓沟	沟名	同上	罗圈沟	村名	罗圈义吊锅
马鹿沟	村名	马鹿义枫树，也有义为瓶子	罗圈岭		同上
鸭头岭		鸭头义箭头	哑叭岭	山名	哑叭义双棒
金撇沟	沟名	金撇义为敞口碗	样尔沟		样尔义箭头
冷沟		冷义榔头	沙豹沟		沙豹义筷子

2. 山林中的打捕生活

早期的女真人依山而居，其生活模式更似游牧部族，据《金史》中所记："旧俗无室庐，负山水坎地，梁木其上，覆以土，夏则出随水草以居，冬则入处其中，迁徙不常……"[11]，从表5中众多以"吊锅""弯刀""榔头"等围猎用具命名的满语地名可以看出，打捕是女真人早期主要的生活.方式。

女真人打猎以弓箭为主，尤其擅长弛射，长期以骑射为生的女真人战斗力十分强悍，并逐渐形成了"围猎"这一特殊狩猎战术，清代围猎盛行，各代清朝皇帝均喜爱围猎，皇太极就曾在一次狩猎中亲自射杀五只老虎，康熙帝更是修建了木兰围场专门用以围猎，《清史稿·礼志九》上记载："盖围制有二，驰入山林，围而不合日行围，国语日阿达密。合围者，则於五鼓前，管围大臣率从猎各士旅往视山川大小远近，纡道出场外，或三五十里，或七八十里，齐至看城，是为合围，国语日乌图哩阿察密……"

四、总结与展望

地名是人们对具有一定范围的地区根据其自然特点和人文特点进行分类的结果[12]，是语言的一个方面，根据本文分析的新宾满语地名，我们对新宾县内的历史地形、水文、物产资源等地理风貌特征有了基础了解，可以为我们之后分析女真人的生活和发展提供重要论据。针对保留至今的满语语源地名进行分析，为探讨满族民族文化和人居环境提供了一种新的研究思路。

在本文的论述中也遇到了许多问题，首先，地名形成的时间尺度很大，甚至难以统一在某一具体的朝代中，因此目前的论述仅停留在人居文化研究的角度，暂时无法在史学方面进行太多深入的研究。另外，目前所留下的满语地名仅有少数记录在史籍中，关于各处地名的成因也少有专门的文字论述，对于未来研究的深入尚需时间准备。

参考文献

[1] http://www.unesco.org/culture/en/ endangeredlanguages/atlas, 2018-11-16.

[2] 荆敏.《大清一统志》满语地名试析[J].东北史地,2007（06）.

[3] 李熠. 语言文化视野下的抚顺地名研究[D].大连：辽宁师范大学，2014.

[4] 新宾满语地名考[M].新宾满族自治县地名办公室，1987.

[5] 阎万英，尹英华，著.中国农业发展史[M].天津：天津科学技术出版社，1992.

[6] https://baike.so.com/doc/5952903-6165844.html.

[7]（元）托克托，等.金史 本纪 卷1-3[M].江苏书局刊版，1874.

[8]《朝鲜李朝中宗实录》卷 58，中宗二十二年三月甲辰.

[9]（明）沈德符.万历野获编[M]. 侯会选注.北京：北京燕山出版社，1998.

[10] https://baike.so.com/doc/5952903-6165844.html.

[11] 天津古籍出版社编辑部.金史[M].天津：天津古籍出版社，2007.

[12] 宋思远. 满语地名与满族文化研究[D].长春：吉林艺术学院，2019.

人居环境与健康

基于水环境的屯城古村形态结构特征研究[1]

林祖锐[2]　雷　骏[3]　王宪凯[4]

摘　要：山西省晋城市屯城村位于今沁水和阳城二县交界处，由于战国时期长平之战秦国的战略布防，得以兴盛。本文以水环境为立足点，采用实地调研与文献研读相结合的方法，对该聚落的选址布局、空间形态、特色空间等进行了初步分析和讨论，思考屯城古村在水环境影响下的形态结构特征，挖掘其深层文化内涵，以便全面地理解该地区水环境对于传统聚落特色塑造所产生的作用，为进一步保护传承聚落文化提供借鉴。

关键词：水环境　屯城　古村形态　结构特征

水环境与传统聚落有着密不可分的关系。在传统村落中，理水作为集体智慧成果及财富，考虑到整体大环境、内部环境、系统组织、具体措施等多个方面，保证了村落安全及生产、生活、生态需求，其不仅意味着水系统的功能构建，还包含着营造美好生活环境的人类活动。屯城古村落在风水、防洪防御、水陆交通和农耕条件等有关水环境的因素的综合影响下形成了“面水聚居”的空间模式，进而在地表水、雨水和气流的综合影响下形成了独特的梳齿状街巷格局，通过对水的利用和梳理形成了与聚落居民人文活动密切相关的水环境景观。

一、屯城古村概况

1. 地理位置

屯城村位于山西省晋城市阳城县东 15 公里，今沁水和阳城二县交界处，距晋城市区大约 35 公里。西临山西省第二条大河——沁河，村庄行政辖区东西宽约 1.4 公里，南北长约 2.75 公里，辖区总面积 3.85 平方公里。辖区内土地多半为丘陵和山地，其余为山间平川。因在地理形态上，村庄沿卧虎山麓向南北延展，又名虎谷。其得名有两种说法，一因村庄东侧有山，形似卧着的猛虎；二因该村与沁河对岸的山脉对峙，位于两山夹一川的沟谷地带，故名“虎谷”。还有一说该村位于卧虎山下，卧虎山南部虎头下有一沟谷曰“虎谷”，故而以沟名代称村名。

2. 历史沿革

村庄位于沁河东岸，北侧湘峪河对岸是武安村。两村村名均与战国时代发生的一次著名战役——长平之战有关。清同治版《阳城县志》称，屯城是“秦白起伐赵时筑以屯兵者”，由此推断，屯城村的历史最早可以追溯到公元前260年，距今已有2270多年的悠久历史。当年白起在此用夯土建造起了土城，现在村北残存的一截土垣，即战国的土城遗址。元、明两代又相继建起坚固的砖石城墙，高近10米，厚约1米。四面各有青砖拱券式城门，安有铁皮包裹，并在城内修筑兵楼，昼防流寇，夜访盗贼，同时又达到防风阻水的目的，居住与防御两相便益。战后屯城成为人口集中的聚落，世代生生不息，从战国末期一直延续至今日。而在这期间，又以郑、张、陈三大家族的分别崛起最具代表性，其中最著名的人物是明末重臣张慎言。他们共同丰富着屯城村的历史，扩大了屯城村的格局和规模，同时留下了现如今村民津津乐道的“郑半街，张半道，陈一角”等形象描述古村格局的民谣，屯城村彼时的辉煌一目了然。

3. 水环境概况

水环境指水元素在生命循环过程所产生的聚落及环境范围。广义而言，即水的生命循环系统中水所涉及的空间范围；狭义而言，指的是水环境影响下的民居形式及聚落空间设计。从空间学来说，水环境研究主要涉及水源地（包括地下水分布、水塘分布和河流走向）和聚落的布局形式，主要包括建筑布局形式、街巷、天井院落等；从生态循环系统学来说，水环境研究不仅要包括液态水，还应该考虑其他水的形式。

村落西临沁河，沁河又称沁水，是黄河支流之一，是山西省内仅次于汾河的第二大河，发源于山西沁源县的霍山，流经山西、河南两省，在河南省武陟县附近汇入黄河（图1）。在山西境内长

---

❶ 基金项目：国家自然科学基金资助项目“太行山区古村落传统水环境设施特色及其再生研究”（51778610）资助。

❷ 林祖锐，中国矿业大学，教授。

❸ 雷骏，中国人民解放军 32734 部队，工程师。

❹ 王宪凯，中国矿业大学，研究生。

图1　沁河（来源：网络图片）

363公里，流域面积9315平方公里。河流从屯城西侧缓缓流过，在村庄北侧，郑村河、湘峪河在此交汇向西注入沁河（图2）。从气候条件来看，这里远离海洋，为暖温带冷温半湿润气候区，气候温暖，四季分明，雨量充沛，温度高，年平均降水量550~670毫米，降雨多集中于7~9月这三个月份，年蒸发量2000毫米以上。村域内除沁河河谷滩地较为肥沃外，村域范围多为贫瘠的山地，这样的地形地貌下虽然使得村域内可耕地面积不多，但这少部分由沁河的冲积与滋养成就的肥沃的土地非常宜于农耕活动。满足了古代人类最基本的生产生活需求，从而使得村内人口日益增多，形成了充裕的农耕经济。

二、选址布局特征

1. 山水田村共生：风水范式的理想构筑

山水格局是中国传统村落选址营建的重要影响因素，“山环水抱必有气”，山水环绕之地便是传统村落的最佳聚落选址（图3）。屯城坐落于西南北三面环水、东侧依山的河谷上，完全符合风水理论中“负阴抱阳、背山面水、藏风聚气”的选址基本原则。沁河流域中游地段的村落，大多将人文景观与自然风光融为一体。屯城村更是依山傍水，环境和谐秀美，构成了“山水田村”的大格局（图4）。西有案山隔水相望，背靠龙脉生气的主山卧虎山，后有可乐山、樊山、群山叠翠，朝山则处于远端延绵视野之中。在整体择址选形方面便极其注重山川形态、空间形象，在村落和自然环境共同形成的物质空间形态下，得其地理，滋养生息。

2. 近水而不临水：趋利避害的生存需求

作为黄河重要支流之一的沁河，其流域分布着众多人类早期的生活遗址。流域晋城段中游地区水系发达，除主河道外，还有庄河、樊河、湘峪河、长河、芦苇河、获泽河。屯城村在长平之战时已形成聚落。从整体地势来看，村落北面高南面低，东面高西面低，山峰、河流、盆地的复杂组合形成了独特的地理环境，这里地势逐渐平缓，形成了大片的河谷台地，孕育了利用农耕的肥沃土壤。提供了丰富的物产资源，具备良好的居住环境，有利于水土保持和村落的建设发展，纵横交错的水系提供了足够的生产生活用水，构成了村落外动态的景观链（图5）。因此，村落的面水而居是在遵循自然规律情况下做出的合理选择。沁河流域所在的晋东南地区地处黄土高原，村落居于山脚地势平坦处，有意绕开山体，避开河流，既充分考虑自然的地形地势特点，又因地制宜地选择最佳的地点（图6）。可以说，是择水而居、择平地而处的典型实例。

3. 车马舟楫并举：沟通外部的发展追求

水陆交通条件方便商旅的往来，可以有效带动古村落社会经济的发展。沁河沿岸自古都有“沁水河边古渡头，往来不断送行舟”的美誉，在沁河沿岸集中了众多古渡口，如端氏古渡、郭壁古渡、上伏官津渡、润城古渡等。屯城村紧邻沁河、阳城县沁河流域古商道同时也经过屯城、武安和湘峪村，在这样便利的交通下，屯城物资、文化与外界不断交流，经济的基础条件支撑了古村物质形态和文化形态的繁荣和发展（图7）。也正是由于考虑到交通、商道的重要性，使得百姓选择此地，在此定居，繁衍生息，开始了大面积的村落营建活动。

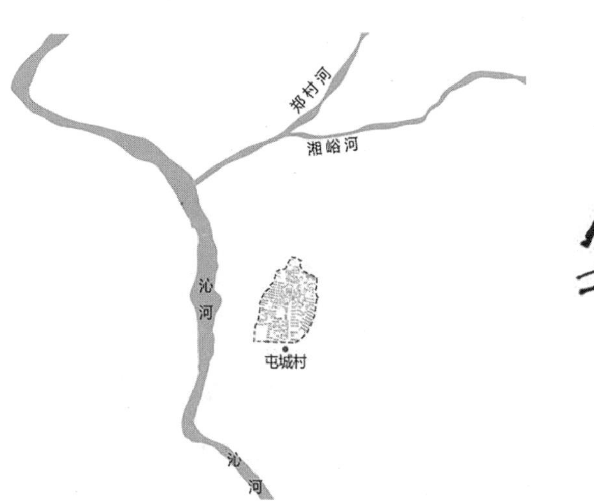

图2　屯城周边水系图（来源：作者自绘）

图3　古代村落最佳选址（来源：网络图片）

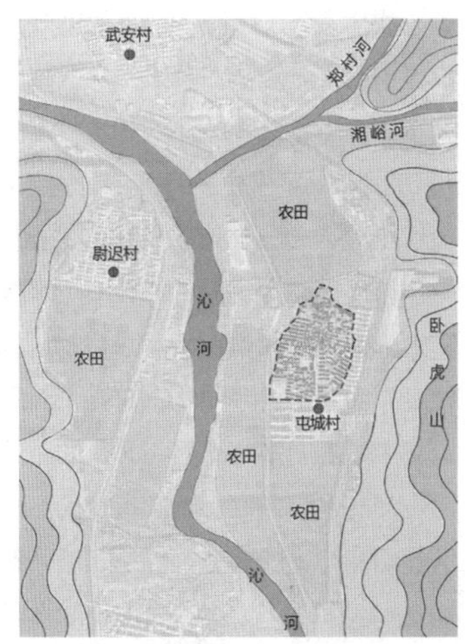

图4　屯城山水田村关系图（来源：作者自绘）

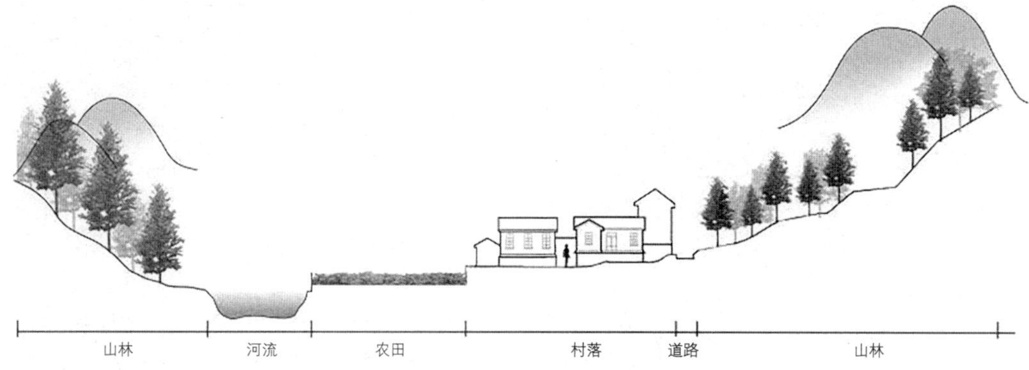

图5 村落与河流的关系（来源：作者自绘）

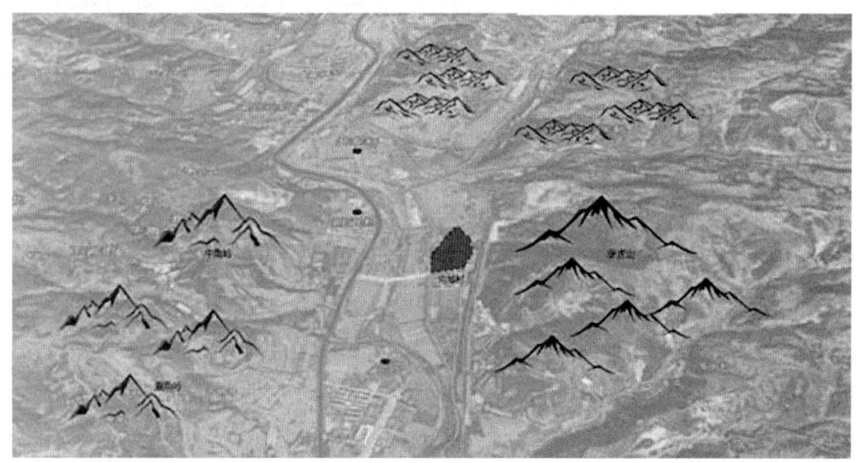

图6 屯城村选址原则（来源：作者自绘）

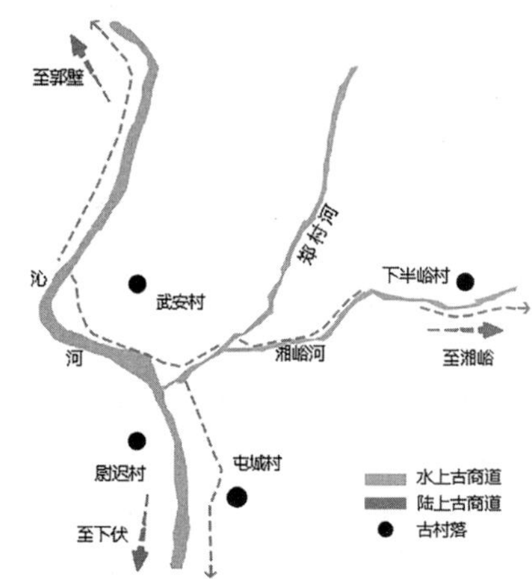

图7 屯城村古商道（来源：作者改绘自《屯城古村聚落形态研究》）

三、空间形态与结构

1. 船形格局

沁河水滚滚袭来，自北南下，到村庄南侧上石崖根处急转西流，把村子包围了大半个圈，在高处看去，村周围整齐坚固的城墙就是船帮，南北拔地而起的几座堡楼就像船上的桅杆，整个屯城村活像一只大船漂在水面，格局清晰；街道规划合理，主干道、居住街巷、户前窄巷层次分明；防御建筑齐全，硬性与软性防御相得益彰；民居形态独特，“四大八小五天井”，功能清晰。明清时期，屯城中街十分繁华。开渠引水入城中，水流穿村而过，在砂石凿成的水槽中缓缓流淌着，滋养着村落的居民，支撑着村落的发展。这艘“巨船”，不仅仅只有形似，为了保证这艘“船”确能行稳至远，历代屯城人一直在追求着它的“神似”，不断地在城中做着精心安排。村里请来了姓赵的人家住北头寨上，意为把“棹”。又请来了高姓人家住在村的南头，意为撑“篙”，“船尾”就有了篙（高），棹划，篙撑，船得永航（图8）。而屯城之所以建成船形的原因：首先屯城西、南有沁河，北有湘峪河，城三面环水，如泊河中，有着天然的水源条件；其次是村民对水患的恐惧，把城建成坚船，这既是切实可行的措施，也是对面临着洪水威胁村民的一种极好的精神安慰。同时，这样的村落布局形式也代表了村民的美好愿望，水涨船高、永避水患、劈波斩浪、扬帆远航。

2. 街巷格局

从地理条件上来讲，屯城古村西有沁河，东有卧虎山，独特的地貌条件下使得区域内可耕种和居住用地相对狭小，而且由于水边土壤松软，不适合建造房屋。因此，古村建造在平缓、土壤肥沃的河谷台地。东西方向的地势逼迫，导致民居院落的空间组织上比较紧密，形成了南北向的干道。主干道为南北向的中街，两侧巷道与其近乎垂直相通，形成梳齿状道路系统（图9）。民居多坐北朝南，以“四大八小五天井”四合院形式为最，现存古民居院落50余处。院落跨度较短，进深较长，中庭面积不大，这样的院落空间形式一

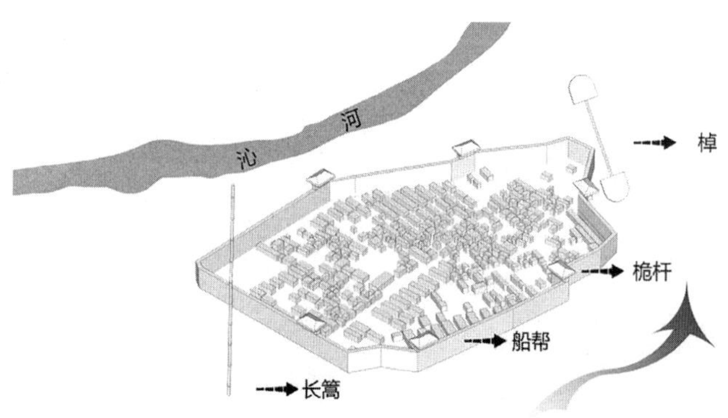

图8 屯城船型格局示意

方面是为规避沁水河岸的松散地质造成的；另一方面，狭小的居住环境使得人们习惯于家族群居，可以满足更多人的生活居住需求。白起于此筑垒屯兵之后，为了解决兵士的生活用水，还在城中修筑了水渠，把郑村河与湘峪河水引入城中。而后，年久失修，直到嘉靖四十三年，张升赋闲里居，利用暂归里中的机会，倡导村民疏浚毁废已久的元代旧渠，并“随山凿石，作谋委曲”，修筑了一条长约三里、直达村之南北的水渠。从此，郑村河湘峪河二水又顺渠入村，村民得到了巨大的便利，而南北向的水渠位于主街中轴线上，由主街向两侧的次要街巷输送水资源，这样的做法在一定程度上影响着村落的街巷格局。

四、理水空间营造

1. 营建娘娘沟

屯城村东的卧虎山北，有一个东西走向的幽谷，名为甘谷。当年郑鼎夫人苏氏有一次到甘谷游玩，发现了泉源，于是让家人在山谷的北隅营建人工雷池汇集泉水，池水汇满之后就注入修建的水渠之中，把甘美的泉水输入村中，既免除了家人汲水之苦，又能供村民饮用，让左邻右舍获得了用水之便（图10）。苏氏之前，早在元代屯城郑家及其周边的邻居就在家中用上了“自来水”了。苏氏仁及闾里，惠及村民，因此，村民怀念她的恩德，建祠享祀，并改称甘谷为娘娘沟。村民代代不忘，故事至今传扬。

2. 营建泊水园

沁河亦称洎水，而泊水园是张慎言所建，之所以选中这块地方，是因为这里地处山谷，环境幽美，特别是他还在山谷中发现了汩汩流滴的泉水。而筑在沁河岸边屯城村中的书斋，理所当然称为“泊水斋”（图11）。关于泉水的发现，在张慎言的《又玄《云水集》序》中写得非常清楚：“已而，粥后忽行散至卧虎山东北许岭峤，丹枫与柿叶竞醉，欹树良久，俄闻汩然有声在败叶乱石之中，如哽咽而欲诉也。以手拨之，蒙茸才豁，遂能滥觞。又十余步，觉苔藓茜密，凝翠浮岚，手搔杖掉，泉脉皆活；百武之内，诸泉流响，殆相伯仲。是入里快事。”他把在虎谷发现汩汩的泉水称为“入里快事”，深刻反映了他对泉石的喜悦，也正是由于这些物质条件的存在，他在虎谷建造了新居，除在池上建桥，在桥北山崖边建菌阁外，还在泉源建“一勺泉”，泉旁建“勺水庵”。在池西修建了住宅和书斋（图12），形成了居住与观赏价值两用的水环境空间。

3. 营建沁园

屯城是个杂姓聚居的村落，同姓各户聚处一隅，各姓相邻密布全村，杂而不乱，分布有序。自北而南大体为赵、郑、刘、程、王、张、陈、高等。俗传“郑半街，张半道，陈一角”，是指金元明清以来村中三个大家族宅院在村中所处的地位。陈家是黄城村陈廷敬门下的长门一支。康熙四十一年（1702年），陈廷敬的长子陈谦吉与家人已经迁居到了屯城，占据屯城西南角给自己建造了一个

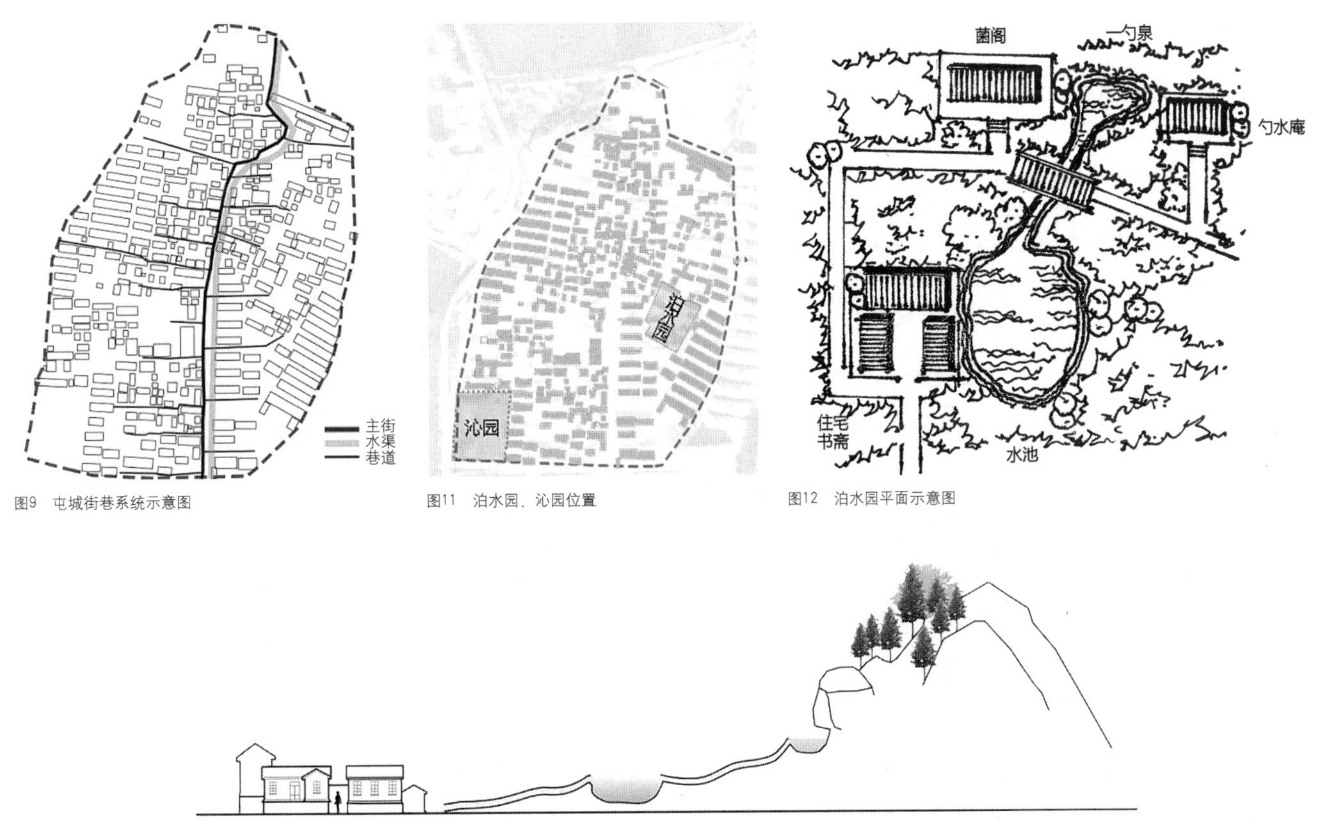

图9 屯城街巷系统示意图

图11 泊水园、沁园位置

图12 泊水园平面示意图

图10 娘娘沟引水图

名叫“沁园”的安乐窝，现在村中尚存一方石刻，上勒“沁园”两个大字（图11）。陈廷敬三子壮履有一首《诸侄邀饮沁园》诗：村落衣冠古，园亭景物嘉。檐垂当夏果，篱艳后庭花。拔地青峰瘦，穿林碧水斜。更无酬酢事，藉草酌流霞。诗中所写的夏果、庭花、青峰、绿林、碧水、流霞等，可以详细感受到当年在此建造的园林景观所在屯城的盛况。花繁草茂，假山层峦叠嶂，鱼戏绿波，满园华丽，犹如一幅美丽的图卷，陈家人在此，饮酒作诗，惬意至极。由此可见，理水空间的营造对丰富居民的文化生活起到了很好的促进作用。

五、结语

屯城古村依托沁河流域形成，有着独特的理水思想，在水环境影响下造就了其特有的布局形制、建筑形式和文化内涵。深入研究其布局、空间、景观、建筑等形态特征，将会进一步对古村落传统建筑文化进行科学有效的保护，为古村落民居生命力的延续、持续发展提供帮助。屯城还有太多的东西值得挖掘，太多的设计匠思等待发现。我们理应更加珍视传统建筑文化，坚定我们的保护信念；针对性地解决村落现存的问题，让传统民居在新时代焕发新的文化活力。

参考文献

[1] 王小圣.屯城史话 白起屯城古堡[M].山西：北岳文艺出版社，2016.

[2] 宋毅飞，王金平. 屯城传统村落空间形态分析[J] 太原理工大学学报，2016，47（2）：244-248.

[3] 宋毅飞.屯城古村聚落形态研究[D].山西：太原理工大学，2016.

[4] 叶若琛.浅析阳城屯城村古建筑民居门楼特征[J].文物世界，2018.

[5] 高婧 张俊峰.沁河流域的元代汉人世侯——阳城县屯城村的郑氏家族[J].文史月刊，2016（第5期）.

[6] 王家赓.沁河中游传统聚落研究[D].北京：北京交通大学，2011.

[7] 张广善.沁河流域的堡寨建筑[J].文物世界.2015（01）.

[8] 张苒.沁河中游古村镇空间构成解析[D].武汉：华中科技大学 2007.

[9] 邓巍.古村镇“集群”保护方法研究——以山西沁河中游地区古村镇为例[D].武汉：华中科技大学，2012.

基于“事件史”的传统村落发展演化研究❶

——以北京房山区为例

周　瑾❷　赵之枫❸

摘　要：本文以北京房山区为例，以事件史为线索，发掘房山传统村落的历时性记忆，在时间维度上叙述了村落的形成过程；运用地图叠加法，寻找事件的共时性记忆，在空间维度上明晰村落的结构特征。基于以上研究，本文将事件与空间，事件与时间联系，运用时间的连续性构建空间的完整性，从而将空间断裂、文化模糊的零散村落联系起来，为村落遗产的整体塑造，人文传承与品质提升提供了新思路。

关键词：传统村落　事件史　空间　房山

在当下北京地区的传统村落研究中，学者的关注多在门头沟区和长城沿线聚落，对于房山区的村落研究较少，但是房山作为北京根祖文化的起源，拥有丰富的资源和悠久的历史。从70万年前的北京猿人聚集地开始，历经800年前的奉先县，再到500年前的琉璃河古桥，房山区至今已形成400多个村庄，拥有现今认定的北京保护文物427件。

传统村落作为承载人类活动的容器，是农耕文明重要的空间组织单元。在乡村振兴的战略中，传统村落定位为特色保护类村庄，为保护房山文化，国家出台了一系列规划文件：《北京城市总体规划（2016—2035年）》和《房山分区规划（国土空间规划）（2017—2035年）》（图1），规划提出“以北京源文化为主线，打造多类型文化并存的房山文化”“重点文化遗迹成片化和连线化保护与传承”的要求。

村落在历时性的空间中，有多种类型的事件发生，例如宗教事件、建设事件、移民事件、军事事件等。笔者在研究的过程中发现房山区留存的文化遗产较为零散，因此在资源有限的条件下，将传统村落及其周边一定区域内形态相似、人文相关的村落整体保护起来[7]，将单体变成群体，进而有助于村落人文的相互支持和历史记忆与传统生命力的保持。

基于以上背景，本文试图研究事件的发生历史，研究事件发生的空间位置，将空间位置与村落位置相联系，针对围绕事件的村落进行分类分级别保护。由此解决房山区村落零散化，标本化问题，最终实现村落的整体式保护。

一、“事件史”的研究与应用

“事件”最早是由法国著名史学家布罗代尔（Fernand Braudel，1902～1985年）在《菲利普二世时代的地中海和地中海世界》提出的，他认为史学有三个时段，包括“长时段”“中时段”“短时段”，其中短时段对应的是事件；事件史的分析方法是一种小样本的，将事件按照时间变化分类，用定量化的手法来探究事件的形成原因，以上两方面是事件史在史学和经济学方向上的应用。自2016年开始，以事件为线索，将城市空间锁定在某个时间，成为研究的热点。事件的发生背景反映了不同历史时期的社会

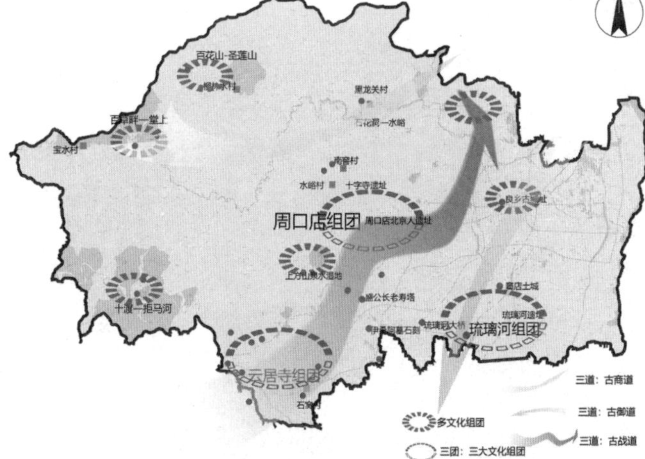

图1　房山区文化传承结构规划示意图（来源：改绘自《房山分区规划（2017年—2035年）》）

❶ 基金项目：北京市自然科学基金项目（8192003）北京市社会科学基金重点项目（18YTA002）。

❷ 周瑾，北京工业大学城建学部建规学院。

❸ 赵之枫，北京工业大学城建学部建规学院，教授。

条件、经济发展和技术水平，将事件进行整理可以将城市的时序清楚地呈现出来。事件在亚历山大的《建筑的永恒之道》中，定义为每个人、动物、植物、创造物的生活是由相似的一系列事件组成的；法国人类学家皮埃尔·布迪厄（Pierre Bourdieu）提出的“惯习”概念，将“大事件”降解为“小事件”“日常事件”。从重大事件到日常事件，一件件事件发生形成历史，“事件史”作为一种理论也是一种方法，具有多样性和时间跨度长的特征，每个事件在不同时间内发生形成了其历时性，与此同时，多样事件空间的共时性叠合也使空间更具历史感。

总结来讲，当下的“事件史”研究还是多用于城市空间的分析，应用于村落空间演变分析的较少。本文通过研究长时间的历史要素，发现村落空间中特殊的时间转折点，分析同一时间多类型事件的叠加，探索村落的整体式发展保护。

二、历时性分析

在房山区村落演化的过程中，事件是通过一定的时间秩序而展现的，时间的“序”和空间的“位”构成了事件。本文将房山区发展过程中的重要事件进行摘录，将事件发生的地点落位、发生的时间进行对应，形成了事件发生时序图（图2、图3）。

1. 西周时期

建城活动促使房山区早期村落的形成。房山作为人之源，京之源，城之源，西周时期分封燕和蓟，在琉璃河地区形成了燕都城址，西周初年，琉璃河一带是较为繁华的地区，在之后的《太平寰宇记》中记载，燕为中都，汉为良乡县。

2. 秦汉时期

建设事件有两件：第一，秦开通驰道，将房山划并入广阳郡；第二，建设城池，汉代“文景之治”期间，生产力迅速恢复和发展，在房山东部平原区，形成广阳（属广阳国，故城在今房山区东北南、北广阳城村），良乡，西乡等城池。

军事事件：东汉时期，北方匈奴、乌桓、鲜卑南下侵扰幽州郡县，刘虞兵败幽州牧，军民流亡，流民留存此地形成村落。

3. 隋唐时期

军事屯田事件：武则天万岁通天年间，契丹首领松漠都督李尽忠与孙万荣举兵造反，攻陷营州，寄治良乡之广阳城（今房山区东北广阳城村汉之广阳故城），兵粮屯田带来人口的迁移。

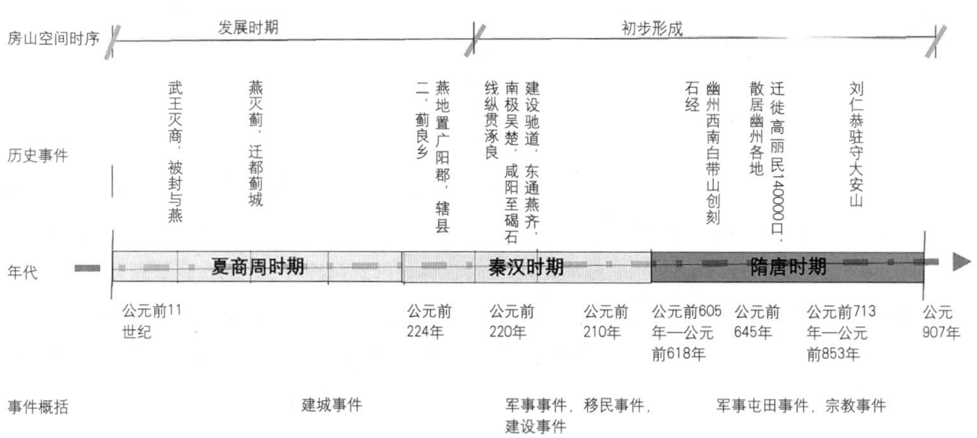

图2 事件发生时序图西周–隋唐

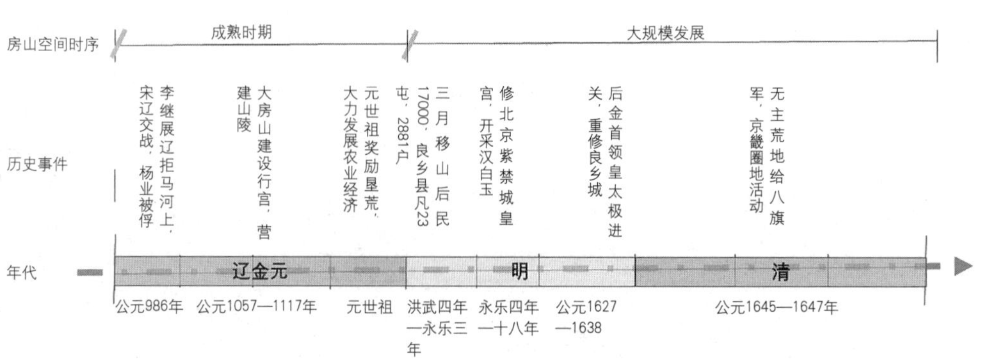

图3 事件发生时序图辽–明

名人事件：刘仁恭驻守大安山，建立“安乐宫”，村落开始稠密生成。

宗教事件：建立云居寺，村落沿礼佛香路发展。

4. 辽宋时期

宗教事件：良乡县属盐沟城，初期属于南京道幽都府，开泰元年，改属南京道析津府。在农业和经济基础比较稳定的情况下，佛法从西方传入，庙宇代表村民的信仰，围绕庙宇建立村落的风俗渐渐形成。

军事事件：宋朝战乱频发，军事需要形成运粮道路。从房山区中部开始，“沿涞水以西，挟山而行，涉涿水，并大房，抵桑干河，沿此路，村野连延”。

5. 金元时期

陵墓事件：贞元三年三月，皇帝命令以大房山为山陵基地，建立行宫云峰寺。金室皇陵在龙含峪（房山县西二十五里大房山），在此处葬金始祖以下十七帝，金帝为临时拜访陵墓而修建行宫，行宫往来服侍人员在此形成居民点。

6. 元明清时期

移民圈地事件：明朝初年至洪武永乐年间，朱棣迁都北京政治中心由南向北转移，带来大量的村民，充实了河北和北京地区；清军入关，八旗子弟遍及京畿，实行摊丁入亩的政策，大量人口搬出京城，在房山深山地区开始形成村落。

商业事件：大房山地区采煤业和采石业的发展带动了沿线村落发展扩大。

通过历时性分析，我们可以得到房山区村落演化的过程。房山区村落从建城事件开始，早期发展迅速。房山区大面积的山区，交通不便致使在村落在政治中心转移后，发展逐渐变缓。隋唐佛教文化吸引信徒围绕庙宇建设村落，村落数量稍有回升。宋后期战乱，村落数量骤减。直到明清时期，煤炭资源的开发使村落重新焕发生机。房山村落分布呈现从平原转向山区的过程，山区交通不便，村落为了发展加强了各村之间的联系，不断扩大边界线，总体呈现由分散向集中分布的形态。

三、共时性分析

历时性分析从时间上分析了房山区村落发展演化过程。共时性分析不考虑事件发生的时间，将具有同一类事件发生原因的村落聚集在一起，这些村落具有了很强的认知特征，使村落本质更容易被解读。

本文运用地图叠加法，将不同年代产生的村落点叠加在同一图层，在此图层上对重要事件进行空间定位，使村落和事件最终落位在同一图层上。根据历时性分析得出36件事件，分为两类主要事件：第一类，宗教礼佛类；第二类，古道贸易类。

事件与村落时间对应表 表1

序号	事件	村名	年代
1	十字寺遗址，金代皇陵处	车厂村	元
2	应公长老寿塔	天开村	元
3	天开寺，应公禅师修建中院护持天开寺	上中院村和下中院村	元
4	泥塑佛爷像	佛子庄村	元
5	寿因寺大殿		
6	安古寺	立教村	元
7	姚广孝，佛衍的主要文化聚集地	洪寺村	元
8	云居寺塔及石经，北京的敦煌，静婉开创石经	水头村	隋唐辽金
9	云居寺静婉大师栖身地	下寺村	隋唐明
10	万佛堂孔水洞及石刻塔，山西迁移的村民“折槐祭祖”	万佛堂村	隋唐明
11	龙泉寺，大力禅寺	万佛堂村	隋唐明
12	灵鹫禅寺	北车营村	唐
13	良乡塔	镇东关村	辽
14	玉皇塔	高庄村	辽
15	照塔	塔照村	辽
16	延福寺，刘仁恭统治幽州建筑	寺尚村	辽

续表

序号	事件	村名	年代
17	上方山诸寺及云水洞	圣水峪村	明
18	姚广孝墓塔，靖难之役	常乐寺村	明
19	周吉祥塔	孤山口村	明
20	云峰寺古刹	云峰寺村	明
21	禅林寺	下禅坊村	明
22	华严寺	黄元寺村	明
	寿因寺清康熙行宫	后店村	明
23	贾岛故里	石楼村	明
24	圆明寺	南安村	清
25	瑞云寺	柳林水村	清
26	山区与平原交界处，交通要道	周口店	明
27	房易路与京周路交接处		
28	京保公路	窦店	辽
29	良乡、琉璃河、涿州连接点		
30	窦店与琉璃河交通道两侧	七里店	明
		刘李店	
		下坡店、黄山店、吴店、梨园店	
31	河北镇最东面、瓷厂、房山、大安山矿的煤炭经过进行转运	磁家务村	清
32	城关镇口	北市村	清
33	佛子庄、南窖、大安山、霞云岭乡交通枢纽处	红煤厂村	清
34	河北省与北京交界处	张坊村	唐
35	金门闸	务滋村	元
36	宋辽时期、澶渊之盟、边境罢兵弥战商贾运价	张坊村	唐

1. 两类事件分析

（1）宗教礼佛事件

通过整理，与庙宇有关村落主要分布在三个区域（图4）。第一，深山区的圣莲山、百花山、将军坨处，以传统村落宝水村和柳林水村为主；第二，浅山区的云居寺—十字寺—姚广孝墓塔处，以石窝村、周口店村为主；第三，平原区的岫云观、良乡塔等，以洪恩寺村为主。在庙宇建筑周围每逢重大节日都会举办活动，例如百花山进香、黑龙关村庙会、水峪村民俗表演幡会。庙宇周围的村落互相有着虹吸作用，最终村落连接成片，形成跨越单体村落的群体村落交往空间[3]。

（2）古道贸易事件

明清两代，大房山丰富的煤炭资源逐渐发展，煤炭的开采带动了村落的发展繁荣，大部分村子由传统的农业村落向商业集镇的形式转变。商贸往来形成古道连接村落，沿古商道形成的村落成为重要的物资集散地。房山区商业主要分布在石窝、长清、张坊、石梯、灰厂、周口店、坨里、长沟峪、南窖这几个村落。总体来看，商业形成的地点多位于交通发达地区，处于交通节点处，人群汇集，村落作为转运和停歇的地点，人员大量流动。

2. 村落群体结构特征分析

用拼接的方法将事件和村落之间产生联系。从图4可以看出，礼佛事件空间在云居寺和周口店处呈现聚集性，在房山平原和深山区事件空间呈点状分散分布。整个宗教礼佛事件空间结构可以分成“三轴两组团”的形式（图5），主轴为寺庙起源轴，以石窝村、周口店村、水峪村为节点；次轴有两个，分别为山区寺庙轴，以宝水村、柳林水村为节点；平原区行宫轴，以洪恩寺村为主要节点。两个组团分别为云居寺村落组团、十字寺村落组团。从图6可以看出，古道贸易的村落由古道连接，空间成线性连接结构。以石窝村、南窖村、水峪村为中心村落，沿交通要道进行发展。

四、结语

将事件作为引入点研究村落的整体性保护，由重点发展的单个村落演变为保护一系列相关村落，本文将零散的文化遗产进行

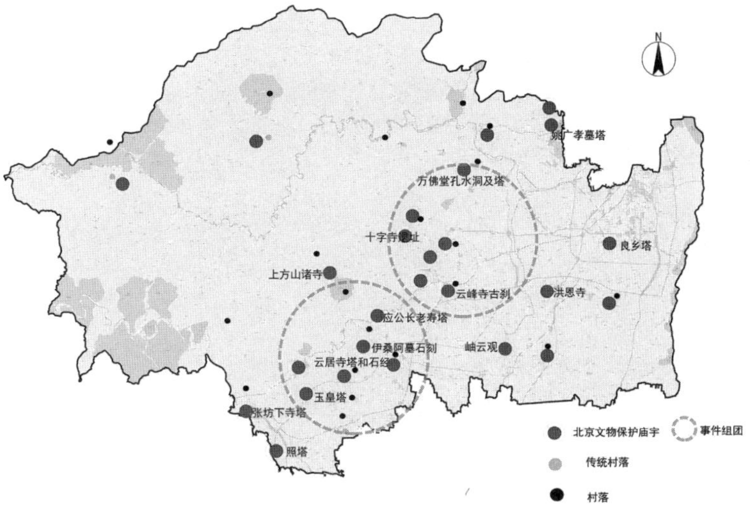

图4 房山区宗教礼佛事件空间叠加图

图5 房山区宗教礼佛事件空间结构图

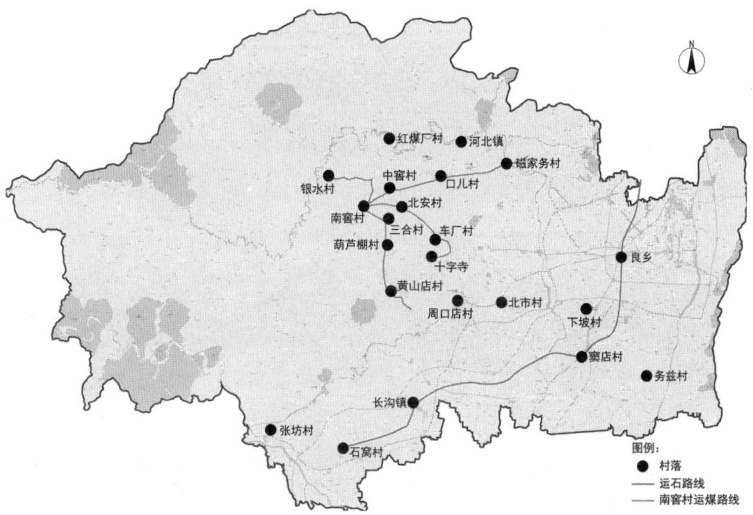

图6 房山区商贸沿线村落图

聚合，将具有文化遗存价值的村落进行重新连接。尊重现在与历史事件的融合，使空间唤起心灵深处的情感共鸣，激发新的情感体验。希望可以通过整体式的村落保护方法，用完整的手段使记忆再生，场景重现，为今后村落整体保护提供新的思路。

参考文献

[1] 费尔南·布罗代尔（Fernand Braudel）.菲利普二世时代的地中海和地中海世界[M].北京：商务印书馆，1998：416.

[2] 房山分区规划（国土空间规划）（2017—2035年）[s].

[3] 高璟、赵之枫、苗强国.传统村落庙宇功能、选址与空间关系研究——以北京门头沟为例[J].小城镇建设，2020，38（7）：63–71.

[4] 刘乃芳、张楠.多样性城市事件及事件空间研究——以南宁历史城区为例[J].国际城市规划，2012，38（3）：75–79.

[5] 顾梦红.房山村落文化[M].北京：北京联合出版公司，2016：82.

[6] 何依、牛海沣、何倩.基于“事件史”的城市空间记忆研究[J].城市建筑，2016，38（16）：16–20.

[7] 冯骥才.传统村落保护的两种新方式[J].决策探索，2015，08：65–66.

[8] 米红、曾昭磐.事件史分析方法介绍[J].人口与经济，1997，03：1–6.

从抬梁向穿斗过渡

——浅谈绍兴民居混合木构体系

郑雪薇[1]

摘　要：本文基于绍兴传统民居的测绘图纸与设计手稿，以及作者对当地传统营造现场和大木工匠的走访，介绍了绍兴民居的混合木构体系及特色构件名称，梳理了抬梁和穿斗两者兼具的构架特征并阐释其倾向性，尝试推断其中缘由。

关键词：绍兴民居　混合木构　抬梁　穿斗

一、绍兴民居混合木构的现象与推断

绍兴是越文化的核心地，作为自古往来便利且地理山水俱佳的地区，当地民居在历史变迁和文化碰撞中显现出既丰富又独特的建筑语言。从结构体系来看，绍兴地区大部分民居是抬梁和穿斗混合的类型，即一栋民居内柱、梁、檩三类构件的关系并不是单纯的穿插或承托。浙东抬梁呈现一种从抬梁向穿斗过渡的形态，部分民居具有强烈的抬梁特征，有些民居穿斗特征更为明显，绍兴民居也呈现出了几种典型的样式。

站在历史的角度看，绍兴地区除了本土于越人，在各个朝代都有中原士族迁入，文化繁荣交流成就了绍兴浓厚的传统文化氛围，这也对建筑文化发展产生了深刻影响。尤其是宋朝政治中心的转移为绍兴带来了大量人口和财力，封建制度下地位不同的人民聚居于绍兴城中，形成了等级不同的民居。百姓布衣的独栋低等级民居多紧沿河岸街道排列，也作商铺之用。稍高等级的民居带有天井院落，夹杂其中。更高等级的民居纵横分路，秩序井然，房舍庭院众多。较于平民民居，官式台门更倾向于大空间的抬梁构架。在地域上，现代绍兴作为一个行政区划不断被“瓜分”的城市，历代所辖八县地域宽广且相对稳定，地貌从北部平原水乡到南部丘陵，北受杭嘉湖抬梁式影响，南受插梁穿斗式影响，这种倾向性跟随语言差异变化明显，以绍兴老城为中心，本地主流文化划归浙东，绍兴匠人也惯于将自己的营造流派称为“绍甬派”或“宁绍派”。

二、明间抬梁式绍兴民居

经典的抬梁式绍兴民居常见于平原水乡地区，建筑用材偏大，等级规格较高。代表民居有现存较完整的吕府十三厅，是著名的官式民居和大型台门，建于明代嘉靖年间，正厅永恩堂面阔七间，

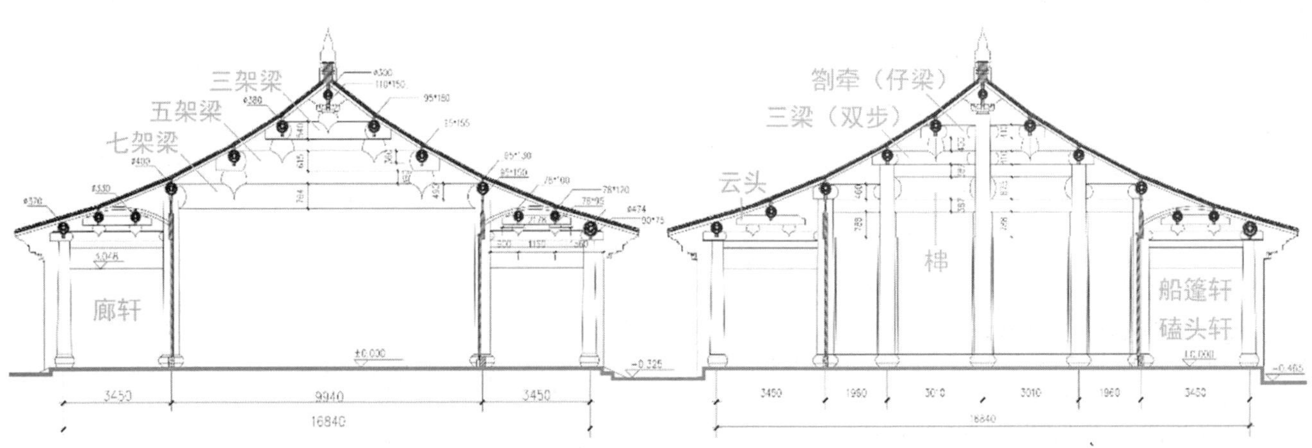

图1　永恩堂正帖和边帖（来源：浙江省古建筑设计研究院）

[1] 郑雪薇，杭州木量建筑工作室主持建筑师，中国美术学院硕士。

柱有侧脚，均用直梁，明间两缝为抬梁式，两边梁架有穿斗特征（图1）。正帖前后两步柱柱头挖槽，搁置七架大梁，梁上有鹰嘴状金童柱两个，托起五架梁，再有金童柱抬起三架梁。脊童柱上承十字斗栱，其上有蝴蝶木连接了峰和脊桁。厅堂边帖比正帖多一根栋柱和两根步柱落地，连机搁在步柱柱头。永恩堂的圆作直梁十分粗大，截面阔处达75厘米左右，在众多精巧的江南民居中堪称宏伟气派。永恩堂前后有廊轩，从位置上来说是磕头轩，从结构上来说是船篷轩，廊柱上架三界梁，再是两轩童柱、云头短梁和两支轩桁，上有弯椽。

在一组台门中，为显示正厅的宽敞，做抬梁式的可能性较高。蔡元培故居正厅大梁为五架梁，前有贡式廊轩，后有两界单步梁。前后步柱和童柱上出蒲鞋头上承替木，替木紧贴桁条下皮（图2）。除台门厅堂外，明显的抬梁式在民居楼屋中常有应用。吕府西轴线座楼的二层梁架风格与永恩堂有些相似，梁身浑圆但尺度较小，梁端都处理成类似于木鱼肩的直面，手法简洁又庄重（图3）。座楼明间四个步柱通二层，大步柱柱头搁置五架梁，上架金童柱支承三架梁，上架脊童柱支承栌斗和十字栱，再搁置蝴蝶木、了峰和栋桁。柯桥在建抬梁式楼屋的做法比较简单，脊童柱上直接搁蝴蝶木（图4）。柯桥沈师傅称五架梁为“大梁头”或“担子梁”，因其两边结构对称如同扁担，还称三架梁为“小梁头”或“梁上梁”。大步柱与小步柱之间若有一界或两界的空间，则用单步梁和双步梁以接近穿斗的方式联系起来。楼屋边帖增加栋柱，梁身可方可圆，楼屋前后可出一界或两界的披廊。

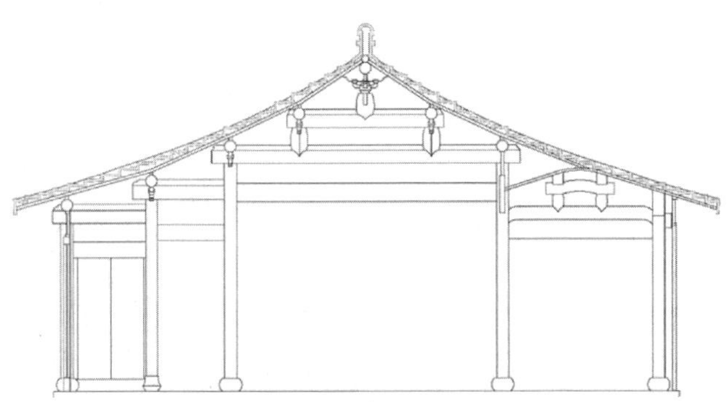

图2 蔡元培故居正厅（来源：绍兴市文物考古研究所）

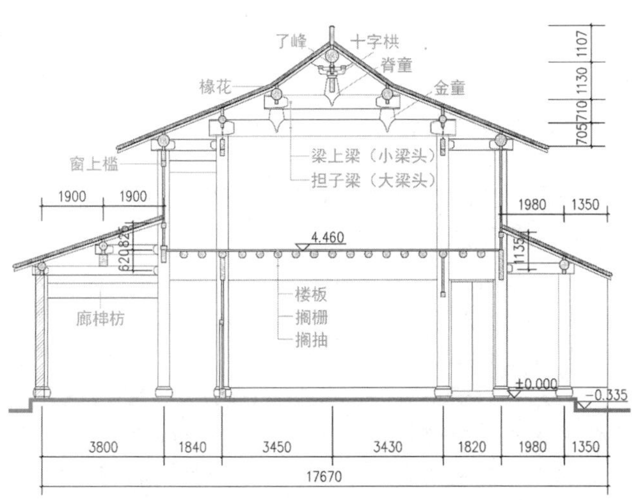

图3 吕府西轴线座楼（来源：浙江省古建筑设计研究院）

三、过渡状态的混合木构式绍兴民居

具有穿斗特征的过渡型抬梁式平屋通常是直梁压柱的形式。以小皋埠村瑞昌台门的香火堂为例，明间有前后檐柱、前后小金柱、前后大金柱和中间栋柱，直梁一头压在柱头上，一头插入柱子，桁条端部燕尾榫与直梁上的卯口咬合，但桁条与柱头没有接触，仍为刘敦帧和潘谷西两位先生所定义的“柱承梁，梁承檩”关系。此平屋的栋柱柱头有一个坐斗，两者一起承托蝴蝶木，坐斗、了峰和蝴蝶木一起承托脊桁，了峰插在柱头和坐斗中。除梁之外，在进深方向穿插于柱子间的有绍兴工匠称之为“线板穿”的横向构件，此香火堂的双步梁下有两处“线板穿”[1]，为高度尺寸不同的长方体构件，金柱之间也用这种做法来提升柱子之间的联系。开间方向穿插于柱子之间的构件被称作“开间楣”，若开间楣和连机之间封有木板，则称“夹樘板”。瑞昌台门香火堂摆放位的神龛架设在金童柱和大金柱之间，开口方向与横向的双步梁及线板穿均有固定，背板固定于大金柱上方，神龛开口方向的檐柱和小金柱之间设走廊（图5、图6）。

图4 柯桥在建抬梁式楼屋

图5 瑞昌台门香火堂梁架

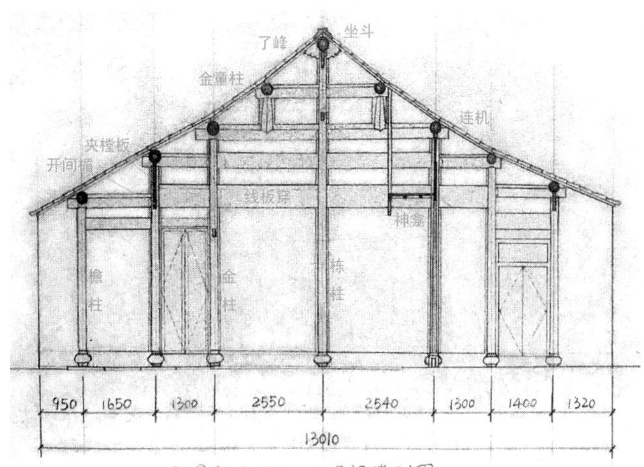

图6 直梁压柱式平屋

[1] 线板穿：进深方向柱间连接木构件，稽东镇王志龙师傅介绍的绍兴俗称。

绍兴地区最为流行的民居是具有穿斗特征的抬梁式楼屋，有些是明显的直梁压柱形式，有些则处于过渡阶段，混合了浙南地区的风格。平水镇祝师傅营建的楼屋带有后廊，二层梁架结构与上文的香火堂类似，但其有着营造过程中独特的命名方式。以楼屋的西乙榀为例，前面的梁从下至上分别是“西乙前大步小梁”“西乙前栋三梁”和“西乙前栋小梁”，后面的梁也遵循同样的命名方式。檩条从上至下依次是顶端的“栋檩”“二间檩”“三间檩”屋檐的“檐口檩”和上下两支“披廊檩”。后小步柱上搁置披廊椽子的楣料称作“扎水楣”，披廊小梁也称作“廊小架”，相应下方的“廊大架”搁置于廊柱上，梁架一端插入后小步柱（图7）。

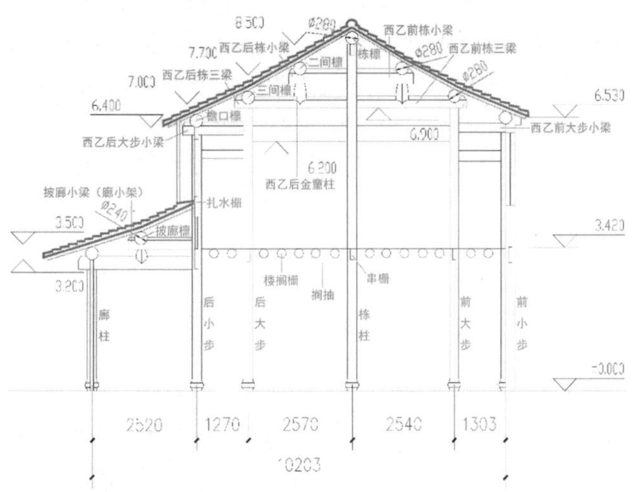

图7 祝师傅楼屋构件命名方法

稽东镇王师傅营建的楼屋主体梁架也是混合结构，前后有二楼挑台。栋柱上端有蝴蝶木、了峰和栋檩，前后两侧自上而下穿插小架、大架、云栭和栭枋，东西两侧楼板处穿插串栅。小架和大架也称“小梁头”和“大梁头”，“云栭”也称“线板穿”或“搁穿”，“栭枋”即“搁抽”或“下抽”。栭枋穿插在进深方向的楼板位置，上面放置搁栅，插入柱子的搁栅即“串栅”或“串柱”，若其为方形则称“搁面”或“搁楣”。栭枋在前后小步柱有300~500厘米出挑，端部安装不落地的“方柱”，也称“架柱”或“假柱”，挑台上开窗需在方柱上安装窗上槛和窗下槛，方柱对应的梁上皮搁置桁条。门面步柱上的开门位置需安装门楣和门槛。屋顶从上至下依次铺设椽子为“栋椽”“驳椽”和“脚椽”（图8）。

柯桥孙师傅营建的楼屋几近穿斗，部分桁条下皮接近柱头，甚至完全搁置在柱头上，屋架结构形式基本符合刘敦桢先生和潘谷西先生关于穿斗的描述，如“柱直接承檩”和“穿枋串联柱”，但其“梁上重叠短柱和梁”且“梁的总数可达3~5根”也符合潘谷西先生所说的抬梁特征。以左边榀屋架为例，屋架前后不对称，“左边后大步柱”和“左边品栋柱”之间距离较远，孙师傅在其间设了“子梁”“双步”和“长双步”这三根梁，在“左边品栋柱”和“左边前小今柱”之间设了两根梁和一根搁穿。“左边前小今柱”和“左边前又人柱”之间有两根梁，“左边后大步柱”和“左边后又人柱”之间距离近，只有一根梁（图9、图10）。

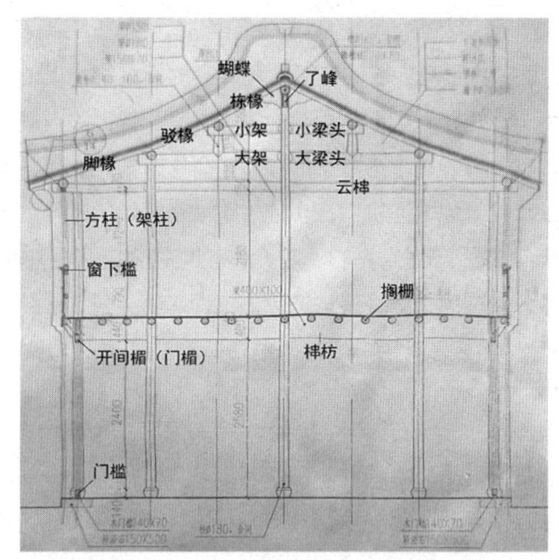

图8 王师傅楼屋构件命名方法（来源：浙江省古建筑设计研究院）

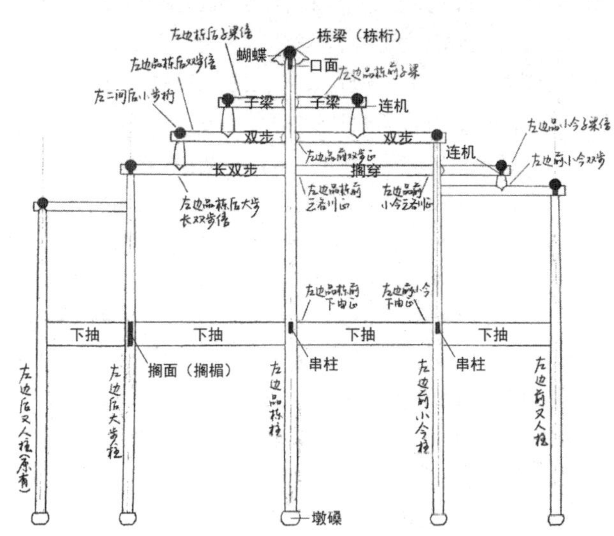

图9 孙师傅构件命名方法

图10 柯桥在建混合式楼屋

四、绍兴民居中的其他特色木构做法

绍兴民居有很多常见的木构做法，以街巷片区为单位出现，或者在某个特定的范围内十分流行。

1. 以越城区西小路的数座民居为例，进入台门的第一个单体建筑都是极为相似的。栋柱梢头置坐斗，坐斗上承托华栱和蝴蝶木，蝴蝶木上插入了峰和栋梁，挑出的华栱上有升承托了峰，了峰上置栋梁。两栋柱间有枋相连，枋上还有补间铺作，也就是平身科斗栱，是经典的一斗三升上承了峰。了峰与枋之间的斗栱层空隙间设有竖向条状的夹堂板。

2. 萧山益农和柯桥安昌的民居有种廊架做法，廊柱材质是石材或木材，柱头立一石斗或木斗，斗上置廊川，两者共同承托连机和廊桁，上架檐椽。

3. 柯桥古镇里上下两层的楼屋，联系的楼梯通常一面靠墙放置，架上楼梯后，靠近楼梯上部的一根柱子起主要支撑作用，因其受力较大被称为“千斤”。

4. 绍兴民居的檐下做法非常丰富，图中短梁按一定弧度向上起拱，状如虾弓，称“虾背梁”或“猫鱼梁”。梁尾插入柱头，梁头上端承托挑檐枋或挑檐桁，下端搁置在小坐斗上，坐斗立在琴枋上，下有斜向撑栱一头支撑以上构件，一头插入柱中。虾背梁下方还有一种做法在浙东地区通用，梁下坐斗置于斜掌上。斜掌是从柱子中层叠出挑的挑栱，由数根平行的木条组成，装饰朴实，颇有明代特色，在宁绍一带流行。

5. 丰惠古镇桂花厅门斗檐下的虾背梁梁底两端有“蒲鞋头❶”和十字斗栱承托。蒲鞋头为一栱一升，底部没有坐斗而直接从柱子中挑出。十字斗栱进深方向上承梁头，开间方向上承替木或滚机，滚机为挑檐桁下的短机，雕有花样。十字斗栱置于琴枋挑头上，挑头与牛腿合二为一。丰惠古镇小庙弄 6 号民居檐下斜掌挑头上置花篮斗，其上处理手法与桂花厅类似。

6. 绍兴民居中廊轩的形式变化多样，以磕头轩为主，即廊轩轩梁低于大梁，整个构架处于同一屋面。丰惠镇小庙弄 11 号民居门斗廊轩中架有廊棉枋，廊大架两端底部托有梁垫，梁背上置驼峰和坐斗，坐斗上有三层逐层出挑的挑栱，挑栱尾部插入廊小架梁身，上承椽花连接弯椽，船篷轩顶置连机与桁条。尚巷村骆家大台门西轴线大厅廊轩顶部结构已有缺失，从剩余梁架仍能看出其与以上廊轩结构相似，不同之处在于其廊小架为圆弧形，两端插入柱中的同时搁置在廊大架上（图 11）。丰惠匠人在设计廊轩时画出了等比图样，图中花篮斗长宽约 20 厘米，高约 14 厘米，挑栱和替木高约 22.5 厘米，轩桁高约 12 厘米，此廊轩进深为 2 米（图 12）。丰惠镇观察第台门门斗廊轩为抬头轩，其轩梁略高于后侧双步梁。轩梁底部两端有从坐斗挑出的一栱一升相承，廊小架的做法类似于《营造法原》中的荷包梁，梁底两端也有一栱一升。

7. 拱形梁在规格稍高的民居中使用，抬梁、穿斗或混合式梁架中皆有拱形梁出现的可能。拱形梁在民间有很多称呼，如“月梁”“虾背梁”“猫拱背”“猫鱼梁”等俗称多用生动的姿态来形容梁的弯曲弧度。蔡元培故居门厅中柱后梁架使用圆作直梁，前半部分梁架则使用拱形梁，这与储二村钮家台门大厅的前两椽梁架十分相似。双步扁作月梁底面两端有蒲鞋头，梁背中间置驼峰和坐斗，进深方向两栱承托猫梁梁尾，开间方向出栱承托替木和桁条，猫梁较高一头插入柱中，底部托有蒲鞋头。钮家台门大厅次间两大步柱

图11　尚巷村骆家大台门西轴线大厅梁架（来源：绍兴市文物管理局）

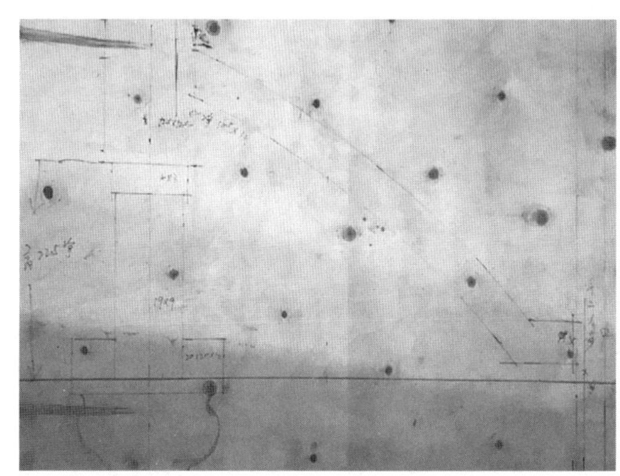

图12　丰惠古镇某民居廊轩匠人设计手稿

柱头有十字斗栱承托双步月梁作大梁，月梁中间斗栱和蝴蝶木承托脊桁。百盛溇村俞家台门大厅和北海桥直街某修缮民居的梁架有共同之处，边间中柱两边穿插对称的单步猫梁作劄牵，这种造型简约的拱形梁带有明代民居的遗风。北海桥直街某民居劄牵落于十字斗栱上，边间的斗栱落于双步月梁上，明间的斗栱则落于五架月梁上，两支单步猫梁的较高端头共同落在一个十字斗栱上，底部用驼峰垫起来弥补高差。此民居使用大量拱形梁，一侧廊轩梁架为连续的三个拱形梁，也称“大仔梁❷”。

绍兴民居低调内向且有研究价值者不在少数，仍处于未被重视的状态，故本文对绍兴民居木构方面的研究尚存错缺，望读者给予指正。

参考文献

[1] 周思源. 绍兴吕府[J]. 古建园林技术，1988.

[2] 石宏超. 浙江传统建筑大木工艺研究[D]. 南京：东南大学，2016.

[3] 刘敦桢. 中国古代建筑史[M]. 北京：中国建筑工业出版社，1980.

[4] 侯洪德，侯肖琪. 图解《营造法原》做法[M]. 北京：中国建筑工业出版社，2014.

[5] 蔡丽. 浅析宁波传统民居大木作构架特色[J]. 华中建筑，2013.

❶ 蒲鞋头：为了增加梁端搁置的稳固，在梁垫之下，再安装栱状的垫木，谓之蒲鞋头。

❷ 大仔梁：连续的拱形梁，平水镇沈水师傅所用的称呼。

刘氏永和大院古民居墀头装饰研究

杨彩虹[1]　刘慧鑫[2]　胡洺泷[3]　孟　超[4]

摘　要： 本文主要研究分析了永和大院古民居墀头的装饰纹样及雕刻手法，比较了墀头的装饰特点，总结得出崔路村刘氏永和大院古民居的墀头装饰题材类型丰富，形式多样且寓意深厚，能够完整地体现当地居民的精神需求和美好愿望，承载了当地独特的地方文化，可以为北方大院建筑文化和中国传统建筑装饰文化的研究提供完整素材，具有深入挖掘的潜力和意义。

关键词： 永和大院　古民居　墀头　装饰纹样

一、引言

墀头在我国古民居中比较常见，在民居房屋两侧的山墙上呈左右对称状分布，是传统建筑中的主要构件之一。墀头装饰雕刻文化是建筑文化中的重要组成部分，独特的语言和精美的艺术形式表达了人们的愿望与期盼，不但美化了建筑，满足了人们的精神需求与寄托，还反映了当时的社会意识、文化特色和价值观[1]。刘氏永和大院中现存古民居大多建于民国时期，是典型的清末民初北方民居。其墀头装饰雕刻艺术题材丰富，造型手法多样，体现了中国传统装饰的朴素之美，具有极高的艺术价值。本文通过对崔路村刘氏永和大院中古民居墀头的调查，归纳分析了其装饰题材类型、手法、特点等，挖掘了永和大院中墀头纹样的装饰特色及人文内涵。

二、崔路村的概况

1. 崔路村的历史沿革和空间营建脉络

崔路村，位于邢台市邢台县中南部的浅山丘陵区。村落缘路而生、依路而兴，且村内居民以崔姓居民为最多。明永乐二年，刘英等人相继从山西洪洞县迁来。经多次迁址、发展后，崔路村逐渐呈现出以南北大巷为中轴线的、东西长，南北稍窄的长方形的基本格局。至清末民初，前街、后街外侧均发展了数量不一的小巷，村落布局形式逐渐定型，形成了颇为壮观的古民居建筑群。村中保存较好的古民居大院有70多处，但以村东部的刘氏永和大院规模最大、建筑质量最高、保存最完好。

2. 永和大院概况

永和大院位于前街东部北侧，早期为村中富户用房，共有院落40处（图1），主要供主人、管家、长工和看护人员居住。大院内的古民居大多建于清朝末年或民国时期，用材多为砖材。经复杂工序烧制而成的砖材具备坚实、细腻的优点，适于雕刻。人们为装饰建筑，多在建筑构件、大门等处对砖材进行雕刻，雕刻后的图案精致细腻、气韵生动，极具美感。人们将这种通过雕刻砖材来装饰建筑的做法称为“砖雕”。砖雕主要集中在墀头上，虽然墀头所占的面积并不大，却是建筑装饰的重点部位之一。受传统“上下尊卑”思想的影响，墀头的形制和装饰会因房屋居住者身份地位的不同而略有不同，所以院中的墀头繁简不一。

三、墀头装饰题材类型及手法

墀头，亦称“腿子”，是砌筑于古建筑屋宇式门两边墙上和山墙部位的结构构件，主要起支撑和装饰作用。《清式营造则例》中对墀头部分做了较为详细的介绍：“硬山墀头由下至上一般分为下碱、上身、盘头三部分（图2）[2]。”下碱和大部分的上身一般差异不大，各墀头之间的不同之处主要体现在盘头部分。盘头部分的变化多样，使得各地墀头种类繁多，不仅丰富了传统文化中的墀头文化，而且体现了传统文化的多样性。

墀头装饰文化与人们的生产生活紧密相连，是把当时动态的生活凝聚成地区乃至民族文化静态精神的象征[3]。永和大院中，古民居的墀头纹饰丰富多样。雕刻的题材纹样有植物花卉、鸟兽、故事等多种。这些被选作雕刻装饰的纹样多含有各种吉祥寓意，用以表达当地居民对未来的祈愿和美好憧憬；或是警示子孙后代一些做人做事的道理[4]。总的来说，装饰纹样的类型大致可以分为文字纹样、植物纹样、动物纹样、人物故事纹样以及综合纹样等五种[4]。

---

❶ 杨彩虹，河北工程大学建筑与艺术学院，教授。
❷ 刘慧鑫，河北工程大学建筑与艺术学院，硕士研究生。
❸ 胡洺泷，河北工程大学建筑与艺术学院，硕士研究生。
❹ 孟超，河北工程大学建筑与艺术学院，硕士研究生。

图1 永和大院概况

图2 墀头大样

1. 以文字纹样为主的墀头装饰

在我国的传统文化中，具象化的文字本身具有很好的装饰性。永和大院古民居中，以文字吉祥纹样为主的墀头装饰非常多见（图3）。常用的字符纹样大致可以分为两类，一类为汉字中的“福、禄、寿”，“祥祯”，“同堂”，“顺其”等字，这一类文字纹饰寓意健康长寿、吉祥如意、多子多福，代表了人们对生活的美好憧憬；另一类则为“忍耐”“峰”“忠”等字，这一类则表达了主人忠贞不渝的品质和追求。文字纹样的雕刻较多采用了薄浮雕的雕刻手法，周围配以流云纹或是卷草纹，抑或几何纹，与文字主体融为一体。画面疏密有致。

图3a中，墀头装饰的重点在盘头部分，整体呈戏台状，左右对称。“祯祥”二字雕刻于束腰的中间位置，被分别包裹在小方框内，方框四角雕刻成卷草花纹。束腰外左右两侧各立有一柱，两柱之间的上檐部分刻有卷草纹样。“祯祥”寓意吉祥的征兆，婉转地表达了主人对未来的美好憧憬。

图3b中的这一例墀头，与另外三例墀头略有不同，其在盘头部分和戗檐部分均有文字装饰，且装饰的重点在戗檐部分，而盘头部分的处理则略朴素一些。采用了浅浮雕的雕刻技法。整体构图分为上中下三部分。“顺其”雕刻在上部戗檐的中间部分，整体向内凹进1厘米左右。字体四周刻有边框，边框四角同样饰有卷草花纹。最外侧雕刻一圈卷草纹装饰画面。“寿”雕刻在中间束腰部分，四周圈有菱形花纹边框，边框外侧未作其他装饰，简单明确。束腰下方雕刻分两层，上边一层雕刻花纹及经抽象处理后的“寿”字符，下边一层雕刻祥云纹样。墀头整体雕刻画面饱满，层次分明，产生了强烈的视觉效果。“顺其”和“寿”字寓意为顺利吉祥、健康长寿，较为直观地表达了主人当时期盼生活顺遂的心情。

(a)

(b)

(c)

(d)

图3 文字纹样为主的墀头

图3c与3d这两例墀头装饰较朴素，构图手法及雕刻手法与前边两例墀头相似，薄浮雕的雕刻技法，上中下三部构图法。图3c中的“耐”字与图3d中的“公恶”二字，均是可在束腰中间，外边圈以圆框，圆框外再圈以方框，层层环绕。但图3c中方框外侧刻有植物花纹，且束腰呈正方形，雕刻精细；而图3d中束腰则呈长条状，外侧也无花纹环绕。两例墀头雕刻简单大方，与主题相符合。“耐”有宽容、克制的含义，“公恶”有谦虚的含义，表达了主人宽以待人、严于律己的高尚品质。

2. 以植物纹样为主的墀头装饰

古时以植物类纹样作为建筑装饰较为普遍。采用较多的为梅兰竹菊四种纹样，借此来表达主人的志趣和追求；其次便是葡萄、松树等纹样，有多子多孙、健康长寿的美好象征。

永和大院中以植物纹样为主的墀头装饰较少，大多数情况下，植物纹样是作为配景出现的，用植物纹样（如卷草纹）与其他纹样相结合，起到框景作用的同时使画面更加饱满（图3）。但图4中的这一例墀头，以“莲花”纹样作为主要的装饰纹样。运用薄浮雕的雕刻手法，花形饱满，花瓣由内向外层层舒展开，层次有序，体态优美，反映了主人高洁的品质。

3. 以人物纹样为主的墀头装饰

永和大院中以人物为主的墀头装饰纹样取材广泛，运用较多的有寓言典故里的人物纹样、戏剧里的人物纹样两种（图5）。

图5a中的纹样从整体上看，主要由左边苍劲挺拔、枝繁叶茂的松树和树下身材高大的男子组成，雕刻细致，栩栩如生。松树自古就有坚毅、正直的寓意，反映了主人坚强不屈、百折不挠、积极向上的精神。取其表意，也具有万古长青、健康长寿的美好象征。但在此纹样中，松树下人的头部消失，取而代之的是一个伸往不同方向的植物纹样，推测可能为“文革”时期对其进行了修改调整而成。

图5b中纹饰为戏曲故事中的人物纹样，背景为戏台。两人相对站立，面向台下，神色从容。整体雕刻采用了圆雕的雕刻手法，形态逼真，活灵活现。图5c和图5d中纹饰皆为戏曲故事中的人物纹样，图5c采用了薄浮雕的雕刻手法，图5d采用了浅浮雕的雕刻手法。

4. 以动物纹样为主的墀头装饰

我国自古信奉带有吉祥寓意的瑞兽，所以，瑞兽图腾出现在一些古民居的墀头上亦是极为常见的。永和大院古民居的墀头装饰中，常用的瑞兽装饰纹样有梅花鹿、马等（图6）。在我国传统观念中，鹿通“禄”，寓意高官厚禄，马寓意马到成功。

图6a中的墀头，其装饰图案主要以中间的梅花鹿纹样为主，四周几何纹样为辅。画面中的鹿做奔跑状，头部转向右后方直视，姿态轻盈，生动灵活，形神兼备。从整体看，画面采用了中心构图法，雕刻手法为常见的深浮雕雕刻技法，画面灵动而稳重。鹿，寓意仕途通达，彰显了人们在历史发展中对皇权的尊崇。

图6b中的这一例墀头，装饰的重点集中在中间正在奔跑的马上，四角饰有葡萄纹样，再外侧则饰有一圈几何纹样。雕刻手法采用了常见的薄浮雕雕刻技法，雕刻内容及手法都较为质朴，但主题明确，寓意深厚，反映了主人期盼生意会如同万马奔腾一样蒸蒸日上以及对多子多孙的渴望。

5. 以综合纹样为主的墀头装饰

综合类的装饰纹样，雕刻生动、饱满，赋予了图案更为丰富的含义，增加了趣味性和故事性[4]。在永和大院古民居的墀头上比较

(a)

(b)

(c)

(d)

图4 “莲花”装饰纹样的墀头　图5 人物纹样为主的墀头

(a)

(b)

图6 动物纹样为主的墀头

图7 文字、动物纹样相结合的墀头

常见的综合类纹样一般有三种：文字纹样与植物纹样组合在一起（图3）；人物纹样与动物纹样相结合（图5）；文字纹样与动物纹样相搭配等（图7）。对于综合类的纹样较植物类等单一的纹样来说更复杂，雕刻难度更大，但更贴近人们的生活，更能反映当地的民风民俗，可以更准确地表达人们的美好愿望。

四、装饰特点

由于崔路村发展过程中，许多山西人从山西迁移至此，如从山西洪洞县迁移而来的刘英等人。因生意需要，许多崔路村人经常来往与山西和崔路村，所以崔路村民居墀头装饰的发展受山西民居墀头装饰文化影响较深，具有兼容并包的特点。

在永和大院古民居墀头的装饰中，其形式、内容、风格等都带有一些山西民居墀头装饰特征，如在纹样构图方面，受山西民居文化影响，很少会出现单独的吉祥纹样，往往以各种纹样相结合的形式出现在墀头上。如图5，就是植物纹样与文字纹样相结合的典型例子。

从以上墀头图片中可以看出，永和大院古民居的墀头装饰繁简不一，这与明清时期人们的社会意识、世界观等有着密不可分的联系。受当时社会制度以及社会思想的影响，主人社会地位的不同，也反映到民居建筑上，较明显的便是墀头部位装饰的复杂与朴素的区别。从以上墀头装饰纹样来看，文字类装饰纹样的墀头雕刻要更简单、朴素一些（图3），而人物故事类的则要繁琐一些、精细一些（图5）。文字字样大多雕刻在墀头盘头中间的束腰部分，个别在戗檐部分也有雕刻；人物故事类纹样装饰的墀头虽然雕刻的重点也在盘头部分，但盘头中间很少做束腰处理，而是将其整体雕刻成戏台状，独具特色。与山西民居墀头相比，永和大院民居墀头的做法要比山西民居墀头的做法简单、朴素许多。山西民居墀头形式大多雕刻为楼阁式或博古架形式，楼阁式墀头一般会在盘头中间部分作束腰处理，而博古架形式的墀头则很少作束腰处理。雕刻手法多采用圆雕和深浮雕的雕刻手法，雕刻工艺复杂精致，形态逼真。永和大院民居墀头束腰和戏台做法明显受山西民居墀头文化的深刻影响。

在内容选材方面，墀头中大多数雕刻的装饰纹样都较为直白地表达了主人的意愿、志趣、追求等，如福、禄、寿、顺其等寓意健康长寿、吉祥如意的文字，极为直观地表达了人们对健康、长寿、仕途、财运的追求和向往。表达同样意愿的还有莲花等寓意品格高尚的植物纹样，鹿、马等吉祥动物纹样以及寓意深刻的戏剧故事或生活场景。不同于北京四合院多以植物纹样为主要装饰的墀头，院中民居很少使用植物等具有象征意义的、表达较为婉转的纹样，这种直白的表达方式也间接地反映出了清末民初时期崔路村人民较为现实、直白的世界观。出现这种现象，可能与北京的位置及属性有着极大的关联。多个朝代建都于北京，等级制度严格，民居墀头的装饰题材受等级制度影响多有限制。文字等较为直白的装饰纹样内容表达不当极有可能出现僭越的问题，而植物等具有生命力的装饰纹样则不会出现这一重大问题，所以普通民居墀头装饰纹样多为植物纹样。相比之下，永和大院民居墀头的装饰要更为大胆一些。

五、总结

本文以崔路村刘氏永和大院古民居墀头作为研究对象，对其装饰纹样、雕刻技法等做了整理和分析，在此基础上较为浅显地总结了其装饰特点，通过实地调研得出，永和大院的墀头雕刻艺术由于受到地域自然条件和当时时代环境的影响，其表现形式虽不繁杂，但题材和内容较为丰富，能够完整体现当地居民的精神需求和美好愿望，可以为北方大院建筑文化和中国传统建筑装饰文化的研究提供完整素材，具有深入挖掘的潜力和意义。

参考文献

[1] 郑崴.乔家大院建筑装饰雕刻纹样特征分析及提炼[J].装饰，2015（02）：114–117.

[2] 梁思成．清式营造则例——清华学人建筑文库[M].北京：清华大学出版社，2006.

[3] 郑敏.乔家大院墀头装饰纹样特征分析[J].装饰，2015（12）：118–120.

[4] 薛林平，刘烨.山西民居中的墀头装饰艺术[J].装饰，2008（05）：114–117.

[5] 刘大可．中国古建筑瓦石营法[M].北京：中国建筑工业出版，1900.

[6] 严文刚.颉纥村墀头砖雕的属性判断[J].装饰，2018（09）：117–119.

[7] 李春青，张子懿，张曼，张大玉.河北邯郸武安市大贺庄村门楼建筑形态类型与成因研究[J].北京建筑大学学报，2020，36（04）：1–8.

基于胡同名称的1917年盛京城格局初探

齐迎帆❶　王　飒❷

摘　要： 以《奉天省城全图》所载为基础，挖掘胡同地名蕴含的历史信息，辅以空间句法分析，研究1917年盛京城城市形态。在近代化的背景下，探讨盛京城城市格局从清末到民国初年的演进趋势，发现盛京城路网结构趋向复杂，政权空间南移，文教空间与新型商业均由集中布局转向分散布局。

关键词： 胡同名称　盛京城　城市格局　城市职能　近代化

一、引言

人们为了认知所生存的地理环境，对地理环境根据一些理据进行命名，就出现了地名。由于地名的变化相对较慢，地名作为一种文化现象能较好地反映自然地理及人文历史。自20世纪80年代以来，地名学不再停留在对地名本身语义的研究与分析上，而是将地名直接作为研究的史料来源，进行区域环境史与社会文化史的研究，这种研究方法也适用于建筑史[1]。现有建筑史学方面研究多集中于城市建设史及宫殿寺庙考，对城市社会生活空间特征的研究较少，以道路街巷名称为据论述城市格局也未见成型研究。

本文尝试通过对《奉天省城全图》记载的胡同名称及部分建筑位置与历史文献资料结合进行解读，以及对城市街巷空间结构进行空间句法分析，得出此时正处于近代化过程之中的盛京城在规模形态、街道结构、职能布局方面的空间特征，进而探讨清代留存下来的空间格局在适应新的城市功能时的演进趋势。

二、1917年《奉天省城全图》及其中所记沈阳城市形态

沈阳的近代化既有西方资本主义侵入的外力刺激，也有社会变革的内力推进。自1898年签订《东省铁路公司续定合同》开始，沙俄殖民者进入沈阳地区开始铁路交通建设；1905年日俄战争结束后，日本作为战胜国占据了俄国建设的铁路租借地并扩大建成了满铁附属地，因战争被搁置的奉天开埠一事也重新提上了日程。同年，盛京将军赵尔巽提出要变更东北军政管理机构，并实行了一系列改革措施，拉开了沈阳自主性近代化的序幕[2]。1911年辛亥革命后，沈阳逐步进入了以张作霖为首的奉系军阀统治时期，全面开展的城市建设将沈阳近代化进程推向了高潮。至此，沈阳城的整体形态较清时有了很大变化。

1.《奉天省城全图》及其所记三部分沈阳城

1917年刊行的《沈阳县志》是由奉天作新印刷局印制出版的，其内含《奉天省城全图》一张，未找到具体绘制机构。根据地图，此时的沈阳城共由三部分组成：清代盛京城、奉天满铁附属地以及初有规划的商埠地。

盛京城与清陪都时期的形态基本一致，呈现内方外圆的形态。内城四边每边各有两城门，城内为井字形街道，宫城近似居于城中心。外城近似圆形，与内城同心，也辟有八座城门与内城的八座城门相通，东南隅有万泉河穿过。满铁附属地主要以铁路大街与盛京城小西边门连接。从地图上可以清晰地看到满铁附属地采用了放射形干道加方格网的道路系统，可以判断是受当时西方“田园城市”和“方格形城市”的规划思想影响[3]。商埠地位于盛京城与满铁附属地之间，此时地图上仅有商埠地北正界和正界的部分规划（图1）。

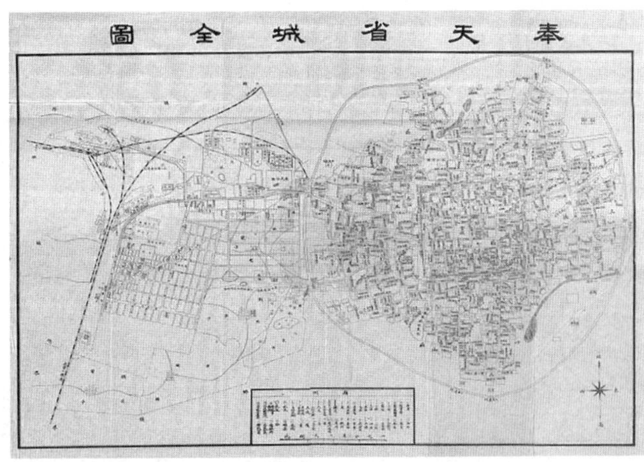

图1　奉天省城全图（来源：《沈阳县志》）

---

❶ 齐迎帆，沈阳建筑大学建筑与规划学院，硕士研究生。

❷ 王飒，沈阳建筑大学建筑与规划学院，教授。

通过将此时沈阳城市形态与民国中后期对比可以发现，此时的沈阳城正处于近代化初期，影响城市形态的主要是侵略者的规划建设，由奉系军阀主导的惠工工业区等城市扩建尚未开始。

2.《奉天省城全图》中所记盛京城内的街巷胡同

该地图是盛京城最早的有详尽街巷空间结构及名称记载的地图。地图上共标注471条胡同，通过对胡同名称的整理，可将其大致分类为以行政、商市、宗教、人物宗族、形态特征和意愿感情来命名的。这些胡同名称与新建城区的道路命名不同，蕴含着文化意义，能够表明它在清代时城市生活中的使用状态。同时，地图也记载了1907年以来在东三省改制及中华民国成立的背景下大量新式政府机构和新的城市功能要素出现后盛京城产生的变化，这也使得地图兼具两种时期的特点：一是由于地名文化的持续性，从胡同名称反映出的清盛京时期城市格局和市民生活；二是近代化时期城市内出现了新兴城市功能。因此，可以此地图为基础探讨清代盛京城格局在适应社会发展进程中自发产生的变化。

三、1917年盛京城街道结构

以《奉天省城全图》为底图绘制轴线地图，对盛京城街道空间进行整合度的句法分析（图2），从分析结果来看，此时盛京城的中心空间依然是在内城区域（轴线颜色由红到蓝表示空间可达性逐渐降低）。且由于内城城墙及放射状路网结构的影响，同级别道路之间相比方城内的各级道路可达性显著高于方城外的道路。这也从侧面证明了当城市的政治与军事功能突出时，往往会对经济发展和社会生活造成一定影响。

1. 街道系统趋向复杂

从地图上记载的街道名称来看，此时的街道系统较清代时期舆图记载的主干道有了很大发展。清时内城仅有“井”字形干道，外城为筑关城时规划的八条关厢大街。随着城市的发展，干道一级的道路数量开始增加：内城墙周围原有的护城河被填埋，沿着方城城墙形成了顺城街、横街等街道补充了方城内的街道系统；外城则出现了大什字街、小什字街、兴隆街、顺城街、横街等道路连接八关大街，补充了方城外的街道系统。这应该是由于城市规模扩大后居民数量增多，原有干道系统不足以承担起交通的需要而产生的变化。与此同时，一些较长的胡同也以较大的尺度起到了连接不同区域的作用，应划分为一般性道路级别，例如内城的金银库胡同、铜行胡同、鸡市胡同；外城的双小庙子胡同、广生胡同、王家园胡同等。

图2 盛京城全局整合度分析

通过史料的翻阅查证可以发现，内城的“井”字形干道和内城城墙周围的顺城街路不仅承担交通职能，商业、市场也十分繁荣。结合街道句法分析的结果可得，正是由于其空间结构上的特性，使得这些道路成为当时人们聚集的主要区域，这才有大量“行”“市”自发选址于此。城墙以及钟鼓楼的存在对人流的通过起到了一定的阻碍（钟鼓楼各设四个孔门连接四面街路），对交通多有不便的同时一定程度上也阻碍了商业的继续发展，这可能也成了1931年拆除钟鼓楼和新中国成立后城门城墙被拆除的主要原因。

2. 胡同系统局部改变

胡同在城市空间中作为巷一级别的道路连接各类建筑，承载着市民的移动与交往功能[4]。从此时胡同结构的几何特征来看，与北京城有着统一规划痕迹的胡同形态不同，沈阳城的胡同呈凌乱的自生长状态，这与清代沈阳仅作为陪都没有详细规划有一定关系。王府建筑的大院落住宅与普通旗人的单居住宅组合在一起，所形成的胡同形态自然杂乱[3]。

内城地图上共标注 112 条胡同，其中整合度数值在 1.6 及以上的胡同共有 57 条，约占方城内胡同总数的一半。将可达性好的胡同与地图上标注的胡同名称对应后发现，以行业、市场、店铺命名的商业职能较重的胡同为 28 条，例如皮行胡同、灰市前胡同、广生药房胡同等；以重点建筑如宫殿、衙署、寺庙等命名的胡同有 14 条，例如红墙子胡同、沈阳县胡同、孙祖庙胡同等，且集中位于城南。这种不同职能胡同的空间分布特征体现了城市的管理机构集中于内城的南部，北部以四平街（今中街）为中心商业繁荣的局面，反映了清中期后沈阳作为陪都政治功能下降、经济功能上升的社会背景。其余胡同均以意愿感情或胡同空间形态命名，例如人寿胡同、三道湾胡同等，推测居住职能较重。

外城地图上共标注359条胡同，受放射状路网结构和内城城墙的影响整合度数值普遍低于内城。其中以店铺命名的胡同大部分分布在外城干道系统的附近，在外城街道系统中可达性较好；以人物等命名的胡同则处于道路系统的尽端空间，空间深度很大从而整合度低，可达性较差。从胡同名称分类来看，彰显居住职能的胡同名称占外城胡同的多数，其次是商业和文教，以政府机构命名的胡同数量则非常少，这说明了外城分布着大量的住宅，主要以居住功能为主。值得注意的是，在大西关大街的南侧出现了一条胡同名为平康里，与其连接的小胡同则相应命名为一街、二街、三街和四街，且这几条胡同与自生长的曲折形态不同，呈现出方格的状态。这说明了当时的胡同系统已经受到了满铁附属地的影响，局部开始发生了变化。

四、1917年盛京城职能布局

帝国主义的入侵、清廷新政的实施以及新式教育和实业的兴起使得盛京城内部产生了新的城市功能，城市空间格局也随之发生了变化。据《沈阳县志》记载，当时盛京城内部的功能要素较清时有了很大发展，行政、教育、实业、交通、宗教等方面的新类型建筑陆续涌现。

1. 政权空间南移

清盛京城作为陪都时，设盛京将军管辖各旗署衙门，又设置奉天府尹总领府厅州县民署衙门，实行旗民分治的政策。1907年东三省改制，设东三省总督为三省最高长官，奉天、吉林、黑龙江各设巡抚。行政机构设置承宣厅、咨议厅、民政司、旗务司、度支司、交涉司、提学司、巡警道（不久并入民政司）以及劝业道；司法机构设置提法司、审判厅和检察厅[5]。

官制的改革促使了新的行政建筑出现，与《奉天省城全图》比对后发现，公署、度支司、交涉署、劝业道、审判厅以及其下属的财政局、税捐局等均位于内城城南，且在可达性较好的街道或胡同上。旗务司则单独位于内城城北小北门附近，这与改制后废除旗民并治为行省制度，此时旗民已不是行政管理的主体有关。提法司虽位于大东门外但仍靠近内城，其附近有警务总局、蒙务局和禁烟公所，且清时此处也是行政机构聚集的位置。咨议局位于大南关模范监狱课农场附近，是新成立的政府机构中唯一位于可达性一般的尽端位置的建筑。这是由于当时奉天咨议局作为全省最高的权力机构，是按西式建筑群设计筹备的。布局为三栋建筑围合，中心有一圆形花园广场，占地面积颇大，因此选择在道路尽端的空地位置（图3）。

从整体的政府机构布局来看，依然延续着清代时衙署集中于内城城南的局面，且由于城市功能逐渐复杂、管理机构的增加，部分新设下属机构位于小南关及大东关靠近内城的位置，城市行政中心有继续南移的趋势（图4）。

2. 文教空间集散

此时的城市文化空间在两个因素的作用下产生了演变，一是新式教育的兴起使得原本的精英教育转向了普及教育，出现了大量学堂建筑；二是西方教会的传入使得城市内出现了教堂、医院及教会学校等建筑。

清政府于1901年实行新政，宣布废除科举制度、设立学堂，此举大力推动了中国教育的近代化，新式学堂开始出现。根据《沈阳县志》及《奉天省城全图》记载，当时的学校可大致分为两类：一是普及教育机构，例如官立二等小学、第四小学堂等；二是高等学堂，包括师范、巡警、电报等各类专业学校。学校的位置也由清代时期八旗官学集中在内城的东南区转变为散布在内城及外城的不同位置，除数量略显不足外，此时已经具备了现代基础教育结合居

图3 部分政权建筑位置及道路可达性

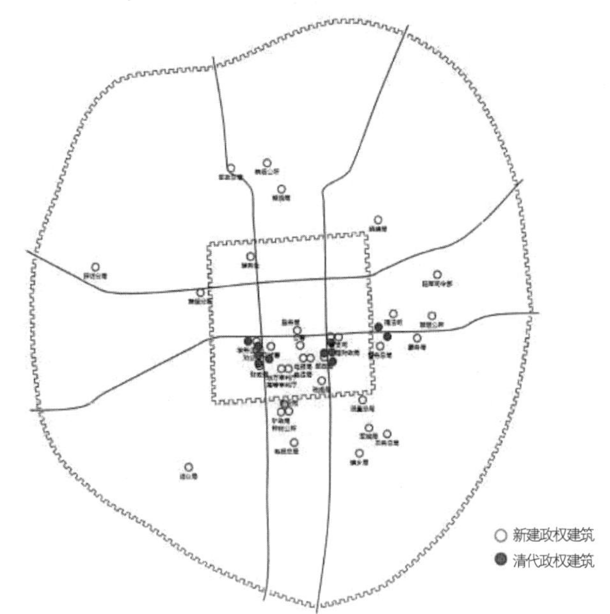

图4 政权空间分布对比

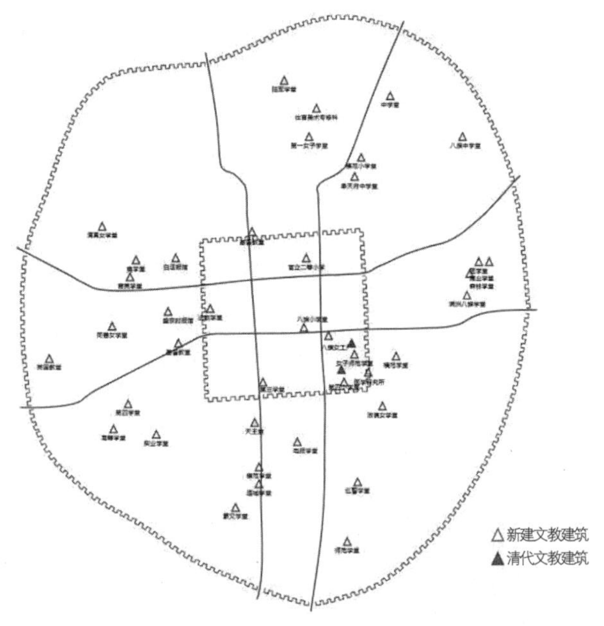

图5 文教空间分布对比

住区分散布局的特征（图5）。分布的位置也有一定的规律，大部分学堂位于可达性较好的胡同里，仅有个别靠近干道或处于深度较大的空间（图6）。

教堂的分布特征更加明确，位于干道上城门的附近，且整体上看偏重于城西，大西门外的基督教堂附近还建有英、法领事馆。这种空间布局应该是受到了西侧满铁附属地及商埠地的影响。当时还有11所由外国设立的学校，例如医科大学校，设在盛京施医院东，是基督教会派遣的医生司督阁成立的。总的来说，西方教会的传入不仅带来了新的宗教信仰，也带来了西方的医学和教育，对近代沈阳城市功能的发展有重要意义。

3. 工商空间分化

自1653年颁布《辽东招民开垦令》，大量关内人民出关，盛京城的农业和商业取得了良好的发展，这也促使了盛京城经济地位逐渐上升。当时的商业空间类型可分为两类：一是沿街巷分布的各类店铺；二是同类商品汇集一处自成的市场。《沈阳县志》记载："按城关商肆鳞次栉比中街繁富尤甲"[6]，各类"市""行"也均位于内城可达性好的胡同或内城城墙附近，这点在内城胡同的名称上也有所印证，可见传统商业仍聚集于方城内北部及城墙周围。随着1861年营口开埠通商，各类洋货也传入了盛京，促进了新型商业的产生以及工业的发展。这些产业散布在城门附近，例如商品陈列所、惠工公司、银圆局等，虽然此时数量不丰，但新兴民族企业的建立及发展为以后城外工业区的建设、沈阳城从单中心向多中心的转变奠定了基础（图7）。

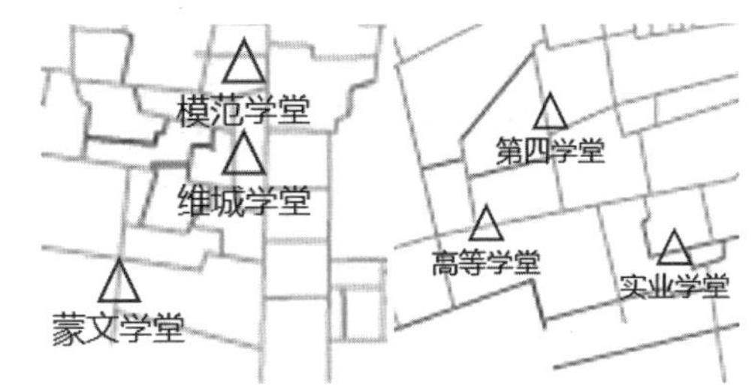

图6 部分文教建筑所处位置及道路可达性

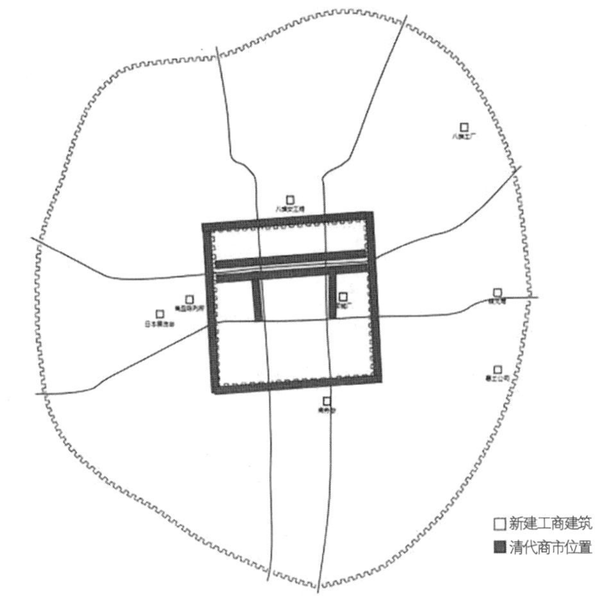

图7 工商空间分布对比

五、结论

通过对民国初年盛京城的城市格局研究可以发现，这一时期的盛京城依然延续着清代时期的空间结构没有被破坏，并在原有空间格局下安放新的城市功能来进行自我调整和发展。这种空间演进主要体现在以下两个方面：其一，部分一般性道路及胡同补充原干道系统，街道结构趋向复杂；其二，新兴城市功能要素的出现影响了各类空间的分布，例如政权空间南移、文教空间分散布局以及新兴实业多位于城门附近及城外。总的来说，这一时期的城市格局受到政治、军事和经济的影响整体上趋向复杂，在整体形态和功能布局上都从以皇城为中心的单中心结构向多中心并行发展转变，已经初步具备现代城市的雏形，为沈阳城现今的城市格局打下了基础。

参考文献

[1] 吴俊范．城市区片地名的演化机制及其历史记忆功能——以上海中心城区为例[J]．史林，2013（02）：15–26，188．

[2] 孙鸿金．近代沈阳城市发展与社会变迁（1898–1945）[D]．长春：东北师范大学，2012．

[3] 王茂生．清代沈阳城市发展与空间形态研究[D]．广州：华南理工大学，2010．

[4] 王静文，毛其智，党安荣．居住区公共空间社会维度的句法释义：以北京传统胡同空间中社会交往模式的探讨为例[J]．华中建筑，2007（11）：166–169．

[5] 刘国辉．试述清季奉天省官制改革[J]．北方文物，2012（01）：89–92．

[6] 赵恭寅修．沈阳县志（民国六年）[Z]．辽宁民族出版社，1999．

平定县传统民居窑上建房构造技术分析

罗 杰[1] 王金平[2] 贺美芳[3]

摘 要："窑上建房"这一技术形态是"窑房同构"的六种营造方式其中之一，是山西省传统民居建筑典型的技术形式，在山西省境内不同地区均有实例遗存。基于对阳泉市平定县地区及省内其他地区进行的多次田野调查，对平定县传统民居中"窑上建房"形式建筑的形态特征及技术要点进行归纳，并与省内其他地区遗存案例进行对比，进一步探讨了"窑上建房"技术现象在不同地理条件下的演绎形式。

关键词：平定县 传统民居 窑房同构 窑上建房 构造技术

一、平定县窑上建房研究背景

山西有着因其独具特色的自然和人文环境，遗存了大量的古建筑，是我国建筑遗产中不可或缺的组成部分。山西地理环境复杂多样，高低悬殊，境内不同地区有明显的气候差异，其建筑构造形式及营造技术也体现出不同的特征。

窑洞建筑是山西省传统民居的主要构造类型之一，山西传统民居建筑形式随着历史发展而演变，但人们对于大木构架体系建造的瓦房一直有着强烈的认同感和归属感。先民将窑洞与木构房屋有机地结合为一体，逐渐形成了山西典型的营造方式——窑房同构体系，其包括"窑上建窑""窑上建房""窑前建房""窑顶檐厦""窑脸仿木"和"无梁结构"六种同构现象。在大量的民居建造工程中，或单独应用，有时也将其中某几种技术结合施用于同一建筑单体，从而建造出空间布局灵活，造型方式多样，地域特色鲜明的窑房同构式建筑。

本文的"窑上建房"泛指首层为窑洞，并在窑洞顶部建造木结构房屋的建筑，常见多以二层建筑为主，是窑房同构建筑的多种技术表现形式之一。此类型建筑在山西境内各地多有发现，不仅包括传统民居建筑，还有诸多庙宇、道观、宗祠、衙署、书院、城门楼、藏经楼等公共建筑遗存下来。笔者自2019年7月开始，就山西省平定县域内的乡土建筑进行了多次田野调查，走访多个传统村落并对典型民居建筑进行拍照测绘，深入研究平定县传统民居建筑的构造类型及其营造方式，总结其建筑技术经验及规律。

二、平定县窑上建房形制分析

1. 自然背景

平定县地处太行山中部，地势西高东低，境内群山环绕，中部较为低缓，东部地形险峻，可谓晋东之门户、冀晋之咽喉。平定县境内河流主要分为绵河和甘陶河两大流域，分别位于境内西北和东南地区。平定县处于暖温带大陆性季风气候区，冬夏两季相对较长，且受地形地貌影响，区域内气候垂直变化显著。特殊的地形地貌和气候条件，使得平定县民居建筑在样式、结构、材料等方面具有特色的形态风格。

2. 形态特征

山西民居随着历史发展不断演变，先民把称为"锢窑"的独立式窑洞与木结构房屋进行混合建造，一层为砖石拱券的窑洞，在窑洞顶部加建一层抬梁式房屋，这样形成的"窑上建房"同构方式因其可保持各自相对独立的结构体系，故而较易实施，且可适应多种复杂的地理环境。经过大量文献学习以及多次田野调查与分析研究，"窑上建房"现象在晋中、晋西地区尤为常见，在平定县的窑上建房方式不仅有民居住宅建筑，还包括一些关隘、楼阁等建筑（图1），散落于县境内诸多传统村落中。

平定县传统民居普遍为合院式布局，其形制多为三合院、四合院或由多个院落抱团而成的组合院落。其中组合院落是指由两个及两个以上的院落呈横向串联或纵向并联而成的院落群体，其布局灵活、层次丰富、个性鲜明，可顺应不同的地形条件。本文所谓之"窑上建房"同构方式，在平定县传统民居建筑中常见于院落的正房，建筑平面多为规则矩形，一层为砖砌锢窑居多，偶有石材砌筑也仅用于一层窑洞（图2），二层房屋均为木结构与砖砌墙体混合而成，楼梯大都设在正房的左右两侧，可通往二层的檐廊或东西厢房的屋顶。

---

[1] 罗杰，太原理工大学建筑学院，硕士研究生。
[2] 王金平，太原理工大学建筑学院，教授。
[3] 贺美芳，太原理工大学建筑学院，讲师。

3. 典型案例

东来盛院位于平定县张庄镇宁艾村位于中部马家巷南端，坐北朝南，由前院、上院和西侧下院组成，整体由砖木结构建成，为二进四合楼院。上院正房一层锢窑三眼，正窑出前檐，二柱承檩，前置2.5米月台；正房窑顶建屋，面阔5间，进深7檩，东、西两边分置暖阁，硬山青瓦顶；上院西厢房与下院东厢房齐基砌墙，面阔3间，进深3檩；前院南向置倒座5间，进深7檩，亦为双坡起脊青瓦顶，东厢房南山墙镶嵌照壁，偏东与倒座一线辟连体吞口大门，马面石刻、磨砖墀头，精致秀气，美轮美奂，雄伟壮观。东来盛院是平定县传统民居中窑上建房院落的杰出代表（图3）。类似的案例还有冠山镇宋家庄蕴华堂院、西锁簧村楼院、冶西镇苇池村东西宅院、张庄镇张庄村绣楼院（图2）等。

三、平定县窑上建房构造特征

1. 结构体系

在“窑上建房”营造方式中，下层锢窑与上层木结构房屋的结构体系保持相互独立。在山西传统民居中，锢窑主要由拱券结构体系覆土而成，对于锢窑的拱券形态，不仅影响到其自身的结构性能、构造做法等方面，更是对于原材料地域性差异的经验选择的结果，同时也代表了当地人民的审美与喜好。按照拱券形态，可分为单心拱、双心拱、平头拱、四分之一圆券、抛物线拱、洋式券等类型（图4）。平定地区的锢窑多数采用双心拱，由两端相同半径的圆弧交接而成，在圆弧最高点相交于一个交点，故也可称为“尖券”。相对于其他类型的拱券形式来说，双圆弧构成的尖拱由两段共同受力，具有更好的稳定性且产生的侧推力较小，因此在施工过程中也更具优越性；另一方面，当人们在正视窑洞时，由于视觉变形，尖拱反而使券形整体看起来更加圆滑，也使得人们从院子中看到的锢窑更加坚固挺拔。

窑上建房的二层木结构房屋，大多以传统抬梁式框架结构结合砖砌墙体而成，且在平定县窑上建房实例中，以硬山顶和卷棚顶为主要屋顶形式，偶有歇山顶窑上建房仅见于一些楼阁、关隘类建筑。

2. 选材用料

在平定县有俗语道“一年修盖，三年备料”，民居营造中的备料阶段往往需要比建造施工投入更多的时间与精力。锢窑和木结构

图1　娘子关城楼

图2　张庄村绣楼院

图3　宁艾村东来盛院

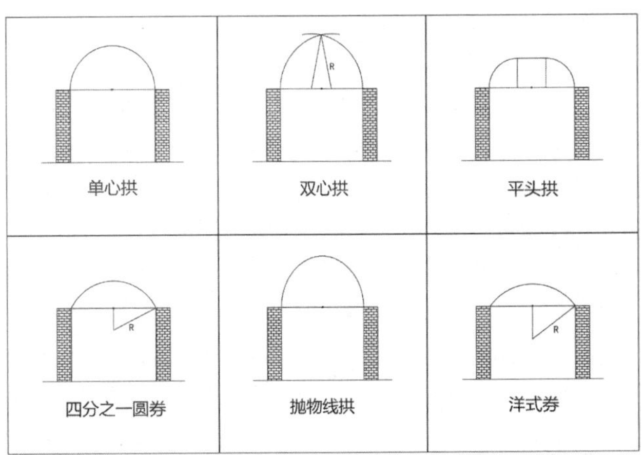

图4　拱券曲线类型

房屋的主要建筑材料包括石材、原木、砖瓦、砂子、石灰等与生土材料结合使用，以满足建筑不同部位的结构需要。平定县建造所用石材以青石为主，均为就地取材，价格低廉，质地坚硬且纹理丰富美观。主要应用于房屋的基础、墙体填充材料及锢窑的屋顶等，在勒脚、台基等房屋下部一些防水要求较高的部位亦有使用，还被雕刻成多种富有地方文化内涵的装饰构件运用于民居院落中不同部位，如抱鼓石、柱础、栏杆、拴马石等。

砖材主要分为青砖和红砖两类，因表面色泽均匀、平整，青砖使用居多。在锢窑中，窑脸的砌筑，窗台、女儿墙、室内外铺地、室内火炕，以及木结构房屋的外墙均为砖材使用的部位。作为装饰构件的另一主要材料，砖雕装饰主要体现在院落前的照壁、大门、墀头、檐廊以及墙体线脚等部位。相对于石雕，砖雕构件更为精美，且耐风化能力更强，故而保存更为完整。

木料一般选取松木、槐木、杨木、榆木等不易变形的树种，并以秋冬季采伐为佳。总的来说，无论是锢窑或木构房屋，其对于建造材料的选取与使用不仅体现在民居建筑的视觉形态，同时蕴含着该地区人民朴素的审美思想与民间装饰的艺术理念。

四、平定县窑上建房营造技术

1. 营造流程

在传统民居营造中，无论是锢窑或木结构房屋以及窑房同构建筑，对地基的挖掘与处理都是一切后续流程的前提。在平定县地区以及省内其他一些地区，在正式施工之前都会专门请人结合宅主和实际位置择良辰吉日举行破土仪式。地基的挖掘深度由房屋的规模、基地的土质等因素决定，在平定地区一般地基深度不小于2尺，挖至实土部分为止。之后便将土基表面夯实得更为平整，土质更为紧密，以白灰撒至表面以防潮，再就是基础的砌筑。

地基之后是锢窑墙体的砌筑，包括除正面墙体之外的山墙、后墙及窑腿的砌筑。山墙因其需承担拱券侧推力，故其厚度远大于较其他部位墙体，一般至少在1米以上。窑腿砌筑一般在2米高度以上，砌筑过程中工匠多使用铅垂线以保证墙体平直。

在此阶段之后，便进入了锢窑的建造关键环节即拱券的砌筑。砌筑拱券的关键在于模架的搭建，在正式砌筑之前，还需在模架的椽子表面涂抹一层由麦秸或玉米秸和土混合成的泥，晾干后，随即开始沿着模架外表面砌筑。先用石块沿着券形错缝干摆，缝隙间以碎石填充连接，再使用灰土浆对整个石块层进行浇筑，最后在正中一间窑洞拱券最外层的拱顶处留出一小块石块或一块砖的空缺，以便到施工后期举行“合龙口”的仪式。当地把这种砌筑拱券的做法称为“背碹”。拱券完成后，以碎石和石灰浆填充拱券间缝隙和沟壕并对顶部进行平整处理，再覆以黄土，锢窑的屋顶黄土厚度至少为2尺。之后便是对于窑面墙体的砌筑以及其他墙体的加砌，高度根据实际需要决定。

锢窑最后便是对窑顶进一步处理以及女儿墙的砌筑。平定县传统民居的女儿墙样式丰富，而对于窑上建房形式的正房，其高度为0.5~1.5米不等。平定县窑上建房民居中，二层木结构房屋几乎全部由砖木结构而成，因其质地相对较轻从而少用石材。对于木结构的主体承重柱基础的定位与处理，大都在下部锢窑封顶阶段一并进行。在木匠对不同木料进行初加工、砍楞、开榫卯后再逐一编号，继而进行房屋构架的搭建。上层木构房屋的山墙平齐，其厚度远不及锢窑且与后墙基本相同，为420~630毫米。平定县木结构房屋的屋面自上而下分别为瓦、泥、望板、椽子。屋顶完成之后，窑上建房形式的主体基本完成，继而进行墙面、屋面及室内外装修和门窗安装，以及细部装饰构件的处理等。

2. 关键技术

对于平定县传统民居“窑上建房”同构形式的建筑，其构造技术的难点便在于底层锢窑与上层木结构房屋的交接部位，即木结构承重柱基础与窑顶覆土层之间的处理。锢窑在其封顶阶段即要预先确定木构房屋柱体位置，且覆土层厚度至少在1米以上以满足其结构荷载需要。否则由于木构房屋的自重引起锢窑结构发生形变，严重时甚至可能导致房屋坍塌。此外，窑顶在覆土后，有时还会采用青砖、方砖或平整石材结合灌浆进行表面处理，以加强房屋的保温隔热与防潮等性能。

“窑上建房”形式的建筑在山西传统民居院落中，由于其形制规模较大且常作为最后一进院落的制高点，在视觉体验上起统领全局的作用，并作为院落空间序列的高潮。经过大量田野调查发现，在窑上建房建筑中，因考虑视距因素，其二层木结构房屋高度大都等于或略大于底层窑洞的高度。从而使得房屋整体的视觉尺度更为恰当，当人处仰视角度时，不至于因视线变形导致二层木构房屋因为退进外廊空间而显得低矮。对于晋中地区在锢窑上层建造房屋时，其上下两层外墙基本对齐，故无需考虑视线问题，有时二层房屋甚至略低于窑洞。

五、结语

总而言之，山西传统民居窑上建房建筑形式的产生主要有两大方面，其一是地方固有材料的限制，近代的过度砍伐导致木材日渐匮乏，且山西地区富有煤炭、生土、砂石等自然资源，为砖的烧制与利用提供了有利条件，以及窑上建房形式的建筑能更好地适应省内不同地区的多种复杂地形地貌环境；其二是受人文因素的影响，每一种建筑形制的产生、存在与延续，都代表着地域性文化的更新与社会发展水平的进步。“窑上建房”同构形式的民居建筑，作为一种存在于乡野民间且有别于官式做法的建筑技术形式，其不仅包含着山西不同类型的窑洞民居特色，同时体现出地方人民对于传统木结构房屋的情有独钟，是山西先民世代相传的营造智慧和技术经

验的结晶，其布局紧凑，刚柔并济，比例和谐，尺度恰当，空间虚实有致，层次变化丰富，有着山西传统民居建筑中特有的艺术感染力，具有现实的研究价值和广阔的研究空间。

参考文献

[1] 刘敦桢.中国古代建筑史[M].北京：中国建筑工业出版社，1984.

[2] 王金平，徐强，韩卫成.山西民居[M].北京：中国建筑工业出版社，2009.

[3] 李会智等.中国古建筑丛书：山西古建筑（下册）[M]，北京：中国建筑工业出版社，2015.

[4] 王金平等.中国古建筑丛书：山西古建筑（下册）[M].北京：中国建筑工业出版社，2015.

[5] 平定县志编纂委员会.平定县志[M].北京：社会科学文献出版社，1992.

[6] 王金平. 明清晋系窑房同构建筑营造技术研究[D].太原：山西大学，2016.

[7] 王占雍，赵慧，王金平.晋系古建筑窑上建房营造技术分析[J].西部人居环境刊，2017，32（06）：71—77.

[8] 王其亨.双心圆：清代拱券券形的基本形式[J].古建园林技术，2013（01）：3–12.

[9] 周青.晋东聚落与民居形态分析[D].太原：太原理工大学，2010.

[10] 朱宗周.晋东阳泉市传统聚落、民居和锢窑营造技艺调查研究[D].北京：北京交通大学，2016.

[11] 师立华，靳亦冰，孟祥武，房琳栋.从减法到加法——黄土高原地区传统窑居建筑营造技艺演进研究[J].古建园林技术，2018（01）：67—74.

广昌县驿前镇堂横式民居空间形态研究

马 凯[1] 王鹏飞[2]

摘 要：广昌地区传统村落及民居资源丰富，其中具有大量的堂横式民居，此类建筑既有着典型的天井式民居特征，又兼具客家围屋的特点，当地堂横式民居多以二堂、三堂式正屋为基础进行衍变，出现了众多极具当地文化色彩的民居空间形式。本文通过对驿前镇堂横式民居系统性梳理和研究，并对不同的特征项进行叠合和归类分析，归纳其建筑特点和空间形态，得出不同特征项之间的作用关系，为下一步驿前地区对传统民居的保护与发展提供一定的参考。

关键词：驿前镇 传统民居 空间形态 堂横式民居

图1 正屋平面布局形制

驿前镇位于江西省抚州市广昌县南部，于 2014 年被评为第六批国家级历史文化名镇，系抚河源头第一镇。全镇总面积 202 平方公里，辖 18 个村、172 个村小组和 1 个居委会，总人口 2.5 万。

驿前镇位于抚河上游，赣北于抚州交界处，同客家迁徙地相邻近，所以当地民居体现了传统天井式民居与客家围屋的特点，但总体仍为典型的赣派建筑风格，由此产生的这种通过正屋以及横屋进行组合的堂横式民居，是客家移民地区传统民居中比较常见的空间组织方式，在驿前镇区域范围内有大量分布。

一、空间形态

驿前镇的堂横式民居多为明清时期遗留，多为一层半高结构的房屋，当地人称之为“厅屋”或者“堂屋”，为宅祀合一的居祀型建筑，其正屋的特点是天井两旁有廊而无厢，堂两侧毗邻建造住房，按照经济情况通常为三类材料营建，即砖木结构、夯土木结构、砖土混合木结构，两山部分为夯土墙或砖墙，内部多为木质分隔，根据经济情况部分墙体会代之以砖墙或夯土墙，并取消对应的柱体，以墙体承接相应空间内的枋、梁、檩等构件。建筑形制上，正屋平面布局（图1）基本为方形，面阔三间或五间，明间为堂，左右为厢，中轴对称，由于封建社会礼制的严格规定，对民居规模和等级有着极大的限制，其高度和面阔基本无大差异。多为双坡硬山顶，部分高规格的厅屋也会设置马头墙、燕尾，内部居室高一层半，下部卧室住人、上部阁楼置物，明间厅屋不分层。

驿前镇堂横式民居平面类型可以归纳为：“一堂厅屋”“二堂厅屋”“三堂厅屋”及相应的衍生类型，其变化图以二堂式为例，三堂相同（图2），其中“堂”是指厅屋中的厅堂，但现存“一堂厅屋”多为中华人民共和国成立后营建，明清时期遗存暂未见典型案例，下文也以典型案例为主；衍生类型可以由原型平面进行横向拓展，在正屋侧面增加贴附式“横屋”，指在建筑主体两侧加建的辅助空间，单坡顶、小体量、低高度，空间简单，一般与主体通过侧门及让道相联系，承担居住、厨房、储藏等诸多功能，“横屋”一般对称营建，多为左右各1~3间，如左右各2间横屋的二堂厅屋，当地人称之为“二堂四横屋”，也会存在后期加建、改建、用地条件、

[1] 马凯，南昌大学建筑工程学院，讲师。
[2] 王鹏飞，南昌大学建筑工程学院，硕士研究生。

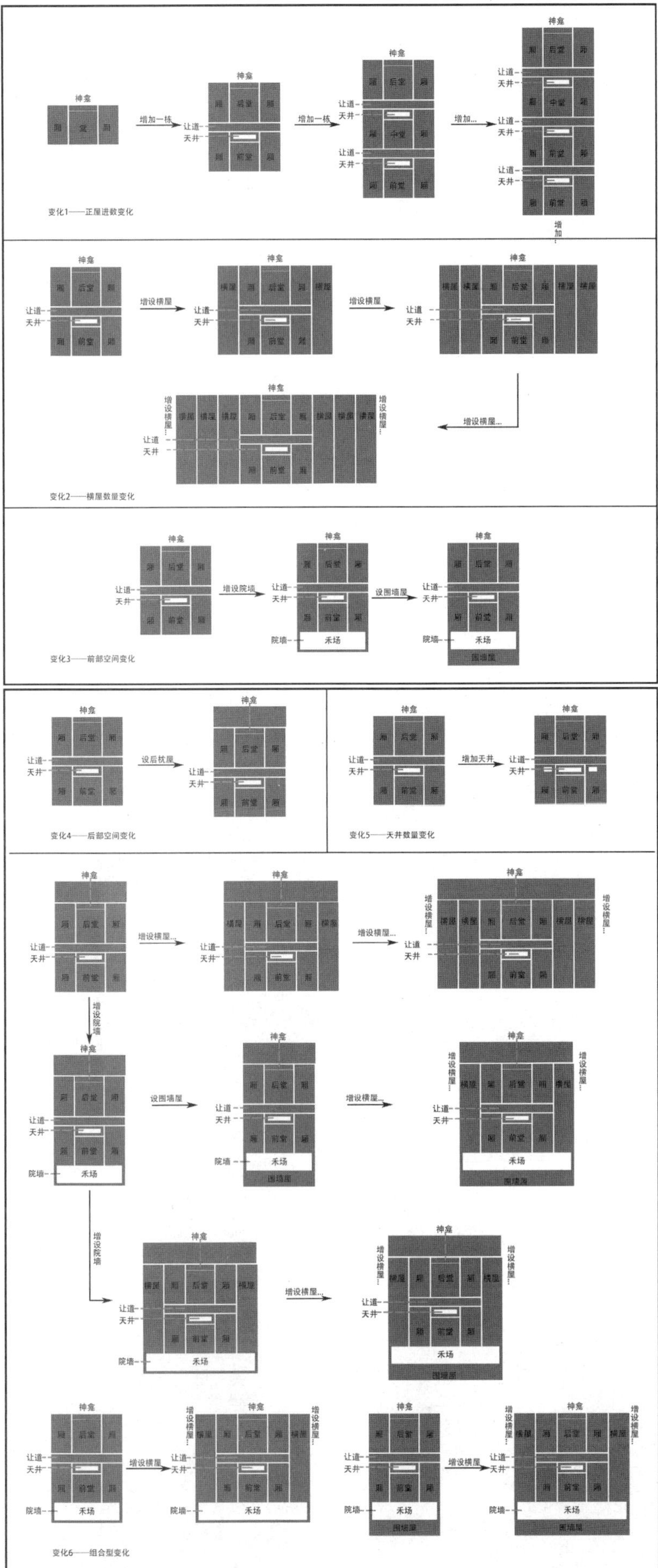

图2 驿前民居形态衍生

气候条件等情况出现不对称的形式及更高的数量变化；相应地也可以进行纵向的拓展，在正屋的前、后方都可以加上长条形建筑，或是在正屋前方修建院墙，划分前院；位于正屋之后的一般称“后横屋”或“后枕屋”，与横屋功能无异；位于正屋之前的起到代替墙院的功能，故名为“围墙屋”，近似于堂前倒座与主体建筑围合形成庭院，同时其功能与横屋相近，其设置原因众多，可能源于用地限制、人口增长的需要等。堂横式民居的营建也深受“四水归堂”理念的影响，内部屋面向天井排水，故往往以天井为中心作为建筑营建的基本格式，屋内排水也需集中处理，因此大多数堂横式民居都会在禾场前配置“月塘”汇水，月塘的存在也起到一定小气候调节作用，同时火灾发生时亦可作消防用水来源。

二、二堂厅屋

二堂厅屋是驿前镇最常见的民居类型，由前后两进房屋组成，构成上下两堂，后堂进深更大，室内地坪略高，相应其屋脊高度也更高，按照其营建时的经济条件与规制情况屋顶有悬山顶、硬山顶及封火墙的做法，正面也会有叠涩承檐与挑檐的区别，同时规格较高的也会设有门簪。

南坊村油下赖张合用厅屋（图3）是二堂厅屋的典型案例，坐北朝南，正对田野，前为禾场，禾场右前方有不规则形月塘，建筑主体正面挑檐，明间凹入一架，凹入部分设卷棚顶，月梁暴露在外，门头上设有三门簪，象征福禄寿，两侧为硬山形式。屋内营建相当精致，屋顶皆加设木制垫板作为天花，后堂厢房窗棂雕花细致，两山墙面用青砖砌筑的形式仿木柱梁枋，门厅宽三间深一间，两根柱体立在厅中，前堂的扩大也便于增大天井的大小，弥补室内采光通风的不足。

翁家边自然村的东部的“力告公祠”（图4）是二堂厅屋带排屋的典型案例，基本形制与前述无异，分为上下两厅，外设门簪，但正屋为三开间，东侧有一条横屋，西侧未见横屋，可能因修建道路或其他原因已被拆除。现存建筑占地面积约600平方米。前堂山墙承檩，后堂为精致的穿斗式结构，后墙设甬柱神龛，有顶棚。横屋高二层，土坯砖墙承檩，天井块石铺地。

三、三堂厅屋

三堂厅屋是在二堂厅屋基础之上，再增加一进房屋，第三进在进深和高度上又会进行提升，所以从远处能够明显看到三进房屋的屋脊逐级跌落，甚是美观，也能很直观地感受到最后一进所处的引领地位。内部空间与两堂厅屋差异不大，但相较于两堂厅屋多出的中堂成了一个很好的过渡空间，中堂底端靠近后堂区域增设木柱及隔断，对空间有限制与强化的作用，并对视线进行遮挡，将设有神龛的后堂与主要用于日常活动的中堂、作为入口空间的前堂区分开来，进一步提升了寝堂的地位，三堂厅屋是当地最为考究的民居类型。

河东村塘边“回龙湾祠堂”（图5）是三堂厅屋的典型，为一座三堂二横的堂横屋，被称为“祠堂”缘于无人居住长期被用作仪式场所。“回龙湾祠堂”坐东北朝西南，前无门楼、围墙或围墙屋，屋前禾场与建筑同宽，禾场前有近半圆形水塘，建筑后有近半圆形后园，环境构图是在空旷无靠山场地建大型客家住宅的一般做法。厅屋面阔五间，入口一间内凹，前进为门厅，宽三间深一间，天篷脊檩上书“万载兴隆”。中堂宽一间，穿斗式木结构，后金柱间设甬柱太师壁，天篷脊檩上书“千秋鼎盛”。后厅宽一间，山墙承檩，以砌体模仿木结构做法，未见神龛。厅屋墙体大部分为砖与条石砌筑，局部有土坯砖填充墙，建筑内部除每“栋”间设置天井外，在前后各进厢房间也设置了半天井以加强采光通风。横屋二层，有吊楼，外部为砖墙及夯土墙，内隔墙为土坯墙。该建筑布局秩序分明，材料工艺在当地也属上乘，现已公布为广昌县历史建筑。

在镇区一小部分传统民居甚至突破了三堂的制式，向四堂甚至五堂发展，如驿前镇区有一处名为“奎壁联辉”（图6）的大型厅屋，又名七幢厅堂，属清代民居，与前文所述最大的区别在于奎壁联辉正屋部分由四栋房屋组成，在屋子正面设墙围合出抹角矩形前院，在最后一进设墙隔出后院；在横屋部分，奎壁联辉四面临街，故左右横屋则顺势将店铺、住宅合二为一，使左右横屋同街道进行联系。奎壁联辉坐西向东，庭院大门坐南朝北，内部有大小庭院两处，天井11个，房间32间，店铺6间。屋前门楼用青条石营建，两侧及门额饰有荷花、古钱、凤凰、文房四宝等图案。门额上题着“奎壁联辉”四字，缘此得名。

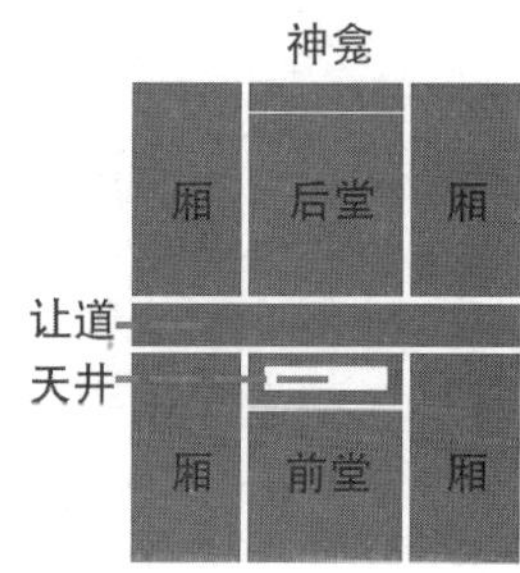

图3 南坊村油下赖张合用厅屋

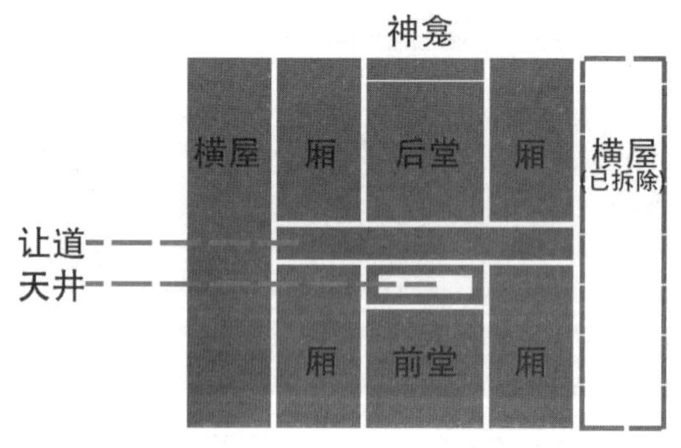

图4 力告公祠

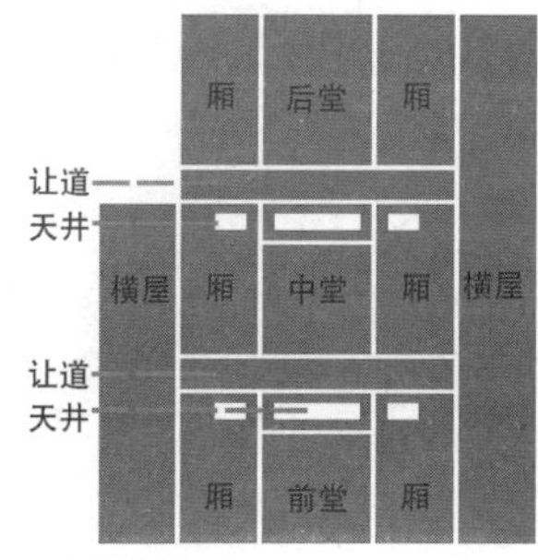

图5 回龙湾祠堂

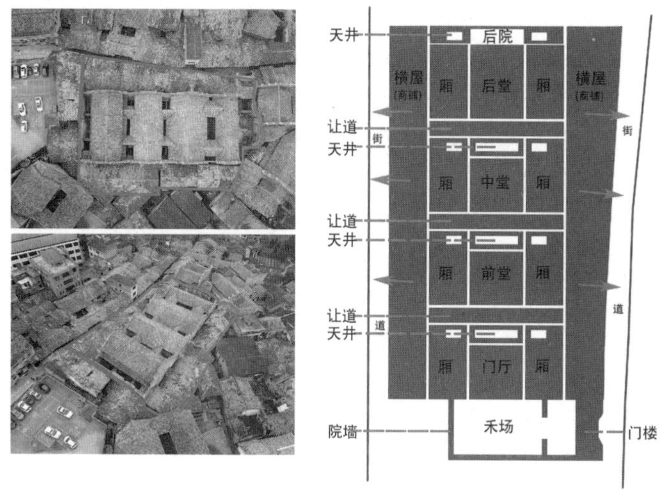

图6 奎壁联辉

屋墙体为砖墙条石勒角。前堂宽三间，明间为抬梁式构架，边跨为山墙承檩。中堂宽一间，穿斗式构架，后金柱间设甬柱太师壁。后堂宽一间，穿斗式构架，后檐柱间设甬柱太师壁，置神龛。三厅均青砖地面，条石天井。横屋天井为条石砌边，卵石铺地。横屋二层，墙体除伸出堂屋、禾场两侧的部分为砖墙，其他为夯土墙，当地称“筑墙”。贯背大夫第后枕一座独立的小山丘，密植樟树，应为建屋时刻意营造。

四、墙院型

贯背大夫第（图7）是墙院型堂横式民居的典型案例，贯背自然村位于坪背溪北岸山坡上，赖氏从驿前分居而来，建村于寺观后称观背，后谐音“贯背”。贯背大夫第坐西北朝东南，门楼朝西南，三堂五横，占地面积约2700平方米。现堂屋及紧靠堂屋两侧的两道横屋保存状况较好。入口门楼为六柱五间八字砖砌牌坊，装饰华丽，进入门楼有八角覆斗藻井天花，彩绘装饰。穿过门楼是卵石铺装的禾场，外包院墙围合。堂屋五间三进，入口向内凹入，堂

五、带围墙屋型

镇区东南部的“万和号”（图8）是二堂三横带围墙屋的典型案例，坐西北朝东南，外设门楼朝西南，为四柱三间牌楼门，两侧有八字墙。门楼一侧与围墙屋相连，一侧与围墙及横屋相连，围墙屋与厅屋、横屋围合成一狭长庭院。厅屋面阔五间，较室外地面升起约550毫米，入口处内凹，入口门廊设鹤颈轩。前堂仅一开间，穿斗式构架；后堂亦仅一开间，山墙承檩，后堂后进置太师壁设神龛。厅两侧依次为正间、厢房。厅屋外墙为砖墙，内墙为板壁或夯土墙，条石天井，夯土地面。屋后地形高起，设有高约2米的挡土墙。横屋不对称，厅屋东侧设一道，西侧二道。横屋天井为乱石砌筑，地面为卵石地面。除围合前庭院的部分为砖墙外，其余部分为土坯砖墙。横屋由于质量较差，改造较大，位于东北角的横屋被改造成了一座独立式小住宅，形制十分接近典型的客家三间二廊式住宅。

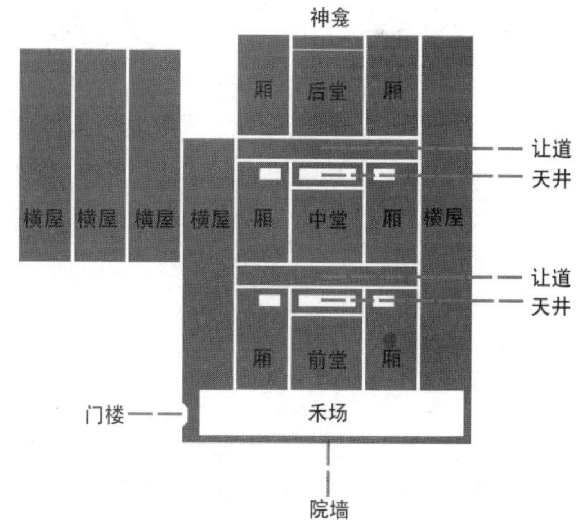

图7 贯背大夫第

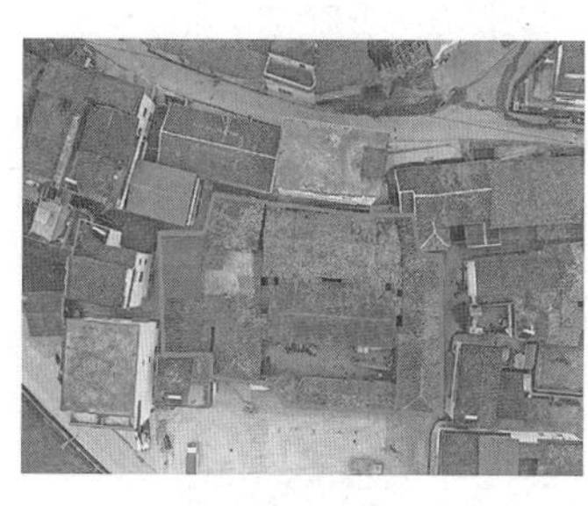

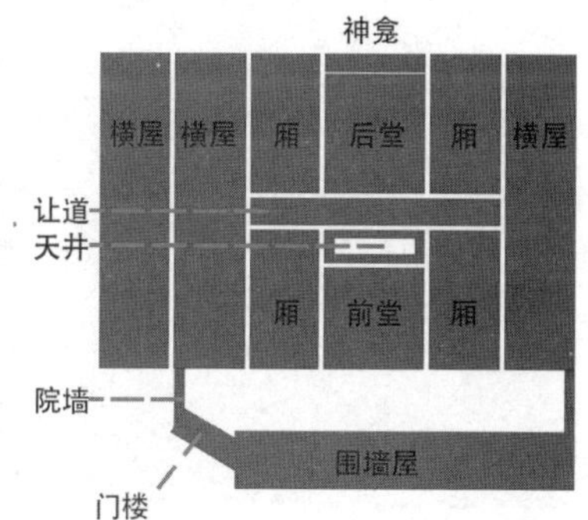

图8 万和号

坪背村观音嘴村东有一座规模较大的堂横屋，当地称之为观下围屋（图9），是二堂厅屋带围墙屋的特殊案例，但是与前一案例所提二堂厅屋不同的是，观下围屋将两座二堂厅屋毗邻修建，同时建有相当规模的弧形围屋，将月塘及禾场并入院中。赖氏家族从驿前分居于此，建筑主体坐东北朝西南，门楼向南，朝向盱江。内有除两座上下二厅的厅屋，另有四道横屋。建筑质量一般，除门楼全为砖砌外，其余建筑墙体，包括二座厅屋，均为砖砌至约1米高，上部为土坯砖，山墙承檩。这座建筑胜在形制独特，盱江在屋前形成一个凸弯，造成这个地段地势低洼，周边多为沼泽水塘。造主因地制宜，以围墙屋将一个略呈半圆形的池塘围合，形成一个禾场和池塘组合的前院，内部庭院景观和外部建筑形象均十分独特，当地人现将其称为“围屋”，但横屋间有多个通道直达建筑外部，并不具备围屋所必备的防御性。

六、带后枕屋型

位于驿前镇区最北端的“龙峰叠秀”（图10），是二堂二横带后枕屋的典型，坐西北朝东南，堂屋面阔五间，上下二厅。两厅均面阔一间，两侧依次为正间、厢房。堂屋外部为砖墙，前堂内隔墙为夯土墙，山墙承檩结构；后堂内隔墙为板壁，穿斗式构架，后金柱间设甬柱太师壁。堂屋天井为条石砌，地面为夯土地面。堂屋二侧各有一道横屋，横屋向前伸出与围墙屋一起围合成形成禾场。横屋除伸出堂屋前端部分为砖墙外，其余为夯土墙，结构为砖墙承檩，横屋天井为砖砌条石镶边。横屋二层，有吊楼。门楼位于禾场东北方向，坐西南朝东北，四柱三间，两次间为八字屏墙，门额上书“龙峰叠秀”。位于堂屋后部的后枕屋由若干前后二进、前店后居的店房建筑组成，店房朝向驿前老街下街，居住部分门开向堂屋与后横屋之间的天井。从而形成一座建筑主体面朝田野，又有大量沿街店房的、功能综合的大型堂横屋。

七、结语

广昌县驿前镇的传统建筑是江西省传统建筑的重要组成部分，当地堂横式民居方面在祭祀与居住功能结合的基础上发展出了多种衍生型，从其正屋平面形制按照礼制呈对称状，中轴线上的寝堂为最高级空间来看，驿前民居深受中原儒家文化的影响，而随人口增

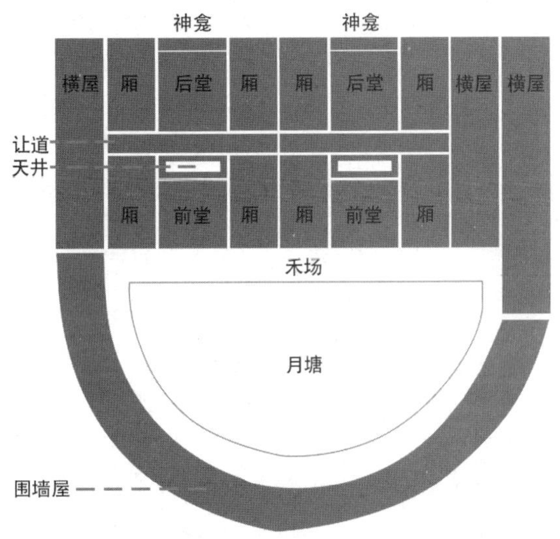

图9 观下围屋

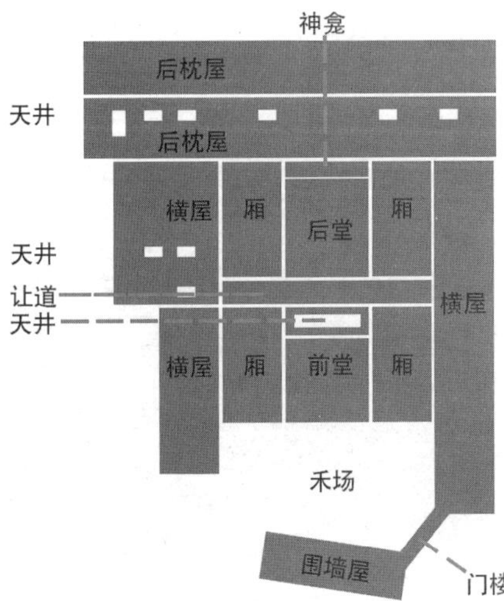

图10 龙峰叠秀

加衍生出的横屋的做法则更多地表现出了客家建筑文化的影响，布局上能够感受到客家方围的风格，同时横屋的营建会考虑到居民的生活、精神与用地条件等状况，从而呈现出各种各样的变化，这也有利于传统民居风貌的多样化。横屋虽然解决了大家庭聚居的居住空间问题，但会导致内部空间通风采光的欠缺，而围墙屋及后枕屋具有更好的通风采光效果，但能够提供的辅助空间相当有限，设置条件也尚待研究。通过对驿前镇堂横式民居空间形态的研究，能够了解到大多民居拥有着相近的平面形制，但是通过不同的衍生、细节、朝向、风水等原理，又使得每一栋建筑拥有其自身的特点，为下一步进行传统村落的保护与发展提供新的思考。

参考文献

[1] 蔡晴，姚赯，黄继东.堂祀与横居：一种江西客家建筑的典型空间模式[J].建筑遗产，2019，(4)：22–36.

[2] 任丹妮.赣西北、鄂东南地区传统民居空间形制与木作技艺的传承与演变[D].武汉：华中科技大学，2010.

[3] 饶卓群.江西金溪与鄂东南传统民居建筑比较研究[J].山西建筑，2020，46（5）：16–19.

[4] 孙一帆.明清“江西填湖广”移民影响下的两湖民居比较研究——以鄂东南、湘东北地区为例[D].武汉：华中科技大学，2008.

[5] 徐国忱，陆琦.江西金溪地区传统民居空间的变异[J].华中建筑，2020，38（1）：134–137.

[6] 姚赯.百川并流：江西传统建筑的地域特征[J].建筑遗产，2018，(4)：62–68.

[7] 姚赯，蔡晴.斯山斯水斯居——江西地方传统建筑简析[J].南方建筑，2016，(1)：16–23.

[8] 杨丽.赣地民居古建筑空间格局研究——以江西省乐安县流坑古村为例[D].江西：南昌航空大学，2017.

[9] 郑亚男.江西传统民居研究——以李坑传统民居为例[D].北京：北京服装学院，2008.

传承地域文脉的村落公共文化空间体系营建

——以婺源理坑村落公共空间体系人居环境营建特征为例

李军环[1]　周思静[2]

摘　要： 传统村落中的公共空间是村民社会活动与人际交往的重要空间场所，既是传承、展现本土文化的重要载体，也是一种独具特色的空间类型。然而随着"现代化""工业化"因素的渗透，传统的公共空间逐渐不能满足现代化的日常生活需求，乡村公共生活和公共空间渐渐脱节。本文以地域文脉为视角，以婺源理坑村为例，探讨传统村落公共文化空间体系下营建特征，延续乡村公共空间活力，实现乡村振兴。

关键词： 传统村落　文化空间　地域文脉　体系营建

一、引言

在城镇化、工业化的持续冲击下，传统村落的有机发展逻辑断裂、衰退特征明显，人口空心化、老龄化现象，田地闲置、老屋破损等情况造成了传统乡村内公共生活与公共空间的脱节、村内生活力不足、地域文化消逝等问题。通过村落公共空间这一核心要素的发展变化，反映了乡村社会生活与村落地域文脉的发展演变，使得传统村落的公共空间体系营建成为乡村建设中的一个重要组成部分，既可以提升乡村的空间活力，同时也有利于乡村的可持续性发展。而地域文脉是乡村聚落、居民与自然环境长久以来共生与融合的产物，是传统村落差异化发展的独特优势所在，地域文脉存在于村落的各个方面，尤其在公共空间中，不管是水口、古桥、街巷、广场、宗祠都体现了村落独自的特色地域文脉，也正是这些公共空间使村落的地域文脉得到延续。地域文脉既是乡村特色发展的生命力源泉，也是乡村优秀传统文化传承的村民地方感、归属感的精神内核。地域文脉与村落公共空间体系的营建始终是相辅相成的关系，传统村落公共空间的发展更新离不开地域文脉的传承，传统村落不仅是基本的社会单元，更是独立的文化单元，忽视村落的地域文脉等同于是传统村落在时代发展过程中的逐渐衰败，因此村落公共空间的营建与地域文脉密切相关。

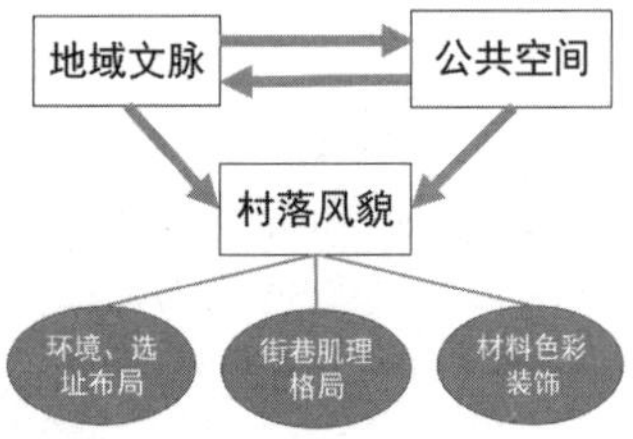

地域文脉　公共空间
村落风貌
环境、选址布局　街巷肌理格局　材料色彩装饰

图1　传统村落公共空间与村落风貌、地域文脉的相互关系

传统村落是农耕社会世代聚族而居从而形成独特的聚落空间，而公共空间始终是地域文脉传承的载体。通过梳理传统村落内公共空间体系人居环境营建特征，村庄内公共空间始终是村落文化传承的载体。码头边、大树下、石碾旁及祠堂、寺庙等都是村民日常活动的公共空间，一花一木、一砖一瓦都承载着村庄文化、村庄记忆。

二、婺源理坑村落公共空间体系营建特征

传统村落公共空间是指能够为村民提供交往和日常活动的公共场所，包含相关的公共活动形式，是村落自然空间和社会空间的重合形态，也是村落中的村民进行人际交往、公众集会和举办各种民

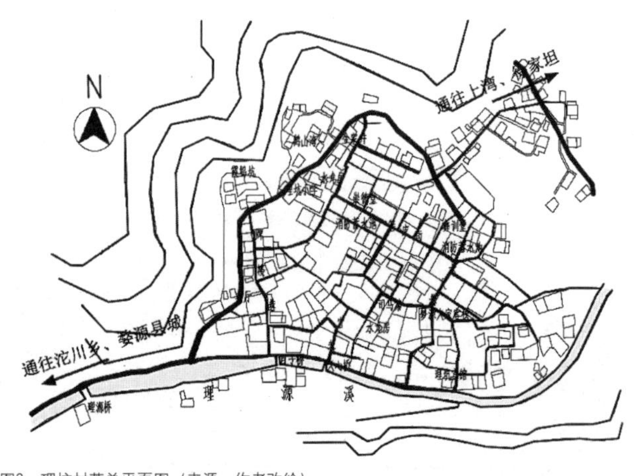

图2　理坑村落总平面图（来源：作者改绘）

---

[1] 李军环，西安建筑科技大学，教授。
[2] 周思静，西安建筑科技大学，硕士。

图3 村落空间的发展演变（来源：作者改绘）

俗活动的空间场所。同时在地域文脉的影响下，公共空间与村落风貌息息相关，如村落的生态环境、选址格局、街巷肌理、材料色彩、装饰构件、古民居等，如何将传统村落公共空间在地域文脉下传承和营建，总结村落公共文化空间体系营建下的人居环境特征，对传统村落的保护和发展，以及为未来村落空间置入活力和特色都具有至关重要的意义。下面以徽州历史文化脉络下的婺源理坑古村落为例，在徽州文化的依托下，探讨理坑村落公共文化空间体系下的营建特征。

1. 点状公共文化空间

点状公共空间具有可到达、可进入、可停留等特点。村落中的一些点状空间会成为一个中心放射点，影响到其他区域。点状空间包括街巷与建筑、河流的界点以及特定的活动场所。

（1）水口

水口原为风水学中的术语，概指水流的出入处，是徽州民居聚落的重要构成要素。水口通常结合地形地貌，种植风水林，架桥、筑亭台、楼阁等，实际上形成一个水口园林区。从整个空间形态上来看，水口区可以看成是聚落内部与外部的柔性边界，同时又是聚落领域的标志。大多数徽州传统聚落选址在依山靠水处，因而大多数徽州村落中的水口指的就是出水口。水口区通常是村落建设的重点表现区域，营造水口的最初目的是为了“聚”水、“留”气，水口区依托景观以及桥等元素形成特定的景观性公共空间。

作为理坑古村落入口处的水口区，自然环境特征明显；被村落西南处的狮山和象山两座山所包围，犹如“狮象把门”；为了聚气锁势，理坑村水口处，建筑群筑，有理源桥、文笔阁、文昌阁、天杆等，形成完整的“五行”格局。同时承接着村外自然空间与村内居民空间的过渡点，一些仪式、活动经常在此举行，是一个完全开放的公共空间。而水口区的景观往往具有一定的引导功能。从水口处进入，沿着亭、阁以及旁边的古树溪流，这样的景观组合给予人很强的引导性。水口处的空间不但是古村落居民进出村子进行生产、生活等活动的必经之地，由于其优美的景观环境，这里还是村民出作入息、聊天取乐的休憩之所和村民迎送宾友驻足之地。

（2）祠堂

祠堂是宗族制度的物质化体现，在徽州传统聚落中有着不可替代的位置。宗祠是举行各种公共活动的重要场所，如祭祀、决策宗族内部大事等；作为徽州聚落公共建筑的类型，宗祠并不是唯一的，它与戏台、书院等建筑一起，共同构成了村民生活的文化、娱乐空间。如果从整个聚落空间形态的角度来分析，也可将宗祠看作是节点类型的一种，它常与池塘、广场类公共空间有机地组合，形成了一个公共景观与公共生活的区域中心。

祠堂是聚族而居古村落中的核心，理坑村的先人相当重视祠堂的建筑。据《婺源县志》记载，理坑村原有祠堂17座：友松祠、效陈词、孝子祠、名贤祠、耆贤祠、古公祠、真儒祠、孝思祠、松阳祠、启正祠、学古祠、大中祠、保竹祠、德寿堂、敦复堂、守义

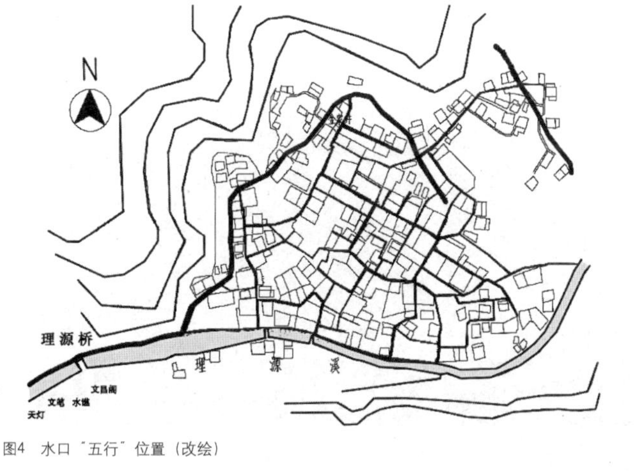

图4 水口“五行”位置（改绘）

图5 理坑“尚书第”“司马第”

堂等，分为总祠与支祠。可惜绝大多数已无从考寻，现存的只有敦复堂、效陈祠、德寿堂。

2. 线状公共文化空间

线状公共空间是将各个节点空间及面状空间连接在一起的街巷、道路、河流空间，在传统村落中一般呈带状分布。它是村落交通系统的组成部分，也是整个村落空间系统的骨架。村落的街巷道路可分为开敞的主巷、半开敞的次巷和端巷入户，长短不一，曲折迂回，且呈不规则“丁”字形、“井”字形布局，从而构成了和谐的邻里氛围。

（1）街巷

街巷是构成村落的重要元素之一,一个脉络清晰而又富有魅力的村落意象和街巷的形态是直接关联着的。村落中街巷由于曲折凹凸的变化或利用地形不同的逆行转折，使街道空间层次更丰富多变。村落中由街到巷的过渡十分明确，同时在立面形式上的不同处理手法让人经历了从“公共—半公共—私密”的心理感受过程。村落中街道发生转折的地方往往容易形成具有特殊识别功能的建筑组群，或扩展成为广场，加上其他的细节要素如井台戏台、祠堂、古亭等就使得村落空间环境更丰富，也增加了对空间环境的可识别性。理坑村村内交通是40多条枝状伸展的街巷，主要有箬皮街、官巷、石坦巷、百子巷等，使众多官邸商宅民居均得到保留；通往村外道路有青石板铺就的3条古道，东通百子岭，西达观音岭，北接胡柏岭。理坑古村落街巷多是曲折多变的，街巷的方向性并不很明显。

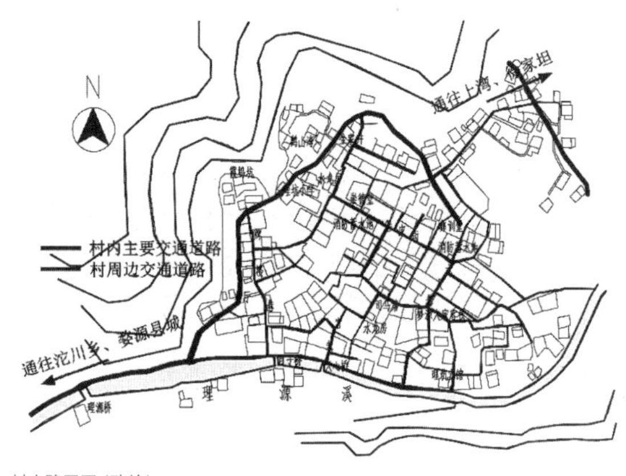

图6　村内路网图（改绘）

（2）理源溪水街

徽州村落多有河溪穿过，有些村落沿着溪水一岸或两侧后退一段距离，设置建筑物形成水街。理坑村入口的理源溪边街就是这样一条沿着溪水北岸形成的水街。水街通过两座石板桥——百子桥和天心桥与对岸相连，沿水街建筑旁边间或设置条凳，溪边设置下溪洗衣洗菜的石阶。村民在这里既可以歇脚或休憩，悠闲地领略水景和对岸风光，还可以与走村串户的小商小贩进行商业交易活动，而妇女们可以在溪边亲水的平台上边洗涤边嘻笑闹家常，水街空间具有浓郁的生活气息。水街、小溪及对岸连成一体，形成比较开阔的空间。

3. 面状公共文化空间

面状公共空间由线状道路联系，主要包括村口、广场、湖塘等，它具有很强的通达性，适合举办规模较大的活动，如文化演出、节日庆典。一般传统村落的活动广场主要依附于戏台、祠堂或村委会等建筑前的大片空阔场地，因而并没有形成完整意义上的“广场”。面状空间是乡村空间系统的主要组成部分，凯文林奇说过：“区域、通廊、斑点、节点、通路、聚会场所是一种社会性的集群心理感受”，虽然它的实体界限划分可能并不精确，但可以让你感知到，身处其中时心理上会有空间进入的行进、休止与动荡感觉，作为内部和外部的功能识别。

广场

广场是村落中主要用来进行公共交往活动的场所，在徽州古村落居民的交往之中起着重要的作用。但是，由于我国传统村落长期受到自给自足的小农经济的影响，加之封建礼教、宗教、血缘等关系的束缚，因此，对广场空间并不十分重视。村落中一般很少建造可以提供人们进行公共活动的广场，广场的功能往往是依附于其他的功能，主要是为了进行一些祭祀、拜祖等性质的活动依附于祠堂而形成的广场空间，以及提供给人们在戏台前看戏的空旷地。徽州村落各种类型的广场也是街巷空间的重要组成部分，它们与封闭、狭长的街巷空间有机地结合，形成开合有序、富有韵律的村落内部空间。

图7　村内街巷图

图8　理源溪水街

徽州古村落的广场与宗祠联系紧密，而在私人住宅门前，即使是官厅大宅也不会设置广场。因为在古代徽州人的观念里私有的土地最好的占有方式就是用院墙围合起来，成为内部空间。相邻的建筑快速的与祠堂一起围合出这些广场，空间的变化显得有些突然，广场的到来常会让人觉得豁然开朗。这些广场常常被称为“坦”，现在多为居民晾晒谷物、衣服之处。

理坑古村落祠堂门前的铺地广场在过去是村民进行社会性活动的场所，大型集会如祭祖、婚丧嫁娶等，一般很少用来进行其他的公共交往活动。而今天这里生活气息浓厚，是村民日常活动的重要场所。虽然余氏总祠衍庆堂在“文化大革命”中已毁坏，其基址已被利用建起理坑小学，昔日雄伟的祠堂不复存在，但是其前面的广场空间依然保留，并且活力依旧。村民们三五成群的聚在墙边石凳或建筑的门槛边聊聊天，放了学的孩子在空地的中央打打闹闹或围成圈做游戏等，此类空地广场为村民提供了自发性户外活动的场所。心理学家德克·德·琼治从活动心理角度分析，曾提出“边界效应”理论，认为“森林、海滩、树丛、林中空地等的边缘都是人们喜爱的逗留区域，而开敞的旷野或滩涂则无人光顾。”这与我们在理坑祠堂门前广场上观察到的人的行为活动是基本吻合的。空地的边缘是成年人休闲、娱乐的区域，而中心地带则是少年儿童“表现的舞台”。（段进）

图9 村落整体风貌

4. 地域文脉下的村落公共文化空间体系营建

传统村落在历史记忆下变迁和发展，它是自然农耕经济社会的经济形态和自然环境达到整体协调而出现的一种“天人合一”的生态宜居形式。因此，村落公共空间是一个空间主体，具有空间形态、规模和边界特征；同时，它是一个场所，是古村落中的公共场所包含着各类活动的开展；另外，它是村民公共活动与生活交往的物质载体。村落公共空间可以是开敞的，半开敞的，也可以是围合的。像村落入口空间（如村口、水口），街巷空间（如巷道、古桥），广场空间（如井台空间、戏台），宗教礼仪（如宗祠、寺庙），民居建筑门户空间（如入户门楼的院外空间）以及公共生态空间（如绿地、池塘空间）。

传统村落公共空间的有机体系是由许多大小形态各异、功能丰富的公共场所串联在一起形成的。这些不同的空间会对人产生特殊的吸引力，给当地村民带来强烈的安全感与归属感。传统村落的公共空间可按照不同的形式分为点状空间、现状空间、面状空间；这三类空间虽各有自己的特色，但处处体现着村落地域文化的共性，它们相互联系，相互制约，通过不同形式的结合，以地域文脉为线索，使这些存在着共性和个性特色的不同空间组成了村落空间多维复合的有机整体，形成了完整的村落文化空间体系营建。

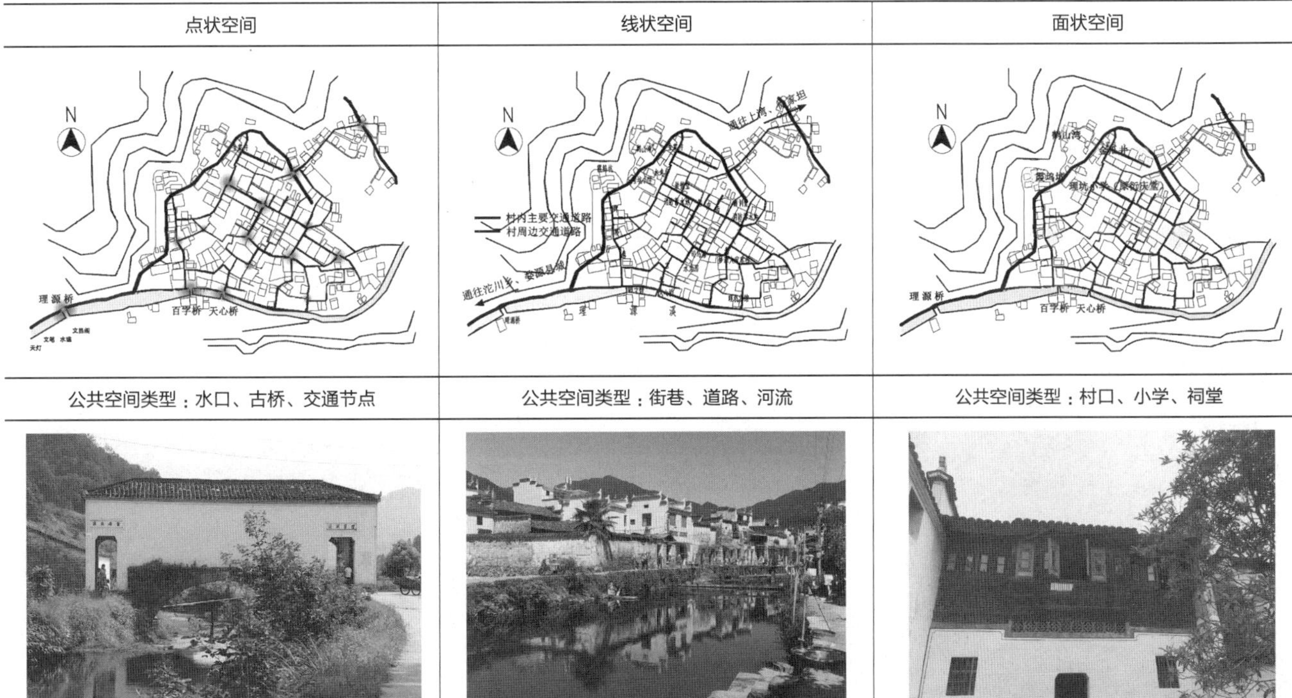

图10 村落公共文化空间体系

三、结语

“保护和研究古村落，一方面是因为它们是不可替代和不可再生的历史见证；另一方面它们也是人民智慧和创造力的见证，具有很高的审美价值，能启发后人的思维，有利于创造新的事物”。(陈志华)

传统村落公共文化空间体系下村落营建特征的探讨，对于未来传统村落的保护和发展具有至关重要的意义。首先对村落中点、线、面状公共空间体系营建特征总结，将村落中点、线、面状公共空间相互连接，构成村落整体空间结构；其次通过设计丰富多样的空间布局形式和空间层次，以地域文脉为依托，保持村落公共空间原有意义并融入活力和特色，构建传统村落公共文化空间体系，使传统村落公共空间能够得以保留并延续，在新时代下成为延伸地域文脉，重塑乡村形象的村落文化公共空间。在营造村落公共空间的同时，应注意保护传统村落文化空间，保护村落文化空间就是保护民间文化、传统民俗、保护村落特定时间下的文化场所和地域文脉特性，也是传统村落独特性发展的关键性所在。

传统村落的保护与发展是一个亘古不变的问题，传统村落不仅是一个基本的社会单元，更是独立的文化单元，从村落的生态环境、选址布局、聚落形态再到村落中点、线、面状公共空间的营建，地域文脉贯穿始终；而仅仅有点、线、面状这样各自独立的文化空间是远远不够的，应构建传统村落公共文化空间体系，以地域文脉为线索，串联点、线、面各空间组团，文化空间体系的营建不仅使村落实现从单一到整体的变化，更让村落空间的发展有迹可循，因此完整的村落公共文化空间体系营建对实现传统乡村的整体、有机、可持续发展具有至关重要的意义。

参考文献

[1] 戴林琳，徐洪涛.京郊历史文化村落公共空间的形成动因、体系构成及发展变迁[J].北京规划建设，2010，3：74–78.

[2] 戴嘉瑜，南太湖地域传统村落公共空间特色营造研究[D].苏州：苏州科技大学，2017.

[3] 汪亮.徽州传统聚落公共空间研究[D].合肥：合肥工业大学，2006.

[4] 唐贤巩，胡安明，刘娟.婺源古村落空间环境意象的解读[J].现代农业科学，2008.

[5] 郭美锋.理坑古村落人居环境研究[D].北京：北京林业大学，2007.

[6] 胡敏娴.徽州古村落人居环境空间研究[D].北京：北京林业大学，2007.

[7] 李芗，王宜昌，何小川.乡土精神与现代化——传统聚落人居环境对现代聚居社区的启示[J].工业建筑，2002，32（3）：1–5.

[8] 郑赟，魏开.村落公共空间研究综述[J].华中建筑，2013（3）：135–139.

[9] 胡敏娴.徽州古村落人居环境空间研究[D].北京：北京林业大学，2007.

[10] 刘沛林.传统聚落选址的意向研究[M].中国历史地理丛No.1，1995.

[11] 陈志华，楼庆西，李秋香.婺源乡土建筑（上下册）[M].台北：汉声杂志社，1999.

[12] 郭美锋.理坑古村落人居环境研究[D].北京：北京林业大学，2007.

[13] 程建军，孔尚朴 风水与建筑[M].南昌：江西科技出版社，1992：16–24.

[14] 张晓冬.徽州传统聚落空间影响因素研究——以明清西递为例[D].南京：东南大学，2004.

[15] 何冬冬.类型学视野下的徽州传统民居研究——以婺源县沱川乡理坑村为例[D].武汉：武汉工程大学，2016.

[16] 于雷.空间公共性研究[M].南京：东南大学出版社，2005.

[17] 郑建鸿，吴竞，张庐陵.婺源古村落的选址与布局初探——以理源和李坑两古村落为例[J].江西农业大学学报（社会科学版），2006.

[18] 吴良镛.人居环境科学导论[M].北京：中国建筑工业出版社，2001.

[19] 吴良镛.建筑城市人居环境[M].石家庄：河北教育出版社，2003.

[20] 刘忱.乡村振兴战略与乡村文化复兴[J].中国领导科学，2018（002）：91–95.

[21] 文剑钢，戴嘉瑜.基于有机更新理论的传统村落公共空间特色营造研究——以湖州和孚镇荻港村为例[J].生态经济，2018，034（003）：230–236.

[22] 王竹，钱振澜.乡村人居环境有机更新理念与策略[J].西部人居环刊，2015，30（02）：15–19.

[23] 鲍梓婷，周剑云.当代乡村景观衰退的现象、动因及应对策略[J].城市规划，2014（10）：76–84.

[24] 费孝通.乡土重建[M].长沙：岳麓书社，2012：13–14.

[25] 顾姗姗.乡村人居环境空间规划研究[D].苏州：苏州科技学院，2007：5–6.

[26] 原广司.世界聚落的教示100[M].于天祎，刘淑梅，马千里，译.北京：中国建筑工业出版社，2003：24.

水环境影响下的豫南传统村落空间模式探析[1]

林祖锐[2]　王明泽[3]

摘　要：豫南地区现存传统村落众多，村落周围水源充沛，丰富的地表水及湿润的气候形成了复杂的水环境，其影响几乎已经渗透到村落的每个角落，与村落的生存与发展紧密结合在一起。本文重点梳理了水环境影响下的豫南传统村落选址、空间形态以及空间节点营造，是对豫南地区传统村落研究的补充和深化，为进一步保护传承豫南传统村落文化提供参考。

关键词：豫南　传统村落　水环境　空间模式

一、概述

1. 豫南地区独特的水环境

水环境指水元素在生命循环过程所产生的村落及环境范围。广义而言，即水的生命循环系统中水所涉及的空间范围。豫南地区位于多水地带，年降雨量1300毫米左右，位居全河南第一位；境内河网密布，塘、湖、堰、坝、水库星罗棋布，信阳市河流众多、水系发达，其中有17900平方公里的流域源于淮河水系，340平方公里的水域源于长江水系。淮河水系密集且径流量大，较大支流有浉河、竹竿河、潢河、白露河等。还有隶属于长江水系的十几条源头细流，主要集中在大别山主脊南侧的连康山附近（图1）；信阳市水文地质条件复杂，地下水主要靠降雨补给，而后以河道基流、河谷潜流等形式排出。豫南地区丰富的水资源为当地人民的繁衍生息创造了有利条件，也创造了多彩的水环境、水空间。

在豫南地区列入中国传统村落名录五批共28个村落中，有自然水系穿过的村落，也有自然水系傍依、环绕的村落，其与地域以及水系的关系如图3所示。

2. 豫南传统村落概况

所谓“豫南”，顾名思义，指的是河南省南部地区。清朝官书中曾有记载，信阳，豫南也，位于淮河上游，大别山麓脚下，山清水秀，有着“北国江南，江南北国”的美誉。一方水土养一方人，一方水土造就一方的特色，豫南独特的地理环境、温和气候为豫南古村镇及古民居的保护提供了得天独厚的条件。2012~2018年，国家三部委先后联合开展了五批“中国传统村落”评选与资助活动，其中豫南地区前后共有28个村落被列入国家级传统村落，数量可观，保存较为完整，有较高研究价值（图2）。本文主要以河南省最南边的信阳市为研究对象从而研究豫南地区的传统村落。

图1　豫南地区水系示意图

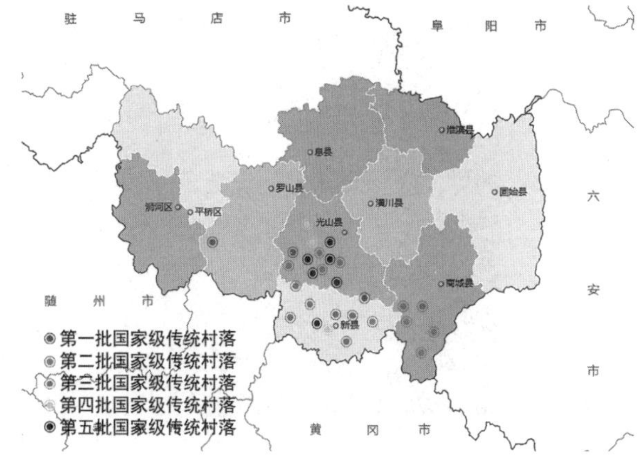

图2　豫南国家级传统村落分布示意图

---

❶ 基金项目：国家自然科学基金资助项目“太行山区古村落传统水环境设施特色及其再生研究”（51778610）资助。

❷ 林祖锐（1973—），中国矿业大学，教授。

❸ 王明泽（1997—），中国矿业大学，研究生。

类型	地域划分				水系划分			
村落数量（个）	新县	罗山县	光山县	商城县	竹竿河	潢河	白露河	灌河
	10	1	12	5	1	13	9	5
百分比	35.7%	3.6%	42.9%	17.9%	3.6%	46.4%	32.1%	17.9%

图3 豫南传统村落统计分析图

二、水环境影响下的村落选址分析

水环境对村落选址的影响不仅是简单的水源对于村落选址的影响，还是和水源有关的风水、防洪防御和水陆交通等对村落选址的综合影响。豫南地区雨量充沛，洪涝灾害严重，据历史记载，豫南地区曾发生严重洪涝灾害39次，中等洪涝灾害62次，轻微洪涝灾害更是数不胜数，所以豫南现存的传统聚落必然要具备一定的防洪防御能力。

《管子》有言："高勿近阜而水用足，低勿近水而沟防省"，受生存、文化、安全等要素的影响，豫南传统村落在选址上有多种分类方式，常见的有按地形分和按村落与水的位置关系划分。下面从这两种方式出发，剖析为适应不同水环境豫南传统村落选址层面体现的智慧。

1. 按地形分

豫南地区地形复杂，西部和南部是由桐柏山和大别山构成的山地，是江淮两大流域的分水岭，占信阳市总面积的36.9%，包括新县、商城县、罗山县、浉河区等；中部和北部是大面积的平原和丘陵，淮河穿流而过，主要种植水稻，水田如网，与江南地形地貌相似。在这两种差别较大的地形地势主导下，豫南传统村落可以分为平原型村落与背山面水的山地型村落。

（1）平原型村落

在古人们最初学会农耕之时，往往选择土壤较为肥沃的区域进行耕作，如水源经过的盆地、平原地区等，尤其是河流汛期过后，周围区域被淤泥覆盖，土壤更加肥沃。随着时间的推移，这些地方就开始聚集形成村落。经过调研发现，豫南地区的平原型传统村落选址位置绝大多数位于河流的河曲之内，如光山县泼陂河镇雀村以及光山县白雀园镇（图4）。

（2）山地型村落

豫南地区的山地型村落一般位于浅山区，山体不高，山前地形平坦，注重村落宏观格局，用地相对开阔，选择的余地大，所以一般会选择一些"风水宝地"，形成"背山面水"的空间格局，丁李湾、毛铺等村落都属于这种类型（图5），村落所处的区域整体比较平坦，水资源充足。

这种类型的村落有两个显著的特点：第一，利用山水环境进行布局，背靠山体，不仅是风水上的观念，从实际作用来看，更具防御性能，如新县毛铺村楼上楼下村民组，每家都有一条通往后山的主道，具有良好的自防护卫功能。除了靠山之外，村落无一例外地会在村前开挖池塘储水，方便村民使用；第二，择高而居，农田位于村落与河流之间，形成"山体—村落—农田—河流"一体的系统格局。河水会滋润土地的肥力，此处的土壤是最适于耕作的土地；田地将村落与河流隔开一定距离，这样既有利于村落的扩张，也会减少洪涝灾害的发生。

2. 按村落与水的位置关系分

豫南传统村落经过先民们顺应自然的营造，经历长期演变与发展后，才呈现出与水系宛若天成的状态，形成稳定和谐的水环境。水体的宽度、储量、水势以及弯曲度直接影响了村落与水的位置关系，经过研究发现，豫南传统村落与水环境之间的关系主要可分为相伴型、相依型、相交型（图6）。

(a) 光山县雀村

(b) 光山县白雀园镇

图4 平原型村落

(a) 丁李湾平面

(b) 丁李湾整体风貌

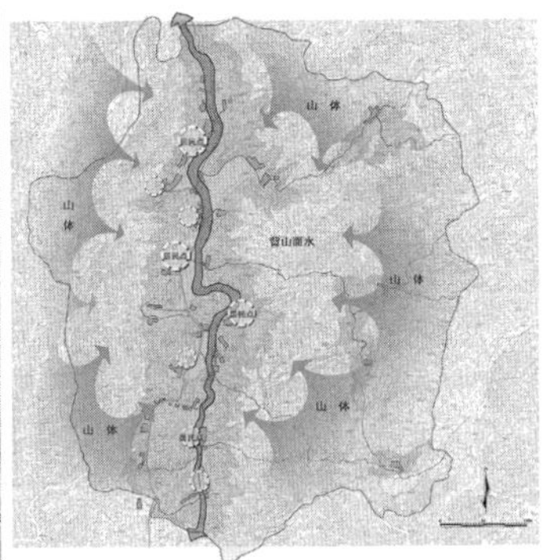
(c) 毛铺村平面

(d) 毛铺村整体风貌

图5 山地型村落丁李湾、毛铺村

类型		特征	案例
受河流影响	相邻型	河流沿村落外围环绕围合，距离村子有一定的距离。为方便居民饮用水以及风水观念影响，村内大多开挖池塘储水	光山县徐畈组
	相依型	河流与村落紧密相依，沿村落一侧而过，村落形态沿地势发展，其街巷空间的延展大多平行或垂直于主要河流	新县钱大湾村
	相交型	一条水系穿过村落，将村落分割成两部分的平面形态。村落整体沿溪线布局，沿溪形成层层台地，建筑布于台地之上。滨溪形成了丰富的滨水空间	新县西河村大湾
受湖泊水塘影响	村包水	村落分布较为均匀，整体沿天然湖泊或水塘四周分布，将湖泊或水塘围在中间，湖泊水塘附近往往成为村落的生活、交流中心。这种类型充分说明了水环境对于村落选址的影响	光山县龚冲村
	水包村	村落分布较为集中，且整体被面积大小不等的湖泊或水塘包围。除通往村外的道路，周围的湖泊或者水塘将村落封闭在里面，如遇战事，易守难攻，能够很好地保护村落	光山县管围孜村

图6 村落与水位置关系分类

三、水环境影响下的村落空间形态分析

豫南村落的整体形态非常依赖于周围的水环境，基本上村落的空间形态都是在水环境的引导下发展生成。豫南百姓在崇尚自然的观念指引下，顺应地势，借助山水，来经营着自己的村落和日常生活，村落形态与环境融合，显得非常的有机，整体感强。一方面，百姓会根据方位选址，有限的地域环境进行村落的建设，在村落不断扩建中，不断的与环境进行磨合，就形成了与环境咬合的很紧密的形态特征；另一方面，各个村落的形态又会由于村落内部空间的不同产生一定的差异。从平面上来看，豫南传统村落主要可以分为带状、团状和分散状三种形式（图7）。

1. 带状村落形态

豫南南部地区带状村落很多，这些村落具有一般带状村落形态的特征，但受水环境的影响，其带状村落形态特征又呈现出自己独有的特色。豫南地处大别山脚下，山谷沟壑众多，山间又多河流，这里的带状村落多是沿山谷地形、河流走向，因地就势形成的。如新县周河乡熊塆村、新县苏河乡钱大湾村，主体沿河流分布，垂直河流方向宽度远小于沿河流分布的宽度，形成明显的细带状村落特征。有些村落将水环境与当地的地域文化结合起来，村落平面形象如同鱼、龙等动物，具有一定的象征意义，如新县丁李湾村村落从整体来看形似鱼形，村落西侧似鱼头，东侧似鱼尾，村落南部的半月塘似鱼肚。

2. 团状村落形态

团状村落是指村落整体集中分布，并且集中在一处分布，村落附近或存在天然湖泊和河流，或是人工水渠和水塘，每个村落少则两三个多则五六个水塘，水塘并不相通，便于交通的同时防止一个水塘污染影响其他水质。明末清初时，战乱频发，匪患猖獗，豫南为吴楚门户，与汝南、春陵形成掎角之势，易守难攻，是兵家必争之地。豫南传统村落经这一动乱时期而幸存者，村落需要有较强的防御性，而这种集中分布，外部水塘环绕，仅水塘与水塘之间留有通道的布局形式可以很好地满足防御需求。

3. 分散状村落形态

豫南地区沟壑纵横，较平缓用地面积有限，多有村落无法统一规划，被蜿蜒的山脉和河流分割成2~3个小组团，从而形成分散状村落形态。这种类型的村落在山地和平原均有分布，平原上的分散状村落主要是被湖泊分割，如罗山县朱堂乡肖畈村。分散状村落更具有复合性，没有带状村落的延伸性，也没有团状村落的规整性。

四、水环境影响下的村落空间节点营造

豫南传统村落水环境节点众多，既有普通传统村落常有的古井与桥梁，也有本地特色的水环境景观节点（图8）。豫南传统村落

村落形态	特征	案例
 带状村落	村落沿河流分布，村落进深较小，呈带状分布。深受到周边的环境的影响，顺着山势和河流等环境要素的走势展开 与水环境关系 村落一面靠水，此类村落河流往往较为宽阔，民居沿水系纵向延伸，形成平行于水系的村落布局	 新县熊塆村 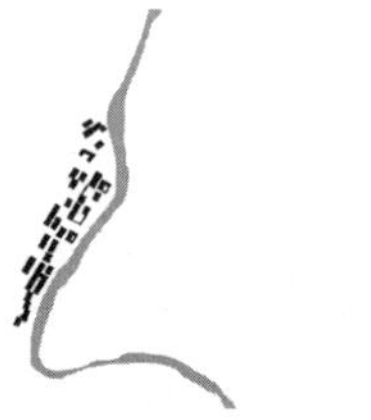　新县钱大湾村
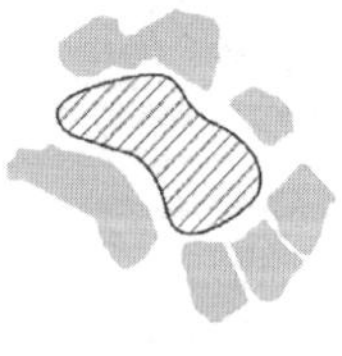 团状村落	特征 村落聚集于一处分布，附近有充沛的水源，以便于聚落居民生活 与水环境关系 附近存在天然湖泊河流或人工水渠和水塘，河流或湖泊沿村落外围环绕围合	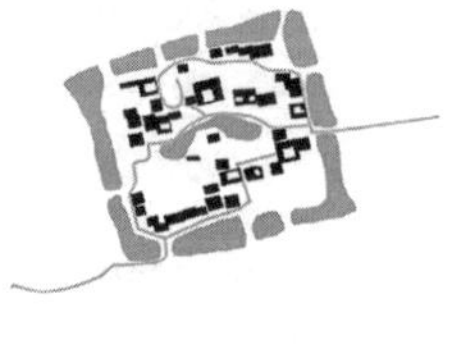 光山县管围孜村 　光山县雀村
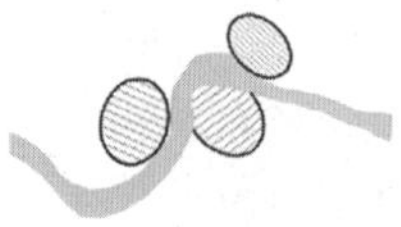 分散状村落	特征 村落主体不是集中在一个位置，而是被如山体、河流等因素分割成不同单元，这些单元分散在多个位置，各单元间相离不远 与水环境关系 受到河流、湖泊或者水田影响分散为数个组团，有些受到河流、湖泊的耦合影响形成分散的村落形态	 商城县何家冲村 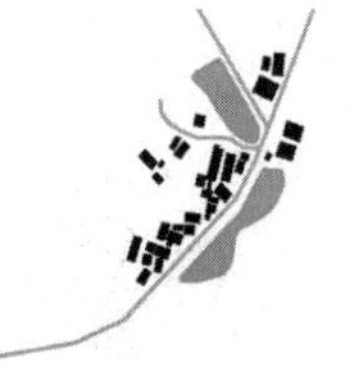　罗山县肖畈村

图7 村落形态分布类型

多临近河流或村内有水塘、水井等，这些水系与人们的生活息息相关，是人们生活、生产用水的主要来源，同时也形成宜人的滨水交往场所。如：邻水界面往往延伸出平台、台阶等以满足人们取水、洗衣等活动。滨水空间也是村民主要的交往场所。

桥梁作为村落重要的交通设施，是水空间中不可或缺的构成要素。豫南地区地形起伏变化，多阵雨性降水，桥这一景观元素十分常见。豫南山岭地区的传统村落中，用地较为集约紧促，桥兼具交通、交往、商业功能；豫南地势相对平坦的传统村落中，水系宽度较小，多为平板石桥，仅具有交通功能。

滨水空间节点与人的行为密不可分，村落空间由人塑造，空间又对人的行为有引导和制约作用。因此空间行为作为文化意识的载体，映射了相应的文化意识形态。临水节点空间是村落空间变化的承接点，是居民交往的主要场所之一，能反映出地域文化特征和居民生活方式。井台空间、桥头空间、水埠和水塘等常见的临水节点空间作为村落中不可缺少的功能型特色空间，除满足本身具备的生活需求功能或交通运输功能外，还提供了休憩交往的复合型公共空间，甚至被赋予了象征意义，成为居民的精神载体。

五、水环境影响下的豫南传统村落空间模式规律性总结

整体来看，豫南传统村落的空间模式呈“面水聚居”分布。水环境的影响是导致豫南传统村落形成“面水聚居”空间模式的重要条件，同时也有防御、农耕的需求。在水环境的影响下，豫南传统村落空间组合可总结出以下几个规律：

①响应水系格局。在村落选址、空间布局和临水空间节点营造等各层面，豫南传统村落均对水资源有不同程度的呼应。

②规避洪水灾害。利用高差避免洪水侵害，提前考虑水位变化对村落的影响，并合理组织排水系统。

③适应生产生活。滨水村落的空间组合是从生产生活的功能需求出发对水的适应性营建。

④遵循地域文化。滨水村落的空间组合不仅受风水观念的指导和宗族文化的约束，还体现出了不同地域和民族文化的交流与融合。

<table>
<tr><th colspan="2">类型</th><th>形态</th><th>功能</th><th>特征</th></tr>
<tr><td colspan="2">井台空间</td><td>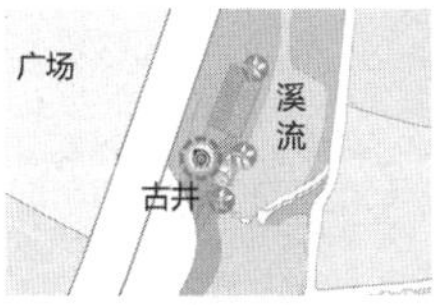
新县毛铺上王湾村古井</td><td>饮用功能
洗涤功能</td><td>豫南传统村落的水井多位于村落安全范围内，使用受全村监督，多位于村前或村中较宽敞的地区；也有些村落山涧泉水丰富，常引水进户或搭建井亭，将水井建于河流旁</td></tr>
<tr><td rowspan="2">桥头空间</td><td>拱桥</td><td>
郝堂村桥梁</td><td>交通功能
休憩功能
交流功能</td><td rowspan="2">桥梁作为村落重要的交通设施，是水空间中不可或缺的构成要素。豫南地区地形起伏变化，多阵雨性降水，桥这一景观元素十分常见。豫南山岭地区的传统村落中，用地较为集约紧促，桥兼具交通、交往、商业功能；豫南地势相对平坦的传统村落中，水系宽度较小，多为平板石桥，仅具有交通功能</td></tr>
<tr><td>梁式桥</td><td>
楼上楼下村石桥　西河村桥梁</td><td>交通功能</td></tr>
<tr><td colspan="2">水埠</td><td>
毛铺村水埠　西河村水埠　丁李湾水埠</td><td>生活功能
休憩功能
交流功能</td><td>豫南传统村落多靠水，水埠必不可少，水埠的功能类似小型码头，是人与河联系的纽带。大部分为石制，方形水埠居多，如新县丁李湾水埠，也有少数水埠呈椭圆形</td></tr>
<tr><td colspan="2">水塘</td><td>
田铺乡大湾村水塘　垄冲村水塘</td><td>生活功能
景观功能</td><td>豫南地区水塘随处可见，分布位置也有明显差异，或位于村落周边被建筑物环绕（前置式、后置式），或紧挨宗祠、书院或钟楼等大型公共建筑，恰似众星捧月（中心式）</td></tr>
</table>

图8　临水节点空间营造

六、结语

豫南传统村落营建中，水环境对村落空间模式的影响主要体现在地表水环境的影响上。村落的整体空间布局和形态都受到水系影响，环村而过的自然水系、人工开凿的水井水塘等共同决定了村落的布局模式。传统村落中蕴含的理水智慧和治水理念对村落保护和改造有着重要意义，值得当代村落保护者深思，以便于更好地保护与传承豫南传统村落文化。

参考文献

[1] 信阳市暴雨洪涝气象灾害研究与应用课题组.信阳市暴雨洪涝气象灾害预报研究与应用[R].信阳：信阳市气象局，2012，6.

[2] 孙贝.中国传统聚落水环境的生态营造研究[D].北京：中央美术学院，2016.

[3] 熊海珍.中国传统村镇水环境景观探析[D].成都：西南交通大学，2008.

[4] 吕阳.豫南地域文化背景下信阳传统村镇聚落空间模式研究[D].郑州：郑州大学，2015.

[5] 林祖锐，刘婕，理南南.基于乡村性传承的古村落整治规划设计研究——以河南省新县毛铺村为例[J].遗产与保护研究，2016，1（04）：16–23.

[6] 吕轶楠.水环境影响下的豫南传统聚落营建特色研究[D].徐州：中国矿业大学，2020.

基因理论视角下传统村落图式语言研究

——以福建省福清市普礼村为例

靳 泓[1] 李和平[2] 郭凯睿[3] 孙伟彤[4]

摘 要： 传统村落是中华民族文化的源头与根基。但当前我国传统村落存在传统风貌受侵蚀、自主自建性破坏等问题。文章以福建省传统村落普礼村为研究对象，从基因理论视角梳理构建"村域–聚落–建筑单体"的图式语言指标体系，并从自然地理、人文历史、形态生成三个层面进行解析和识别，探索其形成过程的机理及逻辑脉络。以期将地方性传统空间特征的设计语汇融入现代语境，为新时期传统村落保护、发展提供些许思路。

关键词： 基因理论　传统村落　图式语言　保护　普礼村

一、传统村落当前存在的问题

传统村落是中国悠久历史文化传承的重要载体[1]，真实记录了传统建筑风貌、优秀建筑艺术与营造技术、传统民俗民风和原始空间形态，是中华民族文化的源头与根基，也是中国物质文化遗产与非物质文化遗产生动的结合[2]。随着农业科学技术的进步，产业结构的变化等给传统村落带来了农村经济发展和劳动力解放，但同时也给传统村落的保护与发展带来了诸多负面影响。具体如下：

1. 建筑风貌——传统村落风貌侵蚀严重

我国各地域传统村落中的建筑形式种类繁多，具有鲜明的地区风格，但目前我国传统建筑详细信息不足，传统工匠体系逐渐衰败，修建性破坏成为传统村落保护中一个不可回避的严重问题[2]。究其原因，其一，传统村落的历史、文化、民俗和当地建筑风格被忽略，不恰当的建筑材料和手工艺被使用，修复过程中的"自主自建性破坏"案例比比皆是；其二，传统村落作为农耕文化时的产物，居住建筑空间功能与村民改善居住空间的需求发生矛盾。再加上村民保护传统村落意识薄弱，为了满足自身生活需求而盲目加盖、新建，造成传统村落风貌和格局的加速破坏。

2. 内在文化——地域文脉未得到较好延续

当前，我国除了极少数被列为历史文化名村的传统村落得到了较好保护之外，大多数传统村落仍"无人识、无钱修"，处于自生自灭的状态。据相关记录统计数据显示：具有历史、民族、地域文化和建筑艺术研究价值的传统村落，2004 年总数为 9707 个，至 2010 年仅存 5709 个，平均每年递减 7.3%，每天消亡 1.6 个传统村落[❶]。2012 年全国传统村落调查汇总的数字表明：我国现存村落缩减为 230 万个，村落消亡迅猛势头不可阻挡。再加上近年来大量农村人口进城务工，不少传统村落逐渐"老龄化""空巢化"[2,3]，传统建筑闲置、坍塌、荒废现象更是日益严重。

3. 保护机制——基础数据严重不足

传统村落大多历史悠久，分布在相对偏远、贫困落后的地区。许多传统村落历史文化资源不明，没有建立资源种类、数量、材料、年代工艺等基本信息档案[4]，导致保护管理缺乏科学依据，不利于历史文化资源的保护以及合理开发利用。加之传统村落自身类型多样，保护对象较为复杂，地方经济发展水平参差不齐，综合导致传统村落保护标准和规划成果内容深度欠妥[5]，无法有力规范指导村民自发建设，建设性损害由此屡禁不止。

二、引入基因理论对研究传统村落图式语言的意义

基因是生物学概念，其首要特征是遗传性（即延续性），生存、繁衍、传承是最基本的演化标准。将基因理论视角引入传统村落图式语言的研究，不仅是以理性对待历史传统，从历史上了解传统村落的内在形成机理、形式含义的认识论和保护论，更是适应新生活方式要求的前提，并以此指导设计的发展论。具体如下：认识

❶ 靳泓，重庆大学建筑城规学院，城乡规划学博士研究生。
❷ 李和平，重庆大学建筑城规学院，教授，博士生导师，党委书记。
❸ 郭凯睿，重庆大学建筑城规学院，城乡规划学博士研究生。
❹ 孙伟彤，重庆大学管理科学与房地产学院，建筑与土木工程硕士研究生。

❶ 中国传统村落网。

论——以理性对待历史传统，建立传统村落保护、发展、更新的“生命体”思想，在传统村落更新和发展过程中，将有利于达到传统文化内涵的延续与满足人们现代生活方式需求的平衡，促进传统村落基因的延续，传统风貌特色的传承，延续传统村落的生命力；保护论——深化传统村落研究内容，完善我国传统村落保护规划研究内容和设计过程，补充传统村落的基础数据“基因库”，构建我国地域性研究数据库，建档立案，为之后的保护管理提供资料依据，在保护和合理开发利用传统村庄的历史文化资源方面发挥着重要作用；发展论——揭示传统村落现有形式的内在结构，用以尝试生成出一种进化、演化的机制[6]，即保持文化与传统的连续性。

三、福建省普礼村传统村落图式语言体系构建

1. 研究区概况及数据来源

普礼村隶属于福州市福清市一都镇，是福建省第二批省级传统村落，历史悠久，山环水抱，群山侧隐，周边山峦起伏、陡崖奇石众多，古寺、古厝、古榕、古村落散布其中，形成一条多姿多彩的“十里画廊”。现仍很好地保留有明清时代传统古民居——保二头民居群、普礼厝、保山厝等，旅游资源价值颇高。

项目组于2019年8月对普礼村进行了实地调研，获取了普礼村数据，包括卫星图片、无人机倾斜摄影数据、文献资料、重点建筑测绘及访谈数据。

2. 普礼村传统村落保护目前存在问题

普礼村历史文化遗产保存相对完整，也存在诸多问题，主要表现在以下方面：

（1）村落空间格局清晰，风貌侵蚀严重

普礼村村落“山-水-林-田-村”空间格局清晰，传统建筑相对集中，保存较为完整。但近些年新建成的建筑在层数、体量、形式等方面与普礼村传统建筑形制差别较大，对村落整体风貌造成不同程度的破坏，保护措施的提出迫在眉睫。

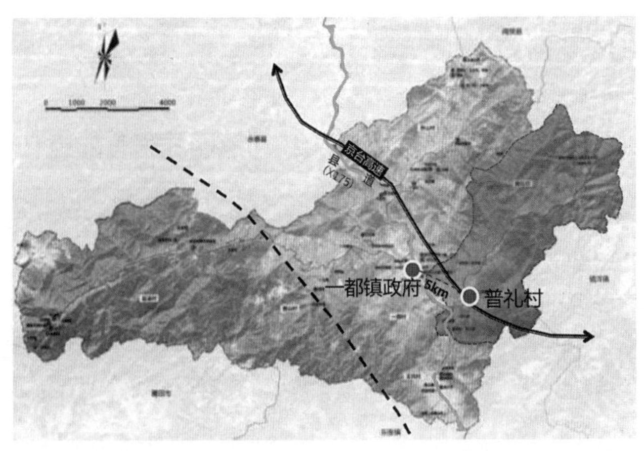

图1　普礼村区位分析示意图

（2）传统建筑历史悠久，空置破败现象严重

村内传统建筑多始建于清代，建筑延续至今。然而，由于城市化和工业化的浪潮，大量村民背井离乡，导致“人去厝空”，古厝仅在重要时间如婚嫁丧娶等情况使用，导致因平时看管不足出现建筑破败无人修复等情况。

（3）建筑构件遭到严重偷盗，建筑修复需求较为强烈

村内大量古厝的构件精美，艺术价值极高，但由于部分建筑内平时看管不足、人们保护意识淡薄，综合导致盗卖传统建筑构件等现象日趋严重。一些具有重要保护价值的传统建筑的精美木雕构件、门窗被一些文物贩子盗走，不少传统建筑遭到破坏，居民对传统建筑的修复需求较为强烈。

3. 传统村落文化遗产景观基因识别指标体系构建

空间的营造充分反映人们对自然和社会建立的独特知识体系，成为传统地域文化景观的典型代表和反映传统地域文化景观的直接图式语言。采用特征解构提取法[7，8]对传统村落物质空间进行特征解构，将其解构“村域-聚落-建筑单体”三个维度，具体包括村域环境特征、村落环境特征和传统民居建筑特征3大类共11项指标的普礼村传统村落图式语言指标体系（表1），具体如下：

普礼村传统村落图式语言指标体系　　表1

维度	识别因子	识别指标	指标解释
村域	村域环境特征	选址与格局	地理风水格局
聚落	村落环境特征	平面形态	仿生图案或意象图形
		空间布局	集聚、散居或组团等
		街巷格局	路网结构
建筑单体	传统民居建筑特征	平面结构	围合、半围合或不围合
		建筑形制	多进合院式或单体院落
		屋顶造型	悬山顶、硬山顶或平屋顶等
		山墙造型	人字形或三角形
		建筑层数	一层或多层
		建筑用材	土、木、砖、石等
		局部装饰	砖雕、木雕、石雕等

4. 识别结果分析

综合运用地域、元素、结构、图案和文本提取法[9]，识别特征基因。具体“空间布局-单体建筑-局部装饰”体系识别结果如下：

（1）村域环境特征识别

普礼村选址背山面水，小山在中，大山于外围环绕，山丘环抱平地，呈现四面高、中间低之势，可谓“九山半水半分田”，村落与山体、水系形成“山-村-田-水”融合的景观格局，整体与理想古村聚落选址的风水格局一致，契合古人天人合一的选址理念（图2）。从内部看，村落以保二头古民居群为主体，周边民居以大厝为主导形成大分散、小聚居格局，保二头古民居群空间保持原貌，尺度适宜。总体上看，“田厝相间、背高面低、山-居-田-水”和谐统一是村落最大景观特色；从外部看，普礼村农耕用地为山体环抱，中部龙屿溪横穿而过，农业灌溉方便，适合农业生产。坡地上的传统民居沿等高线分布，均经过精心设计，村落围合的地理环境体现了自然景观和人文景观的统一。

（2）村落环境特征识别

普礼村村落空间肌理具有以下两点特点：其一，传统建筑往往依山势而建，顺应山体呈现带状布局。沿山势逐级向下，层层递退。面田而居，空间分布呈现大分散，小聚居的空间布局，形成一个个按宗族姓氏集聚的小型组团；其二，近代建筑主要分布于村内主要道路两侧。空间呈现小分散的特点。单栋体量较小，沿道路连续布局。总体而言，普礼村大体量建筑与小体量建筑穿插排布，呈现出具有典型内在秩序的空间肌理。

综上所述，普礼村村落空间肌理具有以下特点：普礼村大体量建筑与小体量建筑穿插排布，呈现出具有典型内在秩序的空间肌理。传统居住建筑往往依山势而建，顺应山体呈现带状布局。沿山势逐级向下，层层递退。面田而居，空间分布呈现大分散，小聚居的空间布局，形成一个个按宗族姓氏集聚的小型居住组团（图3）。

（3）传统民居建筑特征识别

①建筑类型识别

村落中的传统建筑和基本架构保存完好，为典型的“合院式”民居，建造时房屋一般就地取材，与周围的山、水、田等自然环境相互映衬，材质多为木构或夯土，外观呈现材料的原色。借助图底分析的方法，根据不同的建筑形态、建筑群体组合及空间布局关系，从复杂的形态中进行抽象、简化或还原，从繁到简，从简到繁，从而得出一种结构性图式。将普礼村的空间肌理特征归纳为4大类（表2），点状式、“一”字形、“凹”字形、四合院这四种类型的肌理在规模上占了近70%的比例，是最能体现普礼村历史传统风貌特色的空间肌理类型。具体如下：

②建筑形制及平面识别

肌理和建筑空间形制的类型在普礼村中是复杂多样的，看似无序却富有内在秩序。在这些类型中抽象出原型，然后针对原型进行类型归纳的研究，现归纳介绍如下（表3）：

A. 点状式

这类住宅占地面积较小，布置灵活，因地制宜，多建于山脚路边的隙地。建筑层数以一层为主，偶见两层。屋顶为悬山屋顶，建筑层数为两层，建筑高度多为7~8米。立面材质一般为生土或生土上刷白墙两类。

B.“一”字形

这类住宅在普礼村中存在最多，建筑层数以两层为主。排屋单元式由若干房间沿面宽横向或纵向毗连排列而成，其平面形式多呈长条形。其布置或沿山形叠降，或沿路网延展。屋顶为悬山屋顶，正立面包括了两座厢房的山墙和主厝的部分正面墙体。主厝建筑高度多为6~7米，厢房层高较低，一般为3米左右，形制简单，大多为木结构加生土墙体的结构。

C.“凹”字形

这种类型的建筑物主要由“凹”形平面中的三栋房屋组成，两侧的厢房较之四合院的厢房而言面阔较大，中间的空地主要用作

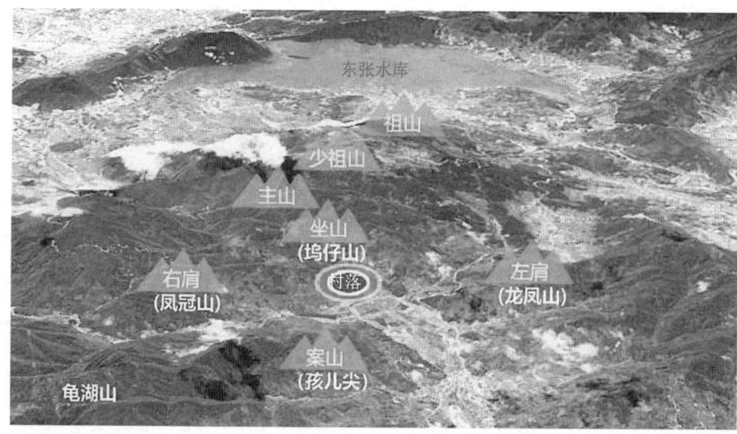

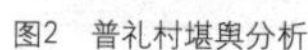
图2　普礼村堪舆分析

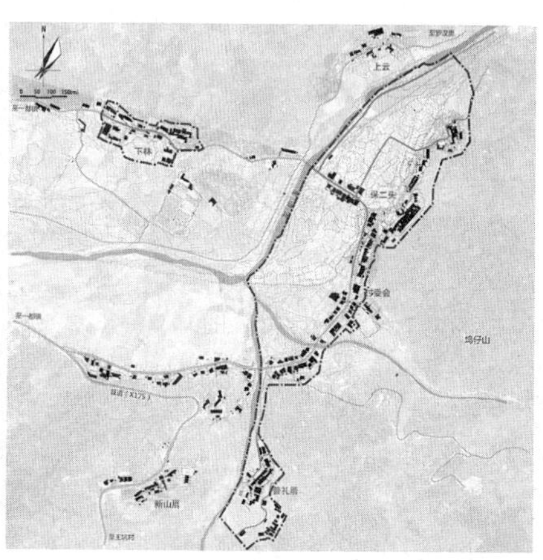
图3　普礼村空间肌理分析图

普礼村现状空间肌理类型 表2

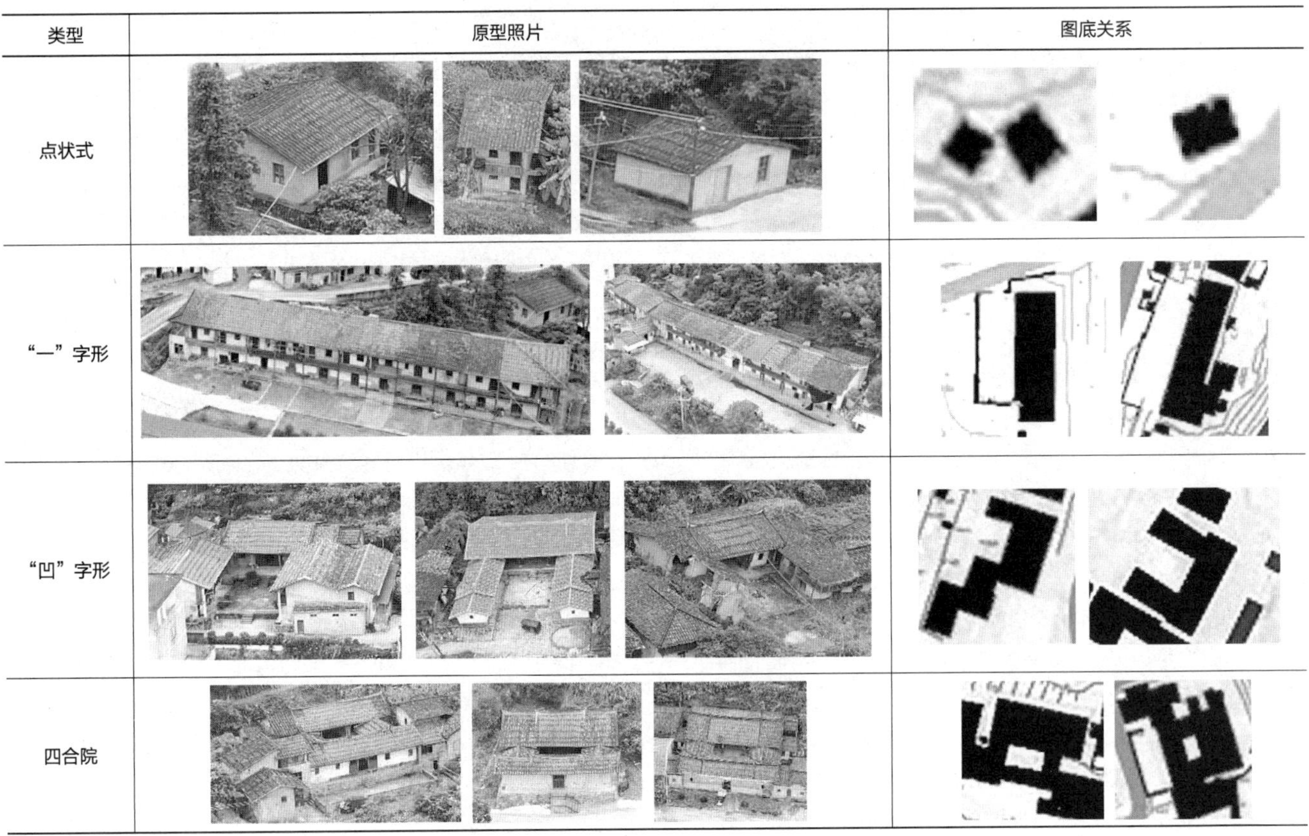

类型	原型照片	图底关系
点状式		
“一”字形		
“凹”字形		
四合院		

建筑空间形制类型的还原和归纳 表3

类型	基本形制	立面类型	建筑平面	空间句法分析
点状式			房间	
“一”字形			房间 房间 房间 房间	
“凹”字形				
四合院				

晒场或是日常活动之场合。屋顶为悬山屋顶，主厝建筑高度多为6~7米。屋身分上下两部，上部为白墙，下部为灰色石墙，土石材料，立面简洁、连续。一般均有高60厘米的石头台基。建筑立面入口大门多采用木材，窗框为木，栅格窗尺度较小。

D. 四合院

这类建筑在普礼村存在年代最为久远，布置紧凑，院落占地面积较小，以适应当地宜建设用地有限，人口密度较高的特点。围绕天井在轴线上布置正房（主厝）、两厢的合院模式，以保证厅堂轩敞明亮、通风采光的需求。屋顶为悬山屋顶，主厝建筑高度多为6~7米，檐口高度多为5~6米。屋身分上下两部，上部为红色砖墙，下部为灰色石墙，大致呈等分状态，横向完整。一般均有高60厘米的石头台基，石框门窗，尺度较小。

四、生成机制解析

1. 自然地理解析

普礼村基址依山傍水，山体环抱，其建筑材料多取自当地，石为墙，木为构架，青瓦为盖，外形庄重、朴实，与绿水青山、自然环境有机地融为一体。其建筑前面往往有池塘，前低后高，排水便利。后面植有风水林，果木繁茂，可挡冬天凛冽的寒风，又可养水护土。村落位于山谷缓丘平坝处，四周山峦起伏，古木丛生，龙屿溪从中流过，形成“群山围绕，龙屿汇流”的山水格局。传统村落的空间形态也深受风水学说的影响，从村落的选址、形态结构、建筑朝向以及理水的走势都深深地体现出了风水学的思想。因“得水为上”而非常重视水的营造，即“理水”普礼村村落多依山面水而建，屋舍与农田相邻，形成“山—居—田—水”交相辉映的整体风貌。整体与理想城址的风水格局一致，契合古人天人合一的选址理念。

2. 人文历史解析

中国传统社会是一个以血缘关系为纽带的宗族社会，因此，村落布局讲究伦理关系，注重等级制度和长幼尊卑，崇尚“中”的空间意识（居中为大）。祠堂、宗庙作为宗族权威的载体，大多占据村落的中心位置。建筑的群体组合往往强调一种源于伦理关系的结构秩序：堂屋、厢房、中轴对称、一重或数重进深，众多建筑通过中轴线和院落的组合，显得主从分明，条理清晰，表现出惊人的世俗理性和人间秩序。作为一种传统的人类聚居空间，中国古村落由于受东方哲学关于“物我为一”（道家）、“天人合一”（儒家）等思想观念的影响。追求村落与自然环境的和谐，并“以山水为血脉，以草木为毛发，以烟云为神采”（宋·郭熙《林泉高致》），建构一个充满生机的聚居空间体系。同时，中原汉人曾四次大规模移民福建，不同时期的汉人南下，带来了中原不同时期的建筑形式和风格，对福建民居形式、风格的形成影响较大，形成了今日福建传统民居类型众多、风格各异的基础。

3. 空间形态生成机制解析

建筑是构成传统村落空间肌理的核心要素，作为村落形态形成的重要物质载体，基于建筑图谱探索村落空间形态特征与生成机制。识别普礼村村落建筑，分析建筑规模和建筑形态等特征，将特征指标与道路、水系等空间要素进行回归分析，揭示普礼村村落空间形态生成机制。

（1）规模特征

以建筑斑块面积（Area）来测度。普礼村建筑斑块共385块，总面积41566平方米，平均建筑面积为108平方米；高于平均面积斑块数有154块，占总面积的83%。

（2）形态特征

选取包括形状指数（Shape Index，SHAPE）、分形维数（Fractal Dimension Index，FRAC）以及欧几里德加权距离（Euclidean Nearest-Neighbor Distance，ENN）。其中，SHAPE指标用于测度建筑的形状复杂程度，表征村落建筑形态的规则程度，也从一定程度反映了建筑的集约利用效率；FRAC指标用于测度村落建筑形态变化的复杂程度，表征一定时期建筑形态复杂变化程度；ENN指标用于测度与目标建筑邻近建筑的最短距离，表征村落局部建筑群的聚合程度。计算公式如下：

①形状指数（Shape Index，SHAPE）

形状≤1；当patch为正方形时，*SHAPE*=1，随着*patch*形状变得更加不规则。

$$SHAPE=\frac{0.25p_{ij}}{\sqrt{a_{ij}}}$$

式中，P_{ij}= perimeter（m）of $patc_{ij}$；a_{ij}= area（m^2）of $patc_{ij}$

②分形维数（Fractal Dimension Index，FRAC）

1≤FRAC≤2；当一个二维斑块的分形维数大于1时，就表明它偏离了欧几里德几何。对于边界非常简单的形状（如正方形），压裂方法为1；对于高度复杂、充满平面的形状，压裂方法为2。

$$FARC=\frac{2\ln(0.25p_{ij})}{\ln a_{ij}}$$

式中，P_{ij}=$patc_{ij}$的周长（m），a_{ij}= $patc_{ij}$的面积（m^2）。

③欧几里德加权距离（Euclidean Nearest-Neighbor Distance，ENN）

ENN>0。随着与最近邻的距离减小，*ENN*趋近于0。最小的*ENN*受单元大小的限制。

$$ENN=h_{ij}$$

式中，$h_{ij}=patc_{ij}$到最近相邻斑块的距离（m），基于斑块的边缘到边缘的距离来计算。

通过计算，普礼村平均形状指数为1.31，平均分形维数为1.12，表明村落建筑形态较为规则，形态演化的复杂度不高，这与传统村落房屋建设追求经济实用有关，大多以矩形或方形模数；平均欧几里得距离为10.73，村落建筑邻近的平局距离为10.73米，较为紧凑。

（3）形态生成机制

提取建筑斑块与道路与水系等空间要素的最短距离，运用散点矩阵回归分析（本质上是空间要素与建筑规模、形态特征的因果关系分析，本文不探讨特征指标间的关系），揭示普礼村村落空间形态生成机制。计算发现，整体上，道路影响村落形态特征呈现出对数正态分布，而水系影响无明显规律。村落建筑规模与道路相关性最高，相关系数为0.91，呈现离道路越近建筑面积约大的趋势。

形状指数与道路、水系相关性均较高，相关系数为0.97、0.85，表明与道路和水系越近的建筑形状较为复杂，可能是由于临路、临水的建筑功能复合程度较高，类型化功能建筑组合形成了复杂的整体形态；分形维数也与道路、水系相关性均较高，相关系数为0.97、0.96，表明道路和水系是影响建筑形态演化复杂程度的重要因素；欧几里德加权距离越大表明建筑集聚程度越高，分析发现建筑集聚度与道路的相关性较高，相关系数为0.66，这与村落中沿道路集聚建设的行为相匹配。

五、展望

传统村落是我国悠久历史和文化遗产的重要空间载体，真正记录了各个地域的传统建筑风格、建筑营造技术以及传统民俗民风和原始空间形态。随着传统村落保护工作的逐步开展，对更加科学全面地保护与发展需求日益强烈。将基因理论视角引入传统村落图式语言的研究，不仅是以理性对待历史传统，从历史上

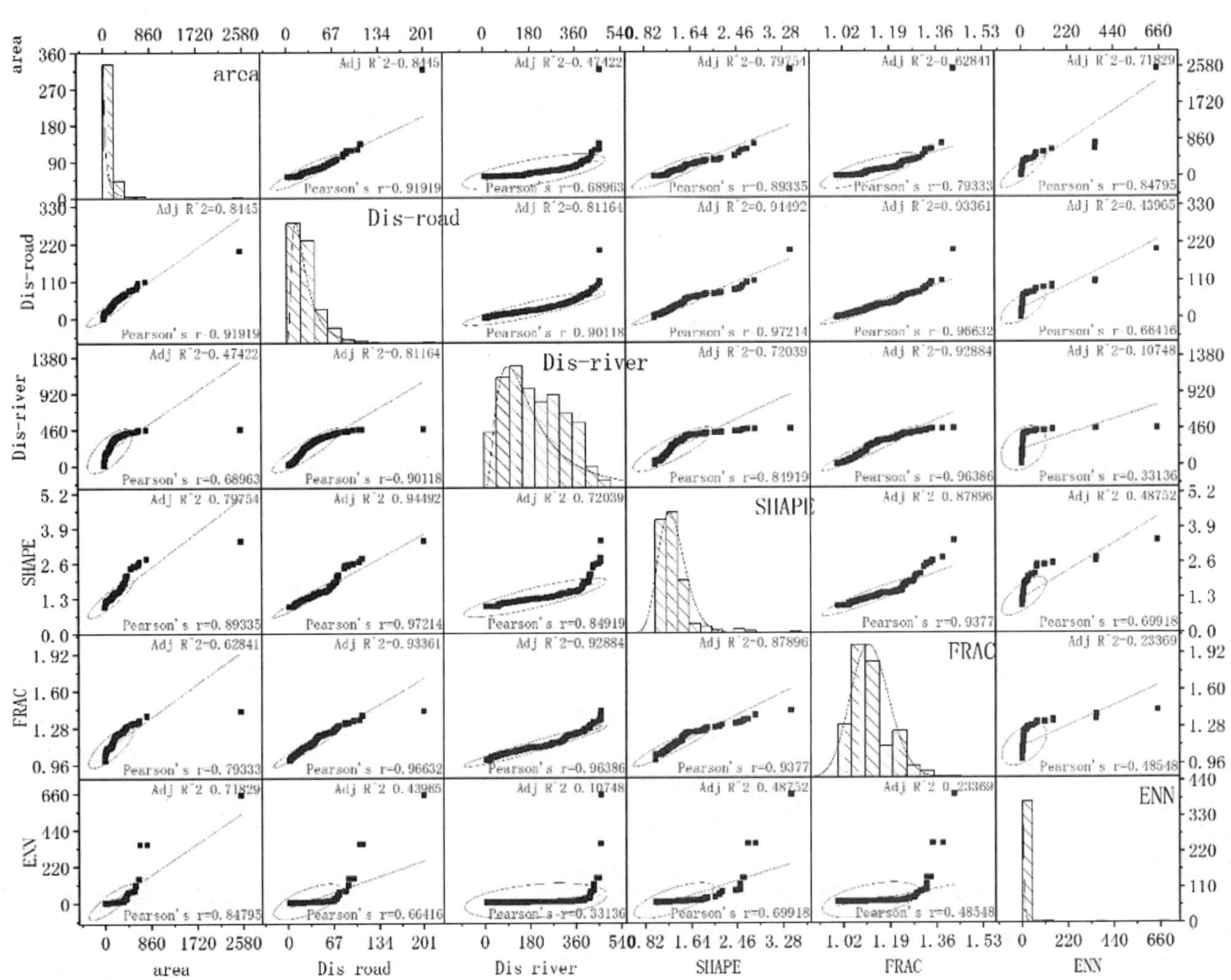

图4　普礼村村落空间形态与道路、水系相关性分析图

了解传统村落的内在形成机理、形式含义的认识论和保护论，更重要的是，从传统村落其文化内涵，即“深层结构”（Deep Structure）中，找出它可以发展新形式的“基因”，使它具有不同的表现力和生命力。

此研究还存在诸多不足，基因视角的研究应当立足于区域大样本的聚类分析和归纳总结，聚类能用于对基因进行分类，获得对种群中固有结构的认识。聚类分析之后，再进一步针对不同类型进行单个村落的分析研究。找出差异和规律特点，进而构建较为全面的传统村落“空间布局-单体建筑-局部装饰”三大层面的“基因库”，综合指导适应新生活方式要求的传统村落规划设计，促进传统村落健康可持续发展。

参考文献

[1] 康璟瑶，章锦河，胡欢，周珺，熊杰.中国传统村落空间分布特征分析[J].地理科学进展，2016，35（07）：839-850.

[2] 戴志坚.福建古村落保护的困惑与思考[J].南方建筑，2014（04）：70-74.

[3] 王晶晶.山西传统村落保护的现状问题与应对措施的几点思考[J].文物世界，2014（01）：53-55.

[4] 仇保兴在第四批中国历史文化名镇名村授牌仪式暨历史文化资源保护研讨会上提出今后一个时期历史文化名镇名村保护的主要任务和措施[J].城市规划通讯，2009（02）：6-7.

[5] 郐艳丽.我国传统村落保护制度的反思与创新[J].现代城市研究，2016（01）：2-9.

[6] 王云才.传统地域文化景观之图式语言及其传承[J].中国园林，2009，25（10）：73-76.

[7] 胡最，刘沛林.中国传统聚落景观基因组图谱特征[J].地理学报，2015，70（10）：1592-1605.

[8] 刘沛林.古村落文化景观的基因表达与景观识别[J].衡阳师范学院学报（社会科学），2003（04）：1-8.

[9] 申秀英，刘沛林，邓运员.景观“基因图谱”视角的聚落文化景观区系研究[J].人文地理，2006（04）：109-112.

烟台所城里传统民居三进院形制考究

——以南门里8号为例

仇玉珠[1]　姜　波[2]

摘　要：本文以所城里为调研范围，以三进四合院的南门里8号为例，采用口述史、实地测绘、文献查阅等研究方法，剖析其价值，提炼分析其建筑方法，以期明晰烟台传统民居形制及在胶东建筑发展史中的重要历史价值。

关键词：所城里　传统民居　形制　建筑

一、所城里概况

山东烟台所城里，位于烟台市芝罘区南大街东段南侧，是老烟台的标志之一，又称奇山所、所城等。其历史可追溯到明洪武三十一年（1398年），朱元璋为防倭寇海患批建“奇山守御千户所”，距今已有600余年历史。它地处黄、渤海咽喉，临海又不靠海，又可与周边卫、所形成犄角，是重要的军事节点又相对独立，不隶卫而直属山东都司，与卫同级，足见其军事战略地位较高。作为守御千户所的二百余年里，当地没有发生重大倭寇侵袭事件，基本安宁太平，起到了重要军事威慑作用。清朝立国后，因海防制度变更，于顺治十二年（1655年）撤奇山守御千户所，康熙三年（1644年）设立奇山社，从此军变民地，官兵解甲，多改业从事渔农工商，由此，奇山所从军事上的城堡变成了居民生活区。随着人口繁衍，特别是张、刘两姓千户后裔大兴土木，建造民宅，围绕所城里逐渐形成十三村，又经1861年烟台开埠，城市规模逐渐形成，最终发展成为一座名扬海内外的滨海之城——烟台，所城里正是烟台的“根”，所城里的建筑也成了烟台及至胶东明清建筑的代表，因而研究其形制具有广泛且重要的意义。

图1　所城里航拍图

二、案例背景

本文选取极具代表性的一座三进四合院——南门里8号院落为例进行具体研究。

通过走访得知，该院落建于清末，为所城里的名门望族刘氏的第十七世子孙刘怀奎所建。他育子有方，特别是四子（刘子琇）和五子（刘凤镳）曾在清光绪十九年（1893年）同时中举，这就是被烟台当地传为佳话的“一门两举人”。六个儿子成人后，刘怀奎便为他们扩建婚房，因四子、五子在外为官，他便在洪泰胡同以北、所城里大街以南、南门里街以西的位置上连续盖了四套三进四合院，分别给在家的长子、二子、三子、六子居住，最西侧的院落为南门里街8号，是二子刘赞基的房子，其后代是兄弟两人，一人去了上海，一人留在了家里。1957年的第一次社会主义改造，该院被收归国有，房屋被分给不同的人家居住，为了方便，就将三进院的西墙加开了一个门。

在外为官的四子刘子琇后受职于广东省，曾任地方知州、知府和士敏土道道员等职，1907年创办了粤东士敏土厂，这也是清代最后一间官办水泥厂，更令人称奇的是：这座厂在1917~1925年间曾两次成为孙中山大元帅府，直至中华民国国民政府在广州正式成立，才完成了它的历史使命。作为曾经民主革命大本营，孙中山的许多重大革命决策都是在这里作出的；五子刘凤镳中举后任热河省财政厅厅长，他诗、琴、书画技艺精湛，毓璜顶小蓬莱石坊上的楹联就是他题写的，他还与曾任民国大总统的徐世昌有交，并请其为刘氏支祠题写大门楹联。正是基于此，连同南门里街8号在内的

[1] 仇玉珠，山东建筑大学艺术学院，硕士研究生。
[2] 姜波，山东建筑大学艺术学院，教授。

这四套院落不论在建筑形制，还是建筑风格等方面，在所城里建筑群中均具有代表性。

三、研究价值

从刘氏这一脉近百年的传承不难看出，当年南门里街8号连同其余三个院，在所城里的影响无疑是巨大的。该院落虽建造历史不长，但融合了当时、当地的建筑风格，又在部分细节，如门窗上有改进，这些都为我们研究所城里建筑的传承、发展与变迁提供了非常好的实物佐证，也为研究烟台当地民居及氏族命运沉浮的重要史料，具有重要的历史价值。

1. 科学价值

奇山所在数百年的发展变迁过程中，曾作为重要的军事机构发挥了巨大的历史作用，积淀并融合了丰富的军事、建筑文化，是我省现存唯一保存较好的卫所遗存，具有重要而独特的科学研究价值。它巧妙利用了地形形成自然排水防涝系统，其选址、布局及与周边山形、水系的关系，对研究中国古代城市规划与建设具有重要的科学价值与意义。

南门里街8号院落巧妙地利用了地形形成的自然排水防涝系统，院落保存相对完整，建筑墙体为多种材料多层砌筑的混合墙体，墙体砌筑破坏较少，墙厚将近45厘米，具有较好的保温效果；山墙上身为青砖砌筑，下碱石材打磨及砌筑工艺较为精致，严丝合缝，增加了墙体的坚实度。房间内木构架选料精细，对整个房屋起到坚固的支撑作用。房间内隔墙部分保留原有木板隔墙的特色，大气美观。该院落的建造技艺，正是当时历史时期烟台民居建造技术的产物，它在一定程度上真实地反映了当时的社会生产生活方式，以及科学技术水平、工艺技巧和艺术风格等。

2. 艺术价值

南门里街8号建筑具有所城里特定时期的建筑元素，立面层次分明，不同材料搭配合理，衔接巧妙，整体中不失细节，并且该建筑保存了不少有特色的建筑元素，如门枕石、门枕木、墀头、油饰等，使建筑焕发出迷人的魅力，倒座及大门上宽阔的跑马板和正房门簪等处的木雕技艺，门枕石上的石雕花纹纹路明显，历经沧桑没有破损，处处体现着烟台当地民居建筑的特色。

3. 社会价值

奇山所作为我省唯一留存至今的卫所，是公众了解卫所军事制度及其历史作用的重要场所，对其有效的保护与合理利用，势必促进相关历史研究，引发全社会对这段历史的重视。奇山所是烟台历史记忆的物质载体，也是烟台的重要文化名片，奇山所相关研究工作的深化和科普教育，将对增强公众的文物保护意识、提高社会公众的文物保护热情、提升民族自豪感等方面具有重要的社会价值。通过对南门里街8号院的修缮保护，可以使建筑恢复最初的历史风貌，呈现刘家在所城里历史变迁过程，从而增进人们对历史的理解与感悟，对研究刘家的历史有着重要的意义。

4. 历史价值

奇山所城为明至清初中央政府为防御外敌而设立的防御性建筑群，原城墙内环绕一圈的屯兵马道，至今仍以街巷的形式存在；十字大街为所城四门建立了快捷方便的运输大通道。研究其布局、建筑特色及与周边传统民居的空间关系是所城重要课题之一。所城民居特别是文物保护院落包含了不少极具地区特色的建筑元素，在同类型建筑群中具有代表性，不但在一定程度上反映出明、清、民国等历史阶段的社会、政治、经济形态，同时还反映了当时人们的审美、风俗和艺术品位。南门里街8号院为我们研究所城里建筑的传承、发展与变迁提供了非常好的实物佐证，也为研究烟台当地民居及氏族命运沉浮的重要史料，具有重要的历史价值。

四、建筑形制

该院落为方正规矩的长方形三进合院，坐北朝南，大门位于院落的东南方向，建筑占地约为 240.6 平方米，由大门及倒座、二进东厢房、二进西厢房及二进正房，三进西厢房、三进正房 6 个建筑组成，其中二进正房及倒座五开间，二进东西厢房两开间，三进正房二层四开间。

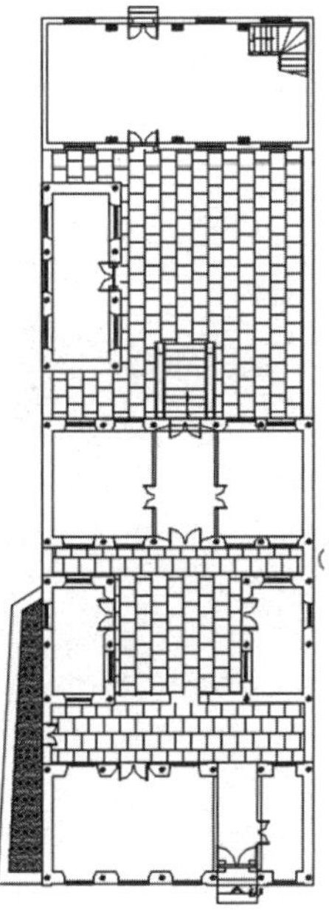

图2　8号院平面示意图

建筑结构均为大木构架承重，砖石为墙作围护体系。采用东、西两侧山墙加前后两根檐柱（墙内柱）共同承托承托三架梁或五架梁，梁背上施瓜柱承托脊檩；东、西两侧山墙部位荷载由山墙直接承托，檩条直接插入墙体中。

图3　8号院模型示意图

屋面均为仰合瓦，底瓦规格为长200毫米、上宽210毫米、下宽185毫米、厚8毫米，压五露五；盖瓦规格为长180毫米、上宽190毫米、下宽165毫米、厚8毫米，压六露四；檐口施勾滴，勾头瓦规格为长200毫米、上宽140毫米、下宽150毫米、厚8毫米；瓦头雕刻有图样，图案样式为浅浮雕；滴水瓦规格为长200毫米、上宽170毫米、下宽190毫米、厚8毫米，瓦头形制为方形垂尖，盖瓦不做夹垄抹灰；屋脊又分为清水脊与透风脊两种形式。透风脊用在坐北朝南的正房、倒座类等稍大建筑上，具体做法为：正脊由筒瓦、混砖、三层波浪状砖及瓦条组成，两端呈对称形制渐次升高，终端高起100毫米，在屋面青瓦间填充瓦条及砖块，外侧用砂灰包裹。透风脊既美观还可以抵御风力，以避免强风对屋脊的破坏；清水脊用于较小体量、且东西向的厢房处，做法也较为简单、朴素，只由筒瓦、混砖及瓦条组成，没有复杂的饰件，两端无“草盘子”和翘起的“蝎子尾”，而是两侧自然升起，由上至下层层缩短至砂灰处。清水脊是北方建筑借鉴南方作法的范例，“清水”一词即源于南方方言，有清洁美观、细致讲究之意。

灰背层和木基层：灰背层结构为（由下至上）：白灰背厚30毫米、青灰背厚10毫米、滑秸泥背厚20毫米、青灰背厚5毫米、掺灰泥佤瓦（蛐蜒当中需加入玉米秸秆）；木基层包括望板和木椽，望板厚15毫米，材质为杉木，横铺，前后檐处望板表面刷红色油饰，室内表面通刷桐油；木椽为荷包形或方形，截面直径为通常为75毫米，椽间距为230毫米；前出檐部分木椽表面刷红色油饰。

图4　8号院屋顶形式

此种做法使屋面通透，形成自然可呼吸的屋顶层，维护得当可保百年以上不坏，充分体现了老工匠的技艺与智慧。

屋顶有硬山顶与四面坡两种形式。硬山式屋顶是中国传统的双坡屋顶形式之一，也是所城建筑最常见的形式，具体形制为：屋面以中间横向正脊为界分前后两面坡，前后出坡出水，一条正脊、四条垂脊，因屋顶两端与山墙墙面齐平显得质朴坚硬，因而得名硬山，其特点是左右两侧山墙与屋面相交，并将檩木和梁全部封砌在山墙内，左右两端不挑出山墙之外，是该院落主要的建筑形式；另一种则是四坡顶式，是等级最高的建筑形式，该院二进东厢房即采用这种形式，清朝规定六品以下官吏及平民住宅只能用悬山顶或硬山顶，该房建在清末，且用在厢房中非常罕见。据走访了解，原因是院主人到南方游玩时看到该样式，回来后便在院中仿盖，该建筑样式在所城里，乃至烟台和胶东地区民居中均少见，是8号院的特色之处，也是本文选取该院为研究案例的原因之一。其具体形制为：由一条正脊和四条垂脊（或戗脊）共五脊组成“四出水”的五脊四坡式，故又称四阿顶、四坡顶、四面坡、五脊殿等。二进东厢房的四条垂脊底端升起，上端与正脊相交，西南侧垂脊与座山影壁相交，呈现出庑殿顶的样式。四坡顶造型庄重，能很好的减少风阻以抗强风，更利于排水以防漏。

烟囱采用青砖砌筑，青砖规格为275毫米×135毫米×65毫米，砌筑方式为：斗砖砌筑10层，上部由卧砖砌筑一层，顶部由三个青瓦堆砌成圆形烟道口。

檐墙分为檐口、上身和下碱三部分。檐墙按照其构造做法可分为老檐出和封护檐两种形式，主要区分在于檐口，老檐出檐口是外露椽子，用于正房、倒座等较大建筑上，宝盒顶的签尖样式；封护檐檐口不漏出椽子，包裹在墙体之内，又称哑巴椽；封护檐一般用于厢房小型建筑，较少用于正房、倒座等较大建筑上，檐口皆为冰盘檐样式，从上至下由直檐、枭、半混、直檐组成。

立面用白灰抹面，每个房间均设有门或窗，大窗则在腰线上方直接开洞，四周设有窗套，一层砖约计275毫米；过梁的样式则分

图5　一般建筑山墙、较高建筑山墙、厢房建筑山墙

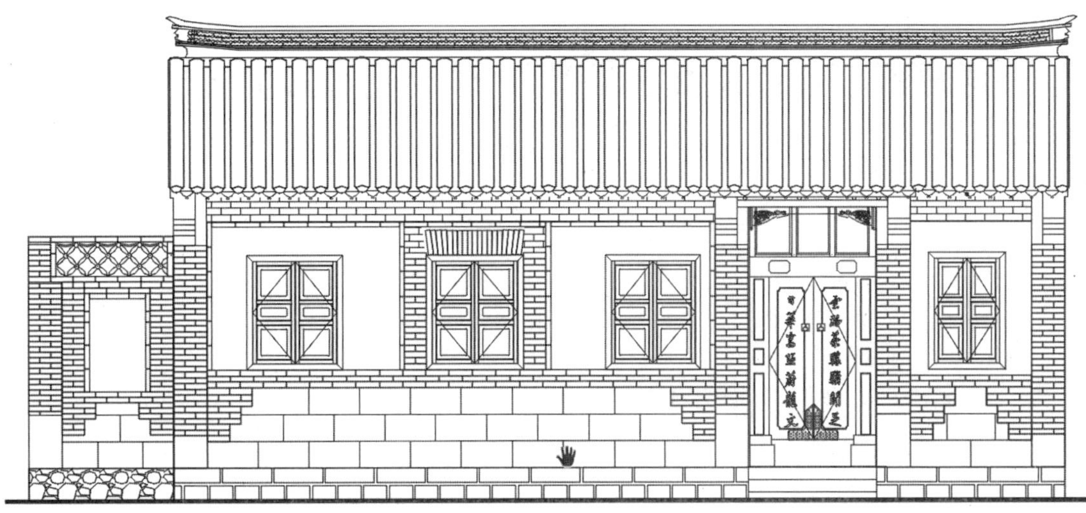

图6 8号院木装修

为竖向的砖过梁，或直接裸露在表面的木过梁；小高窗直接嵌在白灰抹面上，无窗套，一般分布于次间或梢间的外侧房间；下碱造型为紧贴腰线两侧有三层砖为一组，每组间间隔135毫米左右，呈阶梯下降的造型，中间用三层石材均匀砌筑，每个石块左右及上部錾刻斜向纹理，其余地方沿竖向錾刻，十分讲究。

山墙分为墙身、山尖和拔檐三部分，山尖为尖山式平砖顺砌错缝，山尖之上即两层拔檐，拔檐砖与平转之间白灰填补，自然形成锯齿形的装饰纹理，墙身下部紧靠基础部分用高370毫米左右的石块均匀砌筑，两侧各有一角柱石，其上部外侧采用青砖五进五出的做法自然砌筑到挑檐石，形成小马牙槎，内部由下大上小的石块均匀整齐排列，整体青灰勾缝；二层较高建筑保持五进五出做法向山尖收拢处做出自然的弧度，为防止山尖平砖的单调，从山尖顶部开始每三层砖放置一块石材装饰，逐次多放一枚，距最近拔檐砖的距离约为一砖，总体为三层，相比一般建筑二层建筑增加了方砖博缝，博缝头两侧有瓦当状装饰，博风脊中分饰有宝剑头样式；厢房的山墙则有所不同，下碱砖石拼接，青砖腰线，上身两侧一砖半处有400毫米向内一列竖砖，中间为白灰抹面；山尖及墙身交界处两层青砖，山尖则白灰抹面。

木装修主要是门窗。门窗除具有防卫功能外，还具有空间的界定属性，打开门即与外界相联，关上门即为内部空间；门还是门面或者门脸，体现了院主人的地位、财富、品格、夙愿等。所城里的门楼整体较为高大气派，南门里8号是其典型代表，大门从上至下、从两侧至中间为跑马板、门簪、余塞板、门扇、门槛、门枕石等组成，双开门扇上分别阴刻一幅楹联："云路筞骧骥开之""日华高照蔚龙文"，文框下用铁叶衔接。据走访得知，门上的字是由当时十里八乡字有功名且字好的人那里求来的。

五、结语

南门里街8号建筑是所城里千户后裔刘氏的一支优秀支脉集中所建的四座院落中的一座，其建筑形制和风格代表了清末烟台，乃至胶东地区的建筑风格，研究它无疑具有重要的意义。本文通过对其的调查、测绘和研究，厘清了它的建筑类型，并对单体建筑的营建规则有了翔实的考证，从一定意义上延续了民居营建智慧，从而起到保护、传承和发展的必要提醒。

参考文献

[1] 孙丽莎.基于触媒理论的烟台所城里历史街区更新和保护研究[D].沈阳：沈阳建筑大学，2016.

[2] 郑智中. 胶东地区历史街区院落型制更新研究——以烟台市所城里历史街区为例[A]//中国民族建筑研究会.中国民族建筑研究会第二十届学术年会论文特辑（2017）[C].中国民族建筑研究会中国民族建筑研究会，2017：5.

区域视角下的云南彝族传统村落比较研究[1]

龙 彬[2] 赵 耀[3]

摘 要： 本文聚焦同一民族不同地区聚居村落，分析不同地域环境下彝族村落的共性及差异。以云南彝族传统村落为研究对象，运用多学科理论和实地调研、文献分析等方法，从区域视角对114个传统村落样本进行解构、聚类与分区；分析彝族传统村落的基本构型及其在不同地域的村落表征；总结彝族传统聚居文化的地域性与民族性耦合关系。

关键词： 传统村落 彝族 云南 比较研究 聚类

一、研究对象与方法

传统村落作为人类聚居的生活聚居单元和重要空间形态，是一定地域范围内人地关系的生动体现。彝族是云南人口最多的少数民族之一，历史上称为“夷”“黑彝”“白彝”“红彝”“甘彝”“花腰”“密岔”等，其支系繁多、分布广泛，形成了多样的人居空间。在云南省 708 个国家级传统村落中，除去彝族与其他民族杂居的村落，以彝族为聚居主体的传统村洛达 114 个，占据总数的 16.1%，各个市州均有分布，以红河州、玉溪市、昆明市、楚雄州、大理州最集中。

本文综合运用人居环境学、文化地理学、建筑类型学等多学科理论，选取114个彝族传统村落作为研究对象进行实地勘察和文献研究。采用类型学归纳演绎法，从自然环境、人文社会、空间形态等3大类、15小类因子进行特征识别、类型分析和区域划分，从“环境—村落—民居”三个层次分析彝族传统村落的共同特征与地域差异；最后，总结彝族传统聚居文化地域性与民族性的关系。

二、彝族传统村落的基本构成

1. 彝族传统村落聚类与分区

通过实地勘察和案头研究，建立114个研究样本的特征因子数据库；利用SPSS统计分析系统对样本非数据型指标进行数据标准化和统一编码处理，采用层次聚类方法，选取平方欧式距离（Square Euclidean）对相关变量进行聚类分析，获得彝族传统村落类型划分；运用ArcGIS空间分析工具进行村落点地理坐标定位和聚落可视化，最终将现有云南彝族传统村落分为滇中、滇东南、滇西北3个传统村落集聚区，另外滇东北、滇西、滇西南地区村落较为零散，且与当地汉族高度融合（图1）。

2. 彝族传统村落的基本特征

对比全省村落样本发现，彝族村落随地理环境和民族支系不同而变化，但存在相似的空间规律。村落多体现早期“依山而居、靠山而活”的彝族传统聚居思想，传统游牧生活决定了村落需要依靠丰富的自然资源，靠近山地或深入山区为彝族先民以游牧或狩猎为主的生产方式奠定基础。现有彝族传统村落分为平坝或山区、半山区两类，坝区村落规模较大，山区规模较小，高山多为散居，但均位于向阳之地，大多背山面田，周边树林茂密，山体作为天然屏障提供空间界定和防守庇护；以民居建筑为构成单元，村内没有大型广场或公共建筑，较少设有商业点。

从村落空间功能与分布，可将彝族村落空间分解为外部自然空间、外部精神空间和内部生活空间。外部自然空间是村落外部的自然背景，以山地、沟谷、林地、耕地等为主，是村落生存环境的基础；外部精神空间是彝族用于宗教信仰的仪式空间，由于村落布局紧凑拥挤，缺少公共活动的开放空间，所以寺庙、祭祀场地、神林等均位于村落周边，少与村落主体直接连接；内部居住空间是民居、街巷等与居民日常生活相关的空间，其中民居宅院是村落基本组成要素，而不同地区的彝族民居呈现出不一样的面貌，如合院、土掌房、木楞房、瓦房等。

---

[1] 基金项目：国家自然科学基金面上项目“基于文化生态的西南民族地区传统村落乡土景观及遗产价值与保护研究”（编号 51878085）资助。

[2] 龙彬，重庆大学建筑城规学院，教授、博士生导师。

[3] 赵耀，重庆大学建筑城规学院，博士研究生。

云南彝族传统村落构成因子分类

大类	小类	分类
自然环境	海拔	<1000m，1000-1500m，1500-2000m，2000-2500m，2500-3000m，>3000m
	坡度	0-5°、5-10°、10-15°、15-20°、20-25°、25-30°、>30°
	微地形	平坝、山谷盆地、山麓坡地、中山坡地、高山陡坡
	河流流经形式	无、穿村而过、环村绕行、经村一侧、临湖
	年降水量	<500mm，50-1000mm，1000-1500mm，1500-2000mm，>2000mm
	年平均气温	<10℃，10-15℃，15-20℃，>20℃
	农地关系	田间散居、平地环田、山地环田、山麓临田、背山望田
人文社会	宗教信仰	原始信仰、汉地宗教、基督教、多元宗教
	生产方式	游牧、游耕、农耕、农牧混合、商贸
空间形态	村落形态	散点、带状、行列、条层、核心
	核心空间 宗教场所	宗教场所、广场、水塘、无本主庙、宗祠、汉川佛寺、教堂、祭祀广场、龙林、其他
	广场	信仰类、商贸类、无
	民居形制	合院、邛笼、干栏、井干
	建筑材料	木、土、石、砖

图1　云南彝族传统村落构成因子分类

三、不同地域的彝族村落表征

1. 滇中彝族传统村落

云南彝族先民最早居于金沙江、滇池流域，是滇中地分布最为广泛的原始居住民族，彝族文化的长期占据与后期汉族文化的强势移植形成新的民族地域文化，这一地区的彝族传统村落分布在昆明、玉溪、楚雄等地。滇中彝族村落多占据山麓与平坝交接处，建筑多背山顺坡随山势地形布局，呈紧密的台地式层叠状；道路以横向平行与等高线的街道、纵向垂直于等高线的梯道组成，受地形和建筑自由布局影响，街巷空间狭窄、蜿蜒曲折；村落通过周边山体和植被围合成自然边界；村落在建寨之初将后山树林作为神林进行保护与祭祀，高处建土主庙和祭祀广场。坝区村落多围绕中央广场（晒谷场）、祠庙（土主庙）、水塘等中心布局，建筑布局较少受到自然地形的限制，村落空间疏密有度；道路为网状结构，连接主要公共空间与居住空间，但街巷曲折狭窄，以应对滇中多风、强日照的气候特点；村落通过寨墙、寨门、村口风水树等标志物强化村落领地与边界。

受居中为尊、中轴对称的中原合院建筑影响，滇中彝族传统民居以地区特有“一颗印”合院为主，建筑采用穿斗式或抬梁式结构形式，以生土夯筑或石材堆砌为主。昆明、楚雄、玉溪地区的建筑一般以石头为地基、夯土筑墙，平面规整方正紧凑，以三间正房、两侧两间耳房构成“三间四耳”。石林地区因喀斯特地貌有丰富的石材，民居多代用块石垒砌墙体、青石板覆盖屋顶，形成特殊的石筑板屋；部分山区因地形限制只保留合院正房，形成夯土围护、木柱结构的一字形“两叠水”民居。

2. 滇东南彝族传统村落

历史上滇东南地区原始居住民族以百越族群的滇越为主，氐羌族群在两爨时期迁入元江、红河地区，明清中原移民迁入后，形成干冷山区多为彝族聚居，坝区汉族、彝族混居，干热河谷彝族与哈尼、傣族等混居的格局，表现出不同的聚落形态和民居形式，偏远山区较完整保留彝族传统聚居形式，与汉族融合地区呈现出明显汉族村落特征。（图2）

在干冷中山或干热河谷地区，彝族以同族聚居的形式建立密集型村寨，较少与其他民族杂居，分布在玉溪市元江县、峨山县和红河州建水县、个旧市、石屏县的无量山、哀牢山山区中。村落建于背山向阳的半山坡地或河谷山脚，上至下形成“山林—村落—梯田/坝田”的环境格局，村内绿化树木较少，整体有机融入自然，村后神林、土主庙作为祭祀场所。村寨整体依山就势、分层筑台、密

图2　云南彝族传统村落典型景观对比图

集布局，建筑左右紧密连接、前后高低错落，梯道和各家屋顶联系上下。村落没有明显的中心，一般无公共建筑，少部分在低处或高处建有广场、土司房等特定空间。平顶的无内院式土掌房较完整继承古氐羌民族的邛笼建筑样式，屋顶成为主要交通空间和晾晒粮食、日常活动的场所，而部分地区为适应多雨气候也出现天井或双坡屋顶。土司、头人等较高等级的住宅，因与汉族接触密切、财力雄厚，往往采用汉族形式的合院建筑。

滇东南平坝和部分山地彝族村落的空间形态、建筑形制等均具有典型的汉文化特征，分布在红河州蒙自市、弥勒市、建水县、石屏县、绿春县汉族聚居区。村落多位于坝边平地或丘陵缓坡地带，遵循彝族村落“林—村—田”的布局模式，三面环田、一面靠山，山后保留大片林地。受到儒释道为核心的汉文化影响，村落出现寺庙、宗祠、水池等建构筑物，民居围绕这些中心空间向外扩展，街巷呈规整网格。受到滇东南汉族合院建筑的影响，民居多为方正的三合院、四合院形式，彝族合院较汉族合院占地小、布局紧凑、天井狭小，院落较少对外开窗，建筑外部围护以夯土或夯土砖为主，建筑装饰较少，延续了土掌房封闭、厚重、朴素的形态特征。

3. 滇西北彝族传统村落

滇西北所处的青藏高原南延横断山脉，造就了多条南北走向的山脉和河流，地理的天然阻隔形成相对独立的环境单元，彝族作为地区主要的土著民族因所处不同封闭环境，呈现出截然不同的人居空间，一种是中山盆地相间的干暖平坝地区，一种是海拔较高的干冷陡坡地区，村落由高海拔到中低海拔的空间分布变化，也是彝族文化由原生原始文化向多民族融合文化演变的过程。滇西北彝族传统村落分布在大理州祥云县、南涧县、巍山县、宾川县、永平县、弥渡县、洱源县、鹤庆县和丽江永胜县、迪庆州香格里拉市。

滇西北高寒地带环境恶劣、交通不畅、相对封闭，长期保持传统的游牧、农牧，形成规模较小的以血缘关系为纽带的同族聚居村落；建筑顺应山体等高线，呈间距较大的散点布局，多为几户为一个居民点；村落内道路根据地形自由分布，将各个宅院与出入村主干道联系起来。高寒彝族村落中保存较为原始的井干式木楞房，建筑由圆木或方木层层累叠建构房屋墙壁，立柱、梁、椽子等均为木构造，屋顶为木板覆盖，上面压以石块。泸沽湖一带的彝族民居受到纳西族摩梭建筑的影响，采用井干式建筑围合形成四合院，合院占地面积较大、呈半封闭。

从高寒地区向海拔相对较低的中山、平坝地区发展，彝族与白、纳西等深受汉文化影响的民族杂居，在村落布局方式、民居形式等方面均受到地域主体民族村落的影响。村落形态由高山地区的散点式布局，到中山缓坡地区的紧凑条层式布局，到平坝地区的规整行列式布局。民居由井干式建筑变为合院式建筑，并显现出白族、纳西族合院民居的典型建筑特征。大理彝族村落内部出现土主庙、文昌宫、祖祠等公共建筑，围绕祖祠形成多中心的杂姓聚居格局。

四、彝族村落分异的文化内涵

云南彝族在长期的演化过程中形成了极具民族性的聚居文化，产生相对固定的建村逻辑和村落模式，但因不同地区彝族所处的地理环境、资源条件、社会阶段等差异，且多与其他民族杂居，域内各民族社会、经济、文化、习俗相互影响，使不同地区的彝族传统村落具有明显的地域性。

1. 彝族文化造就的相似性

云南彝族传统村落在不同区域表征各异，但作为一个发展历史较长、分布范围较广的民族，彝族在迁徙的过程中逐渐形成适应不同地理环境的民族聚居文化，这一隐含的规律造就了不同地域彝族村落的相似性。在长期的发展过程中，彝族宗族文化组织村寨社会关系，以一个血缘家支为单位聚居形成村落，血缘相近的村落相邻分散，用聚族而居的紧密空间抵抗外来侵犯[2]。虽在不同地区受到外来宗教冲击，但彝族仍保持以自然、图腾和祖先崇拜为主的原始信仰，产生“天（神空间）—人（居空间）—地（物空间）”的上中下层次空间，以祭祀场、土主庙为中心的空间结构和以火塘为中心的民居空间。而神山森林体系既满足彝族的原始信仰文化，同时解决生活资源和生态功能需求，形成“山、林、居、田”的垂直空间模式，山林人共生的聚居文化深刻影响彝族村落发展[3]。

彝族先民将本民族对山、石、草、木等自然崇拜与自然环境巧妙融合，村落选址、空间格局、建筑形制均形成了彝族自身的空间特征，彝族聚居文化不断演变形成相对稳定的自我适应形态，这一彝族村落原型可看作彝族精神世界中构建的理想人居模式，是一个民族共同追求的居住方式。因此，彝族先民由北沿河谷向南的迁徙过程中，原住地的文化被移民较完整地带到新住地，并试图在新住地建立起与原住地相同或相似的居住环境，最终不同地域的村落表征虽不尽相同，但其内核仍是典型彝族文化，是彝族村落同一民族性的重要体现。

2. 多元环境塑造的适应性

对比不同地域彝族传统村落发现，其村落特征与特定的地理空间紧密相关，既有跨地域的水平空间变化，也有域内的垂直空间变化，是彝族聚居文化在不同地理和人文环境下不断适应和演化的结果。彝族村落分布区域广泛、地形气候复杂，由北向南有乌蒙山区、横断山区的高寒地区，有哀牢山、无量山1000~2500米的亚热带山区和半山区，有金沙江、元江谷地1000米以下的丘陵和干热河谷。农业生产方式随垂直空间由高到低，从传统游牧转向农牧结合，再到中低山区的旱地农耕、干热河谷的梯田稻作，村落由分散向紧凑转变。建筑从井干式到邛笼式到合院式，空间由独栋转向围合，由高寒地区丰富森林支撑的纯木结构发展到山区腹地的生土夯筑，以随处可得的材料和灵活多变的构造应对不同生存环境。土掌房从独栋式到天井式再到局部坡顶式，最终发展形成合院式民居的演变过程，既是对汉式建筑空间院落化和木构技术的吸收，也是适应不同地区气候环境的改变。

为应对高寒山区的地理气候，村落结构松散，宅院占地较大，便于耕种与放牧，井干式建筑保留游牧时代痕迹，丰富的森林资源为建造这一方便搭建和拆卸的住屋形式提供了充足的建筑材料。中山坡地村落坐落山腰凹谷，背靠青山、三面环田，村落随地形自由布局、空间紧密、规模适中，以适应山地农耕的生产方式。平坝山麓农耕型村落靠山面田，空间规整、规模较大，建筑排布有一定的规律和秩序，民居基本与当地汉、白、纳西族合院形式一致。在干热河谷地区，稻作梯田限制村落发展规模，紧凑密集的空间既能保留耕地、节约土地，也能减少与外界接触面以保温节能，延续氐羌邛笼住屋形式以适应当地干热气候和梯田稻作文化，厚实的夯土围护结构起到隔热保温作用，平屋顶又满足山地农耕的生产晾晒需求。彝族村落在长时间的迁徙中变化出不一样的姿态以应对不同的地域环境，地域性的发展显示出彝族聚居文化的强大适应性和生命力。

3. 民族涵化形成的多样性

虽然关于彝族族源的说法众多，但学界普遍认为彝族先民是古羌人从西部河湟流域向南迁徙发展演化而来。根据彝族口述传说，彝族先民远古时期从“邛之卤”南下至“诺以”、“曲以”（今金沙江和安宁河）流域，融合当地众多的原始部族，并不断发展壮大；在公元前2世纪至公元初期，称为“邛都”“昆明”“劳浸”“靡莫”和“滇”的彝族先民就已生活在今天滇池流域，以从事游牧和农耕的部落形式存在；在公元3世纪后，彝族先民开始向西、向南扩散，在迁徙过程中与其他原始民族融合、分化[4]；明清时期大量汉族移民进入彝族聚居地，迫使大批彝族进入山地生活，极大改变了彝族发展轨迹。彝族在与多民族的冲突、对抗与交流中，形成彝族复杂的支系分类，产生丰富多样的村落形态，是同一民族同源不同流的文化差异性反映。

云南“大分散、小聚居”的民族人文环境，造就了彝族小族群聚居与他民族杂居，多民族文化涵化影响着彝族村落的外在表征与内在机制。如传统彝族村落并无围绕中心布局，但在滇东南和滇西等与汉族高度融合地区，村落出现祖祠、庙宇、水塘等核心空间，形成多中心格局的杂姓聚落，民居中堂设立供奉“天地君亲师”和祖先的家堂。虽同样受到汉族合院民居影响，但分布于滇中、滇东南、滇西的彝族民居均不相同，建筑形制、技术、装饰等均与地域主体民族建筑相关联。而作为彝族村落上层社会的重要建筑，土司府、土主庙、祖祠等在平面布局、立面造型上吸收中原汉族文化和其他主体民族文化，并注重本民族文化的细节彰显[5]，体现出强势文化影响下的聚居文化变迁。因此，从彝族村落多样性出发，地域性超越民族性成为影响村落发展的主要因素。

五、结语

云南彝族传统村落是彝族在长期历史过程中基于特定自然和人文背景形成的人类聚居环境，是彝族聚居文化地域性与民族性共同作用的结果。彝族人居观具有典型的本民族特性，包括“山、林、居、田”的人地关系思想，原始宗教信仰的空间映射，村落、建筑与自然协调的生态智慧等。在继承彝族固有民族性的同时，不同支系和地域的彝族受多重因素影响，发展出符合新地域自然和文化环境的聚居模式。因此，不同地域彝族传统村落的比较研究，对于如何继承传统村落的可持续人居理念，如何在今天新时代背景下保护和发展传统村落，具有重要的学术价值和应用价值。

参考文献

[1] 郭净，段玉明，杨福泉．云南少数民族概览[M]．昆明：云南人民出版社，1999．

[2] 温泉.西南彝族传统聚落与建筑研究[D]．重庆：重庆大学，2015．

[3] 刘荣昆.林人共生：彝族森林文化及变迁探究[D]．昆明：云南大学，2016．

[4] 金尚会.中国彝族文化的民族学研究[D]．北京：中央民族大学，2005．

[5] 马琪，李坚，陈新．昭通晚清民国时期彝族上层社会建筑概貌及分析[J].南方建筑，2017，(04)：105-113．

武陵山区吊脚楼民居大木作榫卯系统初探

佟士枢[1]　赵潇诺[2]

摘　要：以武陵山区为调研范围，对吊脚楼民居的大木榫卯节点作法进行统计与列举，揭示其构件组织的复杂系统构成，分析区内三类大木营造原型所采用的榫卯组合，探寻营造谱系的微观特质。

关键词：武陵山区　吊脚楼民居　榫卯　营造谱系

一、武陵山区吊脚楼民居概述

武陵山区地处中国华中腹地，跨湘、鄂、渝、黔、桂五省，其民族文化深厚，地理环境独特，形成了颇具特色的乡土建筑营造体系。其北界以恩施与清江为界，东以沅水流域为界，西以乌江为界，南则以苗岭为界，即武陵山及其余脉所在的区域（包括山脉也包括其中的小型盆地和丘陵等）。山区内的传统民居属于山地干栏与半干栏的木质穿斗建筑，又被称为吊脚楼，不同于周边发达地区，其营造技术有极高的山地适应性和民族特性，且至今仍处于不断发展和变化当中，是山地穿斗木质建筑的活化石。如果以木构架表征将吊脚楼民居分类，有三种原型：一为湘、鄂、渝、黔交界区域的“曲尺”形半平半楼的组合式木构建筑；二为黔、湘交界区域的“半边楼”即半干栏木构建筑[3]；三为黔东南与湘西南交界区域的干栏式木构建筑。本文为论述方便，将三类原型对应称为平楼混居型、地楼型和架空型。

在以往的文献中，对于武陵山区的民居研究集中在两个层面：一是从建筑本身出发，研究民居的类型，主要集中于特征的描述；二是从文化角度出发，以环境行为学或民族学研究民居类型分异的决定性因素。但是对于将建筑与文化进行衔接的“中层结构[4]”——营造技术的研究鲜有涉及，本文即对营造技术中更贴近实操的大木构件榫卯系统进行调研并整理，以期能够从构建组织细节中寻找本区营造谱系的分布规律。

二、武陵山区大木作榫卯细类汇总（表1）

武陵山区吊脚楼民居绝大多数为纯穿斗木构架[5]，其榫卯系统均以木柱为基准，构件组合节点都在柱头、柱中、柱脚三类位置，组织连接各横、纵构件[6]。柱头榫卯组合一般为檩木构件的横向拉结、柱头与檩木的搭接、中柱与梁木搭接方式等；柱中段构件组合主要为柱体与横纵枋件的组合，这种组合从方向上看，包括单向、双向与三项；柱脚存在的构件组合主要包括柱与柱础、柱与地脚枋、柱材短材的接柱结合以及瓜柱（其柱）与纵向枋件。

武陵山区的穿斗式构架存在的建构节点种类并不是很多，即柱头、柱中、柱脚三类节点。个别建筑存在有关转角角梁以及楼板层的特殊榫卯节点。这其中，柱脚节点全区相似，十字缝（柱脚5）、丁字缝（柱脚1）、一字缝（柱脚7）的设置及用法区别不大。另外由于架空型建筑通常不带有转角构架，都是以悬山加披为主，座子屋与地楼型的转角节点并无太大差异，所以此节关于榫卯的比较主要集中在柱头、柱中节点上。

柱头节点，一般包括柱与檩、柱与梁、柱与随枋及柱与角梁等的搭接。柱与檩的搭接，从组合后的形态来看，各类型建筑呈现的形态没有任何区别，都是柱顶着左右相对的两根檩木，但是形成这种形态的构件组合方式却存在非常巨大的差异。主要包含两种类型：椀口与夹口。除了最基本的椀口（柱头2）与夹口（柱头1）外，其他几种柱、檩结合的节点方式几乎都是在此二者基础之上适当“发挥”所得。这就使椀口与夹口的分异，上升至了类型分异。

我们先把柱头榫卯放在一边，单看檩件榫卯。这里会发现檩头榫卯存在刻半（柱头12）、燕尾（柱头2）、窝套（柱头4）、燕尾加鼻梁槽口（柱头9）的几种类型，如果不结合柱头榫卯来看的

---

[1] 佟士枢，浙江农林大学，风景园林与建筑学院，讲师。

[2] 赵潇诺，浙江农林大学，风景园林与建筑学院，硕士研究生，通讯作者。

[3] 李先逵先生于《干栏式苗居建筑》将苗族的半边楼称为“半干栏”式建筑。

[4] 陆元鼎先生在《中国民居建筑》中将营造定义为建筑文化与建筑实体间的“中层结构”。

[5] 武陵山区除穿斗架的吊脚楼民居之外，还存有木骨泥墙的斜梁式民居及两湖文化影响下的砖墙承檩民居。

[6] 竖向指柱，横向指排扇之间的拉结构件，纵向指排扇上的穿枋等构件。

武陵山区大木榫卯细类略表 **表 1**

分类	名称	图号（对应后图）	特点功用及工艺要求	采样出处
柱	椀口	柱头 2	椀口榫在山区内最为常见，柱顶直接按照檩条形状开弧形榫口，弧长约占檩条周长的 1/2~1/3	武陵全境
	椀带鼻榫	柱头 9	在椀口榫基础上于中部（二檩接缝处）少抠一段弧度，配合檩头刨下去一截弧度，鼻榫宽度约为柱径的 1/4~1/3，主要作用为防止置檩侧移	渝东、湘西北、鄂西
	夹口	柱头 1	不同于椀口，夹口开榫不必依照檩条弧度，檩条需刨掉弧度，夹于柱头双齿间，同时下部亦存在类似椀口榫的鼻梁来防止侧移。一般檩条需刨掉三分深度	黔东、湘西北
	椀带枋口	柱头 3	椀口榫基础上开穿枋方洞，洞口尺寸同檩下随枋截面尺寸，并配合梢钉固定随枋防止侧移	武陵全境
	馒头榫	柱头 8	柱头上拖梁木，柱与梁间固定位置的闭口榫	湘西北、黔东
	椀口馒头榫	柱头 10	椀口用来固定柱头上檩或梁木不侧移，在椀口基础上加馒头榫来进一步保证稳定性	黔东
	管脚榫	柱脚 1	长度为柱径的 3/10，截面在柱径的 3/10~2/10 之间。榫头部略小，倒楞，用于固定柱子，防止柱子位移，可用于柱子拼合与磉石	武陵全境
	半榫	柱脚 1	用于柱子拼合，经常配合榫口使用，一般开二榫头，截面在柱径的 3/10~2/10 之间	黔东
	套顶榫	柱脚 3	长度较长的管脚榫，长为柱露明部分 1/3~1/5，径约为柱径的 1/2，用于柱脚磉石	黔东、湘西北
	无榫平置	–	柱子直接搁置于磉石之上，在地形不复杂的平地建房或相对地基较稳处使用，有时也为了处理边柱侧脚而使用	武陵全境
	一字缝	柱脚 7	用于带有穿出地脚枋的落地柱或搭于枋上的瓜柱，卡槽深度同地脚枋或枋高，缝宽度约柱径 1/3~1/4，有些配合梢钉使用	武陵全境
	十字缝	柱脚 5	用于带有穿出地脚枋的落地柱，地脚枋于十字槽内横半榫让纵透榫，卡槽深度同地脚枋或枋高，缝宽度约柱径 1/3~1/4，有些配合梢钉使用	武陵全境
	钉子缝	柱脚 2	用于山面带有穿出地脚枋的落地柱，地脚枋于十字槽内横半榫让纵透榫，卡槽深度同地脚枋或枋高，缝宽度约柱径 1/3~1/4，有些配合梢钉使用	武陵全境
檩	燕尾榫公	柱头 2	榫长度为柱径的 1/4~1/3，呈根宽端窄的大头状，以 10% 为宜，公头成“凸”字形	武陵全境
	燕尾榫母	柱头 2	榫长度为柱径的 1/4~1/3，开口呈根宽口窄的小口状，以 10% 为宜，公头成“凹”字形	武陵全境
	鼻槽燕尾榫公	柱头 9	榫长度为柱径的 1/4~1/3,呈根宽端窄的大头状,以 10% 为宜,公头成“凸”字形,檩头下部开鼻槽,宽度同上部燕尾榫长	湘西、鄂西
	鼻槽燕尾榫母	柱头 9	榫长度为柱径的 1/4~1/3，开口呈根宽口窄的小口状，以 10% 为宜，公头成“凹”字形	湘西、鄂西
	窝套榫公	柱头 4	用于檩径不同或粗加工的木材，小半径材搁置于大半径材，小材用公头，榫宽为木材半径，长度为一个柱径，榫偏向木材上部，截面约高占材截面 2/3	湘西、黔东、鄂西
	窝套榫母	柱头 4	用于檩径不同或粗加工的木材，小半径材搁置于大半径材，大材用母头，口宽为小材半径，长度为一个柱径，开槽向木材上部，截面高同公头高度	湘西、黔东、鄂西
	檩头刻半	柱头 1	将檩头从中锯除一半，二檩相扣，有的以梢钉相连，亦有梢钉同时穿过柱头固定者，锯半部分长度约一个柱径	武陵全境
	山面收头	角 1	檩头出际，配合梢钉挂封檐板	武陵全境
	平交卡腰（檐口）	柱头 7	用于双檩平交,以(中线)交点为中心沿檩条弧面划 45° 线,并于竖直侧向向内刨除五分形成夹口,相交处各檩刻半，正反相扣	武陵全境
	平交刻半（檐口）	柱头 7	用于双檩平交，是搭交檩卡腰的简化版，尽采用开出檩径宽、半径深的卡口二者相扣，通常辅以木质梢钉	黔东、湘西南
枋、梁、拉欠、地脚	燕尾榫	–	常用于梁柱交接，本区建筑少用梁，一般为猫梁、看梁、宝梁，榫长度为柱径的 1/4~1/3，呈根宽端窄的大头状，以 10% 为宜，原理同平直（梢钉）半榫	湘西北、鄂西
	双肩燕尾榫	柱中 1	在普通燕尾榫的基础之上又设一肩来加大摩擦，一般用于燕尾榫和柱体榫卯连接	湘西南
	梢钉头	柱中 2	本区穿斗建筑柱枋间最常用形式，用木梢钉固定柱枋位置防止侧移，一般需凿眼后入钉，梢钉为木质，直径 3 分至 5 分不等	武陵全境
	透榫	柱中 2	又称穿枋，榫口与枋木截面形状一致，为防止侧移经常配合梢钉使用，枋木制成大小头，小头比大头高度上小 3 到 5 分以方便穿插入口	武陵全境
	平直（梢钉）半榫	–	枋不穿柱用于檐柱收头或挑枋等不通长的穿枋构件。一般短川不作截面加工，只在枋头作刨削处理以使榫头约占柱径 1/3~1/4，若不用燕尾榫则采用梢钉固定	武陵全境
	削平半榫	柱脚 2	枋头同平直半榫，不同的是枋身榫头截面一致，一般用于纵向拉结穿枋，少用于横向拉欠	武陵全境
	咬合刻半	柱中 13	榫梢与枋身配合插入柱身半开口榫	黔东
	齿口	柱中 9	用于两穿枋相对插入一柱，斜口长度约为柱径 4/5，二齿相扣防止侧移	黔东
	刻半透榫	柱中 7	为配合不同方向穿枋柱体组合，将榫头设为枋木截面高度一半，有时配合梢钉固定	湘西北、黔东

续表

分类	名称	图号（对应后图）	特点功用及工艺要求	采样出处
枋、梁、拉欠、地脚	斜口榫	柱中 4	将枋件榫头做成截面向削成楔子状，二枋相对插入柱身卯洞	
	斜方透榫	柱中 4	用于两穿枋相对插入一柱，将枋头削为梯形，削头长度为柱径的 6/5 即多出柱径 20% 左右的长度，二枋上下颠倒相对，枋头插入梢钉	湘西北、黔东、鄂西
	扣榫	柱中 15		黔东
	斜方齿透榫	柱中 14	在斜方口的基础之上增加齿扣防止侧移	黔东
	平交刻半	柱脚 5	双枋平交于柱体，多用于转角柱头拉欠穿枋平交，相交处各挖枋高 1/2、同枋宽的搭交榫口，上下相对搭交，枋头配合梢钉	渝东、湘西北、鄂西
	透榫平交	柱中 6	双枋平交于柱体，最常用的头榫平交法，不同于刻半平交，透榫采用枋头开 1/2 枋高透榫，二枋颠倒相交的方式平交	武陵全境
	三项平交口	柱中 12	双枋平交基础之上多出一处之角挑枋，透榫榫头高度由枋高 1/2 变为 1/3，纵横双枋开斜向槽配合至角挑枋穿插	渝东、湘西北、鄂西
构件组合	栽梢	柱头 5	按合适尺寸在相邻构件对应位置凿眼，以备装入梢钉连接。梢眼不穿透构件	武陵全境
	梢钉（穿销）	柱中 2	用木梢穿透并连接多层构件	武陵全境
	榫梢	柱中 13	主要是解决几向开榫复杂，不好安装的问题。先将柱体上的榫口比预设榫口开大五分到一寸，待几个平交构件全部插入柱体组合完成后将最下部构件抬高，使各齿扣相卯合，再在下部插入木梢阻止各构件的上下移动	黔东、湘西南

话，就很可能会把檩头榫卯的设置单纯当作不同匠师不同理解的手风作法，把这些分异误认为是同种构架规律下的不同设置方式，或不同地区间作法的差异。前者就会误认为这些差异都是源自次地域差异，过分夸大匠师个人特性；后者则会误认为是地域差异导致各种设置不同，产生对“类型”的划分偏差。其实在实际操作中，燕尾榫和窝套榫往往是同时存在于某些建筑当中，窝套榫是为适应大小件而存在的榫卯方式，而设置鼻梁的作法，也是一种基于刻半、燕尾榫的小小变通。所以真正的节点组合归纳起来，只有：夹口+刻半（柱头1）、椀口+燕尾/窝套（柱头2）这两种组合，而且窝套榫的存在还是基于存在大小件搭连的基础之上的，其余的要么是加鼻梁，要么是加随檩（在椀口或夹口基础之上再设开口榫），或为防止侧移加木梢，都属于两种组合的变体。

再看柱中榫卯设置。柱中榫卯面临几种情况：双向搭接（柱中3）、三向搭接（柱中13）与多向搭接（柱中12）。双向即为作为竖向的柱和另外一个项限的构件搭接，三向即柱与另外两个项限构件的搭接，多向一般指转角或伞把柱这种除了“x、y”轴外还要在45° 向穿插构件的情况。解决这种多向搭接，匠师倾向于将各项限的构件分层，采用平交、半错和全错的处理方式。三大建筑类型中对这三种作法有一定的倾向，平楼混居型因为有伞把柱和转角构架，经常出现构件平交，这是由其建筑形制即基本建筑意念所决定的，而且大部分时候，虽然多为构件平交，却会以主要构件为主，其余构件不会去破坏主要构件的完整性；架空型则在尽可能的情况下采用全错，实在避免不了再半错，将横、纵构件分层设置可以避免非常的麻烦，也避免在柱体上单层开洞面积过大的问题；地楼型则是经常使用半错来加强构架的整体性，因为地楼型采用短构件，短构件势必会降低构架的整体性，采用半错可以使两个方向的构件之间产生天然限制，加强了构架的整体性。

三、榫卯系统与营造谱系

虽然武陵山区存在三种大木营造原型，但是究其木作根本，只有两种排扇或构架原型：满骑穿斗架和非满骑穿斗架。满骑穿斗架对应的是平楼混居型建筑，其特点是所有“瓜”或“其”都落于排扇最下面一根穿枋上；另一类穿斗架则没有“满骑”特征，一般一根枋件枋头插进柱体，枋身再承托一根“瓜”即可，这类构架对应的是地楼型与纯架空型建筑（表3）。但仔细分辨此二者又有差异。这两种构架差别看似微小，但会对匠师手风产生极大影响。满骑构架由于其柱长度长，穿枋长度也长，从侧样上看如织网状，所以其木构件多采用长度较长的木构件，一般穿枋与柱的结合方式都是穿柱而过，为了使其不至于前后平移，再用木梢锁住。所以这类构架的构件榫卯往往都是穿枋透榫的形式，构件截面偏小，但是结构稳定，枋件收头处以构架稳定为要，所以除了有大进小出透榫外，也经常会有匠师采用双榫。而另一类构架没有采用这种形式，尤其是地楼型的匠师，以节省用材为主，长构件在很多情况下，会用短构件代替，只有在楼板枋或出水川这种不得不采用长构件的情况下再使用大截面的长构件。所以其榫卯经常出现两枋件交接于柱体榫卯的情况，齿口、斜方齿口、刻半透榫出现的频率更大，枋件收头处为了榫卯统一，则采用大进小出透榫。这两种构架的基本形式，使两派匠师的手风产生了本质上的差异。座子屋的满骑构架，匠师用长料，长构件，榫卯几乎都靠木梢锁死，作法简单，结构稳定性强，双榫的收头也类似木梢作用，用以锁定位移。而地楼型的匠师，则以省料、巧借为主，用短构件进行拼接，榫卯种类丰富，且为了避免榫卯类型过多或构件位置记录混淆等问题，更倾向于将构件标准化，各类枋件，甚至檩件的榫头都是刻半、斜方齿或齿口等不分公、母头的榫卯方式，枋件收头则不会出现双榫情况。到了南侗的纯干栏类建筑，虽然构架和地楼型接近，但是其匠师所用榫卯

武陵山区大木榫卯节点图表

表 2

榫头刻半相对 夹口榫 组合图 拆解图	燕尾榫母 燕尾榫公 椀口榫 组合图 拆解图	燕尾榫公 燕尾榫母 椀带枋口 组合图 拆解图	窝套榫公 窝套榫母 椀口榫 组合图 拆解图
柱头 1	柱头 2	柱头 3	柱头 4
窝套榫母 窝套榫公 栽梢（暗销） 椀带枋口 组合图 拆解图	窝套榫母 窝套榫公 椀口榫 梢钉 组合图 拆解图	卡腰 双槽齿 卡腰 组合图 拆解图	馒头榫 组合图 拆解图
柱头 5	柱头 6	柱头 7	柱头 8
燕尾榫母 燕尾榫公 椀带鼻 组合图 拆解图	椀口馒头榫 组合图 拆解图	夹口 组合图 拆解图	组合图 拆解图
柱头 9	柱头 10	柱头 11	柱头 12
窝套榫公 窝套榫母 椀带鼻 组合图 拆解图	燕尾榫母 燕尾榫公 椀带开口榫 梁头工字口 组合图 拆解图	双肩燕尾榫 组合图 拆解图	梢钉 穿枋做成大小头，小头比大头窄3到5分 组合图 拆解图
柱头 13	柱头 14	柱中 1	柱中 2
斜口榫 枋头做成斜口，配合梢钉固定 梢钉 组合图 拆解图	斜方透榫 梢钉 斜方透榫 组合图 拆解图	组合图 拆解图	刻半透榫 梢钉 组合图 拆解图
柱中 3	柱中 4	柱中 5	柱中 6
刻半透榫 梢钉 组合图 拆解图	组合图 拆解图	齿口 组合图 拆解图	组合图 拆解图
柱中 7	柱中 8	柱中 9	柱中 10
双榫 组合图 拆解图	柱身透榫 刻半透榫 三项榫口 拆解图1 拆解图2	透榫 咬合刻半 榫梢 组合图 拆解图	斜方齿口 斜方齿口 组合图 拆解图
柱中 11	柱中 12	柱中 13	柱中 14
扣榫 组合图 拆解图	半榫 透榫 丁字缝 组合图 拆解图	半榫（管脚） 透榫 组合图 拆解图	套榫 组合图 拆解图
柱中 15	柱脚 1	柱脚 2	柱脚 3
一字缝 卡口 馒头榫 组合图 拆解图	平交刻半 十字缝 组合图 拆解图	椀口管脚榫 卡口 组合图 拆解图	一字缝 组合图 拆解图
柱脚 4	柱脚 5	柱脚 6	柱脚 7

三类营造原型构件组合比对表 表 3

建筑类型	构架原型	柱头榫卯	檩头榫卯	枋头榫卯	枋身榫卯	组合特性
平楼混居型	满骑穿斗构架	椀口	燕尾榫 窝套榫	双榫 刻半透榫	透榫 刻半透榫	长构件 一般采用透榫加木梢 柱头碗口 整体性强、稳定性强 截面小
地楼型	非满骑穿斗构架	夹口	刻半相对	刻半透榫	透榫 刻半透榫 斜方齿口 齿口	短构件 统一榫头，不分公母 柱头夹口 构件标准化强 截面适中
架空型	非满骑穿斗构架	椀口	燕尾榫 窝套榫	刻半透榫	透榫 刻半透榫	尺度大 一般采用透榫或刻半透榫 柱头椀口 更加强调构件的功能性 以制备便捷为准
备注	表中图片均由作者自绘					

形式却又和座子屋匠师的手风接近。将上述有关檩、枋以及建筑构架的关系归到一起成图，就可以非常清晰地辨明三大类型匠师手风的地域化分异。

四、结语

本文仅从构件的榫卯结合角度诠释了微观层面不同营造原型所存在的不同特质，以细微见系统、以系统见思想、以思想辨谱系。对于乡土建筑营造的研究，根本目标是要厘清纷乱复杂的营造系统类型与匠作流派，牵涉到诸多匠俗、匠意、匠技[1]等方方面面的内容。将此类营造要素数值化、图示化、列表系统化，方能把握营造谱系差异的蛛丝马迹。

参考文献

[1] 柴焕波. 武陵山区古代文化概论[M]. 长沙：岳麓书社，2004.
[2] 李先逵. 干栏式苗居建筑[M]. 北京：中国建筑工业出版社，2005.
[3] 陆元鼎. 中国民居建筑[M]. 广州：华南理工大学出版社，2004.
[4] 李浈. 中国传统建筑形制与工艺[M]. 上海：同济大学出版社，2015.
[5] 李浈. 营造意为贵，匠艺能者师——泛江南地域乡土建筑营造技艺整体性研究的意义、思路与方法[J]. 建筑学报，2016（02）：78-83.
[6] 魏挹澧. 湘西城镇与风土建筑[M]. 天津：天津大学出版社，1995.
[7] 柳肃. 湘西民居[M]. 北京：中国建筑工业出版社，2008.

[1] 李浈教授在《泛江南地域乡土建筑营造技艺整体性研究》中将营造技艺概括为匠俗、匠意、匠技三个基本框架内容。

新型城镇化进程中历史建筑空间结构的活化更新研究

——以湘潭城正街文庙地块为例

韦嘉林❶ 陆衍安❷

摘 要：城镇化进程中历史建筑具有重要的社会意义，旧时城镇化进程中历史建筑普遍存在着“建设性破坏”与“淡忘式消减”的堪忧局面。在新型城镇化发展的当代，我们需从多方面、多维度去思考历史建筑如何在保证其“历史完整性”的情况下挖掘空间活力，它的重点与难点是如何在围护的基础上合理开发与再利用，传承与发展优秀内涵。本文将首先基于空间句法对湘潭城正街文庙地段进行活化更新研究，然后基于空间叙事对局部空间进行分析与优化。

关键词：城镇化进程 历史建筑 空间句法 空间结构 活化更新

历史建筑承载着我国的文化精神和物质财富，通过建筑可以了解中国悠久的历史，挖掘其丰富的文化内涵。历史建筑不仅能够反映一个城市在某个阶段的文化和历史特征，更是构成民俗的重要组成部分，它作为城市的记忆可以与人们产生共情，甚至有时成为一个群体或国家的象征。保护历史建筑不仅是国家的责任，更是每个公民的责任。虽然宫殿级的大型历史建筑一直以来都受到了很好的保护，但大量的民居建筑和历史街区在城镇化进程中由于缺乏必要的保护，已经变成残垣断壁亦或是“保护过度”变成无人区，使其宝贵的文化遗产无法得到继承和发展。因此在城镇化进程中，对小型历史建筑的活化更新研究具有非常重要的社会意义[1]。

新型城镇化作为一种单独的概念，是由现代工业化发展的阶段所引申出来的，它与旧时一味追求经济发展与人口增长的城镇化不同，现代意义上的城镇化更注重对历史建筑的保护与可持续发展，特别是像湘潭这样具有历史文化久远的城市更不能被忽视新型的城镇化绝不是拆旧换新，也不是改造成与本地文化底蕴不符的“突兀建筑”，新型城镇化必须是对过去与现在的反思、适应和优化。

一、湘潭城正街地块的城镇化现状

1. 城镇化发展与历史建筑保护的矛盾

大量历史街区在湘潭的工业化和城市化进程中逐渐从现代生活中消失，虽然城市规模变得越来越大，功能、经济、人口和建设都在增长，规划和设计也在改善，但是历史街区的保护与社会和经济发展的矛盾日趋见长[2]。明显衰老的历史街区和环境的破坏使历史街区逐渐失去吸引力，建筑的内部结构和功能因不符合现代历史街区居民的生活条件和要求被重建和改造，加上地产开发，历史街区的街容街貌面临巨大挑战[3]。在行政制度、管理权限、资金数额和发展策略下，一些历史建筑没有及时得到保护，或者保护起来但不利用，大部分处于“建设性破坏”和“破坏性建设”的状态下[3]。

2. 城正街历史建筑现状及文庙概述

湘潭文庙作为湖南科技大学老校区，坐落于湘潭市雨湖区城正街，城正街东临三义井、西接雨湖路，东临观湘门，城镇化进程中，为凸显完整的近代建筑街区，湘潭的历史建筑大都被“保护”性的隐藏亦或是拆旧换新，旧城风貌所剩无几。保留较为完整的城正街西接雨湖路，东临观湘门，北面延伸至熙春路[3]，面积有 38.6 公顷。虽然目前保留情况较好，但使用率基本为 0。（图 1~ 图 3）

二、城镇化进程中历史建筑保护的方法

1. 整体的思维下保护历史建筑

受国人及世界所推崇的中国古建筑，大都因为它的营造体系，檩条瓦砾之间的细节，所以在城镇化进程中应当尽所能保留原生态的传统特色。保护历史建筑，最重要的考虑其历史价值、建筑风格、文化传统和未来的发展策略。在城市以及国家的视角下保护历史建筑，与其他建筑产生联系，在维护与改造历史建筑时，我们需要用“整体”的思维去思考它所关联的历史价值和民俗文化。

---

❶ 韦嘉林，湖南科技大学建筑与艺术设计学院。
❷ 陆衍安，湖南科技大学建筑与艺术设计学院，讲师。

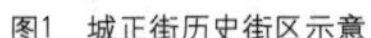

图1 城正街历史街区示意

图2 城正街历史建筑风貌示意之一

图3 城正街历史建筑风貌示意之二

2. 保护的基础上科学利用

历史建筑可以分为两种，一种是代表历史的遗产类建筑，另一种则是代表人文的民居类历史建筑。相比于第一种，第二种仅需要保留较为完整的立面和整体结构，能够反映原本的文化内涵即可。第二种在我国的占比远大于第一种，它也渗透于我国各个地区，本文就是对第二种的功能空间结构改善与活化研究，保留其历史信息的完整度和真实度的同时兼顾建筑的可持续发展，应时代的变化为人服务。

（1）提升空间活力

对外：以本土文化民俗内涵为基础发展旅游经济提高场地活力，如湘潭作为全省乃至全国的红色旅游龙头，发展旅游是不仅是提升经济的手段之一，更是弘扬党建文化与国家精神的方法之一。在城市有机更新的理念下，建筑的活化更新是城市肌理与文脉的继承与发展的必要措施。

对内：新型城镇化进程中，原建筑的功能，结构与流线等基础条件大都不满足现代化的要求，我们不仅需要维护建筑的立面观赏价值，更应该思考深层次的活化研究。通过深入的研究与活化更新，充分利用建筑可持续的理念让历史建筑“复活”，传承文化，促进经济社会的发展。

（2）传承与发展本土文化内涵

明清时期著以“小南京”，现在也是湖南省特大的经济文化地区，湘潭虽然拥有深厚的文化内涵，但是没有很好的发挥它的优势。湘潭不乏古街旧巷，大大小小有10多个，它们不仅可以作为一个城市的文化记忆，也包含了国家的文化共性与建筑的地域性符号表达，继承和发展古城的文化特色也是一个不错的选择。

（3）增强个人责任感

建筑的形成在于人，同样，历史建筑的保护也在于人。在国家增强保护政策的同时，个人也要形成一种自我责任感并付诸行动，让保护历史建筑成为一种自发模式。

三、基于空间句法对城正街湖南科技大学雨湖校区的研究

1. 空间句法在提升空间活力上的理论研究

历史建筑的研究不能脱离城市本身，而研究一个城市的空间活力可以从两个方面去解读——现存的生命力以及未来的发展能力，目前可以通过各种软件和调研方法去分析现状，被广大学者认可的

图4 雨湖校区示意

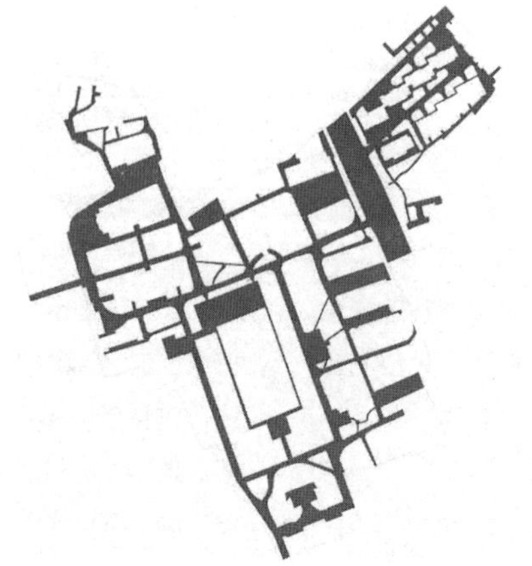

图5 道路肌理图

图6 建筑肌理图

一种方法是“空间句法”理论。空间句法在现阶段的优势其一是可以用一种科学算法去分析空间，消除主观臆想的同时给予数据上的有用信息，其二是它所涵盖的内容之广。绝大多数营造城市空间活力的原则可以被归纳为三个要素：足够的功能混合度、适宜的建设强度与建筑形态、良好的街道可达[4]，空间句法在此基础上仍可以延伸至凯林·文奇的节点空间研究（视域面积、视域周长、密实度、游离度、闭合度、聚合系数、熵）。

通过空间句法的运用，特别是在历史建筑改造方面，有着巨大优势。通过分析得出的空间形态可以挖掘背后的历史社会活动同构体，城市肌理关系以及本体的空间属性优缺点。

2. 基于湖南科技大学雨湖校区空间结构的改造研究

（1）湖南科技大学雨湖校区空间结构研究

以城正街湖南科技大学雨湖校区地块（图4）为研究对象，从场地分离出道路肌理（图5）与建筑肌理（图6）作为后文的研究对象。基于场地的道路空间，通过depthmap的轴线分析与整合度分析得出场地整体的空间秩序现状。

图7为depthmap自动轴线布置分析，基于图5由depthmap算法得出四条比较密集的轴线，可利用在空间分割，交通组织，景观轴线上。图8为局部空间轴网分析，由图可得其西侧轴线可延伸加长，使场地内形成一个环绕型的积极空间。图9为整体空间轴网分析，由图可得场地应增设一条贯穿南北向的道路轴线，方便人流集散。

颜色越红代表空间整合度越高即可达性越高，整合度高的地方可设计文化街巷植入，唤醒场地记忆的同时提升空间氛围。

整合度较高的轴线走向如图8所示基本为东西向，应增加南北走向的主轴向，使整个场地产生联系，平衡场地的秩序感。通过数据分析得出R^2偏低，局部整合度普遍高于整体整合度（图9），说明场地整体联系性弱，局部建筑组团联系性强，应加强整体秩序。

通过重新规划路网关系，改造后雨湖校区地块的整合度R^2（图12）有所提高，局部整合度（图10）与整体整合度（图11）皆有明显的提升。

基于图6的反模型图底对场地进行视域分析得出改造前后（图13、图14）的各自情况，改造后的区域协同关系与可意向性都有优化。建筑秩序的重构使文庙与周围建筑和景观产生对话与联系，实现记忆更新的同时提高了文庙的局部协同关系与可意向性。

将图15所示根据功能属性将城正街附近的城市意象热点分为如下11点。可以发现具有文脉的建筑与场所如文庙在市民眼中认知率最高，大部分人表示具备结构形式创新，具备现代特色的热点更值得关注[5]，占71%。这些意象热点为本地居民与外来游客提供交流平台并激发对历史的回忆，因而在城镇化进程中能够保持较强活力。

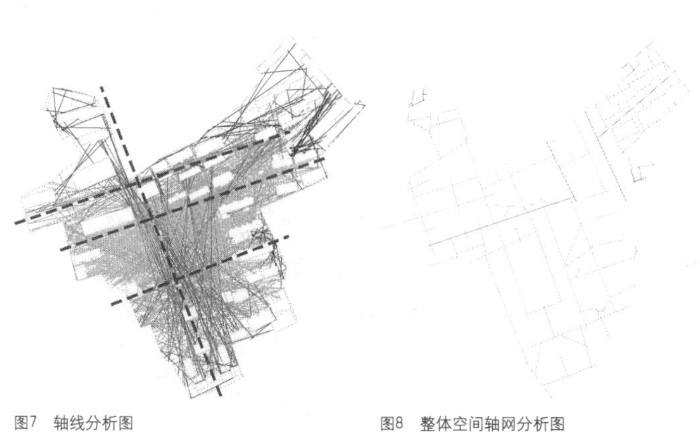
图7　轴线分析图　　图8　整体空间轴网分析图

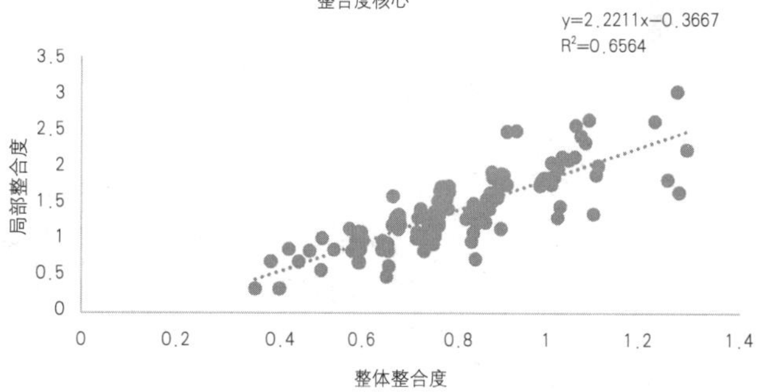

图9　整合度核心分析图

图10　局部整合度分析图　　图11　整体整合度分析图

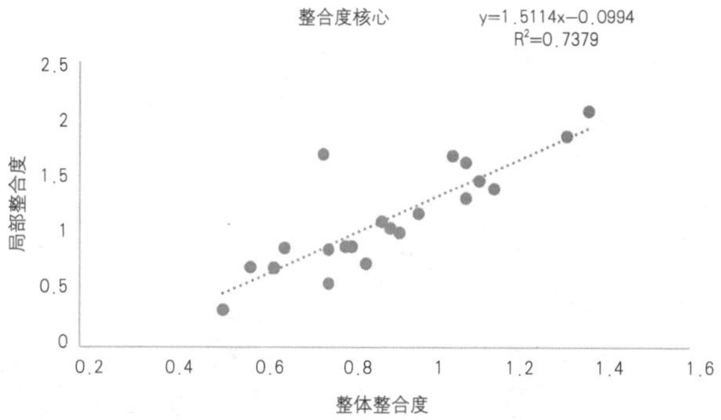

图12　整合度分析图

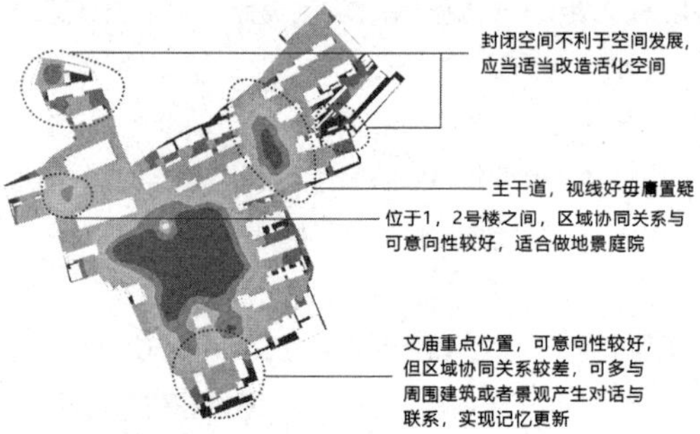

封闭空间不利于空间发展，应当适当改造活化空间

主干道，视线好毋庸置疑

位于1，2号楼之间，区域协同关系与可意向性较好，适合做地景庭院

文庙重点位置，可意向性较好，但区域协同关系较差，可多与周围建筑或者景观产生对话与联系，实现记忆更新

图13 现状视域分析图

图14 改造后视域分析图

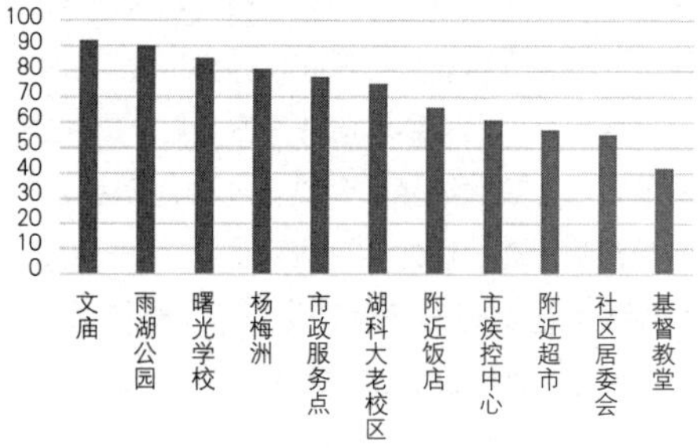

文庙 雨湖公园 曙光学校 杨梅洲 市政服务点 湖科大老校区 附近饭店 市疾控中心 附近超市 社区居委会 基督教堂

图15 认知热点总体认知度分析图

调研发现，雨湖校区地块内原学生活动中心的两栋闲置教学楼可利用性高，而学生活动中心不仅是原湖南科技大学师生所关注的重要的记忆场所之一，更是能够作为城市活力的“起搏器”，活化雨湖校区地块的空间活力，所以本研究将学生活动中心作为深入研究的对象。

（2）学生活动中心区域空间重构

从地块的现有建筑肌理中分离出需要进行空间拓扑研究的区域，以3、5、7、9、11为拓扑数，以550毫米为步行尺度进行局部空间深度分析。得出学生活动中心区域中的1、2号楼在局部空间范围内的便捷值最大，更适合改造成人流集散程度高的中心建筑。2号楼比1号楼的整体便捷值更大，更适合承担主要公共功能区。基于上述结论进行以下拓扑结构优化，使其R^2值高于整个场地。

（3）学生活动中心室内空间诊断

以1号与2号楼为公共区域最强的首层（入口层）研究对象展开介绍，其上几层都与此相同逻辑相同。通过depthma进行视域VGA分析，红色为整合度最高区域，视线较好，私密性弱，可以用作为行为互动性最强的功能区，蓝色为整合度较低区域，视线较差，私密性强，可以用作联动性较弱的办公空间与辅助空间。但是重新定义功能区后是否满足使用者的需求？这不仅是人与建筑之间需要考虑的因素，也是空间句法缺乏的一个逻辑论证关系。所以接下来将引用的行为情境分析来弥补这一缺陷，寻找并激发事件行为与空间布局之间的联系。

通过空间句法轴线自动生成下研究同一路径下的行为联动时发现，在行为发生的路径上置入可能诱发的行为对应的空间，将这一系列事件组合到设想的空间场景之中，可以使学生、管理员以及其他使

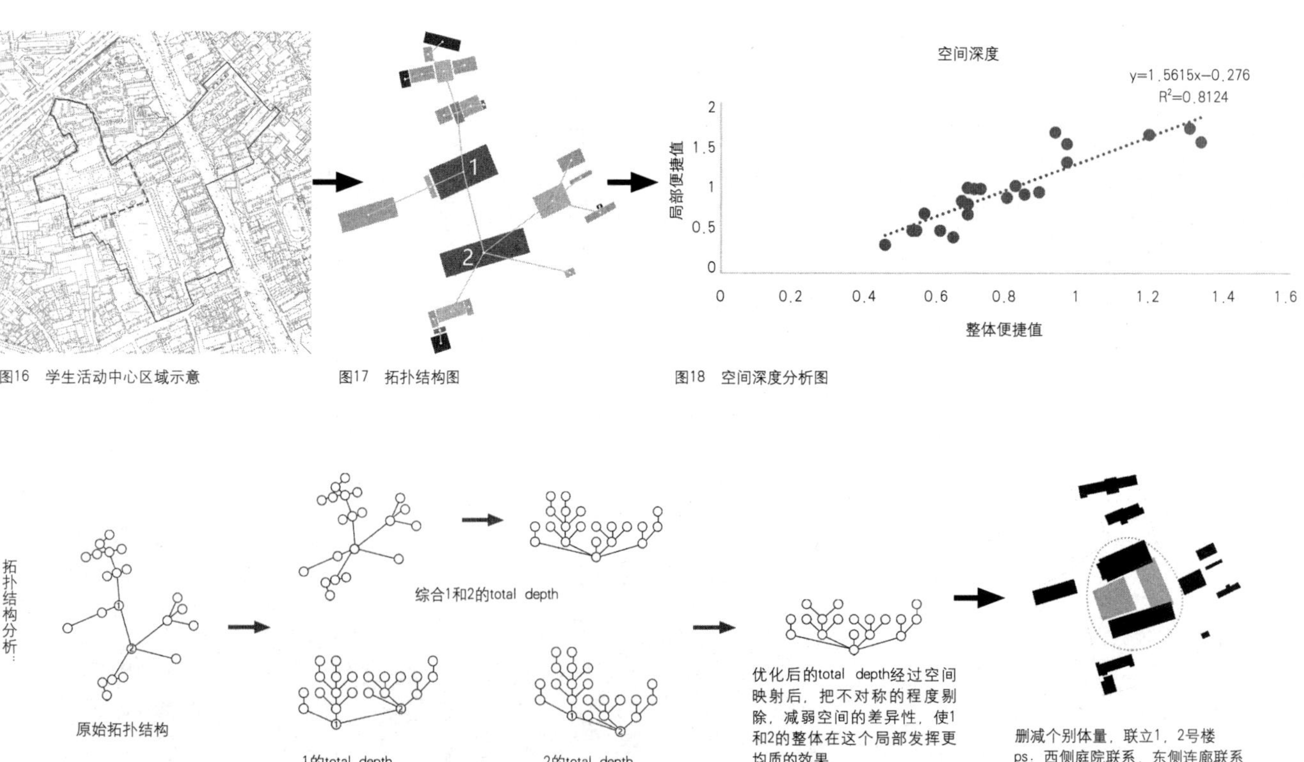

图16 学生活动中心区域示意

图17 拓扑结构图

图18 空间深度分析图

图19 拓扑分析图

图20 改造意见图

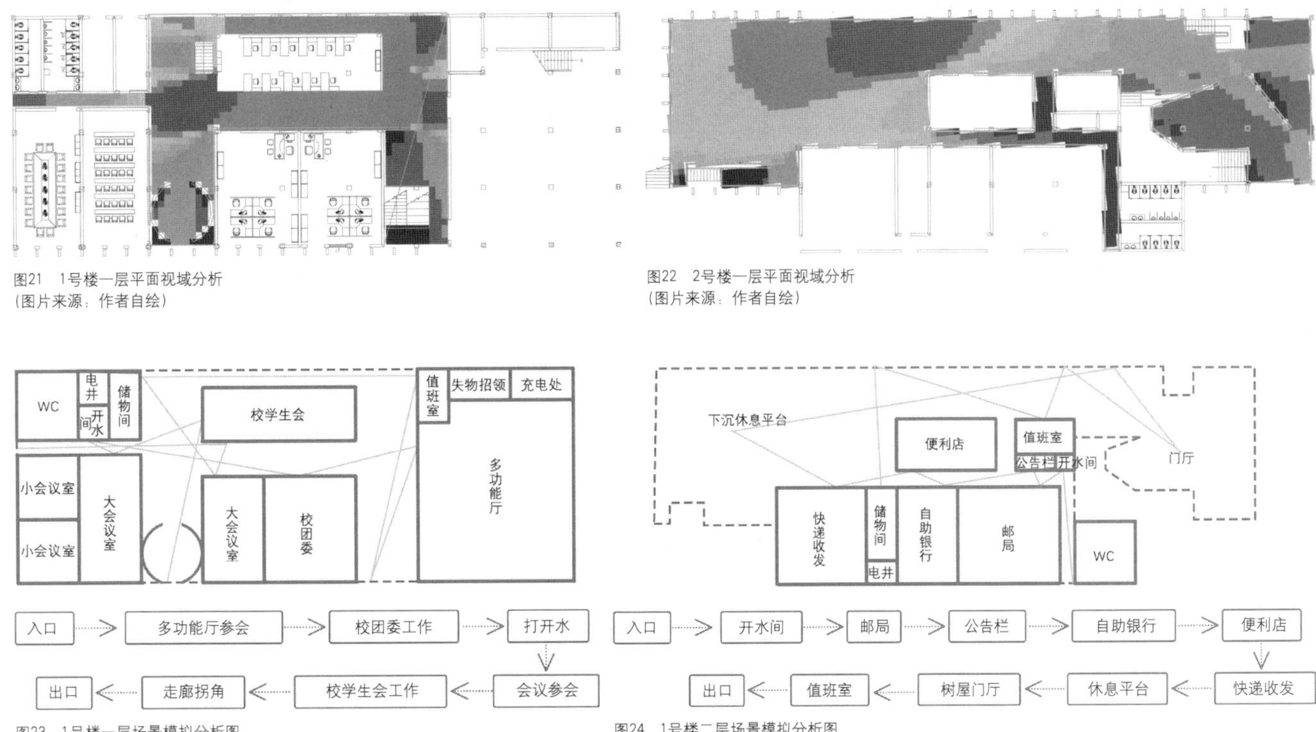

图21 1号楼一层平面视域分析
（图片来源：作者自绘）

图22 2号楼一层平面视域分析
（图片来源：作者自绘）

图23 1号楼一层场景模拟分析图

图24 1号楼二层场景模拟分析图

用者之间的交往与互动最大化，从而提升空间效能、活力与整合度[6]。

四、结语

在新型城镇化进程中，更注重历史建筑的保护与利用，因为它不仅仅是一座城市的象征，更是国家的灵魂。历史建筑沉淀了人类文明的精神和物质财富[7]，我们在保护的同时更要把它们利用好，让它们在新型城镇化建设中充分体现其保护的意义和价值，在经济文化发展中不断发挥更大作用，最后达到双赢或多赢的结果。

国内目前对于历史建筑的改造与活化研究未能采用实证数据分析的手段去探索城市结构与空间意向的关系，对于空间意象的塑造和延续文化内涵大多处于理论层次，沿袭了主观意识较强的意象图绘制方法，比如频率统计与问卷调查等。因此，空间句法可作为一种较为科学的方法引入空间活化当中，特别是在历史建筑的改造与活化方面，这抑或能作为新型城镇化进程中探索历史文脉和现代城市变迁对城市意象的影响的一个突破口。

参考文献

[1] 范文玲.武威文庙建筑研究[D].西安：西安建筑科技大学.2014：34.

[2] 王耀兴.历史街区的保护性利用探索[D].重庆：重庆大学，2007：67.

[3] 李双清.湘潭市历史街区保护性旅游开发研究[D].湘潭：湘潭大学，2009：1–3.

[4] 叶宇，庄宇，张灵珠，阿克丽丝・凡・内斯.城市设计中活力营造的形态学探究——基于城市空间形态特征量化分析与居民活动检验[J].国际城市规划，2016（8）：27.

[5] 陈梦远，徐建刚.城市意象热点空间特征分析——以南京为例[J].地理研究，2014（12）：2288.

[6] 陆邵明.空间・记忆・重构：既有建筑改造设计探索——以上海交通大学学生宿舍为例[J].建筑学报，2017（2）：59.

[7] 姜防震.积极保护利用历史文化遗产[EB/OL].财经视察，2004，04，26.

红色革命建筑的保护与传承❶

——以江西横峰县葛源镇为例

许飞进❷　魏　薇❸　王锐琴❹

摘　要：本文以葛源镇红色革命建筑保护为例，通过红色革命建筑的价值讨论，认清该镇红色革命建筑的保护现状及问题，提出红色革命建筑保护与传承的建议。

关键词：红色革命建筑　保护　传承　价值

目前，我国建筑学界对红色革命建筑、革命旧址、红色旧居旧址并没有统一的定义。根据《中华人民共和国文物保护法》第一章第二条提出五种文物受国家保护，其中第二点是“与重大历史事件、革命运动或者著名人物有关的以及具有重要纪念意义、教育意义或者史料价值的近代现代重要史迹、实物、代表性建筑”，由此可知红色革命建筑应属其中一部分。

张泰城在《论红色文化资源》中指出，红色旧居旧址类表现形式为各式各样的建筑或建筑群，指的是不可移动的革命历史遗迹，具体可包括民居宅第、旅店客栈、祠堂寺庙、学校书院、商贸店铺、医院诊所、道路桥梁、井泉渠堰、军事设施以及各种工农业生产建筑设施等。红色纪念建筑类指的是“当年为纪念重大事件和缅怀英烈而建的各类建筑以及革命胜利后所建造的供人们瞻仰凭吊的纪念建筑，具体有博物馆、纪念堂馆、烈士陵园、碑亭台柱、园林塔祠、纪念广场、纪念雕塑等各种类型”[1]。本文所提到的“红色革命建筑”皆指以上各类建筑。

目前国内虽然在红色旅游和红色文化方面的研究已形成体系，但在红色文化遗产保护上，更多侧重于红色资源的保护，尤其是红色革命建筑方面取得的成果并不多，且研究多数集中在苏区以及延安等地，对于赣东北葛源镇红色革命建筑的研究目前处于探讨的起步阶段。

一、葛源镇红色革命建筑的地理分布

葛源镇位于横峰县北部山区怀玉山的余脉——磨盘山山区盆地中，距县城35千米。东毗上饶县，西连弋阳县，北靠德兴市。地理坐标介于北纬28° 17′ ~28° 44′ 和东经117° 29′ ~117° 46′ 之间。

1931年2月，由方志敏带领的赣东北特区党政军从弋阳迁至葛源，成立了赣东北特区苏维埃政府。继而，在1932年11月成立了中共闽浙赣省委和闽浙赣省苏维埃政府，并在此地进行了艰苦卓绝的闽浙赣（皖）四省边界革命斗争，留下了一段光辉的革命岁月。

在土地革命时期，以葛源为中心的闽浙赣革命根据地与井冈山等革命根据地齐名，成为六大革命根据地之一的“红色省会”，是全国六大革命根据地中唯一的“苏维埃模范省”[2]。

目前，葛源镇拥有全国最完整的红色革命建筑群——闽浙赣革命根据地旧址建筑群。当地的红色资源有独特的优势，数量较多，分布较为集中，类型较为全面，葛源镇拥有国家级重点文物保护单位5处，分别是闽浙赣省苏维埃政府旧址、中共闽浙赣省委旧址、红军第五分校旧址及红军操场旧址和闽浙赣省军区司令部旧址。革命根据地旧址群中现有保存完好的革命旧址有50余处。[3]葛源镇（规划范围包括葛源村和枫林村）现有清、民国时期古建筑184栋（葛源152栋，枫林32栋），其中，文保单位23栋（葛源15栋，枫林8栋），保护对象建筑8栋（葛源5栋，枫林3栋）。葛源镇现存古建筑总建筑总面积24712平方米。

二、红色革命建筑的价值

葛源镇有众多的红色革命建筑，充分体现了社会价值、历史文化价值、艺术价值与教育价值。

---

❶ 本文为第十七届“挑战杯”大学生课外学术科技作品部分成果，以及南昌工程学院省级创新训练项目 S202011319031。

❷ 许飞进，通讯作者，教授，硕士生导师。

❸ 魏薇，南昌工程学院，土木与建筑工程学院，18城乡规划。

❹ 王锐琴，南昌工程学院，土木建筑工程学院，18城乡规划。

1. 社会价值

红色革命建筑除了文物本身自带的经济价值外，还可进行红色旅游开发。红色旅游的大力发展在城镇以及社会中形成良性循环，不仅可以让旅游者在精神上获得喜悦和满足，而且还可以促进乡村振兴，给村民带来多方面的收益，进而促进当地协调健康地持续发展。除此之外，红色旅游建设还能增强当地村民对红色文化的认同感，红色文化在社会中得以传承，进而也会更加重视对红色遗址的保护。葛源镇将红色旅游的宣传和革命旧址群的保护相结合，通过上级有关部门的重视和政策的支持，红色旅游资源得到了充分的利用。目前，村庄年接待游客突破10万人次。

2. 历史文化价值

红色革命建筑的历史文化价值，是其最直观反映时代特点、民族特点和地方特点的价值，同时也能证明革命事件的真实性。红色革命建筑的历史文化价值可以从其在中国革命史上的地位、与重大历史事件和历史人物的联系，以及对历史研究的参考意义上展现。葛源镇现存有多处方志敏为防敌空袭带领红军战士挖掘的防空洞，总长 1000 余米，其中最完整的一处位于枫林村的中共闽浙赣省委机关旧址北侧，洞口由青砖砌成，高约 1.8 米，最宽处约 1 米，长 200 多米，通向闽浙赣省苏维埃政府旧址，主要用于省委、省政府和省军区以及当地百姓防空掩蔽。人们不仅能通过红色革命建筑看到建筑本身，还能了解当时的城市风貌、人民行为习惯以及革命状况，更能了解到革命时期的艰苦条件和华夏民族的智慧（图 1）。

红色革命建筑是革命历史的见证者，在经历了战争的冲刷，经历了无数枪林弹雨后，依然屹立眼前，墙壁上的文字反映了当时的号召和思想，深浅不一的弹孔是革命者斗争的标记，是铭记历史、展望未来的眼睛。

3. 艺术价值

红色革命建筑的艺术价值体现在建筑与当地文化的融合度、对文化的传承作用，以及遗产本身所携带的艺术价值等方面，反映了当时建筑的吸引力、表现力、感染力。红色革命建筑由于其思想文化所赋予给建筑的特征，相对于同时代的其他建筑来说，保存的完整性和历史性更高，更具有艺术观赏性。

葛源古建筑多为木穿斗式悬山建筑，土木结构，内设天井、拖步，建筑雕刻精美，大院鹅卵石铺就，能集中反映赣东北一带地方特色和风情。葛源古建的建筑构件也具有特色建造技术，建筑遗产、文物古迹和传统文化比较集中，能较完整地反映清末和民国时期的传统风貌、地方特色、民族风情。1927年12月葛源暴动在葛源镇中心小学操场西北角的万年台举行，万年台坐东朝西，建于清代末年，占地7000余平方米，建筑面积100余平方米，面宽12米，进深9米。万年台原为一座古戏台，台高2米，台前有一大广场可容纳数千人。戏台为硬山式建筑，灰色布瓦屋顶，雕梁画栋，云龙纹彩绘装饰，乡土特色明显，至今保存完整，具有较重要的艺术价值（图2）。

4. 教育价值

红色革命建筑革命遗址不仅是革命历史的见证，还是在革命中凝练出来、铸造出来的精神载体。红色革命建筑背后的革命抗战历程对新时代青年加强爱国主义教育和革命传统教育具有深远的意义，对于提高广大干部的思想觉悟有着很大的作用。

三、葛源镇红色革命建筑的现状

红色革命建筑巨大的保护价值，在现实中却很难彻底保护。总的来说，葛源镇红色革命建筑，目前存在以下几方面问题：

1. 自然环境对红色革命建筑的长期侵蚀

闽浙赣革命根据地旧址点多面广，保护任务繁重，加之老区经济底子薄，发展缓慢，地方财力有限，许多旧址年久失修，损毁程度逐年加剧。台风、雨水、阳光、冰雹等自然环境因素对建筑产生的影响无法控制，红色革命建筑在自然的侵蚀下里难免会出现不同

图1　葛源镇枫林村防空洞

图2　葛源镇万年台

图3 葛源镇枫林村红色标语

程度的损坏，如：生土红色革命建筑墙体的开裂、空鼓或者倾斜；木质结构房屋出现的腐朽、裂缝、虫蛀危害；内侧间梁架腐蚀，瓦件局部脱落；红色标语的褪色等（图3）。有些红色革命建筑在自然的侵蚀下濒临倒塌，成为危房，面临拆除；有些红色革命建筑成为毁迹，只剩下遗址地点的记忆，随着时间的流逝逐渐被淡忘。

2. 旅游品质低，挖掘力度欠缺

葛源拥有得天独厚的红色资源，拥有着丰富的历史文化和优美的自然风景。但是由于自然的侵蚀以及人为的破坏，部分风景资源遭到不同程度的破坏。葛源的革命旧址建筑群虽然得到一定的保护和修缮，但是建筑所在的古镇却气氛全无，基本都是现代新式民居，与红色革命建筑的风格格格不入。

除此以外，红色革命建筑的周边环境受到破坏，葛源镇入口背景山峰——麒麟山，由于过度采石，山体遭到破坏。葛源镇地处山区，有丰富的生态资源，也是中国葛产品的重要基地，这些资源都没有充分挖掘出来，进而导致了葛源旅游业没有重大突破。

3. 旅游产品上缺乏创新和互动性

现今，葛源镇景区内的红色文化产品较单一，不管是闽浙赣革命旧址群还是列宁公园，旅游形式都是以参观和观光的游览方式为主，过于强调教化功能。在开发上缺乏创意，展示方法多为图片和文物展示，较为单一，且参与性不足、娱乐性有限、体验性较差。在文化产品开发上，挖掘深度不够，使得开发过于表面，缺少市场吸引力。

4. 缺少知名度，与其历史地位不符

闽浙赣省革命根据地是第二次国内革命战争时期，全国著名的六大革命根据地之一，被称赞为“方志敏式的革命根据地”和“模范的闽浙赣省”。横峰葛源作为闽浙赣革命红色旅游的核心，却鲜为人知，目前到古村的游客多为散客，主要是古村考察、写生、摄影等，且从游客地域构成来看，现旅游产品只在周边产生一定影响，这明显和其历史地位不符。和中国其他相同级别的红色旅游胜地相比，葛源镇没有配套的旅游发展措施，且带动地方经济的作用不明显。

5. 服务建筑设施落后

在旅游业中，旅游服务起着举足轻重的作用。通过现场调研和资料搜集，发现其道路交通设施不完备，闽浙赣革命根据地入口不醒目，且多村间小路。各项游览服务设施也很薄弱，接待游客能力小。在旅游购物、娱乐等配套设施正处于低开发状态，在人才开发上严重不足，且缺乏休憩公园、广场等设施。古村缺少停车场等交通设施，不能满足全村居民生产、生活及旅游发展的需要。

6. 针对红色革命建筑价值评估的相关政策和研究较少

目前，红色革命建筑的概念界定模糊，在红色文化遗产的价值探讨、红色文化遗产的具体现状和红色文化遗产的保护措施上，涉及具体红色遗产地保护评估的研究较少，对红色革命建筑遗产的保护评估则更少。

四、葛源镇红色革命建筑的保护与传承建议

1. 增强民众的保护意识

红色革命建筑的保护，关键是要提高全民保护红色革命建筑的意识，使大众真正参与进来。各旧址原房产和与之相关的土地使用权除五处国保单位外，多属群众所有，旧址使用和管理与群众生活矛盾突出。当地民众与历史革命建筑生活在一起，高密度甚至破坏性的使用难免会对建筑的保护产生影响，因此增强民众对红色革命建筑的保护意识十分重要。通过市民自治和社会监督，以及法律法规约束，红色革命建筑才可以得到有效保护。

2. 增加相应保护机制

历史性建筑修复面对不同情况有不同的方法，国际罗马文物保护修复中心在发布的修复准则中就将历史性建筑修复方法分成了七个层级——防止恶化、保留、巩固、恢复、复制、再建、再利用。这七个修复层级明确了红色革命建筑保护修复工作的内容，细致划分了建筑保护修复的工作步骤。

过去由于法规不完善、资金缺乏等原因，不少红色革命建筑即使被列入保护范围，也很难得到有效的保护、开发和利用。对应各个层级，当地需增加相应的保护机制，明确各个红色革命建筑的保护方式，对所有历史性建筑保护进行系统性地规划，对于修复后的红色革命建筑如何进行开发与再利用讨论具体的措施，按时“网格

化”地巡查汇报，发现情况及时处置，立行立改。

3. 开展保护与传承工作

（1）建筑形式方面。严格遵守《中华人民共和国文物保护法》和其他相关法律、法规的规定要求，不能随意改变建筑原有状况和周边环境，不得施行日常维护外的任何修建、改造、新建工程及其他任何有损环境、有碍旅游观瞻的项目。

（2）历史风貌方面。新建、扩建和改建建筑应当在高度、体量、色彩和空间布局等方面与红色革命历史保护区的风貌特色相协调。新建、扩建、改建道路时，不得破坏保护区的历史文化风貌。[4]

（3）环境整治方面。保护镇区四周的地形、地貌、水体、农田、植被等自然生态环境，搞好镇区的环境卫生工作，在人流密集的公共场所周围打造服务设施，按300米服务半径建设风格与红色革命建筑风格匹配的公共厕所。

（4）拓展与开发方面。通过与红色旅游相结合带动当地经济，在初期通过旅游门票进行创收，同时可开发趣味周边产品，结合当下流行趋势，如：VR贺卡、有声红色家书、红色纪念品盲盒、红色革命建筑立体拼图等，进行红色资源的拓展和开发。在遗址内还可通过VR技术、蜡像等方式，还原当年革命先辈们工作、生活时的画面和场景，供游客追忆、纪念与感受。当地还可开展“走红军路”、“吃红薯饭”等红色革命精神传承趣味活动，牢记革命精神，传承红色文化。还可进一步开发线上平台，利用新媒体环境提供技术上的支持，让各地人民随时随地“声临其境”。

五、结论

综合本文的研究分析，可以看出红色革命建筑作为中国革命遗迹，记录着中国共产党的成长和新中国的发展历程，它背后所蕴含的价值不可估量，反映的历史意义重大。本文以葛源镇红色革命建筑保护为例，研究了葛源镇红色革命建筑的保护现状及问题，认为要提高全民保护红色革命建筑的意识，增加大众参与度，增强民众对红色革命建筑的保护意识十分重要。通过市民自治和社会监督，以及法律法规约束，红色革命建筑才可以得到有效保护。不仅如此，葛源镇当地需增加相应的保护机制，对所有历史性建筑保护进行系统性地规划，明确各个红色革命建筑的保护方式。同时，通过与红色旅游相结合带动当地经济，在初期通过旅游门票进行创收，可开发趣味周边产品，开展趣味活动等，进行红色资源的拓展和开发。

参考文献

[1] 张泰城. 论红色文化资源[J]. 红色文化资源研究，2015，1（01）：1–11.

[2] 王晓冬，张森. 河北南部山区红色建筑遗存价值初探[J]. 安徽建筑，2019，26（09）：22–23+98.

[3] 王琦. 葛源镇红色旅游发展现状及路径研究[J]. 城乡建设，2020（07）：46–48.

[4] 薛梦楚，陈忠，王思思，苏毅，王迅. 浅析红色历史文化遗产背景下的村庄保护规划——以浙江省慈溪市洪魏村为例[J]. 自然与文化遗产研究，2019，4（09）：84–88.

基于GIS的成都市新川科技园人居环境适宜性评价及优化策略研究

侯鑫磊[1] 史晶荣[2] 文晓斐[3] 赵 兵[4]

摘 要： 传统的人居环境适宜性评价方法存在与分析软件结合较少、效率较低且精确度不高等缺点。本文以成都市高新区新川创新科技产业园这一特定区域为研究对象，首先矢量化园区地理基础信息形成派生数据集，通过D-AHP法构建园区人居环境评价指标体系与各因子影响权重，进而基于ArcGIS软件工具对园区进行人居环境适宜性评价，使用欧氏距离、邻域分析等工具对各单因子进行缓冲区分析，实现园区人居环境适宜性可视化评价，按照适应性评价结果由高到低分为5个等级区域，针对不同等级区域提出具有针对性的园区人居环境优化营造策略，以期为相关领域的学术研究及规划实践提供借鉴与参考。

关键词： 健康中国 人居环境 适宜性评价 ArcGIS 新川创新科技产业园

2017年，习近平总书记在党的十九大报告中提出了健康中国战略，同年国务院印发实施《"健康中国2030"规划纲要》。纲要中提到，营造健康、宜居、美丽的人居环境是推动健康中国建设的重要环节[1]，而进行人居环境适宜性评价是进行人居环境营造的必做工作。目前学界关于人居环境适宜性分析的研究较多（张涛，2012），但大多是以定性描述为主而定量分析相对较少，评价角度主要有城市通勤（孟斌，2012），职住分离（李少英，2013），城市公共安全（李业锦，2011）等角度，少有针对某一区域内容综合多因素的考虑评价，从评价的方法来说，主要有问卷调查法（Saitluanga，2008），熵值法（郭荣朝，2010），德尔菲法（郑思齐，2007）而传统的分析方法存在效率较低且精确度不高的问题，[2]且与特定的分析工具与分析方法的结合较少。因此，运用地理信息系统对于某一特定区域进行人居环境进行定量研究极具研究价值与意义。成都市新川创新科技产业园（以下简称新川科技园）拟建设成为高品质人居环境的公园城市代表性示范区，对于人居环境适宜性具有较高的需求。因此，本文以成都市高新区新川科技产业园为研究对象，首先矢量化园区地理基础信息形成派生数据集，通过D-AHP法构建园区人居环境评价指标体系与各因子影响权重，进而运用ArcGIS软件工具对园区进行人居环境适宜性评价，并基于评价结果提出园区人居环境优化营造策略。

一、新川创新科技园概况及数据获取与整理

1. 新川创新科技园概况

新川创新科技园于 2012 年正式启动建设，总面积为 10.34 平方公里，园区划分为以中央公园为核心的六大产业组团，规划居住人口 15 万人，截至 2019 年，新川科技园居住就业人口仅有 12 万，仍有 69% 的未建设开发用地，除去少数顺销房源之外，目前新川科技园人居环境的建设步伐不能满足市场需求，对于更为科学合理的人居环境规划建设与营造需求较强。

2. 数据获取与预处理

数据获取来源主要包括：（1）Landset8 卫星影像（2020）；（2）成都市规划与自然资源局提供的《城市现状土地利用图2020》《城市总体规划（2016-2035）》；（3）新川科技园官网提供的《新川创新科技园空间规划》。运用 ENVI 5.3 及 AutoCAD 2014 对图像进行地图配准、图像增强、坐标矫正等进行预处理，以影像图、控制性详细规划图、土地利用图作为参照，在 ArcGis 10.2 图层上构建矢量图层，数字化新川创新科技园的道路交通网络、公园绿地、公共服务、商业、办公区域、商业设施，构建信息库。

二、新川科技园人居环境影响因子分析及其评价

人居环境是人类工作劳动、生活居住、休息游乐和社会交往的空间场所。2020年，我国颁布《城市人居环境规划设计规范》，

[1] 侯鑫磊，西南民族大学建筑学院，硕士研究生。
[2] 史晶荣，西南民族大学建筑学院，硕士研究生。
[3] 文晓斐，西南民族大学建筑学院，副教授。
[4] 赵兵，西南民族大学建筑学院，教授。

规范提出人居环境的影响因素一般考虑生态自然条件及社会经济条件两个方面的内容。夏小园等学者（2020）以江苏省为研究对象，构建由社会、经济、生态和建设环境4个维度组成的评价指标体系，对本文的人居环境影响因素选择有一定参考意义[3]。综上，本文在对人居环境规划设计规范及相关文献的总结梳理的基础上，选取交通因素、生态因素、公共服务因素和商业服务因素四个影响因子[4]作为本次研究新川科技园人居环境的评价因子（图1、图2）。

1. 单影响因子的选取及分析

（1）交通因子可达性评价。交通因素是人居环境规划重要影响因素之一。交通可达性是指居民克服空间距离，考虑交通距离与交通成本的关系，依托多类型的交通手段达到城市某一功能区的综合概念[5]。新川科技园作为成都市大力支持的新区项目，交通基础设施良好，已经形成轨道交通、公共交通、车载路网、绿色出行多维一体的智能化交通网络，覆盖园区内主要区域。本次研究仅分析地铁站点与干、支路的交通网络，将矢量化交通网络载入ArcGIS数据平台，运用Spatial Analyst工具，选取距离分析—路径距离分析工具，根据人居环境设计规划规范及道路交通有关评价体系，分别设定最大距离影响阈值为327米，设置交通因子权重比（地铁站点：快速路：干支交通）的栅格计算器权重为5：3：2，将交通通达度等级由高到低划分为交通通达度A、B、C、D、E级五个区域，分析得出新川创新科技园交通因子可达性分析图（图3）。

（2）生态因子影响性评价。人居环境中生态因素是重要考量指标，新川科技园内绿化设施建设较为完善，全科技园绿化范围共有177.46 公顷。首先将新川科技园多个核心景观及绿色廊道进行数据矢量化，载入 ArcGIS 数据平台，选取 ArcToolbox 数据工具中的 Spatial Analyst 工具，运用欧式距离分析生态因子矢量图层，根据步行街道与步行速度设定距离阈值为 200 米，设置生态因子栅格计算器权重（核心景观：次级景观：绿色廊道）为5：3：1，将生态因子影响等级由高到低划分为生态影响区 A、B、C、D、E 级，运行软件得出新川生态因子影响分析图（图 4）。

（3）公共服务因子影响性评价。新川科技园作为公园城市建设的先进示范区，截至 2019 年新川创新科技园已建设完成了类型较全、数量较多的公共服务设施，公共服务配套占地总面积为34.58 公顷，并依照划分社区进行布局，有新川科技园公共服务设施、教育公共服务设施、社区综合体公共服务设施、文化公共服务设施、医疗公共服务设施等设施体系。首先将教育、社区综合体、文化设施、医疗等划分不同图层，载入 ArcGis 数据平台，运用距离工具进行测算，根据车行交通、人行交通、公共交通情况设定距离阈值为 200 米，设置公服因子栅格计算器权重（教育：社区综合体：文化设施：医疗）为 5：2：2：5，将公服因子影响性由高到低划分公共服务区 A、B、C、D、E 级，运行软件得到新川创新科技园公共服务影响分析图（图 5）。

（4）商业因子服务半径评价。新川科技园区内商业与商住混合类型用地有 27.86 公顷，在其范围内有 8 个社区商业综合体，平均每个社区商业综合体的面积在 15000 平方米到 20000 平方米，服务半径为 500 米到 800 米。按照大型商业综合体、中型商业服务设施、小型便民商业网点划分不同图层，载入 ArcGIS 数据平台，设置生态因子栅格计算器权重为 5：3：1，将商业因子服务影响性由高到低划分为 A、B、C、D、E 级，运行软件得到新川创新科技园商业服务影响分析图（图 6）。

2. 多影响因子综合评价及区域划定

人居环境适宜性分析是一个综合性强、复杂程度高的目标[6]，以上仅仅从交通、生态、公共服务、商业四个单因子层面进行分析评价来考虑人居环境的规划问题，但在实际情况中，每个因子在进行规划选址时所占权重、重要程度不同。为了能够得到更具综合性

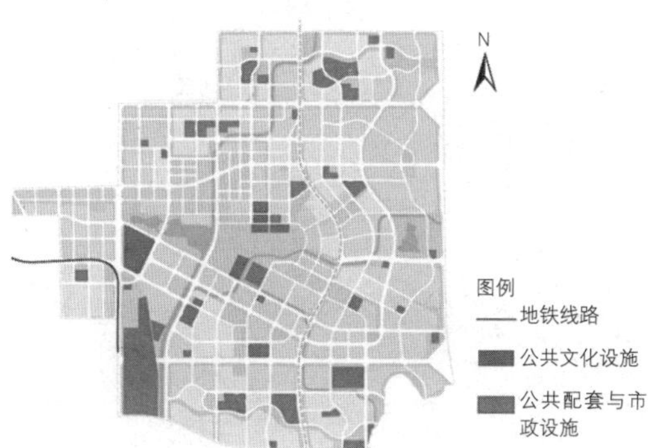

图1　新川科技园规划平面图（来源：新川科技园官网）

图2　新川科技园效果图（来源：新川科技园官网）

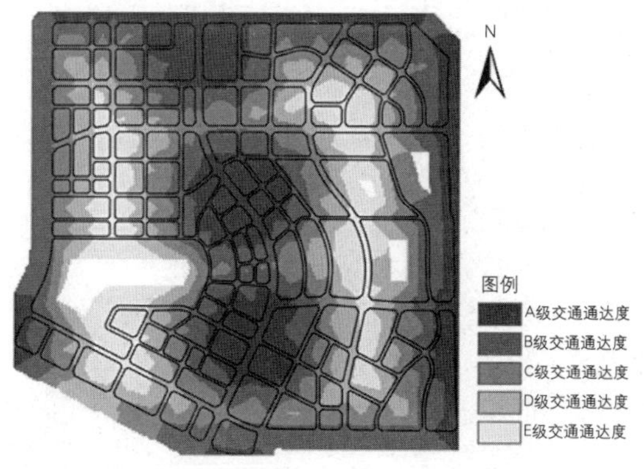

图3　新川创新科技园交通因子可达性分析图

且科学合理的适宜性分析评价结果，需要对单个因子赋予相应的权重，因子权重赋值越高，说明其在人居环境规划的重要程度越高，对人居环境布局主导作用越大[7]。

（1）适宜性评价单一影响因子的权重划定。德尔菲-层次分析法（D-AHP）是一种将德尔菲法与层次分析法相结合的较为科学合理的综合性分析方法[8]。层次分析法（Analytic Hierarchy Process）简称AHP，是一种划分决策目标层次为目标、准则、方案等层次[9]，进行定性分析与定量分析相结合的分析方法。其中德尔菲法打分环节咨询以城乡规划学、建筑学、风景园林为专业背景的成都本地研究学者与国企工程师。基本原理是对n个指标关于上一层次的评价对象的相对重要性程度进行比较，得出判断矩阵A，再通过求 A 的最大特征值λmax（M）= n，以及对应的特征向量ω=（ω1，ω2，ωn）T，最后通过归一化得到层次分析法的评价指标权重值，结果如表1所示。

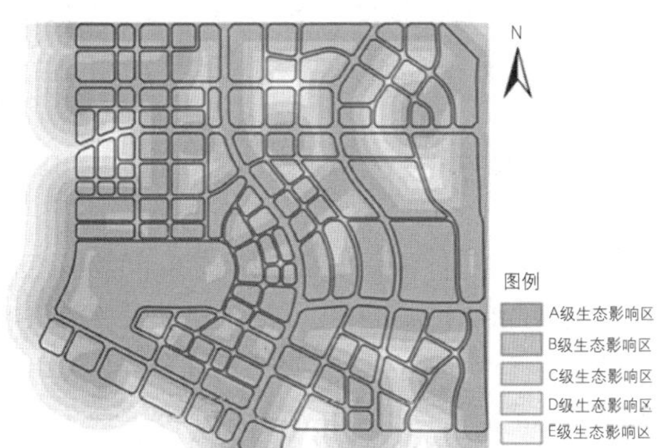

图4 新川创新科技园生态因子影响分析图

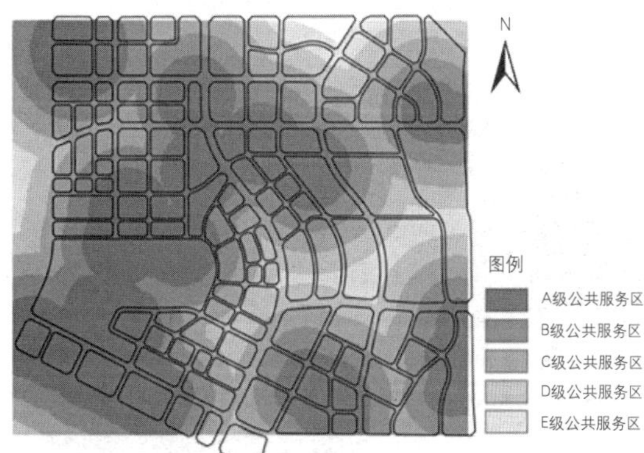

图5 新川创新科技园公共服务影响分析图

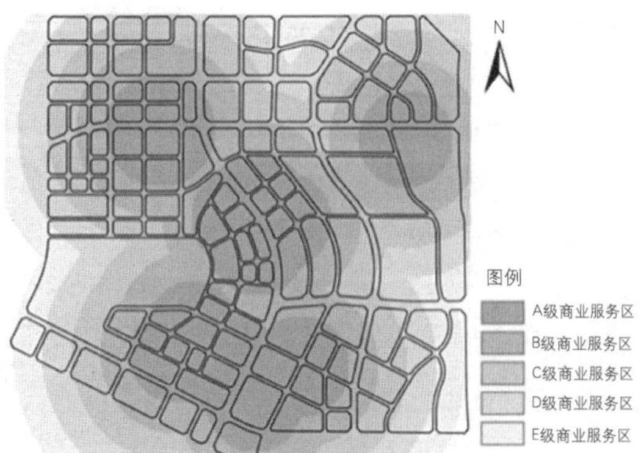

图6 新川创新科技园商业服务影响分析图

新川创新科技园人居环境空间适宜性评价指标体系 表1

目标层指标	准则层指标	距离分级值	评分值	权重
新川创新科技园人居环境适宜性评价指标体系	交通因子	0，200，400，600，800，1000	5、3、2、1、0	0.323
	生态因子	0，200，400，500，700，1000	5、4、2、0、0	0.353
	公服因子	0，300，500，1000，1500，2000	5、4、3、2、1	0.243
	商业因子	0，300，500，1000，1500，2000	5、3、1、0、0	0.081

（2）基于欧氏距离与栅格叠加的适宜性评价。基于以上结果，将交通、生态、公共服务、商业4因子欧式分析图层载入ArcGIS数据平台（图7），选取Spatial Analyst工具，选择地图代数功能，利用栅格计算器将4因子进行加权叠加：

$$S=B_1\times0.323+B_2\times0.353+B_3\times0.243+B_4\times0.081$$

式中，S为待输出的新川创新科技园人居环境适宜性等级图，$B_1\sim B_4$为各因子适宜性评价矢量图层。

通过栅格计算器加权叠加分析之后，将所得矢量图层进行重分类，按照适应性评价结果由高到低分为“非常适宜”“适宜”“比较适宜”“较不适宜”“不适宜”5个等级，得到新川创新科技园人居环境适宜性等级图（图8）。

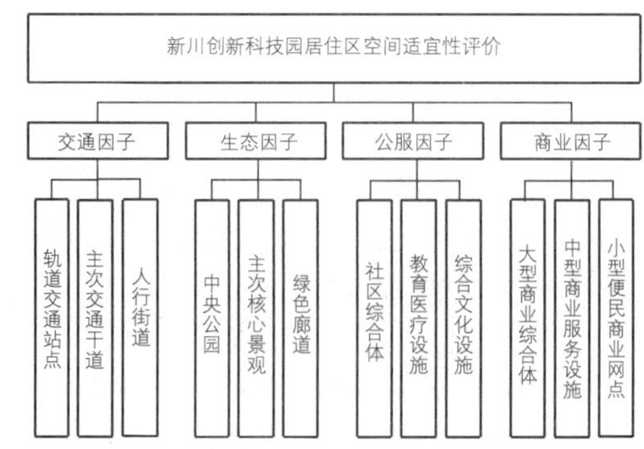

图7 新川创新科技园居住区适宜性评价框架图

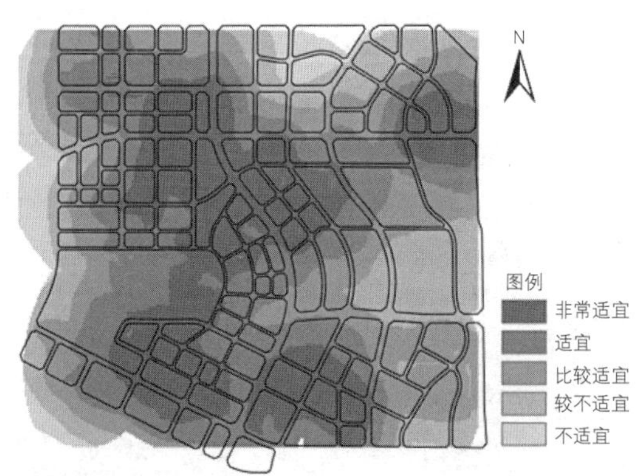

图8 新川创新科技园居住区适宜性等级图

3. 评价结论与原因分析

如图5所示，新川科技园人居环境适宜性等级较高地区整体分布不均，“非常适宜”级人居环境主要分布于新成仁路中段、新成仁路与新川大道交汇处、新成仁路与创新大道交汇处、创新大道与锦和路交汇处、新川大道与锦和路交汇处，新川大道与成自泸高速交汇处，“适宜”级人居环境分布则大多处于上述地段外延地段，“较不适宜”与“不适宜区”区主要位于园区内东南部。去除商业区、办公区、绿化等功能区，评价结果与新川科技园住宅区规划大部分重叠度较高。经过图像比对分析，新川科技园目前住宅区规划区域仍有部分区域位于“较不适宜”与“不适宜区”等级区，这部分人居环境质量较差，需要进行优化升级。

基于实地调研与评价结果，认为造成这部分区域新川科技园人居环境部分区域较差的原因主要集中于园区基础设施建设与人口的涌入速度存在不协调的问题，因此，需针对园区问题制定人居环境优化策略。

三、基于评价结果的新川科技园人居环境优化策略

通过上述分析，新川科技园人居环境部分住宅区人居环境有较大优化提升空间，基于对新川创新科技园人居环境适宜性性评价结果，提出园区内人居环境提升策略。

1. “非常适宜”级区域人居环境优化策略——促进交通分流，建设城市慢行系统

此区域人居环境良好，但基本位于交通线路交汇处，作为众多大型公司企业所在地，人流量、车行量较大，分流系统缺少会增加交通压力，破坏住宅区的人居环境，因此，该等级区域内应完善好交通分流体系，建设城市慢行体系，提倡低碳环保出行方式，缓解交通压力。

2. “适宜”级区域人居环境优化策略——完善便民商业网络，构建均衡化布局体系

该等级区域人居环境基础良好，但商业服务设施体现出明显地域化差异特点。园区应完善人居环境内便民商业网络，满足居民日常生活、娱乐、购物等需求，综合考虑园区住宅区分布，构建分布较为均衡的商服体系，提升人居环境。

3. “比较适宜”级区域人居环境优化策略——打造绿色廊道，优化生态环境

通过分析发现，该等级区域交通、公共服务、商业服务等条件较好，但主要缺少绿化生态因子的提升。尽管产业区内有核心绿色景观——新川之心，但其辐射范围较小，对“比较适宜”级区域的影响较少。因此，该等级区域要建立范围较广、纵横交错的城市绿色廊道，在优化生态环境的同时，大幅度提升该区域人居环境质量。

4. “较不适宜”级区域人居环境优化策略——构造体系化大社区综合体

该区域人居环境有着较大提升潜力，缺少因素集中于交通与公共服务的供给。社区综合体是集多种公共设施于一体的综合性公共服务配套，能够满足居民日常生活、娱乐、休闲等需求[10]。园区开发者应在该区域加强公共服务设施配套建设，增设多类型公共服务设施，规划好社区综合体布局，打造新川大社区综合体体系，提升社区凝聚力和促进居民交往。

5. “不适宜”级区域人居环境优化策略——功能分区，全面提升

该等级区域人居环境基础差，园区开发者应进行科学评定，在此基础上划定可继续开发成为住宅功能区地块，在此基础上对可开发地块进行，对交通、绿地和基础设施进行全面提升，向更高级人居环境进行推进，对于部分人居环境提升与投资成本较大区域则合理布局，与其他地块协调考虑，重点建设成为仓储、运输等与人居环境联系较弱的功能区域。

四、结语

本文以成都市高新区新川创新科技产业园为研究范围，首先矢量化园区地理基础信息，形成派生数据集，通过D-AHP法确立园区人居环境评价指标体系与各因子影响权重，进而基于ArcGIS软件工具对园区进行人居环境适宜性评价，按照适应性评价结果由高到低分为“非常适宜”“适宜”“比较适宜”“较不适宜”“不适宜”5个等级区域，针对不同等级区域提出园区人居环境优化营造策略：“非常适宜”级区域促进交通分流，建设城市慢行系统；“适宜”级区域完善便民商业网络，构建均衡化布局体系；“比较适宜”级区域打造绿色廊道，优化生态环境；“较不适宜”级区域构造体系化大社区综合体；“不适宜”级区域则加强功能分区，全面提升。本文评价方法提升了评价效率与精度，更为切合城市居住空间适宜性评价指标体系的要求，以期为相关领域的学术研究及规划实践提供借鉴与参考。

参考文献

[1] 谢劲，全明辉，谢恩礼．健康中国背景下健康导向型人居环境规划研究——以杭州市为例[J].城市规划，2020，44（9）：48-54.

[2] 张涛，彭建平，李杰，等.人居环境满意度评价研究文献综述[J]．时代经贸，2012（8）：53-54.

[3] 夏小园，陈颗明，郜晴，等.基于地理探测器的江苏省城市人

居环境适宜性时空变化研究[J].水土保持通报，2020，40（3）：289-296.

[4] 时海川，杨梦，虞晖.基于GIS的大庆市人居环境空间适宜性分析[J].地理空间信息，2016，14（9）：49-52.

[5] 郑文发，蔡永立，周昭英.城镇人居环境土地生态适宜性评价与优化对策：以上海市奉贤区为例[J].华东师范大学学报（自然科学版），2011，（2）：108-118.

[6] 任斌.呼和浩特人居环境外部空间植物景观适宜性设计探究[D].内蒙古：内蒙古工业大学，2015.

[7] 赵天宇，李昂.寒地城市人居环境冬季适宜性公共空间设计方法研究——空间句法与环境模拟的综合运用[C].2013第八届城市发展与规划大会论文集，2013：1-9.

[8] 张金光，韦薇，承颖怡，等.基于GIS适宜性评价的中小城市公园选址研究[J].南京林业大学学报（自然科学版），2020，44（1）：171-178.

[9] 刘嘉周，王秀峰，苏剑楠，等. 基于层次分析法的健康中国建设指数研究[J]. 中国卫生经济，2021，40（5）：56-60.

[10] 刘佳燕，李宜静. 社区综合体规建管一体化优化策略研究：基于社区生活圈和整体治理视角[J]. 风景园林，2021，28（4）：15-20.

疫情时代下的“健康街巷”间尺度研究

——以海口市琼山区上丹村为例

吉芊颖[1]　陆衍安[2]

摘　要： 2020年初暴发的新冠疫情让我们认识到疫情的扩散与人类城市生活密切相关，长期的隔离生活使大家的户外活动急剧减少，也给人们带来了心理压力。本文通过对海南省海口市琼山区上丹村传统民居聚落公共空间的街巷尺度进行研究，关注特殊情况下如何利用公共空间进行尺度性设计并以此对居民心理健康进行活动疏导。

关键词： 海口上丹村　传统民居聚落　街巷空间　交往尺度　健康街巷

一、引言

2020年初暴发新冠疫情，室外活动空间的失去让我们开始思考新型人居关系。对于传统民居聚落而言，本拥有的室外活动和与街坊邻居的交往联系不得不被暂停，人与人之间的信任以及维护公共利益的意识开始变得单薄。对于心理健康而言，长期宅家隔离也让居民感到一丝焦虑与恐慌。寻求合适的尺度关系，让街巷空间尺度变得友善，能让人们在阳光下快乐活动并释放心中压力，是我们当下应思考的问题。

二、上丹村的历史概述

上丹村蕴藏着丰富的历史信息和文化景观。该村位于海口市琼山区国兴街道办，又称攀丹村，是攀丹村的上丹、中丹、下丹、头丹、尾丹五个自然村之一。上丹村形成于南宋年间，距今800多年，现为城中村，是海南四大文化名村之一。明代琼州监察御史吴讷曾为唐氏宗祠题联赞誉道：“文物彬彬入珂里，草木犹带书香，屈指名贤，若举若进若元魁，海外无双唐氏；风徽奕奕登华祠，几筵尚留英气，历稽世宦，而公而卿而守牧，天南第一攀丹”。

图1　上丹村的研究范围

三、上丹村的公共空间格局

1. 整体空间布局

上丹村位于美舍河与南渡江之间的中心地带。地块内有一条斜向城市支路，综合两条水线趋势，顺应美舍河而后贴近南渡江，上有海南省博物馆、海口文化公园以及海南省图书馆，左有海口市博物馆以及五公祠。而上丹村的文化底蕴使其成为地块中心的一个历史文化节点。上、左、中三个文化区域形成一个文化三角，凸显了该地块的文化历史气息。可惜的是如今的上丹村中，旧式民居早已不见踪影，但还能找到一些旧时的痕迹。现保存比较完整的古迹有上丹村的竹根泉井、明昌古庙、西洲书院。

图2　上丹村周边公共建筑文化设施

❶ 吉芊颖，湖南科技大学建筑与艺术设计学院。
❷ 陆衍安，湖南科技大学建筑与艺术设计学院，讲师。

2. 公共空间的分布形态

由于近些年海口进行城中村改造的活动，上丹村的部分地区早已变成了一座座高楼，当年的空间肌理早已不复存在。所幸的是人们意识到上丹村所延续的文化内涵，在2014年的时候集资修复唐氏宗祠，并最大力度保留以唐氏宗祠和西洲书院为中心的周边传统民居。

上丹村是唐氏大家族的聚集地，而唐氏大家族重教兴学的文化观念则体现在公共空间上。上丹村是以唐氏大宗祠和西洲书院为主要轴线和主要公共空间节点，各民居与其轴线平行排布，道路以宗祠为中心向外开拓若干条道路向民居聚落内部渗透，且也形成了一个个小型交互公共空间。虽然这些小型交互空间周边并不存在礼制建筑，但其承担着周边居民的相互交流。这些小型公共空间大体上与主要公共空间节点形成一条轴线。在形制上与主要公共空间节点具有相似性和对应性。

四、街巷空间的尺度现状

不同的街巷尺度带给人对村落空间的体验是截然不同的。传统村落街巷长度与村落的布局和规模有关。

1. 街巷长度

由于近现代的城市开发及规划，上丹村的街巷形态被压缩，只保留部分原有的巷道。明昌古庙被保留至今，在原来的村落肌理中

图3 上丹村公共空间分布状态

也保留着与古庙与道路垂直的关系。村内一共有二十多条平行于主要公共空间的街巷，还有部分街巷之间的连接，等级分明，结构有序，村落规模较小，整体较为狭长。巷道的平均长度为30~60米之间，村内最重要的与明昌祖庙相连的巷道有170米。村内巷道多以这条主路相两侧延长伸出，由于为东北向地块，所以西南角的巷道会稍显短促，东北角的地块会稍微长一些。但大体上巷道长度尺寸相差不大。上丹村的街巷路巷基本上与外接道路相垂直，与古庙轴线相平行。因此还产生了许多公共空间。这些公共空间都与明昌祖庙前的公共空间在一条线上，形成以祖庙前公共空间为核心，与外接道路平行分布的公共空间。

2. 宽高比

空间的尺度是由空间界面的比例所决定，不同比例会给人们带来不一样的感受。芦原义信在《外部空间设计》关于尺寸的研究中，将建筑高度H与邻栋间距D之间的关系作为参照，认为D/H=1是空间尺度发生质变的转折点，D/H大于1给人的感觉是疏远的，小于1则是是有紧迫的体会。[1]上丹村的街巷主要以交通功能为主，街巷的宽度基本在3~5米之间，越靠近明昌古庙的巷道就会相对宽一些，且靠着外接道路向内部空间的巷道在不断变窄。

五、疫情下的上丹村

新冠肺炎的突然性、强传染性和长期性使全国人民都进入了居家隔离状态。长期的隔离使大家身心疲惫。疫情平缓后，大家开始尝试寻找空旷的广场且尽量避开人群，从而进行户外健康活动。原本就作为休闲交流场所的公共空间，在疫情期间更受欢迎。但公共空间因为人与人的安全距离而变得局限起来，人们只能自我调整去适应健康的活动范围来满足自身的运动休闲需求。

1. 疫情下公共空间的使用交互情况

上丹村公共空间的活动数量在新冠期间同之前相比发生了较大的变化，活动比例分布也发生了改变。在新冠发生前，明昌祖庙和西洲书院之间的公共活动空间是当地居民活动散步、聚集交流的集合场所。在每年的三月中旬，唐氏族人还会在唐氏大宗祠设宴款待。但2020年受疫情的影响，这些原本与当地居民生活息息相关

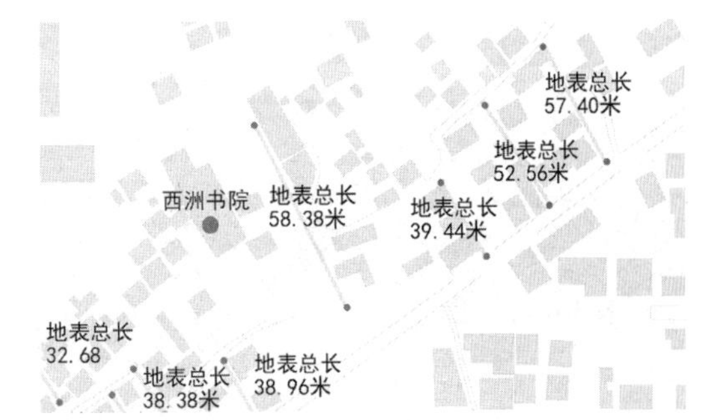

图4 上丹村街巷长度概况（宗祠右）

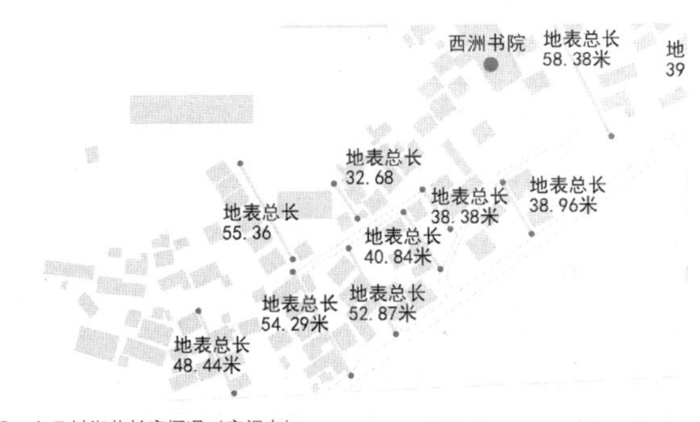

图5 上丹村街巷长度概况（宗祠左）

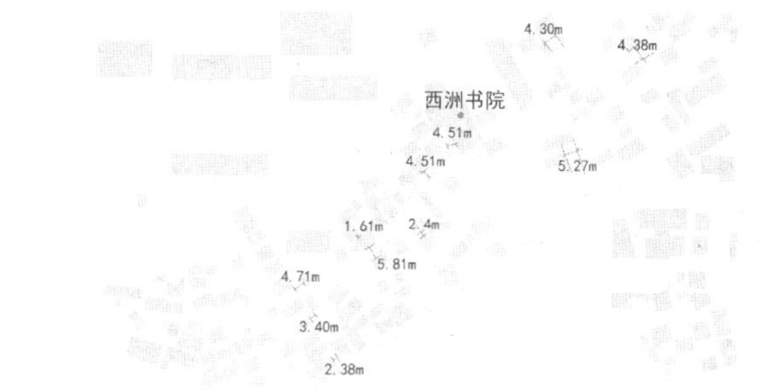

图6　上丹村街巷宽度概况

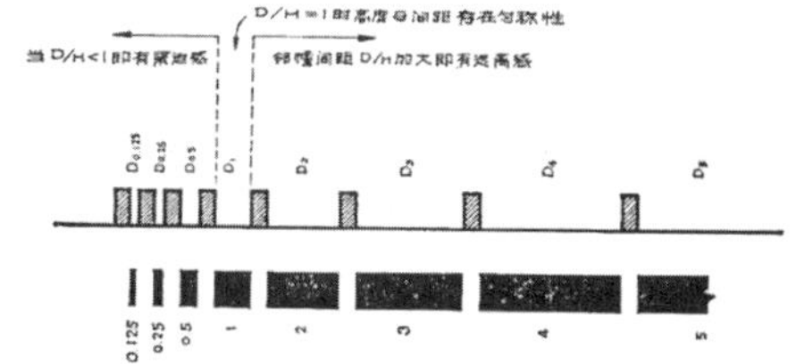

图7　芦原义信《外部空间设计》尺度示意（来源：此书）

的场景基本消失了。上丹村的出入口都设有关卡。街巷上只有零星散落的人，宗祠里也仅剩香火在燃烧。

当疫情逐渐平缓时，宅家隔离的居民尝试出门进行户外活动。起初，大家做好自我防护的同时会与旁人保持一定距离。但随着疫情的平复，人们放松了警惕。人群开始聚集，公共空间的功能活动杂乱。在疫情前的公共空间，是自由、开放的，是聚集不同人群且容纳不同文化功能的，但因疫情的发生，让这自由的场所存在安全隐患。对于大流行传染病来说，聚集不可取。人与人之间应为彼此的健康保持距离，但同时也会疏远对方。公共空间是否应在顺应外部环境变化的同时也能给当地居民带来活动的安全呢？是否在注重安全交往的同时也应注意人际关系所带来的心理健康呢？

2. 疫情下的街巷尺度功能

在疫情期间大家为避免“打照面”使得巷道中充当商业功能的小卖部关闭。此时巷道失去了当地居民闲聊、散步的功能，大部分情况下都用于电动车的穿行。人与人之间的交往被冷落，原本可活动的场地“消失不见”，定期的运动被终止，人们的情绪正逐渐焦虑。但好在人具有自我调节性。当大空间不能利用时，家门口则是居民们晒太阳的去处。

六、针对街巷使用空间的策略研究

乔治亚·斯塔托普卢等研究发现定期运动可有效缓解过度刺激带来的抑郁焦虑，及精神分裂症相关的某些症状（情绪低落，失去动力，思维困难）。美国志愿组织 street.mn 致力于将街巷剩余空间改造成为运动场所，由 street.mn 资助的伯恩赛德滑板场项目将高架桥伯恩赛德大桥的桥下空间进行改造，运动场所复合进街巷空间将大大节省用地，且增加空间使用的便捷性。[2] 改善使用空间应进一步明确其使用用途以及布局大小。

1. 外部空间的装置盒子

为消解人群活动的矛盾性，在各部分空间节点上设置装置。该装置包含基本的活动区域，根据不同的主题设置不同的活动需要。在装置内，更关注的是个人的活动与他人的距离，确保在满足自我户外活动需求的同时也能与他人保持一定的距离。当因为突发事件暂停时，他能针对突发事件进行相对性转换。例如，当疫情来临时，他能由开放变封闭，以作为隔离盒子、物资集散点以及防疫战略点等。当疫情结束后，他能针对后续的预防进行功能辅助。无论是大型公共空间还是相对较小的大街小道，注重的都是人与人之间的偶遇和活动冲撞，也强调漫步性和自由性。但在当今疫情的大背景下，在健康中自由也是我们应该考虑的方向。旭辉的“十二模块”和融创的“缤纷格子”便是通过给予使用者空间权利来构建社区场景。这些场景营造了生活，它不仅将个体与个体之间连接，也将个体与环境之间连接。

2. 外部空间的用途明确

尽端配置具有吸引力的内容使外部空间布局带有方向性。外部空间有目标，途中的空间才产生吸引力，而途中的空间有吸引力，目标也更加突出。日本浅草寺院前的商店街宽约25米，道路两旁并列一大排商店，长约300米的道路尽端配置观音堂，因此街巷生机勃勃。既有功能的确定又有前进的目标，令人身心愉悦。上丹村中，街巷尺度的复杂导致其功能有多种变化。早晨是运动场，中午是休闲区，傍晚是儿童区，夜晚则是停车场。功能的混乱不仅导致安全问题，也带来管理不便的问题。在疫情期间，这个问题更为明显。由于功能混乱导致的人群混杂，让我们在突发事件中不能及时对人群进行定位，也不能保障周边居民的健康安全。确定街巷的性质和功能，也许能缓解这一问题。功能将街巷划分，形成主题区

图8　小盒子示意

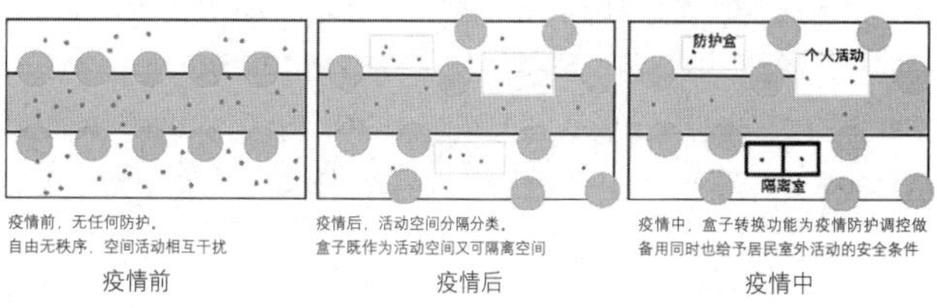

图9　理念示意

图10 混乱的场地功能以及居民活动

域，最大利用现有街巷空间并指引人群的活动。疫情期间，针对区域进行定制化管理，加强对周边居民的安全保障。综合现存公共空间的活动氛围，赋予上丹村街巷空间不同主题，在整体的空间节点上设具有主题功能的装置。利用其对整个主题街巷功能整合，将混乱的秩序变成清晰的结构。

3. 外部空间的功能渗透

高松的香川县立图书馆中有显露出来的书库，在书库周围，宛如在道路上立读，外部只需深入到馆内，加强人与车的联系。换句话说，图书馆的内部秩序与街巷的外部秩序之间的界限，不是在建筑的入口处，而是感觉在混凝土造的书库处。这便是有意识地将外部秩序渗透到建筑的内部。

而这样的渗透手法也能被很好地运用到街巷中。倒不是说简单地将封闭的盒子向四周打开，而是由内部向外蔓延以增强街巷的功能感。将装置内部的颜色或是部分功能体向外延伸，提前展示装置功能或是街巷功能，直观强烈体现。

七、"健康街巷"的建立与展望

对于传统民居聚落来说，当地居民更注重公共空间的体验，但当疫情突发时，大面积的公共空间瞬间报废。偌大的空间时自由的场所，也是病毒肆意纵横的场所。我们应将设计重点从人居单元转到对健康街巷的优化，主动从交往的角度去理解并设计公共空间，尝试去满足人们每天的社交、健康、亲子、兴趣爱好等。

健康街巷的设计重复跟考虑不同类型的人群特点和使用需求，实现从空间—场地—设施多层级人性化的设计，促进社区居民的归属感和社区关联感，提升社区凝聚力以便更好地支撑疫情相关工作。社区精神是聚落空间单元的核心。聚落居民是构成整个社区活力的主力成员。当所有成员参与整个环境的创建和运行，那么在日常的互动交流中就能积累信任和默契。当代社会我们每个人都置身于多种不同环境，无论是分享快乐还是共赴艰难，社区精神都是最基本的承载。面对未来随时可能出现的疫情挑战，通过系统弹性的社区环境总体布局、功能类型、要素设计以及完整的管理和实施体系，可以更加明确且提升其在疫情防治工作中的角色地位，提升社区"免疫力"，促进实现公共健康的最终目的。

未来无论是传统聚落还是高层小区，在基本满足人居单元的幸福感之后，要考虑的应该是公共空间的活化和大限度的利用。公共空间不只是人与人之间交互的空间，它应该在必要的时候能改变原有的模式，去适应突发产生状况，也能在适当的时候对居民的心理健康进行一些慰藉。对于公共空间的定义和多功能使用，值得我们去深入学习和研究。

参考文献

[1] 芦原义信.外部空间设计[M].尹培桐，译.江苏：凤凰文艺出版社，2017.

[2] 徐跃家，冯昊，李煜.城市、街道、社区设计的心理干预——基于"城市理智"的思考[J].建筑创作，2020（04）：156-167.

[3] 冯君明，王科，李玥，李翊.应对传染病疫情防治的健康社区环境规划设计与管理[J].建筑创作，2020，（04）：194-202.

[4] 群论：当代城市·新型人居·建筑设计[J].建筑学报，2020（Z1）：2-27.

[5] 崔愷.大瘟疫提醒我们要思考什么?[J].建筑，2020（05）：15.

[6] 马向明，陈洋，陈艳，李苑溪.面对突发疫情的城市防控空间单元体系构建——突发公共卫生事件下对健康城市的思考[J].南方建筑，2020（04）：6-13.

[7] 王世福，魏成，袁媛，单卓然，向科，黄建中，张天尧.疫情背景下的人居环境规划与设计[J].南方建筑，2020（03）：49-56.

[8] 杨洋如意. 赣东北地区传统村落街巷保护与更新研究[D].南昌大学，2020.

[9] 骆宇，姚刚，段忠诚.疫情防控背景下社区公共卫生设施的改造策略研究——以江苏省泗阳县为例[J].中外建筑，2020（10）：149-152.

[10] 吴芋韬. 贵州省安顺老城旧居住街区微更新设计策略研究[D].北京建筑大学，2020.

小岷江流域传统民居形制与建筑文化初探[1]

——以哈达铺上、下街村传统民居为例

卢 萌[2] 孟祥武[3]

摘 要： 小岷江属嘉陵江支流，在宕昌县内形成了区域的小流域人居聚落环境模式。通过对于宕昌传统民居的实地调研、归纳和总结，发现区域内传统民居形态演变与建筑文化的构成具有典型性的地域特征。哈达铺上、下街村则是区域内传统风貌与空间格局保持最好的典型区域，对其传统民居进行实地调研，在类型化分析的基础上，分析传统民居的构成要素。从而明晰小岷江流域下建筑文化构成，完善区域文化价值体系。

关键词： 小流域 传统民居 建筑文化 类型学

一、引言

传统民居作为聚落内的细胞单元，具有典型区域和民族特征，源自当地环境和地理位置特殊性、细微处体现着人文精神，反映人与自然共生的关系。[1]自20世纪我国学者对民居开展研究以来，在历经开拓创新到现如今将传统民居作为系统化体系进行研究，现对传统民居的研究已经过渡到了多学科的交叉研究，不再局限于单一学科的定性研究。研究视角也从行政区划拓展到了自然区系、文化区系和景观区系等。传统民居衍生出建筑文化体系反应在民居形态上，现以研究流域传统民居的类型特征和空间分异为切入点，探究小流域下的建筑文化构成以及演进，明晰区域的文化价值所在。

二、小岷江流域传统民居形态

小岷江源于宕昌县北部南北秦岭分水岭的红岩沟及别龙沟，全程均在宕昌县境内，由西北向东南流经11个乡镇，并在两河口汇入白龙江。据郦道元《水经注》记载："羌水东南流经宕昌城东"，羌水则为今日的小岷江，小岷江承载了宕昌县内传统聚落的起源与演变，沿小岷江流域形成了独特人居聚落环境。

1. 小岷江流域聚落形态

宕昌县内地形地貌异常复杂，山岳特征显著。小岷江流域的聚落均依山而建，临水而居，多处于三山夹一河的峡谷地带。聚落的空间形态呈现点状、团状和带状的分布态势。整体呈现"小聚集，大分散"格局，同时呈现出沿小岷江及其支流的线性要素展开的形式特征，同时传统聚落的空间分布呈现出明显的"近水"性（表1）。

2. 小岷江流域传统民居类型

传统民居的类型分析主要遵循着以建筑风貌特征的相对一致性为主要因子；通过建筑构成要素识别出建筑风貌特征的对外差异性和内部相似性。[2]院落布局、整体形制、细部构造、结构材料等均是传统民居的构成要素。

现秉持着全面性和均匀性原则，选取小岷江流域内典型民居为样本，结合实地调研与文献资料，总结得出三种类型下的四种民居形式（表2）。小岷江流域内的传统民居从平面形制上可划分为三种类型，合院式、独栋式以及羌族转角式。合院式主要分布在小岷江上游，融合了汉族传统合院式以及地域性特征；独栋式作为小岷江流域上历史最为悠久的一种民居建筑形式，仍保持着古羌人原住风格，主要分布在小岷江中上游以及支流部分，同时独栋式由于适应性较强在山地、丘陵、河谷等均有分布；羌族碉楼式是羌族的民居形式，主要集中于岷江中下游处，碉楼均依山修筑，顺山势排列，呈现高低错落之状，处处皆碉房的景象，蔚为壮观。

三、哈达铺上、下街村传统民居形态

哈达铺古称哈塔川，明代曾在此设"铺"，故称哈达铺，是小岷江流域内传统风貌和空间格局保存最好的典型区域，哈达铺上、

❶ 课题来源：国家自然科学基金"陕甘川交界区传统氐羌聚落形态的演进机制研究"（项目编号 520680046）。

❷ 卢萌，兰州理工大学设计艺术学院。

❸ 孟祥武，兰州理工大学设计艺术学院，副教授。

小岷江流域聚落类型 **表1**

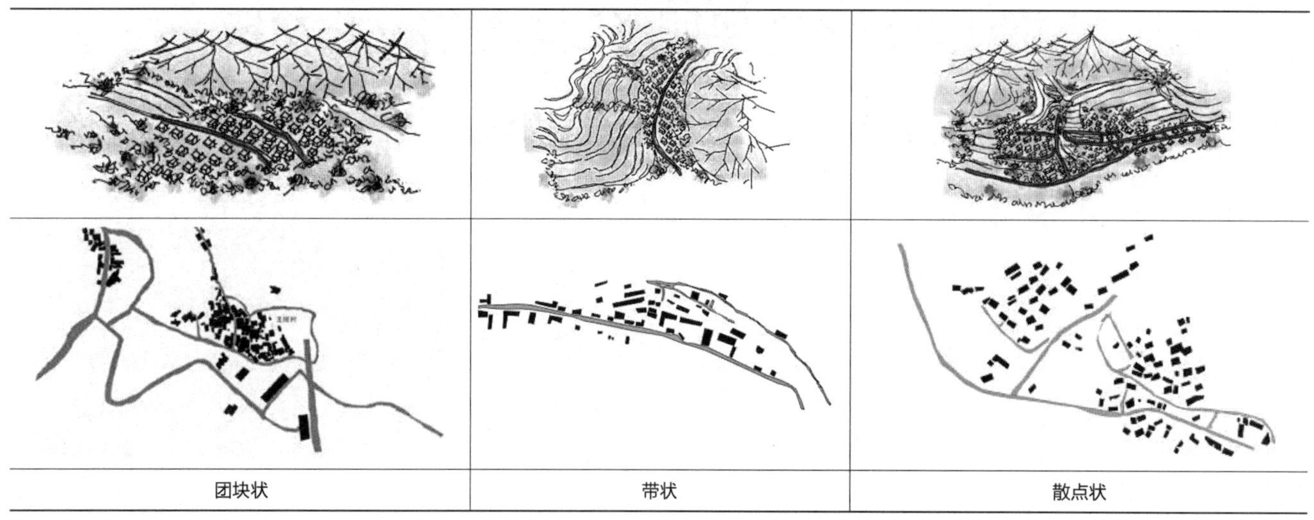

团块状	带状	散点状

小岷江流域传统民居类型 **表2**

选点示意图	合院式	独栋式	羌族转角楼
	单进四合院为主，在形制上接近秦陇四合院风格。院落整体形制完整	建筑风格保持古羌风格，建筑平面多为“一”字形，以“锁子厅”和挑檐式为典型代表	以“回”字形的平面形式为主，为二层土木结构，院落为天井式院落

下街村现保留明清时期民居274座，是陇南市乃至甘肃省遗留保存较为完整的历史文化资源，也是研究传统民居文化的重要载体。当地传统民居作为小岷江流域内典型民居代表，体现了浓厚的地域特色。

1. 上、下街村聚落形态

上、下街村处于岷山东麓的丘陵川坝之上，小岷江穿流而过，哈拉玛顶山脉、哈柱山和烽火梁山脉包围形成三面环山空间格局（图1）。当地以盛产“岷归”而闻名，在清末民初形成了药材交易的商业街，在择址上选择了地势平坦且相对开阔的中心地带，同时沿小岷江河岸布置。

哈达铺上、下街村整体属于东南——西北的带状村落，村内以商业街为核心向两侧发展，街上商贸活动频繁从而形成“前店后宅”的民居形式。整体布局规整，在功能组织上相对完整，带状型的街巷布局形式。在连续、转折、渗透、变化中构建出上、下街村具有独特的流域特征的街巷空间（图2）。

2. 上、下街村传统民居构成要素

上、下街村现存传统民居多为清末民初时期的遗存，虽部分在地震中受到损害，但大部分得到良好的修缮和维护，建筑风貌特征保存完好。同善社作为当地传统民居的典型代表，风貌保存完好，形制完整，且作为国家级文物保护单位具有重要的研究价值，故将其作为解析当地传统民居构成要素的案例。

（1）平面形制

哈达铺主要以汉族生活聚集地，院落形式为单进四合院，形制完整，受到当地药材生意的影响，形成了前店后宅的布局形式。店面根据主人需求及院落的位置灵活布置店面，耳房倒座均可作为店面。

上、下街村传统民居院落整体呈方形，正房位于院落的中轴线上，坐北朝南的空间格局，大门斜向45°向东南角开设，由正房、厢房、倒座、耳房共同组成的起居室、卧室、储藏间、牲畜间

图1 哈达铺上、下街村空间意向图

图2 哈达铺上、下街村肌理图

等功能单元。正房为单层或二层土木结构，硬山双坡顶建筑。正房一层为居住部分，正中为正堂，左右为卧室，单层的做法相同。正房二层起晾晒或贮藏等辅助功能。正房室内用固定版门隔断分隔成一堂两间，卧室部分陈设布置较为简单，除床炕之外并无其他装饰。正房兼具北方土木结构和南方干栏式建筑的特点，融合了当地古羌人的独栋式住宅的形制特点。

（2）建筑单体

哈达铺上、下街村传统民居正房部分为出前廊三开间，进深两间，当地称作“三间两檐水”，前檐明间施四扇六抹木板门，中间相对开启；次间下部土坯槛墙，四边用条砖贴边维护。正房二层无门窗分隔，条形木栏杆围挡，木梁架结构明晰，“四柱落脚”式的穿斗结构，檩上用西北特有的“乱搭头”式椽花挂椽，上无望板，而用灌木条编制成席子状，上覆小青瓦。边垄瓦用板瓦扣合、有滴水，脊部做三垄排山；正脊和垂脊都用砖、板瓦和筒瓦组合而成，端部做出“五把鬃、四把鬃”的脊兽形式，非常精巧。

（3）营造技艺

上、下街村传统民居多采用当地最丰富和最易获得的材料砖石和木材，整体为土木结构，正房部分多采用“三间两檐水”的硬山双坡顶，构架多采用当地称作“三柱落脚”和“四柱落脚”形式的穿斗式。少部分使用“三架梁”或“五架梁”的抬梁式作为正房的构架。厢房、倒座和耳房等体量较小的建筑，多采用“一檐水”的单坡屋面，其构架形式为斜梁，横椽的“二柱落脚”式。正房檩上铺椽，檐椽出挑，但不设飞椽。厢房、倒座和耳房等一般不设檩，斜梁上直接搭枋，在檐口处承托椽子，用斜梁头设作“飞梁头”，从而提高屋内的采光效果和加高屋檐高度。檐部的椽档部分不采用封闭做法，室内露明部分熏制成棕色，提高其抗腐蚀性和耐久性（表3）。

四、小岷江流域传统民居建筑文化

1. 文化背景

传统民居与所处区域的自然地理空间与文化因子有着不可分割的联系，小岷江流域地处于陕甘川毗邻地带，历史上是南下陕西四川云南或者西进青海西藏地区必经之地，草原游牧与旱地农耕文化在此交汇，同时仰韶文化、齐家文化、寺洼文化等交错分布。其中，寺洼文化被认作是氐羌文化的遗留。[3]在多元交错的文化语境下，小岷江流域内传统民居表现出非典型特征来适应多种文化特征。

传统民居构成要素　　表3

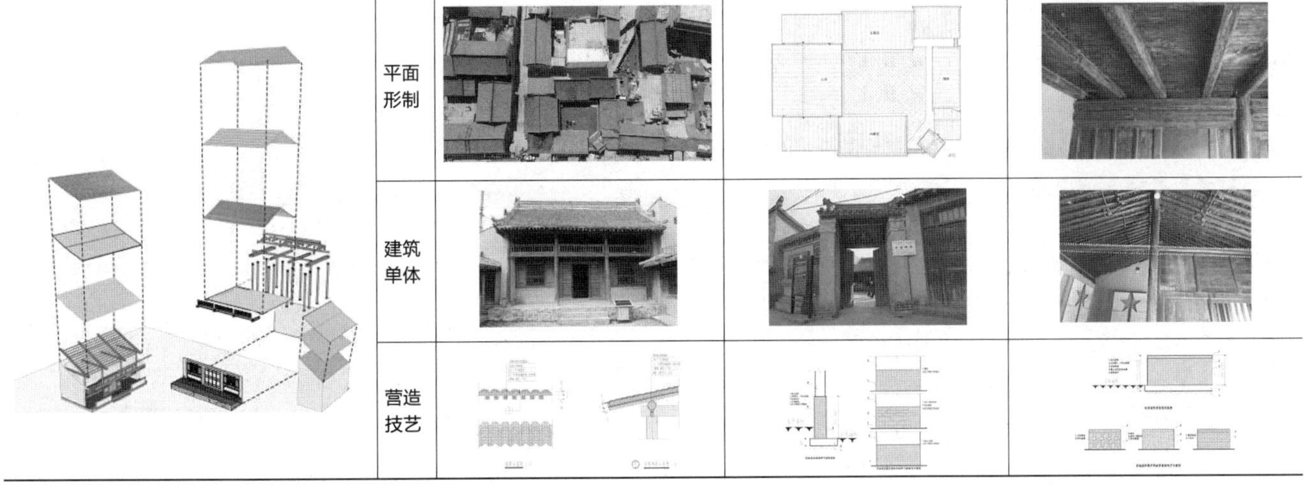

宕昌历史悠久，据《魏书宕昌羌》记载：西晋末年，梁勤之孙梁尼忽时，通使北魏，正式建立宕昌国政权。清朝康熙年间所编修的《岷州志》中道："宕昌：古羌戎地。后魏时魏宕昌羌地。后周天和初，平羌，置宕州。陈天嘉初设宕州总管府。隋开皇初废府置宕昌郡，领县三，曰怀道、良恭，和戎，复以成州之潭水属焉。唐天宝初改为怀道郡，后陷吐蕃。宋熙宁中收复，筑宕昌堡，属岷州，今为宕昌里。"寥寥数语，宕昌千百年来的发展历史凝结于此。

2. 商贸文化

小岷江流域在深厚的历史积淀下，形成以古代氐、羌等西北少数民族聚居区与中原汉族等民族聚居区的边缘地区的多元社会文化背景，西北少数民族文化与中原汉族文化在此交流融合，"阴平古道"和"氐羌古道"便是最好的证明。[4]小岷江流域长期以来处于边缘文化地区，从宏观的地理环境上来看，属于长江流域和黄河流域衔接带，而哈达铺更是作为小岷江流域区域内高度集结和融合了长江流域文化与黄河流域文化的典型特征，哈达铺的传统民居兼容二者的传统建筑风貌特征。哈达铺老街的传统民居受到当时社会商贸的文化的影响，为适应商贸往来，院落中的沿街部分设为铺面，檐部的椽档部分均开敞处理，目的是将制药的烟顺利排出，同时铺子是便于拆卸的木板门，摘下后可作为摊位案子。[5]建筑形制为适应商贸活动中的灵活设置，满足生活和生产的需求。

民居作为普及大众的建筑，不仅反映出人类对于生活空间的需求，更是表现人们的生活方式以及形成生活方式的经济基础和意识形态。[6]社会文化在传统民居显示出多样性及地域性的特征并通过民居进行输出。

3. 多民族文化

文化的多样性是一种世界性的精神与社会诉求，多民族、多宗教的传统文化不会丧失，而是在现在多元的文化的互动中，通过文化重构和再生。[7]小岷江流域长期以来处于多民族、多文化、多信仰融合交流下，是典型的边缘文化区域，从而形成了以汉族为主，藏、回等少数民族为辅的社会结构。在宗教信仰方面，表现出信仰文化混杂的现象，以当地藏族为例，他们主要信奉藏传佛教，但是其中也掺杂着民间苯教信仰、汉族的道教信仰等。从而形成了以汉族信仰为主体的儒释道文化区以藏、羌信仰为主的藏传佛教以及藏族聚落的本教文化区。多元宗教信仰文化取决于多元共生的关系，不同信仰的宗教文化在共生与博弈之间传播与交流，既融合又分化，形成具有强烈的民族特色的信仰文化。[8]

在建宅上，汉族历来重视风水，无论从选址还是布局均可体现信仰中的趋吉和避凶的观念。小岷江流域内的居民在长期的文化交流中，都形成了注重风水的观念。如建筑选址上形成了背山面水的空间格局；合院式的传统民居中的大门皆面向西南角，斜向45°开设，源自当地居民对山岳的崇拜。合院式保持着汉族的四合院形式但正房形制与功能上与古羌的板屋有很大程度上的相似性。

该地区自古以来便是藏彝羌族等民族杂居地，区域文化丰富而特质鲜明随着社会变迁，藏民族核心文化东扩和中原汉文化西渐，使陇南宕昌藏族聚落地苯教文化佛教文化、汉文化影响渗透，这种多族群及其文化地交汇融合冲撞，形成了该地区宗教文化信仰复杂而多元的特征。

五、结语

小岷江流域的聚落模式出现"小聚集，大分散"的空间分布格局，小岷江流域的传统民居根据流域的走向、自然环境以及流域内的人文因素呈现出线性类型分布的特征。小岷江流域上游部分以汉族聚集地，其民居形制以汉文化为主，同时由于小岷江处于多元文化交错区域其民居形制也折射多元文化混杂的影子。同时受到地理条件与经济因素影响而形成了相对闭塞的语境，从而形成以流域内部文化为主导的文化融合路径。小岷江流域的多元复杂的文化背景下，区域内多种类型的传统民居构成了鲜明的建筑文化，进而形成具有地域特色的区域文化。

参考文献

[1] 熊梅.我国传统民居的研究进展与学科取向[J].城市规划，2017，41（02）：102–112.

[2] 李智，张小林，李红波.县域城乡聚落规模体系的演化特征及驱动机理——以江苏省张家港市为例[J].自然资源学报，2019，34（01）：140–152.

[3] 刘吉平.氐羌遗韵：白龙江流域民居建筑及其文化传承——兼及藏羌彝文化走廊[J].地方文化研究，2019（02）：53–61.

[4] 魏梓秋.白龙江流域藏族文化的边缘性及其成因研究——以甘肃宕昌县藏族为例[J].阿坝师范高等专科学校学报，2007（03）：40–43.

[5] 肖东.哈达铺的铺[J].古建园林技术，2004（03）：59–62.

[6] 傅千吉.白龙江流域藏族传统建筑文化特点研究[J].西北民族研究，2007（04）：200–208.

[7] 马平.文化的"多元融通"与民族的"和合共生"[J].回族研究，2012，22（03）：33–37.

[8] 杜东芳.民族区域文化视角下的中国梦认同分析——基于"藏彝走廊"民族地区的宕昌羌藏文化研究[J].湖南省社会主义学院学报，2016，17（03）：70–73.

健康建筑理念下的乡村建筑气候适应性设计 ❶

——以浙江三门县横渡水产展销中心设计为例

田常赛❷　魏　秦❸　徐然然❹

摘　要：本文以健康建筑理念为出发点，探讨了建筑的气候适应性设计因当回归传统民居营建理念，以浙江三门横渡镇水产展销馆为设计对象，分析建筑基地所在区域的各类气候指标及其对建筑设计的影响，在适应气候的前提下进行建筑的生成过程，建筑与人的健康并重，最终以健康建筑理念实现传统民居营建文化基因的活态传承和现代转译。

关键词：健康建筑　气候适应性　乡村建筑　自然建造

一、引言

随着绿色建筑理念的发展，健康建筑理念在此基础上逐渐获得了国内外学者的广泛关注和研究探索。20世纪80年代，国外开始探索健康建筑并提出了相关理论，如：WHO“健康住宅15条”；日本在《健康住宅宣言》；加拿大对健康和节能住宅颁发认证书“SuperE”；2014年美国发布WELL标准；2016年中国发布《“健康中国2030”规划纲要》以健康发展为战略目标，2017年中国建筑协会颁布了《健康建筑评价标准》以响应号召。[1]健康建筑国际年会将“健康建筑”定义为：“一种体现在地人居环境的方式，不仅包括如温度、风环境、音质、光照、空气品质等客观因素，还包括如平面和空间布局、景观视域、材料肌理、社交关系、人居环境满意度等主观因素。”

建筑健康与人类健康同样重要，建筑的健康最终会应用到人类的身体健康上。[2]绿色建筑的“四节一环保”主要关注的是节约资源和保护环境，健康建筑是绿色建筑发展的里程碑，健康建筑是绿色建筑发展的里程碑，绿色建筑主要关注的是节约资源和保护环境，而健康建筑是更关注人的健康。[3]因此，不能狭隘地从字面意思将“健康建筑”理解为只是功能层面定义下的健康产业类建筑，如养老建筑、康养建筑等。当下健康理念下建筑设计的研究对象主要多集中于住宅一类的居住建筑，而将健康住宅的研究延伸到乡村建筑中，则是健康建筑理念的进一步拓展实践。

二、健康建筑气候适应性设计——回归自然建造的传统民居营建理念

从气候适应性的层面考虑营建健康建筑，中国自古已有之。中国传统民居建筑在“天人合一”宇宙观的潜意识影响下和亘古传承的营建活动中形成了因地制宜、因天务时地适应自然环境和气候条件的营建理念，为塑造健康的人居环境而采用的具体做法和实现措施早已普遍融于中国各地传统民居营建技艺的智慧之中，至今仍为当代人们所传承。典型如四合院，其主要特点是保持有益于人体健康的自然气候，限制有害的污染因素。[4]

在中国古代著作《管子》中的许多内容都体现了“天人合一”的生态环境思想，善于归纳总结自然规律并实践于实际的营建活动中，是一种因地制宜的适应性营建思想，更具有实践理性精神，在传统民居营建活动中具有较为深远的影响。《管子·版法篇》中管子认为：“万物尊天而贵风雨。”管子认为之所以尊重自然，是因为要受到自然的限制，之所以尊重气候条件，万物生长都会受到气候变化的影响和制约；《管子·四时篇》中则论述了“春夏秋冬将何行”，分析了各季节甚至各时间段气象的变化，论述谈及风、雨、霜、雪、温度、湿度等诸多气象因子，反映了古人对气候变化的直观了解并且意识到其对万物生长和人类活动的重要性，体现了古人对自然规律和气象变化的朴素认知。[5]《管子》生态环境思想是一种尊重自然、顺应自然规律符合可持续发展要求的思想，生发于对天地自然物的某种道德感情而产生的生态环境认识。基于这一基本认识，中国传统民居历经千年亘古追求的正是《管子·五行篇》中所提倡的“人与天调，然后天地之美生”的人居环境理想。

在现代建筑流派中，“有机建筑派”将建筑视为自然环境中人造空间的有机生命体，因此建筑空间具有有机生长的内涵，建筑具

---

❶ 本论文得到教育部人文社会科学研究一般项目规划基金（项目号：16YJAZH059）资助。

❷ 田常赛，第一作者，上海大学上海美术学院建筑系，硕士在读。

❸ 魏秦，通讯作者，上海大学上海美术学院建筑系，博士，副教授。

❹ 徐然然，第二作者，上海师范大学美术学院艺术设计系，硕士在读。

有类似生命体的特征，应融于自然环境的生长过程中。因此，建筑作为有机生命体能不能健康生长取决于能不能适应自然环境的生长变化，同样也需要“尊天而贵风雨”才能达到“人与天调，然后天地之美生。”麦克哈格在《设计结合自然》[6]的第一章“城市与乡村”中认为无论是城市环境还是乡村环境，人类与自然不可分离，设计应理解并尊重自然；在第三章“困境—东西方对人与自然关系的态度”中提出环境认知是一种构建人与自然关系的途径；最后的“展望”一章中，麦克哈格提倡设计要提高人—环境之间的适应能力为目标，因此，在乡村建筑创作过程中基于健康理念的建筑气候适应性设计首先应考虑的是回归自然建造的传统民居营建理念。

三、横渡水产展销中心气候适应性设计

1. 区位背景

横渡水产展销中心的设计基地位于浙江省台州市三门县横渡镇，地理气候分类属于亚热带季风气候，建筑热工设计气候分区为夏热冬冷地区。镇区位于东南沿海丘陵地带，整体分布于山脚与河流之间的平缓地带上，聚落整体形态呈向水而生的生长趋势。

2. 气候概况

（1）横渡镇气象特征值

横渡镇具有阳光充足、雨水充沛、温暖湿润、四季分明的特点。根据官方网站提供的数据统计得出横渡镇区域的气象特征值，为设计提供可靠判断依据。（表1）

横渡镇气象特征值　　表1

横渡气象特征			
	平均	最低	最高
平均气温	16.6℃	5.3℃	27.9℃
极端气温		-9.3℃	40.2℃
年降雨量	1645.3mm	最低	2324.1mm
无霜期	235~300天		
年平均日照时长	1805~2036小时		
年平均降雨天数	168.8天		
年均蒸发量	784.6mm		
年均风速	3.1m/s(陆地)		
	5.2m/s(海上)		

（来源：三门县政府网站）

（2）降水量

通过获取相关网站记录的2016年至2020年的横渡降水量数据，整理显示（图1、图2），横渡镇的降水量丰富且年际变化较大，年内降水变化大致呈双峰型分布，3至6月是第一个雨季，7月为相对小雨期，8~9月受台风影响，是第二个雨季，10月至第二年2月为第二个相对小雨期，因地处东南沿海冬季降雪较少。因此，建筑设计应主要考虑雨水对建筑的影响。

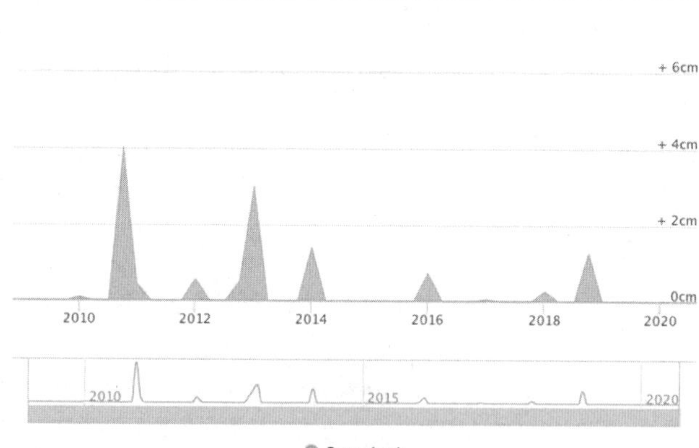

图1　横渡镇近10年降雪量统计

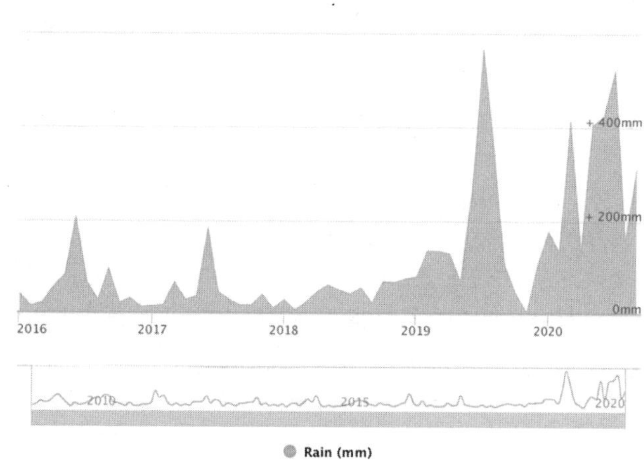

图2　横渡镇近5年降雨量统计

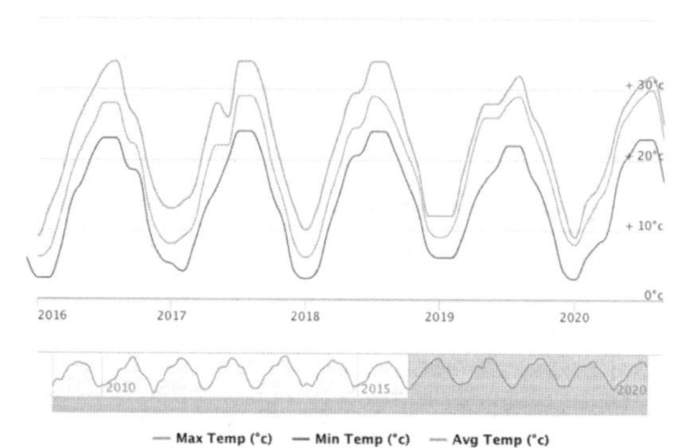

图3　横渡镇近5年最高气温、平均气温、最低气温统计

（3）温度指标

通过获取相关网站记录的横渡镇2016年至2020年的温度数

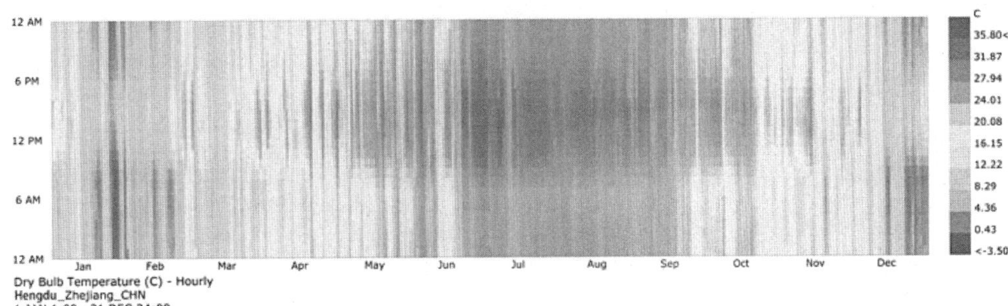

图4 横渡镇2020年每日温度数据统计

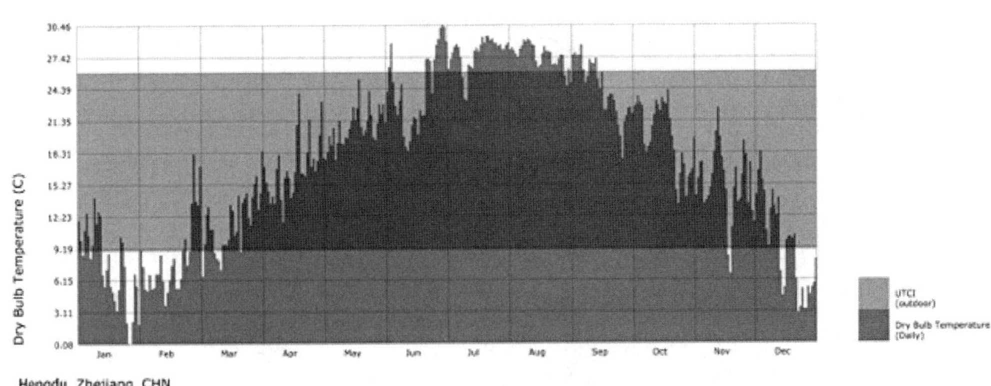

图5 室外通用热气候指数（UCTI）分析

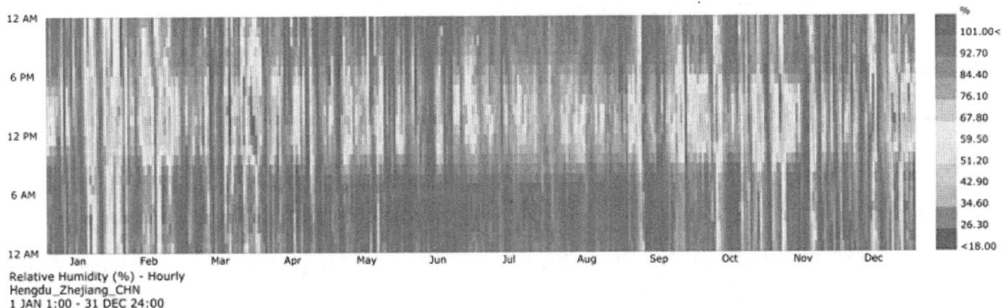

图6 横渡镇2020年每日湿度数据统计

据，经统计显示，每年的最高气温、平均气温、最低气温变化呈现出周期性规律（图3），历年同期的温差变化较小，周期性变化较为稳定，夏季过热的情况较多，冬季过冷的时间较少，出现极端温度天气的可能性较低；通过采集2020年全年每日温度数据，并使用Rhino中Grasshopper插件中的温度分析工具进行分析可以得知（图4），每日平均温差在基本在10℃以内，一年中的大多数时间的最低气温在10℃以上，冬季保温要求不高，建筑可以考虑大面积开窗；通过热舒适插件以UCTI（Outdoor）即室外通用热气候指数的方式进行分析可以得出（图5），夏季热气候指数已经超出了人体所能承受的热胁迫阈值，夏季的热环境不舒适度较高，建筑设计应考虑夏季散热需求以缓解不舒适度，同时减少能耗。

（4）湿度指标

通过Grasshopper插件的湿度分析工具进行分析可以得知，全年每日湿度基本都保持在70%以上（图6），日常处于高湿环境，因临近海域，高湿高盐的空气对建筑有腐蚀作用且容易滋生细菌影响人体健康，设计应考虑组织自然通风及适合的材料对建筑外表面进行保护。

（5）风环境指标

通过Grasshopper插件的风环境分析工具对风信息数据分析可以得知（图7），横渡镇区的风力和风向随季节变化而变化，冬季盛行北风、西北风，夏季盛行西南风、东南风，北风为全年主风向，从区位分析的地形中可以看出，镇区南侧有横向山体围合挡住了南向来风，是导致主风向为北风的主要原因，冬季北向寒风会顺着北侧两道山谷吹向镇区，寒湿空气会使人的体感舒适度降低，影响人体健康；秋季为台风高发期，风速较大可达到15米/秒，对建筑屋顶产生不利影响。建筑应考虑如何适应风环境以减少不利影响。

（6）光环境指标

通过爬取横渡镇2010年至2020年的光环境数据，经统计显示，日照时长充足，春秋两季较多，夏冬两季较少，建筑设计可充

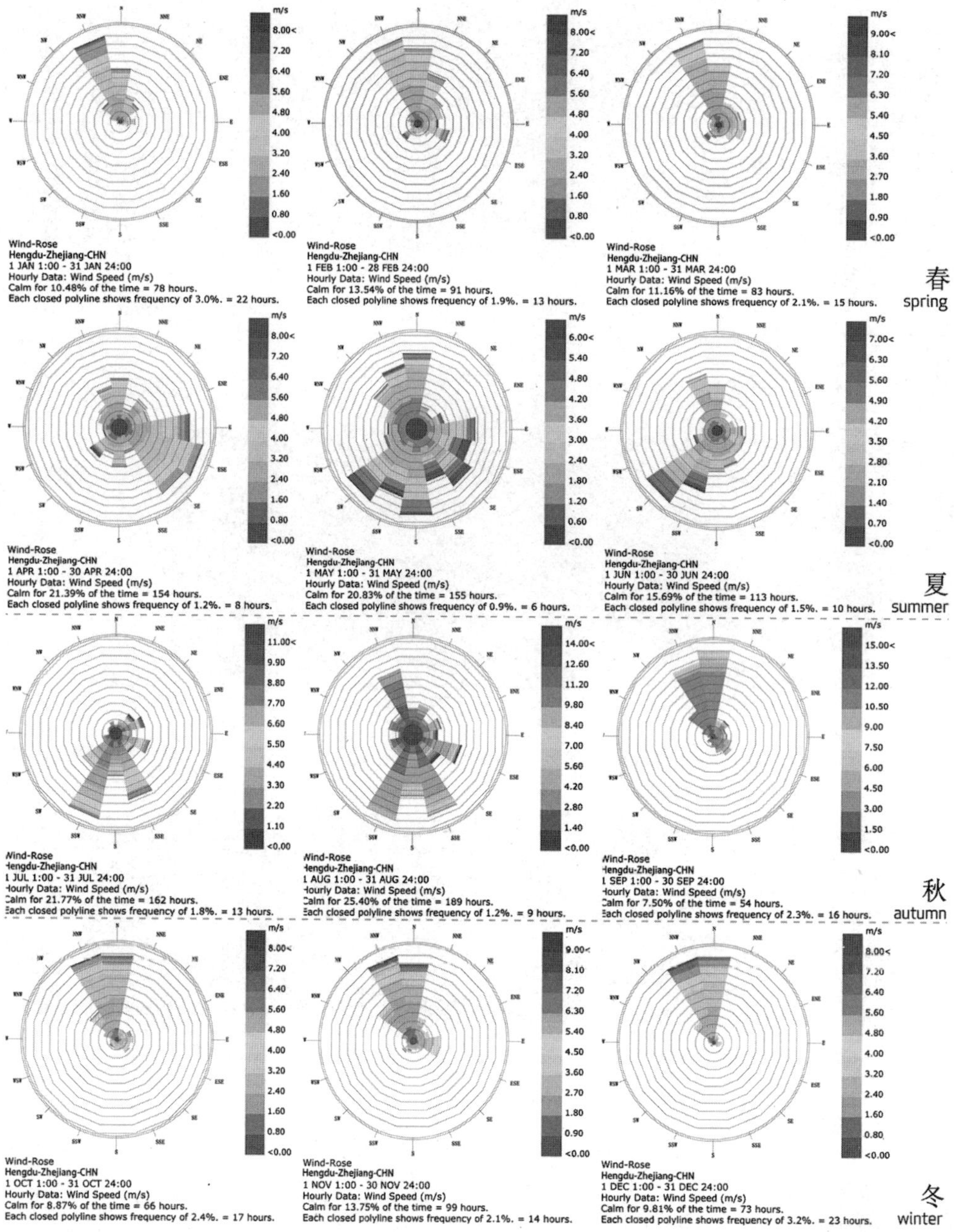

Wind-Rose
Hengdu-Zhejiang-CHN
1 JAN 1:00 - 31 JAN 24:00
Hourly Data: Wind Speed (m/s)
Calm for 10.48% of the time = 78 hours.
Each closed polyline shows frequency of 3.0%. = 22 hours.

Wind-Rose
Hengdu-Zhejiang-CHN
1 FEB 1:00 - 28 FEB 24:00
Hourly Data: Wind Speed (m/s)
Calm for 13.54% of the time = 91 hours.
Each closed polyline shows frequency of 1.9%. = 13 hours.

Wind-Rose
Hengdu-Zhejiang-CHN
1 MAR 1:00 - 31 MAR 24:00
Hourly Data: Wind Speed (m/s)
Calm for 11.16% of the time = 83 hours.
Each closed polyline shows frequency of 2.1%. = 15 hours.

春
spring

Wind-Rose
Hengdu-Zhejiang-CHN
1 APR 1:00 - 30 APR 24:00
Hourly Data: Wind Speed (m/s)
Calm for 21.39% of the time = 154 hours.
Each closed polyline shows frequency of 1.2%. = 8 hours.

Wind-Rose
Hengdu-Zhejiang-CHN
1 MAY 1:00 - 31 MAY 24:00
Hourly Data: Wind Speed (m/s)
Calm for 20.83% of the time = 155 hours.
Each closed polyline shows frequency of 0.9%. = 6 hours.

Wind-Rose
Hengdu-Zhejiang-CHN
1 JUN 1:00 - 30 JUN 24:00
Hourly Data: Wind Speed (m/s)
Calm for 15.69% of the time = 113 hours.
Each closed polyline shows frequency of 1.5%. = 10 hours.

夏
summer

Wind-Rose
Hengdu-Zhejiang-CHN
1 JUL 1:00 - 31 JUL 24:00
Hourly Data: Wind Speed (m/s)
Calm for 21.77% of the time = 162 hours.
Each closed polyline shows frequency of 1.8%. = 13 hours.

Wind-Rose
Hengdu-Zhejiang-CHN
1 AUG 1:00 - 31 AUG 24:00
Hourly Data: Wind Speed (m/s)
Calm for 25.40% of the time = 189 hours.
Each closed polyline shows frequency of 1.2%. = 9 hours.

Wind-Rose
Hengdu-Zhejiang-CHN
1 SEP 1:00 - 30 SEP 24:00
Hourly Data: Wind Speed (m/s)
Calm for 7.50% of the time = 54 hours.
Each closed polyline shows frequency of 2.3%. = 16 hours.

秋
autumn

Wind-Rose
Hengdu-Zhejiang-CHN
1 OCT 1:00 - 31 OCT 24:00
Hourly Data: Wind Speed (m/s)
Calm for 8.87% of the time = 66 hours.
Each closed polyline shows frequency of 2.4%. = 17 hours.

Wind-Rose
Hengdu-Zhejiang-CHN
1 NOV 1:00 - 30 NOV 24:00
Hourly Data: Wind Speed (m/s)
Calm for 13.75% of the time = 99 hours.
Each closed polyline shows frequency of 2.1%. = 14 hours.

Wind-Rose
Hengdu-Zhejiang-CHN
1 DEC 1:00 - 31 DEC 24:00
Hourly Data: Wind Speed (m/s)
Calm for 9.81% of the time = 73 hours.
Each closed polyline shows frequency of 3.2%. = 23 hours.

冬
winter

图7　横渡镇全年风环境分析

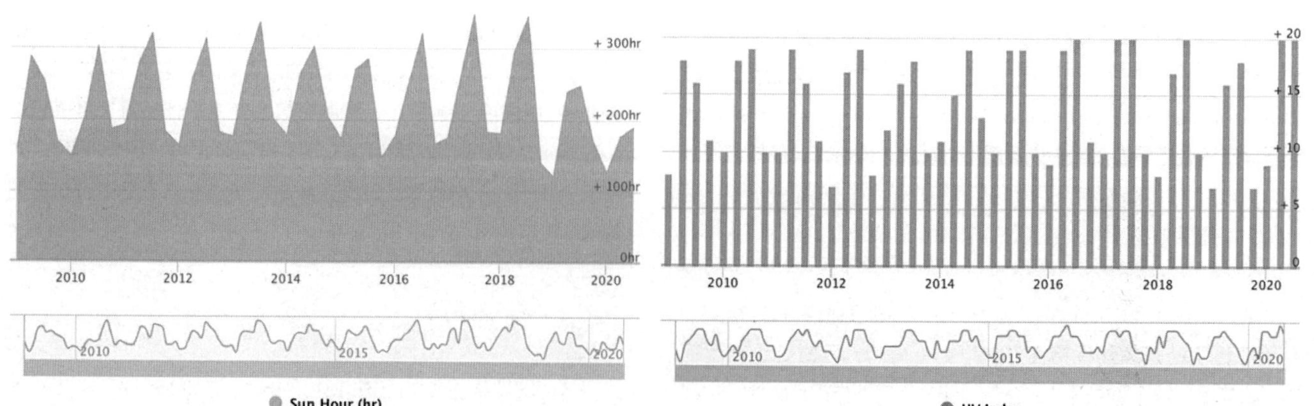

图8　横渡镇历年光照时长统计

图9　横渡镇历年紫外线指数统计

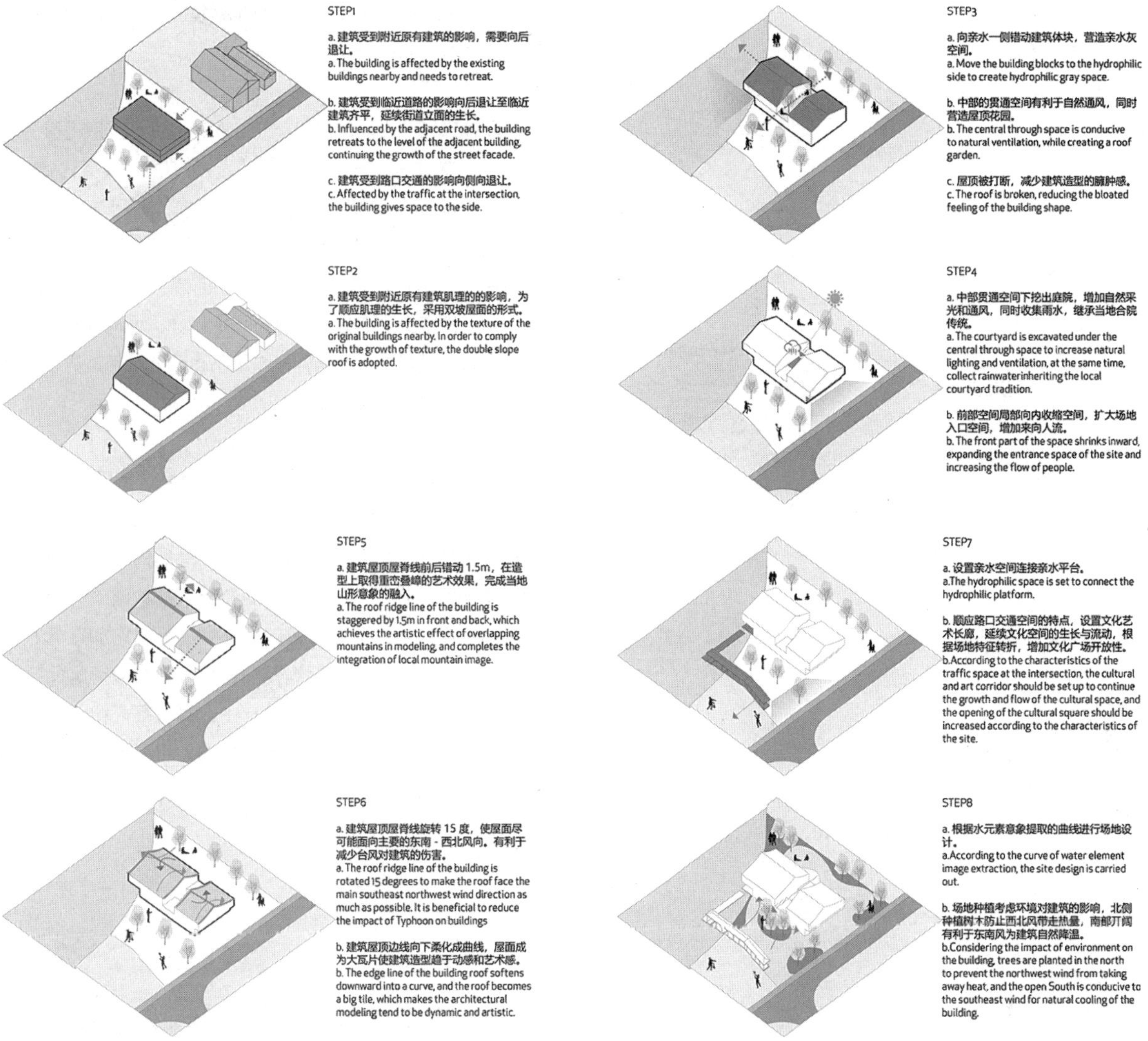

STEP1

a. 建筑受到附近原有建筑的影响，需要向后退让。
a. The building is affected by the existing buildings nearby and needs to retreat.

b. 建筑受到临近道路的影响向后退让至临近建筑齐平，延续街道立面的生长。
b. Influenced by the adjacent road, the building retreats to the level of the adjacent building, continuing the growth of the street facade.

c. 建筑受到路口交通的影响向侧向退让。
c. Affected by the traffic at the intersection, the building gives space to the side.

STEP2

a. 建筑受到附近原有建筑肌理的的影响，为了顺应肌理的生长，采用双坡屋面的形式。
a. The building is affected by the texture of the original buildings nearby. In order to comply with the growth of texture, the double slope roof is adopted.

STEP3

a. 向亲水一侧错动建筑体块，营造亲水灰空间。
a. Move the building blocks to the hydrophilic side to create hydrophilic gray space.

b. 中部的贯通空间有利于自然通风，同时营造屋顶花园。
b. The central through space is conducive to natural ventilation, while creating a roof garden.

c. 屋顶被打断，减少建筑造型的臃肿感。
c. The roof is broken, reducing the bloated feeling of the building shape.

STEP4

a. 中部贯通空间下挖出庭院，增加自然采光和通风，同时收集雨水，继承当地合院传统。
a. The courtyard is excavated under the central through space to increase natural lighting and ventilation, at the same time, collect rainwaterinheriting the local courtyard tradition.

b. 前部空间局部向内收缩空间，扩大场地入口空间，增加来向人流。
b. The front part of the space shrinks inward, expanding the entrance space of the site and increasing the flow of people.

STEP5

a. 建筑屋顶屋脊线前后错动 1.5m，在造型上取得重峦叠嶂的艺术效果，完成当地山形意象的融入。
a. The roof ridge line of the building is staggered by 1.5m in front and back, which achieves the artistic effect of overlapping mountains in modeling, and completes the integration of local mountain image.

STEP6

a. 建筑屋顶屋脊线旋转 15 度，使屋面尽可能面向主要的东南 - 西北风向。有利于减少台风对建筑的伤害。
a. The roof ridge line of the building is rotated 15 degrees to make the roof face the main southeast northwest wind direction as much as possible. It is beneficial to reduce the impact of Typhoon on buildings

b. 建筑屋顶边线向下柔化成曲线，屋面成为大瓦片使建筑造型趋于动感和艺术感。
b. The edge line of the building roof softens downward into a curve, and the roof becomes a big tile, which makes the architectural modeling tend to be dynamic and artistic.

STEP7

a. 设置亲水空间连接亲水平台。
a.The hydrophilic space is set to connect the hydrophilic platform.

b. 顺应路口交通空间的特点，设置文化艺术长廊，延续文化空间的生长与流动，根据场地特征转折，增加文化广场开放性。
b.According to the characteristics of the traffic space at the intersection, the cultural and art corridor should be set up to continue the growth and flow of the cultural space, and the opening of the cultural square should be increased according to the characteristics of the site.

STEP8

a. 根据水元素意象提取的曲线进行场地设计。
a.According to the curve of water element image extraction, the site design is carried out.

b. 场地种植考虑环境对建筑的影响，北侧种植树木防止西北风带走热量，南部开阔有利于东南风为建筑自然降温。
b.Considering the impact of environment on the building, trees are planted in the north to prevent the northwest wind from taking away heat, and the open South is conducive to the southeast wind for natural cooling of the building.

图10 横渡水产展销中心设计生成思路

图11 现场照片

分利用自然采光（图8）。紫外线指数（UV Index）除夏季以外均低于10（伤害值）以下（图9），考虑到横渡镇年降雨天数占据全年近三分之一时间，且夏季雨水较多，建筑虽然需要在保证尽可能多的自然采光的同时考虑防晒与遮阳，但要求不高。

3. 基于健康理念的气候适应性设计思路

基于以上气候概况的了解，基本明确在横渡水产展销中心设计中为适应气候特点需要考虑包括雨水处理、自然通风、建筑外表面保护、自然采光及遮阳措施等问题的策略措施，将对这些问题的思考统筹于建筑设计的生成过程中，最终实现建筑形式的生成逻辑与最终成果符合健康建筑理念下气候适应性设计的要求（图10）。

为符合乡村环境下建筑空间使用高效的需求，建筑的原型空间采用常见的矩形空间。建筑受到附近原有建筑的影响，需要向后退让；受到临近道路的影响向后退让至临近建筑齐平，延续沿街立面的生长；建筑受到路口的影响向侧面退让。

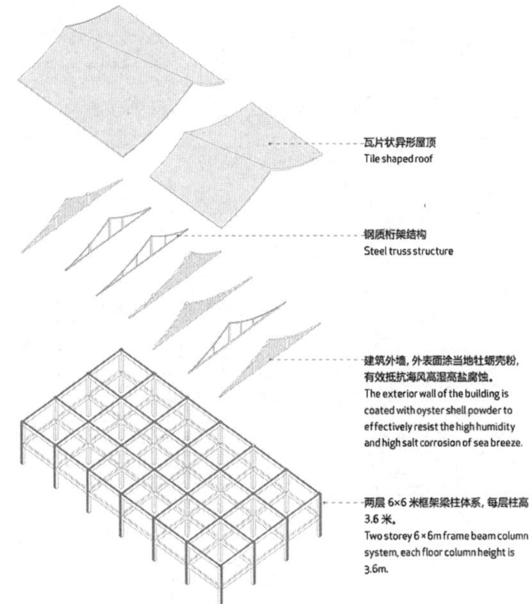

图12 结构分析

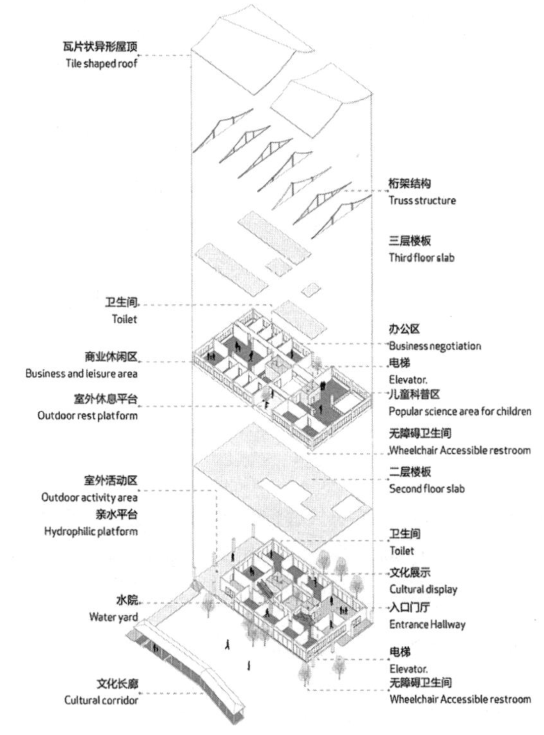

图13 轴测示意图

建筑受到聚落肌理和临近建筑的影响，采用双坡屋面的形式顺应聚落肌理生长的同时还可以起到无组织排水的作用。

建筑的二层空间向亲水一侧错动建筑体块，营造亲水灰空间为使用者提供良好景观视域的停留空间。中部的贯通空间有利于自然通风，同时营造屋顶花园，减少建筑造型的臃肿感。通过中部挖出庭院，增加建筑内部的自然采光和通风，水院的设置同时起到收集雨水的作用，也是继承传统民居以院落形式组织空间的营建手法。前部空间局部向内收缩空间，避免外挂雨棚，还可以通过建筑自遮阳的方式进行防晒。

建筑屋顶屋脊线前后错动 1.5 米，在造型上取得重峦叠嶂的艺术效果，完成横渡环山意象的融入。建筑屋顶屋脊线旋转 15°，使屋面尽可能面向主要的东南－西北风向，有利于减少台风对建筑的影响。通过学习传统民居屋顶的柔化手法（图 11），建筑屋面柔化成曲线，屋面形式具有瓦片异形特征使建筑造型趋于动态艺术感。根据水元素意象提取的曲线进行场地设计，场地种植考虑环境对建筑的影响，屋顶花园北侧种植树木防止西北风带走热量，南侧打开有利于东南风为建筑自然降温。

建筑的结构形式（图 12），内部空间选用两层 6 米 ×6 米的框架梁柱体系，柱高 3.6 米；屋顶的支撑结构为钢制桁架；横渡镇居民营建建筑时，通常将当地特产牡蛎的牡蛎壳磨成粉，描边涂抹于建筑屋檐下或窗沿下的交合处，富含碳酸钙成分能有效抵抗海风高湿高盐的腐蚀，密封交合处的细缝增加建筑的气密性以达到保温效果，还可以起到美观作用，是横渡镇居民自古传承下来的传统营建技艺。在本次设计中选择牡蛎壳粉作为建筑外墙的保护材料继承这一传统民居营建技艺，也是选择自然材料作为回归自然建造理念的回应设计。最后置入合理的功能业态进一步优化细化空间设计（图 13）。

四、结语

在当下“乡村振兴战略”和《“健康中国2030”规划纲要》的政策背景下，秉持着健康建筑理念提倡适应气候的建筑设计与建造活动，不仅是为了塑造健康可持续的乡村人居环境，同时也是将“天人合一”这种集体无意识传统民居营建的文化基因进行活态传承和现代转译。因此，基于健康理念的建筑气候适应性设计对于“健康乡村”和“健康中国”的建设目标的实现有着重要意义和作用。

参考文献

[1] 王洋洋．健康理念下的乡村住宅采光优化[D].邯郸：河北工程大学，2020.

[2] 滕欣欣.浅析回归自然建筑设计——建筑与健康[J].四川水泥，2021（01）：280–281.

[3] 王首一，王洋洋，冯华.健康理念下的乡村住宅采光优化[J].智能建筑与智慧城市，2020（03）：34–36，39.

[4] 陈启高，唐鸣放，王公禄，克鲁姆，李百战，姚润明.详论中国传统健康建筑[J].重庆建筑大学学报，1996（04）：3–13，32.

[5] 谭瑛.人与天调，然后天地之美生——《管子》之生态城市思想研究[J].规划师，2005（10）：5–7.

[6]（英）I.L.麦克哈格.设计结合自然[M].北京：中国建筑工业出版社，1992.

传统村落水环境研究进展

李 洋[1]

摘 要： 传统村落水环境研究对追求"可持续性发展"人居环境具有重要启发意义。总结传统村落水环境研究进展，可大致划分为起步、拓展、逐步深化三大阶段。传统村落水环境的艺术特征、水的社会结构与聚落空间的对应关系、人与水的伦理关系是近年来研究演变出来的不同主题，是当前研究的热点。应借助于多学科交叉研究思路，进一步挖掘传统村落水环境所承载的社会人文价值，为传统村落水环境研究内容做进一步的补充工作。

关键词： 人居环境　传统村落水环境　村落水环境　水环境

一、引言

近年来我国传统民居研究聚焦传统聚落环境营建、聚落遗产价值、传统聚落保护与更新、乡村振兴背景下乡村建设与规划等内容[1–3]。众所周知，中国传统村落"临近水源、地势较为平坦"的特征环境是我国农耕文明发展的基础自然条件。目前已有学者关注传统村落水环境，吴建新（2006）认为传统村落水环境包含了河流及其提供人们居住和生活的水文条件，以及人们建造的堤围、码头、桥梁、水上交通线在内的综合因素[4]。谢振华（2007）认为，一个地区的水环境是指影响该地区经济、社会协调发展的防洪、供水、灌溉、航运以及水质、水景等自然和人文的水体环境[5]。阮锦明、金程宏从聚落空间视角出发对"水空间"进行定义[6–7]。综上，传统村落水环境可认定为包含着自然属性的水体，及围绕着水体社会活动而产生的，包括自然环境及人工环境在内的综合体。追求"健康可持续发展"人居环境，建设生态文明家园，不仅仅需要文明反思"人类与自然关系"，还需从"传统村落水环境"中汲取智慧与经验。

二、传统村落水环境研究进展

1. 研究阶段梳理

随着传统村落研究的不断深入，"水环境"受到越来越多学者的关注。建筑学、景观学、环境艺术学等学科已经对"传统村落水环境"从空间层面、景观层面、功能层面、艺术价值层面做出不同程度的探索。经过对文献的梳理与归纳，传统村落水环境研究进展可大致划分为以下三个阶段：萌芽起步阶段（2005年以前）、拓展阶段（2005~2015年）、逐步深化阶段（2015年以来）。（表1）

（1）起步阶段（2005年以前）

20世纪90年代起，学术界掀起研究传统村落热潮。这一阶段水是作为传统村落环境的组成要素来进行认识的，因此对于水环境的研究往往从村落整体环境开始。

这一阶段研究视角较为单一、研究区域范围较小。研究内容主要是从空间功能考虑村落水环境的价值，挖掘出水环境的防御、交通、经济、消防、风水等功能。研究内容包括研究传统村落的消防系统与消防规范，传统村落水系防御系统空间布局，传统村落空间结构与水系间的关系、水于古城选址、村落选址、民宅风水改善的作用等。研究区域范围较小，研究案例大都为水系发达的南方聚落，研究方法开始创新采用文献搜集法、访谈法、田野考察法等。

（2）拓展阶段（2005~2015年）

2005~2015年，这一阶段中水被单独提取出来，作为独立的体系进行专门研究。以"水资源的可持续利用"为战略目标，以"人与环境"生态和谐的人本思想为指向，以人居环境可持续发展的价值取向，这些共同促进了社会各界对水的关注。这一阶段研究特点有：

传统村落水环境的内涵不断延伸，研究内容体系初见雏形。这一阶段的村落水环境内涵形成不断延伸的路径：首先，水对村落的影响研究—水系统结构性研究—水环境人文价值研究。起初村落水环境内涵强调水环境的物质空间，其内涵是包括自然水体和人工环境在内的综合体；其次，过渡到水系统组成，"出露、输送和排放"的功能要素组合系统；最终，升华到水的人文价值，村落水环境包含了审美、伦理、文化等意义。研究内容体系雏形初步显现，由对村落水的系统结构研究，推向水系统驱动下聚落演进和发展

[1] 李洋，中南大学中国村落文化研究中心。

机制，水资源管理体系，村落水环境整体的研究内容体系推向新高度。

研究视角逐渐增大，研究地域不断扩大，研究方法更加多元。这一阶段研究视角经历了由村落水环境的物质空间为主转向社会文化的过程。起初由建筑学、规划学、景观学关注水环境的物质空间，倾向水对地域景观文化的塑造作用、水对村落规模与空间结构的影响。而后逐渐形成了对聚落水系统的结构性研究，完成了水系统驱动下聚落演进与发展机制这一内容。环境艺术学的介入后，研究视角开始走向对村落水环境的文化价值探讨，包括水环境的文化史观、环境伦理观、审美特征、哲学意蕴等内容。从研究地域上，研究案例也开始关注北方和少数民族传统聚落，扩大了研究地域。

（3）逐步深化阶段

2015年至今，传统村落水环境可持续发展研究持续深入，研究内容体系基本形成。2012年中共中央“十八大”提出生态文化建设把可持续发展提升到了绿色发展的高度，2019《中国落实2030年可持续发展议程进展报告》提出了“建设包容、安全、有抵御灾害能力和可持续的城市和人类住区”，这类要求敦促了传统村落水环境可持续发展研究的深入。量化研究方法的运用与村落水环境的社会人文价值探讨是这一阶段的研究特点。

村落水环境的研究内容体系基本形成，研究范围进一步扩大。村落水系统的系统结构分析、水资源管理规范内容进一步完善，水的社会结构与人居聚落空间的对应关系、人与水之间的关系探讨、水环境的哲学启发等研究主题逐步开展起来，关于村落水环境的研究内容体系基本形成，这也是交叉学科研究努力的结果。水环境空间的相关研究已经从原本对“物”的分析，推进到物与人之间关系的研究，进一步回答“为什么这么营造”。

研究理论性不断加强，研究方法呈量化趋势，研究区域进一步扩大。对水资源管理、人与水关系、水的社会结构与人居聚落空间对应关系，水环境的哲学启发这类研究中，研究借助于社会学、哲学、艺术学等学科理论阐释水环境文化内容。在对水系统结构分析的内容上，研究更加精细化，以量化的方式对水系统设施的使用效率进行了分析。研究案例在地域上获得进一步扩张。

2. 研究主题演变

经过梳理，传统村落水环境研究主题经历了本体认识、功能与文化的价值论证、模式再利用的主题演变历程，传统村落水环境的研究内容体系逐渐形成。

（1）本体认识：结构解构

传统村落水环境的认识最初从村落的整体环境入手。水为村落带来最为基础的经济动力，提供农业生产基础条件，成为人们饮食起居的基本生命要素，水塑造着聚落的空间形态与地域文化景观。

水对传统村落空间影响研究。张杰、侯永禄、阮锦明等一批学者围绕着“水如何塑造村落空间”问题开展了一系列的探索。张杰（2011）以喀什地区传统村落作为研究案例，总结水对村落规模与空间结构的极强的制约力[8]。侯永禄（2019）认为水系构成江南古镇“以水为骨、因水成街”空间主要脉络，并划分了城镇空间[9]。阮锦明（2017）以海南传统聚落为例探索水对公共空间的影响[10]；傅涓（2013）从文化地理学出发认为南方传统村景观形态是为适应当地自然水环境而塑成的[11]。

传统村落水系统研究。泉水聚落作为北方聚落中较为特殊的一个群体，获得了张建华团队的关注。围绕着“什么是泉水系统”“泉水聚落的空间结构”“泉水系统驱动下聚落发展与演进机制”等问题，张建华、赵斌等人对泉水系统进行了系列研究[12-15]。其中赵斌（2015）将水系统从聚落形态中剥离出来，利用类型学总结归纳泉水系统的组成与形成规律，继而从理论层面上阐述在泉水系统驱动下聚落的发展和演进规律[16]，完成了对聚落水系开创性的系统研究。周维楠、吴耀宇精细化传统水环境设施研究，并对水环境设施雨水排放能力做量化分析[17-18]。总体来说，这一阶段传统村落水环境研究更加精进，水从村落整体结构中被单独提取出来，借助于水利学研究方法对水环境进行解构，对从水系统组成要素、到水系统构成进行了探索，揭示出水系统驱动下聚落发展和演进的规律。

（2）价值论证：功能与文化

除了关注水对传统村落形态的塑造过程，作为人居环境的重要组成部分，水还承担着运行村落生活的基本职能，如日常饮水、农

传统村落水环境研究阶段划分表　　表1

阶段	2005年以前	2005~2015年	2015年至今
传统村落水环境研究进展	起步阶段	拓展阶段	深化阶段
研究内容	水环境的空间功能、风水价值	水对村落的影响、水系统研究、水系统驱动下聚落的演进与发展、水环境的艺术特征与哲学意涵、理水手法	水系统的系统结构分析、人与水之间的关系探讨、水环境的艺术特征、水的社会结构与人居聚落空间的对应关系
学科	建筑学、景观学等	建筑学、规划学、景观学、人文地理学、环境艺术学等	建筑学、规划学、景观学、水利学、环境艺术学、社会学等

业生产、交通、消防、调节气候、景观、风水等多项功能，甚至影响着地方的文化史观、环境伦理观、生命精神及审美指向。

传统村落水环境的功能解读。陈志华❶赋予村落水以防火、交通、生活生产等结构功能方向的解读。张纵（2007）从景观文化视角出发，对徽州古村落水口园林功能布局、功能特性、文化属性进行探析[19]。李俊的研究视角较为新颖，他关注徽州古村落水环境的消防功能，《徽州古民居探幽》（2003）一书中他结合地方志、碑刻、口述历史等史料，通过实地勘察总结防火措施与防火意识。当然村落的水环境还与聚落风水具有相关性，《风水与环境》（汉宝德2003），《法天象地：中国古代人居环境与风水》（于希贤2006）则从风水视角介绍风水与建筑及其选址之间密切关联。刘亚茹（2020）证实了水系对村落气候的调节作用[20]。至此，围绕着人们的生产生活活动，“传统村落水环境”被发掘出具有日常饮水、农业生产、交通、防御、消防、调节气候、景观美化、风水等多项功能。

水环境艺术研究。环境艺术学发掘“村落水环境”的艺术文化价值，探索古代人居环境艺术表达。李恒（1996）以唐代欧阳询《艺文类聚》为例，从本源观、宇宙观、伦理观论证了中国思想与水文化的内在联系[21]。逯海勇、何颖总结出村落水环境“动、静、曲”审美特色，丰富、灵变而又协调统一的特点[22-23]。陈云文（2014）研究中国风景园林传统水景理法，总结出中国园林“人与天调，水因人胜”传统水景理法的基本哲理[24]。陈六汀《艺术之水——水环境艺术文化论》（2003）首次将水环境作为独立系统进行历史性的、生态的、哲学的、美学的、艺术一体化的研究，揭示中国水环境的文化史观、环境伦理观、生命精神及审美特征，完整建构了一个融自然科学、人文科学在内众多学科为一体的理论框架。孙贝（2016）以聚落的水环境为线索挖掘中国传统生态审美观，总结出传统聚落“以水为脉”的生态评价，与万物交感互动的有机生命模式，与大自然和谐共处的伦理道德，视山、水、居为生命整体规划的生命整体观[25]。辛鑫（2020）从藏族水文化出发，通过建立“水域-社会”空间结构和“水系-聚落”的空间形态的相互联系，解析自然水系与人居环境的三种组织方式（亲水、敬水、畏水），阐释“水的社会结构”和“人居聚落空间”的对应关系[26]，可以说完成了“水崇拜-社会-空间”逻辑建构。至此，传统村落水环境研究已经从原本对“物”的分析，上升到物与人之间关系的研究，即思考“人与水关系”，进一步完善了村落水环境的社会功能探索。

（3）现实指向：模式再利用

随着对村落水环境研究的不断深入，越来越多的学者尝试关注古人理水理念、理水手法、水资源管理规范、治理手段等内容，以期为现代城市社会治理水环境提供一些启发。

汪霞、郑晓云、张雅卓等人关注古人治水理念，在梳理古人治水理念、理水手法、治水系统后，提出城市理水景观系统整体协同发展理想模式，积极构建适应现代城市的集供水、用水和排水功能为一体的理水形式[27-29]。水资源的管理同样值得关注。张建华[30]、郭巍[31]朱力[32]等人总结出不同地域传统村落水资源管理方式，如制定明晰规则昭示水资源利用的时序要求，营建水资源梯次性利用的秩序空间，保护水源的具体规定，定期派人疏通水系统、维修水环境设施等。以上这些理水方式既满足了村民日常生活用水的实际需求，又确保对水资源可持续利用，展现出古人对生态资源认识观念与珍视情感。

三、评述与展望

1. 研究述评

传统村落水环境研究可划分为起步、拓展和逐步深化三大阶段，各阶段均呈现出一定的研究特点，总体趋势：研究视角从传统村落水环境空间形态层面逐步转向理水手法、水环境的艺术特征、水资源管理经验、人与水关系伦理探讨等社会文化主题。研究区域由南向北不断扩大，甚至囊括西南少数民族地域，研究内容体系基本形成，从对传统村落水环境本体认识，到传统村落水环境的价值论证，最终导向传统村落理水模式再利用，传统村落水环境研究内容体系基本形成。传统村落水环境研究已经从原本对“物”的分析，上升到物与人之间关系的探讨，对于传统村落水环境的研究主题已经演化出“人与水关系”生态伦理研究导向。

2. 展望

作为“中华民族多元一体格局”的大国，复杂地貌与多元气候决定了不同地区水环境设施的规模形制，地域间文化差异又塑造着该地方的理水文化。中国传统村落理水智慧既是相似的又是具有差异的。因此，从研究地域上来看传统村落水环境研究还有可补充的必要。从研究内容上来看，从传统村落水环境的探讨已经从“物”的研究层面推进到“物与人关系”研究，即“水与人”伦理关系议题，加强这层面的研究将进一步完善传统村落水环境的研究内容体系。从研究方法上来看，借助于学科交叉，如民俗学、人类学研究方法，对挖掘传统村落水环境所承载的社会人文价值具有积极进步。考虑围绕村落水环境开展的社会活动，采用可持续的调查研究手法，以人为本，以事实为根据对传统村落水环境做出进一步的补充研究。

❶ 陈志华在《新叶村乡土建筑》（1993）、《诸葛村乡土建筑》（1996）、《楠溪江中游古村落》（1999）等著作中除了介绍村落空间解构、建筑形式等内容以外，还对传统村落水系加以关注。

参考文献

[1] 郭焕宇. 价值传承导向下的民居建筑研究动态——第25届中国民居建筑学术年会综述[J]. 新建筑，2021（01）：152-153.

[2] 林祖锐，刘晓晖，李双双.乡村振兴背景下的传统民居与当代乡土——第24届中国民居建筑学术年会综述[J].中国名城，2019（12）：86-90.

[3] 唐孝祥，唐封强.推进乡村振兴的民居文化传承与建筑创新研究——第23届中国民居建筑学术年会综述[J].中国名城，2019（02）：88-91.

[4] 吴建新.明清珠江三角洲城镇的水环境[J].华南农业大学学报：社会科学版，2006（2）：133-141.

[5] 谢振华，朱惠丰.绍兴市水环境景观建设浅析[J].浙江水利科技，2007（3）：37-39.

[6] 阮锦明，刘加平.从"水空间"看海南传统聚落公共空间的组织方式[J].华中建筑，2018，36（02）：93-98.

[7] 金程宏. 衢州地区传统村镇水空间解析[D].杭州：浙江农林大学，2011.

[8] 张杰，陶金.喀什地区传统村落与水的关系研究[J].住区，2011（05）：116-121.

[9] 侯永禄，马英.水环境影响下江南古镇的空间结构解析[J].遗产与保护研究，2019，4（01）：126-130.

[10] 阮锦明，刘加平.从"水空间"看海南传统聚落公共空间的组织方式[J].华中建筑，2018，36（02）：93-98.

[11] 傅娟，许吉航，肖大威.南方地区传统村落形态及景观对水环境的适应性研究[J].中国园林，2013，29（08）：120-124.

[12] 张建华，王丽娜.泉城济南泉水聚落空间环境与景观的层次类型研究[J].建筑学报，2007（07）：85-88.

[13] 张建华，刘静如，张玺.鲁中山区泉水村落的形态类型及利用策略[J].山东建筑大学学报，2013，28（03）.

[14] 赵斌，张建华，张宣峰."泉水聚落"水系统构成分析研究[J].山东建筑大学学报，2016，31（05）：435-445，451.

[15] 尹航，赵鸣.鲁中低山丘陵地带泉水村落"水系统"研究[J].风景园林，2018，25（12）：105-109.

[16] 赵斌. 北方地区泉水聚落形态研究[D].天津：天津大学，2017.

[17] 周维楠. 阳泉市古村落传统水环境设施营建特色研究[D].徐州：中国矿业大学，2018.

[18] 吴耀宇，万琴瑶.苏州太湖东、西山传统村落生态智慧探析[J].中国名城，2019（09）：72-77.

[19] 张纵，高圣博，李若南.徽州古村落与水口园林的文化景观成因探颐[J].中国园林，2007（06）：23-27.

[20] 刘亚茹，蒋慎强，王森.水对传统村落小气候的影响研究[J].城市建筑，2020，17（27）：41-42.

[21] 李恒.论水的场所性意义[J].建筑学报，1996（06）：22-26.

[22] 逯海勇.徽州古村落水系形态设计的审美特色[J].装饰，2005（02）：102.

[23] 何颖，韦义洋.徽州古村落水环境空间分析[J].安徽农业科学，2012，40（20）：10479-10482.

[24] 陈云文. 中国风景园林传统水景理法研究[D].北京：北京林业大学，2014.

[25] 孙贝. 中国传统聚落水环境的生态营造研究[D].北京：中央美术学院，2016.

[26] 辛鑫，路红，夏青，任利剑.藏民族水文化对聚落空间的影响研究[J].西部人居环境学刊，2020，35（05）：125-131.

[27] 汪霞. 城市理水[D].天津：天津大学，2006.

[28] 郑晓云，邓云斐.古代中国的排水：历史智慧与经验[J].云南社会科学，2014（06）：161-164+170.

[29] 张雅卓.多学科视角下的我国古代城市理水观[J].天津大学学报（社会科学版），2020，22（05）：453-457.

[30] 张建华，刘静如，张玺.鲁中山区泉水村落的形态类型及利用策略[J].山东建筑大学学报，2013，28（03）：204-209，237.

[31] 郭巍，侯晓蕾.皖南古村落的水环境塑造——以西递、宏村为例[J].风景园林，2010（04）：102-105.

[32] 朱力，张嘉欣.高椅古村人居环境生态管理探析[J].装饰，2019（11）：132-133.

陕南汉中青木川传统村落院落空间解析[1]

张昊天[2]　靳亦冰[3]

摘　要：汉中市宁强县青木川村是陕南秦巴山区"两山夹一川"地形传统村落的典型代表，村落延河流呈曲线形，整体顺应山水走势曲折变化，依河而建，形成了独特的村落格局和民居建筑形式。本文通过实地调研和资料研究结合，对青木川村以人为本的村落选址布局、村落整体营建、街巷空间的处理和民居单体营建四个部分进行分析，重点解析了在独特地理位置、环境、气候等条件下"以人为本"的院落空间营建。

关键词：陕南　秦巴山区　青木川村　院落空间

一、青木川村概况及历史沿革

1. 村落整体概况

青木川村坐落于陕西省汉中市宁强县西北隅（图1），西边紧邻四川省青川县，北面是甘肃省陇南市武都区，南部与四川广元市接壤，有"鸡鸣三省""枕陇襟蜀"的美誉。

在地形方面，青木川村地处秦岭南部的浅山丘陵区，周边山脉最高点位于凤凰山，海拔约2054米，第二高点在南部的龙池山，海拔1700米，自然条件优越，为村落大体布局的形成提供了良好的基础。

在水文方面，青木川村整体自然环境良好，青山环抱，绿水围绕，水草丰茂。当地主要河流为金溪河，由马家山发源，流经南坝村、青木川村，并入南坝、黄河沟等水系，在回龙场老街处转弯向南，最后注入白龙江。

在气候方面，青木川地区属于亚热带季风气候，由于当地特殊的河谷地形，形成了山地森林的小气候，平均温度在13°左右，气候温和，雨量充沛，适合农业生产工作。

自然资源方面，其境内有一国家自然保护区，位于陕甘川三省交界处，以天然森林为主，有大量的稀有动植物。

图1 "两山夹一川"山水格局

2. 村落历史沿革与空间营建脉络

青木川村原属于四川羌汉聚居区，人口不多。在春秋战国时期被白马氏家族管辖；南北朝时期变为杨氏藩王属地；到了明代外地人逃难至此形成了草场坝村（图2），后改名为回龙场，在明末又改为永宁里；清光绪年间乡民自发改为青木川；民国时期县政府设立凤凰乡，此时为魏辅唐管理时期；建国之后定名为青木川乡；改革开放之后与玉泉坝合并，废乡设镇，命名为青木川镇，下辖9个村落，青木川村为其中之一。

青木川村整体的空间格局用八个字可概括为"两山一川，新旧并存"。选址于山间的平坝中，中央河流穿过，街道南北布局，现存的两条主要街道分布在金溪河两侧，沿着河道曲折迂回，呈南北向"S"形布局，老街西侧为水，东侧为山，新街与老街一河之隔，在金溪河西侧展开。

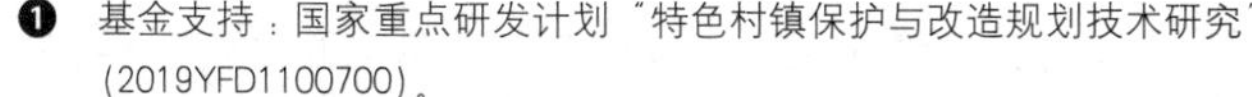

❶ 基金支持：国家重点研发计划"特色村镇保护与改造规划技术研究"(2019YFD1100700)。

❷ 张昊天，西安建筑科技大学，硕士研究生。

❸ 靳亦冰，西安建筑科技大学，教授。

草场坝	凤凰乡	青木川
明正统年间，于川谷沿河建房，形成村庄，称为草场坝	明国年间，于川谷沿河继续建房，以凤凰山象征，称为凤凰乡	近年来，于金溪河西岸继续修建新房，形成南北两岸新旧两街，称为青木川

图2　青木川村历史沿革

二、村落以人文本的营建思想

1. 村落选址和整体营建

（1）村落选址特征

自然生态环境是营建村落的重要考虑因素，古人在选址时十分重视自然的山水格局，逐渐形成了“负阴抱阳、坐南朝北、背山面水”的原则。

青木川村地处秦岭南部（图3），地形较为复杂，气候属于亚热带季风性气候，又由于海拔等原因，使得同一地区有着不同的光照、降水、温度、湿度等，也由此逐渐根据不同的条件形成了青木川村的农田、村落。选址在山水环绕的位置，高山可以阻挡季风，河流可以提供水源和改善小气候。背靠凤凰山，在冬季可以抵挡西北季风，南侧龙池山海拔较低，夏季东南季风可以进入。陕西地区多山，日照时间不如平原地区长，青木川村位于日照分界线上，适宜喜阴喜阳两种植物生长，为了获取更多日照时间，选址于金溪河北岸，与传统“善择基址，因地制宜”中要求“坐北朝南”不同，

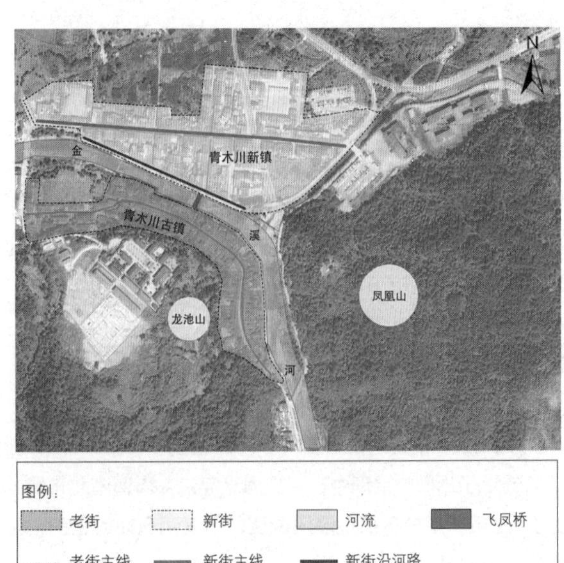

图3　青木川村整体格局

形成了“河湾而居，背阴负阳”的独特模式。

（2）融合地域山水人文环境资源的村落整体营建

青木川的传统聚落空间与建筑风格主要受气候、地貌、地形等自然条件的影响，青木川村所处的陕南地区位于秦岭中国南北分界处，地形地貌具有地域性、特殊性，人居环境根植于“两山、三江、一川”的自然山水格局中，整体协调，顺应自然。陕南地理高程上，由低向高，村落规模逐渐递减，形成了团状集聚、带状集聚和组团扩散的聚落空间格局，青木川村在布局上呈现出带状分布的特点。由于陕南山区建设用地条件紧张，一般的聚落组团规模并不大，形态也比较简单，建筑空间组合不拘一格，布局非常灵活。农田区域围绕着聚落或者建筑分布，依山就势，呈现出离散分布的特征。陕南地区水系发达，水资源丰富，传统村落的选择往往随着河流的分布而分布，具有“树枝状”的结构特征，青木川村也不例外，是较为典型的延河流分布的传统村落。

2. 组团布局与街巷空间营建

（1）街巷空间的构成与形式

青木川村老街呈“U”字形，有着明显的空间序列。首先是以通往村镇的国道为引子，将视线引向空间上稍窄的上街部分，成为起始；沿着老街曲折萦回，视线开合转换，高低错落有致，将人们引向老街中最著名的两座建筑——“荣盛魁”“荣盛昌”，此为延续；继续向前会来到整个老街最繁华的商业部分，并在连接新老两街的“飞凤桥”处形成高潮；老街上的其他民居建筑以单层为主（图4），街巷末端的关帝庙成为了整个序列的结尾。整条街道空间形态层次脉络清晰，节奏韵律富有变化。芦原义信在《街道的美学》中提到：街巷空间的限定是由顶界面、底界面和侧面组成的，书中对沿街建筑的高度和与街道之间的比例进行了分析。青木川老街与其他平行分布的街道不同，走势曲折萦回，在视线的穿透性上具有阻碍作用，使得老街道介于两面围合与三面围合之间，含蓄内敛，又有引人入胜之感。街道两侧建筑的出檐随着“U”形街道的走势前后错进，形成了一个连绵不绝的灰空间，成为当地居民休闲

图4 老街风貌

图5 新街十字形组团

图6 老街两侧排水道

玩乐的场所，也进一步加强了街道的围合感，这种微小的变换与天井院落相呼应，形成动静对比。

（2）组团布局特征

在《城市建设艺术中》一书中西特指出：米兰的城市背景具有高密度的特征，这样良好的图底关系使人感到舒服，吸引人停留。与米兰相似，青木川村的组团空间排布也极为紧密，图底关系明确。整体布局延新老两街展开，老街为“一”字形布局，沿街的房屋多为原有的老建筑，还有一些震后重建的新建筑，都保留着原有的风貌，进深方向则为一到两个天井式的院落；新街上的组团以主街两侧分布为主，并且在与老街相连的街巷处形成了较大的十字路口，在此街巷上延伸向外发散，又形成了一些组团，随着旅游和商业的发展，逐渐形成了多个十字形分布的组团（图5）。

这些组团在布局时都体现着“以人为本”的思想。青木川村整体的格局是村落两端用民居作为空间的界定，中间用大型公共建筑，诸如烟馆、荣盛魁、荣盛昌和飞凤桥作为节点，起到分隔空间的作用。街道空间在青木川的组团布局中不仅仅起到了交通功能，还容纳了当地居民的商业活动、交往活动，水系上金溪河从新老两个组团中穿过，将老街两侧像毛细血管一样的水道联系起来（图6），使村子内部的水活了起来，不仅提供了生活用水和农业用水，也起到了排污泄水的作用，公共建筑承载了当地居民和外来游客的各种活动，如：商业买卖、休闲集会、风俗节日、参观游览等，此为节点空间，将组团分隔为几个部分，起到了承接作用，是重要的停留、中转和休闲场所。

3. 民居单体院落空间营建

（1）天井式民居特点

青木川村中最主要的民居形式是天井式，在这种民居形式的空间组织中，天井处于整个建筑的中央位置，通过房间的围合创造内向型的空间。当地居民在长期实践的基础上，掌握了虚实结合的处理方式，天井为“虚”，房间为“实”，灵活的营造天井空间。受中国传统封建思想影响，这种天井式民居通常以正中的堂屋为主，两侧分布厢房、杂间，此时面宽小进深长的天井起到了空间序列的作用，在整个民居中轴线上统领全局，具有强烈的引导性。受当地山地气候和季风的影响，雨量较为充沛，日照强度较大，因此青木川民居天井的高度与开间的比值一般在2~3左右，加上二层围廊略微向内出挑出檐，形成了下大上小的狭长空间，很好的遮挡了夏日强烈的阳光，也将雨水引向天井中的排水系统。由于青木川当地的山地地形，一些民居为了适应地形，在组合形式上又有很大的灵活性，有的天井正中是依地势而建的楼梯直接引向位于二层的堂屋；有的中庭下沉作为种植花草树木的花池，周围围绕交通空间；还有一些震后重建的房屋，依地形将天井置于建筑当中，成为边庭（图7）。

（2）青木川古镇典型院落形式分析

由上文提到的民居院落分布图可以看出青木川古镇中主要有4种院落形式（图8），分别是“一”字形、“L”字形、“凹”字形

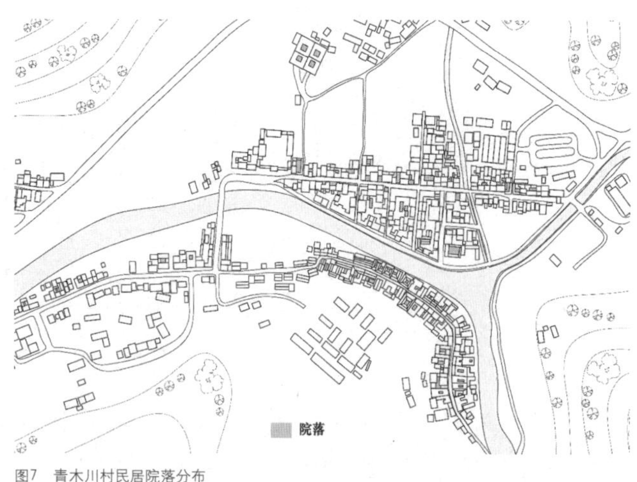

图7 青木川村民居院落分布

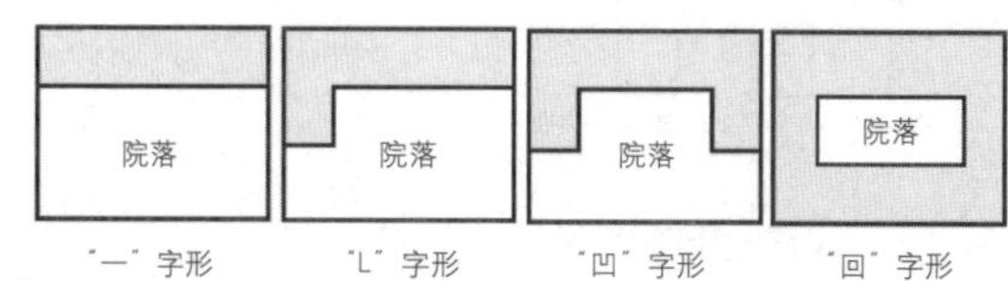

图8 青木川古镇院落形式

和“回”字形院落。“一”字形和“L”字形院落的建造成本较低，有较强的灵活性，对场地的建设要求也较低，是一般百姓的常用形式。一般不设置厢房，主要以三开间的正堂屋为中心，用作会客厅，两边为较小的偏房，用作卧室或厨房。功能上比较单一，与天井院相比极为精简，合而不围，开放性强，大多为两层，一层住人，二层储物。回字形则有传统礼制要求，一般为一进院落，中轴对称，房屋按照严格的等级划分，秩序井然，为富裕人家的首选，建造价格高，可以彰显主人的尊贵身份。

魏氏的堂屋是古镇中形制最高的建筑，新老两个宅院紧邻，均使用了两进天井式院落。旧宅外部为夯土围墙，整个庭院因地就势，利用高差组织流线，用台阶、楼梯和走廊连接两进院落和房屋空间灵活多变。正屋为魏母经堂，等级最为尊贵，以正屋为中心，左右厢房按照长幼次序依次安排小姐房、家眷和内人房，下人房则安排在另外一进院落中，前后院用过厅连接，形式为一明两暗，体现了中国古代传统的中尊、东贵、西次之、长幼有序、内外有别的严格礼制。新院为民国时期建造，与老宅相连，但墙体为独立建造，不共用墙壁，整体为当时少见的砖木结构，风格偏西式，供魏氏家族办公使用。院落出檐深远，体量与其他民居相比显得厚重而巨大，显示着魏氏家族在青木川古镇的地位，是青木川村现存最著名的民居建筑。（图9）

古街上的民居形制较低，以魏世琴住宅为例（图10），天井周边房屋的高度比魏氏宅院低，使人置身其中时感受到较强的向心性而又不至于感到压抑，适合作为共享空间供家庭成员活动交流，通过楼梯连接不同楼层的空间，二层的围廊向天井内出挑，既加强了建筑内部围合感，又强化了一二层之间的联系。一般采用底层住人，上层储物的方式，保证了空间的高效利用，围绕天井设计的内外空间流线保证了舒适性和便利性。首层的沿街部分会用作商铺，成为“前商后宅”的居住模式，天井主要用作解决采光和通风的中庭，辅以文化功能上的需求，这不但反应出了天井在陕南民居中的高度实用性，也让古人的以人为本和内向思想得到了完美的诠释。

（3）民居所体现的“人本”思想

将上文提到的两种典型民居建筑对比可以发现，同样的天井式院落由于使用者社会地位、经济财力、生活方式和精神需求等因素的不同，在建筑形式上会出现较大差异。魏氏宅院由于魏辅唐在青木川当地的威信和权力（图11），使用了独一无二的两进式天井院落，天井的尺寸也为当地最大，一进院落有约13米见方，严格遵守礼制，处于中轴线位置的房屋均建造在高台之上；魏世琴住宅则代表了当地经商起家的一般富裕的民居，天井的尺度较小一般为4米×8米，前商后宅，把舒适度放在首位，礼制要求较弱，天井一般用于家人的交流休闲活动。

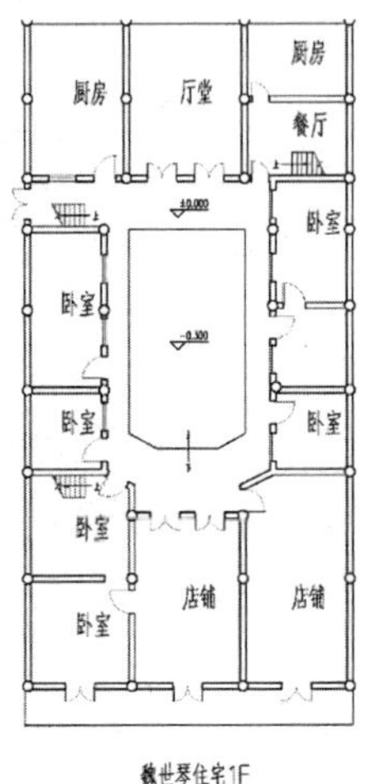

图10 魏世琴住宅平面图

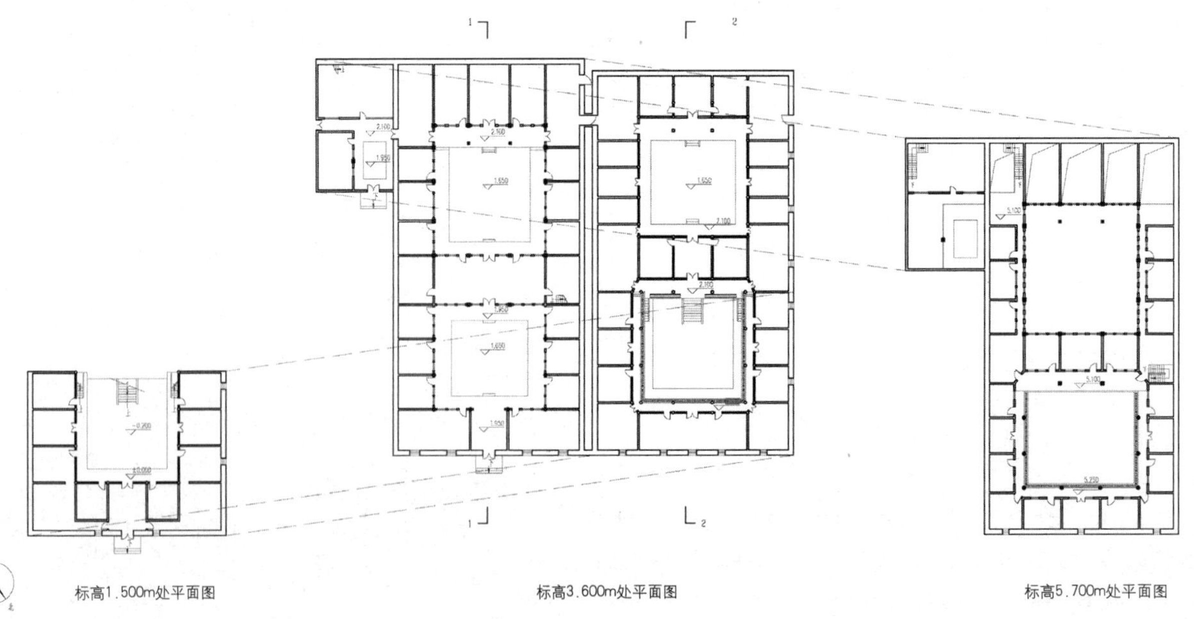

图9 魏氏新老双宅平面图（左新）

图11　魏氏老宅过厅

三、结语

传统的乡村聚落是构成中国乡土社会的重要部分，通过分析青木川古镇特殊的院落空间营建，笔者认为：首先在设计和规划人居环境时应首先注重空间的整体性、序列性和层次性，这是对人居环境的功能和环境相权衡后的适应性选择，使其空间布局和结构层次与地域很好的结合；其次是要创造具有当地特色的人居环境，地域性、场所精神是由当地民俗文化、物质空间、地域环境和居民生活习惯共同建构的，应从当地人文出发，形成适合当地的建筑语言；再次，要以当地自然环境为基础，尽量根植于自然生态的角度出发去设计，体现出人、建筑、自然三者和谐有机，寻找当地固有的、居民自发形成的一些做法，这些更适应当地气候，更绿色生态节能；最后一点，同时也是最为重要的一点是要创造人性化的空间，所谓人居环境，就应在规划设计中践行以人为本的理念，创造出多样复合的人性化空间以满足人们交往的需求。

参考文献

[1] 王军．西北民居[M]．北京：中国建筑工业出版社，2009，12．

[2] 陕西省城乡规划设计研究院．青木川传统村落保护发展规划 [Z]，2015．

[3]（奥地利）卡米诺·西特；仲德崑译．城市建设艺术[M]．南京：江苏凤凰科学技术出版社，2017.6．

[4]（日）芦原义信；尹培桐译．街道的美学[M]．天津：百花文艺出版社，2006，6．

[5] 李根.秦巴山地传统聚落空间特点及人居环境研究——以宁强青木川为例[J].四川建筑科学研究，2014，40（03）：230–233．

[6] 张强，闫杰，雍鹏.陕南天井式民居研究——以青木川为例[J].华中建筑，2009，27（03）：178–180．

[7] 冯晨．陕南传统村落景观中的生态手法研究[D].西安：西安建筑科技大学，2018．

探索在传统民居改造中现代化改造技术的软植入

——以胶东地区传统民居为例

范文旭[1] 胡文荟[2]

摘 要： 通过对胶东地区海草房进行调研和测绘，分析胶东地区传统民居的特点以及目前改造阶段所存在的问题。并以此为基础，以保护海草房传统风貌、技艺及特有生活方式为前提，探讨如何将符合绿色健康标准的现代化改造技术和谐的植入传统海草房。使其做到传统空间满足新功能需求；结构加固及节能改造迎合传统风貌；提高民居环境舒适度并优化基础设施系统。有意义地促进当地人自觉自愿使用和保护传统民居。

关键词： 海草房 现代改造技术 传统文化 和谐

一、胶东地区海草房传统民居的基本特点

对传统民居进行符合绿色健康标准的现代化改造时，应该以保护其传统风貌、文化和特有的生活方式为前提来进行改造。所以，应先掌握传统民居基本的特点和精髓，进而抓取需要保护与传承的点，摆正改进方向。

在我国胶东半岛，由于其特殊的气候条件和地理环境，形成了一批不同于传统北方民居形式的生态民居——海草房。海草房为举木屋架，用大木料做房梁与檩条，以八字木的搭接方式形成屋架，来承受巨重的海草屋顶。屋顶所覆海草制作工艺复杂且用料多，一般由三种海草构成，用“宽叶苔”做表层，细扁状的“二道苔”置于下层，丝状“丝海苔”置于边角达到加固效果，粘结材料为黄泥或白灰（做法较为老旧且粘结效果不佳），苫草技艺使海草房屋顶有更好的保温、防水和防火效果。墙身选用海边天然石材，碎石做院墙，较完整石料做墙身，石材墙面的保温隔热效果远优于砖墙和土坯墙。天然的石块墙体与厚实的海草顶结合在一起，在蓝天大海的映衬下，颇具浪漫梦幻的色彩（图1）。传统海草房的门窗框和家具由小木料制作而成，其形制和传统北方民居差别不大，给海草房的浪漫增添了古朴气氛。

图1 海草房外貌

海草房的平面布局与传统北方民居相似（图2），可分为单房、三合院和四合院三种类型。院落空间为狭长型，内设排水沟与院外排水沟联系，通过种植繁茂的树木调节微气候。胶东人民的日常活动常围绕“火炕”进行，“火炕”是用砖或土坯垒起来的，炕上铺

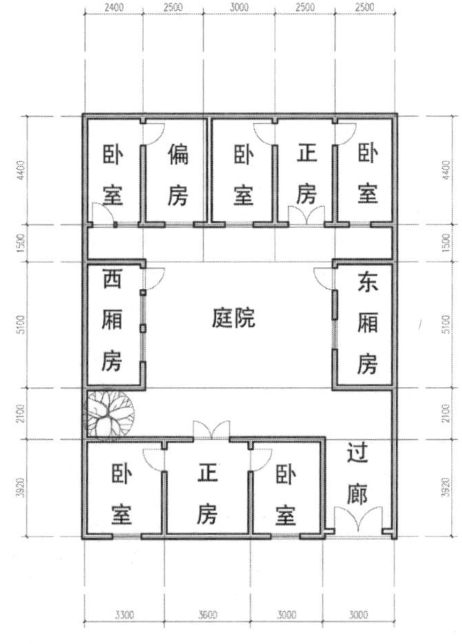

图2 海草房四合院平面图

[1] 范文旭，大连理工大学建筑与艺术学院。

[2] 胡文荟，大连理工大学建筑与艺术学院，教授。

席子，炕下有与烟囱连接的孔道。除了外立面的材质和形式，炕是胶东民居中极具特色的构成部分，也是当地人民重要的生活载体，吃饭、睡觉、聊天、劳动等（图3），这些行为都围绕炕展开，是胶东人民的生活中心。现有些住户将传统火炕改为吊炕。

若要对海草房进行适应的现代技术改造，无论如何都应坚持学习发展其屋顶技艺，改良传统平面形制和生态立面，保护好炕文化。在这些基础之上，引入绿色的现代改造技术，使居住环境在朝绿色健康发展的路上，与传统文化携手并进。

二、现阶段海草房存在的具体问题

传统海草房虽巧妙地布置了平面、院落空间，且就地取材，借海草为屋顶以达到保温隔热的效果。但其传统做法已不能充分满足现代化社会发展下居民对居住舒适度的高要求，也未能达到建筑绿色低碳发展所要求的水平。在新时代新需求背景下审视现存海草房（包含改造后海草房），会发现其存在空间不充分满足功能需求、安全隐患尚存、舒适度不达要求等问题。

1. 空间不再满足新功能需求

在海草房的平面布局中，院落借助枝叶繁茂的植物来进行气候的微调节。由于正房、东西厢房、倒座和大门等都以室外院落作为彼此之间联系的节点，而厨房、厕所等又多改造至倒座或东西厢房，因而冬夏这种需要保温隔热的季节仍需要经过室外完成日常活动，加大了热损失。且厨卫空间布置不合理、不舒适。传统空间缺少车库、书房、淋浴间，居民为满足使用需求，而在院落内部随意搭棚，使得院内空间杂乱且存在安全隐患（图4）；或在原房屋内部“混搭”功能房间（甚至有住户将淋浴间置于厨房内）。究其原因，还是建筑原本功能空间设置不合理造成空间利用率低，且不符合现代生活的需求。

2. 环境舒适度太低

现代人对居住环境的需求有所提升，并有相关标准作为参照。比如对窗地比、保温性能的要求等。传统的海草房虽较于普通民居而言，有更丰富的建造经验，但与现在新生活的要求有差距、有矛盾。比如，室内自然光的变化能直接影响居住者的心理，而受海边气候影响，为了保暖，海草房的窗洞小、窗框大、窗棂多，因而室内的自然采光及通风较差，增加了室内的压抑感。虽有院落，但在全球变暖的影响下，夏季温度逐年增高，降低了院落的使用率。同时，传统门窗的密封性差，降低了天然石材墙面和海草屋顶的保温隔热效果。

3. 安全隐患多

安全是居住环境健康的基本要求。海草房由于建造时间长，已出现结构问题，但因苫草技艺失传、海草资源短缺、大木料缺乏，所以并未按照传统手法进行修缮。对于屋顶的破损，选择用操作简便的红瓦或彩钢来代替；对于木构架的腐蚀、倾斜、断裂，损坏严重者直接另盖瓦房，不严重者则置之不理；对于电线、网线等管线，个户随意扯线暴露于外。此类问题应设置统一改造标准，系统地提高居住环境安全性。

4. 改造后的建筑风貌不协调

不管是随意修整后的海草房，还是经过统一规划后的海草房，都或多或少地出现了建筑风貌不协调的问题。在村落里，可以看到无序的线路、新装的塑钢窗（图5）、随意悬挂的空调外机和更结实的现代门。这些修整源自于社会的发展给居民带来的新需求，其随意性是源自居民以便利性为原则。

这些无序的现代化元素与海草房的浪漫古朴相驳，破坏了其原有的建筑风貌，影响了建筑历史环境健康发展。另外，对于一些经过规划的海草房村落，虽然外立面的协调性较好，但在景观环境的营造上，却出现了充斥着西洋气息及快餐式文艺旅游范的不和谐小元素。这些元素很大程度上改善了海草房原本破败的风貌，给人带来焕然一新的感觉。但元素虽小，其破坏性却大，减弱了海草房的纯真性，带有一番别地景点的似曾相识感。

5. 节能意识较为薄弱

因居民在改造时追求便利和经济性，没有节能和可持续发展的意识，所以目前的许多改造环节都充斥着高能耗和资源浪费。面对稀缺的天然石材和海草资源，在拆卸之后常常随意丢弃或卖出，也

图3　炕文化

图4　海草房院内混杂

图5　塑钢门窗

有居民随意储藏在院落中，很大程度上影响到了海草房村落历史文化的可持续发展。

6. 居民自发性的改建

在调研的过程中发现，其实绝大部分的改造都是源自居民的自发性改建。其改建的内容多是参照城市楼房的建设与装修。这在一定程度上反映出居民对健康舒适的居住环境的渴望度很高，但因为种种限制（经济制约、文化制约、技术制约、保护思想制约等），其根据需求所作出的改造内容与传统海草房产生了很大矛盾（图6）。

三、现代化绿色健康改造技术软植入

尽管海草房在生态和地域文化等各个方面都有着现代化建筑所不具备的优势，但其生活的便利程度却远不如现代建筑，因为不能够感受到现代文明所具有的舒适性，当地人对传统民居的保护和发展一直处于被动状态。所以在保护传统民居时，不可因传统要素而牺牲原始居住人民的生活舒适度。

1. 调整传统空间结构，引入现代设施

在重置传统空间时，除了考虑满足新的功能需求之外，还应考虑其对建筑热环境的影响。虽然海草、石材墙体和木窗框门框具有较好的保温隔热能力，但远远达不到现在的要求。一个舒适的热环境有利于居住者的生理和心理健康。清华大学朱颖心教授也指出接近自然变化的动态热环境更符合我们的热需求，使居住者身心愉悦。

要达到以上效果，首先应解决的难题是采用何种方式实现低碳状态下的农村集中供暖，且保留其炕文化。太阳能光伏供暖和太阳能炕在某些北方村落试行，此种供暖方式对太阳能集热板的放置有一定的要求，或置于屋顶、或贴于墙面、又或用单玻汉瓦代替传统瓦。这些做法对海草房传统风貌的破坏性较大。若选用沼气集中供气供暖，既符合使用清洁能源的要求，又解决了污水、人畜禽粪污、秸秆、杂草菜叶的处置难题，且厨炊设备可实现现代化。为达到更好的效益，结合海草房布局较为集中的村落布局模式，可建立生态总站，使供气流程专业化，提避免单户各建沼气池所带来的沼气不足、使用不便等问题。每户的管道应按照标准统一布置。应避免室外管道暴露在外，既不安全也破坏了传统风貌。

图6 不和谐的西洋柱式

同时应将现代的洗浴、卫生、厨炊设备引入海草房。由于海草房多共用山墙连接布置，所以大多民居西厢房于东侧开窗，拥有较好的热舒适性；东厢房西侧开窗反而受西晒与寒风影响。因而将东厢房改为车库和卫浴空间，西厢房则作为餐厅和厨房使用（图7）。

2. 迎合传统风貌，提升室内空气环境舒适度

（1）采光与保温隔热改造

传统海草房为木门窗框，为减少室内热量散失，窗洞小且窗框宽。且在仅剩的 1.3 毫米 ×0.8 毫米采光面积内加了过多的窗棂，严重影响室内采光。针对采光问题，首先加大南向窗户的窗地比和窗户数量。其次，为了达到更舒适的热环境，可选择设置南向和东向的阳光房做缓冲空间（图 8），这样做的好处是：①将各个房间联系起来，使居民可在室内完成各项活动；②可在冬季接收大量太阳热辐射、防冷风侵袭并减少室内热量散失，为原南向墙面增加窗户提供了可能性；③为传统海草房补充了门厅、走廊和阳台空间；④种植爬藤植物，夏季可作为生态灰空间使用，提高院落使用率。为了进一步做好保温隔热工作，所有窗户选用三玻两腔玻璃。

为了打破改造建筑千篇一律的“红墙+黑钢+玻璃”固化形象。在窗框的选择上应该避开银色、黑色的现代金属材质。其实木质窗框在不断地发展中，已经能够达到较好的保温隔热性能，且能够更

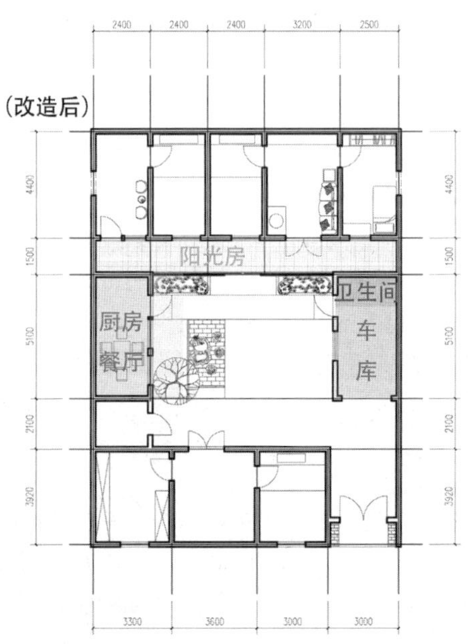

图7 平面功能调整

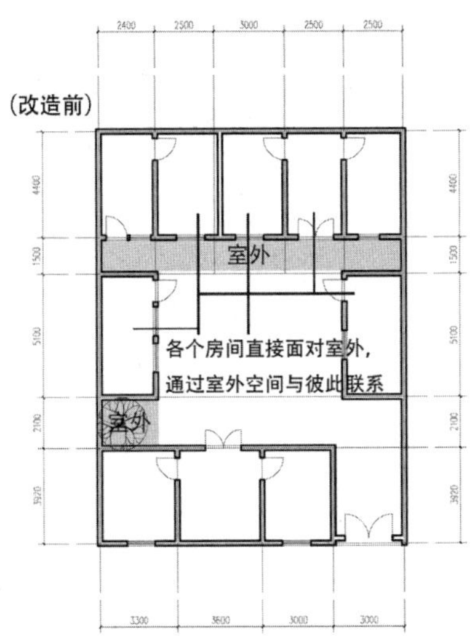

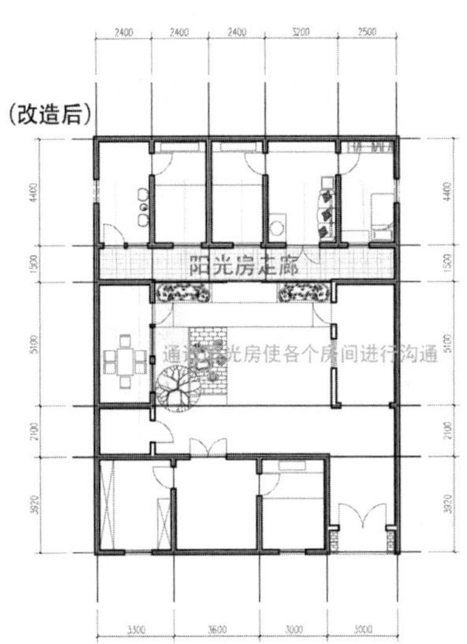

图8 平面调整减少热损失

好地融入海草房形象。将木材与PVC塑料结合应用，也不失为一种好的选择，PVC塑料除了保温隔热性能好，还有耐腐蚀、外观可塑性高的特点。这两者的结合组成窗框，再加以密封膏嵌缝，同时满足了节能和统一传统风貌的需求。

(2) 通风改造

除了增加窗户与阳光房来加强通风之外，还应考虑排烟问题。清洁能源代替了原来的煤炭，引入原来的火炕和厨房，所以还应适当增加现代排风设施，得到更为优质的室内空气。

(3) 节能意识提高

对于海草房、优质天然石块这种稀缺资源，在对海草房进行改建或拆建时，应发挥其循环利用的价值，就像正在发展的木材循环经济产业。

3. 优化基础设施系统

除了建筑本身之外，村落整体环境的提升影响着居民的生活品质。在环卫设施方面，可以设置流动的垃圾回收车，在各户门口和广场等人流量大的地方，应布置垃圾桶，垃圾桶的材质可利用废旧的建筑材质进行回收制作，维护古朴浪漫的传统气息；给排水方面，应布置科学布置给排水管道，对于明敷管道的保温材质而言，可在最外层选择海草包裹。

四、结论

传统民居的现代化技术改造离不开对传统的尊重，每一项技术的植入都应与当地文化、技艺和生活方式融合在一起。除此之外，传统生态建筑的更新是国家建设的重任，除了与居民的福祉和文化传承相关，其更新的方向还会进一步影响到当地城市建筑的发展，对当地城市建筑的发展起到一定的导向作用。

参考文献

[1] 徐龙娟.胶东海草房村落保护更新规划设计研究[J].住宅与房地产，2020（36）：239，244.

[2] 李孟超，张倩，赵明.海草房营建工艺的伦理关系[J].艺海，2020（08）：160–161.

[3] 王潇洁. 胶东海草房传统建筑技艺的数字化保护与传承研究[D].济南：山东大学，2020.

福兴段古道（闽县段）沿线传统聚落的时空演变参数化实验

张　杰[1]　侯轶平[2]　张乐怡[3]

摘　要：福兴古道及沿线传统聚落是我国文化遗产的重要组成部分，其古道与聚落空间结构、街巷肌理、聚落景观等均为国内翘楚，具有重要研究价值。对于沿线的传统聚落，理性科学地认知其空间演变关系对于聚落保护与发展至关重要。据此，本文基于地理单元，试探性的采用最邻近指数法、核密度估算法参数化地解析福兴古道闽县段沿线聚落的时空演变历程。

关键词：古道　传统聚落　时空演变　参数化

福兴古道萌芽于汉晋，发展于宋代，成型于明清时期，民国已逐步废弃，现部分已改建为国道或公路，古道始于福州三山驿，至仙游枫亭驿，途径福州闽侯、长乐、福清、兴化莆田、仙游，全长约178公里。

福兴古道及沿线传统聚落是在民族大迁徙、征战、交流和融合中逐步形成，呈现出较为明显的传播梯次，且各具特色的文化现象与地理景观现象，至今仍以纵深加网络的形式展示其景观特色，形成较为典型的线性文化景观特征。因此，具有极高的研究价值。对于沿线传统聚落，如何理性、科学地认知其空间演变关系到聚落的保护与发展，据此，本文基于地理单元，试探性地采用文献解读法、最邻近指数法、核密度估算法等参数化地解析福兴古道闽县段沿线聚落的时空演变历程。

一、实验方法

1. 实验对象

据《唐六典》卷三：凡陆行之程，马日七十里，步及驴五十里，车三十里。水行之程，舟之重者，溯河日三十里，江四十里，余水四十五里。[4] 可推测古人出行每日最少行三十里。另据《中国经济史辞典》载："隋唐时 360 步为一里，每步五尺……再据文献、出土实物实测和其他实物间接推算，隋唐时，一尺相当于 29.0~30.3 厘米"[5]，可推测一步约为 1.5 米，一里约为 540 米，则古人出行每日最少约行 10666 步，合计 16 公里。据此，本研究确定以福兴古道两侧 16 公里范围内的沿线聚落为研究对象，共计 365 个。

2. 实验方法

（1）文献解读法

基于历史文献的解读，梳理古道闽县段沿线聚落的始建时间，统计聚落数量，以时间维度量化沿线聚落。

（2）最邻近指数法

最邻近指数法（Nearest Neighbor Index，NNI）是以随机模式的分布状况作为标准，来衡量点状要素的空间分布。最邻近距离为表示点状要素在地理空间中相互邻近程度的地理指标。基本原理是：测量每个点和其最邻近点之间的距离，用di表示；再通过对所有这些最邻近点的总和进行计算，求得它们的平均值，用$\bar{D}O$表示，其计算公式为：$\bar{D}O=\frac{\sum_{i=1}^{n}di}{n}$。当所研究的区域内点状要素分布为随机型分布时，其理论上的最邻近距离用$\bar{D}E$表示，其计算公式为：$\bar{D}E=\frac{1}{2\sqrt{n/A}}$

上式中：A为所研究区域的面积；n为点单元数。

---

[1] 张杰，华东理工大学景观规划设计系，教授，博士生导师，同济大学博士后。

[2] 侯轶平，华东理工大学硕士研究生。

[3] 张乐怡，华东理工大学硕士研究生。

[4] 《唐六典》卷三，明刻本。

[5] 赵德馨．中国经济史辞典 [M]．武汉：湖北辞书出版社，1990，8：32．

再通过将实际最邻近距离$\bar{D}O$与理论最邻近距离$\bar{D}E$的比值D来判断点要素呈现随机、集聚或均匀三种状态。当D=1时，$\bar{D}O=\bar{D}E$，点单元分布为随机型；当D＞1，点单元分布为均匀型；当D＜1，点单元趋于凝聚分布。❶

（3）核密度估算法

核密度估计法（Kernel Density Estimation，KDE）是一种非参数密度估计方法。假设地理事件可以发生在空间的任一地点，但是在不同的位置上所发生的概率不同；点密集的区域事件发生的概率高，点稀疏的地方事件发生的概率就低。该分析方法可用于计算点状要素在周围邻域的密度，可以显示出空间点较为集中的地方。以此，对传统村落的聚集区域特征进行分析。❷

二、地理单元下福兴古道的空间划分

地理单元（Geographical Unit）是指：地理因子在一定层次上的组合，形成地理结构单元，再由地理结构单元组成地理环境整体的地理系统，❸即地理单元介于地理因子和地理整体系统之间，是约定讨论范围内地理整体的基本组成单位。❹福兴古道较为漫长，沿线地形地貌复杂，为了深入研究，本文借鉴、地理单元的概念，以行政区作为划分依据，采用县级行政区作为地理单元，将福兴古道划分为：闽县段、福清段、长乐段、莆田段、仙游段等五大地理单元，以此研究古道沿线聚落的时空演变规律。

各时期闽县传统聚落数量　　表1

时期	唐代及以前	宋	元	明	清
数量（个）	5	30	3	17	7

三、参数化下闽县段沿线聚落时空演变实验

1. 基于历史文献下的闽县段沿线聚落时空关系

闽县段位于福兴古道的北端，总长约35公里，途径仓山街道、城门镇、马尾镇、祥谦镇、盖山镇、青口镇等，沿线共有62个聚落。通过历史文献梳理结合历史地图得出：5个聚落始建于唐代，且呈现较为均质地分布特性。宋时新增30个聚落，主要分布在乌龙江南北两侧，且多集中在古道或集中偏于古道一侧，少数远离古道。元代，聚落增长缓慢，新增3个，主要位于福州府城内。明代，聚落再次急速增长，新增17个。乌龙江的南北两侧平原面积为聚落最密集发布区，即今仓山区城门镇和闽侯县青口镇处。清代，聚落增长速度较为缓慢，新增7个，主要分布在古道较远的马尾镇上。此时，部分聚落呈现出依古道密集镶嵌和部分密集在古道一侧的状态，清代闽县段古道沿线聚落格局趋向于稳定。叠加自唐至清代的聚落可得：闽县段沿线聚落的演变呈现从古道两端往乌龙江方向纵向延伸，再从古道两侧横向外扩发展的趋势。（表1、表2、图1、图2）。

2. 聚落分布与古道间的近邻分析

基于上文，通过 ArcGIS10.5 中的近邻分析可以得：聚落与古道的距离（表 3）。得出：唐及以前，聚落与古道的平均距离为 1.3 公里，2.4 里即可从古道行走至聚落，占出行每日最少行 30 里的 8%，聚落主要分布在与古道距离 0~2 公里的范围内。同理可以得到宋、元、明清时期的聚落与古道距离参数。（表 3、表 4）

汇总各历史时期，除去样本数量太少的元代，可清晰看出：明清时期古道到聚落的步数相当于唐宋时期的一倍。由此，唐宋时期古道与聚落的可达性大于明清时期；从唐宋到明清时期古道与聚落的分布呈现出由古道内侧向外侧扩散分布的状态。（表5）

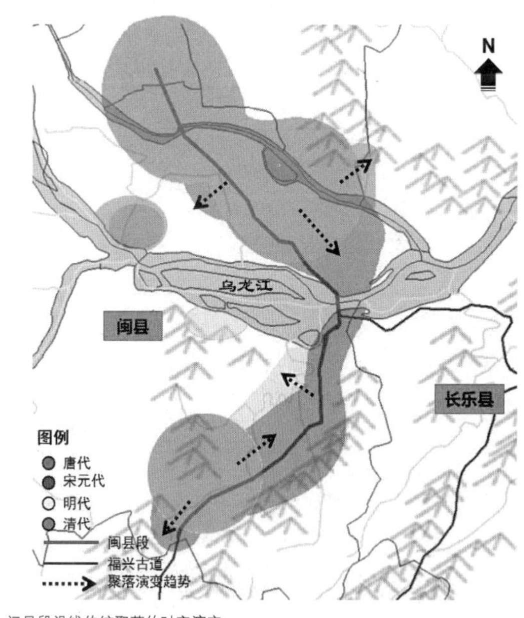

图1　闽县段沿线传统聚落的时空演变

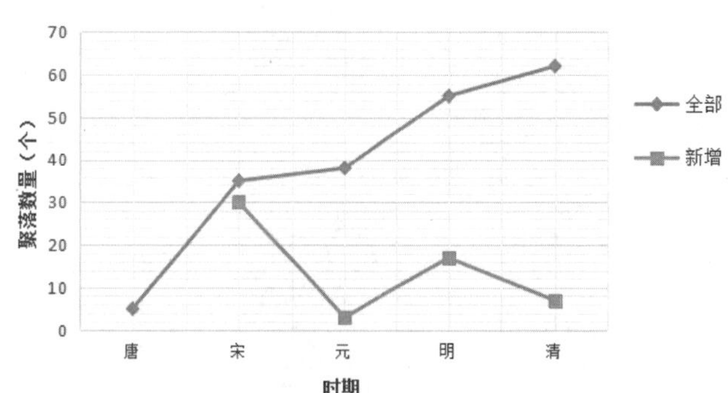

图2　沿线传统聚落各时期的变化情况

---

❶ 参考 ArcGis10.5 中平均最近邻的"帮助"。

❷ 梁步青，肖大威，陶金，等．赣州客家传统村落分布的时空格局与演化[J]．经济地理，2018，38（8）：196-203．

❸ 左大康主编．现代地理学辞典[M]．北京：商务印书馆，1990，7：29．

❹ 黄裕霞，柯正谊，何建邦，田国良．面向 GIS 语义共享的地理单元及其模型[J]．计算机工程与应用 2002（11）：118-122，134．

闽县段沿线传统聚落时空演变分析　　表2

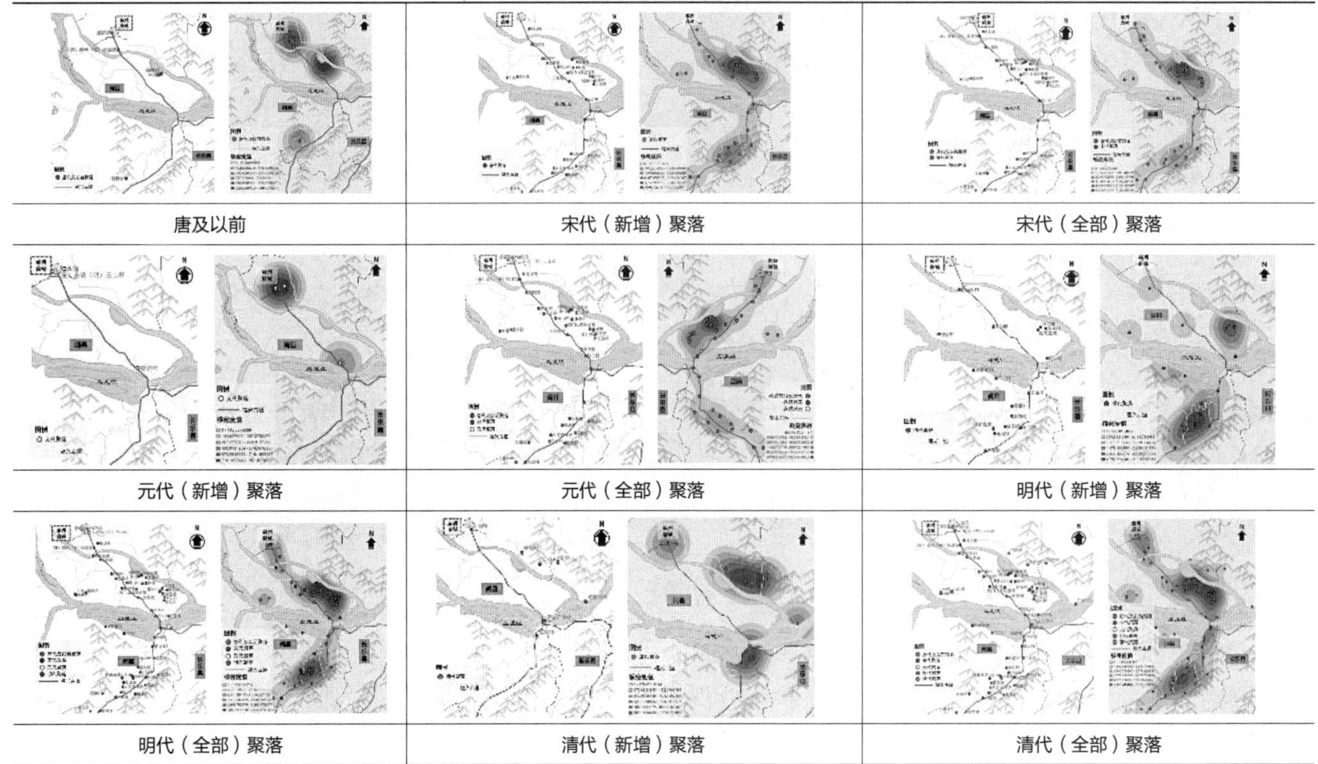

注：每个朝代2张图，左为聚落分布，右为聚落核密度分析。

唐代及以前时期闽县段古道沿线传统聚落　　表3

名称	朝代	所在位置	与古道的距离	与古道的平均距离
林浦	晋	仓山区城门镇	2.3 公里	1.3 公里
石狮头村	晋	闽侯县青口镇	1.4 公里	
崇轺驿	唐	鼓楼区圣庙路	0	
南台（唐）临津馆（宋）	唐	台江区台江路	0	
绍岐村	唐	仓山区城门镇	2.8 公里	

各历史时期古道与沿线聚落的距离关系表　　表4

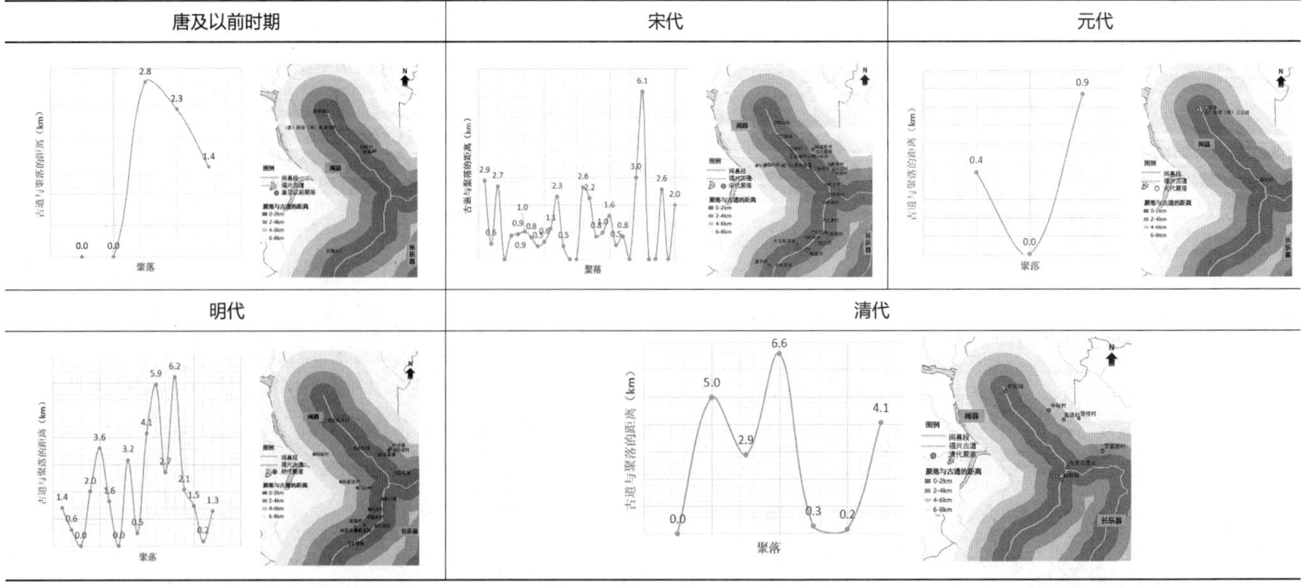

各历史时期闽县段古道与沿线传统聚落平均距离分析　　表5

朝代	与古道的平均距离（公里）	步数（步）	里数（里）	占比（%）
唐及以前	1.3	866	2.4	8
宋	1.3	866	2.4	8
元	0.4	266	0.7	2
明	2.2	1466	4	13
清	2.5	1666	4.6	15

各历史时期古道与聚落核密度分析　　表6

唐及以前	宋代	元代	明代	清代
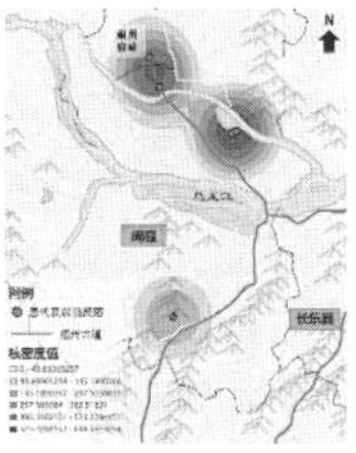	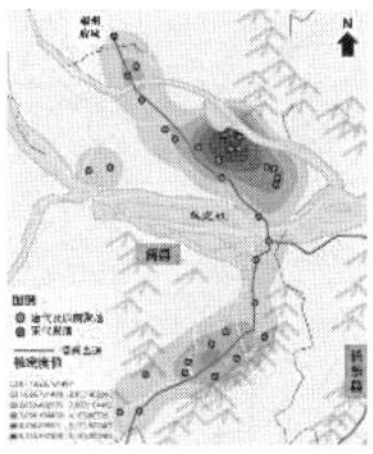	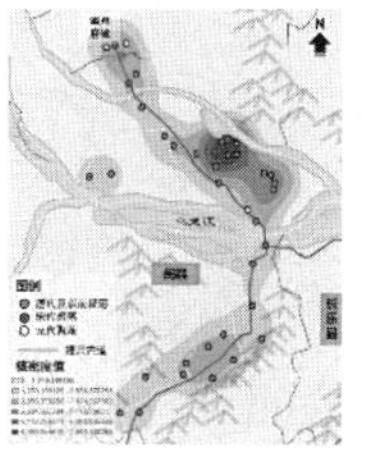	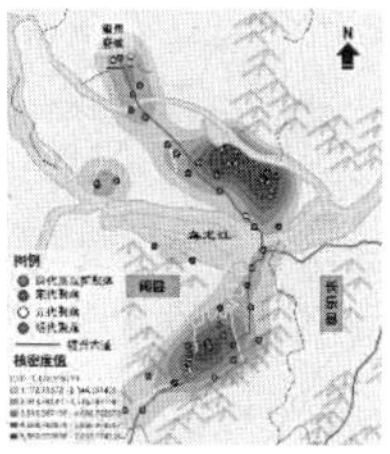	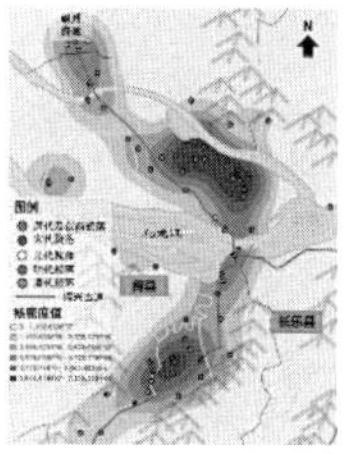

3. 最邻近指数下的沿线聚落

根据前文，唐代闽县段聚落分布较为零星，在乌龙江以北有4个，而乌龙江以南仅有1个。借助Arcgis的核密度估计法可计算出唐代乌龙江以南聚落密度远不及乌龙江以北。

通过 Arcgis 的近邻分析法可得唐代聚落之间的最邻近距离（表 6），可知此时聚落间的最近距离差异较大，最大值为 17.5 公里，最小值为 0.43 公里，通过计算公式：$\bar{D}O=\frac{\sum_{i=1}^{n}di}{n}$　（*di* 为每个点和其最邻近点之间的距离，*n* 为点单元数）计算出平均最邻近距离为 4.82 公里，因此从参数化的角度可以得出唐代聚落分布整体呈现出聚集的状态。同理，可以分析其他历史时期的聚落核密度。

综上可得：从唐至明代，实际最邻近距离的平均值逐渐减小，聚落从均匀分布变成集聚分布。而明代至清代，实际最邻近距离的平均值有所降低。（表7）

各时期闽县段沿线传统聚落最邻近指数表　　表7

时期	实际最邻近距离平均值（km）	理论最邻近距离平均值（km）	最邻近指数 D	分布模式类型
唐代及以前	4.82	2.86	1.69	均匀
宋（新增）	1.27	1.55	0.82	集聚
宋（全部）	1.19	1.5	0.79	集聚
元（新增）	5.63	1.21	4.65	均匀
元（全部）	1.08	1.44	0.75	集聚
明（新增）	2.37	1.85	1.28	均匀
明（全部）	0.94	1.22	0.77	集聚
清（新增）	3.79	2.25	1.65	均匀
清（全部）	1.01	1.35	0.76	集聚

4. 闽县段古道及沿线聚落时空演变结论

基于上述，可得出唐至宋代是闽县聚落数量变化最剧烈的时期，宋代至元代增长较为缓慢，明代闽县聚落数量再次剧烈变化，至清代逐渐趋于稳定。

从闽县新增聚落的曲线上看，宋代增长速度最快，这与北方汉人于唐末五代及北宋末两次大的移民潮息息相关。而元代聚落增长是所有时期中最少的，其主要原因是元军入闽后滥杀百姓，战争造成大量人口流失；且战争引起了灾荒、瘟疫等引致人口大批死亡，所以聚落新建数量也急剧降低。

第二个快速增长时期在明朝，这个时期福建相对于中原地区来说偏安一隅，无论是经济发展还是社会文化水平都相当稳定，闽县作为移民入闽后继续南下的重要节点，由于前代的发展，闽县已成为人稠密集的地方，聚落新建数量有限。至清代新建聚落数量变化缓慢，闽县段古道沿线聚落的格局也趋向于稳定。由此可总结出，闽县聚落发展萌芽于唐代，发展于宋元时期，成熟稳定于明清时期。

参考文献

[1] 赵德馨.中国经济史辞典[M].武汉：湖北辞书出版社，1990，8：32.

[2] 梁步青，肖大威，陶金，等.赣州客家传统村落分布的时空格局与演化[J].经济地理，2018，38（8）：196-203.

[3] 左大康.现代地理学辞典[M].北京：商务印书馆，1990，7：29.

[4] 黄裕霞，柯正谊，何建邦，田国良.面向 GIS 语义共享的地理单元及其模型[J].计算机工程与应用，2002（11）：118-122，134.

[5] 徐晓望.福建通史（第3卷）：宋元[M].福州：福建人民出版社，2006，3：205-206.

[6]（唐）李林甫，等.唐大典·卷三[M].明刻奔.

乡村振兴背景下传统村落的乡土景观实践研究

——以浙江省杭州市萧山区东山村为例

汪甜恬[1] 罗德胤[2]

摘　要：本文以传统村落为景观设计的研究对象，积极探索在乡村振兴背景下，如何平衡传统风貌保护和乡村建设发展的关系。本文以杭州市萧山区东山村乡土景观实践为例，首先梳理村落现状问题，提取传统文化特点，之后结合具体的设计建设分析，总结出设计引导、激发公众参与积极性、提升对传统文化认同的实践途径。

关键词：乡村振兴　传统村落　人居环境提升　公众参与

2002年，浙江省委书记在考察党山镇梅林村后特别指出，要“建设一批标准化、规范化、全面发展的，在全省乃至全国都叫得响的小康示范村镇，为我省农村全面建设小康社会，进而实现农业农村现代化提供有益的借鉴和成功的经验。”2003年，浙江省全面启动“千村示范、万村整治”工程，拉开了村庄环境整治、美丽乡村建设的序幕。

近年来，杭州市萧山区按照“十九大”提出的“产业兴旺、生态宜居、乡风文明、治理有效、生活富裕”的乡村振兴总要求，大力开展有萧山特色的美丽乡村建设探索与实践。根据《杭州市萧山区实施乡村振兴战略建设美丽萧山五年行动计划实施细则2018—2022》，到2022年萧山将实现美丽乡村全覆盖。

一、项目背景

东山村位于杭州市萧山区西南部的河上镇，G235国道穿镇而过，交通非常便利。整个村落散落在道林山北麓，属于河流谷地及丘陵地貌，具有典型的浙西山麓风光和江南田园景色，是周边地区休闲度假、登高踏青的名胜之地。东山村早自唐代就有聚居，后逐步变迁，形成金姓、徐姓、俞姓三个主要的聚居家族，分别分布在金坞、鲍坞和上山头三个自然村内。村落凭借一定数量的传统建筑和“活金死刘”[3]“背马纸罗伞”[4]等丰富的非物质文化遗产，于2016年被列入第四批中国传统村落名录，成为杭州市萧山区唯一入选的村落。

二、规划思路

在杭州这样一个乡村旅游和民宿行业十分发达的区域开展传统村落保护与发展项目，无疑充满了很多挑战。东山村整体自然资源良好，但由于交通便捷，经济发达，村民生活富足，所以村民对传统建筑、传统生活并不珍视。各种插花式新建的一栋栋现代小洋楼，导致东山村的传统建筑和现代建筑混杂，村落的传统风貌受到了严重破坏（图1）。如何将保护传统村落的整体景观风貌与提升村民的人居生活环境这两者关系处理好，是本项目面对的最大挑战。

东山村是个宗族观念很强的村落，金坞村和鲍坞村分别建有一座宗祠，金氏家庙旁边，还有近年来村民自发集资新建的戏台。虽然村民们已经过上了现代化的生活，但仍然保持着在这些公共空间举办重大活动的习惯。

于是，项目组决定重点从“文化”入手，通过对文化空间的改造提升，增加村民的认同感。经过调研发现，东山村的文化有三大特点：

[1] 汪甜恬，北京清华同衡规划设计研究院有限公司。

[2] 罗德胤，清华大学建筑学院，副教授。

[3] 活金死刘：是指金坞人活着姓金，死后在墓碑及牌位上得改姓刘。金姓族人一直以来认定自己原本姓刘，是皇家后裔，为了光耀门庭，他们以“活金死刘”的铁律，来了却回归刘姓的夙愿。

[4] 背马纸罗伞：在闹元宵和参加迎神赛会时的一种演出，演出时，背马不能少于18匹，马上必须有刘备的五虎将（关羽、张飞、赵云、马超、黄忠）。每个人物各扎几个，则完全看制作者喜好而定。马和人物是连在一起的，用竹篾片扎成壳子，四条马腿固定在两条杉木棒上，供舞马人肩扛。壳子用桃花纸或白纱布裱好，然后装饰马毛、马鬃、马面、马耳、马尾。骑在马上的五虎将的袍服、帽、靴，服饰和兵器都需要配套。旨在以皇家威武气势炫耀门庭显赫，也祈求“五虎将”保佑金坞“国泰民安，风调雨顺”。

图1 不协调建筑鳞次栉比（来源：陈曦摄）

图2 路侧废弃平台上设计的"竹风车"装置（来源：河上镇人民政府）

一是诗歌搭建的中印文化交流桥梁。东山村有一座"魏风江故居"，魏风江是泰戈尔唯一的中国学生，伟大的诗人泰戈尔见到魏风江时说的第一句话便是："你是从中国飞到印度的第一只小燕子，欢迎你到这里筑巢"。魏风江留学回国后曾任越秀外国语学院第一任校长，著有传记文学《我的老师泰戈尔》《与甘地相处的日子》等多部著作，还在家中辟建了"诗人泰戈尔纪念室"。他是中印友谊的民间大使，对中印文化交流有着深远意义。项目组选择将"风江故里"作为东山村独有且重要的文化IP，以魏风江著名的三行诗"风，日夜吹拂；江，奔流不息；我，永不疲惫"为媒介，联结古今，重新唤起东山村的传统文化。

二是禅寺文化与自然环境的融合。村东部的道林山为萧山十大山峰之一，也是省级森林公园。一条古道穿过密布的竹林，由东山村通往山顶历史悠久、曾香火旺盛的兜率禅寺遗址。道林山峰峦叠翠，林木幽深，寺院道观竹树掩映，风景十分秀丽，吸引了省内外众多慕名而来的探险者和摄影家，具有很好的旅游发展基础。如何加强东山村与兜率禅寺的联系，将东山村发展成为林道徒步路线上的重要节点，也是项目组重点考虑的问题。

三是传统文化在现代生活的延续。"年糕"是东山文化的代表。旧时民谚道："腊望打年糕，吾今举棒操。族兄来协力，顷刻笑声高。"一年一度东山年糕节算得上是全镇最盛大的节日。年糕节的举办场地家庙广场为金氏家庙、金坞戏台与民居之间围合的一块水泥地，在空间上缺乏与村内主路的分割及与家庙、戏台之间的联系；在功能上不仅是节庆时期的重要集会场所，还成为日常停放汽车、农用车等各类车辆的大型停车场，功能混杂，环境堪忧。项目组希望通过对广场的景观改造，突出家庙与戏台的文化象征，增强家庙广场作为村内主要文化活动空间的仪式感。

三、设计引领

为了重拾乡村活力，同时也为保护传统村落的风貌，项目组选择以金坞村作为核心区进行乡村人居环境提升的改造实验，设计的重点是传统民居集中片区的道路景观、河道景观，以及从河道延伸出来的家庙广场和一米菜园两个景观节点。通过景观微设计形成亮点工程，激发村民对传统村落保护发展的信心。

1. 打造风江故里

在修复风江故居的基础上，以魏风江的三行诗作为村落景观主题的内涵在区域内挖掘延展，营造出具有东山特色的、充满诗情画意的传统村落景观。

（1）风，日夜吹拂

景观设计主要从感觉、视觉、听觉三方面入手，结合装置小品设计和植物景观氛围的烘托，营造"风动东山"的景观效果。在感觉风上，以竹子为村内基调树种，形成"竹林风"的植物氛围；在视觉风上，设计竹风车（图2）、祈愿飘带、晾晒染布等景观小品，形成随风而动的景象；在听觉风上，通过竹风铃、悬挂晃动的竹竿在风动或拨动时的相互敲击声，捕捉山林田野间清脆的风声。

（2）江，奔流不息

自道林山缓缓流淌而下的永庆河，在村内形成了近邻传统民居的河道，有的地方还架起了深邃有趣的拱洞。项目组通过串联水系和增加堰坝，来营造东山村的"水客厅"。首先，打开近年来被新建庭院平台所侵占的水面，清理水下的卵石、杂草和建筑垃圾，增加自然块石堆叠形成的小堰坝来控制河道水位，以提升水景的观赏性；然后，增加步入河道的台阶和亲近水景的平台，恢复过去人们在水边清洗的生活场景，提升人与水景之间的互动关系；最后，利用传统的水间拱洞，分别以"钻"和"悟"为主题进行设计。"钻"指当枯水期时，沿洞内两侧石滩设计活动路线，开展水下儿童探险等体验活动；"悟"是指在拱洞中设计水上小平台，供人们静坐和冥想。（图3）

（3）我，永不疲惫

项目组还选择了一处闲置荒地进行景观设计，将土地重新划分，打造成集聚体验性、娱乐性和生态性的共享菜园（图4）。让在喧嚣城市中生活疲惫的市民来到东山村体验耕耘与收获的喜悦，培养孩童对田园生活的兴趣，感受返璞归真的生活。在传统村落的景观氛围中增加趣味性，也让传统空间与现代生活产生更多的联系。

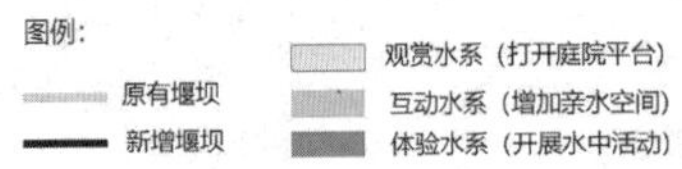

图3 "水客厅"营造方案（来源：作者自绘）

图4 共享菜园（来源：河上镇人民政府）

2. 改造道路景观

村内道路在改造前为水泥路和土路，边界不明确，还侵占了河道，而且缺少绿地和邻里休息场地。设计首先明确了道路红线，压缩了街道尺度，退让出宅前绿地和亲水空间；其次是恢复了传统路面的铺装材质，利用回收来的老旧石板和永庆河中淘出的卵石，铺设石板路；最后，增设一条连通道林山林道的步行道路，形成景观慢行环线，将东山村、兜率禅寺、及沿路的山林、农田、传统建筑等资源有机串联（图5）。

3. 恢复传统空间

金氏家庙前广场是村内主要的集散和活动场地，近年新建的金坞戏台更是东山村村民精神文化的集中象征，但由于资金和技术的缺乏，戏台建筑未能按照传统样式修建完成。项目组在此主要做了两件事：一是改造戏台建筑，二是提升广场景观。针对戏台建筑，主要对水泥台基外贴块石进行传统样式的恢复，同时在戏楼两侧增设厢房，用作更衣室和设备间，以完善演出时的使用功能。

家庙广场在改造前为大片水泥地，侵占了河道空间。项目组通过打开祠堂广场前的河道，在广场和进村道路之间架起步行桥，营造进入广场的仪式感。此外，运用老石板和河卵石两种乡土材料进行广场铺装，在广场上增加绿化空间和休憩座椅，增强了家庙广场作为最重要公共空间的庄重感（图6）。

四、村民参与

通过金坞核心区的实践建设，村民对景观改造赋予的传统文化新活力产生了更多认同感，并开始自发参与到二期建筑立面改造和庭院景观建设中，协同项目组完成传统村落景观风貌的保护和更新。

图5 道路景观改造前后对比图

图6 家庙广场改造前后对比图

1. 立面改造

在传统民居的集中片区，已经混杂了部分现代建筑。项目组通过座谈、访谈等方式向村民宣讲改造方案，鼓励村民提出对自家建筑改造的要求和建议。在通过分析杭式民居和听取村民需求之后，提炼并恢复了包括小青瓦屋面、白墙、青砖和青灰色石材基础、原木色门窗、木格栅护栏等在内的重要元素，以最低的成本实现了对不协调建筑的外立面整治（图7）。

2. 最美庭院

在项目后期，镇政府组织了“庭院改造王”创意设计大赛，以奖惩办法为主，鼓励和引导村民参与最美庭院的评比活动。村民借鉴乡村景观改造的设计手法，运用块石、竹、木头等乡土材料，结合自身需求和实用经验，发挥巧思创意，营造出一批低造价、趣味、有特色的庭院景观，不仅提升了人居生活环境，也成为传统村落中的景观亮点（图8）。

五、结语

乡村人居环境提升的实践，改造了承载传统记忆的家庙广场和道路、河道等公共文化空间，激发了村民参与乡村风貌改造的积极性。东山村举办的年糕节、农耕节、菜园认养等相关的活动，不但有东山村的村民参加，也吸引了河上镇及周围地区的村民和市民。随着公共活动的举办，东山村与外部世界的交流变多，这也使东山村的村民看到了乡土景观与现代生活和谐发展的更多可能性，提升了村民对传统的文化认同感。

参考文献

[1] 李君洁，罗德胤．传统村落需要〝弱景观〞——关于传统村落景观建设实验的探索[J].风景园林，2018（05）：26–31．

[2] 罗德胤．传统村落：关键在于激活人心[J].新建筑，2015（01）：23–27．

[3] 侯晓蕾，郭巍．北京旧城公共空间的景观再生策略研究 [J].风景园林，2017（6）：42–48．

图7 建筑立面改造前后对比图

图8 庭院改造成果（来源：河上镇人民政府）

不同地域环境中聚落与建筑病害特征差异的对比研究[1]

——以金寨村和青城镇为例

刘兴玲[2]　雷祖康[3]

摘　要：聚落与建筑病害的调研和诊断在历史建筑的修复环节中是必不可少的，然而，聚落与建筑病害的调研和诊断在国内实际的历史建筑保护和修复过程中一直都处于被弱化的地位。为了研究聚落与建筑产生病害的作用机理。本文以潮湿地区的金寨村和干燥地区的青城镇为研究案例，从聚落环境和建筑本体两个层面出发，探讨不同气候区聚落与建筑在自然环境因素和人为活动因素的影响下，产生的病害类型是否存在差异性。

关键词：聚落环境病害　建筑本体病害　气候因素　人为活动

随着社会的发展，建筑领域对建筑病害的研究和分析不只局限于建筑本身，人们对建筑病害的关注逐渐从建筑本身投向了与建筑相关的环境上。建筑与环境存在“互塑共生”的关系，任何建筑和环境都是相互影响、相互制约、相互作用的。这正是本文的出发点所在。

由于地理条件和气候的不同，聚落的环境与空间构成也会不同，其聚落与建筑所存在潜病害特征是否也有所不同？因此，本文通过对气候条件和地形不同的两个村落进行调查分析，研究聚落与建筑在自然因素和人类行为活动的影响下，所产生的病害类型是否存在差异，并对其进行梳理和分析，为聚落与建筑病害的预防和保护提供有效参考。

一、研究内容与框架

1. 研究内容

本文主要以聚落环境与建筑所处的地域环境为研究对象，分析聚落与建筑产生的病害与周遭环境的关系，研究其背后的作用机理。因此，本文研究的气候环境特性为潮湿环境和干燥环境，同时研究这两类气候下的聚落与建筑，互相形成参照和对比。研究从聚落所处的自然环境和人居环境出发，通过对实地环境的观察和记录，对聚落与建筑所存在的病害表现进行诊断，得出实际出现的病害，并对其特征进行分类，分析病害类型各自的影响因素。

2. 研究对象

金寨村地处湖北省黄石市阳新县，该聚落是曹姓家族的居住地，有着400多年历史，落业于1585年左右。整个聚落地处于大冶湖的南侧，三面环湖，前面的水塘与大冶湖直接相连，背靠着一座小山，地势西高东低。通过调研发现，该聚落属于亚热带季风气候，但是由于大气环流、地形、季节的变换，该地时常发生倒春寒、大暴雨、强风等灾害，聚落的与建筑之间存在多种病害问题。因此，选取金寨村作为潮湿地区聚落的研究对象。

青城镇地处甘肃省定西市榆中县，该聚落历史悠久，是我国西北地区重要的商贸集散地和水路码头之一，也是古代丝绸之路的必经之地，整个聚落北靠黄河，三面环山，地势南高北低，地形狭长，位于黄土高原丘陵区，深居内陆，远离海洋，受地形和大气环流影响，气候具有明显的温带大陆季风性气候特征，因而该地区经常发生旱涝冰雹等自然灾害，存在多种建筑病害和环境病害。因此，选取青城镇作为干燥地区的研究对象（图1）。

图1　金寨村（左）和青城镇（右）周边环境（来源：谷歌地图）

---

❶ 基金名称：华中科技大学研究生创新基金。基金编号：2021yjsCXCY081。

❷ 刘兴玲，华中科技大学建筑与规划学院。

❸ 雷祖康，华中科技大学建筑与城市规划学院，华中科技大学建成遗产研究中心，湖北省城镇化工程技术研究中心，副教授，博硕士生导师。

3. 研究框架

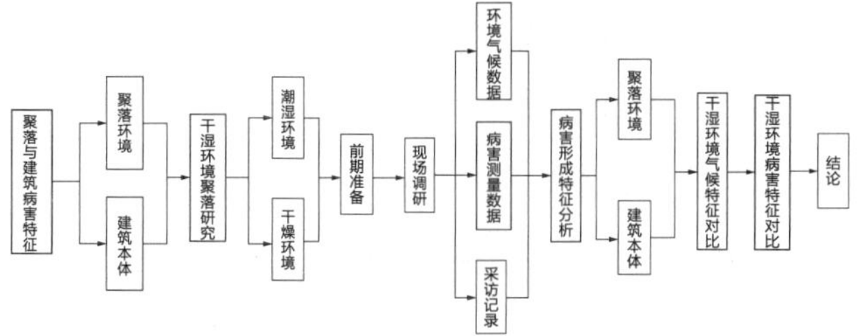

二、潮湿地区聚落与建筑病害特征案例分析

1. 聚落病害

（1）地域自然灾害

①水灾：由于金寨村地理位置的原因，聚落前的水塘和西侧的大冶湖，遇上梅雨季强降水，河床较浅，极易发生洪泛灾害。这些水文地质灾害的发生会进而导致农田、建筑受损，影响村民的日常生活和经济收入（图2a）。

②火灾：从研究对象现场分堂残留的废墟看到，分堂墙体上附着有大量的黑色物质，屋架也变得漆黑，有明显被火烧过的痕迹（图2b）。部分建筑的墙体局部也附着黑色物质，出现的位置主要在烟囱周围。

(a) 洪灾的影响范围

(b) 火灾位置及现场残存

图2 金寨村的洪灾和火灾

（2）人为环境病害

通过现场调查发现，整个聚落除了主要街道之外，其他街道的路面上杂草丛生，铺地石板断裂，街道两边存在非常多荒废的院落，院落围墙上长满了杂草和青苔，有些房屋里面堆放了一些废弃物，还有一些房屋直接倒塌，整个聚落的环境显得比较杂乱。沿湖有一些电线杆、堆积物分布，在一定程度上对环境造成破坏。

①生活垃圾：村子里有一个主要的生活垃圾收集站点，位于广场旁空地上，后山附近和水渠周围也有垃圾堆放现象；在土地庙旁边的河岸上也发现了大量垃圾（图3a）。这些垃圾不仅对环境和水体造成了污染，而且也滋生了许多蚊虫，对居民生活和健康造成了影响。

②建筑废料：建筑废料主要分布在祠堂的外围区域，分布点众多，包括周边建筑的墙角，农田和广场等。这些材料无人整治，杂乱无序地堆砌在村子各个地方，杂草等低等植物寄生在这些材料上（图3b）。

③排泄物：厕所基本是一家一户，大多数是建造在户外的旱厕，只有少数新建住宅是水厕。旱厕所用的化粪池是露天的，夏季容易滋生蚊虫、苍蝇等；饲养家禽的地点也对整个环境造成了严重的污染，在后山水渠和巷道里饲养会产生一些垃圾和污染物，造成了整个村落排水的堵塞和地面的污染（图3c）。

2. 建筑病害

金寨村的建筑为典型的鄂东南传统民居，大屋青砖砌墙，屋顶结构多为木，因而产生的建筑病害多为砖材料病害和木材料病害，如酥碱、腐朽变形、破损缺失、微生物寄生等（图4）。

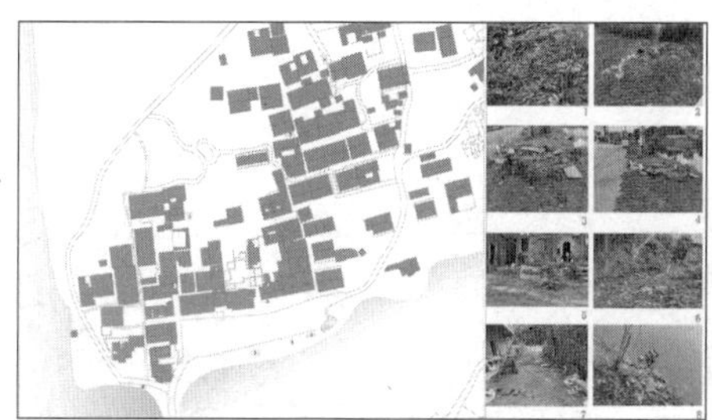
(a) 垃圾位置示意图

(b) 建筑废料位置示意图

(c) 家禽

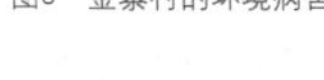
图3 金寨村的环境病害

图4 金寨村建筑病害

（1）屋顶病害

①屋面生物寄生：在建筑屋顶交接，屋面存在高差处，极易积水，因此环境比较潮湿，造成了一些苔藓和植物寄生。

②破损脱落：经过长时间的风化作用，瓦片表面开裂，聚集雨水，发生渗漏，长期潮湿导致瓦片下微生物寄生，使瓦片脱落结构层。

③屋架结构暴露：当地的环境比较潮湿，长期作用下，木料发生腐朽变形，建筑的支撑构件不足以支撑屋顶结构，从而导致屋顶坍塌，屋架暴露。

（2）墙体病害

①生物病害：由于当地的气候比较湿润，环境比较潮湿，造成了很多微生物和植物寄存在墙体表面。

②破损或局部缺失：整个村落的大部分墙体有破损，局部出现较大缺失，且缺失部位长满了苔藓和植物，加速了墙体的破损程度。

③表面污染与变色：包括泥渍、动物排泄物、油污、烟熏和灰尘等。人与动物行走溅起的污泥在墙面留下痕迹，或村民在举行祭祀活动时产生的烟雾和灰尘附着在建筑上，或日常烧饭时，在墙面上留下烟熏痕迹。

④表面风化：由于当地的气候常年湿润，墙体材料的盐分溶于水并被水带到墙体表面，水分蒸发后，盐分沉积在墙体表面，形成风化现象。风化主要表现在建筑墙体的表皮粉化脱落、泛碱等。

（3）地坪灾害

村落的部分地面存在沉降的情况：一方面是地势西高东低，由于村落的排水下渗导致，另一方面是靠近水塘，地下水侵蚀导致。

三、干旱地区聚落与建筑病害特征案例分析

1. 聚落病害

（1）地域自然灾害

水灾：据调查显示，青城是黄河流经兰州境内的最后一个乡镇，黄河青城段全长数十公里，是黄河防洪任务最艰巨的地段[1]，2012年入汛后，黄河上游降雨偏多，黄河水保持高位运作，导致青城镇黄河沿岸多处遭受洪涝灾害，居民的农田被淹，建筑浸泡在水中。

（2）人为环境病害

通过现场调查发现，青城镇的聚落环境病害主要来源于生活垃圾和生活污水，除了主要街道是水泥路之外，其余街道并未修整，雨季道路积水后变得泥泞不堪，且房前屋后和许多空地上堆放了许多杂物，加上农村并未通过统一的规划，农户的住房分散，居民生活污水随意排放，对聚落的水环境造成了污染（图5）。

①生活垃圾：随着居民生活水平的提高，生活垃圾的种类也在增多，废塑料袋，废弃的塑料薄膜，玻璃制品，废旧的电器、厨房垃圾等，这些有的分散堆积，有的长期露天堆放，污染水源，空气和土壤，长此以往，对居民的生活造成了污染。

②生活污水：居民没有统一的污水排放系统，有些排放在屋前的空地上，有些排放在街道上。

图5　青城镇聚落环境病害

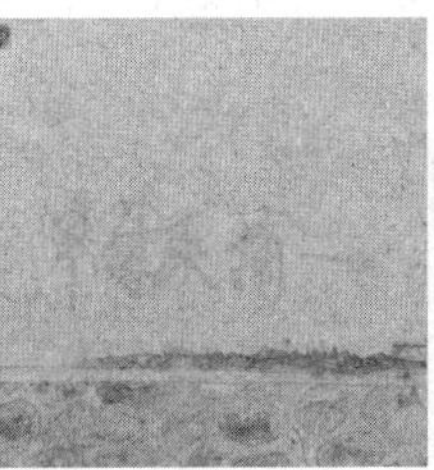
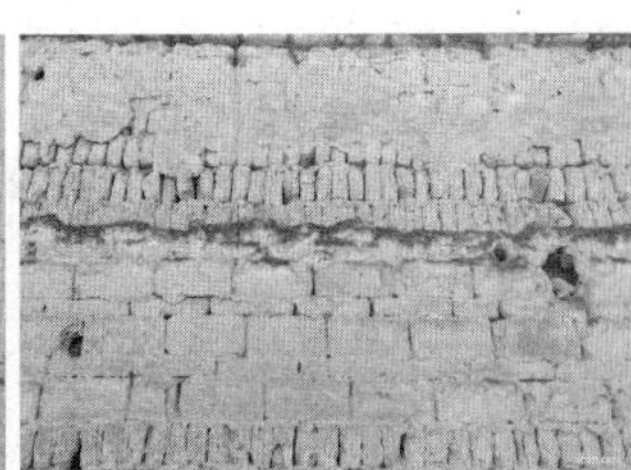

图6　青城镇建筑病害

③杂物：居民住户分散，房前屋后留有许多空地，这些空地上堆放了许多杂物，有树枝、玉米秆、稻草、泥土块等，道路两旁也堆放了一些石板、泥土块、玉米芯等。

④排泄物：居民的厕所基本都是旱厕，大多数露天，只有极少数有顶；家禽一般饲养在后院，排泄物都是露天堆放，未经过处理。

2. 建筑病害

青城古镇的民居具有浓郁的地方特色，房屋整体布局以四合院为主，兼有北京、山西等地的建筑风格及特点的全木结构，外墙保存了用泥灰和稻草加固房屋的传统[2]。所以，常见的建筑病害有裂隙、剥落、酥碱和泛盐等。(图6)

（1）屋顶病害

①破损脱落：西北地区多风沙，屋面瓦片出现点状脱落，经过长时间的风化作用，呈现面状脱落。

②屋架坍塌：当地的风活动较为剧烈，房屋长期无维修，在飓风的影响下造成坍塌。

（2）墙体病害

①生物病害：微生物的损害来自苔藓，苔藓喜阴喜湿，损害的位置主要集中在墙角和泥土墙头。

②裂隙：墙体产生裂隙的位置不一，大小也不相同，最大的裂缝从墙角到墙头，裂缝的宽度为 8 ~ 16 毫米，其延伸长度为 1.9 米；有的裂隙形状类似树杈状，连续性较好但延伸长度较短；有的裂隙为微裂缝，呈交织状，延伸度较短。

③剥落：片状剥落在民居的外墙上比较普遍，其特征表现为平行于墙面的一层剥落，剥落体的面积、形状、厚度均不一，主要发生在距地面10~90厘米范围内；有些剥落处边缘张开起翘，有些剥落前呈空鼓状态，剥落后在墙面上留下完整的形状。

④表面污染与变色：墙体上人为的刻画痕迹和多处标语，道路两旁的墙面底部有大量的泥土污点。

⑤酥碱和泛盐：民居墙体所产生的酥碱和泛盐主要集中在距离地面 1.0 米和距离屋面 1.0 米处。

（3）地坪灾害

青城镇深居内陆，降水稀少，水源不足，开采地下水，引起地下水位下降，造成地面沉降，导致土地荒漠化严重；其次，聚落气候干旱，太阳辐射强烈，蒸发土壤里的水分，形成土地盐碱化。

四、聚落与建筑病害机理分析

1. 聚落病害机理分析

聚落环境病害，主要是由于自然灾害造成的，如洪泛、山洪泥石流、地震会导致各种环境病害。聚落环境病害包括：村落边界破损、景观视线遮挡、排水不畅、农田被淹、水质污染、场地积水等[3]。

（1）自然灾害机理分析

据历年的统计，金寨村大约3~5年就会发生湖水溢出湖岸，淹上广场，每次汛期持续3~7天，最长可以持续一个月。洪汛期间，村落的主要活动空间被淹没，村民的出入受到限制，湖岸多为松软的土层，极易造成水土流失。青城镇周边为典型的山地丘陵地貌，山地起伏，沟壑纵横，镇区位于较为开阔的河谷内，黄河蜿蜒而过，水流湍急，2012年之后，黄河上游降雨持续偏多，黄河的多条支流相继出现多年未遇洪水，黄河青城段水位激增，青城镇的基础设施薄弱，再加上平日疏于管理，投入不足，持续的高水位使堤坝出现渗漏、裂缝等现象，农田和建筑被淹没。

（2）人为环境病害机理分析

通过案例分析可知，金寨村的环境病害较为严重，主要是由于洪泛灾害和村民搬迁引起的，环境疏于治理。除此之外，人类的一些行为活动也是造成村落环境病害的原因。随着居民生活水平的提高，垃圾的种类也在增多，厨余垃圾、建筑垃圾、农田垃圾等比比皆是。金寨村和青城镇都出现垃圾污环境的问题，这些垃圾有的分散丢弃，有的则长期露天堆放，还有的就地焚烧，对聚落的水源、空气和土壤造成了污染。金寨村位于潮湿地区，四季多雨，聚落内有完整的排水系统，因此生活污水可以通过排水沟统一排放，最后汇集于一处。但青城镇位于干旱地区，地形多为山地和高原，居民居住分散，建设缺乏统一的规划，同时也由于资金、技术等问题，排水网建设严重滞后，缺乏治理设施，导致居民生活污水随意排放，对农村的水环境造成严重污染。其次，由于自然条件和居民生活习惯、观念等因素的影响，使用的厕所普遍比较简陋。例如，露天的粪坑蝇蛆滋生，苍蝇作为一种病媒生物给人类传播疾病；渗漏的侧坑污染浅层地下水，粪便中的寄生虫卵、病毒、细菌在施肥过程中污染土壤及农作物，导致人类饮用水和食物被污染而感染疾病[4]。再次，农村的很多养殖场为了图方便，一般建在居民区附近，而家禽产生的粪便味道不仅影响附近居民的生活，对周边的空气也有极大的污染，并且还会滋生各种细菌。

2. 建筑病害机理分析

金寨村和青城镇的聚落建筑大部分是砖石建筑，所以产生的病害主要是砌体建材病害，由于两个研究对象分别处于不同的气候环境，其建筑所产生的病害也有所差异，除了普遍存在的裂损和酥碱泛盐外，金寨村的建筑病害主要表现为低等植物寄生和潮湿附着；

青城镇的建筑主要是因冻融作用引起的表层脱落和开裂。还有人为活动引起的建筑病害，村民日常生活中产生的油污、烟熏、随意涂抹等，也对建筑造成了污染。

金寨村位于亚热带季风气候区，四季分明，降水量大，气候湿润。建筑表面潮湿的区域主要集中在屋顶存在高差处，地面的墙角处，排水管流经的区域和可能遭受雨水侵蚀的墙面处，这些区域极易造成微生物的寄生和一些蕨类植物的附着。潮湿附着是由于外界的雨水或地下水被建筑吸收之后水与水中的杂质残留在建筑表面的现象。根据成分潮湿附着又分为盐碱附着与水附着，因此墙体会产生“泛碱”现象。

青城镇建筑产生病害形成的主要原因是冻融作用。青城镇位于温带季风气候区，冬季寒冷干燥，受这种气候的影响，镇区每年都会受到几次寒潮侵袭，出现大量降雪等气候现象，雪落于地面，由于寒地环境的低温作用，积雪长时间不能融化，沉积在墙根引发外墙的冻害。冻融的典型表象是孔隙材料表面的片状脱落。地基沉降会破坏建筑结构稳定性，产生裂隙、裂缝。偶发的地质灾害地震会造成严重的裂隙和断裂。

五、聚落与建筑病害特征的对比分析

1. 气候特征差异对比

（1）降水特征

从我国降水量的空间分布特征来看，降水量从东南沿海向西北内陆呈现递减的趋势。根据我国对干旱地区划分的分布图看，金寨村位于秦岭淮河以南地区，降水量在800毫米以上，气候湿润型；青城镇位于降水量在200~400毫米的地区，气候为半干旱型[5]。我国降水季节主要在夏季和秋季，南方降水大，雨季长，北方降水少，雨季短。降水引起的环境影响因素有降水、酸雨、河海淹水、空气相对湿度、地下水侵蚀、可溶盐和生物附着。

（2）气温特征

受纬度的影响，我国大部分地区的气温特征是北冷南热，由南向北逐渐降低，但各地的气温由于地形的原因，存在一些差异。空气温度引起的环境影响因素空气温度、空气相对湿度、太阳辐射、冻融、可溶盐和生物附着。

（3）季风特征

受纬度位置和海陆位置的影响，我国的季风明显，分夏季风和冬季风两种，夏季季风盛行时，我国季风区内高温多雨，其活动异常时会引起洪涝灾害；冬季季风的寒冷干燥是影响南北温差大的主要因素，且冬季风活动强烈，时会形成寒潮等灾害天气。季风引起的环境影响因素有强风、降水、空气温度和空气相对湿度。

综上所述，降水、气温和季风这三大气象特征带来了降水、洪涝、地下水侵蚀、湿度、温度、太阳辐射、生物附着、冻融、可溶盐、酸雨和强风等环境的变化[6]。但不是所有的变化都因所处地域的不同而存在显著差异。例如，冻融的发生主要与温度有关，可溶盐存在于降雨的雨水中，酸雨的产生则是取决于当地是否受到了空气污染。除却冻融、可溶盐、地下水侵蚀和酸雨之外，剩余的环境影响因素会由于所在地区干湿气候的不同而产生差异。

2. 病害特征差异对比

（1）差异性

从金寨村和青城镇的聚落与建筑病害机理的分析可以看出，潮湿环境中出现的病害机理类型比干燥环境的要多。潮湿环境引起病害的因素有热辐射作用、潮湿作用、地质作用和其他作用，对应的环境影响因素有太阳辐射、温度、降水、地基沉降、可溶盐和蓄意破坏。干燥环境引起病害的因素有潮湿作用、风作用和其他作用，对应的环境影响因素有降水、湿度、强风、地下水侵蚀、可溶盐、昆虫和蓄意破坏。

（2）相同性

从两个不同地域环境中的案例分析可知，潮湿作用是潮湿环境和干燥环境共有的病害影响因素。除了降雨导致的潮湿之外，处于干旱区域的潮湿主要为吸附型潮湿，会使建筑产生脱落和泛碱。

六、总结

处于潮湿型环境下的聚落与建筑，在降水量大、气温高、夏季季风等因素的作用下，较多地受到降水引发的渗漏型潮湿和吸附型潮湿影响，潮湿环境还容易出现水灾而导致洪涝灾害。而我国干燥型环境降水量小、气温低、多受冬季西北内陆季风影响，潮湿产生的影响较小，因为环境的蒸发量大于降水量，潮湿不容易聚集。因此，聚落与建筑会因为所处环境的不同，产生的病害也存在差异性。

聚落与建筑病害实际上人类与自然环境相协调的结果，如果聚落与建筑所处的自然环境和人居环境不改变，那么产生的病害也可能处于一个平衡状态，但若它所处的环境发生改变，那么原本存在的病害会恶化或者繁衍其他类型病害。因此，对聚落与建筑病害的研究更加需要长期持续地观察环境的变化。本研究的案例只是针对潮湿地区和干旱地区的局部地区进行现场调研和观察，所取得的材料有限，因此得出的结论也存在不足和局限性。

参考文献

[1] 王雅梅.青城古镇防洪抗灾的短板及强化措施[J].城乡建设，2014（01）：56–57.

[2] 韩慧慧．兰州青城古镇传统民居营建模式与更新应用研究[D].西安：西安建筑科技大学，2020.

[3] 徐佳音，雷祖康，郭娅辛.聚落潜藏病害作用机理的原理框架构建研究——以彭家寨与周八家为例[C]//预防性保护——第三届建筑遗产保护技术国际研讨会论文集，2019：279–290.

[4] 许经伟，潘莹.黄河三角洲地区新农村建设中的生态环境问题及对策研究[J].黑龙江农业学，2014（03）：123–126.

[5] 李明星，马柱国，牛国跃.中国区域土壤湿度变化的时空特征模拟研究[J].科学通报，2011（16）.

[6] 万龙雨．干、湿气候环境下文物建筑病害裂损机理研究[D].武汉：华中科技大学，2018.

[7] 刘松茯，陈思.气象参数对砖构文物建筑酥碱的影响[J].建筑学报，2017（02）：11–15.

[8] 陈思．寒地文物建筑冻害的机理与防治研究[D].哈尔滨：哈尔滨工业大学，2018.

[9] 罗智慧．传统聚落环境研究文献分析[D].西安：西安建筑科技大学，2014.

[10] 冯亮．中国农村环境治理问题研究[D].北京：中共中央党校，2016.

[11] 雷雨.气候变化对黄河流域生态环境影响及生态需水研究[J].水利科技与经济，2018，24（08）：31–37.

[12] 吕睿喆，翁白莎，严登明，李思诺.气候变化背景下旱涝事件对地表水环境影响研究进展[J].中国水利，2015（13）：4–6.

[13] Samuel Y．Harris．Building Pathology：Deterioriation，Diagnostics，and Intervention．1st edition．New Jersey：John Wiley & Sons Inc，2001.

[14] Barry Richardson．Defects and Deterioration in Buildings：A Practical Guide to the Science and Technology of Material Failure．2nd Edition．London and New York：Taylor and Francis，2000.

民族地区传统聚落活化更新

基于江南传统民居营造观探究现代化人居环境建设方向

石　蕊[1]

摘　要：江南传统民居营造观深受中国古代以儒、道为代表的哲学思想影响，主要体现在：建筑选址因地制宜，以“风水学说”为主要依据的生态环境观，建筑形态与组织秩序分明，以“礼”为序，群制分明的礼仪伦理观，建筑用材就近取材、亲地恋木的技术观，建筑空间及环境尺度宜人、雅致脱俗的人本观。江南传统民居营造观蕴含着人们对美好生活的向往与追求，也为现代化人居环境建设提供方向。

关键词：江南民居　营造观　现代化　人居环境

一、建筑选址

1. 以“风水学说”为主要依据的生态环境观

江南传统民居历史悠久，底蕴深厚，其选址和营造都围绕中国古代风水学说所强调的“生气”原则，何谓“生气”，据《吕氏春秋·季春》曰：“生气方盛，阳气发泄。”生气是万物生长之气，生机活力之源。因此在江南民居营造观中，建筑选址对于生态、水土、地形、气候都有一定的要求。中国古代风水师需要通过对自然环境的长期观察，对山脉、水系、植被、风向、气候等自然要素的研究分析，得出适宜房屋、村庄建设的地理位置。

《风水祛惑》中说道：“风水之术大抵不出形势、方位两家，言形势者，今谓之峦体，言方位者，今谓之理气。”“峦体”与山有关，而“理气”又与水有关，因此，在江南传统民居选址上，山和水至关重要。《周礼》有云：“前有照，后有靠，此风水之宝地”。“背山面水”是中国古代最基本的风水理论之一，前有水给人以生气之象。另外，在风水学中，“水”亦代表财富，有聚财之说，后有山给人以踏实的心理感受，同时在风水上，靠山有藏风纳气、稳如泰山之说。从环境心理学的角度来讲，“背山”给人以安全感，而“面水”带来的开阔视野也能够愉悦身心，有益健康。从地理位置上来说，中国位于北半球，冬季易刮北风，夏季为东南风，建筑又大多坐北朝南，北边背山，风不易直刮，南面是水，又可以起到加湿的作用。从文化背景的角度来说，中国古人大多深受道家“天人合一”的哲学思想熏陶，对山水有着极致的偏爱与情怀，江南独特的地理环境，更是极大程度地满足了文人墨客寄情山水的情怀。正是在这种在以“风水学说”为依据的生态自然观的影响下，形成了江南独有的建筑与水交织而成的江南民居和园林风光（图1、图2）。

图1　留园实景

图2　拙政园内部建筑及景观

[1] 石蕊，河北工程大学。

2. 生态环境观与现代化人居环境建设

在传统江南民居以“风水学说”为主要依据的生态环境观中，始终强调的是自然界与人类社会的密不可分，人类通过智慧利用自然、改造自然的最终结果是为了更好地融入自然，找回自己最原始的对于自然的亲近和敬畏。在现代化飞速发展的今天，江南地区由于其优越的地理环境和富庶的历史背景，一跃成为城市化、商业化发展最为鲜明的地区之一，高楼林立、山林开垦、树木砍伐、河流污染，为了过度追求经济效益而大肆破坏自然、违背自然规律，人们也迫于生活的压力，逐渐与自然剥离，投身到狭小密闭的居住环境中，短期内可能会造成人心理上的不适，长期可能会导致严重的心理和生理疾病，例如，上海密集的高楼建筑群（图3）。

因此，在现代化人居环境建设过程中，传统江南民居营造观所蕴含的生态环境理念能够让我们在发展过程中，不忘人们最初对于住居环境的自然需求，包括开阔的视野、合理的水系布置、适宜多样的绿化、丘陵地区地形的合理利用以及和谐有序的居住分区等。

图3 上海外滩实景

二、建筑形态与组织

1. 以“礼”为序，群制分明的礼仪伦理观

江南传统民居主要分为天井式、庭院式、宅园式三种形式，受中国古代伦理文化、道德制约、等级限制，无论哪种形式的江南民居都在其建筑形态与组织上讲究一定的规划性和秩序性，讲究以“礼”为序的建筑形制，建筑群制分明，功能明确。传统江南民居有明确的轴线，前堂后室，往往按照男尊女卑、长幼有序、内外不共等秩序安排组织建筑的层次和形态。

在江南传统民居建筑中，有与北方四合院形制相类似的“四水归堂式”，布局紧凑，体形较小，平面布局中轴对称，以“间”为基本单元，与周围墙体围合而成，内设天井，空间布置灵活，正房坐北朝南，为家中长辈的主要居所，东西两侧配有厢房一般为子女居所，南面多为门楼（图4）。北面的正房多为二层楼，天井更深但更小些，住宅往往临水而建，前门通巷，后门临水，每家各有码头，供上下船和生活之用。

2. 礼仪伦理观与现代化人居环境建设

中国古代等级严明的社会制度与男尊女卑的伦理观念，放在男女平等、以人民群众为主体的中国特色社会主义国家，一定是落后的、封建的、不科学的，但是这种旧有观念在建筑的表达上，摒弃其落后的部分，却在传达一种建筑应当具有的秩序性。江南古镇建筑群，一般与水体和街道结合，为“街道—民居—河道”“民居—河道—民居”“河道—街道—民居”“民居—街道—民居”等多种组合方式，都在巧妙地利用周围环境与地形，创造出一种方便人们生产生活、高尚审美的意境，这种意境的实现就在于看似不经人工规划的形成，却暗中由“礼”所牵制的秩序，这种礼仪伦理观所强调的秩序性是深入人心的，是无须经过商议、协调、规划而由居民自然而然创建的。例如，南京高淳老街就是按照民居—街道—民居的方式规划布置的（图5），加之受当时等级制度的制约，人们对于色彩的选择和使用相对有限，加上江南一带本就四季分明，花草树

图4 杭州民居天井

图5　高淳老街街景

木种类繁多，色彩多样，建筑颜色大多以黑、白、灰为主，突出自然之美。

在现代化人居环境建设中，人们的思想更开放、多元、进步，但是我们仍旧应当把握住建筑的秩序性，这种秩序性不是单一性，而在于在多元中把握整体的和谐与特色。另外，传统所强调的长幼有序，在当下被尊老爱幼的价值观所替代，在建筑的使用上，就强调了一种使用群体区分的概念，加上老龄化日益严重的社会现状，对老年人的关爱，也应当从建筑中体现出来，在社区内合理设置老年人活动中心及场地保证老年人的身心健康，改善老旧建筑功能以适应老年人的需要，包括合理设置电梯、加设防滑路面、为老年人家中安装安全扶手等，同时也应保证新建建筑的适老性。

三、建筑用材

1. 就近取材、亲地恋木的古代技术观

中国古代封建社会长期实行重农抑商，我国江南地区又盛产粮食，人们对于土地感情深厚，加上这一带气候适宜、植物茂盛、物产丰富，又因当时交通不便，人们在房屋的建造上，就逐渐形成了就近取材、亲地恋木的技术观。我国传统江南民居至多二层，建筑群也平铺于地面，追求与山水园林相融合的意境。这种技术观具体表现在房屋地建造及内外装饰上大多采用，土、石、石灰、蛎灰、砖、瓦、竹类、芦苇、稻草、桐油、生漆等，皆为天然生态原料。

江南地区土壤适合夯土，土料丰富且低廉，同时可以免去后期地面清运带来的费用，因此大多民居使用夯土墙和灰土地面建造房屋且夯土墙冬暖夏凉，适宜居住。石料中花岗岩、砂石、卵石等在江浙一带分布广泛，主要用作地基、铺地和筑房材料，例如石柱、石围栏、石阶、石板饰面等（图6），园林中常用鹅卵石作铺地，传统民居的过道和天井也是如此，还有明清时期使用的石雕漏明窗，纹样丰富，寓意吉祥。

石灰和蛎灰在江南地区普遍用作墙面粉刷，营造白墙青瓦的诗情画意（图7）。江南属丘陵地区，植被丰富，便于建窑烧瓦，盛产砖石，一般就近烧制，用作房屋屋顶、筑墙和铺地。竹子、芦苇、稻草等材料在传统江南民居建筑中一般用作夯土墙的骨料，能使夯土墙更加坚固耐久，也有用竹材编制成篱笆、围墙、家具和生活用品。芦苇、麦秸、稻草是江南民居屋面构造时常用的天然材料。桐油、生漆主要用作建筑立柱、家具、门窗的保养和防腐处理。江南一带树木种类丰富，木材的选用主要有松木、杉木、枫树、香樟、楝树等，富庶人家会使用贵重的楠木，耐久性好，百年牢固。木材在古代江南民居中十分常见，以木构架为结构支撑，配以木门、木窗、木格栅、木制家具、木质摆件，技艺巧妙，造型多变，表达古代封建社会人们亲地恋木的技术观和对未来生活的美好祝愿（图8）。

2. 古代技术观与现代化人居环境建设

传统江南民居在建筑用材上使用天然生态材料，且建造房屋往往根据树木、植物本身的形态决定它的用处以减少后期的加工处理，既能够保留植物原有的特色，又能够极大程度地减少浪费。这种技术观传达当时人们对于自然的亲近和热爱，同时天然生态材料可经自然消解，对于环境保护和生态发展都起到了一定作用。现如今，工业化大潮褪去，钢筋混凝土高楼大厦林立，道路管网四通八达，各种先进的建筑材料和技术已经完全代替了旧有的低技术、低能耗的建筑营造方式，随之而来的是噪声污染、

图6 石作铺地、台阶、墙体

图7 石灰粉刷墙面

图8 木装饰、木构件、木家具

水污染、光污染、空气污染等在建筑拆建过程中出现的问题。许多传统江南民居的建造技术已经逐渐开始失传，建筑文脉的传承也随之削弱。

20世纪60年代，西方提出了生态建筑的理念，生态建筑本质上是根据当地自然环境，运用生态科学技术手段组织建筑，使建筑与环境结合，同时创造良好的室内环境，以满足人们的居住需求，使人、建筑与自然生态环境三者形成一个良性循环系统。生态建筑包含的生态观、有机结合观、地域与本土观、回归自然观等，都与中国传统江南民居营造观中建筑用材所强调的技术观在本质上有许多类似之处。传统江南民居建筑是人居文化的表达，是古人智慧的展现，我们应当从就旧有的技术观中，找到新的适应时代发展的生态建筑材料，主要强调古人“就地取材”和“低技术”概念，节约资源、减少污染、降低成本、减少能耗，从而实现可持续发展的现代化建设。

四、建筑空间及环境

1. 人本观

江南民居主要由文人墨客兴起，在色彩的运用上以素净、雅致为主打造水墨画般的意境，因古人对自然的独特情怀，历来不得仕的文人墨客更是以归隐山水田园为乐，抒发自己内心对仕途和时代的不满，因此江南民居是为了满足当时人们对于雅趣的追求和情感的需要而出现的，体现独特的人文情怀和文化底蕴（图9、图10）。

2. 人本观与现代化人居环境建设

江南民居营造观所蕴含的人本观强调的是人的需求，包括生产生活需求和人文审美需求。建筑为人所用，内外空间组织即合理又赋予个性。同时，有宅必有园的特点，也使我国江南的园林艺术得

图9 留园内景

图10 拙政园内景

到了极大的发展，每家每户的园子各不相同，尽显主人的身份地位和审美情趣。

从现如今建筑在人居方面的发展来看，商品房为追求高额经济利润，以程式化的设计方式在全国各地迅速展开，旨在打造自己的品牌特色，而忽视了地域性和人本观的重要性。如今大多数南方城市也是如此，人们看到某个小区的整体形象、建筑外观、内部设计，甚至可以判断出它的房地产开发商，而不是联想到它所在的地域特色和文化内涵，这是现代化人居环境有待改善的部分，建筑归根到底是以人的需求为主，要给不同的使用者、不同的家庭，实现不同需求的空间，传统江南民居所含的人本观是值得一直发展和延续下去的，现代化建筑不应当单纯地成为一种技术产品，而是应当成为体现历史、时代、地域、文化、艺术和个体需求的综合产物。

五、结语

传统江南民居建筑营造观以一种传统的表达方式为现代化人居环境建设指明了方向，人类在具备自然属性的基础上拥有社会属性，人居环境建设归根结底与自然、生态密不可分，人类有着与生俱来的对自然的亲近与热爱，将现代化的技术手段与自然生态结合创造新的人居方式是我们未来的主要研究方向。另外，应当尽可能改造现代化发展速度过快带来的区域规划不合理问题，将传统江南民居营造观中的“序”落到实处。在建筑材料技术方面，继承传统，推陈出新，提倡“低技术”“低能耗”的施工方法，将现代化材料更“科学化”“环保化”“可持续化”。除此之外，还应强调以人为本的设计观，满足不同群体的不同需求，追求机械生产的同时保留个性化才能真正实现时代的人居环境建设。

参考文献

[1] 丁俊清.江南民居[M].上海：上海交通大学出版社，2008.

[2] 雍振华.江苏民居[M].北京：中国建筑出版社，2009.

[3] 夏洛蒂·勃朗特.风水与建筑[M].北京：中央编译出版社，2010.

[4] 石江辉.江南传统民居的生态建筑材料及其使用考察[J].浙江万里学院学报，2005.

[5] 张雪，李本建.江南传统民居在当代建筑空间设计中的运用研究[J].中外建筑，2008.

[6] 尤梅.江南传统民居建筑空间环境的设计伦理思想探析[J].居舍，2019.

[7] 马建辉.江南水乡地区传统民居中的水生态设计及运用[D].南京：东南大学，2015.

江门历史街区的现状调研与活化策略研究

黎家雄[1]　谭金花[2]

摘　要： 当前国家愈加重视文化遗产，文章挖掘江门历史街区的历史价值，实地调研历史街区的空置率和建筑损坏情况并结合空间句法分析，发现存在非物质文化难以传承、原始居住人口流失严重、历史建筑损坏严重、道路欠疏通的现状问题。在此基础上，文章从活化规划、社会教育、建筑单体等方面探讨了历史街区的活化策略。

关键词： 历史街区　江门　文化遗产　活化　空间句法

一、研究背景

1980年以前，我国历史街区活化是政府主导的；1980~1990年，我国历史街区的活化模式是政府主导与市场配合，如广州上下九历史街区里的荔湾广场地产的开发[1]；20世纪末至21世纪，政府引导与市场运作结合，上海新天地、乌镇、周庄等活化历史街区为商业景点，迁走本地居民，全面商业化操作，导致当地非物质文化传承困难。2010年以后，出现政府财政支持与居民搬迁补偿自主选择等多方合作模式[2]。广州的荔枝湾、猎德村等在2010年亚运会期间，“穿衣戴帽”的更新改造，破坏了部分建筑的真实性[5]。2014年，国家主席提出：“城市的灵魂是历史文化，爱护文化遗产要如同爱护生命一般”，国家政府多次提出文化自信，国民的文化遗产保护意识逐步加强，历史街区迎来新的发展机遇。

江门历史街区是典型的侨乡历史街区，是我国近代城市发展的重要文化遗产[3]。江门市是“中国第一侨乡”，而江门历史街区就是当地华侨买地修建的骑楼街区和低层坡屋顶巷道式居住区。一直以来，当地政府采取谨慎的态度，整体地保留了江门历史街区与原居民的生活气息，2011年国务院批准的《江门市城市总体规划（2011-2020）》划定了江门历史街区的范围，且江门政府在2019~2020年立法《江门市历史文化街区和历史建筑保护条例》公开征求意见获得社会广泛关注与参与，并在2020年通过实施。江门历史街区位于“粤港澳大湾区”，是“一带一路”的重要文化遗产节点，具有发展华侨历史文化产业的巨大潜力[4]，但是江门历史街区的历史价值与现状难题需要深入调研，才能为详细的活化设计提供基础和依据。

二、历史街区的历史价值

江门历史街区见证了清政府的海禁政策发展；见证了我国近代骑楼城市发展历史；记录着江门五邑地区人民的集体生活变迁与华侨迁徙的历史。因此，江门历史街区具有重要的历史文化价值。

江门历史街区在元末明初是蓬莱山边的石湾村与山上的“墟顶”市集。石湾村演变为现在的石湾社区，墟顶市集一方面演变为墟顶社区，另一方面于明朝中期向蓬莱山脚扩张到河边借助水运的便利发展为商业街。由于蓬莱山与烟墩山隔着江如门，因此当时将江门历史街区称为江门墟。明万历年间，江门墟发展为当地的贸易中心。清顺治年间，海禁政策导致江门墟变废墟，清康熙年间开海政策掀起复兴潮[6]，1685年粤海关建立在江门墟。清乾隆年间在江门墟设立新会县丞署。19世纪中叶，历史街区的明德坊由24家油糖业批发商设立油糖会馆成为当地商业中心。

19世纪50年代，美国、加拿大等国家先后发起淘金热潮，而国内发生太平天国运动局势动荡，江门地区第一次大迁徙。1860年，清政府签署《北京条约》将“苦力贸易”合法化，同时期在美国、加拿大修建铁路以及东南亚经济飞速发展的背景下，导致江门地区出现第二次大规模人口输出。1897年清政府签署《中英缅甸通商条约》，开辟江门为西江第一个客货停靠站使江门墟得到快速发展。19世纪80年代起，美国、新西兰、加拿大以及澳大利亚依次推行排华法案，导致中国女性无法移民，华侨娶妻困难。而1902年江门历史街区开辟为通商口岸商业繁华，华侨开始回国，1911年清朝结束引起了华侨回国热潮，华侨在江门历史街区融资置地开发骑楼商业街与启明里、龙聚里等居住区，逐渐建成了骑楼城市，启蒙了中国近代房地产开发，是中国现代房地产的萌芽。江门历史街区见证了我国近代城市发展的历史。20世纪40年代，美国、新西兰、加拿大等国家先后废除排华法案甚至允许华侨带家人

---

❶ 黎家雄，澳门城市大学创新设计学院，在读博士。
❷ 谭金花，五邑大学，副教授。

移民或者回中国娶妻移民等，江门大量向外移民，直至1952年，中国香港、澳门限制移民才结束[7]。江门历史街区见证了华侨百年迁徙历程。

三、历史街区的现状问题

1. 土著人口流失严重

据《江门史志资料》数据统计，20世纪初期江门市历史街区居住人口约为1.6万人。墟顶社区居民约3500人，石湾社区居民约4500人，骑楼街区居民约8000人。[6]

调研发现目前江门历史街区（图1）人口流失较严重。据历史街区墟顶社区居委会资料显示，现存本地户籍人口为 2805 人，其中53.5%本地户籍居住于此；常住人口（本地人口与外地人口）约2000人。常住人口中外地人口约500人占25%。本地居民流失严重。据历史街区中石湾社区居委会资料显示，本地户籍人口3798人，常住人口约3668人，其中本地户籍居民约2000人占54.5%，外来人口1668人占45.5%。其中老年人占27%老龄化程度高于国家平均水平13.5%。18岁以下的青少年占26.5%，另外，据历史街区中石湾社区居委会估计，历史街区中骑楼街区居住人口约2000人，居住空间空置率高。

历史街区的建筑空置率高且老化严重。实地调研统计结果见表1，历史街区骑楼街现存1105栋建筑，1084间店铺，其中11.5%店铺（约5000平方米）停业待活化利用。51.04%的骑楼二层及二层以上空间空置（约75000平方米）待活化利用。此外，历史建筑损坏严重：1105栋骑楼中，共28栋天台随意加建；共35栋阳台栏杆破烂或被替换；共50栋改建窗户；共85栋有空

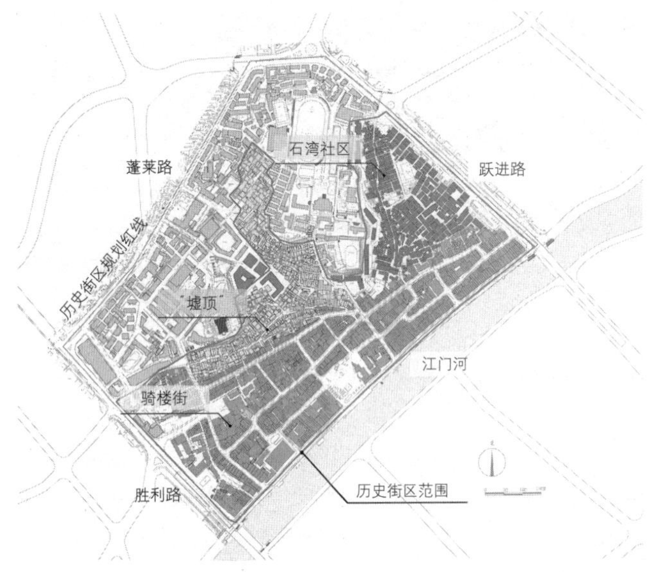

图1 江门历史街区的范围

江门历史街区建筑数量与空置率 表1

分类	名称	数量（栋）	首层停业 / 空置	二层以上空置
骑楼街	堤东路	72	0.00%	95.8%
	堤中路	63	0.00%	93.8%
	常安路	134	3.00%	15.00%
	莲平路	122	3.00%	45.08%
	仓后路	131	22.90%	54.96%
	竹椅路	16	12.50%	31.25%
	书院路	80	41.30%	25.00%
	新华路	40	22.50%	35.00%
	更兴路	45	26.70%	40.00%
	新市路	62	8.10%	25.81%
	兴宁路	72	1.40%	69.44%
	钓台路	54	3.70%	29.63%
	太平路	80	15.00%	77.50%
	葵尾路	58	1.70%	62.07%
	上步路	76	3.90%	65.79%
	合计	1105	11.50%	51.04%
社区	墟顶社区	736	6.8%	23%
	石湾社区	672	3%	19%

（来源：作者调研统计）

调机外挂，影响立面美观；共99栋门窗破烂严重；共356栋外墙破损严重。由于划定历史街区之后，需要上报申请才能修缮房屋，历史建筑修缮工艺难度高，导致擅自修缮和延误修缮并存。

历史街区土著人口流失严重是国内外共同面对的难题，其原因有以下几点：首先，实测发现历史建筑普遍存在室内自然采光不足的问题，80%室内面积在0~80Lux范围，难以达到书写的自然采光照度要求；其次，夏季历史建筑普遍热湿舒适度较低，难以满足现代人对居住工作环境的品质要求；最后，历史建筑存在加固、装修、维护等成本过高的问题，居住或办公租赁的性价比不高。

2. 历史街区交通不便

历史街区的道路交通空间句法分析显示：如图2a、b，骑楼街区车行道的整合度较高，而墟顶社区、石湾社区的车行道路交通难以满足当代人的正常使用需求，整合度较低；如图2c历史街区东北侧的石湾社区的人行道整合较高，但是由于场地有高差阻断，石湾社区西侧约25条巷道与北侧道路待连接；墟顶社区的人行道路整合度较低，步行体验感较差。实地调研发现历史街区所有道路都是较狭窄的，其尺度适合摩托车与人行，不适宜汽车行驶，历史街区周边道路较顺畅，内部道路交通不便。墟顶社区、石湾社区的道路多数不能满足车行，并且历史街区停车位较紧缺。

3. 非物质文化渐消失

江门历史街区仅存东艺宫灯1家、打白铁仅存1家、手工糕点3家、手工制作香1家、武馆1家，随着当地居民迁出，武术表演、节日舞狮、江门方言等非物质文化正在逐渐消失。历史街区的非物质文化难以传承具有普遍性。泰国安帕瓦社区和塔体恩社区同样面临非物质文化、原居民流失的困境，他们将历史街区改造为旅游景点、旅馆、餐厅等，带来了经济收入，但随着住房成本上升，土著居民搬离导致当地人的生活方式、非物质文化消失[14]。印度尼西亚马琅城市遗产区当地居民的文化传统也正在消失[9]。黎巴嫩贝鲁特历史街区也面临地域文化消失危机[15]。

文化遗产保护的国际法规宪章有三份提到当地生活文化的重要性：《内罗毕宣言》提出当地人类活动是文化遗产的重要组成部分；《华盛顿宪章》提到保护活动应得到当地居民的支持；2008年《魁北克宣言》明确提出当地庆典、仪式、习惯等无形的文化也是场所精神的重要体现。我国2018版《历史文化名城保护规划标准》等法规未提及对土著居民的仪式、庆典、习惯、生活的保护。

历史街区中的非物质文化难以传承是国内外共同面对的难题，其原因有以下几点：首先，国内外文化遗产保护法规对历史街区的当地居民生活仪式、庆典、习惯、生活等非物质文化的保护重视不足；其次，由于历史建筑总体舒适度较低难以满足现代人的品质要求，本地人口流失严重；最后，传统非物质文化传承带来的经济利益不显著，因此逐渐丢失继承的人群。

四、历史街区的活化策略

1. 先进人文的活化规划

历史街区的活化规划应考虑其经济、科技、人文三方面的全面发展。提高街区的环境舒适度，保障街区功能结构健康、人口结构健康，使本地居民愿意留在历史街区生活且产生归属感和自豪感。

首先，制定文化遗产保护条例，规范指导详细规划设计，改善交通规划将非历史建筑转化为停车场，充分利用空置空间，同时给予土著居民的优惠政策，积极保留土著居民的生活文化；其次，在保育活化项目开展前期，政府应规定投资主体具有社会公益性等；最后，政府审慎选择优秀的活化规划方案，同时向全社会公开征询意见，避免搬迁当地居民，提高公共参与。根据最终的活化规划方案，为投资主体提供遵循国际文化遗产保护宪章与国内法规的保护指南与咨询服务。

营造文化遗产观赏路径，提高历史街区的热度。历史文化游览路径（图3）可以增加游览价值与游览的丰富性，适度增加人

（a）历史街区整合度

（b）历史街区车行道路整合度

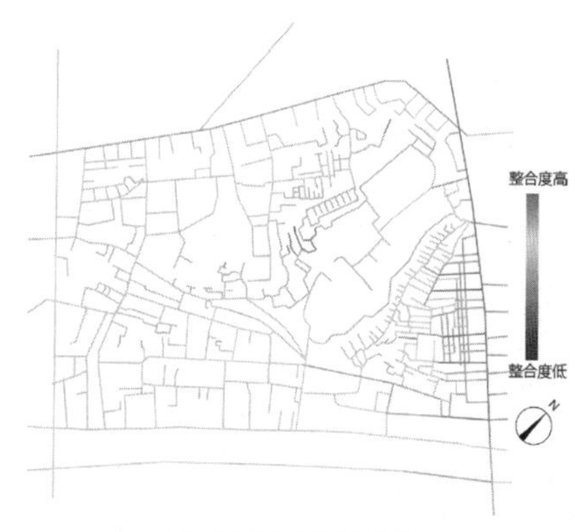

（c）历史街区人行道整合度

图2 江门历史街区的空间句法分析

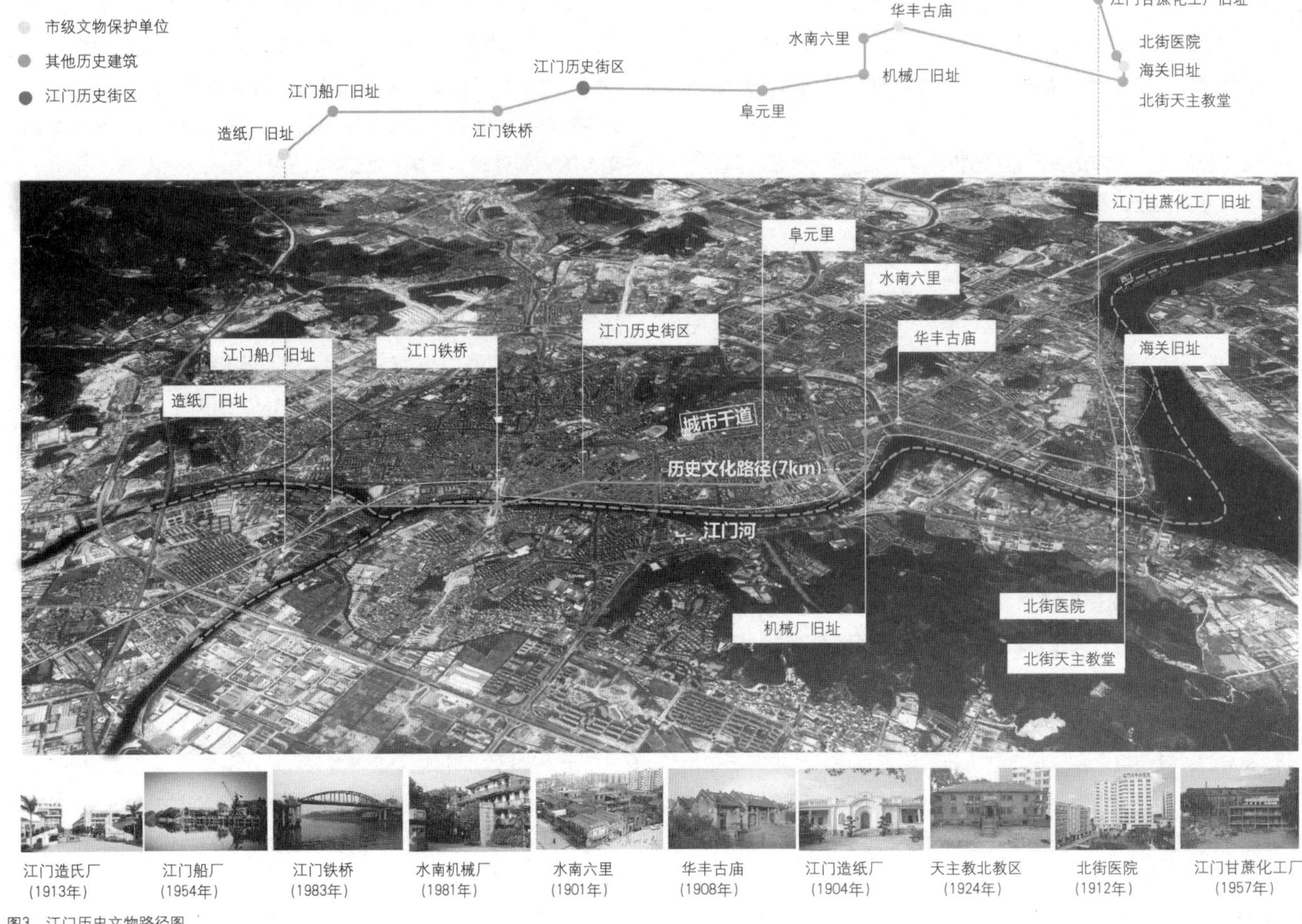

图3 江门历史文物路径图

流量，有助于历史街区的商业复兴、工作岗位增加以及居民的收入上升，增加人气有助于减缓历史建筑的老化。历史街区联合周边文化遗产如造纸厂、甘化厂、海关旧址等，打造其成为粤港澳大湾区的文化遗产旅游线，向世界展示侨乡历史街区的文化。

江门历史街区可以与国际的华人历史研究会、文物保护者学会等机构交流合作组织考古、修缮等研究交流，为高校提供户外教育场地[11]。与当地文化机构、旅游公司、影视协会等合作鼓励当地自媒体发展，鼓励当地人发掘当地传统文化，分享当地日常生活中的手工艺、饮食文化等，培养本地人对历史街区的兴趣与自豪感。增加历史街区在当地的曝光率，提高历史街区的热度。

2. 建筑单体的活化设计

建筑单体的活化设计应保护体现其最大历史价值时期的使用功能与建筑样式，修缮为主，修复为辅，尽量采取原工艺原材料。既要体现历史价值，又要满足新的使用功能，降低空置率。政府支持当地传统工艺工匠，工匠接受社区遗产保护团体提供的遗产修复教育，历史建筑的活化设计遵循“真实性”“最小干预性”“可辨别性”“可逆性”原则。历史建筑新旧拆留取舍，应发掘评估其历史价值，着重保留其最有历史价值的样式与有价值的历史痕迹。

历史建筑活化案例应积极申请遗产保护奖，香港特区的历史建筑活化值得参考。联合国教科文组织亚太地区文化遗产保护奖统计发现：截至2018年，中国共66个文化遗产项目获奖，其中香港18个，占我国总获奖项目的27.27%，远超出我国其他省市。说明香港的文化遗产活化设计项目具有一定的借鉴意义。香港“活化历史筑伙伴计划”“历史建筑维修资助计划”“公众参与活化项目资助计划”在文化遗产的活化设计中起积极作用。

历史建筑活化应避免利益最大化的商业化设计，以实现爱护文化遗产的初衷，历史建筑的保护发展应既能保护当地文化，留住当地居民以实现地域文化可持续发展，又能保障参与文化遗产活化的企业获益，实现文化遗产可持续发展。

3. 历史街区的社会教育

社会教育文化遗产有利于历史街区的活化，提高历史街区使用者的文化遗产保护意识，提高当地居民参与度，有助于历史街区的居民建立自信心与归属感。学校、社区、网络积极开展宣传历史建筑保育教育、开展文化遗产保护的课程以培养相关人才，引导民众积极地参与文化遗产保护活动。

国外民间的历史街区保护团体发挥了积极作用。美国民间古迹保护行动团体、地方级古迹保护团体等从18世纪中叶开始起到较大作用[10]。印度尼西亚马琅城市遗产区保护学者建立（GMPS）社区机构，宣传历史建筑知识、帮助社区居民建立起文化自信心与归属感，帮助当地建筑遗产保护[13]。英国历史名胜自然信托基金会[14]、古建筑保护协会[9] 等民间团体对保护历史建筑起到积极作用。日本京都的文化遗产保护中“Kyomachiya网”团体发挥了积极作用：提供历史建筑环境保护有关的法律服务；为旧木结构建筑提供传统工艺；提供住房代理服务；发挥社会教育作用，宣传传统的生活方式，使人们对历史建筑和社区有更深刻的认识和理解。[14]

五、结论

历史街区的保护在向前发展，现阶段江门历史街区的非物质文化难以传承、交通仍需提升、建筑破损严重且空置率高。应遵循完整性、真实性、可辨别性、可逆性、最小干预性原则，通过规划、社会教育、建筑活化设计三个途径，修缮历史建筑，连通历史街区步行道，改善历史街区居住舒适度，保留当地生活文化，从而实现历史街区的社会发展、热度增加、影响力提高，最后使历史街区活化为焕发活力且具有地域文化的历史街区。

参考文献

[1] 黄浩.广州上下九街区更新若干问题研究[D].广州：华南理工大学.2012.

[2] 刘琎.基于开发权转移制度的广东省中小城市传统街区保护更新实施研究[D].广州：华南理工大学2013.

[3] 任健强.华侨作用下的江门侨乡建设研究[D].广州：华南理工大学博士论文，2011.

[4] 陈思.城市设计视角下五邑侨乡文化景观更新研究[D].广州：华南理工大学.2018.

[5] 冯江，杨颋，张振华.广州历史建筑改造远观近察[D].新建筑，2011（02）：23–29+22.

[6] 江门市地方志办公室．江门史志资料选编[M].江门：江门市地方志办公室，1985：20–35.

[7] 胡百龙，梅伟强，张国雄，侨乡文化纵论[M].北京：中国华侨出版社，2005：42–57.

[8] 胡乐伟.近代广东侨乡社会经济的历史地理学考察[D].广州：暨南大学，2018.

[9] 焦怡雪.英国历史文化遗产保护中的民间团体[J].规划师，2002（05）：79–83.

[10] 杨晔，王世军.美、英建筑遗产保护非营利组织研究及对中国的启示[J].中国名城，2011（05）.

[11] 谭金花.探索建筑遗产的保护与发展策略——广东开平巴黎大旅店的规划方案为例[J].南方建筑，2014（01）.

[12] 齐一聪，张兴国，吴悦.基于城市监督的香港文物建筑保育解析——以香港永利街为例[J].规划师，2015（04）.

[13] Fendy Firmansyah，K．Ummi Fadlilah．Improvement of Involvement Society in the Context of Smart Community for Cultural Heritage Preservation in Singosari[J]．Procedia–Social and Behavioral Sciences，Volume 227，2016，Pages 503–506.

[14] Supoj Prompayuk，Panayu Chairattananon．Preservation of Cultural Heritage Community：Cases of Thailand and Developed Countries[J]．Procedia–Social and Behavioral Sciences，Volume 234，2016，Pages 239–243.

[15] Ragab，T.S.．The crisis of cultural identity in rehabilitating historic Beirut–downtown[J]．Cities，2011.28（1）：p.107–114.

数字乡村背景下村落建筑遗产活态保护路径探索

——以潮州狮峰村为例

蒋嘉雯[1] 何韶颖[2] 汤 众[3]

摘 要：村落建筑遗产是乡村文化的重要承载体及表达空间，对实现乡村振兴和传承优秀历史文化遗产都具有重要意义，其保护理念正从"静态留存"转向"活态保护"。本文提出基于多元数字技术与"三微一端"新媒体技术的保护路径；并以潮州归湖镇狮峰古村保护系统建设实践为例，介绍"信息采集——数据分析——展示设计"的开发全流程。本文为探索数字乡村背景下村落建筑遗产的活态保护提供了新的路径。

关键词：数字乡村 建筑遗产 活态保护 数字化保护 传统村落

一、乡村建筑遗产活态保护的研究背景

自文化遗产的数字化保护与活化理念逐渐普及以来，建筑遗产的数字化保护目标亦顺应技术与社会发展，从以往的"静态留存"转向"活态保护"。"活态保护"理念强调保护工作从其特性出发，将生命原则、创新原则、整体原则、人本原则、教育原则相结合，确保被保护对象不仅仅是被留存，而是继续持续"生命力"，在此基础上拓宽保护范围，探索保护路径。在这一过程中，多元化数字技术的加入可以弥补传统保护方式的不足。

目前的乡村建筑遗产留存路径存在着不同的局限性：因信息化程度低，未能满足互联网时代的文化传播需求；又或因数字技术起点过高、建设成本高，脱离一般村落的建设能力，未能普遍应用于广大乡村。基于此，本文尝试结合数字乡村的建设背景，加入多元数字技术与"三微一端"的新媒体技术，综合传统保护路径的各项优势，建设可供政府、学者、村民等多主体共同参与、使用的村落建筑遗产数字化保护系统，为村落建筑遗产活态保护提供有益尝试。

二、潮州狮峰村数字化村落建筑遗产保护系统建设方案

1. 建设目标

狮峰村位于广东省潮州市归湖镇，创于明成化年间，依狮山傍白鹭湖，传统村落肌理格局、建筑群及乡村生活气息均保存较好，拥有多座精致的明清古建，历史文化及自然资源相对丰富。目前依托脱贫改造与环境提升，已成为省级乡村旅游示范村，正探求更进一步的乡村保护振兴发展路径。基于此背景，本文将在传统的乡村物质空间留存外，以"保护+传播+创新"的活态保护思想，设计以"立体展示+科普引导"为主题的公众参与平台。结合数字乡村与乡村旅游建设，实现一体化乡村展示，帮助村落建立"一村一品"的文化品牌。

2. 建设方法

通过数字化技术进行信息采集与资源的数字化转化，结合艺术赋能的创新手法，在保护的同时将文物数字资源通俗化可视化，并将其以科普的形式传递给民众[1]，提高民众对乡村建筑文化遗产的认识度，促进乡村历史建筑的保护和再利用，使其价值得以最大限度的传承和再现。具体的系统建设主要包含信息采集、分析入库、展示推广三大步骤（图1）。

（1）信息采集：以信息类型与采集方式为依据，划分成实体空间、人文信息与健康监测三类，研究相应的采集路径；

（2）分析建库：在对采集到的数据进行数字化处理外，按"物、事、人"建立检索机制，以寻求更深层的资源连接；并以"保护+传播+文创"的设计思想，对乡村建筑遗产数字资源进行主题艺术赋能，产出传播力更强的艺术资源；

（3）展示推广：结合"三微一端"的新传播矩阵，以移动端为主体，设计出对公众开放的"展示—探索—引导—参与"一体化建筑遗产活态保护数字展示平台。

❶ 蒋嘉雯，广东工业大学建筑与城市规划学院。
❷ 何韶颖，广东工业大学建筑与城市规划学院，教授。
❸ 汤众，同济大学建筑与城市规划学院，高级工程师。

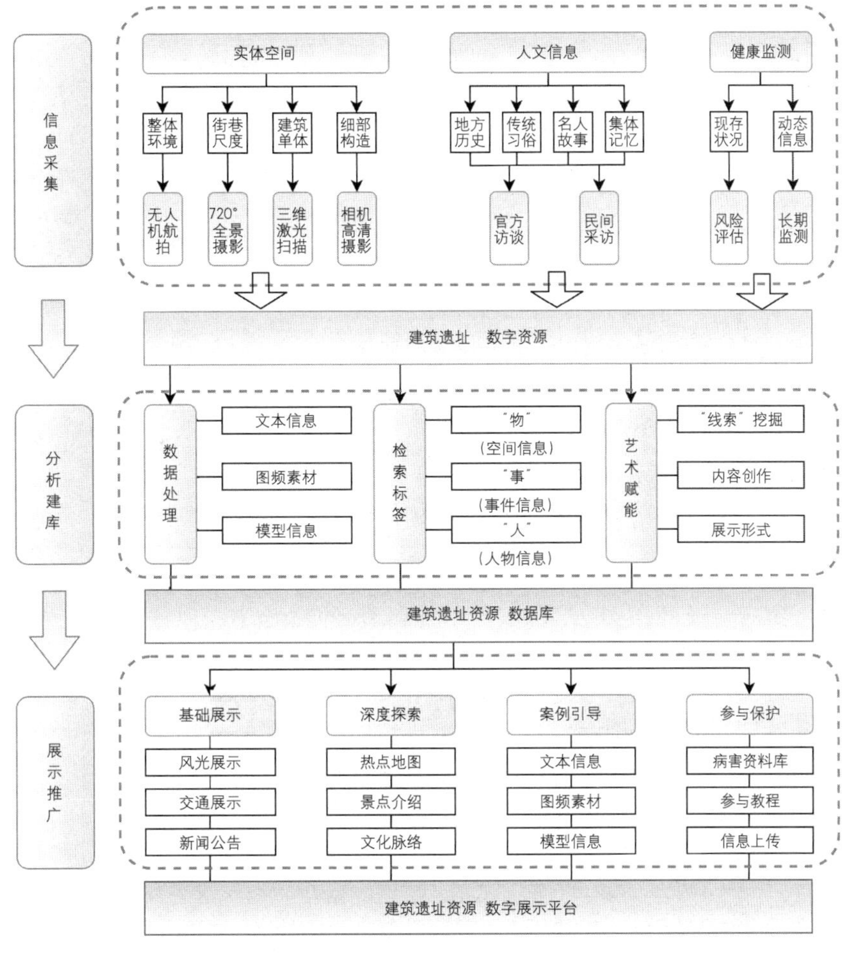

图1 数字化活态保护技术框架

三、潮州狮峰村数字化村落建筑遗产保护系统建设实践

1. 现场信息采集

（1）实体空间信息：村落的环境与建筑本体是承载乡村文化的物质空间载体，村落文化需要借由这些物质空间载体才能被真实阅读和感知，记录实体空间是活态保护的第一步。建筑遗产实体空间信息采集应遵循准确、完整、无害原则，采集过程中尽量不要破坏原址。尽量全面记录[2]，对不同尺度的环境及空间可采取相应的数字化技术手段（表1）。

（2）人文内涵信息：常见的采集内容包含但不限于历史沿革、乡村故事、传统民俗、名人轶事、集体记忆信息。实地调研时，主要可通过两大渠道获得（表2），其中注意：官方渠道获得的资料的特点是一般已经过系统整理，主题明确，且作为出版资料来说可信度高，参考借鉴意义大；而民间采访采集到的信息一般更为鲜活，但信息量较为零碎，可信度不定，需要较长的清洗辩证时间。

（3）预防性保护监测：预防性保护是活态保护的重点。使用温湿度、红外热成像仪、激光水平仪等仪器，配合观察，记录下影响建筑遗产健康的现存的隐患或病害问题；并在合适的地方留置温湿度传感器，方便长效关注建筑的健康情况（表3）。

空间信息采集技术 **表1**

对象	技术	采集过程	采集成果
整体环境	航拍倾斜摄影技术	利用 DJI 无人机，设定航线在村落上空以固定路线采集信息，保障照片间重复率在 30% 以上，使用 Photoscan 照片建模软件	航拍模型
街巷关系	720° 全景摄影技术	将全景摄像机（如 Detu F4）架设于 1.6~1.7 米的高度，在村落主要巷道和特色空间拍摄记录，于网络平台建设“乡村街景”	全景照片 街景模型
重要建筑	三维激光扫描技术	采用 faro fouce 扫描仪，在现场调节精度与标靶完成扫描；在 Faro scene 软件对扫描信息进行处理，组合成完整地点云模型	点云模型
现状与细部	高清摄影技术	使用带 GPS 功能的相机对建筑周边环境、各立面、内部空间以及特殊的构造等进行拍摄记录，要注意角度，尽量排除干扰拍摄正影射图像，以及关键部位的构造细节等	带 GPS 与编号的照片

人文内涵信息采集方法 **表2**

内容	对象	收集过程
历史沿革 乡村故事 传统民俗 名人轶事 集体记忆	各级政府、图书馆、村委会、村史馆	文献资料：对当地已收集、整理到的官方汇编资料（如地图、村志、书籍）进行OCR文字识别或平面扫描技术转录
		实物资料：对展览品、纪念品或实体空间等进行高清摄影或扫描等数字化转录
	村民代表	口头描述：用录音+拍照+录像等的方式组合采访，并及时对采访中提及到的信息进行搜索，整合成完善的采访记录

健康信息采集方法 **表3**

项目	内容	操作	仪器
风险评估	环境结构材料	全面收集现状结构体系及残损信息，按灾害风险、本体损毁风险和人为破坏风险因素进行分析识别，并为其进行等级评估	红外热成像仪 激光水平仪
监测	微气候	在价值建筑的开放空间、半开放空间、室内空间以及风险较高处留置监测仪器	无线网关 温湿度计

2. 数据处理分析

（1）立体化的数据分类：通过对基础数据进一步分析处理可得到更详细的拓展信息，帮助学者以更多元的方式与角度留存村落建筑遗产信息。分析归类后，可以得到一个较为全面的村落建筑遗产基础数据库（表4）。以复合标签制建立“立体网格化”的信息数据库，将不同类型信息经过“空间—事件—人物”三个层面的要素提取与标记，入库后可快速从不同的线索检索、串联起所搜集到的信息，增强不同类型信息之间的关联，更全面、更立体地还原村落历史与文化（图2）。

（2）趣味化的创造产出：即对乡村形象与文化内涵等进行创意转译工作。挖掘村落中蕴含的“天然”设计素材，以挖掘到的乡村故事、优美景色、建造记忆等文化线索为“原材料”，创作创意文化内容与产品[3]，提高村落文化传播水平及宣传需求（图3）。

在内容创作方面：①以将收集到的村落人文内涵故事图文素材提炼成“村落知识库”，设置填空题或选择题的问答形式普及乡村文化知识；②以行政地图与卫星地图为原型，制作更适合游览需求的乡村导览地图；③以乡村风光、建筑形象或人文故事为原型制作手绘故事、图案设计、动画、微电影等多媒体传播内容；④将对应的创作接洽到具体的产品设计领域，参考商业品牌、标识标志设计（VI设计）的规范，产出整套可对接到生产的传统乡村品牌的内容矩阵。

而在传播形式上：①线上积极接洽“三微一端”（微信、微博、微视频与客户端）等新媒体传播方式，在主流社交软件或展示门户上创设乡村主题，投放宣传内容；②线下广泛使用多媒体展示及互动装置，例如在重要节点内适量投放触摸互动屏、智能导览板等提高传播效率；③根据“知识库”内容转换出问答、灯谜、H5互动游戏科普互动方式以及沉浸投影、全景模型，VR虚拟等创新体验[4]。

3. 推广展示平台

选择微信小程序平台作为展示传播主体，利用其自主性高、适应性强、拓展性好、用户使用轻量化的特点，减轻用户负担与学习成本，提高使用率与传播效率；设计“展示—探索—引导—交流”的展示传播平台，逐步带领用户对村落建筑保护从“参观”到“参与”，平台具体设置页面见表5。

村落建筑遗产基础数据库信息内容 **表4**

	“物”（空间信息）	“事”（事件信息）	“人”（人物信息）
文本信息	整体环境格局 街巷系统 单体建筑	村落历史（历史沿革等） 传统习俗（地方规律性） 社会事件（特色主题）	特色群体、行为 技艺传承、介绍 名人传记、事迹
图频 素材 （平面）	乡村环境、景物 乡村风光 建筑细部构件库	事件经历； 活动准备、现场、形式； 相关物件及复原图频等	名人/传承人/群体 照片、连环画、 纪录片等记录
模型数据 （三维）	整体格局——航拍模型； 街巷——720° 街景模型； 建筑单体——建筑点云模型； 动态物理模型——监测数据；	动作记录仪数据	/

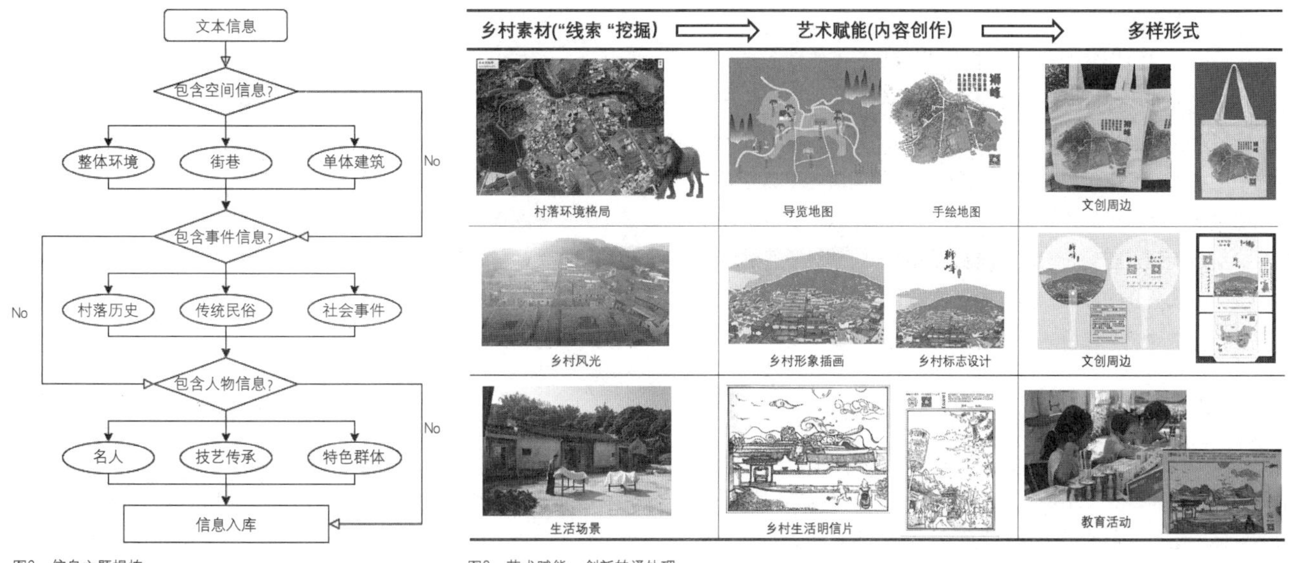

图2 信息主题提炼

图3 艺术赋能、创新转译处理

“展示—探索—引导—交流”的展示传播平台展示页面设计 **表5**

	展示页	探索页	引导页	交流页
页面预览				
内容	风光展示、标志景点 村落位置、相关报道 乡村公告	热点地图、景点介绍 乡村故事、名人轶事	预防性保护案例 案例介绍、监测数据 建筑日记（数据解读）	病害资料库 参与教程信息上传

（1）村落信息展示：主页是使用者了解平台与村落的第一步。设计上将保持明确主题，页面简洁大方，布局规范合理。目前的村落建筑数字保护平台首页设置有风光展示、标志景点、村落位置、相关报道、乡村公告等基本内容，方便游客或村民从平台的首页就能获取最基本的信息。通过简洁、美观、多样但统一的版面，为每个村落搭建村落文化“数字门面”，改善大部分村落因在互联网平台上的信息缺失、不足造成的保护失利与传播缺口。

（2）村落特色探索：以文旅创新的思路制作页面，结合“文化传播+旅游展示+科学普及”三位一体的展示目标组织版面。设置“热点地图+路线推荐”的方式作为导览，为浏览者及游客提供村落的整体空间信息和探索路线；对重要历史建筑进行标识，将实地调研和文献检索所得到的资料整理成“历史建筑小卡片”，介绍建筑的历史脉络；并以“手绘漫画”“微电影”“H5互动游戏”等新媒体手段展示传播乡村历史文化内涵故事。通过艺术地设置浏览页面与创新文化故事呈现形式的方式，在传播内容上做到“一村一品”，提高乡村建筑遗产展示信息的深度、关联度以及趣味性，以达到帮助参观者更详细、更深度地探索村落及其建筑遗产目的。

（3）乡村建筑预防性保护科普：监测是对建筑的某些指标采取系统化且持续收集与分析咨询的过程，以提供足够的数据支撑保护工作的决策咨询。分析村落建筑遗产的现存状况，将村内保护价值较大、风险较高的几处建筑确定为监测对象，结合四季、二十四节气等生活场景，通过较为通俗的语言向访客解读这些建筑监测的数据，使其更了解建筑的"健康"状态。通过展示当地乡村建筑预防性保护实际案例、监测内容及对应的数据展示，并增添通俗化的内容解读，降低公众的理解门槛，借此切实传播可行性较高的预防性保护理念，带动访客认识建筑病害并鼓励其参与保护工作。

（4）全民参与平台构建：考虑到村落建筑遗产的实体保护工作是一件道阻且长的事业，长期驻守大量且零散的村落建筑遗产资源对保护专家团队来说并不现实，应积极调动、培养以村民为代表的更多群体参与到村落建筑的保护工作中。结合乡村实例实景，提取预防性保护理念的关键信息制作成病害科普资料库（"建筑病害自检助手"）作为公众教育栏目，让村民可以按图索骥；设置信息上传页面，现实移动化的病害拍照上传，进行咨询、记录和存档；通过后台管理及时跟进组织专家解读，并为村民回馈处理信息。通过"全民参与"方式，方便村落建筑的使用者、参观者与管理方及学者的及时沟通，缩短乡村建筑不同相关方之间的距离，更好地组成保护网络，实现村落建筑遗产的"不间断"检测保护。

四、结语与展望

村落建筑遗产是乡村文化的重要承载体及表达空间，对实现乡村振兴和传承优秀历史文化遗产都具有重要意义，其保护工作亦应跟随时代技术发展而前进，积极发挥传播作用，帮助完善农村优秀传统文化资源的挖掘保护与传承。

以数字化保护技术为支撑的"本体+文化"的信息采集，可以帮助更充分挖掘乡土文化资源和还原文化历史场景；对乡村文化资源的科学普及与艺术创新，可以为乡村注入更多元的传播力量与枢纽，为乡村建筑保护吸引更多的群体与社会资本关注；引入预防性保护理念，建立乡村建筑"全民保护"机制，可以充分调动当地村民积极性，鼓励村落建筑遗产保护的多主体参与，激发更优的村落建筑活态保护效果。

但从另一方面来说，数字化保存也并不是一劳永逸的事情，便捷的数据保存也会有储存脆弱，不可恢复的潜在危险，不能说数字化留存了之后就忽略对本体的保护，纸质版和建筑空间等实体遗存还需要更多的关注与保护。

参考文献

[1] 王之纲，王烨．古思今译——"万物有灵"清华大学文化遗产保护与创新研究成果展侧记[J]．装饰，2019，309（1）：36-43．

[2] 孙媛，佘高红，张纯．数字博物馆在传统村落文化遗产保护中的应用——以安徽歙县瞻淇村为例[J]．新建筑，2019（03）：97-99．

[3] 冷荣亮，冯艳．数字媒体艺术在非物质文化遗产传承中的应用[J]．邢台学院学报，2018，33（03）：76-78．

[4] 何韶颖，汤众．基于空间叙事理论的廊桥数字化保护探索[A]//中国建筑学会建筑史学分会，北京工业大学．2019年中国建筑学会建筑史学分会年会暨学术研讨会论文集（下）[C]．中国建筑学会建筑史学分会，北京工业大学：中国建筑学会建筑史学分会，2019：4．

基于非遗传承的京旗文化区满族传统村落文化空间保护研究

周立军❶　崔家萌❷

摘　要： 本文以京旗文化区拉林满族镇为例，根据现状调研总结满族传统村落的文化空间构成，分析文化空间物质要素以及非物质要素特征；列举非遗的现象，解析现状问题与文化空间之间的耦合关系，从非遗传承的视角来看待文化与空间之间的内在联系；最后提出满族传统村落文化空间保护策略，确定以发展民族特色文化为主要方针，在实施乡村振兴战略的大背景下，满族非物质文化遗产保护与传承也可以与时俱进。

关键词： 非遗传承　京旗文化　满族传统村落　文化空间

近年来，美丽乡村的建设以及传统村落的保护更新已经到了重要阶段。在已有的传统村落评选标准《传统村落评价指标体系（试行）》中，非物质文化遗产的现状及保护情况评价占有重要比重。文化空间的概念则作为传统村落物质环境和非物质文化研究的重要纽带出现，被认为是“一个集中了民间和传统文化活动的地点，但也被确定为一般以某一周期（周期、季节、同程表等）或是以一时间为特点的一段时间。这段时间和这一地点的存在取决于按传统方式进行的文化活动本身的存在”[1]。村落建筑环境与非物质文化遗产互生互存、相互作用，村落的建筑环境包容非物质文化遗产，非物质文化遗产同样映射出村落建筑环境。鉴于两者关系密切、无法割裂，从非遗传承的视角进行村落文化空间解析与保护研究也更具价值。

现如今满族非物质文化遗产面临着流失危机，基于此，本文通过对京旗文化区五常市拉林满族镇进行田野调查、深度访谈，分析总结出文化空间的构成要素，列举满族非遗的现状与问题，探究非遗现象与文化空间的相互关系以及问题的内在原因，有针对性地提出满族传统村落文化空间保护策略，以期为我国满族乡村遗产的挖掘、保护和利用提供有价值的对策措施。

一、京旗文化区拉林镇与非遗现状

1. 京旗文化区拉林镇概况

京旗文化地区的满族与北京满族同根同源，清乾隆时期分批派闲散旗人来东北边陲建屯立旗，前后共建立了32个满族屯落，是进行第一批“移民屯垦”地点，京旗文化的发源地。拉林满族镇是京旗文化区的核心地区，京旗满族人在拉林共建24个屯子，分为八旗，每旗3个屯子。各村屯建设受风水观念影响明显，都是以布阵方式并根据周围的地势水土来营建的[2]。京旗文化作为京都文化的分支，也是满族文化的分支，居住比较集中的京旗满族人被汉文化同化的程度较小，在口音与吃穿住行上仍保留着京旗特征，形成京都文化与东北边疆文化碰撞融合的珍贵产物。

2. 京旗文化区拉林镇非遗现状

拉林镇拥有省级非物质文化遗产京旗秧歌、珍珠球、东北大鼓等。满族传统体育项目珍珠球是由模仿采珠人的劳动演变而成[3]，京城贵族子弟来拉林屯垦将珍珠球这一运动引入并延传至今；东北大鼓，作为满族八旗的一项军营文化；京旗秧歌区别于其他东北秧歌，其舞蹈动作更具皇家宫廷姿态。每逢春节、正月十五和颁金节等，村民聚集于广场进行扭秧歌、踢行头、珍珠球比赛、唱戏跳舞这些非物质文化遗产活动。这类以广场为主，以寺庙、戏台、街巷空间等为辅的公共空间都起到了容纳文化内容、传衍传统风俗、延续非物质文化遗产的功能。

二、京旗文化区拉林镇文化空间构成与存在问题

1. 文化空间的构成分析

村落文化空间既是产生并延续民俗活动的场所，也是村民进行岁时性或周期性祭祀典礼、节庆歌舞表演、集市买卖，也有日常性生产生活、起居和交往的具有规律的场所空间。文化空间按照构成要素分成两类：物质要素和非物质要素。本文基于对拉林满族镇文

❶ 周立军，哈尔滨工业大学建筑学院，寒地城乡人居环境科学与技术工业和信息化部重点实验室，教授。

❷ 崔家萌，哈尔滨工业大学建筑学院，寒地城乡人居环境科学与技术工业和信息化部重点实验室，硕士研究生。

满族传统村落文化空间构成要素 表1

分类	构成要素	文化现象
物质要素	自然地理环境	注重风水，“六山一水半草二分半田”
	村落形态与格局	保留一纵一横的历史主要干道
	街巷空间	街巷尺度较小，进行小型的节庆仪式或满族文体活动
	广场空间	镇政府广场和福昌门广场作为大型的集会、节庆活动场所
	公共建筑	保留拉林副都统府衙、巴尔品故居等历史遗迹
	民居建筑	长筒屋、口袋房；万字炕；以西为贵，西墙进行供奉仪式，在民居院落进行日常生产生活活动
非物质要素	生活方式	京腔，保留老北京饮食习惯，噶拉哈、拉拉尾等娱乐活动
	民俗信仰	萨满文化
	祭祀文化	萨满祭祀文化
	节庆文化	农历十月十三的颁金节，从腊月二十三小年开始的春节庆祝期
	手工技艺	满族刺绣、满彩、窗花等
	文体表演	京旗秧歌、东北大鼓、珍珠球等

（来源：据调研资料整理）

化空间的物质、非物质两类要素的调查，梳理各要素特征，对村落文化空间整体文化现象进行细化分析（表1）。

2. 京旗文化区拉林镇文化空间构成特征

（1）物质要素特征

①村落形态与总体布局

拉林镇延续着清建屯立旗时的完整形制，以一纵一横的道路为主要骨架，一纵指宛平路、一横指顺天府大街。在村落的朝向选择上，为在冬季接受更多日照选择南向朝向，村落布局大多沿东西向带状布局，整体呈行列式布局。村落的空间结构遵循着因势利导的规则，建筑及民居分布较为紧凑集中，多为坐北朝南。根据调研发现，拉林镇的主要交通道路大多为东西走向、贯穿全镇、连通外界，而各片区组团间道路南北向居多，宅前“毛道”多呈无序化走向（图1）。

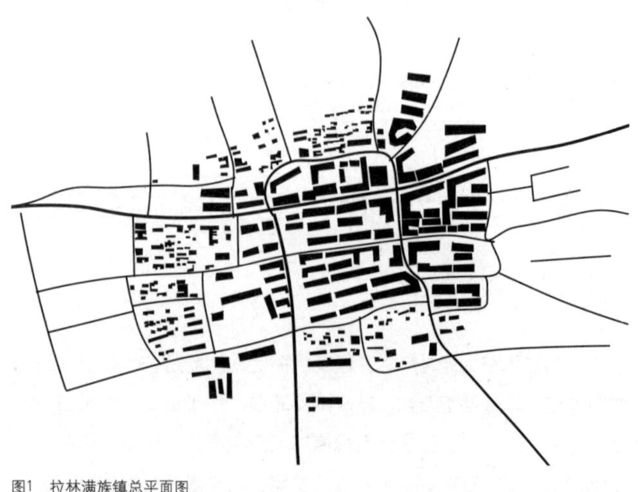

图1 拉林满族镇总平面图

②街巷空间与广场空间

拉林镇的空间格局保留延续清朝的空间肌理，清时协领官员捐建完善的城墙、城门等未得以保存，只留下限定古镇的边界形态，成为有历史意义的街巷空间。以巴尔品故居为中心有大面积成片的满族民居，形成数个小面积宽窄不一的街巷，这些街巷空间都具有展示京旗文化的物质价值。古镇现有两处人流量大且定期有集会、演出的广场空间，即镇政府广场和福昌门广场，位于镇中心区域，激活拉林镇文化活力。

③公共建筑及民居建筑

清政府在反沙俄入侵时，曾在拉林设立粮仓，被称为拉林仓，一些驿路、驿站、府衙等历史建筑遗迹仍有保留。其中拉林副都统府衙和巴尔品故居于清同治七年（1869年）重建，虽然经过几次修缮，但仍保存着历史旧貌。在巴尔品故居东侧为福昌门广场和广场戏台遗址，是清乾隆时期为满足满族旗人娱乐的场所。副都统衙门西侧为清真寺，现保存较为完好，是京旗文化、汉文化以及伊斯兰文化融合的物质体现。

民居在实现日常的实用功能之外，与日常生活相关的风俗民俗，传统民间手工艺品制作也在民居空间中经常性或周期性发生。拉林镇民居院落一般有一进与二进院，形成单向延伸的空间序列，一些八旗人家院落的院墙多用木栅或架杆搭建，俗称“障子”。民居外部形体低矮规整，室内格局紧凑，面阔三五间，东面屋子朝南开门，如口袋一般，被称为长筒屋、口袋房。民居由堂屋、东上房、西上房这三部分组成，踏入门的房间为堂屋（图2）。民居各屋内设“万”字炕，即室内南、西、北三面设火炕，满族的思想观念是“以西为贵”，西墙上供祖宗板，不得坐人。满族民居一大特点是烟囱不设于屋顶上，而是立在房山之侧，与内留烟道的短墙相连，亦为

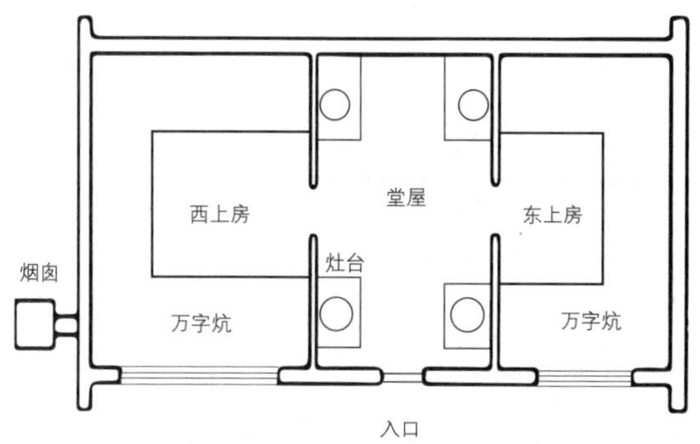

图2 满族民居平面图

图3 拉林满族镇民居立面图

“落地烟囱”（图3）。在建筑形象上，满族民居屋顶多采用硬山顶且倾斜坡度较大，也有对装修要求较高的旗人将民居山面做悬山顶。传统民居的细部装饰承载着京旗人的营造智慧和艺术追求，建筑细部装饰有简单朴实的，也有精美细致的，讲究的京旗人会把一些民间传统、工艺美术例如双眼鱼回旋等图案刻在搏风板上装饰，使物质形态与文化精神的时空性达到一致。满族人信仰萨满文化，“跳大神”这一民间风俗最初是由民居的外屋地或炕边起源，同时民居的外屋地、院落或宅前空地也是京旗满人衣食住行文化习惯得以展现的物质背景，更是日常生产劳作、制作手工艺品等传统技艺展现与传承，以及婚丧嫁娶、讲古说唱等风俗表演的演出场所。

（2）京旗文化区拉林镇非物质要素特征

①生活方式

北京满族文化与东北地区生活环境和汉民族文化的不断交流过程中，京旗人仍保留着一些老北京特有的生活方式，例如拉林人说话仍带有浓郁的京腔味和一些满语词汇，延续喝豆汁儿，还有喜爱吃粘食、粘豆包的习惯。由于族群内部的文化变迁和受周边民族的影响，再与东北寒冷生存环境不断适应，形成具有地域性的京旗文化，例如在饮食上有冬季储备腌制酸菜，吃白肉、血肠等具有保暖效果的饮食习惯；日常活动上妇女平时抓“嘎拉哈”，儿童玩“拉拉尾”等东北特色游戏。

②民俗信仰

满族人信仰萨满教，即萨满文化。“京旗满洲”大约受贵族风气影响较深，所处阶级具有复杂的文化结构层次，“讲究”多，规矩大，繁礼多仪。他们不跳“家神”而热忱于跳“巫神”，其目的也不局限于祭祀，主要目的为治病、消灾[4]。以前的萨满主要是为人治病，解决一些疑难杂症。

③风俗文化

满族的祭司文化主要是萨满祭司，农历十月十三的颁金节是满族诞生的纪念日，拉林镇节日当天，每家每户都会穿新衣、吃杀猪菜，村民聚集在一起，在餐桌旁“讲古论今”。满族人还擅长手工制品，流传下来宝贵的民间手工艺品，例如刺绣、满彩、窗花等。拉林满族人独特的京旗秧歌则是满族人每逢节庆活动便会进行的文艺表演。

3. 京旗文化区拉林镇非遗文化空间存在问题

（1）村落传统空间格局

古镇的城墙、城门完全消失，至今未恢复重建，丧失了其浓厚的历史底蕴和边界形态的围合感。整体街道较为工整，沿着历史肌理的顺天府大街和宛平路街边活力不足，已丧失拉林京旗文化特点，利用未充分并未重现京旗文化记忆。

（2）街巷空间与广场空间

镇上现有的大型文化广场有镇政府广场、福昌门广场，根据调研发现其商业化较为严重，或与商场结合形成充满商业气息的场所，对传统文化表演展示忽视严重。福昌门广场尺度较大，边界的限定感以及围合感较弱，而且并没有考虑京旗文化特色的展示布局以及各类文化表演演出方式的适应性和特殊性。

（3）传统建筑

镇上现存巴尔品故居周边以及恒定门遗址周边两大民居片区，大多废弃闲置已久、无人问津，有的甚至屋顶倒塌、墙体破裂、柱子倾斜，已成危房。这些承载着京旗人过去生活的文化空间在社会经济冲击下和生产生活方式转变的过程中，由于功能过于单一，房屋建造及修整技术未结合现代生活需求，已经成为文化内在动力缺失的空壳，像民居的宅前空地也只是杂物的堆砌，而缺少文化功能的再赋予（图4）。

（4）非遗文化氛围

拉林镇现存历史建筑和镇中心的历史风貌保存的较好，但其他片区和主干道沿街的建筑风貌商业化严重，缺乏乡镇文化地方特色，乡镇新建建筑色彩与原有历史建筑色彩匹配度较低，整体风貌和谐度还有待加强。拉林镇镇政府对于拉林历史风貌保护与建设的

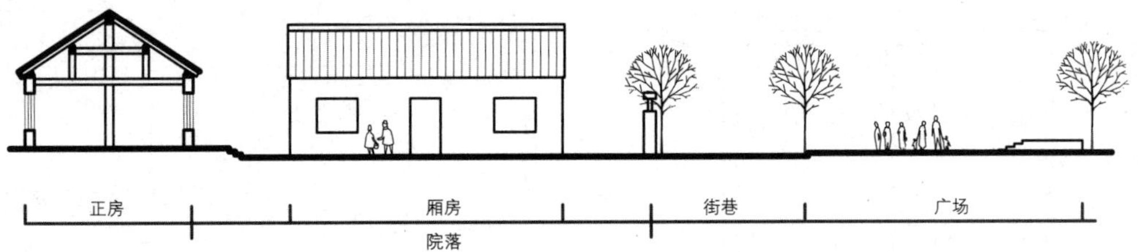

图4 满族民居—院落—街巷—广场空间关系示意图

重视度也愈发重视，对于历史建筑的修整工作也比较完善，各类非物质文化遗产的传承也有延续，但传承人呈老龄化趋势，年轻人不愿留在村里学习古老技艺，存在非遗文化逐渐流失问题。

三、京旗文化区拉林镇文化空间保护策略

（1）村落传统空间格局的延续

村落的形态在后续的文化空间重构中，应以延续历史肌理为主导思想，在历史的原型基础上结合新时代居民的生活需求、日常行为习惯以及精神追求，引入新型的活力激发点。但不仅仅是局部布局和功能的调整，而是区域整体的配套设施和功能布局等的协调发展，例如复原历史建筑遗址及周边环境，增加新的开放式文物或京旗文化展览空间，并结合配套商业设施，进行空间布局优化和创新，打造新旧结合的历史古镇。

（2）公共空间布局的适应性

文化空间布局要与村落的形态、业态、文态相适应，将传统的文化空间与现代需求相适应可以说是保护与延续非物质物化遗产的最佳解决办法。建议对公共空间进行科学合理的空间布局优化，着重考虑村民对精神文明的需求，根据村民的生活需求、行为意愿以及游客参观路线进行文化广场、展演场所、体育休闲场所合理的流线布局；在公共设施不足的村落中可增加民间团体活动中心、文化传习所等公共空间，增强村民和游客的参与度，同时也要尽量降低游客流线对村民日常生活的干扰。

（3）传统建筑的修缮与置换

对传统历史建筑进行分类修缮，修旧如旧，功能置换等保护和活化。现存民居建筑可以按照其历史价值进行分类：第一类为挂牌传统民居，这类民居承载着历史文化背景或历史名人名迹，其保护重点在于保持民居传统风貌，可结合旅游参观路线增加新功能，转化为适宜满族非物质文化遗产生产、传承、展示和体验的文化性空间，提高村落整体经济效益；第二类为协调类民居，这类民居虽具有原有风貌但缺少历史背景，在修缮破损的屋顶墙面后可进行局部优化，向生产性或民宿化民居改造，在民居的宅前空地、外屋地、西屋、厨房、仓房储存空间和制作空间等这些文化空间重现满族传统技艺，包括像京旗满族食品制作、窗花刺绣等民间手工艺品制作以及传统民居建造技艺等非遗场景，充分发挥建筑这一物质空间在非物质文化遗产传承中的承载功能与作用。民宿化的空间改造实现了传统建筑与现代生活需求的结合，对满族文化的宣传和文化空间的活态化保护传承具有积极作用。

（4）空间承载的非遗文化氛围

空间氛围的营造包括空间的尺度大小、布局流线、功能复合、展示方式与色彩匹配度等。街巷空间的主要色彩色调与展演节目或展示技艺的搭配度与气氛烘托程度，还可以在功能上适当增加外来者参与并学习体验的活动类型，例如参加扭秧歌、颁金节等文化表演以及传统技艺展示与相关技艺品售卖，形成“人一村一遗”三者之间的互动，从而增强村民的文化认同感，加大村民传承满族非遗文化的信念感，同时激活文化空间的活力，也为村民提供更多就业机会并提升村民收入。

四、结语

非物质文化遗产与文化空间之间存在强烈的耦合关系，强调非物质文化遗产的传承，本质上就是强调并突出村落空间环境格局的文化特征，二者的有机结合可以使传统村落的文化内涵体现得更为丰满，从而，在一定程度上增加了乡镇人民的文化自信与文化认同感。在乡村振兴大背景下，应主力推广乡村旅游业的良性发展，通过文化空间载体的功能置换、空间重构等更新方式适应非遗文化，两者交融，形成一个新的有机整体。满族文化在现代化建设冲击下，其影响力和传播力逐步下降，非物质文化遗产是满族民族文化生命力的重要体现，以文化空间的视角来促进保护与传承，以期实现发展极具地域文化与民族特色的乡村振兴新模式。

参考文献

[1] 中国民间文化遗产抢救工程普查手册[M].北京：高等教育出版社，2003：218.
[2] 舒展.关于拉林地区满族移民的历史思考[J].黑龙江民族丛刊，2008（06）：71-74.
[3] 宋智梁，张良祥，吴迪，刘书芳.东北民族地区体育非遗传承人保护研究[J].黑龙江民族丛刊，2017（02）：173-178.
[4] 伊葆力，王禹浪.拉林阿勒楚喀地区的满族民间文化活动[J].满族研究，2001（02）：80-85.

黑龙江省生土民居墙体构造安全性优化研究[1]

周立军[2] 连静茹[3] 周亭余[4]

摘　要：本文以黑龙江省生土民居的墙体为研究对象，探索影响生土民居墙体安全性的因素以及墙体病害的主要成因，并通过定量分析方法对黑龙江地区生土营建材料进行优化配比试验，找到抗压强度较高的生土墙体用料的配比，为黑龙江地区乡村生土民居的营建提供一定的依据，增补了该地区生土民居的研究内容。

关键词：生土民居　墙体　安全性　抗压强度　优化策略

一、黑龙江生土墙体安全性研究背景

黑龙江省传统乡土民居有着独特的建筑风格形式，生土民居作为其中的一员其存在数量目前仍占有大部分比例。然而这些建筑受到自然气候环境的影响，存在构造安全性的隐患。本文主要通过对黑龙江省生土材料的特性分析以及生土墙体的构造分析，在传统营建技艺中汲取经验，对生土材料进行量化的数据分析，提出适合黑龙江地区生土民居的优化设计策略与措施，使之达到提升一定宜居程度的效果。意图为该地区之后的生土民居营建设计提供一定的参考依据。

二、墙体结构安全性相关要求及评价

1. 生土墙体的安全性要求

对于生土结构的研究在2008年10月，颁布的《镇（乡）村建筑抗震技术规程》是我国第一部针对乡镇建筑的标准规程。在此内容中提到生土结构的房屋，包括夯土墙、土坯墙等承重的一至二层房屋，其单层建筑层高不应超出4米，二层建筑的各层层高均不应超出3米。抗震横墙在6度设防的地区不应超过6.6米，7度设防不应超过4.8米，黑龙江地区生土民居几乎均为单层，层高普遍在3米以下，开间一般在3.3米，墙体厚度普遍在300毫米至600毫米之间。

对于生土墙体的安全性，除了提出相应的构造做法要求，对于墙体的用料配比并没有具体的相关要求。民居的墙体通常与夯实程度和用料选择以及比例相关。夯实程度本质上是通过提升涂料的密实程度来增加强度。因此在同一土块密度下，可以通过优化用料选择以及配比来提升墙体强度。

2. 墙体结构的可靠性评价方法

（1）基于结构状态评估的评价方法

其主要依据为通过民居结构的发展历程与自身和环境当下状态来作出可靠性评价。在某些情况下，根据建筑的形态变化、结构变形等状况的评估便可在目标使用期内判断其可靠性是否达标及作出评价。像墨西哥等地区建立了快速评估生土房屋结构状态的相关指标，应用较为简易方便[1]。这种评估方法相对于基于结构的分析评价方法，不需要对结构进行校核，在我国民居实际鉴定评估中该方法采用也较为广泛。

（2）基于结构分析的评价方法

其目的是对民居墙体结构未来可能的变化趋势进行判断。通过其结构及所处的环境判断该结构使用的实际性能，进而推敲出今后可能发生的改变，如结构在未来能否承受的相应的荷载，最后分析总结来判定其结构在使用期间能不能较好地满足可靠性要求。

（3）基于结构试验的评价方法

其相比前两种评价方法更为深入且准确性更高。根据室内的相关试验检测来判定其结构的实际性能，即通过试验与分析结果来准确判断结构承载力等是否满足要求。因此，可对黑龙江生土民居墙体进行同一密度下不同材料配比构成的抗压强度试验，进而优化墙

---

❶ 基金项目：国家自然科学基金“基于文化地理学的东北传统民居演化机制与现代演绎研究（基金编号：51878203）”。

❷ 周立军，哈尔滨工业大学建筑学院，寒地城乡人居环境科学与技术工业和信息化部重点实验室，教授。

❸ 连静如，哈尔滨工业大学建筑学院建筑系。

❹ 周亭余，哈尔滨工业大学建筑学院建筑系。

体的构造设计来提升整体强度。

三、生土民居墙体用料的组成

在墙体中不同掺料的添加对于生土材料会产生一定的改性作用。生土墙体的用料基本是由原生土、砾石、砂子、麦秸草等组成。生土墙体内含有一定量的砂、砾石、碎石，它们在营建土料占有一定比例，并对墙体的坚固程度及耐久性影响很大，因此我们可对土墙原材料进行改良，优化生土、砾石、碎砂的掺料配比。提高土墙的抗压强度，耐久性，从而提高生土民居的居住水平。

四、墙体病害的主要成因

部分房屋在营建过程中不遵循科学的规范，会导致墙体底部由于潮湿或地面返潮造成松动的危险，然而大多数的民居并没有对墙根部位进行防潮处理。墙角不断受潮，长此以往墙脚外侧塌软凹陷会留下安全隐患。此外部分民居檩条与大梁直接搭建在生土墙体上，利用生土墙体承接整个屋顶的全部荷载。这就对墙体受压能力有较高的要求。在此类民居中，应力集中在大梁及檩条和墙体的相接处，若此处的局部承载力过低，强度不够，则墙体通常在此处会出现裂隙。

五、生土民居墙体构造优化设计策略

1. 墙体材料抗压强度的合理化提升

通过分析研究得出黑龙江地区生土墙体耐久性差的原因主要是生土材料的抗压强度不够。因此，笔者提出墙体材料抗压强度的合理化提升策略，进而对黑龙江生土民居的墙体进行优化。其中合理化指的是在尽量不去破坏生土材料的生态价值的同时，对墙体的用料组成进行选取，并通过不同用料配比下试件的抗压强度试验，找到一定程度提升墙体强度的材料比例。

2. 试验过程与结果

（1）材料准备

就生土墙体结构特点来看，取可居住的或现居住的生土墙轴心土块作为试验试件的抗压强度参照标准。对生土墙体轴心取样的土坯块，进行含水率的测定。参照GB/T 50123—2019《土工试验方法标准》中含水率试验测定其含水率为13.5%，进而得到标准试件干密度下的质量。根据其质量确定不同配比的生土、砂石，水泥的质量添加。将所取的试验土料在室外自然风干后用粉土机打碎，测定风干土料的含水率（图1）。用筛砂网将砂子中颗粒较大的砂石去除（图2）。

（2）试件制作

将生土墙取样的土块削成100毫米×100毫米×100毫米的立方体立方体试件可反映生土墙体的承载能力。将称好的生土、砂石、水泥进行复掺。加上生土墙体取样的试件，一共制作12组试件，每组3个。其过程为将称好质量的砂子、石头、水泥充分进行拌合，缓慢地加入水，按照“手握成团，落地开花”的方法达到合适的加水量。当地土坯块的制作也是按照此方法。由于水泥与水分会发生反应，因此土料要随拌随用，防止结块（图3）。之后将按照比例混合好的土料放入模具中压实、拆模，最后将试块进行标号（图4），养护28天后准备进行抗压强度测试。

（3）抗压强度试验

本试验在绥化市工程质量技术检验检测中心完成。将所有试块从养护的位置小心运到试验加载实验室。并仔细检查每个试件的外观是否良好，破损严重试块应弃用。将试件依次放置试验机器承压板上，调整至水平位置。启动试验机，开始试验。

（4）观察与记录试件破坏过程

记录到试件的破坏过程及破坏形态（图5、图6），得到其抗压强度数值。

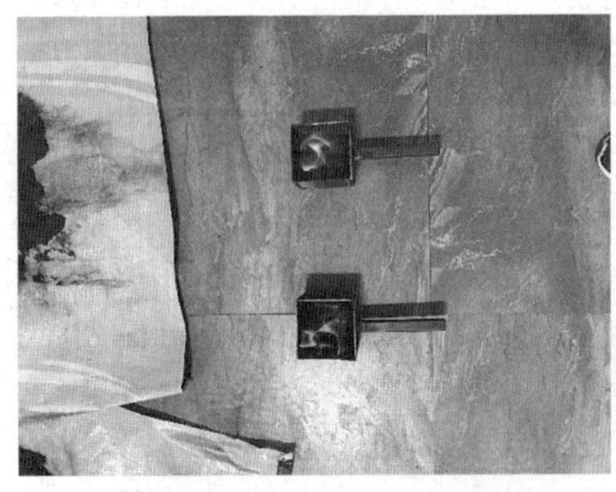

图1　测含水率

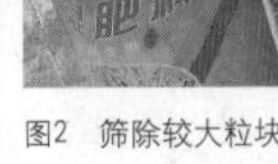

图2　筛除较大粒块

图3　将土料随拌随用

图4　养护试件

图5　启动试验机

图6　试件的破坏形态

（5）导出试验数据

整理绘制见表1。

将编组按照抗压强度大小均值排序绘制表2，方便直观地了解每组不同掺料配比的试件抗压强度，从而进一步分析得出在所有试验组中抗压强度较高的组号及它们的变化趋势。

从本次试验数据中可得出，当生土比例为75%时，石15%、砂子5%抗压强度最高。比起素土来说，掺入一定比例的砂石及水泥对强度有一定的提升。当生土比例为70%、水泥比例为5%时，石子或砂子比例为10%或15%时强度要高于20%与5%。砂与石的比例过高或过低时试块的强度不再增长，会有所下降。当生土比例达到85%，石砂比例下降，强度相对较低，但会高于生土比例为70%的试验组。添加稳定剂后的土料总体较素土土料，其抗

各组试验的抗压强度数值　　**表1**

试件组号	试件掺料配比				试件抗压强度（兆帕）			
	水泥	土	石	砂	抗压强度			平均值
A	5%	70%	20%	5%	2.48	2.53	2.46	2.49
B	5%	70%	15%	10%	2.50	2.56	2.60	2.55
C	5%	70%	10%	15%	2.62	2.65	2.59	2.62
D	5%	70%	5%	20%	2.43	2.50	2.61	2.51
E	5%	75%	15%	5%	2.83	2.87	2.90	2.86
F	5%	75%	10%	10%	2.88	2.83	2.79	2.84
G	5%	75%	5%	15%	2.77	2.67	2.75	2.73
H	5%	80%	10%	5%	2.74	2.88	2.72	2.78
I	5%	80%	5%	10%	2.72	2.63	2.75	2.70
J	5%	85%	5%	5%	2.71	2.69	2.65	2.68
K	—	100%	—	—	1.83	1.99	1.95	1.92
S	—	—	—	—	2.03	1.94	1.98	1.98

各组试验抗压强度均值排列　　**表2**

试件组号	水泥	土	石	砂	抗压强度均值（兆帕）
E	5%	75%	15%	5%	2.86
F	5%	75%	10%	10%	2.84
H	5%	80%	10%	5%	2.78
G	5%	75%	5%	15%	2.73

续表

试件组号	水泥	土	石	砂	抗压强度均值（兆帕）
I	5%	80%	5%	10%	2.70
J	5%	85%	5%	5%	2.68
C	5%	70%	10%	15%	2.62
B	5%	70%	15%	10%	2.55
D	5%	70%	5%	20%	2.51
A	5%	70%	20%	5%	2.49
S	—	—	—	—	1.98
K	—	100%	—	—	1.92

压强度均有所提升，E组提升最为明显。本次试验对黑龙江生土民居墙体用料复掺比例进行一定的初步探索，为以后的墙体营建提供一定的参考。

3. 墙体构造的适用性改进

墙体构造的适用性改进，即针对黑龙江地区的生土墙体的构造做法进行一定的处理，使之进一步优化墙体构造，给出相应的提升措施，并适用于当地气候条件与地理环境。

针对黑龙江地区生土民居除了对其土料配比进行优化外，还可通过机器压制土坯砖进一步提高生土墙体的整体强度。并且经过“超压实”的土料其抗压强度会得到巨大提升，这种压制方式在国外采用较为广泛。机械压制的土坯块可有效避免了因人工夯制时，压实度不足以及尺寸上会出现偏差等问题，并且可以提高土坯砖块的生产效率。一些制坯机其原理是利用杠杆技术人工制作具有一定规格的砖块土坯，特别是便于农民手工操作的制坯机，体积不大、重量较小且易于搬运，非常适合广大的黑龙江农村地区自用。提高墙体的压实强度后，可适当地减小墙体厚度，起到增加室内空间的效果[2]。除了提高墙体自身的密实度外，墙体与屋面檩条的搭接也要作一定的处理。部分生土民居将檩条直接插入墙体中很容易因应力集中造成檩下的墙体出现开裂甚至塌陷。因此，可按照檩条的放置高度将生土墙体夯筑或砌筑成不同高度的台阶状，之后将木板或木块垫置在檩条位置，从而分散屋盖对墙体的压力，最后再将剩余部分用土料填充（图7）。

针对部分生土民居的墙基凹陷，墙体根部土体损失等情况，要及时补上新的生土材料以保证墙体的整体稳定性，通过连接杆件加强新补土料与生土的连接。对于墙根受潮、墙面防水等问题，墙根勒脚处要作好防潮处理。勒脚可选用条石或卵石砌筑一定高度，以防止雨水侵蚀土墙根部，从而造成整体破坏。墙体根部要设置墙裙等构造措施进行防护。基础应超出地面与地表彼此隔离。可取当地的石材，适当地加高地基，使墙体基础避免受到雨水或积水的侵蚀。充分利用砖石等材料耐侵蚀的特点，将墙基抬升出地面一定高度作为防潮措施，降低雨水对于墙体的破坏。在墙体与基础之间增加防水卷材或防水砂浆来阻绝地下潮气的侵入。在墙基上部分可做成凹槽状，使得墙体与墙基形成类似榫卯结构的连接，增加接触面积从而提高墙体的整体性与稳定性（图8）。尤其在地震发生时，一定程度上可避免横向外力作用发生位移。同时，在墙体基础周围增设环绕型排水沟或散水构造，以便于能够在下雨时及时将雨水排走，避免墙体与基础长时间被水浸泡。

墙体面层防水保护一般利用纤维秸秆和黏土混合的泥浆将其均匀涂抹至墙体面层中，起到一定的保护作用，每隔2~3年重新涂

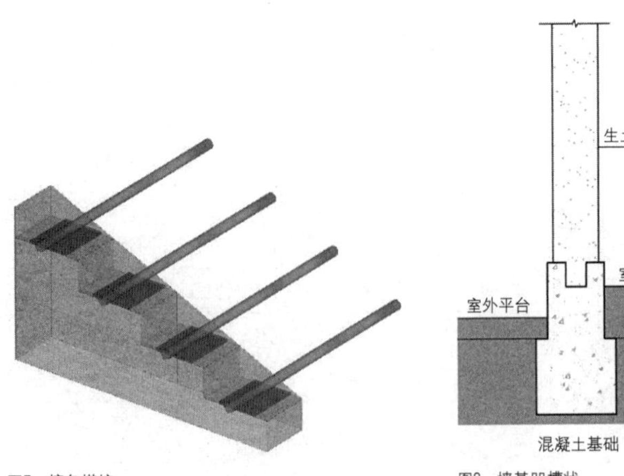

图7 檩条搭接

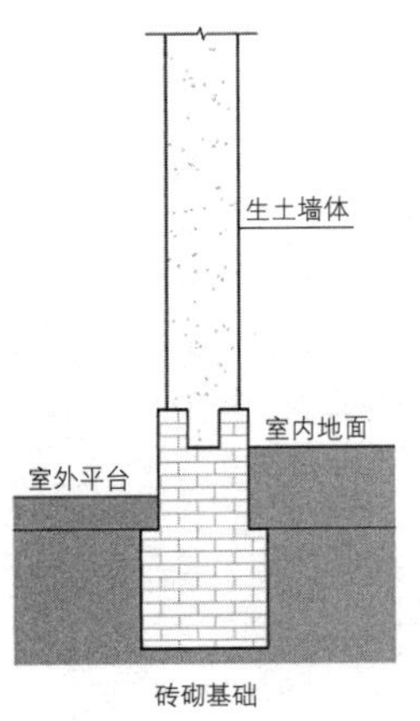

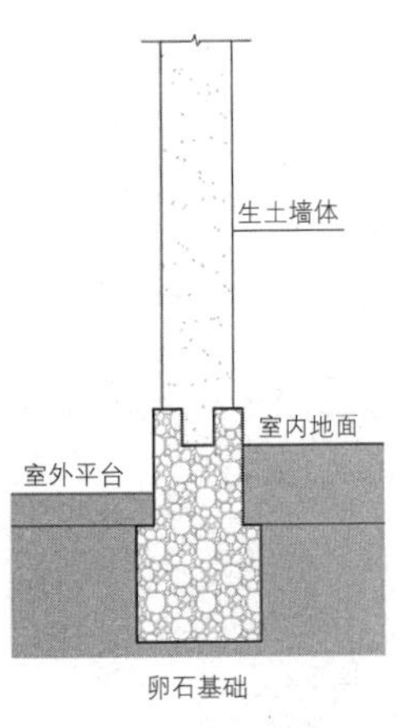

图8 墙基凹槽状

抹。墙体表面也可涂抹石灰砂浆，它在潮湿状态下与空气中的二氧化碳接触发生碳化，进而在墙体外表面形成一层保护层，保证生土民居的墙体在一段时间内不受风雨侵袭。

六、结语

目前的生土民居正在逐渐被砖混民居替代。这是因为相比于砖混建筑来说，生土民居存在的建筑环境质量较低，墙体强度不够等突出问题。虽然生土民居具有便于就地取材、营建简单等优点。但如果一直不注意解决这些问题，生土民居也会逐渐被淘汰。且砖混建筑可能会破坏乡土基因。我们应在遵循乡土建筑文化的基础上，结合一些现代技术措施去解决生土民居的问题，使之宜居。正视它的固有缺陷，努力寻找发展空间，如此才会为生土建造技术传承与应用推广找到突破口。

参考文献

[1] Preciado A, Ramirez-Gaytan A, Santos J C, et al. Seismic vulnerability assessment and reduction at a territorial scale on masonry and adobe housing by rapid vulnerability indicators: The case of Tlajomulco, Mexico[J]. International Journal of Disaster Risk Reduction, 2020, 44: 101425.

[2] Vandna Sharma, Hemant K. Vinayak, Bhanu M. Marwaha. Enhancing sustainability of rural adobe houses of hills by addition of vernacular fiber reinforcement[J]. International Journal of Sustainable Built Environment, 2015, 4 (2): 348-358.

有机更新视角下鄂伦春族传统聚落空间营造策略研究

——以大兴安岭十八站民族乡为例

邓 蕊[1]

摘 要：本文以黑龙江省大兴安岭地区塔河县十八站鄂伦春民族乡为研究对象，采用文献资料整理、结合实地踏勘等研究方法，探析鄂伦春族传统聚落的演变历史、形态特征，总结民族乡在保护与发展过程中存在的现实问题，尝试以有机更新的视角提出鄂伦春族传统聚落空间的营造策略，以期民族文化、民族建筑能够得到更多的关注、更好的发展。

关键词：有机更新 鄂伦春族 传统聚落 空间营造

鄂伦春族是中华民族中人口数量最少的民族之一，其祖先是东北地区通古斯语族的后裔，属“东北渔猎民族”中的一支。20世纪50年代前鄂伦春族主要进行游猎生活，逐水而居，其建筑形式多为临时性居住的建筑。1953年，在政府的帮助下，鄂伦春族成为我国最后一个下山定居的民族，其人口主要分布在内蒙古东部和黑龙江北部。本文以黑龙江省大兴安岭地区塔河县十八站鄂伦春族乡为例进行研究。鄂伦春族人的食物主要来源为动物的肉、衣服来源于动物的皮毛，信奉萨满教，信仰万物有灵，建立在宗教及生活方式基础上的民族聚落及建筑同样有自己特有的文化。然而鄂伦春族仅有语言的传承而没有文字，这给后来人们研究其文化及建筑发展带来了一定的障碍，研究鄂伦春民族建筑及传统部落的文献非常稀缺。

一、传统聚落空间布局

鄂伦春族传统聚落曾经经历大规模的空间迁徙，17世纪中叶以前，鄂伦春族主要活动的地点从贝加尔湖畔至海中库页岛、自黑龙江延伸到外兴安岭，因此鄂伦春族也是我国较少跨国家的民族之一。17世纪中叶以后鄂伦春族逐渐在黑龙江南岸的大、小兴安岭进行游居，其传统聚落的空间营造主要经历了两个阶段：20世纪50年代之前的游猎生活以及1953年后的定居时期。

1. 游猎时期

游猎时期鄂伦春族主要是在人与自然的尺度下进行生存空间体系的构建，传统聚落的选址一般位于依山傍水、日照充足且方便打猎砍柴的地方，其聚落空间主要分为三种模式：以族人居住空间为主体的生活空间，以捕猎为主要活动的动物生存空间以及以准备、储存为主要模式的辅助空间。

鄂伦春族以游猎为主要生存方式，其主要聚居地为大小兴安岭，东北地区气候具有夏季温暖短暂、冬季寒冷漫长、四季分明，打猎也具有季节性特征，因此其聚落空间也以暂时性的“居”和季节性的“游”为主。“居”主要取决于鄂伦春族的氏族制度，鄂伦春族早期由母系氏族转变为父系氏族这决定了其以家族族长为中心的家庭结构和生长单元——“乌力楞”，每个氏族以4~6个乌力楞来构建民族聚落，每个乌力楞之间相距至少25公里，整个民族聚落以大散居小聚居的方式沿河分布（图1）。鄂伦春族在游猎的过程中演化出一种新的狩猎空间，由几个乌力楞分出擅长狩猎的族人临时组建生产组织，使得传统聚落的组成方式慢慢由血缘转变成地缘，氏族公社制逐渐瓦解成了地缘村社，其民族聚落形式未发生明显变化。

2. 定居时期

1953年在政府的帮助下鄂伦春族人放弃了以打猎为生的游猎生活下山定居，鄂伦春族人选址延续了游猎时期的特征，以大兴安岭北坡，黑龙江的南岸，呼玛河的下游的十八站乡为中心进行建造活动，属于寒温带气候区，冬季漫长寒冷，夏季温暖短促。2013年，在原基础上为鄂伦春人建立了新居。十八站民族乡紧邻呼玛河，最早沿河岸进行建造活动，在经济不断发展的推动下，十八站乡经历了重新规划，以山体为边界，随地势而扩张，形成狭长格局，整体风貌保存较好，居民住房多数依道路而建，较为分散，东西向道路较长，南北向道路较短，主要道路呈鱼骨形，以国道为边界，以昌盛街为主路，与其他街巷小路形成网状格局，路网分为三个级别：6米的水泥铺地主路、4米的黄土夯实小路以及2.5米左右的入户路（图2）。

[1] 邓蕊，河北工程大学建筑与艺术学院。

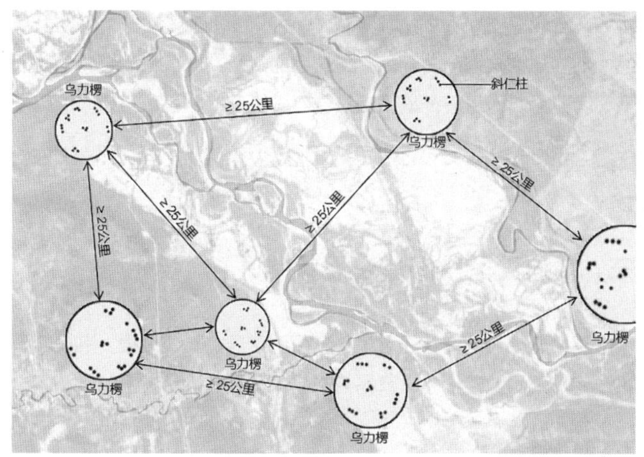

图1 氏族布局空间

图2 十八站民族乡

二、民族建筑空间营造

鄂伦春族民居由游猎时期的临时性建筑斜仁柱、奥伦、恩克那力住哈汗等形式转变为定居时期的木刻楞以及后期的砖瓦结构住宅，虽然建筑形式发生改变，但其主要的空间形式并未发现明显改变，定居时期的建筑空间也依然保留着游猎时期的功能特征。

1. 平面空间布局

游猎时期的建筑功能较为简单，“斜仁柱”内部为完整的单一空间，中间有用于做饭取暖的火塘，正对着入口方向为摆放神族及长辈的地方“玛鲁”，火塘两侧为家中男子及客人的位置“贝”，门的两侧为妇女的位置“琼阿拉”。“奥伦”主要功能为储存食物、过季的衣物及其他杂物的仓库，“恩克那力住哈汗”功能为产房，内部的布局简单仅供孕妇生产时临时居住，“桦树棚”“祜米汗”等为夏季、春秋季节狩猎过程中临时休息的地方。

1953年鄂伦春族下山定居后形成了新的建筑形式“木刻楞”，后将“木刻楞”的木质结构改为砖瓦结构，主要的平面形式是“一栋两户”，位于南侧的起居室是住宅的核心部分，兼有客厅、餐厅（家庭聚会时）及主卧室的功能；起居室后身为兼顾门厅、交通及家庭用餐功能的厨房，厨房使用灶台生火做饭，通过灶台连接的“火墙”及暖气是室内主要采暖来源；卧室面积最小为老人或孩子居住空间，一般是可以单独生火采暖的“火炕”；部分住宅有单独的储藏室，没有储藏室的住宅一般会在起居室或者庭院中采用地窖的形式来储藏粮食等，在后期设计中增加室内卫生间（图3）。

2. 结构形式营建

“斜人柱”“恩克那力住哈汗”先用二三根支杆斜立搭成人字形骨架，根据房屋大小用20~80根、长约5~6米，直径为6~7厘米的木杆依次交叉以60°~70°角搭在“刷那”上，根据季节和方位选择门的朝向及大小，用两根结实的支柱当门框，在顶部留有空隙进行排烟，在空隙下做桦皮水槽进行排水。“奥伦”充分利用自然中对角成矩形的四棵树，在离地面约3米的高度搭建成为立柱，选取两个直挺的树干搭在立柱上，挑选较细的椽子覆盖在上面，在椽子的上面覆盖好柳条或藤条，留出门的位置并制作了简易梯子。“祜米汗”是鄂伦春人春秋户外狩猎的临时敞篷，形制和“奥伦”类似但不悬空；“桦树棚”是夏季避暑纳凉的简易棚子。

木刻楞最早是为定居后越冬避寒而建造的，选取直径30厘米左右直径的圆木，截成统一规格长度并将端部削平整，加工成统一的凹凸结构，然后把木头层层叠加，通过凹凸结构固定，类似于榫卯结构或是用削过皮的小桦树顺孔将大圆木串联起来，用木板搭盖上房盖并用毛棱板进行防雨，向阳面安装门窗，所有的缝隙再用泥

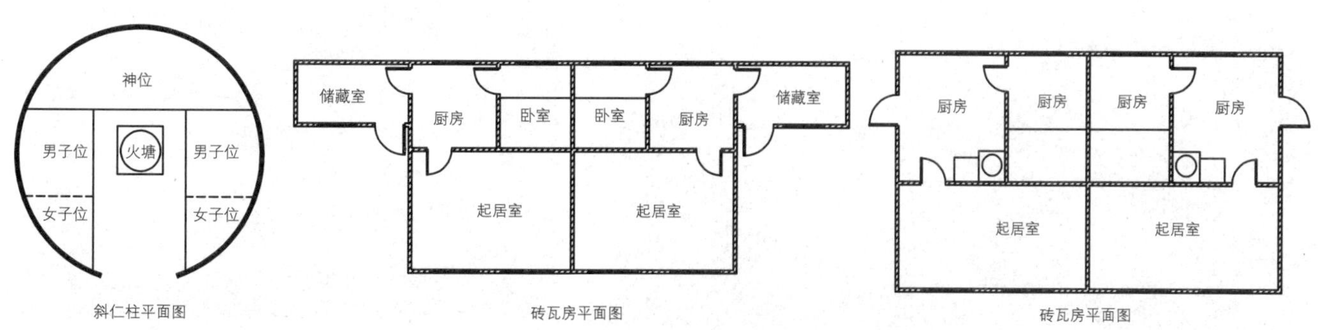

图3 “斜仁柱”、砖瓦房平面布局

巴封严实，室内用白灰粉进行粉刷并铺上地板。但木刻楞不便于防火（图4）。

3. 立面民族装饰

“斜仁柱”的覆盖物依季节的变化而有所不同，夏天是以桦树围子为覆盖物，用1米见方的桦树皮缝合在一起，四周用薄桦皮镶边制作成成扇形，在覆盖时从下往上覆盖，上片压着下片，再用皮带固定在柱子上，底部留半尺的距离通风，可以用柳条或其他材料进行遮挡。冬天就换成狍皮围子。为体现鄂伦春的民族特色，定居时期新建住宅在立面形式上采用了鄂伦春族传统的“斜仁柱”的建筑符号及民族图腾等。鄂伦春族在游猎的历史长河中形成了丰富多彩的纹饰图案，这些图案有简单的也有复杂的，有原始的也有非原始的，具体有单独纹样、适合纹样、混合纹饰、连续纹样等。这些精美的图案是鄂伦春族民族文化与民族艺术的杰出代表，在鄂伦春族人生活的方方面面都有体现，例如服饰、寝具、桦树皮工艺品（非物质文化遗产）等。新建住宅的建筑立面上也装饰着这些图案，有的用石膏直接在墙面上进行勾画，有的则是塑料材质的成品挂到墙面上，还有的是用涂料直接在墙面上进行绘制（图5）。

三、传统聚落空间营造现状问题

鄂伦春族传统聚落经历了从游居到定居的转变过程，其聚落原始风貌、民居原始形态以及民俗文化都遭到了一定程度的破坏。

1. 民族地域性特征消失

在长期的游猎生活后，鄂伦春民族乡在20世纪才进入定居时代，是少数自下而上与自上而下发展同时发生的聚落之一，这使得

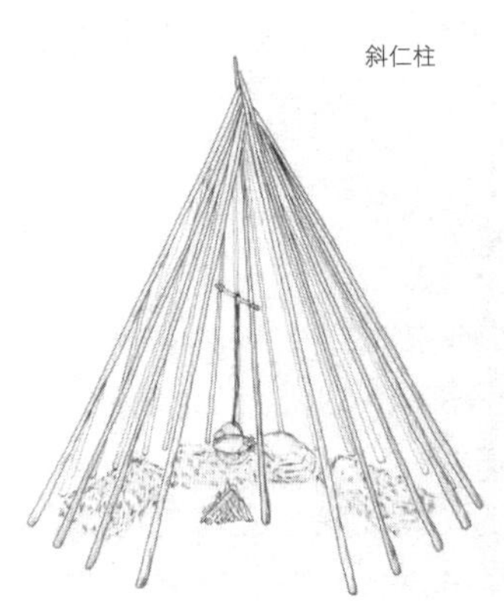

图4　鄂伦春族营建形式（来源：网络）

图5　鄂伦春族民族装饰（来源：网络）

民族乡的空间不仅需要满足人与自然的和谐也要表达规划的意愿，在传统与现代的矛盾中发展。在城市化不断影响的聚落建设过程中，民族乡的环境与基础设施得到一定程度的改善，但是传统民族乡空间的建设形式和建设材料被取代，有部分民居已经废弃无人居住，在聚落不断发展过程中忽略了民族聚落的民族性和地域性，缺少历史文化特征，空间遭到破坏。

鄂伦春民族乡是在血缘地缘的宗族理念下形成的，鄂伦春族人民信仰萨满教，崇尚自然，这些理念在其聚落空间及建筑空间中均有所体现，而现代的村落布局显然弱化了这些向心性、集中式的空间布局方式。

2. 保护开发与村民需求之间的矛盾

十八站鄂伦春民族乡位于黑龙江省东北部的寒地林区，这里地广人稀，距离城市较远，交通不够便利，与城市建设发展存在一定的差距，但拥有丰富的自然资源，国家出台退耕还林、限制开采政策后，民族乡的居民失去了打猎、林业的优势，在旅游文化发展的冲击下，众多设计者参与到民族聚落的建设及开发上，其主要围绕历史遗迹进行开发和保护，忽略了鄂伦春族的非物质文化遗产以及人民的现实需求。

3. 人口流失对村落空间影响

在城镇化发展速度较快的时代，鄂伦春民族乡失去了耕地、失去了林业加工以及游猎的生存方式，当地的第二、第三产业发展滞后，所提供的的岗位不能满足居民的需求，鄂伦春族人也不得不选择进入大城市务工，导致人口流失严重，部分民居无人居住，外墙坍塌等事故时有发生。人们更倾向于搬到附近的镇上居住，有些区域杂草丛生，原本的村落空间也受到一定影响。

四、鄂伦春民族乡空间有机更新策略研究

有机更新概念最早由吴良镛院士提出，以尊重城市发展文脉为基础，梳理城市肌理，达到城市建设兼顾保护与发展，民族聚落与自然关系密切，民族聚落在选址空间、街巷空间、民居空间上的演变过程都应该与有机体一样，以连续、缓慢、递进的方式更新，使具有民族特色的聚落空间得到有序生长。

1. 保留民族地域性特色、传承民族文化

十八站鄂伦春民族乡位于大兴安岭内，其拥有与众不同的自然风景及环境特点，有鄂伦春族独有的民风民俗及非物质文化遗产。鄂伦春族人民信奉萨满教，逐渐演变出来的萨满宗教空间在民族乡的建设发展中慢慢被淡忘，通过实地走访及调查研究发现，在民族聚落的发展过程中需要重塑宗教空间，增加民族的精神信仰，将地域性民族性的街巷空间在保留和继承的基础上发展，深入了解建筑空间形成的文化内涵及民族内涵，使用新的设计手段、新的材料及新的技术的同时，保留其核心的功能及形态，将民族特色的装饰、工艺品等进行保留及利用。

2. 延续聚落空间文脉肌理

十八站鄂伦春民族乡选择呼玛河中下游地区作为建设地点，继承了其游猎时期逐水而居，选择河岸边建造“乌力楞”的原则，其山水格局是民族物质生活的重要载体，其民族聚落的肌理格局是在自然和建设的双重作用下形成的，在空间发展更新的过程中，应该充分遵循这种自下而上的空间肌理，保护原有的自然环境、街巷格局及民居群体，通过对建筑、街巷、自然等空间符号的提取来与现代设计手法相结合，形成新的民族新聚落。

3. 完善民族聚落现代功能

十八站鄂伦春民族乡的基础设施相对落后，老龄化和空心化现象严重，在民族聚落功能方面需要完善生活空间的功能拓展，以包容性和多元性的角度有效提升民族聚落空间活力。在满足居住条件的同时，以现代化与民族化结合的方式丰富其功能结构，希望能够有效的提高聚落活力，满足现代鄂伦春族人民生活的多样化需求。

4. 增加公众参与发展模式

在十八站鄂伦春民族乡的规划建设中，应充分尊重当地鄂伦春族人民的想法，在整体及民居的空间功能营造中尽可能了解鄂伦春族人民的需求及设计意向，在聚落民居的设计过程中提高鄂伦春族人民的参与度，鼓励其提出自己民族的风俗文化及创作理念，将民族性在设计中不断被强化，使鄂伦春族人民的归属感不断增强，将民族的东西最大限度地保留下来。

五、结语

十八站鄂伦春民族乡具有悠久的历史文化及底蕴，是游猎农耕文明的结晶，其聚落空间是民族文化的空间载体，是人与自然和谐共生的有机整体，是民族文化与历史文化中不可替代的重要组成部分，随着乡村振兴策略的不断推进，对于民族聚落的传承、保护与发展成为城市化建设的关键环节，在民族聚落的营造更新中，应尽可能保护与发展文化脉络，激发村落发展的内在动力，传承非物质文化遗产，不断促进民族村落的有机更新。

参考文献

[1] 朱莹，屈芳竹，刘松茯.东北边域鄂伦春族传统聚落空间结构研究[J].建筑学报，2020（S2）：23–30.

[2] 林鹏，张恒，韩网.有机更新理论视角下的传统村落空间营造策略研究[J].建筑与文化，2019（08）：38-39.

[3] 朱莹，屈芳竹，仵娅婷.鄂伦春族传统“住”与“居”的空间研究[J].建筑与文化，2019（07）：93-95.

[4] 屈芳竹．文化人类学视域下鄂伦春族传统聚居空间研究[D].哈尔滨工业大学，2019.

[5] 刘广鹏．黑龙江省鄂伦春族居住文化的特点及变迁研究[D].吉林建筑大学，2018.

[6] 文剑钢，戴嘉瑜.基于有机更新理论的传统村落公共空间特色营造研究——以湖州和孚镇荻港村为例[J].生态经济，2018（03）：230-236.

[7] 金日学，刘广鹏.黑龙江省当代鄂伦春族民居建筑单体研究[J].河南建材，2017（04）：19-21.

[8] 高冰．鄂伦春民族建筑形式与现代建筑的融合[D].齐齐哈尔大学，2016.

[9] 傅学，赵俊学，马俊.鄂伦春族民居的发展与演变分析[J].山西建筑，2014，40（34）：5-6.

[10] 李殷平．鄂伦春族民居建筑文化的保护与传承研究[D].齐齐哈尔大学，2014.

文化基因视角下传统民居的保护与传承路径研究

——以徽州宏村民居为例

杜献宁❶ 肖 然❷ 刘 浩❸

摘 要： 传统民居是民族物质文化与非物质文化的沉淀，是新时代背景下乡村文化振兴的重要载体。目前传统民居面临不受重视、忽略内在文化机制等问题，因此传统民居的保护传承成为重要议题。本文以文化基因为视角，从主体、附着、混合基因三个方面对传统民居文化基因进行归纳总结，构建文化基因图谱，并以徽州宏村传统民居为研究对象，分析其传承面临的问题，寻找传承路径，以期为乡村文化振兴和传统民居的保护、传承提供更多方法。

关键词： 文化基因 基因图谱 传统民居 徽州民居 传承路径

一、引言

文化基因作为民族文化的基本遗传单位，对于文化的保护和传承有着重要作用。目前我国已完成全面脱贫，与全面乡村振兴形成良好衔接，传统民居作为乡村地域的文化载体，在乡村文化振兴中起着至关重要的作用，但目前传统民居保护过于固化，注重外在特征而忽略了文化内涵和内在机制。本文基于文化基因理论，以徽州宏村的民居为研究对象，采用文献分析和实地调研相结合的研究方法，分析该地域传统民居的文化基因，构建基因图谱，用以分析传统民居文化传承路径。从而更好地保护传统民居、传承传统民居文化。

二、文化基因阐述

1. 文化基因的定义

丹麦学者约翰逊于1909年在《精密遗传学原理》中首次提出基因的概念。他认为：基因储存着生物从诞生到死亡，以及生长发育过程的全部信息[1]。文化中的基因是文化传承的基本单位，具有遗传和变异的特性[2]。英国学者查理德·道金斯在《自私的基因》中描述了“文化基因”的相关概念，即为遗传文化特征的最小单位[3]。国内有学者将基因与文化、景观等学科进行交叉研究。例如刘沛林教授将基因和景观结合，提出景观基因概念并构建图谱，用于保护传统村落的景观文脉[4]；王兴中教授提出文化基因概念，阐释了传统文化的传承关系[5]。

2. 文化基因的分类

通过对文化基因挖掘、梳理、归类，可以分为主体文化基因、附着文化基因、混合文化基因三大组成部分[6]。主体基因是文化基因图谱形成的主体，在文化传承中十分关键。例如徽州地理环境孕育出徽州民居文化，因此依山傍水成为徽州民居的主体基因。附着基因有着对主体基因增强识别的作用，其附着于主体基因之上。如徽州风水文化就是在山水文化的基础上，作为徽州民居的一种附着基因。混合基因是伴随地区文化发展而形成的缩影，虽然不具有地域唯一性，但却是文化基因库中不可或缺的一部分[7]。

3. 文化基因图谱的构建

文化基因图谱的构建按研究角度的不同有多种分类方式：从其组成可以分为主体、附着、混合基因以及变异基因；按照物质非物质分为物质、非物质文化基因。物质文化基因是以物质形式存在，通过物质层面传承，其可再分。例如建造文化、居住文化等，都属于物质性文化亚类基因。非物质文化中的基因以一种精神状态的形式出现，可再分为宗族文化、信仰文化等亚类基因。各类文化基因在彼此复杂的影响下，相互结合构成一个地域的总体文化基因（图1）。

---

❶ 杜献宁，河北工程大学建筑与艺术学院教授，建筑文化遗产保护研究中心主任。

❷ 肖然，河北工程大学建筑与艺术学院。

❸ 刘浩，河北工程大学建筑与艺术学院。

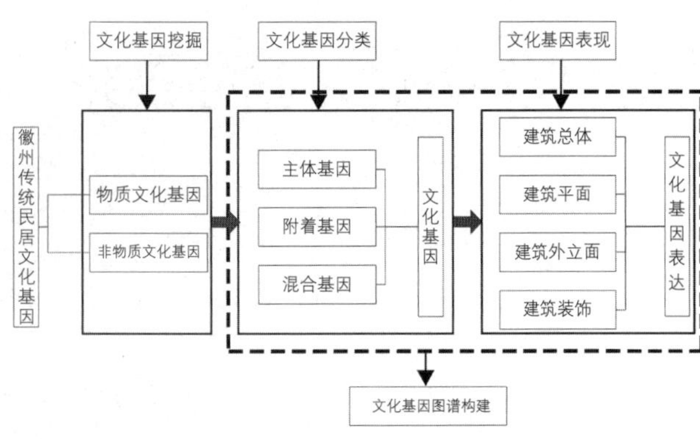

图1 文化基因图谱建立流程

三、徽州传统民居文化基因图谱构建

1. 主体文化基因

主体文化基因是文化基因图谱的主体，主导文化属性和民居建筑的派别。徽州传统民居区别于其他地域传统民居，主要受到几方面影响，包括自然条件、程朱理学、儒家文化、宗族文化。几种文化因子相互作用，共同形成徽州传统民居特有的主体文化基因。（图2）

（1）自然条件

徽州地理位置处于皖南山区，属亚热带季风气候，位于山地之间，水系主要是新安江和其支流。水路是徽商出行的重要方式，也是徽州人运送物资的生命线，故徽州传统民居选址一般在山水之间。

（2）程朱理学

徽州被誉为“陈朱阙里”，是程朱理学重镇，且程颢、朱熹的祖籍都在徽州，固然爱用朱子封建理学管理家庭和宗族，封建宗法文化深入。清朝赵吉士在《寄园寄所寄》中所写：“新安各姓聚族而居，绝无一姓掺入者，祭用朱子家礼，彬彬合度，主仆之严，数十世不改”。“理”也是朱熹理学的思想核心也是朱熹整个学术的理论基础，强调精神的第一性。徽州民居平面中轴对称的布局，其中便体现了宗法礼制的思想；山墙面上的高窗，表达谨言慎行、封闭自我的思想。

（3）儒家文化

新安理学诞生于古徽州地区，以继承朱子理学为目标，又称之为新安理学，而儒家文化是新安理学形成的文化条件[10]。据《休宁县志》记载，当时新安地区重视儒学教育，“以乡校为先务，早夜弦诵，洋洋秩秩，有洙泗之风”。因此，儒家文化成为影响徽州民居建筑风格的潜在因素。

（4）宗族文化

徽州人民崇尚伦理道德、三纲五常，维护和长幼、尊卑有序的等级制度，这也使得宗族制度的思想在徽州宗族内部得到广泛宣传和渗透，成为徽州宗族文化的重要理论依据，也是徽州人民的精神纽带。例如，徽州传统民居中的三雕（砖雕、木雕、石雕）雕有“行佣奉母”“卧冰求鲤”等孝道题材。

2. 附着文化基因

附着文化基因加强了对主体文化基因的识别作用。法国学者山狄夫在《民俗学概论》中提出对民俗的分类方法，可分为：物质民俗、精神民俗、社会民俗[11]。徽州传统民居中主要体现了物质民俗与精神民俗。（图2）

（1）精神民俗

精神民俗在人们的生活习惯、情感信仰相互影响下而形成，是一个地区特有的文化。徽州人崇尚程朱理学，且朱熹崇尚风水学，故徽州精神民俗主要受程朱理学、儒家文化、风水学的综合影响而产生。

①风水学

风水学作为中国特有的文化被徽州人所采纳，赵吉士在《寄园寄所寄》中写道：“风水之说，徽州人尤重之，其平时构争结讼，强办为此”，徽州人在选址建宅的方面充分应用了风水理论，背山面水、枕山向水，这也是徽州民居营建的基本格局。

②共同精神

徽州人在相同的外界环境下，同时接受程朱理学、儒家文化、宗族文化等文化的影响，而产生相同的信仰。例如，认为人与自然应和谐共处、顺应天命，生而为人要循规蹈矩、遵纪守法等。

③儒商精神

儒商精神区别于普通群众共同精神民俗，具有典型性。徽商宣传“行者以商，处者以学”的处事原则，意为将商业和文化联合起来发展。明李维桢在《大泌山房集》写有：“徽多高资贾人，而勇于私斗，不胜不止”[8]，即徽州人竞争意识、商品意识强，经济利益看得更重。

④儒士精神

儒士精神是在儒家文化的影响下形成，以儒家思想为核心。徽州文人儒士崇尚宽广的胸襟、豁达的气节、天人合一的境界[9]。因此，爱用各类方法表达对高尚品格的向往，对文人名士风骨的崇拜。

（2）物质民俗

徽州民居外在特征上区别于其他民居，是由于其受到程朱理学、儒家文化等多种文化的综合影响下产生，主要体现在建筑元素上[9]，包括建筑总体、空间、装饰、建筑细部等方面，也体现在外部形体、徽州三雕、天井、马头墙、建筑色彩上。这也加强了主体基因的识别和认知。

3. 混合文化基因

农耕与读书结合的生活方式自古就已存在，并在历史长河中逐渐形成一种“耕读文化”。古徽州地理位置闭塞，交通不便，这种文化便很好地保存下来，因此也成为徽州特有，对徽州传统民居文化产生重要影响的混合基因。（图2）

四、徽州传统民居文化基因传承困境

在构建徽州传统民居文化基因图谱后，通过对徽州宏村传统民居的实地调研，发现当地目前所面临的传统民居文化传承面临如下几个方面问题：

1. 人口流失问题

当地收入来源主要以旅游业为主，产业单一，当地居民不得不外出务工、经商以增加收入，导致当地人口流失，并且青年人成为其中的主力军。人口的大量流失导致当地民居文化传承出现断层，文化活力不足。了解徽州传统民居文化、掌握传统民居建造技法的居民多为老年人。中年人、青年人对于传统民居文化了解较少，且出现不愿意了解的现象，以至于出现传统民居文化传承困难，难以延续。

2. 对传统民居文化、价值认识不足

通过与当地居民的询问交流，发现当地大多数居民了解马头墙、天井等外在物质特征，但对于徽州传统民居的深层文化、发展历史了解甚少。其次，更多的居民愿意建造现代房屋而不愿意居住在传统民居内，认为传统民居是落后、贫穷的象征。这种根深蒂固的观念深深影响着当地居民，从而导致缺乏文化自信、盲目跟风的现象，不愿意自发地去维护当地的传统民居。

3. 民居改建乱象

在当地旅游业的带动下有些民居被改造成民宿，通过调研改建后的民居，发现一些民居内部的天井被加盖房顶，改建成室内空间，失去原有建筑文化的特征要素；民居大面积墙体被拆除，安装成玻璃幕墙、落地窗，房屋没有与原有的建筑风格形成良好衔接等问题。这些改建不但破坏了原有的徽州古民居外部特征，也使得传统民居文化加速流失。（图3~图6）

五、徽州传统民居文化基因传承路径

通过对徽州传统民居文化中各类基因构成要素的提取，构建文化基因图谱，并结合目前该地域传统民居文化传承面临的困境，提出针对该地区传统民居文化传承的路径，用来指导该地区传统民居的文化传承，推动乡村文化振兴（图7、图8）。

1. 主体文化基因传承路径

主体文化基因主导文化属性，决定民居文化所属的地域和派别。社会学家布迪厄认为文化可以通过对资源的利用、转换、运作实现价值的积累[13]。因此，将当地民居文化与产业结合使其带动

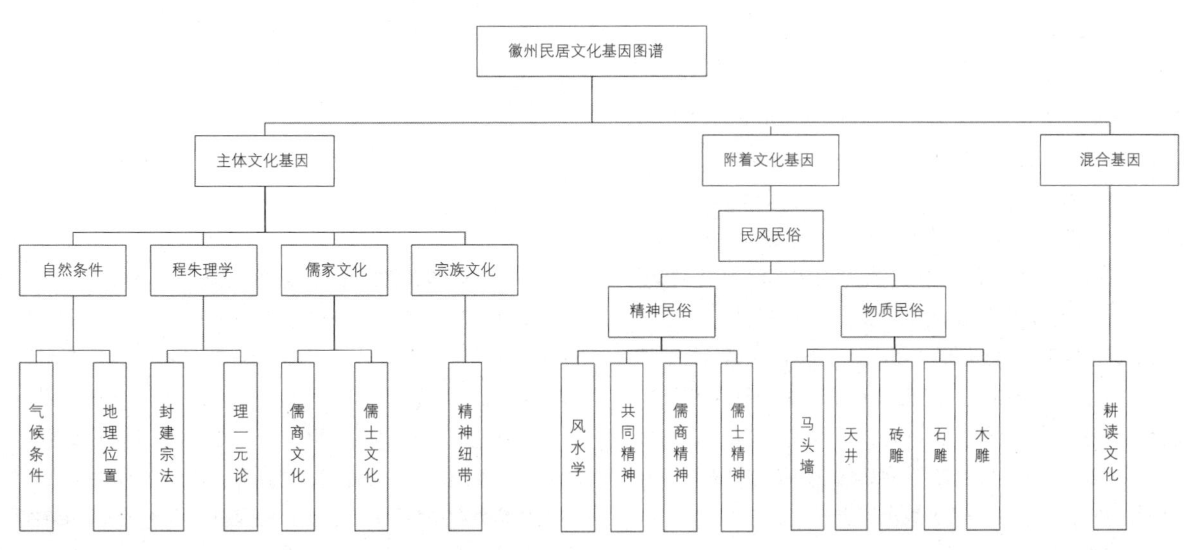

图2 徽州民居文化基因图谱

图3 天井改造

图4 天井改造

图5 房屋改建

图6 墙体改造

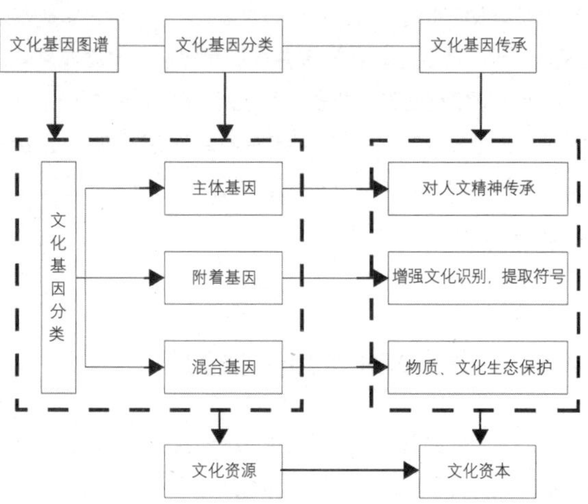

图7 文化基因传承路径

图8 徽州传统民居文化基因传承路径

当地经济发展，也加强了对当地传统民居文化的宣传：（1）将传统民居主体文化基因与当地民俗相结合，以黄梅戏的形式对朱熹、孔子的故事进行表演；（2）将当地儒商、儒士的历史文化故事改编成舞台剧。通过表演的形式，使当地居民、来往参观的人直观、深刻地了解当地的传统文化，提高当地居民的文化自信，使传统民居文化的传承受到重视。

2. 附着文化基因传承路径

附着文化基因对主体文化基因有加强识别的作用。因此可以通过建立文化基因图谱，提取附着文化基因的文化符号并植入产品的设计当中，通过符号带来文化的增值，使得民居在传承文化的同时满足当代建设的需求[12]。（1）提取徽派建筑中的天井、马头墙、三雕，用来创造文化空间、文化产品，使文化更具地域性与归属感。（2）对传统民居内部空间进行功能转换和空间重组，在不破坏其文化基因的前提下，赋予新的价值，使其变成为经济价值较高的、多功能的创意空间。（3）文化符号也可以和生态设计相结合，增加地域文化空间的场所精神和文化价值，从而实现文化资源向资本的转变。通过以上方式，让村镇传统民居成为带动当地经济发展与文化创新的主体，使更多人才愿意回归乡村，带动乡村人才振兴，解决人口流失导致的传统民居文化传承困境。

3. 混合基因传承路径

混合文化基因作为文化基因中不可缺少的环节，参与了文化基因图谱的组成，对文化的传承也不可或缺[12]，因此选择以生态保护为主的传承路径。传统民居文化与当地居民生活方式有着密不可分的联系，民居所在区域原有的生态环境、生活方式亦是当地的特有文化，将传统民居文化与生态、生活方式相结合，形成当地具有文化特色的生态文化体验区，让良好生态成为乡村文化振兴的支撑点，用产业振兴带动乡村文化振兴。

六、结语

文化基因作用于建筑，使得不同区域的建筑有着各自的特征，并且真实反映了该地区特有的传统民居文化，如同徽州的文化基因深刻影响着徽州古民居，并形成“天井、马头墙、三雕”等特征要素。对传统民居的保护与传承应在正确、系统地梳理当地传统民居文化的前提下，用科学的手段进行。通过建立保护传统民居的文化基因库，促进区域文化基因、文脉含义的可持续发展，为传统民居的文化传承寻找路径，从而更好地保护、传承、发展传统民居，为乡村文化振兴增添活力。

参考文献

[1] W·L·约翰森.精密遗传学原理[M].赵寿元，乔守怡，吴超群，译.北京：高等教育出版社，1909.

[2] Kroeber A L，Kluckhohn C.Culture：a critical review of conceptsand definitions [J].American Journal of Sociology，1952，47（1）：35－39.

[3] Richard Dawkins.The Selfish Gene [M]. Oxford University Press，1976.

[4] 申秀英，刘沛林，邓运员，郑文武.景观基因图谱：聚落文化景观区系研究的一种新视角[J]. 辽宁大学学报（哲学社会科学版），2006（03）：143–148.

[5] 王兴中，李胜超，李亮，郭祎，刘娇.地域文化基因再现及人本观转基因空间控制理念[J].人文地理，2014，29（06）：1–9.

[6] 香嘉豪，张河清，廖碧芯.文化景观基因研究综述[J].湖北函授大学学报，2018，31（16）：113–115.

[7] 赵鹤龄，王军，袁中金，马涛.文化基因的谱系图构建与传承路径研究——以古滇国文化基因为例[J].现代城市研究，2014（05）：90–97.

[8] 皮志伟，贾巧燕.论徽州三雕和徽州民俗文化的关系[J].艺术学界，2009，2（02）：225–230.

[9] 刘俊.新安地区的地域性儒学教化实践[J].社会科学家，2014（05）：28–31.

[10] 刘彬.论徽州木雕民俗题材作品中的思想教育价值[J].湖北第二师范学院学报，2014，31（10）：59–60，63.

[11] 孟春荣，张姗姗.基于文化基因理论的蒙古包建筑传承研究[J].建筑学报，2020（S2）：31–36.

[12] 陈亚民.符号经济时代文化产业品牌构建战略[J].经济社会体制比较，2009（04）：188–191.

[13] 赵鹤龄，王军，袁中金，马涛.文化基因的谱系图构建与传承路径研究——以古滇国文化基因为例[J].现代城市研究，2014（05）：90–97.

铁路文化再生与站点聚落的活化与利用

——以京广铁路为例

赵 逵[1] 许 玥[2]

摘 要：作为"京哈—京港澳通道"前身的京广铁路，是中国中部地区最重要的交通动脉。因科技进步铁路经历多次提速改线，加之高铁开通后，原铁路重要性降低，沿线众多站点聚落分阶段被废弃，亟待保护。本文将通过分析传统水陆运交通线与铁路选址间关系，研究铁路沿线聚落体系的重整与形成，并从文化交流融合的角度研究铁路对沿线聚落兴衰变迁的影响，以期通过合理的方式将铁路遗存与当地历史、文化及审美有机结合，探索京广铁路沿线聚落的适宜化、整体性保护与更新措施。

关键词：京广铁路 文化再生 站点聚落 活化利用

京广铁路始于北京，止于广州，前身是平汉铁路与粤汉铁路，分期分段建设运营。两段铁路的通车时间相差30年，平汉铁路晚清通车，粤汉铁路民国时期通车，直到中华人民共和国成立后，武汉长江大桥建成使用，原平汉铁路与粤汉铁路才正式连通，并称为京广铁路。从修筑到全线通车，这条在时间维度上跨越晚晴、民国、中华人民共和国成立后的百年铁路，不仅见证着曾发生的工人运动、战争等重大历史事件，更作为一个重要的因素影响甚至决定着中部地区的发展，对沿线五省一市的交通体系、城镇格局演变、站点聚落发展都产生着不可忽视的影响。

一、京广铁路的文化特征

1. 京广铁路作为纵贯南北的第一条铁路大动脉，体现了南北文化差异的特征

京广铁路在地域空间上跨越五省一市，是中部地区南北向拥有最大跨度的线性交通，具有跨时代、跨区域、跨文化的特征，其沿线的铁路文化遗产构成要素纷繁复杂，既包括铁路本身形成的独特文化景观，还包括实体遗产：车站、设施遗存、景观、工程遗迹等，这些铁路遗存在技术与风格上不仅受参与修筑的英、法等国的影响，还体现了相当明显的地域风格。京广铁路由于建设时间长，地理跨度大，所以南北文化的差异在站台、附属设施等建筑风格上更为显著，也使得沿线站点遗存的潜在文化价值与审美价值更高。

2. 沿线铁路文化具有鲜明的时代特性

平汉、粤汉铁路的建设发展时间较长，是一条跨越了三个时期（清朝、民国、中华人民共和国）的历史线路，具有"历史联系性、结构层次性、空间演变性、遗产丰富性"四大特性，对南北区域的交通格局、聚落体系、文化构架都有着跨时代的突破，这种特性在线路较短，或者建设时间较晚的铁路上是不存在的，建设发展时间的复杂性也决定了京广铁路沿线文化的丰富性与融合性。

3. 京广铁路相关历史地图具有丰富性与包容性

平汉铁路在筹备建设过程中，清政府处在内忧外患的局面，首先自身财力短缺，铁路修建相关技术的欠缺、生产物料的短缺，均使得平汉铁路的修建需大量依靠国外的资金与技术，因此英、法等多国都保留有与铁路选址、站点设定的先进数据与地图。而抗日战争期间，由于平汉、粤汉铁路是战争双方物资运输的重要通道，经历了众多重大战役，为了战术的研究与线路的安排，日军也绘制了大量铁路沿线的相关站点城镇布局的地图，这些地图具有特殊的丰富性与包容性，绘制有地理格局、铁路站点的相关信息、城镇的分布位置等，对于铁路文化的深度挖掘与沿线城镇的演变研究都有重要的价值。

二、铁路运输与聚落发展的关系

1. 依托铁路站点等级差异形成新的聚落体系

（1）在平汉、粤汉铁路影响下沿线聚落体系发生演变与重组：

❶ 赵逵，华中科技大学，教授。
❷ 许玥，华中科技大学。

逐渐形成“以城市群为主体，大中小城市和小城镇协调发展”的城镇格局

早在铁路兴建前，各地区就已初步形成了按政治权利大小、行政级别及经济地位高低等确定等级和规模的城镇体系，而在平汉、粤汉铁路通车后，铁路沿线的交通优势日益凸显，沿线五省的城镇格局及城镇功能等均因铁路发生了显著变动。铁路沿线的特等、一等、二等站发展为省会城市或区域中心城市，再以这些大站为交通核心，辐射影响铁路沿线的三等、四等小站与周边的城镇的交通条件及经济发展，最终形成“大型铁路城市一中小型城市一小城镇”层层影响，以群体形式协同发展的格局。

（2）大型铁路站点城市对周边城镇工业、经济、教育、文化发展的影响

在长期发展中铁路沿线地区的社会、经济重心逐渐向铁路沿线内聚，新兴城镇的迅速发展和传统集镇的兴衰变动，也显现了工商业发达和人口规模较大的市镇向铁路沿线集中的趋向。平汉、粤汉铁路沿线更是形成了几个大型铁路站点城市，如石家庄、郑州、武汉、长沙、广州，均发展为省会城市，其周边城镇距离这些城市的交通便捷性也在一定程度上影响其社会、经济的发展速度与未来的发展空间与机遇。

2. 平汉、粤汉铁路曲折发展对沿线聚落兴衰影响的研究

（1）因铁路而“兴”

①铁路沿线重要站点逐渐成为新的行政中心、区域中心，取代明清原有的行政区划

对比沿海城市或河流发达、水运便利的地区，铁路于城镇发展的影响在中国中部内陆地区更为显著。以河北为例，平汉铁路开通后，本就因相对干燥而不很发达和通达的水运，逐渐被铁路取代。河北的水运主要依附由太行山呈放射状汇聚到渤海的海河水系，包括子牙河在内的五大支流，滏阳河原是子牙河的上游，明清时期邯郸和磁县均为滏阳河上的水运集镇，滏阳河河口一滏口又与太行八陉第五陉一滏口陉水陆相连，这条水陆通道是连通东西方向的重要通道。滏阳河邯郸段的码头设于城东北五里的苏曹镇，民船可直达天津，由于水运居主导地位，全县商业“胥集于苏曹镇”，平汉铁路修建后，邯郸从过去的水运集镇转变为铁路上的一等站站点城市，在明清的行政区划中，邯郸是广平府管辖下的县，随着铁路设站带给邯郸的交通上的便利与经济上的发展，邯郸取代广平成为冀南新的区域中心。

位于新式交通网络上的传统城镇逐渐发展为省会城市，如处在平汉铁路与正太铁路交通枢纽上的石家庄，因交通便利而带动工商业迅速发展，短短20年便取代保定成为河北的省会城市。可见铁路沿线的城镇兴衰发展很大程度上取决于其是否处于交通干线沿途或交通枢纽的位置，是否处于区域社会经济流通体系的中心地位。

②传统聚落因设站较早，聚落功能迅速转变，在现代交通的影响逐步发展为新兴市镇

平汉、粤汉铁路的选址大体上是沿着明清时期的官道驿路、水运通道进行修筑的，其沿线经过的传统重镇也大多是明清时期的重要驿站或水运集镇，铁路通车后这部分设立站点较早的集镇功能迅速转变，及时在铁路带动的工业化发展过程中完成产业的升级，从而在现代交通的影响下逐步发展为新兴城镇。例如，湖南省的株洲、城陵矶，广东的韶关均由传统的水运集镇向水陆联运的枢纽型港口城镇发展，城陵矶地处长江与洞庭湖交汇处，是长江中游最大的内陆港口，粤汉铁路修建在此设站后，带动这个码头集镇的工业化迅速发展，成为长江中游最重要的水陆联运、干支联系的综合枢纽港口。

（2）因铁路不经而“衰”

铁路沿线具备产业基础和交通优势的集镇，利用铁路带来的交通便捷使之在城镇体系中的地位迅速上升，很快发展成为城镇、大城镇甚至区域中心城市，而原有的驿路通衢、河运孔道以及行政中心地位的城镇却因铁路不经而日趋衰落或势微。

例如，粤汉铁路沿线的广州与梧州间的兴衰发展，铁路修建前，梧州依托西江水运，成为南北交通线上的重要城市，两广重要的商品集散中心，并衍生出较为完善的传统手工业体系，而粤汉铁路的修筑直接带动终点站广州的发展，并利用得天独厚的沿海港口优势，逐渐发展为南部沿海地区最重要的交通枢纽城市，而梧州如今仅为广西开发较早的十二市之一，各方面均无法与广州相较。

3. 中华人民共和国成立以来，平汉、粤汉铁路的大发展与大提速对沿线聚落的影响：沿线小站逐渐脱离时代轨迹，走向“衰退”

经历民国期间的战争破坏，平汉、粤汉铁路在中华人民共和国成立前夕几乎全线瘫痪，直到中华人民共和国成立初期，由于技术上的发展与革新，国家开始对线路设备进行更新改造，线路设备不断更新、改造，线路允许行车速度大幅度提高，这使得线路上的五等小站逐渐被废弃。随着客货运量的不断增长，平汉、粤汉铁路开始进行复线改造，此时期截弯取直，使得部分处于旧线弯线上的聚落被废弃，逐渐发展停滞。电气化改造时期，铁路提速，小站不停，部分三等、四等站的聚落被封存；2012年京广高铁全线开通，沿线客运站点逐渐被京广高铁客运专用线取代，原本的三等、四等站点几乎全部停止客运，这使得沿线大部分聚落的客运功能消失。

这些小城镇在经历短暂的繁荣之后，便逐渐脱离时代的轨迹，走向衰落。但由于三、四等小站较早结束加速发展的时期，且少有过度开发破坏的行为，所以对于站房、设施、工程遗迹等铁路遗产

的保存会更加好，它们不仅是研究铁路遗产与铁路文化再生的重要样本，更是推动铁路城镇整体发展、全线路振兴的重要一环，对铁路沿线废弃聚落的更新与再利用研究至关重要。

三、依托全线路的铁路文化再生与铁路遗产复兴，提出合理的铁路城镇保护与更新发展策略

京广铁路作为影响其沿线聚落兴衰发展的显性线路，在显性的线路背后有着更深层次的文化传播与影响，因此要深度挖掘文化线路内在的历史关联、空间关联才能更全面地理解文化线路上聚落发展的内在关联。在研究其遗产文化价值和意义时，首先要梳理京广铁路沿线的遗产构成要素，必须将其置于遗产廊道的大环境中，对京广铁路的遗产要素按遗产廊道整体要求和京广铁路的遗产特征，按照线路主体、站点城镇、相关设施以等进行分类梳理和特征描述。再从地理空间的维度，剖析铁路遗产的分布情况，探究平汉、粤汉铁路对于沿线聚落体系、聚落空间格局演变的影响，从宏观、中观、微观三个层面对铁路遗产的线性分布特征。

基于铁路文化的深度挖掘，对京广铁路遗产保护与聚落活化更新策略主要有以下三点：

1. 根据文化线路理论，平汉、粤汉铁路沿线聚落的铁路遗产进行调研与测绘，鉴定其遗产属性；其次，建立铁路遗产的遗产价值构成体系；再次，从历史价值、科学价值、艺术价值、使用价值和环境价值等分述铁路遗产价值内涵，试探讨其价值评估框架；最终，进行铁路遗产文化的解析，赋予铁路遗产作为线性遗产廊道的内涵与意义。

2. 首先，通过案例分析，对国内外遗产廊道保护模式的比较，总结可借鉴的经验；其次，基于铁路遗产现状，分析问题的根源；再次，基于铁路遗产的地域特征，结合具体案例，提出文化线路下的保护与发展策略。

3. 铁路废弃站点聚落的活化利用。1988 年起，平汉、粤汉铁路的电气化改造工程，大大提高了铁路运输的效率，使得沿线的一些站点的作用不再重要，这对沿线的三等、四等站点聚落带来的是巨大的影响，一些三等、四等小站因此与平汉、粤汉铁路失之交臂，聚落发展完全停滞了，其未来的出路亟待解决。可基于已有的价值评估体系，对这些城镇的遗产价值进行准确评估，提出相应的功能转型或产业升级建议。

四、小结

铁路作为一种特殊的线性遗产廊道，需要将发展程度不同的城镇整体化保护和规划，由发展迅速的、有一定保护基础的城镇带动发展较慢或停滞的城镇，深度挖掘铁路全线路的内在历史关联、空间关联，更全面地理解铁路遗产廊道聚落发展的内在关联，由铁路遗产复兴带动铁路聚落发展，再由全线路铁路文化的再生为聚落发展提供机会。

参考文献

[1] 熊亚平.铁路与华北乡村社会变迁（1880—1937）[M]. 北京：人民出版社，2011.

[2] 姜益，徐精鹏.铁路对近代中国城市化的作用探析[J].上海铁道大学学报（医学辑），2000（07）：57-60.

[3] 殷玥.以转型为导向的铁路建筑遗产适应性再利用设计策略研究[D].南京：东南大学，2017.

[4] 张铮.遗产廊道视角下铁路工业遗产的保护策略研究——以胶济铁路坊子段为例[D]. 济南：山东建筑大学，2017.

传播学视角下侗族传统聚落的变迁与活化

———以黔东南州占里村为例

朱唯楚[1] 李晓峰[2]

摘　要：在本土文化不断受到冲击的电子媒介时代，理解乡土聚落的传承与发展脉络显得至关重要。黔东南州占里侗寨是传统与现代对接良好的原始民族聚落典范，通过对该聚落变迁情况的实地调研考察，本文试图以交叉学科的视角分析（空间）现象背后的传播学规律，探究不同要素的传播对民族聚落发展的影响，并提出基于大众媒介、传播者、受众等角色的传统聚落活化策略。

关键词：传播学　侗族聚落　变迁　活化

在电子媒介系统高效传播的今天，乡村社会的政治经济及生活观念发生着巨大改变，民族地区传统聚落的发展更是受到各种制约因素的影响，涉及社会、文化、环境、经济等多方面效益的平衡。在黔东南地区田野调查中，笔者感受到当地多数民族村寨地域性文化优势的消减，根植于地域传统的乡土聚落在渐渐失去本土文化的土壤。这样普遍的变迁趋势下，占里在众多传统村落中是特殊的，其呈现出的风貌在一定程度上反映了传统社会与现代社会良好的对接过程。本文尝试以传播学理论为基础，探究占里侗寨在动态发展过程受到的多维文化的影响，从而提出对侗族聚落活化与发展的相关策略，以为后续研究提供参考。

一、传播学与聚落研究

传统聚落的研究思路已从早期重实例介绍、测绘调查、资料整理的“考据模式”，逐渐演变为注重跨学科的整合模式，选择社会学、人文地理学、生态学、传播学等学科与建筑学对传统聚落进行交叉研究，研究视野不断扩展。

传播学方法应用于传统聚落及乡土建筑的研究于21世纪在国内出现，研究多着眼于分析传统聚落的历史生成与变迁过程，以及乡土建筑作为具体的建筑类型在传播学之中的解读，也涉及传统聚落的保护与发展。以传播研究的7W模式进行观察，建筑文化的传播除了实体建筑传播外，拟态环境传播也同样重要，尤其在当下移动网络的大众传播时代，人们对建筑文化的认识越来越依赖拟态环境，建筑与传播的意义不再仅是一般意义的现实与再现，未来的传统聚落研究中需关注当代最具优势的传播模式的影响。

二、占里侗寨的演进与发展

侗族聚居的占里村位于都柳江支流四寨河口北上的山谷间，村前小桥流水，村后则有密林环抱，寨前禾架林立，寨中鼓楼高耸四周围绕一色的吊脚木楼。其古朴的品质并非静态地呈现着传统和原生，更体现着历史的演进与时代的更迭。

1. 稳定的历史演进

（1）村落边界的维持

侗寨村落边界的变迁可由禾仓的分布反映，在侗族的建筑结构体系中，禾仓处于承上启下的位置，其在村落中的选址是家庭财富象征和集体协助生产模式的结合，临水集中模式为最优选，而后建在村寨边缘坡地和道路两侧，构成了村寨的隐形边界。辛静在其硕士论文中提出了谷仓布局暗示村落边界变迁的观点，文中以地扪村的寅寨为例，由村寨现存依稀成群的谷仓、仓群外沿新建民居的分布情况，推测出村落边界的变化过程[1]。占里长久以来禾仓的位置没有发生大的变化，两岸的禾晾架沿着河流围栏般“一”字形展开，位于村头池塘之上和村尾河西岸禾晾后的禾仓群包裹出整个村寨的边界，在集中分布的禾架之外并没有出现新建民居，村寨的边界未产生明显的扩张（图1）。

❶ 朱唯楚，华中科技大学建筑与城市规划学院，硕士研究生。
❷ 李晓峰，华中科技大学建筑与城市规划学院，教授（副院长）。

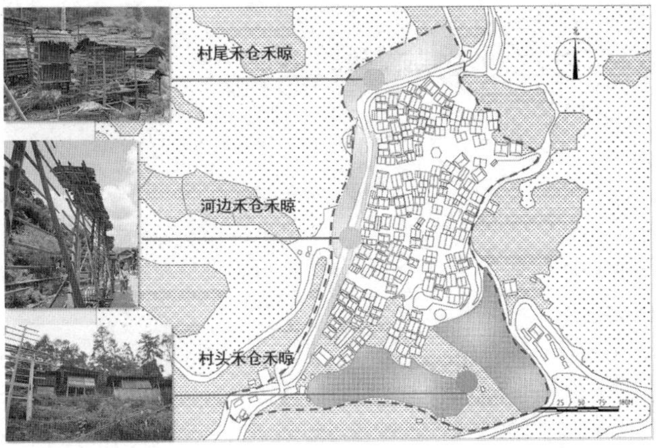

图1　禾晾分布图

（2）传统营建的延续

占里村的传统建筑保持良好，材质变化很小，维持着几百年来的民族风貌。村内九成以上的建筑主体仍采用纯木结构，只有两栋纯砖材质的，分别为原村小学和原乡政府。村寨中的建筑营建延续着由掌墨师带领施工队进行传统加工木材的方式（图2）。在田野调查采访中得知，现任掌墨师吴永福师承当地老木匠吴路（音），由此可见寨内的匠作活动中保留着技艺传承的传统。除营建者外，乡土建筑使用者对建筑营造也有着对传统观念的坚守。从与村民交谈中了解到，当地民居柱子所用的木材均与户主的年纪相仿，是由于在新家庭成员出生时便会种下属于他的沙木，用于其未来营造新房时柱子的加工建造。

2. 显著的时代更迭

（1）聚落内部的更新

聚落内部空间随着时间的推移不断进行着更新完善，在建筑上的体现则于寨门的分布变化最为明显（图3）。传统的侗寨在每一条进村的道路入口处都设有寨门，它具有防御外敌入侵、防止家禽畜外出破坏庄稼，以及作为迎宾送客场所等多种功能。中央民族大学沈洁在博士论文中提及她2006年到达占里调研时，在寨子的东、西、南、北的靠山和临水位置共分布着六座寨门[2]。而在笔者2019年调研时占里的寨门仅存两处且均为新建，一处位于通往县城的路边，为传统的凉亭式建筑，门旁设置了穿着传统服饰的铜像。另一处和寨子有一定的距离，大约需要20分钟的步程，位于通往岜扒村的路旁。村寨里也出现了两户由民居改造的农家乐，外观仍和传统风貌一致，但内部设施和格局却不同以往，可为来往的游客提供食宿和免费的无线网络以及现代化卫生间。此外，显著的变迁也体现于聚落的道路交通体系上，村寨外围的道路和村内主要的东西向支路近几年都铺设了耐久的石板，由支路向南北延伸到家家户户的入户巷道也都由泥土的变为了平整坚固的水泥路。

（2）民居空间的重构

民居建筑空间发生着功能上的重构，主要表现为部分生产空间的变化，干阑民居的居住与生产功能产生了分化——居住功能得以加强而生产功能（生火做饭、圈养家畜等）逐渐弱化。火塘是小家庭的核心空间，寨民们在此生火做饭、取暖聊天，开展成员之间日常的公共活动，同时在侗族建筑文化中火塘具有很强的精神信仰性质，寨民重要的人生礼仪以及节日，都要在这里祭拜祖先祈求保佑。但在调研中发现，与周边的许多传统侗寨一样，大多数村民家中的火塘已完全拆掉（图4），取而代之的是改造过的小偏房，虽然仍采用木材生火的方式，使用的却是长长的砖砌灶台（图5）。另外，除去维持牲畜圈养在一楼的零星几户之外，多数居民都打破了“畜居其下”的传统模式，把牲畜圈养在屋外搭建的围栏中与原有民居主体分离。

三、变迁现象背后的传播机制

这些聚落的变迁现象围绕着对传统的坚持或更迭，是由于背后同时发生着的两种相互制约影响的传播过程——占里聚落信息的发散性传播以及外界信息向占里聚落的集聚性传播（图6、图7）。

图2　工作中的占里木匠

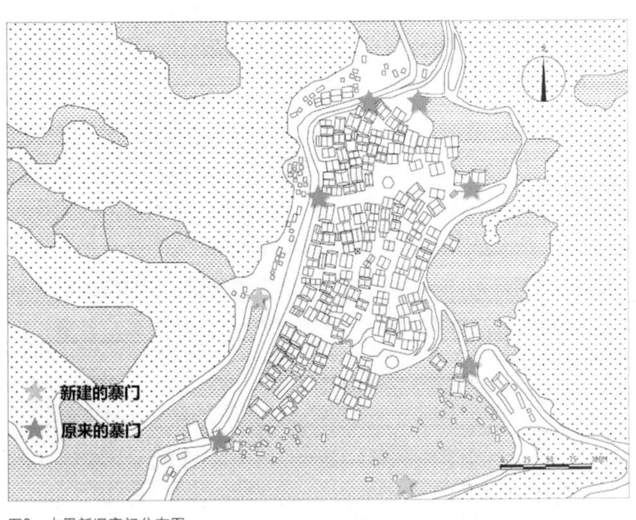

图3　占里新旧寨门分布图

图4　拆除了火塘的堂屋

图5　偏房搭起的灶台

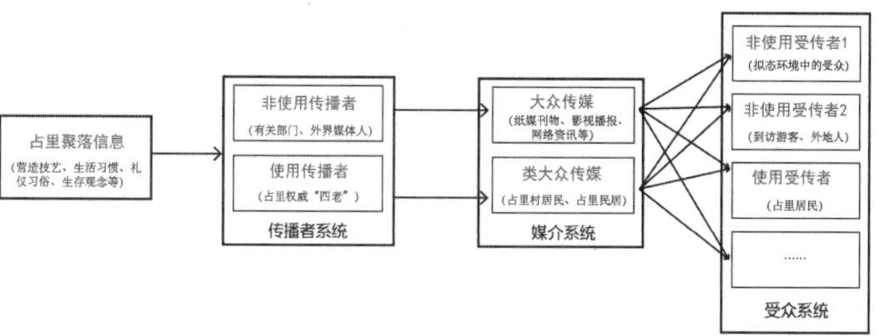

图6　占里聚落信息的发散性传播模式

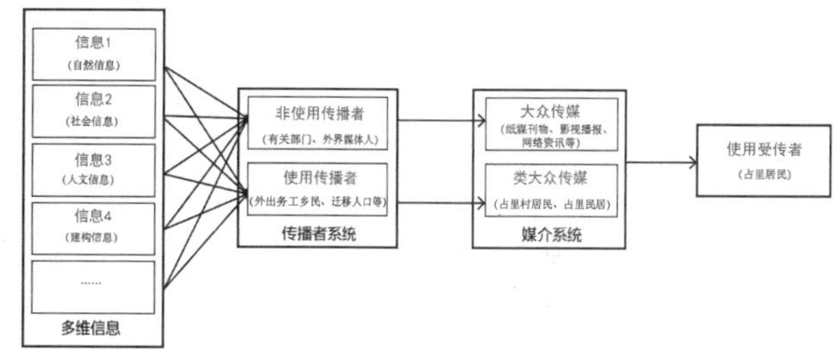

图7　多元信息向占里的集聚性传播模式

在传播学视角下，聚落的营造和演变过程遵循着传播的普遍规律，以信息源为中心的聚集性传播和发散性传播构成“施”与“受”的双向传播过程，促进聚落的不断发展。聚落的传播过程具有传播媒介、传播内容、传播者和受传者四个要素[3]。传播媒介指的是承载信息的途径和工作；传播内容指聚落的相关信息，例如当地的生活习惯、礼仪习俗、生存观念以及营造技艺等；传播者是聚落相关信息的采集制作加工以及发布者；受传者是在各种方式中接受到聚落相关信息的对象，例如工匠、乡土建筑使用者、游客以及相关领域研究者。

1. 占里聚落信息的发散性传播

发散性传播可以理解为从聚落中发散出的具象和抽象的信息，向各种类型的受众传播并由受众对这些信息进行解码的过程。占里聚落信息针对不同受众存在着向内传承与向外展示的两个发散性传播过程。

（1）向内持久传承的传播过程

占里的闻名不止源于上文所提及的富有侗族特色的村落风光，也与当地的一些独特习俗有关，其中最有名的就包括700年来使人口一直零增长的计划生育习俗。随着生活物质水平的发展在多数传统村落出现的人口扩张现象，在当地并未出现，这直接关联了村寨边界未出现明显扩张的现象，而这仅是占里传统文化内向稳定传播对聚落产生影响的其中一个表现。

由于侗族没有文字，所以传播主要是通过凝结在侗歌侗戏等传统形式之中的语言媒介，传播过程内化于日常教化。在占里施与受的互动过程中，传播者是寨内所谓权威“四老”——寨老、“鬼师”、歌师、药师，接受教化的受传者是生活在村里的居民尤其是未成年的孩子。寨老是村寨社会结构权力的顶峰，负责寨内全局性统筹，其在日常职责中的协调纠纷、商议大事、安排社交娱乐等都是对于寨规民约等内容的传播活动。“鬼师”是寨民们公认的宗教领袖，通过祭祀性的活动向受传者传播观念。歌师通过唱歌这种口语传播的艺术形式代替文字传播当地的文化历史，这种传播方式施于认知形成时期的孩童，促使占里人内心深处对于传统更为持久的坚守（图8）。药师是占里特有的角色，他们传播的是医药知识等技术层面的内容，其中包括向即将结婚的青年受传者传播生理、生育和节育知识，即为了维持人口稳定而特有的计划生育习俗。

文化的向内传承存在于几乎所有的民族聚落中，而侗寨占里则更为典型。在特定权威角色向众多寨民发散性传播过程中，万物一体的自然观、人口控制的生育理念、以礼而治的习俗经过世代传承内化成了文化传统，构成持久稳定的引力，使社会变迁的内部力量微弱而传统的根基稳固而恒久，促成占里得以缓慢变迁、维持原生风貌。

（2）向外充分展示的传播过程

在20世纪80年代末期，大众媒体发现了占里，最早由《黔东南日报》在1987年年底报道[4]，后续更有央视纪录频道专题介绍

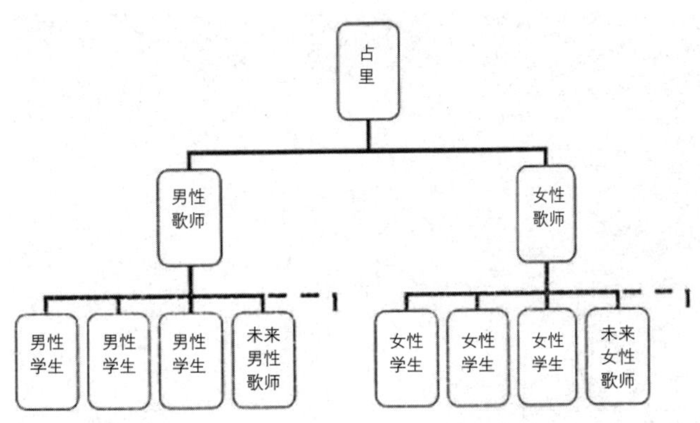

图8 侗歌学习模式示意
(来源：沈洁《和谐与生存》)

图9 央视占里纪录片截图(来源：网络)

占里侗寨的纪录片《山林是主，人是客》的热播（图9）。自此占里的原生态不再岌岌无名而成为广为人知的典型样本。

大众传播是这一系列传播事件中的主要媒介，传播内容仍是占里的聚落信息和文化；传播者却不再是言传身教的寨内民间权威，而是传播功能更强的媒体、相关机构以及研究学者；受传者是成分混杂、地域分散、数量更为庞大的非乡土建筑使用者。通过对外展示的发散性传播，占里的乡土建筑、自然生态、人文历史等聚落信息引起公众的广泛关注，随之反馈而来的文化认同形成了一股来自外部的动力，一定程度上稳固了占里人对于当地传统的自信与坚持。

2. 外界多维信息的集聚性传播

聚集性传播是外界的各种信息通过多种传播渠道向占里侗寨传播的过程。电子媒介时代，新思想、新观念铺天盖地而来，考验着占里传统文化的承载能力，外部多维信息之间相互平衡，通过集聚性传播过程对占里的变迁产生了重要的影响。

外出务工的乡民是流动的传播者，带来的城镇化信息同电子媒介对于现代化的都市生活的展示，无可避免地影响了寨民们的居住和生活诉求——例如想要使居所更安全、卫生和耐久，部分乡民对自家进行了不同程度的改建。当地的有关部门是另一个传播者以及传播过程的信息把关人，当地政府对于外界信息传播的把关是占里得以快速发展同时又保有自己原生特色的关键，例如寨门位置和数量虽有变化，新的寨门仍采用传统样式，选址在临近通往外界的道路，既尊重了传统又为当地旅游发展作了考虑。寨中随处可见由当地设置的号召保护民族特色的展板标语以及村委会的宣传手册等，通过向乡民传播国家和政府重视民族文化的先进理念，提升聚落居民信息意识和民族自豪感。

四、结语

占里的变迁受到了各种信息传播过程中多样而复杂的角色的共同作用，在城市与乡村打破隔阂越发开放流动的今天，探讨民族聚落的发展与活化离不开对于信息传播的建设和策略。

大众媒介正在社会各个领域广泛行使着一种传媒权力，它既是一种传播文化知识的权力，也是对反文化或消极文化实现控制的权力，影响着社会的发展运行[5]。尤其是电视——乡村聚落里的第一大媒体，需要有良性的引导，若节目可以加强对于少数民族乡村发展的报道以及对民族特色的强调，营造“传统文化”的氛围，使聚落受众面对外界信息时可以更好地识别自身文化。

作为传播者的建筑从业人员，可以把目光投注于专业技术以外的问题，用文化人类学、社会学、文化地理学等综合视野去理解和关注居民的地域情感和民族聚落的发展问题，有责任感地去传播乡土建筑的魅力，在聚落内的设计实践中用更有技巧的传播方式与受众沟通和交流。

最后，作为受众的乡土建筑使用者，尤其在侗族聚落中，可以利用当地特殊的寨老制度，发挥民间权威下传统聚落内部信息传播者的力量，更好地督促带动乡民、协调地方的社会组织，基于寨民们的日常生活和生产，建立更加完善、高效可行的传统聚落保护与发展机制。

参考文献

[1] 辛静．谷仓形制与文化——以都柳江流域南侗村落为例[D]．上海：同济大学，2017．
[2] 沈洁．和谐与生存[D]．北京：中央民族大学，2011．
[3] 李晓峰．乡土建筑——跨学科研究理论与方法[M].北京：中国建筑工业出版社，2005．
[4] 潘年英．占里侗寨的两个时代[J].中国民族，2016（03）：46-49．
[5] 龙运荣．大众传媒与民族社会文化变迁[D]．武汉：中南民族大学，2011．

地域性与全球化共生背景下沈阳锡伯族村落活化更新研究

汝军红[1]　李碧娇

摘　要： 锡伯族特色民居建筑具有浓厚的民族风情以及丰富的地域特色，是我国传统建筑文化中重要的遗产。本文以地域性为切入口，以全球化共生为背景，探究当下日渐消亡少数民族文化类民居建筑如何营造场所感，并与沈阳锡伯族地区本土的风俗文化相结合，提升村落环境更新的品质。

关键词： 地域性　共生环境　锡伯族　村落活化

一、沈阳锡伯族村落背景及村落规模

沈阳锡伯族主要聚居在新城子锡伯族三镇（黄家锡伯族乡兴隆台锡伯族镇北营子锡伯族聚居地）。沈阳市沈北新区石佛寺锡伯族朝鲜族自治乡是东北地区最重要的锡伯族族人聚居地之一。沈阳锡伯族村落大多是在1699年、1700年、1701年三年迁入。那时清政府分三次抽调齐齐哈尔、伯都讷、乌拉的锡伯兵迁徙盛京。1966年，清政府首先派遣伯都讷的锡伯族迁入盛京，之后齐齐哈尔锡伯族分两批移入盛京。乌拉的锡伯兵则是第三批次移入盛京。根据《钦定大清会典事例》《清朝文献通考》等史料的记载，从齐齐哈尔、伯都讷、乌拉三城迁徙到盛京所属各地的锡伯兵人数总计2579人，迁徙至盛京的人数达1055人。根据沈阳锡伯族家庙现有保存的锡伯族家谱可以证明沈阳锡伯族的来源（图1）。

沈阳地形，地貌较为复杂，各地区气候不尽相同，四季分明，寒暑变化明显。沈阳地区的锡伯族村落大多数是自然形成，没有进行统一的规划设计，虽然如此，锡伯族村落在选址布局上仍然和当地气候条件和地理环境相协调，同时又满足锡伯族人的生活习俗，充分体现了锡伯族人民的智慧。沈阳地区锡伯族人民聚居的村落，其居民数量庞大，分布广泛，这些村落里的居民建筑或者沿路联排，或者前后搭接，以不同的形式组合，或以单一的元素进行叠加，通过这些元素的组合，展现出来的是村落自身结构的整齐划一（图2）。

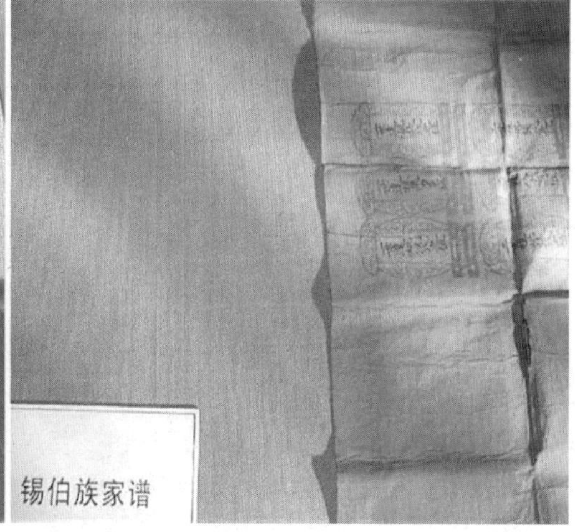

图1　沈阳锡伯族家庙族谱

---

[1] 汝军红，沈阳建筑大学，教授。

图2 沈阳市沈北新区锡伯大街

在公元699年一支名叫吴扎拉氏锡伯族队伍从松花江畔来到了盛京，北营子成了这个锡伯族村庄坐落在盛京城的名字。吴扎拉氏锡伯族人迁徙至此是由于17世纪中叶沙皇俄国侵略我国黑龙江流域。清政府为了加强边界的领土安全，加强盛京防务，巩固龙兴重地，将伯都讷锡伯族人迁徙盛京各地，这样一个锡伯族村落就这样在清政府的迁徙中诞生。北营子锡伯族人数达600多，是当地四个民族中人口最多的。目前沈阳现有5万多锡伯族人口，沈北新区有3万多人，主要集中于兴隆台锡伯族镇、黄家锡伯族乡和石佛寺朝鲜锡伯族乡。兴隆台锡伯族镇处于辽宁省沈阳市沈北新区，被誉为中华锡伯第一镇，是全国第一个也是唯一一个锡伯族镇。其中汉族人数6164人，锡伯族人数3706人，其他民族514人。黄家锡伯族乡位于辽宁省沈阳市沈北新区，1984年建成，该乡位于沈北北部，辽河南岸。全乡有锡伯族、满族、蒙古族、回族、朝鲜族等少数民族，是少数民族聚居地。

沈阳锡伯族村落选址位于水草丰茂之地，多临河而居；位于河流冲积平原、地形平坦之处；临近主要交通线。总体布局上来看辽沈地区锡伯族传统村落类型主要为聚集型联排式布局；主干路在村落一侧与次干路相连，向居住区延伸出网格或树状的支路网；主干路宽度约12米，次干路宽度约5 ~7米，支路宽度约2 ~ 4米；院落与院落组合形式表现为联排式、组团式；公路两侧建筑形成较为整齐的街巷式；公共服务用地包括村委会、活动广场等，位于村落的一侧或中心。

二、沈阳锡伯族村落价值及特色

1. 院落典型特征

辽沈地区锡伯族传统院落类型为独院、四合院、三合院，独院是沈阳地区锡伯族民居最常见、最大量的一种类型。组成要素包括前院、后院、主要居住用房（正房）、两间次要居住用房（厢房）、院门院墙、仓房、家禽牲口圈等。院落四周有围墙，围墙用土夯筑、砖砌筑、柳条、秸秆等编制而成。院门多开设在院落的南端中部或东南端，常设有单间屋宇式大门或乌头门。东西两厢分列正房两山之外的前方，对正房不会形成遮挡。东厢房用于居住、储存粮食、放置农具等，西厢房一般为磨坊和牲口房。仓房、家禽牲口圈、柴堆房多位于正房前面东西两侧，厕所位于正房的东北、西北角。

2. 主要居住建筑平面典型特征

辽沈地区锡伯族传统平面类型主要有“口袋房”式和“一明两暗”式。“口袋房”式平面呈矩形，一般为二至四开间。包括厨房和卧室，每间面阔2~4.2米左右，进深约3.6~ 6米。厨房一个角上设1~3个锅台，锅台长宽大致相同，约为0.75~0.8米。卧室保留有“万字炕”“南北炕”“一字炕”等火炕形式，其中南北炕宽约1.7米，高度约为0.6~0.7米，西炕约0.5~0.6米宽。烟囱多为独立设置，距离山墙0.5米左右。偶有设置在山墙内或紧贴其外侧。“一明两暗”式平面呈矩形，一般为三开间，包括厨房和卧室，每间面阔3.2米左右，进深长度约为4.5~7.2米。厨房一至两个角上设1~2个锅台，锅台长宽大致相同，约为0.7~0.8米。卧室保留有“南北炕”“字炕”等火炕形式，其中南北炕宽约1.7米，高度约为0.6~0.7米。烟囱多独立设置，距离山墙0.5米左右，偶有设置在山墙内。

3. 锡伯族民居价值总结

沈阳是我国当今两大锡伯族聚居地之一，今天聚居在沈阳的锡伯族村落中的人同时大部分是清朝被编入满八旗中的锡伯族官兵的后裔，同时锡伯族又是游牧民族，这两个因素决定了传统锡伯族村落和民居具有如下典型特征：第一，进入辽沈地区之后，其村落往往选址在水草丰茂、地势平坦、靠近河流的湿地。第二，村落没有统一规划，呈不规则形态，院落之间以联排式布局为主。第三，院落形式以单座独院为主，另有部分三合院和四合院；院落的构成要素以及尺度与处在平原的满族院落类似（只是没有索伦杆）。第四，早期大多数民居的平面为双数开间，其中尤以四间居多，一般在最东侧的一间开门，平面呈典型的“口袋房”，后期，由于与汉族的不断融合，“一明两暗”式及其衍生出“一明四暗”式的平面布局开始大量出现。第五，民居建筑的外观、形态、尺度整体上与满族民居十分相似，但锡伯族民居并不建在高台之上，而且在色彩和装饰细部上有明显的锡伯族特点（图3），比如多露的木构件中常施以绿色（绿色或蓝绿色是锡伯族人喜爱的颜色）。瓦屋面及木构件装饰常常以花草为题材。第

图3　沈阳锡伯族家庙纹饰

六，锡伯族民居建筑的结构体系、构造做法和建造方式，更多地表现出来的是该地区的共性。

锡伯族的传统乐器东布尔适合许多的演奏方式，舞蹈也具有民族特色。西迁节、锡伯歌舞、餐饮、服饰、骑射、喜利妈妈，都具有独特的民族魅力。沈阳地区锡伯族村落特殊的历史背景及其建筑形式，即体现出历史文化和科学价值，他们作为一个民族文化现象，能够反映出其民族的文化特质。

三、建筑地域性特征在全球化背景下的沈阳锡伯族村落建筑更新

1. 锡伯族村落民居院落改造示例

沈阳市沈北新区兴隆台镇是锡伯族在沈阳的重要聚集点之，新民村是其中较为典型的锡伯族村庄，锡伯族人的主要来源是清代南迁，因而具有悠久的历史以及浓厚的锡伯族风情。新民村的整体村庄风貌无锡伯族特色。文化上，村庄重要节点空间处缺乏绿化景观，未能充分体现出锡伯族文化。院门尺寸、风格不一，围墙形式单一，地面铺装多用黏土砖或水泥铺装，无特色且不环保。功能上，院落布局简单功能单一，部分院落缺乏晒菜场地和柴草棚。质量上，院墙和院门多出现破损，道路场地的铺装破损冻裂或未硬化，建筑水泥台基也有不同程度的破损，院内的仓房、柴草棚等建筑或构筑物质量较差。

院落建成约40年，整体风貌较差需要重点改造。院落的功能结构较为复杂，有正房、门房、柴草堆、家禽舍、简易库房、厕所和种植用地。铺地材料为黏土砖，院落内部缺少晾晒场地。整体未能充分体现锡伯族文化。改造中保留原有鸡禽舍和柴草堆位置，将道路重新铺装、库房重新加建。对正房、门房立面重新设计，融入锡伯族元素，如门窗增加了锡伯族装饰纹样，墙面用锡伯族特色的装饰性的纹样和色彩。在院内新建柴堆房、院墙和大门，院门院墙充分提取并应用锡伯族典型的装饰符号。库房进行结构加建并适当运用锡伯族的色彩和纹样。

2. 锡伯族村落民居建筑单体提升改造设计

建筑现状是采用新民村王家主体建筑进行分析，建成约35年，质量较好，屋顶形式为平屋顶，屋面局部有破损，需要重新修整。主体砖混结构完整，外墙材质和颜色均没有体现出传统锡伯族民居的特色，铝合金门和木窗较为破旧且缺少特色。整体建筑上缺少锡伯族传统建筑典型符号。

建筑改造提升方案充分吸取典型锡伯族民居传统样式和符号并运用在门窗、山墙等地方。对门窗材质进行替换，并加以传统锡伯族建筑喜爱的蓝绿色，同时在门窗中装饰象征传统锡伯族文化的符号，将其打乱进行重新设计并组合运用（图4）。

一个地区和民族的独特风格都可以从建筑外部造型和内部装饰反映出来，一个建筑的设计以及创造都应当具备历史性和地域性，从而让建筑成为当地传统历史文化以及地域特色的承载，并将其延续下去。在沈阳锡伯族村落建设过程中，在建筑改造以及更新当中，要充分地体现出建筑自身的地域特性。在地域性建筑改造以及创新中有着很高的要求：要充分尊重环境并尊重历史，对于传统的地域文化要全面传承，对于地区内的生活习俗也要充分尊重，同时要满足当前社会经济发展的大趋势。在保护当地传统以及地域特色的同时，应当积极摸索出一种能够顺应当前时代需求的全新风格，积极营造出一种全新的模式，以构成一种传统文化同时代精神相结合的全新景象，适应当前沈阳锡伯族村落建设的需求，确保发展可以实现有机成长，协调共生。

四、结语

在营造锡伯族村落民居建设发展中，对于锡伯族村落民居的改造要充分考虑地域特色，而这种考虑并不是单纯地将传统文化进行重复呈现，而应该在保留传统文化特色的基础上，结合当前的发展需要，建设既具有人文价值又具有实际功能的锡伯族村落民居新景观。民居建筑形态包含着深刻的建筑哲学思想以及朴实的生态观，展现出建筑物生存和发展的基本规则，同时也代表着各个大背景下

图4　沈阳市沈北新区新民村院落改造示意

的美学、哲学、习俗、伦理、信仰等各种文化，呈现出的是人与自然的和谐关系，也呈现出人与人之间友好相处的融洽关系，是一种和谐共生的建筑理念。在建筑规划中，将传统建筑的文化价值放到最重要的位置，将保护和利用有机结合，对不同地区的建筑风格及凝结在其中的文化和习惯给与充分的尊重，在传承文化和历史的基础上进行创新和改造。

参考文献

[1] 徐潜主.中国北方地域文化[M].长春：吉林文史出版社，2014.

[2] 袁行需，陈进玉.中国地域文化通览辽宁卷[M].北京：中华书局，2013.

[3] 冯俊伶.地域文化与旅游[M].重庆：重庆大学出版社，2012.

[4] 沈阳市民委民族志编纂办公室.沈阳锡伯族志[M].沈阳：辽宁民族出版社，1988.

[5] 佟克力.锡伯族历史与文化[M].沈阳：辽宁民族出版社，1988.

[6] 朴玉顺.辽沈地区民族特色乡镇建设控制指南[M].北京：中国建筑工业出版社，2018.

[7] 安振泰.辽宁锡伯族史话[M].沈阳：辽宁民族出版社，2001.

[8] 李云霞.中国锡伯族[M].北京：人民出版社，2014.

[9] 马雄福.新疆锡伯族文学作品精选[M].乌鲁木齐：新疆人民出版社，2013.

[10] 关伟.沈阳锡伯族社会历史文化丛书锡伯族风俗[M].沈阳：辽宁民族出版社，2011.

[11] 张泉，王晖，陈浩东等.城乡统筹下的乡村重构[M].北京：中国建筑工业出版社，2006.

[12] 崔效辉著.现代化视野中的梁漱溟乡村建设理论[M].杭州：浙江大学出版社，2013.

社会形态作用下的乡村聚落发展研究

——以福建塘屿村为例

贾博雅[1] 张玉坤[2]

摘　要：2021年作为"十四五"的开篇之年，乡村振兴战略随之步入全面实施阶段。在以往的乡村聚落研究中，以传统村落、历史文化名村名镇为研究对象的研究成果丰富且成体系，但对于普通乡村聚落的研究与保护相对滞后。本文选取位于福建省福州市长乐区首占镇的普通村落——塘屿村为研究对象，依托方志古籍与无人机航拍技术，梳理其在不同历史时期的社会形态作用下，聚落与建筑形态的演变脉络，以期探索出能够适应城乡新格局的普通村落发展道路。

关键词：乡村振兴　社会形态　福建地区　普通乡村聚落

一、塘屿村概述

塘屿村是福建省数以万计的普通村落之中的一个，它位于福州市长乐区首占镇西南方，距长乐市区仅八公里，村北毗邻首占镇主干道首占西路，上洞江蜿蜒其中，将村落与主干道分隔，西邻九龙山，东靠鲤鱼山，南接黄李村，地理位置优越，交通便利。户籍人口四千余人，大多以务农和国内外经商为主业；村内建筑历史年代古今混杂，远至距今约五百年的九龙林氏祠堂、英烈庙、古井与传统民居，近至进入21世纪后新建的几十栋中高层住宅与统一规划的新农村民居；村内道路等级不明确，路网复杂，部分路段仅能容一人侧身通过。

对于乡村聚落来说，选址的首要条件是临近水源，塘屿村也不例外，紧邻上洞江而建。《长乐六里志》中记载："九龙山，在唐屿。背为大象，临洞江。"[3]"上洞江，马江之左次港也。长十八公里半。舟人候潮咸集于斯，亦称为营前港。潮通龙门、坑田、琅尾、东渡、白田，接蕉溪、大溪二水，两岸农田赖以灌溉。"[4]上洞江是将福州与福清、平潭、莆田乃至闽江贯通起来的重要航运航道，并且也是从古至今周边村落举办龙舟赛的最佳区域。

福建省是我国林姓的第一大省。结合入户调研数据统计，塘屿村林姓人口占其村内总人口的85%以上，具有姓氏集中、宗族关系明显的特征。据《塘屿九龙林氏》记载，闽九龙林氏一世源于唐玄宗天宝十一年（公元752年）林披，后五世林保安"继娶陈氏生三子：祖展、祖善、祖元。兄弟三人，皆爵封大夫，于唐光启元年（公元885年）从光州固始（今河南信阳）随王审知入闽，后见塘屿山水秀丽，可耕可读，既卜居塘屿。"[5]由此我们推断，林祖展、林祖善、林祖元兄弟三人，极有可能是现今长乐塘屿林氏的太始祖，塘屿村的历史名人——明万历年间户部尚书林材、明崇祯年间浙江道监察御史林之蕃等，均为其后人。

二、明清时期——宗族意识

社会结构形态的变革往往伴随着战乱，随之而来的是人口与文化的迁移。据史料记载，唐开元十三年（公元725年），福州得名[6]；中原汉人曾四次大规模迁入福建，其中第三次即为唐光启元年（公元885年）王审知入闽，由此，林氏三兄弟祖展、祖善、祖元得以留在塘屿村耕读生活，繁衍后代；后唐长兴四年（公元933年），改闽县为长乐县。唐末至明朝期间，中原汉人仍未间断移民入闽，但目前尚未有史料证实其与塘屿村之间的关联，故暂不作讨论。

[1] 贾博雅，天津大学建筑学院，建筑文化遗产传承文化和旅游部重点实验室（天津大学），博士研究生，本文通讯作者。

[2] 张玉坤，天津大学建筑学院，建筑文化遗产传承文化和旅游部重点实验室（天津大学），教授，博士生导师。

[3] 李永选．长乐六里志·卷二·上·山经[M]．福州：福建省地图出版社，1964年完稿，1989年出版．

[4] 李永选．长乐六里志·卷二·山川·下·水道[M]．福州：福建省地图出版社，1964年完稿，1989年出版．

[5] 林行昌．塘屿九龙林氏（第一卷宗谱）[EB/OL]．1997，9：2．

[6] 李永选．长乐六里志·卷一[M]．福州：福建省地图出版社，1964年完稿，1989年出版．

目前，塘屿村内现存年代最为久远的、有史料记载的建筑是林材故居，又称尚书第。《长乐六里志·卷四·名胜》中记载：“林给谏材宅，在唐屿。”[1]林材是明万历十一年（1583年）癸未进士，字谨任，号楚石，曾任户部尚书，著有《福州府志》。“卒。崇祯初，赠右御史。”[2]。其父林堪是明嘉靖二十二（1543年）年癸卯举人，著有《澄迈县志》，曾任浙江兵背道按擦司副使；其子是明朝叙荫林宏衍，著有《雪峰寺志》；其孙是明崇祯十六年（1643年）癸未进士林之蕃，曾任浙江道监察御史，著有《涵斋集》《藏山堂遗篇》等。子孙四代在《长乐六里志》《名臣》《福建通志》中均有记载。

明代中后期，林材家族世代为官，其故居的空间布局与规模形制也映射了该时期的社会形态、社会阶级与建筑特征。尚书第建于明代中叶，坐东北，背靠鲤鱼山，向西南，前有半月形爿池。四座院落并排，每座院落中庭与厅堂居中、三进串联，形成中轴对称的三进合院式建筑；一进院落多为“两边作辅弼护屋者”[3]形式，即厅堂与左右厢房围合；后进或三间一厅两房，或五间一厅四房；随着地势的逐进升高，三进院落之后还有大面积的农作物与家畜养殖区，与鲤鱼山相接（图1）。其中，最北侧的院落将前两进建造为九龙林氏支祠，凸显该时期以血缘关系为纽带的强烈的宗族意识。

尚书第的建筑材料以木材与石材为主，木材大面积用于铺设梁柱、屋架、墙体与楼板；石材主要应用于外墙（下半部）、门窗框等位置，门窗框多以完整坚固的条石为主，防潮防蛀性能极佳，至今仍保存完好（图2）。宅院由七口古井环抱，散布于支祠与院落之中，据村内长者忆述，古井井栏均以全块花岗石凿琢而成，纹路精美细腻，泉水清冽。目前，五口古井留存至今，仍能满足村民日常生活需求。

村内现存的与林材故居同建于明代的民居还有近十处。这些民居大多呈“四合院”形式，前后两进与左右厢房闭合、中心形成自然院落。正房面阔多为三开间和五开间，中间一间为祠堂，左右对称排开；也有部分院落根据使用需求进行了再拓展，形成以宗族为纽带的、不同规模的合院式民居（图3）。

除民居之外，塘屿村内年代最久远的建筑是位于村北侧、紧邻上洞江畔的英烈庙（图4），虽没有明确的文字记录其建成时间，但根据其硬山顶形制及史料记载推测，塘屿英烈庙应建于明清时期，并一直保存、使用至今。《长乐六里志·卷四·名胜》中记载：“英烈庙，在唐屿。祭唐天宝间乐部雷海青（公元755年）。按雷遭安禄山乱，抗节不屈死。”[4]据村内长者忆述，英烈庙的建筑形制与位置未曾改变，但经历过数次翻修，往往由侨胞或回村的乡贤牵头集资，以示对祖先的敬重与怀念。这一点也侧面印证了塘屿村村民强烈的宗族意识。

三、民国至中华人民共和国成立——家庭意识

清朝末期，《南京条约》签订之后，福州被迫成为五口通商口岸之一，开放的口岸加速了国内外的商业往来，同时也带来了人口的快速膨胀；进入20世纪之后，国内战乱与帝国主义入侵并存，清宣统三年九月（1911年10月）福州民军起义，省城疏散，导致周边村庄人口激增，建设用地逐渐紧张，此时期民居的形态与平面布局也逐渐紧凑。

塘屿村内现存三处建于民国时期的民居建筑，集中于林材故居爿池的南侧，相较于明清时期以木结构为主的大型合院式民居，民国时期独栋式青砖建筑保留了明清合院式的建筑形态，即利用四周房间围合形成中心院落。不同的是，建筑尺度明显减小，宗族观念相对减弱，更加强调以两代、三代直系亲属为人口构成的家庭结构。建筑材料方面，通体采用青砖进行砌筑；门窗洞口尺度大幅度减小，凸显其防御性能以及对外来文化的兼容；外墙下半部延用条石堆叠的砌筑方式，保留其防潮防蛀的功能（图5）。

图1 林材故居鸟瞰

图2 林材故居门洞口细部

图3 塘屿明代民居

❶ 李永选．长乐六里志·卷四·名胜[M]．福州：福建省地图出版社，1964年完稿，1989年出版．

❷ 李永选．长乐六里志·卷七·人物 上一 名臣[M]．福州：福建省地图出版社，1964年完稿，1989年出版．

❸ 林牧．阳宅会心集·卷上[M]．清嘉庆十六年（1811）刻本．

❹ 李永选．长乐六里志·卷四·名胜[M]．福州：福建省地图出版社，1964年完稿，1989年出版．

图4　英烈庙鸟瞰

图5　塘屿民国时期民居

四、中华人民共和国成立至21世纪——自主意识

中华人民共和国成立至步入21世纪中间的五十年中，我国陆续经历了土地改革、三年困难时期、“大跃进”、“文化大革命”与改革开放等重要历史节点，福建地区的乡村与村民也随之经历了相应的冲击与发展，加上自古以来积累的国内外海运贸易优势与闽人越洋回归故里的优势，福建乡村的发展与扩张速度明显加快，乡民的文化理念也日趋多元，这一点同样体现在乡村的建筑形态上。同时，也暴露出该时期人多地少、忽视规范、自主建设的弊端。

塘屿村村民出国务工热潮始于四五十年之前，大批村民在改革开放时期前后选择出国务工经商，而后陆续有村民及其后人选择回乡翻新老宅、重修祠堂。此时期塘屿村的建筑呈现风格杂糅、形态各异、材料混杂的现象（图6），建筑往往以楼层高、面积大为建设目标。

目前，塘屿村内超过10层的住宅楼多达三十余栋，其中最高的一栋有16层；并且绝大多数中高层建筑呈现无人居住的状态，甚至建设并未完成，结构暴露、门窗洞通透。此现象严重破坏了乡村聚落应有的格局与面貌，同时大大降低了在这些中高层住宅周围生活、居住于老宅或低层住宅村民的生活质量。更有甚者，在村内会出现互相攀比的现象：前者建造在先，先建8层，后者不甘示弱，建9层；前者认为后者楼层高过自家会影响生活环境，于是又加建一层……长此以往，便形成了如今的格局（图7）。据入户调研数据统计，这些中高层住宅的空置率可达70%以上，部分住宅整栋无人居住，部分仅使用一两层，造成了极大的资源浪费，严重影响乡村面貌。

五、21世纪至今——统一意识

自2005年十六届五中全会提出建设社会主义新农村这一重大历史任务开始，其后的每一年，中央都有颁布关于振兴乡村、建设乡村、推动农业发展等主题的文件与意见；福建省自2013年中央提出建设“美丽乡村”之后，于2014年陆续制定出台《关于推进美丽乡村建设的指导意见》《福建省美丽乡村建设指南》等指导意见，并在2014~2015两年重点实施“千村整治、百村示范”工程

图6　塘屿民居

图7　塘屿村西北向鸟瞰图

以推动全省的美丽乡村建设。塘屿村西侧紧邻入村主路的两排住宅（图8、图9），与村子西南部紧邻村内主路的四排住宅在此时期进行了统一的规划建设（图8），以统一的建筑外形、结构与高度，形成规则的新农村住宅区。

六、总结

改革开放四十余载，我国在城镇化发展进程中已取得显著成效。近十年来，在解决三农问题与振兴乡村等工作中也取得了有目共睹的成绩。2020年作为“十三五”收官之年，即使在新冠疫情的影响之下，粮食产量与品质、农业现代化进程与农民可支配收入均稳中有升，现行标准下的贫困人口全部脱贫，乡村基础设施进一步完善，可以说，乡村振兴的框架已基本搭建完成。

2021年作为“十四五”的开端，对于城乡关系的新格局，乡村面临着更多的机遇和挑战。对于塘屿村这样的普通村落来说，新民居往往由村民将传统民居拆除后在原地块进行自由自建，缺乏专业的规划引导与理性设计，这样既不能满足乡村新民居“宜居”的诉求，同时也破坏了传统民居的保护与延续，并且对乡村整体格局与面貌产生了极大的负面影响。正如陈志华先生所言；“将来大家会慢慢认识到乡土建筑的价值，但‘慢慢’两个字多可怕，等你认识到的时候，可能已经破坏完了。”[1]因此，作为乡村振兴的实践者，我们仍然面临着诸多难题。

图8 统一规划后的新民居鸟瞰图

图9 统一规划后的新民居与街道

1.“发展”问题。客观看待各个历史时期的社会形态结构与土地问题。自古以来，土地问题就伴随着革命与农民运动，正如毛泽东在《湖南农民运动考察报告》中所提出的，革命必须经历“矫枉必须过正”[2]，反复的斗争也正是不断探索的表现。今后的发展中，乡村必然需要顺应以“城镇化”为背景的大环境，但也应延续其独立的、有地域特色的生长逻辑。

2.“宜居”问题。朱良文先生认为，乡建中的“宜居”存在两方面内容，一是传统民居修缮的“宜居”问题，一是乡村新民居建设的“宜居”问题。[3]如何在新的发展阶段中延续乡村振兴战略所提出的“生态宜居”要求，修缮、规划、建设宜居且能够适应社会发展的民居，是我们作为乡建工作者需要不断探索与实践的。

3.“引导”问题。广大村民普遍具有建设乡村的思想力与行动力，但往往缺乏专业性的引导，尤其是相对来说更加缺乏专业团队引导的普通村落村民。对此，中共中央于2021年年初颁布的《关于加快推进乡村人才振兴的意见》中提出，今后的乡村工作与发展中，应“培养造就一支懂农业、爱农村、爱农民的‘三农’工作队伍”[4]，以期于2025年实现“乡村人才振兴制度框架和政策体系”[5]搭建，即各个领域的乡建实践者们不应作为乡建的主导者进行设计干预，而应站在乡建参与者与辅助者的角度，以村民为主导，将专业理论融汇于实践之中，引导村民进行具有长期性、地域性以及普惠性的乡村建设。

参考文献

[1] 李永选.长乐六里志[M].福州：福建省地图出版社，1989.

[2] 林行昌.塘屿九龙林氏（第一卷宗谱）[EB/OL].1997.09：2.

[3] 林牧.阳宅会心集·卷上[M].清嘉庆十六年（1811）刻本.

[4] 陈志华. 北京日报——八旬陈志华仍为古村落奔走[EB/OL].2014.03.11.

[5] 毛泽东.湖南农民运动考察报告[M]//毛泽东选集·第一卷.北京：人民出版社，1951.

[6] 朱良文.乡村振兴中的民居研究应有更大作为[EB/OL].中国民族建筑研究会，2021.03.05.

[7] 中共中央办公厅、国务院办公厅.关于加快推进乡村人才振兴的意见[EB/OL].2021.02.23.

---

[1] 陈志华．北京日报——八旬陈志华仍为古村落奔走[EB/OL].2014.03.11.

[2] 毛泽东．湖南农民运动考察报告[M].东北书店印行，1927.03.05.

[3] 朱良文．乡村振兴中的民居研究应有更大作为[EB/OL].中国民族建筑研究会，2021.03.05.

[4] 中共中央办公厅、国务院办公厅．《关于加快推进乡村人才振兴的意见》[EB/OL].2021.02.23.

[5] 中共中央办公厅、国务院办公厅．《关于加快推进乡村人才振兴的意见》[EB/OL].2021.02.23.

上海里弄住宅的保护与发展

周　婧[1]

摘　要： 现今如何在保护里弄住宅的前提下维护居住者的尊严和生活健康是上海城市发展的重要议题，纵使外界对里弄住宅充满了情怀和肯定，居住者却始终怨声载道，这主要缘于政府推行政策和改造实践的改造目标和居民面对改造所产生的期待和需求是不同的，故而本文通过从现有保护的制度和保护模式，到居民需求下的里弄改造的分析，研究在里弄住宅中居住者的需求与空间使用之间的关系，总结现今里弄住宅在保护和发展中居民反馈后的启示和建议。

关键词： 里弄住宅　保护　发展　居民需求

一、里弄住宅研究背景

自1843年开埠以后，随着人口激增和房地产业的发展，具有商品性质的里弄住宅应运而生，并随后伴随着上海的近代发展一点一点生长起来，是当时社会条件下应对居住拥挤问题的一个恰当的解答，并慢慢成为上海的基本居住形式。直到20世纪90年代初，上海还有近一半的人口居住在里弄。

近代以来里弄住宅作为上海独具特色的民居，既承接了上海城市的市民生活，也支撑了上海的城市精神和文化，而随着上海的城市建设步伐加快，旧城更新也开始如火如荼地进行着，随之而来的大量里弄的拆除，加之人们逐渐意识到里弄的历史价值，使得里弄的保护问题迫在眉睫。

虽然1986年上海成为第二批国家历史文化名城，但20世纪90年代末才开始编制历史风貌区保护条例，其中与里弄相关的保护条例主要有《上海市优秀近代建筑保护管理办法》(1991年)，《上海市历史文化风貌区和优秀历史建筑保护条例》(2002年)，《上海市中心城区历史文化风貌区范围划示》(2003年)，以及《关于进一步加强本市历史文化风貌区和优秀历史建筑保护的通知》(2004年)，等等。

而在里弄改造的相关保护制度和政策的制定的过程中，自然有其局限性和不足之处，但总地看来其背后有三个部分对里弄保护和发展来说影响很大。

第一，住房产权政策中的权责分离的现象是里弄现今进入改造困境的重要原因，它导致在里弄改造中居民自主性低，只能由政府主导推动。里弄这一居住类历史建筑长期处于一个产权公有的状况下，而这种权责分离的现象导致居民的自主性低，因为住房的产权并非在他们手中，且无法保证房屋所在的历史街区在今后是否会遭遇突然大拆大建的境遇，并不是拥有者而且面对着老建筑随时可能被拆的不确定性，哪怕是居住条件不甚满意，他们也只能把期望寄托在政府身上，但政府缘于经济基础尚不足以支撑如此庞大的民居更新使得里弄没有得到系统的保存和修复，而这一点中外各国概莫能外。

第二，政府碍于多方面的因素对于里弄改造是有一个前瞻性的考量，而不是力求一步到位的举措，政府的改造目标是针对目前居住历史建筑的保护现状，先进行物质的留存，以期在此基础上进行连续性的更新发展，这主要是由历史建筑的不可再现性所决定的。里弄一经拆除就无法重建，环境特色一经破坏也就无法复原，这是一个不可逆的过程。而后续的改造计划必然应在这个目标之下有步骤地逐渐完成，这是一个长期的发展过程，不应该在现实压力下或出于自身的短期利益致使其朝令夕改，从而导致不可挽回的损失。

第三，政府在制定改造政策时需要体现多方利益的平衡，而非单方利益的考量。里弄的改造本身就十分复杂，涉及多方利益，如何平衡取舍，直接关系到能否体现社会公正、维护社会稳定。

二、政府导向下的里弄住宅发展模式

在明确了政策以及改造目标的基础上，上海也在逐步开展了对里弄历史街区的保护更新工程，以期在实践中找到更好的更新发

---

[1] 周婧，同济大学建筑与城市规划学院，研究生。

展，经过了大修、改善模式到 20世纪90年代逐步被引入市场化的发展历程后，上海里弄住宅在实践中总结了三种经典模式和一个特殊案例，即“新天地模式”（商业开发模式）、“田子坊模式”（商居结合模式）、“文保模式”（商业开发模式）以及“建业里改造”（拆留并举的改造）。

但是在这些政府主导的改造项目中都有一个很明显的问题，就是居民抱怨之声很大，普遍反映未考虑民生问题，而这其中有一个很重要的原因就是政府的改造目标和居民的改造需求不符。

三、未改造的里弄住宅使用现状与需求

通过对承兴里，春阳里等上海里弄的走访调查以及收集到的信息的对比分析，住在这几条里弄里的居民大多以自住为主，少部分为租住，其中还未接受改造的居民主要提出以下他们生活在里弄空间希望得到改善的问题。

1. 基本物质条件无法满足居民的生活需求

随着时代的发展，现今里弄住宅的物资条件已经不能满足所有现有的功能需要了，里弄居民的居住满意度普遍不高，不满意和非常不满意的居民累积占比达到43.4%。

而在本次调查中，有接近65%的居民不满意的部分在厨房和卫生间。在厨房和卫生间基本成为住宅标配的现今，这是他们最不满意的部分。部分居民仍然还需要倒马桶，与邻居共用厨房，部分居民直接自己在外面搭建厕所和卫生间。

居民普遍反映隔声太差（61%不满意），面积太小（60%不满意），需要更多的房间（60%不满意），房屋漏水渗漏（44%不满意），采光不好（37%不满意）等居住问题（图1）。

故而，可以看到在历史建筑的光环下，改善里弄最基本的居住现状是目前里弄住宅中现在明确、集中而迫切的需求。

2. 历史悠久以及高密度居住带来安全隐患

里弄住宅是迎合市场需求进行的快速投机建设，故而其原始建造质量本来就不是很好，同时随着时代变迁，其建筑质量、墙体风化、白蚁侵蚀以及过去错误的修缮方式，都成了里弄建筑的负担。而在居民的使用上可以很明显地看出其中的高密度居住，而这也导致了里弄住宅被不合理使用，甚至有出现将3层楼的办公楼变成8层楼的住宅楼的情况，这样高强度使用使得整栋楼荷载的增加带来了极大的结构隐患。

同时通过走访可以看到，里弄住宅楼梯宽度在1米左右，是大家公用上下出行的通道，楼梯上有时候会有居民堆放的闲散物品，这种木质楼梯搭建的狭窄通道的墙壁上一般都架有各种电线、电表、电灯等，这些都不符合消防的标准，平时采光也不好，很多居民反映楼梯太窄、太小、太黑，很不安全，而且如果发生火灾的话疏散方面是很令人担忧的。

3. 里弄住宅的社区环境与设施治理存在问题

经过了几十年的岁月后，其建筑外观风貌损坏严重，建筑立面管道等纠缠错乱，整体社区环境卫生十分恶劣，甚至有老鼠横行，这是在上海中心区无法想象的，同时过高的居住密度，加上生活方式的变迁，使上海弄堂公共空间的公共性受到了侵蚀。弄堂内自主搭建非常普遍。此外，自行车、助动车、共享单车等交通工具也占了弄堂不少空间，同时在弄堂中也缺乏一些交流公共空间和设施（图2）。

四、与民生结合的里弄住宅改造——以春阳里为例

在政府主导的几个模式中，普遍反映为未考虑到民生问题，故而在2016年，上海政府开始逐渐尝试了保留保护与改善民生相结合的里弄改造模式，春阳里就是其中的试点改造项目，并在项目中还尝试释放产权，希望在低成本改造中达到在里弄内能形成自我不断更新的理想状态。

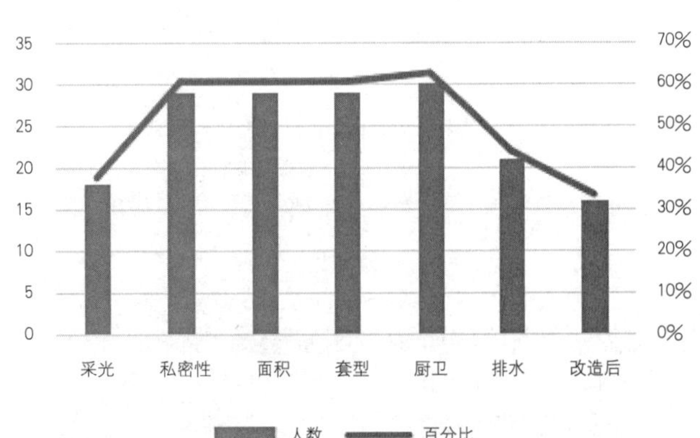

图1　被访问居民居住满意度分布数据

图2　里弄改造前后对比

就以现场调研的体验来说，改造后的里弄住宅在考虑了居民的居住需求后，尽可能地改善了部分居住条件，改善了居住环境，结构进行了加固，整体风貌看上去干净整洁，但由于需要居民全部回迁，且面积不变，里弄建筑改造后的防火等级、建筑通风、采光等还是难达到现代住宅的要求。且住宅内部其楼梯不符合尺度，又陡又狭窄，里弄里主要是老年人占绝大多数，使用起来极不安全。

对于改造的里弄居住空间本身，大部分居民反映其还是没有考虑居民本身的需求，比如在尺度上极不人性化，老人在使用空间时不方便，开窗需要踩凳子，不安全，且为了解决之前的厨卫问题，故而在改造的时候，在面积不变的基础上还要把厨卫都放到单独的套间中，追求成套，导致原本就不大的面积变得更加狭小压抑，空间更加不好用，如若考虑上电器和家具后，空间就更加狭小了，并且虽然拥有独立厨房了，也没法做饭，油烟完全散不出去。

甚至有些居民反映不愿意也不希望被改造，并认为现在政府的改造只是貌似石库门的赝品，以往的文化底蕴已经不在了，仅保留建筑的外壳，而对于居住条件没有太大的改变。当然也有部分居民觉得改造后的建筑更好了，更加整洁和方便，但总地来看仍然是不满意的意见更占据主流。

而在民生问题之外，政府对里弄的改造目标在这个项目中似乎也没有得到很好的实施，其中设计方认为保留原始风貌的代价太大，要以牺牲民生和巨大经济代价为基础，故而春阳里改造在彻底改变了其结构形式和原本室内的空间格局以外，还拆除了一期、三期的大部分墙体，原本规定不能进行变动的屋面轮廓线，在改造后期也被几经更改，对历史建筑本身也产生了不可避免的破坏（图3）。

在这个项目改造中，政府的主导决策，设计师的意志和居民的需求等多方主体之间不断进行着利弊权衡，其间，为了尽快将方案进行建设，很大程度上，其对历史建筑的损坏和居住者的居住体验不好等矛盾都被默默掩盖在前期，而在后期不断发酵，很显然，若想在低成本的情况下，不搬迁居民的前提下，既要维护历史建筑又要保障居民的居住体验，这几乎是不可能完成的任务。

图3 春阳里改造后室内

五、结论

相较于政府导向下的几种经典模式的改造项目，春阳里这样多方参与并不断权衡的改造项目，是非商业性质、非营利性质且基于居民需求的保护和改造，同时在此基础上尝试了释放产权，尝试从根本赋予它重新激活的动力，但整个项目在多方百般权衡彼此利益的基础上想要尽可能兼顾所有，但结果却不尽如人意，政府主导，居民参与，建筑师中间周旋，但这其中，需要注意的地方在于，居民应该什么时候参与，参与到什么程度，其不同程度所造成的有效性都是值得探讨的，不能在居民反复强调自己的需求后，接受房子时却是另一种样貌，就算是百般权衡下要有所牺牲，是否应由居住者自己选择所要放弃的部分，而不是政府直接决定拍板，否则做再多的前期工作，终究也只是政府意识和居民意识之间的无效沟通，政府目标并没有和居民的需求有所衔接。

作为居民的生活场所，里弄住宅必然需要随着时代而不断变化、生长、新陈代谢，在这个过程中肯定免不了对历史建筑原真性的侵蚀和破坏，而对于居民来说，在政府对历史建筑的强制保护下，他们也不得不在相当长的时间内接受以文化遗产为生活场所所带来的不合理性，这就是居住类历史建筑所具有双重身份之后所拥有的固有矛盾。而这个矛盾几乎是不可避免的，但是可以从源头开始，各方进行尽可能地协调缓解。

解决产权问题是解决现下两难困境的根源和突破口，政府尽全力保护，划定大片里弄区，但却无力进行更新，故而里弄改造是需要居民的力量的，能触动居民进行自发更新，拥有其房屋的产权是前提，而只有以此为前提才能促进里弄自身不断地更新。

居民的自发式更新需要在政府的控制和引导之下，但政府目前推行的政策还存在不足之处，即政府需要在以保留历史建筑为前提的政策和制度中进行具体细化，并提出相应的公共政策。例如《上海市优秀近代保护管理办法》中语焉不详地提出“保持原有建筑整体性和风格特点的前提下，允许对建筑外部作局部适当的变动”，这其中就缺乏分门别类的具体描述和规范，明确哪些行为是适当的，具体应该怎样实施，不然很容易让人无所适从，所以只有详细规范，让管理者和居民都心里有数，这样在管理上也具有更强的可操作性。如果在严格保护建筑外观的前提下，有条件地鼓励居民对内部开展合理的空间改造，相关部门对此加以适当的引导，那么某种程度上反而体现了居住建筑自身的成长，也就不算是一种静态而消极的博物馆式的历史建筑保护了。在此基础上，有针对性地对各个地段的旧里进行更新研究，不断探索符合自身的发展模式，多元发展，而不是盲目套用各种模式。

本来里弄住宅作为建筑遗产的保护来看，这本就是一个极其复杂的问题，如同盘根错节的树根，它涉及了太多的领域、多方的参与和利益纠葛，要把这些理顺兼顾，并加以平衡协调，不是一件容易的事情。

所以，未来石库门里弄的保护和发展，在考虑了其物质层面和非物质层面的基础上，必然是一个动态、长期的历程，我们不能期望其能一蹴而就，不能急于一时给出结果，然后直接推翻重建，或者有选择地对某些问题视而不见，归根结底，在里弄的保护和发展上我们都需要时间和耐心。

参考文献

[1] 范文兵，范文莉.对影响上海里弄改造之历史文化保护因素的分析与对策探讨[C]//中国建筑学会.建筑与地域文化国际研讨会暨中国建筑学会2001年学术年会论文集．2001.

[2] 常青.旧改中的上海建筑及其都市历史语境[J].建筑学报，2009.

[3] 朱晓明，祝东海.勃艮第之城——上海老弄堂生活空间的历史图景[M]．北京：中国建筑工业出版社，2012.

[4] 张晓菲.基于行为学的上海里弄住宅更新研究[D].上海：东华大学，2010.

全域旅游视角下陕西省渭南市传统村落连片保护初探[1]

刘国花[2]　靳亦冰[3]

摘　要：本文以国家公布的首批传统村落连片保护示范市中渭南市为例，针对以往单个传统村落保护的局限性，基于全域旅游的视角，对渭南地区传统村落进行调研和核心价值特色的挖掘，将传统村落与文旅资源进行综合分析，运用"要素整合—空间组织—连片保护"的方法，提出"文化分区、资源分类"模式，探索市域传统村落保护发展路径，构建从微观到宏观的整体保护和统筹发展体系，以期为传统村落连片保护发展提供思路，为振兴传统村落探索新路径。

关键词：渭南　全域旅游　传统村落　连片保护　集群发展

一、引言

1. 传统村落保护现状

在推进现代化伟业以及乡村振兴的时代背景下，对传统村落的保护显示出了更大的价值。2020年6月，财政部、住房和城乡建设部联合公布传统村落连片保护示范市，旨在市域层面将传统村落进行统筹规划，集群发展。2021年2月，《中共中央 国务院关于全面推进乡村振兴加快农业农村现代化的意见》，即中央一号文件指出，民族要复兴，乡村必振兴，乡村地区的建设发展被推到新的高度。传统村落是一类特殊的村庄，拥有丰富的文化与自然资源，所以更应该将其保护发展。但随着城镇化的发展，传统村落的空心化日趋严重，面临着传统建筑损坏、资金投入不足、人才技术短缺、发展较为困难等问题。

之前单个传统村落保护是基础性的点状保护，而中国传统村落空间结构呈现集聚性分布，有"多组团、众特色"的分布特点，根据分布特点国家公布首批十个传统村落连片保护示范市，以期通过探索地级市的村落连片保护方法，为之后全国范围内的乡村发展保护提供思路。本文以传统村落连片保护示范市之一的渭南地区为研究对象，通过分析其独特的文旅资源与区位优势，站在发展的角度去考虑，更加系统、全面地对传统村落集聚地区开展保护，为传统村落保护发展提供新路径。

2. 全域旅游助力乡村振兴

随着国内旅游市场的兴旺，田园牧歌式生活流露出的烟火气和田园气息引起了城市居民的共鸣，疫情之后人们更加向往乡村。传统村落稍加改造必会成为都市人向往的理想生活承载地，所以乡村旅游依然是传统村落最质朴的发展手段。近年来，全域旅游已经成为旅游业发展的新理念，与传统单一要素旅游的发展模式不同，全域旅游为传统村落提供了全方位、全要素参与的新型旅游发展模式。

本文选取传统村落连片保护渭南示范区为研究对象，突出散在的传统村落各自特点，达到优势互补，摈弃传统村落的同质化。从单一到整体，对区域内文化遗产资源进行整体谋划、科学规划，希望能够更加全面、准确地掌握区域资源的整体状态和发展中存在的问题，有利于传统村落的保护和传承。让传统村落成为田园牧歌的主要承载地，健康高质量地开展传统村落旅游，使其在发展中得到保护。

二、渭南连片保护示范区资源分析

1. 区位优势

渭南是陕西东部的新兴中等城市，东濒黄河，西临西安，南靠秦岭，北接黄土高原。南北长182.3公里，东西宽149.7公里，总面积约1.3万平方公里。截至2018年，渭南市辖临渭区和华州区，

[1] 基金支持：陕西省社科基金"陕西传统村落地域文化基因保护与传承研究"（2020J048）。

[2] 刘国花，西安建筑科技大学建筑学院，硕士研究生。

[3] 靳亦冰，西安建筑科技大学建筑学院，教授。

潼关、大荔、合阳、澄城、白水、蒲城、富平七个县，代管韩城、华阴两个县级市，共110个镇，24个街道办事处，204个居委会。外围是台塬（图1），垦耕历史悠久，南北边缘为石质山地，地势平坦，气候温润，水网纵横，自古就是先民们休养生息的理想之地（图2）。

渭南地区是“集关天经济区”“陕甘宁革命老区”“晋陕豫黄河金三角承接产业转移示范区”和“关中平原城市群”四个国家战略规划于一体的地级市，其区位优势极为明显，不断强化的城市地位以及日益增多客流量、信息流、资金流为渭南地区旅游业发展带来广阔的市场空间和机遇。

2. 传统村落分布

渭南地区传统村落历史悠久，造就了丰富的历史遗存，传统村落中大量的古建筑始建于明、清及民国时期，历史印迹厚重；村落文化底蕴深厚，具备丰富的非物质文化遗产，传统村落物资层面遗产较多，分布广泛；村落布局星罗棋布，受自然条件、交通条件、文化发展影响，整体上村落呈现出“东多西少”的格局（图3）。

渭南地区有国家级传统村落33个，占陕西省29%，陕西省级传统村落85个，占比20%。是传统村落集聚区，主要表现为历史要素集聚、文化传统集聚、产业资源集聚等（图4）。所以村落的规划也应跳出单点保护、逐一开发的思维局限，将点缀式的保护与发展升级为连片式、联动式、可持续发展式，做到区域统筹、整体保护、协同发展。以创造整体效益为目标，对零散分布的个体村落进行集中连片群体区划，将若干个体的传统村落重新合理整合，避免单个村落之间的无序竞争和资源浪费，以及单个保护所产生的不可预见性的文化破坏和流失。

三、全域旅游背景下渭南示范区连片保护框架

1. 文脉传承下的资源整合

渭南市作为传统村落连片保护示范市，有资源数量众多、类型丰富，资源联系性强等特征。在传统村落的保护中，历史文化资源要素是保护的对象，资源空间组织逻辑是保护的重点，因此需建立“要素整合—空间组织—连片保护”的整体保护思路（图5），提出基于文化单元保护和旅游协同的保护策略。

图1 渭北台塬

图2 渭北高塬

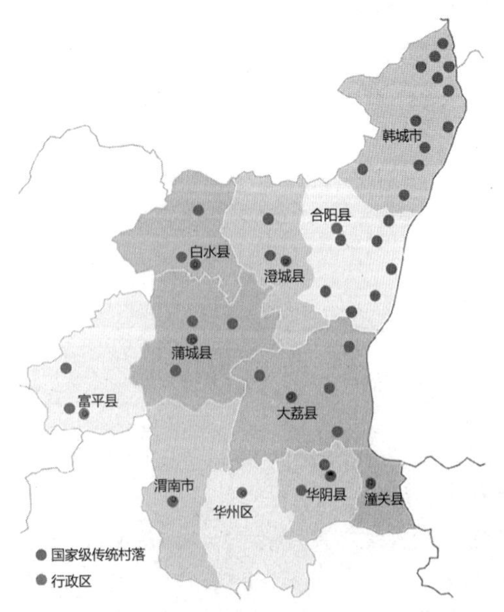

图3 渭南市传统村落分布示意图

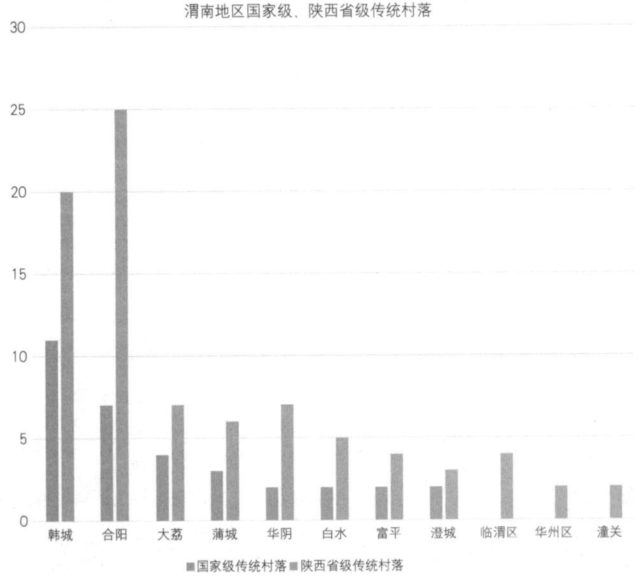

图4 渭南市国家级、省级传统村落占比图

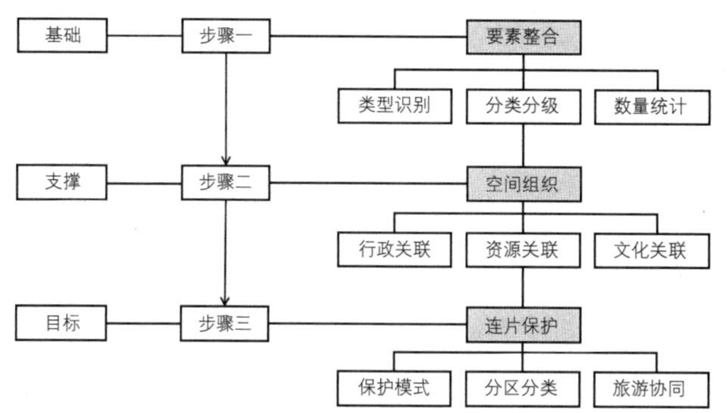

图5 渭南市整体保护思路

要素整合即分析整理渭南地区的文旅资源，传统村落集群片区具有鲜明的区域文化和自然资源特色，从文化、生态、旅游空间格局引导传统村落区域特色保护（图6）。首先要对当地的资源进行类型识别，并对资源进行分类分级以及数量统计，得出传统村落与AA级景区空间分布情况（图7）。

2. 协作发展下的分区保护

分区保护是以市域为单位，依据整体性保护原则，对地级市内的各历史要素进行统筹保护。在文化上，深入挖掘组群内独立村落之间的文化脉络，强化各历史要素之间的联系，提升整体文化实力；在空间上，强调各历史要素的空间关联，强化历史要素的整体化保护，避免单一保护造成的空间特色丢失，这也是传统村落连片保护的核心内容，主要包括历史遗存梳理、风貌体系构架、保护区域划分等主要内容。

（1）历史遗存梳理

市域层面的历史要素较为丰富，包括已经消失的以及现在仍然保留的。历史遗存梳理包括两个层级：一是寻找研究区域内空间的结构性遗存，挖掘个体村落间的关联性，指导片区风貌体系的构建；二是盘点现存状况，制定相应的保护策略（图8）。

（2）风貌体系构架

风貌体系构架的目的是强化历史遗存之间的空间联系，形成具有强关联的历史整体，凸显组群的空间文化。风貌体系构架是片区历史保护的重要内容，风貌体系的构成要素以及区域内存在的其他点状的历史建筑、文化遗址、人工构筑物、古道、墓葬、古树等，共同构成片区的重点保护内容。根据渭南地区的地形地貌可将区域划分北部东府台塬历史文化风貌带、中部冲积平原景观风貌带、南部秦渭山水景观风貌带（图9）。

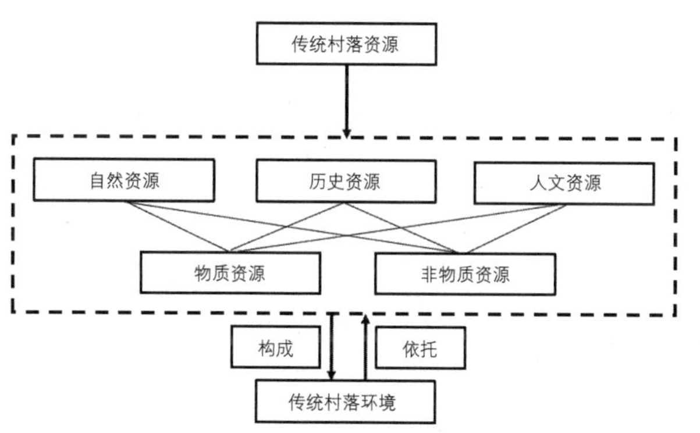

图6 传统村落资源关系图

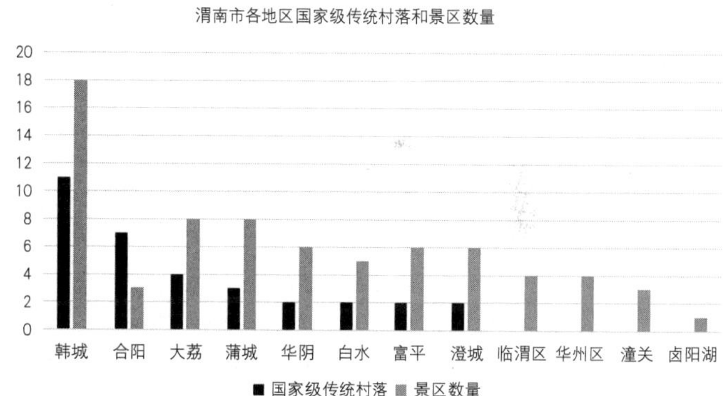

图7 渭南市传统村落与景区对比

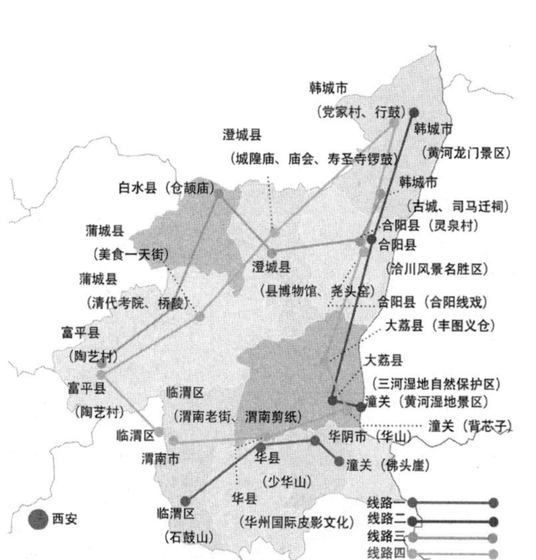

图8 渭南示范区历史遗存梳理示意图

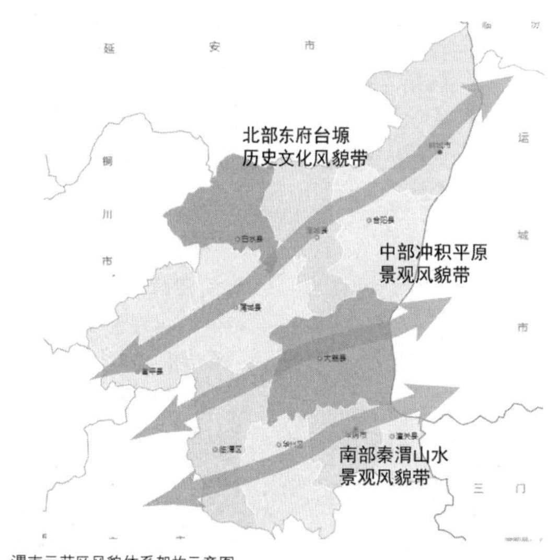

图9 渭南示范区风貌体系构架示意图

（3）保护区域划分

划分保护区域在连片村落的保护中，必须明确划定每一个村落的核心保护区外，更重要的是依据村落的集中程度划定统一的建设控制区和环境协调区。渭南地区根据历史文脉可划分为龙门古建景观风貌区、东府民间艺术风貌区、东府圣贤文化风貌区、东府陶艺文化风貌区、三河平原景观风貌区、东府民俗文化集中展示区、华山自然风貌展示区等七个保护区域（图10）。

3. 优势资源导向下分类保护

针对各片区内传统村落地理区位、村庄特色可分为旅游发展型村寨、休闲健康养生型村寨、文化旅游型村寨、自然生态型村寨、文物保护型村寨共五类。根据各传统村落所属片区及类型，结合自身特色提出保护措施，制定相应的保护重点（表1）。

四、“龙门古建景观风貌区”保护发展路径

1. 风貌区传统村落概况

韩城市又称“龙门”，地处陕西省东部坐落于黄河的西部，东边被黄河隔开，与山西省的河津市、万荣县等地隔河相望。西与延安的黄龙县相接，南与合阳县相连，北接宜川县。南北长约在50.71公里，东西宽约42.23公里，总面积1621平方公里。市域内旅游资源丰富（图11）。

韩城市有国家级传统村落11个，占渭南市33%，陕西省级传统村落20个，占渭南市24%。所以选取“龙门古建景观风貌区”为例进行具体分析，通过对韩城市文旅资源的整合，再将其与传统村落的空间分布进行对比，以文化历史资源带动传统村落的保护发展（图12）。

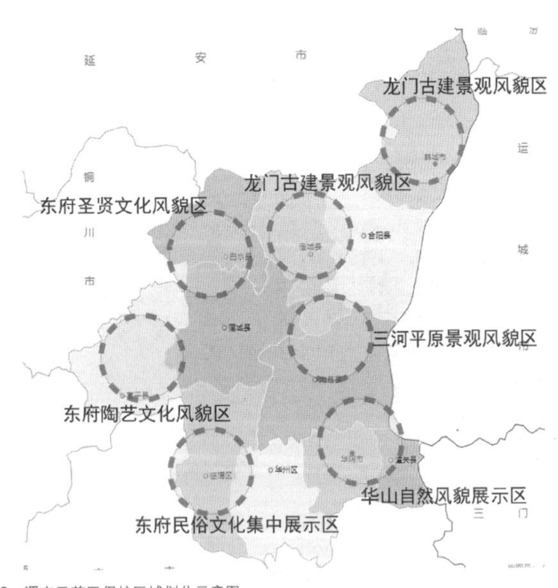

图10　渭南示范区保护区域划分示意图

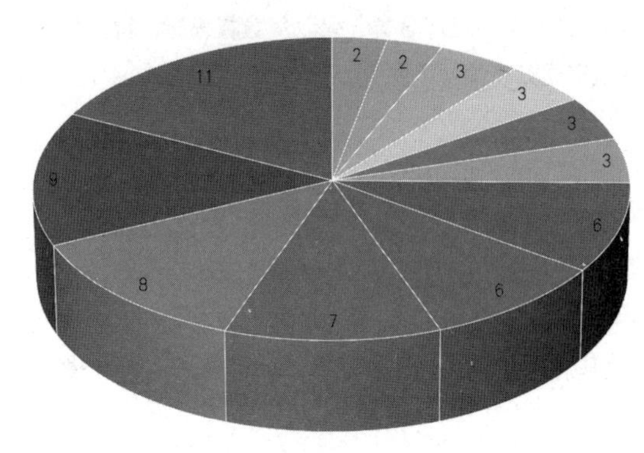

图11　韩城市旅游资源数量统计

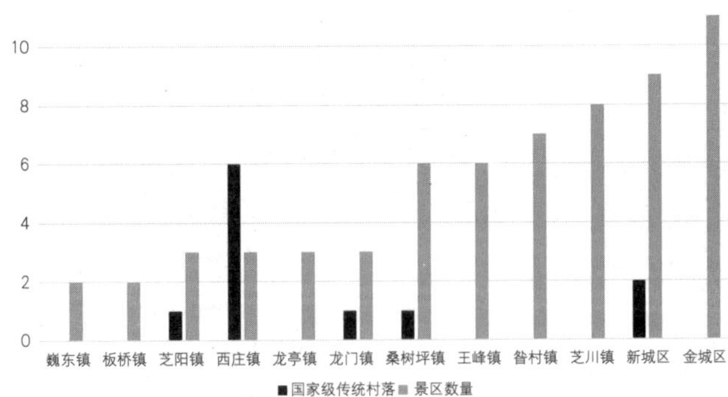

图12　韩城市各镇传统村落与旅游资源对比

各片区内传统村落分类表　　表1

村落类型	资源优势	模式探索
旅游发展型村落	近郊乡村、景区依托型乡村旅游点和古村落等	家庭旅馆、客栈、乡村别墅和文创工坊
休闲健康养生型村落	位于城市郊区或景区周边，且交通通达性良好的乡村	休闲农庄、度假山庄和乡村俱乐部等
文化旅游型村落	乡村历史，农耕（牧、渔）文化，民俗文化保存完整的乡村和重要农业文化遗产所在地	乡村历史博物馆、乡村民俗博物馆、农耕文化博物馆、牧业博物馆和农业水利博物馆等
自然生态型村落	具有山地、森林、溪流等自然条件，交通通达性良好的乡村	乡村露营地、乡村拓展基（营）地和自驾车营地等
文物保护型村落	具有重要文物保护单位和历史遗址所在地	学习基地和博物馆等

2. 韩城传统村落分类

根据传统村落的空间分布特征以及其中旅游资源的分类与评价结果，结合韩城的行政区划，将韩城市划分为三个区域（图13）。

第一个区域为核心区，包含金城区与新城区，资源之间距离比较近。其中村落主要为旅游发展型村寨和文化旅游型村寨。

第二个区域为邻近区，向南包含芝川镇，向北包含昝村镇以及西庄镇，以党家村和司马迁祠等旅游资源为主的发展片区，空间聚类度低于核心区，主要是单个三级以上的旅游资源结合一、二级旅游资源形成连片的态势。其中传统村落主要为文物保护型村寨。

第三个区域为外围区，包括除前面的核心区、邻近区以外的其他乡镇，外围区旅游资源分布较为独立，旅游资源点之间关联较弱。其中传统村落主要为自然生态型村寨和休闲健康养生型村寨。

3. 县域整体保护发展路径

韩城市的旅游资源整体表现出分布不均衡的特征，旅游资源空间分布范围广。仅市中心区域及城郊的芝川镇、昝村镇所含旅游资源就占韩城旅游资源总量的一半以上。相反，北部桑树坪镇、王峰山区等资源较为分散，而东部地区则表现出连片的势态，分析不同区域的资源分布状况，对资源连片发展更有益，然后对区域内的同类型资源进行有序开发，避免相同资源之间的竞争。分析传统村落与旅游资源的空间分布，以期韩城全域旅游发展能够给传统村落的保护作用提供思路。

在进行县域资源研究后，对于韩城的资源进行了等级及片区划分，并进行实地考察之后，确定韩城传统村落中资源的发展应该以热门景区为增长核心，结合周边旅游资源特点形成以下四个旅游发展片区（图14）：

（1）以北部山区自然风光为主体的休闲娱乐区；

（2）以党家村为核心的民俗文物浏览区（图15~图21）；

（3）以韩城古城古建为核心的综合旅游区域（图22）；

（4）以司马迁祠和国家文史公园为核心的人文自然旅游综合区。

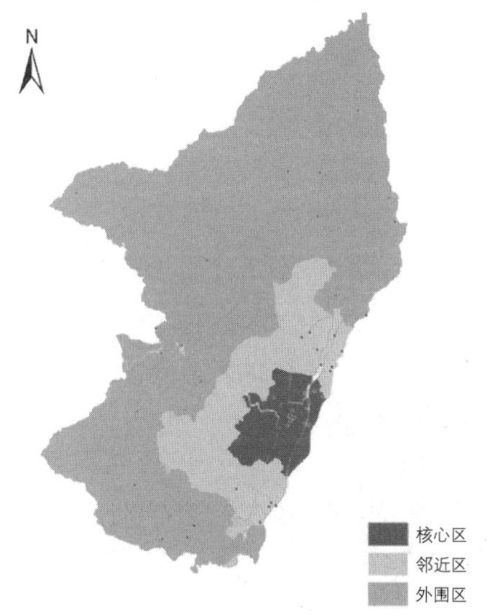

图13　韩城市传统村落区域划分示意图

图14　韩城旅游发展片区示意图

图15　党家村鸟瞰图

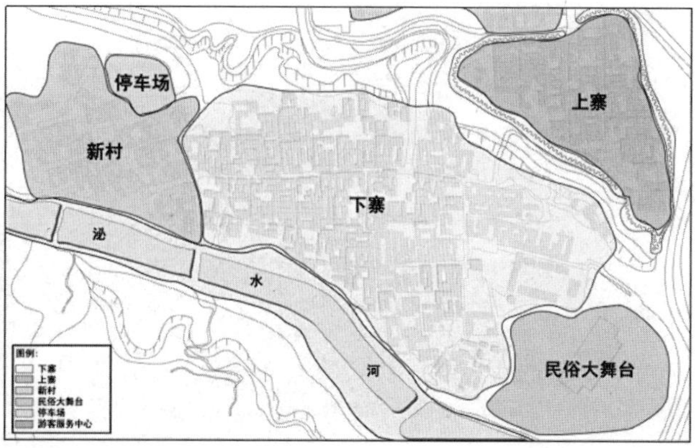

图16　党家村空间格局

图17　党家村佛龛

图18　党家村抱鼓石、拴马钩、拴马桩

图19　党家村门楣题字

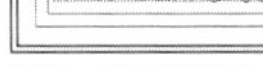

图20　党家村照壁

图21　党家村抱鼓石

图22　韩城古城

根据四个区域的特性，整合所在区域的传统村落特色要素，发展旅游资源增长极并且带动周边其他村落发展。

五、结语

相比过去单个村落的保护方式，市域传统村落连片保护的推进，有利于发挥资源统筹作用，进而示范带动其他地区传统村落保护利用工作，传承中华优秀传统文化。本文以渭南示范市的传统村落为例，进行分区分类研究，典型案例策略分析，通过重构村落要素、空间连片发展、植入现代旅游，让传统村落有自我造血机制，在发展中的到保护。统筹规划，多方联动，各村落有意识地进行差异化打造，功能、风貌、产业等重新定位，以期对传统村落的连片保护与发展提供参考。在“乡村振兴”新时代战略背景下提出连片保护发展策略，贴合当今传统村落保护发展实际，以更好地实现传统村落活态保护。

参考文献

[1] 胡俊亭.县域传统村落的整体保护和集群发展探索——以山西省临汾市乡宁县为例[J].建材与装饰，2020（18）：115–116.

[2] 王珍．韩城旅游资源与旅游扶贫研究[D].西安：西安科技大学，2019.

[3] 白聪霞，陈晓键.传统村落保护的研究回顾与展望[J].华中建筑，2016，34（12）：15–18.

[4] 李华东.传统村落：需要的是另一种“旅游”[J].小城镇建设，2016（07）：23–26.

[5] 张文君．城镇化进程中陕西传统村落的保护与发展研究[D].西安：西安建筑科技大学，2014.

[6] 朱良文.对传统村落研究中一些问题的思考[J].南方建筑，2017（01）：4–9.

[7] 金鹏宇，阮小妹，许树辉，林悦，胡瑞瑞，王妍颖.全域旅游背景下古村落旅游资源评价指标体系构建研究——以韶关市曹角湾古村落为例[J].中国市场，2020（26）：20–23.

[8] 谭辰雯，李婧.基于认知地图的传统村落保护方法创新研究[J].小城镇建设，2019，37（09）：77–83.

[9] 向远林，曹明明，闫芳，孙飞.陕西传统村落的时空特征及其保护策略[J].城市发展研究，2019，26（12）：27–32.

[10] 骆朝晖，王文龙，李勇.陕西渭南市“一村一品”发展现状、问题及对策[J].农业工程技术，2019，39（32）：1，3.

[11] 巩杰，王晓强，魏其武.“全域旅游”视角下陕西省韩城市旅游开发策略[J].区域治理，2019（48）：254–256.

[12] 邓巍．古村镇“集群”保护方法研究[D].武汉：华中科技大学，2012.

[13] 李倩琳．全域旅游背景下渭南市旅游景区可达性测度及空间分异研究[D].西安：西安外国语大学，2019.

基于类型区划的黑龙江省现代特色民居的设计探讨[1]

周立军[2]　李玉梁[3]　司伟业[4]

摘　要： 本文以黑龙江传统民居类型区划的演变研究为基础，针对黑龙江省传统民居的发展现状及问题，从宏观区划、中观类型、微观风貌三个层面阐述不同类型的民居在现代的更新与发展原则，并结合黑龙江省特色民居建筑示范项目，探讨黑龙江省传统民居现代化演绎的多种可能性。

关键词： 特色民居　类型区划　现代　演绎

多样的民族文化、丰富的地域文化和外来的西方文化造就了黑龙江地区丰富多样又特征鲜明的民居类型。但随着现代化进程加快，黑龙江地区的民居和村落面临着原真性、地域性缺失、同质化严重等局面。在现代乡土建筑的营建当中，如何厘清现代特色民居的设计思路，重拾传统民居的风采与魅力显得尤为重要。因此，借助团队设计的黑龙江省特色民居示范项目，从地域视野出发，将区划和类型结合，进行一次黑龙江省现代特色民居设计的有益尝试。

一、文化融合下区划形态的整合

宏观层面的类型区划规划，是民居共有特质的集中体现。随着文化的融合与营造技艺的革新，不同区划呈现整合的态势。在研究划分的12大类型文化区中，由南向北，区划形态逐步消解。在这样的背景下，文化融合下形态区划的确定，既要适应现代化的发展，又要呈现多样的民居风格表达。

1. 文化融合下区划的发展原则

首先，坚持求同存异的理念，形成“大而合，小而异”的规划格局：新时代乡村建设，一方面，要把握整体的空间区划，根据自身的文化属性以及当下的发展模式，整合空间布局；另一方面，深究最典型的民居特色，以点带面在整体化的布局中寻求文化表达的差异性。

其次，采取去少存多的方式，构建精细化的区划类型：在传统民居现代化转译的趋势下，一方面要尽量保留传承其内在的文化特征，另一方面要顺应时代的发展，摒弃部分不适宜的发展类型，使得民居区划能够更加精准地带动民居类型的发展。

最后，秉持因地制宜的原则，打造适宜的区划发展：以自身所处的地理环境为依托，结合文化的时代内涵，以“新”的动力带动“旧”的发展，才能形成更符合现代发展的适宜的区划格局。

2. 黑龙江省特色民居类型文化区划分

（1）少数民族文化区

少数民族民居分类中，满族民居文化区主要分布于黑龙江省南部地区，并以黑河、齐齐哈尔、哈尔滨等市县分布特征最为明显，作为主要试点市县。朝鲜族民居文化区的分布相对较散，主要以黑龙江省东部分布为主，其中尚志市、宁安市、鸡东县等市县作为密集分布区进行项目试点。其他少数民族民居分区主要分布于黑龙江省北部及西部的边境地区，主要包括了鄂伦春族、赫哲族、鄂温克族、达斡尔族及蒙古族的民居类型。

（2）黑土风情文化区

黑土风情民居分类主要以汉族民居为主。由于汉文化与本地的地域文化融合度较高，所以细分时，主要以自然属性为参考。其中山林木板屋文化区主要分布于大小兴安岭及长白山北部的山地地区。西部碱土房文化区主要分布于松嫩平原之上。泥瓦—砖砌房混合文化区主要以砖砌房及泥瓦房为主，由西部的松嫩平原向东延伸至三江平原，贯穿黑龙江省中部地区。

---

[1] 基金项目：国家自然科学基金“基于文化地理学的东北传统民居演化机制与现代演绎研究（基金编号：51878203）”。

[2] 周立军，哈尔滨工业大学建筑学院，寒地城乡人居环境科学与技术工业和信息化部重点实验室，教授。

[3] 李玉梁，哈尔滨工业大学建筑学院，寒地城乡人居环境科学与技术工业和信息化部重点实验室。

[4] 司伟业，哈尔滨工业大学建筑学院，寒地城乡人居环境科学与技术工业和信息化部重点实验室。

（3）文化融合文化区

受外来文化的影响，整体分区呈带状分布，其中一部分位于黑龙江省南部的中东铁路沿线，属于典型的线性文化形成的文化区类型，独具异域风格；另一部分位于黑龙江省北部的边境沿线，由西部大兴安岭地区向东延伸至鹤岗等市。文化的间接性输入，给予了边境地区多样的文化融合形态，例如伊春市嘉荫县桦树林子村、大兴安岭地区漠河市北红村等。由于该文化区的民居分布数量相对较少，同时风格特征具有一定的相似性，所以没有继续进行细分，因此主要形成的是中东铁路特色民居文化区及边境文化特色民居文化区两种类型。

二、需求转化下民居类型的传承

中观层面上，物质形态与功能需求影响民居类型的发展。在现代化的冲击之下，面对民居类型的演绎，既要坚持传统的文化形态，也要顺应现代化的发展。因此，在不同民居类型区划之下，选择适宜恰当的民居类型，并解决民居类型的传承与发展尤为重要。

1. 区划下民居类型的确立

首先，构建完善的保护机制：针对黑龙江省民居“损毁多，认证少”的局面，民居保护首先从民居的发掘开始，然后根据其文化属性、营造技艺、发展态势等建立评价体系，改善落后的营建体制，从而细致地对传统民居进行保护、更新与传承。

其次，确立典型的发展目标：随着时间发展，民居类型也在不断地变化，同时形成许多新型的村落形态，例如旅游型村落。所以，新时代下的民居发展，需要结合经济形态，选取最典型的民居类型，以此主导构建村落的结构布局，再由不同村落架构起整个区划的布局形态。

最后，建立自上而下的引导体系：为防止民居类型继续出现极端多元化，在现代乡村的建设中，政府首先形成上层的规划体系，统一协调不同类型的民居类型的分布格局。然后增加相关专业人员的建设指导，规范村民的自建形式，自上而下形成“政府—专业人员—村民”一体化的建设格局。

2. 区划下民居类型的划分

在黑龙江省特色民居建筑设计项目研究中，深入探究黑龙江民居传统的风格特征，寻求其内在的文化本质，形成具有传统特质的龙江民居类型。首先以民族文化为依据进行大类的划分，划分为三种类型。然后根据传统民居的类型特征，结合当下民居的营造趋势，将民居类型细分为九类。最终结合黑龙江省当下民居发展的实际情况，在其区划布局下，形成了三类九种形式（图1）。

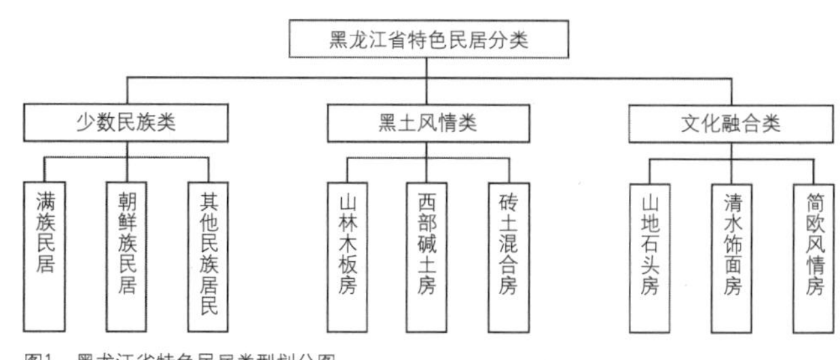

图1　黑龙江省特色民居类型划分图

三、新旧结合下民居风貌的演变

微观层面上，民居的风貌特征是民居类型最直观的表征。近年来，快速城镇化进程和过度商业开发不仅使珍贵的传统民居破坏殆尽，也造成传统民居文化传承断代[1]。因此，在新时代民居发展的进程中，不仅仅要求“新”，同时也要取“旧”，只有将“旧”传统的文化精神内涵与新兴的物质功能需求相结合，才是新时代特色民居发展的长久之道。

1. 现代新民居的建设原则

首先，加强文化属性的传承与发展：注重对于传统民居文化的传承性，包括居住文化、营造文化、装饰文化等。通过延续传统民居的风貌特征，利用新型技术改善原有的营造问题，不仅是对传统文化的保护与传承，而且可以最大限度地增加现有民居的风格特点，增加新民居的文化属性。

其次，遵循经济务实的建设标准：农民近年对民居常以最低成本进行翻修或新建，这在一定程度上也造成了黑龙江民居风貌杂乱的现象。所以，规划引导首先要以人为本，在最大限度保证新民居风貌的同时，手法节制，易懂易学，才能为村民接受[2]；尽可能减少建设成本，保证民居经济实用。

最后，体现与时俱进的发展特征：民居作为人类活动的一种产物，其类型特征随着人们生活生产方式的转变也在不断地发展。新民居的传承不代表守旧，与时俱进更多地应该是传统文化与现代需求的完美结合，在最大限度满足现代人们生活需求的前提下，又能追求传统民居文化的传承与延续。

2. 黑龙江省特色现代民居设计

（1）黑龙江省特色民居色彩方案

为改善黑龙江省民居的色彩风貌，借鉴黑龙江省传统民居的色彩风格，同时结合现有的材料属性，首先对于新建民居的色彩标准进行统一。在其色彩表达中，以民居的屋顶及墙体作为主要色彩参考。根据CCBC中国建筑色卡国家标准色卡，对其颜色进行定位，具体分类见表1。

黑龙江省特色民居色彩参考表 **表1**

序号	类型	色号						适用民居范围
		屋顶			墙体			
		图示	色号	RGB	图示	色号	RGB	
1	灰顶+白墙		CBCC1714N3.75	R：84 G：84 B：84	—	—	—	满族民居：灰瓦白墙，墙体部分带有木材、青砖、石材； 朝鲜族民居：灰瓦白墙，墙体部分带木材
2	灰顶+木墙		CBCC1714N3.75	R：84 G：84 B：84		CBCC 1002 1.9Y6/5.6	R：182 G：137 B：80	山林木板屋（80平方米）：灰瓦木墙，墙基选取石材； 寒地木刻楞：灰瓦木墙
						CBCC 0026 8.8Y9/3.6	R：243 G：227 B：169	山林木板屋（40平方米）：灰瓦木墙，墙基选取石材
3	红顶+黄墙		CBCC 1684 10R4.1/6.5	R：148 G：73 B：56		CBCC 0012 0.6GY9/1.8	R：240 G：233 B：197	三小民族民居：红瓦黄墙，部分墙体搭配红砖与木材； 俄式砖房：红瓦黄墙； 简欧风情房：红瓦黄墙
						CBCC 0083 5.6Y6.5/4.4	R：176 G：148 B：97	西部碱土房：红瓦土墙，部分墙基选青砖砌筑； 寒地泥瓦屋：红瓦土墙
4	墨蓝顶+白墙		CBCC 1262 5PB3.5/1	R：72 G：77 B：84	—	—	—	蒙古族民居：墨蓝瓦白墙，墙身部分有深蓝色纹样装饰； 山地石头房：墨蓝瓦白墙，墙基石材砌筑； 绿色生态屋：灰蓝顶白墙

（2）黑龙江省特色民居类型方案

① 少数民族文化区

在该项目第一批的民居设计中，主要以砖瓦房的类型进行设计（表2）。其中满族民居整体为灰瓦白墙，部分融合了青砖与石材，形成了五花山墙等典型的满族民居墙体构造，门窗主要以木材饰之，传承了传统支摘窗的形式，并且加入跨海烟囱的元素，形成满族民居最基本的形态特征；朝鲜族民居由于其功能布局独特以及门窗共用，所以立面形式与满族差别较大，墙体除少许木材装饰外，通体素白呈现，使其视觉上更为朴素、典雅、轻盈；另外，在较大户型类型中，其屋顶用歇山顶的形式，符合朝鲜族民居的传统特征；三小民族没有较为典型的形式，所以设计中，主要基于功能需求，采取红瓦黄墙的外观形态，然后提取不同民族的图案装饰，将其融入立面的装饰中，形成各自独特的形态表征；蒙古族民居主要提取蒙古族传统的蒙古包上纹样装饰，整体以灰蓝瓦白墙的形式呈现。

少数民族文化区特色民居类型表 **表2**

户型	满族特色民居	朝鲜族特色民居	三小民族特色民居（以鄂伦春族为例）	蒙古族特色民居
40 平方米户型				
60 平方米户型			—	—
80 平方米户型				
110 平方米户型				

② 黑土风情文化区

在黑土风情文化区内的新民居设计中，主要分为木垒、土筑、砖砌三种类型（表3）。其中，在大小兴安岭及长白山等山林地区，以传统的井干式民居及木板房为主，灰瓦木墙。在黑龙江西部的松嫩平原上，以红瓦土墙的泥瓦房取代传统的碱土平房，风格样式参考传统的泥瓦房形态，以此来传承黑土地上典型的民居类型。除此之外，砖砌房则相对更现代化，整体以灰蓝顶白墙为主，同时加入在近些年黑龙江省民居所衍生的阳光房，一方面提升了建筑节能保温的性能，另一方面也增加了空间体验感。

③ 文化融合文化区

对于文化融合文化区的民居设计而言，整体延续了清末民初所形成的俄式民居的形态特征（表4）。其中清水饰面房为传统的砖瓦房，以俄式民居标志性的红瓦黄墙为主，装饰性较少，主要体现在门窗及檐口部位。相较之下，欧式风情房的装饰性更强，在门窗等部位加入欧式典型的弧形元素，同时墙体部分采取红砖砌筑，增加了整体的色彩感。山地石头房的设计，主要为石材砌筑墙体外加灰蓝瓦屋顶，同时在线脚部位添加木材的原始感，减少民居整体的体量感，丰富人的视觉感受。

黑土风情文化区特色民居类型表 **表3**

户型	山林木板屋	井干式民居	西部碱土房	绿色生态房
40 平方米户型		—	—	—
60 平方米户型		—	—	—
80 平方米户型		—		—
110 平方米户型				—
330 平方米户型	—	—	—	

文化融合文化区特色民居类型表 **表4**

户型	清水饰面房	山地石头房	简欧风情房
60 平方米户型	—	—	
80 平方米户型			
110 平方米户型			—

四、结语

从美丽乡村建设到乡村振兴战略，再到当下国家成立乡村振兴局，一系列举措使得乡村地区包括传统村落的生态环境与经济条件已经将持续地发生更大改善。在新的城镇化建设中，为美化乡村民居建设，提升设计水平，增加传统民居在现代营建更新过程中的归属感与认同感，传统民居类型的现代设计不仅需要注重乡土风情，也需要注重原真性保护，它直接决定着文化遗产所表征的“文化身份”[3]。因此，为保留好乡土文明与地域文化基因，未来建筑师们在传统民居的现代营建更新上要展示出传统建筑风貌特征。传统民居的建筑风貌营建根植于本土文化，对其类型特征进行总结，让人能快速抓住主要特点，为以后建筑营建做指引，并且要融合与创新传统营建文化，创造出更多能够表现民族、历史和文化的乡土建筑，让华夏的历史记忆、人文精神更好地传承下去。

参考文献

[1] 周立军，周天夫，王蕾．中国传统民居研究的传承与实践——“第22届中国民居建筑学术年会”综述[J].新建筑，2017(05)：114-115.

[2] 周立军，刘一臻．乡建之“轻”——谈建筑师乡村实践的地域性思考[J].城市建筑，2018(22)：24-27.

[3] 黄家平．历史文化村镇保护规划技术研究[D].广州：华南理工大学，2014.

“互助养老”模式下传统聚落活化更新策略

——以金溪县车门村为例

李军环[1] 王 蓉[2]

摘 要：中国的人口老龄化程度不断加深，预计2050年将进入深度老龄化阶段。本文站在人口老龄化的视角，以金溪县车门村为研究对象，运用建筑学、社会学研究理论，通过文献研究、现场调研、测绘访谈等方式，在分析金溪县“全域旅游”和“一村一品”等政策的基础上，对车门村自然生态资源、人文历史脉络进行研究，提出了“互助养老”模式下传统聚落村落和建筑两个层面的更新策略，以期对同类村落研究提供借鉴，并对金溪县村落发展提供现实指导。

关键词：传统聚落活化 车门村 互助养老 田园康养 传统民居更新

一、研究背景

2020年第七次人口普查显示，中国人口老龄化速度日益加快，人口老龄化问题已经成为经济发展的阻力，预计在2030年中国将成为世界上老龄化程度最深的国家。然而，现行的养老模式存在各种缺陷，使得养老问题日益尖锐，养老模式亟待更新。同时，江西省抚州市提出在“十四五”期间，将大力推动以文化旅游、健康养身、养老服务等相关服务业为中心的产业的高质量发展，大力推动形成养生养老新业态，从而，“互助养老”+“田园康养”的养老模式被提出（图1）。本文以抚州市金溪县车门村为研究对象，提出“互助养老”模式下传统聚落活化更新策略以及民居建筑的改造策略。

二、区域概况

车门村位于江西省抚州市金溪县西北部，属亚热带潮湿气候，年平均气温17.7℃，村域面积为321.3亩，距离金溪县城半小时车程。车门村自明洪武年间开村，历史悠久，现村落内仍保留明清建筑数栋。该村自然环境优美，生态资源良好，山水格局完整，历史建筑保存完好，是理想的乡村养老基地。香精产业作为金溪县支柱产业，为田园康养模式提供了良好的产业支撑。车门村主要分为三个组团即车门小组、石门小组和中华人民共和国成立后形成的混合组团。车门小组和石门小组中存有部分明清建筑，就有较高的历史保护价值。但随着城镇化的推进，车门村村民逐渐就近搬迁至村址西北角，新建民居沿道路带状分布，古村落因此被空置下来，造成了大量的空间浪费（图2）。

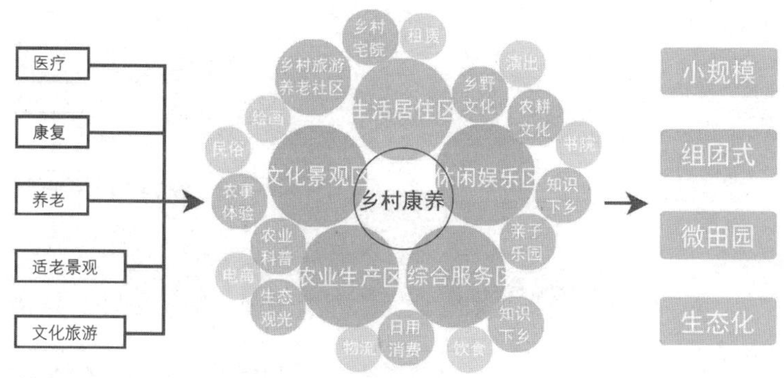

图1 互助养老+田园康养模式示意图

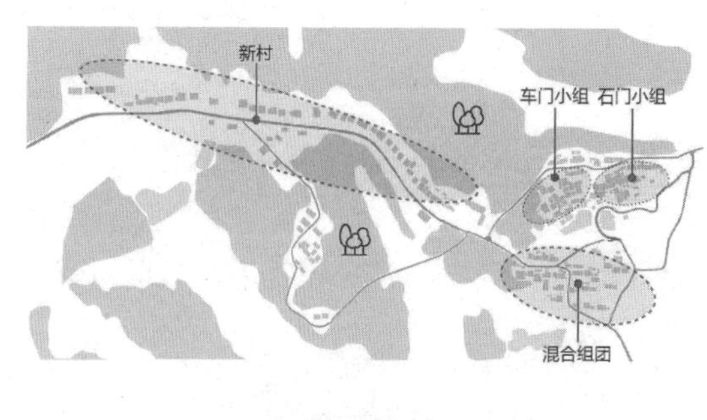

图2 金溪县车门村区位图

---

❶ 李军环，西安建筑科技大学，教授。

❷ 王蓉，西安建筑科技大学 。

三、村落现状与问题

1. 村落现状

车门村历史悠久，自然生态环境良好，聚落发展一脉相承，建筑分布顺应地形，因地制宜，形成了整体集中、局部分散的村庄肌理。基于环山面水的风水格局，村落中心的水塘成为村民日常生活中的交流空间，村落呈现出边闭中敞、向心聚集的形态特征。村庄内设社田公庙、谷仓、戏台、古井、门楼和祠堂等公共建筑，其毁坏程度不一，现存的公共设施在去年的“拯救老屋”行动中得以修复（图3）。

车门村内传统建筑为典型的赣派建筑，建筑布局简洁，朴素雅致，结构以穿斗式木构架为主，外墙四面围闭，具有很强的内向性。建筑外墙墙基为麻石垒砌，中部实砌砖墙，上为砖砌空斗墙。建筑立面较为简朴，正面檐口线呈“一”字形或“凹”字形，部分立面设有楼牌式门头。民居多为上下两堂，厅堂居中，左右为厢房，中间是一线天式天井，上露天光，厅堂及周围厢房采光全赖于此。[1]

2. 存在问题

（1）村落层面

①新旧村庄割裂严重，老村基本空置

现今车门村的建设活动主要集中在村庄的南部以及西部的新村中，原三大组团均少有人居，具有悠久历史文化价值的老村目前基本处于空置状态，新旧村庄的割裂较为严重。

②产业单一，后续发展力量不足

车门村以第一产业为主，产业单一，未形成规模性产业链。农业产品的附加值低，农产品区域品牌和拳头优势不明显。对于其他经济作物的种植规模仍处于初级阶段，未形成成片规模，产业优势不明显。

③公共空间损毁严重，村庄发展缺少规划

车门村村落由自然发展而来，村庄未进行统一规划，其公共空间多为闲置空地演变而来，且目前场地损毁严重，未得到有效修复，导致许多高品质空间被浪费，同时也影响了村庄的风貌。村庄内部道路与街巷缺少规划，多为尽端道路，影响行人的空间体验。

④基础设施落后

与许多传统村落相似，车门村的基础设施发展严重落后。存在夜晚村落内部照明系统缺失，电力布线杂乱无章，给排水设施不完善，居民生产生活用水难，垃圾转运与处理效率低下等问题。[2]

（2）建筑层面

①传统住房损毁严重，存在安全隐患

车门村民居建筑以穿斗式木构架为主，在长期损耗中出现了基础沉降与地面损坏严重、建筑墙体风化坍塌、屋面渗漏破损、木构件糟朽腐烂等问题，使得传统建筑存在安全隐患。[3]

②传统住房内物理环境较差、舒适度低

车门村传统的天井式建筑，为应对夏季强烈的太阳辐射，建筑具有很强的内向性，外墙不设大窗以减少建筑得热。同时为满足其宗教礼制的秩序性，建筑正堂不开窗，阻挡了穿堂风的形成，因而建筑的采光、通风均需依靠天井完成，造成建筑室内空间昏暗、潮湿。

图3 车门村重要公共设施位置示意图

③民居自主更新过程中丧失了传统文化与地域特色

当地大量新建民居放弃了传统建筑造型、材料、技术、装饰等，盲目模仿外地居民建设，导致传统地域特色与文化被削弱，建造风格各异，浪费资源的同时给环境带来压力。

四、互助养老模式下的传统聚落活化更新策略

1. 互助养老模式

我国老年人口基数庞大，但社会养老设施的发展与建设滞后于老龄化进程，现行的养老模式已难以满足日益增长的养老服务需求，互助养老模式可作为现行养老模式的有效补充。互助养老植根于村落自然生态环境，充分利用当地生产生活资源，是一种针对青老年人，以唤醒和提升老人生命活动作为第一要素，以“抱团互助”为理念，重构乡村熟人式社会网络的新型养老模式。[4]

2. 互助养老模式与车门村特色的结合

随着城镇化的推进，金溪县青壮劳动力不断向城市聚集，人口老龄化现象逐渐突出，养老问题日渐尖锐。而车门村环境优美，区位幽静，生产生活资源丰富，空气中氧离子含量较高，是理想的乡村疗养胜地。因此，结合金溪县人口老龄化情况及车门村村落特征，提出了“互助养老”+“田园康养”的养老模式，通过对村落内人居环境的更新改造，使其发展成为金溪县“旅游环线”下的静憩一隅。

3. 村落更新策略

（1）村落层面

①养老产业置入，为村庄注入活力

通过对车门村自然生态资源的调查以及抚州市金溪县“全域旅游”和“一村一品”的政策解读，将“互助养老”+“田园康养”模式置入车门村的更新发展中。并针对村落内的各个组团，依据其发展节奏的快慢，因地制宜地制定出不同的改造模式及其相对应的运作机制，吸引周边目标人群，为村庄注入活力（表1）。

②香精产业与养老产业互为支撑，循环发展

车门村产业定位指向新型乡村养老社区，康养产业与香精产业互为支撑，建立起以田园康养为主体，休闲旅游和家庭娱乐为补充的多元化产业结构。同时结合车门村丰富的自然生态资源，打造出各式乡村养老居住单元，为老人提供多元化旅居选择。日常生产生活中的农副产品又可商业化，通过冷链物流或农村电商等方式流入市场，在获取经济效益的同时也对车门村进行宣传，进而吸引资金与客流量回流至车门村，产生正向的产业循环（图4）。

③村落空间脉络梳理与疏通

车门村街巷空间大多在房屋建设之后形成，由村民根据生活需求建设，缺乏统一规划，道路阻塞迂回、尽端路等问题较为突出，因此需要对村落内道路进行梳理，使其满足消防与通行的要求。同

不同组团养老模式更新方式 **表1**

组团	建筑概况	发展节奏	发展方式	运作机制
车门小组 石门小组	明清建筑群，四水归堂式赣派石砌院落。村落空置。	慢	古建筑——配套公建 20 世纪 80 年代——养老宅院	宅院 + 种植 + 康养 宅院 + 养殖 + 康养 宅院 + 文娱 + 康养
混合组团	石砌双坡屋顶独栋建筑，组团内部分建筑空置。	较快	闲置——配套公建 居住——养老宅院 / 农家乐	部分宅院——养老、民宿、综合服务功能
新村	现代化住宅，混凝土独栋，村民迁村后新住址	快	村民——提供服务 区位——作为村庄发展缓冲	村落对外接口——物质交换和人流、车流缓冲地带

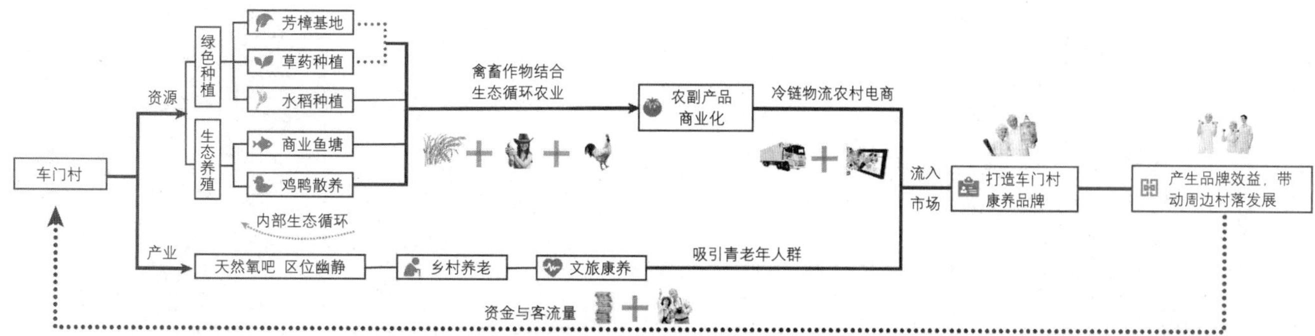

图4　车门村互助养老模式下的产业循环

时置入服务村民活动的节点空间，增加街巷空间的趣味性。此外，还应对村庄内公共空间进行修缮，使其继续发挥激发村落活力的作用。村落原本山水格局和建筑排列都具有较强的向心型，在公共空间整合时可将公共建筑围绕水面设置，增强村落中心公共区域的辐射力（图5）。

④公共基础设施提升完善

乡村公共基础设施需依据村落情况与发展要求增加例如图书馆、村史馆、阅览室、诊疗室等配套设施，同时以保护村落的整体风貌为前提，进行基础设施的建设。排水系统的设计中尽量满足雨水、污水的流排放，在水域位置做好景观绿化的搭配等。

（2）建筑层面

①传统建筑分级保护，活化利用

车门村内有大量明清时期遗留的传统建筑，虽然在金溪县拯救老屋行动中初步修缮，但其中仍有大量建筑处于荒废状态。因此，将村落内传统建筑现状进行整理评估，将村落内建筑分为：可修复、可整改、可拆除三类，并对评估后建筑采取分级保护的策略（表2）。针对村落内不同时期典型的民居形式进行针对性改造设计，为后期民居改造提供参考（图6）。

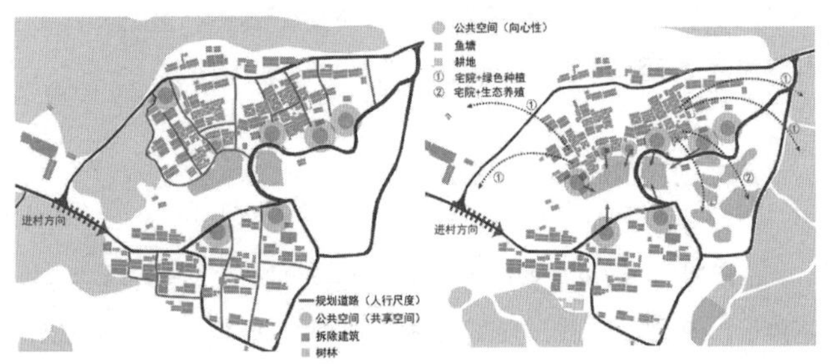

图5　村庄道路疏通与公共空间整合

②基于物理性能优化的建筑改造

江西传统民居建筑整体呈内向型，建筑室内物理环境的调节主要依赖天井空间进行，横向窄长的天井减少了夏季直射到正厅的阳光，在夏季获得了良好的热环境。但四面封闭的墙体使得建筑物内通风不畅，房屋内湿度偏高，且光线昏暗，采光不足。因此，对于室内通风不畅的问题，可将建筑南北墙面进行开窗，使得室内大部分区域都有良好的风环境，在夏季起到较好的通风除湿作用。东西侧墙面则不开窗，一是由于防火的需要，二也可以有效阻止夏季东西晒得热。[5]但为了遮挡夏季太阳辐射窗户自身要设置遮阳措施。为了在冬季也有良好的室内热环境，窗户应有较好的密闭性和热工性能。对于光线不足的问题，在天井处可铺设明瓦以改善建筑室内采光。

③基于传统地域风貌的传承设计

传承金溪当地传统民居的空间形态优点，保留其简单封闭的几何形体的形态特征，使夏季太阳辐射对于室内空间热环境影响较小。在建筑改造的过程中，应当采取“微介入”的设计手法，充分尊重当地的历史痕迹，有节制地置入新的建筑体量。[6]对于损坏较为严重的建筑，可将其细部如门头、柱墩等构造剥离后运用到新建

传统建筑分级改造策略　　表2

分级	分级标准	现状	改造方式
Ⅰ级	建筑保护得当及周边环境保存相对完好		空间拓展 功能与需求相适应 → 修葺损坏部分 → 置入需求功能 → 新老建筑连接
Ⅱ级	建筑物中部分墙体、无盖坍塌“骨架”保存完好		空间重构 加固骨架置换围护结构 → 剥离墙体裸露结构 → 加固结构 → 置入新型轻质体量
Ⅲ级	建筑物仅保留部分细部构件及细部装饰		空间嵌套 保留细部，内嵌空间 → 保留原始墙体 → 修补外墙防止脱落 → 置入新型轻质体量

形式	时间	数量	结构	存在问题	典型平面	改造策略初探	模数对照表
天井式民居	明清时期	17栋	穿斗式木构架	损坏程度不一，冬季寒冷，雨季潮湿，室内采光不佳			
三间四房式民居	八九十年代	32栋	砖木混合	室内采光通风不佳，建筑防火措施需加强，材料耐候性差	卧室 卧室 厅堂 卧室 卧室		
混凝土	近几年	新建混凝土独栋，功能契合当代生活，但需进行风貌整治					

图6　典型民居改造模式参考

建筑中，或与传统民居中遗留的家具、农具等统一收集一处，作为村落展品陈列展示。

五、结语

“十四五”规划中明确要求加快推进农业现代化，构建现代乡村产业体系。车门村在金溪县大力倡导“全境旅游”与“一村一品”的政策之下，结合其生产生活资源情况，发展“互助养老”+“田园康养”的养老产业是有据可依的。对于传统村落的聚落活化更新应当是在充分尊重其自然及人文资源的基础上，以“微介入”为理念基础，针对村落和建筑两个层面进行合理的改造更新。同时，车门村作为这种乡村养老设施改造的试点，充分运用地区各种资源，打造成养老特色村庄。当车门村的养老产业稳定运营后，可进入二期开发，带动周边村落联合发展，形成更为丰富的乡村养老新业态。

参考文献

[1] 饶卓群.江西金溪与鄂东南传统民居建筑比较研究.[J]山西建筑，2020，3.

[2] 刘潇衍，杨新哲，张文硕，姚其郁.乡村振兴背景下的传统村落调研与改造策略研究——以平顶山市大军郭村为例[C]//2020世界人居环境科学发展论坛论文集，2020，12.

[3] 宋晨.传统村落民居改造再利用研究——以江西上饶渡头村民居为例[J].安徽建筑.2020.5.

[4] 杜鹏，安瑞霞.政府治理与村民自治下的中国农村互助养老[J].中国农业大学学报，2019，6.

[5] 李季.江西传统天井式民居被动式设计方法研究[D].北京：北京工业大学，2018，6.

[6] 孟晓鹏，叶茂乐，陈锦椿.传统村落微介入式更新实践——以晋江市福林村为例[J].城市建筑，1979，4.

[7] 刘明睿.聚落空间结构分析方法在传统村落更新中的应用研究——以河北省邢台市黄寺村为例[D].济南：山东建筑大学，2020，6.

临清古城中张氏民居保护策略探究[1]

张广贺[2] 黄晓曼[3]

摘 要： 张氏民居位于临清市先锋街道箍桶巷街156号，是革命英雄张自忠家族居住及生意场所，俗称"张家当铺"。20世纪70年代末改为英烈祠，用于存放革命先烈骨灰。张氏民居作为临清独具地方特色的"文地空间"，对临清"文地系统"建设具有重要意义，文章以临清张氏民居为研究对象，对张氏民居保护策略进行探究，打造一方文化精神荟萃之区，做好文脉的传承。

关键词： 张氏民居 文地空间 保护活化 文脉传承

对传统民居的保护传承"功在当代，利在千秋"，对古建筑和传统民居的保护研究是非常有意义的，关乎城市发展，关乎文脉传承。

临清是"应运而生的古城"，临清借运河漕运发展迅速崛起，博得了"富庶甲齐郡""繁华压两京"的美名，经济的繁华使传统民居建筑的发展繁花似锦，传统民居的样式以北方形式为主，同时建筑形式具有多样性的格局，由于社会发展以及一些历史原因，临清传统民居曾遭到一定程度的破坏和拆毁。城镇化建设以及西方建筑理念的冲击，使得古城传统民居建筑并没有得到很好的保护，建筑结构遭到破坏，空间活力衰退，加上一些当地居民的保护意识不到位，一些古建筑出现保护不周的现象，各种制约因素使得临清古城内传统民居不复当年盛貌。

文章以传统民居保护为全局视角，以箍桶巷街张氏民居为研究对象，探索张氏民居"文地空间"建设，由此期望对当代传统民居保护发展有所启示。

一、张氏民居概况

张氏民居建于清代，位于临清市先锋街道箍桶巷街156号。如今，箍桶巷建筑大多已为现代建筑，红砖铺地，白漆刷墙（图1）。位于先锋街道箍桶巷街的张氏民居，附近有庄家大院、孙家大院、张家大院、大宁寺、天主教堂等古建筑，街区有箍桶巷、白布巷、竹竿巷，塘子胡同、米巷、公馆街、琵琶巷等古街巷，彼此共同构成了如今临清古城面貌。

工作室团队对张氏民居进行测绘，因两进院落之间被砖墙隔断，穿堂门户被封闭，仅测绘一进院落，现所测并不是其原始面貌，房屋已大量损坏。从功能布局上来看，张氏民居房屋为沿街道布局，第一进院子由四部分建筑组成，门厅、北屋、西屋和东屋。北屋坐北朝南，上挂牌匾：革命善贤祠。东屋现已倒塌，只剩地基可见，西屋经后来加建呈现状，南面为现代建筑的邻家院落（图2）。张氏民居建筑整体呈现两进院落，北屋顺街道而建，东西厢房相对而落，与南部临家院落围合成第一进院落。建筑整体为砖木结构，木结构骨架为抬梁式结构（当地工匠描述为二梁起架），从下而上由柱支撑大梁，瓜柱支撑二梁，由此构成支撑结构（图3、图4）。青砖以全顺式结构横向排列，构成四周围合结构。

二、张氏民居建筑现状问题描述

张氏民居第一进院落可能因资金问题或者规划问题长时间无人维护，现已年久失修，破乱不堪。

1. 地面

院落地面无铺装，杂草杂树丛生，张氏民居北屋地面有大量掉落建筑木材和砖瓦，因长时间无人清理，屋内铺地被泥土覆盖，大面积不可见。烈士祠西屋地面被泥土覆盖，骨灰盒散落在地，铺地不可见。烈士祠北屋西屋基础（地基/墙基）可见，保存较好，无明显下沉。

2. 围护及分割结构

院子东部围墙部分倒塌，西部墙面一定程度老化损坏，建筑内墙面为青砖墙体，外有石灰砂浆抹面。外墙面青砖墙体大部分

---

[1] 基金项目：山东省社会科学规划研究项目：京杭运河山东段城镇民居建筑及文化元素研究（16CWYJ11）。

[2] 张广贺，山东工艺美术学院，建筑与景观设计学院，硕士。

[3] 黄晓曼，山东工艺美术学院建筑与景观设计学院，副教授。

图1　箍桶巷街区现状

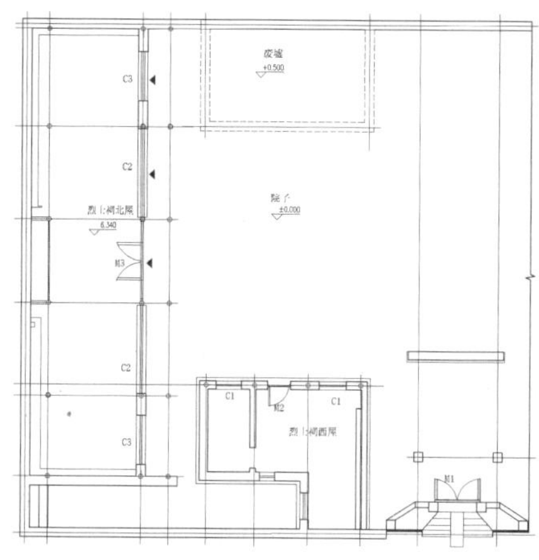
图2 张氏民居第一进院落平面图

图3　张氏民居西屋木结构

图4　张氏民居北屋木结构

裸露在外，北屋北墙面有大量污渍、破损，部分墙体裸漏。烈士祠大门为现代木板门，烈士祠北屋为格栅木板门，表面材质老化脱落，材质已不可分辨（图5）。烈士祠西屋现代方形木隔扇窗，保存完好。

3. 承重

现存建筑中柱子共30根，大门门厅为砖砌柱体，烈士祠北屋柱子部分老化裂缝。西屋保存良好，无明显裂缝。部分柱子在墙体里面。主梁/次梁共26根，烈士祠北屋有部分破损，西屋保存较好。檩条20根，烈士祠北屋檩条部分破损，表面材料不可见，西屋保存较好。烈士祠北屋枋子部分老化脱落（图6），西屋保存较好，院落内有砖质台阶两处。

4. 屋面

椽望（椽子/望砖）保存较好，烈士祠北屋瓦面破损严重，屋脊有部分破损。西屋瓦面有小部分破损（图5、图7）。

图5　北屋外立面

图6　北屋室内现状

图7　南屋外立面

5. 整体情况

张氏民居因长期无人打理，院落内杂树丛生，已无路径可供行走，同时室内环境杂乱，掉落的砖瓦木材等建筑材料无人清理。张氏民居大门脱落，加建的门厅破损严重，北屋屋顶破损严重，瓦片椽子掉落，木结构的木材有部分开裂，墙面脱落严重，西屋铺地充满泥土等杂物，墙面有部分油污，屋面部分材料脱落，墙体青砖裸漏，东屋残余地基堆积大量砖土，第二进院落不可见。

三、张氏民居建筑保护修缮探究

张氏民居的及时保护迫在眉睫，对于古建筑的修缮应以保护为先，因此张氏民居的修复按照“修旧如旧”原则，基于历史和实际情况对其进行修缮保护提出建议。(图8~图11)

1.加强管理，传统民居保护离不开政府支持，建立相对完善的保护机制，从“上层建筑”上给予支持，是传统民居保护的必要条件，例如当地政府成立相对应的管理机构。临清对传统民居保护时，要依据《中华人民共和国文物保护法》以及临清文物保护相关条例规定、城市规划条例进行保护活化。同时，古建筑保护离不开民众支持，民众对传统民居以及古建筑保护意识是古建筑保护长久不衰的保证。加强传统民居和古建筑保护利用的宣传是十分必要的，一个好的传统民居和古建筑保护风气对当地居民自发的保护意识有一个促进作用，两者相辅相成。

2.传统民居保护利用最重要的是精神文脉的传承，在保护利用的过程中要凸显古建筑的文化内涵，以古建筑自身文化加强对周围环境的影响，营造古城下的文脉氛围。“应运而生”的临清古城饱受运河文化的熏陶，传统民居的样式以北方形式为主，同时建筑形式具有多样性，因此，传统民居保护应彰显其特色。这是临清“文地系统”多样性的展现。

3.张氏民居的修缮保护在基于历史的情况下“修旧如旧”，恢复其历史原貌，这是古建筑保护的重要原则。张氏民居的修复过程中应该尽量贴合原有建筑的风格，尊重当时建筑的结构、材料、空间布局，防止其原有的风格被破坏。

4.在建筑后续维护时，要在防湿防潮和防止虫害以及建筑外立面的风化侵蚀等方面做到及时检查维护，防止其进一步恶化，对建筑保存产生不良影响。

四、张氏民居“文地空间”的营造方案

在尊重历史的基础上，根据张氏民居历史状况，对于文化用地中张氏民居的提出两个可行性方案。下文是笔者对张氏民居活化利用的一些想法，希望对未来张氏民居的保护活化有所帮助。在进行张氏民居规划活化时，建议先面向社会各界进行公开征集意见，增加社会参与度，真正让民众参与到传统民居和古建筑的保护活化中来，尽可能提高张氏民居的社会效益，带动传统民居中的文脉传承，为临清“文地系统”建设添砖加瓦。

1. 张家当铺

张氏民居早期在当地称为“张家当铺”这也是张氏民居名字的由来，现可根据史实对张氏当铺进行布置复原，作为名人故居对外进行开放，第一进院落作为张自忠家族“当铺”进行展出，第二进院落作为张自忠家族居住场所进行开放。为了解决当今名人故居展览形式单一，游览过程较为传统平淡的情况，可在张氏民居内增加互动性环节，例如让游客进行当铺角色体验，增加游览过程的趣味性。适当结合VR等现代技术，在增强游客对名人故居认识的同时，实现游客带动文化传承。但是由于张氏民居历史信息缺失，张氏民居作为当铺复原布置较为困难。

图8 剖面图1

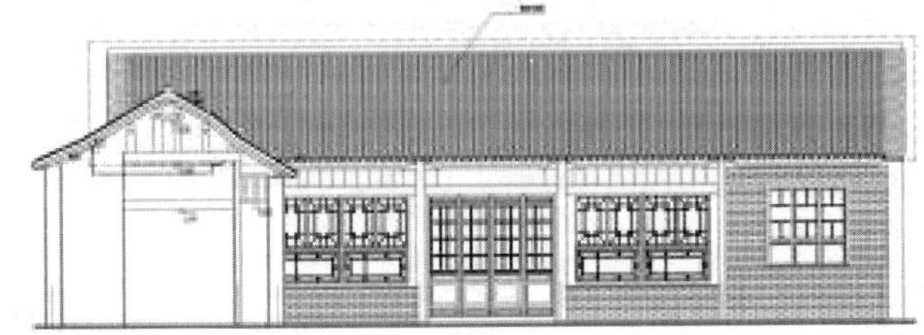

图9 剖面图2

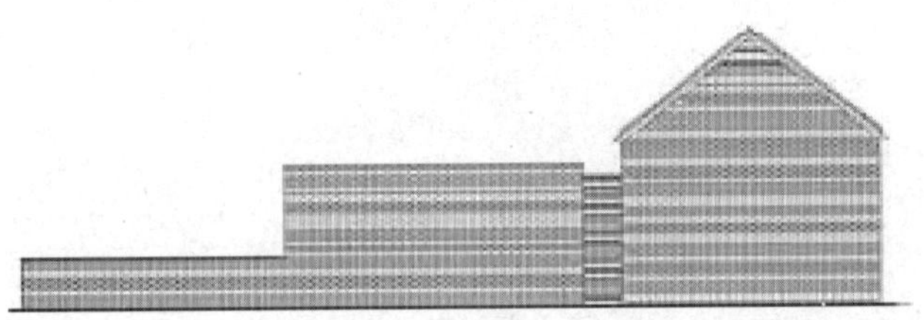

图10 东立面

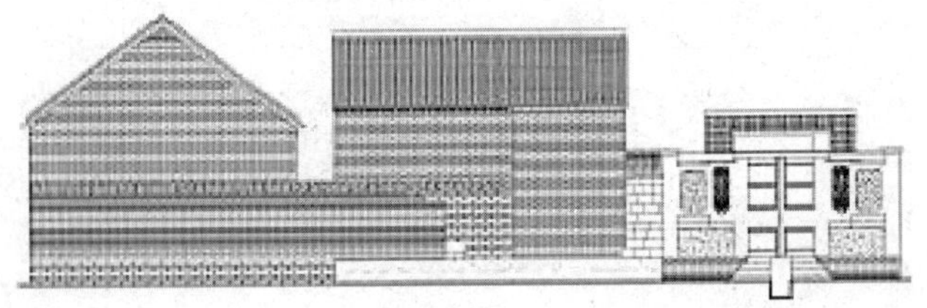

图11 西立面

2. 张自忠烈士祠

张氏民居于20世纪70年代末改为英烈祠，用于存放革命先烈骨灰。张自忠将军作为中华爱国主义军人，张氏民居具有浓烈的革命色彩。现存建筑北屋仍挂有善贤祠牌匾，因此张氏民居可作为革命教育基地，展览陈列张自忠将军的抗日经历。从临沂战斗到武汉会战，再到襄东战役，乃至抗日牺牲，张自忠将军“为国为民流尽最后一滴血”的革命精神值得我们向社会各界展示，可以修复布置为烈士祠博物馆以供游客参观学习。

为了增加烈士祠的空间活力，烈士祠可作为红色社区文化活动中心，利用烈士祠院子，开展带有鲜明红色革命文化的特色活动，这也是对前辈先人面对革命、面对压迫，奋起反抗的铁血精神的铭记，利用烈士祠将抗日革命的精神文脉传承延续。

五、总结

传统民居保护活化作为城市“文地系统”建设的重要一环，不单纯地保留保护建筑主体，更重要的是人文传承。现在许多传统民居古建筑的保护还处于粗旷式保护阶段，只是单纯的围合保护或者挂牌保护，没有真正挖掘其本身价值。只有结古通今，正确把握其情况，才能将其历史价值和文化内涵充分展现出来。保护发展传统民居，不仅要接续古代文脉，还要让其发挥现代价值，丰富人们的精神生活，传承民族历史，增强文化认同。

本文在分析张氏民居现状基础上，将其纳入“文地系统”进行保护活化。旨在引起社会的重视，加强对张氏民居的保护，并期望对当代传统民居和古建筑的保护发展有所启示，在对传统民居和古建筑进行保护活化的同时传承历史文脉，真正让陈列在广阔大地上的遗产活起来。

参考文献

[1] 王树声.文地系统规划研究[J].城市规划，2018，42（12）：76–82.

[2] 临清市政府编.临清州志[M].济南：山东省地图出版社，2001.8.

[3] 孙继国，常以彬，王健，云昆.临清中洲运河古城传统民居建筑空间活力再生设计研究[J].大众文艺，2019（16）：66–67.

[4] 沈盛楠. 关于北京市名人故居保护与利用的思考[A]//中国建筑学会建筑史学分会，北京工业大学.2019年中国建筑学会建筑史学分会年会暨学术研讨会论文集（下）[C].中国建筑学会建筑史学分会，北京工业大学：中国建筑学会建筑史学分会，2019：4.

[5] 曹广彦，张轶群，余勇. 文物修缮保护及利用——以永顺天主堂会议旧址为例[A]//中国建筑学会建筑史学分会，北京工业大学.2019年中国建筑学会建筑史学分会年会暨学术研讨会论文集（下）[C].中国建筑学会建筑史学分会，北京工业大学：中国建筑学会建筑史学分会，2019：4.

[6] 彭哲晨. 浅谈现代化进程中的古城保护[A]//中国建筑学会建筑史学分会，北京工业大学.2019年中国建筑学会建筑史学分会年会暨学术研讨会论文集（下）[C].中国建筑学会建筑史学分会，北京工业大学：中国建筑学会建筑史学分会，2019：4.

[7] 胡英盛，黄晓曼，刘军瑞.山东典型院落文化遗产保护与传承[M].长春：吉林大学出版社，2020.

文化传承视角下土家族村落保护与活化探索❶

——以纳水溪古村落为例

孙柯柯❷ 李敏芊❸ 李晓峰❹ 汤诗旷❺

摘　要：文化是民族生存和发展的重要力量，古村落保护工作中对文化的传承至关重要。纳水溪古村落位于武陵山区，历史悠久，文化特色突出。由于古盐道功能消失、缺乏指导性保护策略，纳水溪存在人口外流与村落空心化、人文基础设施水平低、文化资源破坏严重的发展问题。本文从文化传承视角出发，基于纳水溪古村落的文化构成与环境现状，提出"以人为本，融合资源"的活化策略与规划设计方案。

关键词：文化传承　土家族村落　保护与活化　纳水溪古村落

纳水溪古村落位于湖北省恩施州利川市，是一个典型的土家族村落，该村历史悠久，是鄂西地区珍贵的文化资源。武静（2008）从整体结构层面和公共邻里层面探究了纳水溪古村落的景观及其变迁[1]；赵逵（2013）从历史概况、村落形态、建筑特色和民风民俗等方面对纳水溪古村落进行了全面的介绍[2]。尽管陆续有学者关注到纳水溪古村落的文化价值，并取得一定的学术成果，其村落保护现状却令人堪忧。由于缺乏指导性保护策略，纳水溪古村落中的传统民居逐渐荒废，同时建设性的破坏致使古村落的风貌受到严重的侵害，该村文化特色的保护与发展遭受着严峻的挑战。因此，本文在充分调查纳水溪村落现状的基础上，深入全面地对其文化资源进行梳理，提出文化传承视角下的活化保护策略与规划设计方案。

一、村落文化构成

纳水溪古村落诞生在"川鄂古盐道"上，因运盐而产生了商业文化，并融合当地具有地方特色的多种文化，形成了丰富的文化资源。

1. 商业文化

纳水溪古村落诞生在"川鄂古盐道"上，数百年来，纳水溪一直是重要的商业场镇，具有底蕴深厚的商业文化。明朝时期，镇上设有土司衙门，归属忠路宣抚司。清雍正年间"改土归流"后，在古镇上设乡公所；清乾隆年间，纳水溪古镇设丰乐场；清咸丰初年实行"川盐济楚"，纳水溪古镇成了运盐大路上的一个驿站和商品集散地；直至1930年前后，纳水溪集镇正街商业贸易依旧繁荣，每月逢农历4、7、10日为大场，附近山民均来赶场。

2. 土家族民俗文化

土家族作为一个分布广泛且人口较多的少数民族，形成了灿烂的民族文化。土家族自称"毕兹卡"，意为"土生土长的人"。摆手舞是土家族人民千百年来所创造的精神财富，是土家族在一段漫长的历史阶段里，社会生产发展的缩影和艺术性的表现，是土家族民间和民族文化的综合载体。此外，利川被称为《龙船调》的故乡，《龙船调》早在20世纪80年代，就被联合国教科文组织评为世界25首优秀民歌之一。

3. 红色文化

红色文化是革命战争年代由中国共产党人、先进分子和人民群众共同创造并极具中国特色的先进文化，蕴含着丰富的革命精神和厚重的历史文化内涵。1933年10月20日，贺龙率红军从毛坝夹壁到纳水溪，在关帝庙召开了180人参加的群众大会，宣传中国共产党的主张和中国工农红军的政策、纪律，并将大地主的粮食和财产运到关庙，分给了贫苦农民。在关庙的大门上方，有一块"红三军军部旧址"的牌子，关庙戏楼上，也有关于红三军在纳水溪活动的简介。

---

❶ 基金项目：国家自然科学基金51978297。本论文部分图表来源于湖北省民宗委与华中科技大学合作的湖北省首批民族特色村寨规划示范项目。负责人：李晓峰；团队成员：乔杰、李敏芊、孙柯柯、李振宇、吴淑欢、王彦波等。特此感谢！

❶ 孙柯柯，华中科技大学建筑与城市规划学院，硕士研究生。

❷ 李敏芊，华中科技大学建筑与城市规划学院，博士研究生。

❹ 李晓峰，华中科技大学建筑与城市规划学院，教授。

❺ 汤诗旷，华中科技大学建筑与城市规划学院，讲师。

4. 关帝文化

关羽作为忠义的代名词，已经成为中华文化精神的符号象征[3]。对关羽的崇拜起源于隋唐时期的荆州一带，宋元发展至全国，至明清时期发展到顶峰，如今关公庙宇已遍布世界各地。纳水溪关庙建于明代，由村民和往来商贾共同出资兴建，供奉着关羽、刘备、张飞、财神和观音的造像，具有宗教祭祀、集会议事、文化娱乐和商业贸易的多元化功能。纳水溪的关帝庙色反映出当地人对关帝文化的精神寄寓，是中原文化在少数民族区域的传播的历史见证。

二、村落环境现状

1. 自然环境

（1）村落选址

纳水溪古村落诞生在“川鄂古盐道”上，最初的形成是源于穿行于群山间的古驿道上作短暂休息停留之用的驿站；现为利川市凉雾乡纳水溪村第三、四村民小组，位于利川市凉雾乡东南角，东北方向距离利川市主城区约，村落坐落于“利川二高山”麻山山系的梳子山东南麓，四周山峦丘陵环抱（图1）。纳水溪属于显著的山地型气候，与同纬度的平原相比，具有冬无严寒、夏无酷暑、云多雾大、雨量充沛等特征。

（2）村落形态

纳水溪古村落位于梳子山东南山麓，在梳子山与木片坪两山高耸夹峙形成的深山巨谷间，村落建筑逐层跌落状分布在沿山体等高线方向的各层台地上，盐道古街保存的传统建筑与利沙线沿线的新建民房共同组成“H”形结构（图2）。农田主要分布在谷底纳水溪两岸坡地上，形成山地梯田。村落选址绝佳，四面环山，东侧有溪流穿村而过，南侧半山腰有溶洞，周边有溶洞群。

2. 建成环境

（1）纳水老街

纳水老街位于古村落东部，背靠山坡，临近溪水（图3）。街道历史悠久，最初是封闭式的，两边屋檐抵屋檐，中间一条笕槽排水。后来，盐道带来了古镇的商品流通，这种封闭式街道由于光线太暗，不适应古镇的商业发展，于是，人们对街道房屋进行了拓展升高，将两边的檐口缩短，临街一面装上活动板壁，可以卸下作店铺，临河一面是吊脚楼，楼上的窗户既可采光，又可供观赏纳水溪和对山的风景。

（2）民居建筑

纳水溪古村落现存民居共254栋，其中传统木房60栋，砖混房194栋。传统木房中文化价值较高的有三合水和关庙。三合水现在仍然有村民居住，主屋以砌块作为围护结构（图4），两侧厢房是木构吊脚楼（图5），建筑东侧有两座吊脚楼，目前作为畜圈使用。该建筑保存状况较差，建筑立面出现不同程度的破损，部分结构存在变形、开裂等问题，有一定的安全隐患。关庙由山门、戏楼、大殿、廊楼、厢房构成，建筑面积约4亩。原为三进院落，现存一进，结构为木结构穿斗与抬梁混合式的屋架，戏楼与山门相结合，以青砂条石垒砌基址，是纳水溪最具有代表性的建筑（图6）。

三、文化传承视角下的活化保护

1. 问题解析与工作路径

随着古盐道功能的消失，纳水溪古村落逐渐没落。村落发展面临诸多问题：

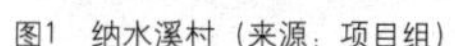

图1 纳水溪村（来源：项目组）

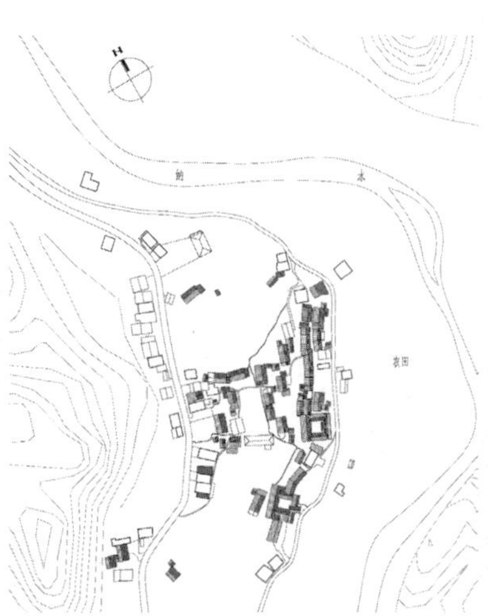

图2 总平面图

图3 纳水古街（来源：项目组）

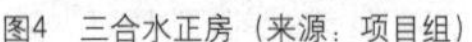
图4 三合水正房（来源：项目组）

图5 厢房（来源：项目组）

图6 关庙戏台（来源：项目组）

（1）人口外流、村落空心化。在快速城镇化的中国，农村经济水平远远落后于城市，农村人口正在快速地向城市集中。纳水溪村现住人口985人（表1），其中老年人占比17.7%，儿童占比12.9%，村内无产业支撑年轻一代生存发展，人口大量外流，村内年轻人大多外出务工，空心化问题严重。

（2）人文基础设施水平低。生活性基础设施是为广大农村居民生活提供服务的设施，而人文基础设施则是用于提高农民素质、丰富农民生活的公益设施。在相关部门帮扶下，纳水溪村生活基础设施已相对完善，但人文基础设施仍然十分落后。纳水溪村广播电视入户率、垃圾集中处理率、饮水安全率、电网供电覆盖率均已达到100%（表2），但由于村落规模小，且地处武陵山区，其教育、文化娱乐等基础设施很难配置到位。

（3）文化资源破坏严重。盲目改造建设使纳水溪古村落的历史资源、建筑风貌遭到了严重的破坏。由于缺乏理论指导，近年来村内新建的民房多使用砖、水泥、瓷砖等材料，材料与技术更替使传统聚落风貌难以保持。此外，村内木构民居多为老人居住或处于闲置状态，无人居住的木构民居缺少维护更易损坏，逐渐腐朽、坍塌并且存在严重的安全隐患。

活化保护工作路径：在认知纳水溪古村落文化构成和现状的基础上，建立文化构成与环境现状的联系，并梳理现存问题，提出针对性活化策略，最后在活化策略的引导下进行纳水溪古村落活化保护设计（图7）。

人口构成　　表1

总人口数	985 人
主体少数民族及人口数	土家族 707 人　汉族 153 人 苗族 122 人　布依族 2 人 蒙古族 1 人
人口比例	老年人 174 人，占比 17.7% 儿童 127 人，占比 12.9%

基础设施建设现状　　表2

道路绿化率	80%
广播电视入户率	100%
垃圾集中处理率	100%
饮水安全率	100%
电网供电覆盖率	100%
改厕率	30%

2. 活化策略

（1）以人为本，融合资源

针对纳水村现状和纳水古街民居的核心价值，为突破过往传统村落保护中忽视人的需求和产业、景观带动能力的局限，提出“以人为本，融合资源”的保护思路。在利川市发展旅游的大环境下，利用村落文化特色优势，将纳水溪古村落定位为恩施盐道古村创意活化示范基地，通过挖掘自身特色，充分利用文化资源，结合产业景观资源，构建传统村落活态保护与设计体系（图8）。文化传承

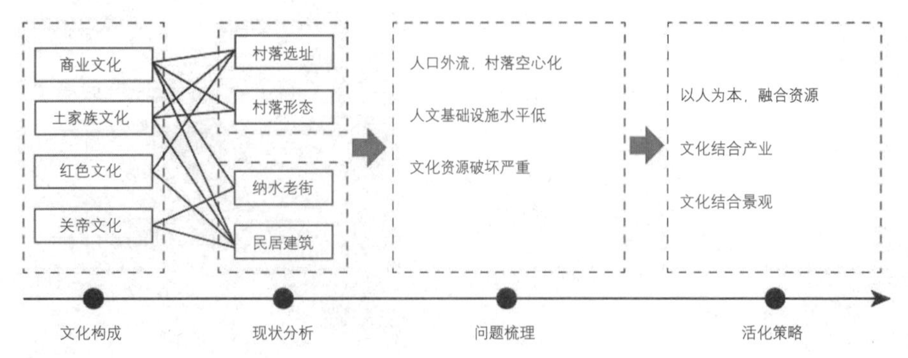

图7 纳水溪古村落活化保护工作路径

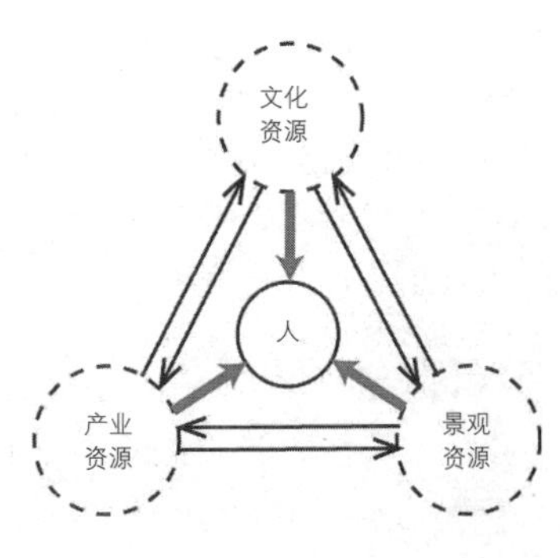

图8 资源体系

的主体是“人”，调研村内民居现状，结合村民需求进行规划，力求提升人居环境品质（图9）。

（2）文化结合产业

通过游览线路的设定，将文化资源与产业资源相结合。根据纳水溪古村落平面形态，重点打造以下三条线路（图10）：①省道经济发展线，穿村而过利沙线将来改造升级为省道，沿省道拟配置旅游接待、服务驿站、食宿及商业等功能。②盐道古街创意线，因盐道兴起的商业古街，中道衰落。现拟激活古街，结合农创体验、美食、集市商业等，重点设计村口节点、街口节点、街中节点、关庙节点（图11）、街尾节点（图12）五个节点。③关庙文化体验线，结合纳水关庙文化，打造关庙文化体验线，结合关庙多功能融合的特点，配置会议接待、餐饮、住宿等功能。三条线路相互关联，促进文化与产业共同发展。

（3）文化结合景观

将山峰、溪流、农田和溶洞等景观资源与文化资源相结合，打造传统村落创意区、休闲观光户外运动区、中药材种植区、蔬菜种植区四个景观区域（图13）。为保障原生态基底，建立核心保护区、建设控制区和环境协调区（图14）。核心保护区面积约1.51公顷，包括纳水老街上、下街及周边传统建筑区域，该区域除必要的基础设施和公共服务设施外不得进行新建、扩建活动；建设控制区面积约6.24公顷，为村域建设范围，重在控制构筑物外立面、高度、色彩等方面与核心保护范围内建筑相协调；环境协调区面积约24.31公顷，将周边可见山地、农田都纳入环境协调区。在溪流、溶洞等景观附近设人工步道和体验区，利用景观资源带动文化体验（图15）。

四、结语

文化是民族生存和发展的重要力量，古村落保护中对文化的传承至关重要。由于古盐道功能消失、缺乏指导性保护策略，纳水溪存在人口外流与村落空心化、人文基础设施水平低、文化资源破坏严重的发展问题。“以人为本，融合资源”的活化策略能够促进产业资源、景观资源与文化资源共同发展，提升古村落人居环境，从而保护古村落的文化特色。

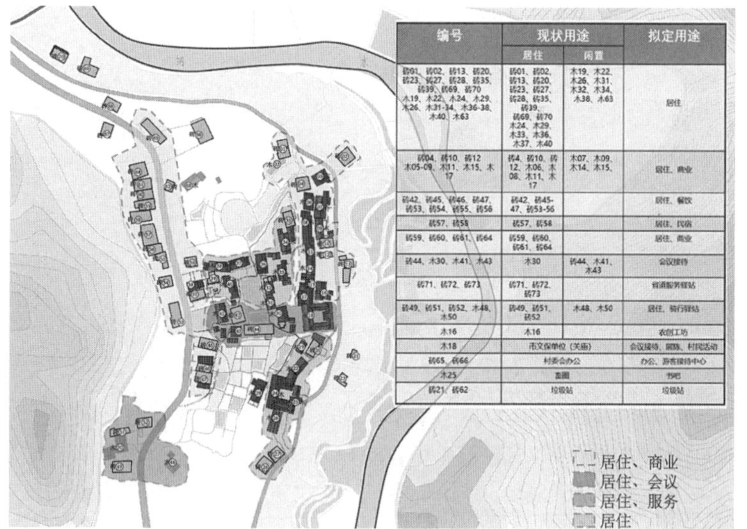

编号	现状用途		拟定用途
	居住	闲置	
砖01、砖02、砖13、砖20、砖23、砖27、砖28、砖35、砖39、砖69、砖70 木19、木22、木24、木29、木26、木31-34、木36-38、木40、木63	砖01、砖02、砖13、砖20、砖23、砖27、砖28、砖35、砖39、砖69、砖70 木24、木29、木33、木36、木37、木40	木19、木22、木26、木31、木32、木34、木38、木63	居住
砖04、砖10、砖12 木05-09、木11、木15、木17	砖4、砖10、砖12、木06、木08、木11、木17	木07、木09、木14、木15、	居住、商业
砖42、砖45、砖46、砖47、砖53、砖54、砖55、砖56	砖42、砖45-47、砖53-56		居住、餐饮
砖57、砖58	砖57、砖58		居住、民宿
砖59、砖60、砖61、砖64	砖59、砖60、砖61、砖64		居住、商业
砖44、木30、木41、木43	木30	砖44、木41、木43	会议接待
砖71、砖72、砖73	砖71、砖72、砖73		省道服务驿站
砖49、砖51、砖52、木48、木50	砖49、砖51、砖52	木48、木50	居住、骑行驿站
木16	木16		农创工坊
木18	市文保单位（关庙）		会议接待、展陈、村民活动
砖65、砖66	村委会办公		办公、游客接待中心
木25	畜圈		书吧
砖21、砖62	垃圾站		垃圾站

图9 民居建筑规划图

图10 线路规划

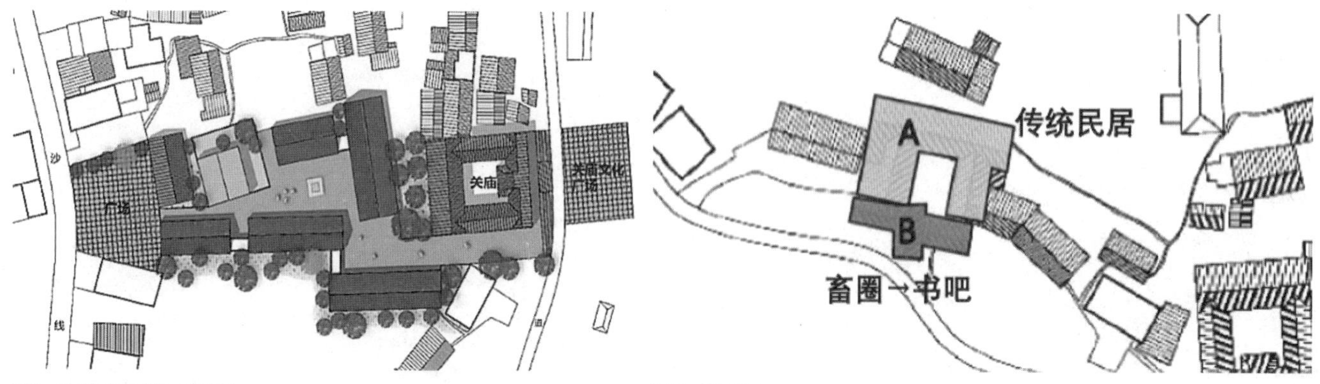

图11 关庙节点（来源：项目组）

图12 街尾节点

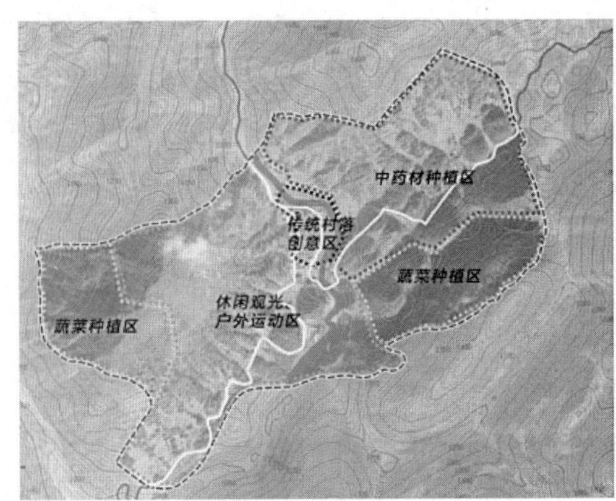

图13　景观区域（来源：项目组）

图14　风貌区

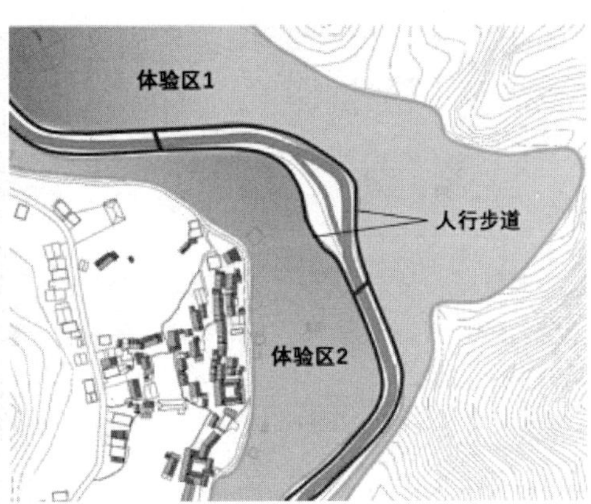

图15　体验区（来源：项目组）

参考文献

[1] 武静，杨麟.鄂西传统商业聚落纳水溪古村落研究初探[J].小城镇建设，2008（07）：56–59.

[2] 赵逵，唐典郁，刘兴华.湖北利川凉雾纳水溪古村落[J].城市规划，2013（11）：97–98.

[3] 李沁璜.从解州关帝庙看关帝文化的地方性阐释[J].知识文库，2019（01）：35.

滇盐古道视野下传统聚落的保护与更新

赵 逵[1] 高亚群[2]

摘 要：盐业的生产、运销都关系国计民生，也因此产生了众多的传统聚落和文化。滇盐古道是西南地区不同民族、不同地域之间交流的要道，其沿线分布着众多的传统聚落。本文以滇盐古道为研究视角，选取古道沿线较为典型的传统聚落进行分析和研究，并对其保护和更新提出相应的策略和建议。

关键词：滇盐古道 传统聚落 保护更新

盐为"百味之祖"，古往今来都在人类社会的发展中占据重要的地位。而在中国的传统文化中，盐也成了"国之大宝"，甚至在云南地区的部分产盐地，盐被当作货币进行流通。盐文化对于民族地区的地方社会经济、建筑和聚落演变等都起着举足轻重的作用。

地处西南边疆的云南，不仅少数民族种类众多，同时也蕴含着丰富的井盐、岩盐资源。特殊的地理环境导致了古代云南对于盐业发展具有高度的依赖性。在《云南通志・盐务考》中记载"云南物产，锡铜而外，当以盐为大宗。盐井遍于三迤，取用不竭"，盐业对云南地区发展的重要性可见一斑。至今在中国历史博物馆内，还藏有《清人滇南盐井图卷》(图1)，图中对清初云南少数民族地区井盐生产的兴盛状况进行了生动而细致的描绘。

图1 清人滇南盐井图卷

一、滇盐的生产及运销分区

云南毗邻四川，多以川滇盐并称。四川为"天府之国"，川盐享誉天下，而云南地处边陲，其井盐的发展与规模虽稍逊四川，却也尤为重要。

云南山多水急，交通极不便利，给滇盐的运销带来了巨大的阻碍，因此也造就了滇盐"就近行销"的运销特点。在清代，清政府就对云南各盐井进行划界行销，久而久之就形成了滇盐的三大运销分区：以白井、乔后井、云龙井等为主的滇西盐区；以黑井、安宁井、琅井等为主的滇中盐区；以石膏井、磨黑井等为主的滇南盐区(图2)。

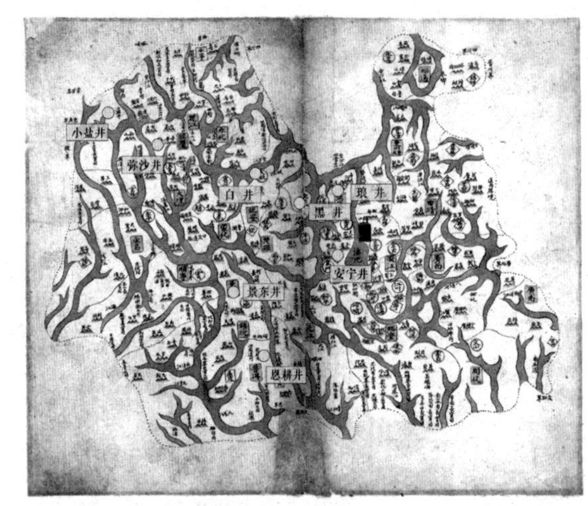

图2 清朝部分盐井分布

❶ 赵逵，华中科技大学建筑与城市规划学院教授、博士生导师。
❷ 高亚群，华中科技大学建筑与城市规划学院，硕士研究生。

二、滇盐古道的主要线路与空间分布

云南内多山地，且水流湍急，不便于运输，故其行盐主要依靠陆运，也因此形成了较为固定的贸易通道。而这些古道除了滇盐运销之外，还有丝绸、茶业、马匹等商品的贸易，也因此被称为“西南丝绸之路”。

据史料记载，在秦朝时，云南地区就已经开辟了与蜀地相联系的五尺道等官道，而后又形成了通往古印度的永昌道和身毒道。唐宋之后，古道上进行的贸易逐渐繁盛，运输的商品除却盐茶之外，还有中国四川的铁、蜀布，昭通的银、铜，印度缅甸的珍珠、琥珀、海贝等。这一时期，也逐渐完善了西南地区的主要贸易通道，在灵关道、五尺道的基础上新增了滇藏盐马古道，对于滇盐的行销路线进行了补充和完善（表1）。

明清时期，统治者在云南地区少数民族聚居的地区设置土司对边疆地区进行管理。卫所制度的设立和发展使得大量汉人从中原地区外迁到西南边陲，这也间接促进了地方社会的繁荣。政府开道设驿，建立起了一套相对完整的运输体系。而滇盐的生产、运输、销售也在明清时期逐渐形成了“三区四道”的滇盐行销格局。

1. 五尺道

五尺道是始建于秦朝的陆路官道，也是沟通四川盆地和云南地区的交通要道。该条古道北起成都，经宜宾、昭通，南抵曲靖。早在先秦时期，秦孝王就派人修筑从四川到滇东地区的道路。后始皇帝登基，为管理边疆地区，继续开辟陆运官道，将其一直到今云南曲靖附近。道路宽仅5尺，时称为“五尺道”。“盐”自古是川滇商道上运送的大宗商品，五尺道也因此成为川滇盐运输的主要道路。

2. 灵关道

灵关古道在汉朝时称“灵关道”，又称“牦牛道”，唐则称“清溪道”。灵关道的路线大致是：从成都出发，经邛崃、汉源、越西、西昌、会理，渡过金沙江，然后进入云南，到达大理。从蜀地而来的商贩大多通过灵关道和五尺道东西两条古道进入云南，并最终在大理汇集，最后经永昌道、身毒道前往印度等南亚地区。

3. 永昌道

前文所说的“五尺道”和“灵关道”多是从四川地区进入云南的贸易通廊。进入云南之后，两条道路在大理汇合，从大理西行，经邪龙（今漾濞）、博南（今永平）至永昌（今保山），经滇越（今腾冲）出缅甸，至身毒、大夏（今阿富汗）等地，史称“永昌道”。

4. 滇藏盐马古道

滇西北和西藏地区被横断山脉阻隔，自古以来就是山高水险。千百年来，无数的马帮商贩行走在滇藏之间，形成了著名的滇藏盐马古道。这条古道，从西藏地区出发，至德钦、丽江，到叶榆（今大理），而后到景东、镇沅、景谷和普洱，后经过勐腊到达老挝、缅甸等国。

三、滇盐古道沿线传统聚落特征分析

云南地区的传统聚落受到地理影响的因素影响较为明显。因此，资源丰富的地方会聚集产生聚落，盐矿资源带来的经济效益会使得聚落不断地发展，在滇盐生产和运输线路的关键节点往往会形成较大的集镇、聚落。由此可见在古代交通不发达的时候，传统盐业聚落的分布特征与滇盐有着密切的关联。（表1）

在这些盐业聚落当中，按照滇盐生产，运销的关系进行分类可以分为产盐聚落、运盐聚落和近盐聚落。产盐聚落多是“因产盐而生”，这类聚落多是在盐矿资源丰富的井盐产地；运盐聚落多是“因运盐而兴”，这类聚落多是兼具驿站、集市、商贸等多重功能的聚落，大多分布在商业贸易线路的关键节点。近盐聚落是“因近盐而起”，往往是在盐业生产的核心聚落周围，主要依靠耕田、森林等自然要素而存在。

滇盐古道沿线部分传统聚落　　表1

滇盐古道	盐井	相关传统聚落	少数民族
五尺道	安宁井、阿陋井、元永井、黑井、白井、琅井	石羊古镇、黑井镇、会泽白雾村、盐井豆沙关等	白族、瑶族、怒族、布朗族等
灵关道	诺邓井、弥沙井、乔后井、老姆井、丽江井和啦鸡井	诺邓村、祥云云南驿村、腾冲和顺镇、保山蒲缥镇、永平杉阳镇等	傣族、傈僳族、哈尼族、拉祜族、白族等
永昌道			
滇藏盐马古道	磨歇井、石膏井、景东井等	香格里拉尼汝村、拉汤堆村等	藏族、怒族、阿昌族等

1. 豆沙关古镇

盐津豆沙关古镇，又称“石门关”，位于由蜀入滇的咽喉要地，被誉为“锁钥南滇、咽喉西蜀”的雄关。秦五尺道的修建，使得豆沙关成了南来北往的交通要地，盐茶、马匹、丝绸、铜铁在这里汇聚，也因此形成了独具特色的豆沙关古镇（图3）。

古老的豆沙街市毁于2006年的一场地震，如今的古镇是重新规划修建的。新建的豆沙关古镇沿着青石板铺设街道，两边是古式牌楼、雕梁画栋，整体建筑风貌再现了当时的古镇风貌。虽说如此，但也令人惋惜，在自然灾害面前，人类和古老的文化都显得脆弱不堪。

目前豆沙关还现存有唯一的秦五尺道（图4），至今都还是当地人往来市集的要道。这段五尺道残存的遗迹约350米，峭壁之上蜿蜒曲折的青石阶高低不一，石阶上留有两百多个深深的马蹄印。而在石门关北岩半腰间的清莲洞出口处建有一座清代的观音阁（图5），依山而建，建筑气势雄伟，颇为壮观。

2. 诺邓古村

诺邓村是因诺邓井盐开采而形成的白族聚落，位于云南省大理州云龙县城以北的两山之间，村子从山涧向两侧山上延伸，形成了一个隔涧而望的格局（图6）。白族深受风水理念的影响，诺邓村选址在“背山面水、藏风聚气”的吉地，自然与人文相互融合，构成了“人—聚落—山水”的和谐格局。

诺邓古村属于山地型的聚落，其发展和演变受到地理环境的制约，聚落的整体布局呈现出“建筑—建筑组群—聚落”的三级逐渐递进的布局形态。村落内存在多条“盐马古道”，这是古代诺邓村与外界交往的主要通道，至今仍保留着许多的古道痕迹。

村落中保存着大量较为完好的白族民居，大多数“三合院”和“四合院”的形式，在此基础上又将二者组合形成了诸如“五滴水四合院”“一颗印”“四合五天井”等多种院落形式。

除此之外，诺邓村还现存许多的宗教、盐业建筑等。保存较为完好的有龙王庙（图7）、古江西会馆、万寿宫、玉皇阁等，多元的宗教信仰也体现了白族文化的包容性。盐业建筑有盐井房、灶房、盐局及提举司衙门等官式建筑。诺邓古村是滇盐古道沿线传统聚落的一颗明珠，聚落空间格局保存完善，遗迹遗存众多，具有很高的保护研究的价值和意义（图8）。

3. 娜姑镇白雾村

白雾村又称“白雾街”，地处金沙江东岸，川滇交界处，是古蜀入滇的重要驿站。整个村落的格局保护较为完整，民居、寺庙等建筑都保存较好，是不可多得的文化遗产资源（图9）。

村子现有保存较好的民居较多，建筑依山而建、高低错落，街巷道路蜿蜒曲折，聚落与环境有机结合，呈现一派和谐景象（图10）。村里还保存着许多的老建筑，寺庙、教堂（图11）、会

图3 豆沙关总图

图4 五尺道遗址

图5 观音阁

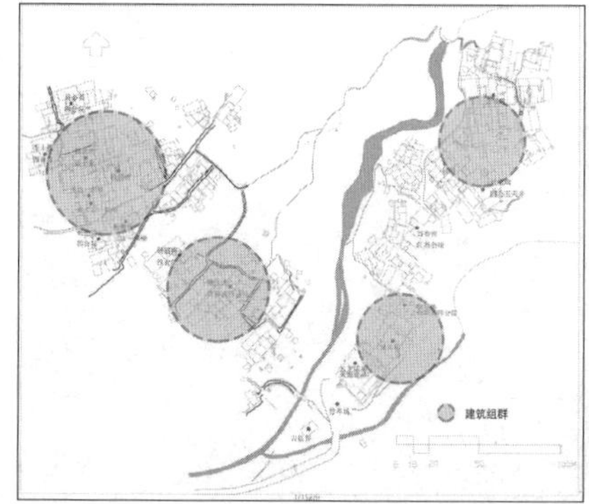

图6 诺邓村空间格局

图7 诺邓村龙王庙（来源：网络）

图8 诺邓村民居（来源：网络）

馆、戏台以及典型民居陈氏住宅等，足见白雾村曾经的繁华景象。

白雾村作为国家级的历史名村，其保护和发展的模式和路径值得研究和挖掘，为更多的传统聚落的保护提供思路和样本。但是也有一些问题亟待解决，过度开发带来的对自然环境的破坏，聚落的整体风貌与建筑的保护不足，违章私搭乱建等。除却物质空间的保护，如何发扬传统聚落的文化特色，也是值得思考的问题。

四、滇盐古道沿线聚落活化与更新方法

滇盐古道传承千年，延续至今，沿线无数的传统聚落保护状况不容客观。在交通日益发达的今天，传统的盐运古道也只剩下零星的遗迹，周边很多宝贵的古村落和建筑因为多种原因，或被拆除破坏，或未得到保护和利用。因此，如何对这类聚落进行保护则是一个值得深思的问题，对此有以下几点思考和总结。

1. 构建以“滇盐古道”为文化线路的传统聚落保护体系

滇盐古道沿线星罗棋布地分布着或多或少与盐业相关的古村落。将滇盐古道作为一个“文化线路”的概念进行系统的研究，构建古道沿线传统聚落的保护体系。将沿线各个重点的城镇、聚落、自然保护区及文化保护区等进行整体的规划和发展，滇盐古道作为一个文化意义和空间意义并存的概念，将其作为整体的传统聚落保护体系或许对于周边的聚落会有整体的保护和规划。

2. 保护现有文化遗产，制定合理保护规划策略

对现有的具有历史价值的古建筑进行评估，制定保护方案。从聚落的整体风貌，空间格局，自然环境，街巷与建筑及非物质的传统民俗文化进行全方位的保护与规划。此外，还需要在进行保护的同时考虑到聚落未来的发展，为盐井聚落的进一步建设留有余地。

3. 发展优势产业，挖掘民族地域特色

滇盐古道悠远绵长，串联起了云南多个少数民族聚居区，沿线有着极其丰富的少数民族文化。要充分发展优势产业，挖掘民族地域特色。在传统制盐业已经消失的前提下，各村镇都在大力发展旅游业的同时，还应该利用互联网之便，打造属于各自的文化名片。

4. 加强对环境的修复和美化

“绿水青山就是金山银山”。传统的井盐生产大量消耗森林资源，不利于水土保持，导致现在各个盐井聚落或多或少都遭受过洪水等灾害的侵袭。也有部分开发较好的盐业聚落在因为旅游而过度开发、破坏聚落空间格局的同时，也对环境造成不可逆的毁坏。因此，加强生态保护，强调对环境的修复和美化，则是对传统聚落更好的保存和延续。

五、结语

滇盐古道是古代川滇地区贸易繁荣与文化繁盛的历史见证者，沿线分布着众多极具地域特色的传统聚落。而在城市化发展的今天，传统聚落的保护面临着越来越多的问题，本文以滇盐古道为主线，对周边的聚落进行分析，并提出了相应的活化与更新策略。滇盐古道沿线传统聚落的保护与更新一定是基于社会、经济、文化、生态等多层面的保护与发展。

参考文献

[1] 赵逵. 川盐古道上的传统聚落与建筑研究[D].武汉：华中科技大学，2007.

[2] 张崇荣. 清代白盐井盐业与市镇文化研究[D].武汉：华中师范大学，2014.

[3] 姚伟男. 明清以降楚雄大理井盐聚落的历史演变与建筑类型研究[D].深圳大学，2018.

[4] 吕长生.清代云南井盐生产的历史画卷——《滇南盐法图》[J].中国历史博物馆馆刊，1983：110-112，136.

[5] 赵小平. 民国初期滇盐的运销研究[A]. 盐文化研究论丛（第五辑）[C].四川省哲学社会科学重点研究基地四川理工学院中国盐文化研究中心，2010：9.

[6] 晓然.中国传统古村落之白雾村[J].中国工会财会，2019（08）：54.

[7] 刘作芳.雄关古隘豆沙关[J].中国地名，2018（12）：44-45.

图9　白雾村鸟瞰图

图10　陈氏民居

图11　天主教堂

冀东地区传统民居形式的传承与发展探究

——以滦州民居为例

高德宏[1] 张欣宇[2]

摘　要：冀东地区当代民居在传统民居形式基础上也随当地居民生活水平的提高而不断演化。以滦州民居为例，通过实地调研，从建筑布局、空间形态、材料建造等方面，对冀东传统民居的传承与发展进行深刻剖析，旨在城镇化进程加快背景下平衡传统民居形式保护与更新的矛盾，引导民居建设。

关键词：冀东民居　院落布局　更新　新农村建设

一、研究背景

新农村民居建设在当地文化传承与发展中起着重要作用，对于统筹城乡协调发展具有重要战略意义。滦州地处燕山南麓、滦河西畔，此地区民居大体可以代表冀东平原民居，本文立足于冀东平原地区民居建筑的传承与更新，从建造、布局等角度阐释滦州民居近百年的发展变化，总结民居在更新发展过程中暴露的诸多缺陷，提出传承模式下新农村民居建筑的设计要点。

二、冀东地区传统民居建筑特征分析

1. 空间布局

冀东传统民居沿袭中原传统院落单元，坐北朝南，高墙围合，几乎没有对外开窗，内向性极强，抵挡冬季北风侵袭同时也抵御春季风沙。冀东传统独院式民居一般由正房，厢房或倒座围合而成，前门开在南墙正中，后门开在北墙正中，院落结构简单明了。冀东滦州民居，院落布局类型（图1）主要有："一"字形院落、"L"形院落、"二"字形院落。

2. 建筑材料和构造做法

滦州当地传统建筑材料（图2）主要有：石材、砖、土、木材、沙子、干草等，成本低廉可循环利用。冀东民居形制较低，台基建造比较简单，一般由当地石材砌筑，灰浆粘结。正房主要用石头做窗下墙，窗台以上部分用草泥墙或土砖墙。屋顶结构一般为囤顶屋架制式，一方面能够减小建筑高度，缩小建筑的体型系数，减少建筑顶部的空气容量，增强保温性能，同时节省建筑材料，节约建筑成本；另一方面较为平整的屋顶可以用作晒粮场地，屋顶粮食晒台是农村必备的生产辅助空间，但这种结构形式木材消耗量大，而且限制了房屋的开间进深。屋面材料构造上从下到上依次是木檩、木椽、草帘、黄土泥和白灰、焦子。除正房之外，为了增加住宅的安全性和私密性而砌筑院墙，用料较为简单，由较规整的毛石砌筑而成，高2米左右。

三、冀东民居居住模式的当代发展

1949年以后尤其是当代，滦州民居相比于传统民居发生了较大变化（图3），建筑材料的更新也使民居从结构上有了本质变化，如钢筋混凝土梁、铝合金门窗、砖砌墙体、涂料瓷砖装饰等。新型建筑结构的应用也引发了建筑空间布局的逐步变化，这种变化通常是根据房主的家庭需求而不断改进的，更加注重生活的便捷性和品质性。

1. 当代冀东民居建造模式

当地居民自发建造是滦州民居最常采用的建造模式，整个建造过程以家庭为核心。在当地，农宅的建造组织模式由传统的邻里亲朋互助式发展到现在工程队承包式。传统的互助建房过程是在家庭稳定的亲属关系网中展开，建造过程由户主及其亲邻与工匠一同协助完成。承包式建造过程中，建筑材料由户主自己置办，工程队施工，户主自行监工协助。前者体现的是农业社会之下设计施工一体化，而后者承包式建造虽然形式上还是自发自建，但体现了设计和施工的分离。

---

❶ 高德宏，大连理工大学建筑与艺术学院，教授。
❷ 张欣宇，大连理工大学建筑与艺术学院，硕士研究生。

院落类型演变过程			
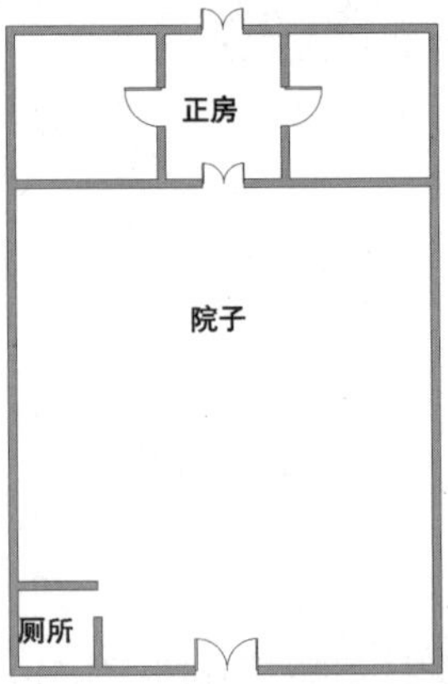 正房 院子 厕所	受到宅基地划分限制的同时，为了避免前排房屋影响正房采光，南北向距离更长，庭院空间宽敞，可以用于种植蔬菜等农作物	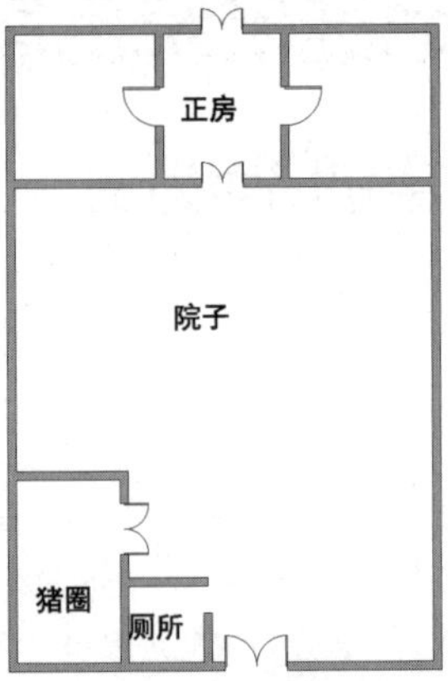 正房 院子 猪圈 厕所	在传统“一”字形院落基础上发展而来，由于养殖牲畜需要搭建动物圈舍，庭院由正房和养殖猪牛羊等圈舍围合而成
传统“一”字形院落平面		传统“L”字形院落平面	
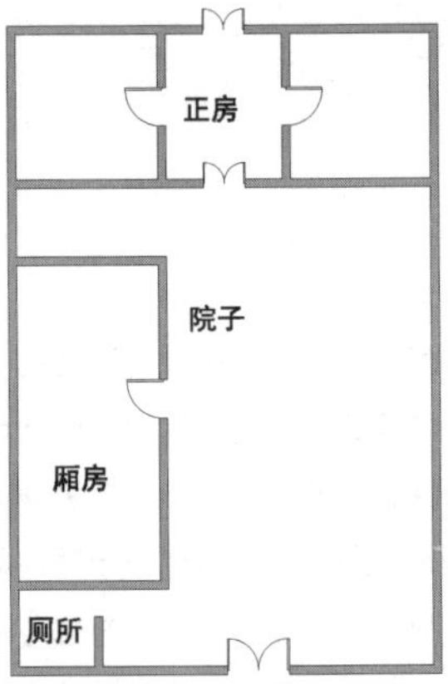 正房 院子 厢房 厕所	由于正房不能满足家中人口居住或储物需要而需扩建厢房，厢房与正房围合形成庭院	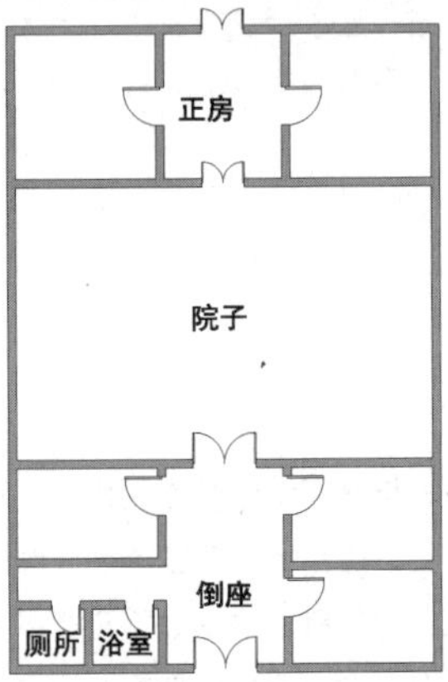 正房 院子 倒座 厕所 浴室	由正房和倒座围合而成，随着生活水平提高，厕所等生活辅助用房由室外转到室内，一般正房用来居住，卫生间、洗澡间、储藏室等辅助用房放置倒座中
“L”字形院落发展平面		“二”字形院落平面	

图1 院落类型演变过程

	正立面	山墙面	院墙	屋顶
实例照片				
材料	石材、红砖或青砖、土泥土砖	石材、红砖或青砖、土泥土砖	石材、红砖或青砖	木材、草帘、黄土、白灰、焦子（炉渣）
构造做法	石材砌筑基础，红砖砌筑框架，灰浆作为粘结材料，中间填充土泥或土砖	石材砌筑基础，红砖砌筑框架，灰浆粘结，中间填充土泥或土砖	石材砌筑，砖材压顶	木檩上架木椽，椽子之上铺草帘，再铺黄土碾实，最后拍打白灰和焦子（炉渣）

图2 建筑材料和构造做法

图3 滦州民居自建住宅实例

2. 农村住宅发展类型

从20世纪50年代至今，唐山滦州地区民居发展变化建筑材料分为土坯房、砖基房、砖房、砖混房。土坯房一般为19世纪60年代前建造，施工简单，墙体厚度大，保温效果好，但室内光线差；砖基房和砖房相比于土坯房更坚固耐久，建筑内部采光得到改善；砖混结构的房屋，开间和进深都更加自由，采光方面得到进一步改善。从土坯房到砖房，滦州民居大多延续正房三开间布局，中间开间为过堂，左右为东西屋。改革开放以后，农民经济水平有了明显提高，生活品质得到了极大改善，房屋功能布局上也有了新的需求，在传统三开间基础上，开间进深以及房间数量逐渐增加，功能布局在当地居民改造下有了新的发展（图4）。

3. 民居更新发展中的弊端

民居体现了当地的居住文化和农业文化，作为民众居住和日常活动的载体，其建造组织一般情况下是使用者在固定宅基地上的自发行为，其建筑形式主要是在延续当地建造样式的基础上，以家庭自身需求为依据加以调整，但同时又受到当地政策、经济条件、自然条件和建筑材料的制约。现有滦州民居存在着诸多缺陷，大致分为以下六点：

（1）缺乏村庄整体设计规划。一户一宅是我国农村进行自宅建设的基本形式，但是乡村的整体规划设计，层高控制以及公共空间布置等宏观问题都没有得到合理把控，每家每户在自家的宅基地范围内谋求自身最大利益，没有进行科学总体的房屋规划设计。例如，自建房屋层高只顾及自身需求忽略了其房屋后北侧住宅的采光通风等问题，宅基地地面标高难以统一，各家盲目垫高自家地基及门前道路，造成整条街道积水、排水不畅。

（2）房屋设计理念滞后。农村自宅的设计一般都是由房主本人设计或是有建造经验的工匠设计，极少数请专业设计师参与，往往自筹自建，简单地模仿重复当地已建成的房屋布局，整体布局脱胎于冀东传统民居的正房三开间，在立面色彩造型上以房主个人喜好为主，缺乏系统设计，对当地传统文化体现不足。

（3）空间利用率低。在传统民居的空间布局上，空间过于宽大或狭小，缺少科学合理的设计，都造成了空间浪费。比如客厅过于宽大，冬季寒冷无人停留，厨房狭小给实际行动带来不便；卧室和储藏室没有明显区别，单纯房间数量增加，没有发挥各自功能，使用效率不高。

（4）空间流线不合理。在传统民居中，行为动线曲折流线过长，空间流动性差。人在空间中行为流线不顺畅，空间中障碍感会降低生活效率，居住空间的利用率也会随之降低。

（5）建筑能耗高。在冀东新农村建设中，住宅的围护结构不做保温层，只是砌墙后水泥抹灰再刮白，屋顶也只做防水处理，没有保温层。冀东地区冬季比较寒冷，但农村自建房基本没有采取保温隔热措施，门窗处传导系数也较大，导致冬季采暖、夏季纳凉耗能严重。

（6）建筑特色危机。采用现代施工技术和建筑材料，在缺乏设计师参与的农村建设中会导致一定程度上民居功能布局、外

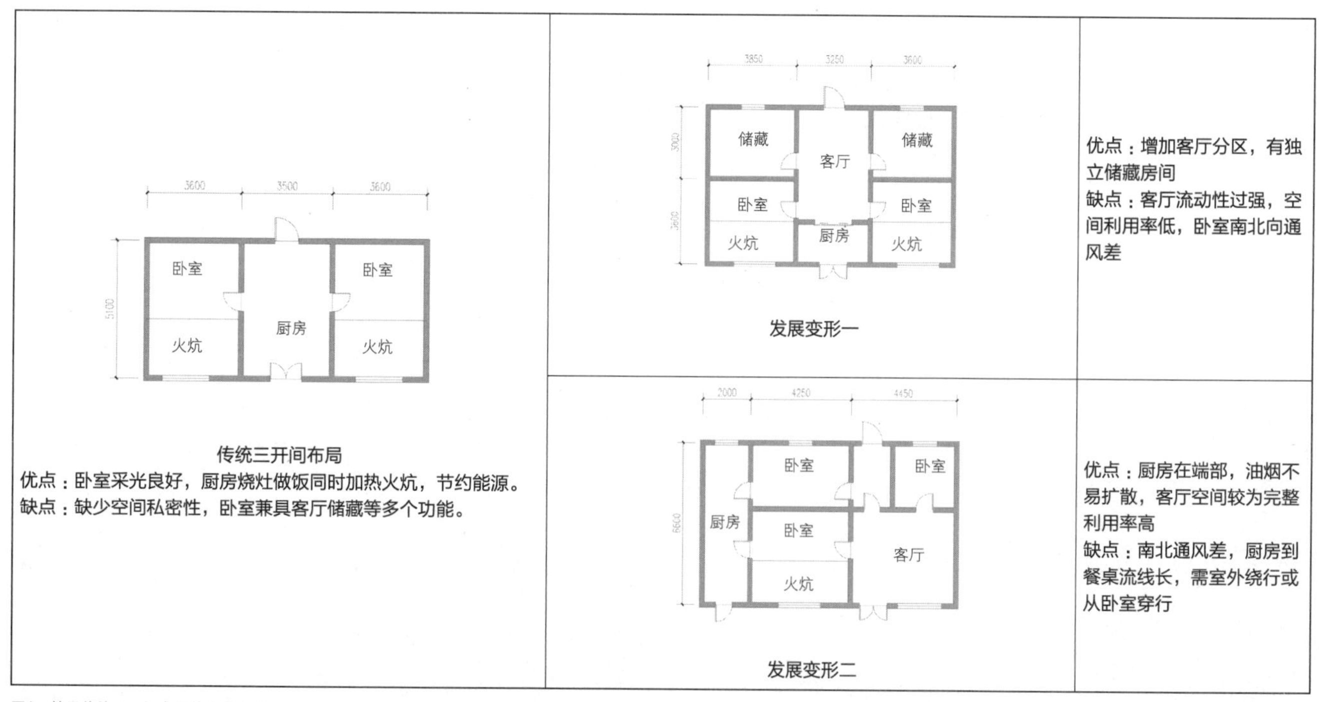

图4　基于传统三开间布局的发展变形

观样式的趋同。受经济和建造时长影响，不经设计的民居只是简单复制模仿造成千村一面的民居形态，逐渐遗失了当地地域文化特性。

四、基于传承模式的新农村民居设计要点

1. 因地制宜，与当地环境融合

新农村民居建造应当考虑与环境融合匹配，合理运用传统建筑元素和新建筑材料，就地取材，灵活使用本土建筑材料，不盲目装饰，将建筑色彩建筑外观与环境有机结合起来，构建和谐新农村环境。用当地特征性建造方式实现地域性表达，彰显地域文化，要在当地村民心中形成强烈的地域归属感，以保证当地传统文化得以传承和发展。

2. 民居创新设计

科学技术及生产方式的发展使得当地居民的生活方式、家庭结构及审美观念都发生了变化，传统的民居型制现已不能满足居住者的生活需求。一些新农村的规划或改造往往以模仿城市环境为出发点，进行房屋布局和新建，因此建筑布局和建筑形态逐渐被城市同化。而同时，农民自发式新建又具有较大的局限性，专业建筑师在乡土建筑中的作用有待挖掘，新民居设计应在借鉴传统民居建筑精华基础上，进行创新性应用。

五、结语

通过对冀东民居的实地调研与当地村民的访谈，结合史料研究冀东民居的院落布局、材料建造、当代发展，总体上较为完整地反映出冀东民居的建筑地域文化特征，从中剖析民居发展过程中出现的利与弊，并针对农村发展过程中出现的问题，提出新农村民居设计要点，为以后冀东民居更新发展提供参考。民居建筑需考虑经济成本的基础上，不断探索传统与现代审美的结合方式，在城市的同质化中开辟出地域文化特征性，总结出更为科学、经济、宜人的现代乡村设计建造方法。

参考文献

[1] 王娜. 传统民居厅堂空间的分析研究[D].长春：长春工业大学，2019.

[2] 赵梦丹. 基于新农村建设理念下的北方民居设计研究[D].石家庄：河北科技大学，2019.

[3] 王斐. 冀东滨海乡村住居形态研究[D].大连：大连理工大学，2018.

[4] 孙秀英. 邯郸平原地区农宅建筑设计及营建策略研究[D].邯郸：河北工程大学，2017.

[5] 解丹，舒平，孔江伟.京津冀地区传统民居调查与分析[J].建筑与文化，2015（06）：121-122.

[6] 潘秋明.冀东地区农村居住空间研究[D].北京：北京工业大学，2012.

山地宗族聚落空间的嬗变

——以重庆云阳县黎明村为例

吴明万[1] 杨大禹[2]

摘　要： 以血缘为纽带形成发展的传统聚落，其空间关系和结构往往受到家族关系的制约影响。对应聚落演进模式与家族发展脉络，可诠释今之发展症结，提出相应活化更新策略。本文以重庆市云阳县黎明村为例，对聚落空间结构及民居建筑进行实地调研，同时采用综合口述历史、文献查阅等研究方法，了解掌握了移民到此地繁衍的彭氏一族的发展历程；遂针对黎明村落环境、彭氏宗祠建筑特点及现状问题等，分析总结相应的保护思考与整合方案。

关键词： 单姓村落　宗族　彭氏宗祠　聚落空间　更新活化

自南宋朱熹《家礼》推行，宗族制度趋于庶民化，于基层治理愈加自主、普及。而家族聚居构成诸多传统聚落形态，是故，宗族结构不仅制约和规范人的行为与社会关系，对聚落的形成和建设发展亦产生着深远影响。正如雷蒙德·费恩所言："从空间位置入手来研究亲属的居处，使我们明了亲属间的关系。"[1]聚落与宗族结构，在中国社会相当漫长的一段历史进程中二元共生、交替叙事。然而近现代以来，随着西方世界意识、文化的涌入，血缘关系的逐渐疏远及族群人口的流动迁徙，宗族结构发生了"自上而下的瓦解"[2]，相应地，聚落空间格局、环境肌理、领域边界等载体形式也发生了迁移和更替。

基于此，选取契合这一背景且富有山地特色的重庆市云阳县黎明村作为研究对象，梳理村内彭氏家族繁衍脉络与聚落演进模式，发掘其耦合关系，探讨"宗族结构瓦解"衍生的聚落空间嬗变，进而提出相应活化更新策略，以期为西南地区较为众多的山地宗族聚落提出保护整合思路。

一、黎明村现状

黎明村（图1）位于重庆市云阳县凤鸣镇东部，东临宝坪镇，西接太地村，南靠桂泉村，北依平顶村，村域面积约567.23公顷，距凤鸣场镇约9公里，距云阳县城约21公里。村内地势（图2）四周高中间低，为典型沟槽地形，全村海拔介于440.5米到825.4米之间，整体呈现"两山一谷"形态，村中部溪流（后槽沟）南北穿插而过，与村内些许池塘公共构成主要自然水系。居民点多分布于谷间，耕地林地占比较大，田园呈梯田状，类似川西传统林盘聚落。

黎明村现存建筑约540栋，其中，国家级文保单位——彭氏宗祠（图3）挺立高处，统御四方；市级文保单位彭家老屋、彭家四合院和石板沿院子（图4）呈三角形散布村内；余者除村委会服务中心外，为村民住宅，零星分布。彭氏宗祠现存建筑为清代所建，复四合院布局，占地面积3500平方米，建筑面积2561平方米，平面布局南北对称，由门厅、享殿、戏楼、天井、城墙、围墙、厢房、碉楼及四角炮楼组成，全楼高37米，气势夺人；而据《云阳

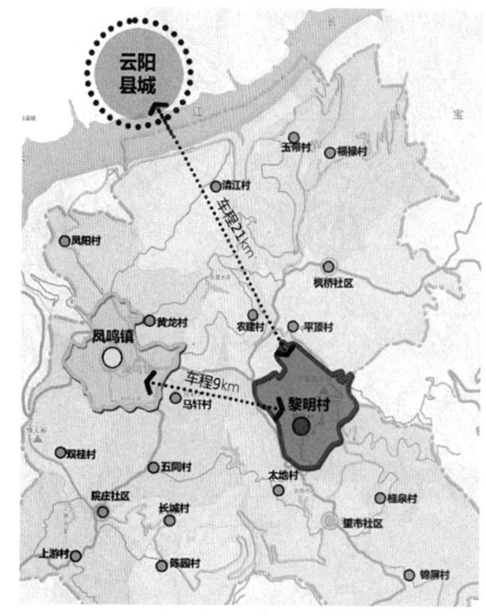

图1　黎明村区位示意图

---

[1] 吴明万，昆明理工大学建筑与城市规划学院，硕士研究生。

[2] 杨大禹，昆明理工大学建筑与城市规划学院，教授。

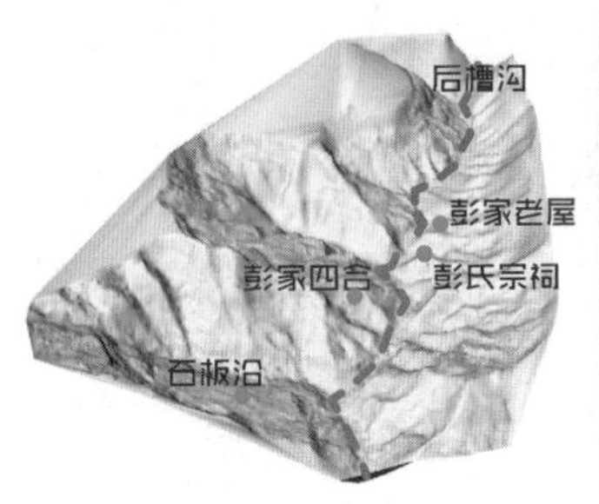

图2 黎明村地形

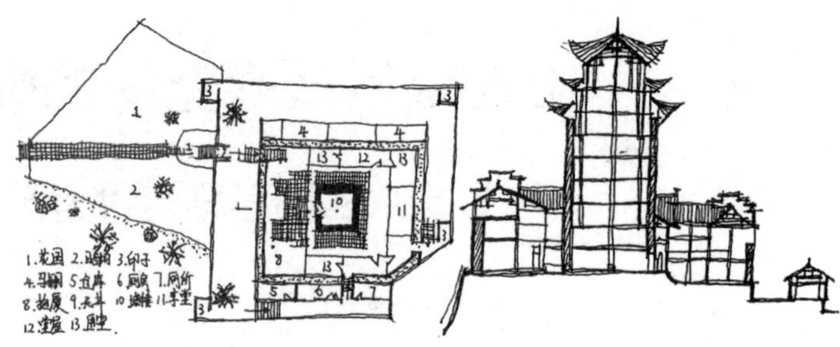

图3 彭氏宗祠鸟瞰及平、剖面图（来源：据参考文献[3]、[4]摹绘）

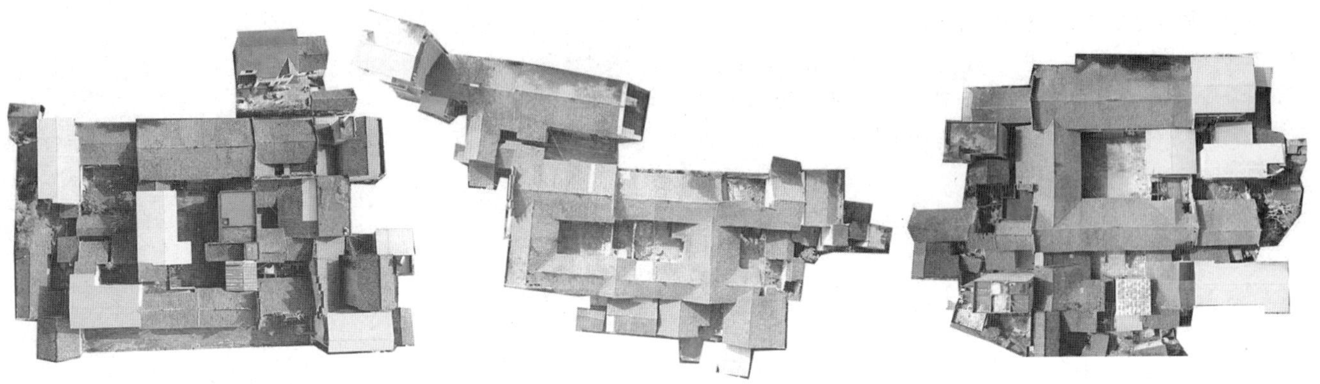

图4 彭家老屋、彭家四合、石板延院子鸟瞰图

彭氏世谱》记载，云阳彭氏先祖彭光圭自清乾隆中叶由湖北大冶县迁来此地，后经七世延绵，乃有此盛况。2017年11月29日，黎明村入选重庆市第一批历史文化名村。

二、宗族结构变迁与聚落空间发展

宗族聚落因聚居形式与姓氏构成不同，可区分为单姓聚落、主姓聚落与杂姓聚落（图5）。其中单姓聚落一姓主大，由于血缘联系与宗法礼制约束，呈现出中心边缘结构，宗祠作为祖先崇拜标志，常设于聚落中心。从单姓到杂姓聚落，其姓氏构成渐多；空间整体性渐弱；领域边界渐不规则且建筑布局渐无秩序。借此，可将成型时期的黎明村判定为单姓宗族聚落，而在此模式之下，彭氏宗族因血缘关系分衍又呈现出“宗族—房族—家庭”的族内结构。

1. 彭氏宗族变迁概况

据《云阳彭氏世谱》记载，云阳彭氏先祖最远可追溯至南宋汝砺公，尔后经二十余代繁衍，光字辈光圭公由湖北省武昌府大冶县辗转来到云阳县抚南乡，于此勤恳经营，“绵历七世，垂二百年，丁口滋殖至三百余人，蔚为巨族”（图6）。

彭氏家族的发展并非一蹴而就，通过云阳县志和口述历史的补充，彭光圭携家族迁此后，得友人帮助开办了一家酿酒作坊，发迹

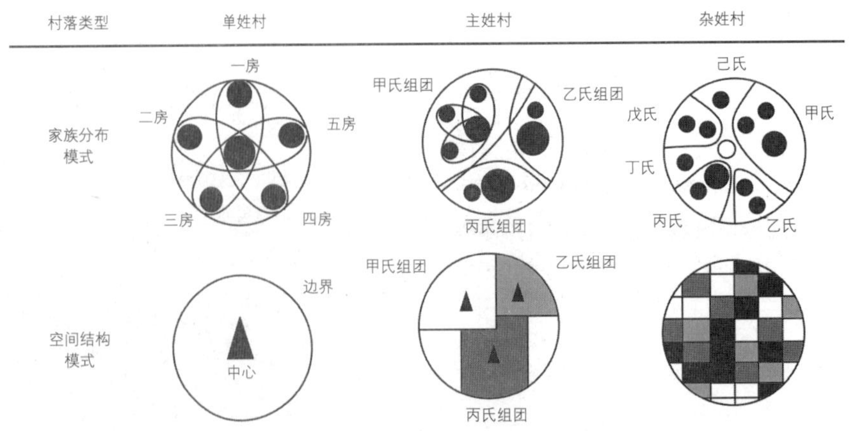

图5 宗族聚落形式与空间结构模式（来源：据参考文献[5]改绘）

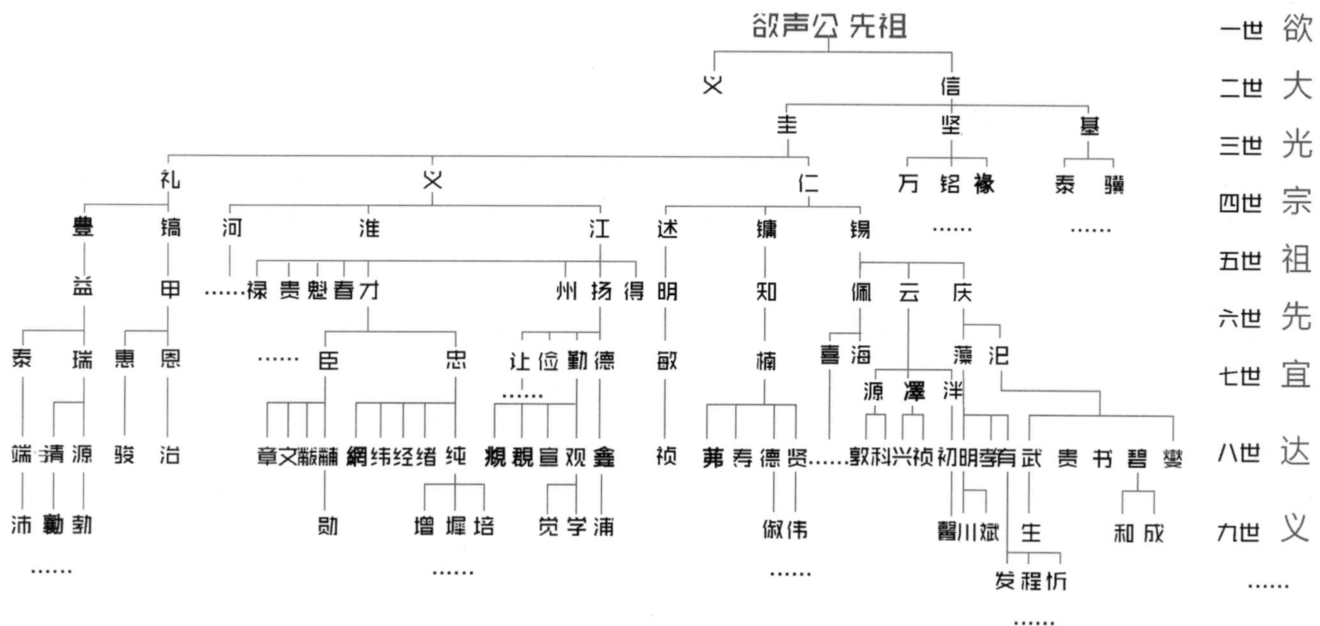

图6　云阳彭氏宗族谱系图（来源：据云阳彭氏世谱整理自绘）

购得刘姓老屋，于清嘉庆九年（1804年）改建为彭家老屋。光圭三子中次子宗义高大魁梧，因其持家有道，家境益丰，彭氏宗祠也是此时由宗义出资修建，云阳彭氏由此繁衍生息，而又以长房宗礼、二房宗义两支最为壮大。

宗祠修建后，宗族基层管理和社会功能有效地发挥，通过建立家训、族约、祠规等礼教约束规范族员，通过祭祀怀先、修订族谱等宗族活动增强内聚力。彭氏宗族由此一家独大，成为当地豪族，其间租客、佃户如云。

然而，20世纪上半叶始，血缘的分化和历史动因下的流动迁徙使宗族衰微；新中国成立后，产权的变更使得与之关联的物质空间易主；现代城市规划理论和城市建筑式样的渗透，对传统聚落空间形态展开了摧毁性地改造。黎明村一面由单姓村向杂姓村模式转变，根植此地的彭氏宗族，其结构也发生了“自上而下”的瓦解——礼制制约式微、宗族向心力衰减、房支联系薄弱。

2. 黎明村聚落空间发展

英国人类学家莫里斯·弗里德曼提出宗族的发展实际上包括了分衍与融合两个反方向的过程。而伴随着宗族分衍的规模扩张与房支间的内部融合，黎明村聚落空间亦历经衍生—发展—繁荣—现状四个时期（图7），其中整体格局、聚落肌理、街巷尺度、建筑风貌随之变迁。

（1）整体格局

从黎明村整体格局来看，彭氏宗族顺应地理环境，沿后槽沟两侧展开聚落建设，形成山水轴线，而循着“彭家老屋—彭氏宗祠—彭家四合院—石板沿院子”的修建次序，聚落由点连线再成网络地向四周扩张，这与宗族繁衍逻辑不谋而合。但囿于山地地形，可供建设场地难以布置整个聚落，故结构不似平原地区宗族聚落严整，仅以宗祠为核心，取山间平地向四周扩散，《家礼》所规定的“君子将营宫室，先立祠堂于正寝之东”并未得到践行，彭氏宗祠仅位

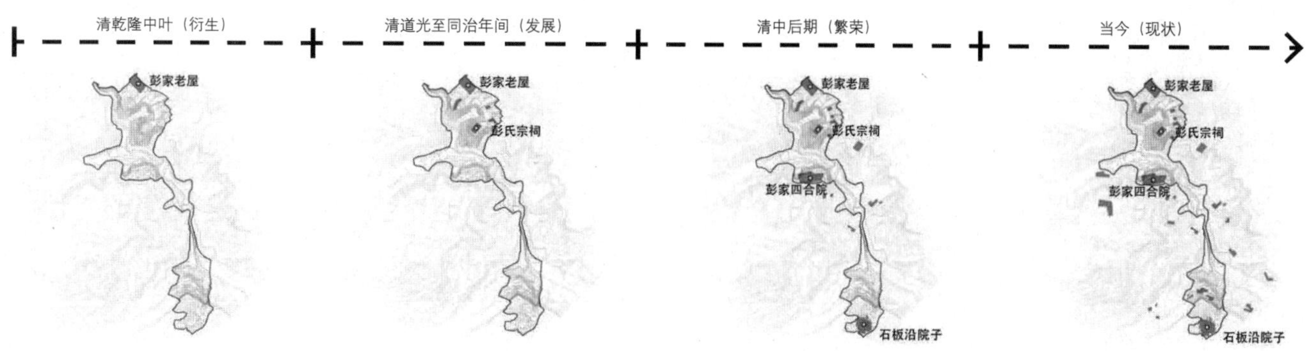

图7　黎明村聚落空间发展过程示意图

于老宅之南。同时，考虑到族人生产生活之用，耕地、林地也围绕各房支聚居区扩张，其他礼制所需也被灵活处理。

而由《云阳彭氏世谱　卷第十九》“后槽沟老屋及祠堂图”与“义公祠堂及老宅全图”（图8）可窥村落初成之格局。除上述以宗祠为中心，合理结合地形分台建设之外，其宗族成员屋舍皆面朝宗祠，且宗祠为每幢房屋所见，即增强了宗族内聚性与联系性。除此之外，其整体规划与地理命名契合中国传统地理学要求，“背山面水，负阴抱阳”；而对于“龙—砂—水—穴”的关系处理也为宗族服务——营建了“狮子戏球”“贵人展诰”“一字文星”等格局。

（2）聚落肌理

在山地地形限制下，黎明村建筑分布（图9）较为散乱，与环境并未形成鲜明的“图—底”关系。在彭氏宗族繁荣时期，也仅有彭氏宗祠因其“点”状要素，成为区域标志物，发挥空间极化效应；三处老宅周边，形成以矩形宅院为母本的组群肌理，标识宗族领域；而道路等级的不明确，使得“点”“面”要素缺少骨架，难以构成体系。

虽然建筑与环境图底关系不甚明确，但村域内农林种植作物区域与结构关系却一目了然——梨花、桃花、柏树、竹林交相掩映，簇拥宗祠周围；河谷尽头台地之上，油菜花田葱葱郁郁……种类繁多的作物和绿植一面呈现着林盘式聚落特点，另一面也丰富了村落空间层次、美化了村容村貌。

（3）街巷尺度

区别于平原地区传统聚落，黎明村地形多为台地，建筑多一面背山，缺少道路环绕和集中布置建筑条件，因此街巷空间少有围合感。通常村内水泥路及宅基地间空置小路便作为街巷，通达四方。与聚落肌理共通地，建筑缺乏街巷构成条件，但山谷林溪间却凭借走势多变的地形区分出多级道路，并与自然风光呼应，形成“林间街巷”，步移景异。

（4）建筑风貌

村内建筑按建设年代不同可分为四类：清代建筑、民国时期建筑、1949~2000年建设建筑及2000年后建设建筑。清代建筑即为宗祠、三座院落，其中宗祠保存状况良好，三处院落各有不同程度损毁，且近年来私自搭建的蓝色铁皮棚顶严重破坏院落格局；民国时期建筑属宗族繁衍所建，风格与清代建筑类似，而材料或为土坯，或为砖石，保存情况不佳；1949~2000年建设建筑多为平顶土木、砖石建筑，现多废弃；2000年后建筑质量最优，多为乡村常见平顶砖房，几乎每幢都加建蓝色铁皮棚，风格较杂乱。

3. 宗族结构瓦解下的嬗变

通过以上梳理可见，黎明村的演替在山地环境限制下与宗族发展并行，村落生长方式与宗族衍生逻辑相符。彭氏宗族绵历七代走向鼎盛的过程中，宗法礼制是约束指导聚落建设的准则——不论空

图9　黎明村核心区域建筑分布

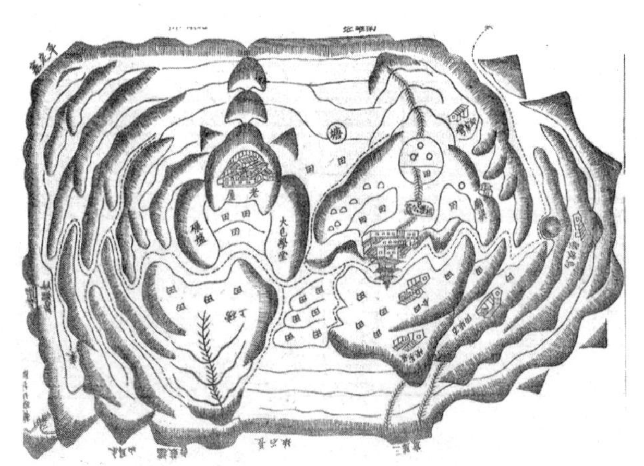

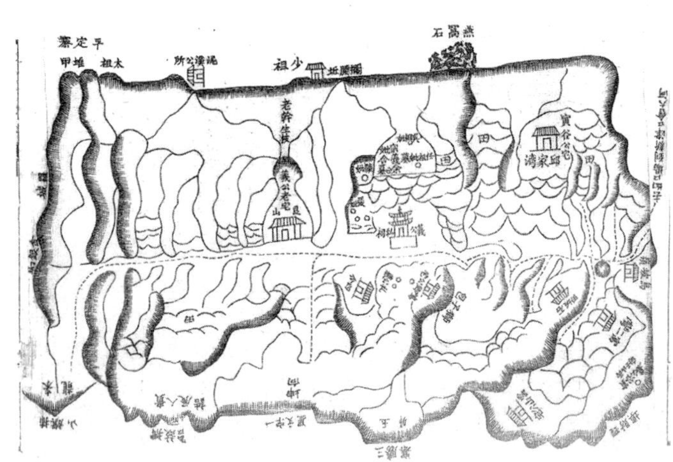

图8　黎明村历史格局（来源：《云阳彭氏世谱 卷第十九》）

间格局、生长方式，还是建筑布置、环境肌理，都依循血脉上的联系和伦理上的引导。此时碍于场地环境，虽未形成严整清晰的宗族聚落形态，但要素完整，且层次分明。而在宗族渐渐湮灭的过程中，以下问题日益凸显、亟待解决：

（1）精神归属和聚落向心力渐无，因此宗祠不再成为聚落中心，物质空间上的建设不再以之为参。

（2）缺乏“信仰”维系使原本较为分散的宗族建筑愈加零散，无人问津。

（3）房支间的衍生逻辑被破坏，“院落肌理”整体性瓦解，老旧建筑乱搭乱建，新建建筑杂乱无章，产权变更下大量异姓涌入使之更剧。

（4）人口膨胀后，缺乏血缘缔结和足够公共空间予以交流，因而联系薄弱、人情淡漠。

（5）新型建筑材料和单体式样的传入不仅影响聚落空间形态和风貌，也改变街巷路网尺度和肌理。

三、基于业缘影响下的更新活化

提及黎明村的更新活化，首先需要明确“社会—空间”之于聚落的相互关系，“人的本质是一切社会关系的总和”，物质环境的空间形态、秩序是社会关系的外显，两者之于聚落是辩证统一的。我们不能脱离社会关系大谈物质空间改造，或直接建立规划导则规范建设。因为，缺少“人”的内驱力，更新活化便难以成行，其政策方略不过昙花一现。而在黎明村的历史进程中，初成时社会联系主要依靠地缘和血缘展开，即黎明村的地理联系和彭氏宗族的血脉联结，聚落空间也因此展开；尔后宗族结构瓦解，连带着地缘关系削弱，以至于聚落空间嬗变。那么现如今，更新活化（图10）应该从何入手呢？业缘。异姓杂居便难以形成相同祖先崇拜；山地地形导致屋舍分散，地缘关系亦无法维系；唯有引入产业以推动劳动需求，方能在现今建立新的社会关系，从而赋予黎明村新时代的新活力。

既定从产业入手，那就需要整合资源、综合分析选择。总的来看，黎明村包含以彭氏宗祠、宅院构成的历史文物资源和山间农林资源，具备引入“乡村旅游”产业潜力。相应地，需要对村落空间保护整合、改造升级，但受限于文物单位保护控制范围与《历史文化名城名镇名村保护条例》，村内可供建设地带较紧张，不具备大拆大建条件，只能实施“局部改造”：

（1）在践行现有规划指引基础下，对原有山水格局保护，并尽可能复原。

（2）对村域内建筑分类：保护修缮具有历史价值建筑；拆除废弃、坍塌建筑；保留质量较好建筑；整治清理影响村貌的铁皮棚顶；协调统一建筑风格。

（3）整理统计可建设区域、面积，结合现状重新规划设计，完善道路交通、环卫等基础配套设施，营造公共空间，保持公共建筑多样性，注重肌理修补和传统布局方式控制。

（4）杜绝“博物馆”式保护，尝试功能置换，以公共活动建筑带动区域活力，实现保护且利用。

（5）优化农林资源，合理配置作物种植区域，美化村貌同时拓展采摘项目，增强旅游产业。

四、结语

山地宗族聚落受环境限制，布局分散，但因血缘联系有其自身规律。可当宗族瓦解，外姓杂居后，原有秩序不再，是故需要建立新的秩序以形成完整聚落形态。从三种社会关系入手，先重

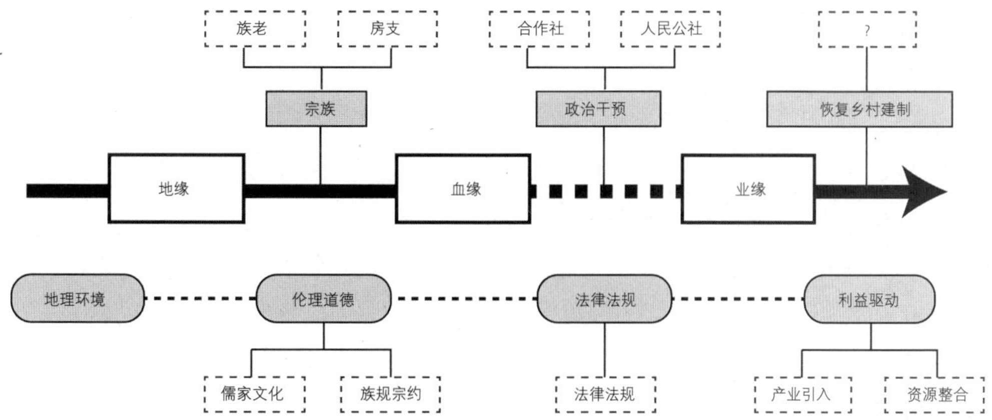

图10　黎明村更新活化思路示意图

构人际联系，再整理资源，引入适合产业，尔后结合需求改造升级聚落空间，最后达到聚落的更新活化。其间既守住了村落原始面貌与文化价值，也为之注入活力，借此为其他山地宗族聚落更新提供借鉴。

参考文献

[1] 王沪宁.当代中国村落家族文化——对中国社会现代化的一项探索[M].上海：上海人民出版社，1991.

[2] 孙晓曦.基于宗族结构的传统村落肌理演化及整合研究[D].武汉：华中科技大学,2015.

[3] 四川省建设委员会，勘察设计协会.四川古建筑[M].成都：四川科学技术出版社，1992

[4] 李忠.四川盆地的寨堡式民居[D].重庆：重庆大学,2004.

[5] 何依,孙亮.基于宗族结构的传统村落院落单元研究——以宁波市走马塘历史文化名村保护规划为例[J].建筑学报,2017(02)：90-95.

传统风貌建筑的低技术更新方法

——以绍兴上虞平山村009号传统民居为例

祁玉茹❶ 佟士枢❷

摘　要："低技术"作为回归自然和传统的代表，采用传统营造工艺，形成简洁高效的技术手段，是传统风貌建设中的重要策略和有效模式。本文以绍兴上虞平山村009号传统民居为研究对象，以实地调研为基础，结合施工现场的工艺等方法，从修缮所涉及的地面、木构件、屋面、墙体修缮工艺展开系统研究，以期为浙江地区传统风貌建筑的保护修缮提供一种成本可控、操作简易又能适应当地地域特色的更新方法。

关键词：平山村　传统民居建筑　低技术　修缮工艺

一、引言

随着我国城市化进程的不断加快，现代建筑的规模在不断扩大，但传统风貌建筑却在逐渐消失，我国对于传统风貌建筑的保护与利用一直处于一种无标准的状态，相对可依的法规及条文很少，这就导致当前在保护技术上缺乏适用性与可靠性，也没有提出完整的行之有效的做法与步骤。

"低技术"是一种传统建造技术也是一种科学理念，注重回归自然和传统。"低技术"不仅能够在相对局促的村落环境中，创造出满足的人居住的空间，又能利用本土材料和操作简单的技术手段来修缮建筑，降低材料成本，缩短工时。因此，"低技术"的应用对传统风貌建筑的修缮与更新有着非常重要的作用。

首先，在中国古代建筑营造的文献资料中，北宋的《营造法式》及清工部《工部工程做法》、《营造法原》(姚承祖著)；到近代，梁思成先生的《清式营造则例》等书籍，对于传统营造技术的记载在一方面都体现了低技术的思想与应用策略。其次，在国内关于低技术在传统建筑营造的理论中，李浈教授从低技术研究的意义、方法和内容等方面，提出"低技术"的概念并做出纲领性概述[1]；之后又进一步从"真实性"的角度出发，对"低技术"在乡土建筑保护中的应用提供方略[2]。此外，当代建筑师刘家琨在《低技术策略与面对现实》等文章中探讨了低技术在当代中国施工质量较差、经济水平落后地区的意义[3]。

虽然目前关于低技术在乡土建筑、生态建筑和历史建筑保护中的研究成果颇多，但是在传统风貌建筑上的研究内容非常少，特别是从工艺营造方式的角度，同时也忽视了传统风貌建筑在发展过程中所遭受破坏、改造过度，以及修缮中存在消耗人力多、工时长、花费成本高等问题。

本文以绍兴上虞平山村村域为研究范围，村中现存传统风貌建筑较多，对浙江中部地区传统建筑的研究具有重要意义。具体以平山村009号民居为例，通过低技术在传统风貌建筑的建造和修缮过程中的应用，为浙江地区传统风貌建筑保护的实践以及传统营造工艺的运用提供一种低成本、简单易行又高效的方法。

二、平山村概况

1. 村落概况

平山村位于上虞南部山区覆卮山麓，南接嵊州市，距离上虞市区45公里，地域面积2.8平方公里，平山亦称"平岗"，在四村中因村民相对聚居在较为平坦的山冈上而得名。目前全村总户数109户，人口300人，但常住村人口仅60多人，且大多为老年人。

平山村自然环境得天独厚，村子东部依附上虞最高峰覆卮山，村南是高耸的老鹰尖山，四周群山环抱，澄溪由东而北，流经隐潭溪入曹娥江。目前全村现有山林3250多亩，耕地470多亩，大多是梯田或零散分布在山岭较平缓处，使平山村成为一个自然生态造就的传统古村（图1）。

❶ 祁玉茹，浙江农林大学，硕士研究生。
❷ 佟士枢，浙江农林大学，讲师，通讯作者。

图1 平山村地貌图

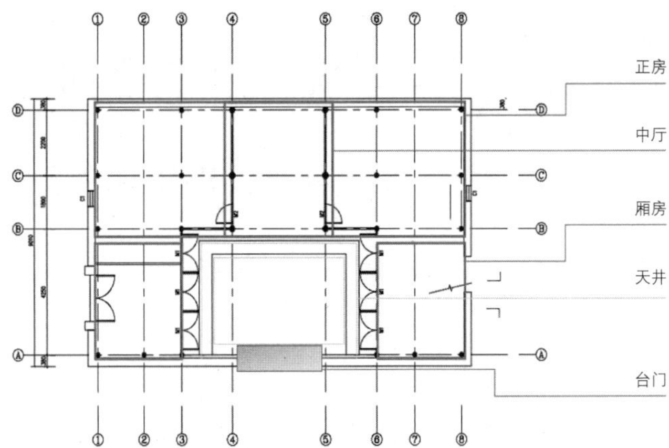

图2 平山村民居空间型制图

2. 建筑现状

平山村是一个古建筑相对聚集的村落，现存古宅、古台门、古祠堂等古建筑较为集中，这些古建筑能较完整地反映浙江中部地区的传统风貌和地方特色，具有一定的历史文化价值。如现存的古台门有七八个，虽然房屋规模不算很大，但保存还算完好，如能修葺并活态保护，便很有利用价值。

（1）空间型制特色

平山村传统风貌建筑在空间形制上以一正两厢的天井台门式建筑为主。是一种以基本单元聚居的小型院落民居。这种小型台门式院落小巧私密，具有生活气息。院落的平面布局一般为矩形和方形，每个都自成一体，相对独立。在空间上中轴对称，构成了台门—天井—正厅—正房—厢房严谨的空间序列（图2）。二层的空间稍挑出上层板壁和精美的檐下围廊这种空间结构与徽派民居相类似，体现了主次尊卑和“礼”制文化，突出天井的作用，形成台门—两厢—正房的“四水归堂”的格局。

（2）木结构型制特色

平山村传统风貌建筑的木结构具有明显特点，梁架构造上带有些许浙中、浙南地区密檩中厅的骑楼式构架，而木构件加工技法上又比较靠近徽派做法，这非常符合杭绍平原的地域特色。明间多采用直抬梁的构架类型，次间则为纯穿斗构架，中厅采用两端雕花的梁形密檩以及具杭绍平原风格的栌斗和木作雕刻。构架简朴大气，雕饰较少，较多使用圆作直梁鹰嘴短柱的构架方式。出檐适中，但上部梁架悬挑半步，下部配合披檐，并由浙江地区特色最为鲜明的“牛腿—琴枋—栌斗”形成围廊（图3）。

（3）砖石型制特色

同样，本地区砖石包括泥瓦作也具备东南区系的大部分特点。其中特色最鲜明的是其台门（图4）。台门，在《营造法原》中又称牌科，包括墙门、库门、门楼等。平山村的墙门有正、侧两种，即正面墙门与山墙墙门，其形制从上至下，蝴蝶瓦、将板砖、定盘枋、正心拱、上枋、插穿、大镶边、兜肚、字碑、下枋、上槛、扇堂、垛头、勒脚、下槛一应具在，体现了浓浓的书香气息，教科书般标准的砖石作构件形制，也同样显示了平山村丰富的台门建筑文化内涵。

三、传统营造中的低技术营造体系

从表1中可以看出，这些传统营造的低技术体系主要集中在建筑的地面、大小木作、屋面和墙体四个部分，在总体上限定了整个低技术体系，砖作、瓦作、石作、土作、油漆和彩画等内容，从建

图3 平山村民居牛腿和木构架图

图4 平山村台门

传统营造体系表 **表1**

《营造法式》	《工部工程做法》	《营造法原》	《清式营造则例》
/	/	地面	平面
大木作制度	大木制作与安装	大木构造 （平房、厅堂、殿堂、牌科）	大木（斗栱、构架）
小木作制度	木装修	装折（装置）	装修
壕寨制度 石作制度 瓦作制度	土作 石作 瓦作	墙垣 石作 屋面瓦作及筑脊	瓦石 （台基、墙壁、屋顶）
举折制度	举架	提栈（举折）	/
彩画作制度	彩画	杂俎（苏式彩画）	彩色

筑的结构到装饰，从材料的选择到技术的使用[4]，都能体现出低技术在传统建筑营造中的策略与内涵。此外，传统营造中所使用的工具以及匠师经验也都是“低技术”体系中的重要部分，我们可以将这些理论体系应用到修缮中，运用低技术的方法提出成本低、耗费人力少、施工效率高的修缮方案。

四、平山村009号低技术修缮策略

009号民居总建筑面积为243.6平方米，建筑占地面积113.6平方米，建筑为2层砖木结构，建筑高度为7.9米，修缮内容包括地面、屋面、墙体、大木作、小木作、雕花构件、油漆以及庭院环境和周边环境等内容。

1. 地面修缮策略

009号的地面工程主要是对地面进行清理，恢复原有地面铺装及地坪标高，台阶、阶沿向外侧做1%的排水坡度；天井地面，根据残损情况进行修复；按现存式样恢复天井卵石铺装，或按照现存同时代建筑式样恢复天井铺地。

天井的地面铺设，首先是在原有夯土层上将80毫米厚碎石垫层整平夯实，再将30毫米厚1：3干硬性水泥砂浆坐浆铺于垫层之上，最后铺砌卵石，用于铺地的卵石在平山村当地就能获得，使用地方性的建筑材料有利于展示传统地域建筑的特点，达到建筑与自然环境协调一致的美观性。[5]

卵石的铺设通常埋于地下部分为石块的2/3到3/4，保证卵石在长期磨损下不浮出土面或石块上翻，再加上卵石防滑耐磨坚固的特点，能够保证铺地长期的完整。相比于现代城市中路面的卵石铺砌方法，这种传统的铺砌方法更加符合低技术方便、耐久、可持续发展的科学策略。对于室内外地面的修缮，009号民居主要采用三合土铺地方法，室外地面主要是在原有夯土层之上铺设1：3：5的三合土夯实，室内则在三合土铺设完成后继续铺设木龙骨和厚木地板。

2. 木作修缮策略

（1）大木作

平山村009号民居大木作主要存在以下一些问题，正房原有挑檐桁材质、位置均错误；正房西侧牛腿和琴枋缺失，原有楼板糟朽严重，东西两楼梯的楼梯梁、梯段面、踢蹬板、木扶手等都需要重新制作和安装。针对这些问题，平山村009号民居的木构架修缮在原则上不采用整体落架的形式，而是采用打牮拨正梁架的方法，逐件修补节点构件，截朽墩接归安梁枋榫卯，整固归安衔条等大木构件，恢复构件正常受力与结构稳定，消除结构安全隐患。对局部残损的构件在不影响安全的情况下，一般采用墩接、剔朽挖补等措施进行维修，从而降低更换成本。

平山村009号木柱大部分保存比较完好，部分柱子上部或下部微有裂痕，需要进行清灰、填缝和补色处理，如果存在干缩裂缝、腐朽、虫蛀问题，则需要根据现场损毁程度、部位与长度，采取加固、墩接或更换的方法进行修缮。

梁、枋、檩（桁）等构件，009号民居基本上保存完好，需要对丢失的挑檐桁和部分存在泛碱问题的椽托进行重新制作。在梁、枋、檩的修缮问题上，一般还会有以下几种情况：第一种是干缩裂缝问题，当构件的水平裂缝深度小于梁宽或梁直径的1/4时，可采取嵌补的方法进行修复，对于承重构件再用两道以上铁箍箍紧；当构件的裂缝深度不能满足受力要求时，需按设计要求进行更换。第二种是腐朽问题，当构件有腐朽现象时，如果构件剩余截面面积尚能满足使用要求的，可以采用贴补的方法进行修复，可以先将腐烂部分剔除干净，再用干燥木材依原样修补至原外形尺寸并用耐水性胶粘剂粘接；如不能满足，则需按设计要求进行更换。最后一种是当构件发生弯曲、断裂时，可采用拔榫、脱榫的修缮方法，榫卯节点的制作是木作中关键部分。

（2）小木作

平山村009号民居部分窗户的窗上枋和窗下枋有一定的腐

朽，木栓窗户除了中央纹饰完全不可用，需要进行置换；编竹抹灰墙体和腐朽的道板已经完全不可用，需重做；其中，置换指用现代材料替代，重做指用传统营造法重新制作，现代与传统方法的结合使用在一方面也体现了低技术在传统建筑营造中的一种科学策略（图5）。

3. 屋面修缮策略

传统建筑屋面的铺设大致可以分为三部分，首先最下面一层为搭在桁檩之上的椽子，其次在椽之上铺设望板，望板之上铺设瓦片，一般使用的是小青瓦，在望板与瓦片之间铺有一层苫背，苫背是一种泥土和秸秆的混合物，不仅能起到防水隔热的作用，同时也起到固定瓦片的作用（图6）。

图5　009号民居窗户修缮图

009号屋面的瓦作与砖作存在泛碱问题，导致屋面防水能力减弱，尤其是在天沟处，雨水渗漏导致屋面下构件受潮损毁。009号民居建筑采用的是承椽木做法，对椽头与承椽木榫卯搭接处糟朽，椽子断裂、霉烂和弯垂，封檐板霉烂等问题均予以更换。为打牮拔正梁架，允许屋面瓦件、椽望落架，逐一剔朽去残，恢复屋面做法，同时恢复东西厢与正房屋面形成的排水天沟（图7）。屋面瓦件选用老原瓦件的规格重新铺设；如无老瓦，新制瓦则应与原有老瓦的颜色、规格接近，为手制黏土烧结青瓦。

4. 墙体修缮策略

在墙体的修砌中，009号民居的正面墙体采用的是单丁斗字空斗墙砌法（图8），此处墙体轴线倾斜，需要处理上部前倾3厘米，接近危墙，是本建筑修复的一处难点，需要有经验的工匠来处理此处，同时东面墙体需开门洞恢复一组石库门。在现代建筑的建设中，空斗墙是一种非匀质砌体，坚固性同实砌墙相比较差，所以在重要部位墙体须砌成实体，但在传统建筑中由于普遍采用木架结构承重，因此空斗砖墙在传统建筑中非常适用，当墙体出现损毁时可根据具体情况采用剔凿挖补、局部择砌、局部整修、灌浆加固、拆砌墙体等方式修砌，这些方法都只对墙体局部破损和残缺处进行修补，可避免大面积的墙体维修，从而节省工时。

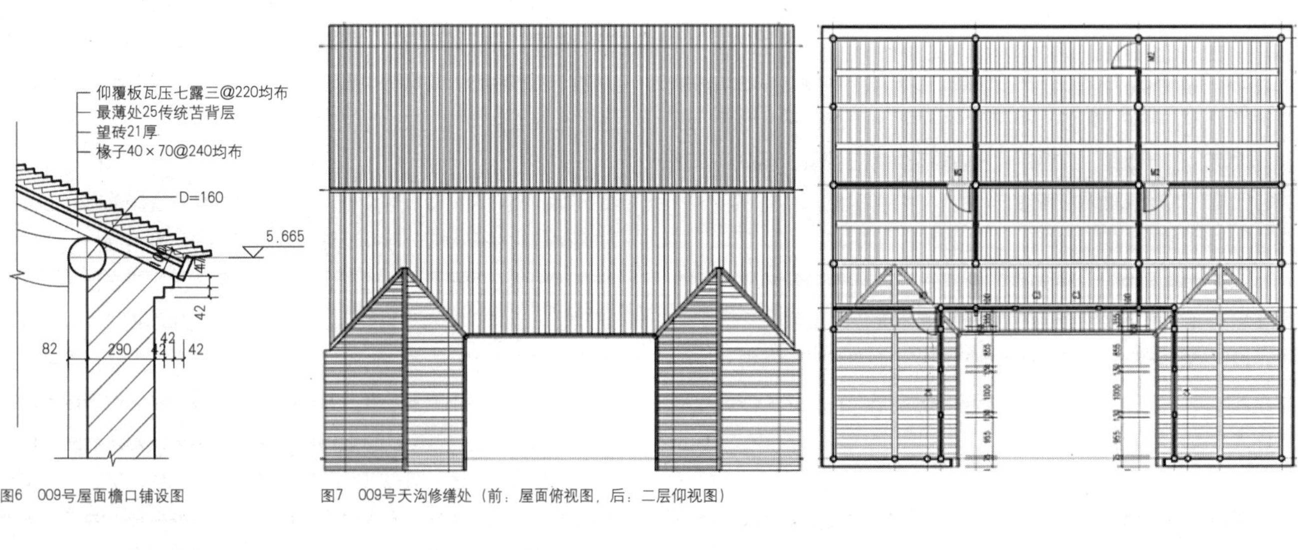

图6　009号屋面檐口铺设图

图7　009号天沟修缮处（前：屋面俯视图，后：二层仰视图）

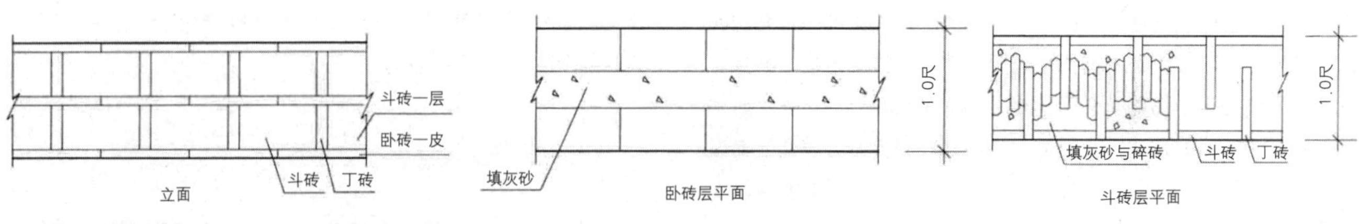

图8　单丁砌法示意图[6]

此外，台门作为绍兴地区最鲜明的建筑特色，有着悠久的历史与文化价值，因此对平山村009号民居的台门需采取保护措施，在原则上以清理为主，保留原有墨画，无墨画处可适当处理表面使之平整清洁。已经用油漆涂抹之处，需去除使其漏出石材本色，并使实质结构清晰表现字碑，适当清理表面，在保证颜色和谐的基础上，添加堆灰塑字体。同时需要加固台门上部瓦件，可以使用原来完好的小青瓦，合理智慧地运用原有建筑的材料，在降低成本、提高施工效率的同时保留建筑原有风貌，是低技术在传统建筑营造中最基本的方法。

五、结语

当我们在进行传统风貌建筑的保护与修缮时，应该充分挖掘传统建造中低技术的内涵与作用，努力寻求符合当地特色的传统营造技术。通过一定的改进和更新，以适应当地传统民居建筑风貌的要求，增加技术的可控性、可操作性和适应性，使传统民居建筑营造变得更加经济、高效。随着“健康中国”的推广和建设，结合传统建造技术的低技术策略在传统风貌建筑中能够发挥其独特的作用。

参考文献

[1] 李浈.试论乡土建筑保护实践低技术的方略[J].建筑史，2020，(02)：167-175.

[2] 李浈，刘成，雷冬霞，乡土建筑保护中的“真实性”与“低技术”探讨[J].中国名城，2015，(10)：90-96.

[3] 唐薇，牛瑜．“低技策略”与“面对现实”——建筑师刘家琨访谈.建筑师，2007

[4] 束林.历史建筑保护实践中的低技术模式初探[J]．建筑师，2012，(04)：76-80.

[5] 王一帆.乡土营造的低技术系统探析——以福建省邵武市金坑古村为例[D].上海：同济大学硕士学位论文，2016.

[6] 侯洪德，侯肖琪.图解《营造法原》做法[M].北京：中国建筑工业出版社，2013.12：207.

基于可视性分析的史前聚落遗址保护与展示策略研究[1]

宋　晋[2]　张玉坤[3]　周　觅[4]

摘　要： 本文以半支箭河流域夏家店下层文化架子山遗址群为研究对象，使用GIS（Geographic Information System）软件，从可视性的角度分析了其空间分布规律，证明了该遗址群是一个以架子山为中心、规模庞大、层次清晰、组织严密的祭祀性聚落体系。并将上述规律运用于遗址的保护与展示，提出保护区与建设控制地带划分以及"面""线""点"3个层次的展示策略。相关成果丰富了聚落遗址的研究方法，促进了遗址本身价值的挖掘与社会文化功能的提升，为史前文化遗产的保护与利用提供了参考。

关键词： 史前聚落遗址　GIS　可视性分析　空间分布规律　保护与展示

一、引言

距今4000~3500年的辽西地区夏家店下层文化在众多方面均创造了突出的成就，达到了我国北方早期青铜文化时期社会发展的高峰，其中突出的一点就是聚落遗址（部分为城址）的空前繁荣。对此部分学者研究认为，大量建造于高海拔山顶台地并普遍带有石砌围墙的遗址并非仅为防御性质的堡垒，而是集宗教、祭祀、墓葬等功能于一体的特殊遗址[1]，是对辽西地区始自红山文化时期浓厚祭祀文化传统的承袭与发展[2]。例如以半支箭河流域架子山为中心，发现了规模和密集程度远超前后时期，以祭祀功能为主，同时包含政治、军事、经济等多种功能的"综合性"遗址群，代表了夏家店下层文化高最层次的社会结构和意识形态的基本面貌，对于了解该时期社会整体状况具有重要价值[3]。

史前时期的重要祭祀性遗址往往选址于地势较高的位置，与自然环境紧密结合，通过巧妙的选址与集群分布[4]，控制一定地域范围内的关键视点，起到烘托气氛、营造崇高之感的精神作用和监视、防御的双重功能，并与当时的社会结构形态和精神文化诉求相契合[5]。因此，本文尝试从可视性的角度对半支箭河流域架子山遗址群空间分布进行定量分析，揭示其隐藏的空间规律，并运用于未来的遗址保护工作。在丰富史前聚落研究手段的同时，拓展了遗产保护学科的研究视野。

❶ 国家自然科学基金项目：明长城军事防御体系系统关系及其可视化研究（51878437）。

❷ 宋晋，天津大学建筑学院，博士研究生。

❸ 张玉坤，天津大学建筑学院，教授，博士生导师。

❹ 周觅，西安建筑科技大学建筑学院，博士研究生。

二、可视性分析方法简述

可视性是指从某视点出发视线所能看到的区域[6]。在具体应用中可以细分为两种方法：可视域分析与通视性分析。前者指视点在整个研究区域中的可视面积，在文化遗产保护与景观可视化方面应用广泛，如对长城与海防军事聚落烽燧设置的研究[7, 8]、史前文化景观重建[9]、风景区视觉影响评价[10]与景观路径设置[11, 12]、景观生态修复[13]与保护规划[14]等方面；后者指多个视点之间的相互可视程度，在建筑规划[15, 16]、森林防火管理[17]、养殖设施选址、雷达选点、通信线路铺架[18]等方面起到重要作用。

在史前文化研究中，重要遗址到周围环境的视线可及区域（即传递视觉信息的范围），可以作为划分势力影响范围的依据[19, 20]。本文将可视域与通视性分析相结合，通过对单个遗址视觉范围及相互之间可视程度的综合考量，研究遗址群的分布规律、功能及其与环境的关系[21]。

三、研究对象概况

架子山遗址群作为第三批全国重点文物保护单位，由架子山、大山前、西南沟三处聚落群为主组成的既相对独立又彼此联系的大型遗址群。位于内蒙古自治区赤峰市喀喇沁旗牛家营子镇西南部，地理坐标为北纬 42° 05′，东经118° 42′，海拔 734~1027米。在30余平方公里的范围内，分布有41处夏家店下层文化聚落遗址[22]（图1、表1）。除少数外，基本均属山丘型祭祀性遗址[23]。按照其平面形式与功能，可以归纳为四种典型平面类型：大型祭祀/居住址、普通祭祀/居住址、台址、瞭望址（图2）。

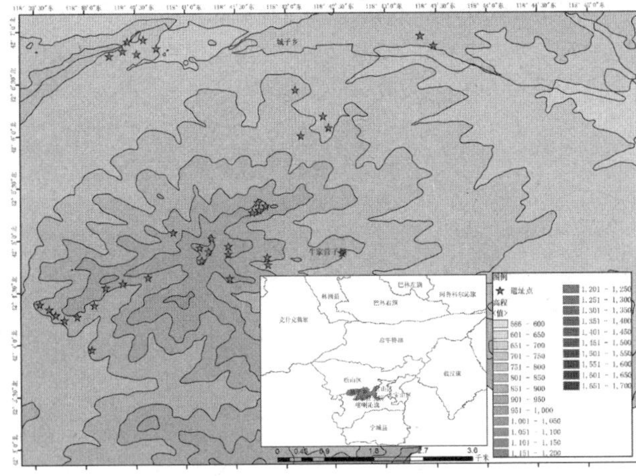

图1 研究区遗址点分布

架子山遗址群遗址点统计表 **表1**

名称	遗址数量	遗址点名称 /（本研究中序号）
架子山遗址群	24	KJ1（1）、KJ2（2）、KJ3（3）、KJ4（4）、KJ5（5）、KJ6（6）、KJ7（7）、KJ8（8）、KJ9（9）、KJ10（10）、KJ11（11）、KJ12（12）、KJ13（13）、KJ14（14）、KJ15（15）、KJ16（16）、KJ17（17）、KJ18（18）、KJ19（19）、KJ20（20）、KJ21（21）、KJ22（22）、KJ23（23）、KJ24（24）
西南沟遗址群	7	KXN1（25）、KX5（26）、KX4（27）、KX1（28）、KX2（29）、KX3（30）、KX6（31）
大山前遗址群	10	KD1（32）、KD2（33）、KD3（34）、KD4（35）、KD5（36）、KD6（37）、SC1（38）、SC2（39）、SD1（40）、SD2（41）

（注：上述遗址点名称及序号以考古调查报告为准，根据研究需要略有调整）

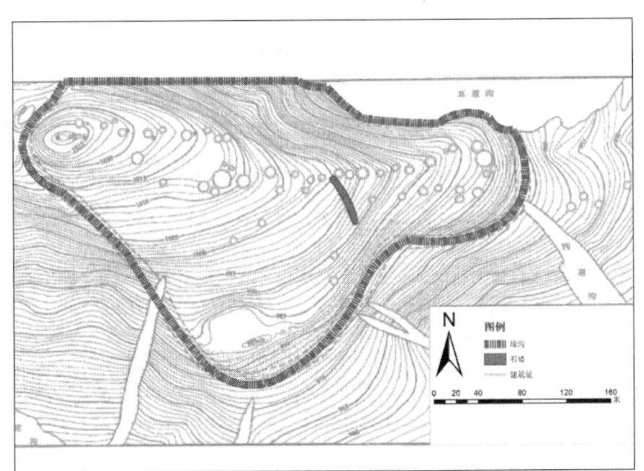

大型祭祀/居住址（如KJ7）

普通祭祀/居住址（如KJ14/15）

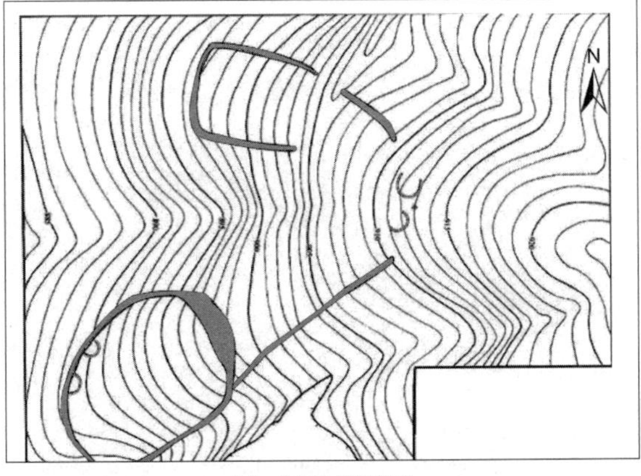

台址（如KX5/KX2/SD1）

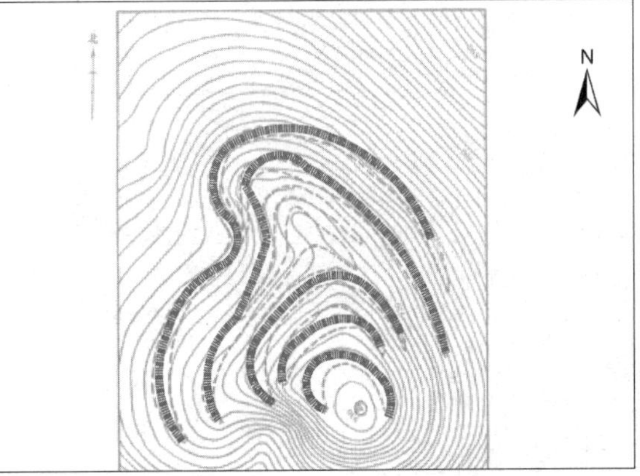

瞭望址（如KJ25/KJ8）

图2 架子山遗址群典型平面类型

架子山遗址群规模庞大、遗址众多、联系紧密、层次分明，充分体现了夏家店下层文化繁荣时期高度发展的社会组织结构、物质生产水平和地域文化风貌[24]，具有重要的研究价值。本文即首先从可视性角度对架子山遗址群的空间分布规律进行研究。

四、基于可视性分析的遗址空间分布规律研究

1. 可视域与通视性分析

使用ArcGIS软件的“视点分析”工具计算各个遗址点的可视域面积（图3）。通过“构造视线”—“通视分析”工具在单个遗址点与其他遗址点间生成视线，进而分析相互之间通视性程度（图4）。通过上述工具的使用，结合实地调研和相关文献资料，从“点—线—面”三个方面量化分析架子山遗址群内部各遗址点的不同可见程度，将原本主要依靠研究人员主观经验和判断的“可见/不可见”转化为可靠的数据支撑[25]。将得到的面积数据和可视线数量数据导入ArcGIS数据库各遗址点的属性表中，从而实现对具有互望关系的聚落遗址群空间与形态的有效研究。

2. 可视性综合指标

基于史前遗址本身的特殊性，本文提出综合衡量遗址点可见程度的可视性综合指标，该指标由前文“视点分析”得到的可视面积和“通视分析”得到的可视线数量数据共同决定。为避免数据纲量不同带来的差异，将其导入SPSS（Statistical Product and Service Solutions）软件进行同一化处理，使数值介于0~1之间的可比较范围[26]。然后，经查阅相关文献资料[27]，分别赋予权重值（遗址点可视面积权重0.6，可视线数量权重0.4），加权综合后得到架子山遗址群内各遗址点的可视性综合指标分值。通过统计分析可知（图5）：可视性整体呈现高低起伏的变化趋势，相互间过渡明显，形成了3个可视性高值集中区域（峰顶处），且基本均匀分布于研究区域内的关键制高点处。

3. 遗址群空间分布规律

为进一步探究可视性与地理空间的关系，将上文得到的可视性综合指标分值导入ArcGIS软件，进行“地统计分析”（采用Kriging克里金插值法[28]）。寻找可视性与具体地理空间的结合规律，得到架子山遗址群可视性空间分布图（图6），并按照可视性数值的高低划分为高可视性区域（红色）、中可视性区域（橙色）和低可视性区域（蓝色）。上述分析证明了半支箭河流域架子山遗址群空间分布存在明显规律：（1）将41处遗址以架子山为中心，按照聚落结构、所处地势以及它们在空间上的联系，可分为8个组团，重要遗址一般位于组团内部可视性较好的区域（以KN5、KJ14、KJ15为例）；（2）以面积最大（超过3万㎡）、所处海拔最高的KJ7遗址为中心，实现对整个架子山遗址群的视线覆盖与控制；（3）通过沿西南—东北方向联系几个可视性良好的从属性遗址群实现对半支箭河流域更大空间范围的控制（如KJ7与SD1遗址群）。综合上述结论，证明了架子山遗址群是一个组织严密、结构清晰的大型祭祀性聚落体系。

五、架子山遗址群保护与展示策略

作为一处夏家店下层文化时代的综合性大型遗址群，架子山遗址群功能较多，系统全面地展现了当时最先进的科学技术水平、不同类型遗址的结构形态特征和空间功能分布，具有极高的历史文化价值、建筑与艺术价值和社会价值[24]。目前架子山遗址群仅经进行初步踏勘后即掩埋保护，大部分遗址点均受到不同程度的自然侵蚀和人为活动因素破坏，但主体基本保存完整。对遗址的利用目前仅限于考古研究领域，并未开展相关的展示利用工作。随着全社会对考古以及文化旅游的日益重视，架子山遗址群应在保护的基础上探索遗产的可持续发展利用。

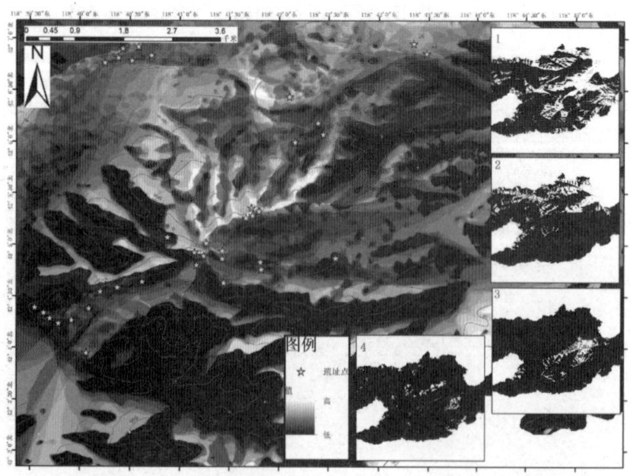

图3　遗址点可视域分析
注：图1：7点可视域；图2：40点可视域；图3：38点可视域；图4：25点可视域

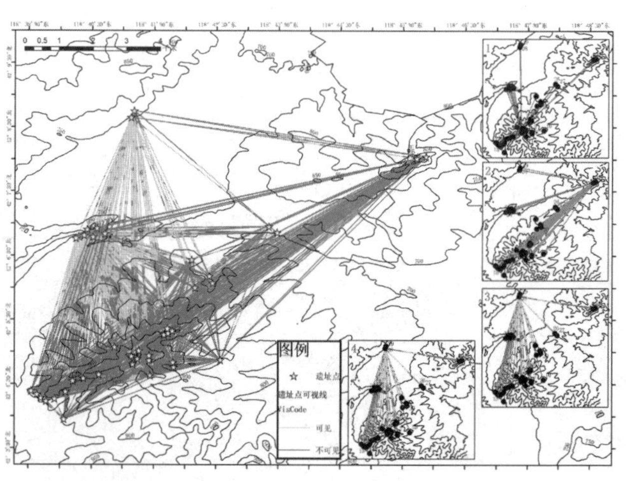

图4　遗址点通视线分析
注：图1：7点视线；图2：40点视线；图3：38点视线；图4：25点视线

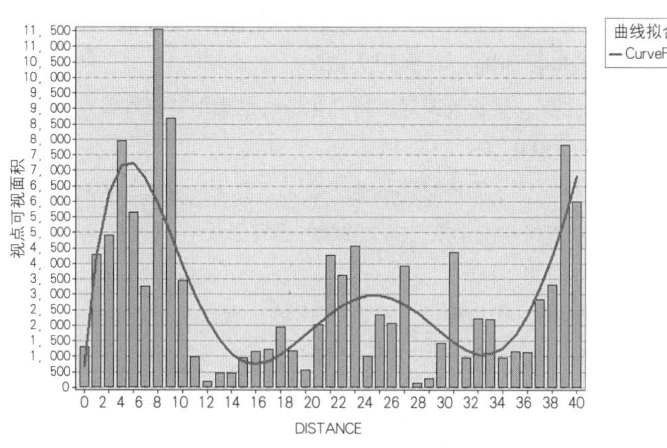

图5 遗址点可视性综合指标

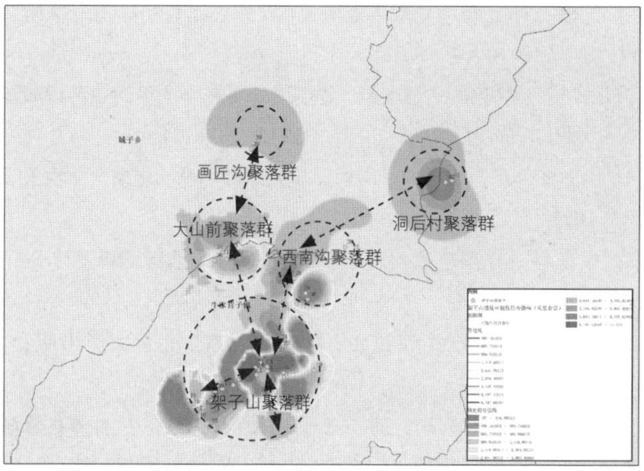

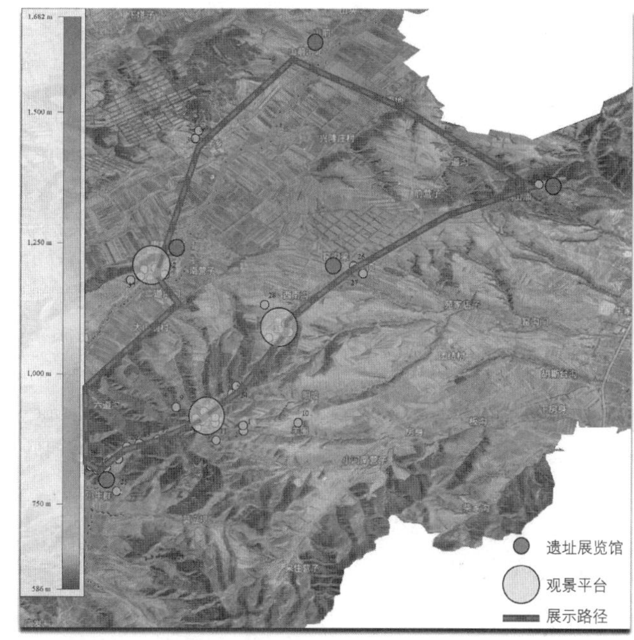

图6 遗址可视性空间分布图

1. 划定保护区与建设控制地带

基于可视性分析得到的遗址群空间分布规律，划分遗址保护区及建设控制地带，避免在可视性较好的区域进行人工建设活动。具体以41处遗址点外侧边界为基准，向四周外扩30米，划定为中心保护区。以中、高可视性范围为边界，形成以架子山、西南沟、大山前三处遗址群为中心的一类建设控制地带，禁止一切可能影响遗址及其环境的建设活动。将低可视性区域划分为二类建设控制地带，在保护的前提下可以进行适当的低强度建设[29]。同时，将可视性分布图中尚未发现相关遗址，但可视性程度较高的区域纳入"遗址可能分布区域"，先期管控可能对遗址保护造成危害的建设行为。

2. 建立多层次遗产展示网络

在妥善保护的基础上进行有效的展示利用，不仅是广义上遗产保护的必要措施，也符合新形势下乡村文化振兴、文旅融合发展的需求。参照国内外对史前聚落遗址展示与利用的成功范例[30, 31]，本文提出"面""线""点"3个层次的展示策略（图7）：

（1）"面"：针对遗址分布范围广、旅游资源丰富、交通便利的特点，采取考古遗址公园的展示方式[32, 33]。按照保护区与建设控制地带的要求，规划架子山、西南沟、大前山三处室外展示区域，将遗址群实地展示与半支箭河流域景观、架子山山地景观展示相结合，从宏观整体上展现遗址群与周边自然环境紧密结合的分布特征和史前人类在人居环境营造中的原始智慧。

（2）"线"：将遗址的展示利用与绿色廊道相结合，构建集交通、游憩、文化、生态保护于一体的遗产廊道[34-36]，以展示史前文化遗存的原真面貌及其承载的文化信息[37, 38]。基于可视性分析结果，并根据遗址群保存现状和环境容量评估结果，对遗产廊道进行路线设计。以架子山KJ7遗址为核心设置环形展示路线，在串联各个重要历史景观的同时，将其与周边自然景观紧密衔接。同时，根据可视性分析存在以架子山为中心、西南—东北方向联系数个从属遗址群、实现对更大空间范围控制这一规律，在架子山KJ7、西南沟KX1、大山前KD3等重要遗址点附近，适当设置眺望遗址全貌和大地景观的场地，提供相互对望、环视周边的观赏点。

图7 展示与利用策略示意图

（3）"点"：根据可视性分析结果，并考虑到遗址群本身具有分散性较强的空间格局，在交通便利的低可视性区域（如喇嘛扎子村、小牛群村、东水泉村）设置分散的遗址文物展览馆，靠近原址展示出土遗迹遗物。进一步将其纳入地方全域旅游发展战略中，形成集群效应[39, 40]，在展示遗址历史文化信息的同时，起到带动周边乡村联动发展的作用，更好更快地促进当地史前文化遗产景观网络形成、休闲文化旅游发展以及乡村的全面振兴。

参考文献

[1] 国家文物局编．内蒙古敖汉旗城子山与鸭鸡山祭祀遗址，2000中国重要考古发现[M]．北京：文物出版社，2003．

[2] 党郁，孙金松．夏家店上层文化祭祀性遗存初探[J]．草原文物，2016（01）：87–94．

[3] 朱延平，郭治中，王立新．内蒙古赤峰市半支箭河中游1996年调查简报[J]．考古，1998（09）：36–42+102–104．

[4] 中国考古学会编．中国考古学年鉴 1992[M]．北京：文物出版社，1994．

[5] 朱延平．辽西区古文化中的祭祀遗存[C].西陵国际学术研讨会，1999．

[6] 张海．GIS与考古学空间分析[M]．北京：北京大学出版社，2014．

[7] 贾翔，李莉，李琪，等．基于GIS和可视性分析的鄯善县烽燧系统研究[J]．新疆师范大学学报（自然科学版），2017，36（02）：13–22．

[8] 尹泽凯，田林，谭立峰．基于可达性理论的明代海防聚落空间布局研究[C]．中国城市规划学会，重庆市人民政府，2019：13．

[9] STOLTMAN A M，RADELOFF V C，MLADENOFF D J．Computer visualization of pre–settlement and current forests in Wisconsin[J]．Forest ecology and management，2007，246（2–3）：135–143．

[10] 陈智斌，夏丽华，黄洪辉，等．基于可视域分析的养殖设施选址研究——以柘林湾和南澳岛为例[J]．安徽农业科学，2015，43（09）：371–373，387．

[11] STUCKY J L D．On applying viewshed analysis for determining least–cost paths on digital elevation models[J]．International Journal of Geographical Information Science，1998，12（8）：891–905．

[12] KIM Y–H，RANA S，WISE S．Exploring multiple viewshed analysis using terrain features and optimisation techniques[J]．Computers & Geosciences，2004，30（9–10）：1019–1032．

[13] 刘韬，彭明春，王崇云．基于可视域分析的景观生态恢复[J]．云南大学学报（自然科学版），2009，31（S1）：344–349，354．

[14] 李雪冰．可视域分析在黄埔军校第二分校旧址保护规划中的应用[D]．武汉：湖北大学，2016．

[15] 尹长林，许文强．基于3DGIS的城市规划可视性分析模型研究[J]．测绘科学，2011，36（04）：142–144．

[16] 刘帅，赵慧玲，刘自放．基于GIS的小区建筑信息系统的设计与应用[J]．长春工程学院学报（自然科学版），2006（01）：65–67．

[17] 王佳璆，张贵，肖化顺．ArcGIS可视域分析在瞭望台管理中的应用[J]．湖南林业科技，2005（02）：24–26．

[18] 李东岳，李文琦，李明．基于格网DEM的GIS通视分析算法研究[C]．中国通信学会，2010：5．

[19] 滕铭予．GIS在环境考古研究中应用的若干案例[J]．吉林大学社会科学学报，2006（03）：96–102．

[20] 裴安平．中国史前聚落群聚形态研究[M]．北京：中华书局，2014．

[21] 阴瑞雪．海生不浪文化研究[D]．济南：山东大学，2018．

[22] 国家文物局中国社会科学院考古研究所．半支箭河中游先秦时期遗址[M]．北京：科学出版，2002．

[23] 王立新．试析夏家店下层文化遗址的类型与布局特点[J]．文物春秋，2000（03）：10–14，50．

[24] 翟禹．架子山遗址群的遗产内涵、文化价值与保护利用策略研究[J]．赤峰学院学报（汉文哲学社会科学版），2019，40（11）：5–15．

[25] 刘建国．考古测绘、遥感与GIS[M]．北京：北京大学出版社，2008．

[26] 鲁鹏．环嵩山地区史前聚落分布时空模式及其形成机制[M]．北京：科学出版社，2017．

[27] WRIGHT D K，MACEACHERN S，LEE J．Analysis of Feature Intervisibility and Cumulative Visibility Using GIS，Bayesian and Spatial Statistics：A Study from the Mandara Mountains，Northern Cameroon[J]．PLoS ONE，2014，9（11）：e112191．

[28] 汤国安，杨昕．ArcGIS地理信息系统空间分析实验教程[M]．北京：科学出版社，2012．

[29] 郑志明，焦胜，熊颖．区域历史文化资源特征及集群保护研究[J]．建筑学报，2020（S1）：98–102．

[30] 刘文雪．史前聚落遗址展示利用初步研究[D].西安：西安建筑科技大学，2014．

[31] 李静怡．史前聚落遗址展示利用设计研究[D]．北京：北京建筑大学，2016．

[32] 沙田．史前遗址展示与阐释的景观途径研究[D]．重庆：重庆大学，2018．

[33] 朱晓渭．国外经验对陕西考古遗址公园建设的启示[J]．江汉考古，2011（02）：119–122．

[34] 俞孔坚，李迪华．城市景观之路[M].北京：中国建筑工业出版社，2003．

[35] 俞孔坚，李伟，李迪华，等．快速城市化地区遗产廊道适宜性分析方法探讨——以台州市为例[J]．地理研究，2005（01）：69–76，162．

[36] 官紫玲，陈顺和．乡土文化景观安全格局及遗产廊道构建研究——以福建永泰为例[J]．中国园林，2020，36（02）：96–100．

[37] 詹庆明，郭华贵．基于GIS和RS的遗产廊道适宜性分析方法[J]．规划师，2015，31（S1）：318–322．

[38] 王思思，李婷，董音．北京市文化遗产空间结构分析及遗产廊道网络构建[J]．干旱区资源与环境，2010，24（06）：51–56．

[39] 刘丹．遗址信息解读与史前遗址博物馆展示关系的研究[D]．太原：山西大学，2017．

[40] 柯晓雯．贵安新区史前洞穴遗址群的利用问题[J].遗产与保护研究，2018，3（06）：19–26．

粤汉铁路沿线聚落发展与文化再生研究

——以乐昌至坪石段为例

赵 逵[1] 黄群群[2]

摘 要：粤汉铁路1936年全线通车，给沿线城市格局带来深远的影响。一系列城镇在铁路带动下崛起，沿线形成了具有等级差异的聚落体系。随着复线建设及高铁快速发展，许多小型站点停运，以致一些铁路聚落的发展几近停滞。近年，粤汉铁路的文化价值开始受到重视，并于2019年入选工业遗产保护名录。如何利用这一契机引导沿线铁路聚落再生？本文将以粤汉铁路乐昌至坪石段为例，探讨沿线铁道文化再生与聚落发展的关系，为活化废弃铁路聚落提供建议。

关键词：粤汉铁路 铁路聚落 文化再生

一、粤汉铁路“乐昌至坪石段”的研究背景

粤汉铁路是对京广线南段（广州至武昌）的旧称，由南至北经过粤、湘、鄂三省，全长1096公里，于清光绪二十七年（1901年）动工，1936年全线贯通。粤汉铁路穿行于湘南粤北的山水之间，连接了富庶的华中和华南地区，提高了南北运输效率，给传统运输方式带来了极大的冲击。交通格局的改变引发城镇聚落体系的演进，从而推动了粤、湘、鄂三省的近代化进程。

随着经济发展与交通运输技术的演进，新京广线取代了粤汉铁路的运输地位。这条饱经沧桑的民国老铁路及其沿线聚落成了荒草中沉默的遗址，逐渐被人们所淡忘。2019年粤汉铁路入选工业遗产保护名录，这条曾经繁荣无比的“交通大动脉”在封尘多年后，又出现在人们的视野中，这使得我们意识到“运输”不是铁路的唯一功能。如何保护粤汉铁路所承载的文化遗产是值得我们探讨的议题。此外，我们还应在传承铁道文化的同时采取积极策略引导铁路聚落再生。

二、“乐昌至坪石段”沿线聚落的发展变迁

粤汉铁路的选址充分考虑了传统运输时代的重要线路。其湖南段沿湘江、耒水修筑，广东段沿北江修筑。沿线聚落早期多为典型的水运集镇，其中“乐昌至坪石段”在水运时期便是湘粤两省的交通枢纽。铁路交通线的介入使得沿线地区进入快速交通时代，重构了传统聚落空间，从而产生了以铁路功能为中心的规划，而沿线聚落的发展演进与铁路不同阶段的运营情况息息相关。

粤汉铁路在运营期间历经了多次改线提速，部分铁道面临废弃或拆除的危机，相应的沿线聚落也随之走向衰落。20世纪70年代，京广铁路衡阳至广州段复线（衡广复线）开始建设，建成之后原有粤汉铁路仅有40%被利用。这使得粤汉铁路产生了大量的废弃段，且粤省的废弃区间最为连续，其中“乐昌至坪石段”采用了长距离的双绕[3]，使得这一区间沿线小型站点的作用愈发微不足道，面临停运的命运。

“乐昌至坪石段”指粤汉铁路在韶关市北部的一段铁道，其中包含乐昌站、大源站、罗家渡站、坪石站等共计14个站点。这些站点选址均顺应北江支流——武江的走向，曲折盘绕于九峰山间。复线建设时期，大瑶山隧道的修筑对这一段铁道拉弯取直，使得坪石到乐昌段的铁路里程缩短了15公里（图1）。复线修通之后，该段老铁路仅作为备用，后因年久失修又多次遭遇水害，逐渐被废弃。这一区间的小型铁路聚落在经历短暂的繁荣之后，便脱离了时代的轨迹，逐渐走向衰落。

❶ 赵逵，华中科技大学建筑与城市规划学院，教授、博士生导师。
❷ 黄群群，华中科技大学建筑与城市规划学院。

❸ 双绕：指铁路专业术语里的双线绕行，将双线铁路中的某一段改移到另一处。一般情况下是为了提速，把连续的S曲线和大曲线段取直或改成小曲线，另外也有因为城市发展需要将城中心区铁路线改到郊外的。铁路专业对改移后的这部分新线路叫双绕段。

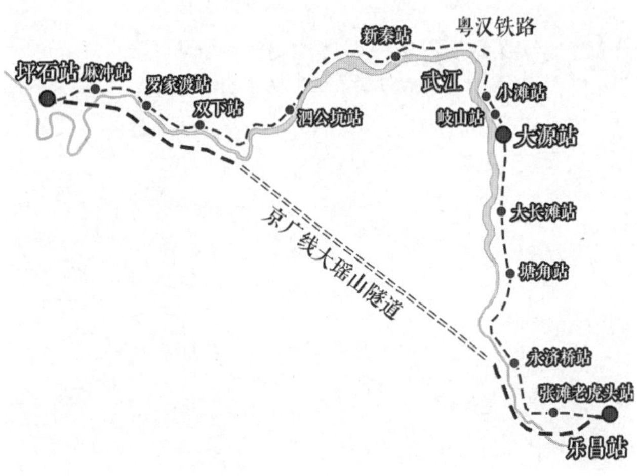

图1 粤汉铁路“乐昌至坪石段”路线图

本文对“乐昌至坪石段”沿线聚落的研究将以修建时间为线索，具体是指“通车之前”（1900~1936年）、“运营初期”（1936~1988年）、“复线建设之后”（1988年至今）这三个重要历史阶段。

1.“通车之前”（1900~1936 年）——商贸繁盛的水运港口

粤汉铁路修筑之前，湘粤两省的货物往来多采用水陆运结合的方式。两省之间的五岭地区存在许多古道。古人运输货物须行古道、越五岭，再转水运。而这些古道南侧出口多位于韶关北部的武江之上，武江货物向南汇入北江，运往广东腹地。这便成就了武江这条黄金水道的运输地位。

通常铁路选址除了考虑政治、经济、技术等方面的因素外，也充分考虑沿线聚落的原生性。粤汉铁路“乐昌至坪石段”线路完全沿着武江水道的走向，站点选址几乎均是传统的水运聚落。这些聚落在铁路通车前依托水运而兴起，包括小型渡口聚落（如罗家渡、小滩等）及大型港口聚落（如坪石、乐昌等）。

“乐昌至坪石段”的水运聚落中，坪石是最大的水运港口。坪石地处武水河畔，位于湘、粤、赣三省交界处，南北货物均在此接驳转运。鼎盛时期，这里沿着武江曾有各色商铺、盐埠、钱庄、当铺等上百间，各地商业会馆20多家、码头20多个，停泊过夜的船只常达数百艘之多，足以想象当年的繁忙景象。直至今日，坪石老街仍保留着明、清时期的古民居、商行店铺等。这些建筑材质都是清一色的灰瓦、青砖，采用2层木质结构、流线式护栏、方格子木窗、高墙翘檐。走在青石板条石铺设的古色古香的街道上，仍能感受到当年街市商埠的风貌（图2、图3）。

2.“运营初期”（1936~1988 年）——客流密集的铁路小镇

粤汉铁路运营后改变了武江沿线一切货物靠水运的历史，铁路运输几乎替代了武江的传统水运。“乐昌至坪石段”的水运聚落在铁路通车前凭借先天地理区位优势，具有良好的发展潜力，是铁路站点择址的最优选择。在铁路的催化下，沿线设有站点的水运聚落迅速转化为铁路聚落。铁路聚落的发展模式根据其规模大小呈现差异性。“乐昌至坪石段”的聚落可分为大型镇区站点和小型村落站点。

大型镇区的铁路选址一般都远离老城区，另辟新地修建，因此形成以站点为中心的铁路附属地区域。新区与老城区分庭抗礼，聚落布局走向多中心模式。如上文中所提到的坪石站，粤汉铁路的线路及站点均未设在老城，而是设于与老城相距不远的水牛湾。通车后，水牛湾逐步替代了老坪石的交通地位，发展成为具有一定规模的城区。中华人民共和国成立之后，水牛湾一带从

图2 坪石村古建筑
（来源：网络）

图3 坪石古街
（来源：网络）

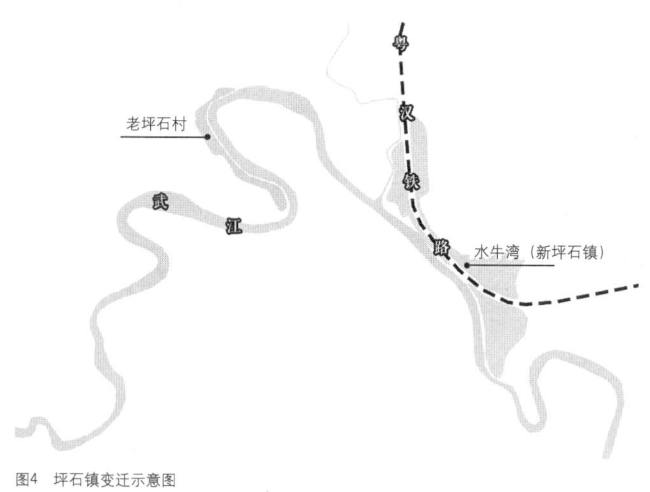

图4　坪石镇变迁示意图

坪石区划出，成为坪石镇。老坪石街的商业重要性日趋下降，商店倒闭，居民他迁，街道冷落（图4）。

小型村落站点是指其所依托的聚落本身不具备规模，铁路成为村落发展的主要动因，如大长滩站、小滩站、新秦站等。这类聚落在设站之后，村落沿着铁路线性发展，建设相应的铁路附属建筑。铁路带来了产业经济的发展，聚落规模以站点为中心逐渐扩大。

3. “复线建设之后”（1988 年至今）——被历史尘封的粤北村落

1989年衡广复线建设完成，堪称“亚洲一绝”的大瑶山隧道开通，自北向南穿越大瑶山。从此，京广线终于可以长驱直入，无需沿着武江在山腰上蜿蜒盘旋了。而粤汉铁路中最为险峻的一段路程——“乐昌至坪石段”，也终于完成了它的历史使命。曾经繁荣无比的“大动脉”，一夜之间变成了“小静脉”，只有几列接送铁路员工上下班的交通列车偶然经过，带来片刻的人语。

铁路技术的演进带来了极大的运输便利，却带走了“乐昌至坪石段”铁路聚落的发展动力。复线建设中，乐昌与坪石两站被沿用，聚落发展并未受到改线的影响。而其余小型站点聚落在复线通车后被历史尘封在了粤北山区。张滩老虎头、塘角、岐门、罗家渡等十多个站点废弃，车站及铁路附属用房被改造成民居，整个村落至今仍然保留当年的格局（图5、图6）。这一系列的铁路村落都有相似的空间形态：村落一侧是千百年来运输船队络绎不绝的武江航道，另一侧则是带给当地短暂辉煌的粤汉铁道。而如今，同时失去了两个“发展催化剂”的山区村落，又该如何改写自己的命运?

三、“乐昌至坪石段”沿线聚落的铁道文化特色及价值

1. 沿线聚落因复线建设而停滞发展，保留了民国时期铁路聚落的典型风貌

“乐昌至坪石段”沿线聚落所处地理位置特殊，起初因武江水运而兴起，近代铁路介入又催化其发展。复线建设带走了这里关键性的两个发展动因，又因其地处偏僻山区，几十年来未有新的交通方式介入，沿线村落仍旧保留着当年铁路运行时的风貌。原本火车呼啸而过的铁轨长满杂草，成了孩童嬉戏的场所。虽然火车永远不会再从此经过，但粤汉文化却深深扎根在了这片土地上，民国时期铁路聚落的典型风貌在这里世代保存。

2. 沿线铁路建筑具有鲜明的时代特色及产业特征，承载了深厚的铁道建筑文化

粤汉铁路的建成背景具有明显的时代特色，其沿线聚落建有大量以铁路功能为主的近现代建筑群。建筑的风格、材料及结构等都具有民国时期至中华人民共和国成立初期的典型特征，是近现代建筑遗产研究的理想对象。目前“乐昌至坪石段”保留了数量众多的小型铁路站房（图7~图9）。这些站房具有明显的相似性：建筑层高为1层，墙体为红砖墙粉刷黄色涂料，形体简洁，门厅凸出，一长一短两个坡屋顶相互穿插，具有典型的工业特征，体现了民国时期的铁道建筑文化。

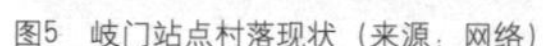
图5　岐门站点村落现状（来源：网络）

图6　泗公坑站点村落现状（来源：网络）

图7　罗家渡车站现状
（来源：网络）

图8　双下车站现状
（来源：网络）

图9　张滩车站现状
（来源：网络）

3. 沿线保存着大量铁路遗存，见证着民国时期的交通工程奇迹

“乐昌至坪石段”需要跨越湘粤间的五岭，重重山岭犹如屏障般隔绝南北，使其施工过程极其艰巨。建成之后，这段铁道成为当时中国标准最高的一条铁路，代表着民国时期极高的工程成就。虽然粤汉铁路停运已久，所幸仍有大量大型铁路工程遗存，在粤北山区静静的述说着那段历史，成为一道道即将消失的风景线。其中风吹口桥（图10）、省界桥（图11）、白面石隧道（图12）等都被第二批工业遗产保护名录列为粤汉铁路的主要遗存，具有极大的工业遗产保护研究意义。

四、文化再生理念下的“乐昌至坪石段”沿线聚落发展策略

粤汉铁路“乐昌至坪石段”沿线风光旖旎。这一段武江有的地方水位落差极大，有的地方平静开阔。其中九处激流称为泷，十八处平静河段叫作滩，因此当地有着“九泷十八滩”的称号，是不可多得的景观资源。此外，粤汉铁路申遗成功、工业遗产研究热度都给原本沉寂的铁路聚落带来了新的机遇与挑战。对于保留着粤汉记忆的“乐昌至坪石段”铁路，应在其原有功能基础上结合现有资源，让铁路文化延续、生命力拓展，并为沿线聚落带来再次发展的动力。具体可采用下列措施：

1. 构建铁路文化遗产廊道，挖掘铁路沿线聚落潜在的历史文化价值、旅游经济价值

粤汉铁路作为具有跨时代、跨区域、跨文化特征的大尺度线性交通，其背后蕴含着丰富的历史、人文、技术、社会、经济、学科、实践价值。通过对其价值的梳理与挖掘，从整体性视角对其进行活化及再利用，促进线性遗产廊道的构建。结合历史文化、经济发展、自然风貌对粤汉铁路进行综合、多层次、整体性的保护，有助于挖掘铁路沿线聚落潜在的历史文化价值、旅游经济价值，促进聚落再发展。

2. 历史再现，以旧修旧，打造全线路沉浸式旅游模式

依托“乐昌至坪石段”现有的景观资源、历史资源、文化资源，结合铁路遗产保护理念，还原民国时期铁路运营场景，打造沉浸体验式旅游模式。

以铁路遗产保护为主，旅游业发展为辅，对全线路做出整体规划。其中，遗产保护要尊重遗产本来的面貌，在原有的基础上采用“以旧修旧”方法改造铁路遗存。对站房、站台等多种空间进行主题分配，并结合周边自然环境，将其改造成火车历史博物馆、民国风茶社、民国车站摄影基地等景点。对废弃铁轨进行修复，打造旅游火车路线，还原蒸汽时代的壮美旅程。通过这些带有一定商业性质的运营模式，既能将铁道文化延续，也能以铁路串联站点带动废

图10　风吹口桥遗址
（来源：网络）

图11　省界桥遗址
（来源：网络）

图12　白面石隧道遗址
（来源：网络）

弃聚落的发展。

五、结语

铁路作为交通运输领域的革新，深入城市和乡村，是工业时代无法磨灭、不可替代的符号与标志。粤汉铁路“乐昌至坪石段”沿线聚落保留着大量铁路工业遗产，承载着厚重的民国铁道文化。结合历史、地域文化特色，对其进行文化价值认定、实体保护改造，打造铁路文化旅游带。在遗产保护的同时，又带动当地经济的发展，活化逐渐荒凉的粤汉铁路，为昔日繁忙的线路重新注入活力。

参考文献

[1] 庞广仪. 民国时期粤汉铁路历史研究[M]. 合肥：合肥工业大学出版社，2014.

[2] 甄敏.工业遗产的理论与实践研究——以中国台湾铁道文化再生为例[J].现代商贸工业，2016,37(27)：16–18.

[3] 张晶.工业建筑遗产保护与文化再生——以铁路建筑为例[J].科学之友，2012(02)：136–137.

[4] 李毓美.区域遗产网络视角下南满铁路文化遗产廊道构建[D].南京：东南大学，2017.

[5] 叶显恩.清代广东水运与社会经济[J].中国社会经济史研究，1987(04)：1–10.

西双版纳传统傣族聚落的“召片领”治理机制及启示[1]

张　婷[2]　程海帆[3]　王　颖[4]

摘　要：“召片领”意为“广袤土地的主人”，是中华人民共和国成立前西双版纳地区的田邑制度；通过人居史地解析“召片领”制度下的西双版纳传统聚落人地空间形成机制，通过案例探讨空间构成的宗教信仰、文化自觉、族人认同，通过文献梳理农耕田邑中形成的社会经济制度安排，以期初步讨论演进中的适应性及当代可持续发展。

关键词：传统傣族聚落　“召片领”　治理机制　勐罕　版纳

傣族首领帕雅真建立勐泐国（又称景陇、景陇金殿国）[1]，勐泐即傣族先民的统一部落联盟，尔后不断融入中华民族大家庭。自元始置彻里路军民总管府，明代改车里宣慰司，到明清以来“改土归流”的历史潮流中，车里地区（大体相当于今西双版纳州）“土流并存”的“羁縻制度”一直延续到中华人民共和国成立前，“召片领”即宣慰使，意指车里地区“广袤土地的主人”，政治上辖区划分为召版纳、召勐、召陇、召火西、召曼的管理制度，形成了一系列的承袭治理、贡赋负担、聚落空间的体系，对版纳地区的空间区划梳理，以期梳理历史治理及一些启发。

一、传统召片领制度安排及其对聚落人居的影响

1. 历史地理中的人地关系——从勐泐到车里宣慰司

在历史地理变迁中，版纳地区形成由傣族主体多民族聚居的宗教信仰、稻作文化、核心是“以土为主”的人地空间[2]，从勐泐到车里宣慰司，“召片领”一直是土地的主人，土地之上皆为“召片领”所有，为方便管理，逐渐建立起以版纳、勐、拢、火西、曼为制度的土地划分，领主通过战争等强行占据并“安排”村民等的方法对田役进行安排，形成“波郎田”“宣慰田”“土司田”等，将地方统治及稻作文化延续下来[3]。从历史上西双版纳地区的治理来看，开始的时候较重视以“勐”集合为“版纳”，便于聚居高产田地的生产资料，然而，由于“版纳”之间经常发生斗争，且相互威胁，到形成相对稳定的区域范围后，逐渐建立起将“版纳”作为召片领最重要的地理区划，以“版纳”为单位划分出相对稳定的“坝子——区域”一级单元空间，在此基础上下辖勐、拢、火西、曼对农业社会经济进行精心的治理，从而延续800多年的稻作文化，使得版纳地区的稻作聚落文化值得总结。

傣族首领帕雅真建立勐泐国[5]，属于南宋时期地方政权，召片领的印章有森林、河流、土地、农田等，其治理范围近50个“勐”（一个“勐”汉语意为一个“坝子”）[4]。“版纳”始于1570年，被释译为一种领域单位，是以“勐”为基础的土地制度中的一种单位，最常见的解释为“十二千田”。从勐泐到车里宣慰司，逐渐形成的召片领十二版纳[6]，治理的范围在澜沧江（湄公河）两岸由澜沧江西侧大车里与东侧小车里组成[5]，明清发展中范围稳中有变，雍正七年始受“改土归流”政策影响，清朝中后期“版纳”的范围缩小。但是，土地始终是召片领划分“版纳”的核心，“版纳”的划分不仅具有区划管理的功能，也有层级治理、征收赋税的职能，在各召勐内，不同村寨承担着不同的负担，村民只有土地的使用权，村民还需要在领土田上无偿耕种，并承担相应的负担，同时还要向领主交纳力役地租，服务农耕时代整个地区治理的各类社会需求。

---

❶ 国家重点研发计划：西南民族村寨防灾技术综合示范（2020YFD1100705）；国家自然科学基金项目：云南“直过民族走廊”传统聚落变迁研究（51808271）；时空连续统视野下滇藏茶马古道沿线传统聚落的活化谱系研究（51968029）。

❷ 张婷，昆明理工大学建筑与城市规划学院，硕士研究生。

❸ 程海帆，通讯作者，昆明理工大学建筑与城市规划学院，讲师。

❹ 王颖，昆明理工大学建筑与城市规划学院，讲师。

❺ 勐泐国，建都景兰，今景洪市曼景兰。

❻ 长谷川清先生对各位前辈记载中版纳统治范围分布情况进行总结大致整理为三个系统：1）湄公河东西两岸相等的六个地区；2）远离湄公河东西两岸的勐组成的版纳领域；3）版纳领域大部分分布在湄公河东岸地区。

西双版纳地区“版纳”治理区划历史演进 **表1**

年份	统治范围
1180 年	勐泐统一，建部于景兰（今景洪市曼景兰）。今西双版纳、普洱市部分地区、老挝北部和缅甸掸邦东部
傣历 932 年（1570 年）	刀应勐将车里宣慰司划分为十二版纳；(1)：景永（今景洪）、勐罕、景哈、勐养，这几个勐也是召片领直辖区域；(2)：勐遮、景鲁、勐翁；(3)：勐龙、勐宋（南）；(4)：勐混、勐板；(5)：景真、勐海、勐阿；(6)：景洛、勐满（竜）、勐昂朗妄、勐康；(7)：勐腊、勐伴；(8)：勐很、勐旺；(9)：勐拉泰、景讷、勐往；(10)：勐乌、勐乌代；(11)：勐棒、勐满（南）、勐润；(12)：景董、勐仑
傣历 935 年（明隆庆六年）	位于湄公河（版纳境内称澜沧江）西岸的六个版纳：(1)景龙（车里坝）、勐罕（橄榄坝）；(2)勐遮、景鲁、勐翁；(3)勐笼；(4)勐湣（勐混）、勐板；(5)景真（顶真）、勐海、勐阿；(6)景洛（打洛）、勐满、勐昂、朗妄、勐康；位于湄公河朱岸的六个版纳；(7)勐腊、勐伴；(8)勐岭（普腾）、勐旺；(9)勐拉（包括思茅及六顺）、勐往；(10)勐棒、勐润、勐蟒；(11)勐乌、乌德；(12)整董、播腊（倚邦）、易武等
傣历 943 年（1581 年）	行政区：(1)景洪；(2)勐遮；(3)勐混；(4)勐海；(5)景洛；(6)勐腊；(7)勐很勐旺；(8)勐拉；(9)勐捧；(10)乌德；(11)景董；(12)勐龙
傣历 956 年（明万历二十年）	(1)无记载；(2)勐哲、景露、勐旺；(3)勐龙；(4)勐混、勐版；(5)顶真、勐海；(6)景洛、勐亢、勐纳、勐莽；(7)勐腊、勐半；(8)勐形、勐邦；(9)勐拉、勐住；(10)勐棒、勐润、勐漭；(11)整董、磨拉、易武；(12)乌纳、乌德
1729 年（清雍正七年）	改土归流，成立普洱府，澜沧江东岸六版纳划分到普洱府，六大茶山划分到普洱府思茅厅。此时的十二版纳：(1)思茅；(2)普藤；(3)整董；(4)勐乌；(5)六大古茶山；(6)橄榄及江外（湄公河西岸地区）的六版纳组成
1895 年（清光绪二十一年）	法国侵占西双版纳东部的勐乌、乌得及南端的磨丁、磨杏、磨别。 （法国殖民结束后，勐乌和勐乌代永久属于老挝）

（资料来源：参考文献 [4-5]）

2. 傣族聚落与水、田的关系——聚落的管理、个体到整体

在传统傣族聚落中，山水文化和文化信仰紧密融合，形成了人与自然可持续的文化生态观念。这种管理，又和社会治理紧密结合在一起，以最为传统的橄榄坝（今属勐罕镇）“千年傣寨群”为例（图1）。曼远村位于坝区和山区交界，其“林地-水系-田地-村寨-人”格局中，自然的林、水、田与村寨紧密融合，传递了文化自觉，在这一格局中，至今仍可以识别出文化生态观念：建寨分寨过程中，大多要依水而建，并不占稻田、不占竜林，村寨的生产生活体系与文化生态有着紧密的依附关系[6]。橄榄坝的聚落、水系、水田、山地之间的空间关系，首先依靠澜沧江形成，坝区种田、山区种树，从聚落空间分布体系来看，村村寨寨，均建设在坝区，这是稻作文化盛行发展而留下的聚落空间格局。坝区村寨落选址依林傍水，水系、水田及路网阡陌相交；山区村寨分布聚落较少，主要以林地与旱地获得基本经济收入；因此，山区与坝区经济收入在稻作文化的影响下分异特征。傣族谚语有云：“先有水沟后有田，先有百姓后有官”、“建寨要有林和箐，建勐要有千条沟”❶，这些表达了对自然的敬畏，也说明了自然水网系统是傣族聚落选址营寨演化的基础，是聚落空间系统的基础[7]，其水系水渠发达。聚落空间节点、水网、路网相互叠合，在村落空间构成中，还有水井，一般在寨门入口处、佛寺周边等位置。中华人民共和国成立后，由于国家工业的需求和西双版纳地区的战略服务定位，橡胶林的广泛垦殖、热带经济作物开垦，在面上山区与坝区的经济收入、农业产业逐步缩小；可见，保护传承傣族聚落，不仅需要看到经济发展的成绩，更需要重视文化生态保护的延续。

地方各级重视水利灌溉事业……经过世代的努力，各地方均建成蜘蛛网状的灌溉系统[8]。稻作特别需要水，建成网状密布的田地灌溉系统，聚居于江边坝区具有先天的优势。召片领制度的层级管理在一定程度上起着调节社会关系的作用，农地生产、牲畜副业、及手工业在傣族社会中得以传承发展[9]。中华人民共和国成立后橄榄坝作为橡胶引植最早成功的地方[10]，同时在橄榄坝傣族园发展体验式旅游业，不可回避对传统生产生活的冲击，随着当前傣族村寨经济的需求，稻作水田种上各种经济作物，在2000年以后逐渐消退；可见，有必要通过村民口述和地方志的研究、不同勐坝的稻作文化调查其传统耕作。

在田邑土地的管理制度上，依据土地权属，划分成可世袭继承的领主田，不能调整和改动，村民也不能租种，只能代耕；大小官员的俸禄田，它不属于世袭继承的田，随着官员调动不同而属于不同官员，同时村民可以租种，但是需要给拥有薪俸田相应的官员交纳两成左右的收成；以及村寨公有田，是通过村寨的领头人将田地分给不同村民，需要向领主交纳赋税、负担劳役，村民才能拥有使用权[11]。这种土地管理制度下，每个村寨都会负担供奉，其中一些村寨世代负担特定的劳役，至今尚保留村寨职能名称。可见，这

❶ 高立士．西双版纳傣族传统灌溉与环保研究 [M]. 昆明：云南民族出版社，1999.

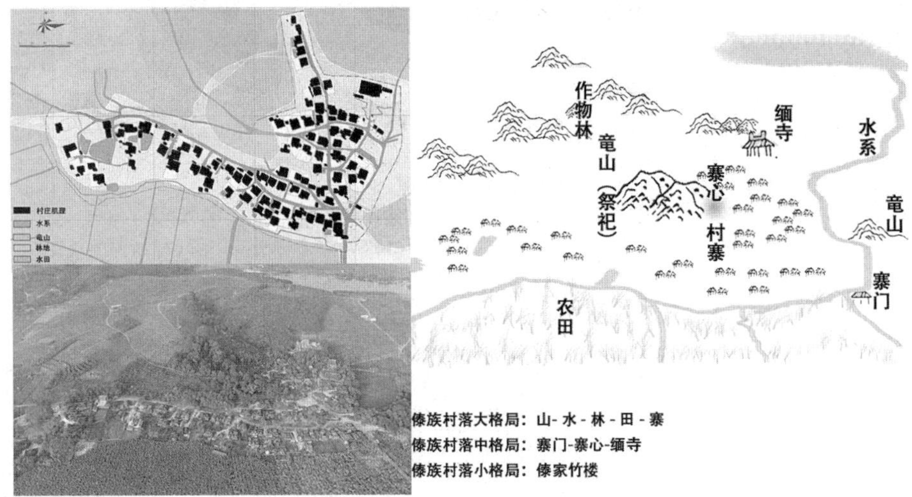

图1 橄榄坝曼远村传统村落肌理格局分析

种土地管理制度，对于官员来说是官阶、俸禄，对于村民来说是赋税和劳役，从而将土地妥善安排、功能协同[12]。

二、召片领安排聚落空间的解析

1. 聚落的功能承载——血缘、地缘与业缘

基于民族史志，在早起社会，氏族社会、家庭公社与农村公社相结合交错的原始社会，处于“冒米坦”时期的❶“血缘”聚落[13]；随着开垦田地，以稻作为依托，形成了“血缘+地缘”聚落；直到“召”（领主）的出现，出现了雇佣与被雇佣的“业缘”关系，促进了多民族融合。傣泐语中，被水淹到的地方称“傣”，未淹的地方称“卡”❷；为管理“版纳”的坝区和山区，主体民族对山区民族采取民族联姻、赐予山区民族头领、山区民族领主、山区民族英雄为“勐神”等，从信仰、血缘等方面维系“坝区—山区”多元立体、文化认同的关系[14]。南传上座部佛教（简称南传佛教）在传承文化、社会秩序中扮演重要的地位角色，召片领被称为“至尊佛祖”[15]。因此，召片领“坝区—山区”赋予功能系统，适应自然生态环境的功能，承载了多元立体的民族社会关系结构。

聚落营建中，有一个个家庭构成家族，形成大公社聚落，以家族内年长者、德高望重者为头人（族长），内部事宜皆由头人进行组织，包括家族矛盾、村寨田分配、村寨建设等。因此，以血缘和地缘关系形成较为封闭的聚落，男性作为和尚在寺庙学习时姓“帕”；还俗后姓“迈”，在生育前男性姓“岩”；女性姓“玉”，在生育后随着其孩子姓男性姓“波”（爸爸），女性姓“咪”（妈妈）；此外，也有阶级之分，贵族及其后代姓“刀”，土司及其后代姓“召”❸。

2. 空间的构成——寨心、寨门和缅寺

傣族村社空间构成在宗教信仰、地理关系等多种因素影响下形成“寨心+寨门+缅寺”的传统格局，傣族先民敬畏自然、崇拜自然，认为万物皆有灵，人有灵魂、建房有灵魂柱、村寨也应该有灵魂即寨心，亦即村寨的心脏。傣族村寨建寨必有寨心，寨心是集体空间意识的中心。而寨门则是村寨的边界[9]，划分内外的心理空间，有“开寨门”传统节日，具有防御和隔绝厄运的作用。

而佛寺则为村寨的大脑，因从缅甸传入也叫缅寺，是供奉佛祖、和尚修行等佛事活动的场所。佛寺一般建在村寨地势较高的地方，修建石梯通向佛寺，村寨内民居建筑朝向不与寺庙相对。佛寺统领村寨，周边通常有水井空间节点、即“水井圣泉”。南传佛教在傣族扮演着文化认同的角色，在召片领管理中起着文化统领的作用[16]。同时，还体现文化学习、活态传承的功能，成为全民信仰，村民认为拥有一段出家经历的男子才算受过教化，有权利组建家庭，得到社会认可。例如，通过访谈曼远村的情况，父母将孩子（以前限男孩，现男女都可）送到佛寺学习傣文、习俗等基本知识为主，还要兼顾打扫佛寺等杂务，观察孩子生活、学习、领悟及身体情况❹。

三、召片领形成的聚落体系

1. 空间组织——负担与共建

土地及使用土地的奴隶都需要为领主服务，因而划分“版纳”方便空间管理与交纳赋税。村寨的负担包括分工协作，村寨村民履行“吃田出负担”的规定，此外，村民履行向佛寺上缴一定数量的负担以及劳动。不耕种领主土地的村民，也有负担（表2），从劳役地租，转化为实物地租，从家内劳役，到面临各种名目的摊派。如“甘

❶ “冒米坦”意为没有剥削。

❷ 卡：傣语，意为奴隶。

❸ 笔者访谈西双版纳景洪市勐罕镇曼远村前任村长波温叫记录。

❹ 笔者访谈西双版纳景洪市勐罕镇曼远村玉儿组长记录。

村寨负担职能 表2

村寨	负担职能
曼听	替领主看守亭园的奴隶定居成村
景洪的曼洒、曼贯	为土司榨糖、熬盐、制绳、编蔑、打铁、制银器、做生意等。
曼忠海	为召片领出巡时服托金盘等家内劳役
曼广妹、曼暖龙	为召片领尽养牛、养马劳役
曼英	派人轮流回原主人家去煮饭、摆饭桌，召片领到哪里，他们就要派人，把召片领专用的饭桌搬到哪里
曼凹	派人背大刀，跟随召龙帕萨外出
曼令	“召片领”司署的厨夫
勐海曼扫	建寨者原系召勋的家奴，耕地召片领私庄，因私庄位于流沙河彼岸，管理不便，私建村寨
曼远（原名：曼坝糯）	让村民酿油并送到宫殿
曼掌	驯养大象

（资料来源：参考文献[17-18]整理）

勐”，主要负责修路、搭桥、挖水沟等活动[17]，这种分工协作的制度，使得村寨与村寨之间形成巨大网络体系，职能不同，以保障整体有序，如曼听是领主派往看守亭园的奴隶所建、曼掌是为给领主驯养大象所建。因此，通过系统的分工合作，有效地构建了空间体系。

2. 生计模式——功能承载与体系构建

版纳地区在元明时期已经有着较高的稻作水平，《西南夷风土记》中记载傣族种植水稻一年可收两次❶，农耕技术和稻作文化适应了特定自然环境[19]。在以水为核心的“山一林水一寨一田”体系构建下，稻作文化历史悠久，尽管“坝区一山区”的经济条件不一，仍保持着共生发展的关系。

橄榄坝临澜沧江，从1947年开始引进橡胶种植，改革开放以后，对于橡胶的需求使得橡胶林的经济效益远超水稻，稻作区与山地耕作差异逐渐打破[20]。坝区逐渐开始不再种植水稻，开始种植热带水果、热带花卉等。随着传统耕作变化、生机模式多样化，因而村寨功能体系转型重构。

四、结论与讨论

1. 历史演进中的适应性

对西双版纳地区傣族“召片领”治理及历史演进分析，总结聚落营建与自然生态传统安排，包括：管理的区域到聚落的层级系统，形成的山一林一水一田一村的空间系统，完整的聚落族群社区的社会系统，隐匿的空间营建、集体秩序的文化系统，适应生计的村寨系统；针对橄榄坝的案例，初步探讨了上述空间系统的典型层级管理、空间现象、社区组织、文化秩序，所形成稻作生计系统。

稻作时期傣族聚落的空间建构与宗教信仰、文化自觉、族人认同形成系统，社会经济治理体系得以构建并延续发展；随着当代追求经济发展，“山-水-林-田-寨”的生态格局划分不再强烈，稻作文化的衰退，一定程度上影响了“水”与“田”的协调关系，以“水文化”和宗教文化为核心的傣族文化开始弱化，已表现在聚落多维空间转型演化的矛盾涌现。

2. 当代聚落人地重组的讨论的启示

基于“自然-聚落-人类”良好人地生态链，基于传统生态系统改造形成了稻作聚落体系，聚落空间节点如寨心、竜林、佛寺等蕴含了潜在文化社会体系；在历史演进过程中，傣族对待自然的敬畏，人与自然相处的合理性，虽然随着历史发展产生对经济的追求在一定程度上破坏了其特殊的生态系统，但仍值得借鉴追溯。传统的稻作文化迈向现代化生计模式的重组，从崇拜自然、改造自然、征服自然以及人地协调，如何在保护传承文化遗产的同时，适应现代化进程，探讨经济发展中、文化传承与自然生态循环，应对挑战，仍值得进一步探讨转型重构。

❶《西南夷风土记》："五谷惟树稻，余皆少种，自蛮以外，一岁两获，冬种春秋，夏作秋成。孟密以上，犹用犁耕栽插，以下为把泥撒种，其耕犹易，盖止地肥朕故也。凡田地近人烟者，十星其二三，去村寨稍远者，则迥然皆旷土。"

参考文献

[1] 朱德普．泐史研究[M]．昆明：云南民族出版社，1993．
[2] 赵祖平，张自强，邱玲，等．我国傣族人地关系初探[J]．传承，2013（02）：82–83．
[3] 曹成章．傣族封建社会的形成[A]//中国民族学研究会．民族学研究第三辑[C]．中国民族学学会，1982：20．
[4] 黄光成．十二版纳中的黎明城[J]．人与自然，2004（11）：

118–119.

[5] 长谷川清，朱振明. 西双版纳（车里）的政治统治组织及其统治范围——对云南傣族的研究[J].民族译丛，1985（05）：43–51.

[6] 刘岩著，王镒，刘标译. 傣族南迁考察实录[M]. 昆明：云南民族出版社，1999.

[7] 郭建伟. 曼贺村水利灌溉与聚落空间形态演化之研究[D]. 昆朋：昆明理工大学，2008.

[8] 高立士. 西双版纳傣族传统灌溉与环保研究[M]. 昆明：云南民族出版社，1999.

[9] 耿明. 论傣族历史上的地缘法律文化[J]. 云南法学，1997（02）：91–98.

[10] 沈海梅. 橄榄坝的现代性——兼论当代中国少数民族社会的现代性特质[J]. 西南民族大学学报（人文社会科学版），2013, 34（09）：1–8.

[11] 刀林荫等. 西双版纳傣族自治概况[M]. 北京：民族出版社，2008.

[12] 曹成章.傣族社会研究[M]. 昆明：云南人民出版社，1988.

[13] 黄惠焜，曹成章等. 傣族简史[M]. 北京：民族出版社，2009.

[14] 朱德普. 古代西双版纳傣族统治集团对山区少数民族的统治策略[J]. 云南社会科学，1991（03）：67–72.

[15] 杨学政. 云南宗教史[M]. 昆明：云南人民出版社，1999.

[16] 李博阳. 共生的政治：傣族传统村寨的权力与结构[D]. 武汉：华中师范大学，2020.

[17] 曹成章. "滚很召"的来源及其性质[J]. 民族研究，1980（05）：66–73+79.

[18] 曹成章. 关于"滚很召"的劳役[J]. 民族研究，1988（01）：52–58.

[19] [明]朱孟震. 西南夷风土记[M]. 北京：商务印书馆，1936.

[20] 郭家骥. 西双版纳傣族稻作文化的传统实践与持续发展——景洪市勐罕镇曼远村个案研究[J].民族研究，1997（06）：49–58.

空间叙事理论下的少数民族特色村寨游览空间活化研究

——以云舍村为例

梁晓鹏[1] 唐洪刚[2]

摘　要： 少数民族特色村寨是民族文化的重要载体。乡村振兴的背景下，发展乡村旅游是建设美丽乡村的途径之一，但当前少数民族特色村寨存在游览空间和民族文化结合程度不高，甚至脱节的现象。为兼顾民族文化的保护和乡村旅游的发展。本文以贵州省江口县云舍村为例，试图引入空间叙事理论，将游览空间的活化设计结合土家族文化，以期能为少数民族特色村寨的体验式旅游发展和民族文化活化保护提供借鉴。

关键词： 少数民族特色村寨　游览空间　民族文化　空间叙事

一、引言

少数民族特色村寨是指聚居少数民族比例较高、民族文化及聚落特征明显且生产生活功能完备的行政村或自然村[1]。相较于其他聚落，少数民族特色村寨因其浓郁的民族文化特征和优越的自然地理环境而在乡村旅游经济中具有天然优势。随着少数民族特色村寨旅游的蓬勃发展，出现了诸如过度开发、不注重民族文化的挖掘和保护、同质化倾向严重等问题。本文以少数民族特色村寨的游览空间为对象，以贵州省江口县云舍村的主干道为案例，结合空间叙事性设计和表达，探究少数民族特色村寨的文化保护和旅游发展问题。

二、少数民族特色村寨游览空间现状

现代化进程中，人居环境虽得到一定程度改善，但外来人涌入村寨，致使其不仅物质文化受到破坏，民族民俗文化也在一定程度上受到稀释和解构。同时，村寨在发展经济的过程中与其文化传承联系较少，村民对于自身文化保护意识薄弱等问题均致使村寨传统文化的保护严重滞后，保护层次低，活态传承效果差[2]。相较于聚落居民的居住和生产空间，少数民族特色村寨中还存在有为乡村旅游服务的游览空间，其是乡村旅游产业发展的主要载体之一，是乡村旅游的主要物质空间。如今，不少村寨的游览空间多侧重于对其建筑外貌等外显文化的展示，而缺少对以传统技艺、家训族规、礼俗等为主要形式的民族文化遗产的保护意识，从而影响了文化主体参与文化传承的积极性，最终可能出现“文化空心村”现象[3]。

“文化是少数民族村寨的特色所在。保护与发展少数民族特色村寨的核心要义应是文化的保护与传承”[4]。今后，少数民族特色村寨游览空间的活化更新中更应注重对于民族文化的挖掘和利用，立足民族民俗文化，打造特色旅游品牌，进一步激活游览空间活力，提升旅游体验，促进乡村旅游产业的发展。

三、空间叙事理论的引入

空间叙事是跨学科发展的产物，“叙事”本是文学中的概念，后结合空间设计衍生出了“空间叙事”。空间叙事理论即在空间设计的过程中运用叙事思维和叙事手法，将人的行为融入到叙事中，把人的认知和感知同空间环境建立起联系。叙事性设计是从上到下、从大到小的连贯性设计[5]，从叙事主题、情节、场景、结构和内容等方面来提升信息的有效传达。

从旅游需求的角度看，伴随“体验经济”的延伸，大众旅游时代传统的观光型旅游项目已无法满足当前游客需求，游客在旅游活动中更倾向于可参与体验的旅游项目[6]。基于空间叙事理论的游览空间活化设计不仅有利于场所精神的建立，更有利于游客旅游体验的提升。通过故事发展的多个场景，依次给受众带来不同的情感变化和体验。在这里，游客一方面是阅读者，同时也不经意间和村寨居民一样成为叙事主体的一部分，在融入当地生活环境的过程中获得了更好的旅游体验。

❶ 梁晓鹏，贵州大学建筑与城市规划学院。
❷ 唐洪刚，贵州大学建筑与城市规划学院，正高级工程师。

四、云舍村概况

1. 地理区位

云舍村隶属贵州省铜仁市江口县，地处云贵高原东北部边缘，距江口县城5公里，距世界自然遗产地梵净山核心景区不超过20公里，是国家民委命名的首批“中国少数民族特色村寨”。村寨背山面河，较为完整地保存了土家族聚落的整体格局和建筑风貌，生态环境得天独厚，四季分明，属亚热带季风湿润气候。全村总面积4平方公里，有531户人家共2235人，杨氏土家族人数占比约98%。当地杨姓族人是在与县境内怒溪一带当地巴人刘姓土著人及后来应“调北征南”、“调北填南”，赶蛮夺业而入的张、雷等姓土家族人交往融合，互通婚姻而来。

2. 民族文化

云舍村以杨氏土家族发展为主线，至今仍保留着农耕文化的乡村生产特征和丰富的历史文化遗产，宗族观念深厚，延续着古法造纸技艺和被誉为“中国戏剧活化石”的傩文化，是梵净山地区乃至大武陵地区具有代表性的土家古村落。土家族民俗文化众多，有悠扬动听的“拦门歌”“打闹歌”“情歌”“伴嫁歌”，源自土家日常生活的“摆手舞”、“金钱杆”、龙灯、茶灯、“毛古斯”等民间艺术，丰富多彩的赶年、过社等传统节会以及极具特色的“哭嫁”婚俗。

3. 旅游发展

云舍村地处梵净山—太平河风景名胜区境内，区位优势明显，自然和人文旅游资源丰富。近年来旅游业发展迅速，基础设施不断完善。同时，也存在诸如不顾地方实际的建筑营造，破坏了村寨风貌、观光型景区占比较大、品牌辨识度较低、项目体验性与参与性差、对外尚未形成鲜明的品牌印象等问题。现有的旅游资源只做了空间上的安排，忽略了空间叙事和游览体验。

五、云舍村游览空间的活化策略

本文以云舍村的主干道游览空间为例，进行空间叙事性的活化策略研究。现状主干道游览空间是云舍村主要的生产生活和公共空间，也是村落整体旅游规划中重要游线，街巷空间尺度宜人，节点公共空间众多，古树、古墙、古井等景观优美，但街巷风貌破坏较为严重，民族文化体现不突出，需要进行整体性设计。

1. 提取叙述主题

首先需要提取云舍村土家族的典型民族民俗文化作为空间叙事题，且具有一定的观赏性和可参与性。云舍村现如今仍保存着多民族习俗和非物质文化遗产中尤以“哭嫁婚俗”最具代表性），土家族“哭嫁婚俗”在受到汉文化影响后，由最初的自由恋爱演变到以“父母之命、媒妁之言”为主。在叙事的表达上综合与婚俗相关的服饰、建筑技艺、石雕、竹编、锣鼓、花灯、音乐、舞蹈、戏曲、乐器、饮食、宗教禁忌等文化要素，让参观者主动参与事态的发生或者参与事物的制作，对于强化地方文化的保护和认同具有重要意义。

2. 建立叙事结构

叙事结构能将蕴含在民族民俗文化中的社会、经济价值得以挖掘、转化和传承，将民族民俗文化系统性的进行编排展现。通过对生活场景的优化来塑造叙事所需要的客观空间，依次串联或并联到叙事框架中，赋予一部分情节和要素，增添游览的趣味和完整性。以土家族婚俗的整个过程为结构，选取“恋俗”“求亲”“定亲”“婚礼”“送亲”和“回门”六个特色的关键性情节，以时间线为叙事顺序组织空间序列，以戏剧性再现和情景式体验的方式移植到现状空间内（图2）。

六、云舍村游览空间的活化设计

基于现状条件和土家婚俗各环节对游览空间的节点和路径进行有意识的安排，通过空间尺度、游览序列、时间节奏、交互体验等的变化，对情节节点从布局、装饰、形式、光影、材质等进行精细化设计，让游客依据自身的感知获得体验，从场地旅游转向场景旅游，从空间展示变成时空演绎（图3）。

空间1为村内两大主干道的交叉口，人流密集，周边有篝火广场、土家民俗演艺场和小型商业，是举办大型节日活动和社会交往

图1 土家婚俗（来源：网络）

图2 土家婚俗空间叙事

图3 云舍村主干道游览空间现状

的重要场所（图4-1）。此空间以“恋俗”为情节，主要再现土家族青年男女在歌舞中相识相知，自由择偶、以歌传情的婚恋习俗，并在其中介入“摆手舞”这一土家重要交谊活动的民俗舞蹈表演，使游人通过视觉、听觉等感官系统接收来自节日舞蹈，热闹有趣的空间讯息，萌生加入其中的想法和冲动，从而产生情感的碰撞。由此作序，开始土家婚俗的空间叙事。

空间2为一处小型广场，相对开阔，具有良好的景观视野（图4-2）。此空间以“求亲”为情节，融入婚俗中的请媒人“提亲”“计年庚”“过礼”“定亲”等一系列礼仪和环节，通过水景观的植入和远处山景的介入，营造出理想求亲的惬意场所，重点突出仪式感，渲染浪漫、唯美的情感体验。

空间3为古色古味的村寨街巷格局（图4-3），保存有古朴的山墙，“土家族”味道在此发酵。此空间以“定亲”为情节，即确定婚期后，男女两家筹办婚礼的场景，集中展示“请媒过礼”“对匾贺喜”“告祖仪式”“戴红戴花”等婚礼前仪式，并利用空间中的物质、装饰等元素，如为婚礼准备的众多物品，加强空间氛围的营造，注重色彩、肌理、质感、陈设细节等的变化，不断铺垫婚礼即将到来的喜悦和热闹氛围。这里，游人还可体验土家族定亲仪式中的“定八字”和吃粑粑风俗。根据现有古墙，设计“生辰八字”墙，设置打糍粑装置以供游人互动。

节点4为道路空间的局部放大处，有着两颗高大的金丝楠木和古井、草亭等景观元素（图4-4），此空间以“婚礼”为情节，是整场空间叙事的高潮部分，再现“闹花圆”“哭嫁歌”“拦门礼”夫妻拜堂、闹新人房等丰富的土家婚礼习俗，当游人沉浸在这些场景中时，会产生强烈的情感体验。此情节重点突出“喜宴”场景，用挂满粮食的墙，装满米酒的酒缸，为或来往穿行或驻足停留的游人营造喜悦、丰盛和期待的氛围。“哭嫁”是其中最具特色的场景，新娘在闺房架一方桌，置茶十碗，邀亲邻九女依次围坐，唱“哭嫁歌”时声音越大就越旺夫。同时结合唱“哭嫁歌”时声音的大小来衡量婚后幸福程度的这一趣味性说法，设计“哭泉”，运用声控系统实现声音越大泉水涌得越高，引起游人的好奇和参与，形成特色互动景观。

图4 云舍村主要游览空间节点

节点5为道路分叉处，整条路径在此一分为二（图4-5），此空间以“送亲”为情节，新婚第二天，新郎新娘会给长辈和客人行“拜客”又叫“拜茶礼”，这里用空间的语言暗含女方将要分别亲人的情景。土家婚俗中，当新娘跨过门槛的一瞬间，礼仪师会把十二双筷子扔向新娘头顶，当筷子要落到新娘头上时，送亲队伍中会有人给新娘撑开一把伞，避免筷子砸到新娘。这里以送亲中的伞为“庇护”原型，设置休憩空间，挂上土家族的特色织锦，烘托温馨、甜蜜的场景，寓意新婚后的美好生活。

节点6为村寨向田野的过渡地带（图4-6），这里已临近山脚，房屋稀疏，田地增多，人的活动也相应减少。新婚第三天，喜会结束，散放宾客，欢送高亲后，新娘会携新郎一起回娘家拜望父母，此空间即以“回门”为情节，暗示婚礼的最终结束和婚礼结束后回归的平常生活。利用此处自然景观的色彩情绪、质感肌理和光影效果，调动游人的视觉、听觉、触觉、嗅觉乃至味觉，从感知层面唤起游人关于生活的联想与回忆，刻画感恩父母，拥抱生活的心理共鸣。至此，整个婚俗过程告一段落。

七、结论

在全面推进乡村振兴的背景下，少数民族特色村寨的文化保护和经济发展应是良性互动、健康可持续的。随着“体验经济”的到来，少数民族特色村寨的游览方式不能仅是传统的观光形式，更应是一种游人充满兴趣、积极参与的综合式体验旅游。应在充分挖掘少数民族特色村寨文化资源的基础上，结合空间叙事理论打造沉浸式主题情节，激发村寨内生活力。于游客而言是认知民族文化的过程，于村民而言是传承民族文化、树立文化自信、增加旅游收入的途径。

参考文献

[1] 陈国磊，罗静，曾菊新，田野，董莹.中国少数民族特色村寨空间结构识别及影响机理研究[J].地理科学，2018，38（09）：1422-1429.

[2] 杨春娥.新时代少数民族特色村寨保护立法的基本原则[J].青海社会科学，2019（05）：185-192.

[3] 盘小梅，汪鲸.边界与纽带：社区、家园遗产与少数民族特色村寨保护与发展——以广东连南南岗千年瑶寨为例[J].广西民族研究，2017（02）：111-117.

[4] 黄淑萍.福建省少数民族特色村寨保护与发展探析——基于文化保护的视角[J].福州党校学报，2016（01）：64-68.

[5] 张璐鑫.博物馆展示空间建构与叙事性设计研究[J].艺术与设计（理论），2020，2（12）：56-58.

[6] 代猛，陈青云.少数民族特色村寨体验式旅游项目开发策略——以湖南靖州县岩脚侗寨为例[J].当代旅游，2020，18（17）：27-28.